THE FUNCTION OF STYLE

风格的功能

[英国] 法西德·穆萨维　著
李鹏飞　温　馨　胡一可　译
肖礼斌　审校

江苏凤凰科学技术出版社 · 南京

THE FUNCTION OF STYLE
by Farshid Moussavi
Assistant Editors : Marco Ciancarella, Jonathan A. Scelsa, Kate Kilalea
Copy Editor: Mary Crettier

江苏省版权局著作权合同登记 图字：10-2019-094号

图书在版编目（CIP）数据

风格的功能 /（英）法西德·穆萨维著 ；李鹏飞，温馨，胡一可译. -- 南京 ：江苏凤凰科学技术出版社，2022.3

ISBN 978-7-5713-2607-4

Ⅰ. ①风… Ⅱ. ①法… ②李… ③温… ④胡… Ⅲ. ①建筑风格－研究 Ⅳ. ①TU-86

中国版本图书馆CIP数据核字(2022)第025574号

风格的功能

著　　者	［英国］法西德·穆萨维
译　　者	李鹏飞　温　馨　胡一可
审　　校	肖礼斌
项目策划	凤凰空间／陈　景
责任编辑	赵　研　刘屹立
特约编辑	陈　景

出版发行	江苏凤凰科学技术出版社
出版社地址	南京市湖南路1号A楼，邮编：210009
出版社网址	http：//www.pspress.cn
总　经　销	天津凤凰空间文化传媒有限公司
总经销网址	http：//www.ifengspace.cn
印　　刷	北京博海升彩色印刷有限公司

开　　本	710 mm×1000 mm　1／16
印　　张	37.5
插　　页	4
字　　数	298 000
版　　次	2022年3月第1版
印　　次	2022年3月第1次印刷

标准书号	ISBN 978-7-5713-2607-4
定　　价	358.00元（精）

图书如有印装质量问题，可随时向销售部调换（电话：022-87893668）。

目录

致谢

撰写《风格的功能》（起初标题叫《设计2000—2010年》）一书的想法，起源于2010年夏天，当时雷姆·库哈斯邀请我在该年秋天去莫斯科史翠卡研究所（Strelka Institute of Media and Design）教授设计主题课程。我决定把教学重点聚焦到1990年至2008年间，因为在这个阶段世界上大多数地区的建筑行业格外多产。我认为能将从建筑数量的惊人增长中所学到的东西加以分析，识别出其价值，并在当代生活背景下定义它的能动作用是很重要的。例如，在这一时期，许多“企业性的”设计事务所与“明星”建筑师的作品越来越相似，我认为这是一个需要展开讲解的良性发展。由于各种现实原因，在史翠卡研究所教授这门课程未能开展，于是我便把这门课程带到哈佛大学设计研究生院，在那里，它成为随后三个春季学期里我的授课基础。然而，对风格的研究实际上是一个远超我预想的课题，显然，授课期间研讨课持续的时间太短，不足以让我对此议题进行全面的研究。因此，我暂停教学，专门申请了两年学术休假，在伦敦专注于本书的撰写工作。

在对本书的研究做出贡献的众多人士之中，我特别要感谢的是Elliott Hodges，他为我初期准备风格研究的方案提供了帮助。同时我还要感谢James Khamsi，他是我2010年春季学期第一轮风格研讨课的教学助理。

感谢那些参加了我在哈佛大学主讲的风格研讨课的学生，FMA建筑事务所的多位员工以及其他利用实习期参与了本书创作的人士，他们的名字都出现在学分页上。此外，我想特别提及并感谢哈佛大学的学生和毕业生们所做的贡献，他们在2000年的七、八月和我一起，开始制作这本关于风格研究的书。就像所有实际研究都会遇到的情况一样——大部分工作在随后的阶段都会受到质疑并被修改——即便如此，他们在严格挑选建筑项目的准备阶段所做的调查以及在排序及绘图版式上的努力依然是成书过程中的重要环节。2011年夏天，Steven Y. N. Chen、Harold Trey Kirk、Jonathan A. Scelsa、Anthony Sullivan在剑桥与我一起对建筑项目进行了第一轮挑选与绘图工作。以下这几位学生于2012年夏天来到伦敦，在FMA建筑事务所的功能研究室（Fuction Lab），与我一同投入到本书的制作工作中，他们分别为Drew Cowdrey、Monica Earl、Harold Trey Kirk和Ricardo Solar；2013年夏天我还得到了Monica Earl 和Bernard Peng的支持。感谢他们在为本书制定前期概念基础时，在早期对建筑项目进行筛选、分组、排序和渲染，以及对先例性项目进行绘图和分析等工作中所发挥的重要作用。

然而，如果没有核心团队本书是不可能完成的。Jonathan A. Scelsa是我在哈佛大学设计研究生院2011年与2012年两个春季学期的教学助理，他在位于伦敦的FMA建筑事务所的功能研究室花费了一年的时间负责监督本书的制作工作，感谢他的倾力付出。Jonathan离开后，功能研究室的Marco Ciancarella承担了本书的协调工作，不仅管理制作团队，还绘制了本书的许多图纸。当我开始撰写本书收录的论文以及每章的文字时，发现有必要重新绘制几乎整本书的图纸，感谢他对本书的坚持与奉献，以及在制作期的最后一年，在我无休止地要求修改图纸时，仍表现出的极大的耐心。此外，Kate Kilalea对本书的研究工作也给予了帮助，她阅读了本书文章的每个版本，并从建筑学之外的视角为我提供了非常宝贵的评价和反馈，感谢她对我的友谊与支持。另外，Mary Crettier对全书的文章与说明进行了审校，这是一个需要多次修改并投入极大耐心的过程，感谢她的倾力奉献。

感谢KSS建筑事务所的David Keirle和Martin Robinson，他们在我们对体育场馆进行分析的过程中亲切地接待了我们，就如何为本书选择他们的设计项目与选择的标准等问题提供了宝贵意见。感谢以下建筑事务所、机构及个人建筑师与我们分享了有关其设计项目的一些不易获得的信息：3XN建筑事务所、普雷斯顿·斯科特·科恩公司、BIG建筑事务所、让·努维尔工作室、KSS建筑事务所、斯诺赫塔事务所、维尔·阿雷茨、阿部仁史工作室、巴塞洛缪县公立图书馆、圣约翰大学的圣本尼迪克特学院、保罗·鲁道夫基金会、大都会建筑事务所、路易斯·马丘凯建筑事务所、伊东丰雄以及中国台湾台中市行政机构。还要感谢以下向我们授权发布其图片资料的人士、艺术家和机构：Izumi Kobayashi、James Khamsi、Mary Ann Sullivan、Redux图片社、罗伯特·格朗塞涅自行车藏品、让-保罗·杜邦（法国老旧自行车公司）、科佩克拍卖有限公司、杜安·美林公司、大卫·库珀（库珀技术）、Alexey Arkhipenko、Attilio Maranzano、伦敦蛇形画廊、伦敦皮拉尔·科里亚斯画廊、伦敦白立方画廊、米兰普拉达基金会。

以下人士阅读了本书中的文章并提供了宝贵的反馈意见，他们是：Alice Rawsthorn和Nicholas Penny。

感谢持久支持我研究工作的哈佛大学设计研究生院，特别是日复一日地不断向我提供宝贵建议并鼓励我的Mohsen Mostafavi院长，以及资深编辑Melissa Vaughn。同时我还要感谢出版公司的各位同仁，感谢他们在本书出版过程中所展现的耐心与关怀。

最后，感谢我的女儿米娜，她对我利用晚间、周末以及其学校休假期间仍专注于本书的制作表现出了极大的包容。没有她的耐心和支持，本书是不可能完成的。

法西德·穆萨维

风格的功能

法西德·穆萨维

什么是风格？无论是用来识别某位建筑师的作品，还是描述某个地区、某个时期的一些共同特征，“风格”这个词的使用都由来已久。人们对该词的这种用法有一些固有的含糊不清且相互矛盾的假设：首先，风格是由形式元素的重复组成的；其次，风格是设计者自身的个性和才智（intellect）的产物；最后，风格本身比体现了风格的实际建筑更宏大，也更抽象与无形。

相同点：通过某个地区或时代的建筑物在形式元素或特征上的相似性来定义风格，就是预设了一种当代建筑中并不存在的美学统一性。有的建筑形式传达曲线性效果，有的展现晶体性；有的传递了多样性，有的则呈现了统一性；有的呈现单元性，有的传递开放性；有的传递去物质性，有的传递重量感。不过仅将这种多元化视为折中主义是不准确的，因为尽管这些建筑存在形式差异，但彼此之间仍有许多内在的相似之处，而且也与20世纪的早期建筑形式有许多内在的相似之处。例如，许多博物馆都有平行排列的展室，尽管有些平行排列被从中切断，有些展室被弯曲岔开排列或弯曲堆叠排列，却仍与得克萨斯州沃斯堡市金贝尔艺术博物馆（1972年）展览室的平行排列类似；许多住宅建筑有连续成排的外部阳台，虽然有些在平面上呈曲线状，有些呈波浪或扭曲状，但它们仍与格拉斯哥的加洛门双子塔（1963年）相似；很多教育建筑有内庭，虽然有些在剖面上呈扭曲状或阶梯状，但仍与位于华盛顿州西雅图的古尔德礼堂（1971年）相似；许多办公塔楼有外围中庭，虽然它们有些在平面上呈堆叠、弯曲或扭曲状，但仍类似于威斯康星州拉辛市的约翰逊制蜡公司总部研究大楼（1935年）。由此可见，无论在内部组织或外部形象上，这些项目都互为相似但又有所区别。

才智的独立性：将特定的风格定义为某一特定的建筑师的专有领域，这意味着建筑师以相对孤立和自主的方式工作。但鉴于当代建筑文化理念是通过网络与更多的传统媒体广泛传播的，这种情况是不太可能发生的。任何对风格的当代定义都必须把这种信息共享纳入考量。

代表性：如果我们认为建筑物代表理念，是可以“解读”的符号，那就暗示有许

ONLY

多——多于当代社会实际情况的——被广泛共享的符号。这样的观点也忽略了审美体验中建筑形式的存在，以及建筑形式被体验时的情境。建筑物不是抽象的，也不存在于真空中。在建筑承载功能的情境或日常生活的行为中，比如工作、居住、观看比赛或进行运动等，它们是能被认知的实体。因此，在设计过程中要致力于满足多种需求，比如保障居住者安全、应对气候变化问题、符合政府部门的规划条例（这对建筑形态的要求不断提高），以及在互联网时代将可以购物、办公、学习、开展研究、观看演出的实体空间与进行这些活动的虚拟空间区分开来等。因为这样的考量所要求的专业知识远非大多数建筑师所具备的，所以建筑实践已与其他许多应对具体问题的领域相交叠，例如空间规划、安保、采光权利、消防工程、可持续发展工程、幕墙工程以及健康和安全咨询。

建筑形式的日常性意味着它们的美学价值或风格的能动性，必须被置于一个框架内去考量，这个框架将其存在的实体或形式同日常生活的考量联系起来。如住宅建筑的私密性与阳台形状的关系，办公大楼核心筒的形状和位置与其出租区域以及因此可容纳的租户类型之间的关联，办公大楼幕墙玻璃板的弯曲度与它们是否能将阳光反射到周围建筑物上的关系。在这样一个框架内，建筑形式的审美体验总是与它们所承载的日常活动联系在一起。因此，为了能感受到建筑物的美感特质——它独特的实体本质，与其展开互动是至关重要的。人们需要穿行于其中，参与其中的日常活动和事件，并在其中工作或生活。

伦佐·皮亚诺设计的纽约时报总部大楼独特的表面面层传达了一种爬梯式的感觉，激发人们参与到“建造”的过程中来，这样的效果既不可能是建筑功能要求的一部分，也不可能是由参与覆层设计的技术专家具体推荐的。同样，贝聿铭在华盛顿国家美术馆东馆设置的“刀刃般的”艺术墙，其锋利的效果如此诱人，以至于其部分边缘因游客频繁用手触摸而被抹去了，这也不可能是博物馆的功能或技术要求。弗兰克·劳埃德·赖特设计的纽约古根海姆博物馆内低矮的扶手，引诱游客想要斜靠在上面。人们参观博物馆时的行走速度与穿越超市过道时类似，观看艺术品时倚靠扶手的

左页：人们在攀爬伦佐·皮亚诺建筑工作室为纽约时报总部设计的大楼表面面层。该建筑最大的特点是包裹玻璃幕墙的爬梯状横排杆。

参观者数量多到出人意料。而在纽约中央火车站的回音廊中，交叉拱顶的聚声效果促使人们想要缩到空间的角落里相互耳语，这个提升彼此亲密度的想法当然不可能是车站功能需求的一部分。这些建筑的面层、墙壁、扶手和拱顶并不是被“添加”到一个结构中（就像在“装饰外壳”中一样）以代表某种理念，它们都是功能元素——面层保护室内免受外界天气的影响、扶手可防止有人失足坠入中庭、拱顶支撑着车站上面的楼层。毫无疑问，参与设计过程的其他专家的意见也对这些元素的实际考量产生了影响。然而，通过把这些与日常生活中实际问题相关的建议当作设计过程中的原材料加以接纳，建筑师可在形式与功能考量之间建立横向或侧面的沟通，以此将风格，或者说建筑形式的美学存在，建立在日常生活的基础之上。

为了阐述风格与日常生活之间的联系，并把它作为一个共有的而不是个例性的考量来研究，本书提供了一个如同开放资源一样的档案库，其中包含自20世纪90年代的典范性建筑形式，以及20世纪初的一些项目，它们通过所承载的活动被分为不同类别，如居住、办公、学习、阅读和研究等。在每一组中，项目的排序基于它们之间的相似之处或共享途径，以凸显彼此的不同与特别之处：即它们把人们与日常生活联系起来的具体方法。接下来的文章为风格问题提供了更广阔的历史背景。第一部分考察了19世纪以来的风格演变史，第二部分探讨了风格的旧有定义在今天所引发的问题与面临的挑战，第三部分尝试在当代建筑实践的背景下重新定义风格。

1. 风格的表现性方法

在古代，建筑理论似乎在很大程度上归功于柏拉图主义。他认为形式依赖于一个预先存在的、有永恒理念的抽象世界。然而，亚里士多德提出了一种不同的理论，即有关任何事物的认知和概念都属于事物本身，而不是在任何一个更高级别的精神世界里。自建筑被定义为一门具备自己的理念或理性方法的人文学科以来，建筑师和理论家们心中就充满了疑惑，到底是什么构成了建筑理念的基础源头？

左页：贝聿铭在华盛顿国家美术馆东馆设置的“刀刃般的”艺术墙，其锋利的效果如此诱人，以至于其部分边缘因游客频繁用手触摸而被抹去了。

让-尼古拉斯-路易斯·迪朗是第一位提出理性的建筑设计方法的理论家。在其1800年撰写的《古代与现代各类大型建筑对照汇编》中，他对历史上的建筑采用了比较分析的方法。他将建筑物根据功能分类（如市场、剧院、医院等），这与很久之前帕拉第奥和塞利奥做的事情有相似之处，但迪朗为这些建筑提供的配图却很精简，以弱化建筑的特点并凸显其几何特征。在《综合工科学院建筑学课程概要》（1802—1805年）一书中，迪朗根据风格特点（罗马宫殿、摩尔风格的细部、埃及神庙）将建筑进行分类，并从中提取了一份元素清单：壁柱、屋顶、房间、阶梯、中庭、柱式等。他提出这些元素可被挪用，以产生不同的建筑组合，这个过程始于一个基于轴线的网格，该轴线连接“空”房间，在其上叠加了被挪用的元素，网格被垂直投影以得到建筑的剖面。由此，迪朗将系统化与元素挪用的理念引入建筑实践中。哪些建筑元素能够持久存续，哪些可以组成不同的几何构型或类型，从而产生无穷无尽的形式，这一类似“语法”的理念在当代建筑实践中依然是极有价值的。在大规模生产的背景下，系统化是不可避免的，而挪用以往建筑形式的理念不仅是传承技巧与惯例的建筑学科的根基，而且正成为在网络时代，基于共享知识实践的当代建筑所面临的现实。

然而，迪朗的理论体系，从过去建筑中筛选风格元素时，没有基于功能的考虑。这些元素，这些“过去的知识”，被应用于几何网格时，并没有考虑人在其中的要求。这种将借用的元素加以组合的设计方法是肤浅的。最终导致建筑学科抛弃了迪朗的网格系统理念，并引发了一个问题，即过去的应该如何被使用？反对观点随之兴起，一场“风格之战”就此开展：主张从不同的出处自由采纳与调整元素的折中派与追求彻底模仿过往设计的复兴派。[1] 追随迪朗理论的19世纪的建筑师和艺术史学家构想出多种理论来阐述如何选取从过去回收的建筑元素，其中一些理论把风格定义为呈现外部叙事的某种建筑形式的形式属性，另一些则认为风格代表了建筑的内在秩序。但在这两种情况下，风格都仅描述了作为外在形式的建筑，而非与实际用途有关。

对外部叙事的表现

戈特弗里德·森佩尔（1803—1879）在其撰写的《技术与建构艺术（或实用美学）中的风格》[2] 一书中提出，特定风格背后的基本理念起源于艺术主题，这些主题源自制造技术——编织、模塑、木工、石工和金属加工。风格是“对艺术作品的根本理念的艺术处理”，最终因内部因素（如所用材料与所用技术）和外部因素（如当地的、个人的以及气候的影响）而被加以改动。换句话说，风格是内外因素与艺术主题或母题之间的功能关系的产物[3]。就建筑来说，森佩尔提出了四个基本要素——炉膛、台基、屋顶和外墙，其中每一个都与某种类型的制造工艺有关：炉膛与陶瓷和金属加工有关、台基关系到石工与重型元素的受压式切石叠砌、屋顶与木工和受拉式框架结构相关、外墙则关系到纺织品生产与编织工艺。因此，他根据使用不同材料的制造工艺，梳理出风格的比较分析体系。

森佩尔对这些制造技术的符号学，即它们如何产生象征意义很感兴趣。他认为，当制造技术所产生的母题或图案被转移到其他材料和语境中时，其视觉记忆被保留下来，并且唤起其起源的可能性往往也随之保留下来，它们就是这样成为象征的。例如源自各国传统服装的母题，如埃及妇女在头发上或耳后系荷花茎的方式，会作为装饰重复出现在埃及的柱头上；用于生产纺织品的打结方式可以以其他材料为载体出现在墙壁上。虽然这些母题和图案起源于制造技术，但被用作“风格”的基础时，它们变成了纯粹的装饰，脱离了最初的使用方式，与被装点的建筑形式的功能没有内在联系。尽管森佩尔的观点——风格渗透着与生产方式相关的实际考量——在今天仍然具有意义，可是，森佩尔的风格概念，就像上天安排的——一出现就充分发展，并在不同的情境中被象征性地挪用，以代表或者唤起过去——在当今文化多元的世界是徒劳无益的，与19世纪相对封闭和同质化的社会相比，现在通过象征符号的交流方式已不怎么有效了。

像森佩尔一样，阿洛伊斯·李格尔（1858—1905）所关心的是确定风格的起源，对他而言风格源于艺术的冲动，源于某个特定种族、民族或时代的“艺术意志”（一件艺术品的目的性）[4]。因此，风格服从于艺术意志的变化，例如从古埃及的触觉或手感的感知模式到古典时代晚期的视觉或“光学”感知模式的转变。他反对森佩尔提出的风格是由材料技术衍生而来的理论，认为“所有艺术的发展演变都经历了对材料选取的挣扎。在这个过程中，工具或技术并非处于优先级别，而是希望拓宽创作领域，强化其形成力量的创造性艺术思维起了主导作用”[5]。为了说明这一思想，他分析了来自4种装饰类型的4个风格，通过连续不断的传统追溯了每一种风格的起源。他认为，石器时代欧洲艺术装饰中的几何风格，并非起源于

如柳编或编织工艺的技术过程，而是用二维呈现自然形式的尝试，这促进了轮廓理念的产生；同样，纹章风格，即“将成对的动物对称地排列在一个中间元素的两边的装饰，其实是出于对对称性的渴求，而不是所谓的编织传统”[6]；从古埃及到罗马晚期艺术中的植物装饰，并不是源于“直接复制活的有机体的简单冲动”[7]，而是雕塑性的改编，是“纯粹的艺术发明的产物”[8]；古典时代晚期、拜占庭早期以及伊斯兰艺术装饰中的阿拉伯风格，正如苏丹·阿卜杜勒·阿齐兹皇宫的装饰壁画一样，是卷须装饰早期体系的几何版本，不受技术考量的限制或出于模仿自然的渴望。因此，与森佩尔认为风格是经久不变的想法不同，李格尔通过提出风格是一个特定种族、国家或时代的表达，暗示随着时代形势的变化，某种风格的母题及其意义也随之发生了变化。

李格尔的理念——风格代表了每个时代、种族或民族的艺术意志或艺术冲动中的共同特征——是“时期风格”概念的一个例子，“时期风格”后来又作为时代思潮的理念，或“时代精神”出现在希格弗莱德·吉迪恩（1888—1968）的《空间、时间和建筑》（1941年）中，以及20世纪的不同“时期风格”运动中[9]。“时期风格”概念隐含一种观念，即建筑形式的外观反映了统一文化中的变化。但李格尔的理论也暗示了每一时期都将以独特的风格为代表，这一方法抛弃了建筑知识连续性的理念，因为在任何特定时期，建筑形式的风格一旦被另一种风格替代，都将变得多余。此外，既然同一时期的所有建筑形式在风格上都是相同的，那么每个单独建筑形式的美学体验在建筑学上没有任何意义。

20世纪早期的前卫艺术家和建筑师接受了这样一种观点：风格源于他们所处时代的“艺术冲动”。然而，李格尔认为风格从一个时期到另一个时期的转变是在没有任何艺术家有意识地做出努力的情况下发生的，而20世纪早期的前卫艺术正有这种让形式统一与社会和谐保持一致的追求。这方面的一个例子是荷兰的风格派运动，它通过一种自我参照的形式方法，“将最广泛意义上的建筑元素，如功能、体量、表面、时间、空间、光线、色彩、材料等”[10]都统一起来，以追求“在生活、艺术与文化中形成

左页：弗兰克·劳埃德·赖特设计的纽约古根海姆博物馆内低矮的扶手，引诱游客想要在观赏墙上的艺术品或建筑物本身的途中停下脚步，斜靠在上面。

国际性的统一”[11]。因此，在位于乌得勒支的里特维德-施罗德住宅内，所有的建筑元素，无论其功能为何，都由不对称排列的原色平面组成。为了创造一个新的普遍适用的法则，风格派的成员将这些形式规则应用到他们所有的设计中，无论是一件家具、一栋房子、一所学校还是一座博物馆。

20世纪的另一个具有社会动机的风格方法兴起于俄罗斯前卫艺术的构成主义与理性主义运动。尽管是以不同的方式，这两个运动都寻求将19世纪的折中主义美学与具有自治性理念的新兴的现代风格替换为一种追求社会进步的风格。理性主义者（ASNOVA）[12]，在一定程度上受到了格式塔心理学的启发，认为建筑物的形状和样式会对人的心理产生直接影响。他们希望通过优先采用工业式的材料及美学使人们联想到机器的理性，来激发个人加入新的“现代技术”社会的构建中。例如，在1925年，作为理性主义运动领袖的尼科莱·拉杜夫斯基（Nicolai Ladovsky），连同埃尔·利西茨基（El Lissitzky）一起，设计了一个集合住宅，建筑体块之间以锯齿状或星形呈120°角排列，这一布局节约了建造公用楼梯、通风系统以及铺设管道的成本。

理性主义运动的成员希望通过“理性”美学来改变日常生活，俄国构成主义者（OSA）[13]却试图以能推动其社会功利主义目标的方式组合建筑元素以影响日常生活。伊万·尼古拉耶夫（Ivan Nikolaev）为莫斯科纺织学院（现为莫斯科国立纺织大学）的2000名学生设计的公共住房方案包括3个体量，对应了综合体的3个功能部分：公共体块、卫生体块、宿舍体块。这个简单的组合让学生能够进入公共体块，在内学习和用餐，在卫生体块洗漱，最后回到宿舍体块的卧房休息。这3个体量的屋顶用于体育锻炼。此综合体风格的革新之处在于与学生们的日常生活产生了联系。建筑师扮演的角色是“一种新型的专业人士，首先是社会学家，其次是政治家，最后是技术员”[14]，并为居住者提供了一种体验日常生活的新方式。尽管俄国构成主义者把日常生活视为风格的一个组成部分，却在追求与过去彻底决裂的过程中，最终认同了李格尔的时期风格理论，从而丧失了自己从历史中获得的知识与经验。

左页：在纽约中央火车站的回音廊中的交叉拱顶的聚声效果促使人们想要缩到空间的角落里相互耳语。

在同一时期，艺术史学家海因里希·沃尔夫林（1864—1945）也接受了风格来源于“艺术冲动”（艺术意志）[15]的理念。然而，他并不认为风格起源于以线性或渐进方式发展演变的思想体系或艺术技巧，而是在“被民族性折射”[16]的视觉模式中，周期性地由艺术家获取。沃尔夫林认为风格的功能是用观察与再现的方式与每个社会建立共情的[17]。他设计了一个风格比较分析系统，并应用于16、17世纪的德国和意大利绘画、雕塑和建筑中。通过比较5对对立的准则，即“观看方式”——线描和图绘、平面和纵深、封闭的形式与开放的形式、多样性与统一性以及对象的绝对与相对清晰，他追溯了在这两个世纪之间每个国家的艺术思想的转变是如何影响其从部分到整体的艺术建构的。[18]例如，他提出，文艺复兴鼎盛时期的建筑（如罗马的坎榭列利亚宫）以及巴洛克时期的建筑（如慕尼黑的霍尔恩施泰因宫）都追求统一性，前者通过协调众多的独立元素如开间、窗户和壁柱达到统一，而后者的实现则是通过让开间（bays）、窗户和壁柱从属于一个集体运动的统一母题。因此，在前者中，单独的每个部分是被分开体验的，而后者则是多样化的整体。沃尔夫林关于风格的生成及其意义的定义，对于认识人类和建筑形式之间动态作用极为重要。但最终，和李格尔一样，他的关于特定民族或特定时期艺术家所追求的统一风格的理念，其实是基于一个已不复存在的统一性。

1932年，亨利-罗素·希区柯克（1903—1987）在他关于国际风格[19]的宣言中采纳了风格来源于艺术意志的理念。希区柯克反驳了赖特、伯利奇、佩雷特等早期现代建筑师提出的，艺术意图源于建筑师个人思想的理论，认为艺术意图起源于大规模工业化生产技术，所有应用了此技术的建筑形式都可被统一为对所处时代的体现。[20]这些技术包含的建筑形式的概念为：“体量，是由薄板与表皮所围合的空间，而非人们所说的体块与实体；它是规则的，而非对称或有其他明显平衡形态的；它依赖材料内在的优雅感、技艺的完美性、精巧的比例，而非附加性装饰[21]。”像沃尔夫林一样，希区柯克认为风格是预设的，且在不同建筑形式上都保持一致。对于沃尔夫林来说，其中规律是由观察以及再现的特定方式预先决定的，这对每个时代的艺术家来说是已知与司空见惯的，然而对于希区柯克来说，其中规律是由大规模工业化生产的需求决定的。因此，他在宣言中提出，建筑形式的统一比表达差异性更为重要。结果，到了20世纪70年代，盛行这种风格的城市变得越来越统一和均质化。

在同一时期，艺术史学家欧文·潘诺夫斯基（1892—1968）阐述了李格尔的时期风格论，不仅关注将艺术意志概念作为风格的起源，还关注将生产意义作为艺术意志的终极目标和功能。在包括《图像学研究：文艺复兴时期艺术的人文主题》（1939年）、《视觉艺术中的含义》（1955年）以及《风格三篇》（1995年）等众多著作中，潘诺夫斯基将风格定义为一种方式，用以对某一特定时期（如巴洛克时代）、媒介（如电影）或民族性（如英国）的物件和事件进行表达，并通过特定与相关学科的概念赋予其意义。因此，这一意义不可能从外部概念或直接体验中被揭示或推断出来，只有通过参考并置的建筑形式之间的共同属性，才能被辨别出来[22]。他提出：首先，为了确定艺术母题，要将基于实践经验所得出的在图像学出现前建筑形式的意义纳入考量；其次，为了确定题材，需要通过借鉴文学资料中的知识，来获取建筑形式的图像学意义；最后，为了确定艺术品的内在含义，需要对其进行图像学解释或象征学研究，这个过程需要运用“受诠释者的心理状态与世界观制约”[23]的“综合直觉”[24]。例如，他认为，将不同的哥特式建筑形式并置，能够揭示出，由圣托马斯·阿奎那的神学体系所代表的经院哲学已经影响了一个时期的建筑师的思想体系，这正是哥特式风格形式特点的起源。他的理论也因此与李格尔的有所区别，他把风格概念化为不同源头（例如某个时期、民族、媒介等）的汇集，而非单一起源的结果，因此人们不能通过与某一件艺术品的直接互动而掌握风格的意义，而是需要联系到文学文本，即通过“综合直觉”在别处定义的一个名称或实体，而这种“综合直觉”的来源从根本上是无从核实的。因此，潘诺夫斯基的方法避免将风格描述为民族的或种族的。然而，此方法并没有提及与建筑形式的实体存在相关的那些难以形容的特质，其意义最终并非参考了外部叙事，而是通过人们与其互动而直接理解的。

艺术史学家恩斯特·贡布里希在其《艺术与幻觉——图画再现的心理学研究》（1960年）一书中，认为单一性原则，如艺术意志，无法解释所有的风格变化，也不认为“时期风格”的观点是合理的，因为当一种新的风格出现时，既有的风格并没有消失，而是成为惯例。贡布里希认为，风格的改变源自艺术家们所采纳的从过去承袭的概念图式，它们被利用并改进以达到新的图像效果、回应特定的情形。例如，他写道：“如果康斯太勃尔透过庚斯博罗的画作观看英国风景……那么庚斯博罗就透过荷兰绘画观看东安格利亚的低地风景[25]。”因此，不仅新的风格是基于艺术家自身的意图和其所要表达的意义在不断的尝试与试错的过程中逐步发展而来，而且每一种风格都有助于其他风格或者是“艺术史”的形成。所以，尽管不可能将每一种变化都归结为普遍趋势或风格，但有可能表明，有史以来，艺术家对风格的逐步创新是有倾向或共性的。然而，对于潘诺夫斯基来说这些意义必须通过图像法分析来提取，对于贡布里希来说则是通过个人对艺术品的直接感知来获取，因为产生这些作品的概念图式（风格）就是以那些感受它们的人为受众的。从而，人们通过结合他们在画布上看到的东西与他们对世界和其他艺术品的了解，来理解每件艺术品。故此，意义并不先于艺术品而存在，等待被发现，而是通过人们与之互动随之而来或应运而生的。今天，贡布里希对风格的定义仍然是有意义的，因为他承认风格的多样性以及对风格的不同的诠释与解读，与先前的理论——风格是统一性的表现，其意义是预先设定好的——是不同的。

对风格的象征性运用在20世纪70年代以“后现代主义”的形式重新出现，这是对国际风格形式主义的一种反作用力。罗伯特·文丘里、丹尼斯·斯科特-布朗和查尔斯·詹克斯等建筑师提倡采用历史符号或寓意来实现“意义的丰富性”。[26]例如，在文丘里为他寡居的母亲设计的位于费城栗树山的住宅（母亲之家）中，他在建筑物的正面设置了一个中间断裂的山形墙，来凸显其背后的单向斜坡屋顶，同时反驳了整体性围护的理念，进而展现“混乱的活力”多于“显著的统一”。[27] 在山墙的后面，统一的正面印象被正面山墙与第二座墙（无山形墙）之间几个向不同方向倾斜的屋顶打破，因此，这座房子的规模在正面显得“巨大”，在背面则显得较小。这种对建筑物外观美学的运用完全脱离了其内部布局：例如，从外部看起来的一个大烟囱实际上是二楼中央的一个房间，而真正的烟囱则很小巧并偏离中心。房子的“后现代”风格创造了一个“装饰外壳”，它的目的仅仅是在观者的脑海中激发象征性的历史联想。到了20世纪80年代，后现代主义的风格被摒弃，也许是因为在这个日益多元文化的世界里，公众无法与建筑师们有相同的联想。

为了反对后现代主义的装饰外壳以及国际风格的一致性，解构主义于20世纪80年代兴起，其领军人物为伯纳德·屈米、马克·威格利和菲利普·约翰逊。与后现代主义将形式和功能分离开来的方法不同，他们提倡使用拼贴或几何碰撞的方式，在建筑物的功能、结构和空间方面创造独特的对抗性，以揭示其延异性（différance），[28] 或其不具备的特性，从而放弃了“固有的、稳定的意义”的概念。例如，彼得·艾森曼设计的位于俄亥俄州哥伦布市的韦克斯纳视觉艺术中心内，一个贯穿的三维柱网与一个类似于中世纪城堡的形态碰撞，这种形态上的互相抵触旨在解构城堡这一原型，并打破柱网的结构功能。从韦克斯纳视觉艺术中心可明显看出，解构主义在形式与功能之间引发的对抗性并没有在两者之间建立任何真正的互动，而是用来体现两者的对立以消解它们的意义。此外，就像迪朗的例子所展现的一样，几何形式的使用没有任何功能基础，与拼贴一起，仅仅被用作了一种统一的形式原则。假如20世纪80年代的城市建设中充斥着解构主义，那么国际风格的一致性也不过会被另一种一致性所取代：即分裂性。

对内部秩序的表现

风格除了被定义为对外部叙事的表现外，还可以是一种独立体系的表现，组成这种独立体系的建筑部件满足某些内在的、实用的功能——例如标准化的生产方法——而对于这些功能而言，美学考虑是次要的。这种“自主式”的方法可以追溯到19世纪，并被如维优雷·勒·杜克、波缇切、哈布希和沙利文等建筑师所采纳。对于建筑师和理论家维优雷·勒·杜克（1814—1879）来说，风格起源于材料的本质、建造的系统与建筑的功能。为了将这些协同因素合并成一个单一形式，他认为有必要将建筑隐喻为机器或有机体——其中既不多余、也不任意的各个部分通过协作以达到统一的目的。机器或有机体的隐喻因此成为每个建筑形式的统一逻辑，而人们对这种隐喻的体验将仅限于对其内在秩序和形式统一迹象的观察。

功能主义是将风格构想为对内部秩序表现的最著名的运动，它在20世纪早期与新技术、新材料以及对新的建筑类型（如工厂和高层建筑）的需求同时出现。功能主义的先驱者，如沃尔特·格罗皮乌斯、亨利·凡·德·费尔德、阿道夫·路斯、赫尔曼·穆特修斯和汉斯·梅耶，谴责了风格理念，也就是他们所指的在19世纪和20世纪早期处于至高无上地位的历史主义与寻求外在意义的理念。路斯断言，“风格对人们来说意味着装饰”，[29]只有从实用物品上去除装饰，20世纪的文化才能从此前的文化中得到演变。功能主义者在努力脱离对外部叙事的表现，将形式作为目的本身进行关注的过程中采纳了路易斯·沙利文1880年的格言“形式追随功能”。“建筑不是一个审美过程”，[30]汉斯·梅耶写道，“美”应该来自“纯粹的功能形式……与完美（执行和材料质量的完美）的结合”。[31]在制定德意志制造联盟[32]的准则时，穆特修斯认为“只有通过标准化，它（建筑）才能重新获得在和谐文化时代作为其特征的普遍重要性”[33]。到20世纪30年代中期，功能主义已成为将建筑形式的标准化而非日常生活的具体需求作为主要考量的代名词。这导致20世纪的城市普遍显得一致、重复和毫无特色，并表现出“对风格的绝对排斥”，正如西奥多·阿多诺的名言所示“自身已成为一种形式的风格”，这在德绍市的包豪斯建筑师们对简单的几何形状和红黄蓝三原色以及黑白两色的运用上可以看出，　也在路斯的设计中显现出来，他运用简单的长方形体量，外部总是涂上白色，并开设大小不一的窗洞，却不顾及满足居住者的特殊需要和习惯的内部设计。

19世纪晚期和20世纪早期的其他建筑师，如路易斯·沙利文和弗兰克·劳埃德·赖特等，都接纳了风格是对独特有机体的表达这一理念。受到维优雷·勒·杜克及其隐喻法理念的启发，赖特采纳了沙利文的格言“形式追随功能”，并宣称，在“有机建筑”中，形式和功能应成为一体。他利用有机体的比喻来表达一种理念，即“一座有知觉、理性的建筑物的‘风格’源于其独有的、为实现其特有目的而被赋予的整体性，此过程既包含‘思考’，也包含‘感觉’”[34]。他认为，有机建筑是一种沟通系统，是一种将室内空间、场地、自然材料、机械系统，以及家具和居住者整合在一起的统一语言。这种形式永远不可能片面地，或在某个片刻就被理解，而是通过人们穿行于形式之中而逐渐被体验的。因此赖特承认，风格与人之间的关系要比由维优雷-勒-杜克所暗示的被动观察更为复杂，但他也断言“有机”风格这种形式语言或系统，对每一种形式来说都独一无二，仅源自建筑师的想象。例如，位于宾夕法尼亚州的流水别墅，被赖特设计成了一座悬挑式的混凝土房子，沿山坡修建，仿佛是山峦的一部分，而纽约的古根海姆博物馆则是一个圆柱形的建筑，容纳在一个螺旋形的空间里。这种对每一种建筑形式的独特性的强调可能适用于私人住宅或博物馆，但对于那些在城市环境中需要重复的建筑类型（例如住宅建筑或办公室）来说，它则会阻止建筑师互相学习借鉴。并非每个建筑形式的每个部分都要相互有所区别，或与特定场地有所关联的。例如，住宅建筑难免面临许多相同的要求。此外，对建筑形式的所有元素和材料采用统一的建筑语言，将消除建筑形式作为相关但又不同的部件组合的可能性。

2. 问题和挑战

要在当代建筑的背景下重新思考风格，则有必要将其与任何可能不再有用或相关的历史功能区分开来。

对时代的表现

李格尔、沃尔夫林和国际风格的支持者认为风格是代表不同时代的载体。在每个时代，风格直到某一刻被一种新风格取代时才会改变。这种与前一种截然不同的新风格，直到被取代前都会一直盛行。在这个模式中，时间就像是一个被动或冻结的容器，容纳了历史上某个事件或时刻。这种风格理念将物件特征和建筑形式与某个特定时代联系在一起，却忽略了许多其他影响它们形成的因素，这些因素在本质上是可变的。

物件可以被视为集合体（manifolds）或复合体（multiplicities）[35]，以独立的、多变的力量为特征，这些力量本身不断变化，且随着时间的推移会产生质的不同。这是因为集合体的"度量原则存在于其他事物中，即使仅仅存在于它们内部展开的现象或作用于它们内部的力中"[36]。将对象作为集合体来重新认识意味着将它们看作在不同自由度内随时间变化的集合。

我们可以用M16步枪的历史来阐明这个理念。1965年至2000年间，在吸纳了对其前身AR15步枪（本身也是1960年发明的M14步枪的变体）所做的一系列改变后，M16成为世界上使用最久、最广泛的自动武器之一，仅次于AK47步枪。第一版M16，即1965式，具有三角形的护木，三瓣式消焰器，枪托无法装有清洁套，也没有复进助推器。1967式的XM16E1步枪增添的复进助推器在枪机框有对应的缺口，接收器的内置肋条可防止使用者不小心按下弹匣释放按钮，同时可关闭喷射口盖。M16A1步枪扩展了这个肋条，安装了30发的弹仓和一个装在枪托密封腔的清洁套，以便清除球状发射药，从而避免步枪卡壳，最早版本的M16就有此问题。1981式的M16A1E1步枪在20世纪80年代末更名为M16A2，采用了重型枪管与更快速的膛线；后瞄准器可调节范围和偏差；将护木从三角形改为圆形，以适合较小的手；采用触发模式，而非全自动射击模式，以保存弹药；采用新型对称护木以便军械库不需要区分备用护木的左

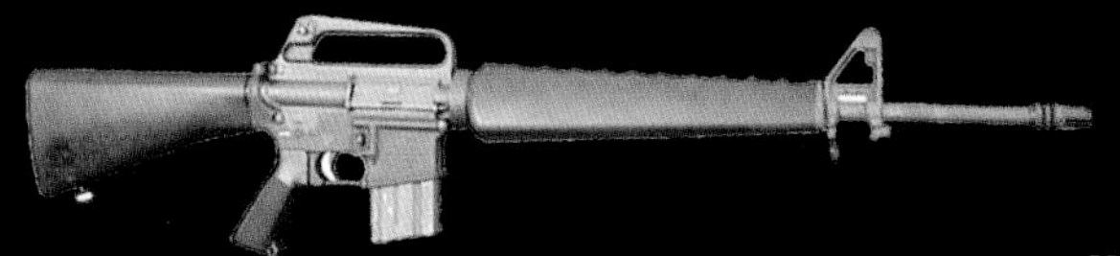

M16

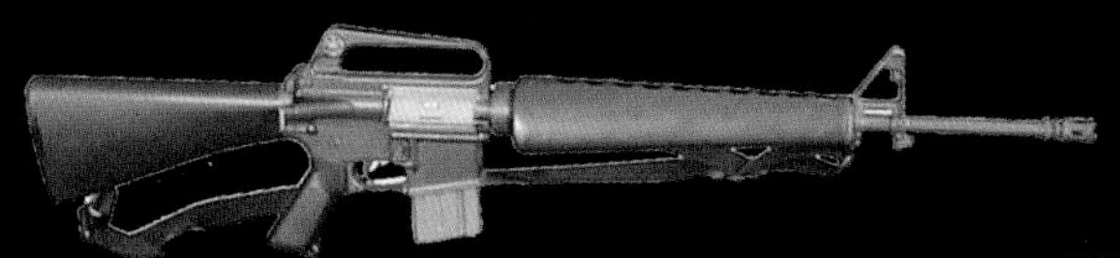

M16A1

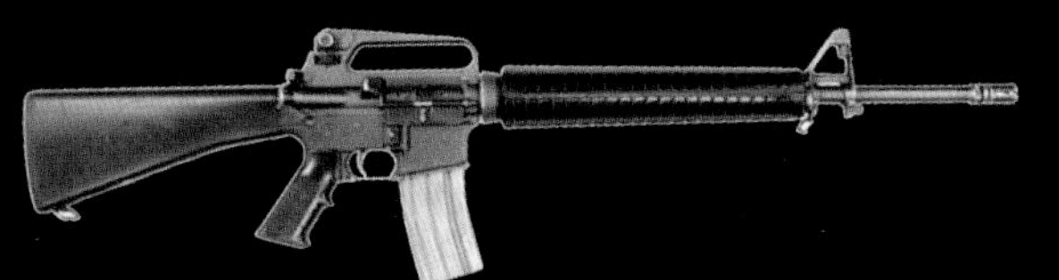

M16A2

M4

M16A4

右；采用锥形密封圈使安装和卸载护木更容易；手枪式握把上新添一个服务于中指的凹槽；采用新式枪托，包括一块全面做了防滑处理的聚合物枪托底板，以在肩膀上形成更强的抓力；以及将用于上部接收器的导壳板置于发射端口后方，以防抛壳时撞击到使用左手的枪手。

尽管已有了这些大量的改动，M16步枪的发展仍在继续。M4步枪（1994年）紧随其后，它是一个更短更轻的型号，但其部件80%与M16A2相同。到1996年，M16A3和M16A4式已经发展起来，它们与M16A2唯一的不同之处是可拆卸的旋转手柄，上部的接收器安装了一个皮卡汀尼型导轨，并且有可能安装各种各样的光学设备。因此，在每一支M16步枪中都有过去和当下的元素并存。也就是说，并非每支步枪都被重新创造出来，有些是改变组合元素或引入新的元素以获得新功能及不同的风格。

建筑形式的风格也会对外力做出反应。其变化可以来自结构工程、材料技术、制造技术、社会习惯、设计工具、环境法规、安全考量、交通问题或市场需求的发展。提升安全级别可能需要更改特定类型建筑形式的入口顺序，而新的环境法规可能要求对外围护结构进行一年一度的更改，暗示系统性变革的新社会习惯可能需要超过十年的时间来显现。因此，并非建筑形式中的所有元素都需要在特定时刻同时发生变化；同样，一些元素可能会以不同的方式同时发生变化。将建筑形式视为一个集合体或复合体——包括不同的元素，每个元素在不同时间被独立激活，并且/或者对不同的外力或需求做出反应——允许建筑形式参与“多层次”的变化过程并沿着不同路径发展。因此，每一种既有的建筑形式都可以被视为是一种关于整合了若干体现特定外力元素的理念。随后，这些元素可以被重新排列、添加或减去，以随着时间推移产生“不可预见的新颖事物”[37]。

对作者身份的表现

风格也被视为源于个人作品。对这一观点的最有说服力的分析出自拉斐尔 · 莫内欧的《理论焦虑和设计策略》※（*Theoretical Anxiety and Desigh Strategies*，2004

左页：M16步枪是一个可以作为具有多种形式或集合体的物件的例子，随时间的发展可自由改变配置部件。过去与现在的部件在该步枪的每个款式中共存，其中一些部件发生了变化，又加入了一些新部件，以获得新的功能和外观。

※重庆大学出版社出版的该书中文版书名为《哈佛大学的八堂建筑课》。

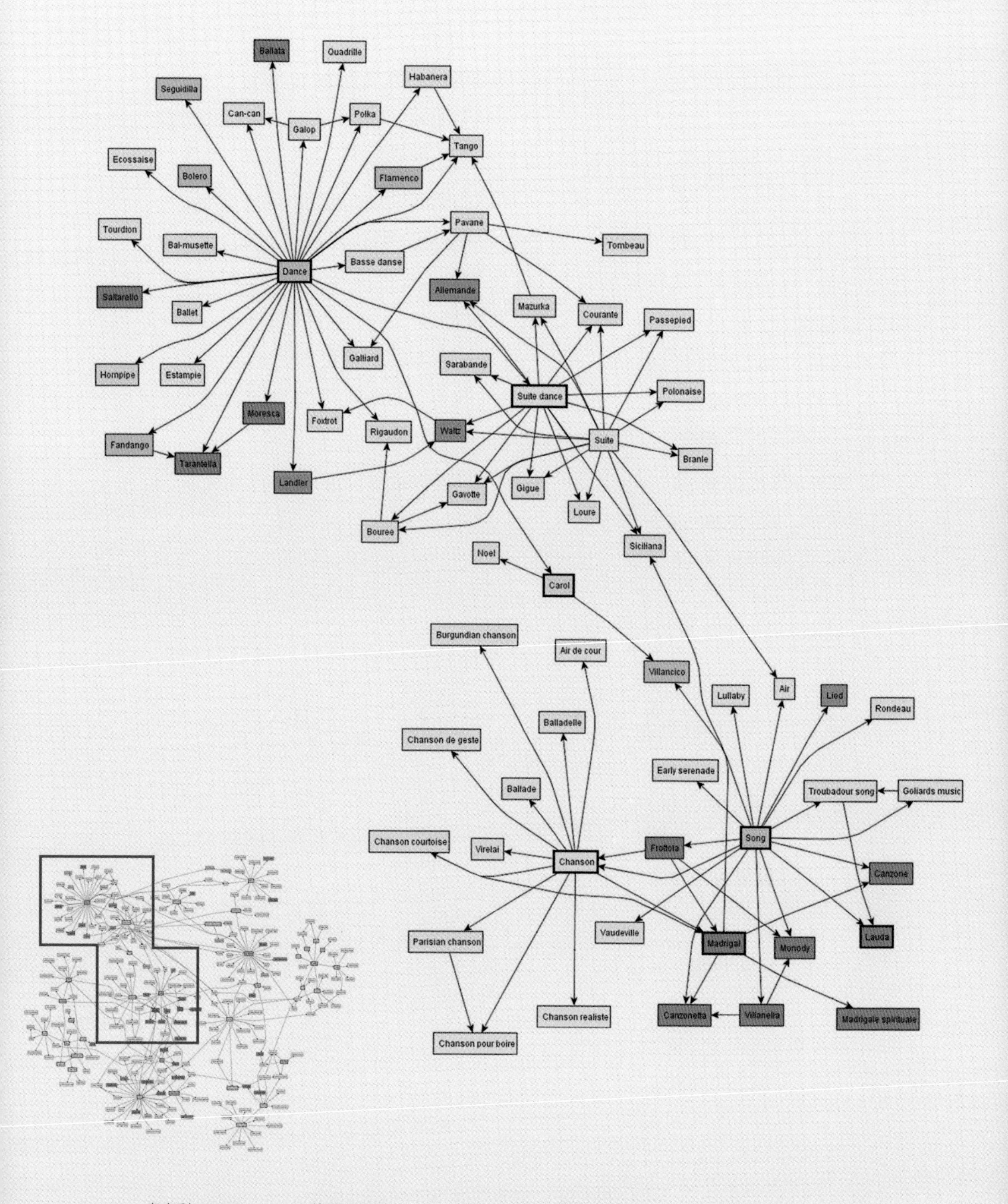

意大利　德国　法国　西班牙　英国　其他

年），他在其中很少使用“风格”这个词，即使提及也经常带有贬损的意味（如“随便的风格”或对“国际风格”的抗拒），这反映了他有兴趣将风格的一般概念由肤浅的形式主义转移到根植于建筑形态的组织与建构的策略上来。莫尼欧对“策略”很感兴趣，也就是他所指的“建筑师作品中屡次出现的机制、程序、模式以及形式技巧——即被建筑师用来塑造其建筑的工具”。[38]通过采用这种方法，他拓展了个人风格的概念，使其超越了对可被即刻识别的形式技巧的运用这个范畴。他在书中探讨了八位建筑师的作品，首先对每个人的职业生涯展开了总体讨论，总结了他们作品的广泛主题，即他们的个人领域，然后按时间顺序探讨他们的全部作品，以探索他们各自工作方法的起源。这些方法包括机制（如詹姆斯·斯特林用剖面或平面来生成形式、弗兰克·盖里运用三维模型使设计过程更接近建设的实体感）、形式技巧（如赫尔佐格和德梅隆建筑事务所对墙体的研究）、范例（如阿尔多·罗西对“类型”的使用、雷姆·库哈斯对摩天大楼及“社会容器”的复制），或程序（如彼得·艾森曼对概念网格的使用）。莫尼欧认为对这些策略的选用源于每个建筑师独特的思维，是从这种思维“理论焦虑”中产生并发展起来的。然后，他在每一位建筑师的职业生涯中追踪这些机制，以展示他们如何逐渐实现对个人风格的掌控。尽管莫尼欧承认风格是不断变化的，但其对风格的彻底的重新思考仍然有局限性，因为将风格视为建筑师的个人领域或私有财产的理念，没能认识到一种特定风格也有在其他建筑师之间传播开来并沿着其他路径发展的可能。

今天，我们要考虑的是，我们是否可以把某种想法归功于单独的某个人。因为人们不仅通过传统媒体，还通过博客之类的社交媒体等，对彼此的工作有大量了解。在文学和音乐领域，严格意义上的个人风格概念并不那么盛行。相反，文学和音乐的每一件作品都同时被分为两类：一类被称为流派，它将某篇文字或某段音乐定义为与一组共同的惯例（如一篇文章的背景、技法或情节结构，或者是一段音乐的区域、国家起源、技巧、器乐谱写和社会功能）相关，另一个单独的类别被称为风格，它识别出每一种流派中的个人美学选择（如写作中直接的、暗喻的或伦敦东区方言式的风格；

左页：图表展示新的古典音乐流派从既有流派中发源的过程，以及多种既有流派是如何促进新流派的产生的。

音乐中节奏、拨动琴弦的方式、氛围、旋律和力度的差别)。通过将任何人都能使用的流派作为创作“蓝图”,作家和音乐家可获得大量的创意。例如,摇滚音乐家们迄今为止发明了艺术摇滚、独立摇滚、车库摇滚、哥特摇滚、器乐摇滚、前卫摇滚、重金属和硬核摇滚。既有流派和风格的融合,也产生了新的音乐流派,如蓝调后来演变为爵士乐、灵魂乐和摇滚乐,后者最终又演变为朋克、嘻哈和说唱。许多作家和音乐家探索不同流派,而不是固守某一个,就像保罗·奥斯特一样,他的写作在侦探小说和传记文学之间不断转换,或者如猫女魔力(原名夏林·玛丽·马歇尔),她的音乐经历了不断的演变,起初是朋克、民谣和蓝调的混合,然后创作了几张受到灵魂乐启发的专辑,这之后创作的专辑《太阳》又是电子乐风格的。

流派和风格的可移植性使音乐家可以将任何时期或流派的音乐用作创新的源泉和工具。乐曲的产生要归功于独立创作它的每个艺术家,但同时,通过分享想法和技巧,艺术家们也催生并积累了大量的可被任何人使用的想法和工具。例如,电子音乐是从埃德加·瓦雷兹的电子原音磁带音乐、皮埃尔·舍费尔和皮埃尔·亨利的具体音乐、斯托克豪森和塞纳基斯的电子音乐中逐步衍生出来的。今天,任何人都可挪用电子音乐这一流派以对其进行发展或改变。

与定义了不同音乐流派与风格的无穷无尽的挪用与差异化的过程相反,建筑风格往往被视为特定建筑师的专属领地,这经常引发剽窃作品的指控。如指控阿什顿·麦克杜格尔的堪培拉国家博物馆的一个陈列室的顶部“影印”了丹尼尔·李博斯金为柏林犹太博物馆所做的设计,雷姆·库哈斯(大都会建筑事务所)设计的鹿特丹美术馆借鉴了加里斯·皮尔斯学生时代为伦敦码头区的一个市政厅所做的项目,福斯特事务所为阿联酋的马斯达尔开发项目所做的总体规划与大都会建筑事务所为同在阿联酋的拉斯海马通道所做的总体规划非常相似。这种将建筑师的风格作为其“招牌标志”或自治领域对其过分狂热的保护,抑制了思想的迁移和传播,以及由此产生的新思想的发展。把现在被贴上“复制”[39]或“模仿”标签的作品重新视为“共享同一个池子”,这将避免风格被捆绑到一个统一的美学经典或单一的建筑师身上。风格应该被视为块茎式的,任何人都可以利用它来进行新实验,或与想法建立新联系,以产生与建筑环境互动的新方式。

对国家性质的表现

风格的另一个历史功能是对国家或种族身份的表现。在李格尔的《风格问题》（他在其中提出风格源于一个特定时代或种族的艺术冲动）出版三年后的1896年，英国建筑史学家弗莱彻父子出版了《比较建筑史》[40]，在书中比较了不同国家建筑形式的平面、墙体、门窗、屋顶、柱式、线脚和装饰，并提出建筑的演变受到与国家有关的因素的影响："在该书中绘制的'建筑之树'将风格的演变与发展归结为从古至今受到6种因素的影响——地理、地质、气候、宗教、社会和历史因素。建筑在跨越时代的过程中不断进化、变形和调整以适应各国在宗教、政治和国内发展中不断变化的需要[41]。"

弗莱彻父子的分析表明：这种进化过程在西方与东方之间产生了一条分水岭，西方即为欧洲文化，从希腊到罗马再到罗马式，最终到现代主义这一直线发展而来，而作为对比的东方，跨越了包括印度、中国、伊斯兰文明，以及日本和中美洲各国在内的文明的发展。他们声称风格的起源之间也存在区别，西方建筑的特点源于结构，而东方建筑特点源于装饰风格和装饰物。由于文化的相对封闭，这种分析方法在20世纪初之前也许是可行的，但采用比较的视角去看现代主义产生后的建筑就揭示了国家间边界的逐渐消融，这是由广泛的自由贸易、资本流动的增加、跨国公司的崛起，以及技术、材料和设计师的流动性增强等现象所引起的。尽管《比较建筑史》一书至20世纪50年代已经再版了15次，但随着现代主义的兴起，它所使用的分析手法已经过时，因而被淘汰。

今天，国家身份的概念依然存在，比如在威尼斯建筑双年展上，不同的国家都有各自的展馆，人们期望每个国家通过建筑来"代表"自己。另一个证明"国家身份"概念的普遍性的事例，是中东的高层建筑常常被认为是对西方模式的不值一提的模仿。迈克·戴维斯在其文章《迪拜的恐惧与金钱》（《新左派评论》，2006年9月/10月号）中将迪拜描述为"施佩尔与迪士尼在阿拉比海岸的合体"，以及"巴纳姆、埃菲尔、迪士尼、斯皮尔伯格、乔恩·杰德、史蒂夫·韦恩和SOM建筑事务所的对建筑庞然大物幻想的混杂耦合"。的确，这些建筑的风格源自西方，而它们的大多数建筑师实际上也都是西方人，例如美国SOM建筑事务所设计的迪拜塔（现被称为哈里发塔）、德国建筑师罗兰·迪特尔设计的迪拜海底酒店，或者由新加坡缔博建筑师事务所设计的迪拜

卡尔·冯·德莱斯（德国）

皮埃尔·米尚和皮埃尔·拉勒门特（法国）

汉伦兄弟（英国）

詹姆斯·斯塔利（英国）

阿尔伯特·A.波普（美国）

“安全”自行车（英国）

约翰·博伊德·邓洛普（英国）

20世纪自行车（美国）

购物中心。但这种批评合理吗？我们今天可以把某种风格描述为“属于”某个国家吗？风格难道不可以被理解为异质的并来自许多国家吗？如果也这样批评其他建筑物会发生什么呢？比如起源于法国，但随后传遍整个欧洲的哥特式教堂建筑；或者在中东诞生，随后被西方采纳与发展的圆顶。

要确定哪个国家可以正当地声称自己是现代自行车风格的发源国也同样困难。从诞生之日起，自行车作为一件物品就被不同的国家使用，每个国家都采纳并改造了先前的样式。在19世纪早期，德国设计师卡尔·冯·德莱斯男爵发明了脚踏两轮车（Velocipede），它是一种带有单轮和车座的精巧装置，没有踏板，骑手们通过用脚蹬地面来驱动前进。此后，巴黎的皮埃尔·米尚和皮埃尔·拉勒门特进行了改进，将脚踏安装在前轮上，并将曲柄固定在前轮毂上。1868年，纽约的汉伦兄弟在拉勒门特的设计的基础上添加了橡胶轮，以改善减震效果。19世纪70年代早期，英国的设计师通过引入辐条扩大了车轮。考文垂的詹姆斯·斯塔利发明的阿里尔式（Ariel）自行车被复制了20年，直到1878年被康涅狄格州的阿尔伯特·A. 波普再次修改了其设计。由于骑手们的重心处于大前轮稍微靠后的位置，为了防止骑手由于惯性的作用向前翻过车把，“安全”自行车便应运而生，它有两个大小相同的车轮、一个链式驱动器和齿轮。19世纪90年代，苏格兰的约翰·博伊德·邓洛普发明了一种带有改良刹车的充气轮胎，并分别在英国和美国申请了专利。到1899年，自行车不仅满足了对廉价个人交通工具的需求，而且还带动了许多材料和零部件的开发，它们后来被汽车设计师们挪用，比如球轴承、差速器、各种飞轮与换挡设备、钢管和充气轮胎。现代自行车的“集体创作”证明，一旦风格不再被视为专属于一个国家，从不同物件中获得的创意就可以被自由挪用以催生某种奇异的物件，就像脚踏车的例子所示，它可能起源于某一个国家，但每个版本本质上都是不同的，因此都具有创新性。

建筑的形式同样也不能只与特定的某个国家联系在一起。以高层办公建筑举例：芝加哥10层高的家庭保险公司大楼（1885年）是第一座在铁框架中加入钢材以部分支撑外墙重量的高层办公建筑，而芝加哥的兰德-麦克纳利大厦（1889年）是第一座

左页：自行车的历史样式。每个样式都在已有样式的基础上进行更改，创造新的样式。

全钢框架的摩天大楼。这些高楼里的工作者享受着更多的日光和城市风景。纽约的美国担保大厦（1895年）紧随其后，将钢框架结构的高度增加到20层。然而，其结构框架与建筑古典风格的美学外观截然不同。1921年，路德维希·密斯·凡·德·罗在他的弗里德里希大街摩天大楼方案中（1921年，第157页）设计了一套全玻璃幕墙的全钢框架建筑，并将此结构与柏林建造基地的三叶状的楼层平面和一个核心筒结合起来。波纹状的平面形状增加了建筑的周长，再加上全玻璃幕墙，使办公室及中央交通核心筒获得了更多自然光与外部视野。然而，波纹状平面把巨大的楼板分割成3个独立的工作区域。

不久前，吉隆坡的石油双塔（1991年，第159页）和圣彼得堡的俄罗斯天然气工业股份公司总部大楼（2011年，第161页）从弗里德里希大街摩天大楼方案中借鉴了设计思路，并引入了新的理念。石油双塔将建筑的结构局限在塔楼的核心筒和外围之间，16根圆柱形的高强度钢筋混凝土柱，与混凝土环形梁相连，形成一个“软管”。在第38和第40层，这些柱子通过混凝土的外置梁与混凝土核心筒连接，以提供额外的结构刚度和最大限度的通透性。石油双塔的星形平面与弗里德里希摩天大楼的平面相似，波纹状平面在增加了周长的同时也使沿建筑周界布局的工作站的面积得以扩大，从而使更多工人可以享受到自然光和城市景观。然而，弗里德里希大街摩天大楼方案将楼板分成了3个独立的工作区域，但石油双塔的楼板提供了可被细分或被用作一个完整互动的开放式布局空间。俄罗斯天然气工业股份公司总部大楼使用的是与石油双塔相同的星形平面和结构系统，但其平面与波纹的规模都更大，可将自然光和视野更深地引到楼板上。此外，塔楼随高度的增加而扭曲与变细，因此楼板面积大小不一，形成了不同的出租区域与不同类型的租户，也增加了建筑对横向地震和风荷载的抗力。因此，正如知识从一地到另一地的迁移推动了自行车的演变一样，在建筑领域，反对建造形式属于特定国家的这个概念，可以使得源自这些国家的想法被应用于其他情境，从而推动内容丰富的、具有创新性的形式的产生。

对统一性的表现

自19世纪以来，建筑一直蕴含着风格作为统一性的理念。它存在于一座建筑的所有部分[42]，如维优雷-勒-杜克的作品，或建筑组合中，一组建筑之间的相似性代表它们所属的文化或时期，如李格尔和沃尔夫林的作品、国际风格、风格派，或者俄国先锋主义的作品。

但是今天的分形文化并非根植于一套统一的起源，不能被视为一个统一的整体。相反，分形文化是来自交叠领域中——如美学、人类学、经济学、哲学、社会学或科技——的多种起因的产物，每个领域在面对全球化带来的持续变革时，以不可预测的方式发生着变化。今天的建筑个体也不可能是统一的，因为它们的功能不仅与其内在秩序有关，也受到更多外力的影响——即要求它们达到的更高的社会和环境性能。建筑是复合性的，由许多成分不同的元素组成，这些元素由建筑师以特定的方式组合起来，以纳入作用于它们的动态的外力，并为它们所容纳的活动提供平台。因此，风格不能在一个类比或隐喻的框架内加以考量。这是一个创造性的过程，每一次都将元素的每一种组合凝聚成针对每一种环境的单一建筑形式。最终，通过建筑形式所获取的文化体验，从代表统一性的理念中被移除，而成为将文化视为异质化的和不断变化的世界的产物的体验。

自20世纪90年代中期以来，文化统一性的理念在其他领域也受到质疑。任何一座当代艺术博物馆中所能看到的各种各样的艺术形式、媒体（视频、数字媒体、声音、书籍、短暂存在的媒体——如特定场地的装置和表演艺术），以及其多样的规模，都代表了一种重大转变。例如，20世纪80年代的概念艺术，“关注”被视为文化标志的艺术。斯蒂芬·吉尔的《失望系列》（2008年）是从哈克尼的博彩店收集的废弃投注单的照片集。《中枪倒下的人》是德国艺术家格哈德·里希特以巴德尔-皮因霍夫团伙为主体创作的系列画作之一，描绘了恐怖组织红色军团创始人之一安德利亚·巴德尔之死，将图像进一步虚化，从而隔断了作品中人物与观众直接交流的可能性。卡斯特·奥莱创作的名为《倒置的蘑菇屋》（2000年）的大型蘑菇雕塑通过反对被固化或容易理解的多种解读而营造出一种不确定感。在由视频艺术家道格拉斯·戈登和菲利普·帕雷诺制作的一部特别的电影《齐达内：21世纪的肖像》（2006年）中，17个同步摄像机在2005年4月23日举行的皇家马德里对阵比利亚雷亚尔的比赛中一直追随着法国足球明星齐内丁·齐达内的身影。伊米莉亚·伊斯基耶多的系列作品《我不坏，我只是被画成那样而已》（2014年）关注了自我形象、个人欲望和媒体形象的分裂。在伦敦蛇形画廊展出的《512个小时》（2014年）中，玛丽娜·阿布拉莫维奇探索了空无性和非

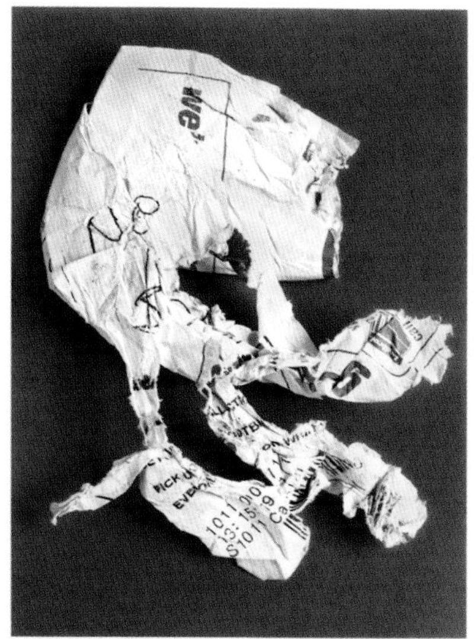
斯蒂芬·吉尔:《失望》

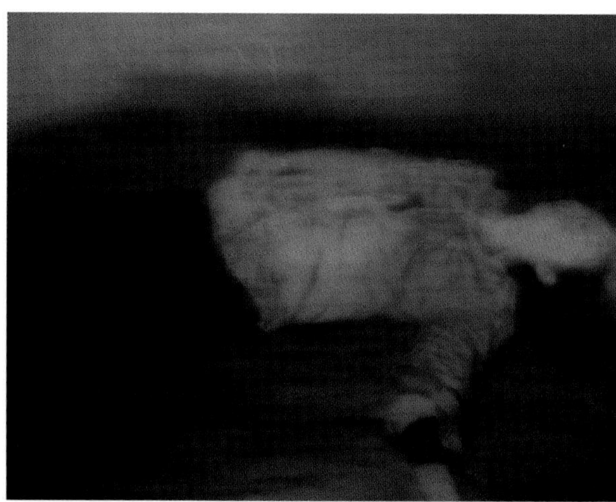
格哈德·里希特:《中枪倒下的人》

卡斯特·奥莱:《倒置的蘑菇屋》

道格拉斯·戈登, 菲利浦·帕雷诺:《齐达内: 21世纪的肖像》

玛丽娜·阿布拉莫维奇:《512个小时》

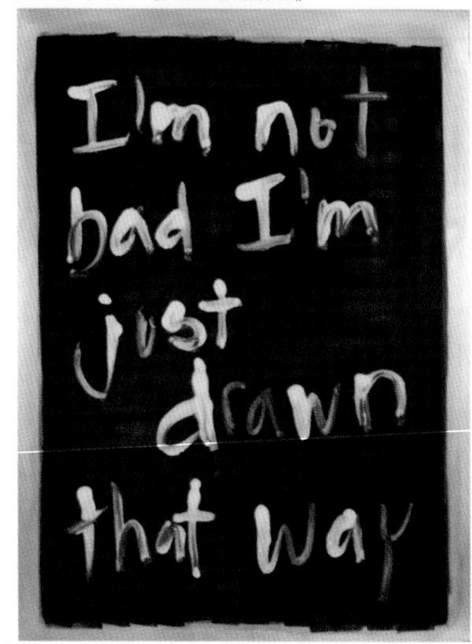

伊米莉亚·伊斯基耶多:《我不坏, 我只是被画成那样而已》

物质性的概念。她独自出现在画廊中，身边是一些道具，观众在入场前被要求上交携带的物品，并戴上耳机以隔绝所有外部声音。这些作品展示了当代艺术家如何在微观尺度上关注文化，利用其异质性呈现出一幅高度复杂的当代现实图景。

本书对始于20世纪90年代的建筑项目的分析，表明当代建筑就像当代艺术一样，是在文化的微观尺度而非在自身的宏观尺度上，回应了多种力量和关注领域。例如，建筑师并非通过简单地将数码工具引入建筑形式以代表“数码文化”来响应互联网的兴起与其对文化的影响，而是在不同的建筑形式中采取了不同的手段。比如说，办公建筑通过将关注点从提升效率转移到促进员工之间的互动和偶遇，来响应新技术与人们对超连通性的渴求；购物功能的建筑，如商店、百货、购物中心或购物卖场等，通过由选择和便利的提供者到游乐场所之间的角色转换，响应了交互式电视、移动互联网和宽带的存在；随着电子书和在线杂志的兴起，公共图书馆在其社区担负起了一个更为宽泛的职能，不仅继续为个人提供书籍和阅读空间，也为正式和非正式会面提供空间，以满足独居者的持续增加和越来越多的流动人口对社区会面地点的需求；在教育类建筑传统的单向课堂中，学生们成排或呈U形，面对老师而坐，听取其授课的同时，个人的独特需求或兴趣也被忽略，作为补充的非正式学习空间弥补了这个问题，不仅关注了知识的传播，也为主动学习活动如个人作业或以辩论、讨论和团队协作为形式的社会互动或同伴之间的合作提供了空间。

互联网只是影响了建筑形式与当代文化关系的力量之一。本书不同章节也对其他的力量进行了具体阐释，尽管不可能全面覆盖所有主题及其引发的考量。建筑形式的设计需要在微观而不是宏观尺度上与文化相结合，以发掘相关的多种力量和关注点，并创造出专门针对这些主题的组合。

3. 风格的非表现性方法

如果没有外部叙事来为风格提供基础，剩下的就是原始的存在，即建筑形式的实体——它们独特的美学存在。

左页：当代艺术组图，展现当代艺术在日常的微观层面关注文化，以体现各种各样、极为不同的当代现实体验。

效果

每当建筑师整合了某种建筑形式以服务日常生活的某项活动（工作、购物、做运动、旅行、做研究等），他们都需要决定什么是听得到或者听不到的、可通行或不可通行的、可见或不可见的、可触或不可触的、封闭或开敞的、固定或可移动的、透明或不透明的，以及呈现的颜色、几何形状和结构。

这种呈现表现为一系列效果[43]或强度（intensities），从形式的“此性”（thisness）向外扩散，期间不传达或象征任何特定意义。效果是有目的性的、非具象性的——它们的目的在本身，而非自身之外，就像先于文字存在的语言，或一种被不同人以不同方式理解的间接的发言形式。效果是开放的，而并非有特定指涉，[44]这个事实暗示人们对建筑师与使用者个体间关系的理解发生了转变。与其将建筑师视为“指称的创造者”，将使用者视为“被动的接受者”，反而有必要意识到两者间不存在直接联系。

指称（signification）是一件物品传递信息的过程，如功能主义者的格言“形式永远追随功能”所示。而另一方面，意义（significance）则取决于某人如何挪用与利用某件物品。指称意味着向被动的个人传达先决的含义，意义却在互动中不断演变，因人而异，并随情境的改变而变化。由于当代社会缺乏普遍共识，建筑形式不可能通过指称来传达所蕴含的意思。然而，意义的产生为建筑形式提供了一个参与含义建构的途径。

如果意义的生成为建筑形式指出一条如何获取含义（meaning）的途径，那么吉尔伯特·赖尔[45]对“知道是什么”和“知道如何做”的区分清楚地解释了人们如何理解这些含义。“知道是什么”，例如传达事实的能力，是对既有能力或知识的思考。这是指称中产生的一种被动的知识。另一方面，“知道如何做”是通过体验特定事件、环境或与其互动而获得的能力或知识。因此，它是一种人们之间心照不宣的了解，[46]是一种对潜意识决定了我们的期望和行为的客观世界进行解读的纲要。例如，从建筑形式的角度来看，“知道如何学习”可能需要让学生参与到一个包括教室、学院和教师的集合中。“知道如何进行体育运动”可能需要让运动员参与到一个包括体育场、其他运动员和教练的集合。“学习如何演奏音乐”可能需要让音乐家参与到一个包括音乐

左页：FOA事务所设计的项目英国莱斯特市电影院（Leicester Cineplex）中，其镜面不锈钢的幕墙覆层产生的反射性眩光和变形都使人们忽略了建筑本身——很多内向型（inward- looking）建筑都是如此的，不少行人会在电影院附近停留，并向这座建筑注目。

厅、乐器和音乐教师的集合。成为某个集合的一员并不需要特殊的知识或技能，然而，它也不意味着一种被动状态（如在接收信息时）。

建筑形式传递了一系列效果，这些效果受限于形状、材料、组件大小、结构系统、照明、通风、声学和规划等因素。这一系列效果向个人展现了一系列不相干的，有时甚至相互矛盾的需要努力理解的效果，而不是某个信息或一组事实。例如学习如何在建筑内通行、学习如何参与其中的活动和事件等。人们难免会将这些效果与其对周边环境的观察，或与源于个人情况的其他情境中的经历联系在一起，这些个人情况包括心理机能、文化背景、教育经历等。个人与建筑形式（主体与客体）的接触影响了他（她）对建筑的理解[47]——隐形的知识与未加思考的联想[48]——进而影响了他（她）应对日常生活的思考或行为方式，以及人们从建筑形式联想到的不同含义。通过将风格视为一系列效果，建筑形式才能与非表意符号学[49]联系起来，在不需要共识性的理解模式的条件下，邀请人们以新的方式参与日常生活。

将效果视为重构日常生活的政治学

建筑与日常生活的关系一直是20世纪一系列建筑理论与运动的中心问题。有些人把日常生活视为用来创造一种新的主导性的或人们一致认同的法则的领域，例如俄国前卫派就曾提议利用形式或功能的解决方案将日常生活导向集体化和统一化。而其他人则批判由资本所导致的日常生活政治化，并试图把它拉回个人的控制之中。比如亨利·勒菲弗在《日常生活批判》（1947年）中呼吁城市居民从资本主义生产模式中重新取回城市空间的生产权；或者居伊·德波在《景观社会》（1967年）中试图通过鼓励人们参与漂移（dérives，字面意义为“漂流”）来打乱资本主义的空间组织；或米歇尔·德·塞托在《日常生活实践》（1980年）中把日常生活设想为机遇的来源，从实用物品到道路规划、仪式、法律和语言等源于主流文化经济的客体都可以被个人再次挪用和调整，以服务其自身利益；[50]艾莉森和彼得·史密森夫妇所实践的“现成（as found）”美学，极少关注谁在控制日常生活，或试图通过设计控制日常生活，而更多地考虑在不受或少受建筑师干预的情况下，通过选择与并置建筑材料，创造出作为日常生活直接产物的建筑。这些不同的提议把日常和政治学看作相互影响但本质上截然不同的领域，要么是把激进的隔阂设想为将日常生活政治化的方式，要么是把日常生活视为一种新的美学并接纳它。

更近些时候，哲学家雅克·朗西埃提出，政治学和美学本质上是相关的。在《政治和美学》（2010年）一书中，他提出美学的实践，或对可感物的分配，描述了可见物的组织，并构成了能够被感官理解的感知、思想、活动的条件，因此，美学决定了个人参与日常生活的可能性。对朗西埃来说，政治性意味着在以传统方式被理解或被指定的空间中引入干扰或"异议"元素，即对可感物的重新分配，这样主动的接触就会取代被动的参与[51]。因此，政治学是一种美学制度，而美学本质上也是政治性的。

两类个体参与了对建筑形式的审美体验：一类是建筑师，他们通过某种特定的方式在空间上排列或整合建筑形式的元素；另一类是个人使用者，他们通过习得经验的过程来使用或居住于建筑形式，并根据自身习惯对其进行调整。要更具体地了解建筑师能在何处，并如何通过美学与日常生活的政治学建立联系，就有必要研究建筑形式的组合与日常生活之间的关系。

每一个满足日常生活需求（例如居住、工作、学习、阅读、做研究、观看展览、观看表演、观看体育比赛、购物，或乘坐飞机）的建筑形式，都是一个集合体，由无数因外力影响而不断变化的元素组成。尽管不同领域的专家会对不同的元素与其不同功能（经济、社会、生理方面的）向建筑师提出建议，但最终是建筑师将所有的这些元素整合成一个连贯的建筑形式，并决定了其美学的呈现。

随着时间的推移，建筑形式重复出现，某些组合的惯例或规则也逐渐演变（例如体育场馆座位的布局、公寓房间的布局、教室的布局），这使得使用者在其生活中形成了某种行为习惯，但是习惯可能会导致被动性。因此，建筑师的能动性在于哪怕仅从微观尺度上打破建筑形式的整合惯例，从而使个人从对建筑形式几乎不可避免的、习以为常的理解与响应方式中解脱出来。通过对惯常的布局方式进行重新设置，建筑师可以在人们与日常生活的活动之间创造新的接触，通过激活人类觉察陌生事物的自然冲动，并激发其有创造性的响应方式，从而打破习惯。

横滨港口大栈桥国际客轮码头由FOA建筑事务所设计，笔者曾担任该事务所总负责人。该建筑的设计风格要打破客运码头枢纽建筑中典型的、导致它们与日常生活隔离的"纪念碑性"。为此，客运中心的设计与城市港口的景观融为一体并被用作公共空间。其交通系统没有提供客运枢纽内常见的专门的、孤立的路线（这些路线的首要

考量是引导旅客找路，同时抑制或避免旅客做出其他选择），而是由一系列互相咬合的路径组成，旨在增加旅客个体之间的接触机会，并为其提供多种选择。一些路线直接通向船只，而另一些则通向屋顶广场或多功能大厅。当建筑被用于开展公共活动而不是服务旅客时，路线还引导人们通过停车场到达海关和出入境大厅。

这个客运中心是长跨度的拱形钢结构，而不是一个典型的长形建筑中经常重复出现的柱梁结构。最终效果是一个灵活的、无柱的空间，内外部之间无缝过渡。它因此成为一个有顶棚的公共空间，并可用于旅行之外的多种用途。在这个多功能空间中，所有的机械装置和行李处理单元都被隐藏在结构体和抬高的木地板系统中。自动服务终端机充当出入境"边境"，并被组装为带轮子的移动单元，颠覆了典型的死板的边检布局，使客运中心具备了超越常规的功能。为了进一步增强内外部的连续性，整个建筑中只使用了3种材料面层。作为结构、交通、机械服务装置和材料面层的集合，客运中心的停车区传递了平整性、开放性、轴向性与效率性的效果，候船厅具有拱形、褶皱、斜向、不对称和目的性的效果，而广场展现了起伏、平滑、景观、山谷、山峦和游憩的效果。

为旅客和非旅客而设的区域交叉产生了一系列效果，它们以一些客运码头枢纽建筑中不常见的方式被旅客与公民挪用。开放的、灵活的候船楼层可为音乐会、市场、时装表演和书展提供空间；屋顶广场用于举办聚会、车展、啤酒节、新年焰火晚会、婚礼和户外音乐会；停车场可作为跳蚤市场。在屋顶广场上的许多位置，封闭和开放的一系列效果往往会激发公众就地而坐，进行绘画创作。因此，摒弃码头建筑传统的"纪念碑性"，不仅改变了人们来到客运中心时对旅行的思考方式，而且还启发他们以意想不到的方式参与到客运中心的实体环境中来。

建筑师不可能精准地决定某一系列效果对每个人的影响。然而，通过对要在日常生活的某个特定情境中营造何种效果进行筛选，建筑师们可以打破人们通常理解建筑形式的惯例，并启发人们在参与习得经验的过程中以新的方式运用自己的身体。

左页：FOA建筑事务所设计的横滨港口大栈桥国际客轮码头，其封闭与开放并存的效果组合常常促使大众在此停驻作画。

挪用所产生的无穷无尽的形式

为了改变掌控建筑形式的实体元素和其日常使用之间关系的惯例——如办公大楼里工作区的布局、机场航站楼的入境柜台的位置、住宅综合体的公寓的入口或体育馆内碗状观众席的斜度，首先必须从既有建筑形式中挪用它们。这些惯例一旦脱离了它们的来源（作者、日期、位置），就可以基于为每种新情境所做的策略性来选择，以不同的方式被激活。这个挪用的过程消除了人们、地点和时期之间的边界概念，并承认建筑形式不必非得是全新的创造或者简单的重复。

本书中对当代项目的比较分析揭示了组合这些建筑时所依据的共同理念或思路。例如，在办公大楼的案例中，我们可看到：有中庭的高层办公建筑（办公—塔楼—中庭），有外围中庭的高层办公建筑（办公—塔楼—外围中庭），有中央核心筒的高层办公建筑（办公—塔楼—中央核心筒），有非对称核心筒的高层办公建筑（办公—塔楼—非对称核心筒），有中庭的办公大楼（办公—大楼—中庭），有外围中庭的办公大楼（办公—大楼—中庭），有分楼层的办公大楼（办公—大楼—分楼层）等。每个例子中的项目都采纳了共有的思路，并以互不相同的方式对其加以运用。彼此的差异突显了每个项目的独特性：即对运用一种建筑形式时所形成的惯例或习惯的可能性进行瓦解的具体方式。以下概述的4组项目从共有思路中发展出自己独特的风格：办公大楼的波形楼面、多层博物馆的叠拼陈列室、住宅板楼的连续阳台，以及办公大楼的外围中庭。

波形办公室楼面

西萨·佩里在吉隆坡石油双塔（第159页）中将波形引入办公室楼面，相对于传统的矩形楼面来说增加了楼面的外边缘长度。波形的运用并不是一个全新的概念，而是在更大的尺度上挪用了位于柏林的由密斯·凡·德·罗设计的弗里德里希大街摩天大楼方案（第157页），其三角形底座产生波纹并形成了尺寸朝中央核心筒逐渐缩小的3个部分，从而将自然光与外部景观引入办公层的深处。然而，密斯的设计创造了3个独立的办公侧翼，杜绝了大型开放式工作区，佩里的圆形楼面却在核心筒周围形成了一个条带状的连续空间，它可以被细分为一个个独立的办公室，也可以被用来营造一种开放式的办公区域，以促进员工之间的互动。

在圣彼得堡的俄罗斯天然气工业股份公司总部大楼（第161页）的设计中，RMJM建筑事务所运用了同样的原理，采用了相同的波形楼面。整座弗里德里希大街高层住宅的波纹的尺度是保持不变的，使得出租的楼层面积完全一致，不受高度变化的影响。而吉隆坡石油双塔的波纹尺度却从底部到顶部略微减小，产生了6段大小略有不同的波形楼面。俄罗斯天然气工业股份公司总部大楼平面布局的波纹的形状和大小从塔楼底部到顶部不断变化，不仅导致每层楼面板形状和大小显著不同——可以适应不同类型的工作安排——而且反映在塔楼的形式上，锥体与风荷载对抗的方式会逐渐优化。虽然吉隆坡石油双塔和俄罗斯天然气工业股份公司总部大楼都有波形的办公空间，但它们通过不同的方式参与了工作场所建筑的政治学，创造了一种高层办公大楼的惯例（其波形在平面与剖面上是不同的）和新方式之间的互动。这种新方式远离了弗里德里希大街摩天大楼方案的透明度、分割、断面一致和均匀性的效果，而更追求吉隆坡石油双塔的不透明度、连续性、退台、多样性的效果或俄罗斯天然气工业股份公司总部大楼的反射性、扭曲、差异性和漩涡的效果。

多层博物馆的叠拼陈列室

SANAA建筑事务所设计的纽约新当代艺术博物馆（第419页）将五个陈列层和一个行政层上下堆叠，每一层都稍微偏离了前一层的水平面。为了达到这一效果，他们有意无意地采用了莱斯卡兹和豪在纽约现代艺术博物馆（MOMA）设计方案（第417页）中运用的水平面不同的陈列室和自然光的设计惯例。不同的是，现代艺术博物馆方案将分开的陈列室紧靠外部交通核，以直角角度相堆叠。这使每一个陈列室都与紧邻其上的陈列室之间留出了一个独立大区域，自然光与人造光可通过此空间所形成的光混合室被引入陈列室，使整个建筑的天花板都得到均匀的照明。在新当代艺术博物馆里，陈列室体量之间的挪动则是通过略微位移到某一边实现的，这就将自然光引入了每个陈列室的角落，而不是使其均匀地分布，这种布局更适合展示不需要均匀光照的新媒体艺术。此外，陈列室体量的交替位移转移了不同楼层的自然光的位置，改变了人们在不同楼层与艺术的互动方式。另外，对现代艺术博物馆来说，其呈直角堆叠的陈列室需要一个外部框架来支撑悬挑的体量，而新当代艺术博物馆陈列室之间的较小的位移则使它们能够相互支撑，避免了对外露结构的需求。这就使新当代艺术博物馆的外观与由暴露的外部框架支撑陈列室的现代艺术博物馆相比，更加柔和。现代艺术博物馆方案中的交通系统和新当代艺术博物馆的也很相似。两者都将电梯作为博物馆内的主要交通方式，并将防火梯作为另一交通手段，是完全封闭的，与参观陈列室的体验脱离。如果博物馆很拥挤，人们进入陈列室楼层的时间就会推迟，但防火梯也为人们穿越不同楼层提供了捷径，避免了以楼梯连接博物馆不同楼层的强加的线性关系。

努特林斯-雷代克建筑事务所设计的多层建筑——安特卫普河边博物馆（第421页）也运用了将陈列室上下堆叠的手法。在这个案例中，建筑9层中的7层是围绕中央核心筒旋转的，每一层都有一个开阔的平台，组成了博物馆盘旋向上的一部分，并作为通往陈列室的第二路线，以及一个俯瞰城市的公共平台。这种在立方体体积内进行叠加和旋转的技术不会给陈列室带来自然光线——它们采用人工照明——但是，螺旋上升的漫步道拥有充足的自然光和景观视野，它鼓励游客走漫步道，体验不同的楼层。尽管都运用了堆叠的策略，可这3座博物馆通过选择不同的叠拼陈列室的方式，改变了与观赏艺术相关的传统，以及人们对城市博物馆建筑的理解。如果纽约现代艺术博物馆的设计方案被付诸实践，它就能传递出堆叠、刚性、重复、不透明度和自然照明的效果；新当代艺术博物馆呈现出堆叠、分层、差别化、不透明和自然照明的效果；而安特卫普河边博物馆则展现了堆叠、螺旋上升、半透明与人工照明的效果。

住宅板楼的连续阳台

住宅板楼通常由沿着一条昏暗的内部走廊排列的单面开窗公寓组成，带有凸出或内凹的小阳台。FOA建筑事务所的卡拉万切尔住宅综合体（第65页）与密斯·凡·德·罗的魏森霍夫住宅大楼（第63页）类似，两者都增加了交通核的数量，由两套而不是许多公寓共享一个交通核，这使人们不再需要在又黑又长的内部走廊里经过其他住户的房门才能到达自己的公寓。这种布局意味着公寓可以被组合为双面开窗公寓，使公寓具备了通风性与好的采光，也提升了私密性。然而，卡拉万切尔的住宅单元装有顶到天花板的落地窗，传递了内外部的连续性，而魏森霍夫住宅大楼的条状窗户则产生了一种内在性的效果。此外，魏森霍夫住宅内部设置了承重柱，而卡拉万切尔的分户墙之间只有横墙和地板，免除了住宅内部墙体的承重功能，便于居民灵活规划内部空间。不同于魏森霍夫住宅突出的小阳台，卡拉万切尔在每个单元的端头引入连续的阳台，同时增设了竹百叶落地窗。当居民在一天内将其打开或关闭时竹百叶落地窗就形成了不断变化的外观，如同“骰子面般多样的感觉”[52]，当其封闭时，阳台成了凉廊和室内的延伸，传递了内外部连续性效果。当公寓的百叶窗全部关闭时，它们掩盖了单元间和不同楼层之间的分隔，为整栋建筑物营造了无尺度的效果；当只有一些百叶窗打开时，建筑物会产生差别性与多样性效果。因此，魏森霍夫住宅大楼传递的昏暗、双向性、不对称性和外露性效果被卡拉万切尔住房所展现的一连串效果或风格所颠覆。

FMA建筑事务所设计的拉德芳斯南泰尔住宅项目（第67页）也由双向开窗单元、横墙和楼板组合而成。然而，每一层都远离或朝向毗邻巴黎历史轴线的场地边界旋转了2°[53]，为居民提供了倾斜的视角，可向上或向下观察这个巨大的空间，并使建筑在外部展现出轴向性，而不像卡拉万切尔住宅直接叠加完全相同的楼板所产生的垂直性。拉德芳斯南泰尔住宅项目交替旋转的楼层产生了退台的效果，每间公寓一端的阳台都被其上突出的楼层遮挡，而另一端的阳台则显露在阳光下。

卡拉万切尔住宅综合体的公寓的两端都有相同的阳台或装有活动百叶窗的凉廊，而拉德芳斯南泰尔住宅项目的居民却有两种截然不同的户外体验。上一层遮挡的阳台被设计成带有滑动百叶窗的凉廊，而公寓另一侧的阳台则是开敞的，在每个住宅单元的两端形成了不同的内外部条件和不对称效果。因此，拉德芳斯南泰尔住宅项目传递了横向性、扭曲性和退台的效果。虽然这3处住宅的双向开窗单元都具有类似的室内空间，但其阳台的不同安排却打乱了使用这类私人户外空间的习惯，促使居民们探索新的使用方式。

办公塔楼的外围中庭

上海中心大厦（Gensler建筑事务所，2014年，第167页）和瑞士再保险塔（诺曼·福斯特，1997年，第171页）都传递了圆形和扭曲的效果。仔细观察会发现它们有一个共同的理念——一座带有外围中庭的办公大楼。这个理念据说最早始于威斯康星州拉辛市的约翰逊制蜡公司总部研究大楼（弗兰克·劳埃德·赖特，1935年，第165页）。赖特将一个圆形的楼板置于一个有圆角的矩形楼板上，形成了一个视觉上仿佛可将两层楼的工人相联系的中庭。这种布局在整个塔楼中重复出现，产生了相同的角部中庭。上海中心大厦中，12~15层楼板的堆叠产生了多个侧部中庭，顶部和底部的楼板都是带圆角的三角形，而居于中间的楼层则为圆形。但这里的中庭与约翰逊制蜡公司总部研究大楼不同，不仅体现在规模和形状上，还体现在利用玻璃内层将工作区与中庭分开的做法上，这为工作区提供隔声和隔热功能的同时还使其保持了与中庭的视觉联系，而中庭作为一个独立的存在也可以为工人提供一个休憩的空间。此外，建造围绕中间楼层的圆形楼板的玻璃内层所需要的玻璃比围绕方形楼层要少14%，因此也减少了用于加热和冷却的材料量。整座上海中心大厦上下共有9个外围中庭，而其三角形玻璃面则从地面连续旋转到顶部，通过具有圆角的不对称轮廓，将所承受的常见于上海的强风荷载降至最低值。因此，其每个中庭都有不同的朝向、视野和光线条件，这种楼板和中庭的组合产生了三角形、锥体化、扭曲和透明的效果，与约翰逊蜡制公司总部研究大楼传递的管状、断面一致和半透明的效果不同。

国信证券大厦（第169页）、瑞士再保险塔（第171页）、泰佐佐莫克大厦（第173页）也都采纳了外围中庭的理念。它们都环绕沿整个办公区域的一个连续中庭进行布局，而不是将较小的侧部中庭上下堆叠。国信证券大厦的两个外围中庭有一个矩形平面和一个分成3部分的弯曲剖面，穿过了所有矩形办公楼层，将光线引入每个楼层，使办公人员体验到一个类似峡谷的垂直空间，这即使在垂直形态的塔楼建筑中也是罕见的。中庭也坐落于塔楼改变方向的3个位置，为办公人员提供了大的休憩空间。中庭穿过每层楼，为租户提供了两个独立的区域。随着中庭的弯曲，每层的两间办公室都从北向南改变了方向，获得了与更低楼层办公室不同的外部视野。作为楼层和中庭的组合，国信证券大厦传递了堆叠、对角和三分性的效果，这与约翰逊蜡塔公司总部研究大楼的管状、堆叠、锥形和扭曲的效果有所不同。

对于瑞士再保险塔来说，星号状楼板与圆形玻璃幕墙的组合在每层形成了6个有三角形平面的外围中庭。楼板所容纳的区域很容易被划分为一个个独立矩形办公空间或成排的开放式布局工作站，而三角形的中庭为办公室提供了阳光和空气。每一层楼板都相对于其下一层旋转了5°，因此，中庭沿大楼的剖面斜向贯穿办公空间，绕着大楼螺旋上升，在不同高度创造了不同方向的休憩和会面空间。有些中庭高两层，有些高6层。这就使大楼的用户可从视野和光线条件不同的会面地点中进行选择。因此，虽然三角形的中庭在平面上貌似重复，但实际上其截面上的扭曲使得用户体验产生了巨大的差异。中庭在不同建筑的外部呈现出不同的外观。在国信证券大厦里，它们就像一个分隔工作区的对角切割。而瑞士再保险塔的中庭镶嵌黑色的三角形玻璃面板，幕墙的其余部分则装设透明玻璃，这营造了会面空间和工作区域的连续性，但是通过黑色玻璃的不同光线使人们对中庭的体验有所不同。其楼层布局的另一个独特之处，是随着高度由底部上升到中途，其直径不断增加，从中途至顶部的过程中直径又减小，最终获得一个圆锥形的轮廓。瑞士再保险塔的中庭和楼层之间的关系营造了圆形和扭曲的效果，也展现了圆锥、斜对和网格化的效果。

为墨西哥城设计的泰佐佐莫克大厦方案，与瑞士再保险塔有很多相似之处。它也有随塔楼高度上升而扭曲的中庭，但此案例中的中庭由2个扭曲程度不同的椭圆形楼板塑造而成，将自然光引入到办公室的楼层，而且由于每个中庭的顶部都有一个排气口，产生烟囱效应，它们也具备了通风性。充足的光线和空气使中庭被工作者当作休憩公园和互动场所。因此，泰佐佐莫克大厦传递了圆形、扭曲与垂直起伏的效果。泰佐佐莫克大厦和瑞士再保险塔对高层办公楼传统中庭设计的灵活运用缔造了新的设计理念，从而有助于将工作场所类建筑的政治学从内向性、单元化、矩形、断面一致与标准化引向透明、交流性、管状、扭曲、网格化和复合化。

这4组项目展现了20世纪90年代至今的建筑是如何放弃寻求普遍的形式准则或统一风格，以探索出如何在微观层面（日常），而不是宏观层面（文化、社会等）上改变人们的生活。每个项目都将一个先例项目视为一组惯例，对其进行重新组构，营造出不同的效果，这些效果塑造了日常生活（无论在工作场所、博物馆或住宅）的体验。通过这种方式，每座建筑也与其他建筑师在其他地点创建的项目建立了联系。

例如，大都会建筑事务所2012年[54]的深圳证券交易所总部大楼（第181页），与SOM建筑事务所1957年的纽约利华大厦相关（第179页）；普雷斯顿·斯科特·科恩建筑事务所2012年在中国鄂尔多斯的办公大楼（第189页）与SOM建筑事务所1957年在俄克拉荷马州塔尔萨市的沃伦石油公司行政总部大楼（第187页）相关；FMA建筑事务所2012年的俄亥俄州克利夫兰当代艺术博物馆（第403页）与马歇·布劳耶1966年的纽约市惠特尼美国艺术博物馆（第401页）相关；赫尔佐格和德梅隆建筑事务所2011年的瑞士阿尔施维尔爱克泰隆商业中心大楼（第145页），以及A-Lab建筑事务所2012年的挪威奥斯陆国家石油公司办公大楼（第147页），都与乔治·恰卡瓦设计的格鲁吉亚第比利斯的交通运输部大楼（第143页）相关；BIG建筑事务所2014年的格陵兰国家美术馆（第399页），与戈登·邦沙夫特1974年的华盛顿赫希宏美术馆（第397页）相关；克里斯蒂安·科雷兹2007年的波兰华沙现代艺术博物馆（第377页），伦佐·皮亚诺1997年的瑞士里恩贝耶勒基金会博物馆（第379页），大卫·奇普菲尔德建筑事务所2008年的中国良渚博物院（第381页），马西雅与图佽建筑事务所2005年的西班牙卡斯蒂利亚-莱昂当代艺术博物馆（第383页），赫尔佐格和德梅隆建筑事务所2007年的加利福尼亚州旧金山德扬博物馆（第385页），和扎哈·哈迪德2009年的罗马国家21世纪艺术博物馆（第387页），都与路易斯·康1972年的沃斯堡市金贝尔艺术博物馆（第375页）相关。这些建筑形式的风格是密不可分的，其个性取决于它们与其他建筑形式的关系。因此，每一种建筑形式都“陷入了一个独特的历史网络”。其风格的能动性并不存在于其形式的原创性中，而在于它如何挪用和重新组构将建筑形式与日常生活联系起来的惯例。通过为这些惯例提供可替代选项，某种建筑形式的风格可以参与到日常生活的微观政治中，而不是在宏观尺度上提出解决方案，例如理想价值观（比如统一性）、建筑五要素（勒·柯布西耶），或“形式追随功能”（功能主义）。

当代建筑领域已经形成一个错综复杂的风格网络，像根茎一样发展着，不来自单一的起源，也不朝向单一的终点，而是从中间发展[55]：从20世纪早期产生的一系列不同理念演化而来。建筑师们放弃了对独立完美性的追求，也放弃了现代主义先锋派通过遵循功能布局使建筑形式发挥作用的野心，转而去接纳差别化的过程：现有理念作为虚拟的或开放式的体系被挪用，可以通过新的或不同的方式得以实现，以产生无穷无尽的形式[56]和“无法预料的新颖事物”。[57]

一种理解风格的新方式

每一幢建筑都是一个集合体，涉及了不同材料，如木材、钢材、玻璃等物质（元素），以及时代、经济或气候等非物质（因素）。尽管在过去的25年里有越来越多的来自不同领域的专家被征召为顾问，可建筑师在整合这些元素的过程中所起的作用基本上是一致的：即在实践和美学层面，负责排列优先次序并做出选择。实际上，通过体验一系列效果所获得的对某个建筑的审美体验，并非完全取决于这一过程，因为审美体验也受限于每个体验者自身的情况。但建筑的确成为人们开展生活的一个平台，而且也参与到了人们的那些行动或活动的本质中去。

一种建筑形式，无论是为满足居住、工作、购物、旅行、做研究、听音乐或观看体育赛事中的哪个功能所设计的，其风格都可来源于对如何在日常生活中运用建筑形式的旧有理念的重新组构。打乱这些惯例可以在个人与日常活动之间建立新的接触，使人们能够摒弃那些似乎不可避免的习惯。通过以新的方式重新激活过去的可能性或虚拟性，建筑师将风格根植于日常的“微观政治学”中：他们以自知“不合时宜”的力量[58]把建筑形式整合起来，以瓦解旧有风格，使新的体验成为可能。风格的功能不是描绘或规划未来，而是创造未来。

注：本书尺寸线中数字长度单位均为米（m）。

注释

1 德国关于风格的辩论的全面展示，请参见海因里希·胡布什等人，《我们应该建立什么样的风格？德国关于建筑风格的争论》，由沃尔夫冈·赫尔曼翻译（1992年）。

2 德国建筑师戈特弗里德·森佩尔，《技术与建构艺术（或实用美学）中的风格》（1861—1863年）。

3 森佩尔的风格公式可以归纳为U = C(x,y,z,…)，U代表结果或艺术作品，“x,y,z”是影响艺术创作的物质、形式和精神因素。

4 阿洛伊斯·李格尔，《风格问题：装饰艺术史的基础》（1893年原文版）。

5 阿洛伊斯·李格尔，《风格问题：装饰艺术史的基础》（1992年），由伊夫林·凯因翻译，第14页。

6 李格尔，《风格问题》第42页。

7 李格尔，《风格问题》第206页。

8 李格尔，《风格问题》第200页。

9 在《空间、时间和建筑》（1941年）中，吉迪恩认为现代主义应该代表时代精神或时代个性。根据他的说法，这在技术上和美学上都是可以实现的，这就暗示了一种新的时空概念“基于运动的表现形式和它的相互渗透及同时性”。然而，时代精神的审美化消除了其时间性。

10 特奥·凡·杜斯伯格，出自《20世纪建筑的纲领与宣言》，第78页。

11 《风格派：宣言I》（1918年），在《20世纪建筑的纲领与宣言》（1975年）中重新出版，由乌尔里希·康拉德编辑，由迈克尔·布洛克翻译，第39页。

12 理性主义者即新建筑师协会（Association of New Architects，简称ASNOVA）是由尼科莱·拉杜夫斯基、尼古拉·多库查耶夫和弗拉基米尔·克伦斯基共同领导的，后来与埃尔·利西茨基联系在一起。

13 俄国构成主义者即当代建筑师联合会（Organizationa of Contemporary Architects简称OSA）是由莫伊谢伊·金兹伯格领导的。

14 肯尼斯·弗兰姆普敦，《现代建筑：一部批判的历史》（1980年），第174页。

15 海因里希·沃尔夫林，《艺术史的基本原理》（1915年）。

16 沃尔夫林，同上。第235页：“尽管存在各种偏差和个体运动，但在后来西方艺术中风格的发展是同质化的，就像整个欧洲文化可以被视为同质一样。但在这种同质性中，我们必须考虑到国家类型的永久性差异。从这本书的开始，我们就提到了，视觉的模式是如何被国籍折射的。有一种明确的意大利与德国的想象类型，来维护其自身特性，在所有世纪都保持不变。自然，它们不是数学意义上的常数，而建立一种国家的想象类型的体系是对历史学家的必要援助。不久的将来，欧洲建筑的历史记录将不再仅仅被细分为哥特、文艺复兴等等，它将描绘出舶来风格也不能完全抹去的国家面貌。意大利哥特式是意大利风格，正如德国文艺复兴只能在北欧日耳曼创造的整个传统的基础上被理解。”

17 共情理论是1900年前后德国美学的一个重要分支，它试图对人类如何通过投射个人情感来理解和体验视觉形式提供一种心理解释，从而赋予视觉形式以生命。

18 对于沃尔夫林来说，这种风格上的变化（从文艺复兴到巴洛克风格）适用于不同的风格时期，并因此不断重复，贯穿整个历史。

19 国际风格的概念是由亨利-罗素·希区柯克和菲利普·约翰逊结合1932年在纽约现代艺术博物馆举办的现代建筑国际展共同提出的。

20 建筑师之后就可以自由地在这些技术中做出选择，以满足功能需求。

21 希区柯克，《国际风格》，第29页。

22 “一件艺术作品的内在意义或内容是通过确定其基本原则，包括国家、时期、阶层、宗教或哲学信仰的基本态度来理解的，而这些基本原则是由一个人的个性无意识所造就的，并浓缩成一件作品。”欧文·潘诺夫斯基，《图像学研究：文艺复兴时期艺术的人文主题》（1939年），第7页。

23 潘诺夫斯基，《图像学研究：文艺复兴时期艺术的人文主题》，第15页。

24 潘诺夫斯基表示，形式上的描述解释了艺术的母题，是使用实际的经验或对物件的熟悉程度，来洞察物件被表现的方式。图像学分析依赖于母题和概念之间的联系，借助历史和文艺知识，来洞察物件表达思想或主题的方式。最后，综合直觉被人们用来解释一件艺术品的内在或“象征性”意义，以洞察特定主题表达人类思想的本质倾向的方式。

25 恩斯特·贡布里希，《艺术与幻觉——图画再现的心理学研究》（1960年），第268页。

26 罗伯特·文丘里，《建筑的复杂性与矛盾性》（1966年），第22页。

27 罗伯特·文丘里，《建筑的复杂性与矛盾性》，第14页。

28 解构主义对“在场”提出质疑，认为在实际中总有不可磨灭的“不在场”。雅克·德里达把“不在场”的这个方面称为“延异性”。

29 阿道夫·路斯，《装饰与罪恶》（1908年），收录于康拉德的《20世纪建筑的纲领与宣言》，第20页。

30 汉斯·梅耶，《建筑》，该论文发表于《包豪斯年刊2》第4期，收录于康拉德的《20世纪建筑的纲领与宣言》（见前引书），第117页。

31 亨利·凡·德·费尔德，节选自1949年出版的一本杂志，转载于《20世纪建筑的纲领与宣言》（见前引书），第152页。

32 德意志制造联盟是产品制造商和设计专业人员之间的合作伙伴，致力于将传统工艺与大规模生产技术相结合。

33 赫尔曼·穆特修斯，《德意志制造联盟论文和对比论》，收录于《20世纪建筑的纲领与宣言》（见前引书），第28页。

34 《建筑的目标：弗兰克·劳埃德·赖特为〈建筑记录〉撰写的随笔（1908—1952）》，由弗雷德里克·古西姆编辑（1975年），页数不详。

35 在《柏格森主义》的第二章中，吉尔·德勒兹写道：“物理学家和数学家黎曼将‘复合体’定义为‘那些可以根据其维度或其自变量来确定的事物’。”

36 德勒兹对柏格森的描述，《柏格森主义》，第39页。

37 柏格森在1946年发表的一篇文章《可能的和真实的》中讨论了“在宇宙中不断创造不可预知的新奇事物”。

38 拉斐尔·莫尼欧,《理论焦虑和设计策略》(2004年),第2页。

39 奇怪的是,在建筑界的讨论中,复制和挪用的区别并没有像在艺术界中那样被质疑,从20世纪60年代以来,大量艺术家一直在探索伪造和挪用之间的区别。这在艺术上——甚至是主流艺术中——现在是一种可被接受的做法。例如,谢莉·莱文的作品在大都会博物馆展出,她创作了许多著名艺术家作品的复制品,格伦·布朗是特纳奖的候选人,他也创作了基于其他艺术家作品的画作。

40 巴尼斯特·弗莱彻,《比较建筑史》(系列书于1896年开始发行;1896年第一个单卷版)。现名《弗莱彻建筑史》。

41 《比较建筑史》第15版,第4页。

42 卡罗琳·冯·艾克,在其《19世纪建筑学中的有机体说:理论与哲学背景探讨》(1994年)中,研究了如何将统一的概念用于单个建筑的部分到整体的组织中,以此作为对自然、生物学、科学等领域中凝聚力量的隐喻。

43 “效果并非感觉,他们正在变成超越那些通过它们生活的人(这些人从而变成不同的人)。伟大的英国和美国小说家经常利用认知写作,而克莱斯特和卡夫卡则利用效果进行创作。”吉尔·德勒兹,《什么是哲学?》(1995年),第137页。

44 “效果是一种不能被把握、被定义或被弯曲到一端的东西”,出自吉尔·德勒兹和费利克斯·瓜达里的《什么是哲学?》(1994年),由休·汤姆林森和格雷厄姆·波切尔翻译,第163—199页。

45 参见哲学家吉尔伯特·赖尔的《心的概念》(1949年)的第二章,在这篇文章中,他反驳了笛卡尔提出的身心分离的概念,并进而提出,感受、思想和感觉属于一个与实体世界没有区别的精神世界。

46 “心照不宣”,或“隐性知识”一词最早于1958年由迈克尔·波兰尼通过他的代表作《个人知识》引入哲学界。根据他的说法,隐性知识(有别于正式的、成文的或显性的知识)是一种难以通过口头或书面的语言进行转移的知识。隐性知识的有效转移通常需要广泛的个人联系、经常性的互动和信任。这样的知识只能通过在特定语境下的实践来揭示,并通过社交网络传播。

47 在其1968年的《差异与重复》中,德勒兹提出思想是一个情感的过程:“世界上有东西迫使我们去思考。这个东西是一个无法被识别,只能被遭遇的物件。所遇到的可能是苏格拉底、神庙或恶魔。它可能被理解为一系列的情感色彩:惊奇、爱、恨、痛苦。无论以哪种感情色彩,它的主要特征是它只能被感知。”出自《差异与重复》(1994年),保罗·巴顿译,第139页。

48 “未加思考的已知”这个词是由克里斯托弗·博拉斯在20世纪80年代创造的,指的是人们在某种程度上了解但却无法思考的经历。

49 根据费利克斯·瓜达里的说法,“非表意符号学”指的是以不涉及指称的方式操纵元素的活动,因而先于含义和表现形式。参考《混沌学:一种伦理美学范例》(1995年),第49页。

50 “许多日常的练习(如交谈、阅读、出行、购物、烹饪等)都是战术上的。必须不断地操纵事件,才能把它们变成‘机会’。”米歇尔·德·塞托,《日常生活实践》(1980年),第19页。

51 根据雅克·朗西埃的说法,“政治通常被认为是权力的实践或集体意志和利益的体现,以及集体观念的实行……名副其实的政治，是分享这个共同世界的观念和实践的集合。政治首先是在感官数据中构建一个特定经验领域的一种方式。它划分成可感的、可见的和可说的。” 出自《异议：论政治与美学》（2010年），第152页。

52 “伯纳德·卡什能够列出一定数量的框架形式，这些形式不能预先确定建筑物任何具体的环境或功能：隔断彼此的墙体，捕捉或选择（与外界直接接触）的窗口，避险或平通的地面（‘平通大地的沟坎，从而为人类通行提供一条自由的道路’），围合场所独一性的屋顶（‘斜屋顶把建筑物放在山上’）。联结这些框架或结合这些平面…是一个完整的系统，有丰富的着眼点和对立点。这些框架和它们的连接维系着复合的感觉，支撑着形体，并与它们的支撑和它们自己的外表相融合。这些是骰子面般多样的感觉。”德勒兹，《什么是哲学？》，同前，第187页。

53 巴黎右岸的“凯旋大道”也被称为“历史之轴”“皇家大道”，可能是世界上最著名的景观之一。它的方位取26°角，被设计为循着太阳从东到西的轨迹。巴黎的一些最著名的纪念碑和广场位于这条轴线上。

54 本段所述的每一年都是项目完成的年份。后文案例所标年份为项目设计的年份。

55 “开端和终点从来都很无趣，它们只是孤立的点，有趣的在中间。英语中的零总是在中间。瓶颈总是在中间。站在队伍中间是最不舒服的位置。人总是从中间部分重新开始。法语中有很多与树相关的意象：知识之树、树形图、阿尔法和欧米加、树根和尖顶。树与草相反。草不仅生长在事物中间，而且从中间部分自我生长。这是英国或美国的问题。草有它的生长路线，而且不会生根。我们的大脑中是草状的思维系统，而不是树状的：思维展示了我们大脑的构造，是一种‘特殊的草状神经系统’。”吉尔·德勒兹和克莱尔·帕内特，《对话II》（2002年）第39页，由休·汤姆林森等人翻译。

56 查尔斯·达尔文在《物种起源》第十四章中写道：“因此，经过自然界的战争，经过饥荒与死亡，我们所能想象到的最为崇高的产物，即：各种高等动物，便接踵而来了。生命及其蕴含之力能，最初由造物主注入寥寥几个或单个类型之中；当这一行星按照固定的引力法则持续运行之时，无数最美丽与最奇异的类型，即是从如此简单的开端演化而来、并依然在演化之中；生命如是之观，何等壮丽恢宏！”

57 柏格森，《可能的和真实的》（1946年）。

58 在《不合时宜的沉思》第三章“历史的用途与滥用”（1874年）中，尼采提到利用我们的创造力量去改变或重新诠释历史现实，使之成为不同的和崇高的东西。

将建筑视为开放资源

在一个互联网高度繁荣的世界里，随着建筑教育和实践日益全球化，任何对风格的现代定义都应该承认，建筑师将不可避免地受到彼此的影响。然而，将风格重新定义为一项集体事业则必须改变其依靠一套理念或统一叙事的理论方法。

这张示意图和其后章节主要介绍了20世纪早期的一组范例性项目，以及从1990年至今的110个建筑事务所在141座城市中的219个项目。连接图中项目的曲线的不同颜色对应了某个特定的日常活动——居住、工作、学习等。这首先显示出这些项目通过建筑师针对日常活动所产生的概念而相互连接；其次，显示出它们并不来自单一起源或朝向单一目的，而是源于不同的理念，其中一些理念曾被放弃，后来又被重新拾起。

通过描绘这个概念网络，图表揭示了建筑师如何从他们前辈的见解和成就中获益。在这种新的风格模式中，建筑师摸索、筛选以及分享理念，并非为了达成共识，而是为了不断加入与分化出新的理念，产生无穷无尽的形式与能激发变化和创造不可预见的事物的构建环境。

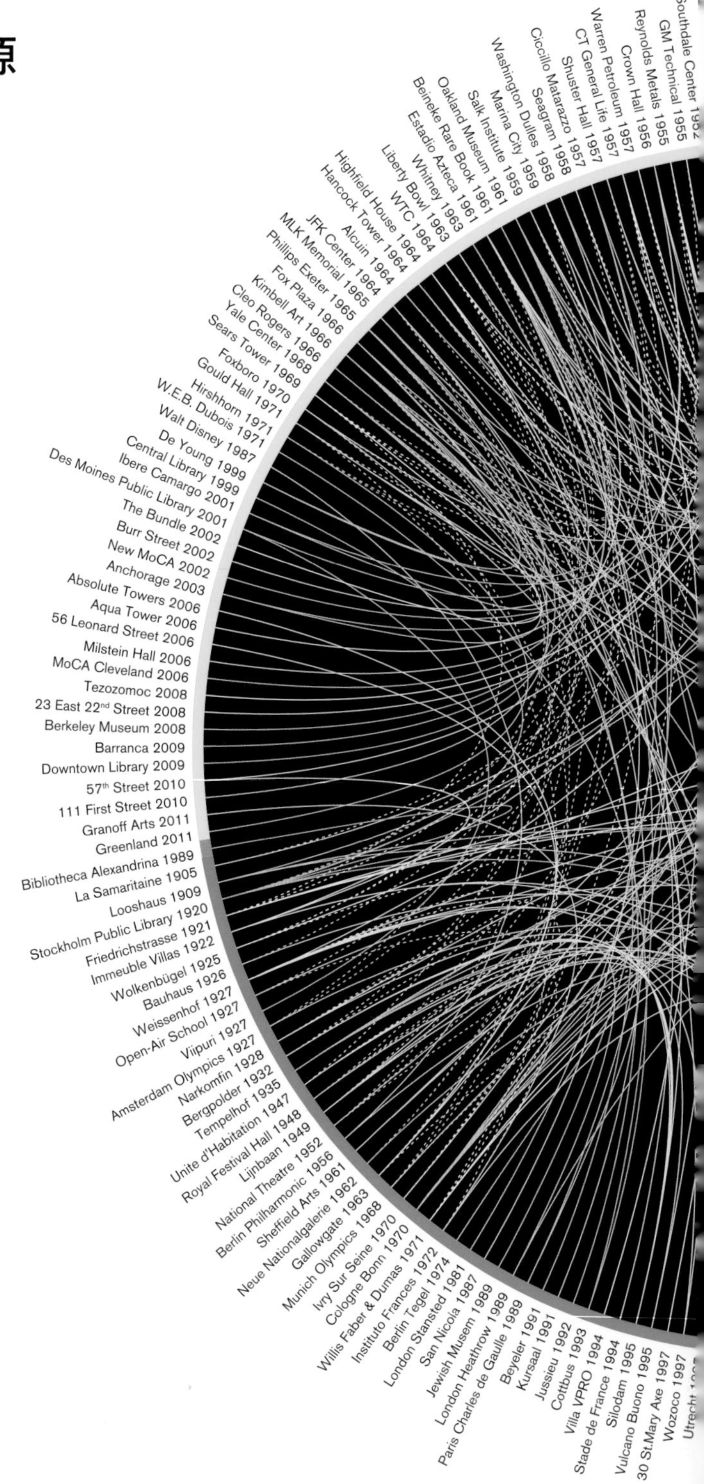

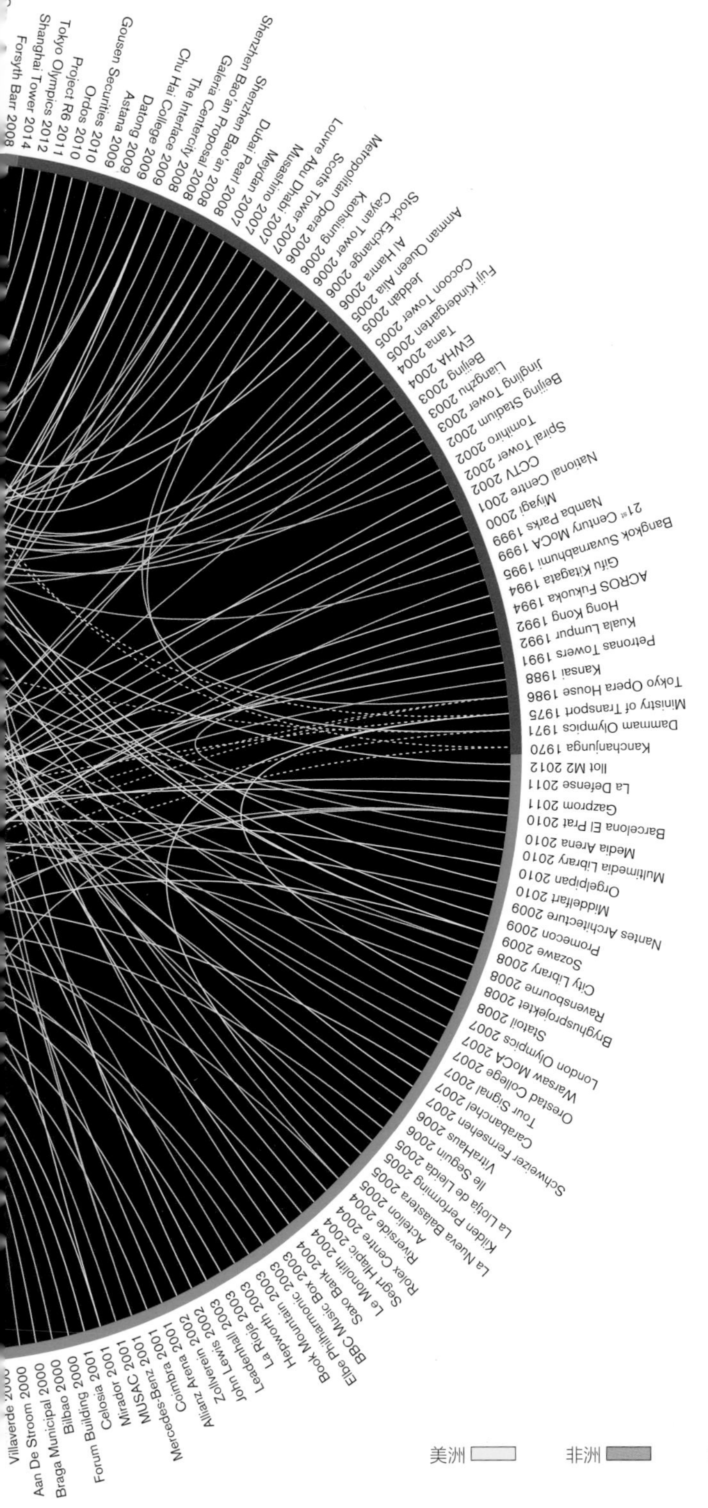

居住
办公
居住与办公
阅读与研究
学习
参观展览
观看演出
观看体育比赛
购物
乘坐飞机

美洲 非洲 欧洲 亚洲 大洋洲

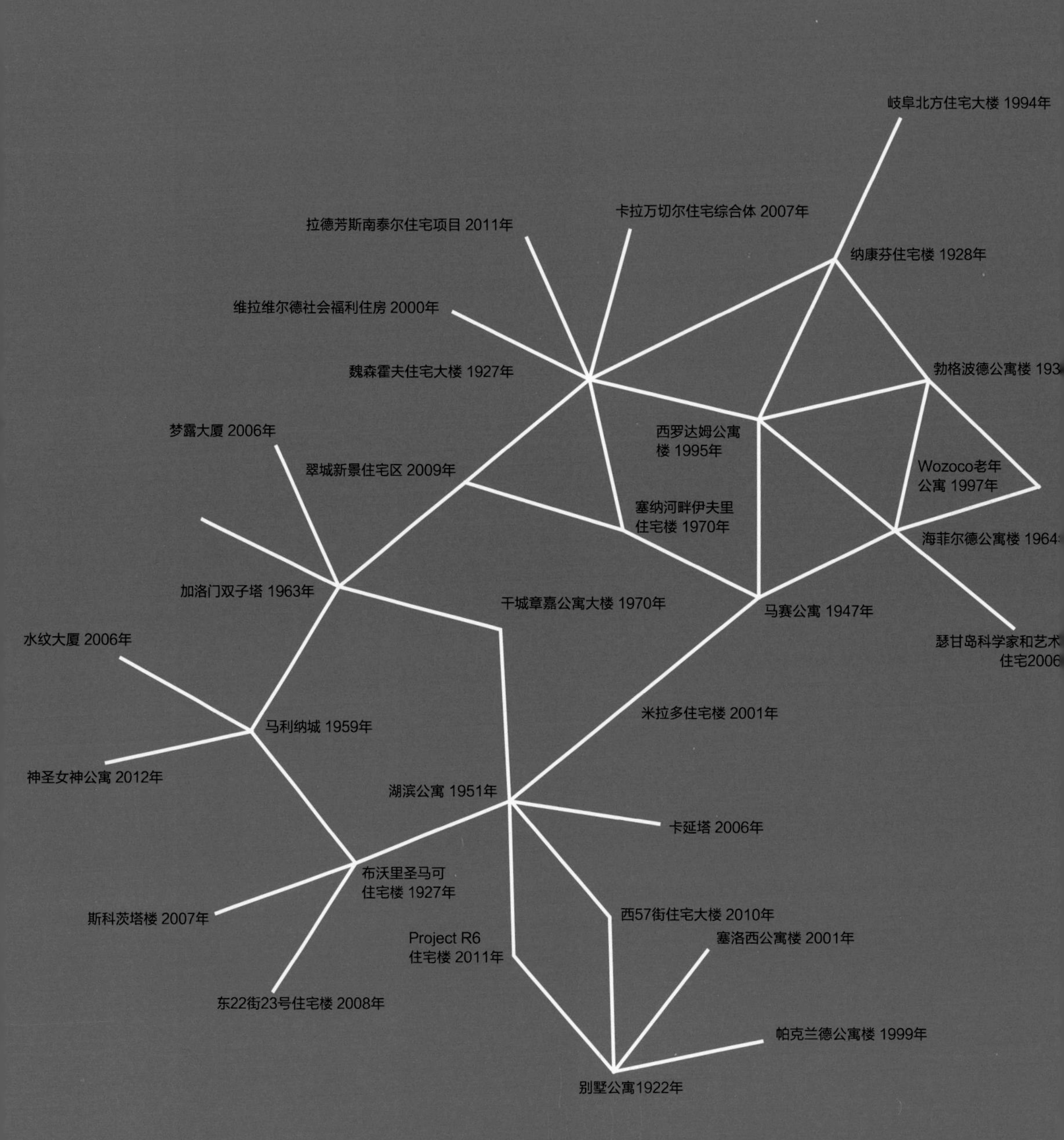
岐阜北方住宅大楼 1994年
卡拉万切尔住宅综合体 2007年
拉德芳斯南泰尔住宅项目 2011年
纳康芬住宅楼 1928年
维拉维尔德社会福利住房 2000年
魏森霍夫住宅大楼 1927年
勃格波德公寓楼 193
梦露大厦 2006年
西罗达姆公寓
楼 1995年
翠城新景住宅区 2009年
Wozoco老年
公寓 1997年
塞纳河畔伊夫里
住宅楼 1970年
海菲尔德公寓楼 1964
加洛门双子塔 1963年
干城章嘉公寓大楼 1970年
马赛公寓 1947年
水纹大厦 2006年
瑟甘岛科学家和艺术
住宅2006
米拉多住宅楼 2001年
马利纳城 1959年
神圣女神公寓 2012年
湖滨公寓 1951年
卡延塔 2006年
布沃里圣马可
住宅楼 1927年
斯科茨塔楼 2007年
西57街住宅大楼 2010年
Project R6
住宅楼 2011年
塞洛西公寓楼 2001年
东22街23号住宅楼 2008年
帕克兰德公寓楼 1999年
别墅公寓1922年

居住　1922—2012年

本章通过展示20世纪的一些主要建筑形式，追溯了自20世纪初以来推动了居住建筑的设计惯例。围绕这些范例性项目分组的是从中挪用了某些组织或空间分配准则的建筑形式。这些分组揭示了先例项目和其后继项目之间的相似之处，以及当代项目如何通过克服较早样板建筑所遇到的问题，不仅取得了自身的成功，还成了其他项目的样板。

板楼

德国斯图加特市的魏森霍夫住宅大楼（第63页）是一栋窄长板楼，横向分为两组公寓，每组都配有一座楼梯。这使每个公寓都是双向开窗面，可从两面获取自然光、空气与周围景观的视野。由于每两套公寓共用一个小型入口楼梯平台，它们也有相当大的私密性。此板楼钢框架结构的设计目的是方便居民改变公寓内部的布局。然而最终，内部柱子造成了一定程度的不灵活性。此外，尽管每个公寓都有自己的小阳台，但由于能被其他公寓俯瞰，因此几乎不具私密性。以下项目解决了这些问题：西班牙马德里的卡拉万切尔住宅综合体（第65页）、法国巴黎的拉德芳斯南泰尔住宅项目（第67页）、西班牙马德里的维拉维尔德社会福利住房（第69页）。

法国巴黎附近的塞纳河畔伊夫里住宅楼（第71页）包含了82种不同类型的公寓，这些房间彼此堆叠后形成了一个城市景观，它们既独立存在，同时又是城市聚合体的一部分。每个公寓阳台的形状与朝向都是独特的，然而却缺乏私密性。以下项目解决了这个问题：新加坡的翠城新景住宅区（第73页）。

荷兰鹿特丹的勃格波德公寓楼（第75页），将住宅楼设计为一座由双向开窗公寓组成的公共建筑，这些公寓都有充足的自然光与通风。然而，住宅楼其中一侧是狭长的走廊，居民不得不经过其他住户的房门才能到达自己的住所。以下项目解决了这个问题：荷兰阿姆斯特丹的Wozoco老年公寓（第77页）。

俄罗斯莫斯科的纳康芬住宅楼（第79页）被设计为一个“社会浓缩容器”，以培养社会主义的生活方式。饮食、照顾孩子、学习和锻炼等都被定性为公共活动，可在单独的建筑中进行。因此，该项目将公共生活而不是私密性作为首要考量。以下项目解决了这一问题：日本岐阜北方住宅大楼（第81页）。

美国马里兰州巴尔的摩市的海菲尔德公寓楼（第83页），是由有大面积玻璃窗的单向开窗公寓组成的居民楼，其公寓拥有充足的自然光线和开阔的视野。然而，通往公寓的中央走廊又长又窄，缺乏自然光，而且公寓没有私人的户外空间。以下项目解决了这些问题：法国布洛涅-比扬古镇的瑟甘岛科学家和艺术家住宅（第85页）。

注：书中“公寓”一词原文为“apartment”，除作为集合住宅的一种外，本书中特指住宅楼中的“套房”。

法国的马赛公寓（第87页）是由相互咬合的复式公寓组成的住宅综合体。公寓有宽敞的室内空间与私人露台；大楼屋顶上有公共空间，楼内也有两处公共空间。然而，通往公寓的是一个单调而漫长的内部走廊，没有自然光。以下项目解决了这个问题：荷兰阿姆斯特丹的西罗达姆公寓楼（第89页）、西班牙马德里的米拉多住宅楼（第91页）。

体块式建筑

法国巴黎的别墅公寓（第93页）是由一系列完全相同的、带有私人露台的复式公寓所组成的。堆叠的公寓形成两个体块，由两个走廊连接，围合出一个大中央庭院。然而，这两个板块间的连接营造的仅仅是周边街区的错觉，因为双方没有共同的功能，而围合出的庭院也缺乏满足人们户外聚会所需要的空间多样性。以下项目解决了这些问题：西班牙马德里的塞洛西公寓楼（第95页）、荷兰阿姆斯特丹的帕克兰德公寓楼（第97页）、美国纽约的西57街住宅大楼（第99页）以及韩国首尔的Project R6住宅楼（第101页）。

塔楼

美国伊利诺伊州芝加哥的湖滨公寓（第103页）是两座有中央核心筒的住宅塔楼，为居民提供高度的私密性，采用落地玻璃外墙。然而，公寓没有户外空间，因此居民与自然环境缺乏联系。以下项目解决了这个问题：阿联酋迪拜的卡延塔（第105页）。

美国纽约的布沃里圣马可住宅楼方案（第107页）设计了一座由一系列复式公寓组成的住宅塔楼，其公寓由一个风车形状的中央核心筒向外悬挑，因此不仅完全免除了承重墙，还占据了建筑的某一角部，使得公寓得以完全外覆玻璃窗。然而，住宅楼并没有与周围环境建立任何关联。以下项目解决了这个问题：新加坡的斯科茨塔楼（第109页）、美国纽约的东23街22号住宅楼（第111页）。

英国格拉斯哥的加洛门双子塔（第113页）有环绕了整座建筑的外部阳台，它不因建筑朝向或公寓的边界而中断。然而，阳台缺乏分隔导致了私密性的缺失。以下项目解决了这个问题：加拿大密西沙加的梦露大厦（第115页）、美国纽约的伦纳德街56号公寓楼（第117页）。

美国伊利诺伊州芝加哥的马利纳城（第119页）所容纳的公寓都有独立的悬臂露台。然而，无论公寓的大小和朝向如何，这些露台的大小和形状都完全相同。以下项目解决了这个问题：美国芝加哥的水纹大厦（第121页）、法国蒙彼利埃的神圣女神公寓（第123页）。

印度孟买的干城章嘉公寓大楼（第125页）拥有一个中央核心筒，大楼容纳的相互咬合的错层式公寓都有户外阳台，既提供自然通风，也使居民享受了一种室内外交互的生活方式。然而，阳台在尺度上的差异，取决于它们是占据了角部还是在建筑的中心位置，而并非与公寓的大小或朝向有关。

政治、社会和经济力量日益决定着我们的生活方式。大规模住房的设计，无论是业主自用、私人租赁还是社会住房，都受到不同类型土地使用权的制约，而土地使用权又受制于市场波动、信贷分配、地理位置、供需关系，以及规划政策。与工作空间一样，住宅建筑的质量也受到其设计的制约。某些建筑变得如此有影响力，以至于它们建立了惯例，或者引发了设计规范的改变，这些惯例与改变被其他项目采纳后，住宅类建筑的设计标准也得以相应提升，这是一个不断修正和演变的过程。以下是居住建筑的主要惯例或设计规范。其中的三个——提供私密性、私人的开敞空间和多样性——自20世纪90年代至今变得尤为重要，并成为本章比较分析的基础。

形式

板楼（线形或L形）：一种长的矩形多层建筑，进深可达10 m、10~12 m，或12~15 m。

体块式建筑（封闭的、U形的或退台空间形式的）：进深超过20 m。

塔楼：10层以上的建筑，有电梯；进深可达15~20 m。

交通/入口

居住建筑有几种入口选择。

点式垂直入口：垂直交通系统提供到达每个公寓的直接入口。

外部走廊入口：从一个走廊进入公寓，这个走廊通常是外部的，在建筑的一边。

双边走廊入口：走廊两边都有公寓。

隔层入口：不是每一层都有走廊，电梯会跳过楼层。

开窗面的数量

单向开窗面的公寓只在一侧有窗洞；双向开窗面的公寓则两侧开有窗洞；拐角处双向开窗面的公寓则在房间的一侧和一端都分别有窗洞。

楼层/层

单楼层式住宅（公寓或单层公寓）的公寓分布在单层上。错层式住宅分布在三层或以上层数，错开半层。复式公寓是一套两层或两层以上的公寓。相互咬合的单元公寓在平面或剖面上有重叠。

逃生距离

逃生距离在不同的国家有不同的规定，但它们应该与逃生途径的数量相对应。英国的建筑条例规定，当只有一个逃生途径时，每个卧室至消防出口的最大距离应为9 m；当有两个途径时，则可为18 m。

灵活度

柱子和或墙壁的密度和位置决定了公寓的内部是否可以重新组构。一间完全灵活的公寓是没有内部承重墙或柱的。

服务设备

大部分的服务设备都被设计为分组垂直立管，安置在核心筒内或住宅单元的边界上。一些管道和电气设备可以安装在天花板或地板区域。

通风设备

双向开窗面公寓能获得充足的穿堂风，拐角处双向开窗面公寓也是如此。单向开窗面公寓则不然，但进深越浅，通风则会越好。

遮阳

建筑物的位置和朝向决定了外部窗户是否需要遮阳。可以利用内部百叶窗，但外部百叶窗的性能更好，因为它们可以将热量反射，而不进入室内。

布局

在由走廊分隔的公寓里，房间被安排在走廊的一侧或两侧；一套客厅分隔式的公寓内，房间布置在客厅周围，完全消除了走廊；厨房和浴室分隔式的公寓用厨房或浴室将客厅和卧室分开，消除走廊或分隔墙；在开放式的Loft中，空间被尽可能少地分割，以增强开放性和互连感。

公共交通空间　　私人阳台：封闭式阳台　　开放式阳台

私密性

从公共区域到私人公寓的路径涉及一系列建筑元素，如门厅、入口核心筒、走廊，这些元素的位置、大小和数量在居民花一些时间了解如何使用它们的过程中，使其逐渐养成了特定的习惯。此外，视觉和听觉的私密性很大程度上取决于这些元素。它们可能鼓励社交互动，提升私密性，或因为被设计为不单独属于任何人的“公共空间”而制造隔阂。本书记载的20世纪早期的许多范例性住宅类建筑都设有缺乏自然光或通风的内部长走廊。居民到达自己的住所前需要经过多个他人住所，并被迫接受噪声和他人烹饪的气味。生活方式日益多样化，使得狭长公共走廊的缺点更为凸显，这是因为从前可能存在于居民中的社会凝聚力，现今已不见踪迹。另一个导致此类通道不受欢迎的原因是人们目前偏爱可以避免使用人工照明的可持续性设计。与20世纪的先例相比，本书记录的项目通过以下方式满足了人们的需求：减少公共通道的大小，使更少的租户被安排在一起，以增加私密性；在平面图上将通道弯曲以切分长通道；使通道外露在风景、自然光以及宽敞的露台下。

多样性

本书记载的20世纪早期的大多数住宅类建筑——显然除了塞纳河畔伊夫里住宅楼以外——都围绕着单一住房类型的理念而规划，这些住房聚合起来形成了板式、体块式或塔式住宅类建筑。然而，只有提供了一系列不同选项的住宅才能满足当前生活方式日益多样化的需求，住宅既需要容纳个人和家庭，也需要容纳可能在别处被排挤的来自不同文化的人。这里记录的项目中包括容纳了不同类型公寓的单座建筑，它们在某些情况下甚至在立面处理中明确地弘扬了这种多样性。

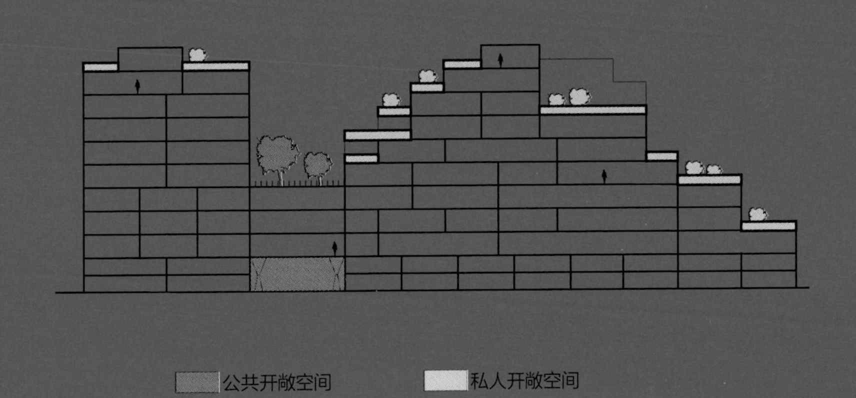

私人开敞空间

除了马赛公寓、别墅公寓、干城章嘉公寓大楼以及马利纳城以外，本书记载的20世纪早期的范例性住宅建筑没有为居民提供私人的开敞空间，即便提供了，也是公用的或可被其他居住者俯瞰的，因此依然缺乏私密性。直到20世纪90年代，缓解住房短缺仍然是住房设计的主要考量；工作和居住空间也是严格分离的。然而，随着知识经济和数字技术的发展，这种分离正在逐渐消失。现在越来越多的人在家工作，这就需要一个不仅能满足吃饭、休息和睡眠等需要的空间。此处记载的项目，与20世纪的更早案例不同，以阳台（一种连接建筑主体或设置在其内的小型户外空间）或敞廊（一种私人户外空间，与起居室直接连通，封闭时形成居住区的扩展空间，开敞时可作内凹的露台）的形式引入了私人的开敞空间。有些项目为居民提供阳台和敞廊，另外一些除了独立的户外空间，还提供了公共露台。

路德维希 · 密斯 · 凡 · 德 · 罗 | 魏森霍夫住宅大楼 | 德国斯图加特 1927年

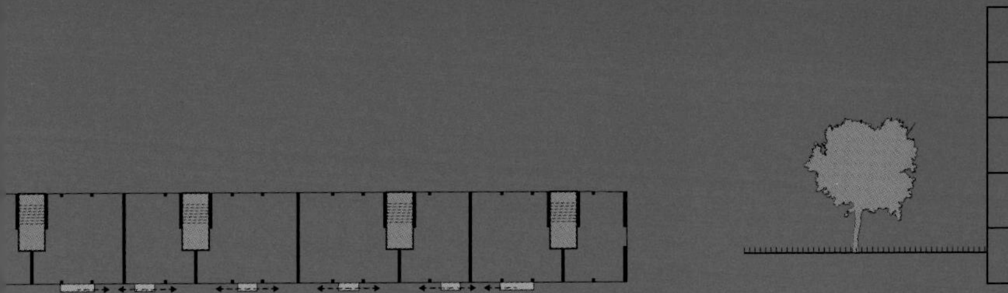

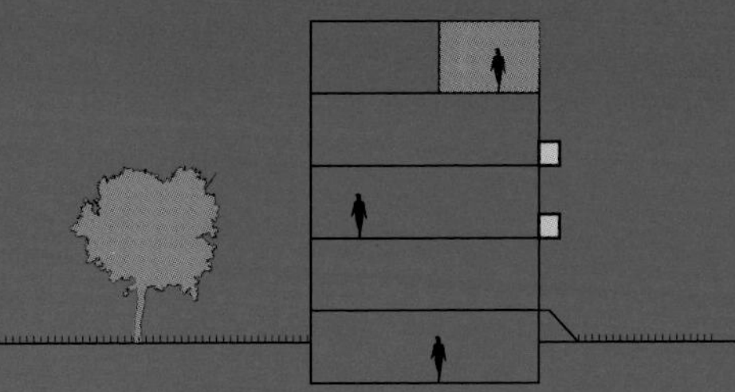

私密性和多样性

每两套公寓共用一个小型入口楼梯平台，因此享有相当大的私密性。公寓之间的侧壁也增强了这一点，虽然公寓两端都有外部视野，但侧壁在相邻的公寓之间建立了一个没有视线交流的隐私区域。该建筑提供了3种不同类型的公寓。

私人开敞空间

南立面上凸出式小阳台提供了开敞空间，但它们仅能容纳一人站立，而且还能从相邻的阳台俯瞰。不过，每6套公寓还共用一个屋顶露台。

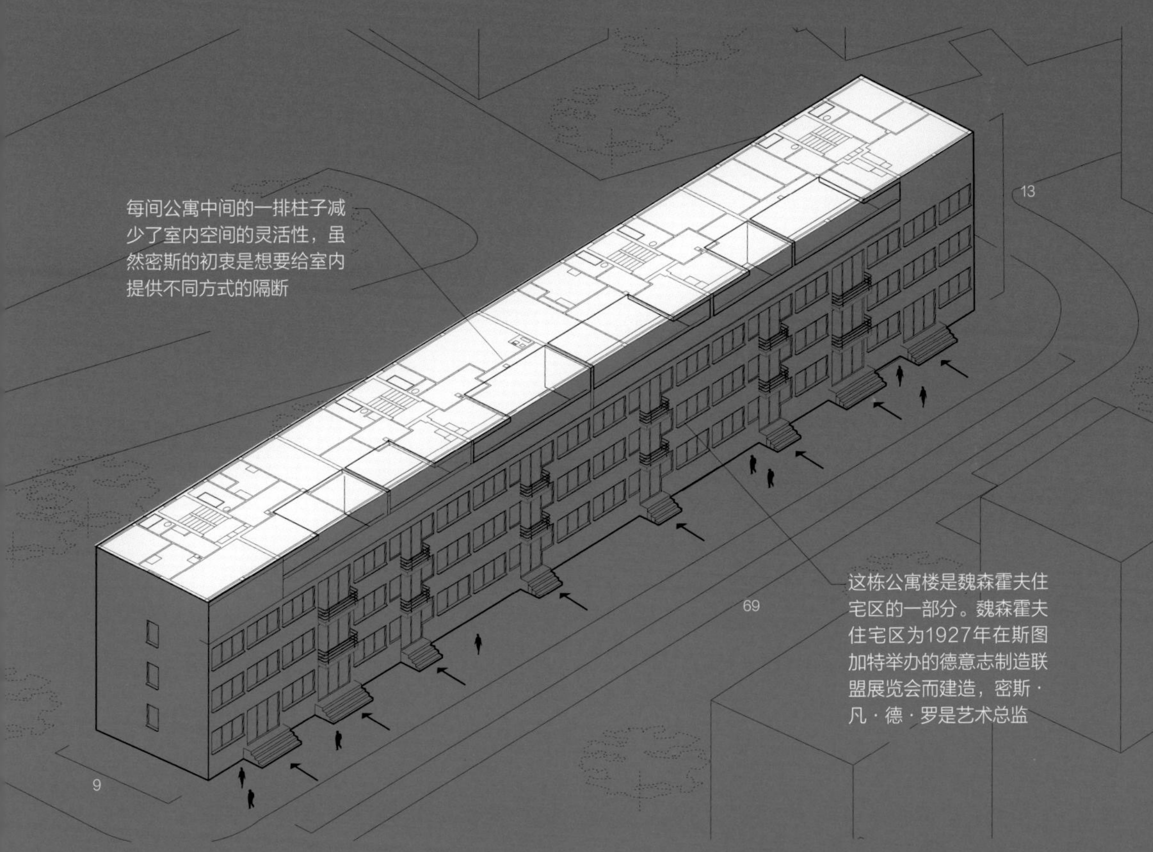

每间公寓中间的一排柱子减少了室内空间的灵活性，虽然密斯的初衷是想要给室内提供不同方式的隔断
13
69
9
这栋公寓楼是魏森霍夫住宅区的一部分。魏森霍夫住宅区为1927年在斯图加特举办的德意志制造联盟展览会而建造，密斯 · 凡 · 德 · 罗是艺术总监

魏森霍夫住宅大楼是一个大体南北朝向的9 m深的直线型板楼，地下室以上有4层，容纳了24个单层公寓，由点式垂直交通入户。每两套公寓共用一个带有小平台的楼梯间，从而免除了长廊。这不仅为公寓提供了私密性，而且使公寓能够跨越整个建筑的进深，从而获得双向开窗面。钢框架结构减少了对分隔公寓实墙的需求，从而为多种多样的平面布局提供了条件，只有厨房、浴室和卫生间的位置是固定的。钢框架使外墙由光滑灰泥覆盖的砖石填充，并开凿了长条状的窗户，这些窗户在建筑的一侧围绕入口布置，在另一侧则围绕凸出式阳台。因此，魏森霍夫住宅大楼体现了统一、双向、不对称、私密性（室内）、外露性（阳台）和均匀性的效果。

效果

统一、双向、对称、私密性、内外连续性、差别化、无尺度感

FOA建筑事务所 | 卡拉万切尔住宅综合体 | 西班牙马德里 2007年

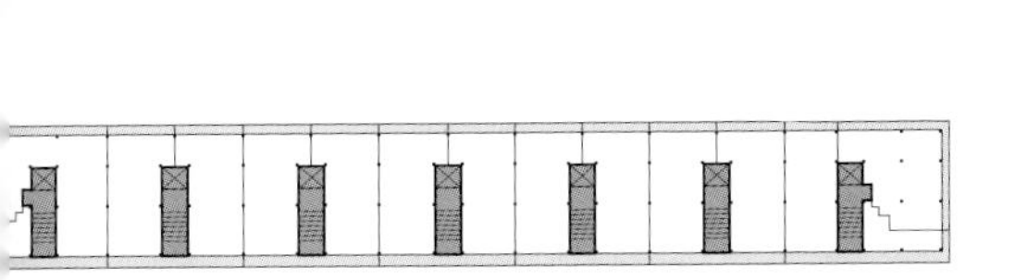

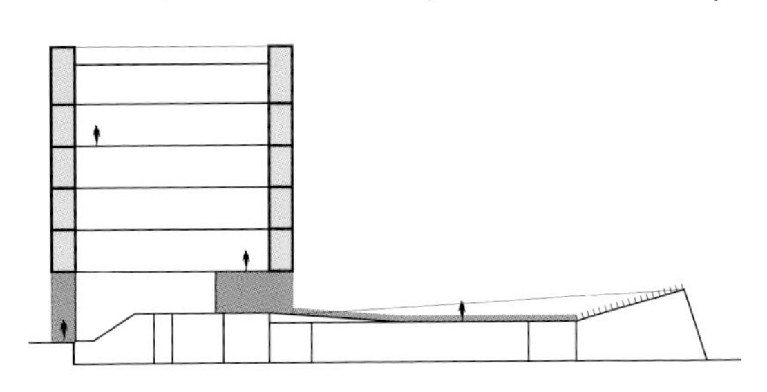

私密性和多样性

每套公寓都与一套相邻公寓共用一个小型楼梯平台。分隔公寓的实墙将它们划分为私密区域，与相邻住宅不存在视线交流，但每一端都拥有外部视野。该建筑中有5种不同类型的公寓。

私人开敞空间

每套公寓在两个立面都分别有一个敞廊，带有活动百叶窗，使居民可改变公寓的私密程度。

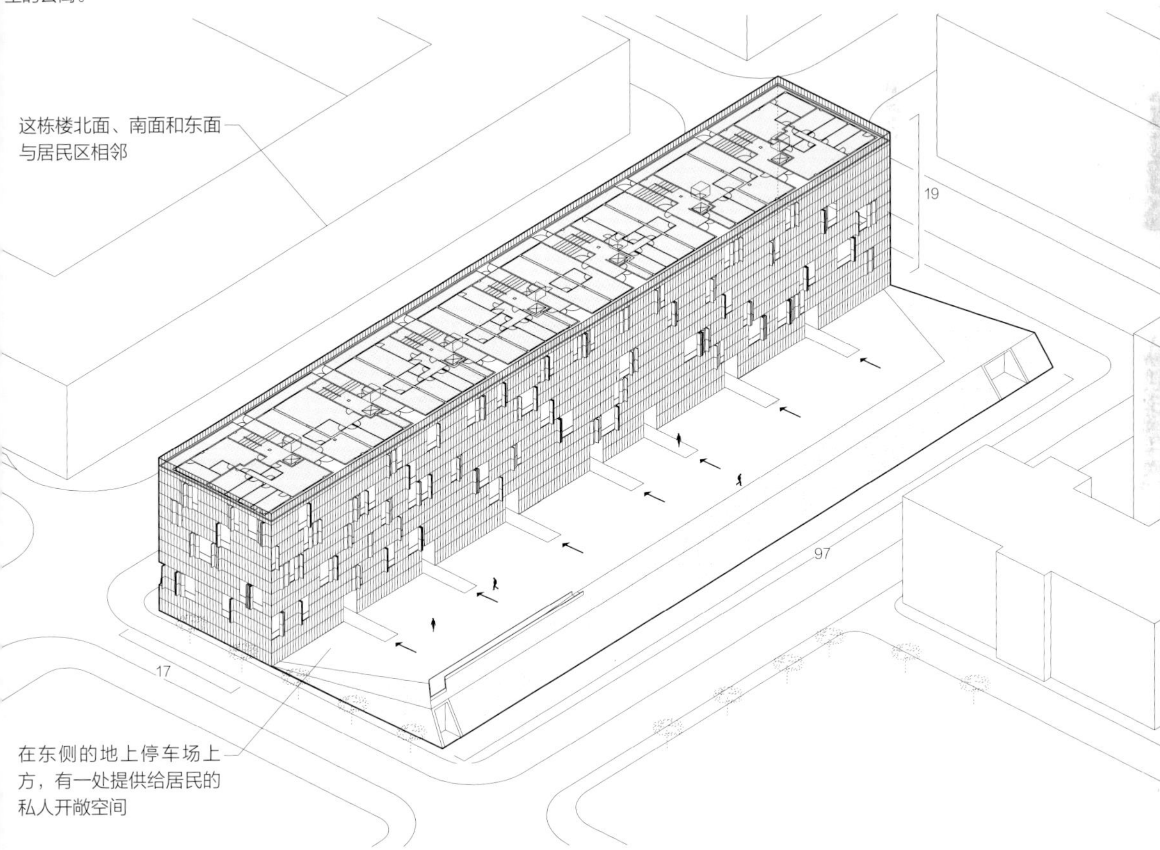
这栋楼北面、南面和东面与居民区相邻
19
97
17
在东侧的地上停车场上方，有一处提供给居民的私人开敞空间

卡拉万切尔住宅综合体是一座南北向的13.4 m深的直线型板楼，地下室以上有6层，容纳了24间单层公寓，由点式垂直交通入户。每两套公寓共用一个楼梯间和一个带有小型楼梯平台的电梯。这不仅提升了公寓的私密性，而且使其能够跨越建筑的整个进深，从而获得双向开窗面与穿堂风。公寓和混凝土平台之间的钢柱混合结构，免除了内部空间的承重与固定元素，并确保内部空间可以满足居住者将来改变布局的需求。每个公寓单元都装设落地玻璃窗，两端各有一个1.5 m宽的平台，平台装有安装在折叠框架上的竹百叶窗，关闭时可以形成一个遮阴的敞廊或私人的户外空间，打开时就成了一个被遮盖的露台。因此，卡拉万切尔住宅综合体的公寓体现了统一、双向、对称、私密性（内部和阳台）、内外连续性、差别化和无尺度感的效果。

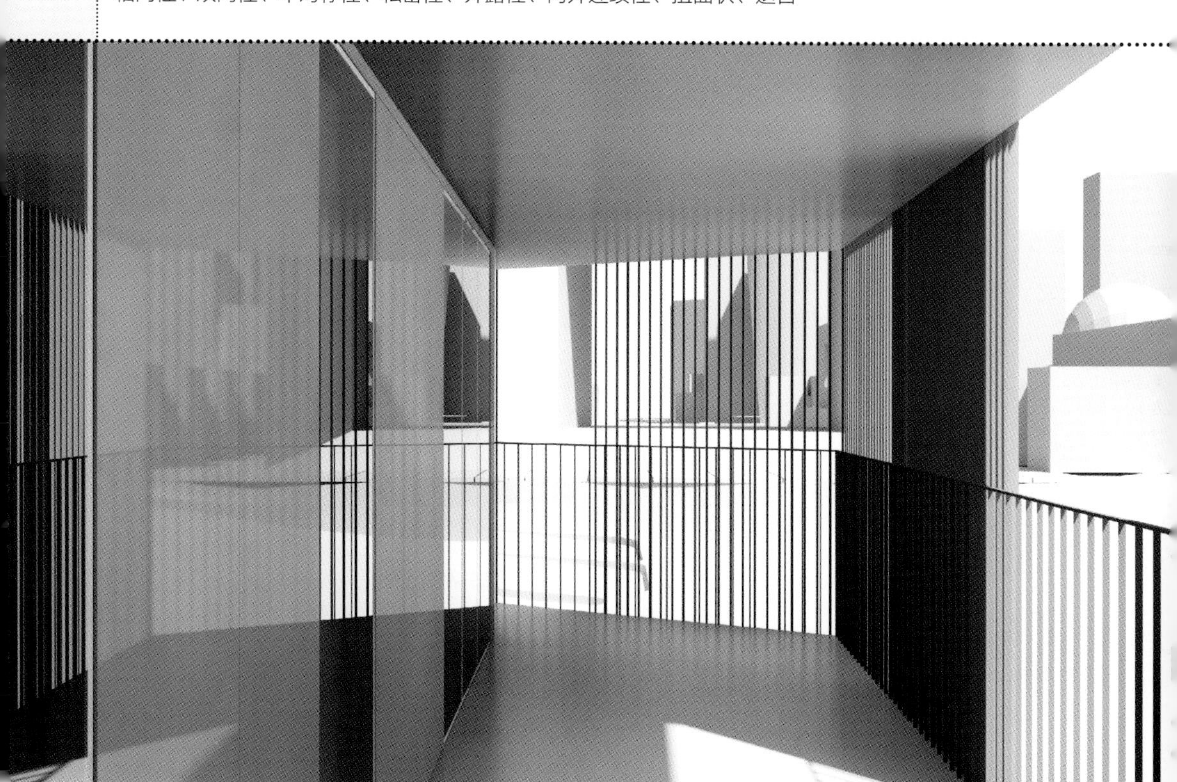

FMA建筑事务所 | 拉德芳斯南泰尔住宅项目 | 法国巴黎 | 2011年

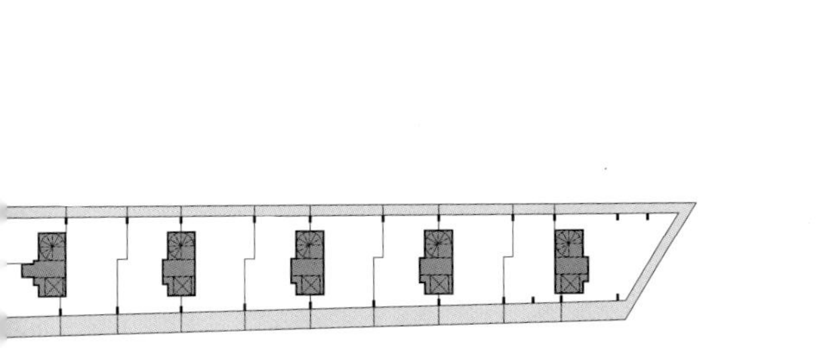

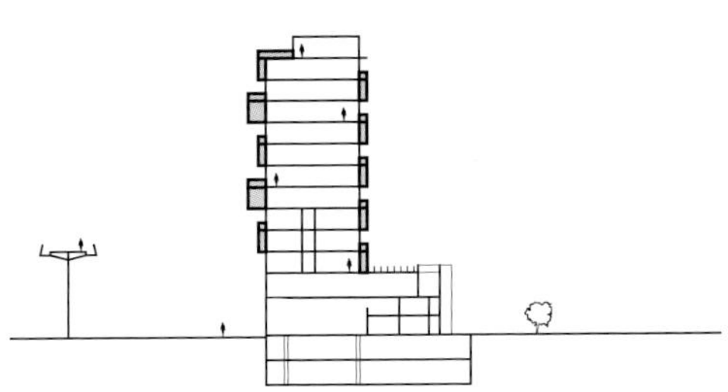

私密性和多样性

每户居民仅与一套相邻公寓共享一个小平台，因此享有最大限度的私密性。公寓间的横向划分增加了私密性。该建筑内有10种不同类型的公寓。

私人开敞空间

每套公寓的一端是带有滑动百叶窗的敞廊，百叶窗被住户打开或关闭时，公寓的私密程度也相应改变，而公寓另一端则是露台。

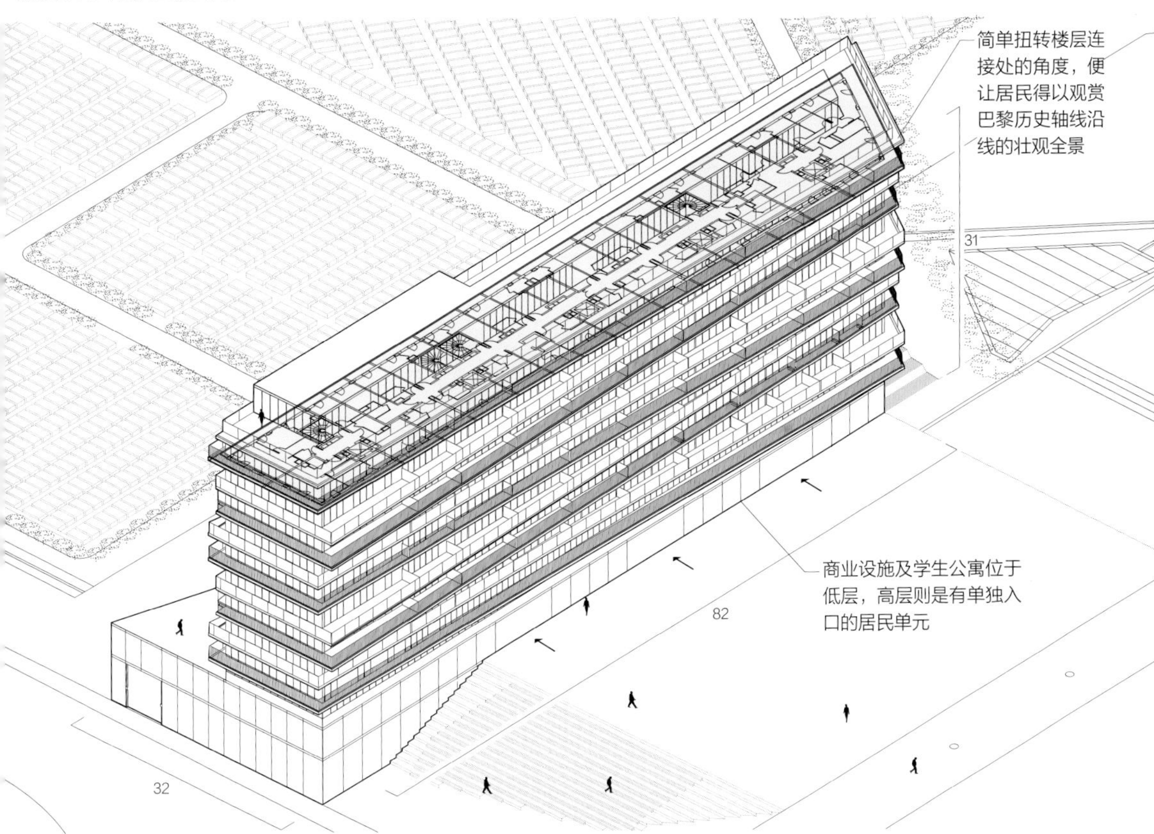
简单扭转楼层连接处的角度，便让居民得以观赏巴黎历史轴线沿线的壮观全景
31
商业设施及学生公寓位于低层，高层则是有单独入口的居民单元
82
32

拉德芳斯南泰尔住宅项目（19号综合体）是一栋西北—东南向的12 m深的直线型板楼，地上有11层，其中的9个楼层容纳了96套普通公寓，92套学生公寓分布在4个楼层中，由点式垂直交通入户。每层交替左右旋转2°，因此获得了观赏巴黎历史轴线区域的景观视野。这形成了一个阶梯式的剖面，建筑的每个长边上每隔一层楼都被凸出的上一层所遮蔽。每两套公寓共用一个楼梯间和一个带小型楼梯平台的电梯。这既为公寓提供了私密性，又让公寓可以贯穿建筑的进深，获得西北—东南向的双向开窗面与自然穿堂风。公寓之间混凝土柱结合墙体与后张预应力混凝土板的结构，免除了内部空间的承重墙，也使公寓得以适应未来的布局变化。住宅单元的两端都装设了玻璃，一端有露台，露台被其上方悬垂的楼板所遮盖，另一端则装设了铝制滑动百叶窗的敞廊。拉德芳斯南泰尔住宅项目具有轴向性、双向性、不对称性、私密性（内部）、私密性和外露性（阳台）、内外连续性、扭曲状和退台的效果。

大卫·奇普菲尔德建筑事务所 | 维拉维尔德社会福利住房 | 西班牙马德里 | 2000年

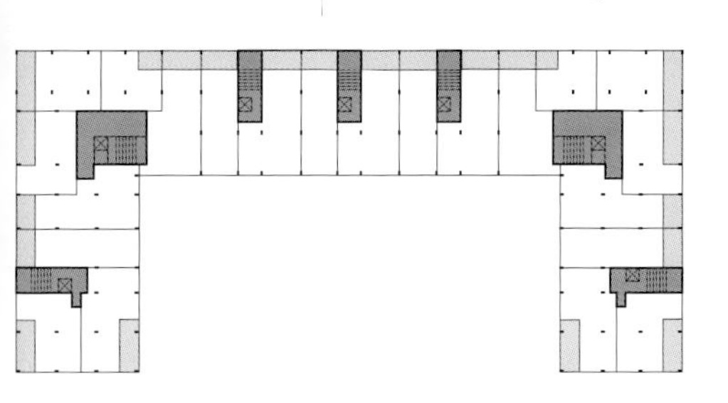

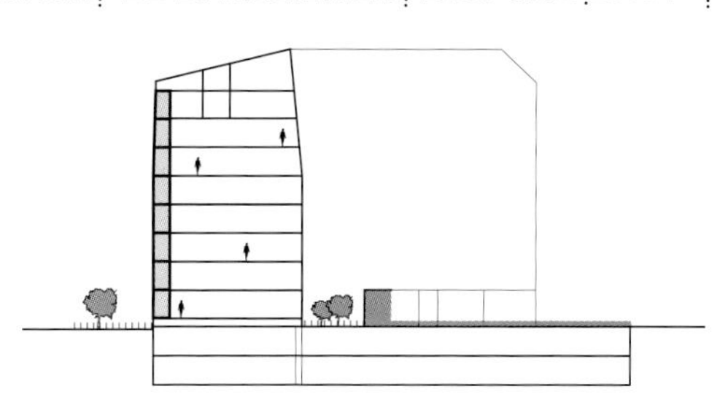

私密性和多样性

每户居民仅与一套相邻公寓共享一个小楼梯平台，因此享有极大的私密性。建筑的U形平面意味着其中的很多公寓是彼此面对面的，不过它们之间的距离之长足以保护其私密性。建筑内有6种不同类型的公寓。

私人开敞空间

双向开窗面公寓在某些位置有一个嵌入式阳台和一个敞廊，其他位置则有两个阳台。

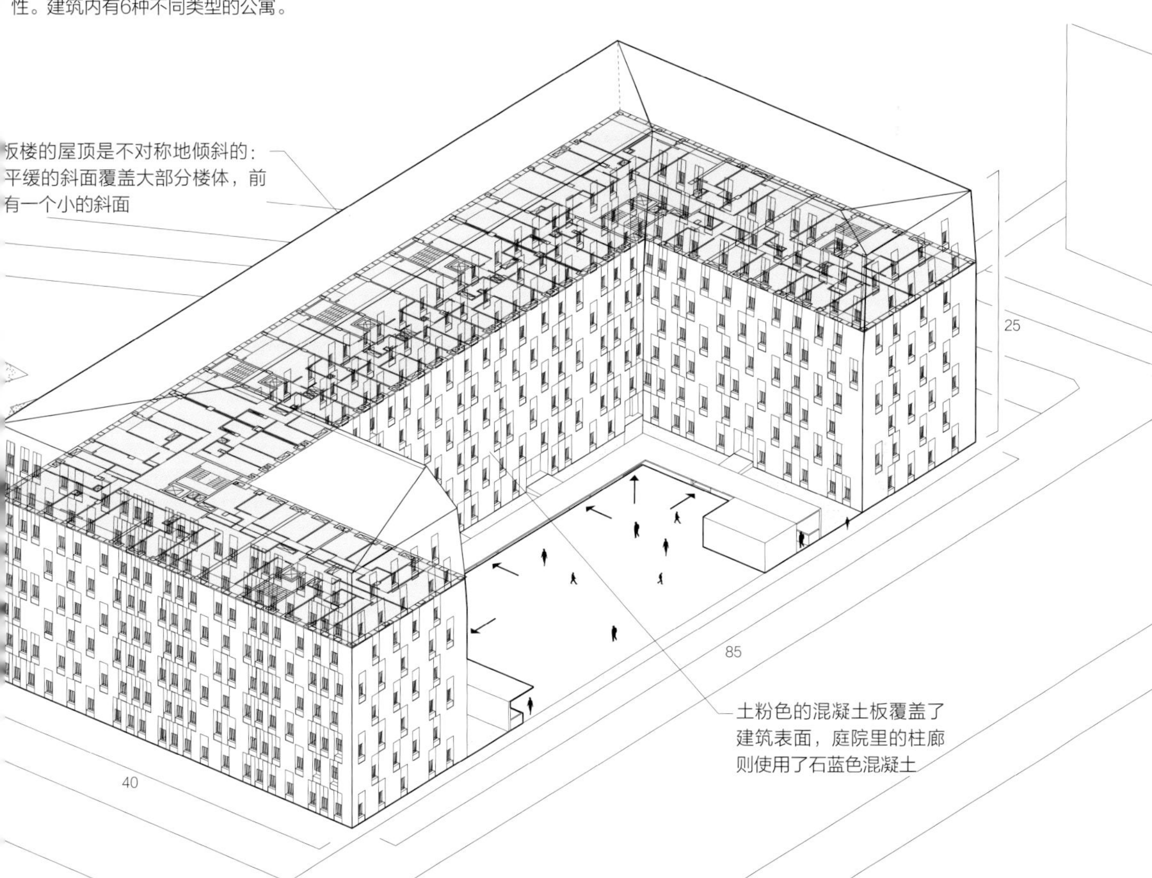

扳楼的屋顶是不对称地倾斜的：
平缓的斜面覆盖大部分楼体，前
有一个小的斜面
25
85
40
土粉色的混凝土板覆盖了
建筑表面，庭院里的柱廊
则使用了石蓝色混凝土

维拉维尔德社会福利住房是南北向的15 m深的直线型板楼，地上有8层，共有176个单层单元，其中包括单间公寓和三居室公寓，由点式垂直交通连通。每两套公寓共用一个楼梯间和一个有小型楼梯平台的电梯。这为公寓提供了私密性，又让公寓可以贯穿建筑的进深，拥有了东西向的双向开窗面与自然穿堂风。分隔公寓的混凝土柱与墙体结合后张预应力混凝土板的结构，使室内不再需要承重墙，更适应未来的不同布局。公寓两端装设了玻璃窗，并通向立面后的一个内凹露台。因此，维拉维尔德社会福利住房体现了围合性、双向性、不对称性、私密性（内部和阳台）的效果。

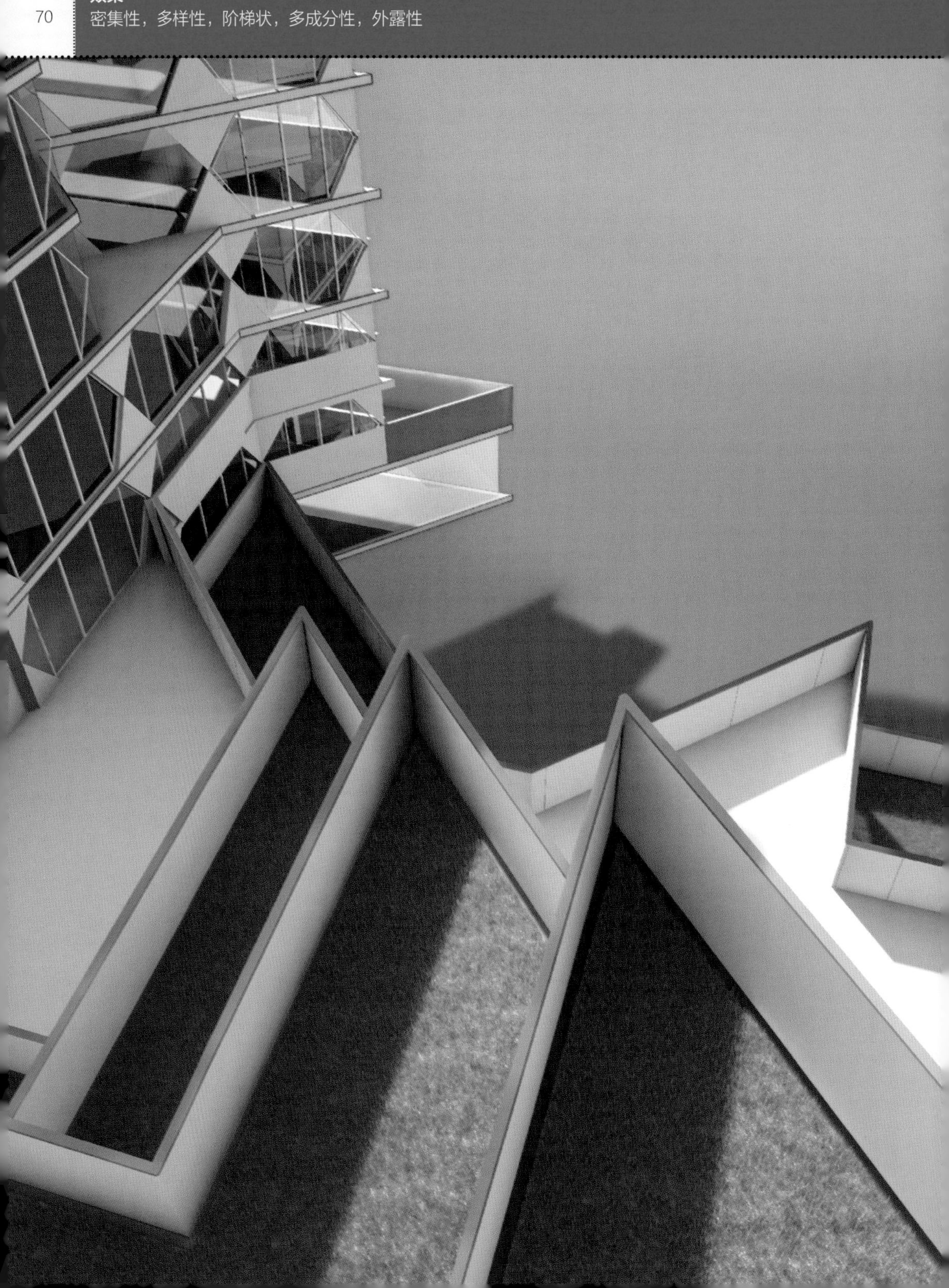

尚・雷诺帝、芮妮・盖尔胡斯特 | 塞纳河畔伊夫里住宅楼 | 法国巴黎 | 1970年

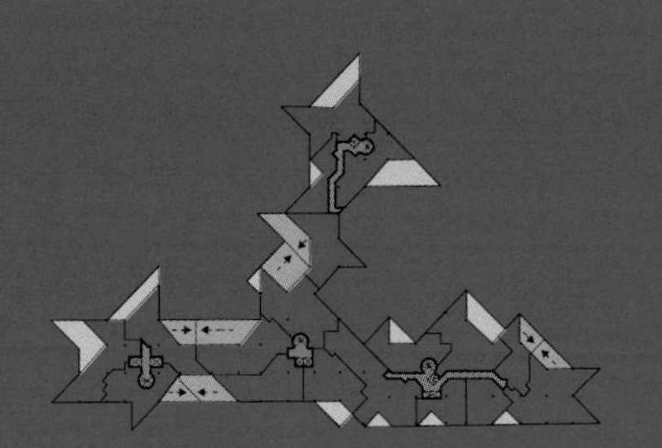

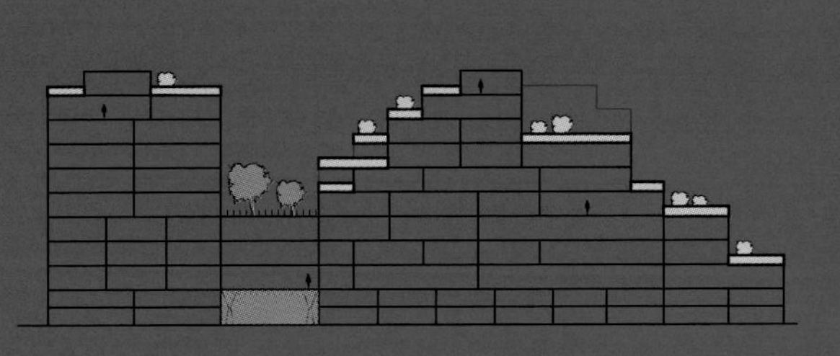

私密性和多样性
尽管居民们只共用一个小楼梯平台或一个相对较短的阳台，但大楼阶梯状的构成与其T形结构，意味着住宅单元是彼此面对的，缺乏私密性。在这里，一种公共生活模式代替了私密性。该建筑内有82种不同类型的公寓。

私人开敞空间
每套公寓的露台都有其特有的开窗面。然而，由于楼层呈阶梯状，露台都被其他住宅单元俯瞰。

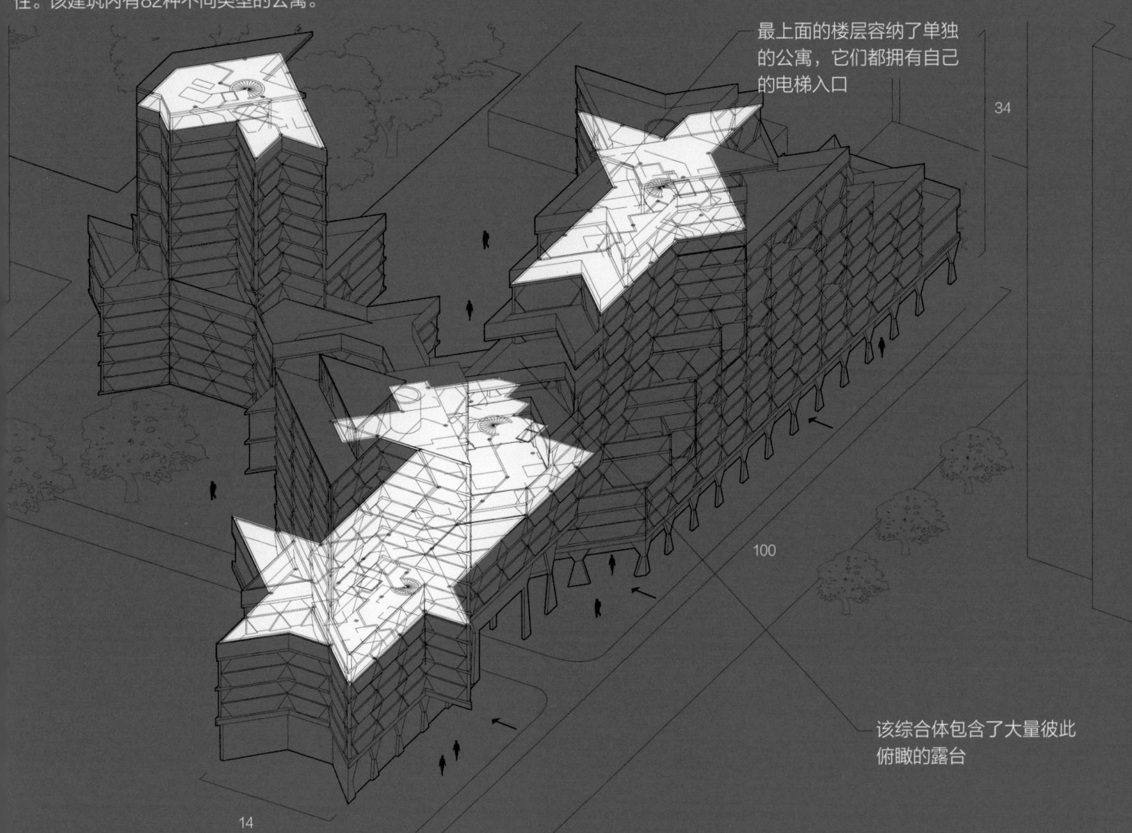
最上面的楼层容纳了单独的公寓，它们都拥有自己的电梯入口
34
100
14
该综合体包含了大量彼此俯瞰的露台

塞纳河畔伊夫里住宅楼是一个密集的城市开发项目，由多栋互连的阶梯状的板楼组成。这里介绍的是一座西北—东南向的14层板块（一端进深14 m，另一端进深23 m）和一座进深10 m的交叉板楼。这两座板楼共容纳2400个公寓（其中2 / 3是社会福利性住房）。住宅单元共有82种不同的类型，由3个核心筒入户，点式垂直交通通往中央公寓，走廊则通往其他公寓。在一个边长5 m的正方形网格中，混凝土柱被广泛使用，尽管这些公寓的规划网格的几何风格是六边形。这通常会在公寓内形成独立的列柱，但也会产生一个星形的平面，为每套公寓提供一个阳台。阳台系统一直延伸到顶层公寓，为建筑营造了一个阶梯式的轮廓。因此，塞纳河畔伊夫里住宅楼体现了密集性、多样性、阶梯状、多成分性和外露性（露台）的效果。

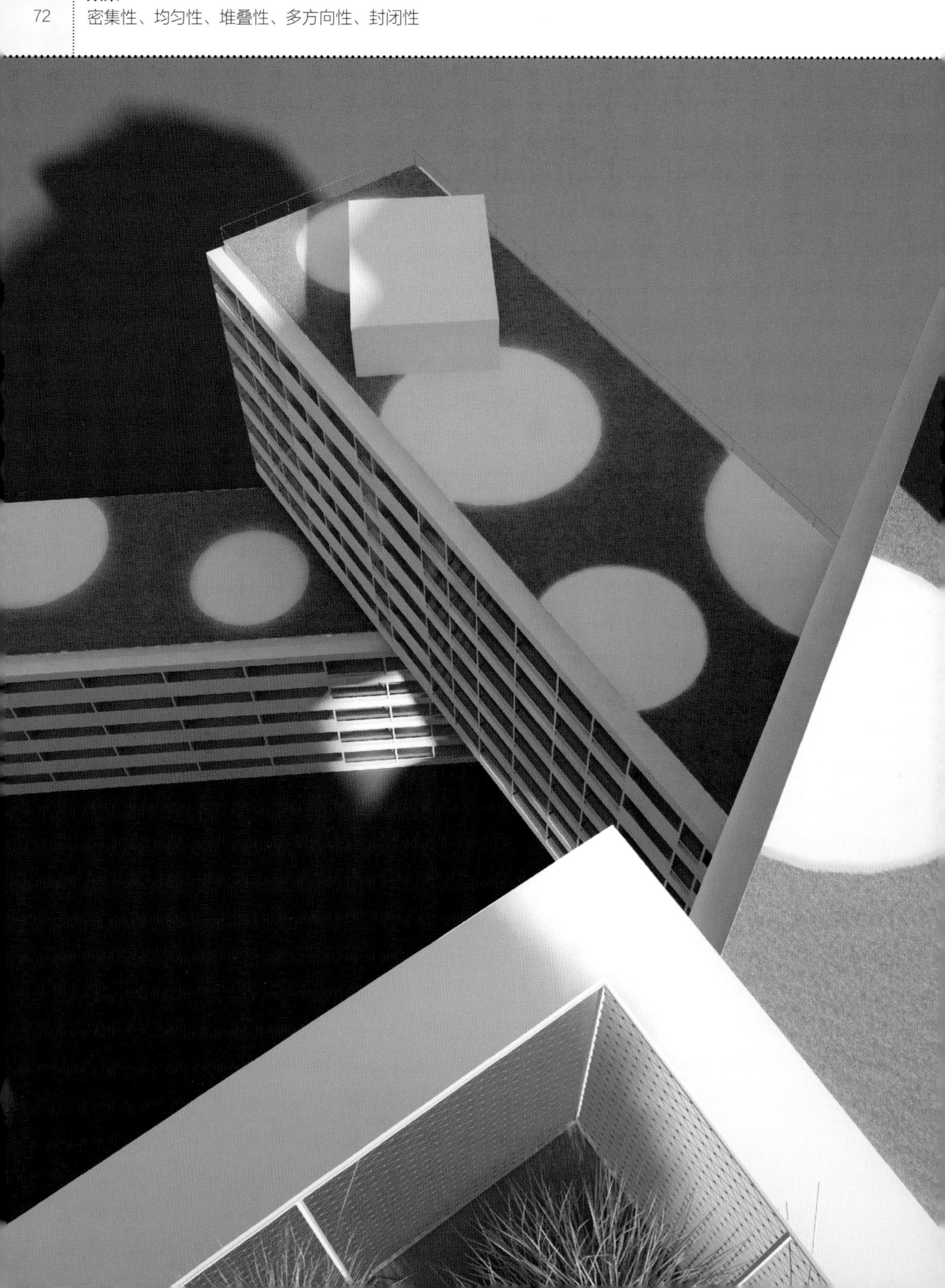

大都会建筑事务所 | 翠城新景住宅区 | 新加坡 | 2009年

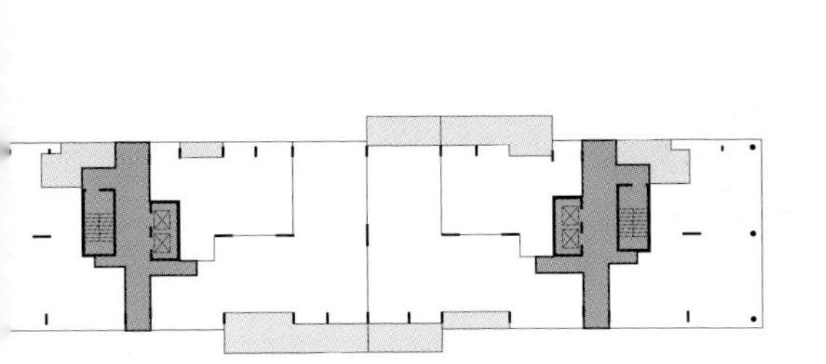

私密性和多样性

尽管该综合体的密度非常大，但每个核心筒每层只连通2、3或4个住宅单元，这为居民提供了相当强的私密性。建筑内共有13种公寓。

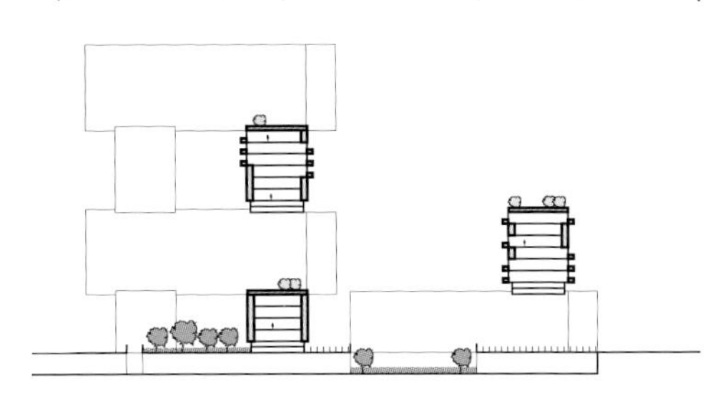

私人开敞空间

公寓有被用作私人户外空间的嵌入或凸出的阳台。板楼的堆叠也形成了半私密的露台。

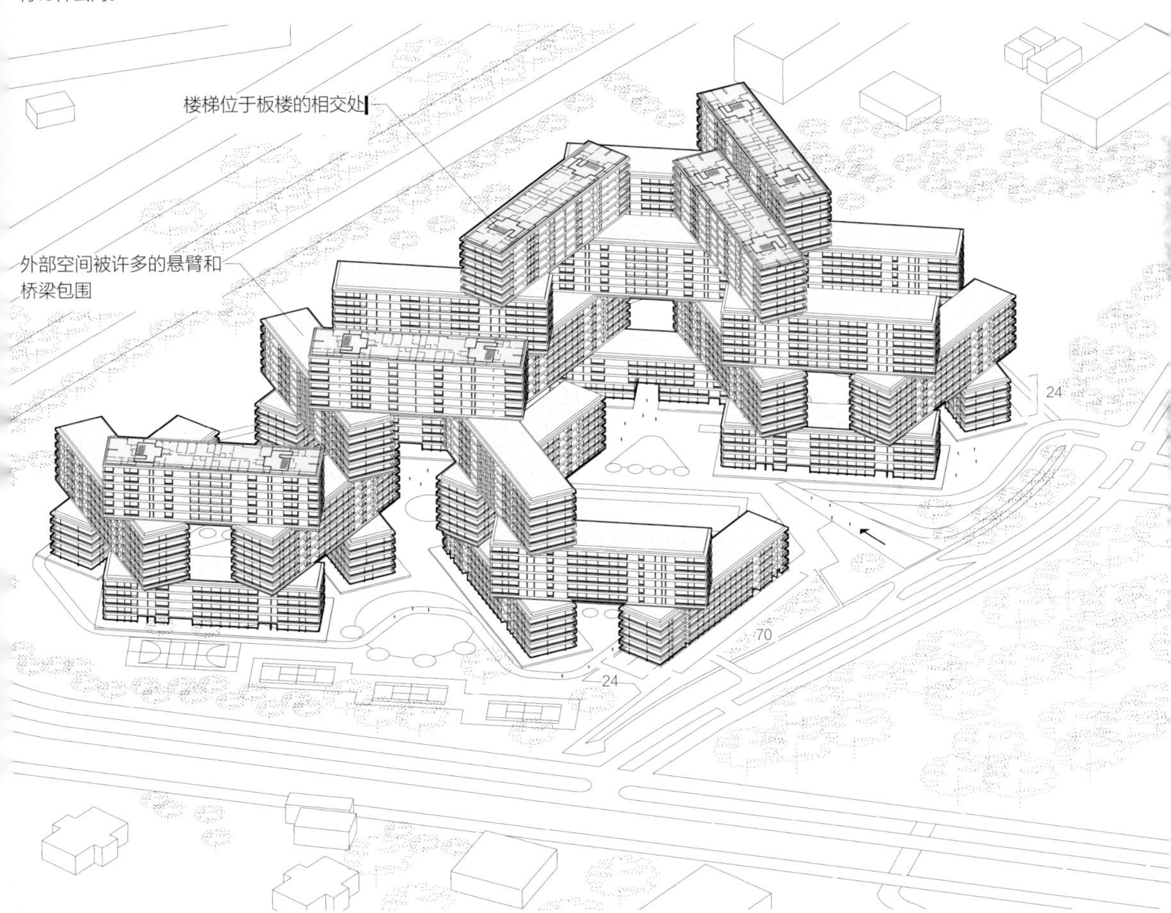

楼梯位于板楼的相交处
外部空间被许多的悬臂和桥梁包围
24
70
24

翠城新景住宅区包括31栋6层高的板楼，每栋楼14 m宽，70 m长，一共可容纳1040个住宅单元，其中包括两居室、三居室和四居室的公寓，复式公寓以及顶层公寓。这些板块被堆叠在一个六边形的网格上，地面以上达到24层。点式垂直交通位于板块的相交处，公寓有单、双或三向的开窗面。所有住宅单元为全玻璃幕墙。有些有小型嵌入式阳台，其他的则有凸出式阳台。板楼的六边形布局在地面层形成了8个大型公共庭院，在有些楼层上形成了有私人和公共景观的屋顶露台。因此，翠城新景住宅区体现了密集性、均匀性、堆叠性、多方向性和封闭性（阳台）的效果。

威廉姆·范·提恩 勃格波德公寓楼 荷兰鹿特丹 1932年

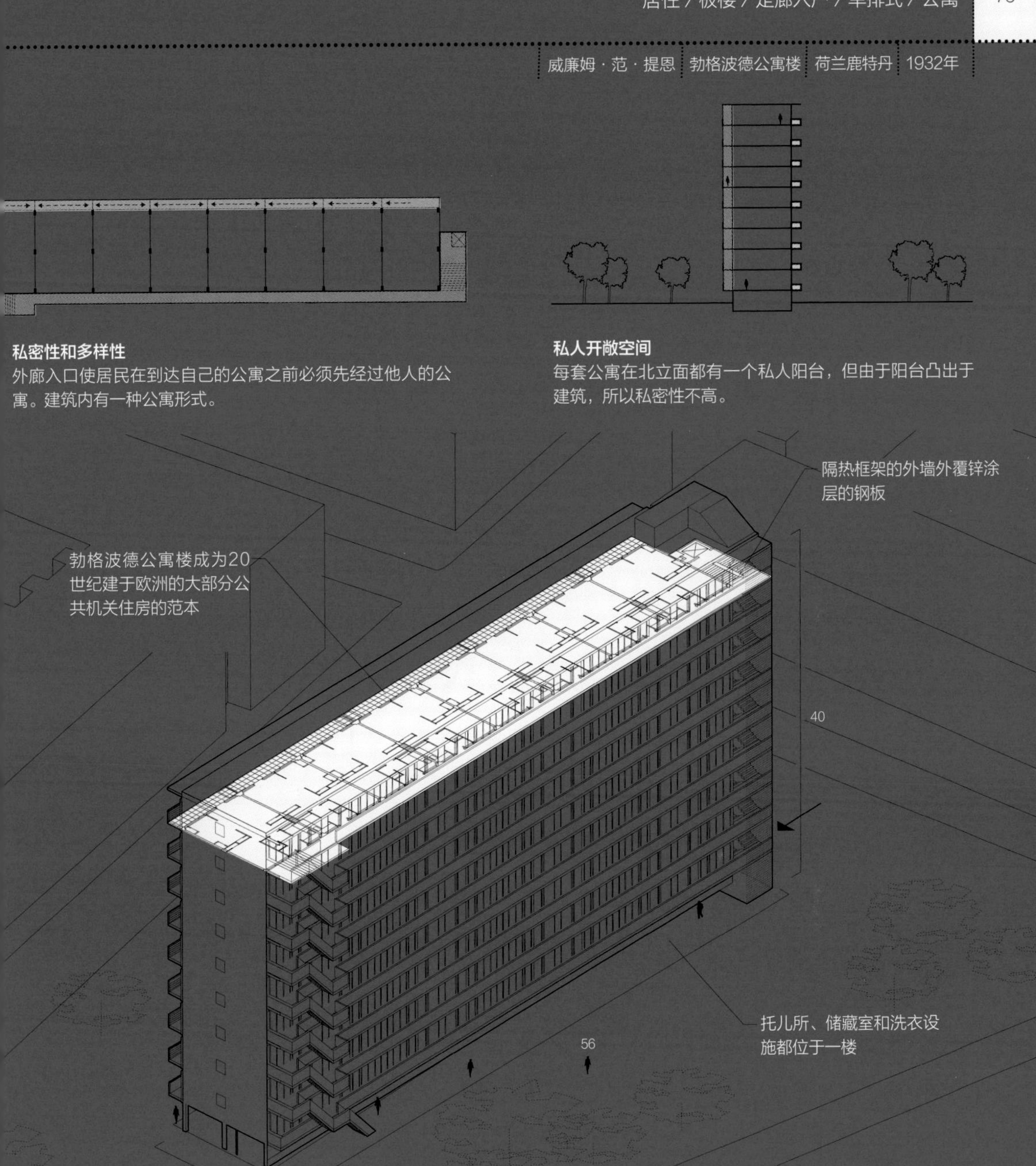
隔热框架的外墙外覆锌涂层的钢板
勃格波德公寓楼成为20世纪建于欧洲的大部分公共机关住房的范本
40
托儿所、储藏室和洗衣设施都位于一楼
56
9

私密性和多样性

外廊入口使居民在到达自己的公寓之前必须先经过他人的公寓。建筑内有一种公寓形式。

私人开敞空间

每套公寓在北立面都有一个私人阳台，但由于阳台凸出于建筑，所以私密性不高。

勃格波德公寓楼是一座8 m深、9层高的直线型板楼，半层位于地下，南北朝向，以最大限度地获取日照。每层有8个完全相同的双向开窗面公寓，由建筑南侧的一个外廊入户，建筑每端的两座楼梯与其中一个楼梯后面的电梯通向此外廊。电梯停在中间层，每层可通往两个外廊。在建筑北侧，公寓拥有一个凸出式阳台，阳台的帆布卷帘配有可调节金属框架。楼板的结构是钢架，在轻型的隔断墙和阳台之间带有一个X形防风支架。两层的木制楼板与一层的混凝土楼板交替，以达到防火的功能。楼梯和廊道由预制混凝土建造。因此，勃格波德公寓楼具备了不对称性、公共性、均匀性和单色性的效果。

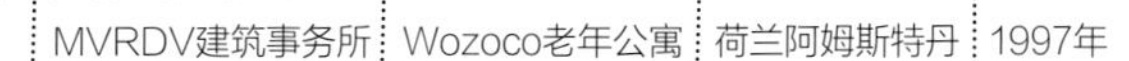
MVRDV建筑事务所
Wozoco老年公寓
荷兰阿姆斯特丹
1997年

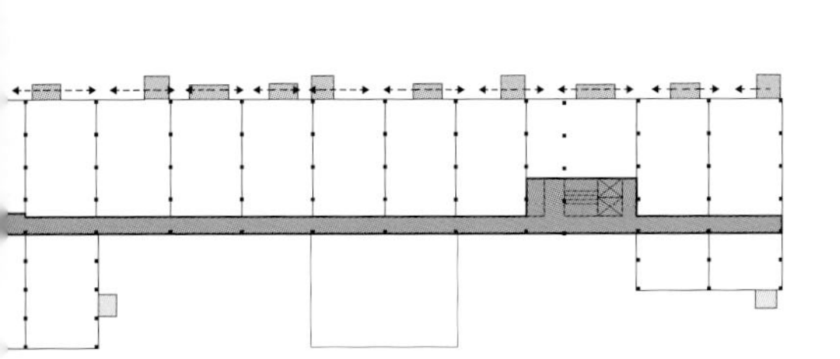

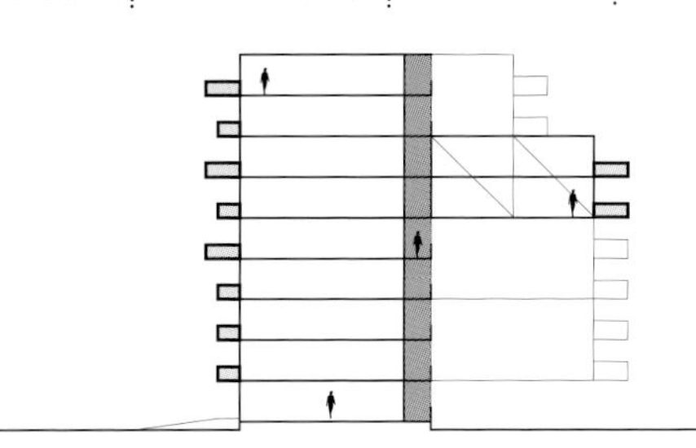

私密性和多样性

通往住宅单元的走廊会降低私密性，但是因为此公寓楼是为老年人设计的，走廊实际也营造了一种居住者渴望的社区感。建筑内有4种类型的公寓。

私人开敞空间

每个单向、双向开窗面单元都有一个或两个被其他单元俯瞰的凸出的阳台，因此为建筑营造出一种集体性，而非私密性效果。

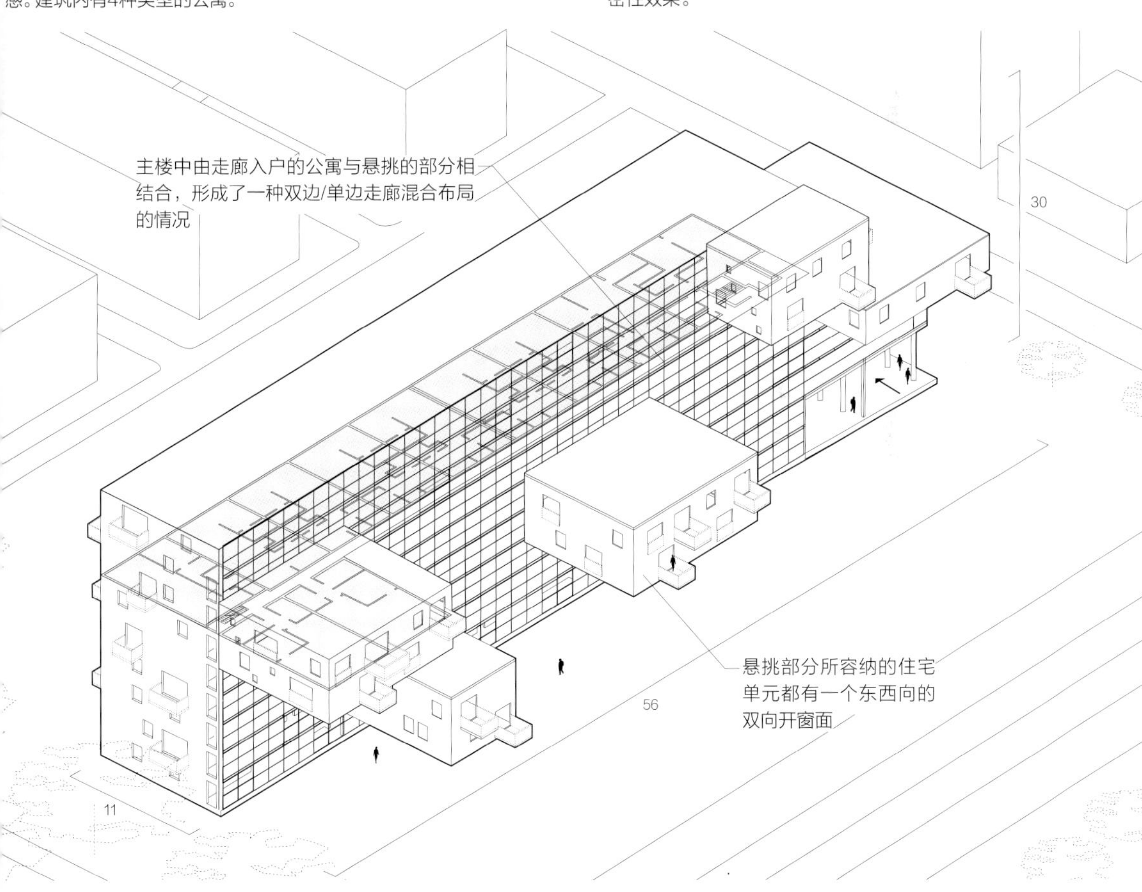
主楼中由走廊入户的公寓与悬挑的部分相结合，形成了一种双边/单边走廊混合布局的情况
30
悬挑部分所容纳的住宅单元都有一个东西向的双向开窗面
56
11

Wozoco老年公寓是一个11 m深、9层高的南北朝向的直线型板楼，共有87套一居室或两居室公寓（单层公寓）。在北侧，居民可经由部分装设了玻璃的外廊进入建筑，外廊也通往庞大的悬挑凸出部分，这些部分通过钢桁架与建筑主体的钢筋混凝土框架连接，且额外容纳了13个不同进深的一层或双层公寓，它们都拥有东西向的双向开窗面。与北侧装设了玻璃的外廊通道不同，建筑主体内公寓的南面，以及悬挑的“箱型部分”都是木板面，为建筑营造了不对称和纹理对比鲜明的效果。卧室、厨房和浴室都有朝向通道的窗户，起居室有朝南的阳台。阳台的进深和宽度各不相同，不同颜色的玻璃板进一步拉大了阳台彼此间的区别。因此，Wozoco老年公寓具备了不对称性、公共性、多样性和多色性效果。

莫伊谢伊 · 金兹伯格、伊格纳迪 · 米尔尼斯
纳康芬公寓
俄罗斯莫斯科
1928年

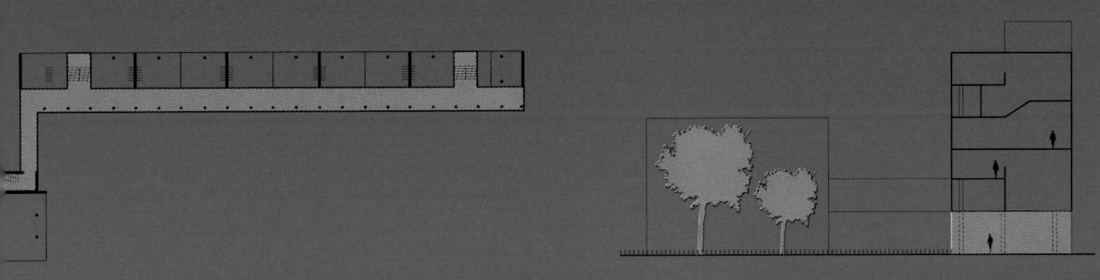

私密性和多样性

通往住宅单元的走廊降低了公寓的私密性，然而其设计目的是促进一种公共生活方式。建筑内共有4类公寓。

私人开敞空间

建筑没有提供私人空间，目的是增强集体性；所以在一个独立的建筑物与屋顶上安置了共享的设施。

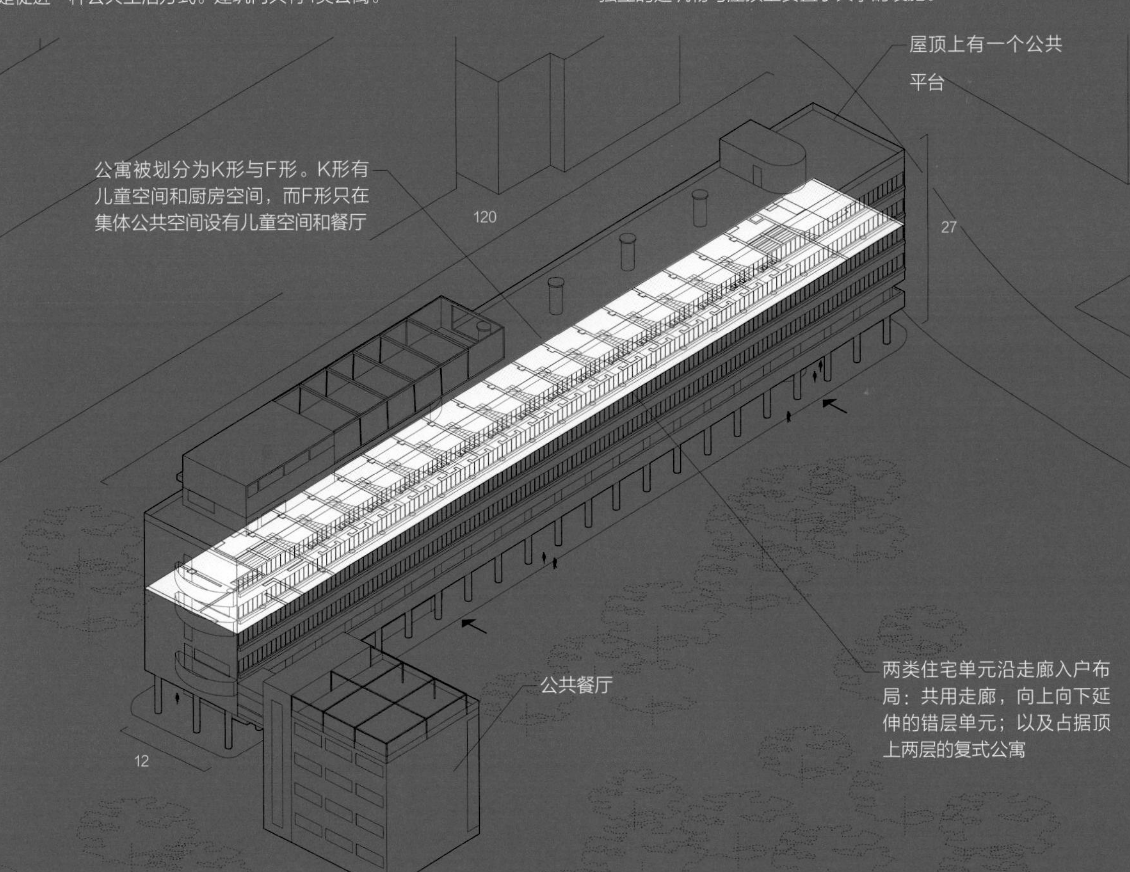

纳康芬公寓是一座6层的直线型板楼，长120 m，进深12 m，容纳了40个拥有两间卧室但不设厨房的错层或复式公寓，专为苏联人民财政委员会（简称“纳康芬”）的员工而设计。主楼与一个较小的4层高的玻璃楼相连，玻璃楼包括厨房、餐厅、会议室、幼儿园、图书馆和健身房等公共设施。这座建筑被构想为一个“社会浓缩容器”，以引导住户接纳一种更为社会主义的生活方式。第2层和第4层的两个单排式外部走廊通向每层的32个错层公寓，以及位于两个较低楼层的8个复式住宅单元。该板楼由钢筋混凝土构建，开设不显示里面的公寓的大小或布局的条形窗。纳康芬公寓传递出不对称性、公共性、重复性、单一式单元和封闭性（走廊）效果。

SANAA建筑事务所 | 岐阜北方住宅大楼 | 日本岐阜县北方町 | 1994年

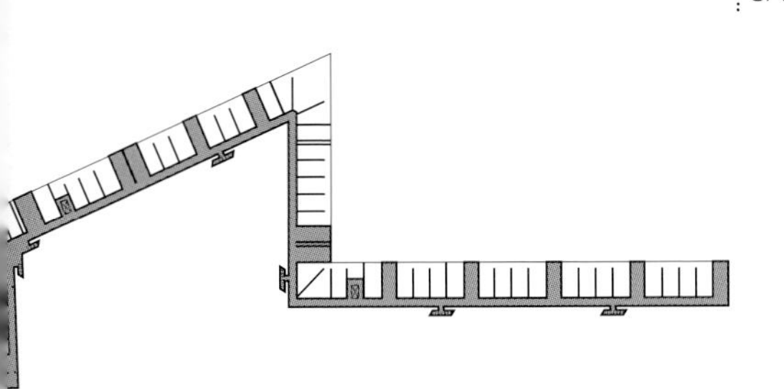

私密性和多样性

每层楼都有一条长长的走廊，既通往公寓，也可用作公共阳台。每个公寓都有一个半私人的露台，可以从主公共走廊自由进入。该建筑内共有7类公寓。

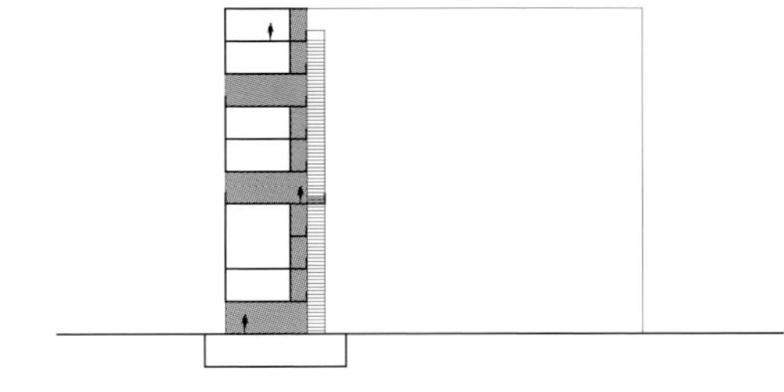

私人开敞空间

每个住宅单元都有几间没有预设功能的基本房间，另外还有一个院子式的露台。

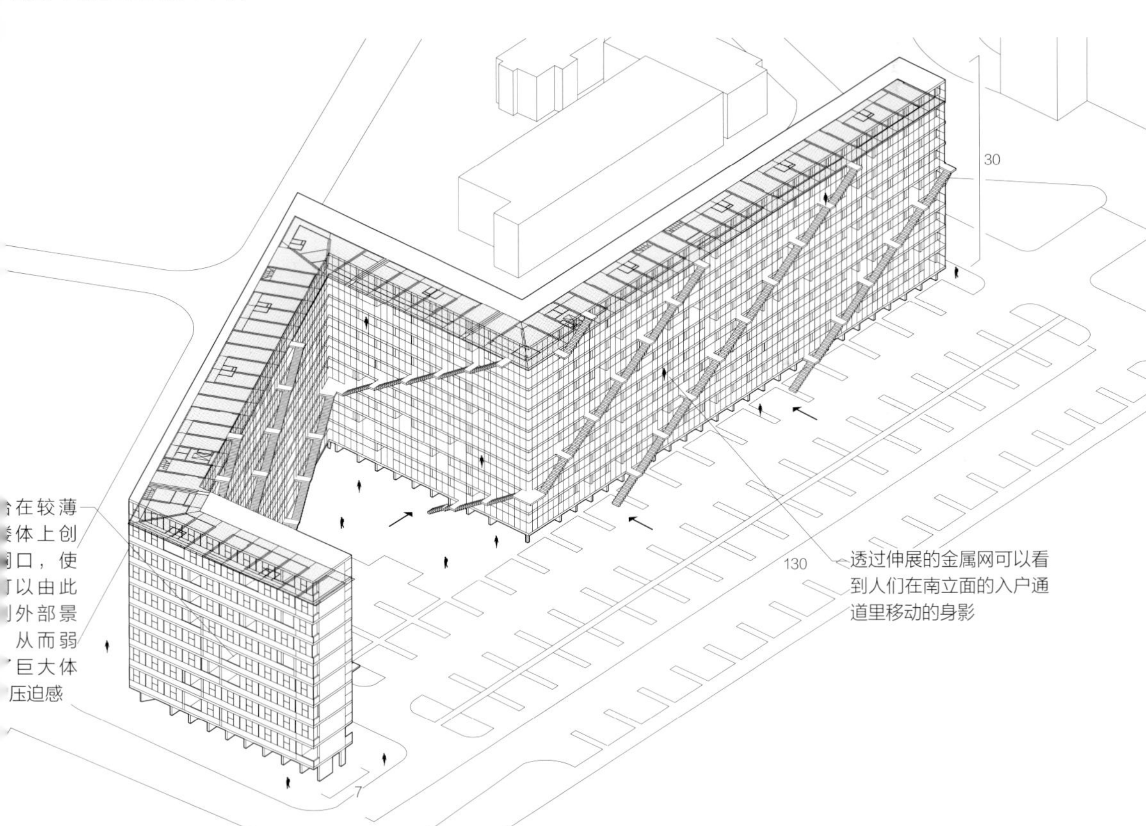
30
130
7
透过伸展的金属网可以看到人们在南立面的入户通道里移动的身影
在较薄体上创口，使以由此外部景从而弱巨大体压迫感

岐阜北方住宅大楼是一座10层的L形板楼，长130 m、进深7 m，容纳了110个单层公寓、复式公寓和一居室、两居室与三居室公寓，用于出租。每个单元都有一个露台、几个没有预设功能的基本房间和一个内置榻榻米的日式风格的房间。所有的房间都朝南，通过一个狭窄的日光室（engawa）以不同方式相互连接，日光室充当了室内外的过渡空间。这种区域的变化展现在建筑外部，营造了一种无特征性的感觉，因为人们无法确定每个住宅单元的边界。经由外部楼梯和内部电梯，人们可到达有伸展金属网的单排式外廊。不同于一般的经由单一入口连通每个单元的外廊式通道布局，此建筑的外廊有3至5个入口通往每个单元，增强了内外部的连通性，并鼓励人们通过不同方式与外廊互动。该建筑由钢筋混凝土构建，一侧装玻璃窗，另一侧是装有连通外廊的窗和门的实墙。因此，岐阜北方住宅大楼传递了不对称性、公共性、多样性、多样式单元和外露性（走廊）效果。

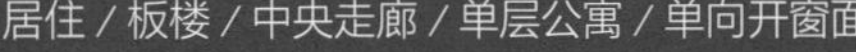

路德维希 · 密斯 · 凡 · 德 · 罗 | 海菲尔德公寓楼 | 美国巴尔的摩 | 1964年

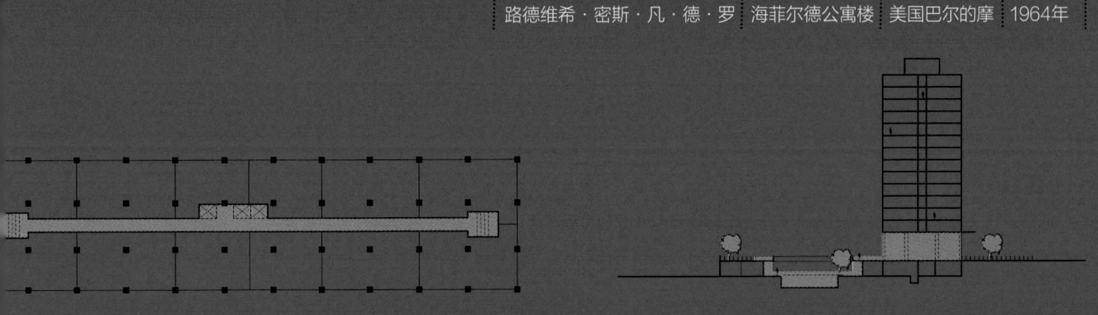

私密性和多样性
12套公寓中的每一套都由一个有人工照明的双边走廊连通，此走廊与外表面的外观并无关联性。建筑内有3类公寓。

私人开敞空间
公寓没有私人的开敞空间。而是将塔楼底部一个有遮挡的、庭院风格的空间设计为居民的休闲区，大楼背面还有一个俯瞰游泳池的大露台。

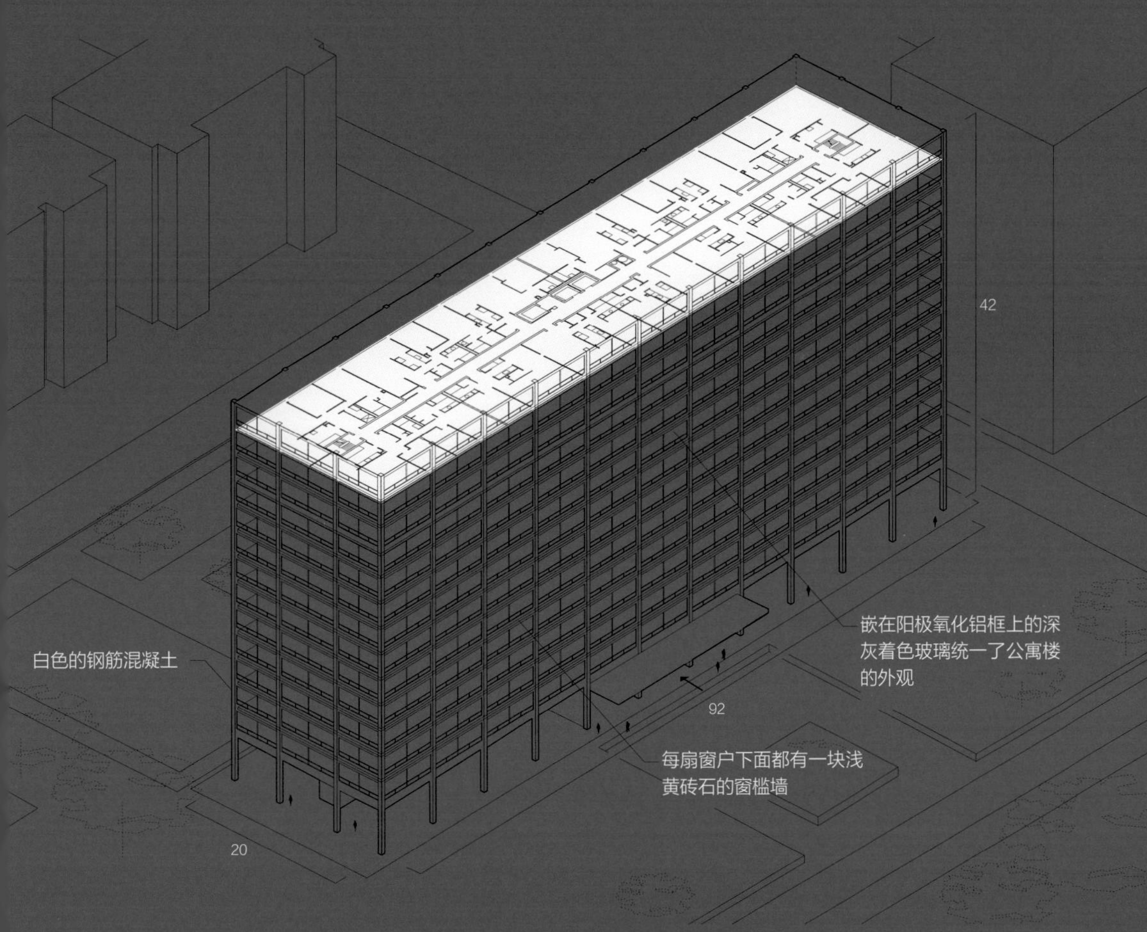
42
嵌在阳极氧化铝框上的深灰着色玻璃统一了公寓楼的外观
白色的钢筋混凝土
92
每扇窗户下面都有一块浅黄砖石的窗槛墙
20

海菲尔德公寓楼是一座建在平台上的东西朝向的14层板楼。从基地上6 m开始建造长方形的住宅楼层，因此可以在地面上安置玻璃围起来的大厅。这些公寓沿着一条长长的、有人工照明的中央走廊，两边排列。混凝土的结构框架是在外墙的外面，用较小的混凝土柱来表示的，以填补结构柱之间的空隙，从而突出暴露在外的框架的垂直度。因此，海菲尔德公寓楼的公寓具有断面一致、重复性、无特征性、封闭性（走廊）和透明性效果。

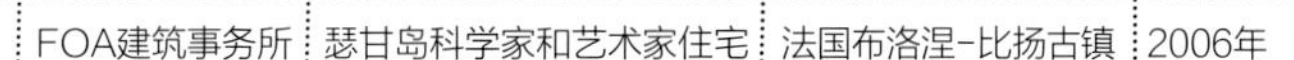
FOA建筑事务所 | 瑟甘岛科学家和艺术家住宅 | 法国布洛涅-比扬古镇 | 2006年

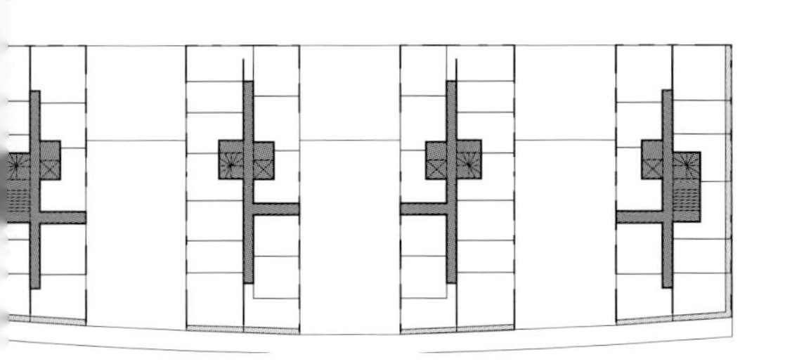

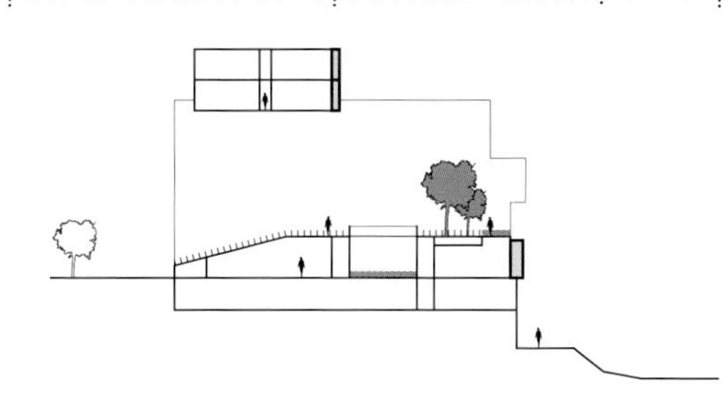

私密性和多样性

208个住宅单元通过4个交通核入户。每个交通核由4～15个单元共享，取决于单元所在的楼层和大小。建筑内有4类公寓。

私人开敞空间

板楼的排列方式形成了3个公共花园，可由此观赏到河流、公园景观，以及通向瑟甘岛高架步道的一部分，也给第6层的居民提供了私人露台。

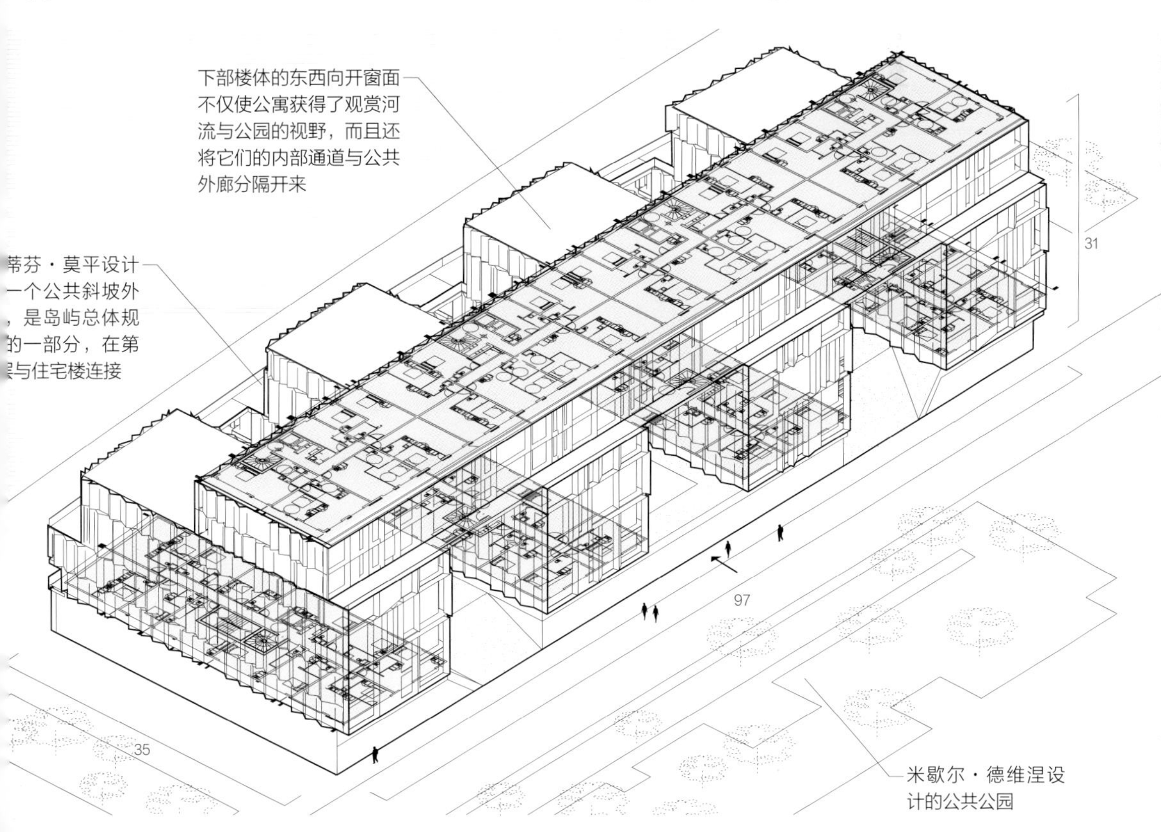
下部楼体的东西向开窗面不仅使公寓获得了观赏河流与公园的视野，而且还将它们的内部通道与公共外廊分隔开来
蒂芬·莫平设计
一个公共斜坡外
，是岛屿总体规
的一部分，在第
层与住宅楼连接
31
97
35
米歇尔·德维涅设计的公共公园

瑟甘岛科学家和艺术家住宅是一座8层的综合体，其中的4栋4层高的板楼坐落在一座2层高的裙楼上，彼此相距13.2 m。这些板楼东西朝向，居民可以看到在住宅最南端穿流而过的塞纳河，以及规划于其北部边界的公园。第5栋2层高的板楼以直角角度被置于其他4座楼块的顶部，以获得于此区域总体规划许可的额外高度。35 m进深的裙楼比堆叠其上的板楼宽4米，这样公共斜坡步道才有条件在第5层与住宅楼相连。板楼的这种布局在第3层形成了3个大型公共花园，将大自然引入楼块中心，而在第7层则是私人的露台。各个公寓通过4个核心筒入户，同时连通所有板块，并将顶层板楼的内部走廊分割为4个较短的部分。住宅楼的落地玻璃外还装有金属活动百叶窗。双层外立面使居民能够根据需要重新配置与外部的关系，并为建筑营造了一个生动和变化莫测的外观，由单层金属覆层墙壁与窗户构成的北外立面除外。瑟甘岛科学家和艺术家住宅传递了堆叠状、多方向性、多样式单元、外露性（露台）、私密性（敞廊）、整合性的效果。

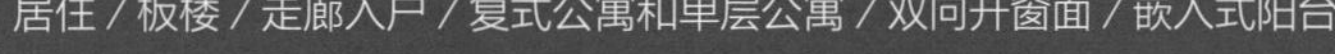
居住 / 板楼 / 走廊入户 / 复式公寓和单层公寓 / 双向开窗面 / 嵌入式阳台

勒 · 柯布西耶 | 马赛公寓 | 法国马赛 | 1947年

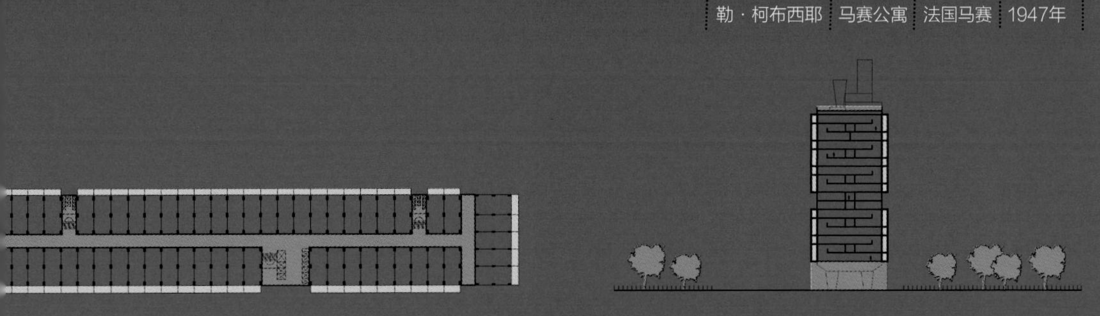

私密性和多样性

马赛公寓内贯穿建筑进深的相互咬合的公寓拥有相当大的私密性，而共用的入口、廊道以及其他容纳了共享设施的区域也鼓励公共生活方式。建筑的第7层和第8层容纳了商店、一间洗衣房、一间餐厅和一座有24间客房的旅馆。顶部的两层有一所幼儿园和育儿室，它们与公众可及的屋顶花园连通，那里有儿童游泳池、跑道和日光浴室。该建筑内有23类公寓。

私人开敞空间

大楼所有住宅单元的两端都有私人露台，单间公寓除外，它们只有单向开窗面，因此只有一个露台。

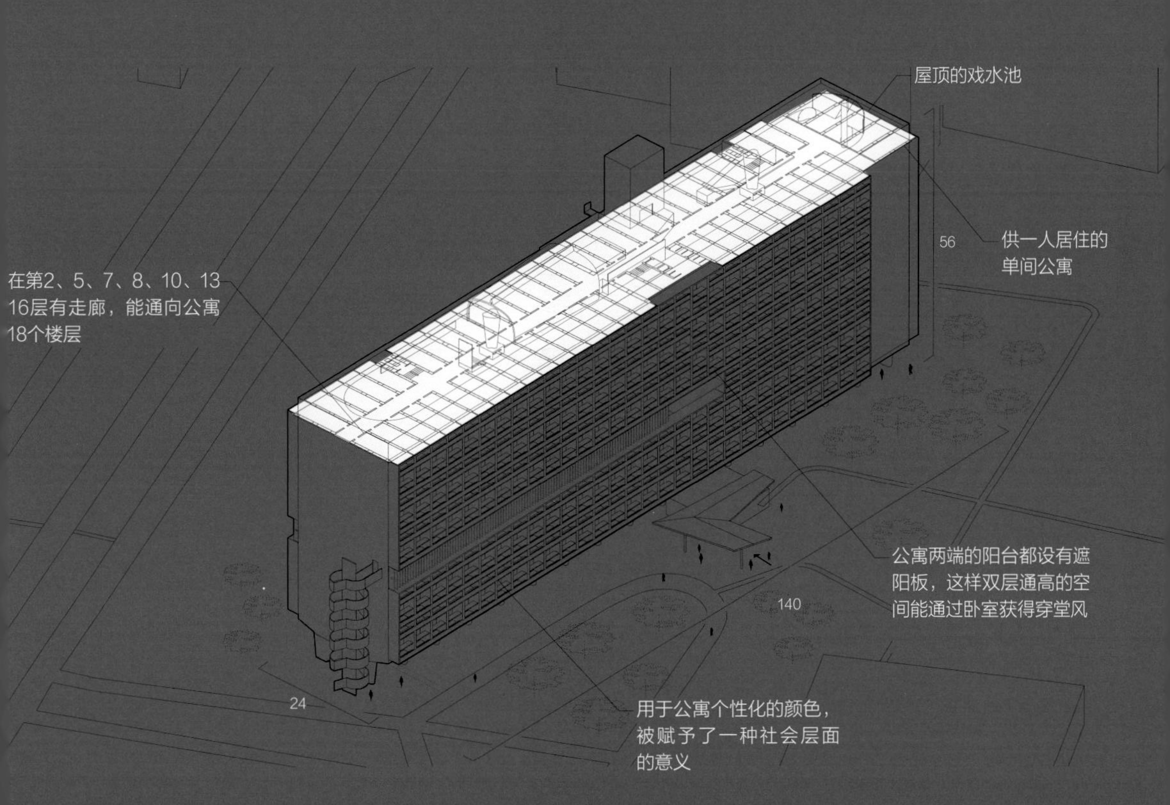
屋顶的戏水池
56
供一人居住的
单间公寓
在第2、5、7、8、10、13
16层有走廊，能通向公寓
18个楼层
公寓两端的阳台都设有遮
阳板，这样双层通高的空
间能通过卧室获得穿堂风
140
24
用于公寓个性化的颜色，
被赋予了一种社会层面
的意义

马赛公寓是一栋18层高、24 m进深的南北朝向的板楼。该建筑内有337套公寓，通常是两层楼的复式公寓，每3层都有一对公寓围绕中央通道相互咬合。这种安排使每间公寓都能从4.8 m高的双层通高的空间中获益，并贯穿建筑的全部进深，直达每一端的嵌入式阳台。这也意味着18层中只有7层有昏暗的内部走廊。然而，建筑内有23种不同类型的单元没有双层通高空间，因为其中包括一个为较大的家庭添加的卧室，或者是单向开窗面的双人公寓或单人公寓。建筑被支撑在巨大的雕塑柱上，为入口大厅、汽车和自行车提供空间。这个结构是一个简单的、粗糙的混凝土框架，在里面插入预制的公寓单元。为使每个公寓都独具特色，每个单元露台上的混凝土墙壁都被涂上了16色中的某一种颜色。因此，马赛公寓传递了统一性、单一式单元、公共性和昏暗（走廊）效果。

MVRDV建筑事务所 | 西罗达姆公寓楼 | 荷兰阿姆斯特丹 | 1995年

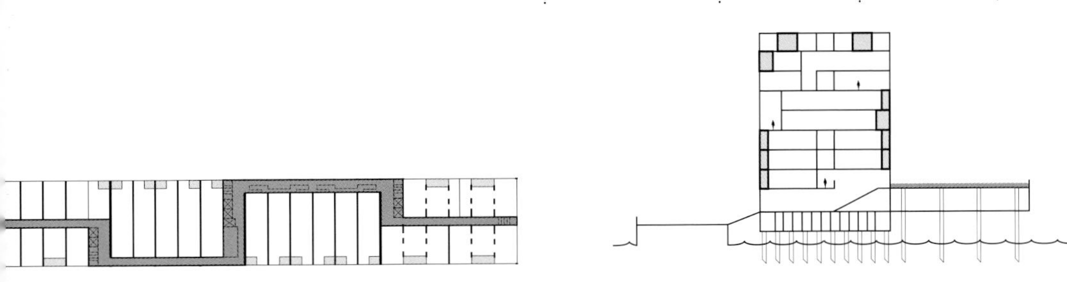

私密性和多样性
一系列半公共路线垂直连接，形成了建筑内立体社区的感觉。这些路线的朝向沿着楼层的边缘交替变化，使居住者对阳光与周围景观的体验替代了内部走廊的完全私密性。该建筑内有15类公寓。

私人开敞空间
每套公寓都有一个私人的户外空间：阳台、露台、外廊或中庭。

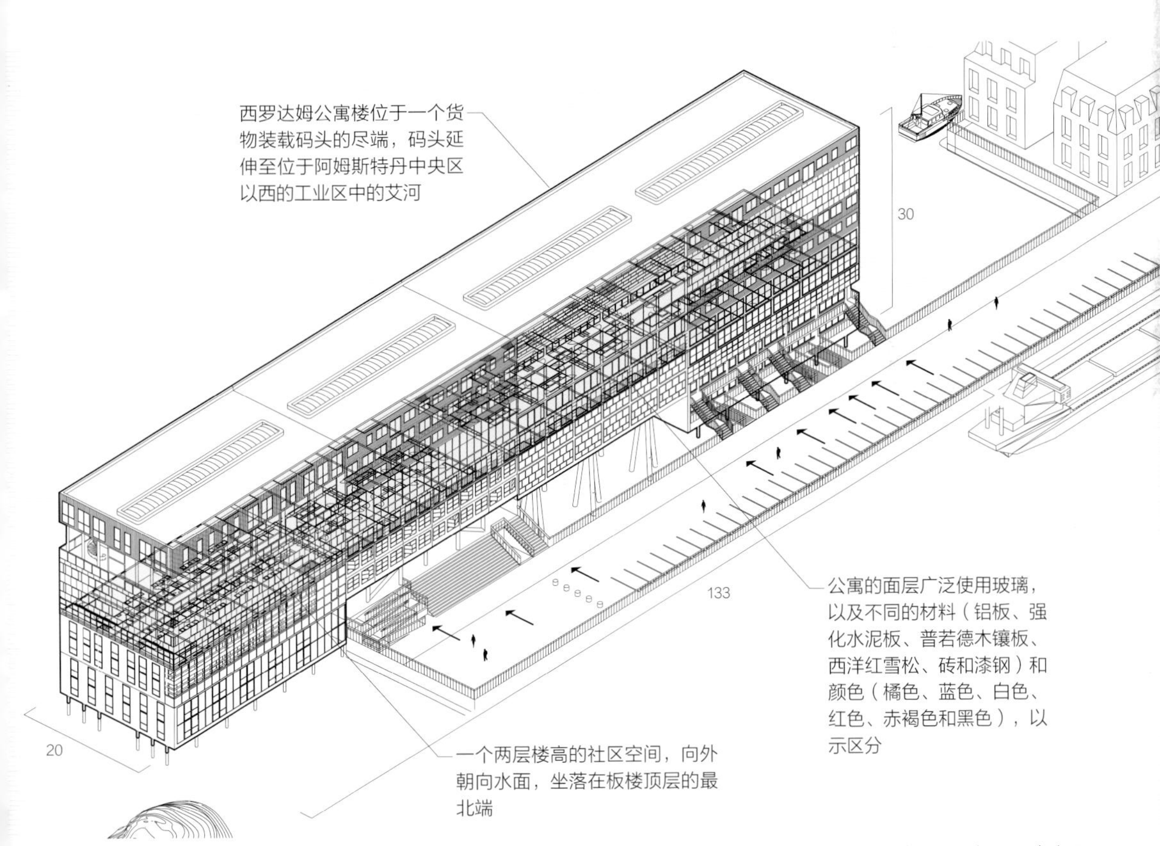

西罗达姆公寓楼位于一个货物装载码头的尽端，码头延伸至位于阿姆斯特丹中央区以西的工业区中的艾河
30
133
20
公寓的面层广泛使用玻璃，以及不同的材料（铝板、强化水泥板、普若德木镶板、西洋红雪松、砖和漆钢）和颜色（橘色、蓝色、白色、红色、赤褐色和黑色），以示区分
一个两层楼高的社区空间，向外朝向水面，坐落在板楼顶层的最北端

西罗达姆公寓楼是一座10层高的板楼，133 m长，20 m深，南北朝向，共容纳157间公寓，其中142间是私有的，15间是用来出租的。该建筑东侧还容纳了600 m²的商业空间，底部有一个码头，以及一个在船坞内部能停放109辆汽车的自动停车场。板楼由4个接合的塔楼组成，每个塔楼都有不同的平面。它们由3个交通核连接，居于中间位置的两座塔楼共用一个额外的交通核。这些交通核与每层的走廊连通，走廊位置在不同楼层有所不同——在某些楼层是双边式的，居于中间；而在另一些楼层则位于建筑的一侧，作为一种入户外廊类型，或每层错层的变体。该楼容纳15种不同类型的住宅单元，包括公寓、复式公寓、跃层公寓、叠拼住宅、内院住宅、3层的顶楼公寓和居住办公一体化单元，它们每个都配有一个私人户外空间，其多样性在建筑外部通过不同的材料、颜色和窗户展现。因此，西罗达姆公寓楼传递了城市性、差异性、多样式单元、公共性和自然照明（走廊）效果。

MVRDV建筑事务所、布兰卡 · 里奥建筑事务所 | 米拉多住宅楼 | 西班牙马德里 | 2001年

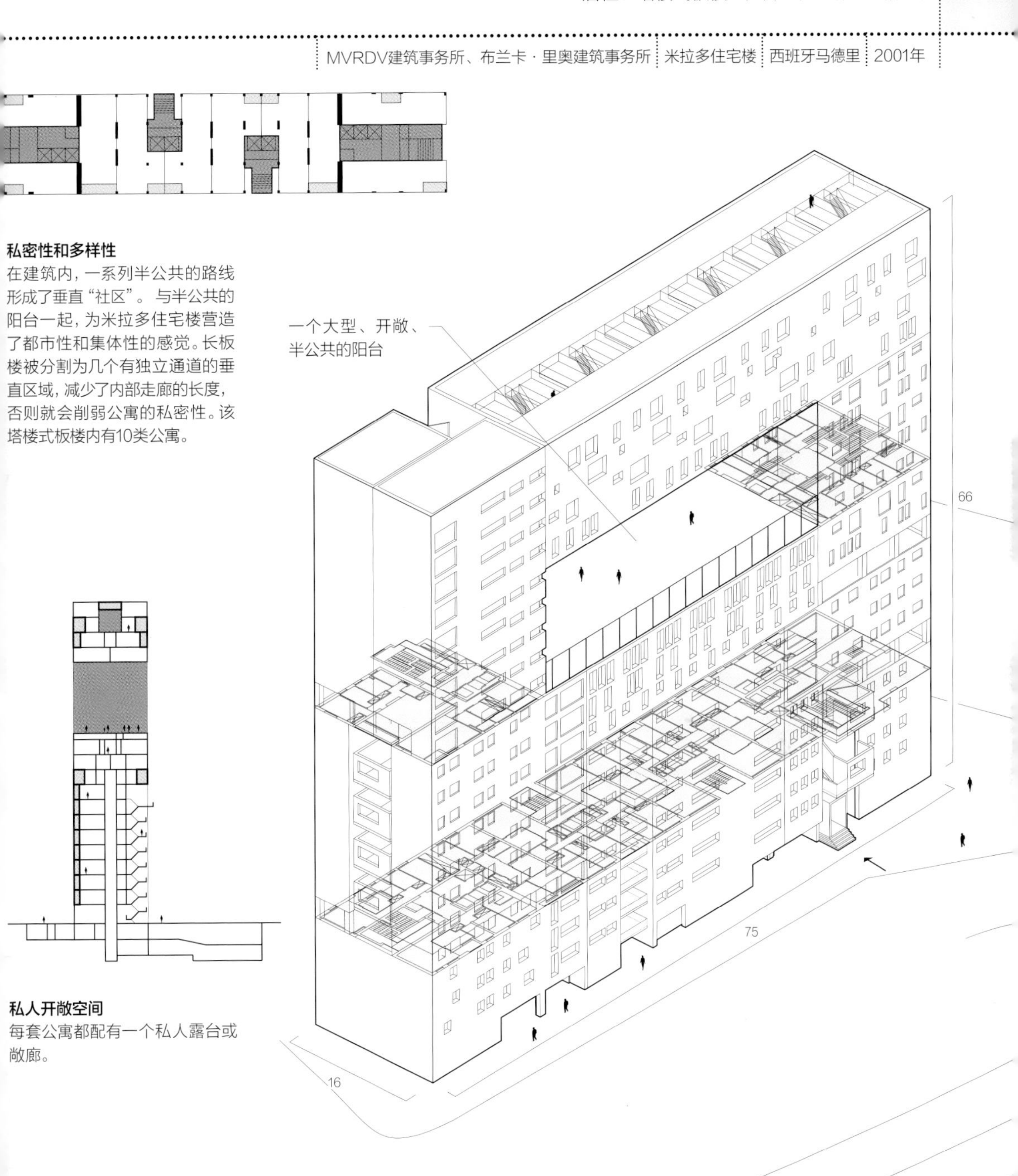

私密性和多样性

在建筑内，一系列半公共的路线形成了垂直“社区”。与半公共的阳台一起，为米拉多住宅楼营造了都市性和集体性的感觉。长板楼被分割为几个有独立通道的垂直区域，减少了内部走廊的长度，否则就会削弱公寓的私密性。该塔楼式板楼内有10类公寓。

私人开敞空间

每套公寓都配有一个私人露台或敞廊。

米拉多住宅楼是一栋21层高的板楼，75 m长，进深16 m，东北—西南朝向。该建筑容纳了156套公寓，它们被分组成一个个小“社区”，堆叠或接合起来，形成一座高大的建筑。每个社区都容纳一种独特的公寓类型，以迎合不同的生活方式和社会群体，通过不同的窗户模式和构建材料（如石板、马赛克或混凝土）反映在建筑立面上。垂直核心筒包含楼梯、走廊和大厅，位于不同社区之间。它们形成的垂直公共空间在建筑外部被以红色标记。其中一些核心筒被用作公寓入户的点式垂直交通，而另一些则通过一个部分设在室外的中央走廊来连接公寓。一个可由直达电梯到达的半公共的阳台，建在建筑上距地面40 m处。因此，米拉多住宅楼传递了城市性、统一性、多样式单元、私密性（室内）和自然照明（走廊）效果。

勒 · 柯布西耶 | 别墅公寓 | 法国巴黎 | 1922年

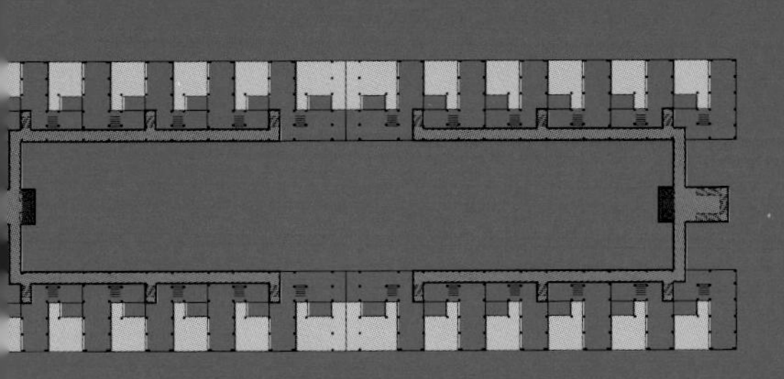

私密性和多样性
一个从中央庭院延展出的开放走廊连通每个复式公寓。建筑内有3类公寓。

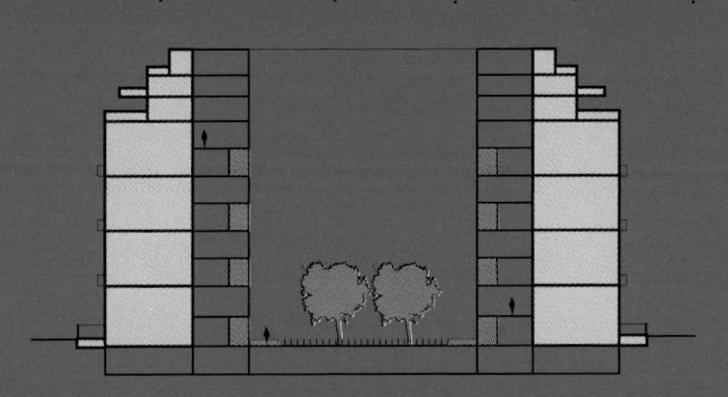

私人开敞空间
每套公寓都有一个双层通高的私人阳台，而建筑则围合出一个可供居民会面聚集的开敞大空间。

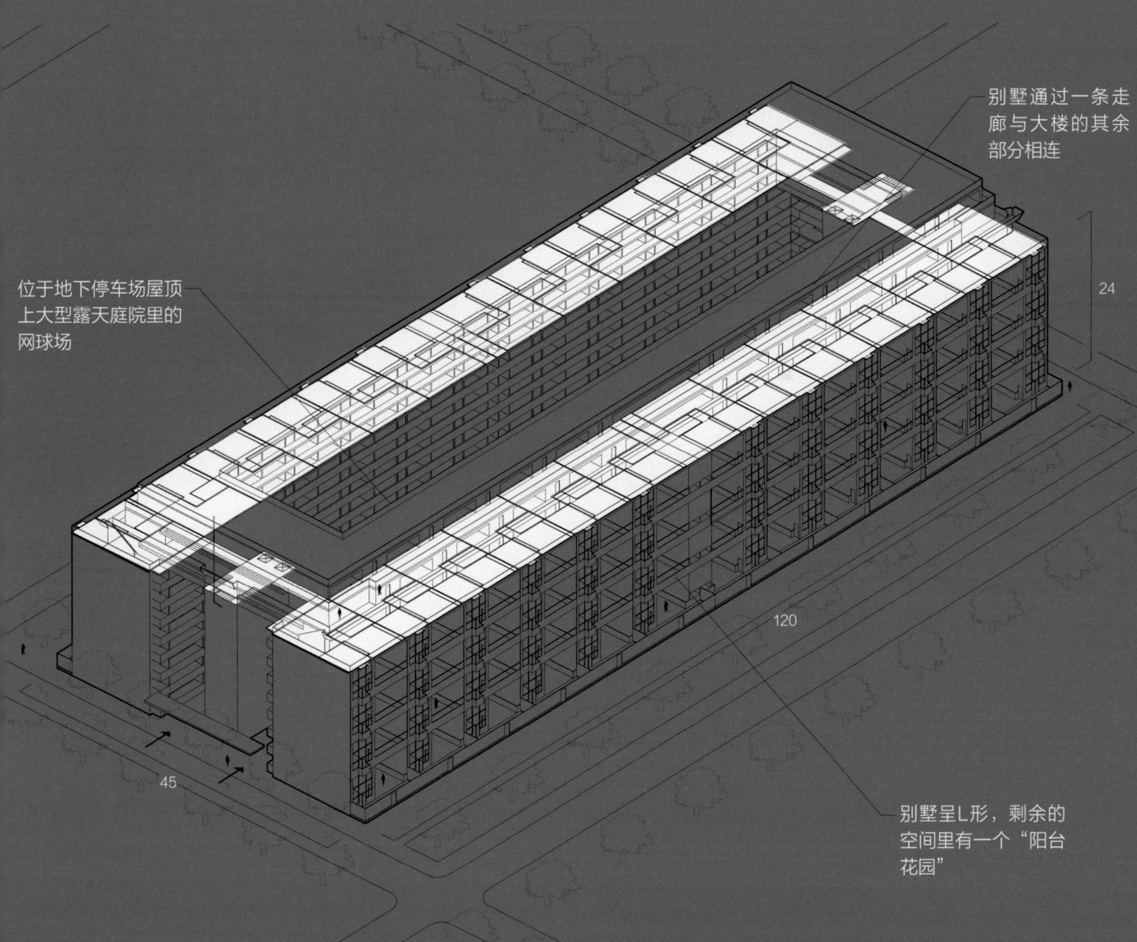
别墅通过一条走廊与大楼的其余部分相连
位于地下停车场屋顶上大型露天庭院里的网球场
24
120
45
别墅呈L形，剩余的空间里有一个“阳台花园”

别墅公寓方案为一座体块式建筑，其中容纳了120个完全相同的L形复式公寓，每个公寓都有一个私人的双层通高的阳台花园。该项目的灵感来自佛罗伦萨郊外的艾玛修道院，其各个独立的僧侣单元公寓都有自己的花园。该建筑的屋顶上有一条100 m长的跑道和一个日光浴室。因此，别墅公寓大楼传递了对称性、均匀性、公共性、单一式单元与内向性效果。

MVRDV建筑事务所、布兰卡·里奥建筑事务所 | 塞洛西公寓 | 西班牙马德里 | 2001年

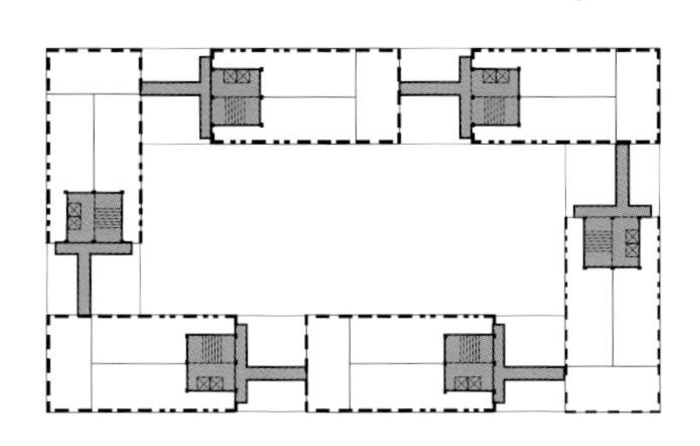

私密性和多样性

从电梯核心筒直接进入公寓，而且不设长廊，这样可以减少对居民隐私的侵扰。该建筑内有3类公寓。

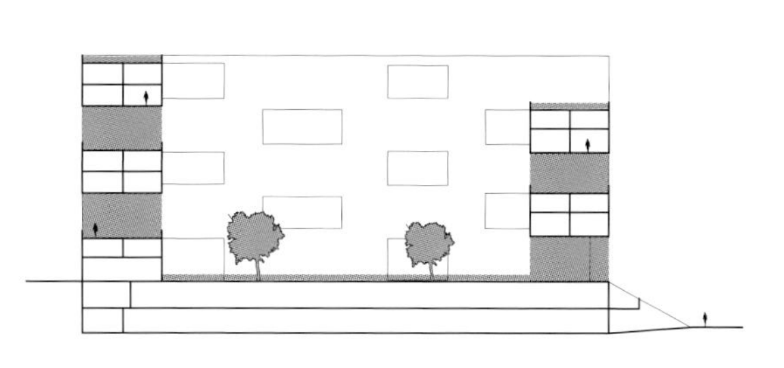

私人开敞空间

公寓有一个半公共室外露台，但没有私人的开敞空间。

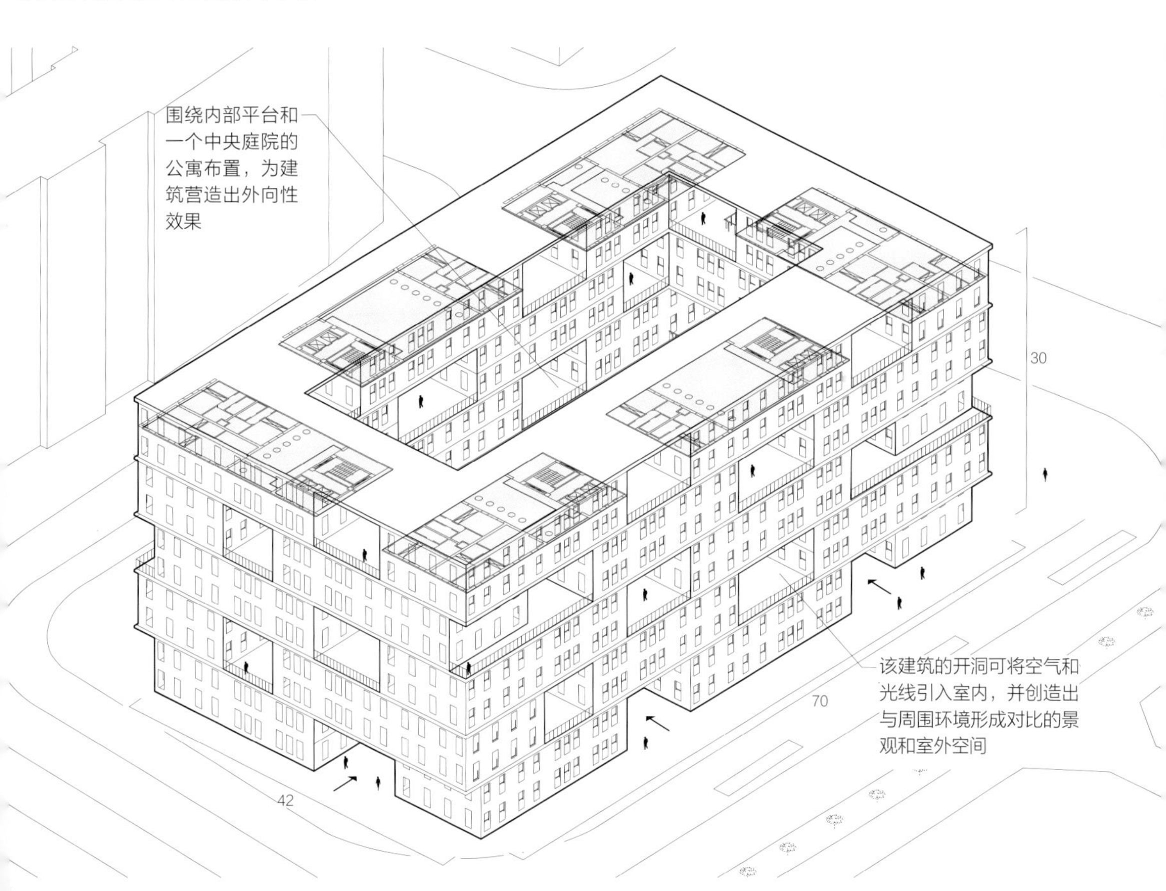
围绕内部平台和一个中央庭院的公寓布置，为建筑营造出外向性效果
30
70
42
该建筑的开洞可将空气和光线引入室内，并创造出与周围环境形成对比的景观和室外空间

塞洛西公寓是一座10层高，70 m长，42 m进深的体块式建筑，中央庭院容纳了146个公寓，包括一居室、两居室和三居室单元，有两层地下停车场，以及一楼商业空间。该建筑被分成了30个单元小组，每层都容纳了跃层公寓。这些单元小组以棋盘格的形式排列着，紧邻彼此并相互叠放，为公共露台留出宽敞的空间，促进整个建筑的空气流通，这在西班牙的夏季是必要的，露台也可充当6个环绕住宅单元的半私人空间。这些公共露台也将每个小块单元的点式垂直交通与公寓连接起来。这种安排使公寓拥有了单向开窗面，而开敞露台也为每套公寓提供了第二个开窗面。因此，公寓可以获益于两三个立面的穿堂风，以及外部景观视野。公寓覆有落地窗和聚氨酯涂层的混凝土，这为建筑外部营造了闪烁性效果，而内部则体现了对称性、均匀性、公共性、多样式单元和外向性效果。

MVRDV建筑事务所 | 帕克兰德公寓楼 | 荷兰阿姆斯特丹 | 1999年

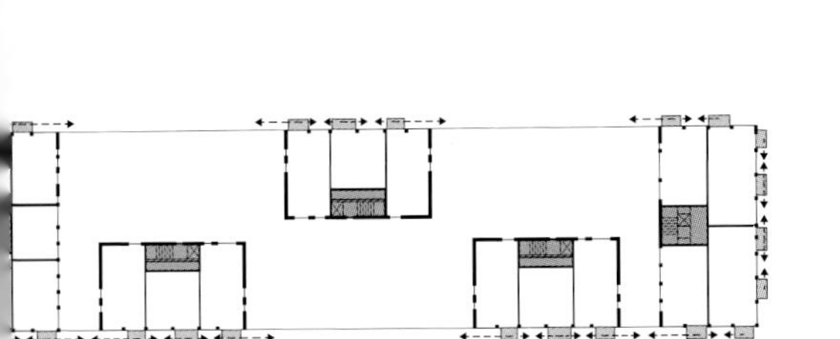

私密性和多样性

塔楼内的住宅单元拥有私密性，因为只有3个或4个单元共用一个电梯间。顶层复式公寓的私密性略弱，因为它们由一个连接塔楼大厅的廊道入户。建筑内有12类公寓。

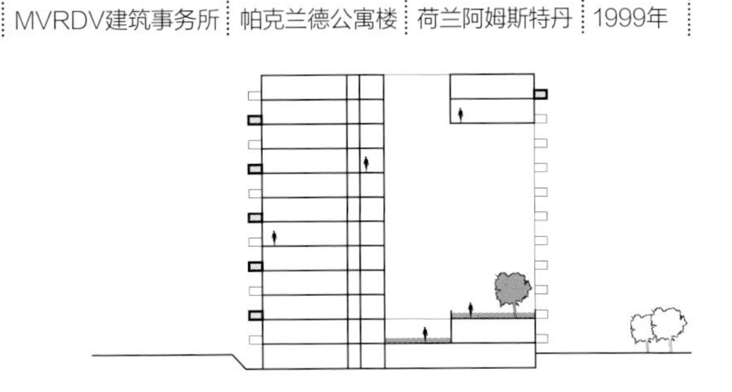

私人开敞空间

每个公寓都有一个外部阳台。

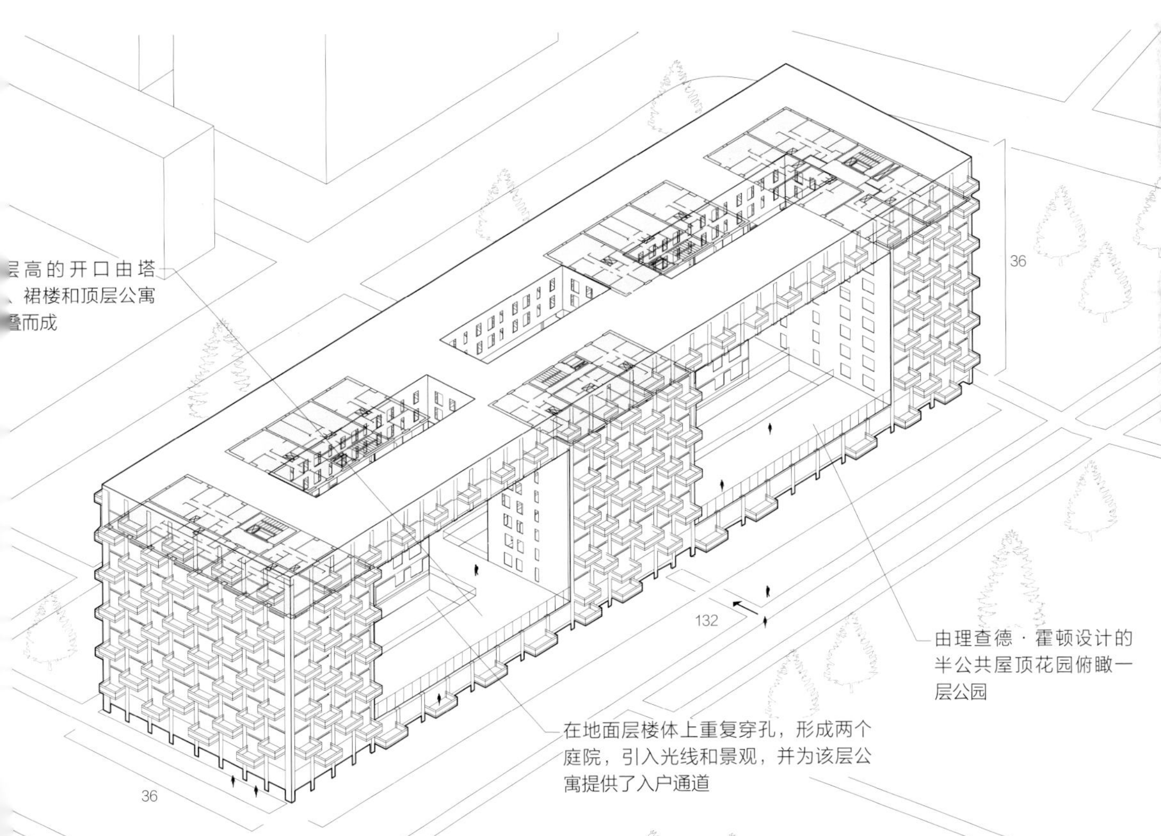
层高的开口由塔
、裙楼和顶层公寓
叠而成
36
132
36
由理查德 · 霍顿设计的半公共屋顶花园俯瞰一层公园
在地面层楼体上重复穿孔，形成两个庭院，引入光线和景观，并为该层公寓提供了入户通道

帕克兰德公寓楼是一座长的体块式建筑，宽34 m，长134 m，12层楼容纳了224套公寓。5个塔楼内的双向开窗面住宅单元围绕一个服务设施核心筒布局，可由一楼的庭院进入。它们被夹在一个裙楼之间，裙楼充分占据了塔楼的末端，容纳了更多的公寓，以及屋顶上的一个高架公共院落和一系列屋顶公寓。塔楼被安置在恰当位置，以保证它们不会阻碍人们从社区望向公园的视线，也使公寓居民得以观赏公园。屋顶的露台包含3个开口，阳光可以通过它们洒入建筑的内部。此结构除了顶部两层使用钢桁架以外，其余部分由混凝土墙和楼板构建。建筑外覆煤黑色的预制混凝土面板，大面积地嵌有填充玻璃并装有玻璃阳台，内部则由白瓷砖和全高玻璃构建。帕克兰德公寓楼传递出不对称性、多样性、私密性和多孔性效果。

BIG建筑事务所 | 西57街住宅大楼 | 美国纽约 | 2010年

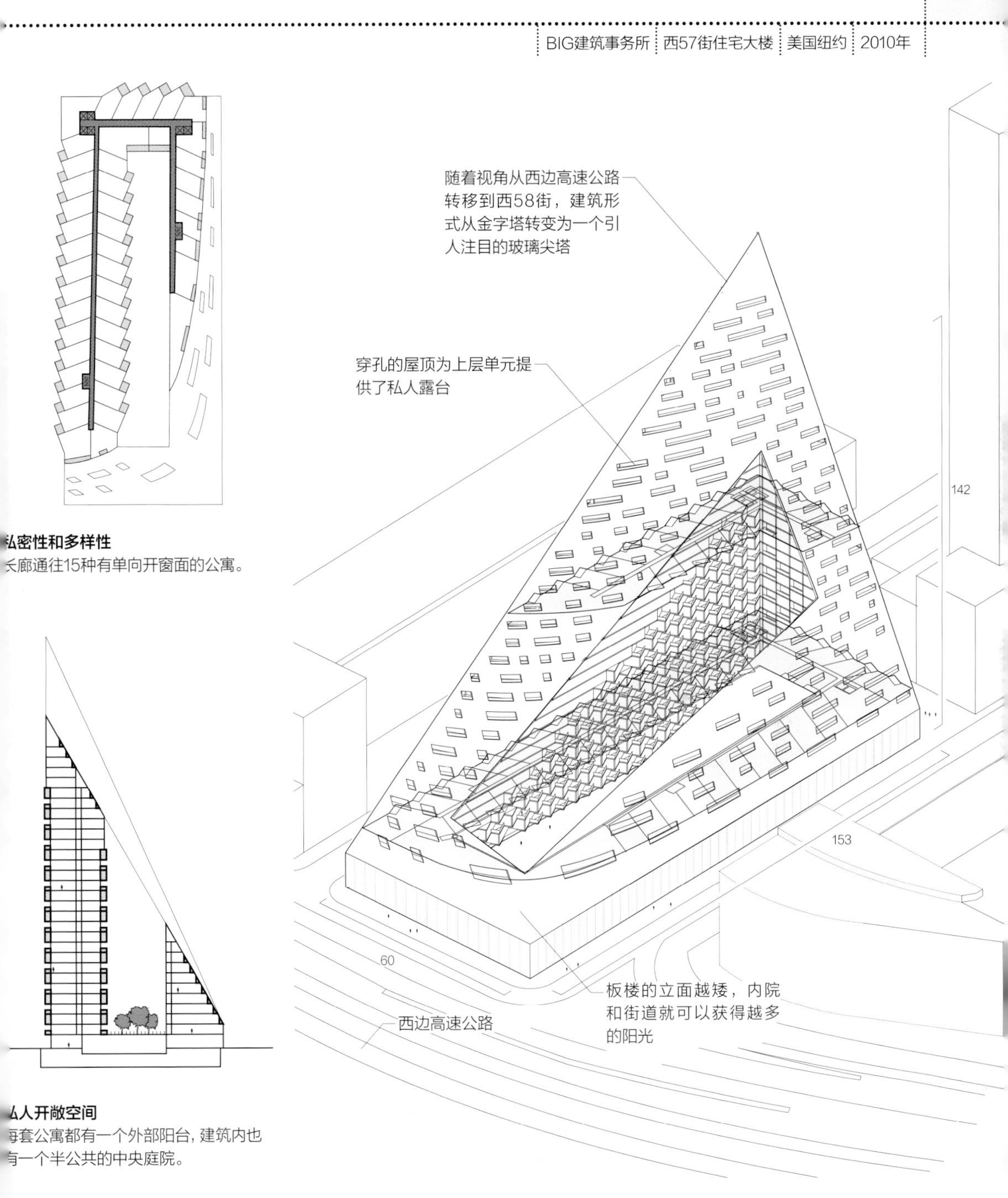
随着视角从西边高速公路转移到西58街，建筑形式从金字塔转变为一个引人注目的玻璃尖塔
穿孔的屋顶为上层单元提供了私人露台
142
153
60
板楼的立面越矮，内院和街道就可以获得越多的阳光
西边高速公路

私密性和多样性
长廊通往15种有单向开窗面的公寓。

私人开敞空间
每套公寓都有一个外部阳台，建筑内也有一个半公共的中央庭院。

西57街住宅大楼有43层，有一个矩形平面和一个中央庭院，一角提起形成一座142.3 m高的三角形塔楼，容纳了600个公寓。建筑的洞口提供了由庭院朝向哈德逊河的视野，将夕阳引入体块，将庭院建筑的亲密感和安全感与塔楼的通风和开阔的视野相融合。显眼的倾斜屋顶上布满了独特的、朝南的屋顶露台。建筑其余3面的公寓也配备阳台和飘窗。主要由位于塔楼东北角的核心筒进入公寓。第57街大楼传递了不对称性、多样性、公共性和斜坡效果。

REX建筑事务所 | Project R6住宅楼 | 韩国首尔 | 2011年

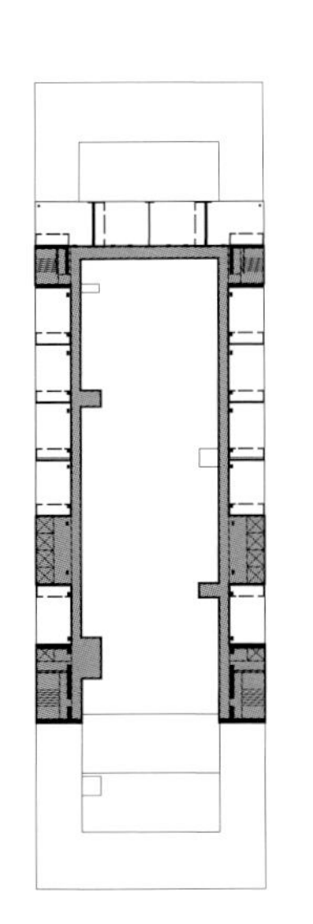

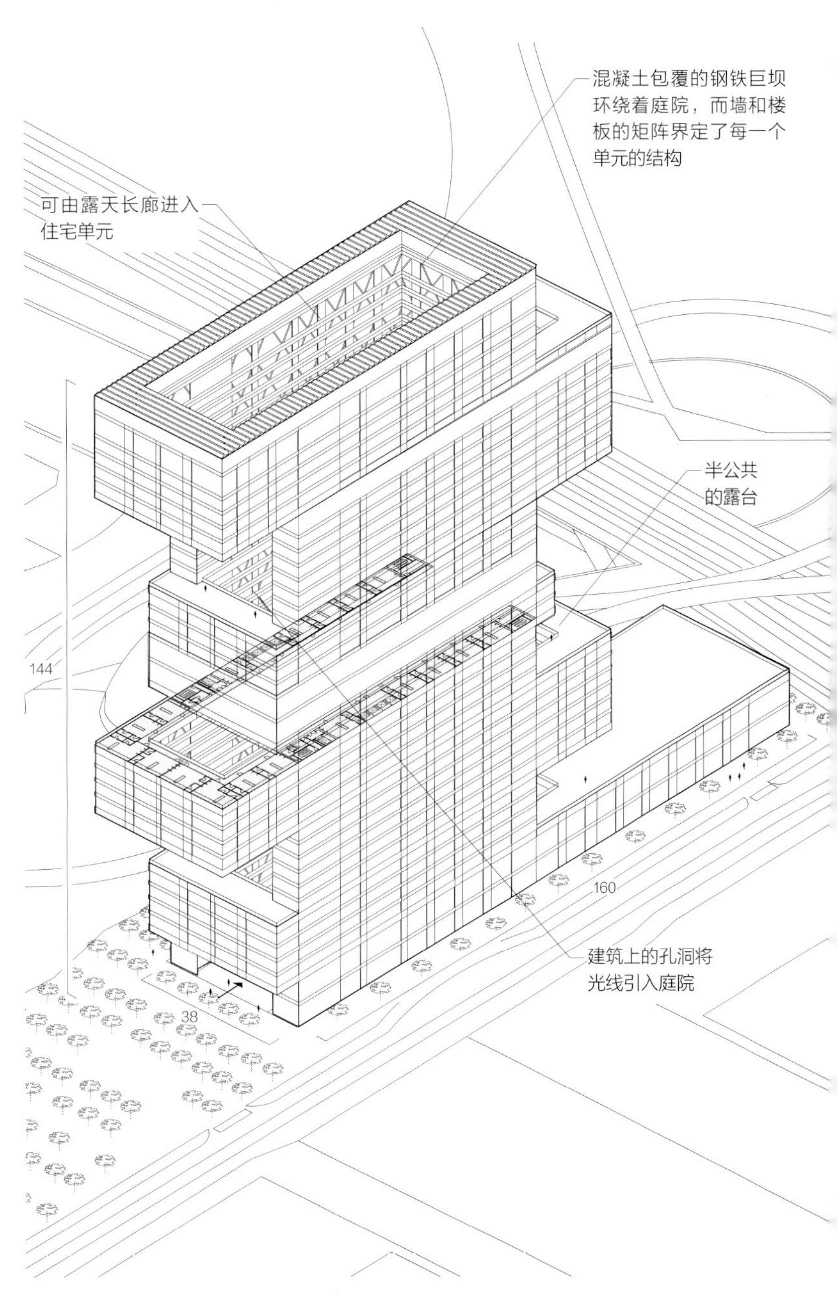
混凝土包覆的钢铁巨坝环绕着庭院，而墙和楼板的矩阵界定了每一个单元的结构
可由露天长廊进入住宅单元
半公共的露台
144
160
38
建筑上的孔洞将光线引入庭院

私密性和多样性

建筑的入户长廊减弱了单元的私密性，但是因为它们是为短期居住而设计的，所以可被接受。该塔楼内只有一种类型的公寓。

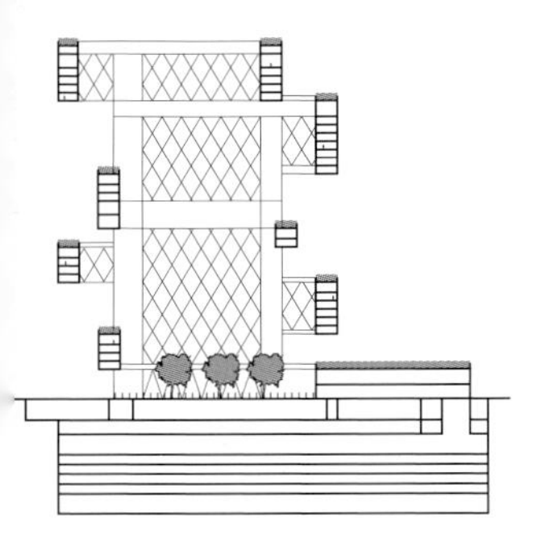

私人的开敞空间

住宅单元不设私人开敞空间。该建筑通过提供公共露台、公共庭院和走廊入户通道来鼓励不同单元之间的居民进行社交互动。

Project R6住宅楼项目是一座39层的由短期住宅单元组成的塔楼，置于一座两层的裙楼（容纳了零售空间）之上。建筑平面呈U形，有一个中央庭院。因为公寓专为短期居民而设计，所以住宅单元很小，大多40 m^{2}左右。为了弥补这一点以及住宅单元的高密度，144 m高的塔楼沿其高度被分成7个部分与一个裙楼，每个部分向相反方向移动。这使各个部分的庭院都外露出来，使住宅单元最大限度地获得日光和穿堂风。公寓由一个面向庭院的开放式长廊入户，长廊旁设置了可以进行游戏和对话的露台，以促进建筑中流动性强的社区成员之间的互动。因此，R6住宅楼项目传达了对称性、均匀性、公共性和洞穴状效果。

路德维希 · 密斯 · 凡 · 德 · 罗 | 湖滨公寓 | 美国芝加哥 | 1951年

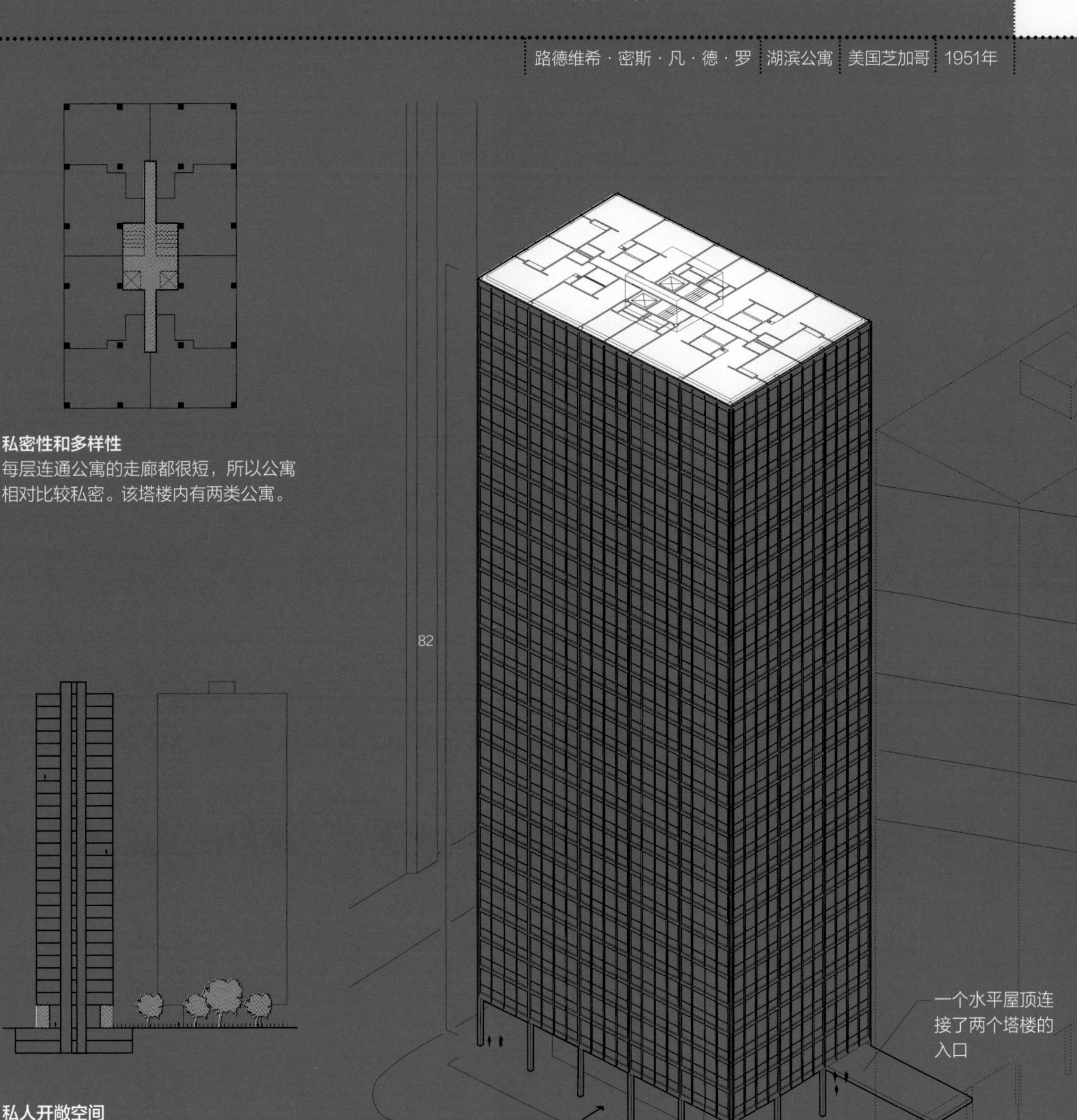
82
60
36
一个水平屋顶连接了两个塔楼的入口
住宅楼层被部分抬升，从而为广场上的入口大堂及公共设施腾出空间

私密性和多样性
每层连通公寓的走廊都很短，所以公寓相对比较私密。该塔楼内有两类公寓。

私人开敞空间
住宅单元不设私人开敞空间。一楼大厅形成了一个被遮盖的公共开放空间。

湖滨公寓位于芝加哥湖滨大道860号和880号，包括两座平面为矩形的26层住宅塔楼，它们分别坐落在彼此的交叉轴线上，从而在地面层围合出一个广场。北侧塔楼的楼层（880号）被分为8个单面朝向和双面朝向的两居室单层公寓（每个66 m^2）；南侧塔楼（860号）分为4个5居室的双面朝向公寓（每个133 m^2）。两座塔楼都围绕中央位置的楼梯和电梯的核心筒布局，厨房和卫生间聚集成一对，位于每套公寓的中央。这就使其余的外立面周围的区域作为一个开放的空间，可以以不同的方式进行细分。每座塔楼采用混凝土包覆的钢框架结构，有防火功能。但同时，工形钢梁被焊接到竖框和柱子上，在塔楼的外部营造了垂直度、均匀性、纹理和阴影的效果。而大楼内的公寓则传递了重复性、对称性、垂直度、透明度和灵活性的效果。

SOM建筑事务所 | 卡延塔 | 阿联酋迪拜 | 2006年

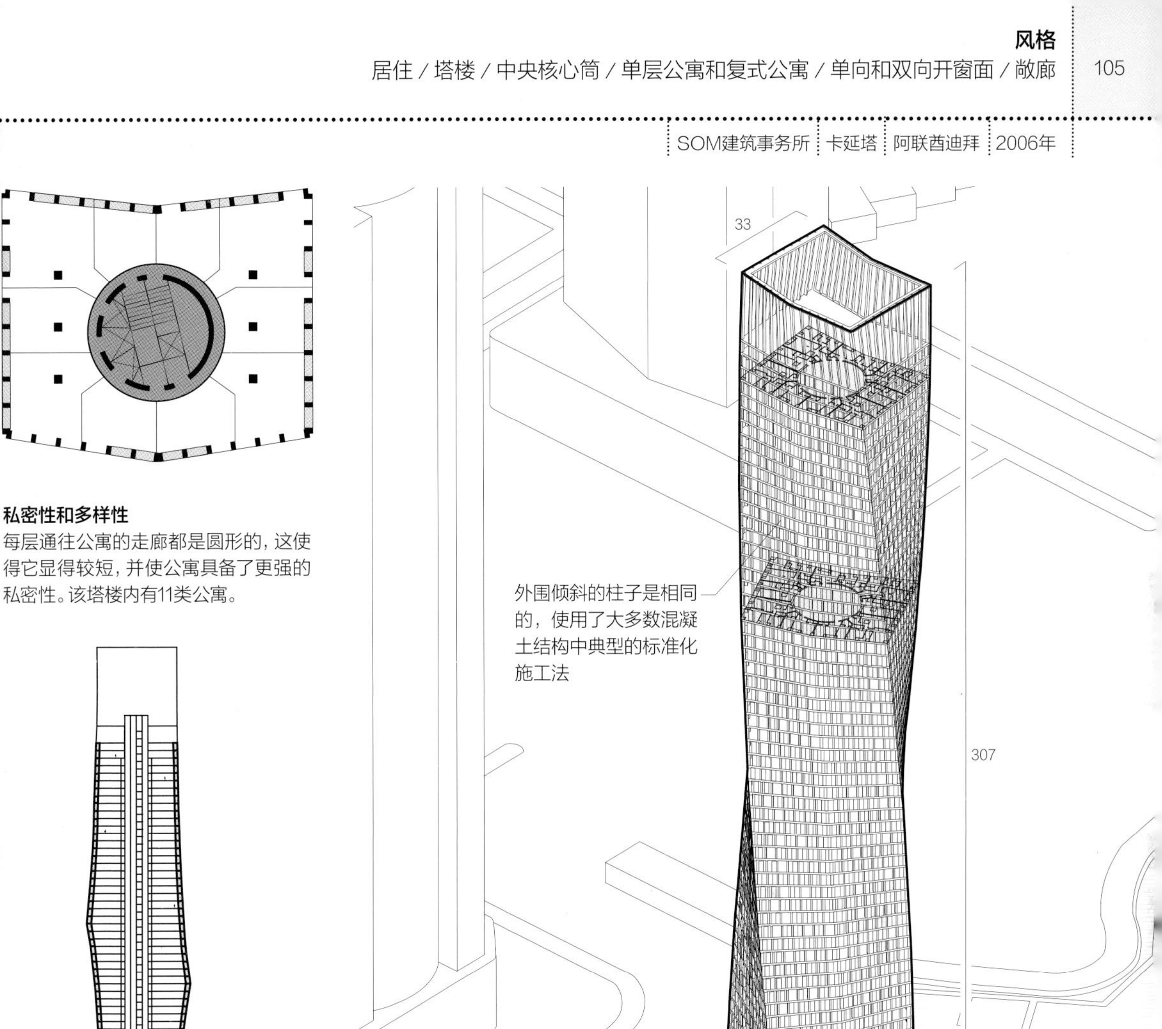

外围倾斜的柱子是相同的，使用了大多数混凝土结构中典型的标准化施工法

私密性和多样性

每层通往公寓的走廊都是圆形的，这使得它显得较短，并使公寓具备了更强的私密性。该塔楼内有11类公寓。

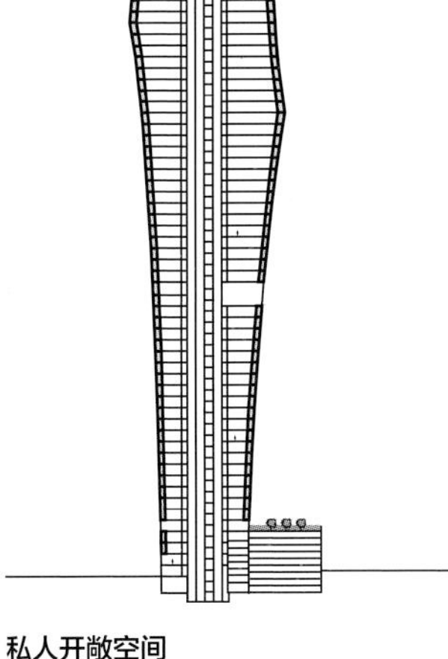

私人开敞空间

8楼及以上的每套公寓都有一个敞廊式的私人开敞空间。

卡延塔（最初被称为“无限塔”）是一座75层的塔楼，容纳了495套公寓。其矩形平面围绕一个中心位置的圆形核心筒组织，核心筒通往每层的1~10套公寓。楼板从塔楼底部到顶部旋转了90°，将外部视野从海滨长廊转移到海湾，并通过分散风力减少了塔楼所承受的风力强度。由于塔楼的螺旋形结构，钢筋混凝土结构柱随着高度的增加而扭曲。由于它们位于平面的外围，内部不受影响，并可适应不同的构造。公寓装设了落地玻璃，有穿孔的金属遮光板，以阻挡灼热的沙漠阳光对室内的照射。因此，卡延塔传递了差异化、螺旋状、遮盖性和灵活性的效果。

弗兰克·劳埃德·赖特 | 布沃里圣马可住宅楼 | 美国纽约 | 1927年

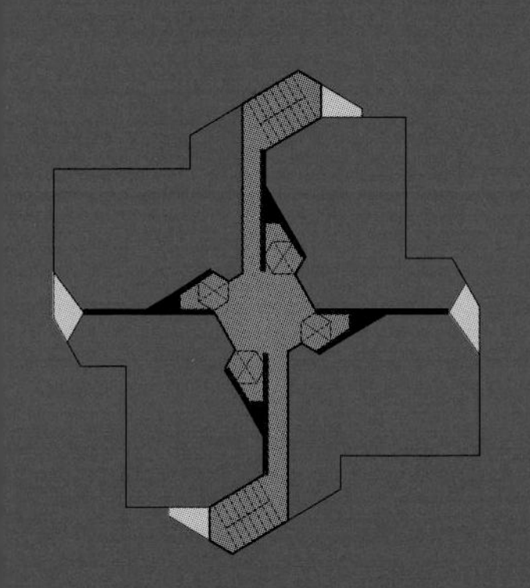

私密性和多样性
跃层公寓的入口隔层设置，只通往4套公寓，因此公寓私密性极高。塔楼内只有一种类型的公寓。

尽管客厅是双层高度的，但每层楼都有阳台
42
15
15

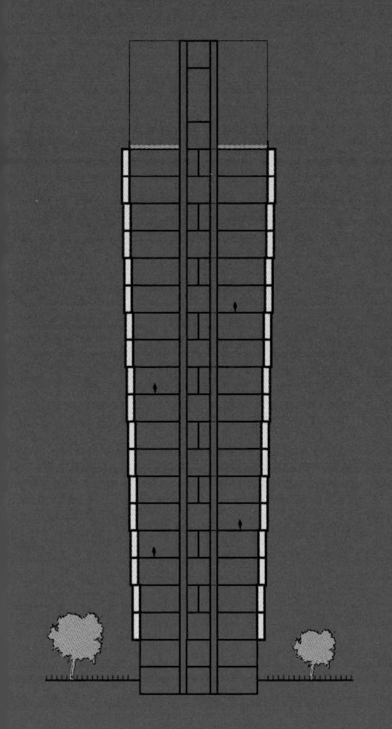

私人开敞空间
每个复式公寓都有一个小阳台。

布沃里圣马可住宅楼是一项包含了3栋建筑的设计方案，两座14层高，一座18层高。在这个被赖特称为“主根”的系统内，建筑使用一个中央混凝土和钢结构的承重核心筒，而楼板悬挑在其上，该系统免除了承重的内部隔板，并支撑了建筑的玻璃幕墙，实现了最大程度的透明度与室内光照。塔楼有一个风车状的平面，复式住宅单元位于其四角上。楼板沿轴向旋转，在每层之间产生变化，从而区分了复式公寓中居住和睡眠的空间。尽管未被实际建造，但布沃里圣马可住宅楼本会成为纽约第一座通体安装玻璃幕墙的建筑。赖特在他后来的几项设计方案中都运用了“主根”的理念，包括普莱斯塔楼和约翰逊制蜡公司总部研究大楼。因此，布沃里圣马可住宅楼传递了统一性、双向性、旋转性、灵活性和透明度效果。

大都会建筑事务所、奥雷 · 舍人建筑事务所 | 斯科茨塔楼 | 新加坡 | 2007年

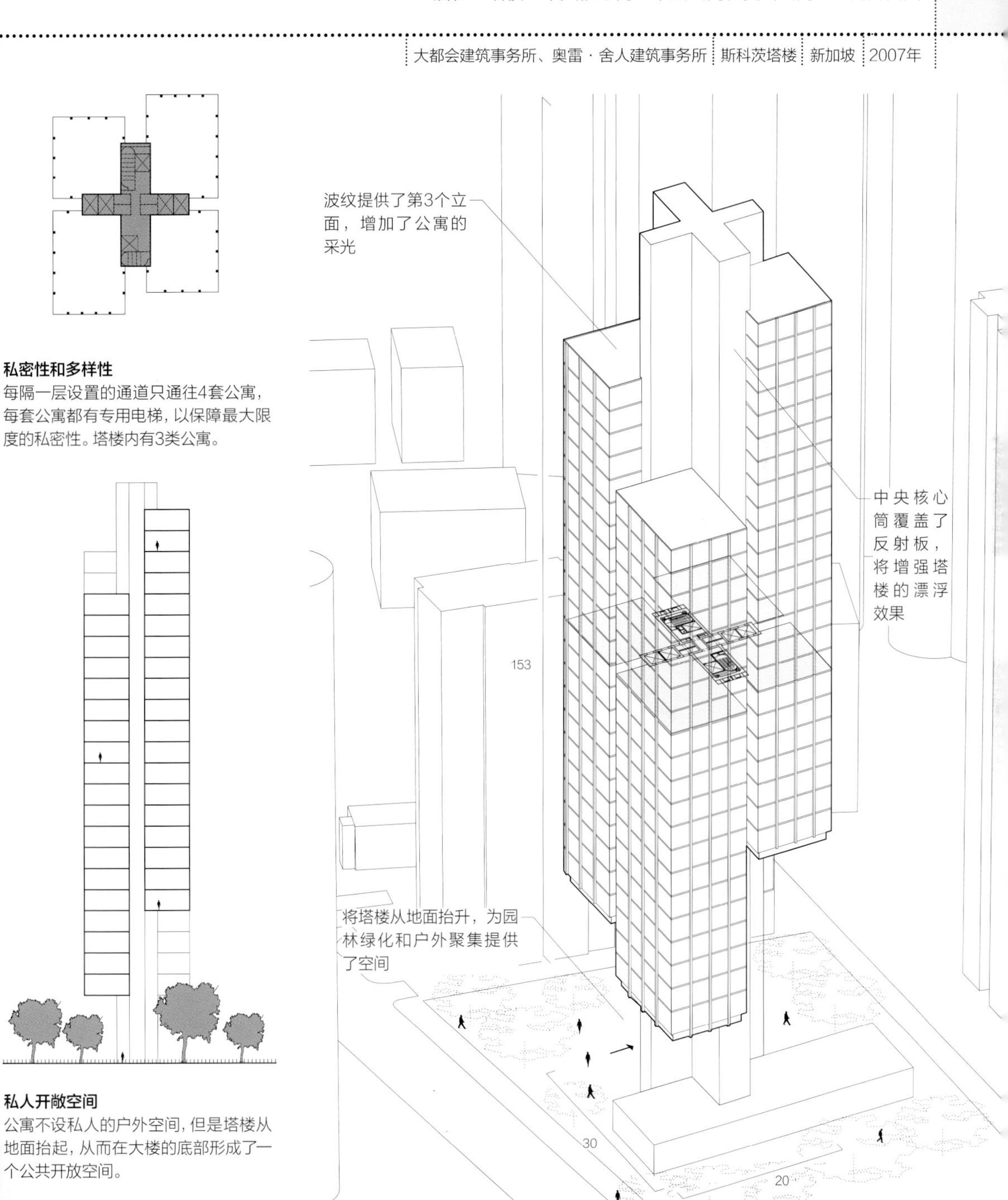
波纹提供了第3个立面，增加了公寓的采光
中央核心筒覆盖了反射板，将增强塔楼的漂浮效果
153
将塔楼从地面抬升，为园林绿化和户外聚集提供了空间
30
20

私密性和多样性

每隔一层设置的通道只通往4套公寓，每套公寓都有专用电梯，以保障最大限度的私密性。塔楼内有3类公寓。

私人开敞空间

公寓不设私人的户外空间，但是塔楼从地面抬起，从而在大楼的底部形成了一个公共开放空间。

斯科茨塔楼是针对一座36层（153 m高）塔楼的设计方案，在20 000 m²的已建建筑平面面积上，共容纳68套复式公寓、单层公寓、平层公寓和地下停车场。该塔楼由4个不同的管状楼组成，它们悬挂在十字形的中央核心筒上。这使得公寓不设支柱，高度灵活，且可以为全玻璃幕墙。这些管状楼被置于不同高度上，以获得朝向市中心和北部绿色区域的最佳视野。塔楼从地面抬升，将占用地面的空间减少到最小，为公共休闲活动腾出地面。因此，斯科茨塔楼传递了碎片化、交叉性、漂浮性、灵活性和透明度效果。

效果

束腹式、网格化、阶梯性、不对称性、多样性、私密性、独特性

大都会建筑事务所 | 东22街23号住宅楼 | 美国纽约 | 2008年

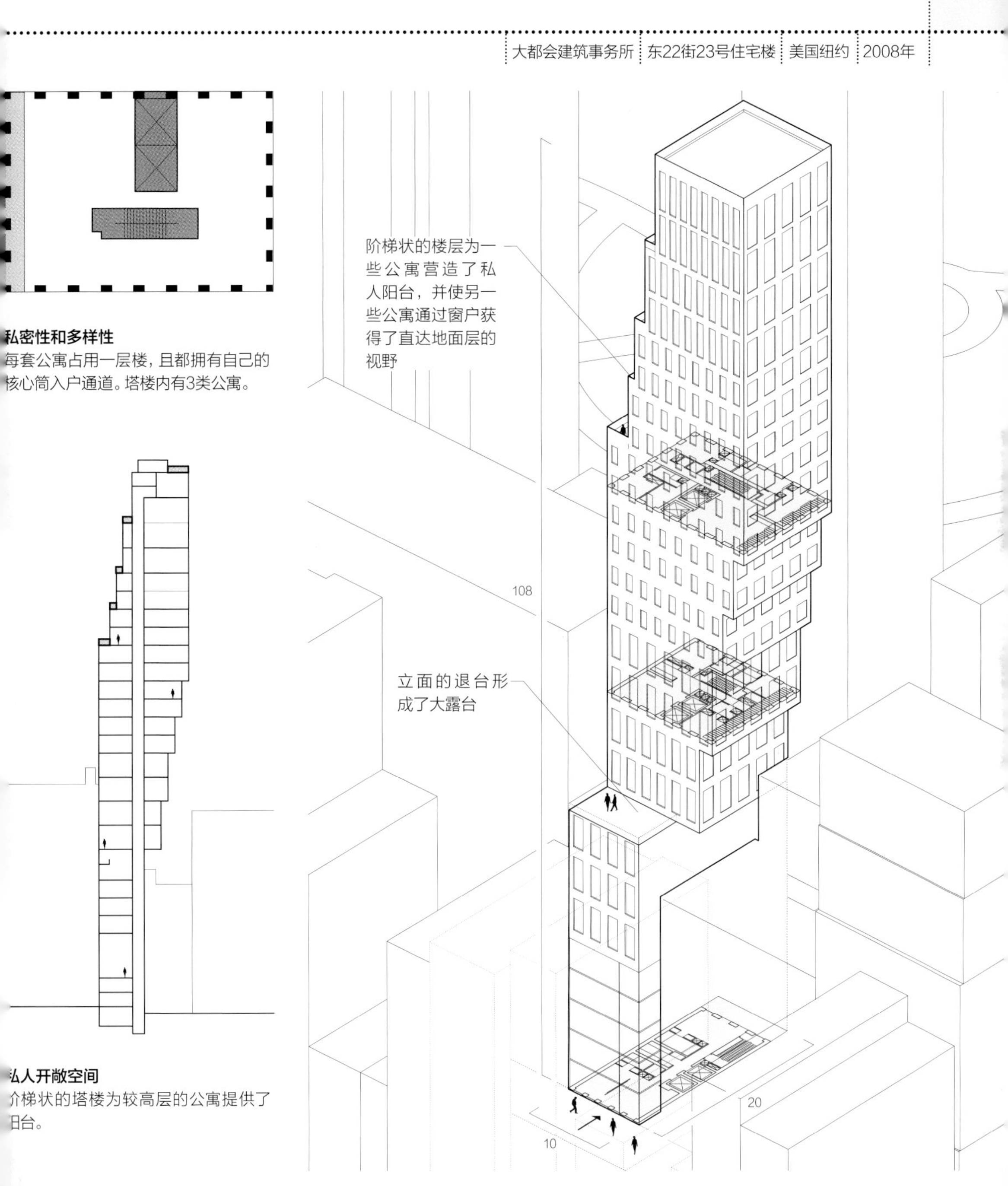
阶梯状的楼层为一些公寓营造了私人阳台，并使另一些公寓通过窗户获得了直达地面层的视野
立面的退台形成了大露台
108
20
10

私密性和多样性
每套公寓占用一层楼，且都拥有自己的核心筒入户通道。塔楼内有3类公寓。

私人开敞空间
阶梯状的塔楼为较高层的公寓提供了阳台。

东22街23号住宅楼是针对一座24层（108 m高）塔楼的设计方案，在22个住宅楼层中容纳了18套公寓，此外还有一些便利设施，例如创新精英文化经纪有限公司（CAA）放映室、大堂、游泳池和健身房，这些设施将被麦迪逊公园一号（位于毗邻的23街的60层住宅塔楼）共享。这座塔楼矩形基座向东悬挑9 m，以避免阻挡麦迪逊公园一号朝向麦迪逊广场公园的视野。它也从西边缩退，由此在建筑物的较高层形成了阳台。天花板高度也沿塔楼截面变化而变化。这些条件导致住宅单元类型各异，而塔楼结构剪力墙上平均分布的窗户形状也展现了这种多样性。因此，纽约东22街23号住宅楼传递了束腹式、网格化、阶梯性、不对称性、多样性、私密性、独特性效果。

效果

断面一致、重复性、刚性、水平螺纹、外露性

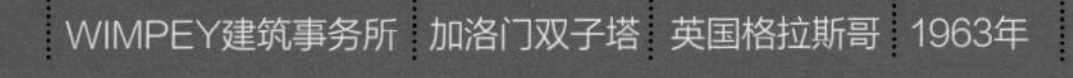

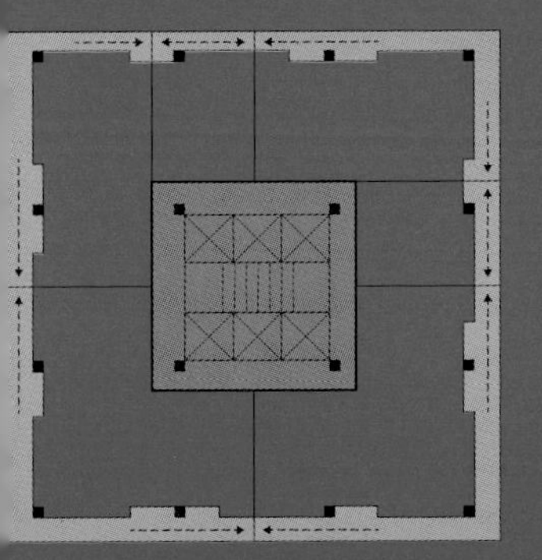

私密性和多样性

中央核心筒只为4~6套公寓提供入户通道，保障了私密性。该建筑内有3类公寓。

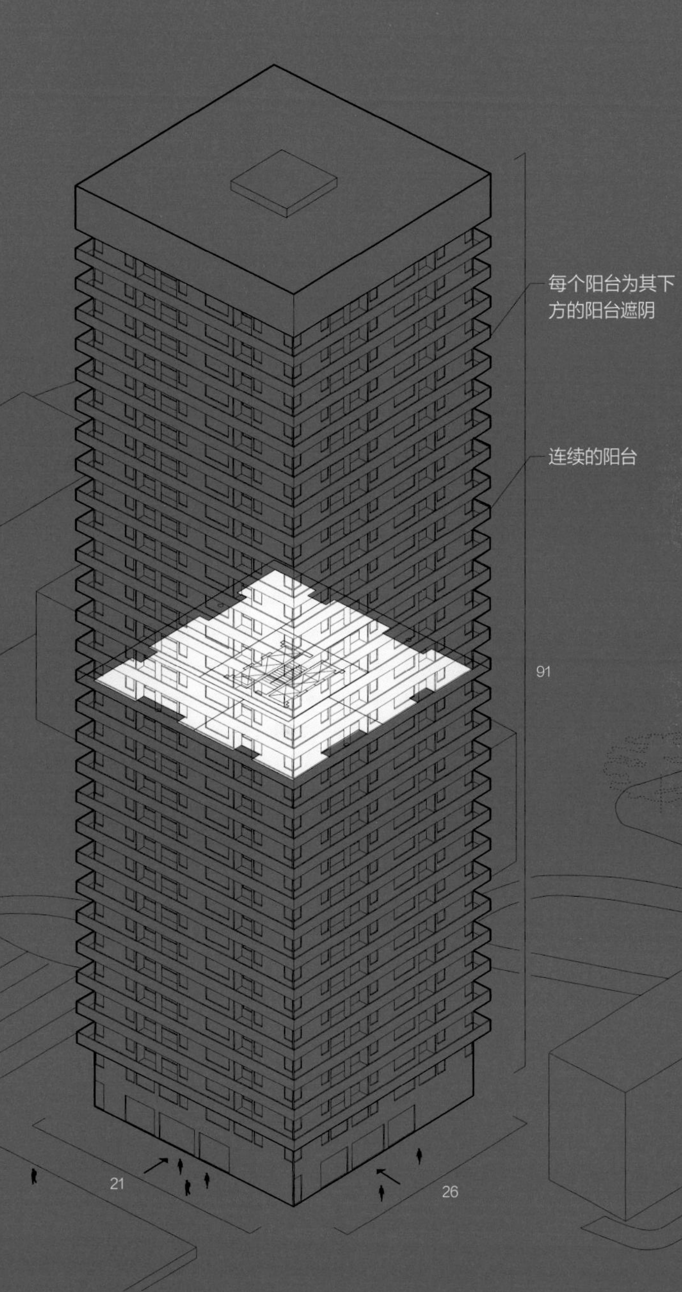

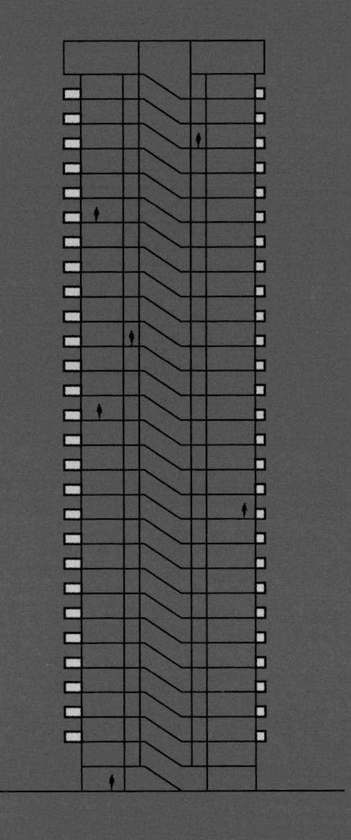

私人开敞空间

每套公寓都可通往外部阳台。

加洛门双子塔，即位于蓝谷街109号和白谷街51号的两座各30层高的塔楼，共容纳174套公寓。每座塔楼都有一个正方形的平面和一个中央核心筒，每层有4~6套公寓和一个延伸出建筑四面的连续的凸出式阳台。该预制混凝土建筑起初是为缓解二战后住房短缺而设计和建造的，后来成为英国高层住宅建筑的原型。阳台可为公寓遮阳，但每个单元的阳台在彼此间没有分隔的情况下，也缺乏私密性。此外，由于混凝土已严重风化，该建筑已于2016年被拆除。加洛门双子塔传递了断面一致、重复性、刚性、水平螺纹和外露性（阳台）效果。

MAD建筑事务所 | 梦露大厦 | 加拿大密西沙加 2006年

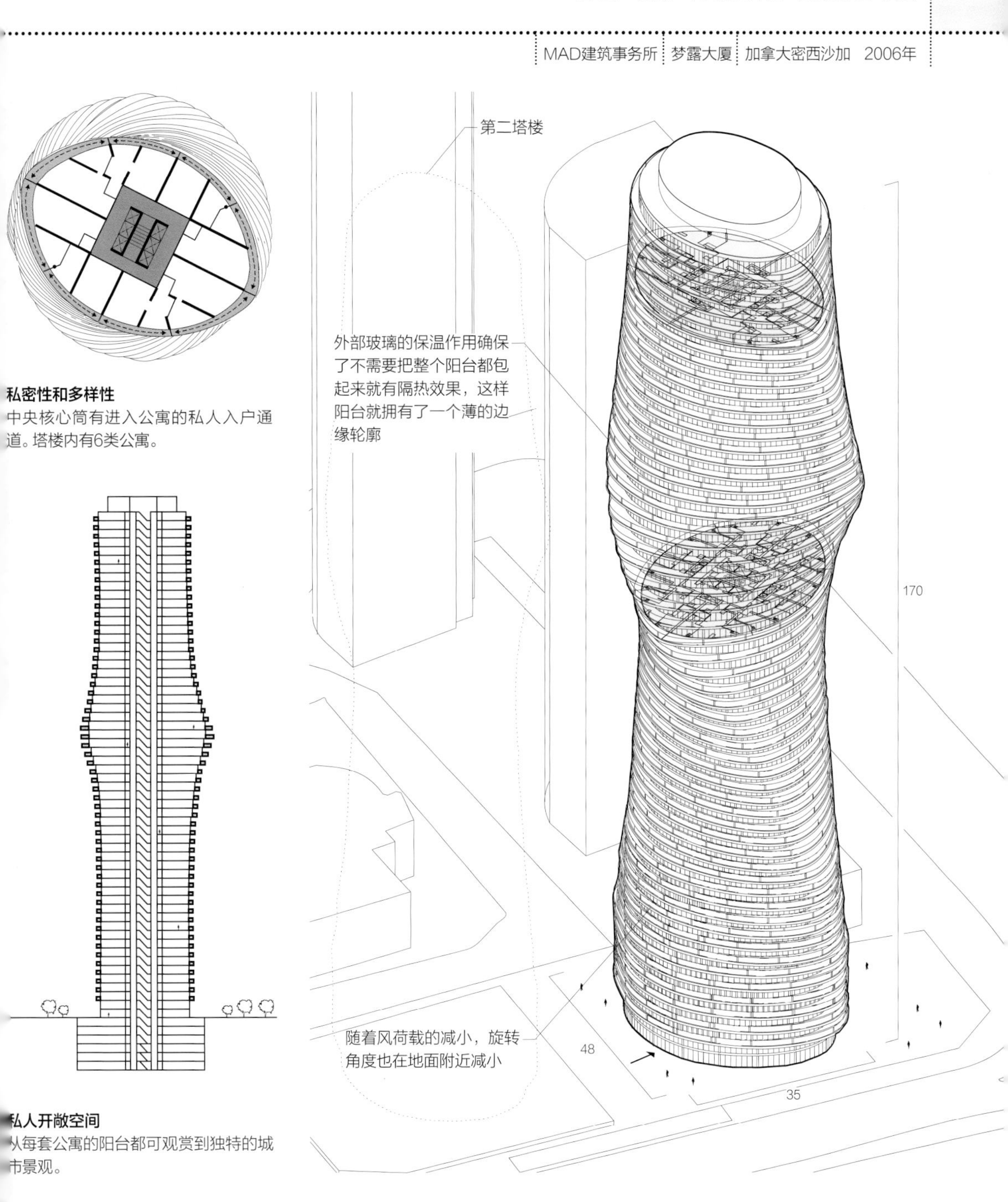
第二塔楼
外部玻璃的保温作用确保了不需要把整个阳台都包起来就有隔热效果，这样阳台就拥有了一个薄的边缘轮廓
170
随着风荷载的减小，旋转角度也在地面附近减小
48
35

私密性和多样性

中央核心筒有进入公寓的私人入户通道。塔楼内有6类公寓。

私人开敞空间

从每套公寓的阳台都可观赏到独特的城市景观。

梦露大厦是分别有50层和56层的两座住宅塔楼，椭圆形的楼板周围环绕着弯曲的阳台，既为室内遮阴，又为居民创造一个户外空间。每个楼层都在1°~8°的范围内旋转，形成扭曲的轮廓和流体形状的塔楼，同时符合空气动力学并确保了所有阳台的舒适性。塔楼由混凝土承重墙的网格支撑，这些墙根据它们的剖面位置延伸或后退，而阳台则由悬挑的混凝土板组成。厨房和浴室堆叠在核心筒周围，剩下的内部空间可以适应不同的内部布局，并拥有全景式的外部视野。因此，梦露大厦传递了扭转性、流动性、曲线、水平螺纹和私密性（阳台）效果。

赫尔佐格和德梅隆建筑事务所 | 伦纳德街56号公寓楼 | 美国纽约 | 2006年

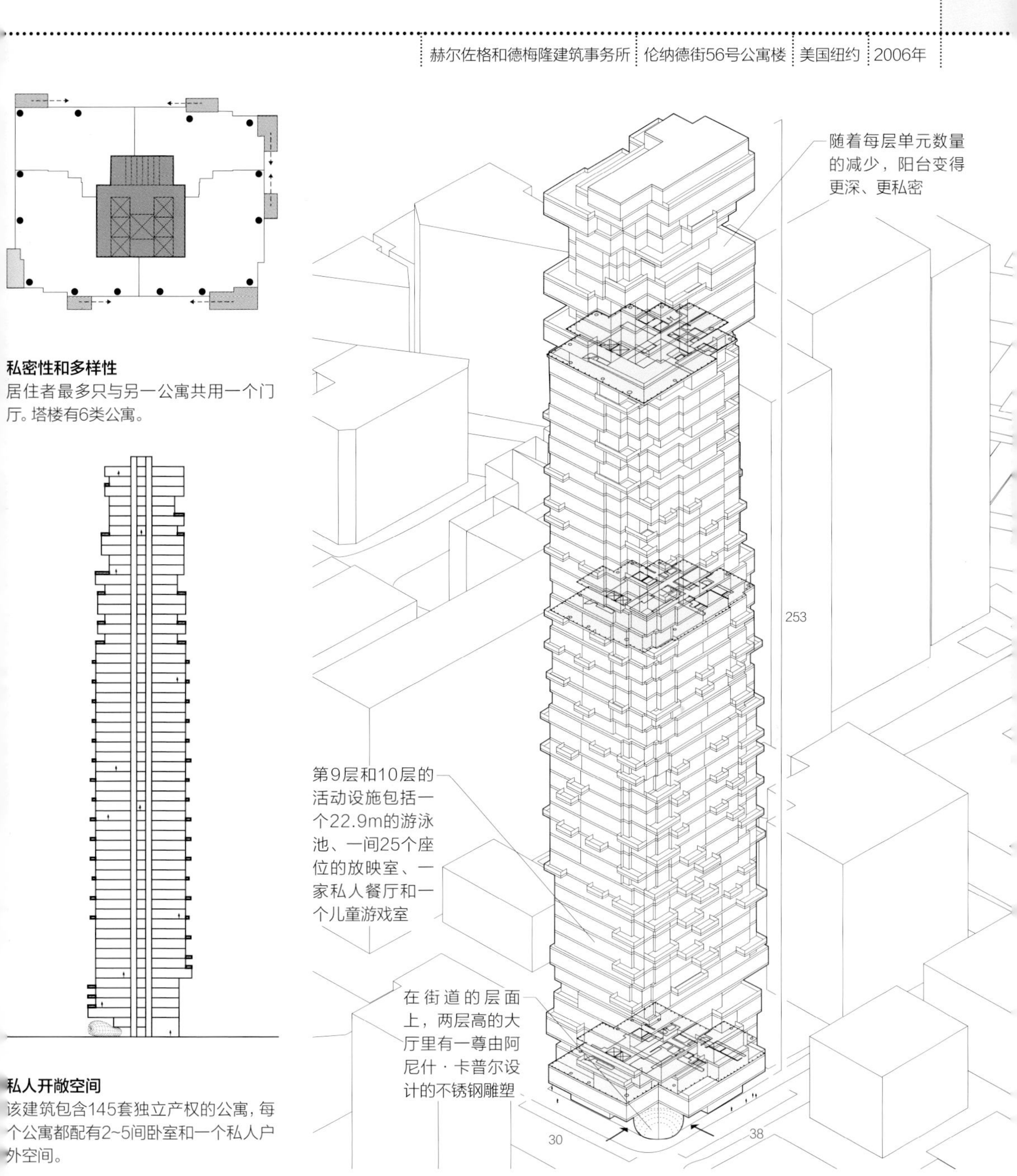
随着每层单元数量的减少，阳台变得更深、更私密
253
第9层和10层的活动设施包括一个22.9m的游泳池、一间25个座位的放映室、一家私人餐厅和一个儿童游戏室
在街道的层面上，两层高的大厅里有一尊由阿尼什·卡普尔设计的不锈钢雕塑
30
38

私密性和多样性

居住者最多只与另一公寓共用一个门厅。塔楼有6类公寓。

私人开敞空间

该建筑包含145套独立产权的公寓，每个公寓都配有2~5间卧室和一个私人户外空间。

伦纳德街56号公寓楼是一座60层（250 m高）的塔楼，顶部有10套整层的平层公寓以及4层联排公寓。建筑共容纳了145个不同的住宅单元，第2层有停车区域，第9层和第10层有活动设施。每一层都有不同的锯齿状轮廓，与其上一层共同形成了遮阴的私人阳台和露台。该塔楼为现浇钢筋混凝土框架，由通过楼板与周边柱相连的核心筒剪力墙组成。塔楼的核心筒在上升到一半的时候变细，电梯由6部减少到4部，机械层有两部分的结构舷外支架，这增加了建筑的刚性，并使柱子可以按照一种增加平面布局灵活性的方式排列。随着高度的上升，塔楼也逐渐变细，虽然角处变圆，但边缘依旧保持方形。公寓覆盖落地玻璃幕墙，可一览城市的全景。伦纳德街56号公寓楼传递了层叠、不规则碎片性、正交性、不规则性、阶梯状、外露性（阳台）效果。

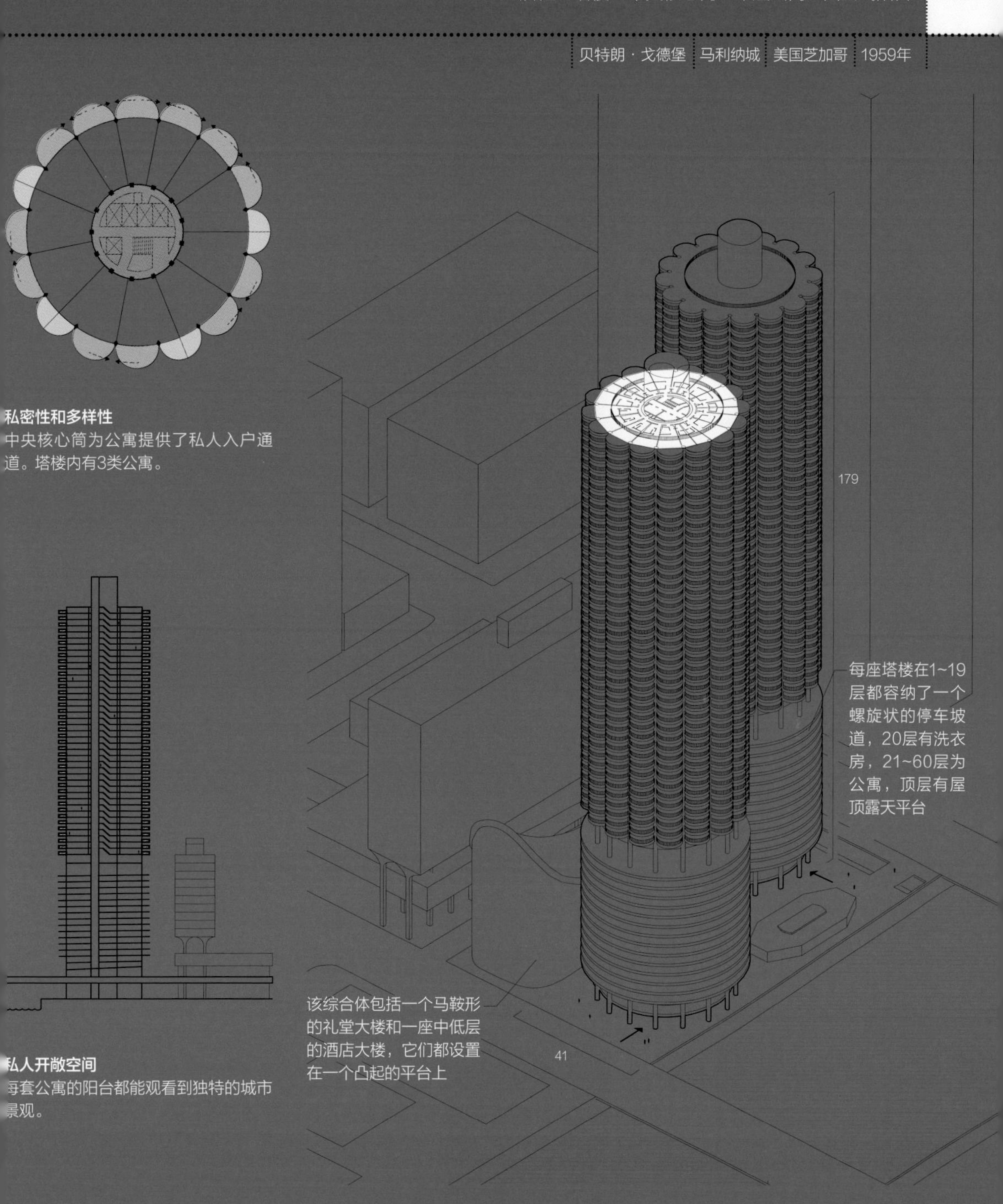

贝特朗 · 戈德堡
马利纳城
美国芝加哥
1959年
私密性和多样性
中央核心筒为公寓提供了私人入户通道。塔楼内有3类公寓。
179
每座塔楼在1~19层都容纳了一个螺旋状的停车坡道，20层有洗衣房，21~60层为公寓，顶层有屋顶露天平台
该综合体包括一个马鞍形的礼堂大楼和一座中低层的酒店大楼，它们都设置在一个凸起的平台上
41
私人开敞空间
每套公寓的阳台都能观看到独特的城市景观。

马利纳城是由两座65层的塔楼组成的综合体，建筑三分之二的较高层部分容纳了450套公寓（原本用于出租），三分之一的较低层部分则是连续的斜坡停车场。公寓楼层有一个花瓣状的平面，围绕着一个圆形的中央核心筒，每层最多被径向分割成16套公寓。每个公寓内部都是一个三角形的楔形，卫生间和厨房位于核心筒附近，其余空间为居住空间，通向独立的半圆形阳台，其间由落地窗隔开。因此，两座塔楼内公寓的每间起居室和卧室都各有一个阳台。马利纳城传递了个体性、圆润、花瓣状、凹槽、扇形边、外露性（阳台）效果。

甘建筑工作室 水纹大厦 美国芝加哥 2006年

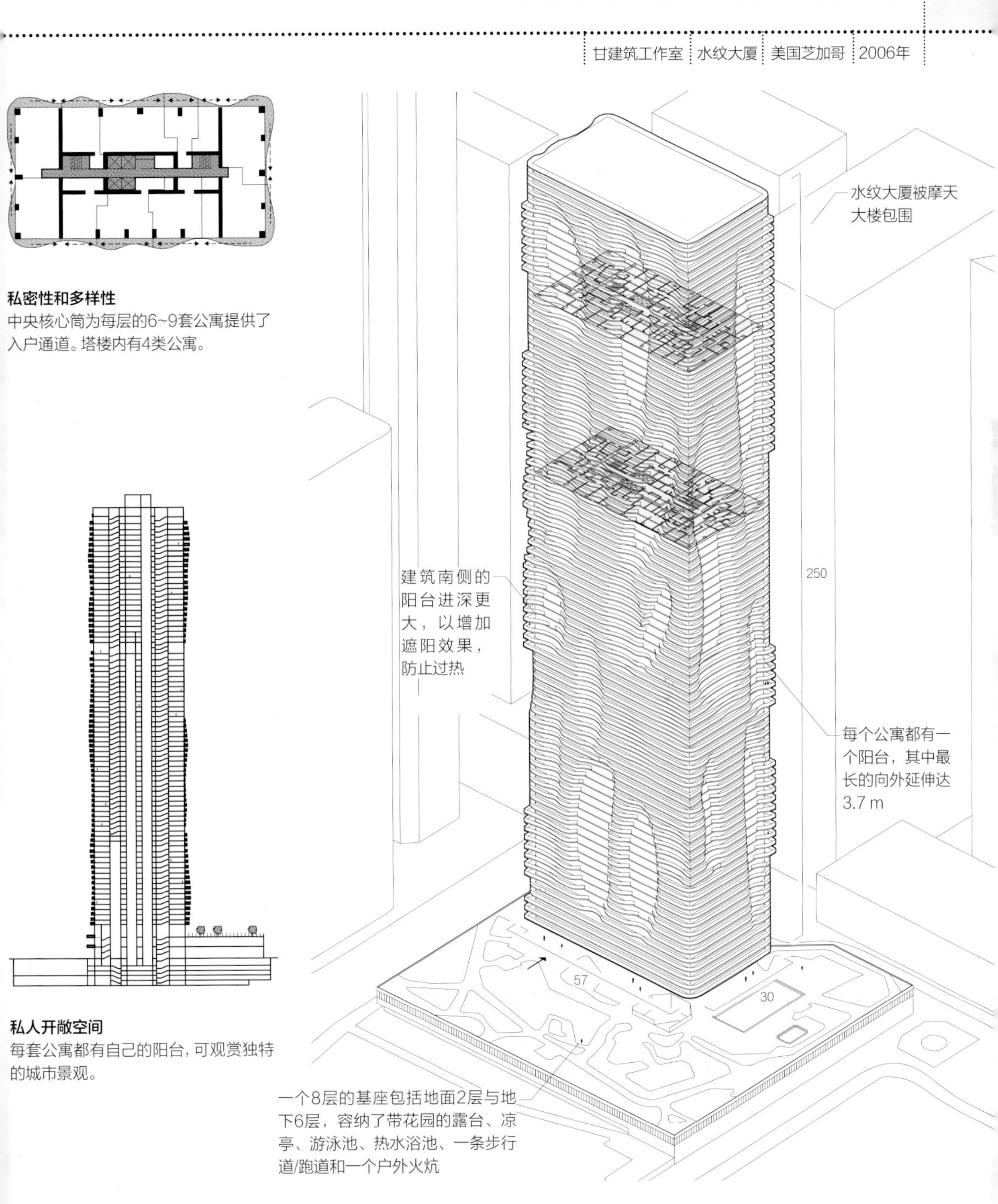

私密性和多样性
中央核心筒为每层的6~9套公寓提供了入户通道。塔楼内有4类公寓。
私人开敞空间
每套公寓都有自己的阳台，可观赏独特的城市景观。
水纹大厦被摩天大楼包围
建筑南侧的阳台进深更大，以增加遮阳效果，防止过热
250
每个公寓都有一个阳台，其中最长的向外延伸达3.7 m
57
30
一个8层的基座包括地面2层与地下6层，容纳了带花园的露台、凉亭、游泳池、热水浴池、一条步行道/跑道和一个户外火炕

水纹大厦是一座82层（250 m高）的塔楼，其中容纳了59层的住宅单元和18层的酒店客房，外加零售、办公空间和地下停车场。每层都由一个正交的内部空间和一个中央核心筒组成，并且都有形状不同的曲线阳台。阳台形状取决于多种指标，例如住宅面积大小、类型、遮阴的需求，或观赏公园、河流的时候，视野不被邻近建筑物所遮挡的需求。地板由混凝土平板建造，外墙则为全玻璃幕墙。因此，水纹大厦传递了个体性、正交性、不规则性、起伏、外露性（阳台）效果。

FMA建筑事务所 | 神圣女神公寓 | 法国蒙彼利埃 | 2012年

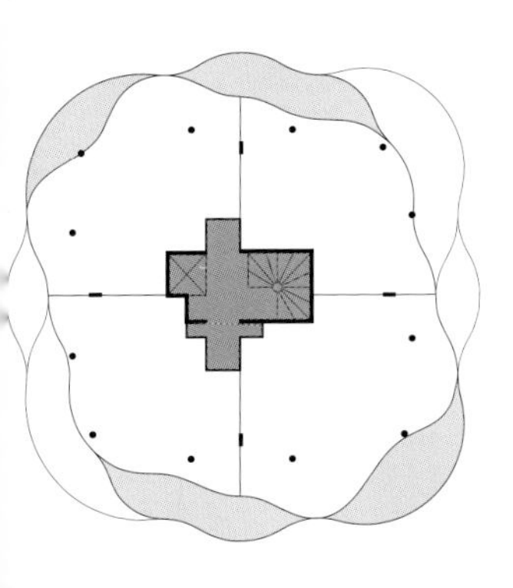

私密性和多样性
每层楼容纳的4个住宅单元围绕中央核心筒布局，中央核心筒在单元之间提供一个小型的私人入户平台。塔楼内有3类公寓。

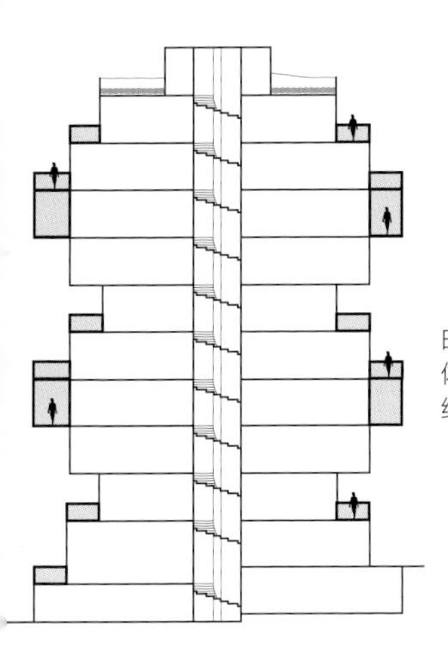

私人开敞空间
每个单元都有一个带防护的敞廊，是一个气候可控的户外空间。敞廊四周有一排帘幕，可以打开或关闭，以阻挡或分散风力。

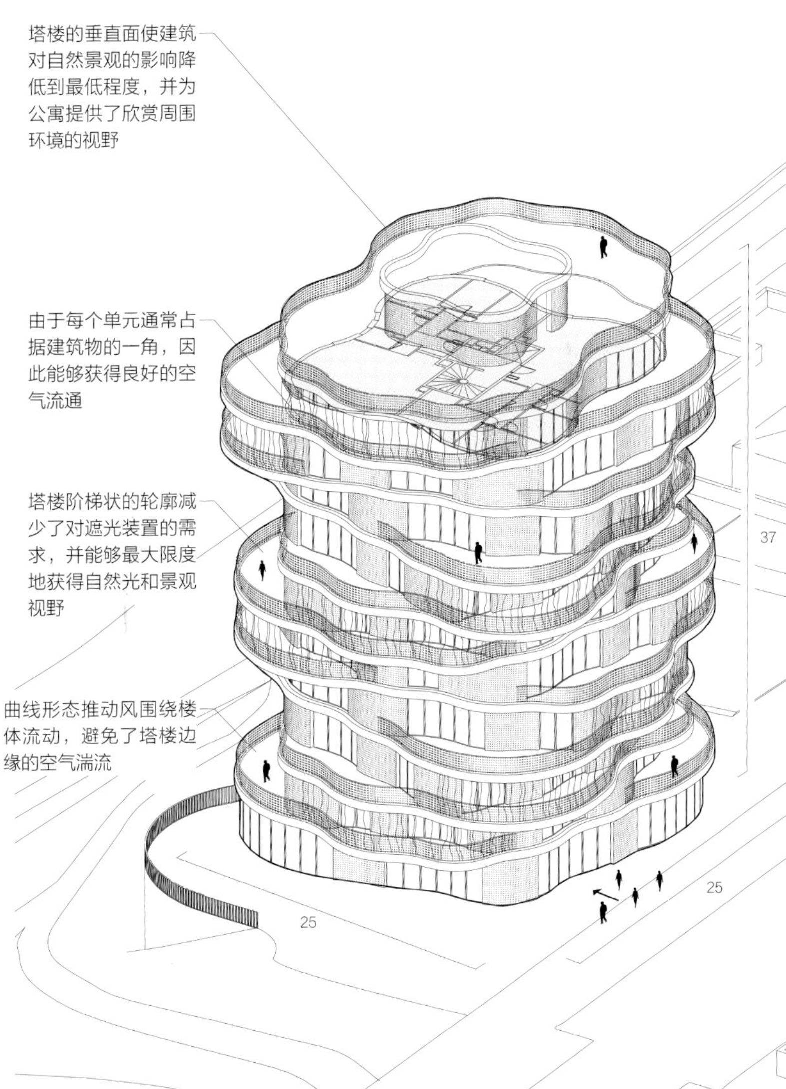

塔楼的垂直面使建筑对自然景观的影响降低到最低程度，并为公寓提供了欣赏周围环境的视野
由于每个单元通常占据建筑物的一角，因此能够获得良好的空气流通
塔楼阶梯状的轮廓减少了对遮光装置的需求，并能够最大限度地获得自然光和景观视野
曲线形态推动风围绕楼体流动，避免了塔楼边缘的空气湍流
37
25
25

神圣女神公寓是一座9层（34 m高）的塔楼，其中有36间公寓，一楼有一间小餐厅。该楼有两种典型的具有不同曲线形状的楼板形式，公寓沿着塔楼的剖面位置，分布在其中的一种上。楼板以特定方式上下堆叠，沿塔楼周边形成了阳台和敞廊，其中一些被其上层所遮蔽。阳台上有一排帘幕，阳台外露在阳光下，居住者可以把阳台用作开敞空间，或者封闭起来当作敞廊。此外，帘幕给公寓增添了活力和自发性。每层楼有4个住宅单元，它们围绕着一个混凝土中央核心筒。服务设施紧邻每层的核心筒，并彼此垂直堆叠，使其余空间能够灵活适应不同的内部布局。客厅凸出的阳台和敞廊作为每个单元向外部景观的延伸，其不同的弯曲度提供了不同的景观视野。此外，外墙的凹凸变换使每个单元获得了不同的空间体验，因为内部的几何形状从一个房间到另一个房间不断地变化，甚至在更大的房间内部也变化。因此，神圣女神公寓传递了曲线性、流动性、多样性、悬挑、暂时性、私密性（阳台）效果。

查尔斯 · 柯里亚 | 干城章嘉公寓大楼 | 印度孟买 | 1970年

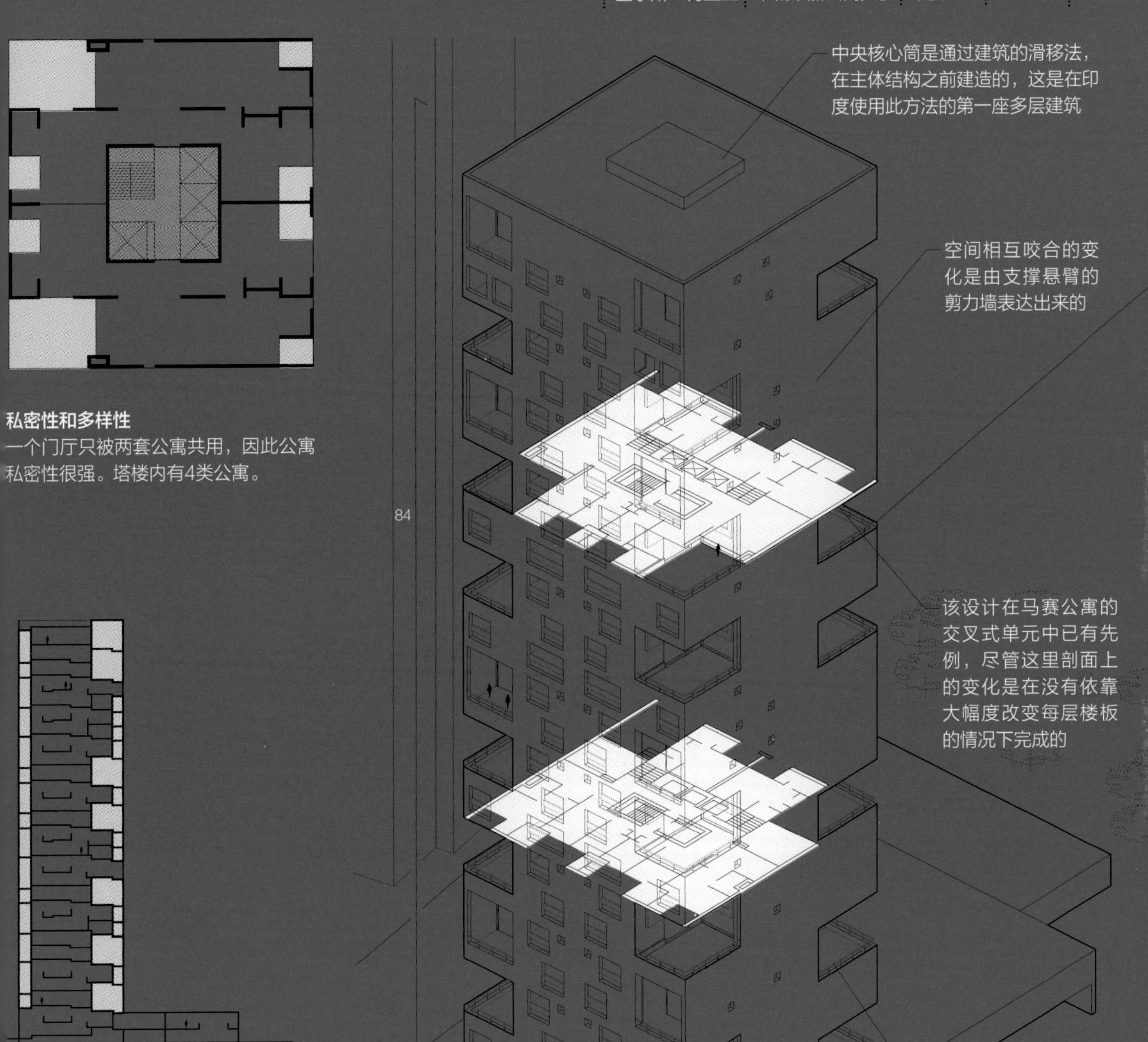

私密性和多样性

一个门厅只被两套公寓共用，因此公寓私密性很强。塔楼内有4类公寓。

私人开敞空间

所有公寓都有两个私人阳台，有些双层通高，让居民得以享受室内外生活。.

干城章嘉公寓大楼是一座27层（83.8 m高）的塔楼，容纳了32套公寓，它们共分为4种类型，每套公寓有3~6间卧室。大楼平面是方形的，每层楼都有两个错层的公寓，围绕一个中心位置的钢筋混凝土核心筒。每层公寓与上下层公寓相互咬合，可以产生不同的内部层次：三居室、四居室的单元有1.5个楼层，五居室、六居室的单元有2.5个楼层。建筑两端都有深阳台，有些为双层通高。这将它们与内部的抬高区域区分开来，并使公寓免受太阳和季风的影响。因此，干城章嘉公寓大楼传递了正交性、阶梯性、多标量性、多孔性与通风性效果。

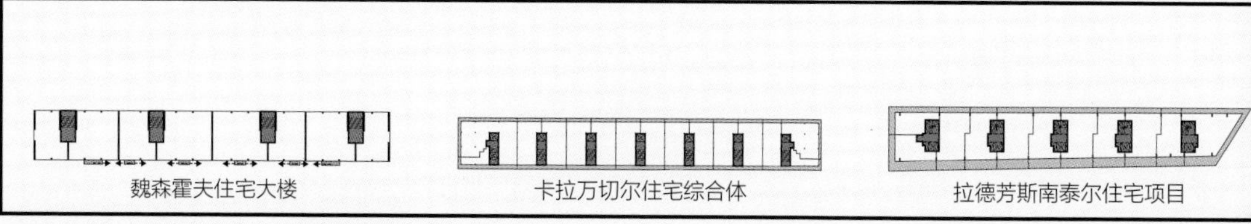

居住 / 板楼 / 双向开窗面 / 点式垂直交通入户

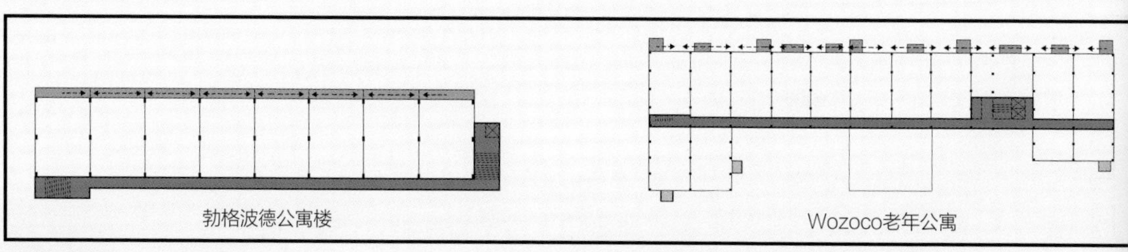

居住 / 板楼

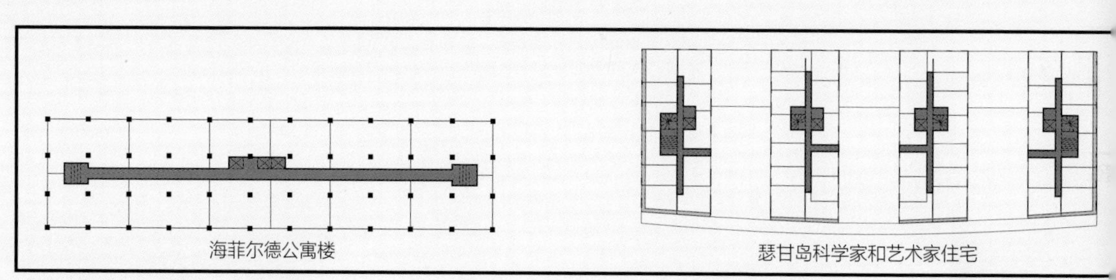

居住 / 板楼 / 单层公寓 / 单向开窗面

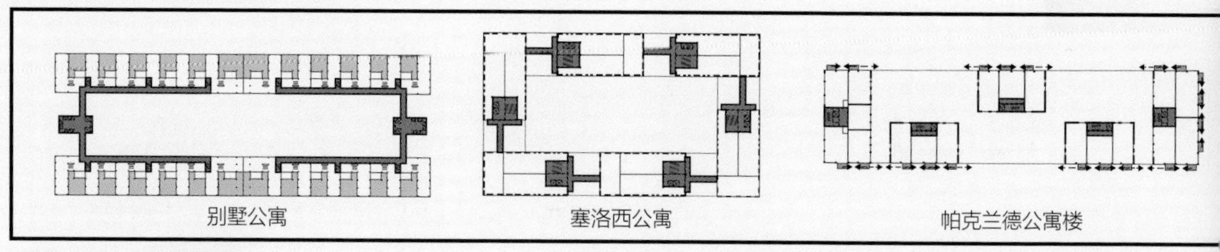

居住 / 庭院 / 双向开窗面

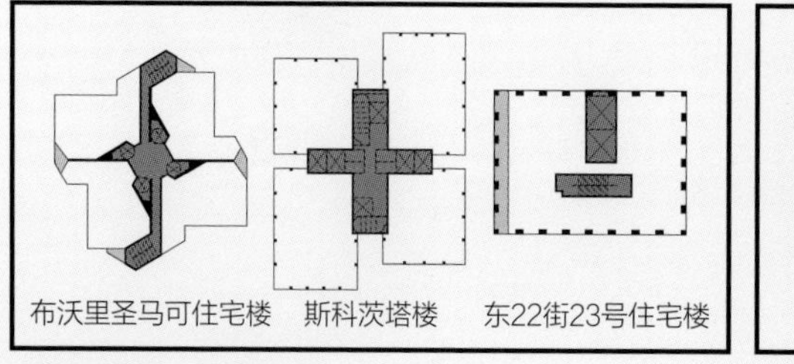

居住 / 塔楼 / 中央核心筒

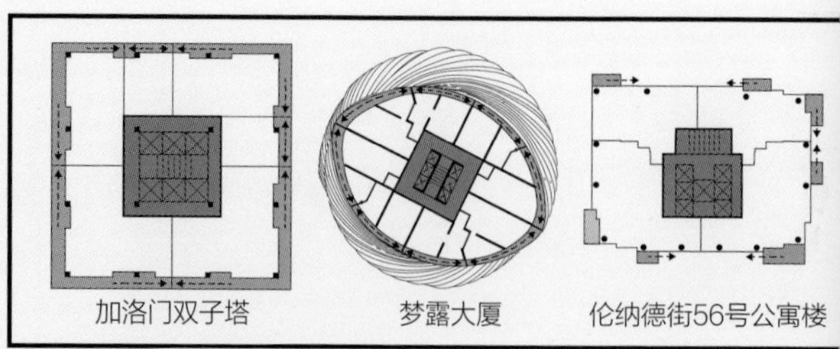

居住 / 塔楼 / 中央核心筒 / 阳台

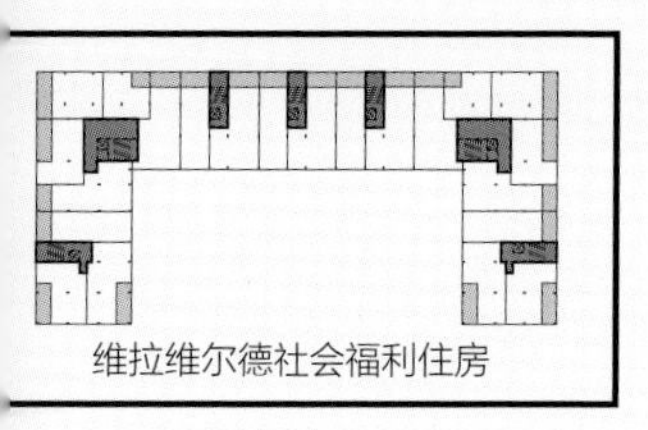
维拉维尔德社会福利住房

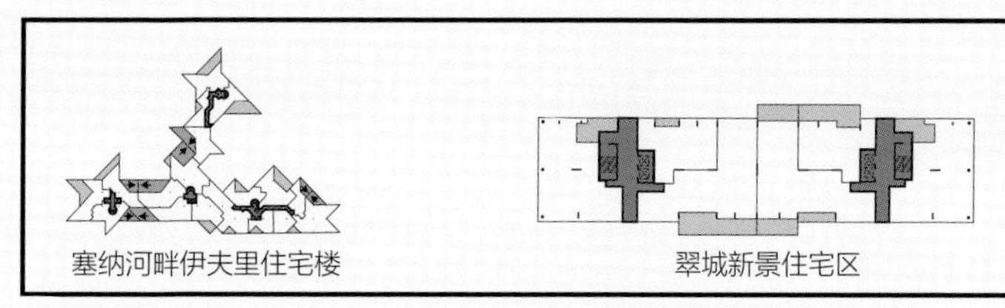
塞纳河畔伊夫里住宅楼　翠城新景住宅区

居住 / 点式垂直交通入户 / 多向开窗面

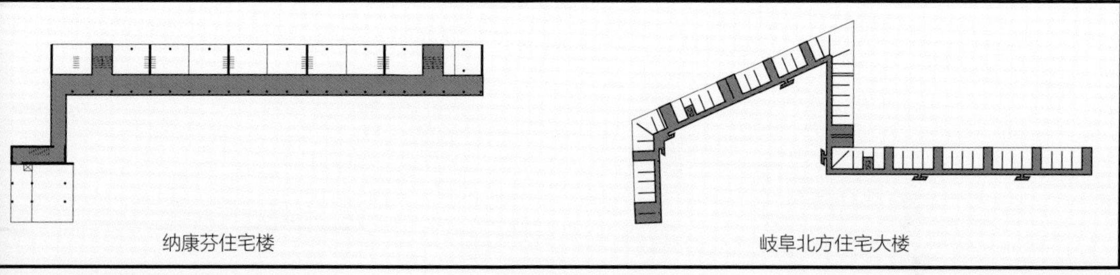
纳康芬住宅楼　岐阜北方住宅大楼

居住 / 板楼 / 走廊入户 / 单排式 / 复式公寓

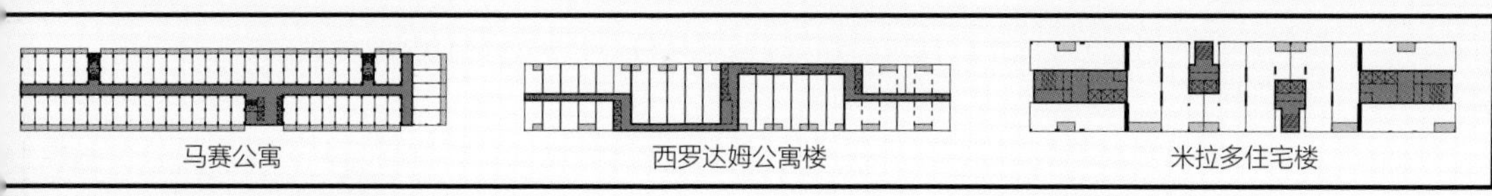
马赛公寓　西罗达姆公寓楼　米拉多住宅楼

居住 / 板楼 / 走廊入户 / 嵌入式阳台

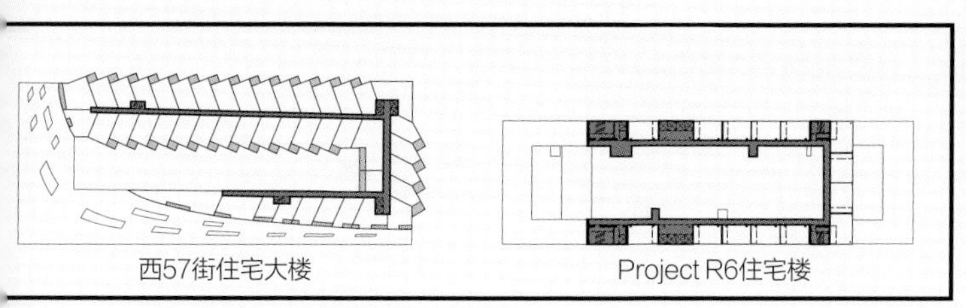
西57街住宅大楼　Project R6住宅楼

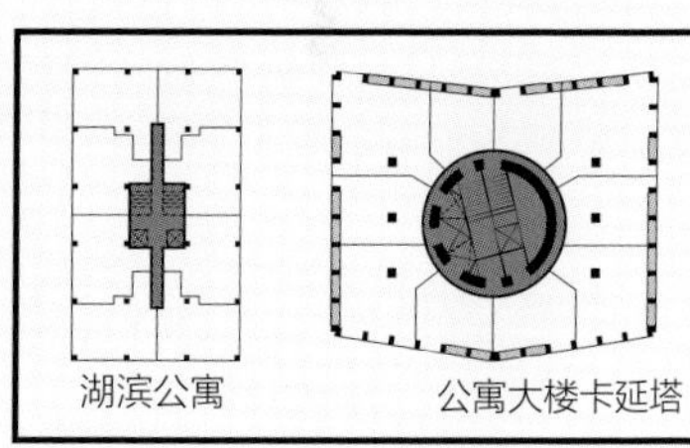
湖滨公寓　公寓大楼卡延塔

居住 / 塔楼 / 单向和双向开窗面

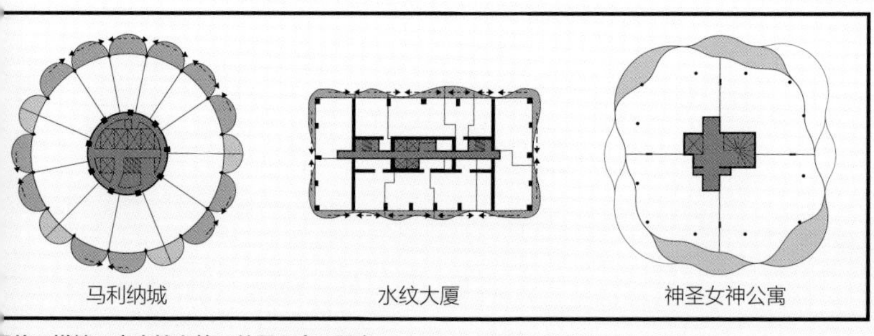
马利纳城　水纹大厦　神圣女神公寓

居住 / 塔楼 / 中央核心筒 / 单层公寓 / 阳台

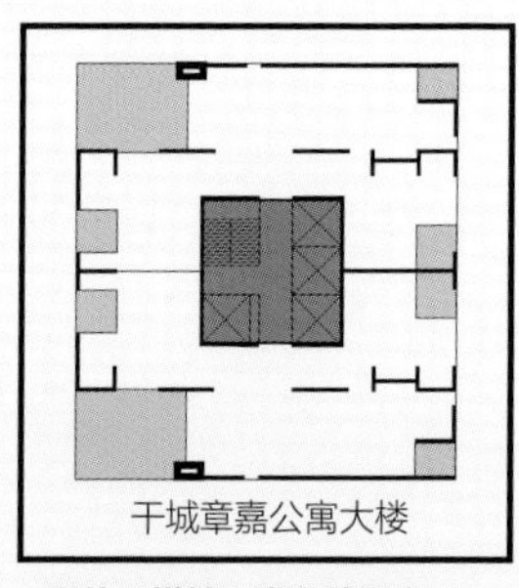
干城章嘉公寓大楼

居住 / 塔楼 / 嵌入式阳台

共同点：私人开敞空间

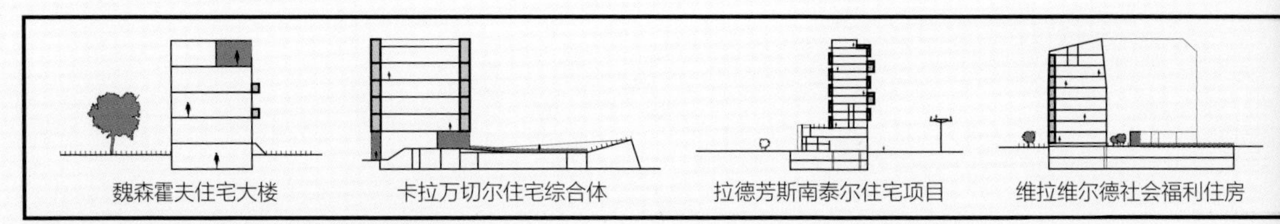

居住 / 板楼 / 双向开窗面 / 点式垂直交通入户

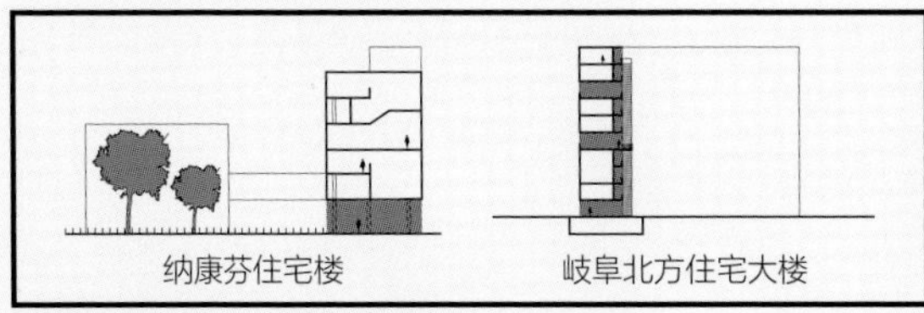

居住 / 板楼 / 走廊入户 / 单排式 / 复式公寓

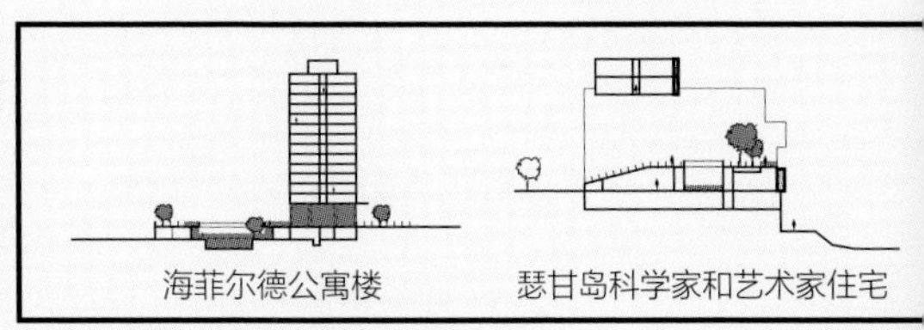

居住 / 板楼 / 单层公寓 / 单向开窗面

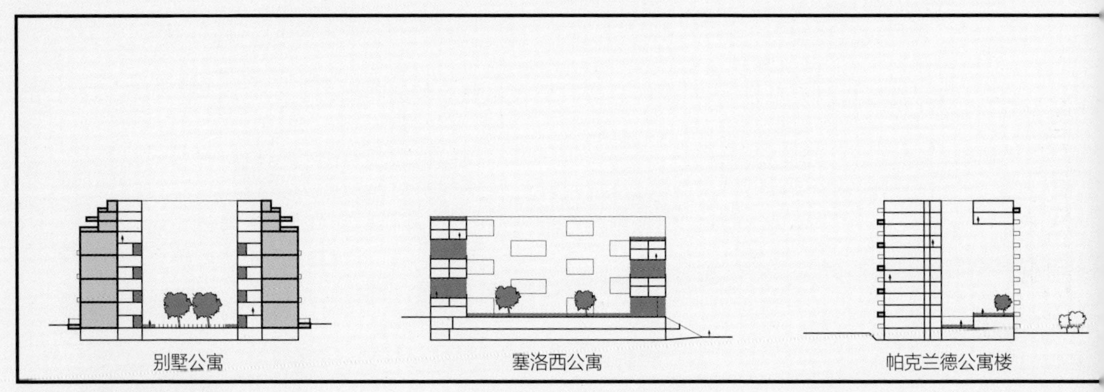

居住 / 庭院 / 双向开窗面

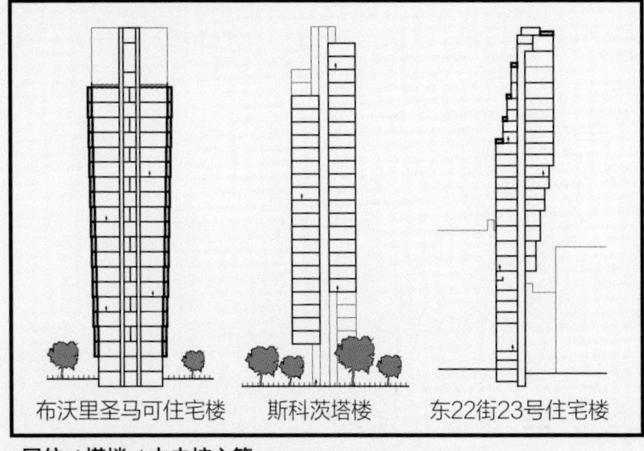

居住 / 塔楼 / 中央核心筒

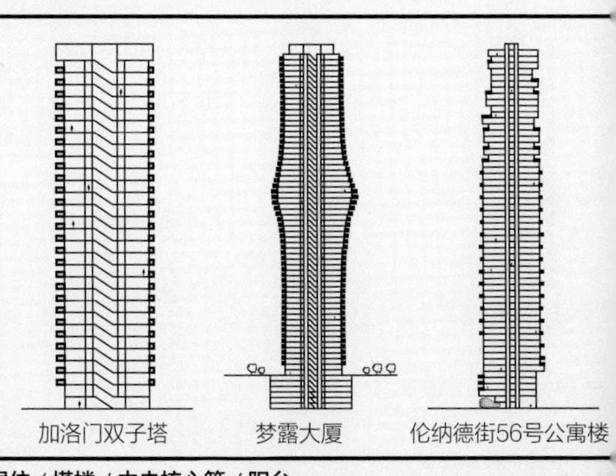

居住 / 塔楼 / 中央核心筒 / 阳台

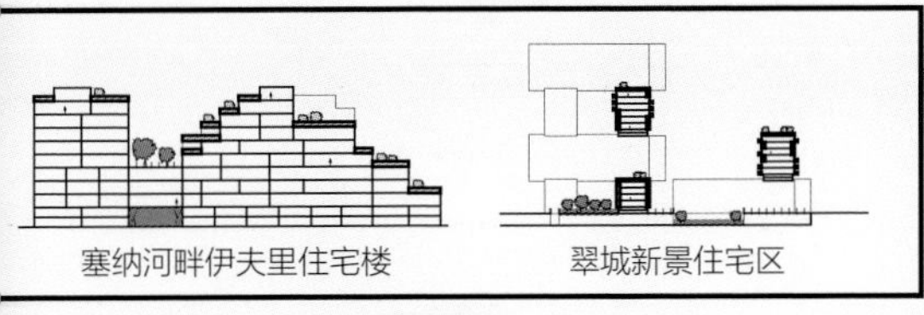

住 / 点式垂直交通入户、多向开窗面

勃格波德公寓楼

Wozoco老年公寓

居住 / 板楼

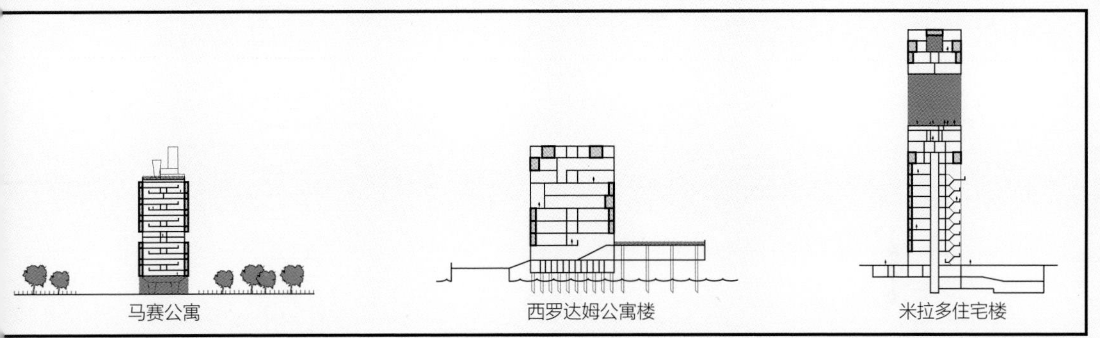

住 / 板楼 / 走廊入户 / 嵌入式阳台

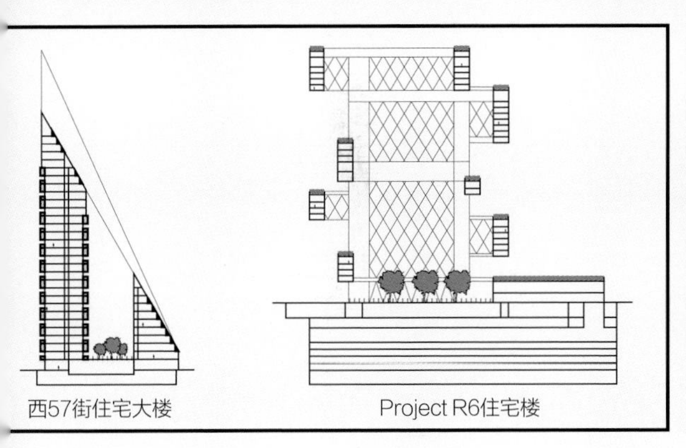

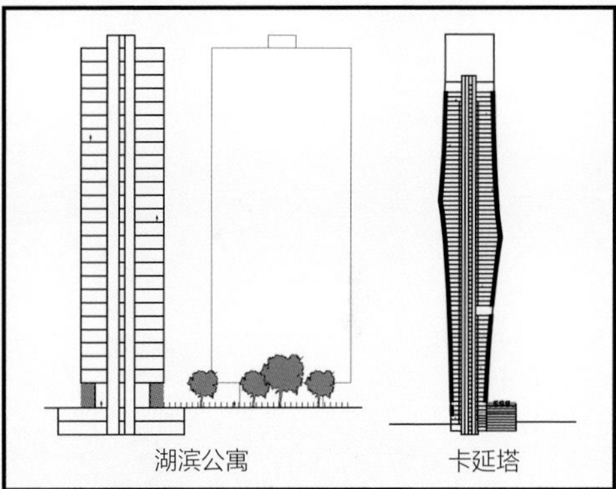

居住 / 塔楼 / 单向和双向开窗面

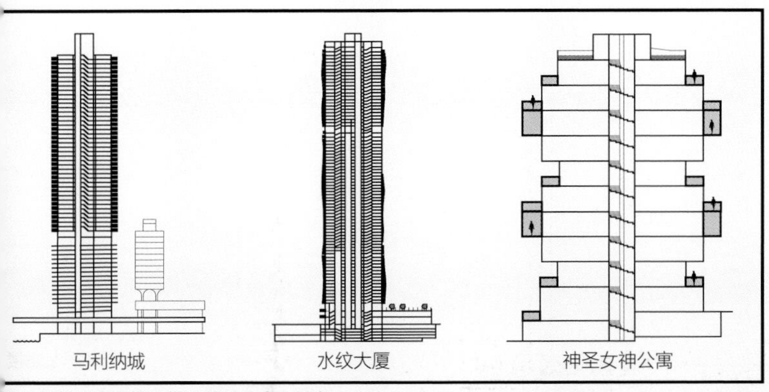

住 / 塔楼 / 中央核心筒 / 单层公寓 / 阳台

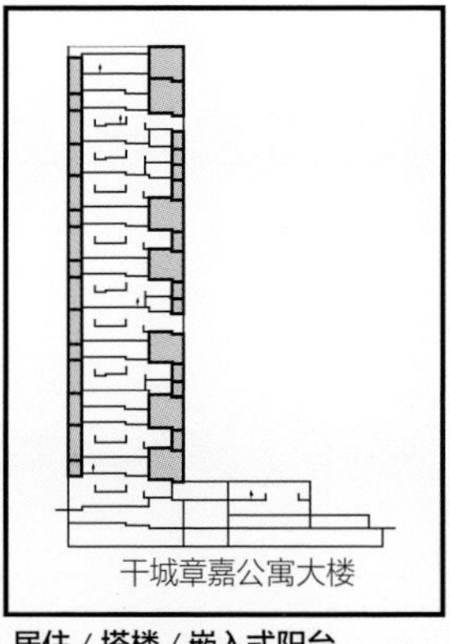

居住 / 塔楼 / 嵌入式阳台

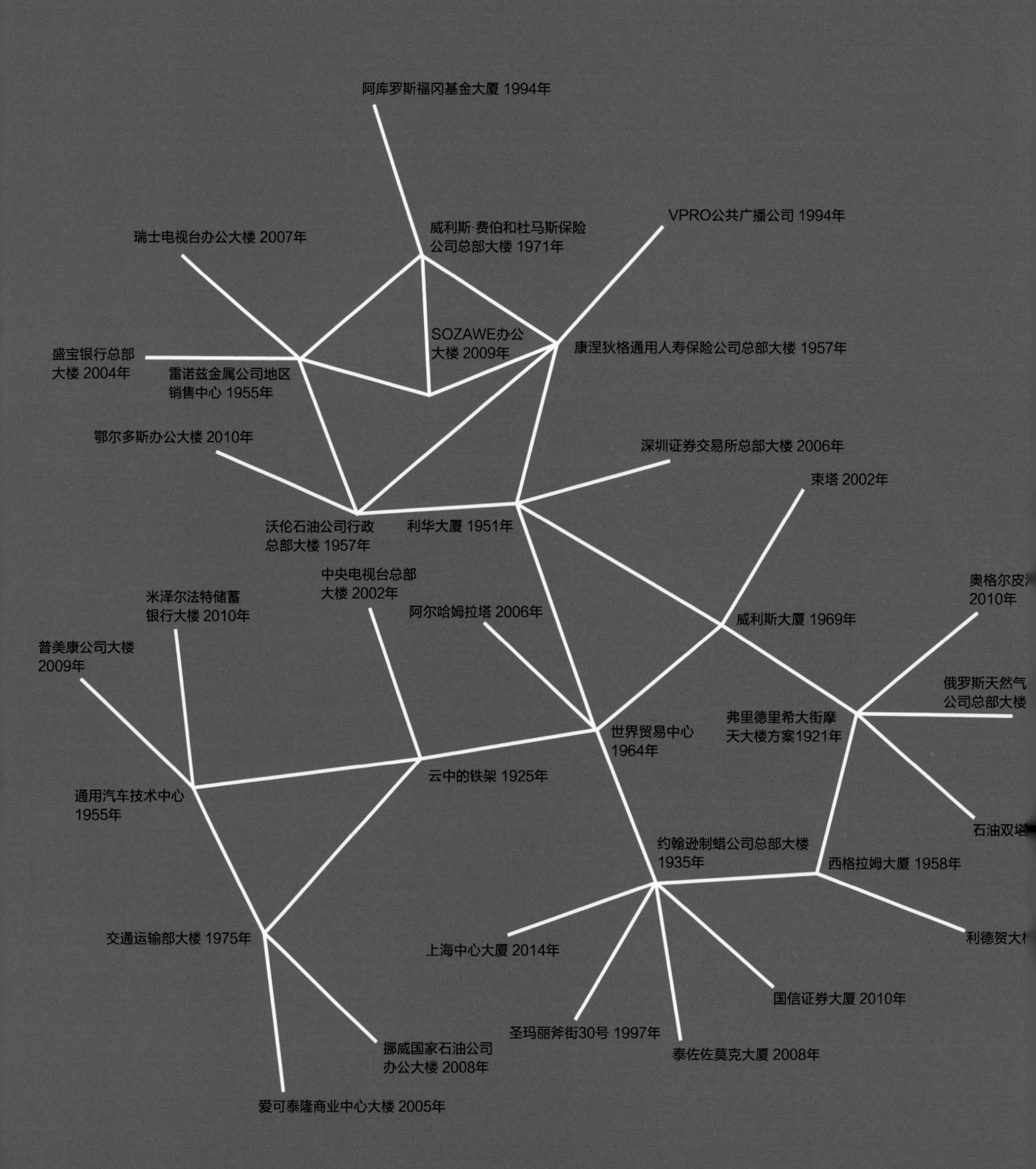
阿库罗斯福冈基金大厦 1994年
威利斯·费伯和杜马斯保险
公司总部大楼 1971年
VPRO公共广播公司 1994年
瑞士电视台办公大楼 2007年
SOZAWE办公
大楼 2009年
康涅狄格通用人寿保险公司总部大楼 1957年
盛宝银行总部
大楼 2004年
雷诺兹金属公司地区
销售中心 1955年
鄂尔多斯办公大楼 2010年
深圳证券交易所总部大楼 2006年
束塔 2002年
沃伦石油公司行政
总部大楼 1957年
利华大厦 1951年
中央电视台总部
大楼 2002年
米泽尔法特储蓄
银行大楼 2010年
阿尔哈姆拉塔 2006年
威利斯大厦 1969年
2010年
普美康公司大楼
2009年
公司总部大楼
弗里德里希大街摩
天大楼方案1921年
世界贸易中心
1964年
云中的铁架 1925年
通用汽车技术中心
1955年
约翰逊制蜡公司总部大楼
1935年
西格拉姆大厦 1958年
交通运输部大楼 1975年
上海中心大厦 2014年
国信证券大厦 2010年
圣玛丽斧街30号 1997年
泰佐佐莫克大厦 2008年
挪威国家石油公司
办公大楼 2008年
爱可泰隆商业中心大楼 2005年

办公 1921—2014年

本章追溯了自20世纪早期以来，办公空间设计的惯例与基本准则的演变。

板楼

美国密歇根州沃伦市的通用汽车技术中心（第137页）是一座进深较浅的板楼，其内部可以很容易地被划分为独立的办公室。工作场所有充足的自然光，私密性和自然通风良好，但通往办公室的内部走廊又长又暗。以下项目解决了这个问题：丹麦腓特烈西亚的普美康公司大楼（第139页）、丹麦米泽尔法特的米泽尔法特储蓄银行大楼（第141页）。

格鲁吉亚第比利斯的交通运输部大楼（第143页）将工作场所设计为一系列远高于地面层且相互连接的板楼。这使办公室获得观赏城市景观的视野，并确保大型建筑对地面层造成的干扰程度最小。然而，设计师们未能利用板楼的交叉区域来创造任何新的环境，比如为办公区提供社交设施。以下项目解决了这些问题：瑞士阿尔施维尔的爱克泰隆商业中心（第145页）、挪威奥斯陆的挪威国家石油公司办公大楼（第147页）。

俄罗斯莫斯科的“云中的铁架”（第149页）将工作场所设计成一系列相连的板楼，或可称“水平摩天大楼”，从地面高高升起，俯瞰城市。然而，支撑办公室的核心筒只满足交通和结构需要。以下项目解决了这些问题：中国中央电视台总部大楼（第151页）。

塔楼

美国纽约的世界贸易中心（第153页）将工作场所设计成一座结构管形式的塔楼，这意味着内部将不受任何柱子的干扰，灵活性极高。但建筑外围结构的密度限制了窗户的面积与观看城市的视野。以下项目解决了这些问题：科威特城的阿尔哈姆拉塔（第155页）。

德国柏林的弗里德里希大街摩天大楼方案（第157页）将工作场所设计为一座透明的塔楼，它由钢结构框架和全玻璃幕墙组成，细致的波浪形平面为办公室和核心区提供了充足的自然光和外部景观视野。然而，将平面划分为不同的部分减少了内部空间的灵活性，限制了不同办公排布的可能和员工间的互动。以下项目解决了这些问题：马来西亚吉隆坡的石油双塔（第159页）、俄罗斯圣彼得堡的俄罗斯天然气工业股份公司总部大楼（第161页）和瑞典斯德哥尔摩的奥格尔皮潘大厦（第163页）。

美国威斯康星州拉辛市约翰逊制蜡公司总部大楼（第165页）将工作场所设计成大世界内的小世界——由双层叠拼楼层组成的半透明塔楼，叠拼楼层彼此之间通过角落中庭相互开放。然而，这些中庭不仅很小，而且与外部没有视线联系，这意味着它们只能吸引自己范围内的员工。以下项目解决了这些问题：中国上海中心大厦（第167页）、中国深圳国信证券大厦（第169页）、英国伦敦的圣玛丽斧街30号（瑞士再保险塔）（第171页），以及墨西哥墨西哥城的泰佐佐莫克大厦（第173页）。

美国纽约市的西格拉姆大厦（第175页）将工作场所设计成一个由非对称核心区域组成的高度灵活的空间。然而，由于堆叠的楼层是相同的，建筑无法容纳大小不同的租户，除非把楼层分成更小的部分，而这导致私密性的丧失。以下项目解决了这些问题：英国伦敦的利德贺大楼（第177页）。

美国纽约的利华大厦（第179页）设计了一个基于泰勒原理的工作场所——一座完全由空调控温的板式塔楼，其办公区域呈双排布置。为了弥补隔间式办公室的缺陷，架空的裙楼上方是一个露台形式的公共空间，而其下方有一个公共广场。以下项目也体现了为隔间式办公区提供员工互动空间的考量：中国深圳的深圳证券交易所总部大楼（第181页）。

美国伊利诺伊州芝加哥的威利斯大厦（西尔斯大厦）（第183页）是一座有阶梯状轮廓的高大塔楼。塔楼在不同高度上有不同大小的楼层，能够容纳规模不一的租户，从而吸引来一个由不同工作者组成混合社区。然而，它的捆绑结构将楼层细分成不同区域，限制了单个楼层上工作空间之间的互动。而且，塔楼的下半部分进深较深，使许多工作空间缺乏充足的自然光。以下项目解决了这些问题：美国纽约的束塔（第185页）。

体块式建筑

美国俄克拉荷马州塔尔萨的沃伦石油公司行政总部大楼（第187页）将工作场所设计成一座紧凑的体块式建筑，其空间沿建筑轮廓被分成各个独立的办公室，这使办公区域享有私密性和自然光。虽然通往办公室的内部走廊两端都可看到外部景观，但又长又缺乏照明，阻碍了员工之间的互动。以下项目解决了这些问题：鄂尔多斯办公大楼（第189页）。

美国密苏里州绍斯菲尔德的雷诺兹金属公司区域销售中心（第191页）将工作场所设计为一座紧凑的体块式建筑，单元式的办公室沿建筑轮廓布置，建筑内有一座中央中庭。虽然中庭是公共空间，但这种布局是简单的断面一致的空间，缺乏外部景观视野。以下项目解决了这些问题：丹麦哥本哈根的盛宝银行总部大楼（第193页）、瑞士苏黎世的瑞士电视台办公大楼（第195页）。

美国康涅狄格州布卢姆菲尔德市的康涅狄格通用人寿保险公司总部大楼（第197页）将工作场所设计为一个进深大的体块式建筑，其内部庭院为工作人员间的互动提供了自然光和空间。然而，每个庭院都完全相同，且被办公室俯瞰，这大大削弱了员工互动时的亲密感。此外，由于庭院是内观的，且四周被工作空间环绕，因此不便于员工将其用作暂时回避工作的地点。以下项目解决了这些问题：荷兰希佛萨姆的VPRO公共广播公司（第199页）。

威利斯·费伯和杜马斯保险公司总部大楼（第201页），这个位于伊普斯威奇镇的工作场所被设计成一个进深大的体块式建筑，开放式的办公室围绕一个引入自然光的中庭设置。屋顶被设计成供工作人员使用的室外空间，包括一个游泳池，但它并不与工作场所相连，且只能在午餐时间使用。以下项目通过设置阶梯状的户外空间解决了这些问题：日本福冈的阿库罗斯福冈基金大厦（第203页）、荷兰格罗宁根的SOZAWE办公大楼（第205页）。

我们的办公空间以及使用的技术正越来越多地影响着工作方式。工作场所的形式和组织根据实践中获得的知识被不断修正。决定工作场所设计的惯例或基本准则就是这样演变而来的。本章对建筑物的分析和比较主要关注了这些惯例的近期应用和变化，并会在之后的内容中列明。最后的两项——互动性和空间配置模式——自20世纪90年代以来已被引入到工作场所的设计惯例中。

形式

板楼（线性或L形）：一座矩形多层建筑；从外立面到核心筒的深度：美国和英国为13.5 m，欧洲大陆（比如德国和瑞士）为8 m；从外立面到对侧外立面的深度：美国和英国为21 m，欧洲大陆为18 m。

体块式建筑（封闭、U形或阶梯式）：从外立面到对侧外立面的深度超过20 m。

塔楼：超过10层楼的建筑，设有电梯；从外立面到对侧外立面深度可达15~20 m。

工作站的安排

分配给员工的工作空间被称为工作站，其大小与形式，从单独办公室到开放式办公区域的单个办公桌不等。一个隔间式办公室的大小通常是3 m × 6 m。一个工作空间容纳的人数根据工作类型的不同而有所区别，但平均值是1∶10，即每10 m^2容纳一人。交易大厅或呼叫中心接近每8 m^2一人。

效率

内部楼层净面积（NIA）与内部楼层总面积（GIA）的比值：80%~85%被认为是最佳。标准层楼板与墙壁的比例：墙的周长 × 高度 ÷ 外部楼层面积（GEA）=0.4平均值

流通性

包含管道、楼梯、电梯等的服务核心筒可以置于建筑物的前面、建筑物内的一侧、室内角落、走廊尽头、走廊之间，或紧邻采光井。然而，在建筑中央设置核心筒是最好的做法，因为那里较少受日光照射。电梯通常位于核心筒的中心，周围是竖管，方便人们到达办公空间。

疏散楼梯（最少两个）位于核心筒内，从两侧进入楼梯的距离相同。在英国，一幢有喷淋装置的建筑，如果有两个疏散通道，则最大逃生距离为65 m，有一个逃生通道时为26 m，此标准随国家而变化。

租赁模式

楼层的大小根据工作类型、位置和市场情况的不同而有所差异。在美国和英国，面积为2322.6 m^2（25 000 ft^2）左右的楼板层在FIRE※行业的经济工作空间中并不少见。交易大厅最大可达4645.2 m^2。一个更典型的楼板层是1393.5~1858.1 m^2，新办公空间的最小值通常为929 m^2。

规划网格

规划网格与外部幕墙的细分以及办公分区的模式有关。规划网格也与结构网格有关。美国和英国，规划网格为1.5 m，欧洲大陆国家

※金融（Finance）、保险（Insurance）和房地产（Real Estate）。

为1.2~1.35 m。内部平面通常是3 m×6 m，工作站分配是3 m×3 m，走廊宽1.5 m等。

结构

在美国和英国的7.5~9 m的跨度，以及在欧洲大陆国家的8.1~9.60 m的跨度，被认为是最优和经济的，并与标准的规划网格相对应。一个7.5 m×9 m的结构网格对停车来说是效率高的。

服务设备

可在提升的地板区或下降的天花板区引入服务设备。对A类设备（提供一个抬起的地板、天花板和核心筒外部装饰）来说，一个包括结构深度的下降天花板可以是1100~1300 mm。抬升的地板深度为100~150 mm。机械设备可位于屋顶、机械中层、地下室，或三者的结合。其大小取决于建筑物整体大小。

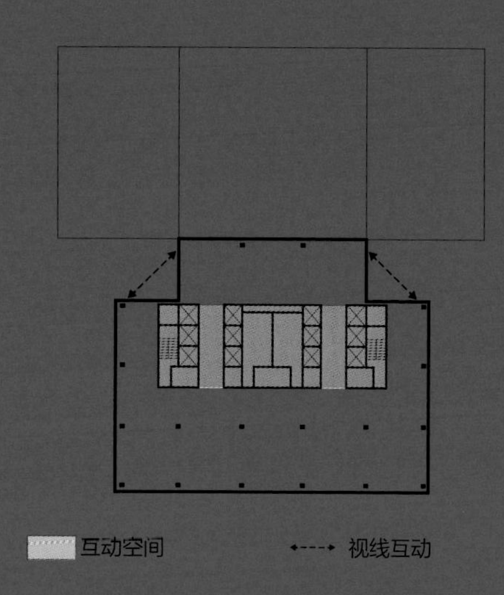

日照

朝向对于为工作空间提供均匀的日光至关重要，但不能引起太阳热量的增加或阳光直射产生的眩光。

遮阳

内部百叶窗用于可调节的眩光控制。玻璃装配是根据所需的日光控制水平指定的。例如，英国的太阳能总透射比g值的最优平均值是0.27。然而，这根据立面朝向的不同（一个朝北的立面会有更高的值）、气候（气候较温暖的国家需要更多的日光防护）、建筑法规和环境等级（美国绿色建筑评估体系LEED或英国建筑研究所环境评估法BREAM所认证的等级）等因素而有所区别。

互动性

知识在经济层面日益重要，新技术引发的工作模式和工作流程的变化，意味着当代工作环境不能仅专注提高效率，而必须通过鼓励工人之间的合作和交流来促进知识的传播。这可以通过在员工和其工作地点之间建立连接

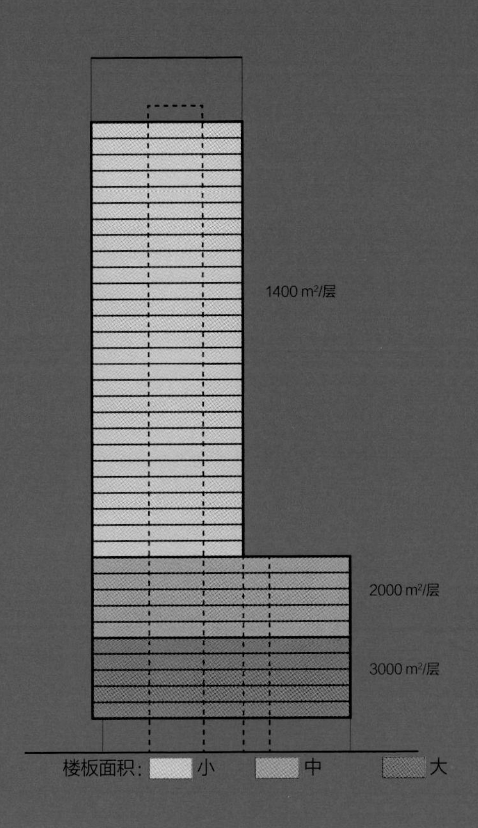

感，并促进互动性和偶遇来实现。这里记录的工作场所通过引入不同元素来为人们提供互动机会，例如倾斜环路、阶梯状的空间或错层、中庭、庭院和贯穿整个工作空间的视野。因此，与20世纪更早的项目相比，这些项目是故意降低效率的，因为它们认识到了间隙空间在产生被动传播知识的过程中所发挥的作用。

空间配置模式

20世纪早期的许多工作场所都是为自有者而设计的，这种模式现在在欧洲更为常见。然而，考虑到市场的不稳定性，将工作场所设计为也能适应租赁市场是很重要的。在这种情况下，最初为单一租户设计的办公楼必须能够容纳多个租户和许多高度专业化的工作空间：2322.6 m^{2}的楼面板在英国和美国并不少见，而交易大厅可以达到4645.2 m^{2}大小。多方租赁使建筑在经济上更可行，并培育了工作文化的多样性，这是令人兴奋并能引发互动的。与20世纪更早的项目相比，这里记录的建筑通过改变楼板的大小为租户提供了更多的私密空间与专用入户通道。一个大裙楼可以搭配一个紧凑的塔楼，为大型和小型租户提供出租空间；中庭可以分散在整个建筑中，形成不同大小的楼板；楼板可以相交，这样既可以单独使用也可以组合使用。

埃罗·沙里宁 | 通用汽车技术中心 | 美国沃伦 | 1955年

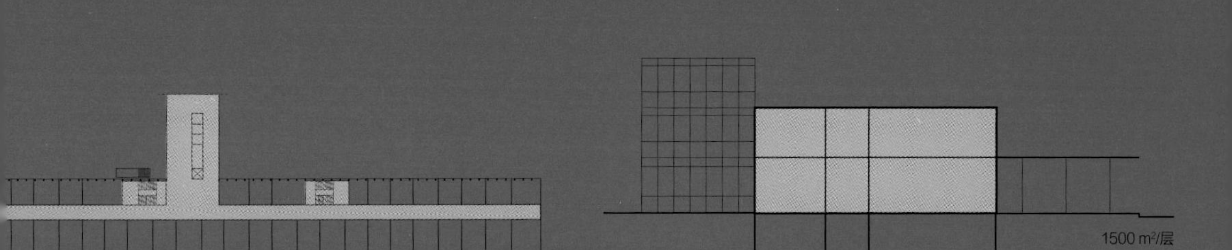
1500 m²/层

互动性
由于楼层被划分成由中央通道连接的单元式办公空间，因此员工间的互动很少。

空间配置模式
从中央通道进入的两层楼的空间，是为单一租户建造的。然而实际上每层都可容纳不同租户。

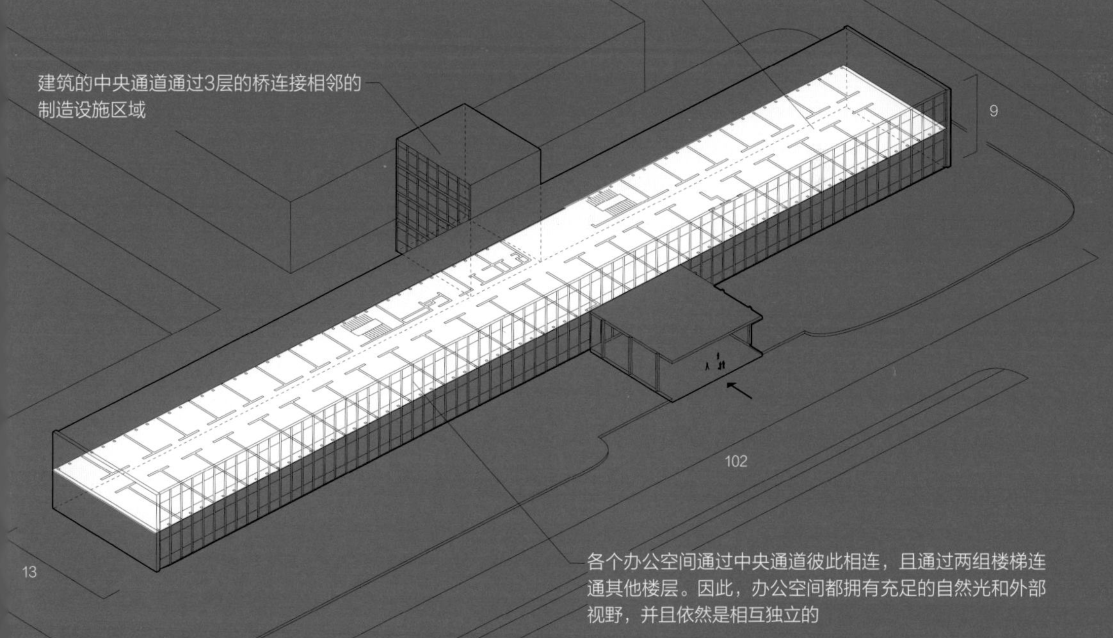
走廊采用人工照明和机械通风
建筑的中央通道通过3层的桥连接相邻的制造设施区域
9
102
13
各个办公空间通过中央通道彼此相连，且通过两组楼梯连通其他楼层。因此，办公空间都拥有充足的自然光和外部视野，并且依然是相互独立的

通用汽车技术中心位于通用汽车技术中心园区，是一个专为研发使用的两层板楼建筑。狭长的楼板形状与封闭的平面布置相适宜：一排排的小实验室都可以接触到阳光，拥有外部视野。钢结构的两侧长边，安装有玻璃幕墙，该幕墙采用室内天花板的格栅模数，在两个短边上用砂模上釉陶瓷砖。因此，通用汽车技术中心的办公区传递了单元性、效率性、私密性与人工照明的效果。

KHR建筑事务所 | 普美康公司大楼 | 丹麦腓特烈西亚 | 2009年

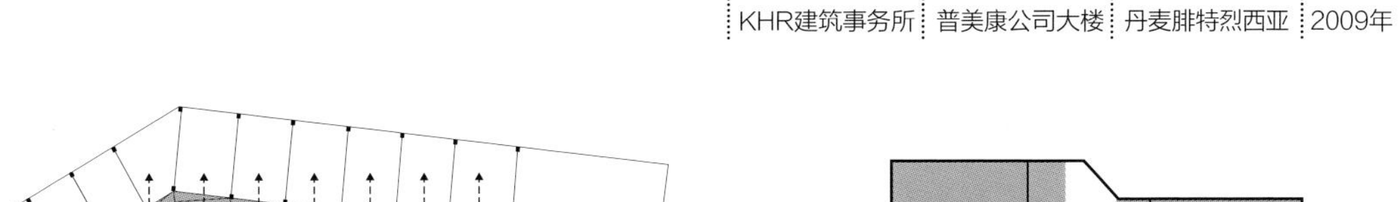

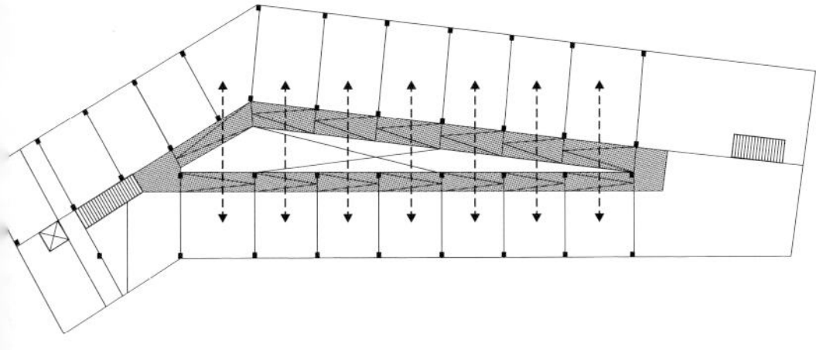

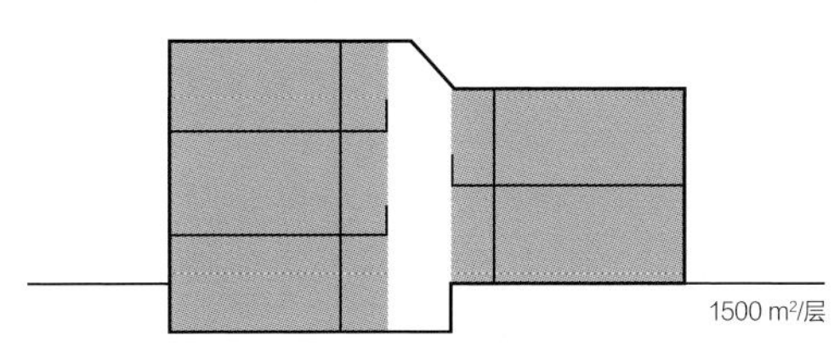
1500 m²/层

互动性

沿着环形斜坡的开放式办公区域的阶梯状空间加强了员工之间的交流以及由斜坡形成的中庭空间的视线互动（不同于通用汽车技术中心阻隔交流的隔间式办公空间）。

空间配置模式

沿着环形斜坡的开放式办公区的阶梯状空间意味着仅由单个租户使用（不同于通用汽车技术中心为了可使多个租户

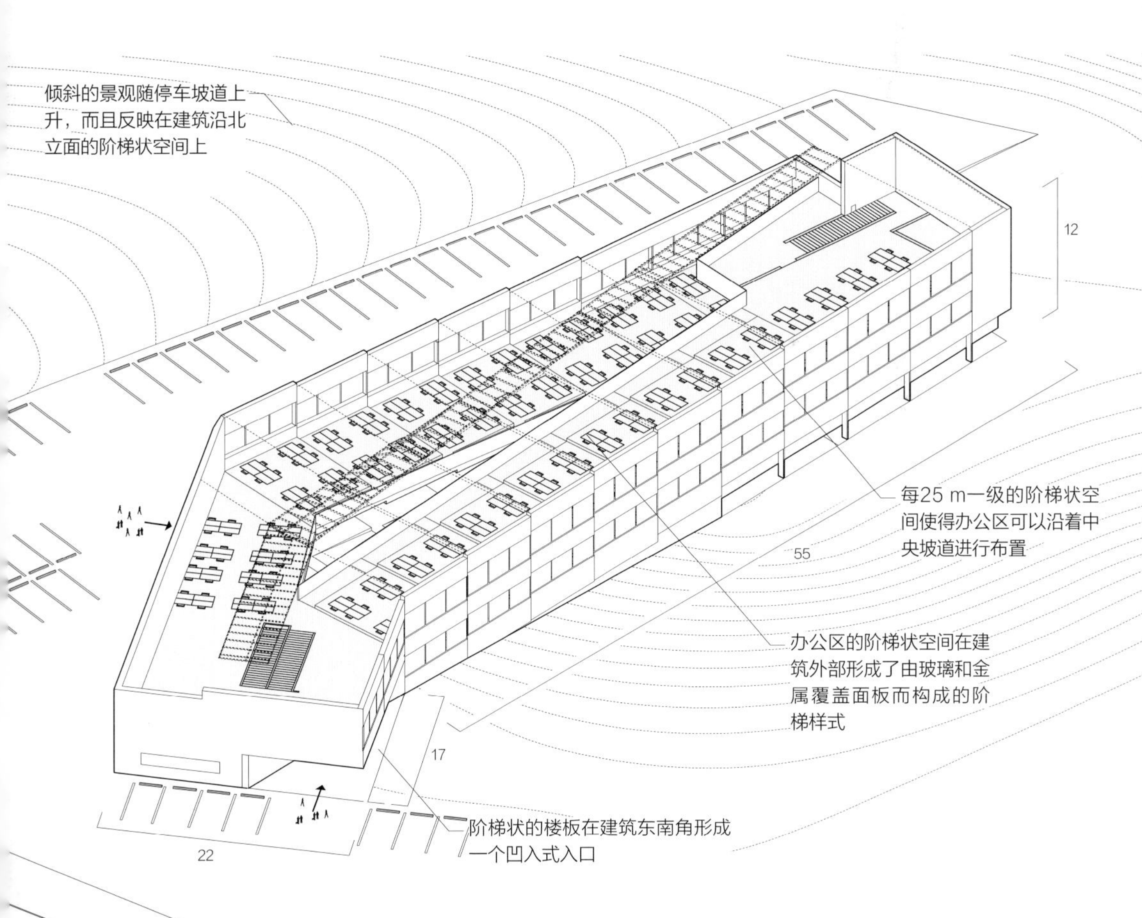
倾斜的景观随停车坡道上升，而且反映在建筑沿北立面的阶梯状空间上
12
每25 m一级的阶梯状空间使得办公区可以沿着中央坡道进行布置
55
办公区的阶梯状空间在建筑外部形成了由玻璃和金属覆盖面板而构成的阶梯样式
17
阶梯状的楼板在建筑东南角形成一个凹入式入口
22

作为一家钢铁制造商总部的普美康公司大楼是一座位于景观环境中的3层板楼。办公楼由一个沿建筑形状延伸的中央环形坡道连接，而并非走廊（如通用汽车技术中心）。坡道两侧的办公区域是开放式的（不同于通用汽车技术中心的封闭式平面），以7 m的增量形成梯级，与坡道连接。坡道和办公室通过天窗以及周边玻璃获得自然采光和通风。因此，普美康公司大楼的办公空间传递了开放性、向心性、交流性与自然采光的效果。

3XN建筑事务所 | 米泽尔法特储蓄银行大楼 | 丹麦米泽尔法特 | 2010年

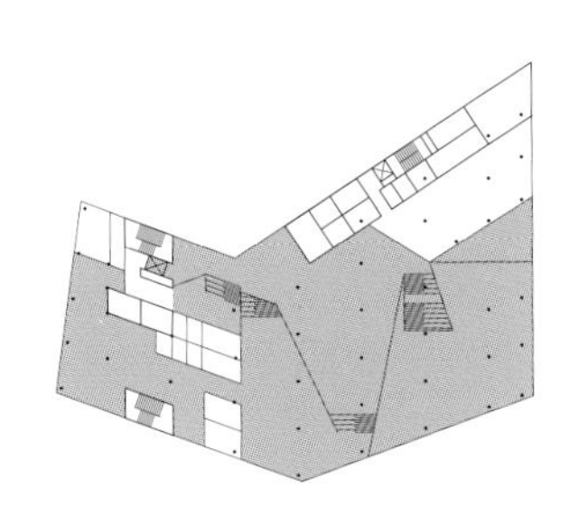

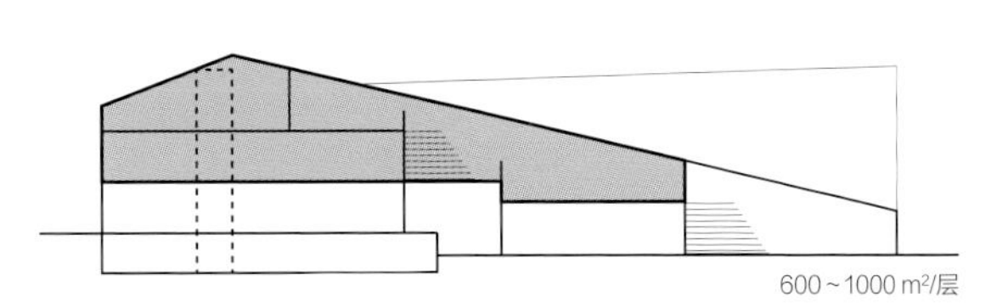
600～1000 m²/层

互动性

插入工作空间中的3个开放式露台和宽阔的楼梯，与普美康公司大楼相比，更能增加员工间的互动和非正式的会面，因为普美康公司大楼的斜坡是一个独立的空间。

空间配置模式

由楼梯连接的阶梯状的办公空间可供单租户使用（与通用汽车技术中心可供多个租户使用的堆叠式楼板相反）。

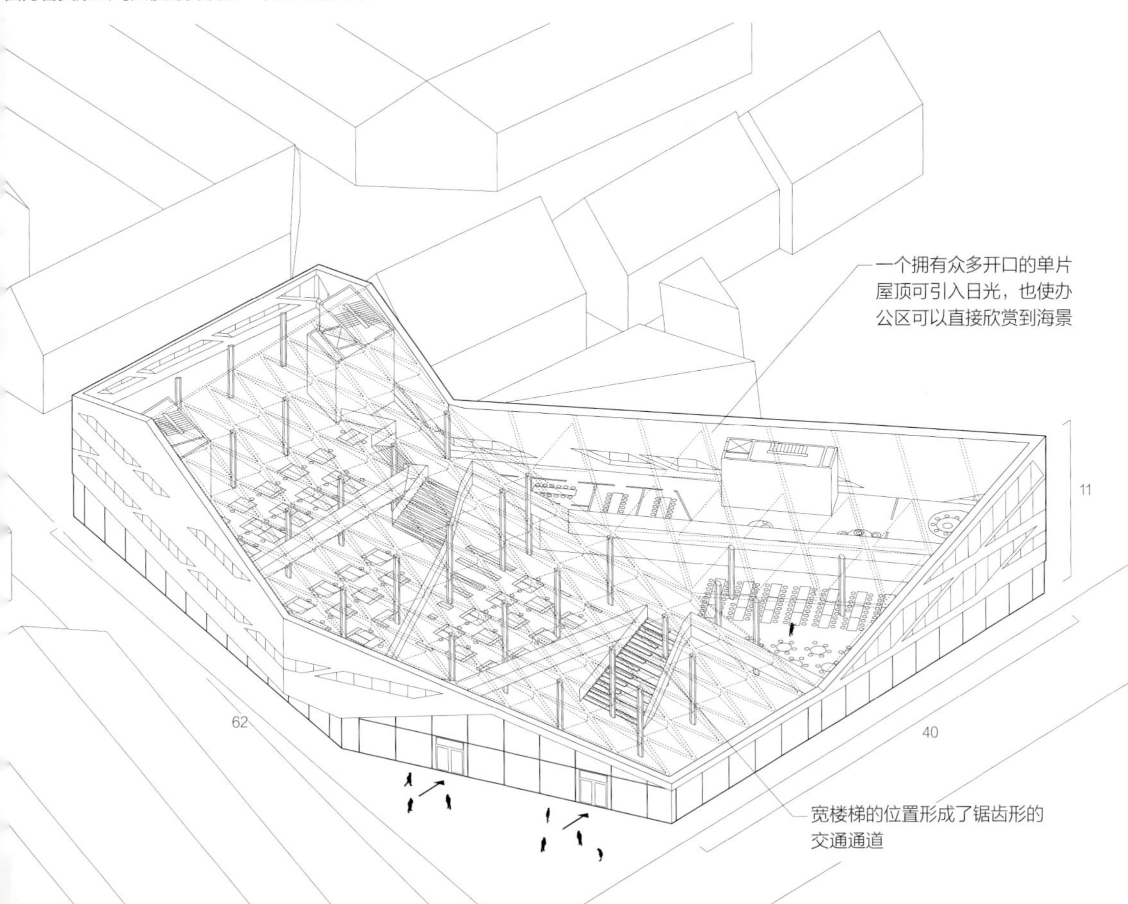
一个拥有众多开口的单片屋顶可引入日光，也使办公区可以直接欣赏到海景
11
62
40
宽楼梯的位置形成了锯齿形的交通通道

丹麦菲英岛上的米泽尔法特储蓄银行大楼是一栋3层的板楼。其楼层被布置为沿着建筑长立面的阶梯状的开放式露台，并通过一座宽阔的楼梯在内部彼此相连，从而免除了设置走廊的需要。在普美康公司大楼中，中央斜坡屋顶的玻璃将光线引入通道区域，而本建筑的单层玻璃屋顶为开放式办公区提供了自然照明和通风。米泽尔法特储蓄银行大楼的办公空间因此传递了开放性、非正式性、互动性、室内外连续性和自然采光的效果。

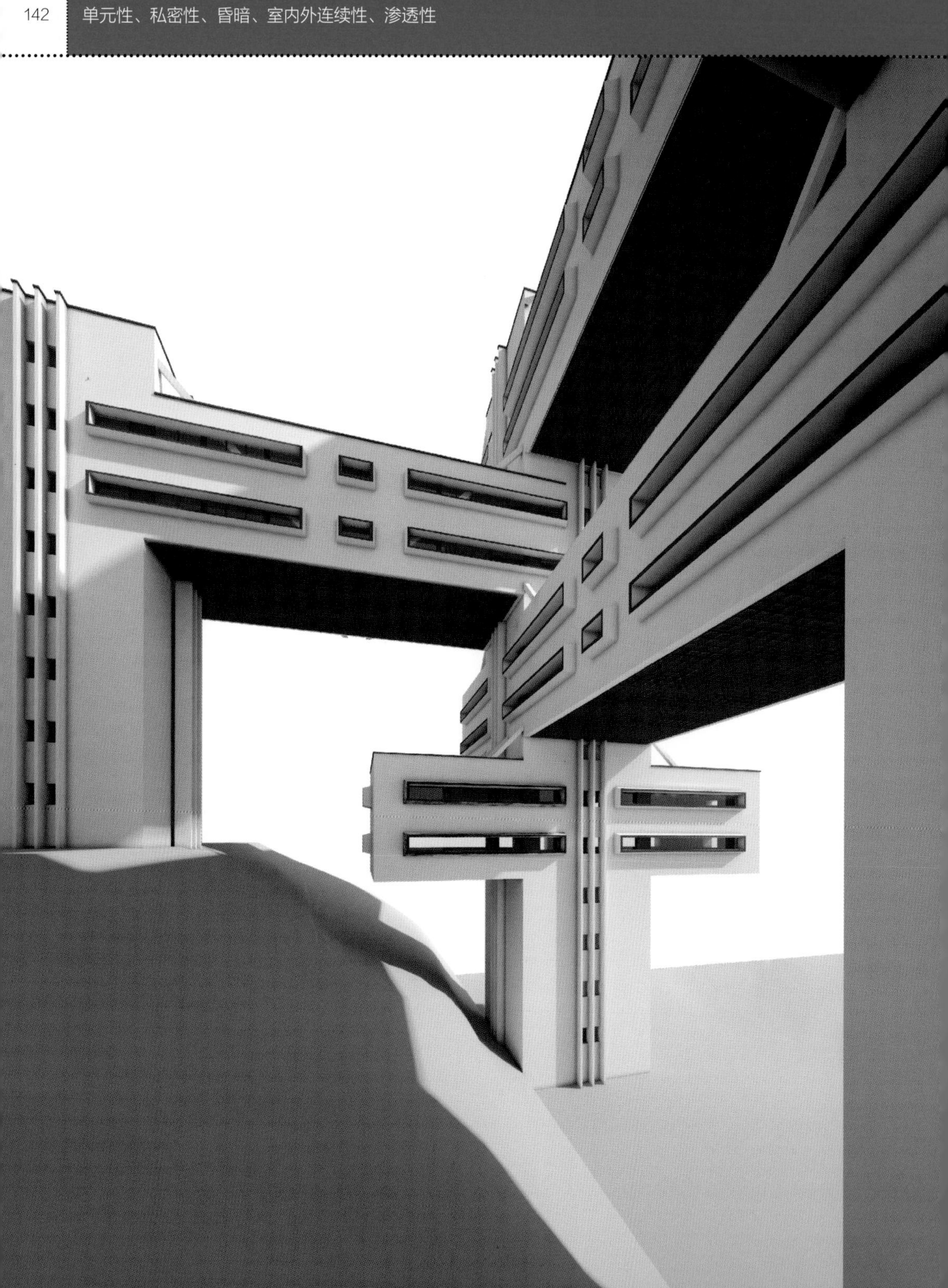

乔治・恰卡瓦
交通运输部大楼
格鲁吉亚第比利斯
1975年

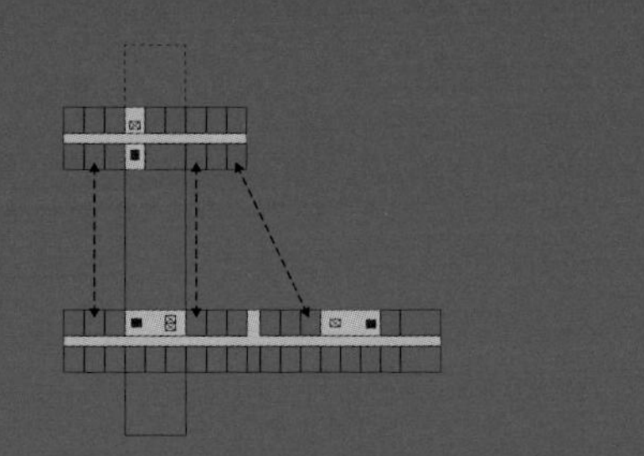

1000 m²/层
1000 m²/层
1000 m²/层
500 m²/层

互动性

室外露台为办公人员提供了非正式会面的机会，以及各办公区之间的视线互动。办公区所在板楼呈直角角度相互放置。

空间配置模式

虽然这个由5座独立板楼组成的综合体是为单个租户建造的，但是其拥有的多个核心筒和两个入口使其能容纳多个租户。

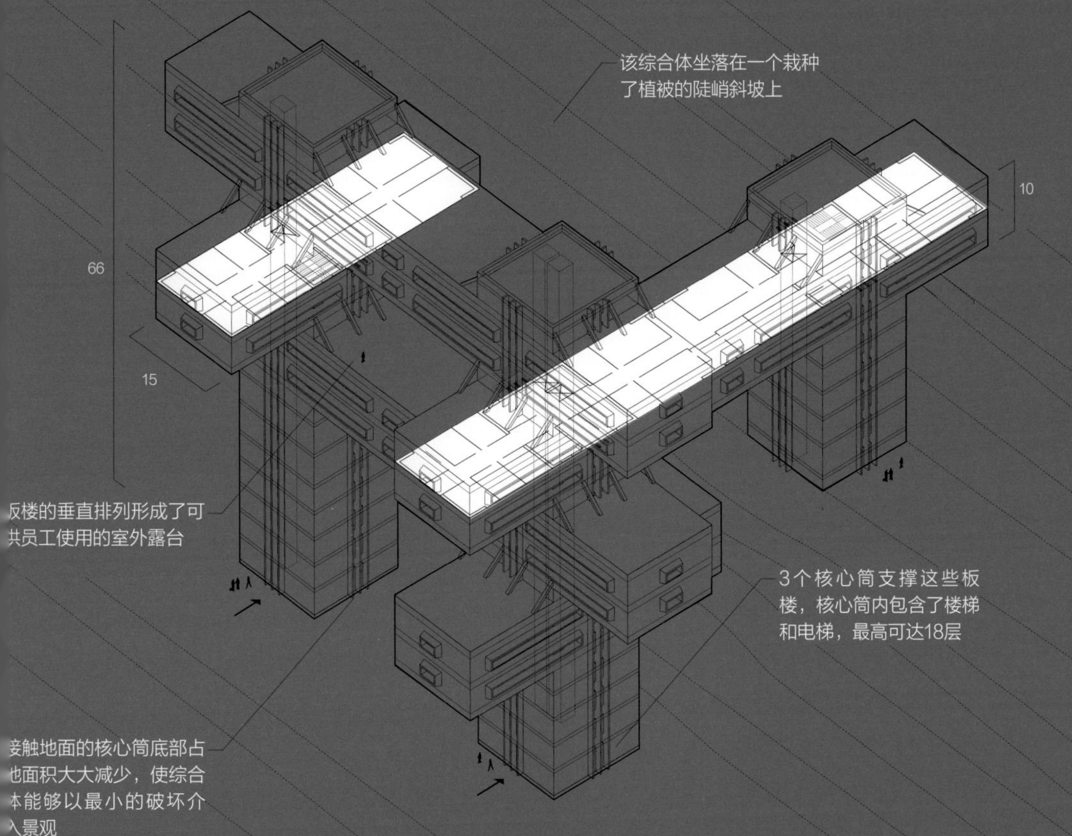
该综合体坐落在一个栽种了植被的陡峭斜坡上
10
66
15
板楼的垂直排列形成了可供员工使用的室外露台
3个核心筒支撑这些板楼，核心筒内包含了楼梯和电梯，最高可达18层
接触地面的核心筒底部占地面积大大减少，使综合体能够以最小的破坏介入景观

交通运输部大楼（2007年由格鲁吉亚银行收购）位于第比利斯郊区。该综合体由5座两层的混凝土板楼组成，由3个混凝土核心筒支撑，在陡峭的斜坡场地的不同水平面上以直角角度相互交错排列。综合体可以从较高或较低的楼层进入，景观则在楼体下面“流动”，其中3座板楼呈东西向，其余两座为南北向。每座板楼的屋顶都为其上面的板楼提供了一个开敞的平台。与通用汽车技术中心大楼一样，办公区域被安排成双排的单元式办公空间，但是其混凝土结构只允许开设相对较小的玻璃窗。因此，交通运输部大楼传递了单元性、私密性（内部）、昏暗、室内外连续性与渗透性的效果。

赫尔佐格和德梅隆建筑事务所 | 爱克泰隆商业中心大楼 | 瑞士阿尔施维尔 | 2005年

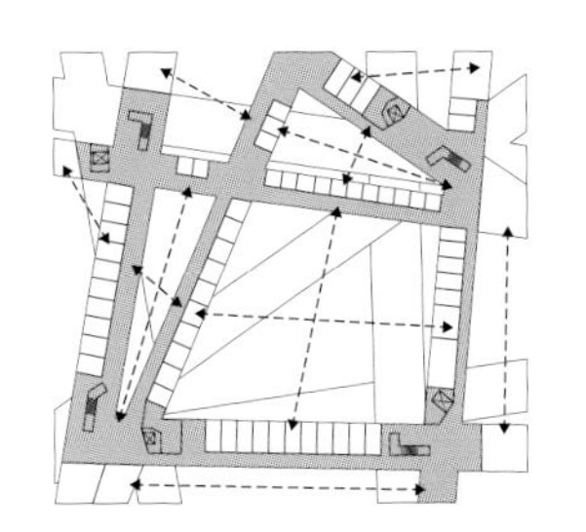

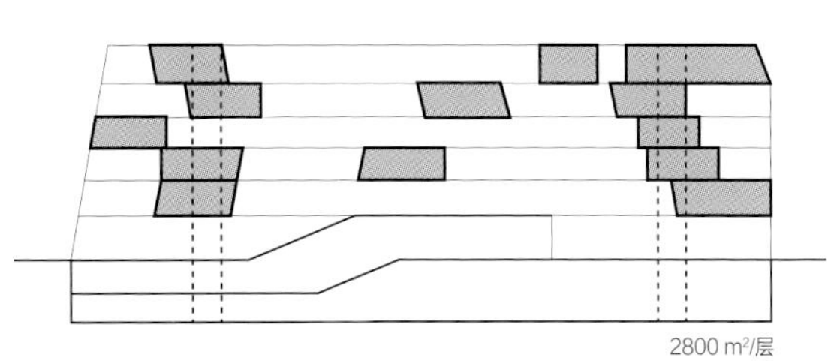
2800 m²/层

互动性

板楼的堆叠和交叉可以使人们越过办公区或者在办公区外面和建筑的周边环境进行视线互动。露台和庭院为员工之间的非正式会面提供了更多机会。

空间配置模式

虽然这个多个板楼组合综合体是为单一租户建造的，但是来自一个中央庭院的多个核心筒，以及无柱空间，可以被多租户占用。

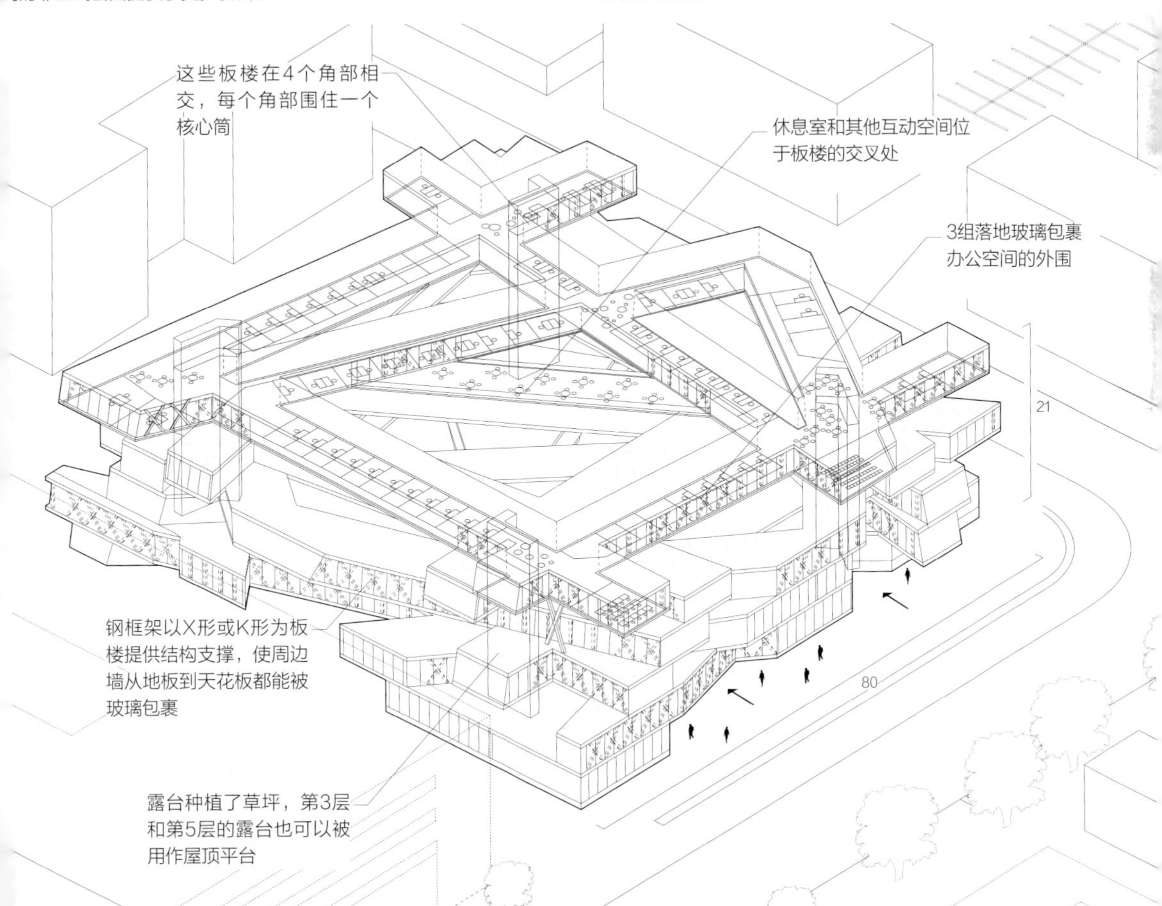
这些板楼在4个角部相交，每个角部围住一个核心筒
休息室和其他互动空间位于板楼的交叉处
3组落地玻璃包裹办公空间的外围
21
钢框架以X形或K形为板楼提供结构支撑，使周边墙从地板到天花板都能被玻璃包裹
80
露台种植了草坪，第3层和第5层的露台也可以被用作屋顶平台

位于爱克泰隆制药公司综合体中心位置的爱克泰隆商业中心大楼，地下有两层，地面以上堆叠的6层楼板尺度各不相同，且相互纵横交错。建筑内的办公室呈单排布置，办公空间、会议室和休憩空间均为开放式布置。这些板楼的交叉形成了几个小庭院，可由街道进入，并通向场地中心的入口。板楼的这种布置优化了光线的分布和办公区的视野，并提供了灵活的布置，每一板楼可以采取不同配置方式，并能随着时间的推移而改变配置。爱克泰隆商业中心大楼的办公空间因此传递了单元性、私密性、透明性、交叉性、视线交流与向心性的效果。

A- Lab建筑事务所 | 挪威国家石油公司办公大楼 | 挪威奥斯陆 | 2008年

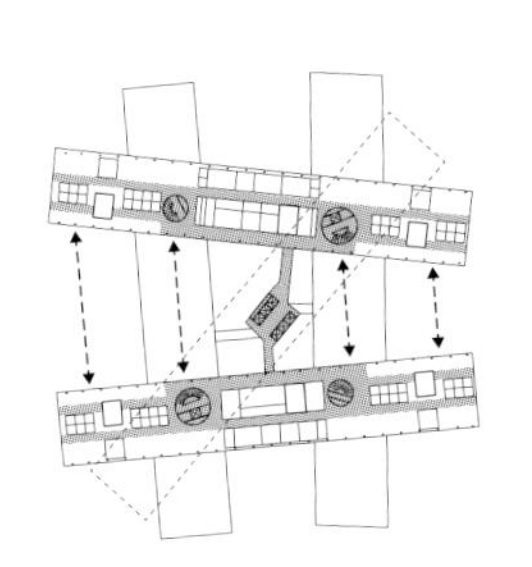

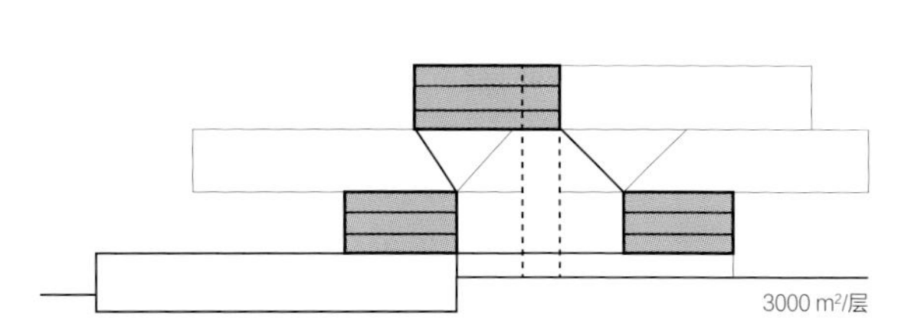
3000 m²/层

互动性

开放式和封闭式相结合的办公空间与中庭，为员工非正式会面提供了机会。这为因朝向不同而彼此面对的办公空间提供了最大限度的视线互动，也使办公区域拥有了观看周围景观与城市的广阔视野。

空间配置模式

虽然这座综合体是为单一租户建造的，但可以从中央大厅进入5个不同的板楼和多个核心筒，使其能够被多个租户占用。

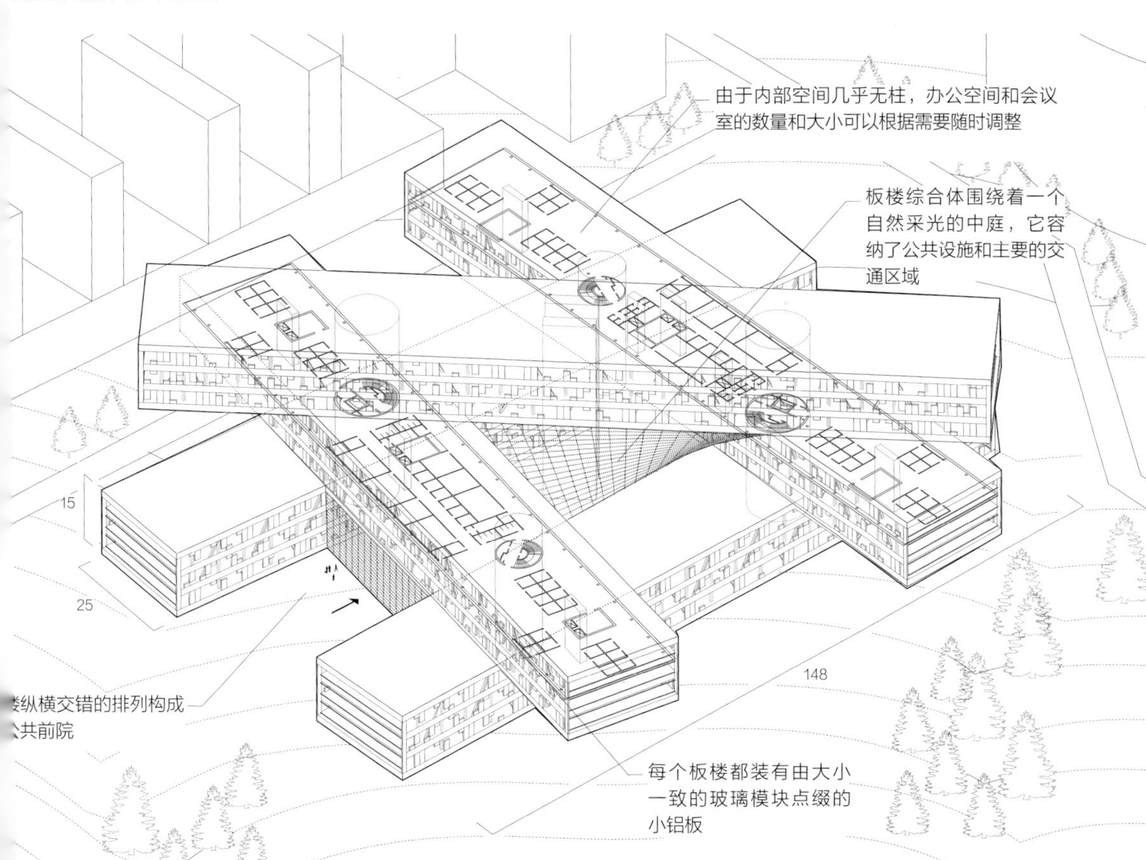
由于内部空间几乎无柱，办公空间和会议室的数量和大小可以根据需要随时调整
板楼综合体围绕着一个自然采光的中庭，它容纳了公共设施和主要的交通区域
15
25
148
楼纵横交错的排列构成公共前院
每个板楼都装有由大小一致的玻璃模块点缀的小铝板

挪威国家石油公司办公大楼由5个3层的板楼组成。板楼纵横交错并上下堆叠，两个在底部，两个居中，一个位于顶部。每个板楼包含了优化的开放式办公空间，即单元式和开放式平面相结合，免除了双排布置中典型的长走廊。4个混凝土核心筒位于板楼的相交位置，以稳定综合体的钢结构。这种安排可以优化光线的分布和办公空间的视野，并提供了灵活的布置，每一板楼都可以采取不同的方式布置，并随着时间改动。因此，挪威国家石油公司办公大楼的办公空间传递了开放性、互动性（内部）、透明性、交叉性、视线交流与围合性的效果。

埃尔·利西茨基 | 云中的铁架 | 俄罗斯莫斯科 | 1925年

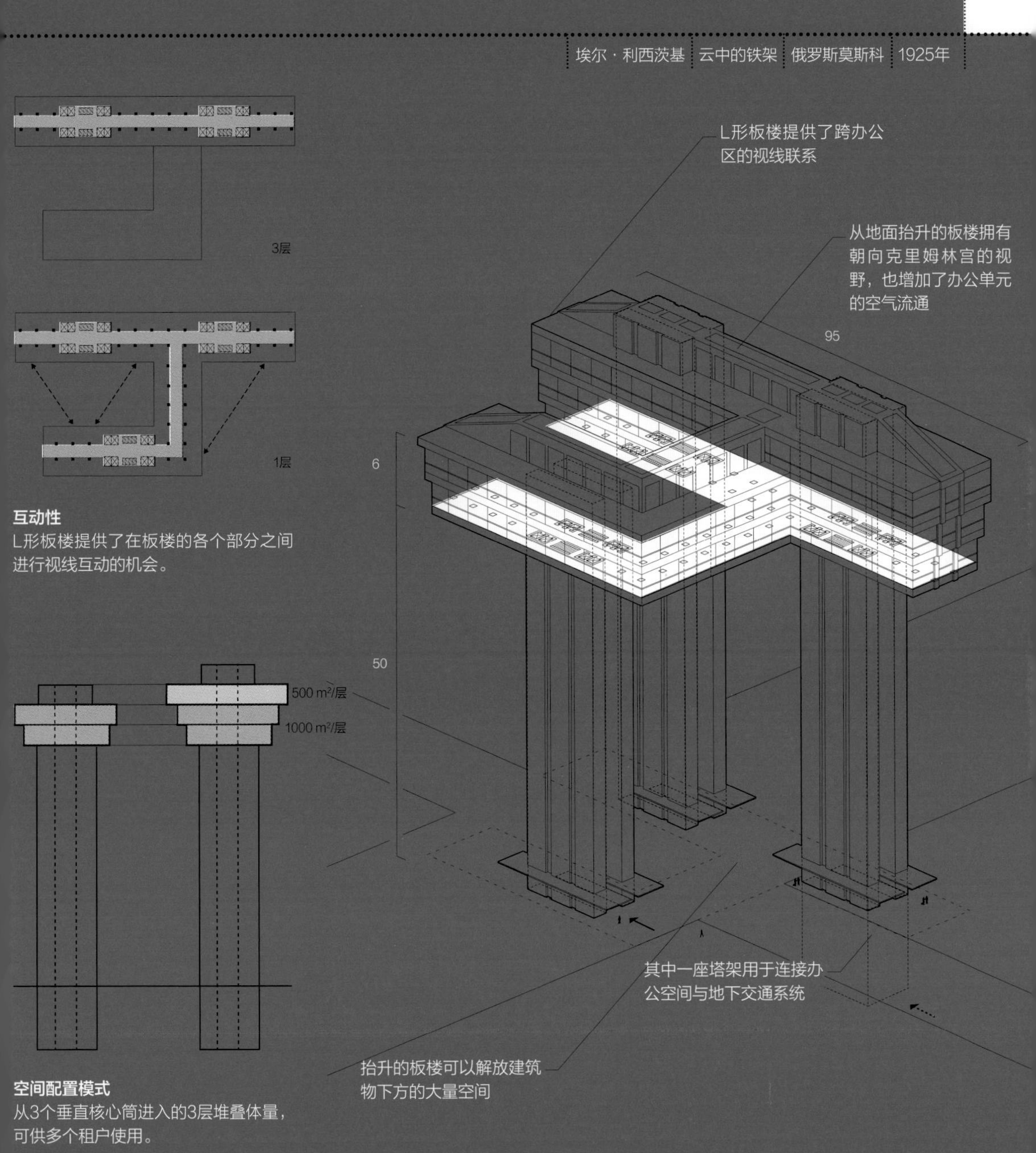
3层
1层
L形板楼提供了跨办公区的视线联系
从地面抬升的板楼拥有朝向克里姆林宫的视野，也增加了办公单元的空气流通
95
6
50
500 m²/层
1000 m²/层
其中一座塔架用于连接办公空间与地下交通系统
抬升的板楼可以解放建筑物下方的大量空间

互动性
L形板楼提供了在板楼的各个部分之间进行视线互动的机会。

空间配置模式
从3个垂直核心筒进入的3层堆叠体量，可供多个租户使用。

埃尔·利西茨基将“云中的铁架”构想为一座“水平摩天大楼”，这些建筑组合中的8座塔架被规划用来标记莫斯科林荫大道的主要交叉口。每座大楼都包含了一座3层的L形板楼，置于3座塔架上，距地面层50 m。其中一座塔架延伸到地下以连接莫斯科发达的地下交通系统，而另外两座塔架则为地上交通提供了庇护所。尽管其平面图没有表明任何特定的布置，但每个板楼内的两排柱子将形成三排布置的办公空间。因此，云中的铁架的办公区传递了单元性、均匀性、视线互动与漂浮性的效果。

大都会建筑事务所 | 中央电视台总部大楼 | 中国北京 | 2002年

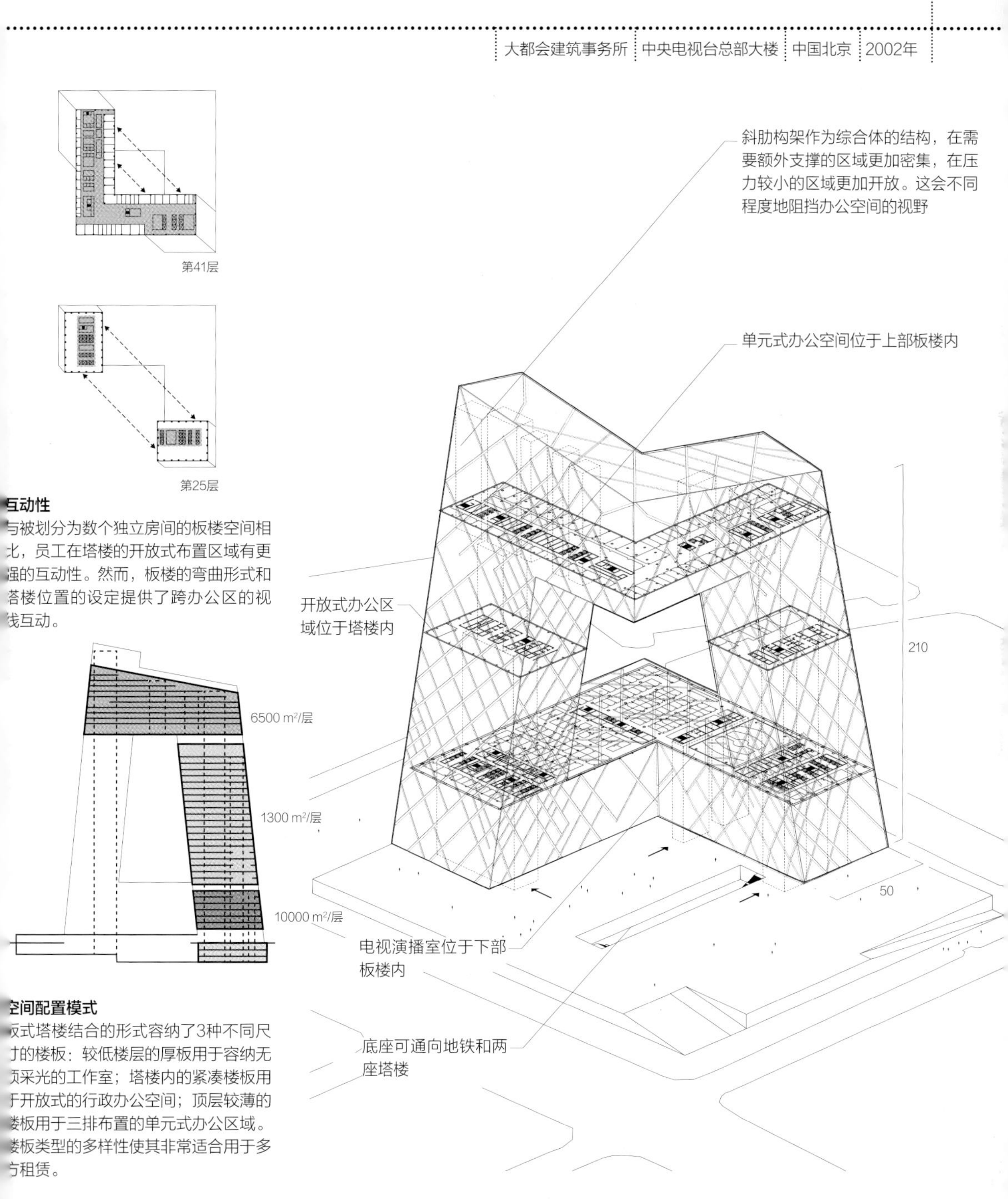
第41层
第25层
斜肋构架作为综合体的结构，在需要额外支撑的区域更加密集，在压力较小的区域更加开放。这会不同程度地阻挡办公空间的视野
单元式办公空间位于上部板楼内
开放式办公区域位于塔楼内
210
50
电视演播室位于下部板楼内
底座可通向地铁和两座塔楼
6500 m²/层
1300 m²/层
10000 m²/层

互动性

与被划分为数个独立房间的板楼空间相比，员工在塔楼的开放式布置区域有更强的互动性。然而，板楼的弯曲形式和塔楼位置的设定提供了跨办公区的视线互动。

空间配置模式

板式塔楼结合的形式容纳了3种不同尺寸的楼板：较低楼层的厚板用于容纳无须采光的工作室；塔楼内的紧凑楼板用于开放式的行政办公空间；顶层较薄的楼板用于三排布置的单元式办公区域。楼板类型的多样性使其非常适合用于多方租赁。

中央电视台总部大楼由两座塔楼、四座板楼和一个底座组成，形成了中心开放的板式塔楼结合的形式。该综合体由位于两座塔楼中心的两个主要核心筒和上部板楼内的转换层提供服务设施。整个综合体不同楼层的层高差异使其可容纳不同类型的工作空间，从高大的电视演播室到较低矮的单元式办公空间都有。作为结构外骨架的钢斜肋构架不仅减少了结构在工作空间内的存在，而且优化了结构，使其在需要额外支撑的区域更加密集，而在压力较小的区域则更加开放。因此，中央电视台总部大楼传递了开放性（塔楼内）、单元式（板楼内）、差异性、互动性、邻接性和整合性的效果。

效果
断面一致、重复、灵活性、人工照明、内向性

山崎实 世界贸易中心 美国纽约 1964年

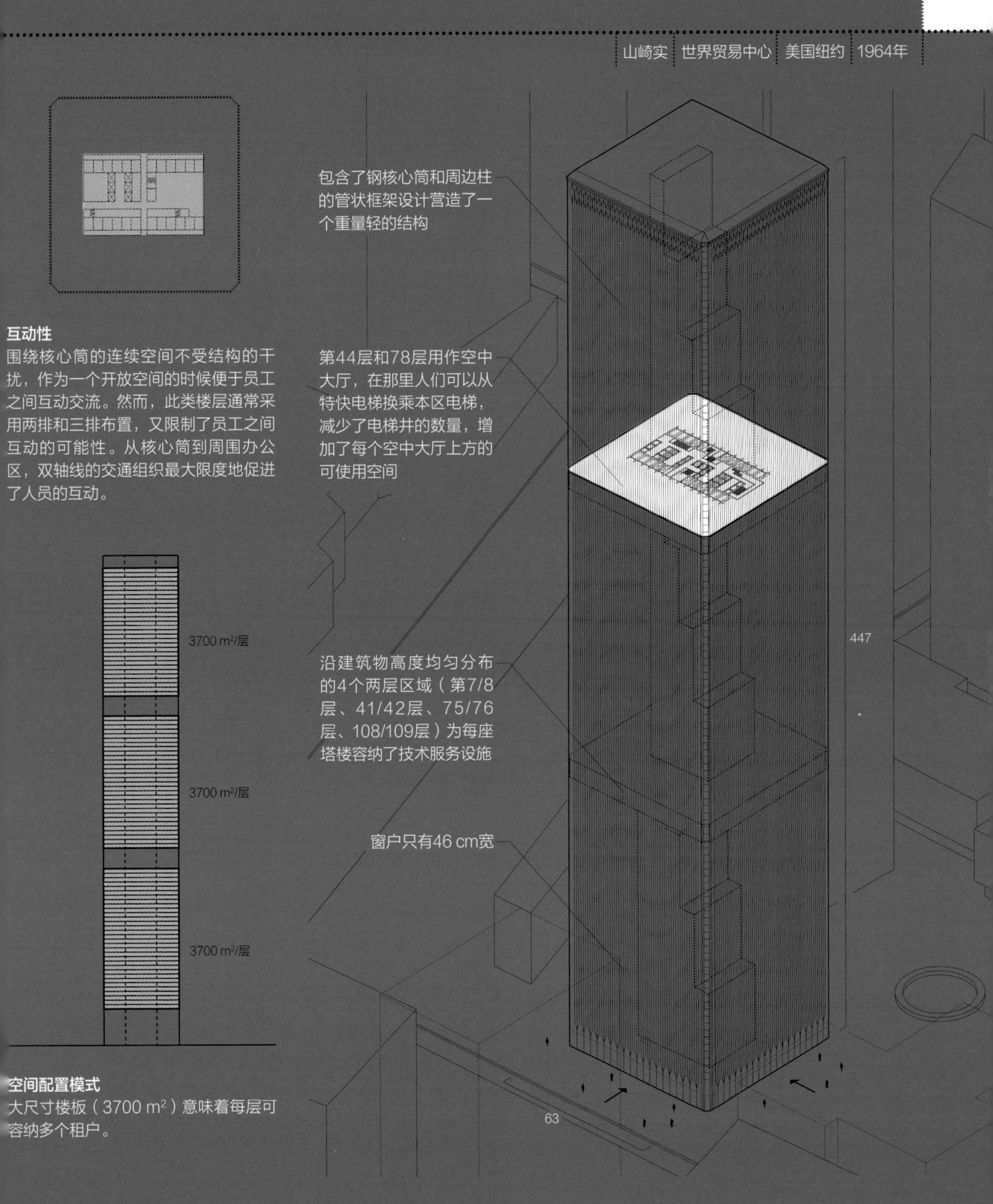
包含了钢核心筒和周边柱的管状框架设计营造了一个重量轻的结构
第44层和78层用作空中大厅，在那里人们可以从特快电梯换乘本区电梯，减少了电梯井的数量，增加了每个空中大厅上方的可使用空间
沿建筑物高度均匀分布的4个两层区域（第7/8层、41/42层、75/76层、108/109层）为每座塔楼容纳了技术服务设施
窗户只有46 cm宽
447
63
3700 m²/层
3700 m²/层
3700 m²/层

互动性

围绕核心筒的连续空间不受结构的干扰，作为一个开放空间的时候便于员工之间互动交流。然而，此类楼层通常采用两排和三排布置，又限制了员工之间互动的可能性。从核心筒到周围办公区，双轴线的交通组织最大限度地促进了人员的互动。

空间配置模式

大尺寸楼板（3700 m²）意味着每层可容纳多个租户。

世界贸易中心由两座110层高的塔楼组成，每座塔楼容纳了102层办公楼层和8层服务楼层。由位于中央的钢核心筒和用阻燃套管保护的周边柱组成的管状结构，省去了内部的结构柱。因此，围绕核心筒的连续办公空间灵活性强，可以沿较长的边分三排布置，也可以沿短边分两排布置。然而，核心区缺乏采光，从工作站看向外部的视野受到狭窄窗口的限制，这是由沿建筑周边布置结构造成的。世贸中心的办公空间传递了断面一致、重复、灵活性、人工照明和内向性的效果。

SOM建筑事务所 | 阿尔哈姆拉塔 | 科威特科威特城 | 2006年

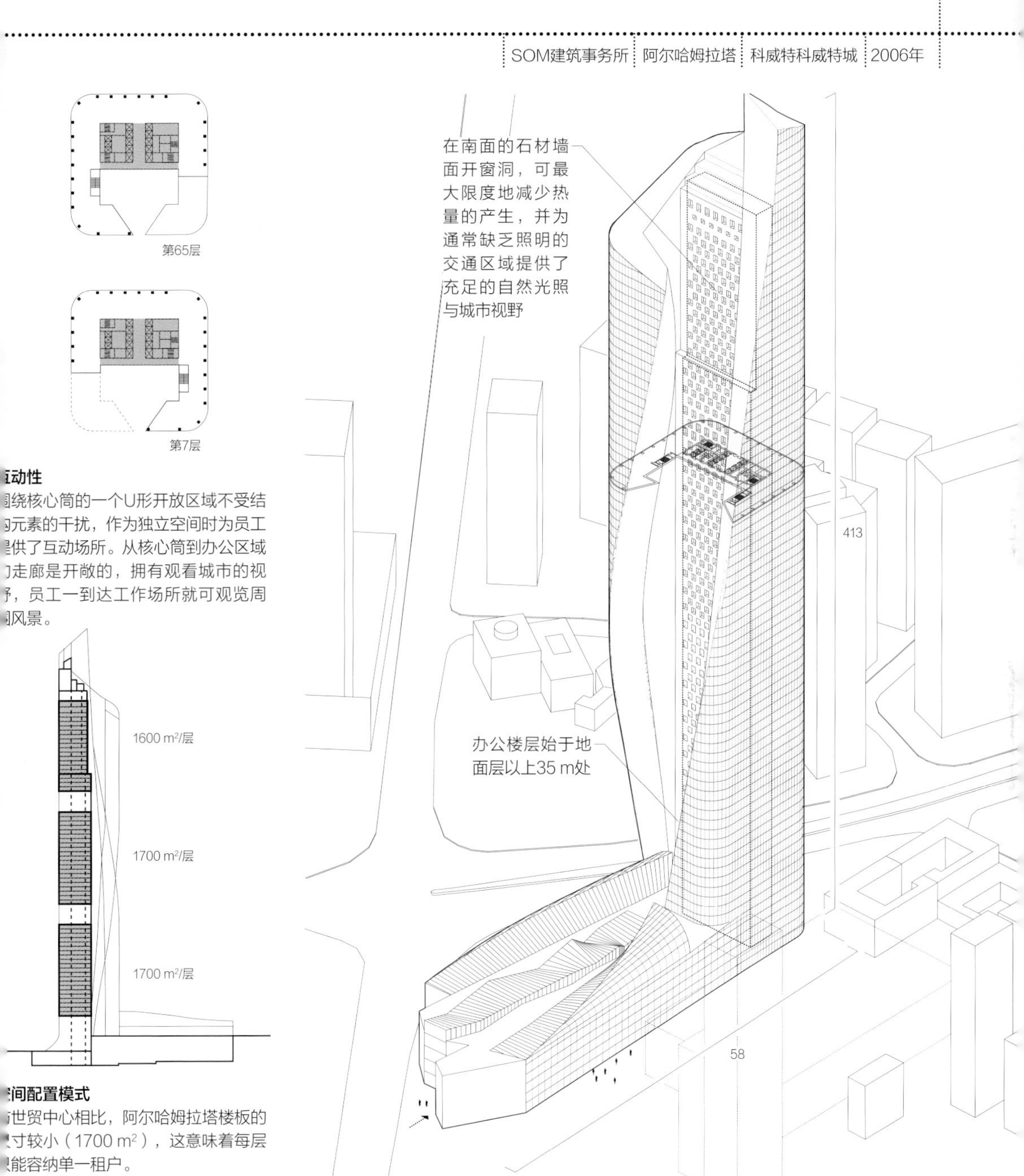
第65层
第7层
1600 m²/层
1700 m²/层
1700 m²/层
在南面的石材墙面开窗洞，可最大限度地减少热量的产生，并为通常缺乏照明的交通区域提供了充足的自然光照与城市视野
办公楼层始于地面层以上35 m处
413
58

互动性

围绕核心筒的一个U形开放区域不受结构元素的干扰，作为独立空间时为员工提供了互动场所。从核心筒到办公区域的走廊是开敞的，拥有观看城市的视野，员工一到达工作场所就可观览周围风景。

空间配置模式

与世贸中心相比，阿尔哈姆拉塔楼板的尺寸较小（1700 m²），这意味着每层只能容纳单一租户。

阿尔哈姆拉塔有一个中央核心筒，地上74层，地下3层，容纳了办公空间、一个健身俱乐部和一座购物商场。一个现浇钢筋混凝土的薄壁内芯辅以外围抗弯矩框架，被用作控制风荷载和重力荷载组合的侧向结构体系。每层楼板在南侧被切削四分之一，直至与交通核相接的走廊，形成了一个U形平面。楼板沿塔楼高度从西向东递增旋转，形成了一个扭曲的形式，为办公空间遮挡了南边的阳光，并将其获得的太阳辐射降到最小值。由此形成的围绕核心的U形办公空间的灵活性比方形环状空间的略低，但办公空间的方向沿塔楼高度的变化而有所不同，不同楼层因此拥有了不同视野。阿尔哈姆拉塔传递了不对称性、可变性、灵活性、自然采光和外向性的效果。

路德维希 · 密斯 · 凡 · 德 · 罗 | 弗里德里希大街摩天大楼方案 | 德国柏林 | 1921年

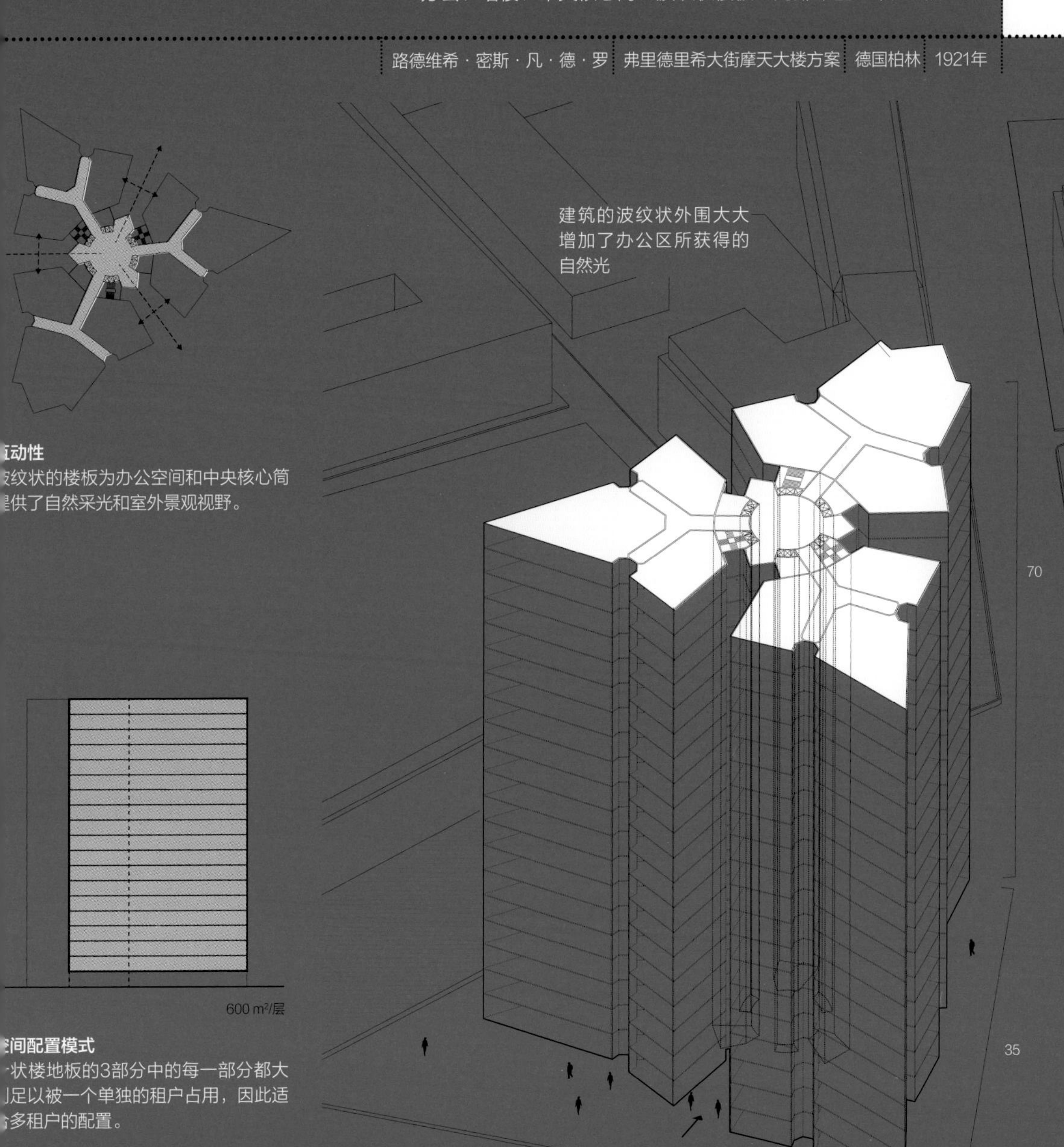
建筑的波纹状外围大大增加了办公区所获得的自然光
70
35
600 m²/层
波纹使光线穿透环形走廊和中央核心筒

动性

纹状的楼板为办公空间和中央核心筒供了自然采光和室外景观视野。

间配置模式

状楼地板的3部分中的每一部分都大足以被一个单独的租户占用，因此适多租户的配置。

里德里希大街摩天大楼方案专为施普雷河和弗里德里希大街站之间的三角形地块而设计。这座20层高的办公大楼由一个中央核心筒一个钢框架结构组成，免除了围护墙的承重功能，并使其完全透明。建筑波纹状的三角形区域形成了3个部分，它们通过中央的圆电梯厅彼此相连，从而形成了枫叶状的平面，并可由交通廊道看到户外景观。每个部分在平面上朝着中央核心逐渐变细，彼此间的隙空间容纳了拥有自然光与城市视野的电梯大厅。因此，弗里德里希大街摩天大楼传递了晶体化、透明性、分割化、挤出和均匀性效果。

效果

凹槽、半透明、连续性、阶梯状、单元性、多样性

西萨·佩里 | 石油双塔 | 马来西亚吉隆坡 | 1991年

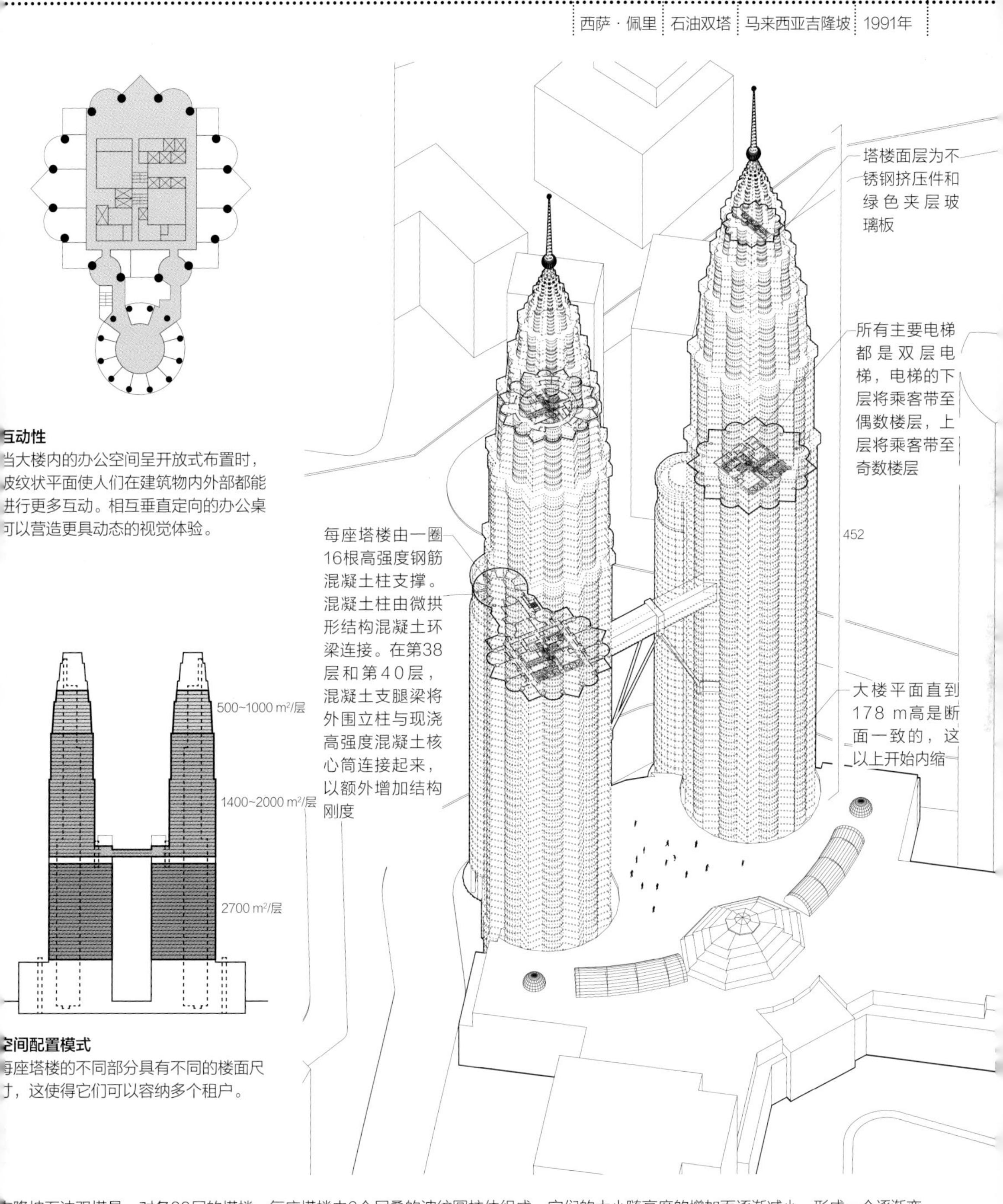
塔楼面层为不锈钢挤压件和绿色夹层玻璃板
所有主要电梯都是双层电梯，电梯的下层将乘客带至偶数楼层，上层将乘客带至奇数楼层
452
每座塔楼由一圈16根高强度钢筋混凝土柱支撑。混凝土柱由微拱形结构混凝土环梁连接。在第38层和第40层，混凝土支腿梁将外围立柱与现浇高强度混凝土核心筒连接起来，以额外增加结构刚度
大楼平面直到178 m高是断面一致的，这以上开始内缩
500~1000 m²/层
1400~2000 m²/层
2700 m²/层

互动性

当大楼内的办公空间呈开放式布置时，波纹状平面使人们在建筑物内外部都能进行更多互动。相互垂直定向的办公桌可以营造更具动态的视觉体验。

空间配置模式

每座塔楼的不同部分具有不同的楼面尺寸，这使得它们可以容纳多个租户。

吉隆坡石油双塔是一对各88层的塔楼。每座塔楼由6个层叠的波纹圆柱体组成，它们的大小随高度的增加而逐渐减小，形成一个逐渐变细的轮廓。波纹状的体量形成了具有额外周长的星形底板，钢筋混凝土圆柱沿着周边设置。这些圆柱与混凝土核心筒共同构成了每座塔楼的结构，从而形成了一个不受柱体干扰的连续开放空间。吉隆坡石油双塔的办公区因此传递了凹槽、半透明、连续性、阶梯状、单元性和多样性的效果。

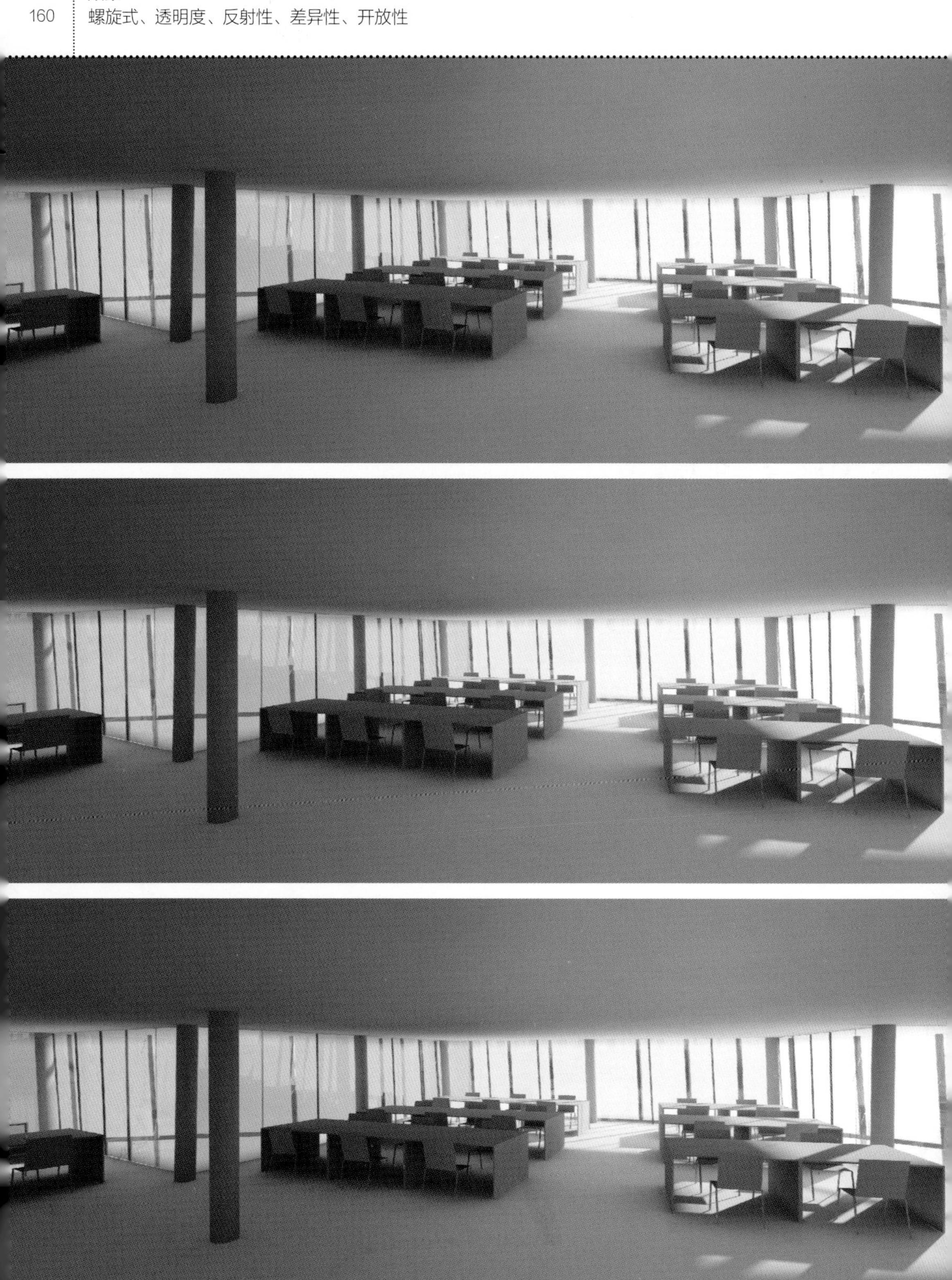

RMJM建筑事务所 | 俄罗斯天然气工业股份公司总部大楼 | 俄罗斯圣彼得堡 | 2011年

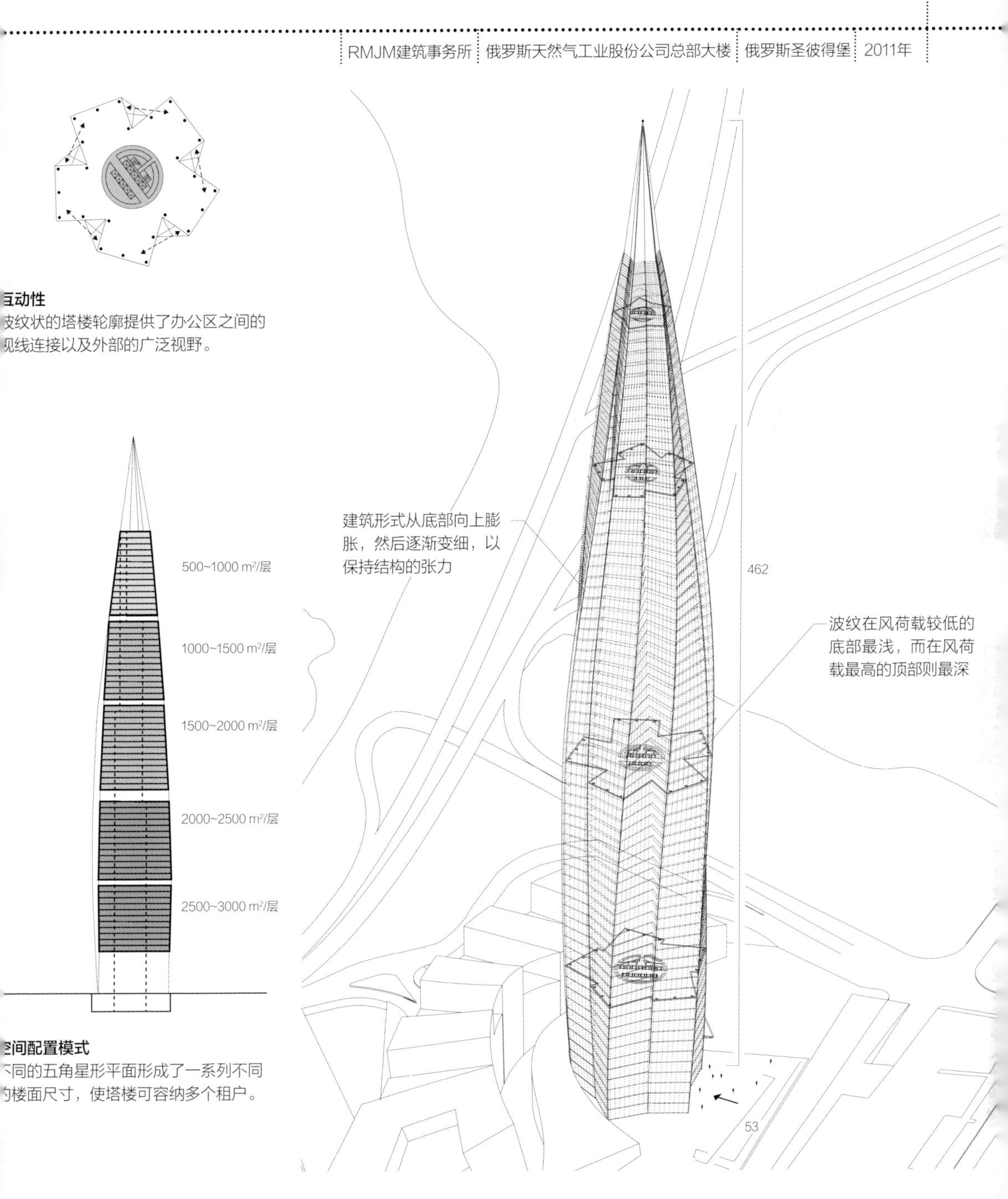
500~1000 m²/层
1000~1500 m²/层
1500~2000 m²/层
2000~2500 m²/层
2500~3000 m²/层
建筑形式从底部向上膨胀，然后逐渐变细，以保持结构的张力
462
波纹在风荷载较低的底部最浅，而在风荷载最高的顶部则最深
53

互动性

波纹状的塔楼轮廓提供了办公区之间的视线连接以及外部的广泛视野。

空间配置模式

不同的五角星形平面形成了一系列不同的楼面尺寸，使塔楼可容纳多个租户。

俄罗斯天然气工业股份公司总部大楼是一座拥有中央核心筒的78层办公塔楼。其螺旋状和锥形轮廓是由五角星形状平面的堆叠和旋转形成的，平面的尺寸从塔楼的中间高度向风荷载最小化的地面与顶部分别逐渐减小，并在塔楼顶部汇聚成一点结束。楼板的旋转使大楼形成了一个螺旋状的柱体形态，可让风更容易地绕过。由此产生的形式是紧凑的，但其表面的波纹增加了其周边的长度，沿着该边线的办公区获得了日光与外部视野。此外，增加的外表面使塔楼能够抵抗侧向地震力与风荷载。因此，俄罗斯天然气工业股份公司总部大楼的办公区传递了螺旋式、透明度、反射性、差异化和开放性的效果。

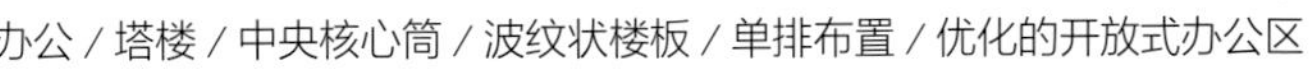
FOA建筑事务所
奥格尔皮潘大厦
瑞典斯德哥尔摩
2010年

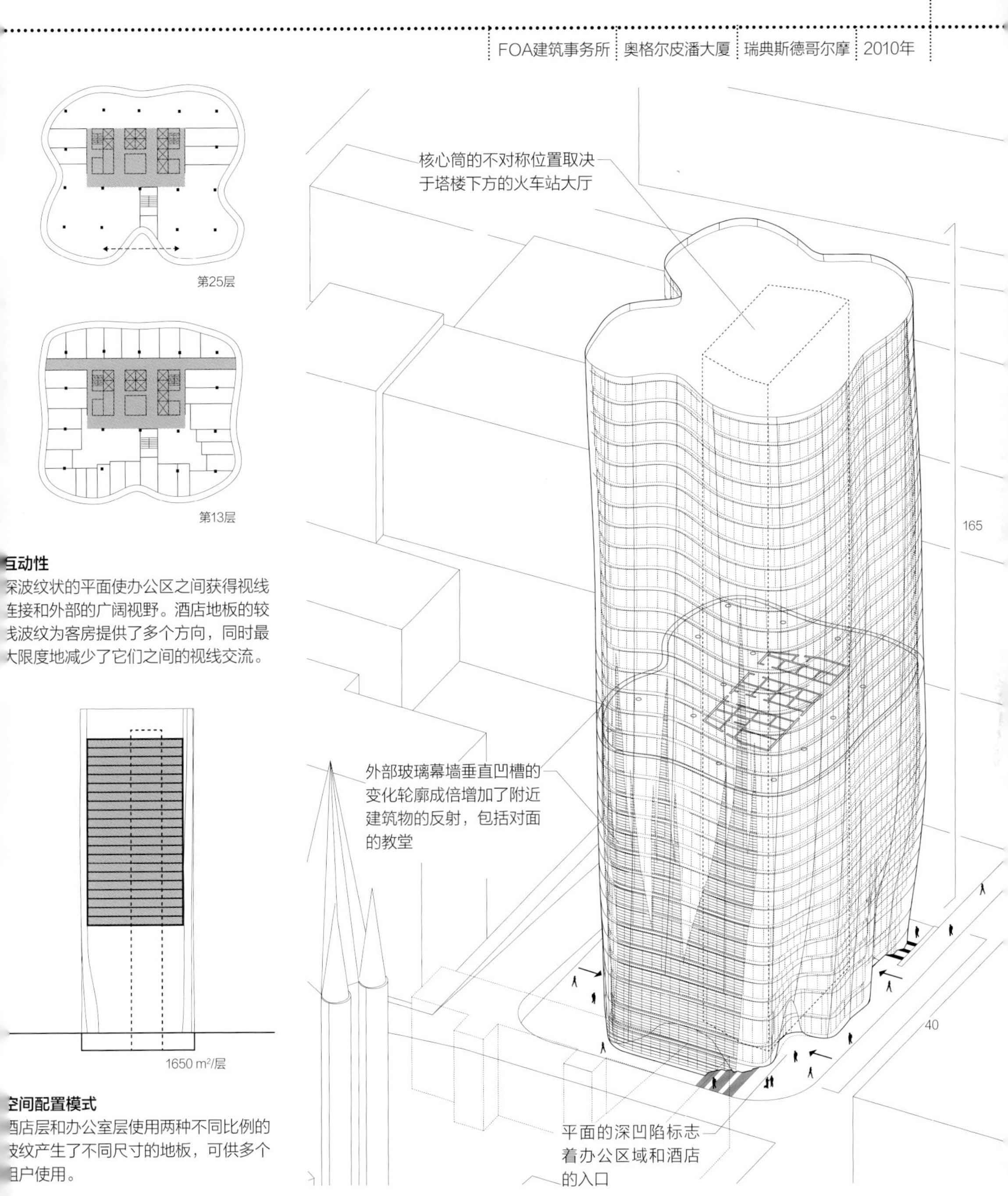
第25层
第13层
1650 m²/层
核心筒的不对称位置取决于塔楼下方的火车站大厅
外部玻璃幕墙垂直凹槽的变化轮廓成倍增加了附近建筑物的反射，包括对面的教堂
平面的深凹陷标志着办公区域和酒店的入口
165
40

互动性

深波纹状的平面使办公区之间获得视线连接和外部的广阔视野。酒店地板的较浅波纹为客房提供了多个方向，同时最大限度地减少了它们之间的视线交流。

空间配置模式

酒店层和办公室层使用两种不同比例的波纹产生了不同尺寸的地板，可供多个租户使用。

奥格尔皮潘大厦是斯德哥尔摩市中心的一座容纳了办公和酒店的33层塔楼的设计方案。由于楼下方为一座火车站，核心筒的位置采用不对称设计。为了避免内部产生采光过差的区域，楼板的三面形成了波浪状的平面形状。塔楼基座是大型底板并以浅凹槽标识入口；第3和11层之间的酒店楼层有较深凹槽的楼板；第13与33层之间的办公楼层（更浅，需要更多自然光）有更深凹槽的楼板。凹槽随后纳入垂直气室以补偿北欧极端气候所造成的降温。因此，奥格尔皮潘大厦的办公区传递了凹槽、透明度、反射性、开放性和单元性的效果。

弗兰克 · 劳埃德 · 赖特 | 约翰逊制蜡公司总部大楼 | 美国拉辛 | 1935年

每个房间的通风由塔楼核心筒控制

角部中庭

44

15

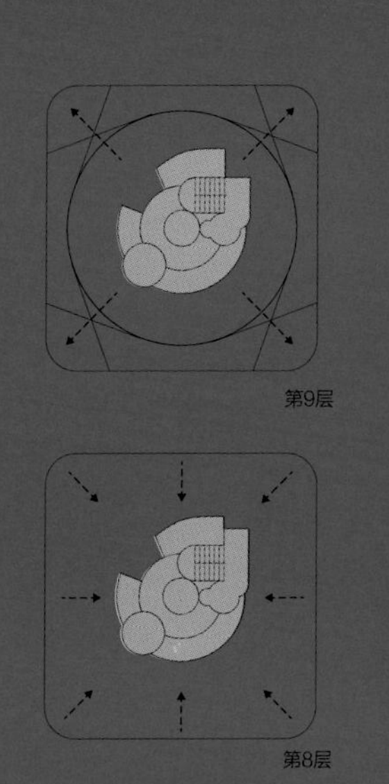

第9层

第8层

互动性

在交替楼层角部的开放式中庭使员工间能够进行视线交流，但周边的玻璃管阻碍了从办公场所看向外部的视野。

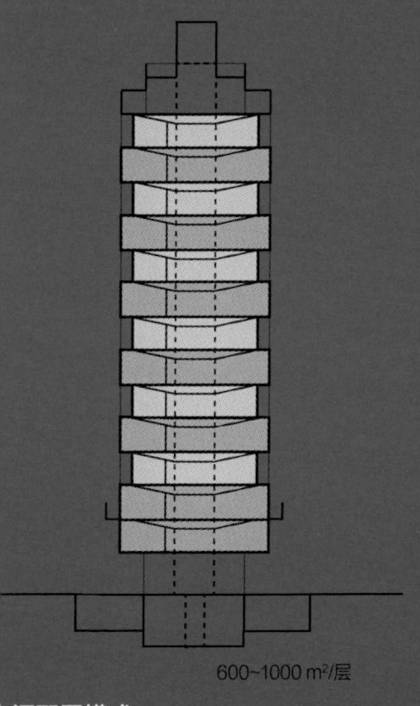

600~1000 m²/层

空间配置模式

虽然这座塔楼是为单一租户建造的，但中央核心筒使大楼可容纳多个租户，每个租户都可占据一个方形楼层及其圆形夹层。

约翰逊制蜡公司总部大楼是一座拥有位于中央的混凝土和钢制承重核心筒的14层建筑。办公层的楼板由核心筒和悬臂支撑，是一种让楼板脱离了承重墙与立柱，并使楼板彼此独立的“主根”结构系统。方形和圆形楼板沿整座建筑物的高度交替排列，形成了两类办公空间，角部的中庭使两层之间可彼此观望。外部围护结构由双层通高的玻璃组成，它由小型水平玻璃管构成，为较低楼层提供了自然照明，但也限制了来自办公空间的视野。因此，约翰逊制蜡公司总部大楼的办公空间传递了断面一致、管状、重复性、半透明和内向性的效果。

Gensler建筑事务所 | 上海中心大厦 | 中国上海 | 2014年

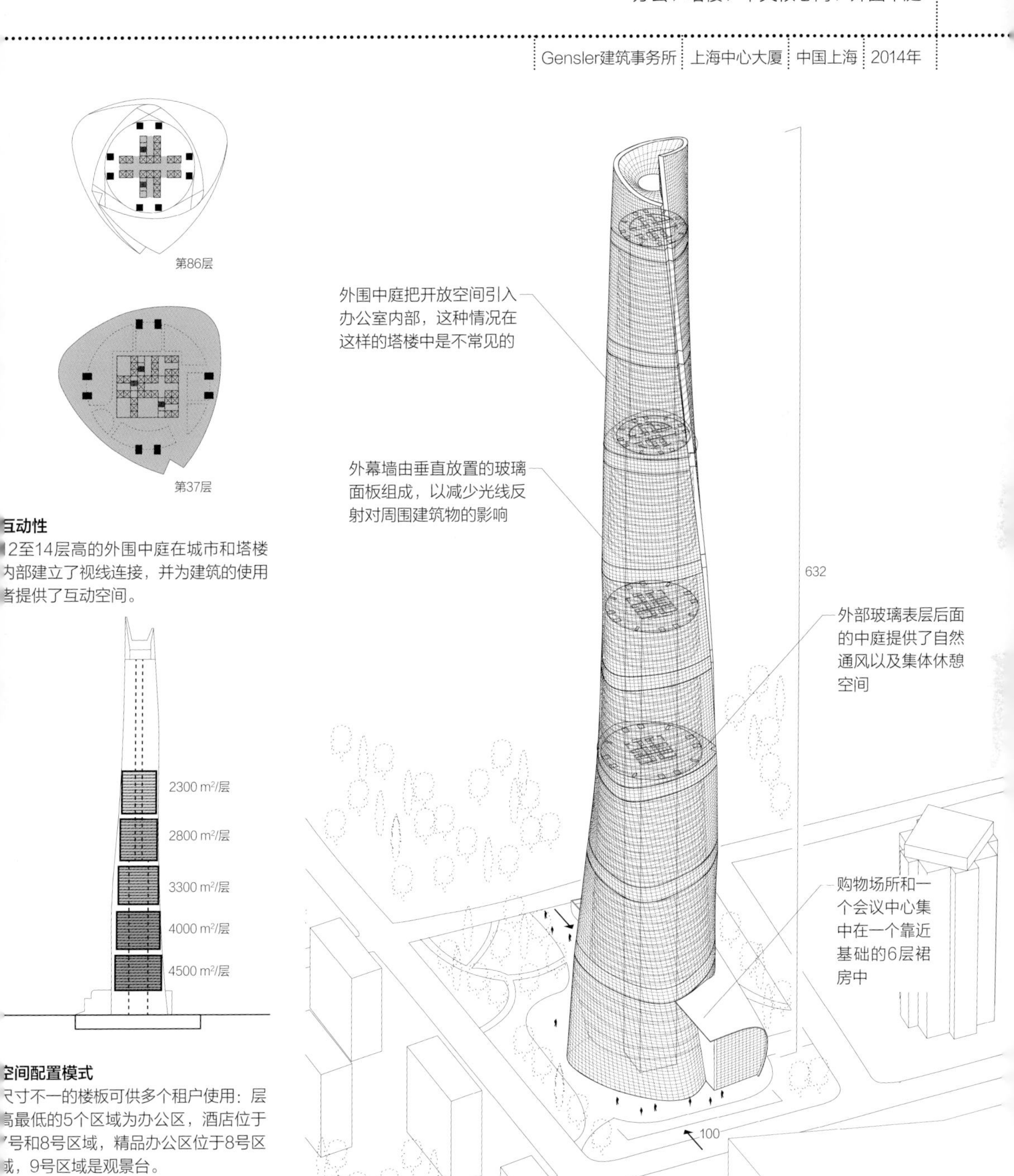
第86层
第37层
外围中庭把开放空间引入办公室内部，这种情况在这样的塔楼中是不常见的
外幕墙由垂直放置的玻璃面板组成，以减少光线反射对周围建筑物的影响
632
外部玻璃表层后面的中庭提供了自然通风以及集体休憩空间
2300 m²/层
2800 m²/层
3300 m²/层
4000 m²/层
4500 m²/层
购物场所和一个会议中心集中在一个靠近基础的6层裙房中
100

互动性

12至14层高的外围中庭在城市和塔楼内部建立了视线连接，并为建筑的使用者提供了互动空间。

空间配置模式

尺寸不一的楼板可供多个租户使用：层高最低的5个区域为办公区，酒店位于7号和8号区域，精品办公区位于8号区域，9号区域是观景台。

位于上海金融区的上海中心大厦是一座具有中央核心筒的127层超高建筑。随高度增加而尺寸逐渐减小的曲面三角形平面的堆叠与旋转营造了塔楼的螺旋上升形态。平面从底层到顶层旋转了120°，平面尺寸逐渐缩小了55%。由此产生的锥形轮廓、圆角形式以及整体的不对称性为上海常见台风强度的风力提供了最大的抵抗力。塔楼内部的圆形平面轮廓平衡了其外轮廓。两者之间的空间形成了9个12至14层高的外围中庭，向建筑用户和公众开放。因此，上海中心大厦的办公区传递了锥体化、三角形、扭曲化、差异性、整体性和透明性的效果。

马西米利亚诺 · 福克萨斯 | 国信证券大厦 | 中国深圳 | 2010年

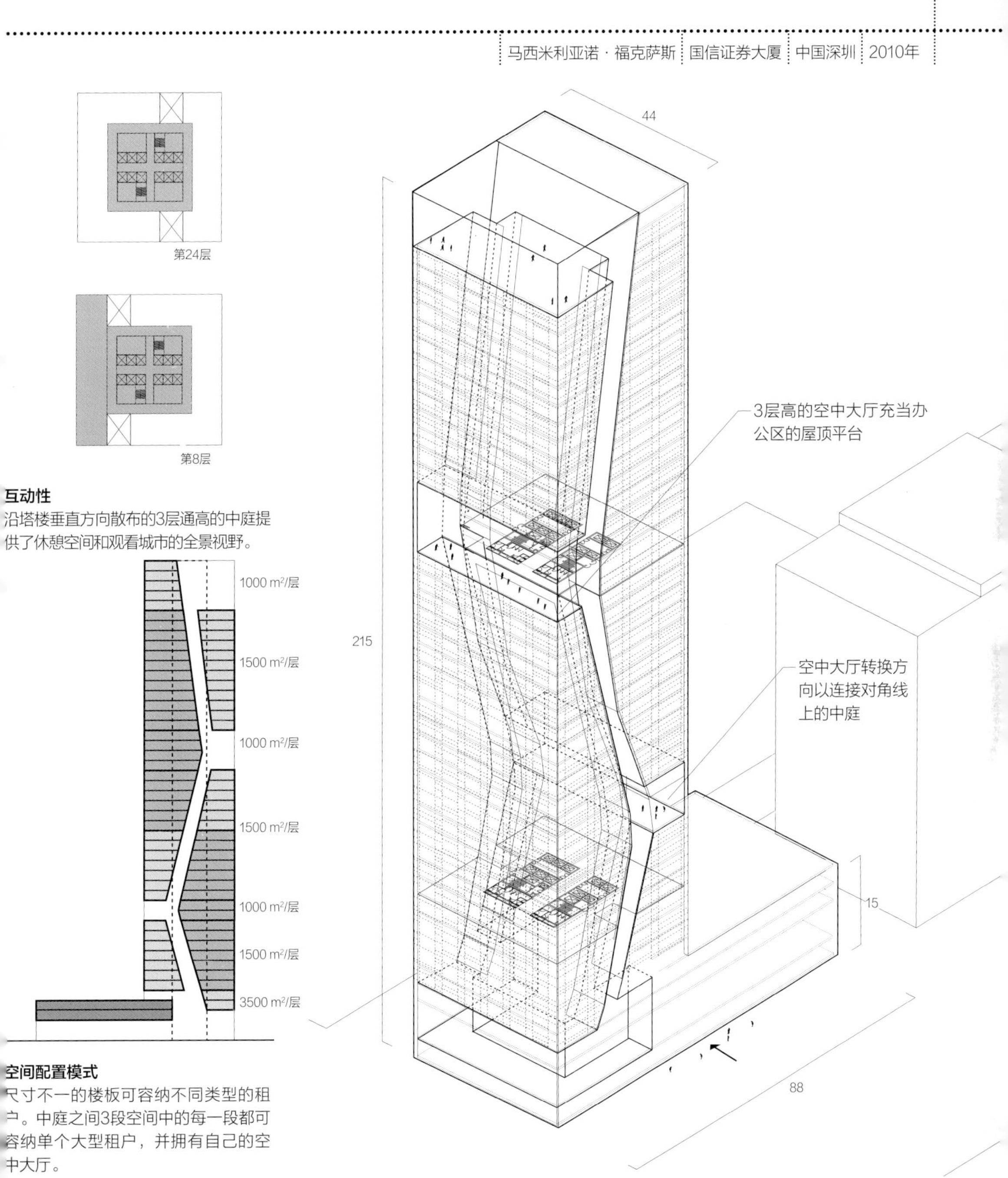

互动性

沿塔楼垂直方向散布的3层通高的中庭提供了休憩空间和观看城市的全景视野。

空间配置模式

尺寸不一的楼板可容纳不同类型的租户。中庭之间3段空间中的每一段都可容纳单个大型租户，并拥有自己的空中大厅。

国信证券大厦拥有方形平面和一个中央核心筒。它容纳了47层的办公区域，3个空中大厅将塔楼切分，并充当了快速升降机的转换楼层。对角线式的空隙将塔楼两边的楼板进行切割，同时连接了空中大厅。这两个空隙一起形成锯齿状的垂直中庭，贯穿整个塔楼，并将自然光线、景观和公共活动纳入其中。这样的空隙使楼板变得不对称，中庭一侧的楼板面积较大，另一侧的楼板面积较小。垂直中庭的弯曲轮廓使这些楼板在塔楼的3个部分中的每一个方向都发生了倒转。因此，国信证券大厦的办公空间传递了三分性、对角性、差异性、集体性、连通性和透明性的效果。

诺曼·福斯特 | 圣玛丽斧街30号（瑞士再保险塔） | 英国伦敦 | 1997年

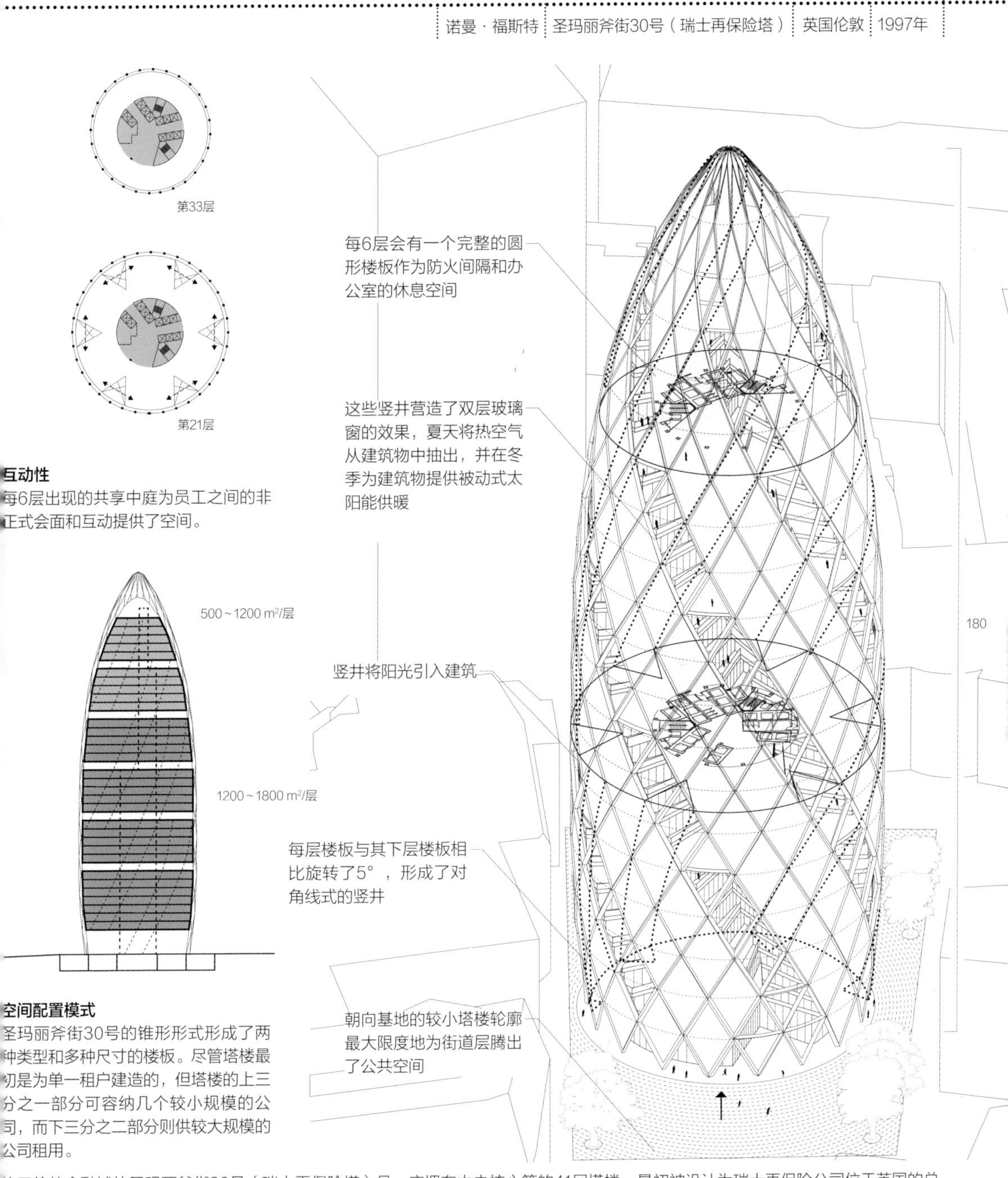
第33层
第21层
每6层会有一个完整的圆形楼板作为防火间隔和办公室的休息空间
这些竖井营造了双层玻璃窗的效果，夏天将热空气从建筑物中抽出，并在冬季为建筑物提供被动式太阳能供暖
竖井将阳光引入建筑
每层楼板与其下层楼板相比旋转了5°，形成了对角线式的竖井
朝向基地的较小塔楼轮廓最大限度地为街道层腾出了公共空间
500～1200 m²/层
1200～1800 m²/层
180

互动性

每6层出现的共享中庭为员工之间的非正式会面和互动提供了空间。

空间配置模式

圣玛丽斧街30号的锥形形式形成了两种类型和多种尺寸的楼板。尽管塔楼最初是为单一租户建造的，但塔楼的上三分之一部分可容纳几个较小规模的公司，而下三分之二部分则供较大规模的公司租用。

立于伦敦金融城的圣玛丽斧街30号（瑞士再保险塔）是一座拥有中央核心筒的41层塔楼，最初被设计为瑞士再保险公司位于英国的总部。塔楼的圆锥形状由一个圆形平面构成，该平面首先随建筑高度上升而轮廓变大，然后再向顶点逐渐变小。每个圆形平面的边上都有由6个三角形通风井切成的荷叶边形，这些三角形的通风井沿塔楼螺旋上升，并充当了整个建筑物的自然通风系统。荷叶边形平面形成的星形楼板将每层分成6个长方形的办公空间，与圆环状的相比，这些办公空间更容易被划分为多个单元式办公区域。塔楼的斜网结构与中央核心筒相结合，免除了办公空间的柱子，也增强了其灵活性。因此，圣玛丽斧街30号的办公空间传递了圆形、圆锥形、晶格、扭曲化、差异性、集体性、连通性与透明性的效果。

格雷戈里奥·瓦斯克斯、曼纽尔·韦德莱斯 | 泰佐佐莫克大厦 | 墨西哥墨西哥城 | 2008年

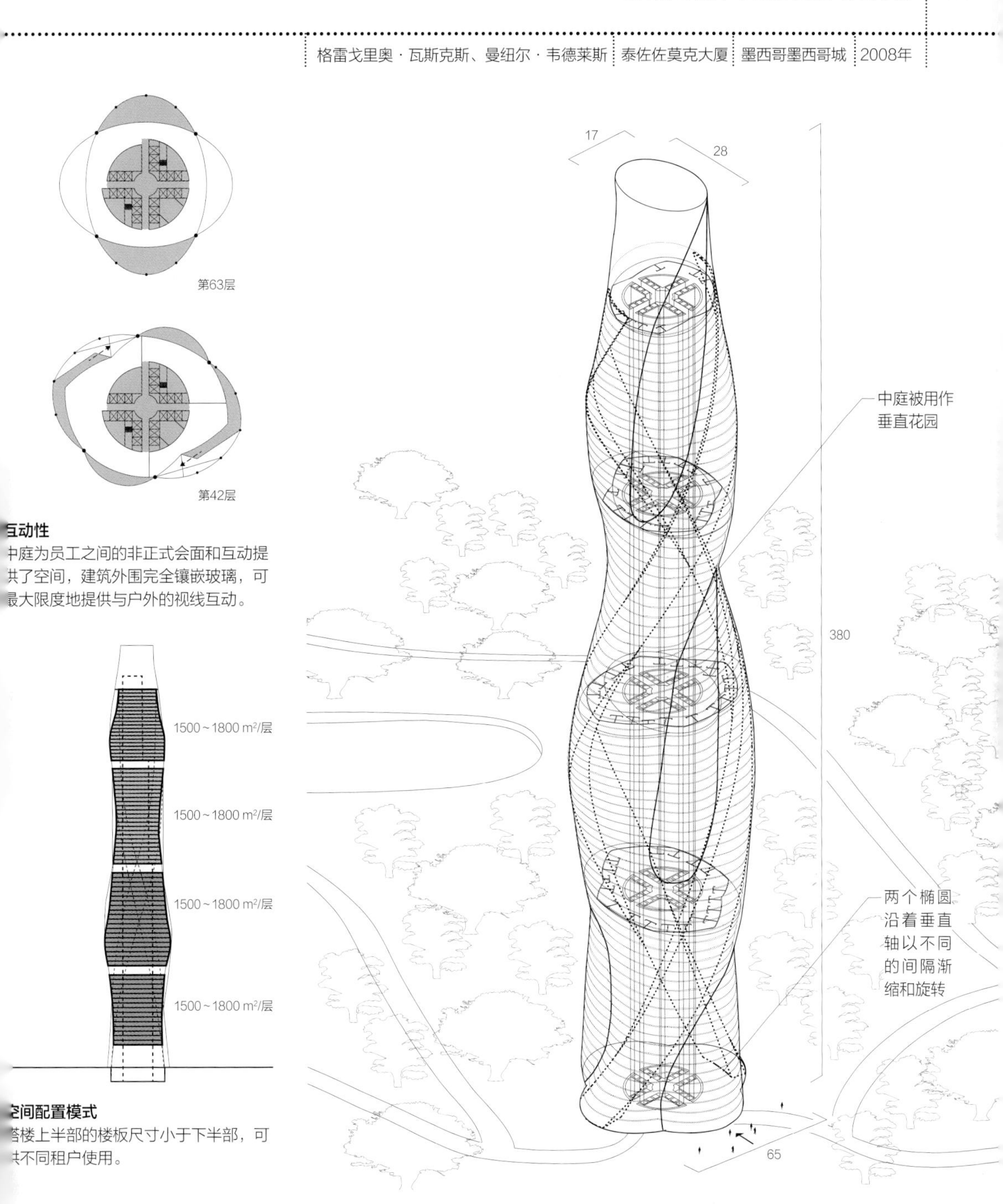

互动性

中庭为员工之间的非正式会面和互动提供了空间，建筑外围完全镶嵌玻璃，可最大限度地提供与户外的视线互动。

空间配置模式

塔楼上半部的楼板尺寸小于下半部，可供不同租户使用。

泰佐佐莫克大厦是一座集办公、酒店和住宅于一身的83层塔楼。两个椭圆形平面围绕核心筒旋转，顶部逐渐缩小，构成了塔楼的扭曲形式。这两个椭圆平面沿建筑高度相交3次，形成了外围中庭。这些中庭不仅被用作垂直花园，而且还是通风管道，可过滤和清洁空气，使空气循环使用。塔楼周围的斜网结构与中央核心筒相结合，免除了楼板内的柱子，并使其具有高度灵活性。因此，泰佐佐莫克大厦的内部空间传递了圆形、晶格、扭曲性、垂直起伏、复合化、连通性、透明性的效果。

效果

矩形、垂直性、断面一致、重复性、温暖

路德维希 · 密斯 · 凡 · 德 · 罗 | 西格拉姆大厦 | 美国纽约 | 1958年

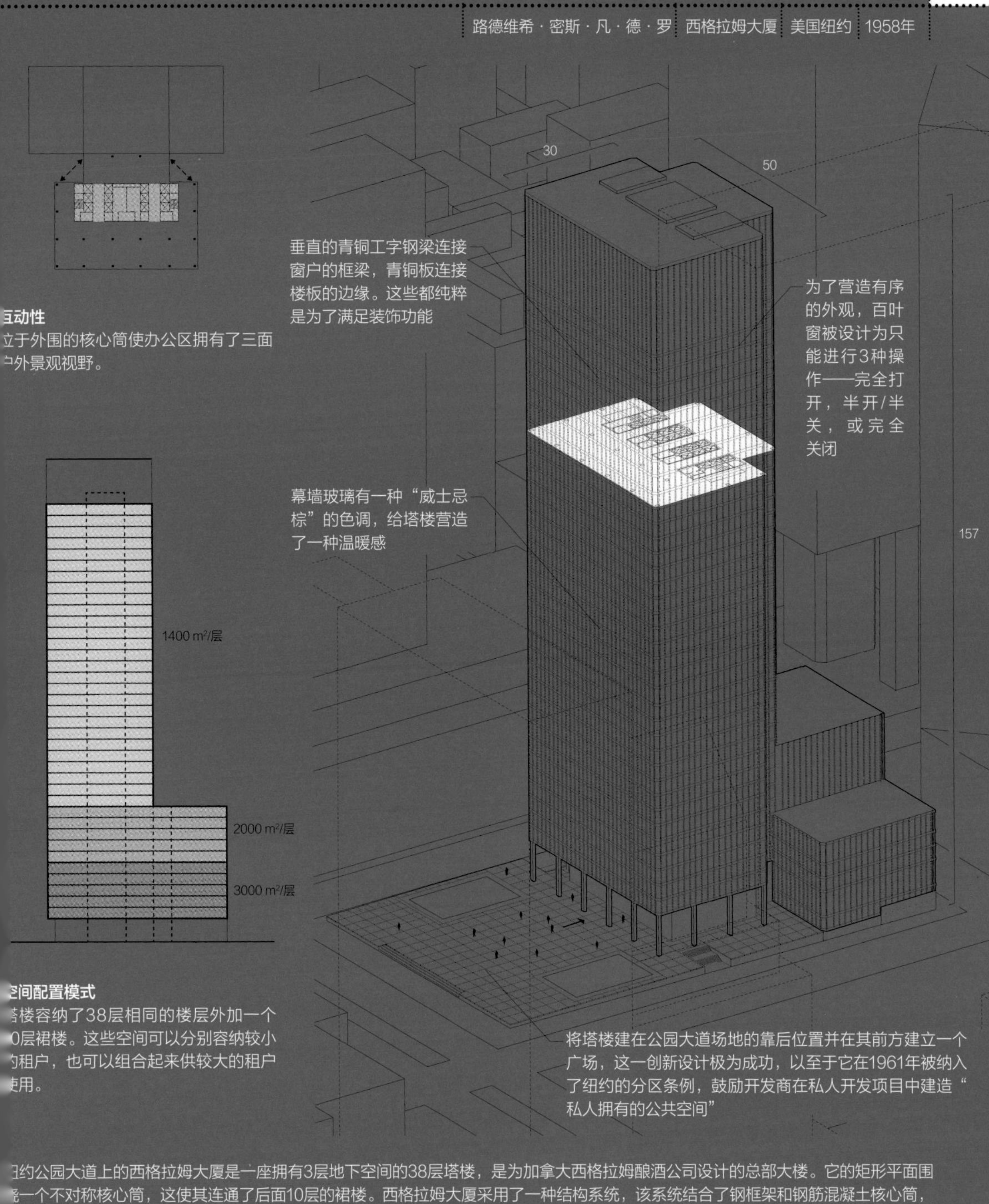

30
50
157
垂直的青铜工字钢梁连接窗户的框梁，青铜板连接楼板的边缘。这些都纯粹是为了满足装饰功能
为了营造有序的外观，百叶窗被设计为只能进行3种操作——完全打开，半开/半关，或完全关闭
幕墙玻璃有一种“威士忌棕”的色调，给塔楼营造了一种温暖感
1400 m²/层
2000 m²/层
3000 m²/层
将塔楼建在公园大道场地的靠后位置并在其前方建立一个广场，这一创新设计极为成功，以至于它在1961年被纳入了纽约的分区条例，鼓励开发商在私人开发项目中建造“私人拥有的公共空间”

互动性

立于外围的核心筒使办公区拥有了三面户外景观视野。

空间配置模式

塔楼容纳了38层相同的楼层外加一个10层裙楼。这些空间可以分别容纳较小的租户，也可以组合起来供较大的租户使用。

纽约公园大道上的西格拉姆大厦是一座拥有3层地下空间的38层塔楼，是为加拿大西格拉姆酿酒公司设计的总部大楼。它的矩形平面围绕一个不对称核心筒，这使其连通了后面10层的裙楼。西格拉姆大厦采用了一种结构系统，该系统结合了钢框架和钢筋混凝土核心筒，用于横向刚度，有对角核心筒支撑，或剪切桁架（在第17层和第29层之间）。虽然该结构是钢框架，美国建筑规范要求建筑还需覆盖混凝土以达到防火功能。因此为了显示结构，工字钢梁连接窗户的框梁，而楼板上也有带状金属板。钢框架使该塔楼成为有史以来第一座装设了落地窗的建筑，它创造了第一个玻璃幕墙。因此，西格拉姆大厦的办公空间传递了矩形、垂直性、断面一致、重复性、温暖的效果。

RSHP建筑事务所 | 利德贺大楼 | 英国伦敦 | 2003年

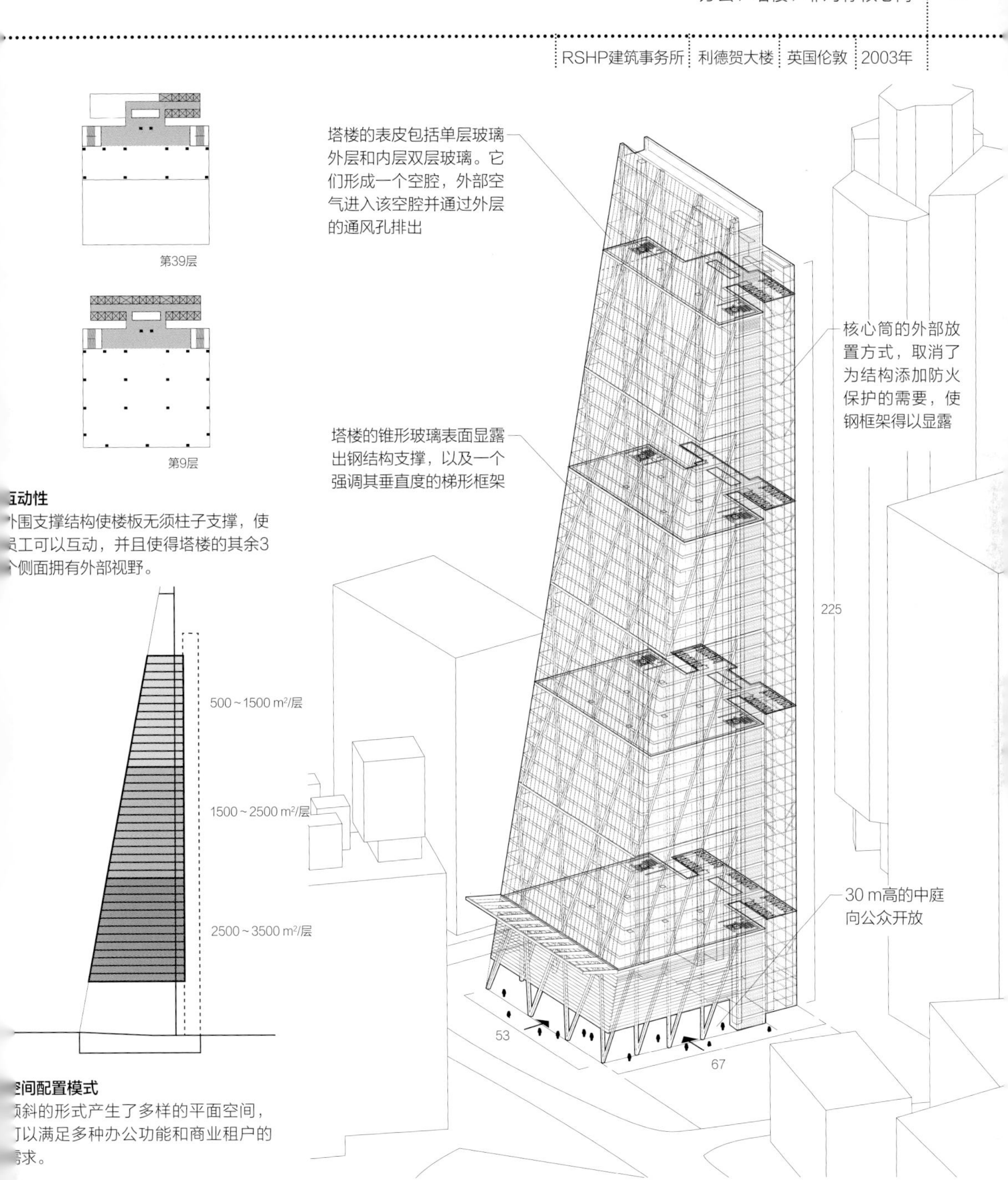
第39层
第9层
塔楼的表皮包括单层玻璃外层和内层双层玻璃。它们形成一个空腔，外部空气进入该空腔并通过外层的通风孔排出
核心筒的外部放置方式，取消了为结构添加防火保护的需要，使钢框架得以显露
塔楼的锥形玻璃表面显露出钢结构支撑，以及一个强调其垂直度的梯形框架
225
500～1500 m²/层
1500～2500 m²/层
2500～3500 m²/层
30 m高的中庭向公众开放
53
67

互动性

外围支撑结构使楼板无须柱子支撑，使员工可以互动，并且使得塔楼的其余3个侧面拥有外部视野。

空间配置模式

倾斜的形式产生了多样的平面空间，可以满足多种办公功能和商业租户的需求。

利德贺大楼位于伦敦城区，是一座48层高的大楼。这座建筑被设计成可以容纳多个租户，其中主要是保险公司。楔形轮廓设计用于减少建筑物对从舰队街和西面观看圣保罗大教堂视野的遮挡。周边受力的“筒形”结构体系支撑了简单的矩形楼板，楼板朝向顶点以750 mm的尺寸逐渐减小。与西格拉姆大厦和大多数摩天大楼不同，利德贺大楼的建筑核心筒不能为塔楼提供稳定性，而是位于大楼北侧且为分离式核心筒。这有助于阻挡南风，使地面层更加舒适，并使得办公空间最大限度地获取阳光，以及塔楼北侧、西侧和东侧的城市景观。因此，利德贺大楼的办公空间传递了结晶性、垂直性、倾斜性、差异性和凉爽的效果。

SOM建筑事务所 | 利华大厦 | 美国纽约 | 1951年

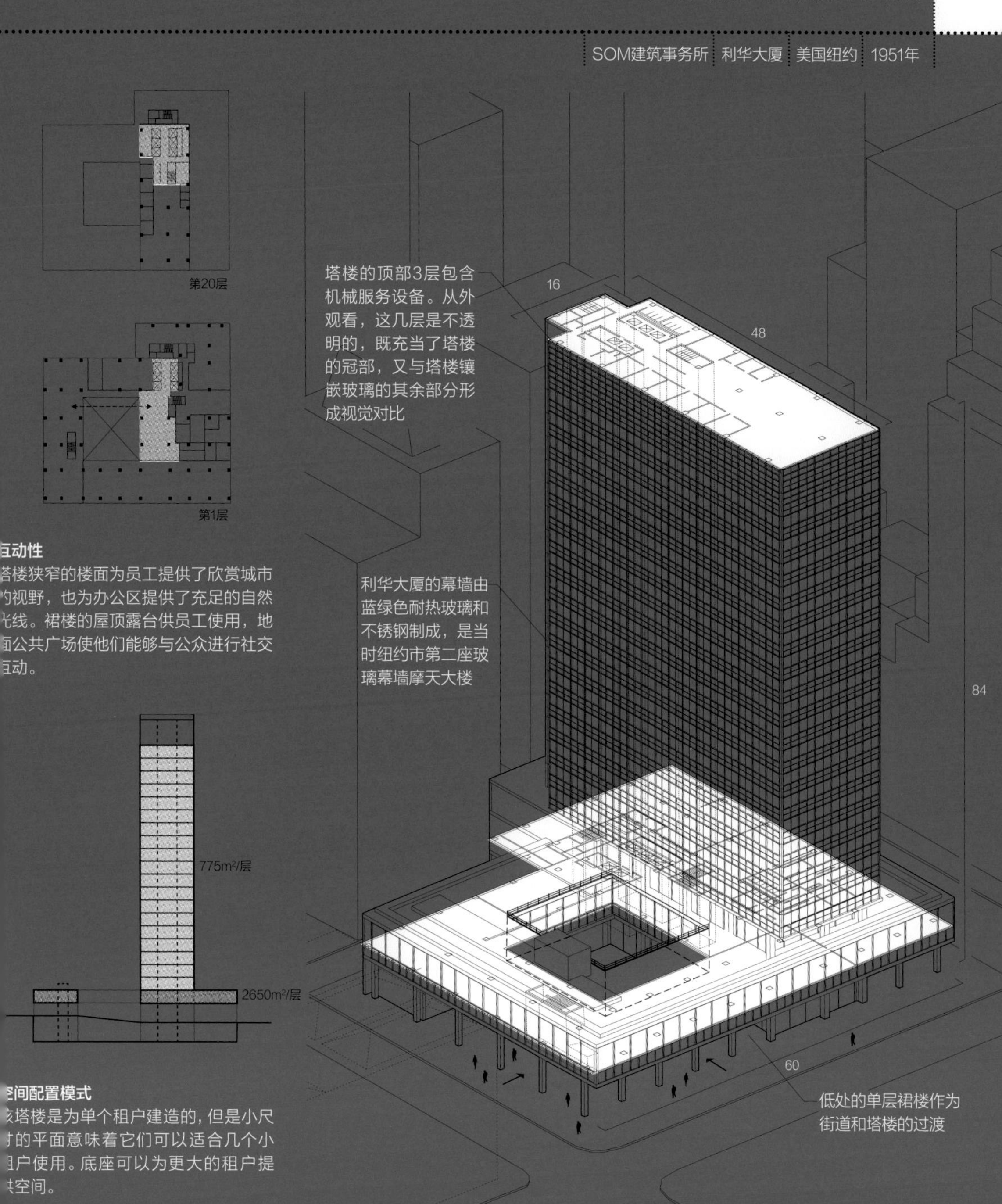

第20层
第1层
775m²/层
2650m²/层
16
48
84
60
塔楼的顶部3层包含机械服务设备。从外观看，这几层是不透明的，既充当了塔楼的冠部，又与塔楼镶嵌玻璃的其余部分形成视觉对比
利华大厦的幕墙由蓝绿色耐热玻璃和不锈钢制成，是当时纽约市第二座玻璃幕墙摩天大楼
低处的单层裙楼作为街道和塔楼的过渡

互动性

塔楼狭窄的楼面为员工提供了欣赏城市的视野，也为办公区提供了充足的自然光线。裙楼的屋顶露台供员工使用，地面公共广场使他们能够与公众进行社交互动。

空间配置模式

该塔楼是为单个租户建造的，但是小尺寸的平面意味着它们可以适合几个小租户使用。底座可以为更大的租户提供空间。

纽约公园大道上的利华大厦是英国肥皂公司利华兄弟的美国总部。它包括一个垂直板块状的24层办公大楼，以及一个单层裙楼（容纳了员工休息室、医疗套房和一般办公设施）。平台升高到地面以上一层，形成一个公共广场和一个屋顶露台。为了建造一个开放的广场，交通核位于不对称的位置，隐藏在场地的后方。这也可以使办公空间是开放式或单元式的。楼板覆盖在密封的玻璃幕墙中，该幕墙悬挂在主结构上。因此，利华大厦的办公空间在内部传递了不对称性和透明性，在外部传递了去物质化、结晶性和光滑性的效果。

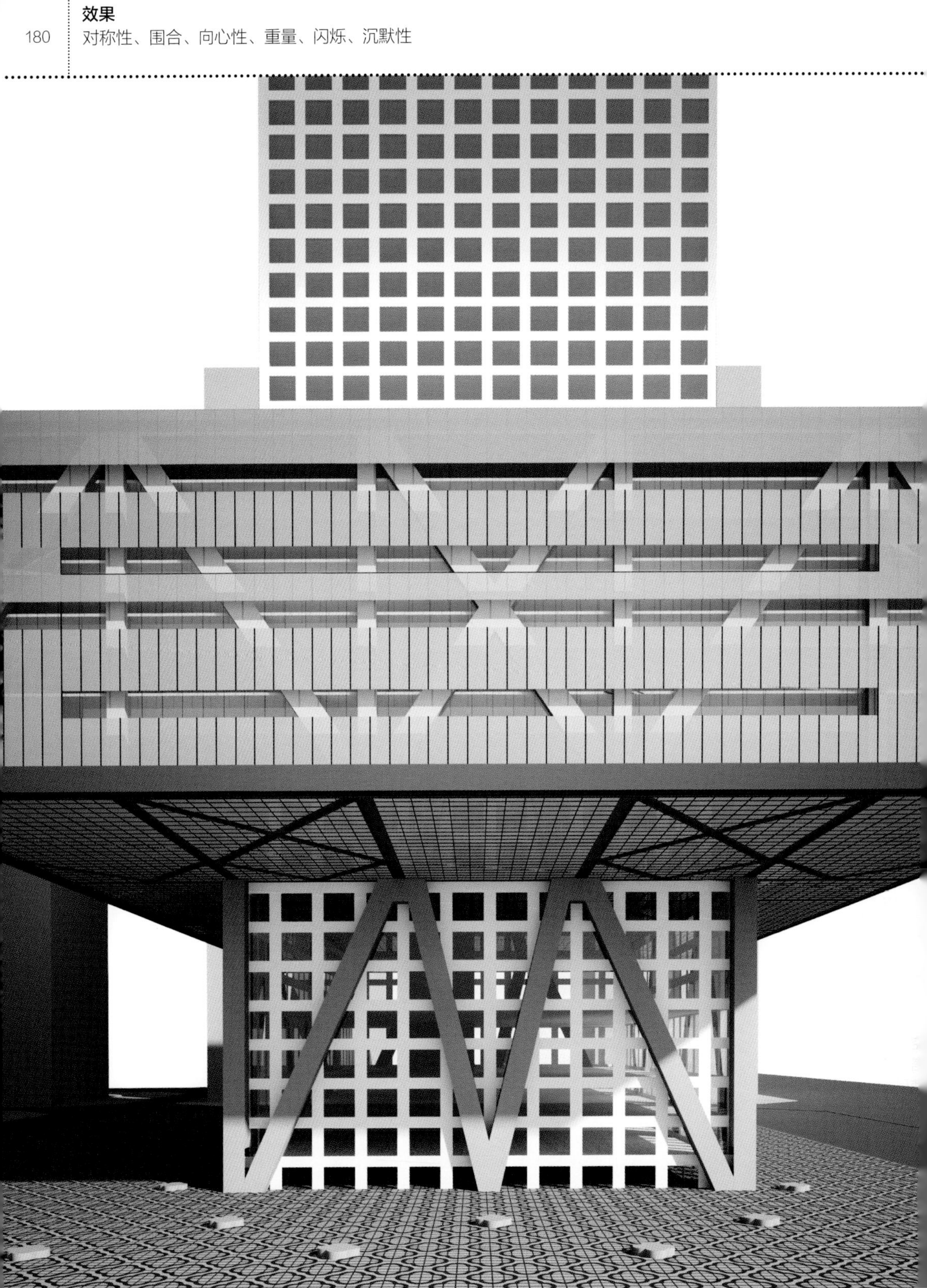

大都会建筑事务所 | 深圳证券交易所总部大楼 | 中国深圳 | 2006年

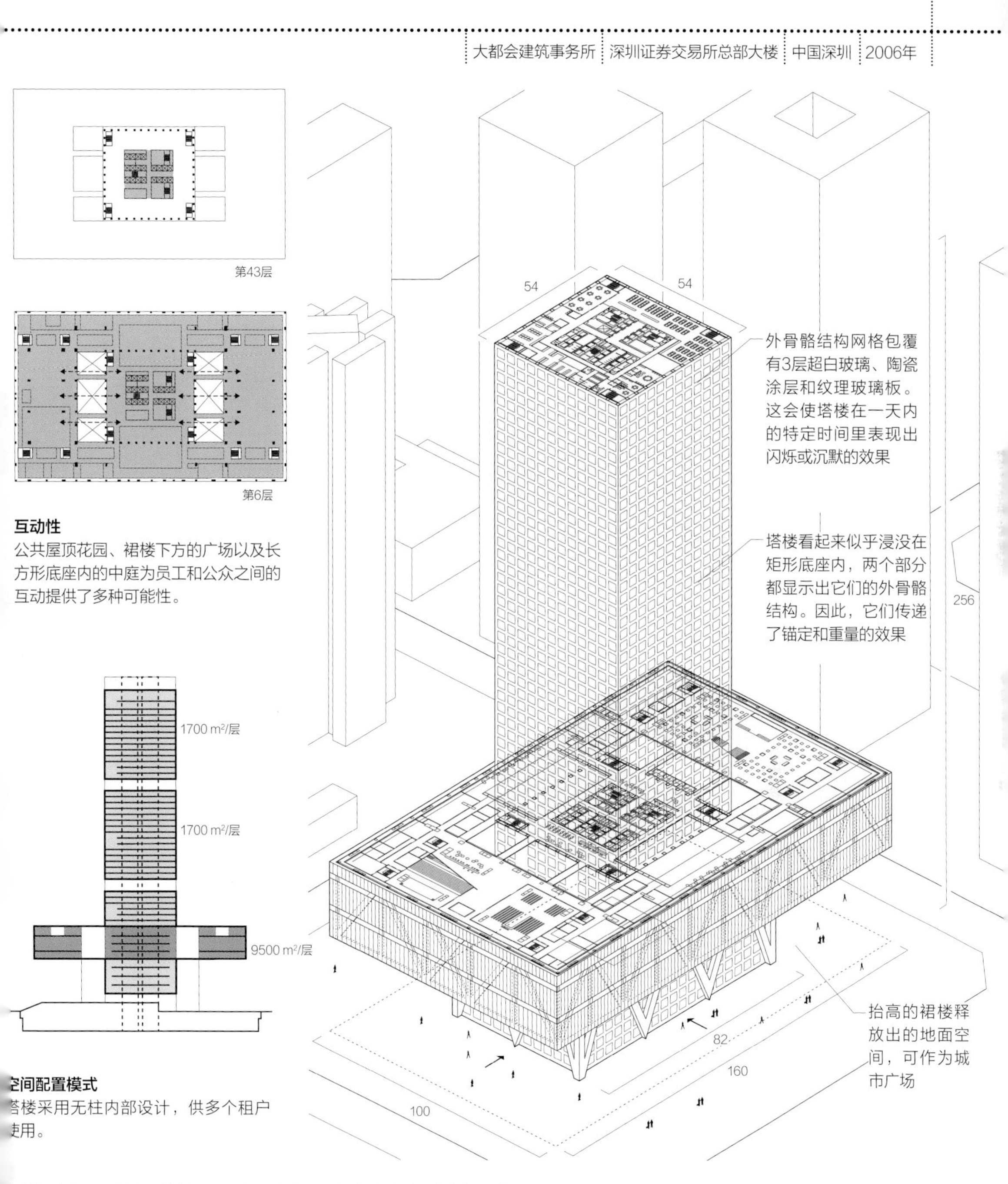
第43层
第6层
1700 m²/层
1700 m²/层
9500 m²/层
54
54
外骨骼结构网格包覆有3层超白玻璃、陶瓷涂层和纹理玻璃板。这会使塔楼在一天内的特定时间里表现出闪烁或沉默的效果
塔楼看起来似乎浸没在矩形底座内，两个部分都显示出它们的外骨骼结构。因此，它们传递了锚定和重量的效果
256
抬高的裙楼释放出的地面空间，可作为城市广场
82
160
100

互动性

公共屋顶花园、裙楼下方的广场以及长方形底座内的中庭为员工和公众之间的互动提供了多种可能性。

空间配置模式

塔楼采用无柱内部设计，供多个租户使用。

深圳证券交易所总部大楼位于深圳市中心商业区的中心地带，它包括一座36层的方形办公大楼、一个3层的悬臂式裙楼（包含交易大厅和更大的设施，如礼堂，并提供一个大型屋顶花园）和一个36 m高的矩形底座（有两个中庭，可由其进入交易大厅）。塔楼位于裙楼和底座组合的中心，3个部分相互提供横向和竖向的支撑。由底座周边的V形斜撑支撑的混凝土管桁架系统支撑着裙楼及其巨型传递钢桁架结构。这种结构包括一个周边力矩框架和一个位于中心的混凝土核心筒，以及一个轻质的钢筋混凝土楼板系统，使楼板内部无柱。因此，深圳证券交易所总部大楼的办公空间在内部传递了对称性和围合（由于被外骨骼包裹）效果，在外部则具有向心性、重量、闪烁和沉默性效果。

SOM建筑事务所 | 威利斯大厦 | 美国芝加哥 | 1969年

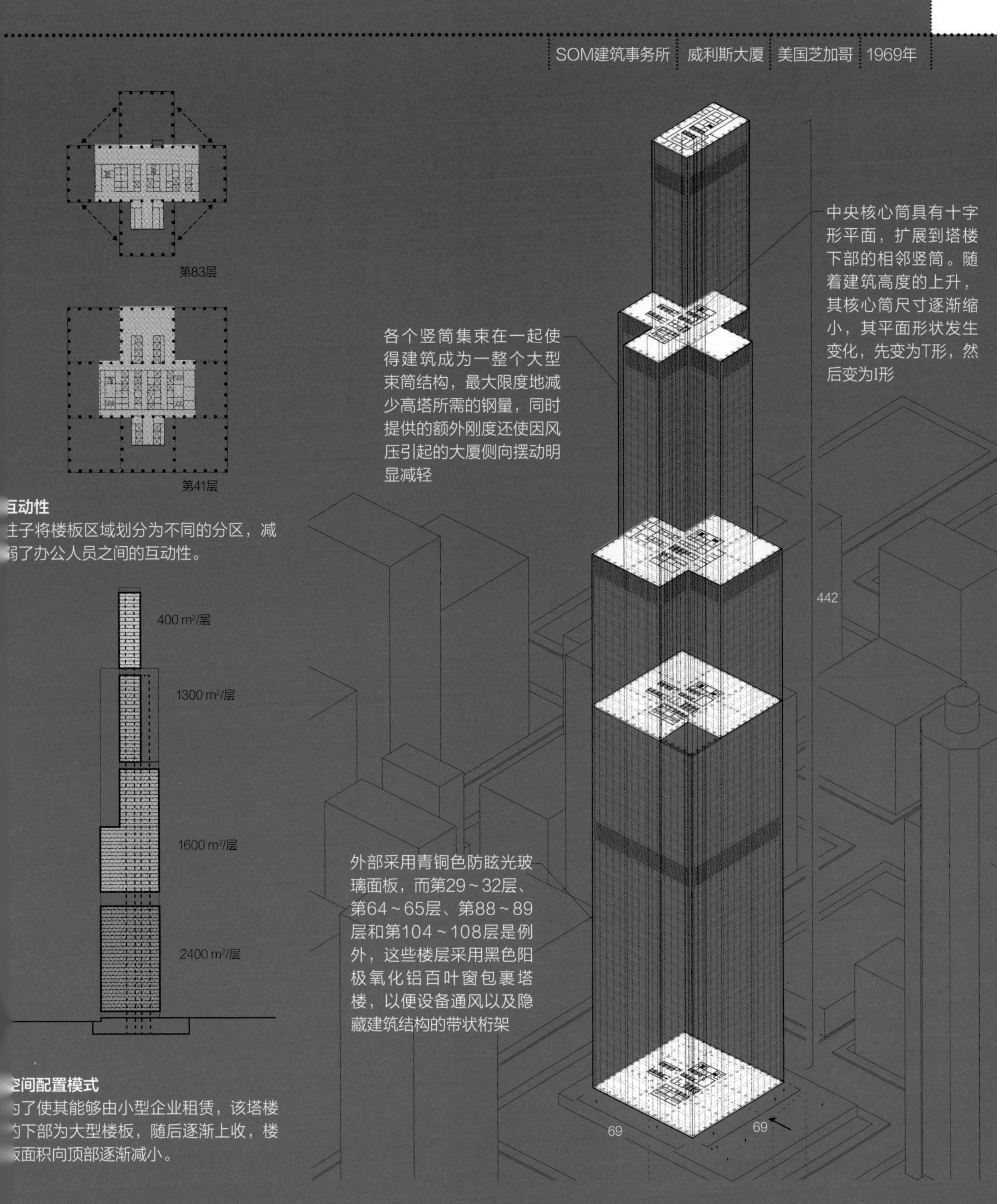

第83层
第41层
中央核心筒具有十字形平面，扩展到塔楼下部的相邻竖筒。随着建筑高度的上升，其核心筒尺寸逐渐缩小，其平面形状发生变化，先变为T形，然后变为I形
各个竖筒集束在一起使得建筑成为一整个大型束筒结构，最大限度地减少高塔所需的钢量，同时提供的额外刚度还使因风压引起的大厦侧向摆动明显减轻
442
400 m²/层
1300 m²/层
1600 m²/层
2400 m²/层
外部采用青铜色防眩光玻璃面板，而第29～32层、第64～65层、第88～89层和第104～108层是例外，这些楼层采用黑色阳极氧化铝百叶窗包裹塔楼，以便设备通风以及隐藏建筑结构的带状桁架
69
69

互动性

柱子将楼板区域划分为不同的分区，减弱了办公人员之间的互动性。

空间配置模式

为了使其能够由小型企业租赁，该塔楼的下部为大型楼板，随后逐渐上收，楼板面积向顶部逐渐减小。

威利斯大厦是一座108层高的塔楼，在一段时间内一直是西尔斯-罗伯克公司的总部所在地。大厦采用由钢框架构成的成束筒结构体系，造型有如9个高低不一的方形筒子集束在一起。9个竖筒都上升到第50层，其中7个继续上升到第66层，两个继续到第90层，一个竖筒外加中央竖筒继续上升至第108层。这形成了建筑物阶梯式的轮廓和尺寸、形状与方向各不相同的楼板，但所有的楼板都被结构筒的钢柱细分为方形区域，它们相互分离，因此更大的楼板面积不会在工作站布置方面提供更大程度的互动性或灵活性。威利斯大厦的办公空间在建筑内部传递了单元性、向心性和重量的效果，在建筑外部则传递了束筒、阶梯状和正交性的效果。

FOA建筑事务所 | 束塔 | 美国纽约 | 2002年

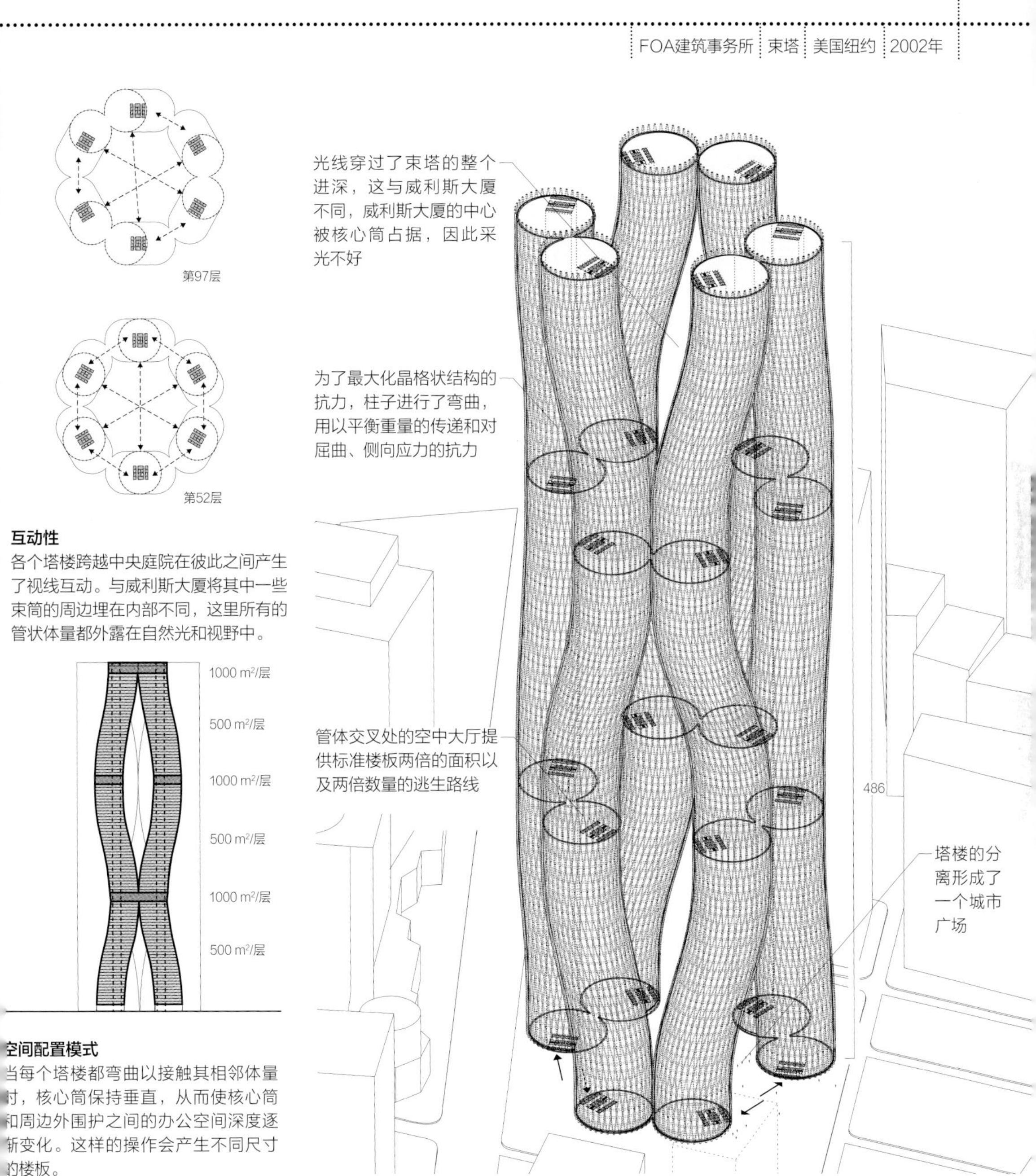
第97层
第52层
光线穿过了束塔的整个进深，这与威利斯大厦不同，威利斯大厦的中心被核心筒占据，因此采光不好
为了最大化晶格状结构的抗力，柱子进行了弯曲，用以平衡重量的传递和对屈曲、侧向应力的抗力
管体交叉处的空中大厅提供标准楼板两倍的面积以及两倍数量的逃生路线
486
塔楼的分离形成了一个城市广场
1000 m²/层
500 m²/层
1000 m²/层
500 m²/层
1000 m²/层
500 m²/层

互动性

各个塔楼跨越中央庭院在彼此之间产生了视线互动。与威利斯大厦将其中一些束筒的周边埋在内部不同，这里所有的管状体量都外露在自然光和视野中。

空间配置模式

当每个塔楼都弯曲以接触其相邻体量时，核心筒保持垂直，从而使核心筒和周边外围护之间的办公空间深度逐渐变化。这样的操作会产生不同尺寸的楼板。

束塔的设计是应纽约市Max Protech画廊的邀请，FOA建筑事务所参加纽约世贸中心重建竞标方案而设计的。该方案将建筑群分为一捆相互连接的塔楼。每层1000 m²的8个圆形管状体量，由晶格状结构包裹，在内部庭院周围形成一个环。这些环沿着建筑物总高度的大约每三分之一垂直弯曲并相互支撑，将塔楼的弯曲长度切割成大约165 m。垂直核心为管状体量的弯曲提供了条件，尽管圆形楼板随着管状体量高度的上升在垂直方向上逐渐摆动，但垂直核心仍保持恒定。塔楼的捆绑增加了结构的惯性矩，而不必增加楼板厚度。由于楼板相对于垂直核心筒的位置不同，每个圆形楼板没有内柱，并且与其上方和下方的不同。因此，束塔的办公空间具有开放性、不对称性和透明性的效果，外部则传递了束筒、晶格和圆形的效果。

SOM建筑事务所 | 沃伦石油公司行政总部大楼 | 美国塔尔萨 | 1957年

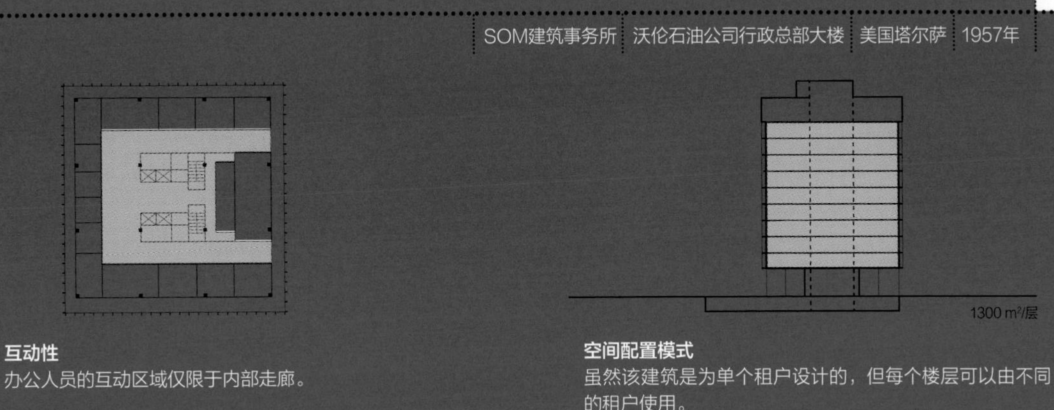
1300 m²/层

互动性

办公人员的互动区域仅限于内部走廊。

空间配置模式

虽然该建筑是为单个租户设计的，但每个楼层可以由不同的租户使用。

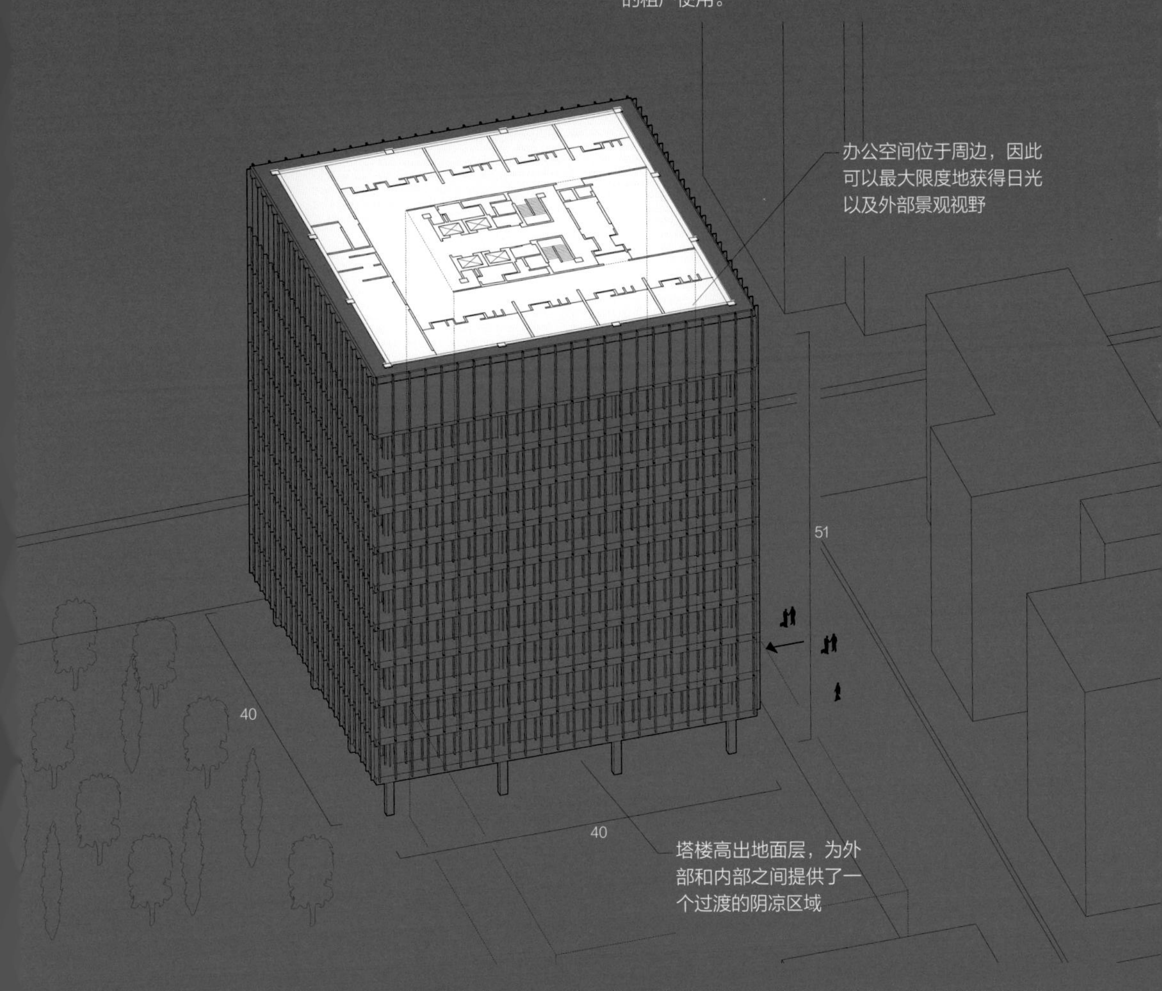
办公空间位于周边，因此可以最大限度地获得日光以及外部景观视野
51
40
40
塔楼高出地面层，为外部和内部之间提供了一个过渡的阴凉区域

沃伦石油公司行政总部大楼是一个12层的办公大楼，围绕着一个中央核心筒。每个楼层被设计成三面围绕核心的U形单排单元式办公室。通往各个办公室的内部走廊从一侧获得阳光，而办公室本身则通过双层玻璃表皮获得充足的光线和外部景观视野。外层玻璃是灰色的，能吸收热量并起到遮挡塔尔萨炙热阳光的作用，内层是透明玻璃。因此，沃伦石油公司大楼的办公空间传递了断面一致、重复、单元性和私密性的效果。

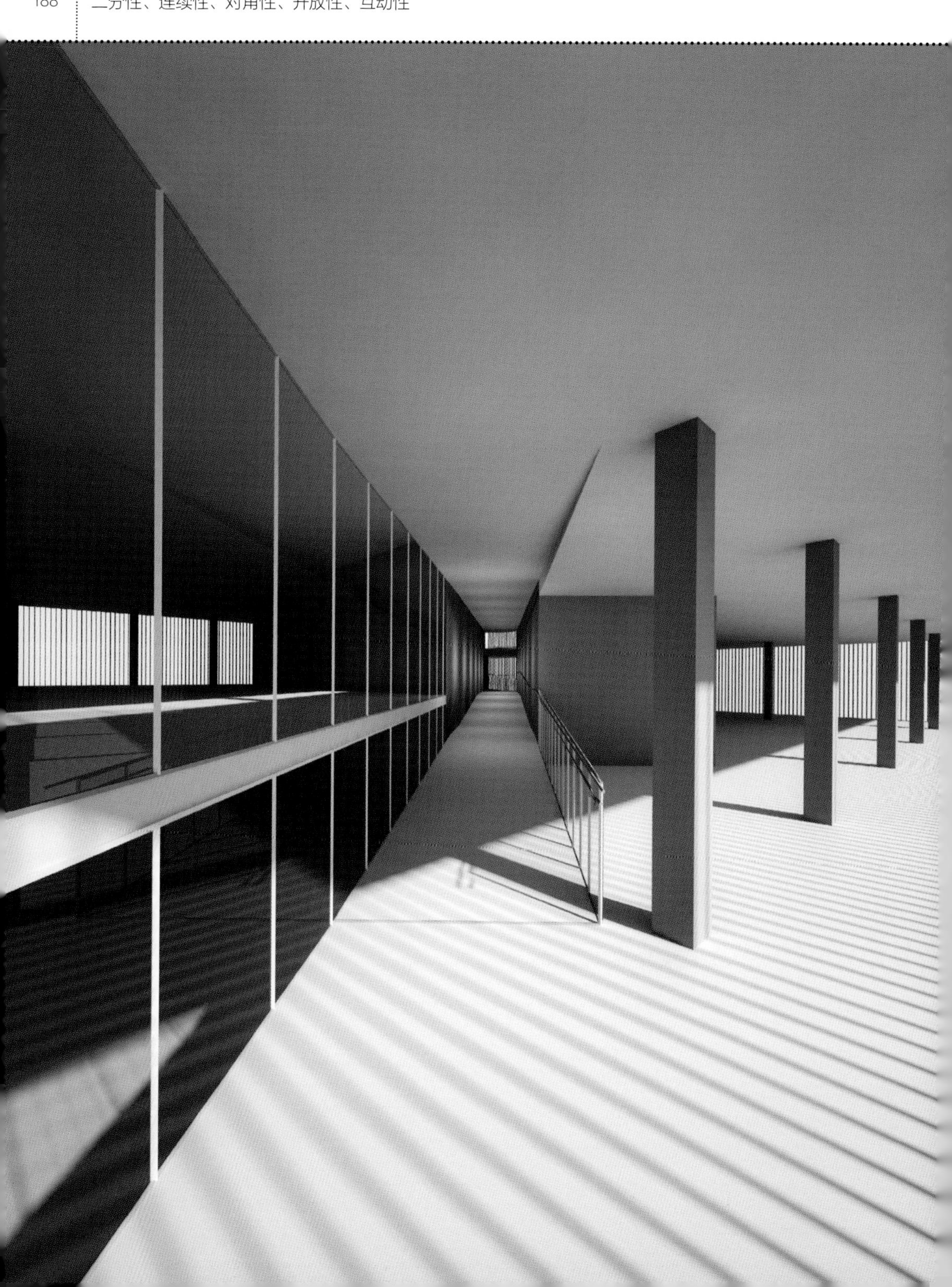

普雷斯顿·斯科特·科恩建筑事务所
鄂尔多斯办公大楼
中国鄂尔多斯
2010年

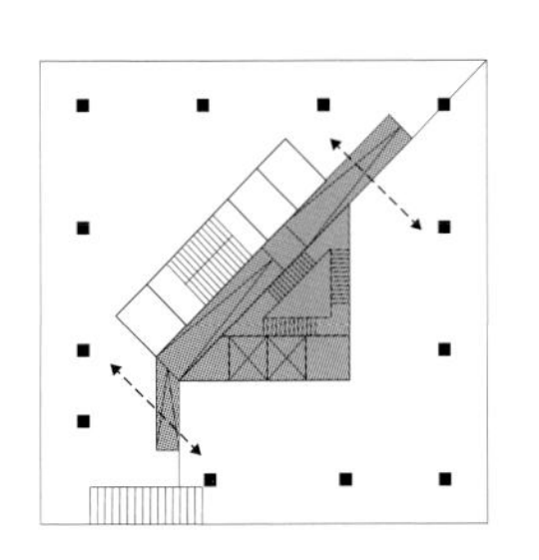

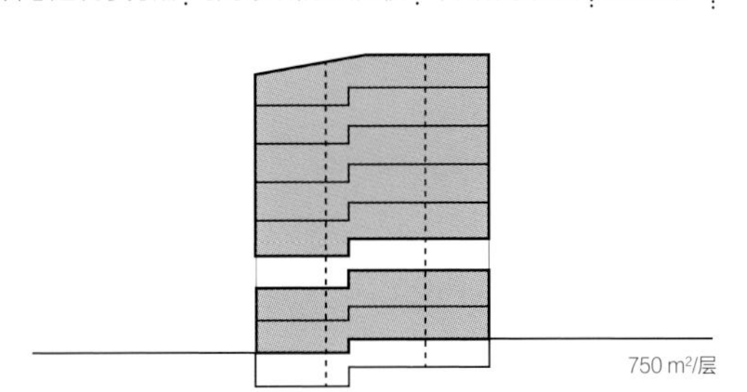

互动性
斜坡、办公空间的错层布置和公共底座都是这个综合体的独特特征，它们为员工之间的各种互动模式提供了空间。

空间配置模式
由中央斜坡构成的楼层之间的连续性和视线互动使得该建筑更适合单个租户使用。然而，在不要求私密性的情况下，错层可以由单个租户使用，或者每个楼层的一半可以单独出租。

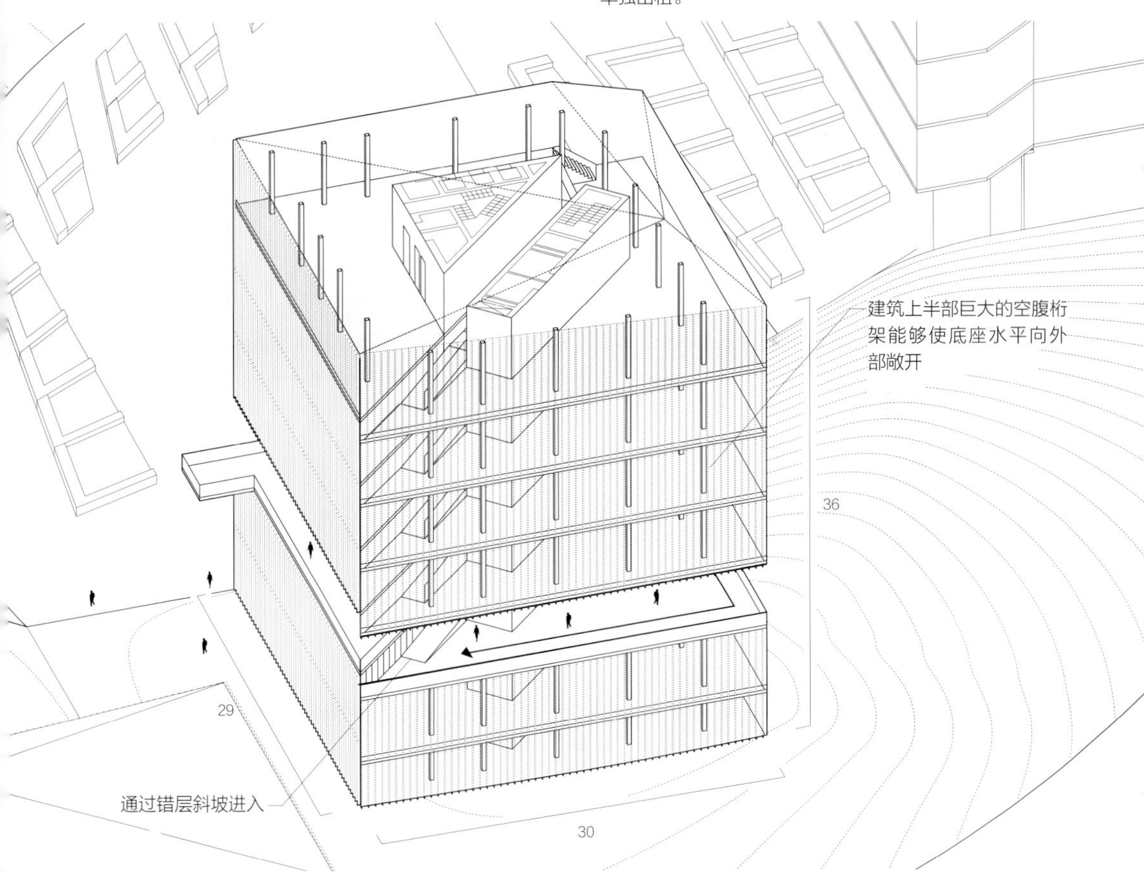

鄂尔多斯办公大楼是一幢8层的体块式建筑。它的方形楼板由斜坡对角地分成两半，而斜坡充当了从地面向上的连续长廊。斜坡还在楼层之间产生错层布置，从而在办公空间之间引入视线交流。核心筒位于中心位置，除了服务空间外，还提供结构支撑和出口。建筑的第一层保持开敞状态，从周边移除结构，在该层与外部之间营造了最大限度的互动性。为了使本层的楼板没有柱子，其上几层的楼板由空腹桁架从中央核心筒悬臂伸出。这为其上几层增添了独特性，并使它们无须设承重墙。因此，鄂尔多斯办公楼的办公空间传递了二分性、连续性、对角性、开放性和互动性的效果。

山崎实 | 雷诺兹金属公司区域销售中心 | 美国绍斯菲尔德 | 1955年

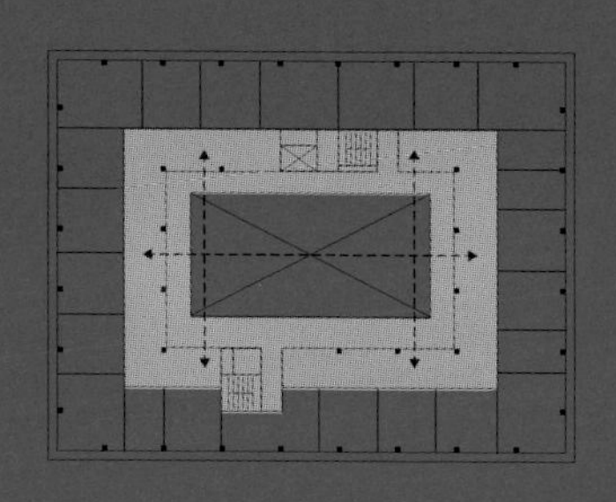

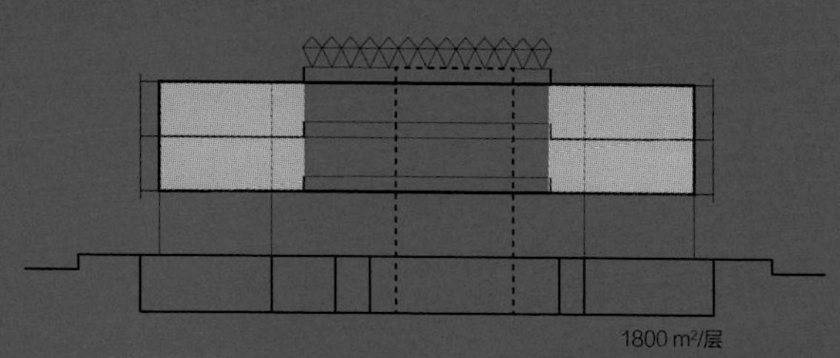
1800 m²/层

互动性

中庭和周围的环形走廊为办公人员提供了互动的机会。另一方面，办公室从外面看是半透明的。

空间配置模式

虽然该建筑是为单个租户设计的，但每个楼层可以由不同租户使用，中庭是共享空间。

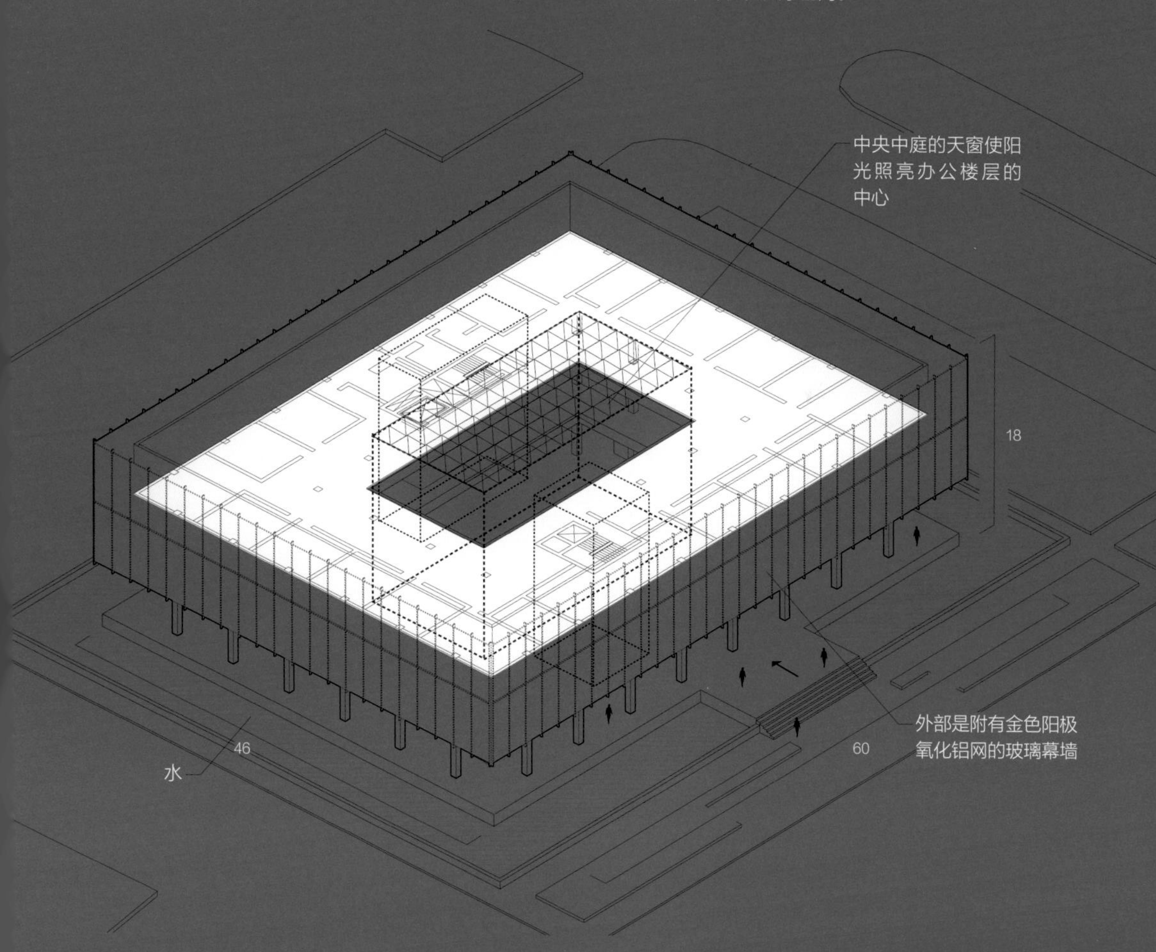
中央中庭的天窗使阳光照亮办公楼层的中心
18
外部是附有金色阳极氧化铝网的玻璃幕墙
46
60
水

雷诺兹金属公司区域销售中心是一个3层楼的体块式建筑。该建筑为矩形平面，拥有中央中庭和两侧核心筒。在地面层，结构外露，入口后退，形成一个柱廊和一个有盖的入口。作为大厅的地面层，笼罩在覆盖着中庭的天窗之下。上面的两层包含围绕中庭设置的单排布置的单元式办公室。办公室可以通过中庭和外部表皮获取阳光。其表皮是全玻璃幕墙并附有被用作防晒层的金色阳极氧化铝网。因此，雷诺兹金属公司区域销售中心的办公空间传递了断面一致、单元性、向心性、视线互动和轻盈的效果。

3XN建筑事务所 | 盛宝银行总部大楼 | 丹麦哥本哈根 | 2004年

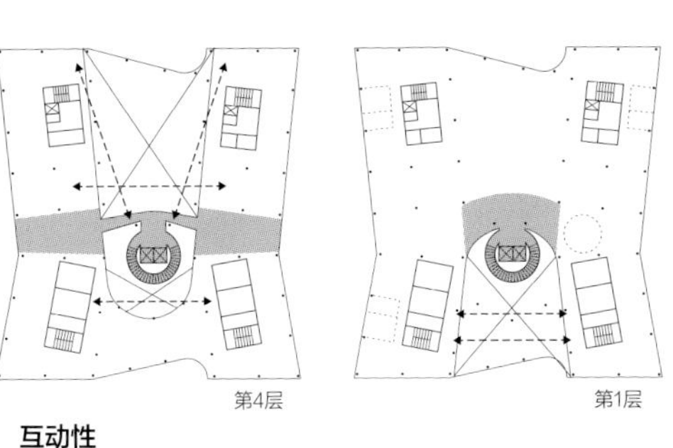
第4层
第1层

互动性

中庭和中央交通核心筒为办公人员提供了休憩空间以及不同办公区域之间的视线连接。

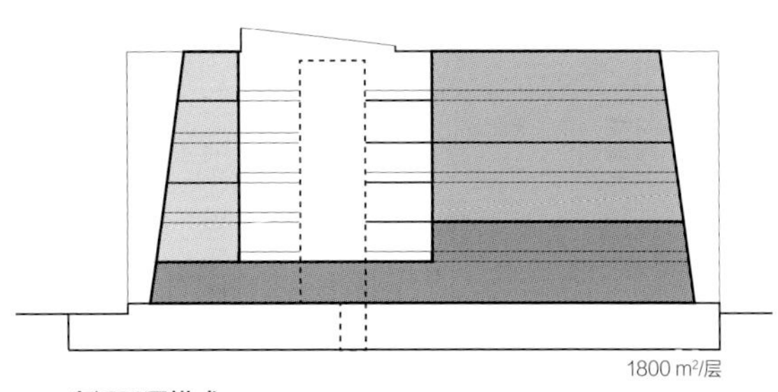
1800 m²/层

空间配置模式

这座建筑物平面的开放性和连续性使其不适合容纳多个租户。

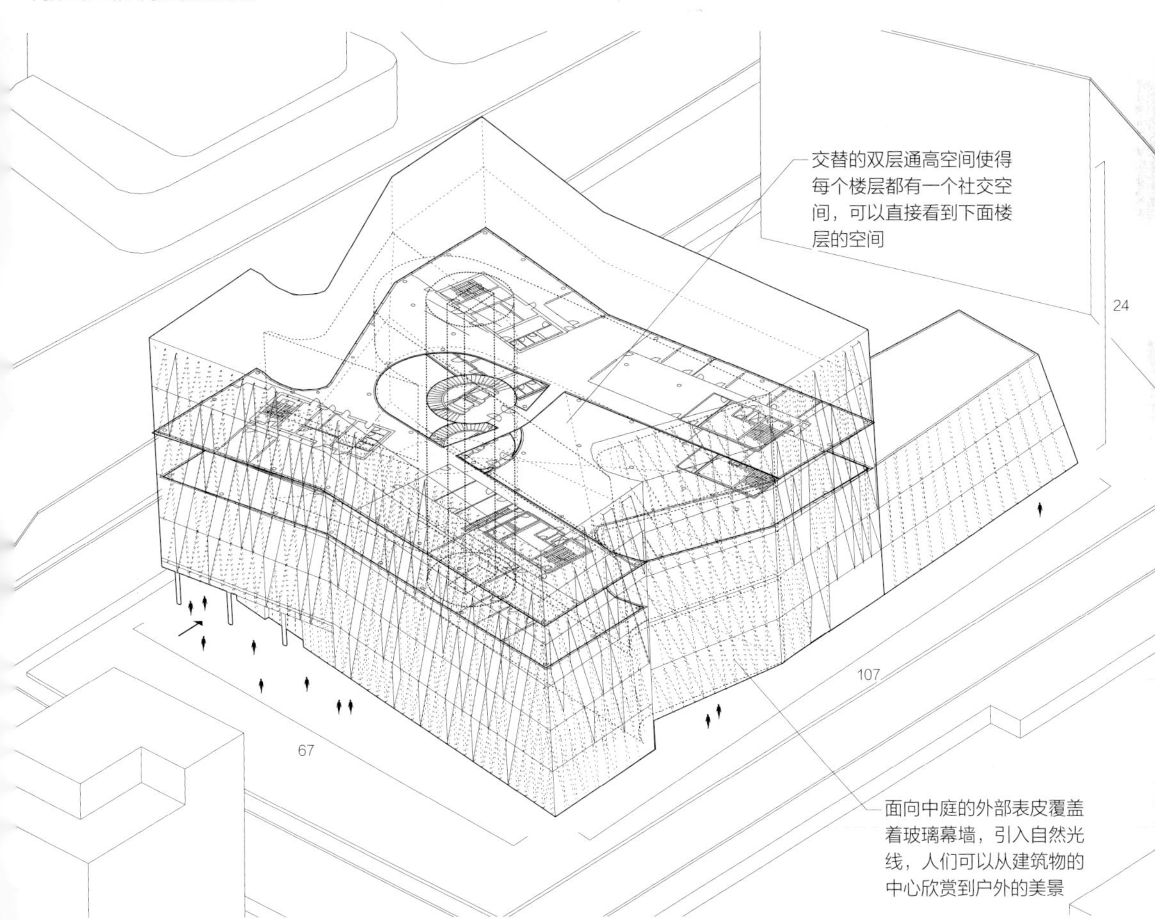
交替的双层通高空间使得每个楼层都有一个社交空间，可以直接看到下面楼层的空间
24
107
67
面向中庭的外部表皮覆盖着玻璃幕墙，引入自然光线，人们可以从建筑物的中心欣赏到户外的美景

盛宝银行总部大楼是一个6层高的体块式建筑，其楼层围绕着一个中庭。中庭在剖面上呈现阶梯状，在地面层朝向北面，而在交替楼层上朝向相反的方向。这是通过将U形平面朝向入口或背离入口而实现的。交通核心筒位于中庭内，包含楼梯和电梯。中庭使得员工可以通过两端的玻璃幕墙欣赏外部景观。办公楼层采用多模式布置，将单元办公室与开放式区域并置，开放式区域向中庭空间开放。这些空间被穿插着金属板的落地垂直玻璃从外部包裹。因此，盛宝银行总部大楼的办公空间传递了扭曲性、开放性、向心性、互动性和轻盈的效果。

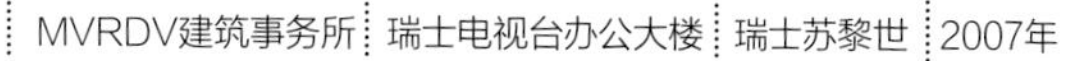

MVRDV建筑事务所 | 瑞士电视台办公大楼 | 瑞士苏黎世 | 2007年

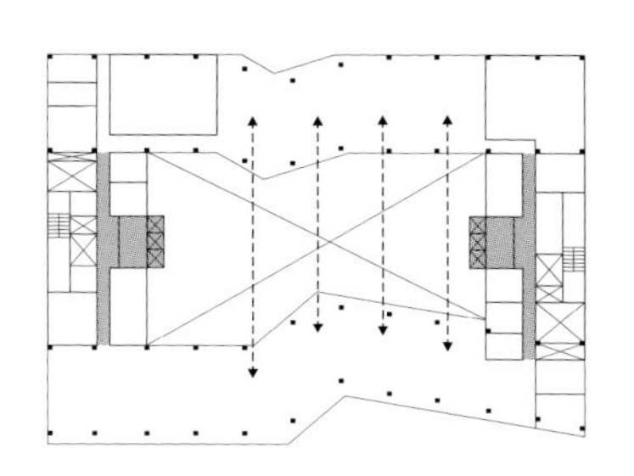

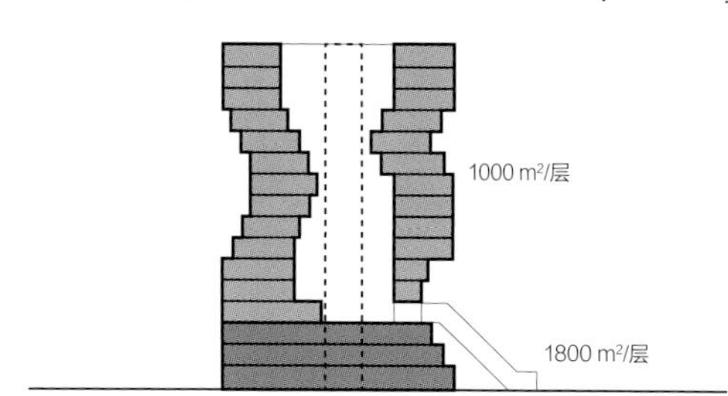

互动性

中庭提供了休憩空间以及不同办公空间之间的视线连接。此外，楼板形状的变化为员工的通行、放松和社交接触提供了额外的空间。

空间配置模式

虽然这栋建筑是为单个租户设计的，但是中庭布置使得工作室上方的楼层可以被不同的租户占用。

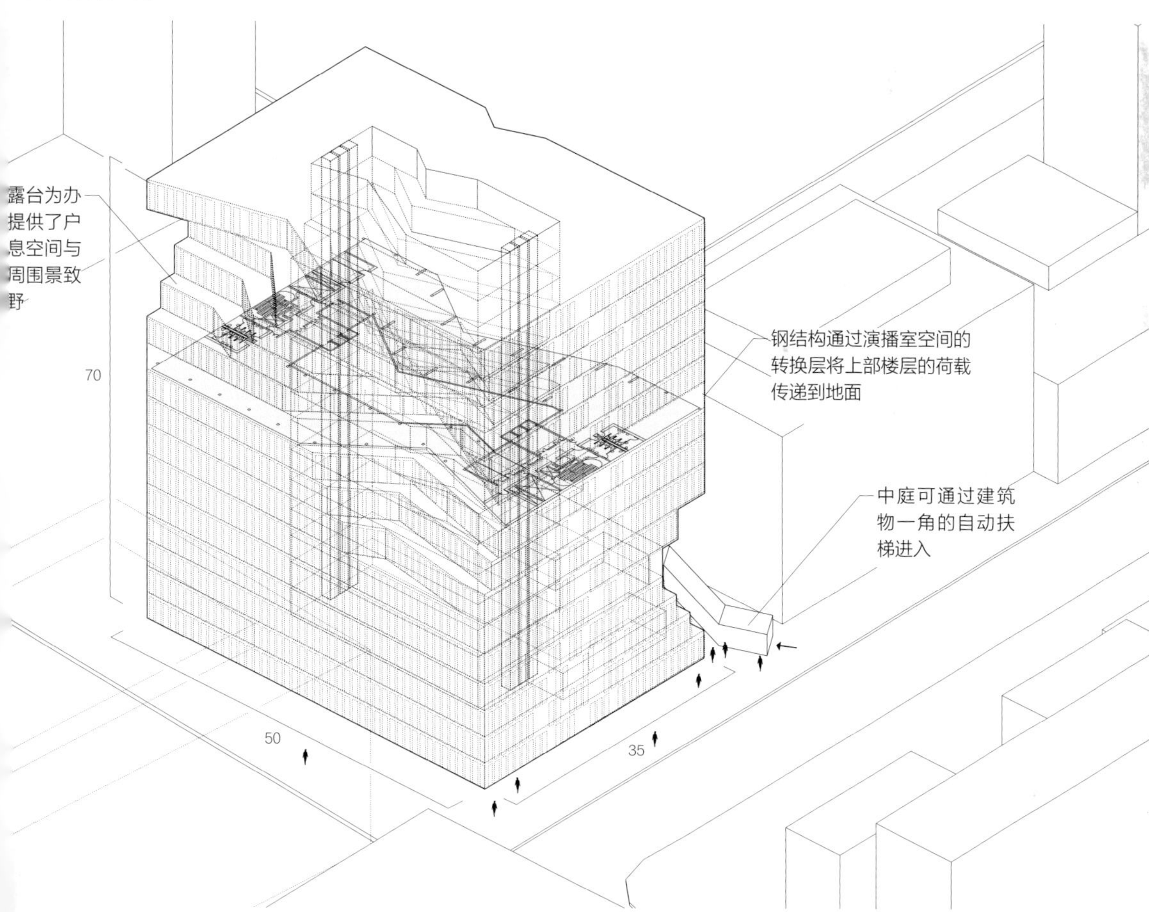

士电视台办公大楼是一个16层的体块式建筑，容纳了公司的办公室和工作室，负责瑞士电视节目的制作和发行。演播室占据了建筑底的4层，演播室的附属房间和办公室在随后的楼层以环形排列，形成一个可以充当建筑的大厅和社交空间的高大中庭。办公空间环状轮廓在不同楼层有所不同，在中庭内营造了额外的交通空间与休憩区域，在外部形成露台。因此，瑞士电视台办公大楼的办公空间传了洞穴状、切割、向心性和视线互动的效果。

SOM建筑事务所 | 康涅狄格通用人寿保险公司总部大楼 | 美国布卢姆菲尔德 | 1957年

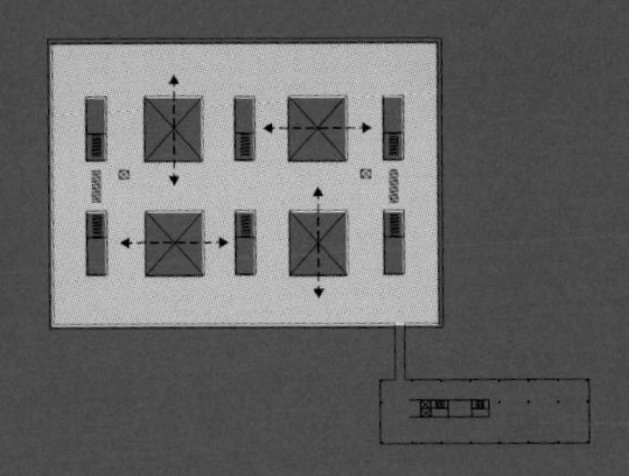

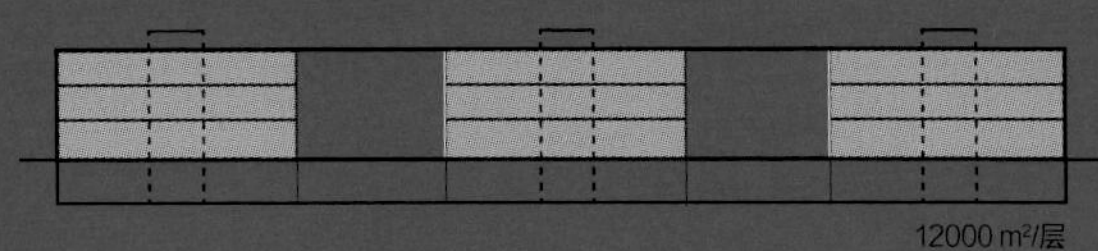

互动性

庭院使办公空间和户外区域之间得以视线互动，员工可以在户外区域进行社交。

空间配置模式

虽然这座建筑是为单一租户设计的，但校园式的平面规划使其可由多个租户租赁。

庭院中的花园和景观由野口勇设计

家具设计大师佛罗伦斯·诺尔和诺尔设计公司负责室内设计

庭院增加了外部表皮的长度，由此增加了办公室的日光，拓宽了欣赏户外景观的视野

13

100

141

康涅狄格通用人寿保险公司总部大楼是一个3层的体块式建筑，容纳了办公空间，并配有扩展设施。矩形平面中有4个内部庭院，另有4个交通核设置在边长2.25 m的网格内，该网格使所有墙体可以移动，提供了具有高度灵活性的办公室布置。4个庭院为员工提供了放松和就餐的设施，也为办公室提供了日光。该建筑为空间规划、运行效率、建造方法的经济性和维护程序制定了新的标准。因此，康涅狄格通用人寿保险公司总部大楼的办公空间传递着重复性、规范性、内部—外部和放松感的效果。

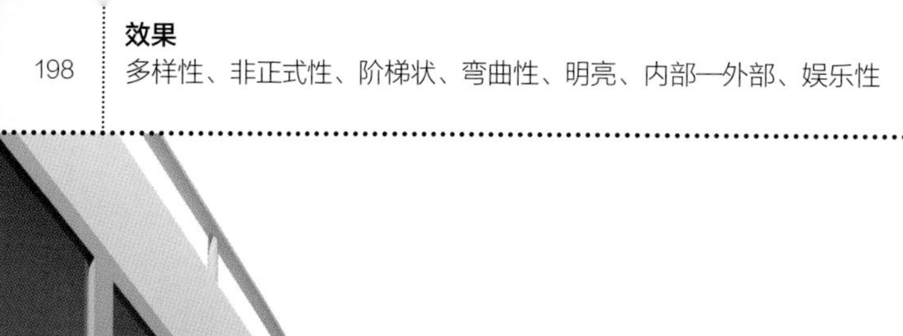

效果

多样性、非正式性、阶梯状、弯曲性、明亮、内部—外部、娱乐性

MVRDV建筑事务所 | VPRO公共广播公司 | 荷兰希佛萨姆 | 1994年

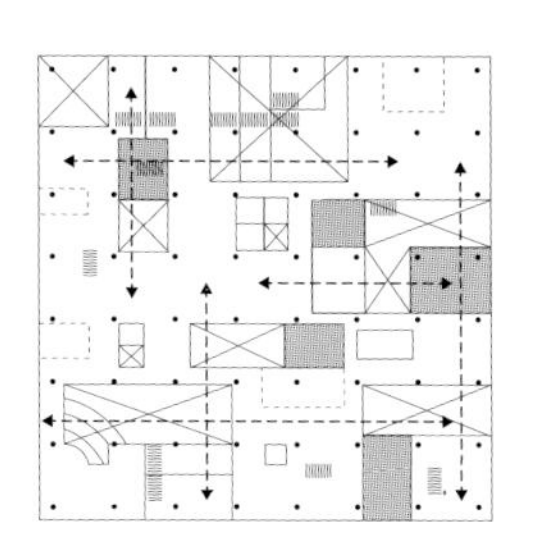

互动性

分散在整个楼层的庭院、露台、错层和屋顶花园促进了员工之间的视线互动，并创造意想不到的空间供他们进行非正式互动。

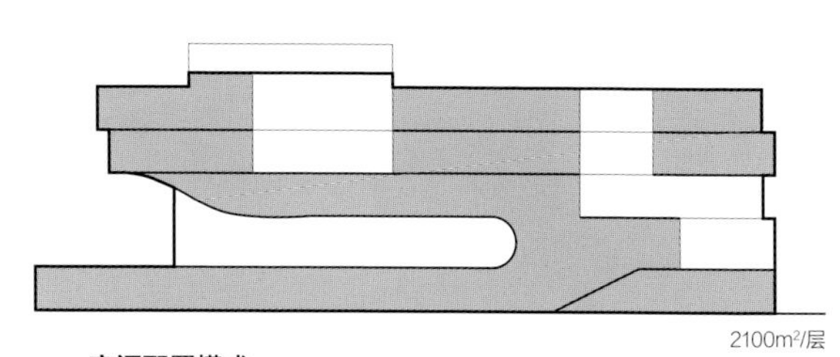
2100m²/层

空间配置模式

这座建筑内空间的连续性使其只能由单个租户租赁。

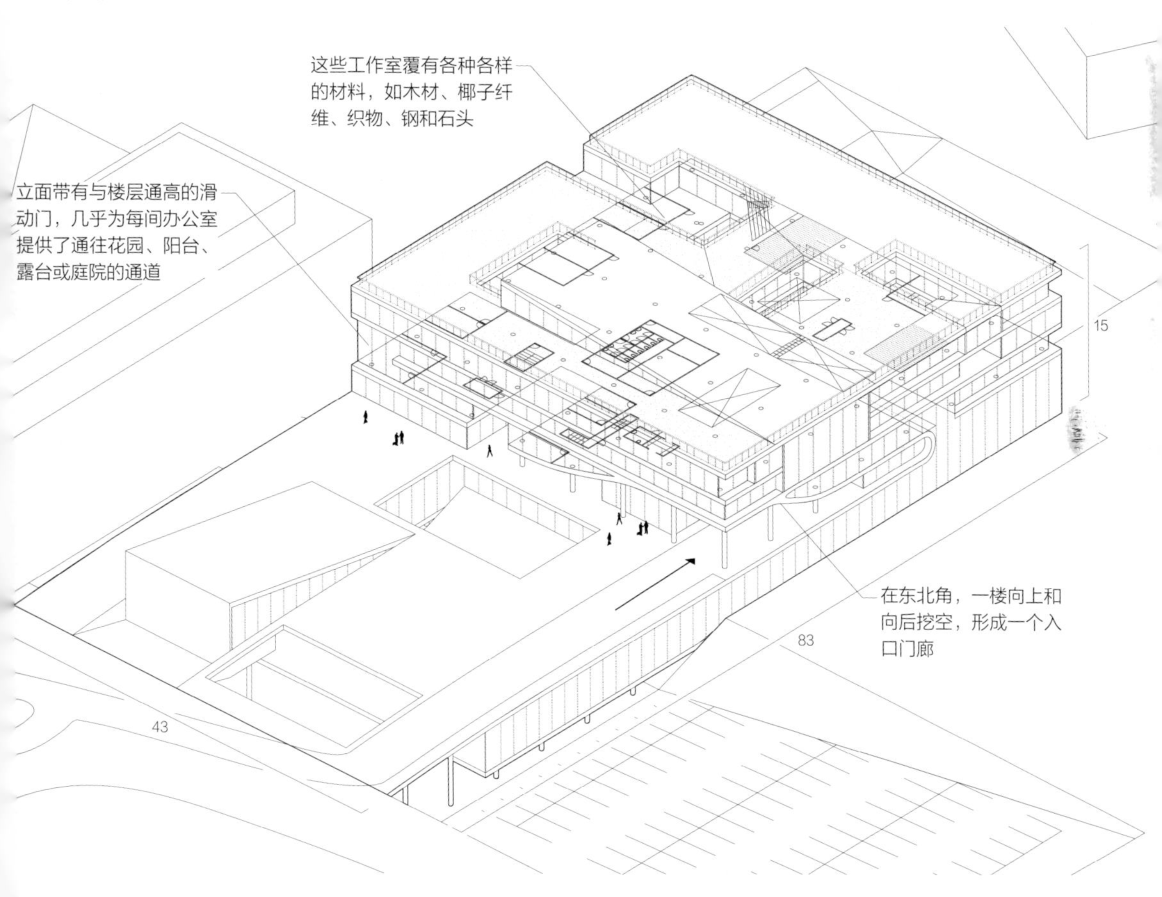
这些工作室覆有各种各样的材料，如木材、椰子纤维、织物、钢和石头
立面带有与楼层通高的滑动门，几乎为每间办公室提供了通往花园、阳台、露台或庭院的通道
15
在东北角，一楼向上和向后挖空，形成一个入口门廊
83
43

VPRO公共广播公司是一栋5层的低层体块式建筑，将各个部门容纳在一栋建筑内。它有一个方形的平面，由空隙贯穿，并由柱网和支柱支撑。插入厚楼板的空隙中，5个位于建筑体块的周边，两个位于内部。空隙的截面各不相同，可作为建筑物内不同类型的室外空间。它们还为办公空间引入自然光和多种层高。这些楼层通过坡道、阶梯式的楼板、纪念性台阶和小的抬升连接在一起，共同作为通往屋顶花园的长廊。这些空间策略产生了各种各样非正式的办公空间，分别围绕休息室、阁楼、大厅、庭院和露台，员工可以互相交流。因此，VPRO公共广播公司的办公空间传递了多样性、非正式性、阶梯状、弯曲性、明亮、内部—外部和娱乐性的效果。

福斯特建筑事务所 | 威利斯 · 费伯和杜马斯保险公司总部大楼 | 英国伊普斯威奇 | 1971年

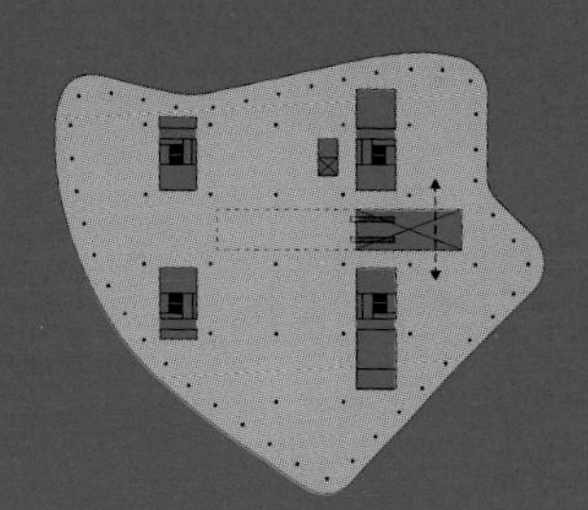

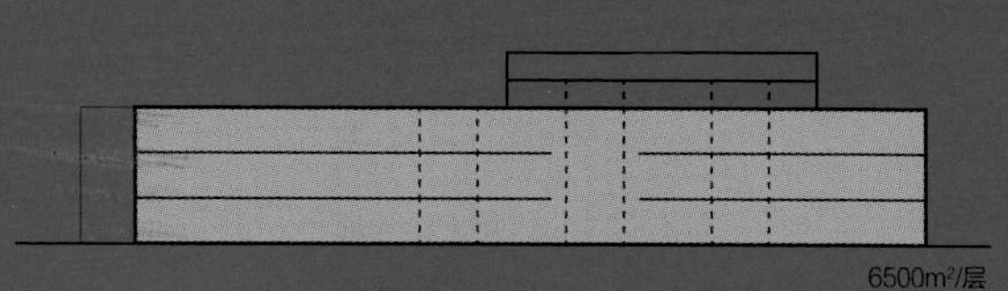
6500m^2/层

互动性

室外的屋顶花园、餐厅、游泳池和内部的中庭是鼓励员工在工作时间和午餐休息期间的社交互动的基本特征。

空间配置模式

虽然这座建筑最初是为单一租户建造的，但是通过自动扶梯到达不同楼层的安排，也可以供多个租户使用。

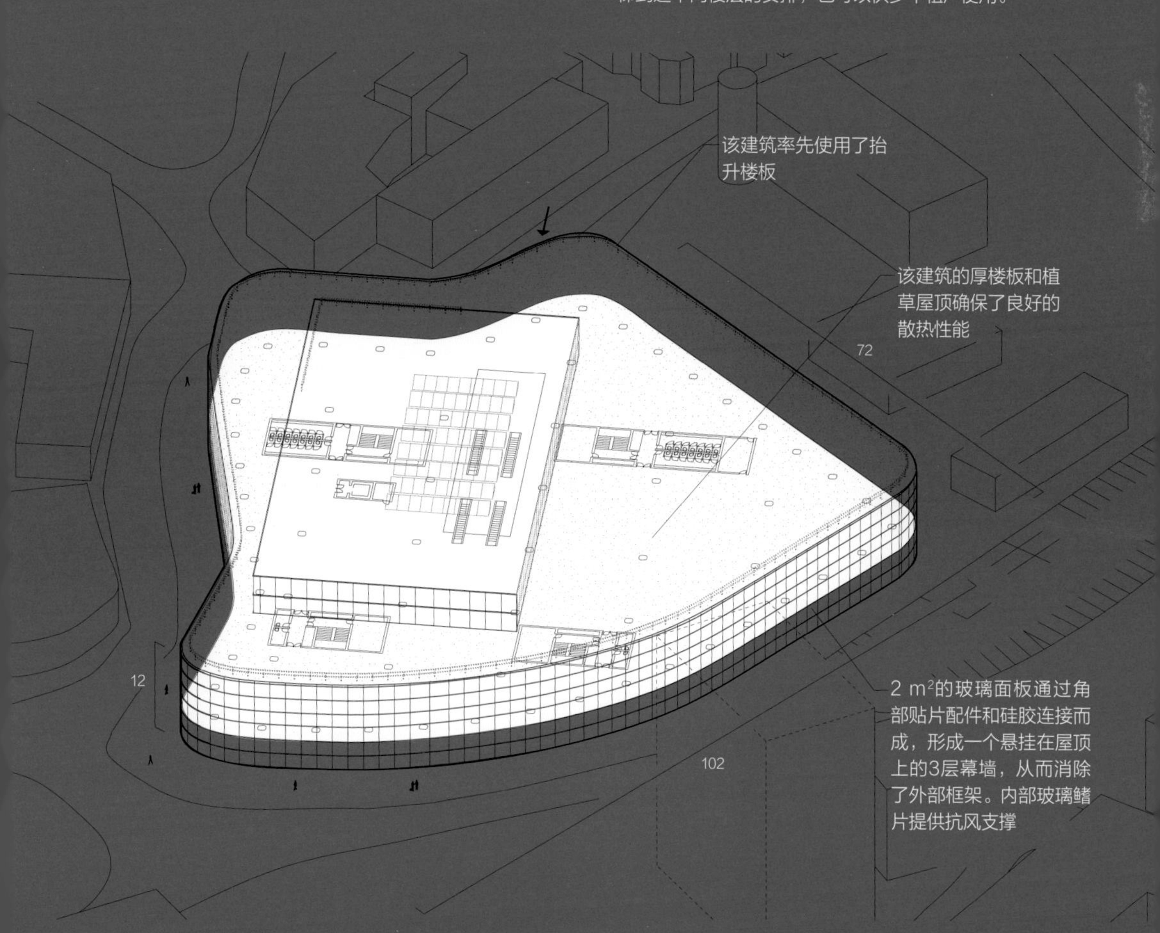
该建筑率先使用了抬升楼板
该建筑的厚楼板和植草屋顶确保了良好的散热性能
72
12
102
2 m^2的玻璃面板通过角部贴片配件和硅胶连接而成，形成一个悬挂在屋顶上的3层幕墙，从而消除了外部框架。内部玻璃鳍片提供抗风支撑

威利斯 · 费伯和杜马斯保险公司总部大楼共有3层，容纳了该保险公司的行政办公室。平面蜿蜒的轮廓包括围绕中庭的开放式办公室，可通过自动扶梯进入，并由混凝土柱和悬臂式混凝土楼板支撑。自动扶梯通往一个屋顶餐厅和一个屋顶花园，那里最初设有一个游泳池供员工在午休时享用。这些要素旨在使工作场所民主化，并促进工作人员形成更强的社群感。从外部看，这栋建筑外覆太阳能着色玻璃面板。白天它几乎是黑色的，反射出周围的环境；晚间，玻璃幕墙几乎消失在夜色中，展现出建筑中的办公空间。因此，威利斯 · 费伯和杜马斯保险公司总部大楼传递了迂曲性、开放性、民主性、灵活性和互动性的效果。

埃米里奥·安柏兹建筑事务所 | 阿库罗斯福冈基金大厦 | 日本福冈 | 1994年

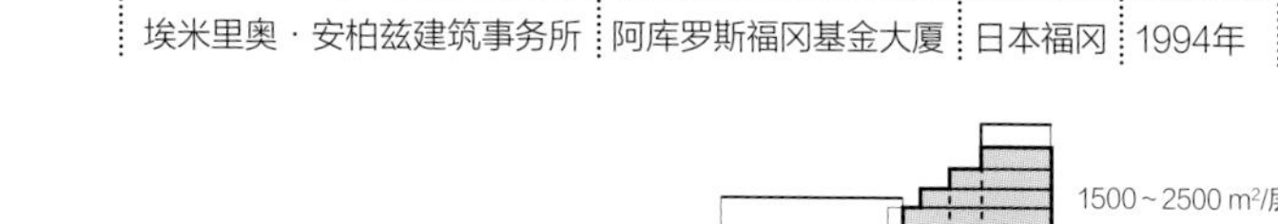

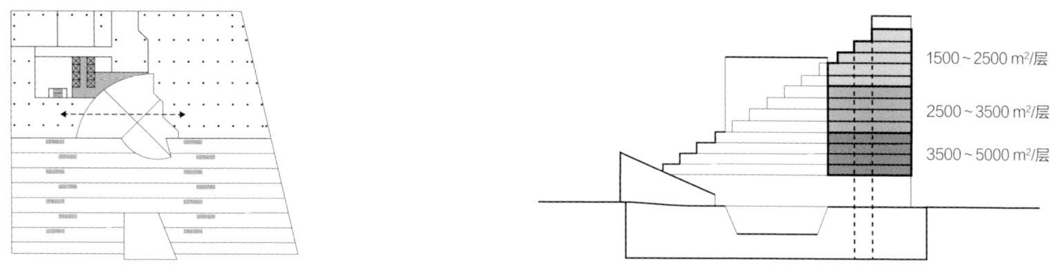
1500~2500 m²/层
2500~3500 m²/层
3500~5000 m²/层

互动性

外部的露台花园和内部的中庭为员工提供互动的机会。

空间配置模式

该建筑为满足多种用途和容纳多个租户而设计，并且非常灵活。

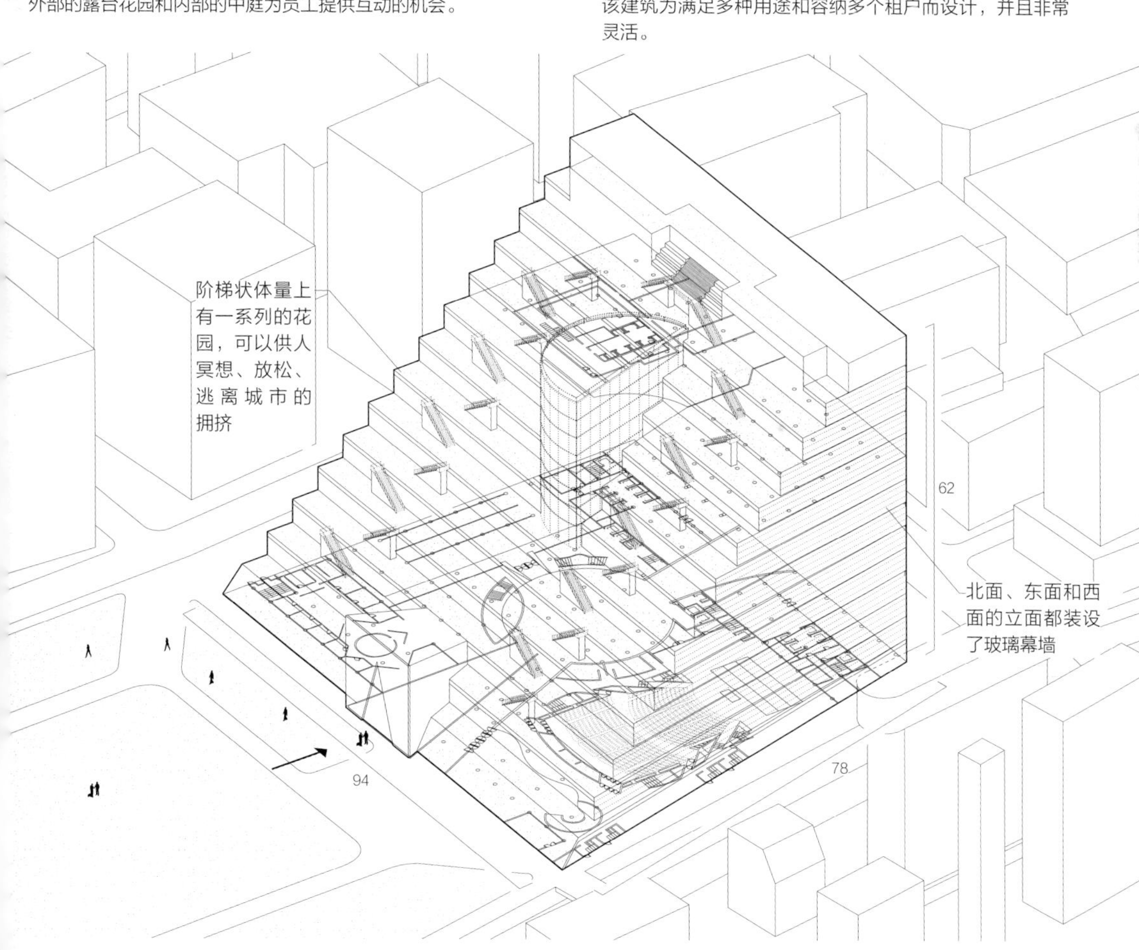
阶梯状体量上有一系列的花园，可以供人冥想、放松、逃离城市的拥挤
北面、东面和西面的立面都装设了玻璃幕墙
62
94
78

阿库罗斯福冈基金大厦是一个15层的阶梯状体块式建筑，下部有两层地下车库。多边形楼板围绕圆形中庭，周围布置了行政办公室、展览厅、博物馆、剧院、会议设施和零售空间。楼板的尺寸向上逐层减小，产生了楔形或金字塔状的种植外墙——一个"阶梯式花园"。这个花园向下延伸到南部现有的公园。居民和游客可以通过楼梯穿过绿地，前往建筑顶部的观景台。在室内，玻璃中庭通过在露台上的倒影池之间的侧天窗，接收到漫射光。外部的环境噪声也被内部连接倒影池的喷涌的水流遮挡。露台花园可以作为外部的便利设施，同时也有利于室内环境。因此，阿库罗斯福冈基金大厦传递了阶梯状、内部—外部、绿化和全景的效果。

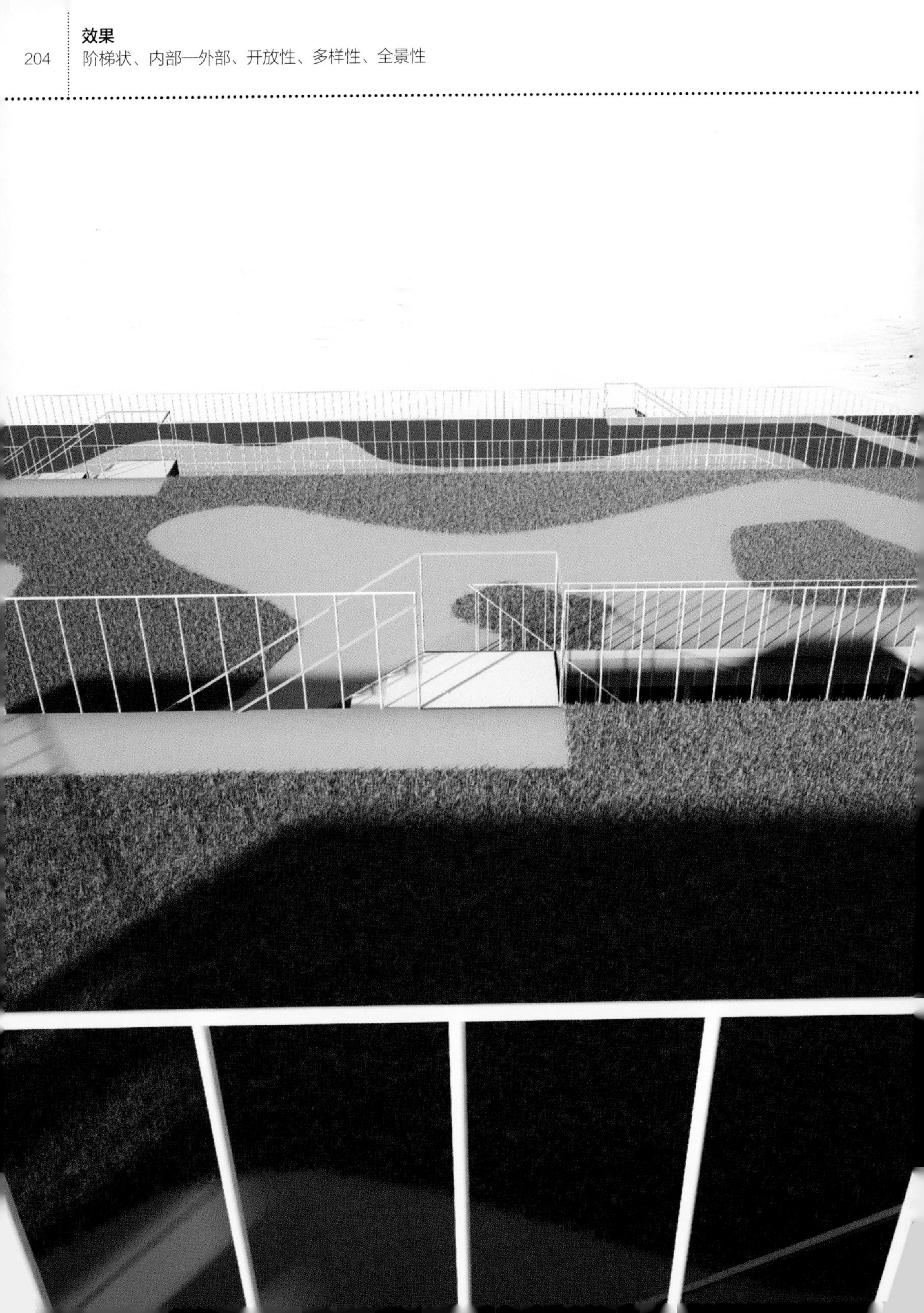

NL建筑事务所 | SOZAWE办公大楼 | 荷兰格罗宁根 | 2009年

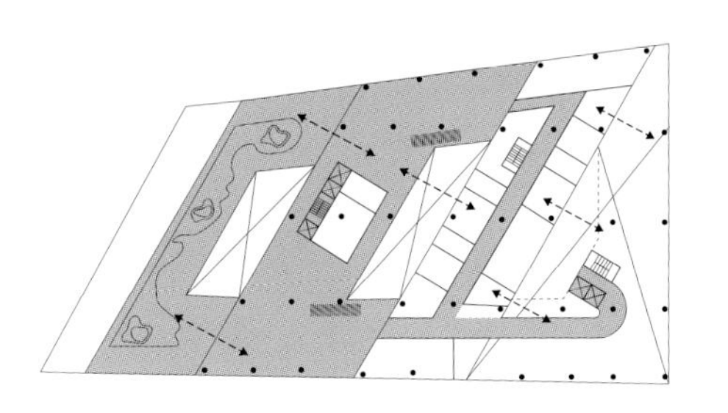

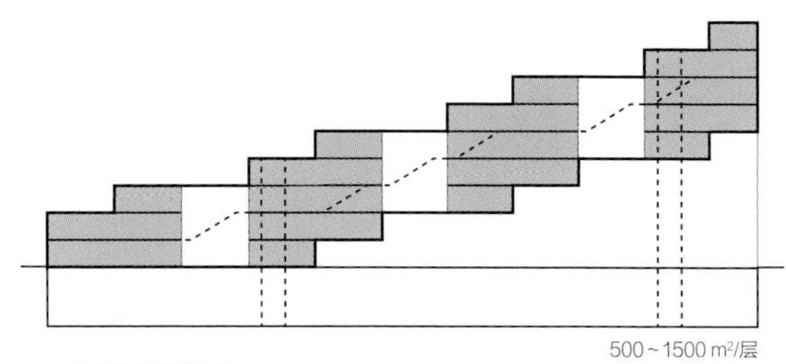
500～1500 m²/层

互动性

室内的“市场”区域和建筑阶梯状的形式营造出楼层之间的互动感，而通过每层楼的独立露台均可欣赏到城市景观。

空间配置模式

虽然这座建筑是为单个租户设计的，但它的校园式布置允许多个租户租赁。

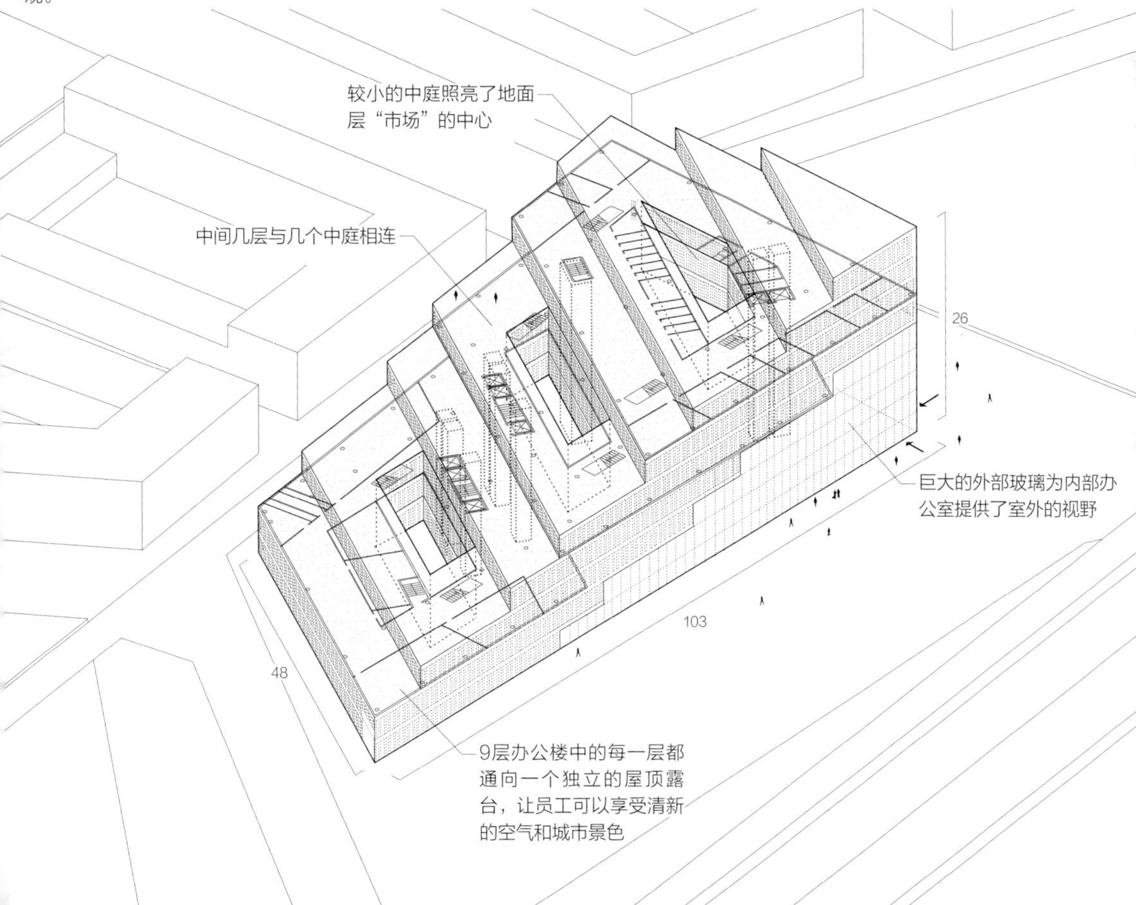
较小的中庭照亮了地面层“市场”的中心
中间几层与几个中庭相连
26
巨大的外部玻璃为内部办公室提供了室外的视野
103
48
9层办公楼中的每一层都通向一个独立的屋顶露台，让员工可以享受清新的空气和城市景色

SOZAWE办公大楼是一个9层的阶梯状体块式建筑，容纳了格罗宁根市的福利部和工作机构。该建筑围绕3个中庭和庭院布置，为办公室提供充足的光照，并在阶梯状的办公层下形成一个封闭的大厅，称为“市场”。这个空间的玻璃立面使其内充满了自然光。庭院之间设有3个核心筒，用以提供进入办公室的通道。此外，开放式楼梯沿着阶梯状体量布置。尽管“市场”区域为政府部门和公众之间的互动提供了空间，但9层办公室中的每一层也都有自己的露台用于互动。因此，SOZAWE办公大楼的办公空间传递了阶梯状、内部—外部、开放性、多样性和全景性的效果。

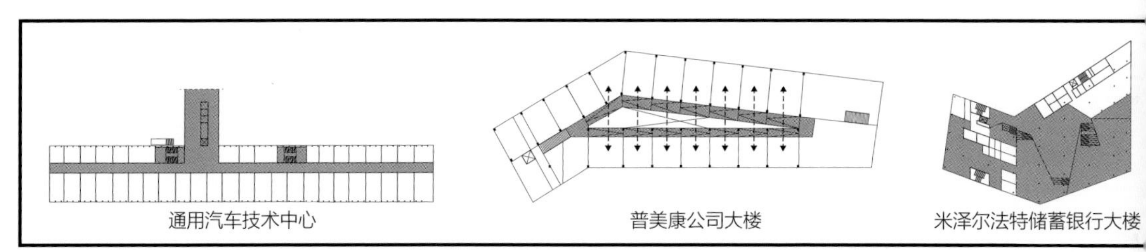

办公 / 单个板楼

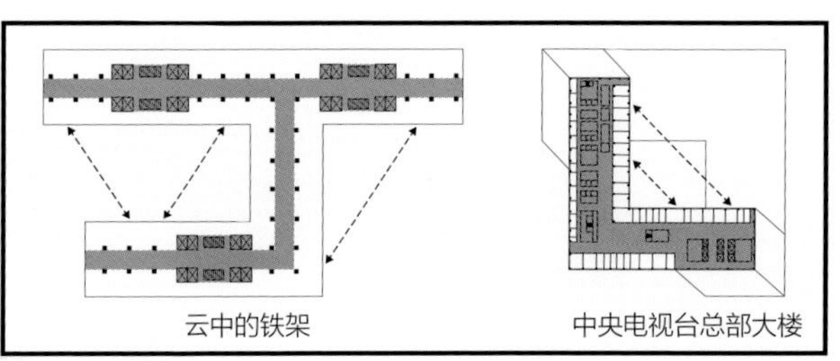

办公 / 板式塔楼

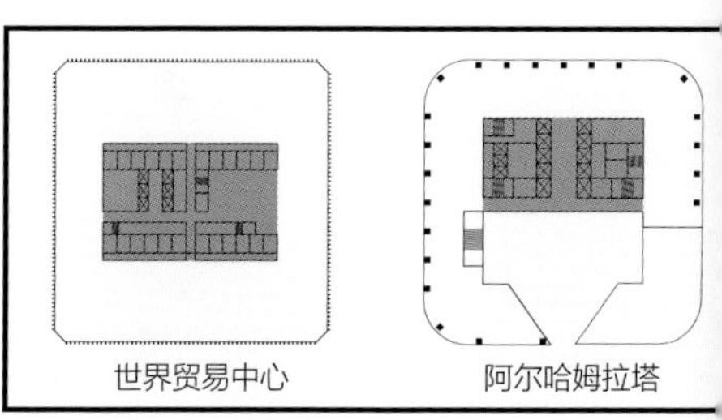

办公 / 塔楼 / 中央核心筒

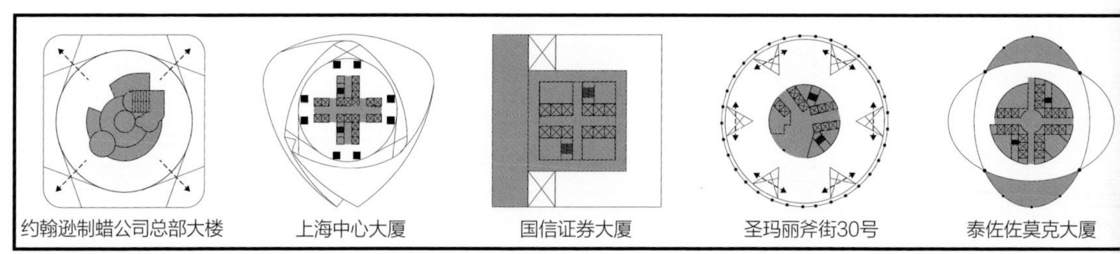

办公 / 塔楼 / 中央核心筒 / 外围中庭

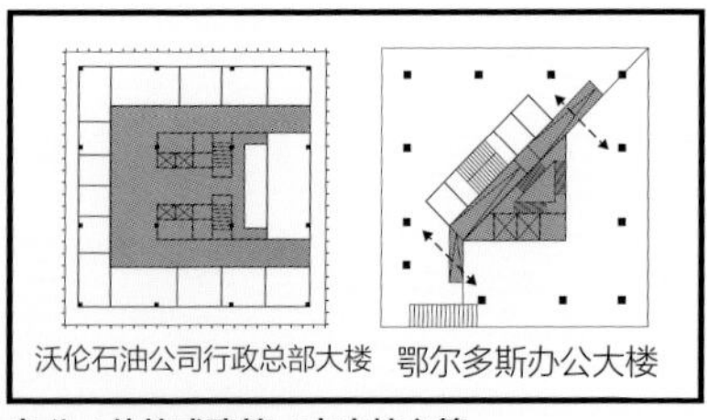

办公 / 体块式建筑 / 中央核心筒

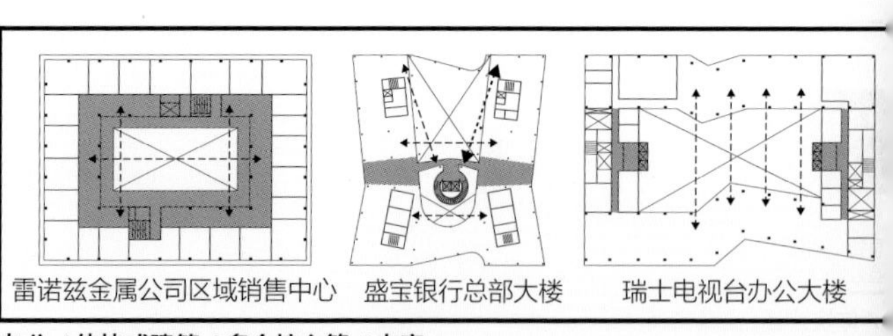

办公 / 体块式建筑 / 多个核心筒 / 中庭

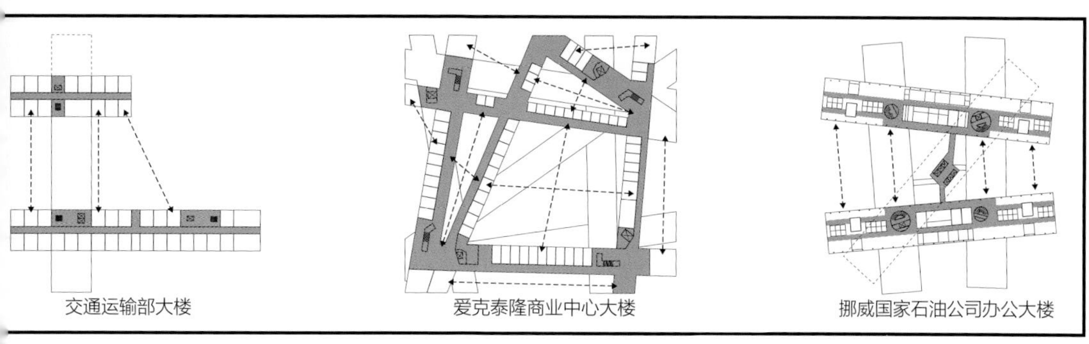

: / 多个板楼

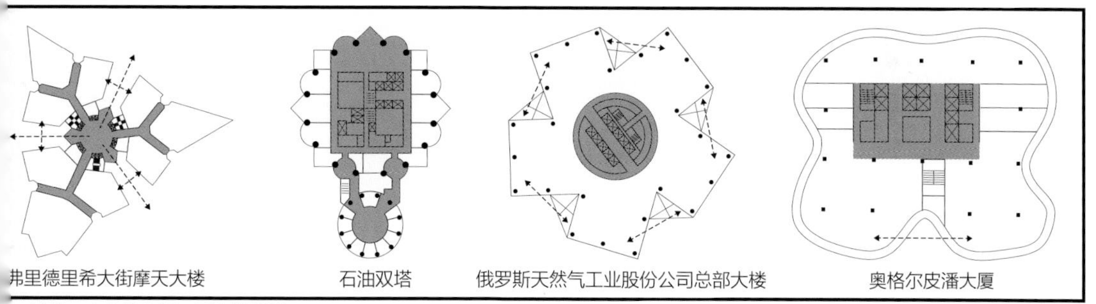

/ 塔楼 / 中央核心筒 / 波浪状楼板

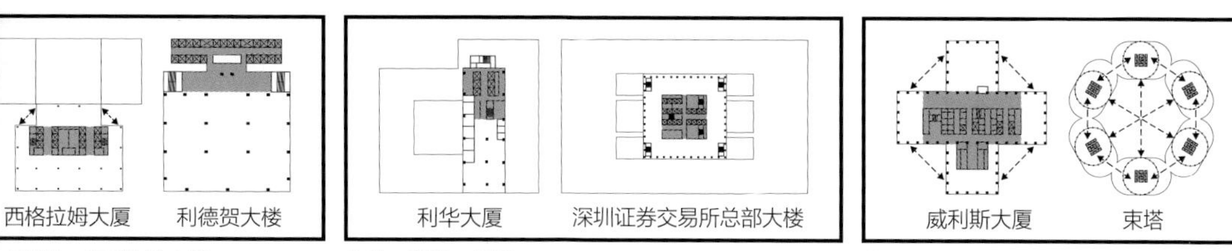

/ 塔楼 / 非对称核心筒

办公 / 塔楼 / 裙楼

办公 / 塔楼 / 束筒

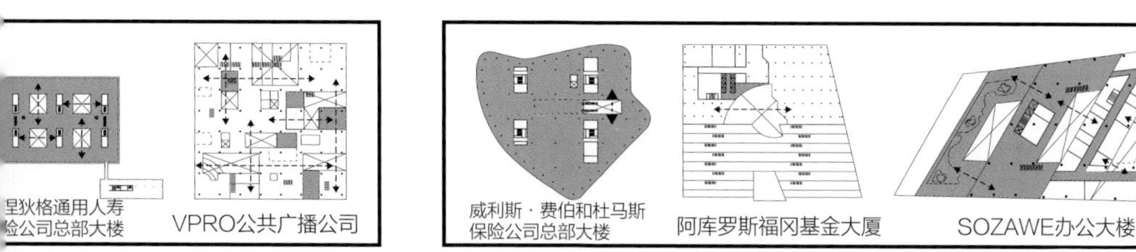

/ 体块式建筑 / 多个核心筒 / 庭院

办公 / 体块式建筑 / 多个核心筒 / 中庭

共同点：空间配置模式

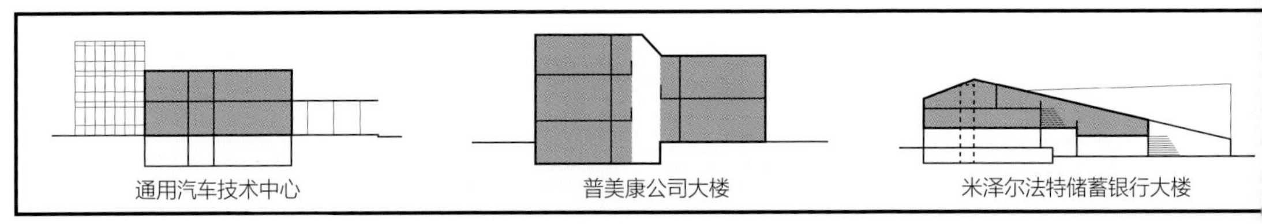

办公、单个板楼

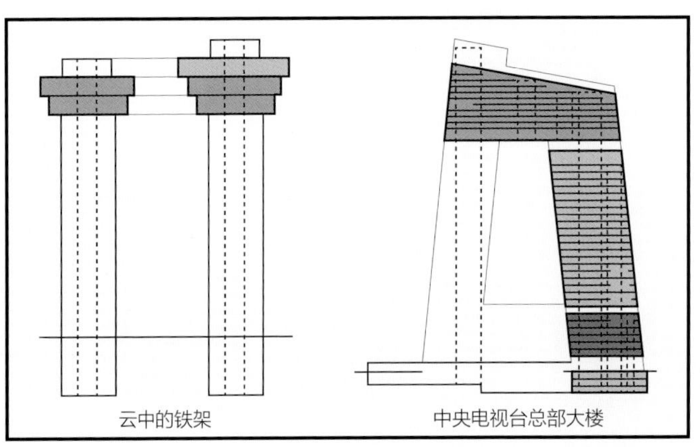

办公 / 板式塔楼

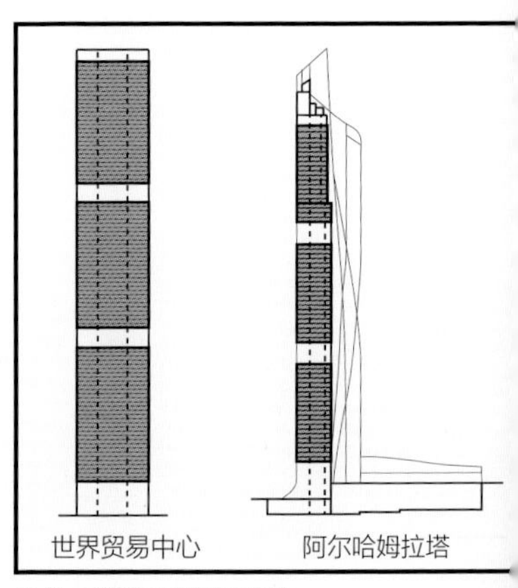

办公 / 塔楼 / 中央核心筒

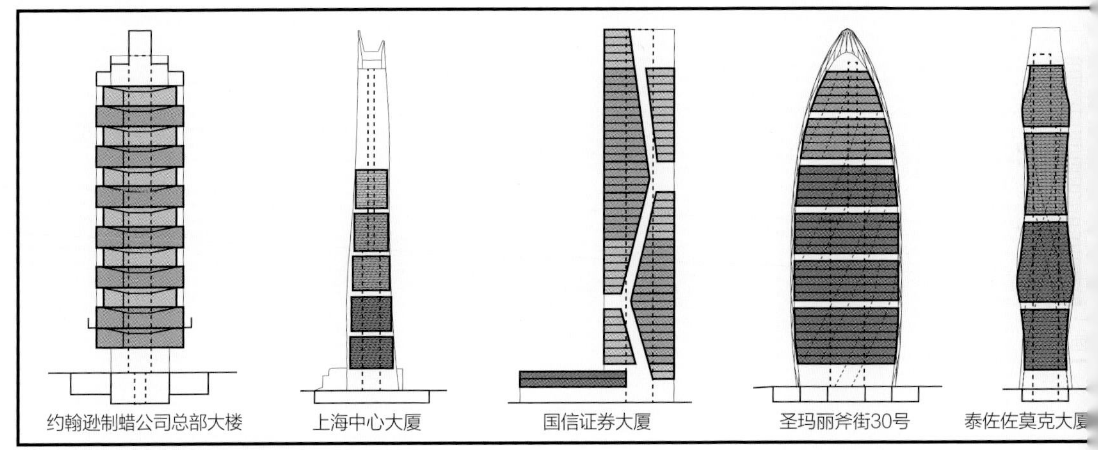

办公 / 塔楼 / 中央核心筒 / 外围中庭

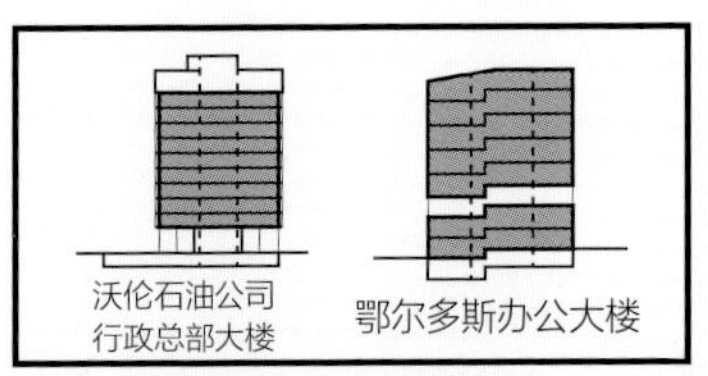

办公 / 体块式建筑 / 中央核心筒

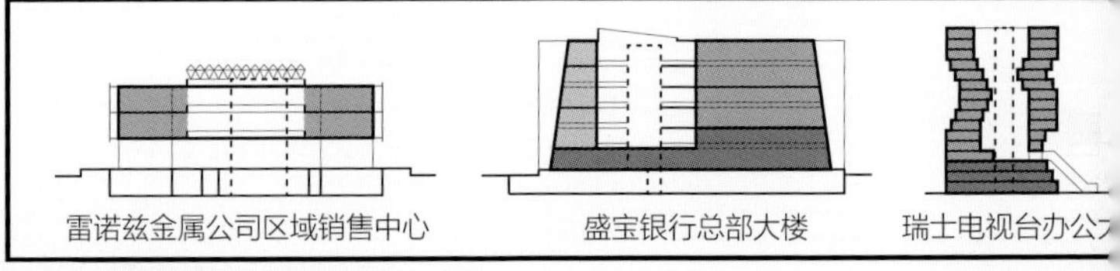

办公 / 体块式建筑 / 多个核心筒 / 中庭

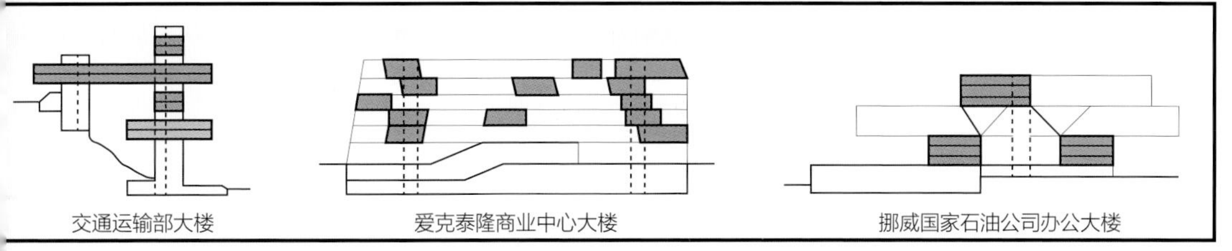

公/多个板楼

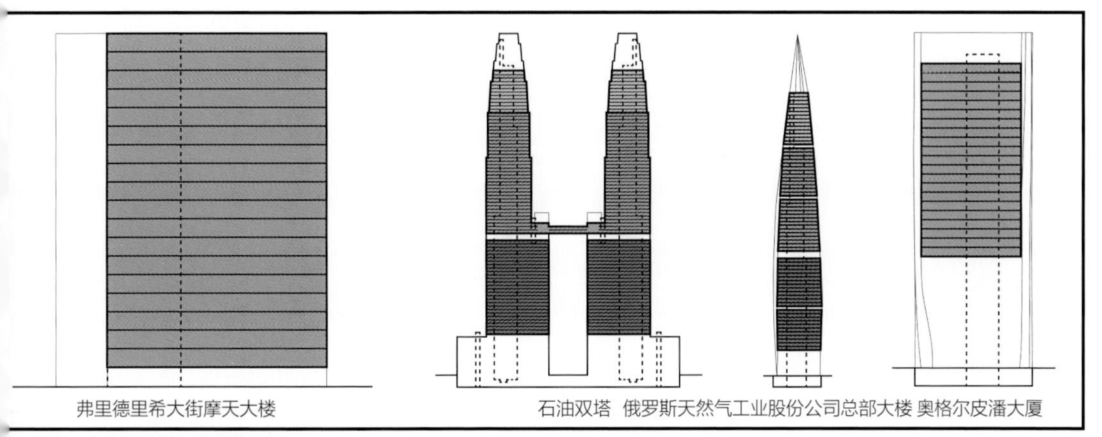

/塔楼/中央核心筒/波浪状楼板

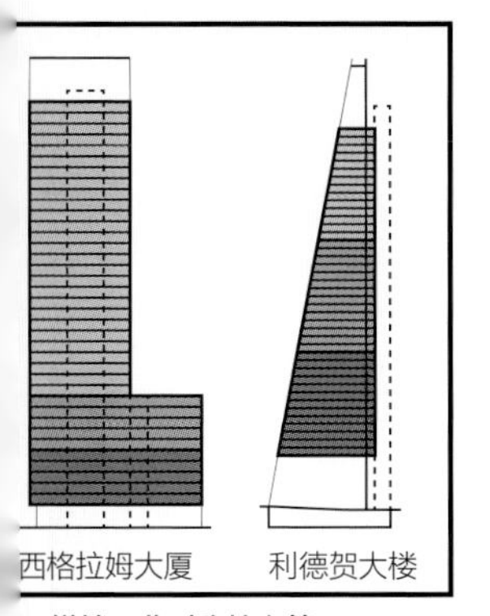

/塔楼/非对称核心筒

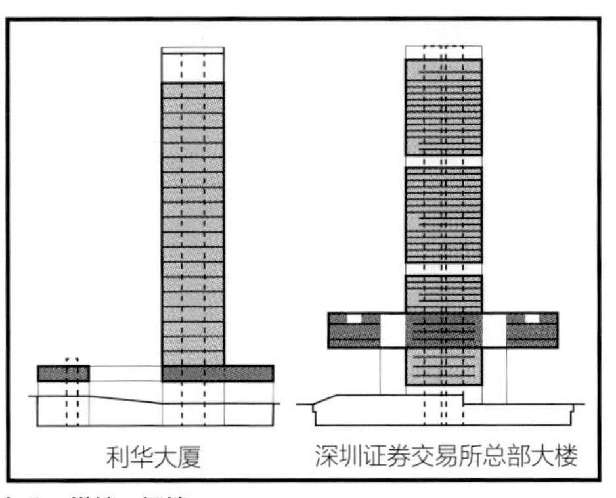

办公/塔楼/裙楼

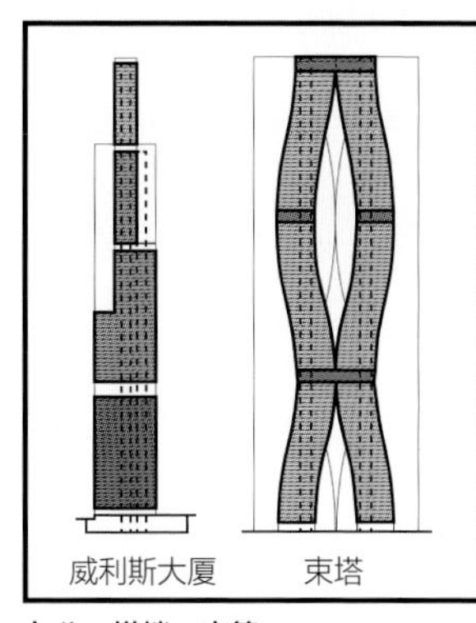

办公/塔楼/束筒

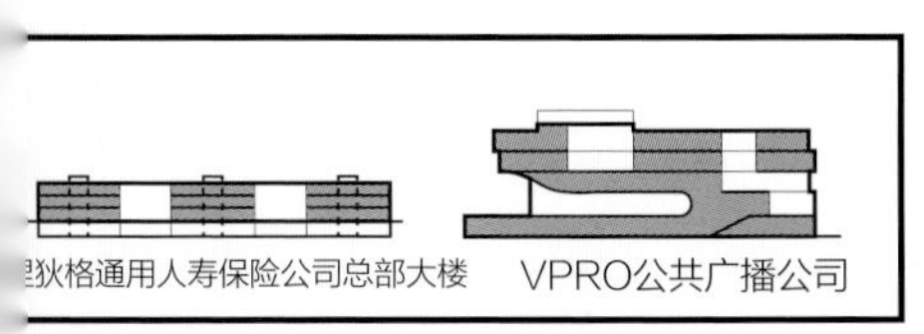

/体块式建筑/多个核心筒/庭院

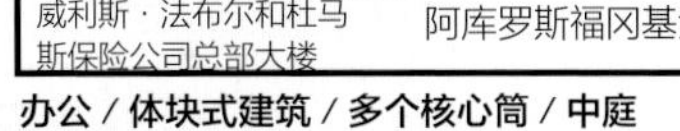

办公/体块式建筑/多个核心筒/中庭

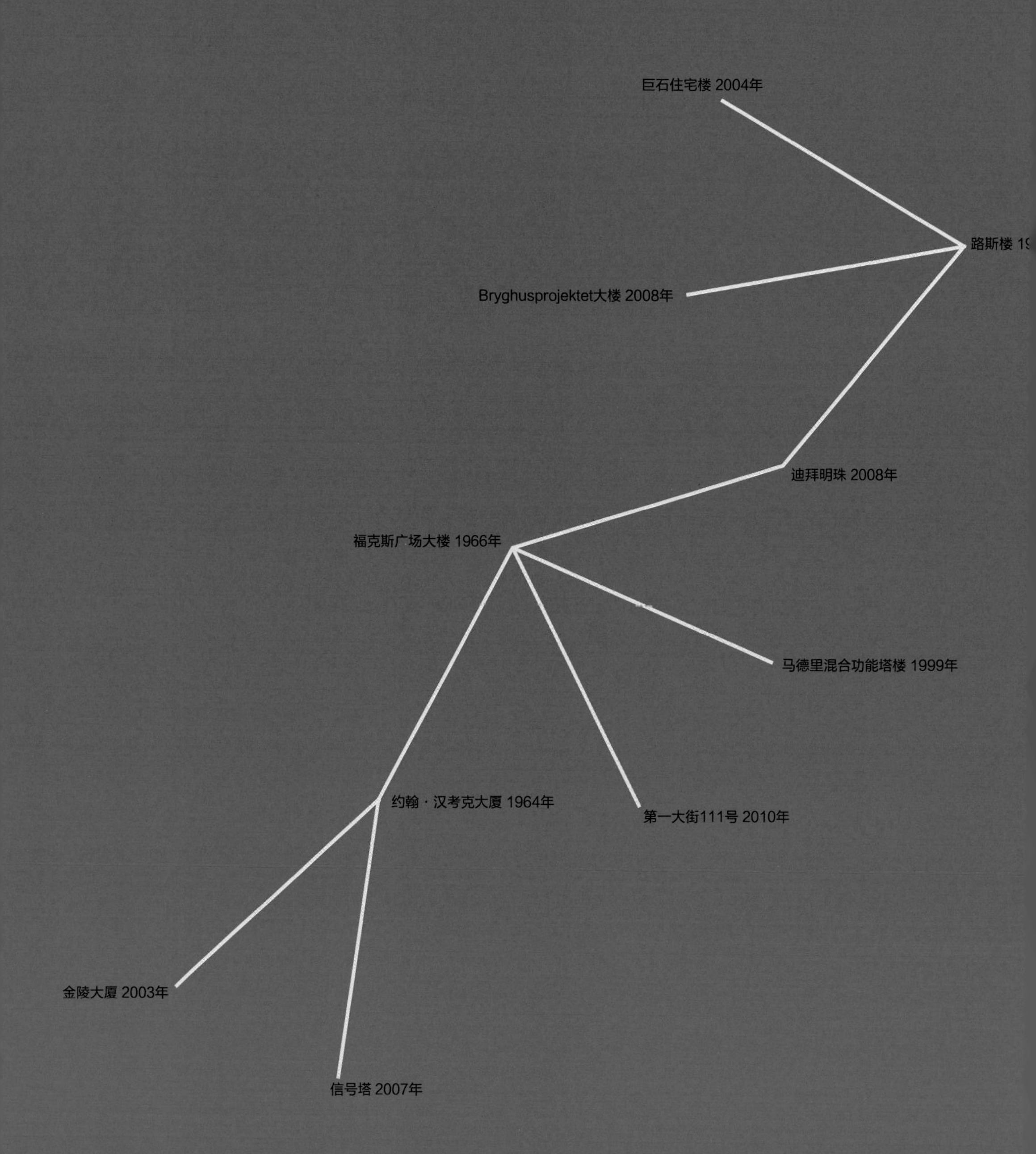
巨石住宅楼 2004年
路斯楼 19
Bryghusprojektet大楼 2008年
迪拜明珠 2008年
福克斯广场大楼 1966年
马德里混合功能塔楼 1999年
约翰 · 汉考克大厦 1964年
第一大街111号 2010年
金陵大厦 2003年
信号塔 2007年

居住与办公　1909—2014年

本章追溯了自20世纪早期以来混合功能建筑设计的发展及演变，选取的当代建筑都得益于这些演变所发展出的组织和空间分布原则。这些项目如何开发和利用了这种建筑类型的潜力，是本次分析的重点。

塔楼

美国伊利诺伊州芝加哥的约翰·汉考克大厦（第215页）是一座用于居住、办公和购物的锥形塔楼。在基座部分的商店采用了厚楼板；在它之上，办公室采用稍微薄一些的楼板；再以上的住宅单元采用更薄的楼板。该塔楼逐渐变细的形式也增强了它的结构稳定性。但是，不同用途的楼板的简单叠加不能为每一种功能区域提供最佳的朝向，也不能在综合体中产生一种社交融合性，因为不同的用户之间没有得以互动的空间。下面的相关项目解决这个问题：中国南京的金陵大厦（第217页）、法国巴黎的信号塔（第219页）。

美国加利福尼亚州旧金山的福克斯广场大楼（第221页）是一座高层板楼，用于居住与办公，其中下面13层用于办公，而上面楼层用于居住。两个部分的外立面采用不同的处理方式，办公楼层最大限度地获得日光，住宅单元也拥有高度私密性。然而，两个部分的进深和朝向相同，使得该建筑非常适合居住，但不适合办公。一座包含零售设施的毯式建筑物与主楼相连，形成一个广场，可以作为居民和办公室工作人员之间互动的地点，但除此之外没有其他可供互动的场所。以下相关项目解决了这个问题：美国泽西市的第一大街111号（第223页）、西班牙马德里的混合功能塔楼（第225页）、阿联酋迪拜的迪拜明珠（第227页）。

体块式建筑

位于奥地利维也纳的路斯楼（第229页）是一个用于零售和居住的L形体块式建筑，其中3个楼层专门用于零售，而上部楼层则作为住宅单元。这两个部分采用不同的表皮，零售楼层的表皮大量采用了绿石，以获得最大的可见度，而公寓的外部则没有装饰，因此保留了隐私。然而，两个部分的进深和朝向是相同的，使其更适合居住而非零售。此外，建筑没有尝试促进商店顾客和居民之间的互动。以下相关项目解决了这个问题：法国里昂的巨石住宅楼（第231页）、丹麦哥本哈根的Bryghusprojektet大楼（第233页）。

工业化和第二次世界大战后，摩天大楼的出现导致了土地分区法规的产生，规定根据功能将建筑物进行区分。但是，不受限于这些规定可以激发城市的活力。混合功能建筑融合了居住、商业、文化或机构功能，并在它们之间建立了物理连接，降低了交通流量并创造了更安全的环境。因此，这种建筑可以提高城市的可持续性。以下是形成混合功能建筑设计基本规则的一些惯例，最后两个——内部连通性和内部邻近性（视线互动）——构成本章中建筑物比较的基础，因为它们需要得到进一步发展。

形式

混合功能建筑中的不同功能通常具有根本不同的空间需求，除非该形式旨在适应不同的用途，否则它必须符合主要功能的要求。例如，主要用于居住的建筑物将需要优化布局以获得东西朝向（高纬度地区东西朝向接收阳光最多）、更好的视野和居住楼层的最大私密性。主要由办公室占用的建筑物需要提供南北朝向以及与零售、运输等支持设施的最大连通性。不同的功能还需要不同的楼板进深，不同的建筑形式以不同的方式解决这个问题。

塔楼：单一进深的塔楼不适用于混合功能塔楼的所有用途。因此，进深必须是多样的，才能适应每种功能的要求。

塔楼—板楼—体块：塔楼、板楼和体块的堆叠是可以满足不同功能的进深要求的有效方式。然而，这种布置需要更大的表皮，因此降低了塔楼的建筑环境性能。

体块式建筑：单个体块可以为混合功能开发提供可变进深和紧凑形式，并且允许垂直或水平分离使用。

功能配置

在混合功能塔楼中，功能通常是垂直分开的。对于较小的混合功能体块式建筑，水平分离通常是唯一的选择。

服务

在空间规划允许的情况下，可以通过背靠背和服务墙布置实现高效分配和立管设计。如果涉及厨房或厕所的通风，商业功能的通风则需要在最高的屋顶层排放，并且管道将影响公寓的空间规划。屋顶层的终端也需要仔细布置，以避免交叉污染和降低噪声。

效率

住宅楼层的最佳单元尺寸、净毛比和墙地比可能与零售或办公楼层的不同。因此，可能需要转换结构、退让或不规则形状的形式，所有这些总体上效率都较低。

入户通道和逃生路径

多个核心筒减少了对走廊的需求，因此为住宅楼层提供了更多的私密性，还增强了安全性。但是，必须根据其他类型用户的要求权衡这些好处，例如需要减少入口对零售建筑临街面的影响。

转换结构

最经济的结构解决方案是使柱网通过不同功能区域向下到达地下室。但是，如果在较低楼层容纳大型零售单元，则需要结构自由的空间，并且在这种情况下，结构转换将更合适。

结构转换层可用于容纳机械服务设备。

私密性

需要在混合功能建筑物中对街道活动、交通和设备场地产生的噪声进行控制。可能采取的措施包括将住宅楼层布置在上层或将设备场地定位在距住宅单元一定距离处。

共享空间: 在一种用户之间 不同类型的用户之间 公共空间
用户: R =居住, R(h)=居住(酒店), W =办公, E =展览, S =购物。

内部连通性

20世纪后期城市的去工业化导致混合功能建筑和地区的数量逐渐增加。最大限度地发挥这种发展潜力的一种方法，不是将它们视为上下堆叠或相邻的独立功能，也不仅仅是密集化，而是通过寻找结合不同功能或在不同功能之间建立联系的方式来促进社交互动。露台、街道、广场、体育设施、咖啡馆和餐馆等设施可以在地面或沿着区间间隔被用户共享，促进了建筑物用户之间的联系。

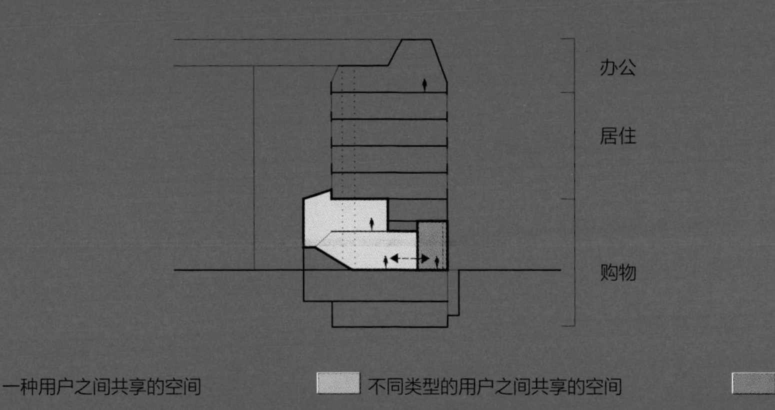

内部邻近性

混合功能开发可以通过提高不同用户之间的社群意识而激发安全感和活力。在建筑物中布置各种功能，使得它们跨越街道、露台、中庭和庭院，可以在处于不同位置的居住者之间建立视线联系。

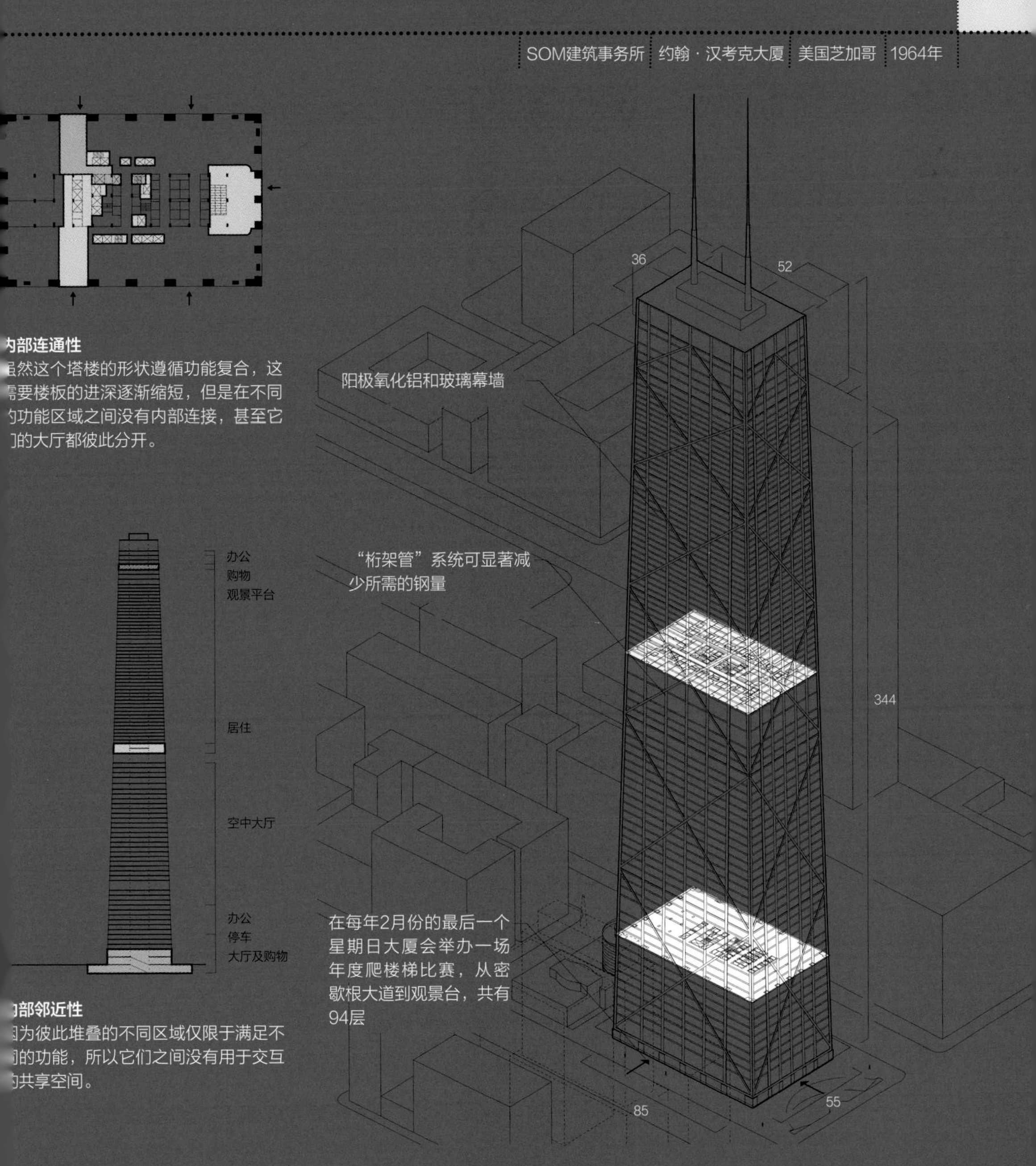

SOM建筑事务所
约翰 · 汉考克大厦
美国芝加哥
1964年
内部连通性
虽然这个塔楼的形状遵循功能复合，这需要楼板的进深逐渐缩短，但是在不同的功能区域之间没有内部连接，甚至它们的大厅都彼此分开。
阳极氧化铝和玻璃幕墙
36
52
“桁架管”系统可显著减少所需的钢量
344
办公
购物
观景平台
居住
空中大厅
办公
停车
大厅及购物
在每年2月份的最后一个星期日大厦会举办一场年度爬楼梯比赛，从密歇根大道到观景台，共有94层
85
55
内部邻近性
因为彼此堆叠的不同区域仅限于满足不同的功能，所以它们之间没有用于交互的共享空间。

约翰 · 汉考克大厦是世界上第一座混合功能大厦。这是一座100层高的大厦，包含700套公寓（第44 ~ 92层）、办公室、商业空间和停车场（第1 ~ 42层）。其锥形形状是矩形平面与中央核心筒的产物，随高度增加面积逐渐减小，以容纳每种功能所需的不同尺寸的楼板：较低层的办公室需要更大的开放平面区域，而一套高效公寓的平面则比办公室更小，但是比顶部的多卧室住宅拥有更大的进深平面。因此，锥形形状成功地将不同功能结合在一起，并优化其“桁架管”结构，以承受风荷载的“帆效应”。结构的斜支撑使用最少量的钢进一步增强了抗风能力，这样塔楼的内部空间开敞，可以获得更多连续无障碍的楼层空间。位于第42层的空中大厅为居民提供餐厅、健身俱乐部和游泳池，以及另一组单独的电梯。除了各自楼层的规模变化之外，塔楼内的不同功能区域接受相同的空间处理并且彼此保持分离。因此，约翰 · 汉考克大厦的办公空间和住宅楼层都传递出矩形、锥形、对角性和统一性的效果。

SOM建筑事务所 | 金陵大厦 | 中国南京 | 2003年

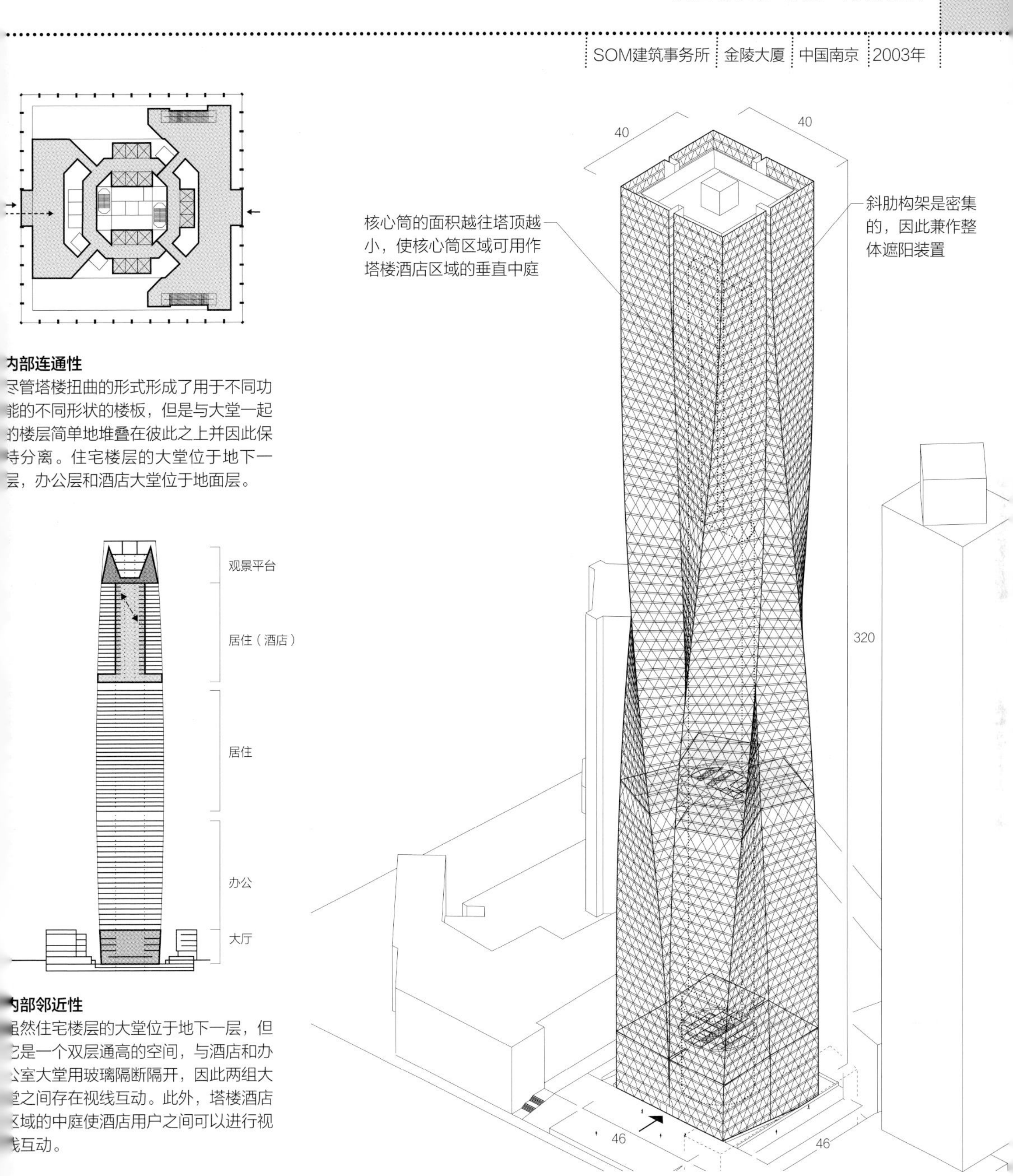
40
40
核心筒的面积越往塔顶越小，使核心筒区域可用作塔楼酒店区域的垂直中庭
斜肋构架是密集的，因此兼作整体遮阳装置
320
46
46
观景平台
居住（酒店）
居住
办公
大厅

内部连通性

尽管塔楼扭曲的形式形成了用于不同功能的不同形状的楼板，但是与大堂一起的楼层简单地堆叠在彼此之上并因此保持分离。住宅楼层的大堂位于地下一层，办公层和酒店大堂位于地面层。

内部邻近性

虽然住宅楼层的大堂位于地下一层，但它是一个双层通高的空间，与酒店和办公室大堂用玻璃隔断隔开，因此两组大堂之间存在视线互动。此外，塔楼酒店区域的中庭使酒店用户之间可以进行视线互动。

金陵大厦是一座88层的复合功能塔楼，内有酒店、办公室和公寓。大厦的扭曲形式来自一个方形平面，平面围绕着中央核心筒逐渐旋转，同时在中间层时，更深地起伏为X形平面，而在向塔的顶端时，则变得没有那么深。一方面，中间层的X形楼板在周边露出更多的表面区域，使公寓和酒店楼层能够最大限度地获取自然光与外部景观视野。另一方面，方形地板增加了底层商业租赁的可用面积。因此，扭曲形式将不同用途结合在一起而使它们全部处于不相同的空间条件下。它还使塔楼结构能够被设计成扭曲的斜交管，具有天然的结构稳定性。第25层和第55层设有空中大厅，否则，不同功能区域将会是彼此完全独立的。金陵大厦的办公空间传递了矩形、旋转、双向性和对称性的效果，而其公寓则传递了旋转、波纹状、对角性和统一性的效果。

让·努维尔工作室 | 信号塔 | 法国巴黎 | 2007年

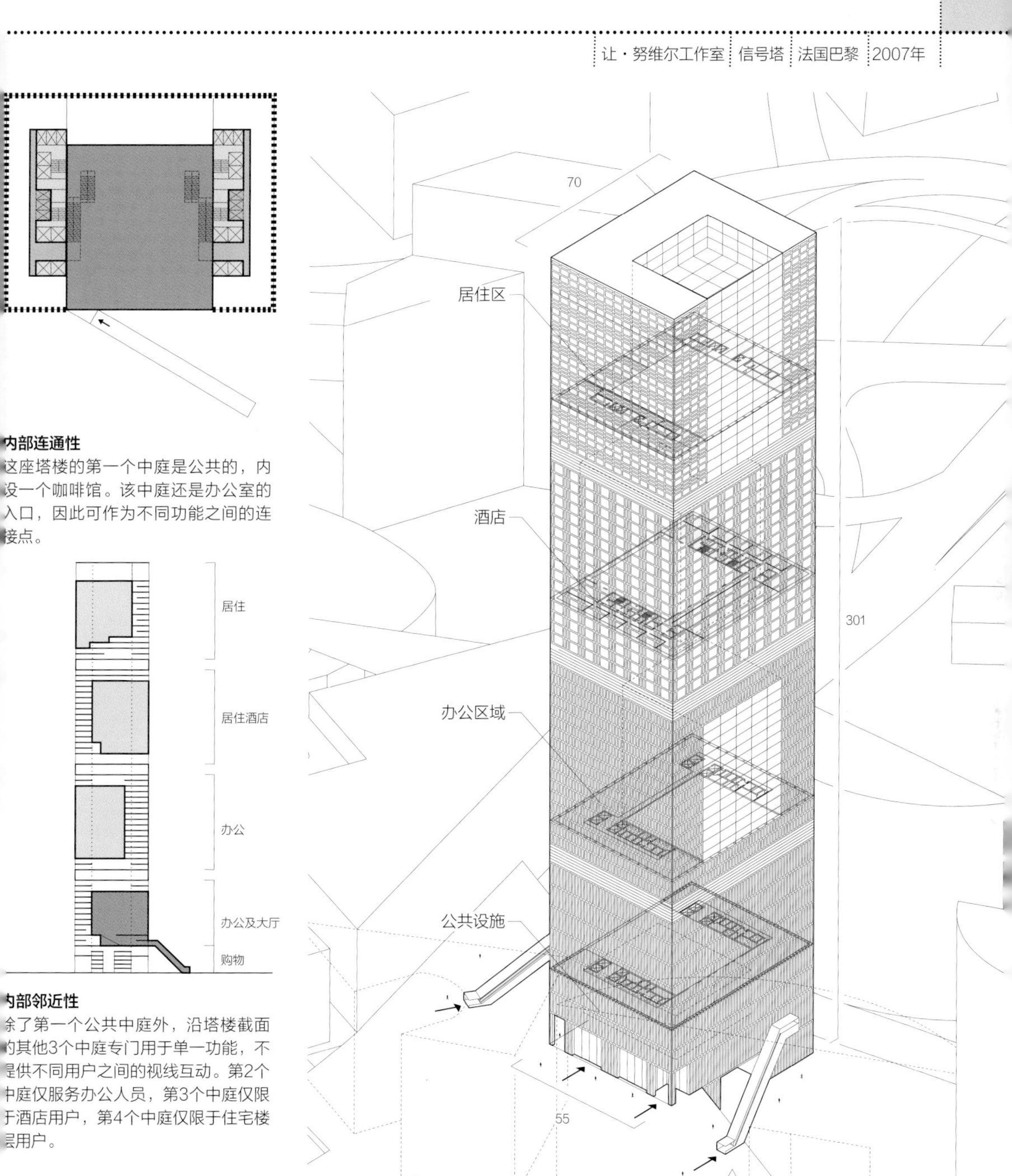

内部连通性

这座塔楼的第一个中庭是公共的，内设一个咖啡馆。该中庭还是办公室的入口，因此可作为不同功能之间的连接点。

内部邻近性

除了第一个公共中庭外，沿塔楼截面的其他3个中庭专门用于单一功能，不提供不同用户之间的视线互动。第2个中庭仅服务办公人员，第3个中庭仅限于酒店用户，第4个中庭仅限于住宅楼层用户。

信号塔是一个71层混合功能大楼的方案，包括公寓、办公室、酒店设施、零售店和文化设施。如果方案实现，它将成为法国第一座混合功能塔楼。它的独特形式是通过堆叠4个体块形成的，每个体块专门容纳了不同的功能区域。这些体块在中庭的两侧各有两个核心筒，形成了外部的巨大窗户。中庭的位置在相反的方向上交替。中庭显露出楼层，每层都形成了阳台，并促进了每个体块的用户之间的联系，以及与外部的联系。对所有用户开放的第一个中庭是个例外，不同功能区域之间没有内部空间联系，是由于它们被隔离在彼此堆叠的体块中。因此，信号塔的每个体块都传递了垂直性、洞穴状、差异性和统一性的效果。

维克多 · 格鲁恩 | 福克斯广场大楼 | 美国旧金山 | 1966年

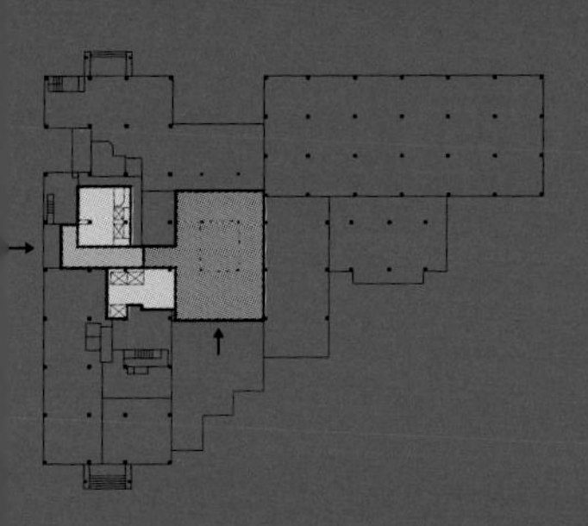

内部连通性

塔楼连接到一栋两层楼房，它们共同构成了一个充当用户互动空间的广场。此外，底层还有一个小型公共空间，可通往住宅楼层和办公室以及零售设施的大厅。

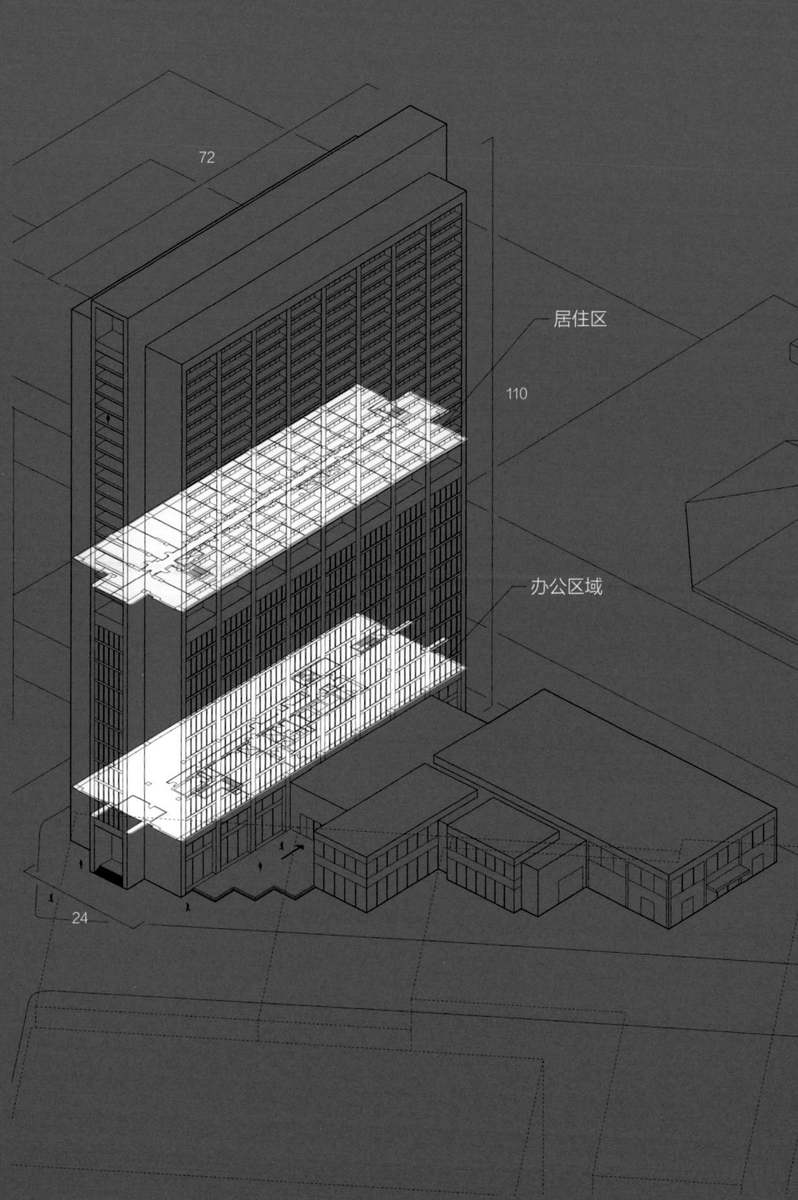

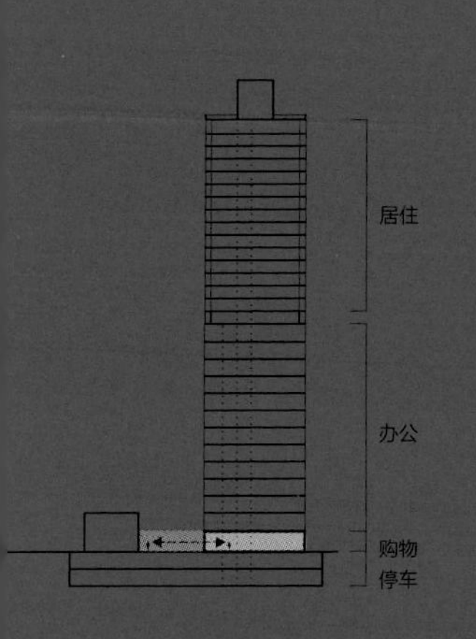

内部邻近性

由于功能区域简单地堆叠在一起，它们之间没有视线互动，而基地上的广场和建筑物内部之间，以及双层通高的办公大厅和零售设施内可以进行视线互动。

福克斯广场大楼是一座29层的混合功能塔楼，可容纳办公室和公寓，还有一栋包含零售设施的低层建筑。大楼的第1至12层包含办公空间，第13层用作服务楼层，第14层包含健身房和洗衣设施以及公寓，第15～29层是出租公寓。因此，公寓层简单地堆叠在办公楼层的顶部，虽然它们在塔楼外部展现为相同结构的两部分，但没有内部联系或相互连通的内部空间。福克斯广场大楼内的办公室和公寓传递了垂直性、堆叠性、统一性和轴向性的效果。

大都会建筑事务所 | 第一大街111号 | 美国泽西 | 2010年

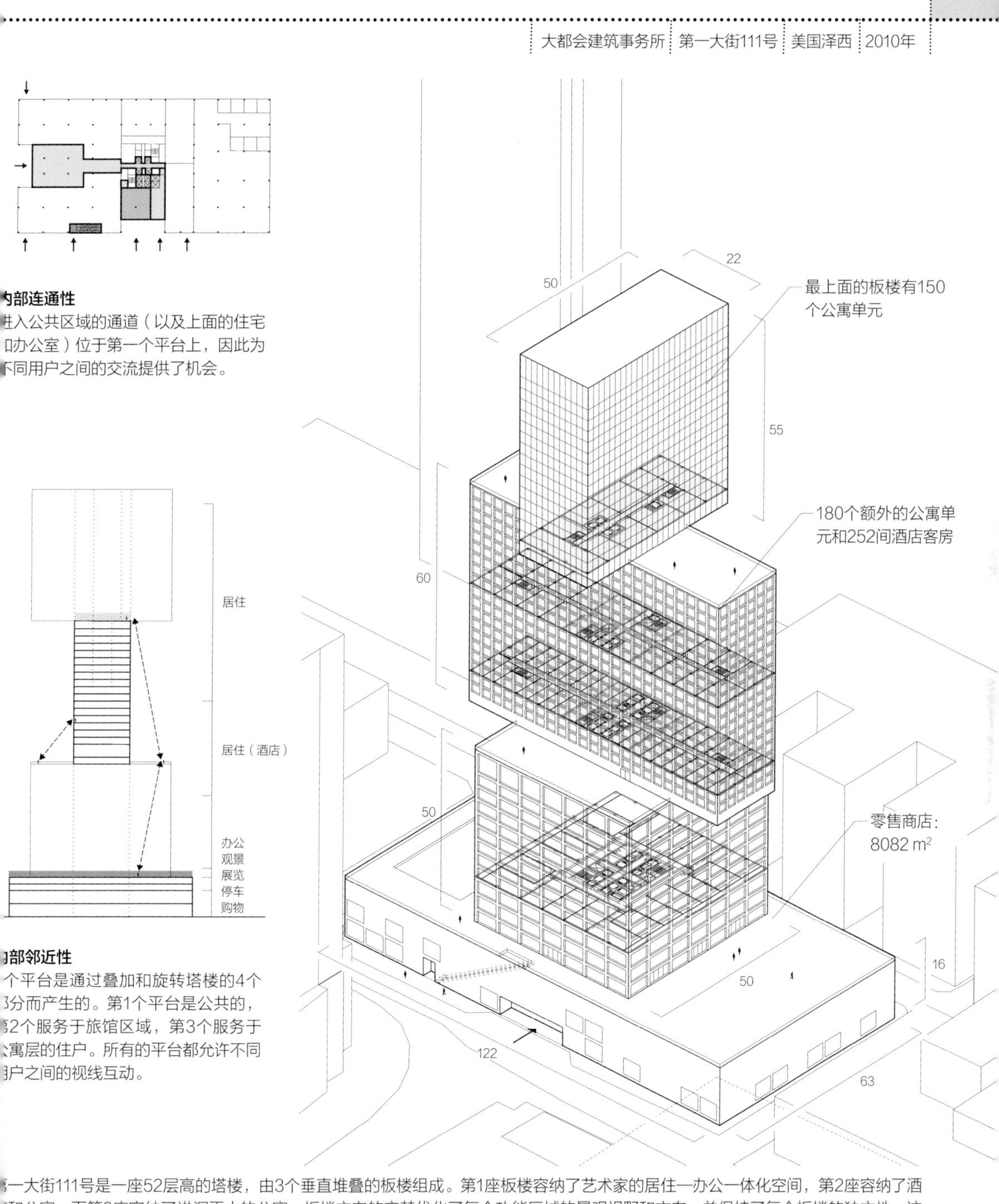
内部连通性
进入公共区域的通道（以及上面的住宅和办公室）位于第一个平台上，因此为不同用户之间的交流提供了机会。
居住
居住（酒店）
办公
观景
展览
停车
购物
内部邻近性
个平台是通过叠加和旋转塔楼的4个部分而产生的。第1个平台是公共的，第2个服务于旅馆区域，第3个服务于公寓层的住户。所有的平台都允许不同用户之间的视线互动。
22
50
55
60
50
50
16
122
63
最上面的板楼有150个公寓单元
180个额外的公寓单元和252间酒店客房
零售商店：
8082 m²

第一大街111号是一座52层高的塔楼，由3个垂直堆叠的板楼组成。第1座板楼容纳了艺术家的居住—办公一体化空间，第2座容纳了酒店和公寓，而第3座容纳了进深更大的公寓。板楼方向的交替优化了每个功能区域的景观视野和方向，并保持了每个板楼的独立性。这之外还在楼块交界处创造了一系列开放空间：位于第5层的公共露台、第17层的酒店餐厅和水疗中心的露台，以及位于第36层的两个住户共用露台。每个露台旁边都有一个公共空间，可以在白天（画廊、水疗中心、健身房、游泳池、餐厅）和夜晚（歌舞厅、酒吧、餐厅、住宅休息室）为整座建筑增添活力，这是对塔楼建筑一贯以来的重复性与垂直性的反抗。该建筑因此产生了水平、分解、双向性和城市化的效果。

保罗·文图雷拉 | 马德里混合功能塔楼 | 西班牙马德里 | 1999年

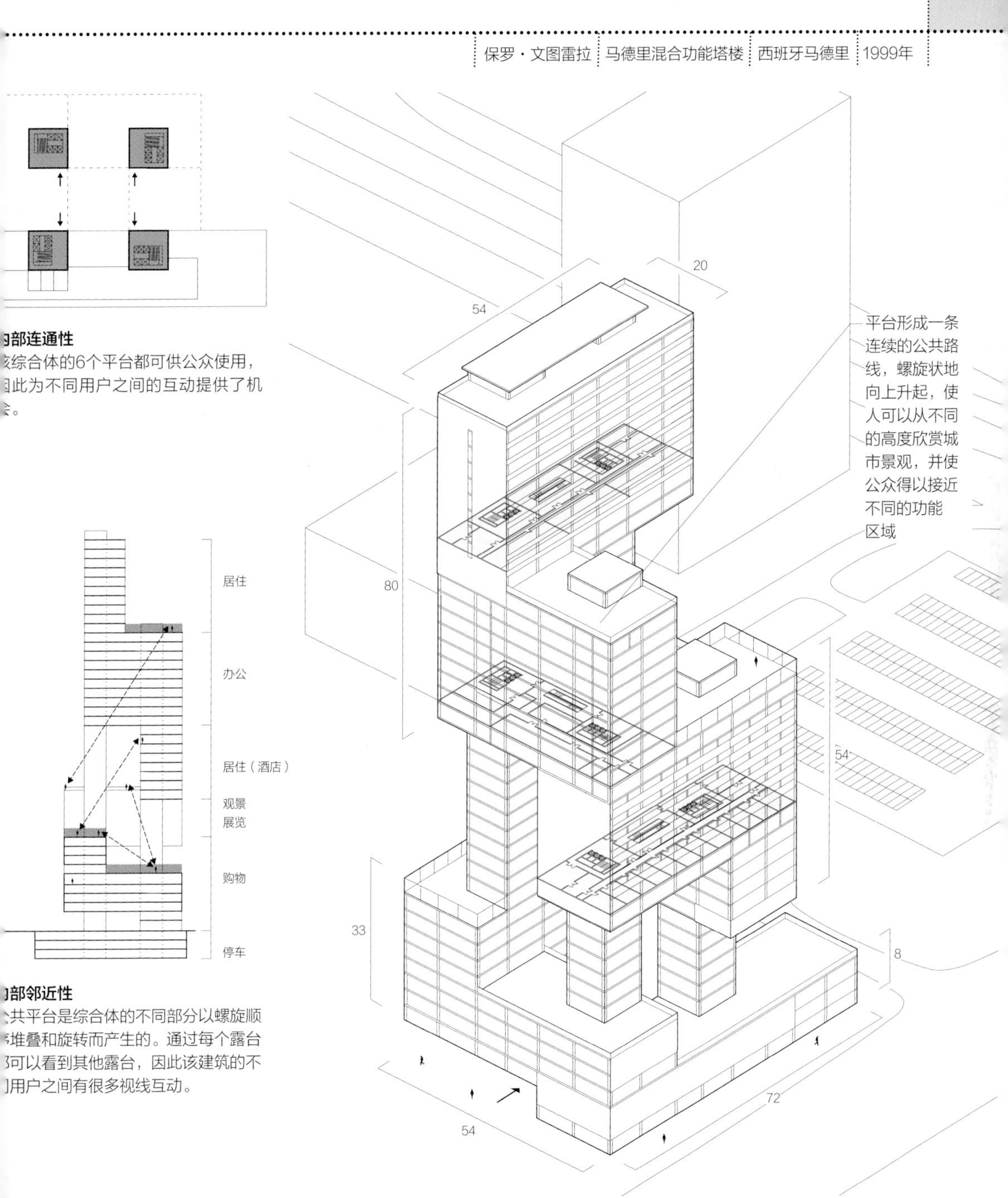
20
54
80
54
33
8
54
72
居住
办公
居住（酒店）
观景
展览
购物
停车
平台形成一条连续的公共路线，螺旋状地向上升起，使人可以从不同的高度欣赏城市景观，并使公众得以接近不同的功能区域

部连通性

该综合体的6个平台都可供公众使用，因此为不同用户之间的互动提供了机会。

部邻近性

公共平台是综合体的不同部分以螺旋顺序堆叠和旋转而产生的。通过每个露台都可以看到其他露台，因此该建筑的不同用户之间有很多视线互动。

马德里混合功能塔楼有42层，由9个垂直堆叠的板楼组成，每个板楼可容纳零售、展览空间、酒店、办公室和公寓。板楼方向的交替优化了每个板楼的视野和采光，并保持了每个板楼的独立性。例如，居住空间具有南向朝向，以最大限度地获得自然采光，而办公板楼则呈直角以便于通风。交替的方向还创造了一系列高度不同的俯瞰城市的绿化露台，旨在促进用户在整个塔楼内的社交活动。这个项目颠覆了塔楼建筑无尽的重复性和垂直性，并产生了水平、分解、多方向和社群性的效果。

施韦格建筑事务所 迪拜明珠 阿联酋迪拜 2008年

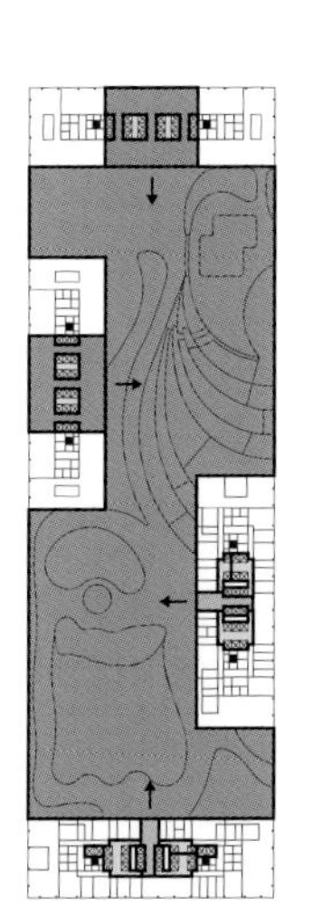

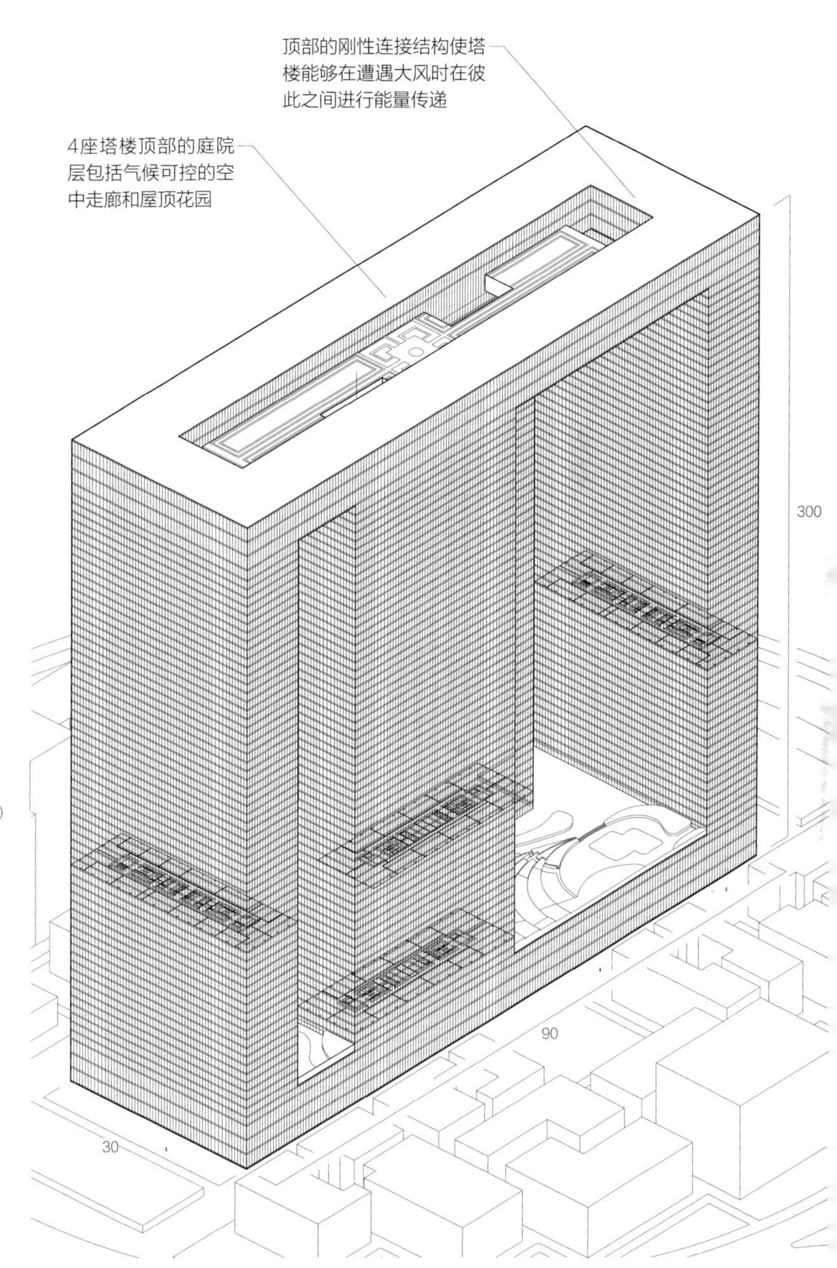
顶部的刚性连接结构使塔楼能够在遭遇大风时在彼此之间进行能量传递
4座塔楼顶部的庭院层包括气候可控的空中走廊和屋顶花园
300
90
30

内部连通性

4层高的板楼在地面与4座塔楼相连，其屋顶的公共花园向综合体的所有用户开放，而上部板楼的屋顶花园仅供住宅单元使用。

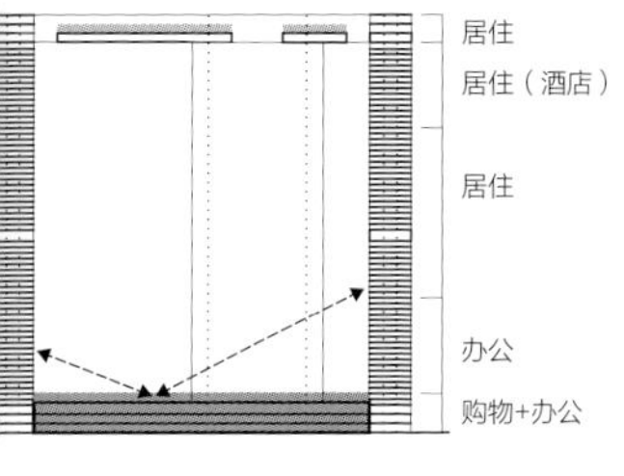
居住
居住（酒店）
居住
办公
购物+办公

内部邻近性

下部板楼的屋顶花园使4座塔楼较低层的不同用户之间得以进行视线互动。

迪拜明珠是一座73层的混合功能综合体，由4座塔楼组成，它们在底部由一座4层高的板楼相连，建筑的顶部为3层的连接结构，其中央设有一个庭院。该综合体包括零售店、办公室、拥有2000个座位的剧院综合体、6个酒店以及可容纳9000名居民的公寓和顶层豪华公寓，它们可以共同提供全天候服务。两座塔楼在底部板楼的最末端以南北向排布，容纳了办公室，而在其间的另外两座塔楼以东西向布置，它们之间无法彼此俯瞰。这种布置为每个塔楼提供了最佳的采光和视野。顶部的庭院板楼连接着4座塔楼，可用于举办文化活动。因此，塔楼和板楼组成的迪拜明珠具有互联性、开放性、统一性和社群性效果。

阿道夫·路斯 | 路斯楼 | 奥地利维也纳 | 1909年

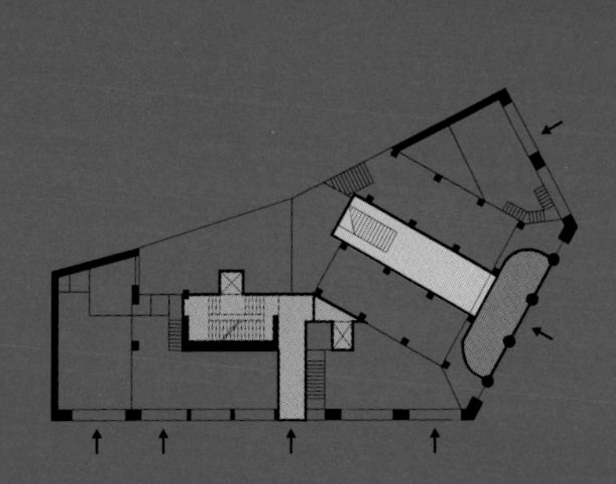

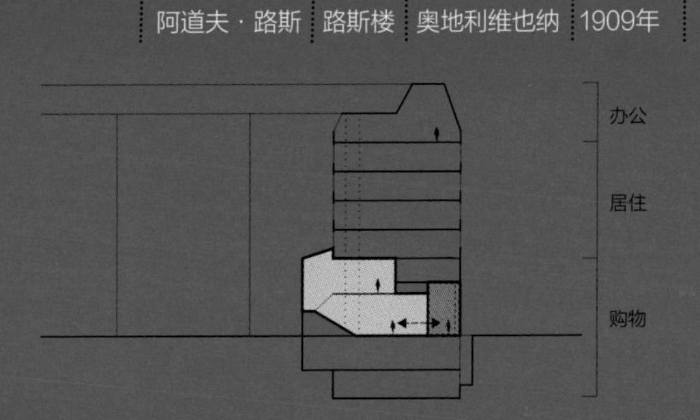

内部连通性

除了顶层的公寓和服饰加工厂共用一个入口外，每个功能区域都有自己的大厅。零售区楼层的主入口是一个通向建筑的开敞谈话间，也是两个功能区域之间的一个小的袋形共享空间。

内部邻近性

开敞式谈话间的设计允许它和办公室大厅之间进行视线互动。

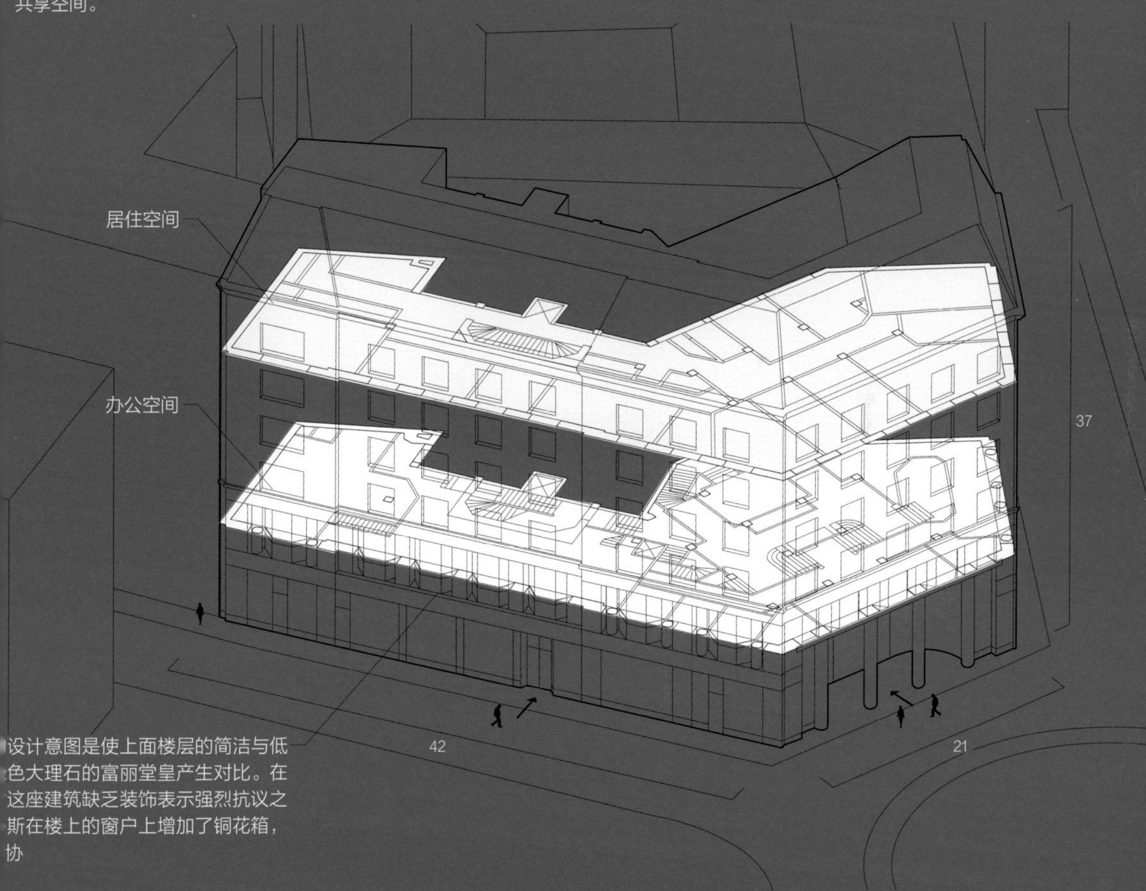

设计意图是使上面楼层的简洁与低色大理石的富丽堂皇产生对比。在这座建筑缺乏装饰表示强烈抗议之斯在楼上的窗户上增加了铜花箱，协

路斯楼是一幢8层的混合功能建筑，最初是受维也纳的古德曼与沙拉什男装公司委托设计的，下面3层为零售区，中间4层容纳了住宅单元，顶层为服饰加工厂。建筑物的公共和私人用途之间的分离体现在不同的材料处理方法上。零售店正面由绿色大理石覆盖，而公寓楼层则采用光滑的石膏饰面，将临街面划分为两个可以区别对待的水平带。零售楼层设有一个开敞谈话间式的入口，两边都有多立克柱子，以吸引路人的注意，但建筑上部没有装饰。正因如此，建筑传递了分离性、排他性和统一性的效果。

MVRDV建筑事务所、PGA建筑事务所、ECDM建筑事务所、EEA建筑事务所、MGA建筑事务所 | 巨石住宅楼 | 法国里昂 | 2004年

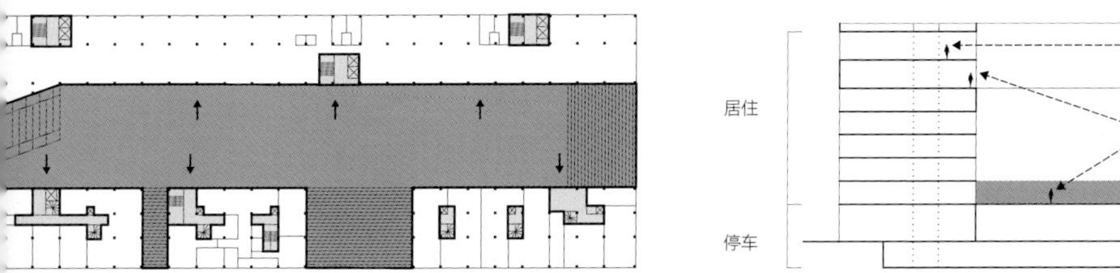

部连通性
央庭院为不同用途区域的使用者提供了社交互动空间。

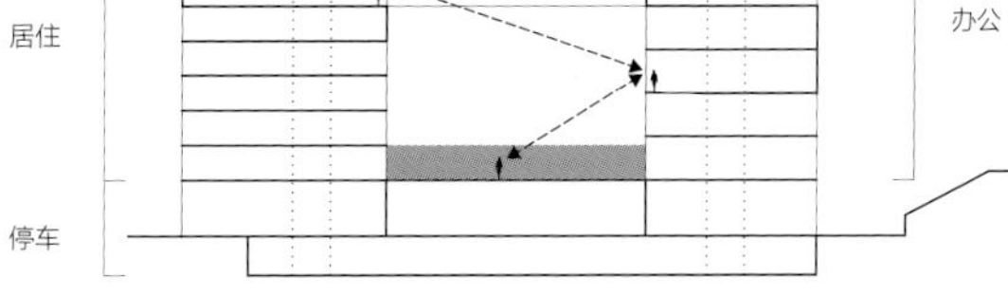

内部邻近性
人们可在住宅单元和办公室之间的庭院中进行视线互动。

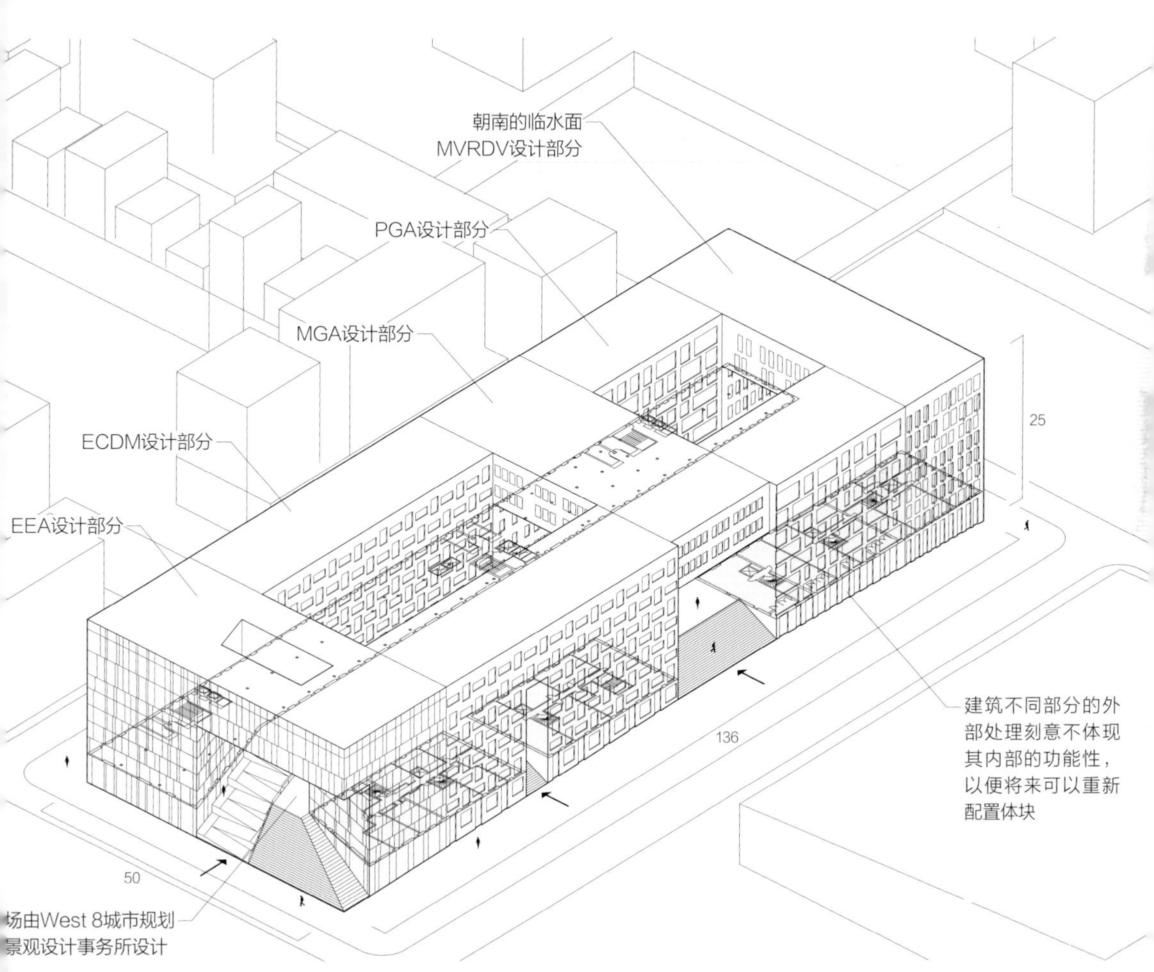

石住宅楼是一个8层高的混合功能建筑，包括办公室、社交区域、出租住宅以及地下停车场，它们沿着抬高的庭院的中央外部轴线组，庭院俯瞰着城市、一座新码头和公园。该建筑分为5个部分，分别由不同的建筑事务所设计。每个部分都是不同的，以便在不产生表达一种层级感的情况下，引入社会多样性。这种体量的组合使不同用户之间可以进行横向互动，庭院成为人们社交的主要场所。因，建筑传递了水平性、轴心性、连通性、社群性与空心的效果。

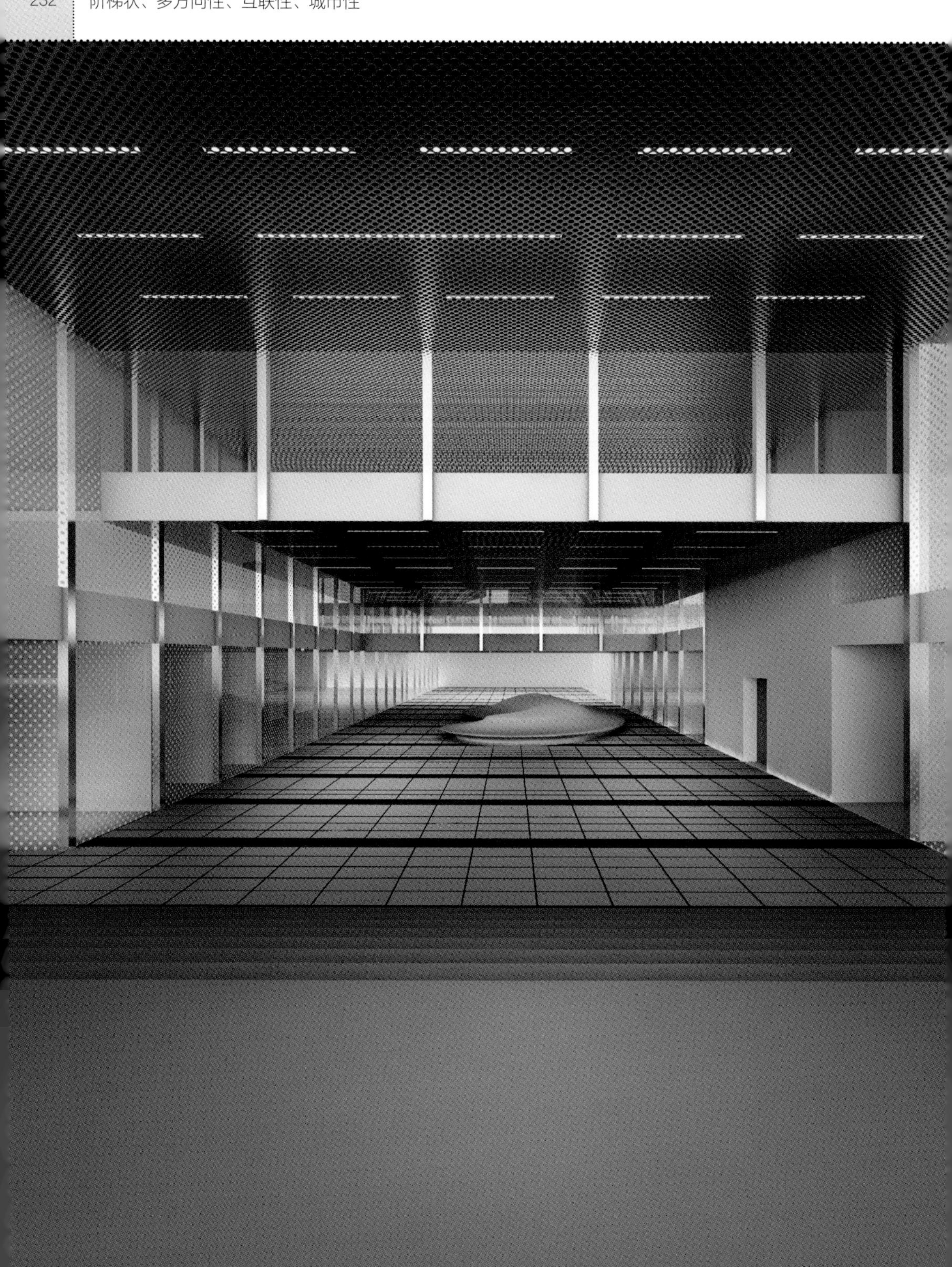

大都会建筑事务所 | Bryghusprojektet大楼 | 丹麦哥本哈根 | 2008年

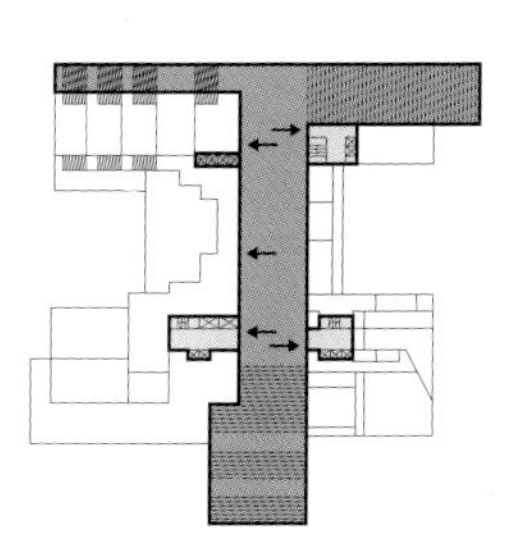

内部连通性

城市通道延伸了建筑的长度，并通往各个大厅，这促进了用户之间的社交互动。

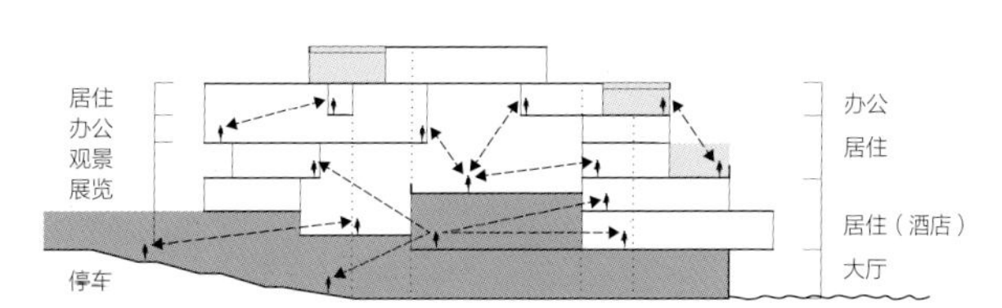
居住
办公
观景
展览
停车
办公
居住
居住（酒店）
大厅

内部邻近性

不同功能区域的堆叠形成了建筑内的错层，这促进了用户之间以及使用通道的公众之间的视线互动。

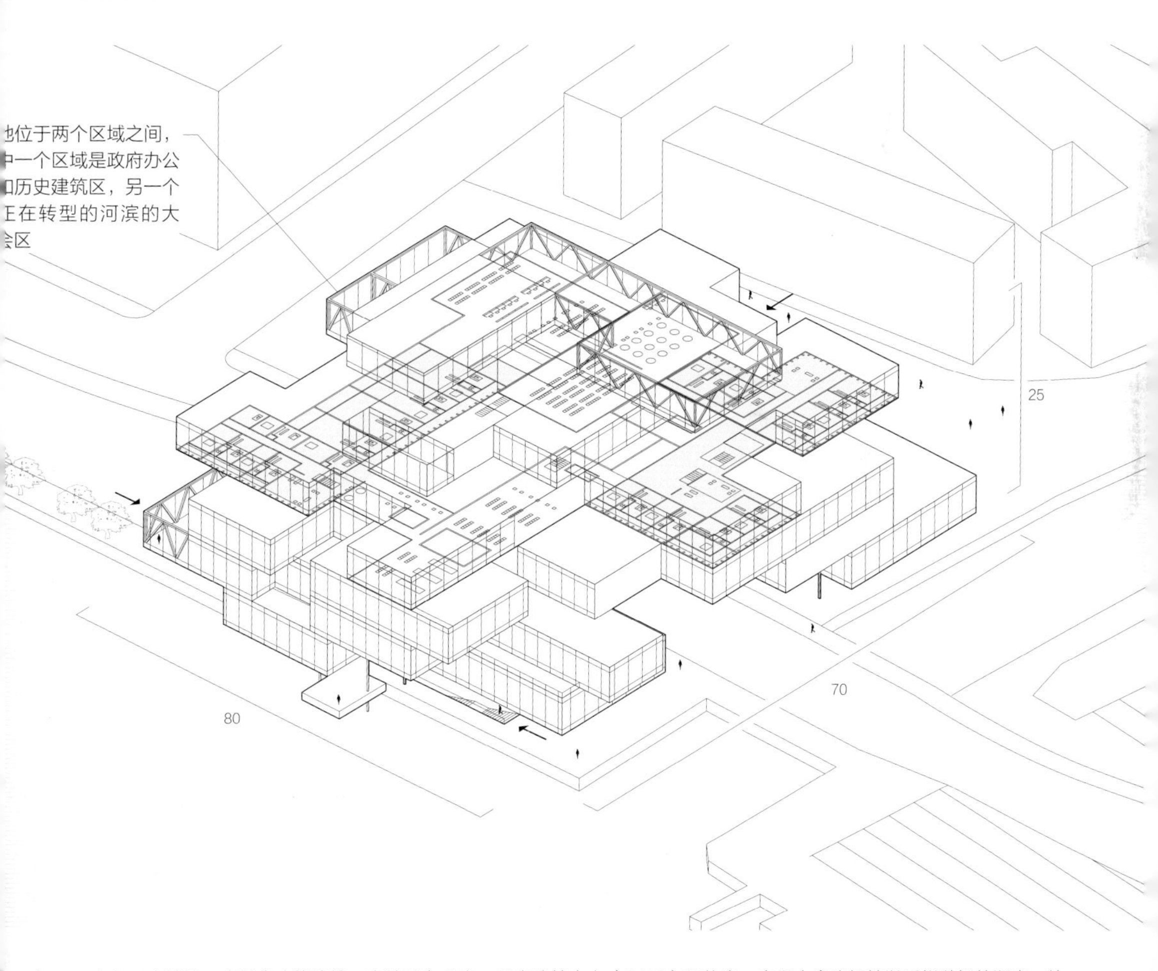
地位于两个区域之间，
中一个区域是政府办公
和历史建筑区，另一个
正在转型的河滨的大
会区
25
70
80

Bryghusprojektet大楼是一个混合功能建筑，容纳了办公室、丹麦建筑中心（DAC）和住房。它是由多座板楼以看似随机的顺序，彼此堆叠所组成的，其中，一条穿过建筑的城市通道，把市中心和河滨连接起来。建筑的堆叠部分在外部和内部营造了许多空地平台，这促进了不同用户之间的视线互动。DAC被设计为穿过体量的垂直序列，从而在其用户与建筑的其他用户之间形成广泛的互动。建筑的底部3层容纳了办公空间，可从城市通道进入。通过空隙和双层通高空间，办公空间与建筑物的其余部分以及滨水的城市空间相连。这种不同用途区域的组合使整个建筑具备了阶梯状、多方向性、互联性和城市性的效果。

共同点：内部连通性

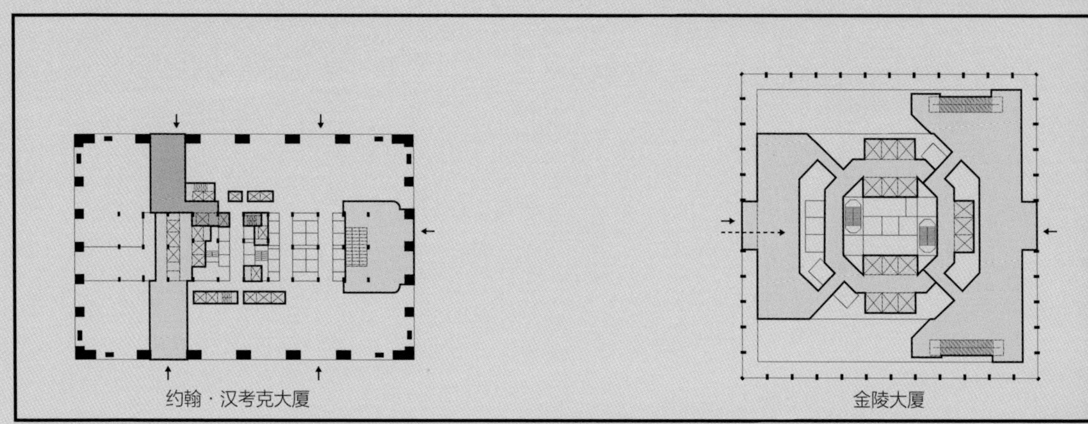

办公和居住 / 塔楼

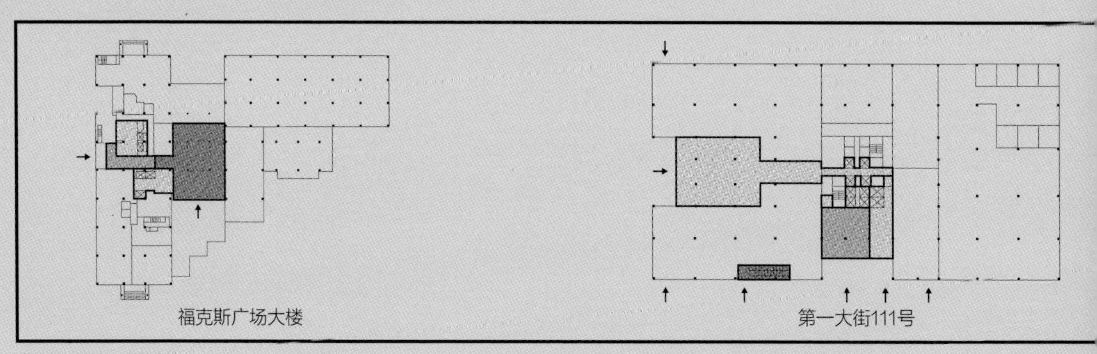

办公和居住 / 塔板

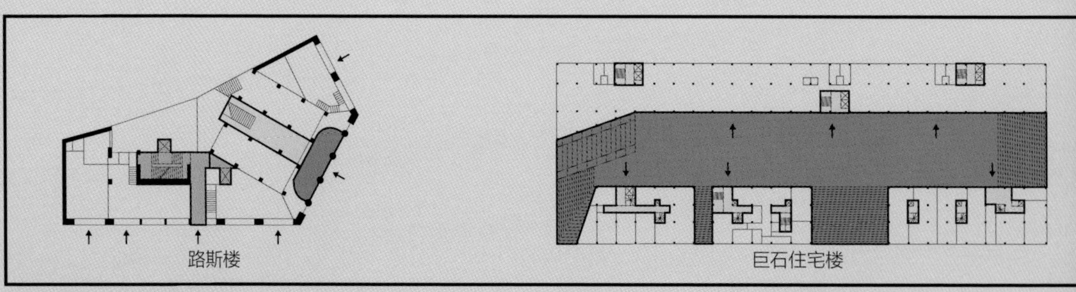

办公和居住 / 体块式建筑

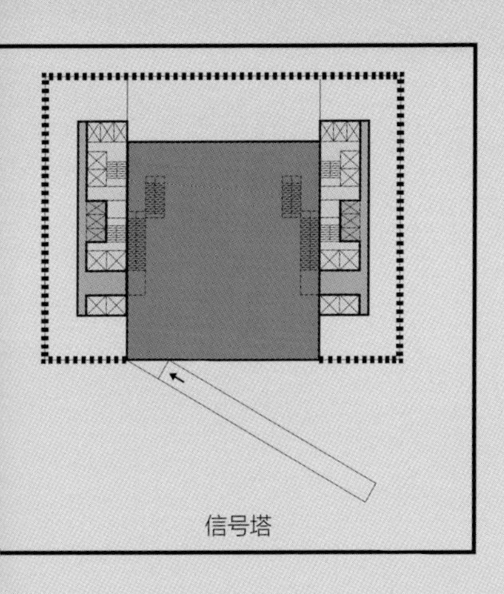

信号塔

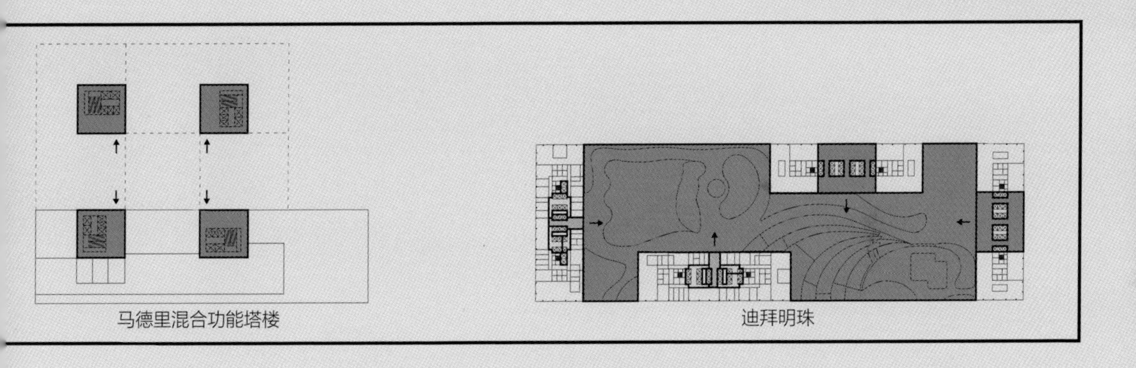

马德里混合功能塔楼

迪拜明珠

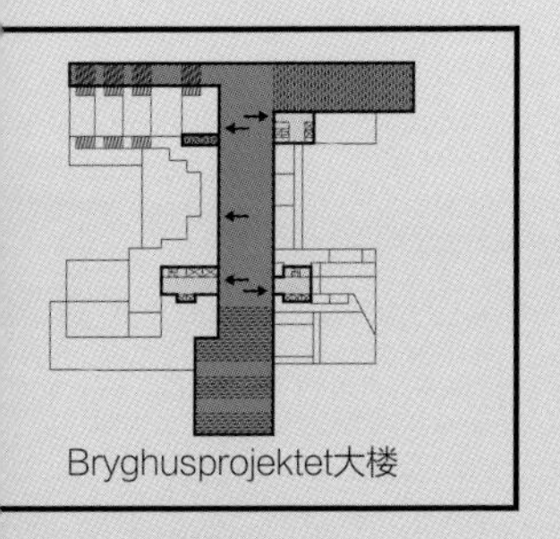

Bryghusprojektet大楼

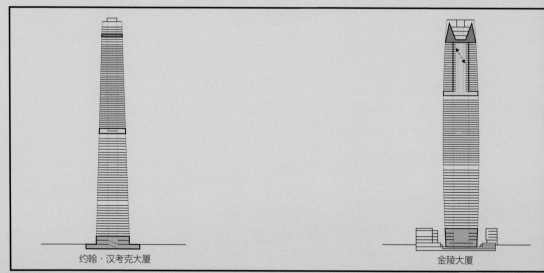

办公和居住 / 塔楼

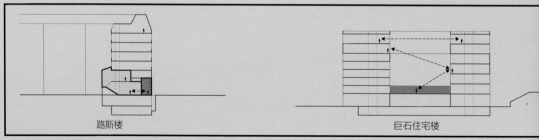

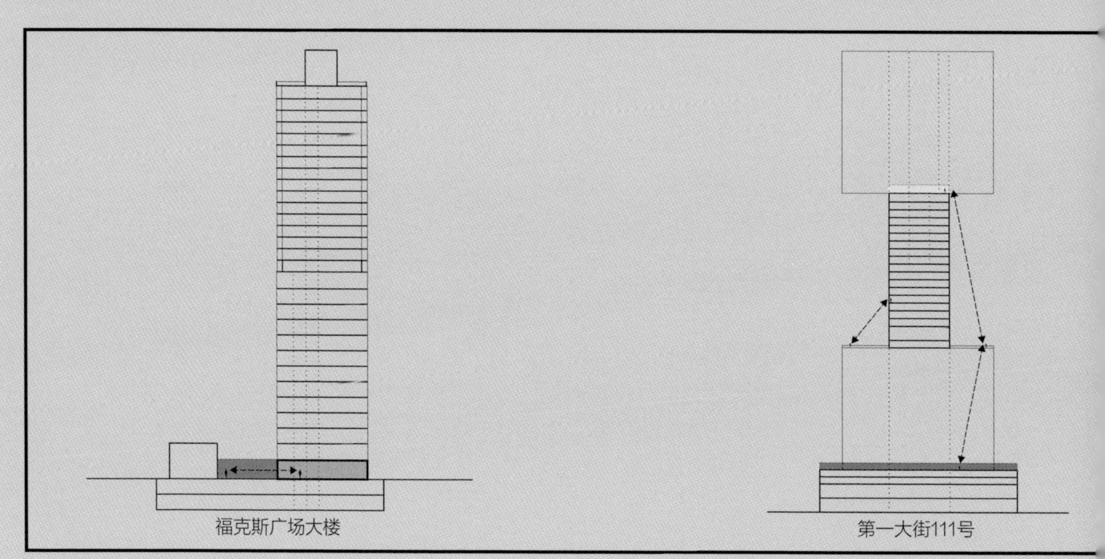

办公和居住 / 塔板

办公和居住 / 体块式建筑

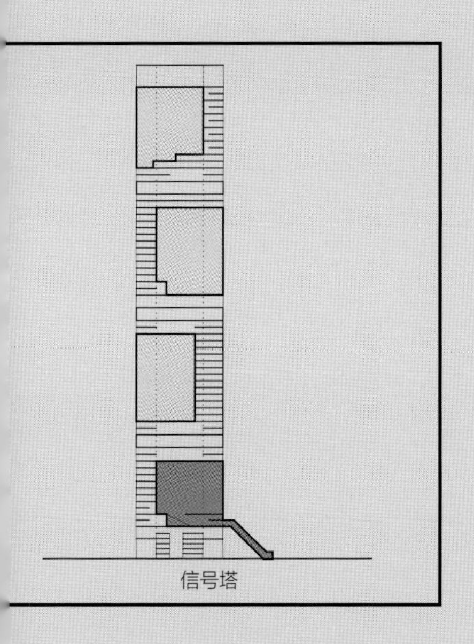

信号塔

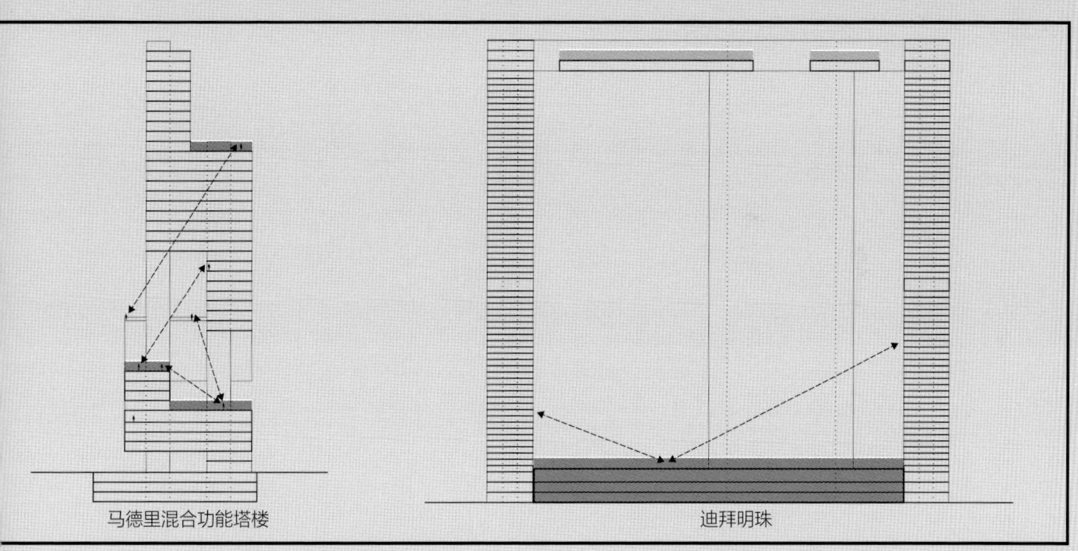

马德里混合功能塔楼

迪拜明珠

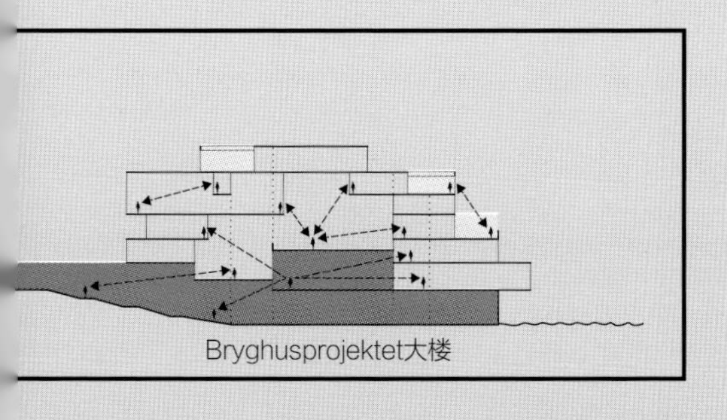

Bryghusprojektet大楼

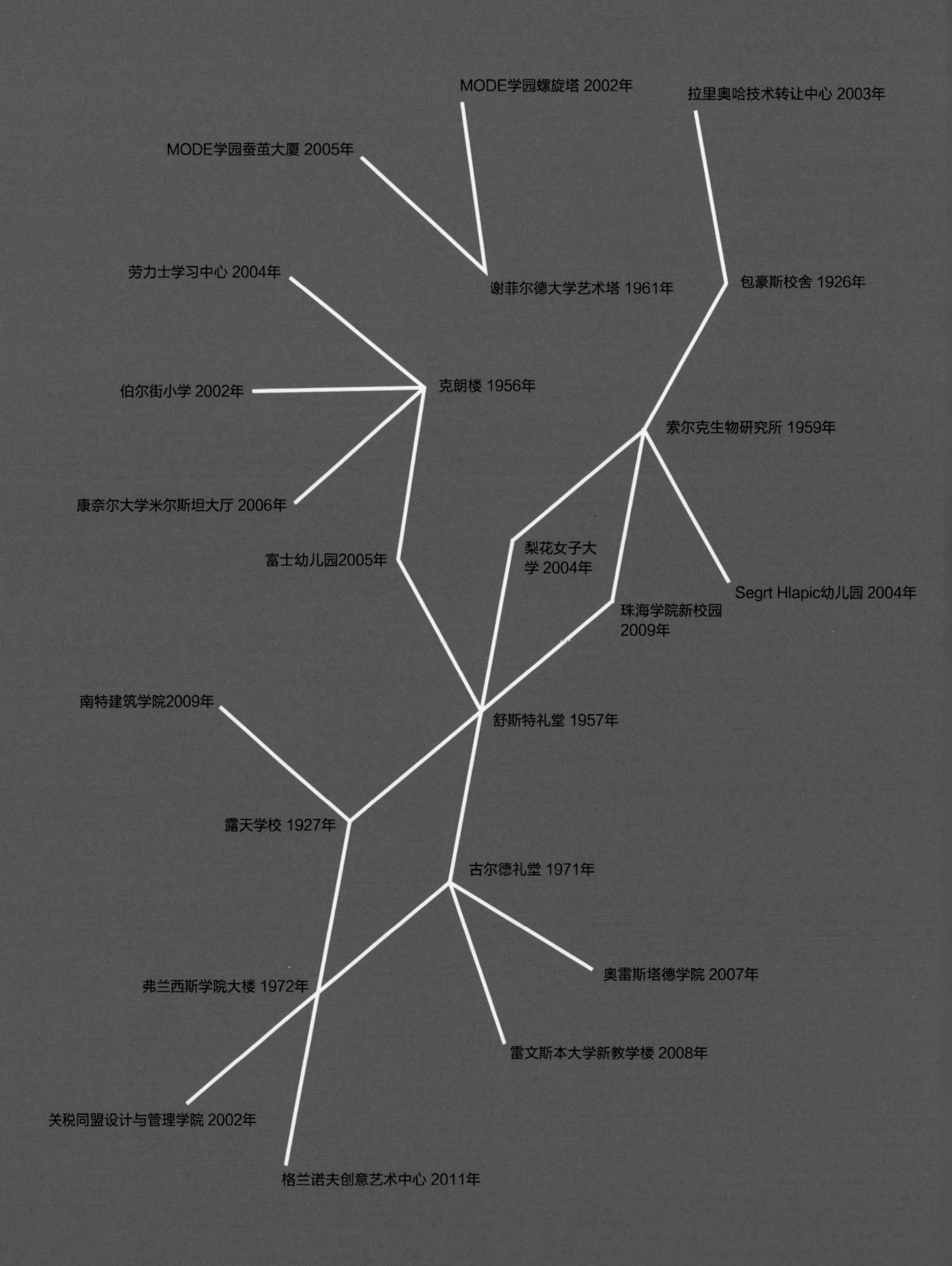

MODE学园螺旋塔 2002年
拉里奥哈技术转让中心 2003年
MODE学园蚕茧大厦 2005年
劳力士学习中心 2004年
谢菲尔德大学艺术塔 1961年
包豪斯校舍 1926年
克朗楼 1956年
伯尔街小学 2002年
索尔克生物研究所 1959年
康奈尔大学米尔斯坦大厅 2006年
梨花女子大学 2004年
富士幼儿园2005年
Segrt Hlapic幼儿园 2004年
珠海学院新校园 2009年
南特建筑学院2009年
舒斯特礼堂 1957年
露天学校 1927年
古尔德礼堂 1971年
奥雷斯塔德学院 2007年
弗兰西斯学院大楼 1972年
雷文斯本大学新教学楼 2008年
关税同盟设计与管理学院 2002年
格兰诺夫创意艺术中心 2011年

学习 1926—2011年

本章追溯了20世纪初以来，学习空间设计的演变。这些当代教育建筑（学校和大学）都从20世纪的典型项目中借用了组织或空间分布的原则。本章对其进行汇总与分析，从而揭示这些项目之间的相似性和差异性。

毯式建筑

美国伊利诺伊州芝加哥市的克朗楼（第245页）拥有一个开放式的学习空间，不受结构影响，因此具有无限的适应性。这个空间被落地玻璃包围，上部是透明的，下半部分则是半透明的，可以吸收自然光，也最大限度地减少了对使用者的视觉干扰。克朗楼是一个普遍适用的学习空间的范例，但它脱离了外部环境。以下项目试图通过采用不同的策略，将学习空间与其外部环境联系起来，以解决这个问题：美国纽约伊萨卡岛的康奈尔大学米尔斯坦大厅（第247页）、美国康涅狄格州费尔菲尔德伯尔街小学（第249页）、位于瑞士洛桑的劳力士学习中心（第251页）。

体块式建筑

西班牙巴塞罗那的弗兰西斯学院大楼（第253页）是一个满足学习功能的体块式建筑。在每一层，成排布置的教室都位于一个宽阔的中央房间的某一边。教室装设了落地窗，提供了自然照明和周围环境的景观。除了从外部楼梯接收自然光，中央空间无法进行其他的自然采光，教室的窗户非常窄，从而避免了外部的视觉和听觉干扰。各楼层有相同净高。以下项目解决了学习空间的隔离性和各楼层之间缺乏互动的问题：德国埃森市的关税同盟设计与管理学院（第255页）、美国罗得岛州普罗维登斯的格兰诺夫创意艺术中心（第257页）。

美国华盛顿州西雅图的古尔德礼堂（第259页）拥有一个大型玻璃中庭，促进了学生之间的接触，也提供了进入周围教室的通道。教室通过落地玻璃与中庭隔开，可以看到中庭和另一侧的空间。中庭设有咖啡厅，是学习和社交的空间。然而，这是一个单一的断面一致的中庭，尽管面积大，但一次只能用于一种功能。以下项目解决了这个问题：丹麦哥本哈根的奥雷斯塔德学院（第261页）、英国伦敦的雷文斯本大学新教学楼（第263页）。

荷兰阿姆斯特丹的露天学校（第265页）受到了激进运动的启发，该运动提倡利用学校和其他类型建筑物的设计来促进使用者的健康，为学生提供充足的新鲜空气、良好的通风和户外活动。每层楼的一半由可开启的窗户围绕，另一半如阳台一样是敞开的。其结构与每堵墙的墙角有一定距离，以增强建筑的开放性和透明度。以下项目在更大的学校环境中发展了这些设计理念：法国南特的南特建筑学院（第267页）。

位于美国纽约的亨特学院的舒斯特礼堂（第269页）沿着中央走廊的两侧布置两排教室。内排的教室从中央庭院接收光线，沿外墙设置的教室从狭窄的窗户接收阳光，从而形成了一条黑暗的走廊。以下项目解决了这个问题：日本东京的富士幼儿园（第271页）。

板楼

位于德国德绍的包豪斯校舍（第273页）由3个相连的板楼组成，其平面呈风车形。每一座板楼都拥有钢筋混凝土框架，这使得周边墙壁可以开设长条状的窗户，以照亮通向教室的走廊。连接不同楼层的宽敞的玻璃楼梯间位于板楼的交叉处。板楼的屋顶覆盖着沥青瓦，可被用作公共开放空间。但楼梯位于每个板楼尽头，因此学生需要穿越一条长长的、单调的走廊才能走进教室。此外，尽管屋顶可供使用，但它与学习过程并没有很好地结合在一起。下面的项目解决了这些问题：西班牙洛格罗尼奥的拉里奥哈技术转让中心（第275页）。

位于美国加利福尼亚州圣地亚哥的索尔克生物研究所（第277页）拥有两个容纳了实验室的镜像板楼，在一个大庭院的两侧，这个庭院充当了两者之间的共同空间，可以观赏到太平洋的壮丽景色。但除此以外，两个板楼呈现了分离的状态。以下项目解决了这个问题：韩国首尔的梨花女子大学（第279页）、中国香港的珠海学院新校园（第281页）、克罗地亚萨格勒布的Segrt Hlapic幼儿园（第283页）。

塔楼

位于英国谢菲尔德的艺术塔（第285页）是一座用于学习的塔楼，不同的楼层通过一个链斗式升降机和两个普通电梯连接起来。链斗式升降机——一个敞开的双人轿厢，在大楼里不断地上下移动，使大楼内的垂直交通看起来就像一条移动的街道。然而，安装链斗式升降机的核心筒区域位于建筑物的中心，因此无法获得外部景观。下面的项目将核心筒暴露在外部景观中，从而解决了这个问题：日本东京的MODE学园螺旋塔（第287页）、日本东京的MODE学园蚕茧大厦（第289页）。

技术的变化——交互式白板、无线网络、移动设备、互联网和数字学习资源——改变了我们在21世纪学习的方式。一种赞成强化标准知识的传播与接收的方法（20世纪大部分教育理论的基础，尤其是那些与B.F.斯金纳提出的行为主义相关的理论）已经被一种鼓励学生基于自身的经验，以自己的方式学习的理念（基于让·皮亚杰的哲学思想）所替代，或与之结合。因此，学习空间的设计基于这些不同的方法而不断演化。自20世纪90年代以来，两个参数变得尤为重要——主动的和社交式的学习，以及视线互动——它们也形成了本章项目比较的基础。

形式

毯式建筑（封闭的，带有庭院）：深度和长度相近，且远大于高度的单层或多层建筑。

板楼（线性、单排或双排走廊、L形、U形、T形或风车平面）：长方形的单层或多层建筑，深度可达10 m、10~12 m或12~15 m。

体块式建筑（封闭的，有一个中央庭院或多个庭院）：深度超过20 m的建筑物。

塔楼：一座10层以上且设有电梯的建筑物。

学习空间的组织

开放平面：为学习活动提供了灵活性，人们可以在学习室或开放空间内学习。

教室：教室为特定学科的教学提供了独立的空间。一班学生的最大推荐人数是32人。根据学校建筑指南的规定，如果教室的一侧设有窗户，则房间的最大深度是7.2 m。

教室内最好两侧都设有窗户，这样可以自由布置家具。学生与黑板或屏幕之间的距离不得超过9 m。天花板高度必须至少为3 m。风量不大于5~6m^3/人。

教室可能专门用于特定科目，因此有特殊需求。艺术教室需要均匀的自然光线。音乐教室需要隔声。会产生噪声的工坊应位于一楼，远离其他教室。如果可能，摄影实验室或暗室应朝阴面。计算机房最好朝阴面。

演讲厅可能需要设置倾斜座位。每名学生的空间要求为0.8~1.1 m^2。演讲厅还需要一个可用于储物的侧室。

实验室根据用途和主题而有所不同。它们可以用于容纳一般授课和研究所用到的基本的、低精度的设备；或者用于进行科学研究，在这种情况下，它们需要固定的家具或工作站，以及机械通风。

结构

最理想的结构是用大跨度结构系统提供无柱的学习空间。7.2 m×7.2 m、7.2 m×8.4 m或8.4 m×8.4 m的结构网格也可以实现无柱空间，因为它们与教室平面网格一致。在这种情况下，建筑需要4 m/层的高度，并提供至少3 m的房间高度。

交通

楼梯、自动扶梯、坡道和电梯可用于教育建筑。楼梯间距基于步幅：2个立板加踏板的约为59~65 cm。坡度≤6%。水平和垂直路线通常也可作为紧急逃生路线。

逃生距离受到不同国家不同规定的约束，但它们应该与逃生途径的数量相对应。英国建筑法规规定，当只提供一种逃生途径时，距离消防出口的最大距离应为25 m，这是通过从楼梯门到房间最远处的直线距离测算的；当提供两种途径时，该距离可以是18 m。走廊宽度必须至少为1 m（每150人），教室走廊的最小宽度必须为2 m。逃生路线的楼梯必须至少有1.25 m的宽度，但不得超过2.5 m。

管理

可以包括各种房间类型，取决于学校或学院的大小和性质，包括校长办公室、教师办公室、与家长见面的会议室、秘书处和看护人员的房间。它们可以与学习空间分开或分散在学习空间之间，以促进教师和学生之间的互动。

空气流通

教室最好能有穿堂风。沿着朝向外部的走廊正交排列的单排教室可以从外立面和走廊接受阳光与空气。教室的非正交布置可以产生多个外部立面并增加光和空气的摄入量。

服务设施

服务设施可以在垂直服务竖井内进行规划，并位于建筑物的内部或外部。一些管道和电气设备可以位于天花板或地板区域。服务楼层通常位于地下室或顶层。

卫生设施

蹲位、小便池和洗手盆的数量与学生和教师的数量相对应。根据指导原则，每20名女孩提供一个蹲位，每40名男孩提供一个蹲位和2个小便池，每15名教师提供一个蹲位和一个小便池。

公共设施

它们的大小根据学校或学院的总体规模而有所不同，包括储藏室。

图书和媒体中心

这些设施的大小取决丁学校或学院的类型，以及教授的科目数量。图书和媒体中心的空间供应准则为0.35~0.55 m^2/学生。

餐厅

餐厅的大小取决于学生和座位的数量，根据指导原则，每个座位的最小面积为1.2~1.4 m^2。就大学而言，非正式的咖啡馆也是常见的就餐区域。

运动设施

可包括室内体育馆或户外运动场。它们的大小和数量根据学校或学院提供的运动类型而有所不同。

本章中的参数参考了恩斯特·诺伊费特和彼得·诺伊费特的著作《建筑师数据（第4版）》（威利-布莱克威尔出版社，2012年），书中提供了对以上参数的详细论述。

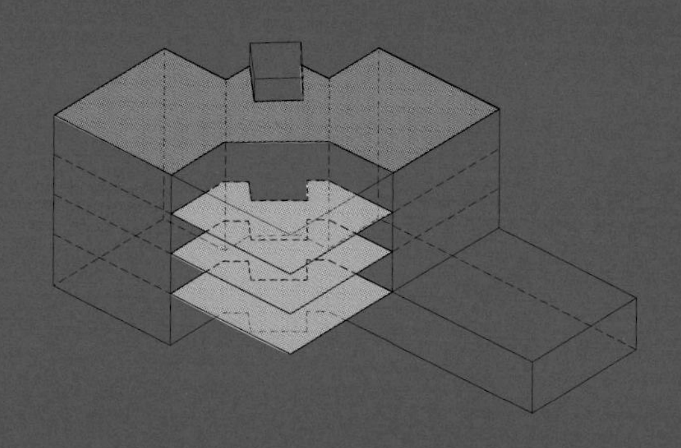

主动性和社交性学习

20世纪的传统课堂布局中，座位面对导师，排列成U形或多个直排，其布局以教师传递信息为前提，而不考虑学生的个人需求或兴趣。如今，可以通过与技术相结合的非正式学习空间来替代这种教学模式，不仅可以促进信息的接收，还可以通过个人学习或以辩论、讨论和团队合作的形式鼓励社交互动，从而促进学生的主动学习。

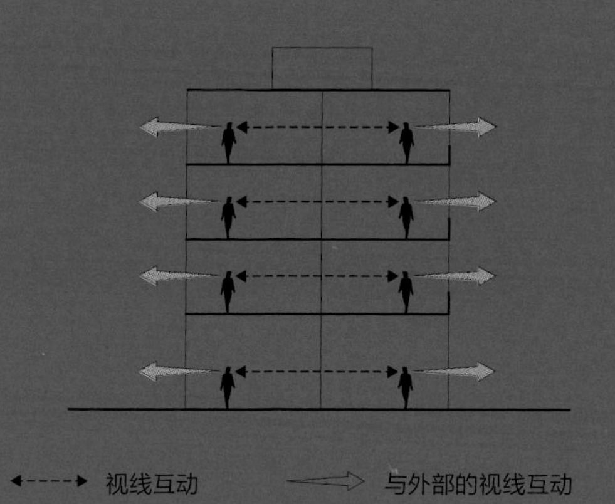

视线互动

20世纪初的范例性教室，例如理查德·诺伊特拉设计的教室，有大型钢制玻璃滑动门，主要关注空气、光线和户外学习。20世纪六七十年代的无窗教室旨在消除干扰，引入了顶部照明的窗户，试图在提供日光的同时隔绝视觉干扰。然而，教育心理学家的研究表明，视觉刺激和与自然的接触是学习过程的重要部分。为了提供与外部的视线互动，同时避免因热度造成的不适、眩光和噪声，当代的教育建筑需要考虑窗户的方向、大小、位置、玻璃色调和可开启面积的数量。

路德维希 · 密斯 · 凡 · 德 · 罗、佩斯联合公司 | 伊利诺伊理工学院克朗楼 | 美国芝加哥 | 1956年

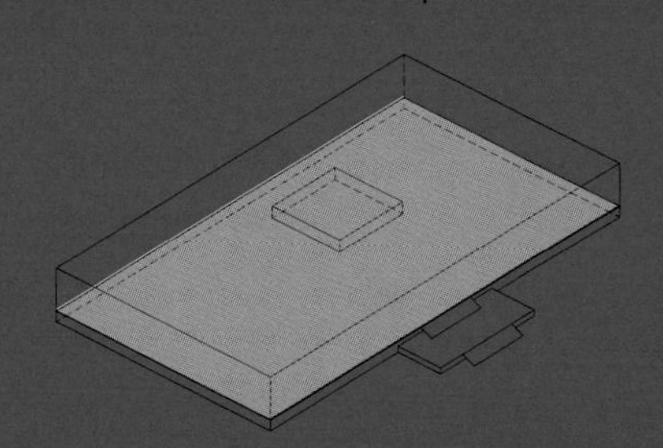

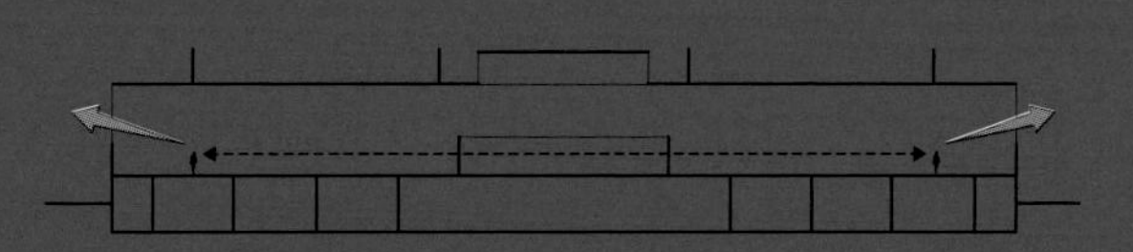

主动性和社交性学习

克朗楼提供了一个开放式学习空间，学生和教师可以在这里互动。非承重隔板以及不同类型的家具可以将统一空间细分为不同的学习区域而不会完全隔开它们。

视线互动

由于周边玻璃的底部2.4 m是半透明的，使用者仅能看到外面的天空。因此，克朗楼的学习空间是内向的。

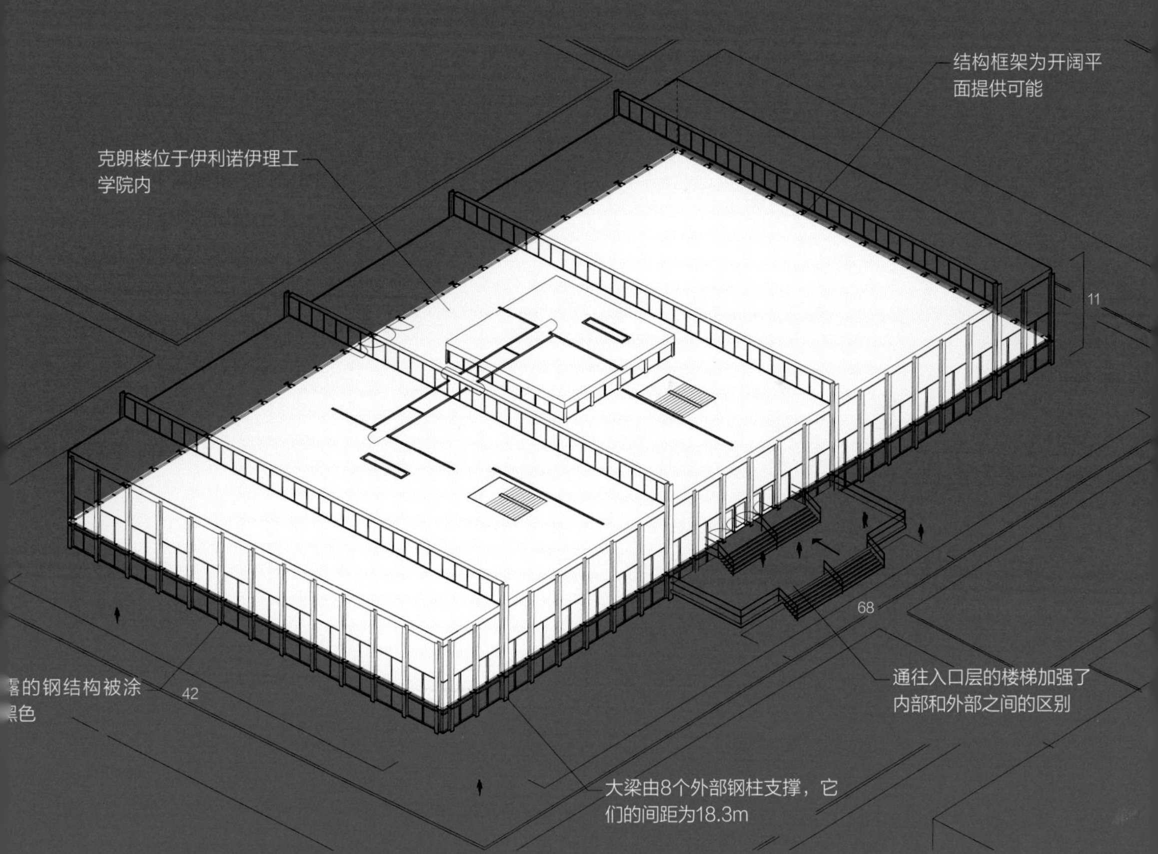
结构框架为开阔平面提供可能
克朗楼位于伊利诺伊理工学院内
11
68
42
露的钢结构被涂黑色
通往入口层的楼梯加强了内部和外部之间的区别
大梁由8个外部钢柱支撑，它们的间距为18.3m

克朗楼是一个两层的用于学习的矩形毯式建筑。较低的楼层是半地下室，从建筑物周边的高窗接收自然光。这一楼层是单元式的，容纳了办公室、会议室和服务设施。楼上是一个开放式无柱空间，用于学习，屋顶悬挂在4个大跨度钢梁上，它们跨越了位于玻璃外壳外部的8个H形钢柱。玻璃外壳的下半部分是半透明的，以避免外部景象分散学生的注意力，而上部的透明玻璃可以引入自然光线以及天空的景色。来自周边高窗的光线无法穿透整个进深，荧光灯为整个学习空间提供了补充照明。不间断的上层不仅促进了学生和教师之间的创造性互动，为同时开设不同课程提供了条件，而且还适应未来无数不同的学习配置。然而，位于建筑物中心的区域可能会缺乏自然光。因此，克朗楼具有矩形性、普遍性、灵活性、开放性、内向性和互动性的效果。

大都会建筑事务所 | 康奈尔大学米尔斯坦大厅 | 美国纽约伊萨卡岛 | 2006年

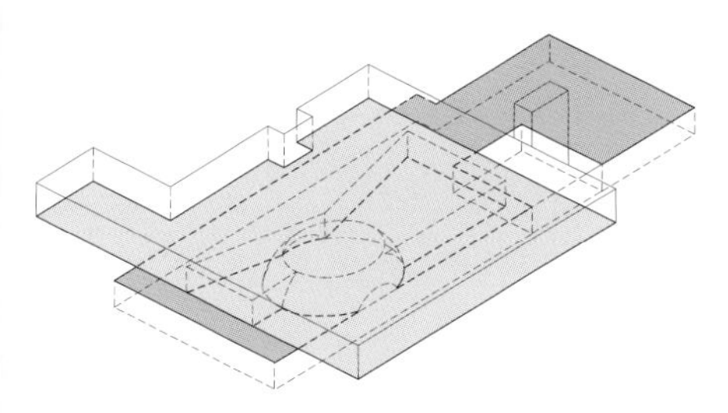

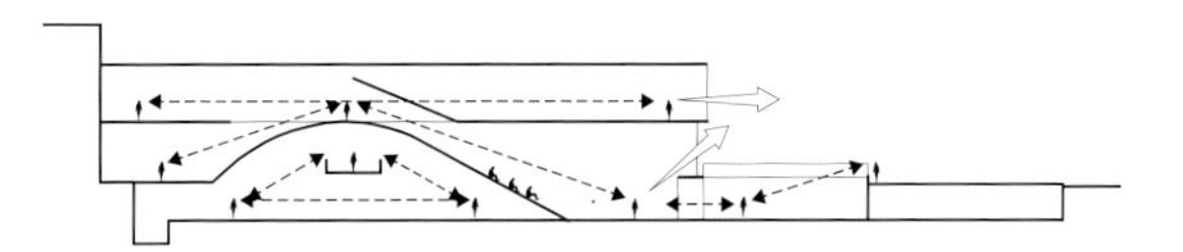

主动性和社交性学习

除了工作室空间外，地下一层的演讲厅，由悬臂式二层遮盖的一层室外空间以及一层的开放式休息室、咖啡厅、图书馆为米尔斯坦大厅提供了不同的主动、自发和社交性学习空间。

视线互动

浮动工作室空间周边的全玻璃使校园周围绿地的景色一览无遗。地下一层和地面层也可以看到外部的景观，同时，宽敞的楼梯间和交叉的空洞引入了自然光，并形成了穿过内部的观景通道。

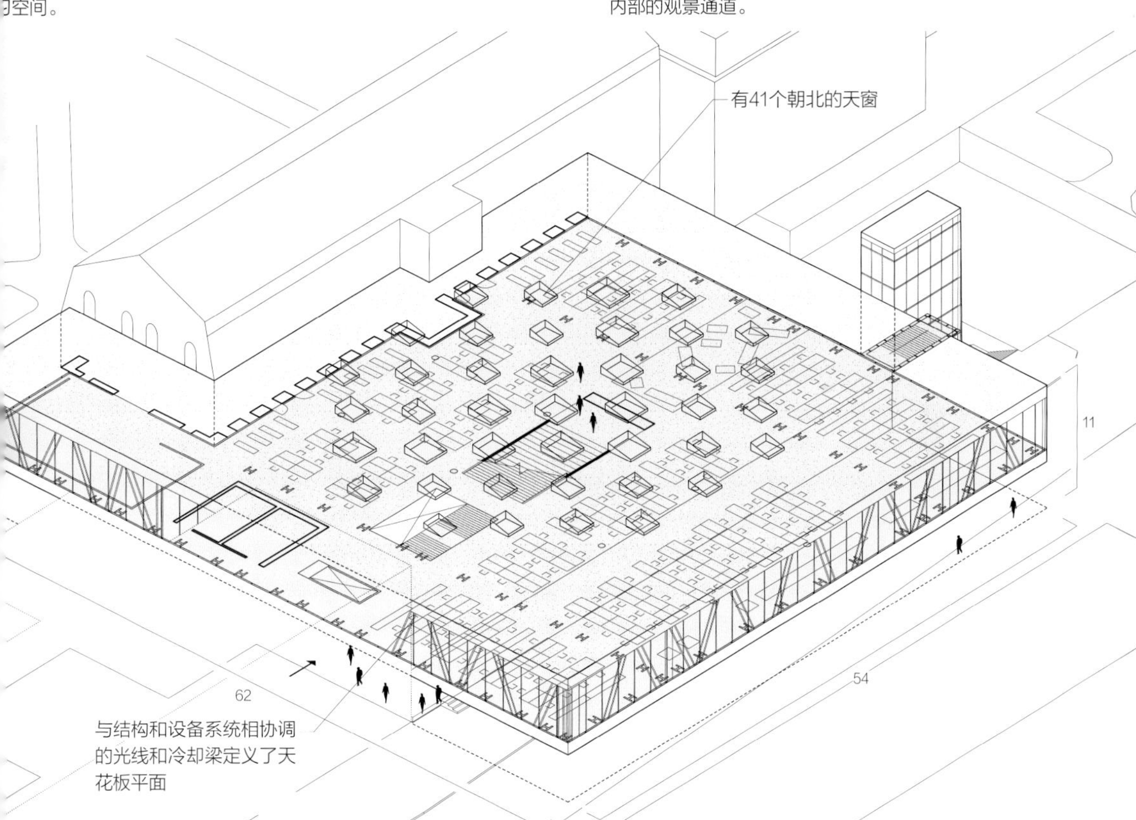
有41个朝北的天窗
11
62
54
与结构和设备系统相协调的光线和冷却梁定义了天花板平面

米尔斯坦大厅是康奈尔大学的建筑艺术和规划学院（AAP）的附属空间，由钢桁架系统支撑。该系统暴露于内部，从地面上抬升起来一层，产生了被遮盖的室外空间，学生可以在那里互动并搭建大型模型。这个楼层上的穹顶是一个礼堂，同时也是一个交流和讨论的空间。抬升起来的工作室空间与锡布利大厅和兰德大厅相连，并在大学大道的上方形成了悬臂区域，从而与另一座大学建筑——铸造厂——建立了联系。由此，该建筑促进了跨学科的联系。落地式周边玻璃窗为工作室提供了自然光线和外部全景，米尔斯坦的学习环境在物理和视觉上都与其所在环境相关联。它也被朝北的天窗照亮，天窗朝着较暗的空间中心逐渐增大，以确保整个楼层都能获得自然光，从而适应设计类课程不断变化的需求。因此，米尔斯坦大厅具有矩形性、重量性、灵活性、开放性、连通性、内部—外部性和互动性的效果。

SOM建筑事务所 | 伯尔街小学 | 美国费尔菲尔德 | 2002年

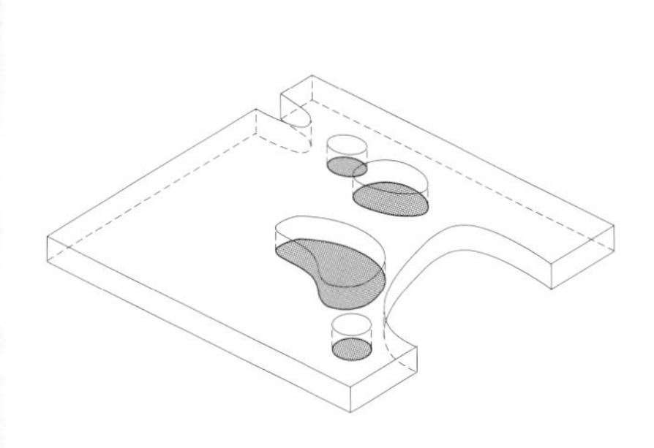

动性和社交性学习
立于中心的曲线形开放式图书馆、学习空间和庭院邀请学
生一探究竟，并提供了共享的学习和娱乐空间。

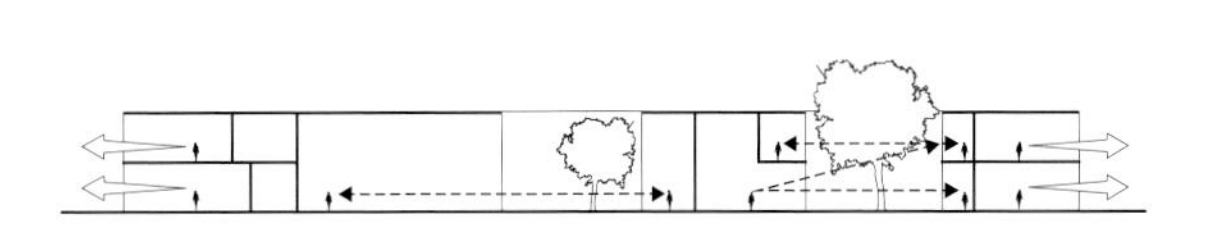

视线互动
双层通高的落地玻璃围绕着大部分外部空间，使学生得以从教室毫无阻碍地欣赏周围的景观。庭院也由落地玻璃窗围合，提供了观看天空和相邻空间的视野。

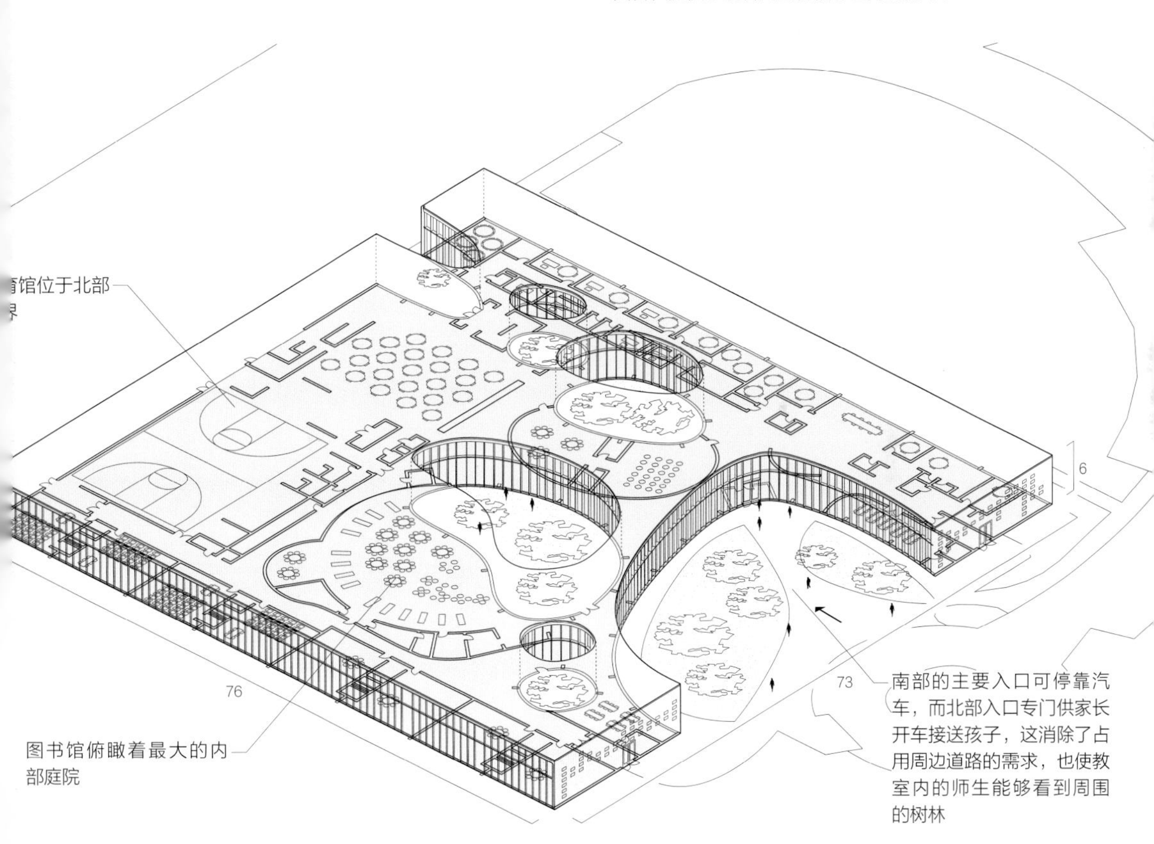

图书馆俯瞰着最大的内部庭院

南部的主要入口可停靠汽车，而北部入口专门供家长开车接送孩子，这消除了占用周边道路的需求，也使教室内的师生能够看到周围的树林

白尔街小学是一个用于学习的两层矩形毯式建筑，有3个较大的和3个较小的不规则圆形庭院。其中两个庭院是开放式的，也是建筑物的入口，其他的庭院是户外学习空间，将自然光和空气引入了大进深的毯式建筑。钢框架提供结构支撑，其细长圆柱的位置与整个实心和玻璃隔断墙重合。这样可以优化教室和教室之间的公共空间的透明度。教室顺着东西两侧立面和公共空间进行布置，分为两层，从地板到天花板高度的玻璃窗使其中的师生可以看到树木繁茂的景观。公共空间包括自助餐厅、体育馆、艺术和音乐教室以及图书馆和媒体中心，占据了教室之间建筑物的整个高度，以促进互动。因此，伯尔街小学具有曲线性、单元式、探索性、内部—外部性和互动性的效果。

SANAA建筑事务所 洛桑联邦理工学院劳力士学习中心 瑞士洛桑 2004年

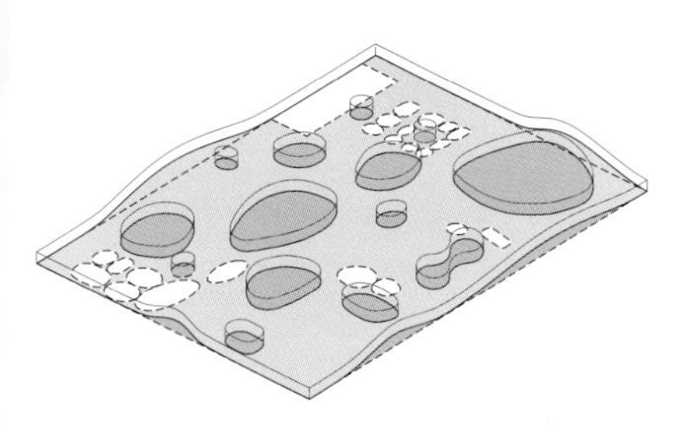

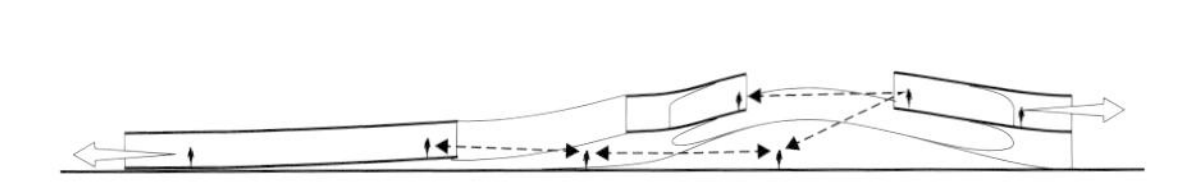

动性和社交性学习

有整体交通组织的单层楼板在整个建筑中营造了共享空的感觉。庭院和建筑下面被遮盖的大型室外区域也是室聚集场所。

视线互动

建筑拥有长方形开放式平面，其四面环绕着蜿蜒的落地透明玻璃窗，可以看到外部的园区景观。14个庭院打破了平面，并提供了观看天空和建筑物内部的视野。起伏的部分在建筑物下方形成了有遮盖的室外空间，从中可以欣赏到周围的开阔景观。

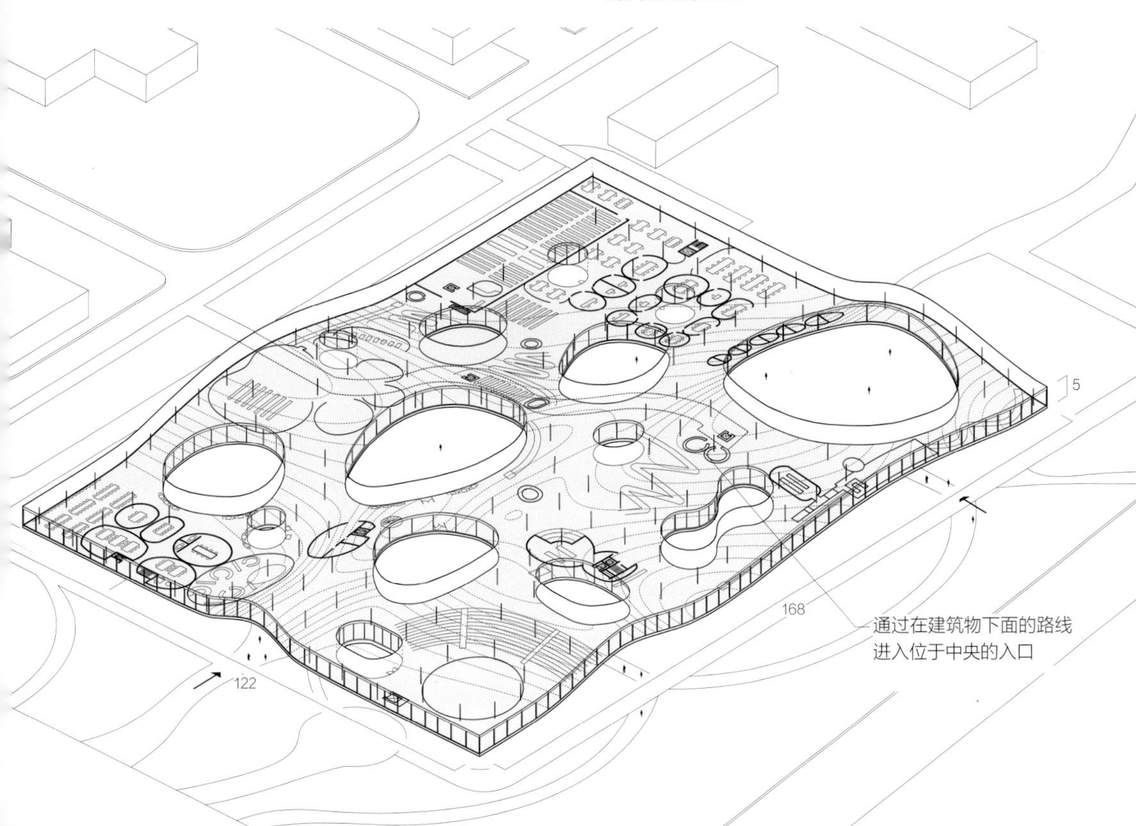
5
168
122
通过在建筑物下面的路线
进入位于中央的入口

力士学习中心是一个起伏的单层矩形开放式毯式建筑，有14个不同尺寸的庭院，为学生提供了一个流畅、倾斜和阶梯状的内部空间。院被设计为全玻璃社交空间，为人们提供了建筑物内部和外部之间的视线联系。学习空间与庭院以及图书馆、咖啡馆等社交空间交织一起，其间没有视觉障碍，形成了不间断的学习和交流空间。此外，外形柔和的圆形玻璃房的集群提供了可由小团体使用的封闭空。毯式建筑的起伏部分产生了被遮盖的空间，与建筑物的中心入口连通。劳力士学习中心因此打破了学习过程中的传统界限，促进了们在室内和室外的互动。它传递了流动性、波动、倾斜、阶梯状、探索、内部—外部性和互动性效果。

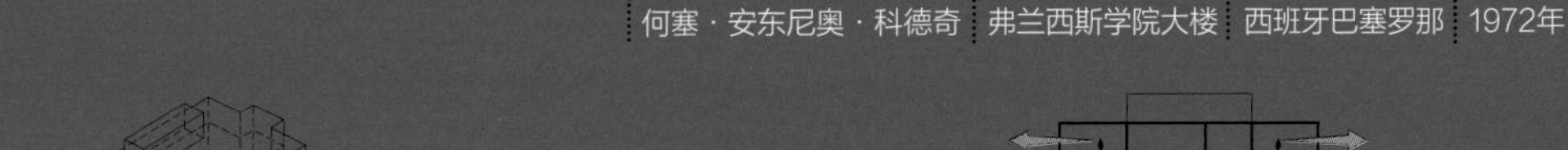

何塞·安东尼奥·科德奇 | 弗兰西斯学院大楼 | 西班牙巴塞罗那 | 1972年

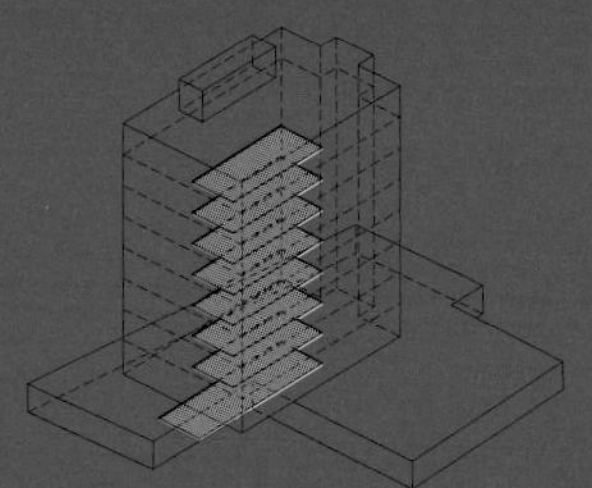

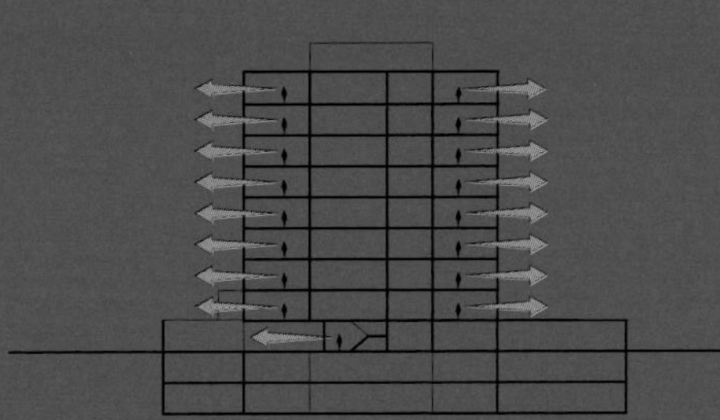

主动性和社交性学习

每个楼层的中央大厅都非常宽敞，方便人们进行非正式会面。

视线互动

外立面由狭窄的落地窗组成，为教室提供了外部景观，但这些窗户之间的实墙部分打断了这些景观。这种中断产生了眩光以及内部与外部之间的分离感。

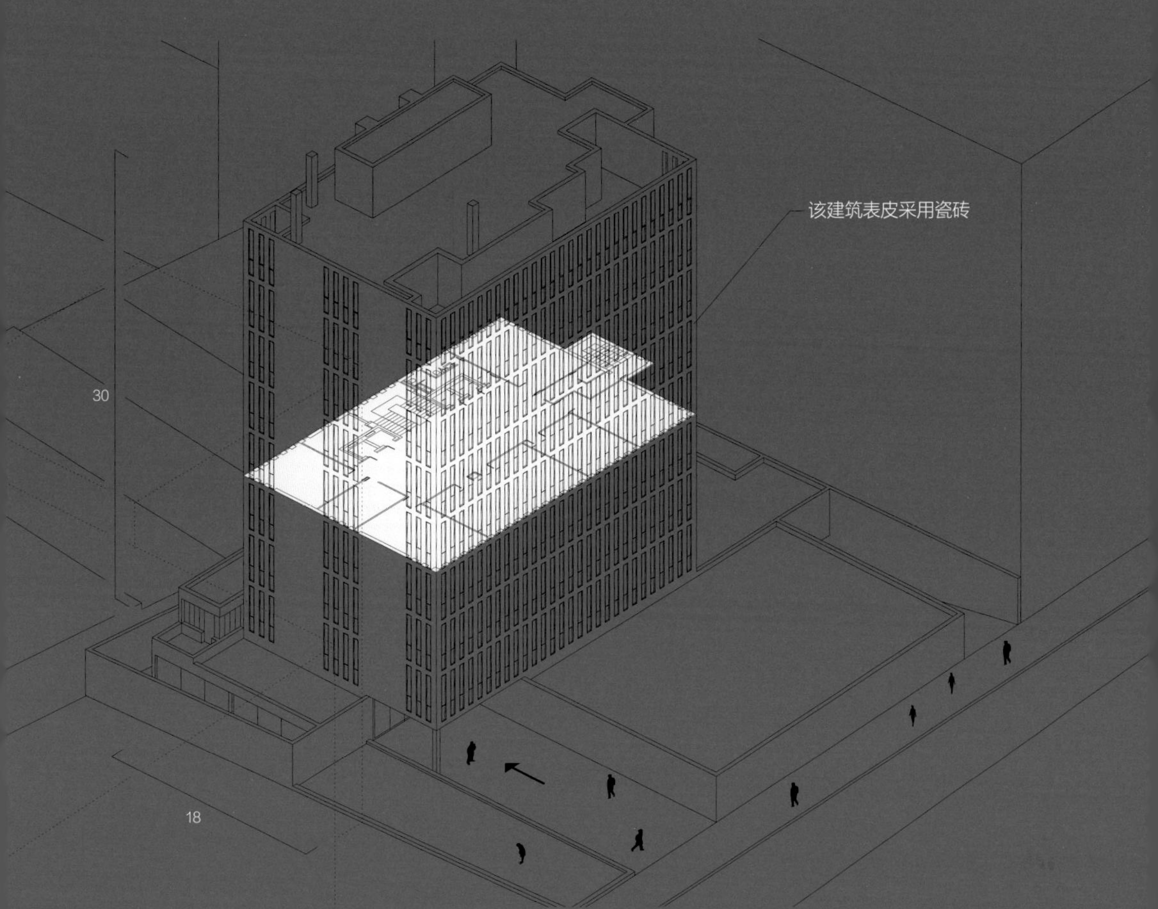

兰西斯学院大楼是一个8层的学习功能建筑，位于地下停车场和其他设施之上。底层设有夹层，由礼宾部门的行政和生活区占用；上的6层楼容纳了教室；顶层设有教学主管的宿舍。每层教室都由围绕宽阔的中央走廊布局的一系列房间组成，中央走廊也可用作一个间。教室的周边被设计为一个结构墙，具有狭窄的落地墙，以在视觉和听觉上隔离学习空间。外围护墙周边紧密间隔的支柱还提供了阳功能。因此，弗兰西斯学院大楼传递了单元式、垂直性和内向性的效果。

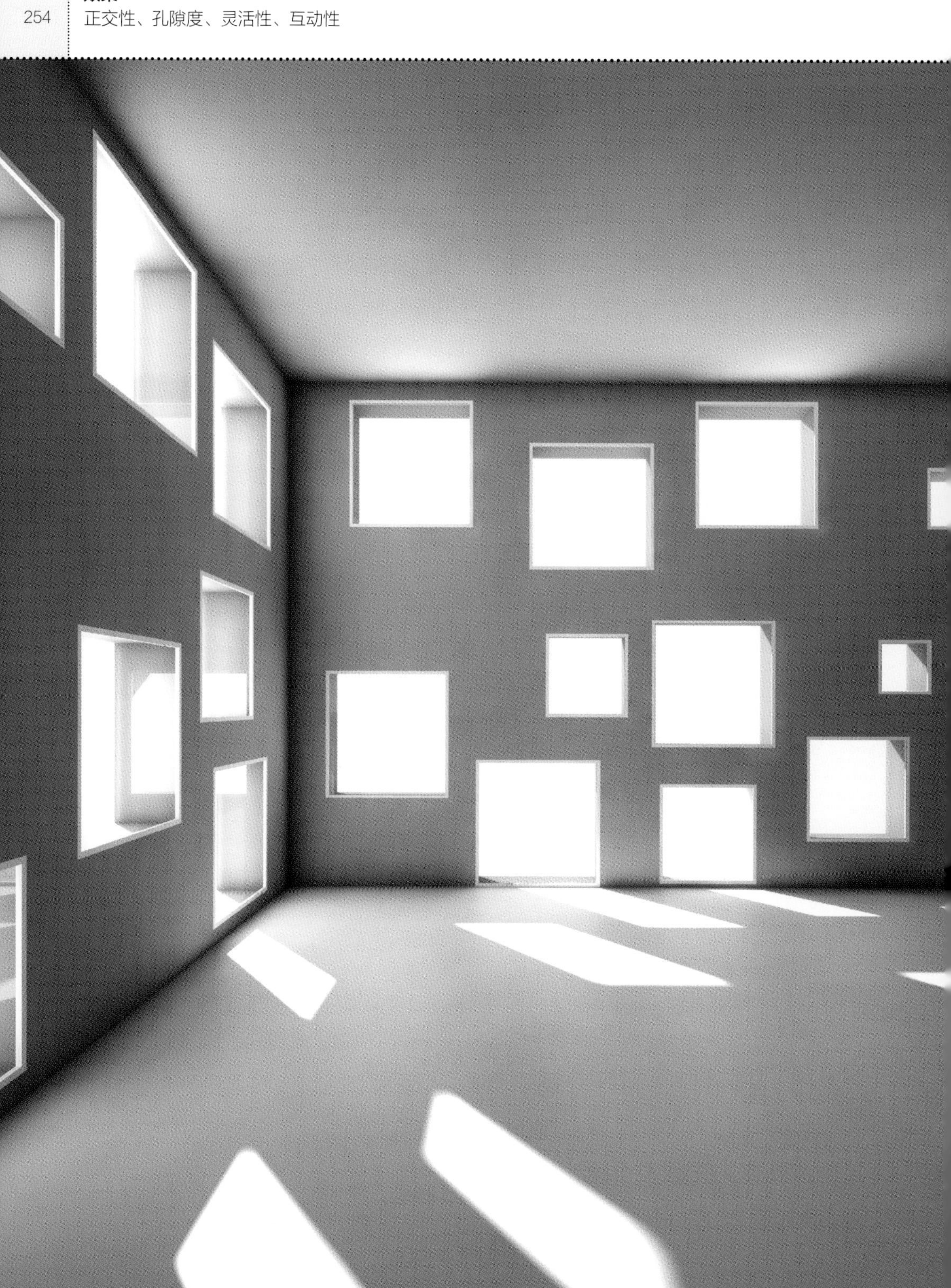

SANNA建筑事务所 | 关税同盟设计与管理学院 | 德国埃森 | 2002年

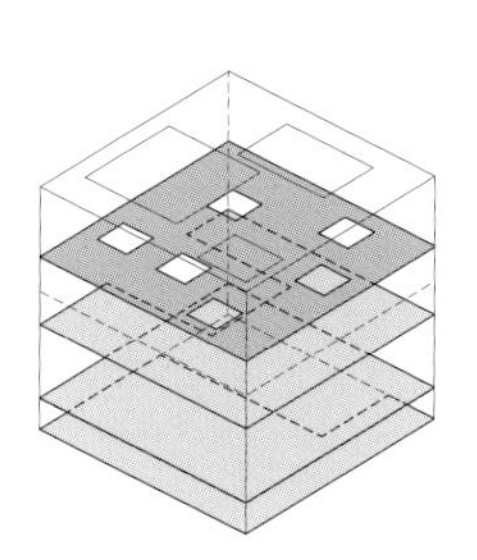

动性和社交性学习

1层、2层、3层和5层的屋顶平台是开放式的，可以供生开展主动的和社交式的学习；只有第4层被分割成房和天井。

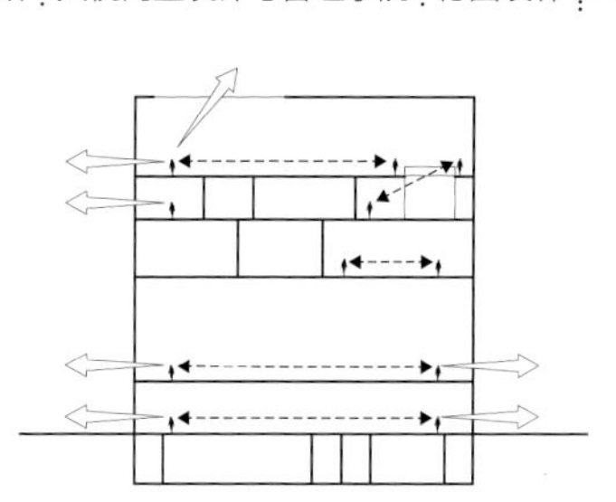

视线互动

许多大小不同的窗户沿着建筑周边分布，不仅使学生看到周围环境以及邻近工厂建筑的广袤景观，而且还为路人构造了意料不到的学生们学习的画面。屋顶平台还为师生提供了观看天空的视野。

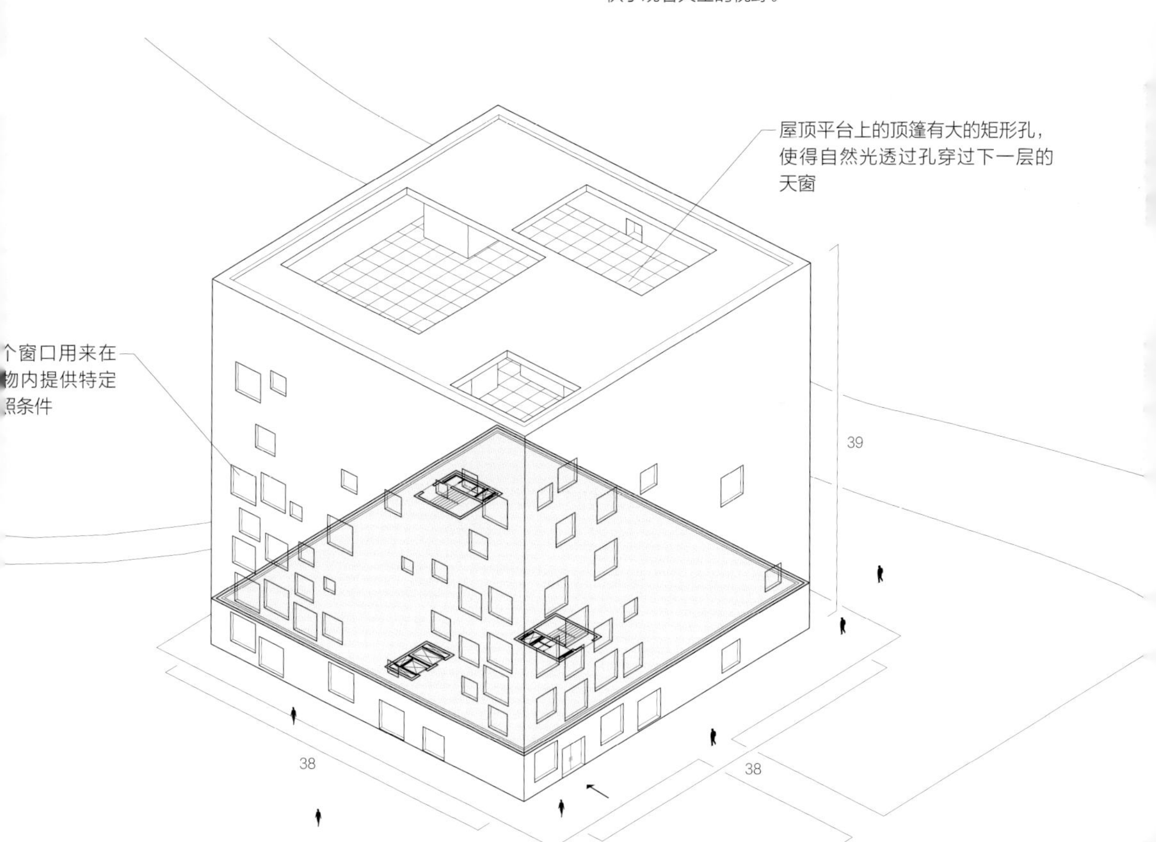
屋顶平台上的顶篷有大的矩形孔，使得自然光透过孔穿过下一层的天窗
个窗口用来在物内提供特定照条件
39
38
38

税同盟设计与管理学院是一个4层的立方体结构块，位于两层地下室之上。其外部围护结构由25 cm厚的钢筋混凝土墙组成，是建筑的主要承重构件，建筑内部几乎完全无柱，仅有的其他结构元件是电梯竖井、楼梯井和一些钢结构。第1至3层是无分割和无等级的放平面，营造了灵活的空间，促进了师生间的互动。第1层容纳了公共空间、展览空间和食堂，第2层为设计工作室，第3层设有图书。第4层的单元式办公空间围绕6个庭院布局。这些楼层的净高都是不同的，从3.15 m到9.8 m不等，每层楼的窗户数量和大小都不，引入了不同的光线和景色，因此每个楼层都有不同的氛围。关税同盟设计与管理学院从而传递了正交性、孔隙度、灵活性和互动性效果。

迪勒-斯科菲迪奥-伦弗罗建筑事务所 | 布朗大学格兰诺夫创意艺术中心 | 美国普罗维登斯 | 2011年

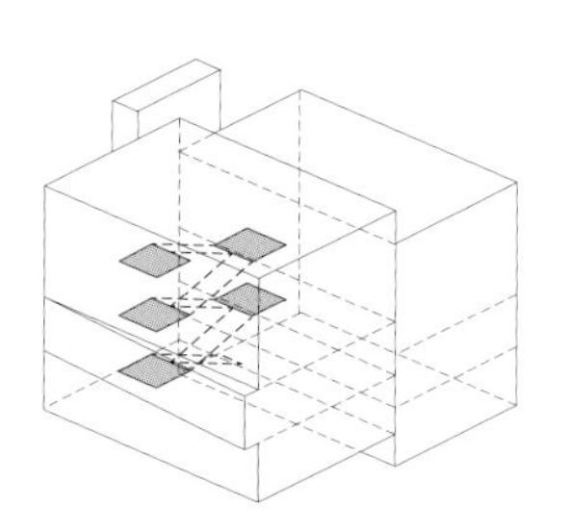

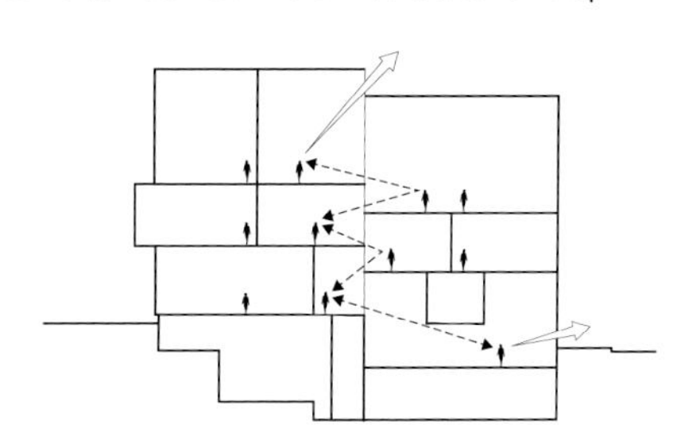

动性和社交性学习

央楼梯休息平台上的起居室空间为学生和教师提供了联
休息区。

视线互动

错层在楼层之间提供了对角线视野。沿着建筑周边、覆盖了整个前立面的落地玻璃窗为4个楼层提供了外部视野；而在后部，第1层、2层和3层的宽大的水平窗户也引入了自然光线和景观。

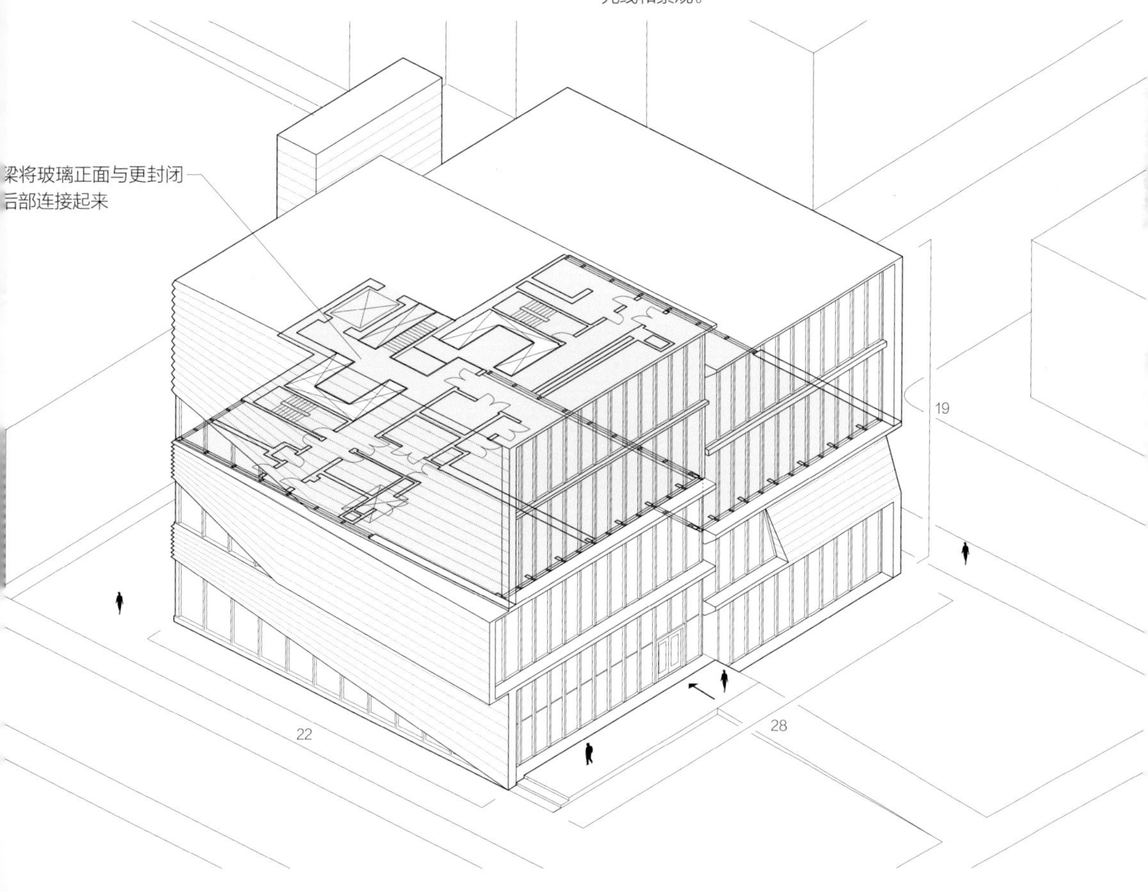
梁将玻璃正面与更封闭
后部连接起来
19
22
28

兰诺夫创意艺术中心是一个用于学习的4层矩形体块式建筑，每个楼层都沿着建筑的长度被切成两半，相互偏移了半层。建筑物的前是集体空间，包括第1层的画廊和礼堂以及上面的4个大型工作室；后部是专门用于独立活动的房间，如小型会议室、办公室和项目工室。错层为集体空间和独立活动房间提供了视线连接，这使得建筑的内部空间有听觉上的独立性与视觉上的互联性。一部配备宽敞平的楼梯连接了前后空间，用于非正式会面的休息区域。因此，格兰诺夫创意艺术中心传递了交错性、互动性和透明性的效果。

吉恩·卡普顿·泽马 | 华盛顿大学古尔德礼堂 | 美国西雅图 | 1971年

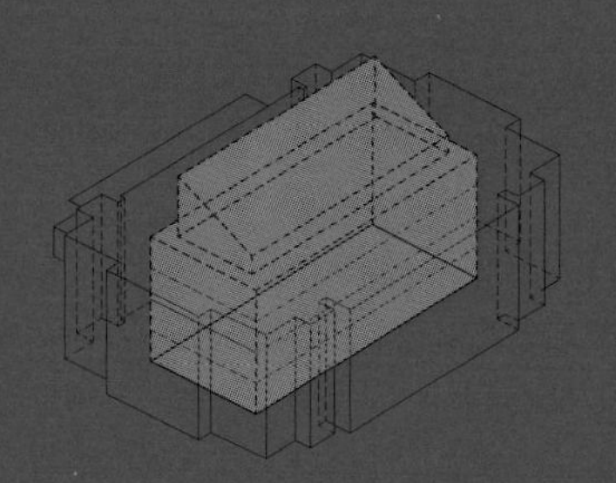

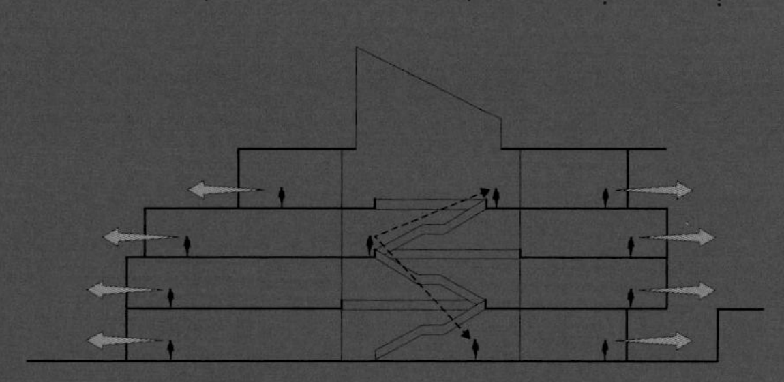

主动性和社交性学习
中庭的底层是一个开放式的公共空间。中央放置的楼梯横跨了中庭的空隙，落在教室边上的阳台上。因此，楼梯和阳台充当了公共空间。

视线互动
建筑两侧的落地窗为教室提供了周围校园的外部景观。大楼中央的大型中庭设有全玻璃屋顶。

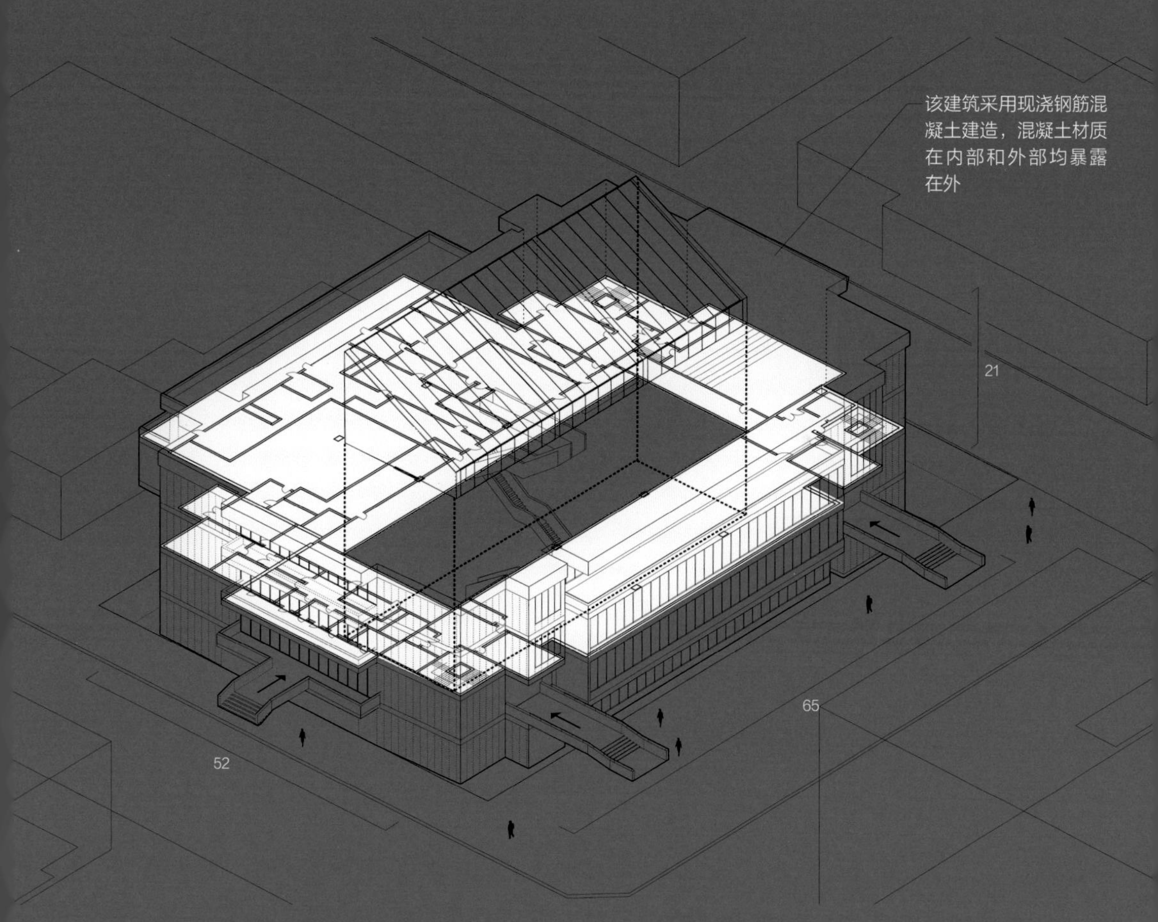
该建筑采用现浇钢筋混凝土建造，混凝土材质在内部和外部均暴露在外
21
65
52

尔德礼堂是一个用于学习的4层建筑，拥有一个大型玻璃中庭。中庭与其周围的教室被落地玻璃隔开，中庭两侧的教室可以彼此观。在外围，教室装设了通高玻璃，使教室与外部和中庭另一侧的教室都具有交互性。楼梯和走道在不同层与中庭纵横交错，使学生得跨越中庭进行交流或在蜿蜒的空间内会面。在第1层，中庭充当了人们学习、展览作品、喝咖啡和聚会的共享空间。它为不同学科师之间的偶遇创造了条件。因此，古尔德礼堂传递了向心性、单元式和互动性的效果。

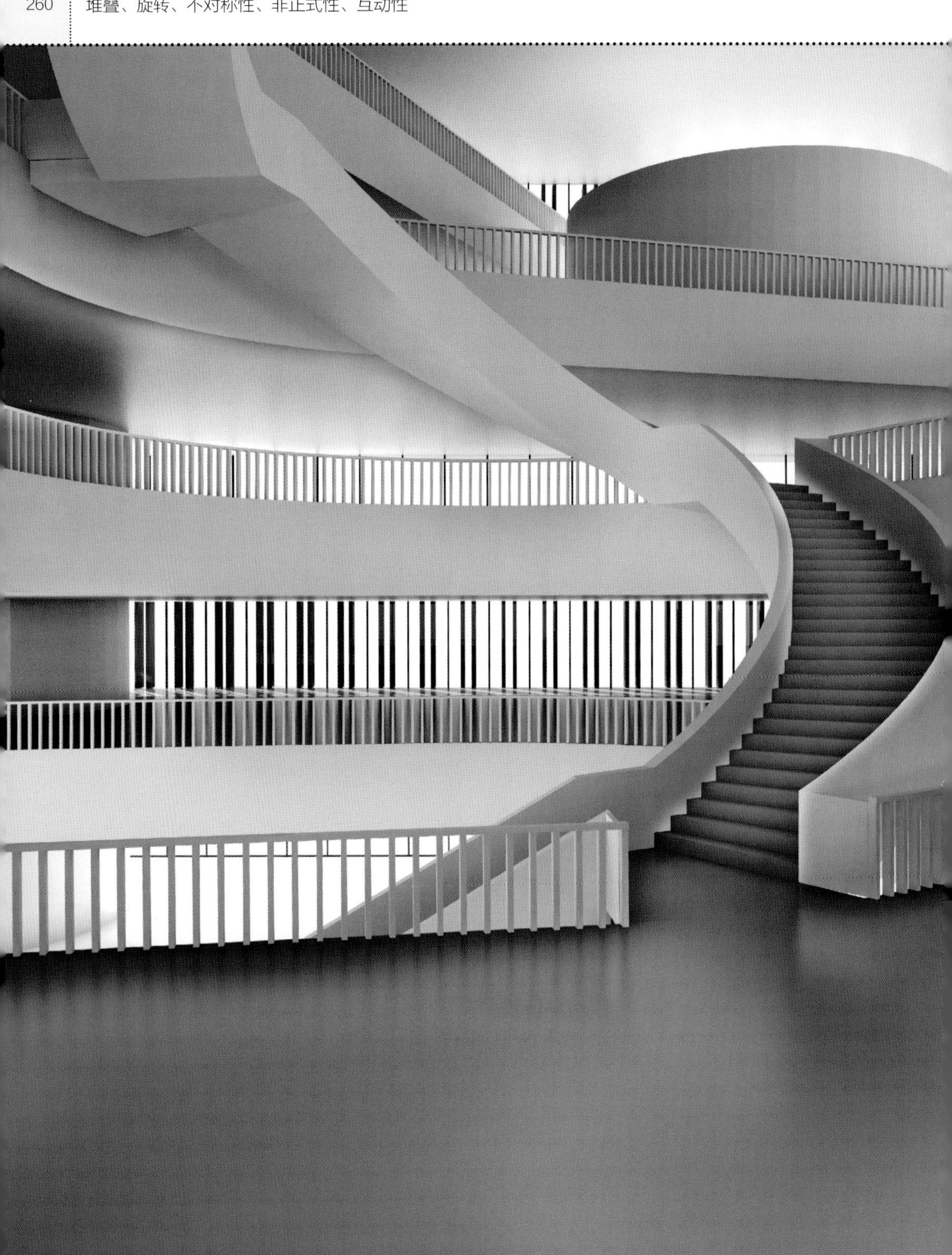

3XN建筑事务所 | 奥雷斯塔德学院 | 丹麦奥雷斯塔德 | 2007年

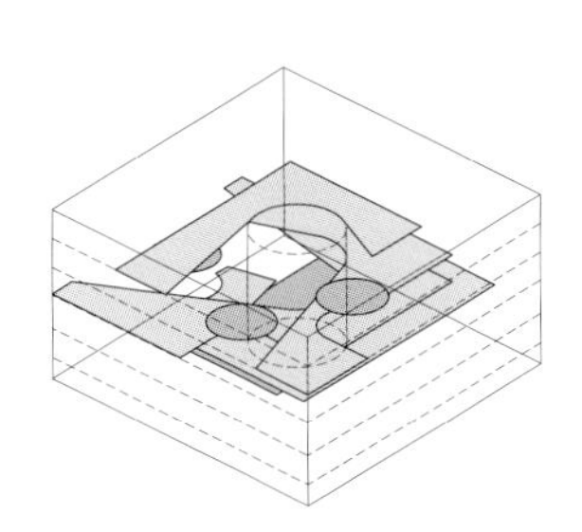

主动性和社交性学习

每个楼层都为学生提供了可进行互动的公共空间，所有与中庭相邻的空间都是公共空间。部分封闭的讲座教室和教学空间分散在整个开放空间内，并设有舒适的休息区或休闲空间。

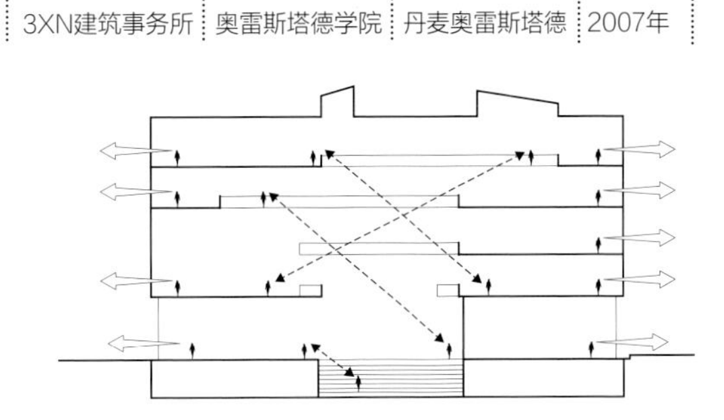

视线互动

室内空间的开放性与落地玻璃楼层使学习空间得以彼此观望，通过玻璃也可观赏哥本哈根的景观。从建筑物一楼的一角，人们可以透过对面角落顶层的玻璃窗看到外部景象。

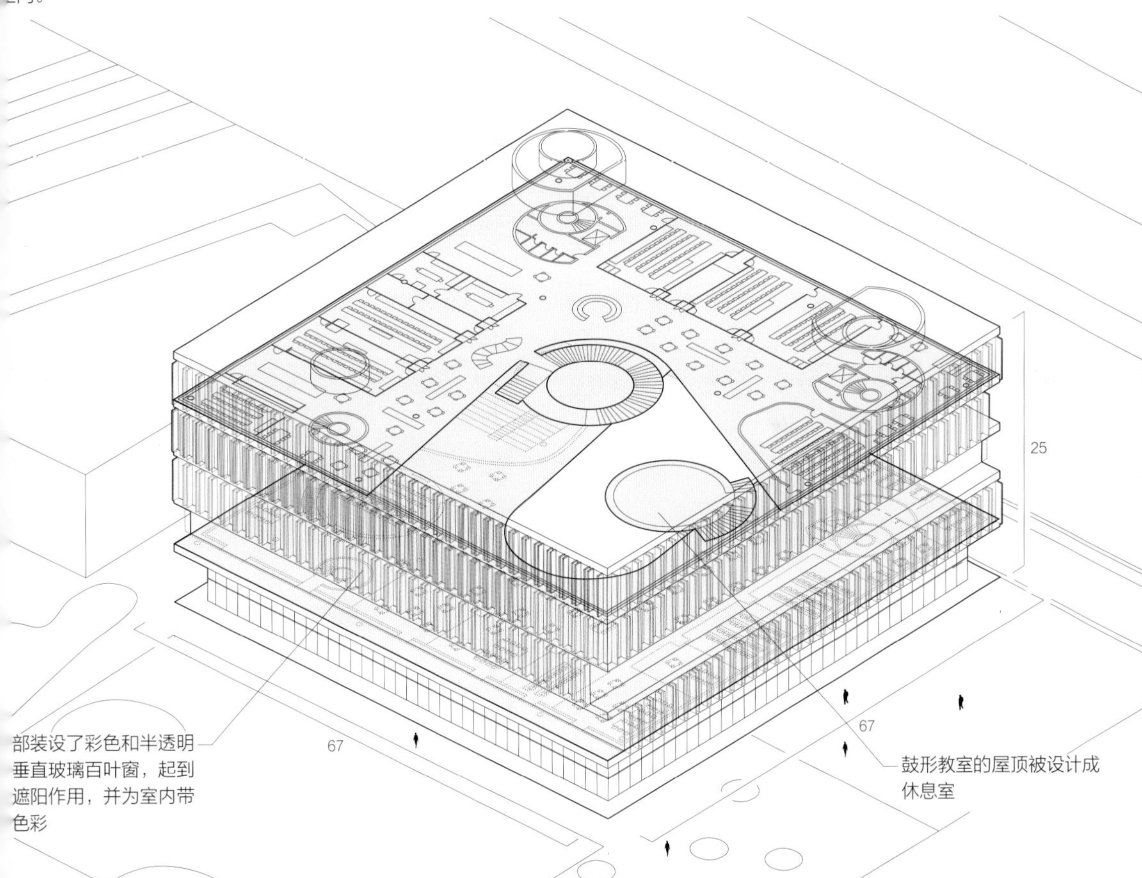

25
67
67
外部装设了彩色和半透明垂直玻璃百叶窗，起到遮阳作用，并为室内带来色彩
鼓形教室的屋顶被设计成休息室

奥雷斯塔德学院是一个用于学习的4层立方体，拥有地下空间。从地面向上，4个L形混凝土楼板中的每一个都以螺旋形方式围绕着一个中央核心筒旋转，核心筒包含了一个大型螺旋楼梯。各个楼层的螺形旋转使得立方体建筑，形成了一个宽阔的螺旋形中庭。中庭从中央楼梯延伸到外部立面，其中不同楼层的部分空间暴露在彼此的视野内。这些都是公共空间，可供师生休息放松。每个楼层的其余区域以混合模式规划，容纳了矩形、鼓形教室和开放式区域，这些区域由落地玻璃幕墙和中庭照明。因此，奥雷斯塔德学院传递了堆叠、旋转、不对称性、非正式性和互动性的效果。

FOA建筑事务所 | 雷文斯本大学新教学楼 | 英国伦敦 | 2008年

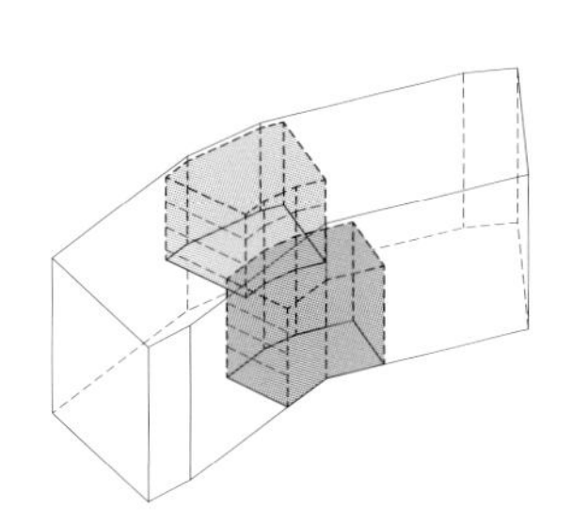

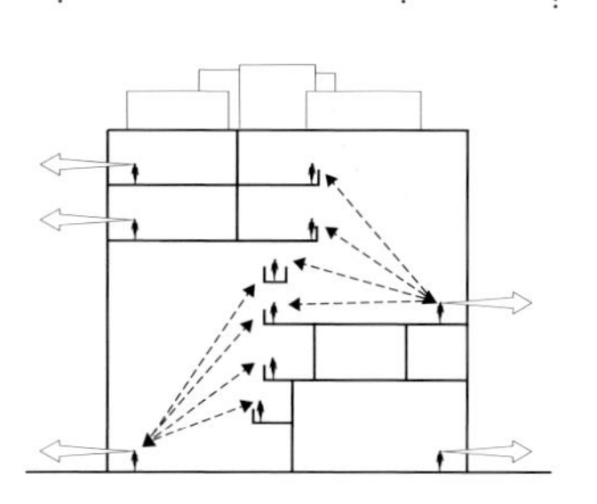

动性和社交性学习

庭为学院提供了两个空间，学院的成员可以在内部空间动或与公众进行互动。大型开放式学习空间被布置为错，便于学生在楼层内和楼层之间进行互动。

视线互动

学习空间中不同大小和位置的圆形窗户提供了不同的外部视野，并改变了每个学习空间内的光线质量。中庭和错层允许内部进行视线互动。

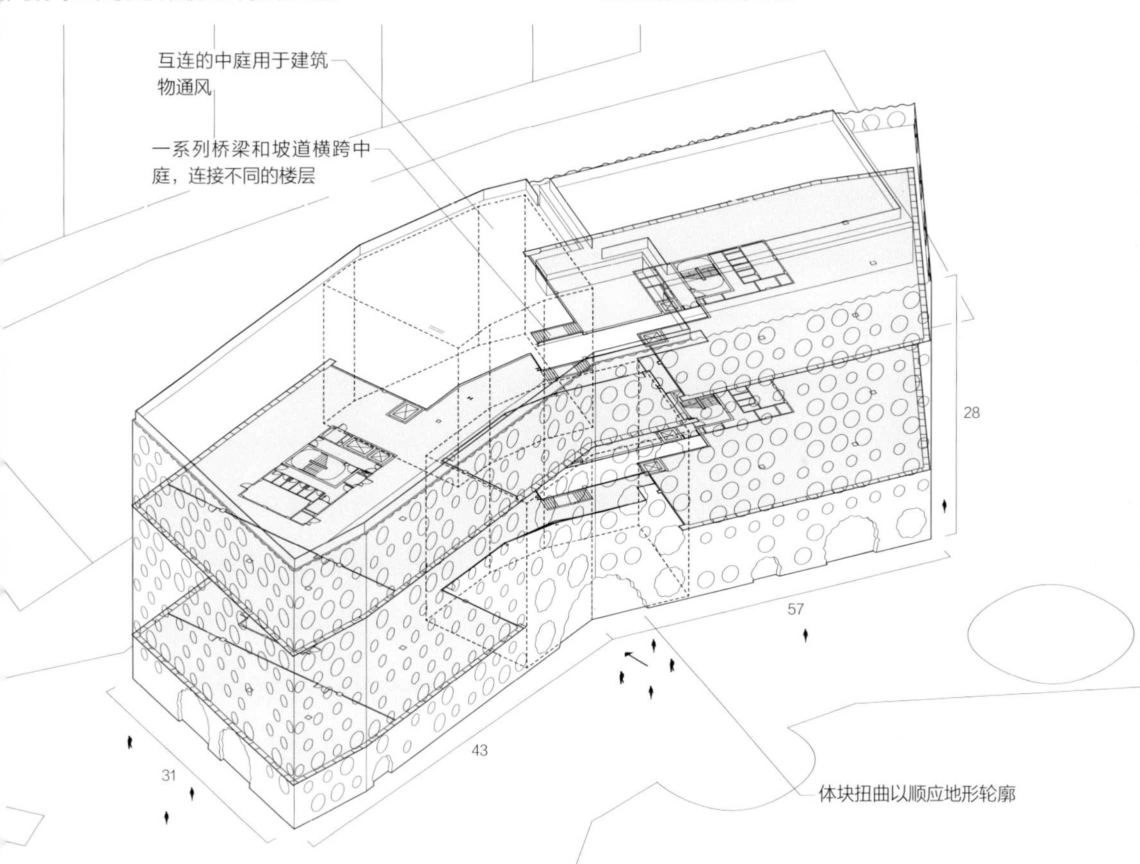
互连的中庭用于建筑物通风
一系列桥梁和坡道横跨中庭，连接不同的楼层
28
57
43
31
体块扭曲以顺应地形轮廓

文斯本大学新教学楼是一个4层的建筑，拥有两个相互连接的中庭，每个中庭都穿过建筑的3个楼层，从建筑中心延伸到对面的外立。因此，两个中庭可以在所有楼层上实现对角线视线互动，并提供了与外部的不同互动方式。下部朝北的中庭享有泰晤士河的景色，直接通往街道，向公众开放。从上部朝南的中庭可看到格林尼治半岛的景色，更靠近学院内部，因此专供师生进行演讲和学术展示。了增加中庭任一侧的学习空间之间的交互性，每个楼板都偏移了半个楼层。外墙是结构性的，并且与单排中心柱一起形成了开放式的习空间。承重外墙上装设了圆形窗洞，其不同的尺寸和位置取决于内部的不同功能。雷文斯本大学新教学楼传递了阶梯状、交错性、动性、孔隙度和圆度的效果。

约翰内斯·杜伊克
露天学校
荷兰阿姆斯特丹
1927年

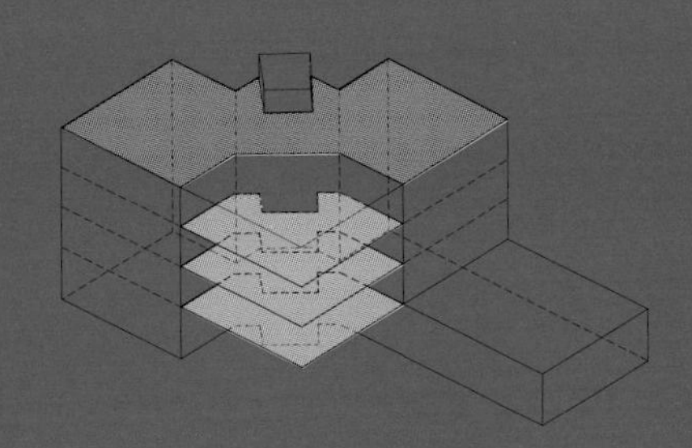

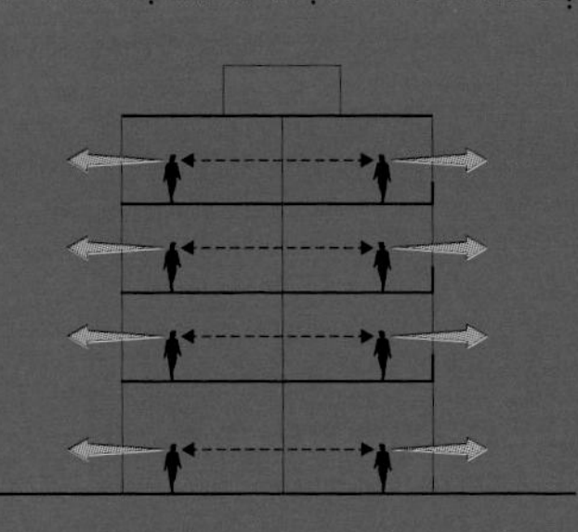

主动性和社交性学习

位于每个楼层的“露天”教室可用作两侧封闭式教室的室外公共空间。此外，无障碍屋顶平台为整个学校提供了一个非正式的公共空间。

视线互动

全玻璃教室享有一览无余的视野。每层楼的露天教室均享有不间断的景观，因为建筑物的结构避免了在角部产生任何视线中断。因此，所有空间都为在其中学习的孩子营造了一种置身于户外的感觉。

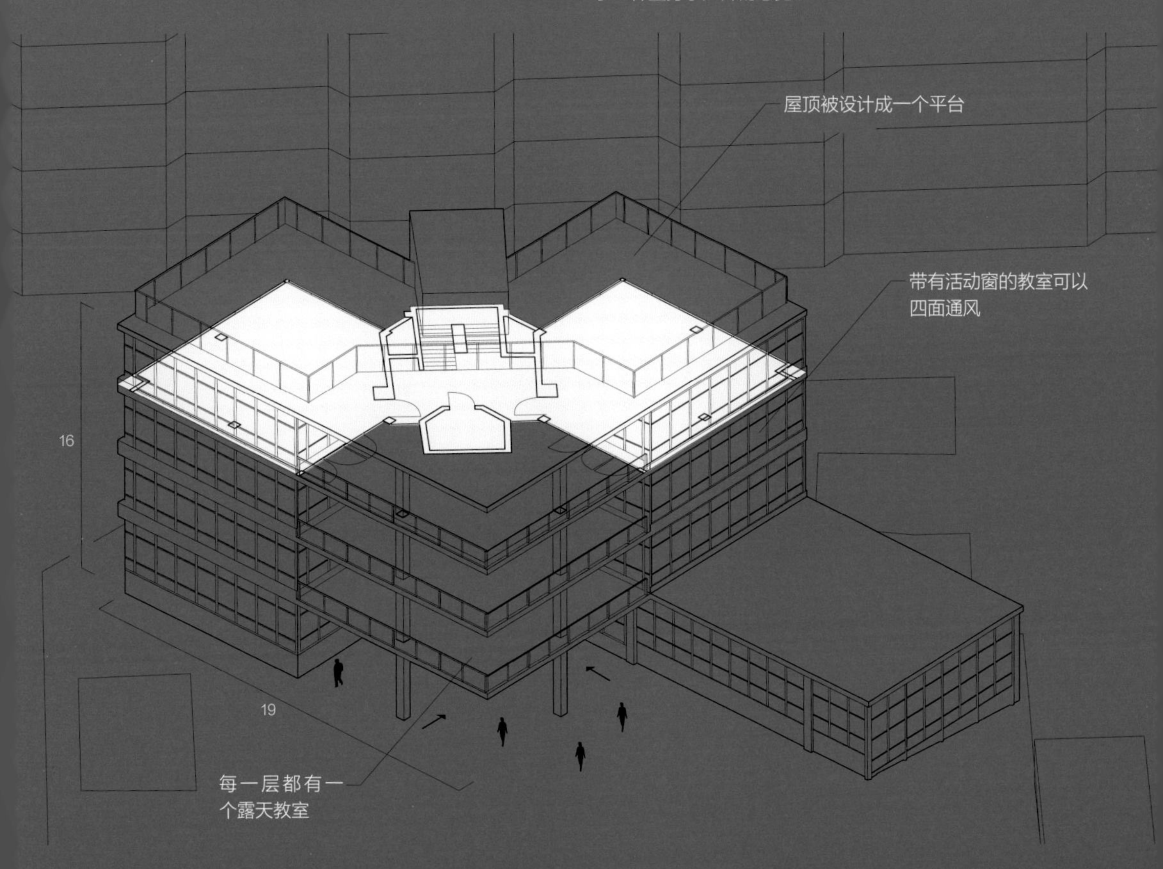
屋顶被设计成一个平台
带有活动窗的教室可以四面通风
16
19
每一层都有一个露天教室

露天学校是一座4层教学楼，以斜对角的方式放置在场地上。它的方形平面分为4个象限，围绕着一个中央对角楼梯。一楼设有主入口、一间教室和下沉式体育馆。上面的楼层仅占据了东、西、南3个象限，被设计为学习空间：东、西象限为单一教室，南象限为露天教室。教室四面装设了玻璃，下部是一个低矮的混凝土护墙，上部有旋开窗，可以将教室空间完全敞开。加热系统也安装在混凝土板内，以确保能在冬季打开窗户。此外，该建筑物的混凝土结构框架带有柱子，并且柱子不位于体量的角部，而是位于象限两侧的中间，从而确保露天教室能够拥有不间断的视野。因此，开敞式学校传递了开放性、透明性、通风和自然光照的效果。

拉卡通和瓦萨尔建筑事务所 南特建筑学院 法国南特 2009年

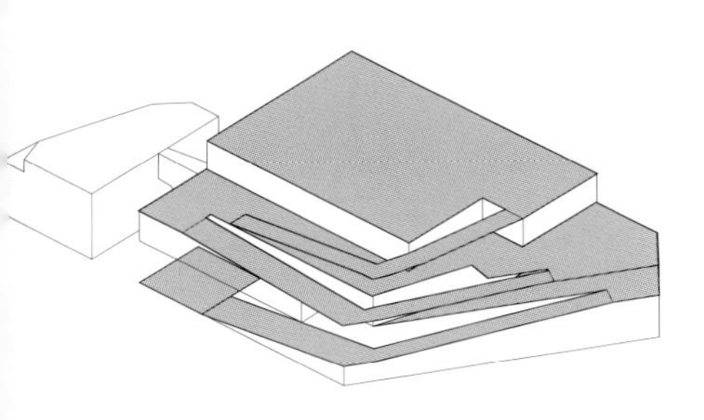

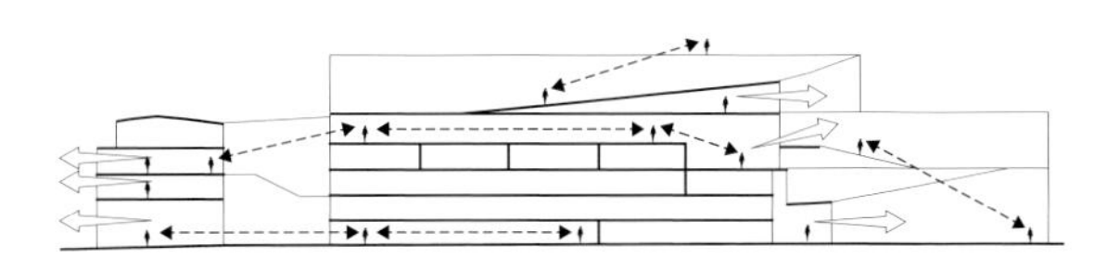

动性和社交性学习

放式的底层、上层教室之间的大片开放式空间、开放式台、宽阔的外部斜坡及其巨大的阶梯状平台为整个学校供了多样、灵活的空间，学生和教师可以以不同的方式活这些空间。

视线互动

开放式混凝土和钢框架采用透明玻璃和半透明聚碳酸酯板材组合而成，前者引入了街道和城市的宽敞景观，后者仅接收自然光线。环绕建筑物外围的外部坡道通向每层的开放式平台和屋顶平台，使师生可以欣赏到城市美景。在内部，底层是开放式的，而第2层和第3层则被分为夹层。夹

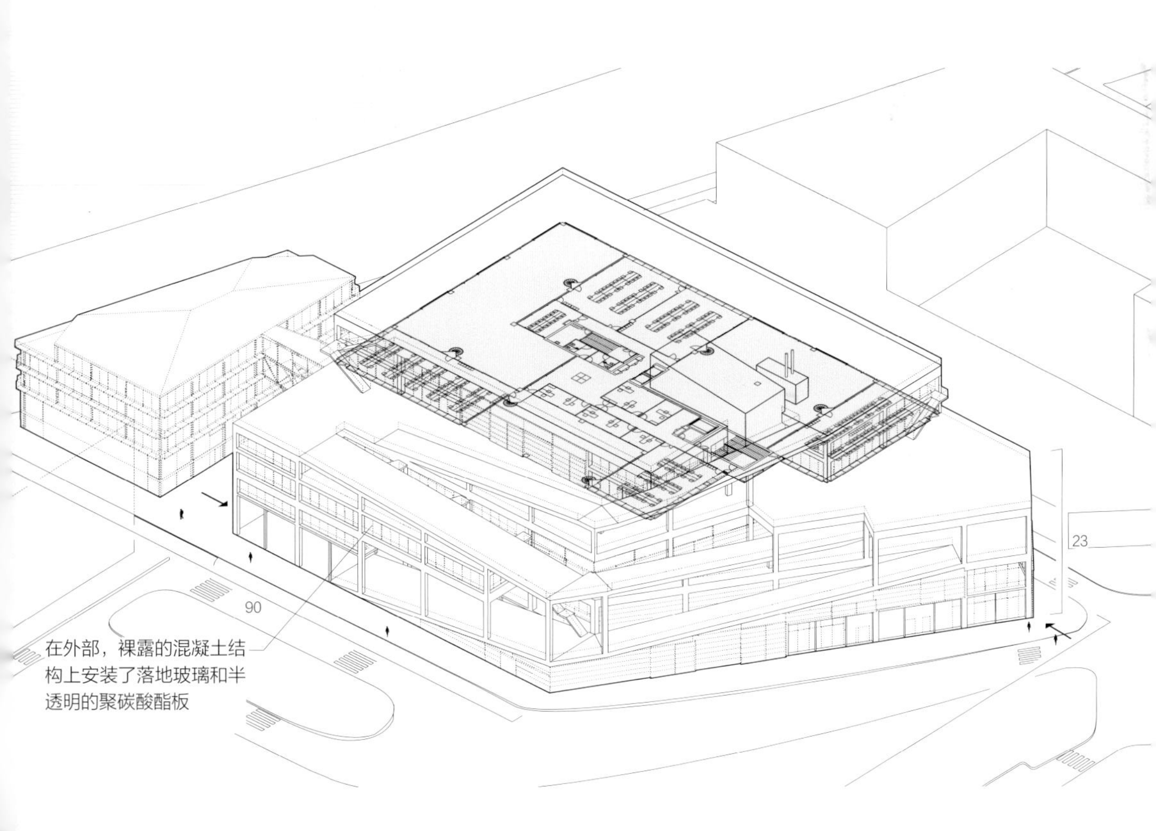

在外部，裸露的混凝土结构上安装了落地玻璃和半透明的聚碳酸酯板

特建筑学院是一个3层的教学楼，每层的教室和开放式区域不具有预设的功能，从而鼓励学生根据其需求积极地塑造这些空间。夹层层插在3个主要楼层之间，形成了双层和单层高的混合空间，既容纳了大型工坊、授课厅，又包含了私密的研讨课教室和一个图书，并使这些空间暴露在彼此的视野中。建筑外部周边的一部分装设了落地玻璃窗，引入了自然光与外部景观，另一部分由半透明聚碳酯面板包裹。一个宽阔的外部公共坡道沿建筑的两个侧面包围了学习空间。楼梯平台被设计为宽阔的平台，与内部的楼层相连，并使学习空间向外延伸。斜坡以屋顶平台为顶端，在垂直方向上延伸至街道，使公众和学生之间能够互动。因此，南特建筑学院传递了城性、开放性、互动性和灵活性的效果。

马歇·布劳耶，罗伯特·加特耶和爱德华多·卡塔拉诺 | 舒斯特礼堂 | 美国布朗克斯区 | 1957年

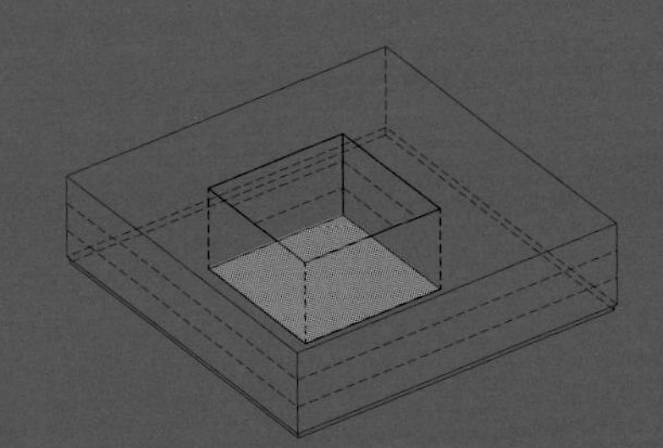

主动性和社交性学习
大型中央室外庭院是学院唯一的公共空间。

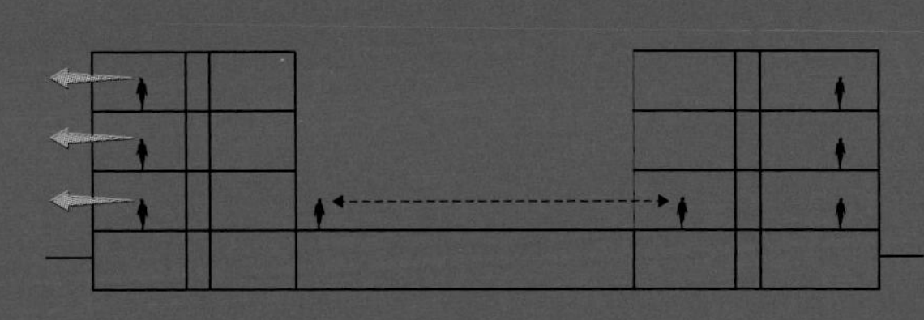

视线互动
舒斯特礼堂是一个内向的体块式建筑，其北立面和西立面有狭窄的窗户，南立面和东立面覆盖着密集的赤陶遮光板。庭院的北立面和西立面具有更大的开口，因此与外部有更强的交互性。

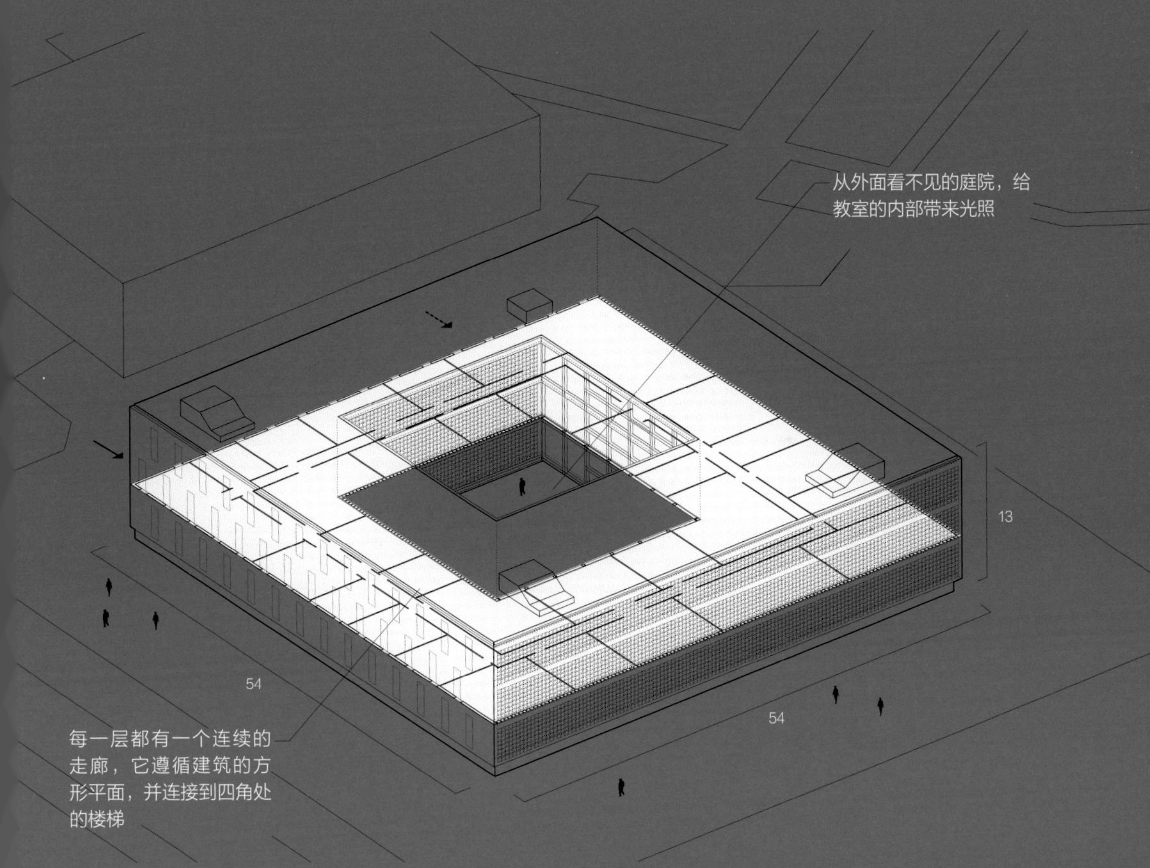
从外面看不见的庭院，给教室的内部带来光照
13
54
54
每一层都有一个连续的走廊，它遵循建筑的方形平面，并连接到四角处的楼梯

舒斯特礼堂位于现在被称为雷曼学院（纽约市立大学雷曼学院，原为亨特学院位于纽约布朗克斯的校区）的校园内，是一个3层楼的方形体块式建筑，有一个中央庭院，其地下半层的空间由高侧窗提供光线。每层楼都被布置为双排走廊，走廊两侧的房间要么面向建筑的外部，要么面朝内部庭院。沿庭院北面和西面内墙布局的房间都是玻璃的。沿着院子南面和东面内墙的房间都装设了由敞开的陶土网格组成的水平条带，条带遮蔽了后面的条形窗户，遮挡了阳光直射。位于南部和东部外立面的房间都覆盖在相同的网格中，而位于北部和西部的房间则装设了玻璃窗，这些交替放置的窗户突出了墙体的平面。因此，舒斯特礼堂传递了单元式、两侧对称和内向性的效果。

手家建筑事务所 | 富士幼儿园 | 日本东京 | 2005年

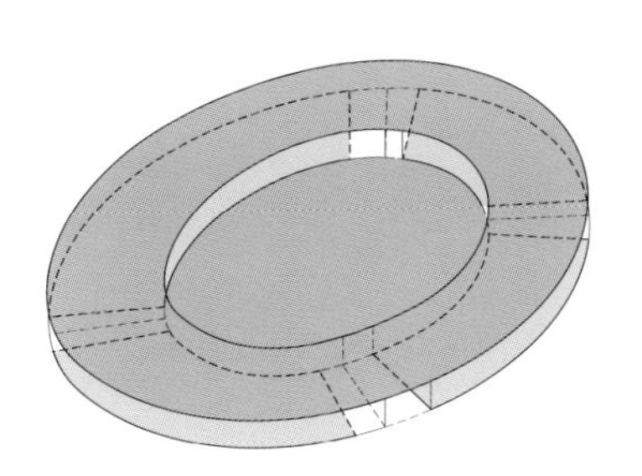

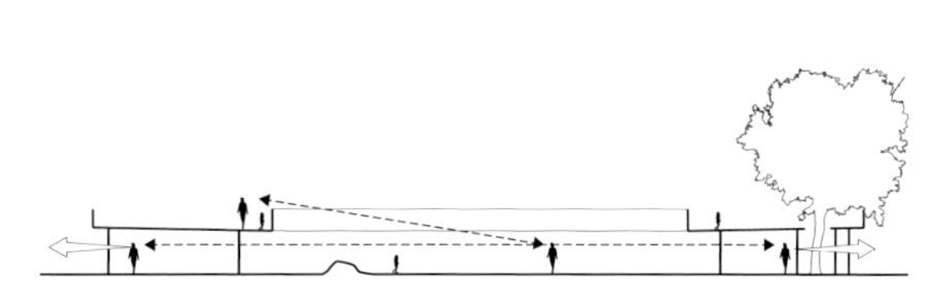

主动性和社交性学习

内部没有永久性墙体，通往庭院的开放式滑动门可以在整个区域内形成公共空间。屋顶平台可通过中央庭院的斜坡进入，提供了额外的户外公共空间。

视线互动

体量的规模为中央庭院提供了观看屋顶的清晰视野，开放式的内部使学生们能清楚地看到外部、内部的其他教室、庭院以及屋顶，因此师生可以在整个幼儿园里进行视线互动。

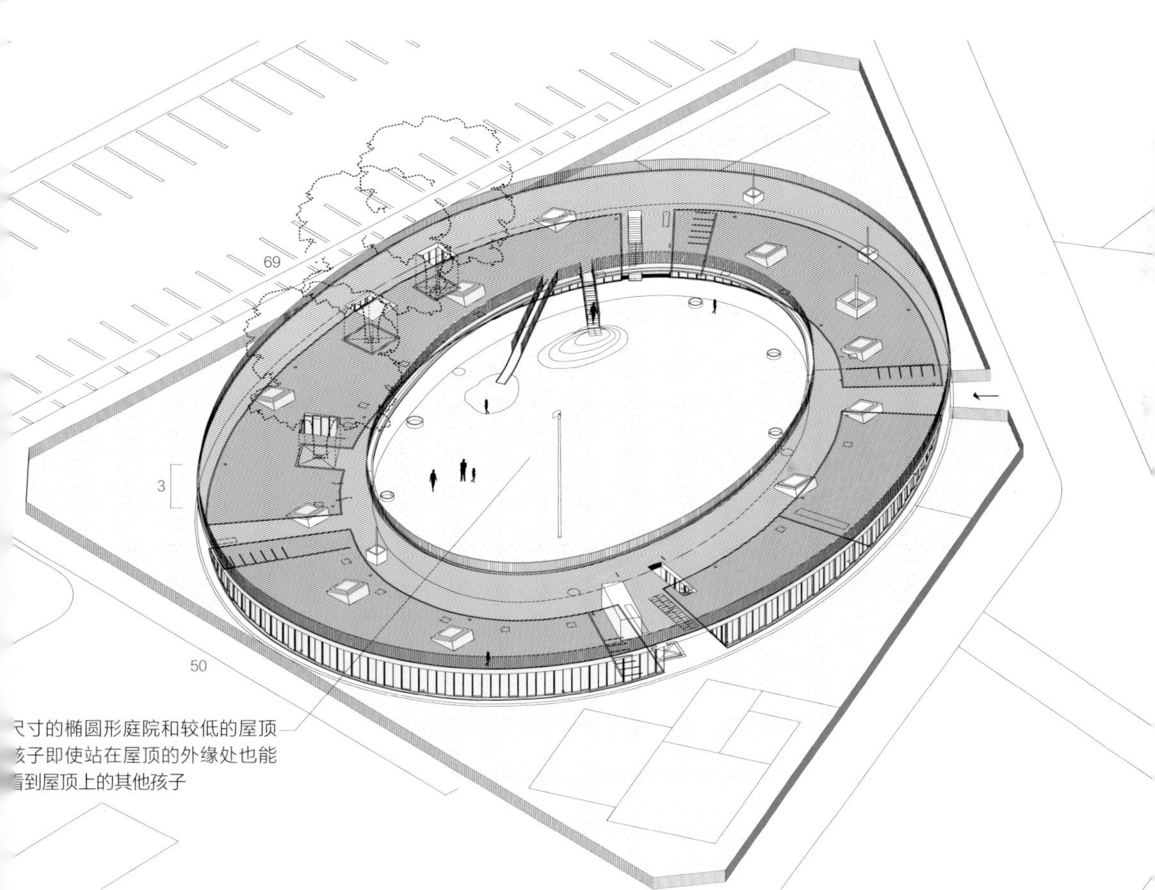

尺寸的椭圆形庭院和较低的屋顶孩子即使站在屋顶的外缘处也能看到屋顶上的其他孩子

富士幼儿园是一个单层的椭圆形教学建筑，有一个非常大的椭圆形庭院。楼层净高根据儿童尺度设计为2.1 m，这就形成了一个较低的体量，其屋顶可充当运动场或露天教室。在室内，幼儿园没有墙体，也没有预先确定的布置，由孩子们可以轻松地重新布置的家具划分。面向外部和庭院的周边界面都装设了可完全打开的滑动落地玻璃门，模糊了室内和室外的区隔。屋顶上的3个开口使树木穿透内部空间，孩子们可以从屋顶爬上这些大树。因此，孩子们的学习和游戏不受空间的限制，可以在室内和室外同时进行。因此，富士幼儿园传递了开放性、曲线性、向心性、探索与互动性的效果。

沃尔特·格罗皮乌斯 | 包豪斯校舍 | 德国德绍 | 1926年

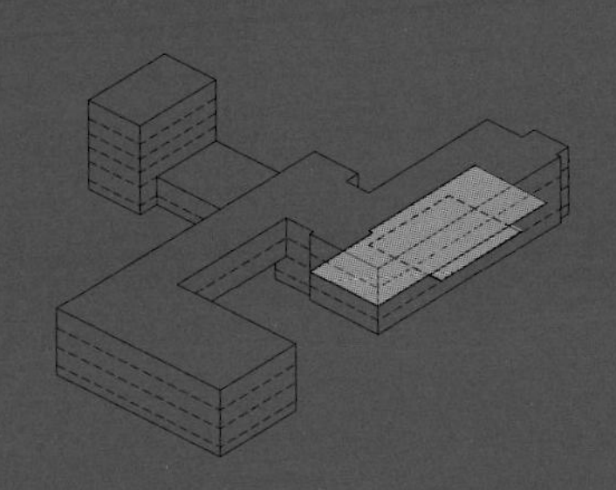

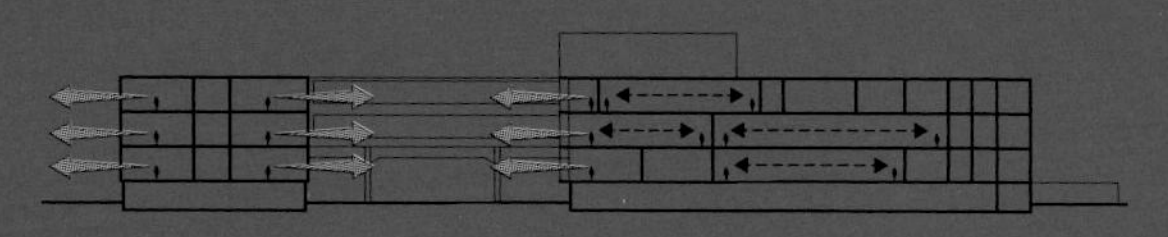

主动性和社交性学习

包豪斯可能是第一所鼓励学生进行团队合作的学校，学生需要在实际设计练习中相互合作。然而，除了这些被规划好的活动外，该建筑没有为学生提供非正式或自发互动的空间。

视线互动

板楼的风车形布局使置身其中的人们能够看到彼此。建筑的大片玻璃窗也为每个板楼引入了外部视野。

板楼都有特定的功能，整座建筑没有中心。只有围绕整个建筑观察体验，才能全面地理解这个综合体
14
95
37

豪斯是一座建筑和设计学校，为学生提供各类工艺技术课程。其校舍的设计反映了此种教学模式，该建筑由3个功能特定的板楼组，这些板楼以风车形配置排列：一个带玻璃的3层车间板楼，通过一个2层浮桥与一个3层的学校连接，该浮桥容纳了管理部门；同一车间板楼通过一个单层的桥梁还连接一个5层楼的学生宿舍，该桥内有一个大厅、一个舞台和食堂。板楼由钢筋混凝土框架和砖砌体成。这样墙壁上可以装设长长的带形窗，将阳光引入教室和走廊，也消除了前后等级性。板楼的内部根据各自的功能分为开放式区域单排和双排单元式房间。连接地板的宽玻璃楼梯位于板楼的交叉处，使不同的功能区域彼此连通。除了用沥青瓦覆盖的屋顶之外，建内并没有供学生互动的公共空间。因此，包豪斯校舍传递了不对称性、反等级性、透明性和分离性的效果。

FOA建筑事务所 | 拉里奥哈技术转让中心 | 西班牙洛格罗尼奥 | 2003年

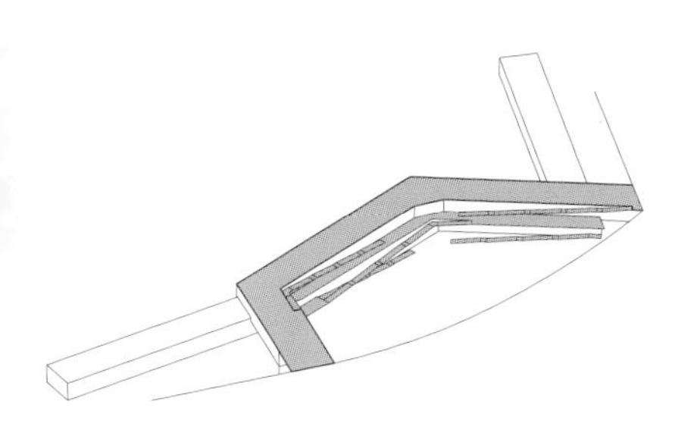

主动性和社交性学习

屋顶以及由板楼堆叠和扭曲所形成的平台是室外公共空间。

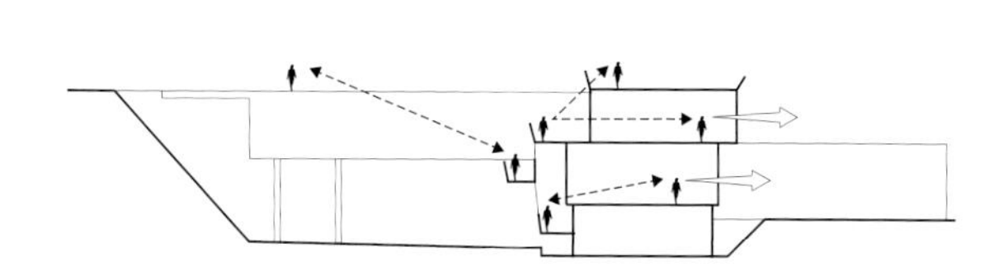

视线互动

落地玻璃将建筑物四面环绕，使人可以看到建筑物的其他部分，并透过环绕建筑物的藤蔓看到周围的景观。

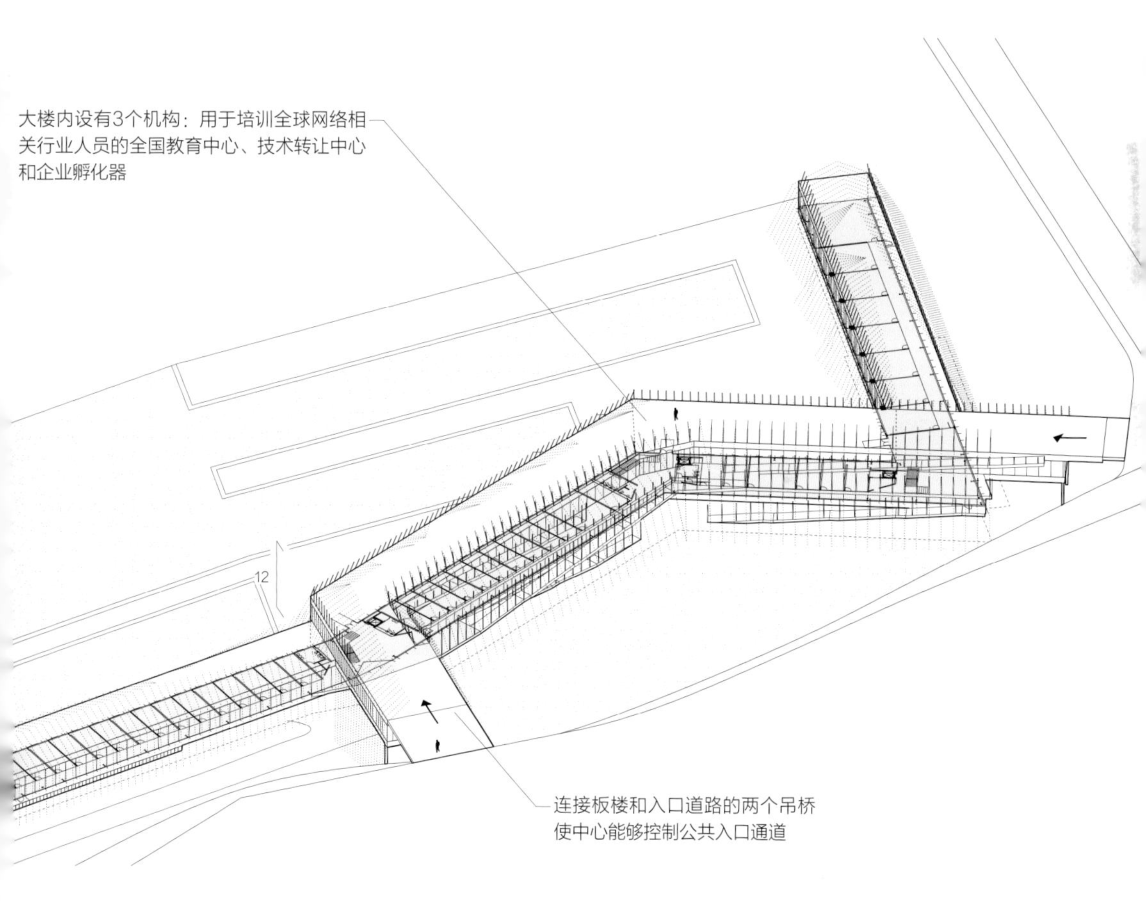

大楼内设有3个机构：用于培训全球网络相关行业人员的全国教育中心、技术转让中心和企业孵化器
12
连接板楼和入口道路的两个吊桥使中心能够控制公共入口通道

拉里奥哈技术转让中心是一个用于培训、技术开发和科研的板楼，其两个长板楼在露天停车场的上方彼此堆叠。通过以线性方式布置空间，板楼最大限度地扩展了其与景观接触的表面。中心内设有3个机构，而板楼的弯曲部分则对应了每个机构的专属区域，并围合出一个榆树花园。每个区域的房间要么面向河流和林场，要么面向一个直对花园的单面走廊。房间和走廊都装设了落地玻璃窗，获得了与景观的视线联系。露天坡道将侧花园与不同的楼层和屋顶相连，在景观、学习空间和屋顶之间提供了地形连续性，并增加了不同机构的人员彼此相遇的可能性。房间和交通走廊的玻璃正面覆盖着缠绕在电缆系统周围的藤蔓，不会受到太阳直射，从而形成了一个自然和技术紧密相连的环境。因此，拉里奥哈技术转让中心传递了连续性、堆叠、弯曲、开放性和遮蔽的效果。

路易斯·康 | 索尔克生物研究所 | 美国拉荷亚 | 1959年

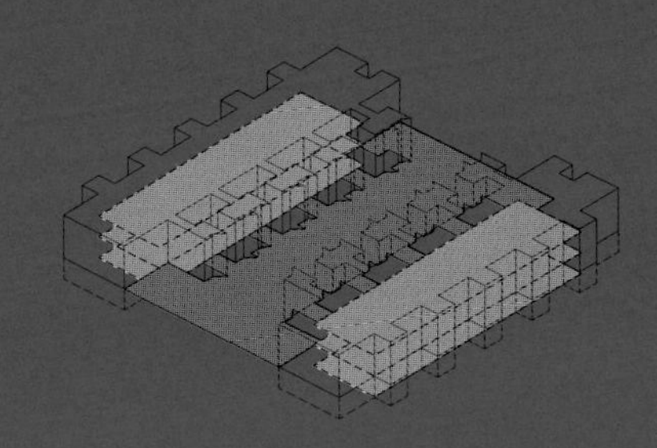

主动性和社交性学习

实验室和交通空间是研究人员可以互动的内部空间。主要的公共空间是开放式庭院，由此可观赏太平洋的景色。

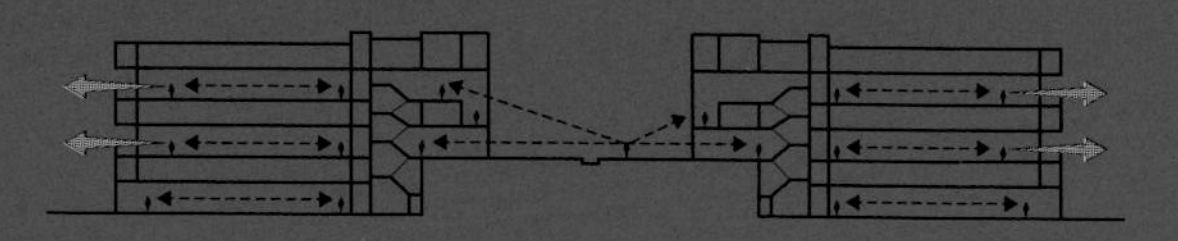

视线互动

朝向外部的方向是确定板楼和窗户位置的关键因素。地面以上的办公室和工作室设有大窗户，享有庭院和太平洋的景致。工作室塔楼的墙壁呈特定角度，从而使得塔楼面向海洋。

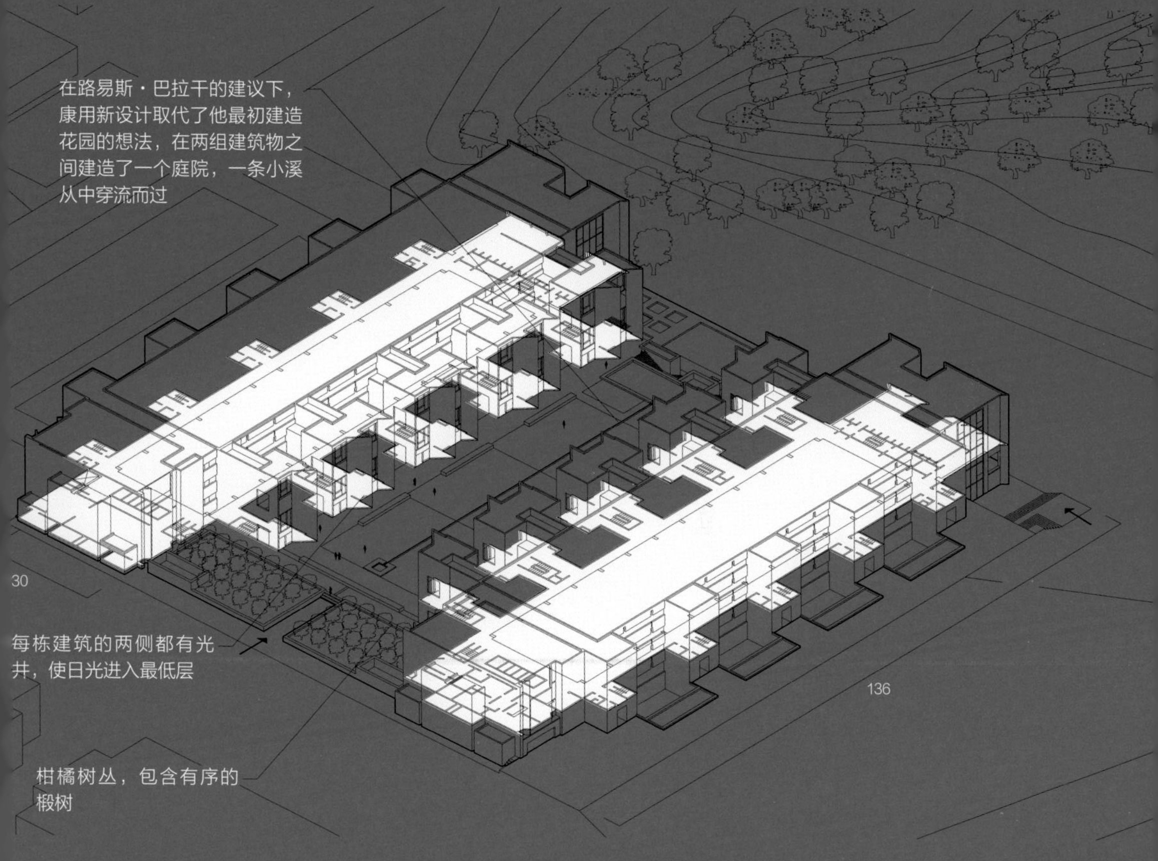
在路易斯·巴拉干的建议下，康用新设计取代了他最初建造花园的想法，在两组建筑物之间建造了一个庭院，一条小溪从中穿流而过
30
每栋建筑的两侧都有光井，使日光进入最低层
136
柑橘树丛，包含有序的橙树

索尔克生物研究所包括两座平行的6层大进深建筑（北楼和南楼）。每座建筑内侧一排的5个工作室塔楼隔着中央庭院相互面对，可欣赏到太平洋的景色。每个板楼容纳了3层的实验室，其中两层在地上，一层在下面。使用与设备系统结合的空腹桁架系统可以使整个空间变得开放。地面以上的实验室由窗户获得采光，外部走廊将它们与工作室连接。地下的实验室由一个采光井照亮。实验室和办公空间以及建筑物的一个入口位于每个体块的北端。在面向大海的南端，有一个供图书馆使用的区域。中央庭院是科学家可以互相交流的休息空间。因此，索尔克生物研究所传递了对称性、宁静旷远、无限和反射的效果。

多米尼克 · 佩罗建筑事务所 | 梨花女子大学校园中心 | 韩国首尔 | 2004年

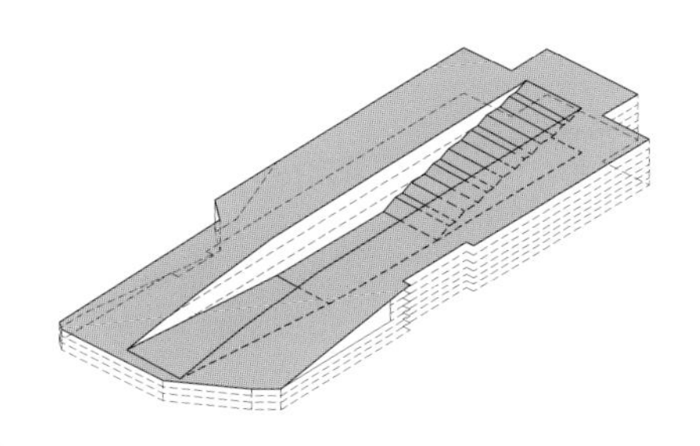

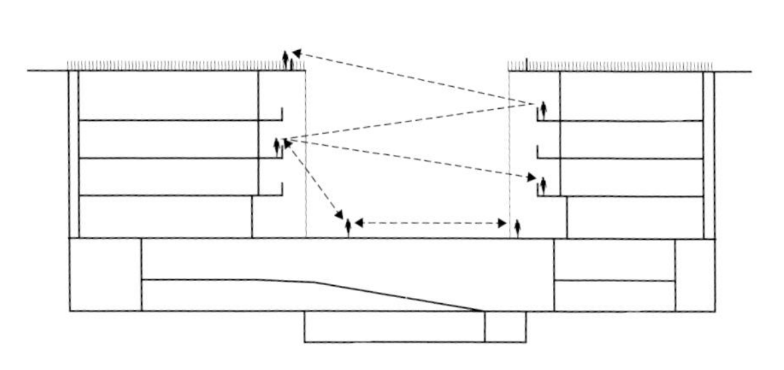

主动性和社交性学习

每个板楼的底层主要是开放式的，提供室内公共区域，并且每个建筑物的屋顶都有一个景观公园。整个内部空间都设有小型公共区域和其他常用设施，如银行、商店和健身俱乐部。这条宏伟大道的两侧是建筑物，与屋顶公园相得益彰，同时也是外部公共空间。

视线互动

板楼暴露在外的墙壁是玻璃的，使人从中可以看到大道和对面的板楼。在内部，交通流线沿着玻璃幕墙后面的空隙排列，贯穿了整个板楼的长度，形成内部通道，从中可以一直看到每个建筑物的尽头。

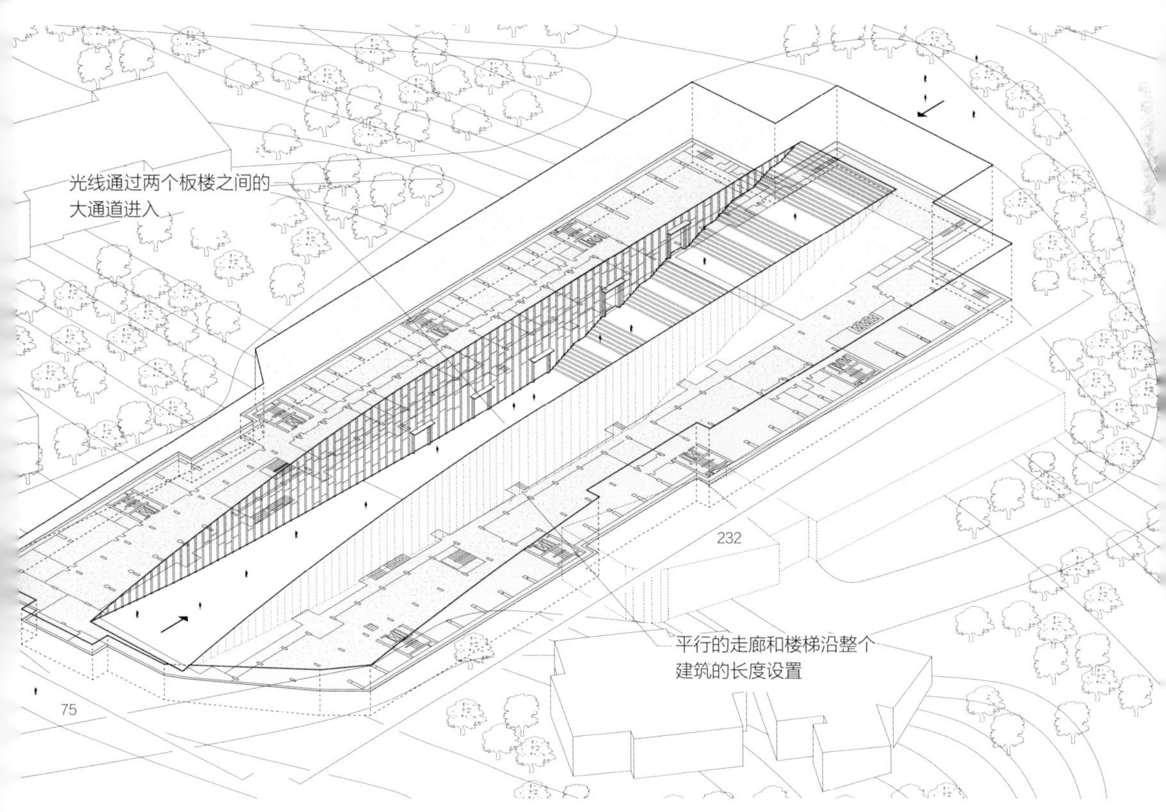
光线通过两个板楼之间的
大通道进入
232
平行的走廊和楼梯沿整个
建筑的长度设置
75

这座位于梨花女子大学的建筑综合体包括两座平行排列的下沉式4层板楼，它们位于两层停车楼之上。这两个板楼由一个中央板楼连接在一起，中央板楼从中间的2层区域扩展到两端的4层楼。连体板楼形成了一个巨大的结构，似乎被一个深裂缝般的、两层落入地下的庭院切开。庭院两侧都是落地玻璃，庭院的起点处是斜坡，随后是可用作户外圆形剧场的大型石阶。该建筑群的10个入口位于坡道和台阶的不同楼层上。内部是单元式的。楼梯和平行走廊系统贯穿了整个建筑物的长度。走廊的沿途有供学生阅读与喝咖啡的空间，设有供人休憩放松的家具。在建筑的两端，斜坡下有公共活动空间和礼堂。房间两侧都是玻璃围墙，以便让光线透入建筑物的深处。因此，建筑传递了对称性、下沉、景观和互动性的效果。

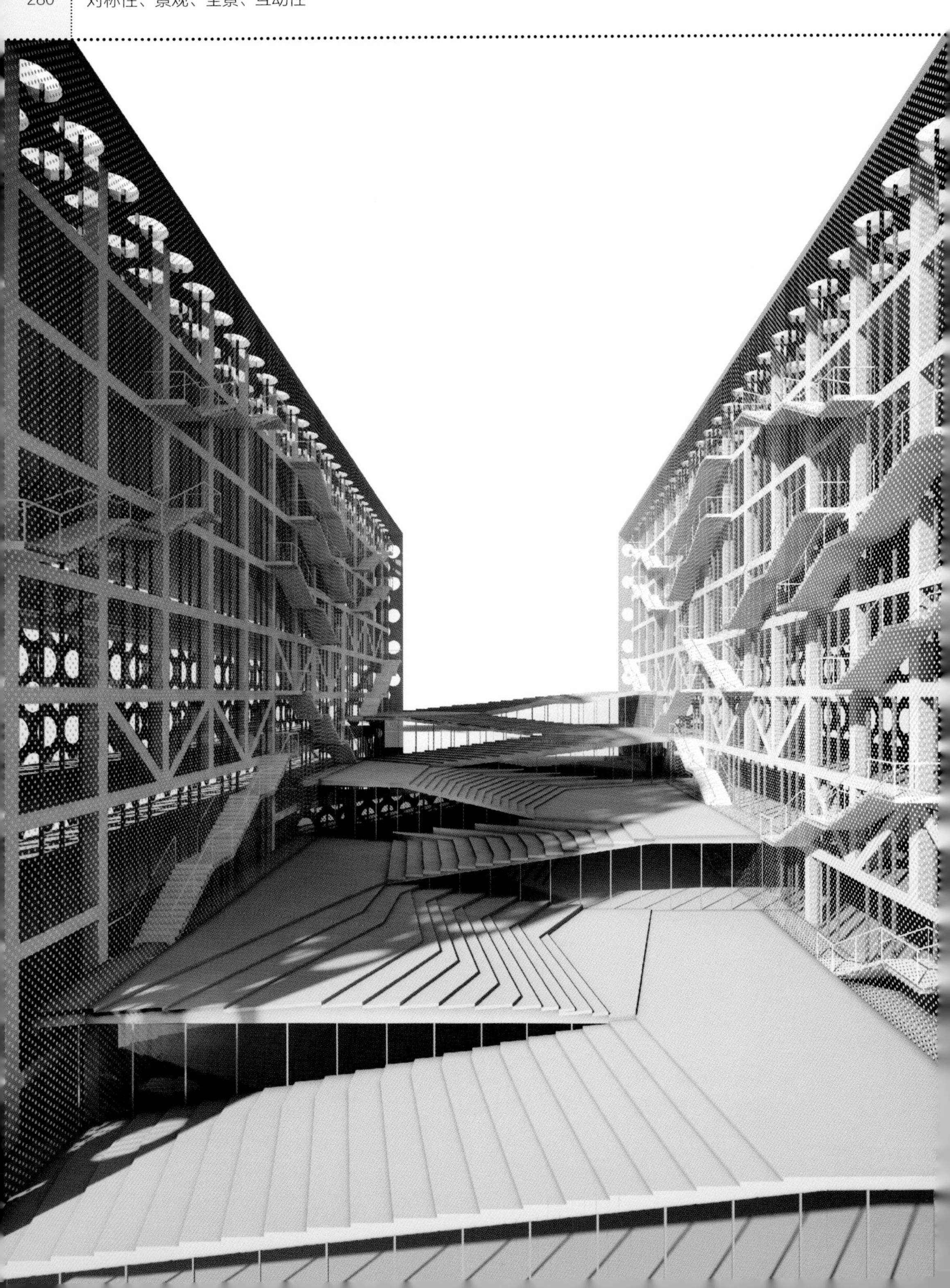

大都会建筑事务所 | 珠海学院新校 | 中国香港 | 2009年

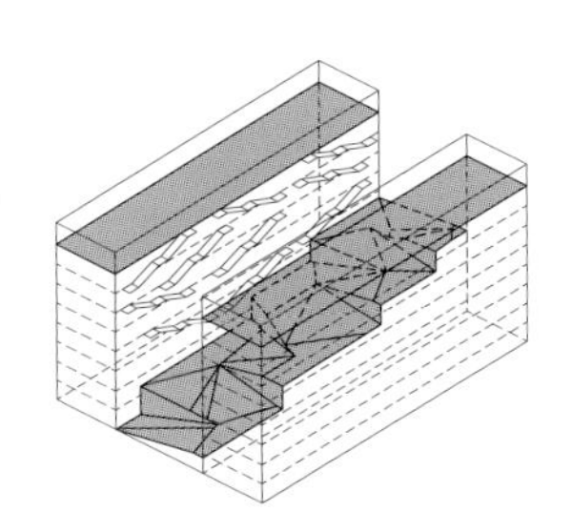

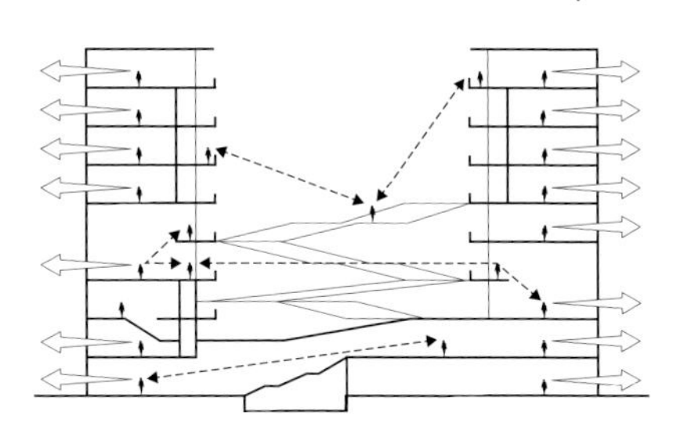

主动性和社交性学习

这个毯式建筑提供了室内和室外的公共空间以及公共设施。

视线互动

平行板楼中的学习空间的交通走廊，以及连接各层的楼梯，促进了不同学科师生间的互动。通过学习空间以及连接两个板楼的毯式体量上方的景观庭院可欣赏到青山湾和周围群山的景色。

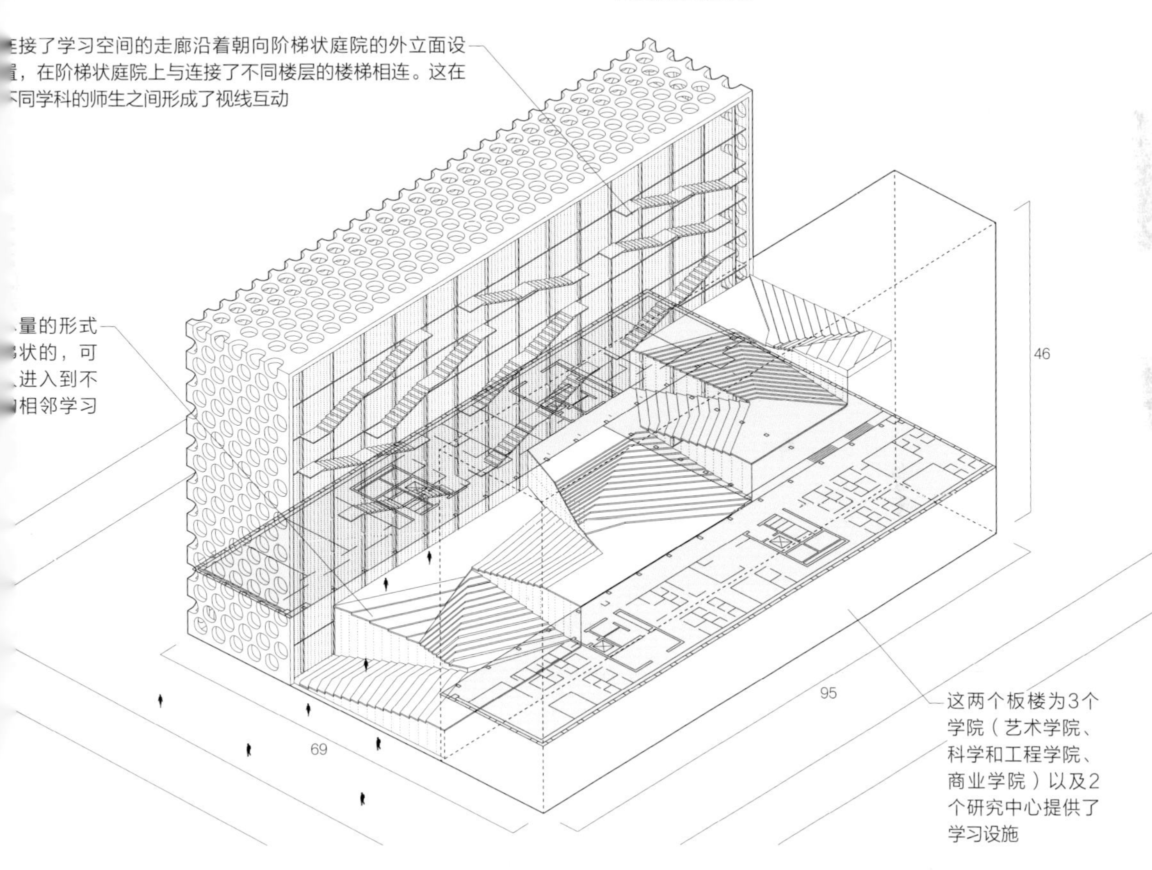
连接了学习空间的走廊沿着朝向阶梯状庭院的外立面设置，在阶梯状庭院上与连接了不同楼层的楼梯相连。这在不同学科的师生之间形成了视线互动
量的形式
状的，可
进入到不
相邻学习
46
95
69
这两个板楼为3个学院（艺术学院、科学和工程学院、商业学院）以及2个研究中心提供了学习设施

珠海学院新校园包括两座8层的教学楼，它们由一个4层的倾斜毯式体量相连，毯式体量沿着场地的自然斜坡朝向大海，并容纳了公共设施，其中包括图书馆、自助餐厅、健身房和演讲厅。两个板楼的特定朝向使其可以最大限度地获得自然通风，其3个学院的教室都沿一个单排走廊布局，与该走廊连接的楼梯俯瞰着板楼之间的开放式庭院。板楼的结构为外骨骼，解放了楼地板布局，提高了施工的便利性和速度。与板楼内部学习空间的简洁性相比，4层的毯式体量融合了错综复杂的空间网络，不仅提供了公共设施，而且充当了板楼下面4层之间的交通空间。因此，毯式体量是学院内集体生活的中心。珠海学院新校园传递了对称性、景观、全景和互动性的效果。

Radionica建筑事务所 | Segrt Hlapic幼儿园 | 克罗地亚萨格勒布 | 2004年

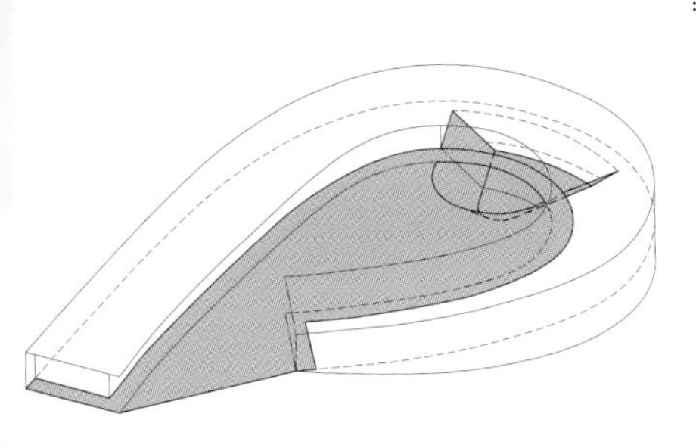

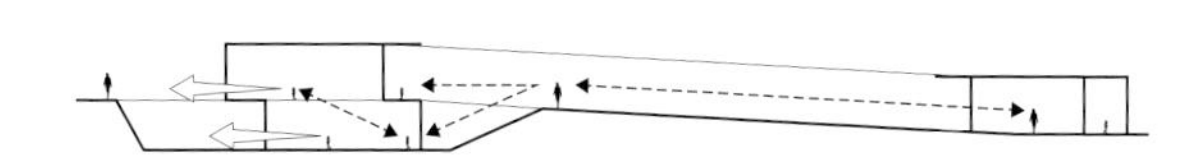

动性和社交性学习

乐场为孩子们提供了一个公共的室外空间，在建筑中心阶梯式多用途区域是一个公共的室内空间。

视线互动

落地玻璃环绕着建筑的内部曲线和部分外部空间，使人们可以清楚地看到中央庭院和对面的教室，但是看向周围城镇的视野却受到了一定限制。

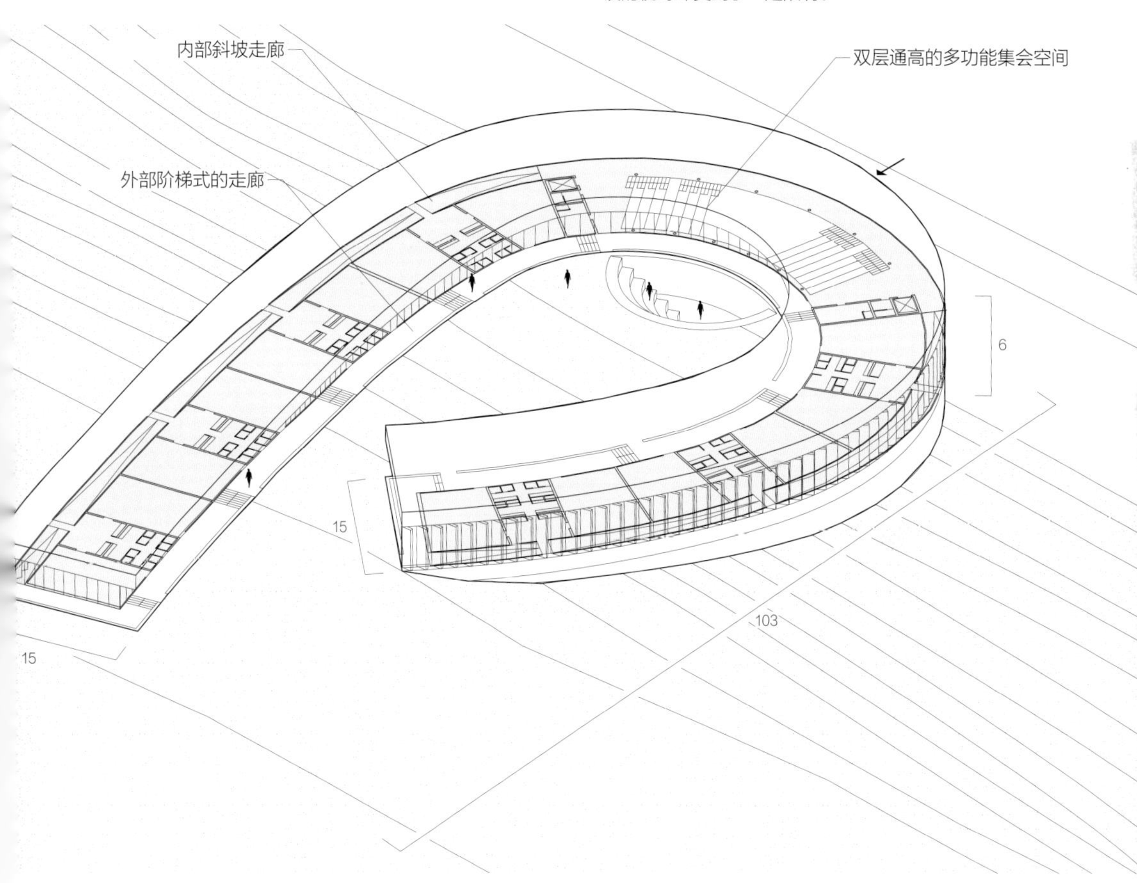

egrt Hlapic幼儿园是一个单层的马蹄形教学楼。板楼的每个教室高度不同，像阶梯教室一样，沿着倾斜的地势而建。每个平台分为两教室，围绕着一个设有储物柜和厕所的中央房间。师生可从面向外部的斜坡内部走廊进入教室，或从与马蹄形户外运动场相邻的外部遮盖的阶梯式走廊进入建筑。内部斜廊和外部梯形廊道在弯曲的板楼中心汇合，其中内部的阶梯式多功能厅和室外的阶梯式圆形剧场内部和外部结合在一起，为儿童提供了聚集空间，并与正门连通。教室面向运动场的墙装设了落地玻璃，而面向外部的墙则覆盖着木的垂直百叶窗。因此，Segrt Hlapic幼儿园传递了不对称性、阶梯状、围合性、运动性和互动性的效果。

效果

正交性、垂直性、断面一致、重复性、透明性、昏暗

GMW建筑事务所 谢菲尔德大学艺术塔 英国谢菲尔德 1961年

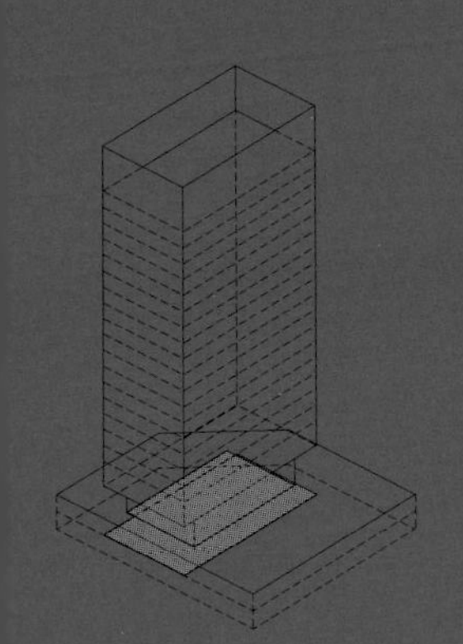

主动性和社交性学习

塔楼的裙房容纳了公共空间，其中包括一间咖啡厅。底座的屋顶是学生和教师的入口和公共平台，但在塔楼内，空间彼此隔离。

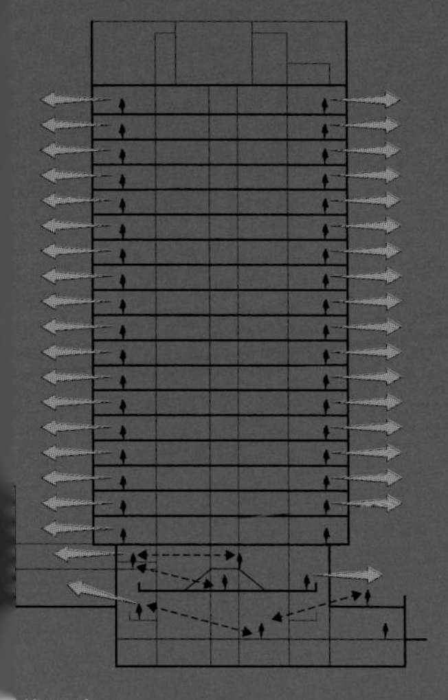

视线互动

环围塔楼的玻璃幕墙使学习空间内的人们得以看到谢菲尔德的广阔景观。

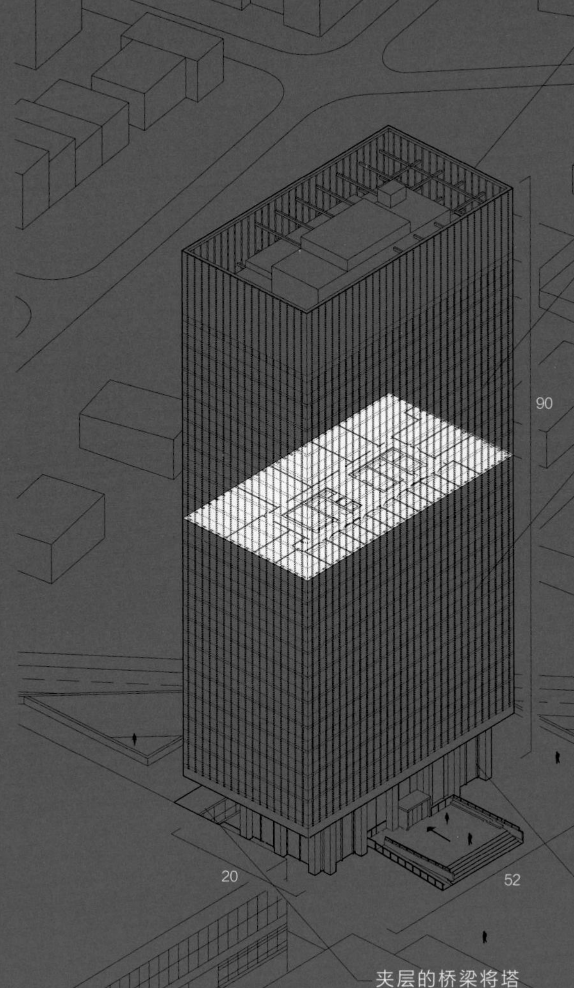
顶部的两层半的空间装设了百叶窗，其中隐藏着辅助设施和机械设备
这座塔楼包含文艺、经济和社会研究学院
90
大多数楼层在较窄的南侧遵循着与员工房间类似的模式，在较宽的北侧则容纳了学习空间
20
52
地面层和夹层的玻璃窗嵌在混凝土柱后面，混凝土柱支撑着在窄端悬挑的宽阔水平梁
夹层的桥梁将塔楼与西岸图书馆相连

艺术塔是一座18层高的教学塔楼，位于地面入口层和两层地下室之上，入口层与地下室容纳了9个演讲厅、一个咖啡厅和一个外部庭院。矩形楼层是单元式的，房间沿着内部走廊排列，走廊环绕着中央核心筒。核心筒包括一个链斗式升降机电梯和两个传统的电梯。链斗式升降机是一系列敞开的轿厢，在建筑物的上下连续不断地移动，就像一条垂直移动的街道。18层楼外围的五分之一是混凝土：每个840 mm宽的窗户之间有一个220 mm宽的柱子。然而，混凝土的外观被垂直铝合金竖框掩盖，每个竖框纵向分成3个条带，中央黑色竖框在交替的柱子上容纳了清洁摇篮轨道。在垂直竖框之间，在窗台高度的面板上方覆盖着玻璃。因此，艺术塔在外部传递了正交性、垂直性、断面一致和重复性的效果，在学习空间传递了透明性效果，而在内部的共享流通空间内则传递了昏暗效果。

株式会社日建设计 | MODE学园螺旋塔 | 日本名古屋 | 2002年

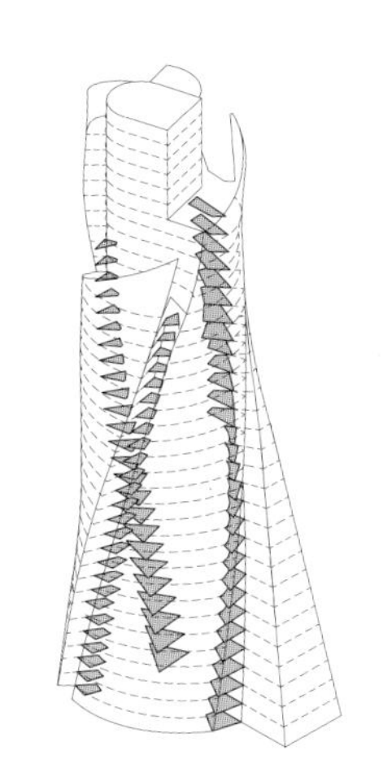

动性和社交性学习

螺旋塔的每个楼层都有在放射状教室之间的学生休息室。学生可通过核心筒周围的交通流线进入这些空间。

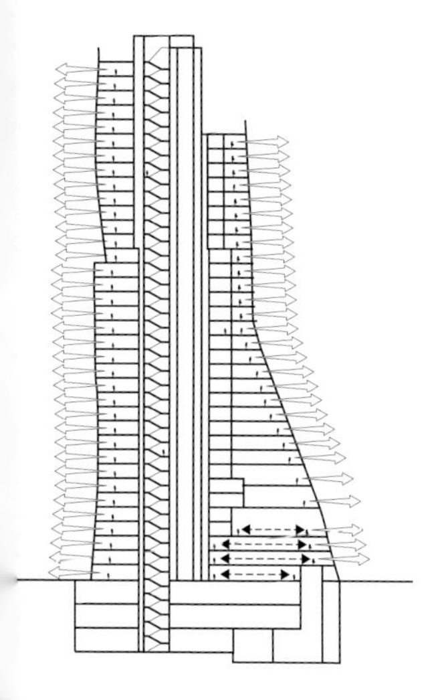

线互动

璃外观使得塔楼36层的学习空间每层可欣赏到城市美景。

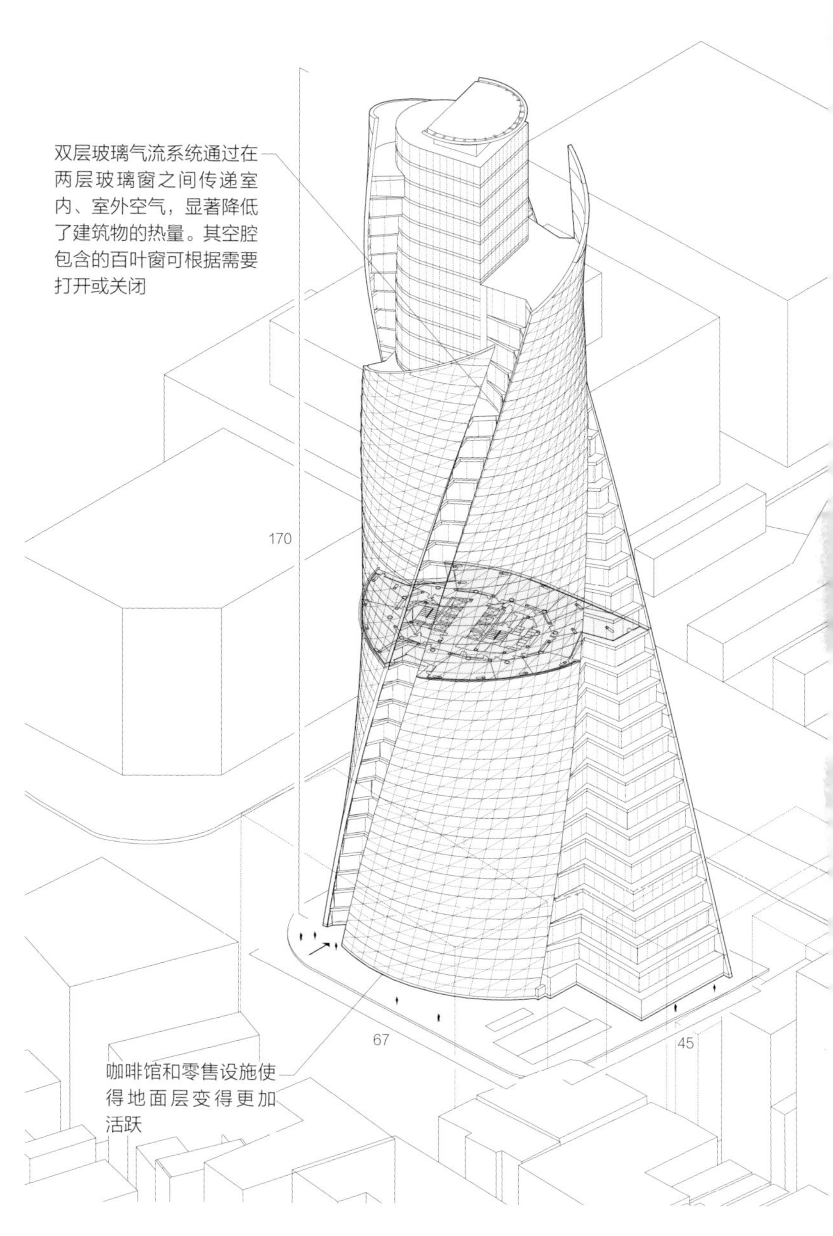
双层玻璃气流系统通过在两层玻璃窗之间传递室内、室外空气，显著降低了建筑物的热量。其空腔包含的百叶窗可根据需要打开或关闭
170
67
45
咖啡馆和零售设施使得地面层变得更加活跃

ODE学园螺旋塔是一座36层的扭曲塔楼，呈螺旋状，有两层地下室和两层顶层公寓。它的形式是由围绕中央核心筒螺旋上升的3组织在一起的翼片所形成的，每组翼片内都容纳了演讲厅与一所职业学校：服装设计学校（MODE）、计算机和动画学校（HAL）以医学与职业护理学院（ISEN）。翼片从围绕中央核心筒的走廊辐射出来，形成一个波纹状的平面，与翼片在核心筒周围形成环形相，该建筑的报告厅更容易接触光线并获得外部视野。在每个楼层，核心筒通向一个全玻璃的学生休息室，休息室位于报告厅之间，提了社交区域，引入了自然光和外部景观。为了最大限度地提高学习空间的透明度，核心筒被设计为内部桁架管，由12根混凝土钢管柱与柱连接的支撑组成。外部没有支撑，学习空间从而获得了周围一览无余的景色。因此，MODE学园螺旋塔在外部传递了扭曲和动的效果，在学习空间传递了透明性效果，而在公共流动空间内则传递了自然光照和互动性的效果。

丹下都市建筑设计公司 | MODE学园蚕茧大厦 | 日本东京 | 2005年

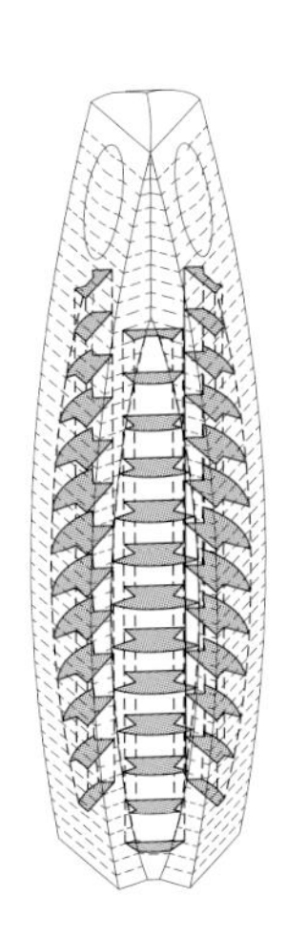

主动性和社交性学习

建筑每隔3层都在3个教室之间设置了3个3层高的公共休息室，它们与围绕塔楼核心筒的走廊相连。学生可在其中休息和进行非正式的学习。

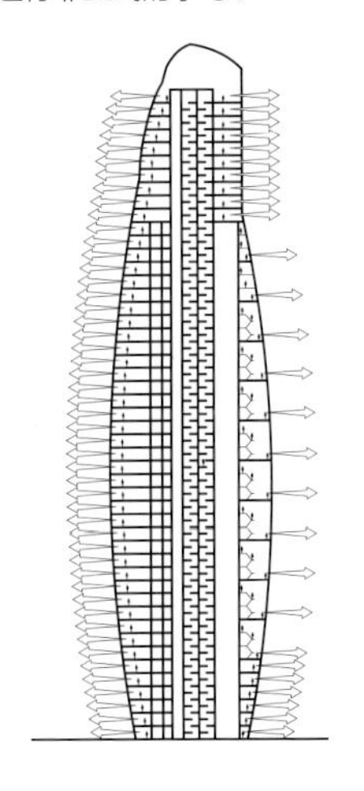

视线互动

玻璃幕墙为每层楼都引入了城市的外部景致。此外，通过教室之间的3层高的玻璃休息室可以欣赏到城市的全景。

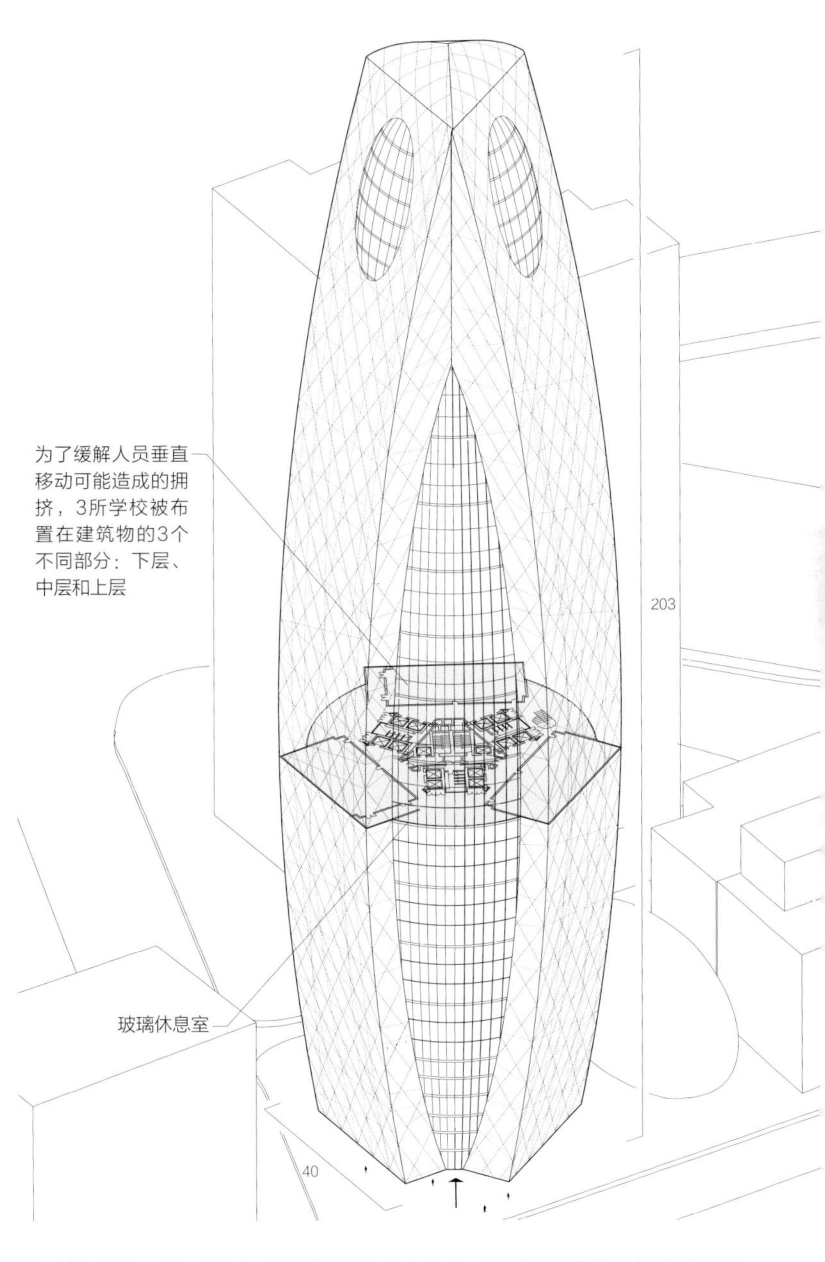
为了缓解人员垂直移动可能造成的拥挤，3所学校被布置在建筑物的3个不同部分：下层、中层和上层
203
玻璃休息室
40

MODE学园蚕茧大厦是一座50层高的教学塔楼。其中容纳了3所职业学校：服装设计学校（Mode）、计算机和动画学校（HAL）以及医学与职业护理学校（ISEN）。楼层分为3个长方形教室，由3层的间隙休息区隔开，休息区面向3个方向：东、西南和西北。这些区域提供了城市景观的观景点，并为学生提供了放松和社交的空间。教室围绕内部的核心筒旋转120°，内部的核心筒由电梯、楼梯和竖井组成。建筑的椭圆形状由沿着周边设置的3个椭圆形弯曲斜交框架和内芯框架支撑。教室的楼板梁支撑着楼板载荷，并连接着斜交框架和内部的核心筒。每层楼都有双拱式维氏桁架梁，承载着3层中庭玻璃面板的重量。空腹梁悬挂在梁上方，因此没有任何结构构件阻挡观景视野。因此，MODE学园蚕茧大厦在外部传递了曲线性、扭曲和动态效果，在学习空间传递了透明性效果，而在共同的交通空间中则传递了自然采光和互动性效果。

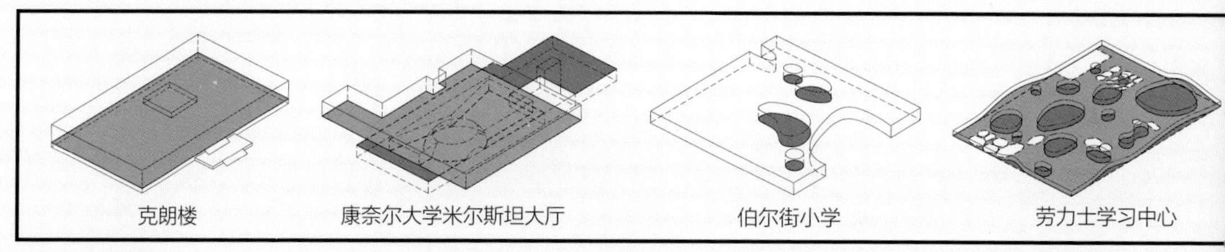

学习 / 毯式建筑

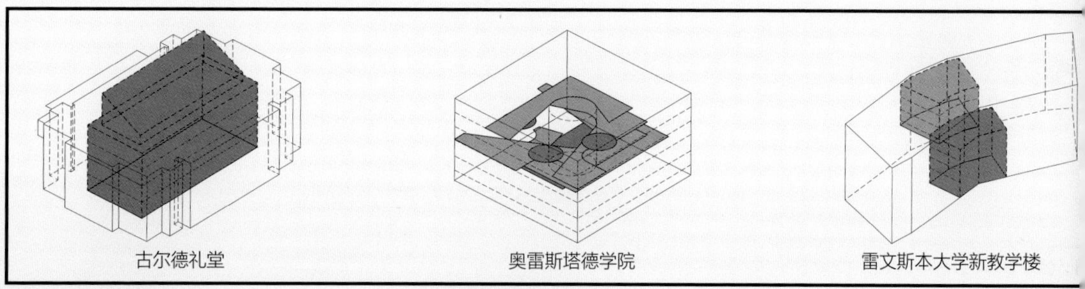

学习 / 体块式建筑 / 中庭

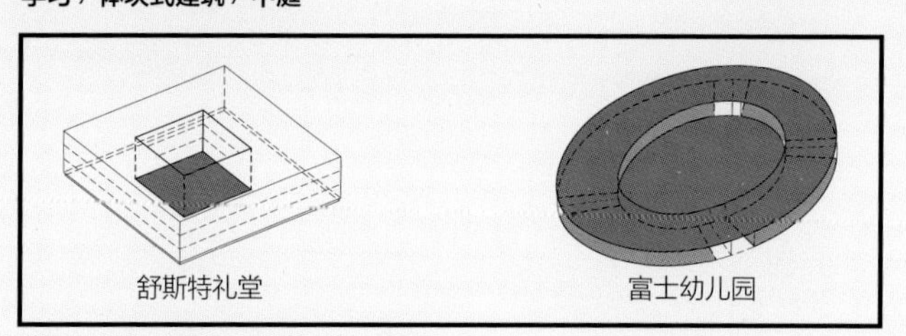

学习 / 体块式建筑 / 落地玻璃 / 庭院

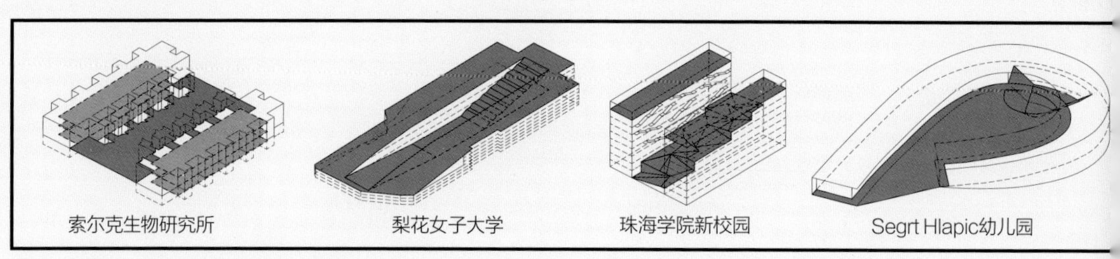

学习 / 板楼 / 单元式 / 落地玻璃窗 / 庭院

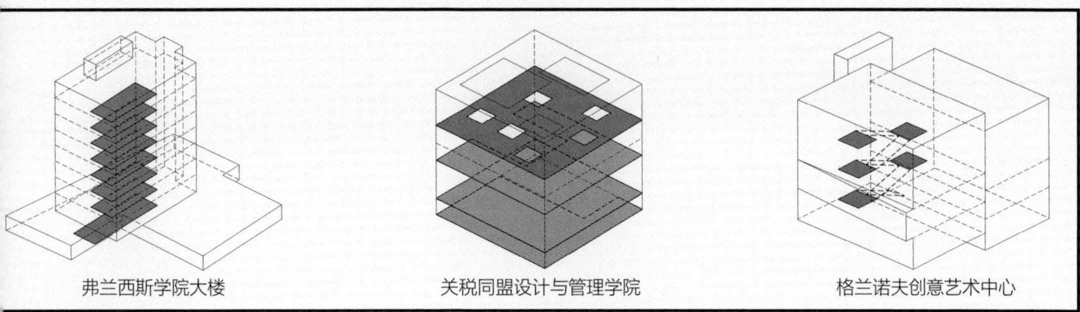

弗兰西斯学院大楼　关税同盟设计与管理学院　格兰诺夫创意艺术中心

/ 体块式建筑 / 单元式

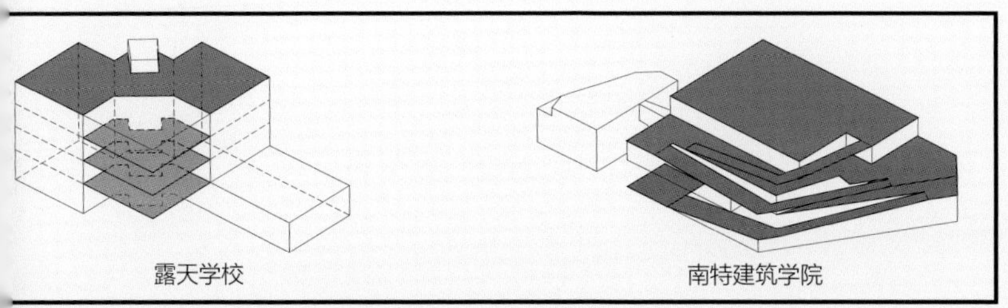

露天学校　南特建筑学院

/ 体块式建筑 / 开放平面 / 短跨度混凝土框架 / 落地玻璃窗 / 平台

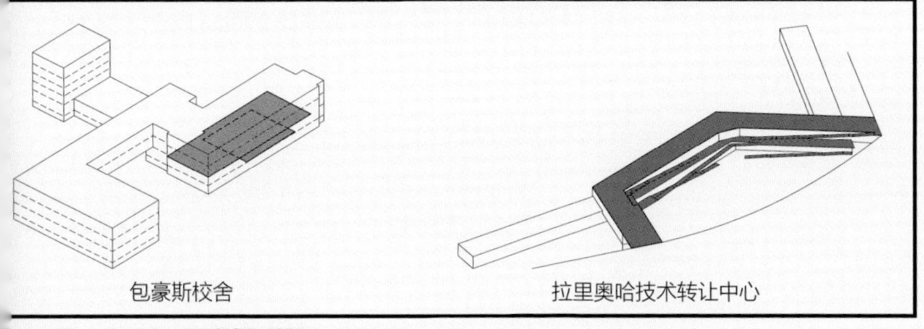

包豪斯校舍　拉里奥哈技术转让中心

/ 板楼 / 单元式 / 短跨度钢结构

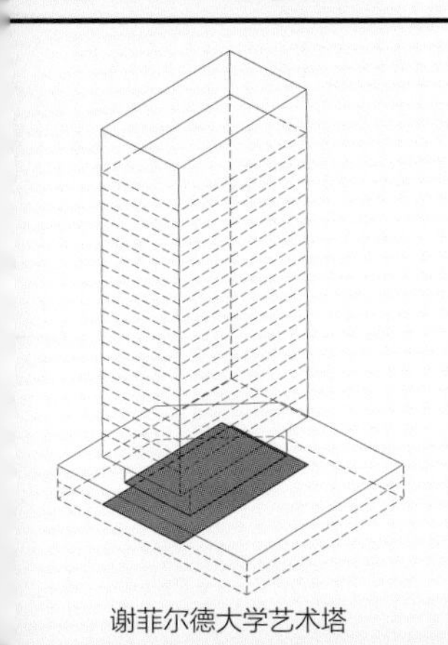

谢菲尔德大学艺术塔

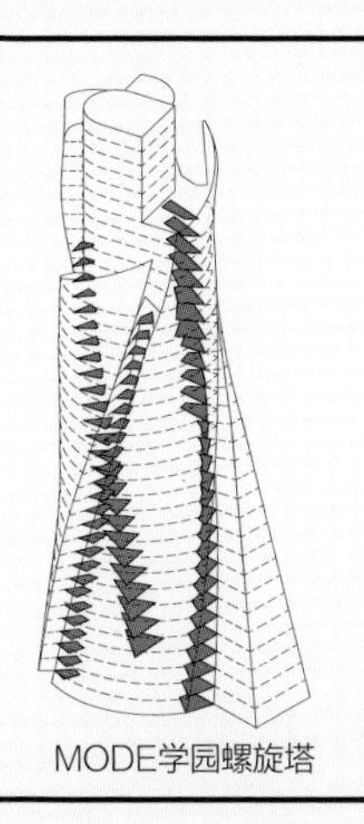

MODE学园螺旋塔

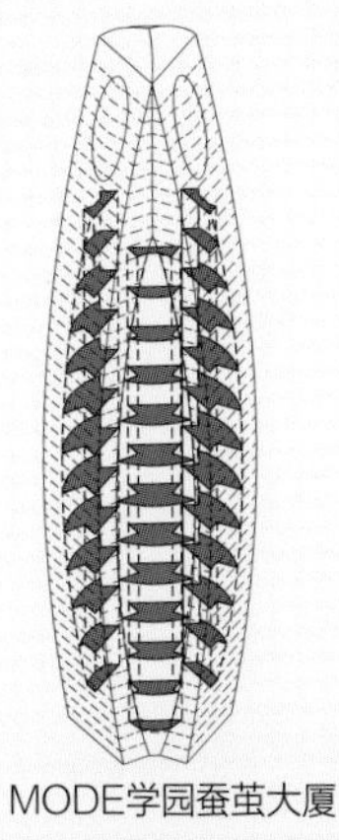

MODE学园蚕茧大厦

/ 塔楼 / 单元式 / 中央核心筒 / 短跨度 / 落地玻璃窗

共同点：视线互动

克朗楼　康奈尔米尔斯坦大厅　伯尔街小学

学习 / 毯式建筑

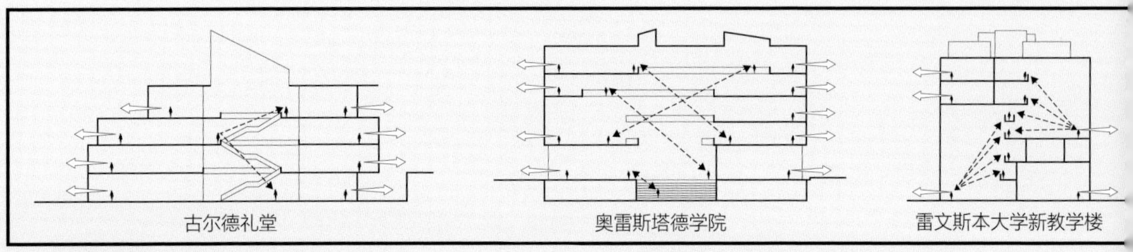

学习 / 体块式建筑 / 中庭

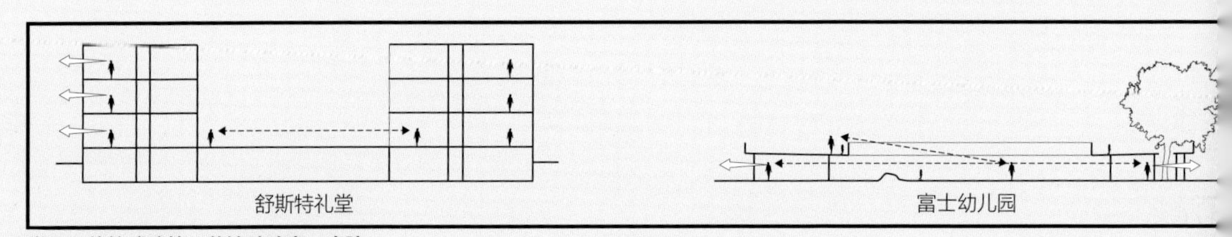

学习 / 体块式建筑 / 落地玻璃窗 / 庭院

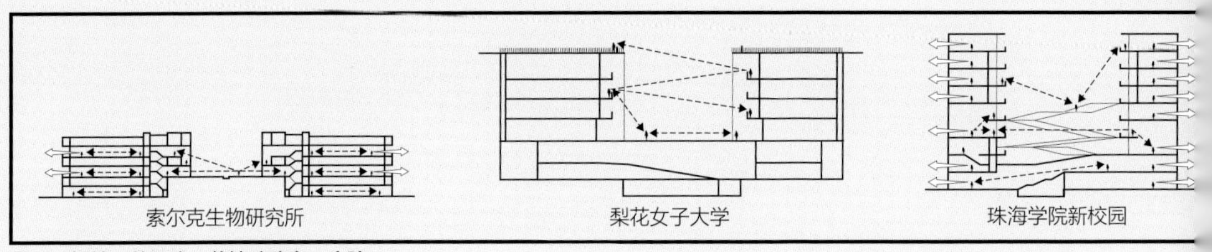

学习 / 板楼 / 单元式 / 落地玻璃窗 / 庭院

劳力士学习中心

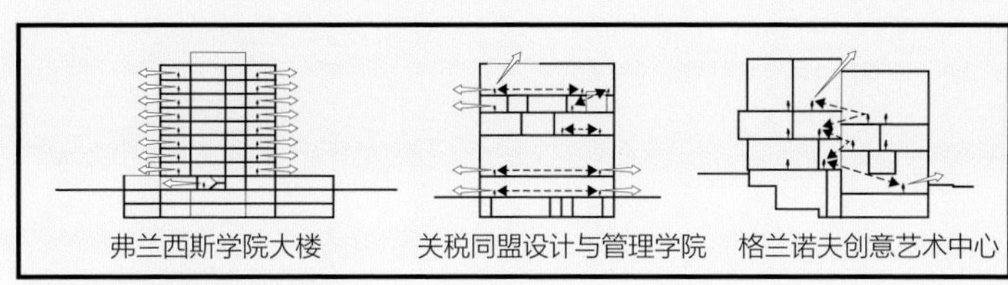

弗兰西斯学院大楼　关税同盟设计与管理学院　格兰诺夫创意艺术中心

学习 / 体块式建筑 / 单元式

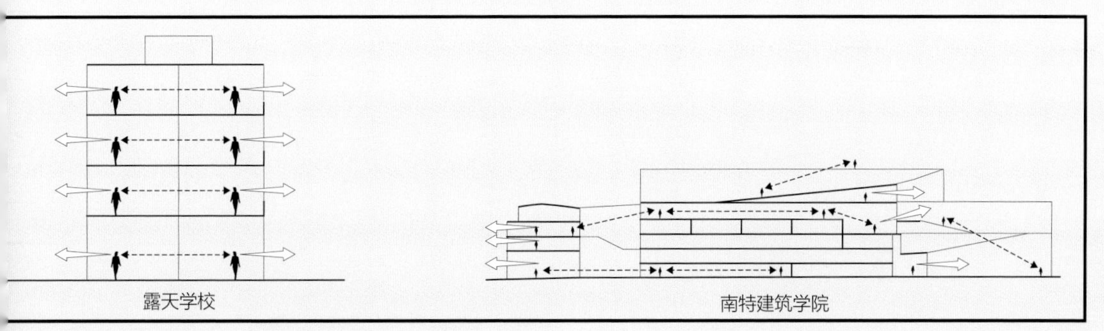

露天学校　南特建筑学院

习 / 体块式建筑 / 开放平面 / 短跨度混凝土框架 / 落地玻璃窗 / 平台

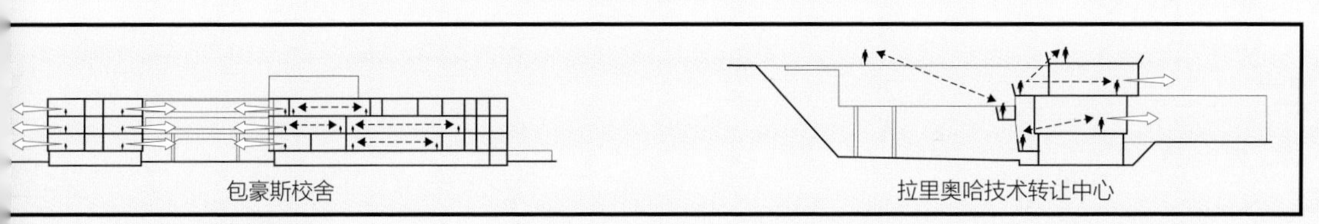

包豪斯校舍　拉里奥哈技术转让中心

习 / 板楼 / 单元式 / 短跨度钢结构

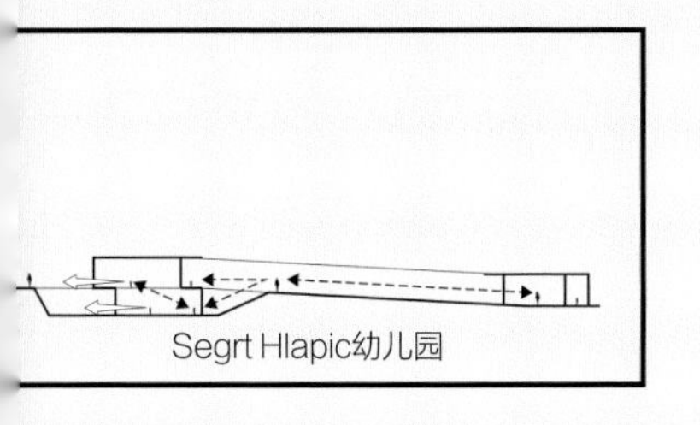

Segrt Hlapic幼儿园

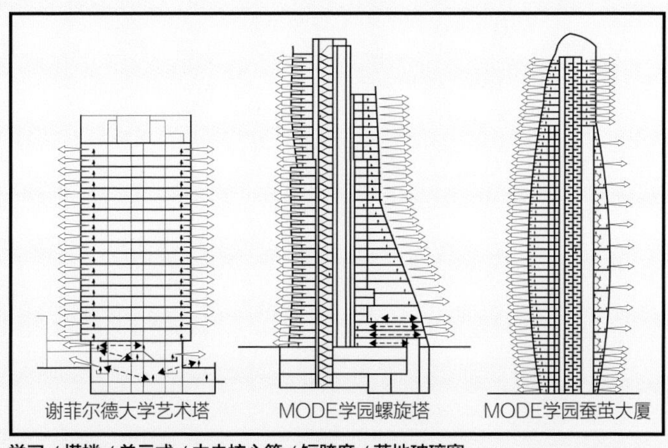

谢菲尔德大学艺术塔　MODE学园螺旋塔　MODE学园蚕茧大厦

学习 / 塔楼 / 单元式 / 中央核心筒 / 短跨度 / 落地玻璃窗

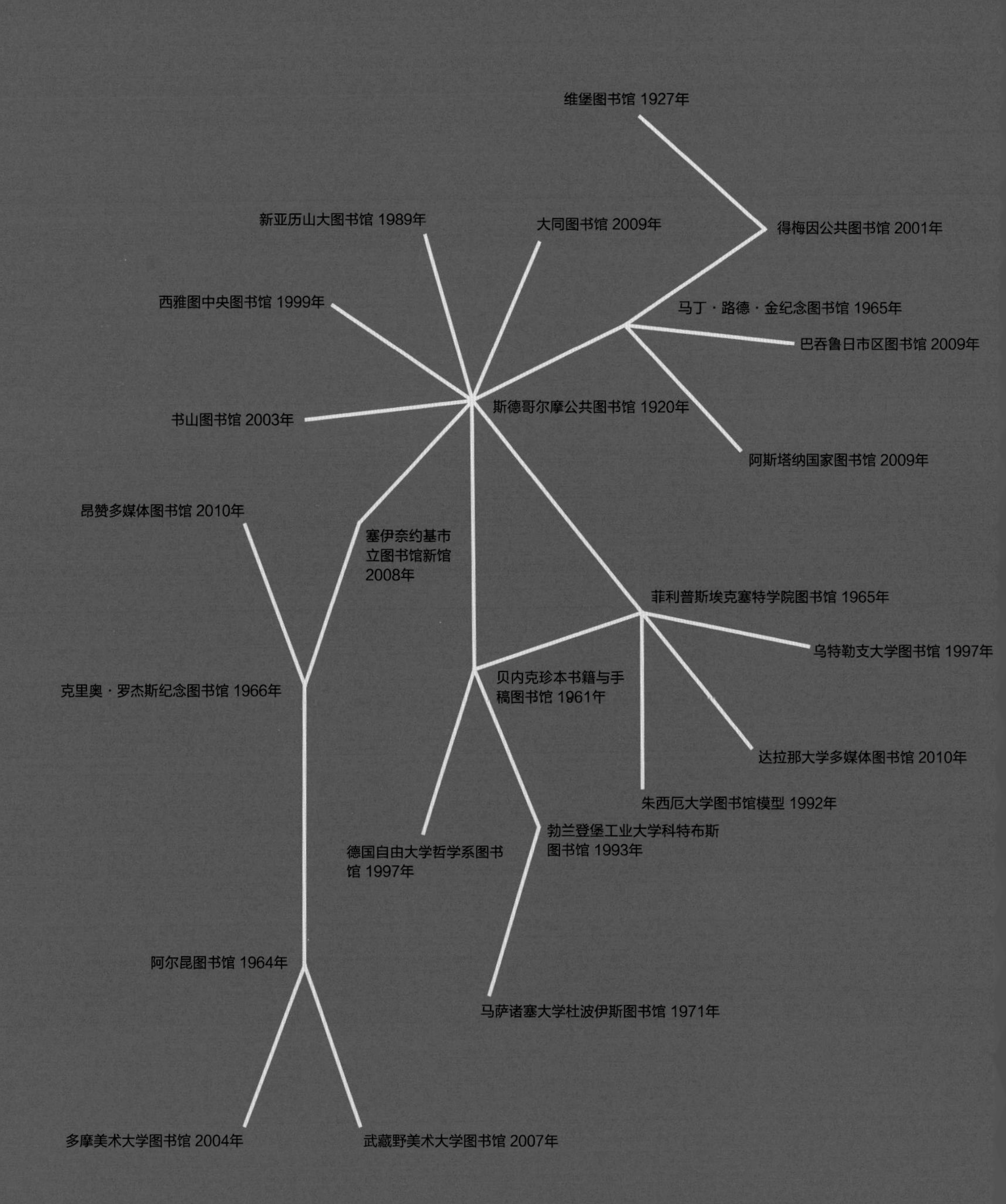
维堡图书馆 1927年
得梅因公共图书馆 2001年
新亚历山大图书馆 1989年
大同图书馆 2009年
西雅图中央图书馆 1999年
马丁 · 路德 · 金纪念图书馆 1965年
巴吞鲁日市区图书馆 2009年
书山图书馆 2003年
斯德哥尔摩公共图书馆 1920年
阿斯塔纳国家图书馆 2009年
昂赞多媒体图书馆 2010年
塞伊奈约基市立图书馆新馆 2008年
菲利普斯埃克塞特学院图书馆 1965年
乌特勒支大学图书馆 1997年
克里奥 · 罗杰斯纪念图书馆 1966年
贝内克珍本书籍与手稿图书馆 1961年
达拉那大学多媒体图书馆 2010年
朱西厄大学图书馆模型 1992年
勃兰登堡工业大学科特布斯图书馆 1993年
德国自由大学哲学系图书馆 1997年
阿尔昆图书馆 1964年
马萨诸塞大学杜波伊斯图书馆 1971年
多摩美术大学图书馆 2004年
武藏野美术大学图书馆 2007年

阅读与研究　1920—2010年

本章追溯了阅读与研究功能建筑设计的基本原则的演变。这些当代建筑从20世纪的示范性项目中借鉴了组织或空间分布的原则，本章对其进行了汇总与分析，从而揭示了它们之间的相似性和差异性。

用于阅读与研究的公共图书馆

毯式建筑

位于美国印第安纳州哥伦布市的克里奥·罗杰斯纪念图书馆（第301页）将公共图书馆设想为一个存放书籍与期刊的单层、双层通高的容器，书库位于入口层，阅读空间位于夹层。以下项目通过整合书库与阅读空间，并提供一个中央公共区域，来消除这种分离性：法国昂赞的多媒体图书馆（第303页）、芬兰塞伊奈约基的市立图书馆新馆（第305页）。

板楼

俄罗斯维堡图书馆（第307页）将该公共图书馆设计为两个相连的板楼，一个专门作为书库和阅读空间，另一个被用作行政管理空间。在前者，阅读空间位于中心并被书库所包围。因此，板楼是向外封闭的，自然光仅从屋顶射入阅读区域，图书馆的阅读体验局限于中央空间。下面的项目将书库放在中间，在周边创建了拥有漫射光与外部视野的不同阅读区域，从而解决了这一问题：美国艾奥瓦州得梅因公共图书馆（第309页）。

体块式建筑

美国华盛顿特区的马丁·路德·金纪念图书馆（第311页）是一个4层的体块，每个楼层的周边都有书库，中心的4个垂直交通核的周围是阅读空间。但楼层之间缺乏交互性，阅读空间通过一个特别的天花板进行人工照明，天花板上设有水平荧光灯带。以下项目解决了楼层之间缺乏互动性，以及阅读空间缺乏自然光线和景观的问题：美国路易斯安那州巴吞鲁日市区图书馆（第313页）、哈萨克斯坦阿斯塔纳国家图书馆（第315页）。

瑞典斯德哥尔摩公共图书馆（第317页），高3层，中间有一个圆柱形的中庭，容纳了成排的书架，由一个天窗自然采光。围绕中庭的空间还容纳了双层通高的阅读大厅。大厅也从天窗采光，但看不到外部景观。下列项目通过不同方式消除了阅读空间的隔离性，解决了不同楼层之间缺少互动性的问题：中国大同图书馆（第319页）、埃及新亚历山大图书馆（第321页）、荷兰鹿特丹书山图书馆（第323页）、美国华盛顿州西雅图的中央图书馆（第325页）。

用于研究的大学、学术机构图书馆

毯式建筑

美国密苏里州科利奇维尔的阿尔昆图书馆（第327页），外部封闭，内部有一个开放的房间。读者可以在书库和中央公共阅读区之间自由穿行，阅读区由天窗照明，但看不到外部。在房间的周边布置有供私人学习的封闭房间。以下项目消除了图书馆以及单一、未分化的阅读区域的封闭性：日本东京的多摩美术大学图书馆（第239页）、日本东京的武藏野美术大学图书馆（第331页）。

体块式建筑

位于美国新罕布什尔州埃克塞特的菲利普斯埃克塞特学院图书馆（第333页）是一座多层建筑，中央有一个中庭，每层楼都在中庭周围设有书库。个人阅读研究厢位于外围，集体阅览桌位于这些研究厢和书架之间。人们从中庭可以看到图书馆的横截面。但是，只有书库是可见的，而看不到其他用户。因此，图书馆成了一个收藏书籍的巨大空间，但却无法促进学生之间的互动。以下项目以不同的方式解决了这种缺乏互动的问题：荷兰乌特勒支的乌特勒支大学图书馆（第335页）、瑞典达拉那的达拉那大学多媒体图书馆（第337页）、法国巴黎朱西厄大学图书馆模型（第339页）。

位于美国康涅狄格州纽黑文市的耶鲁大学贝内克珍本书籍与手稿图书馆（第341页）拥有一个装有玻璃围墙的6层书库，周围有一个中庭，用作公共展厅。阅览室位于地下一层，与书库或其周围的巨大中庭不存在视线互动性。以下项目解决了这个问题：德国柏林的自由大学哲学系图书馆（第343页）。

塔楼

美国马萨诸塞州阿默斯特的杜波伊斯图书馆（第345页）是一座塔楼，由两层书库楼层和一层阅读区域的重复模式组成。鉴于塔楼的进深，并非所有的阅读空间都能获得自然光或外部景观。以下项目通过在外围中庭内设置阅读空间来解决这个问题：位于德国科特布斯的勃兰登堡工业大学科特布斯图书馆（第347页）。

自20世纪90年代以来，阅读与研究功能建筑——无论是针对公众还是附属于教育机构——已经经历了功能的逐渐转变。在20世纪90年代之前，这些建筑大多被用作书籍和期刊的存储库，但是，人们现在已经可以在互联网和其他电子媒体上轻易获得各类信息，图书馆不得不提供更多种类的媒体和社交功能。以下是阅读与研究功能建筑的主要参数。其中两个——社交互动，以及用户或学习空间的多样性——自20世纪90年代以来变得尤为重要，并形成了本章所列项目比较的基础。

形式

毯式建筑（封闭，有院子）：单层或多层建筑，其长度和深度相似，且远远大于高度。

板楼（线性、单排或双排走廊，L形、U形、T形或风车形平面）：长度较长，矩形的单层或多层建筑，深度可达10 m、10～12 m或12～15 m。

体块式建筑（封闭，有一个中央或外围中庭）：进深超过20 m的建筑物。

塔楼：高8层以上的建筑物，设有电梯。

类型

具有阅读与研究功能的建筑可供公众或学术机构使用。服务于公众的包括公共图书馆、特殊图书馆（如总统图书馆）和“概念店”图书馆。公共图书馆以自助服务为基础，出借书籍、期刊和其他媒体，如游戏、音乐、视频和其他电子媒体。它们还可能提供其他服务，例如公民通知、课程以及座位区、活动区或听音乐的区域。特殊图书馆可以服务于特定人群，例如盲人或视力不佳的人，而其他特殊图书馆则专门用于特殊收藏，例如美国国会图书馆或总统图书馆（位于美国）。自20世纪80年代以来，它们经常包含了“多媒体图书馆”，人们在那里可现场使用各种媒体，或租借CD、视频或DVD。伦敦陶尔哈姆莱茨区开创的“概念店”是社区的“学习中心”，它们具有更长的营业时间，通过专用的房间或咖啡厅提供成人课程和种类广泛的互动项目，此外还可举办商业、艺术和社区活动。

附属于学术机构的阅读与研究功能建筑包括大学图书馆、学校图书馆和“学习中心”。大学图书馆为学生和教师服务，学生可以在阅览室和封闭的书库中免费阅读书籍。学校图书馆为中小学生提供服务。

营业时间更长的学习中心为大学生提供服务，提供各种学习和社交空间。

结构

随着新需求的出现，长期灵活性应被视为支持未来翻修设计的一部分。钢筋混凝土或钢框架结构，柱网为7.2 m×7.2 m，房间高度大于3 m，可满足装配所需的灵活性。

阅读区域

单个阅读空间的空间要求为每台计算机2.5 m^{2}或4 m^2。在大学提供阅读区和工作场所取决于学生人数和单个学科组的分布。

书库

最好将书库放置在不设台阶的连续平坦区域上，使得它们可以通过固定或移动书架以不同方式分开。书库需要均匀的温度，而特殊藏本可能需要特定的气候。

交通流线/寻书路线

清晰的交通流线模式至关重要。所有阅读区域应均可通过电梯到达。交通流线的宽度应明显超过1.2 m。一旦被加宽，它们也可以用作进行学习和协作的空间，例如画廊、学习区或聚会席位。

照明

一般照明可以是直接照明或间接照明，有时还需提供作业照明。朝阴面的窗户或天窗引入自然光线，同时避免阳光直射。朝阳面的窗户需要设置窗檐，以保护阅览室免受阳光直射。阅读区和工作人员区域的人工照明需要适应各种活动的需要，并且必须具灵活性。必须避免眩光，特别是在使用计算机的区域内。在供用户和员工使用的阅览室和其他区域，有效使用日光可以减少能源消耗。书库不应暴露在阳光直射下，因为紫外线和热辐射会破坏纸张和装订。书库必须接受均匀与充足的照射。

通风 / 气候

在用户区域最好采用自然通风，以减少能源消耗和运营成本。为了保存书籍和其他媒体，书库需要统一的气候环境。

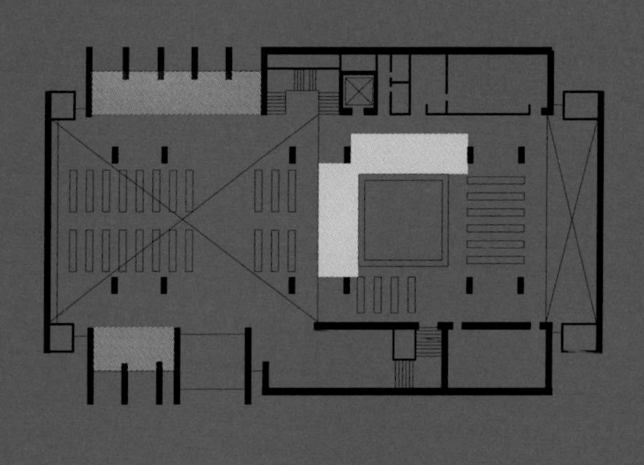

公共区域　　私人区域

社交互动

20世纪初的许多图书馆被设计成存书库和安静的阅读场所。这样的建筑是内观的，也往往是巨大的。其中的许多图书馆把书视为文物，对收藏功能的重视可以媲美阅读或学习功能，甚至超过这些功能。然而，20世纪90年代以来，公共图书馆已经开始在社区中发挥更积极的作用。随着流动人口的增多和单人家庭的数量不断增加，人们越来越需要更多的空间来相互交流。公共图书馆通过为人们的正式和非正式会面提供各种设施来满足这一需求。图书馆在内部和外部之间建立了更大的视觉透明度，以表明自己促进互动的开放场所的这种新作用。学术图书馆也采用了这种新模式来鼓励合作式学习和研究，并提供了一系列的空间，学生可以在这些空间中以小组形式聚会或单独工作。

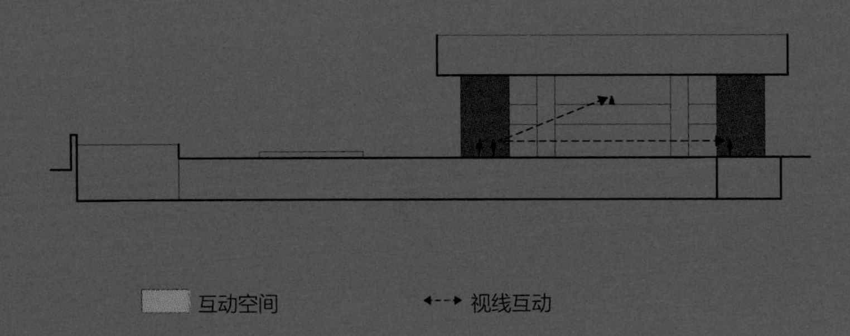

互动空间　　视线互动

用户空间的多样性

接受高等教育的人数的增加，以及他们不断提升技能或学习新技能的需要，促使公共图书馆引入了培训套房、咨询中心和职业服务，并设置了相应的各种空间来容纳这些服务。此外，当代公共图书馆的这种新的多功能特征意味着它们的一部分空间要在白天或夜晚的不同时间被分开或关闭。学术图书馆已经摆脱了各种学习或研究的传统模式，提供一系列空间，让学生可以相互协作，参与辩论，并以多种方式体验学习和进行探索。高等院校图书馆已成为“供人学习的公共区”——学生聚集在一起交流思想、共同协作和利用多种技术的中心。

效果

统一、稳固、保守、内向性、简洁、物质性

贝聿铭建筑事务所 | 克里奥·罗杰斯纪念图书馆 | 美国哥伦布 | 1966年

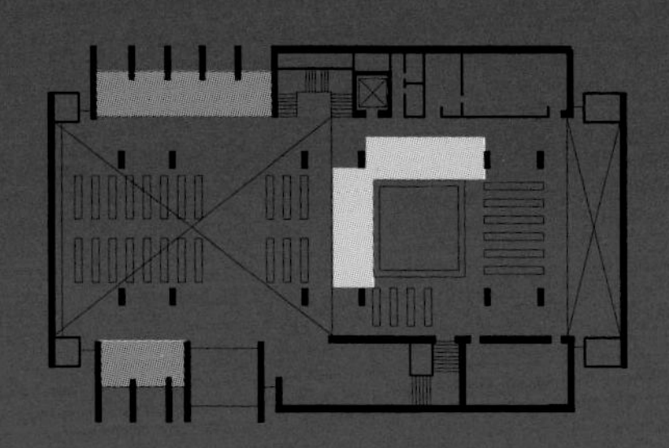

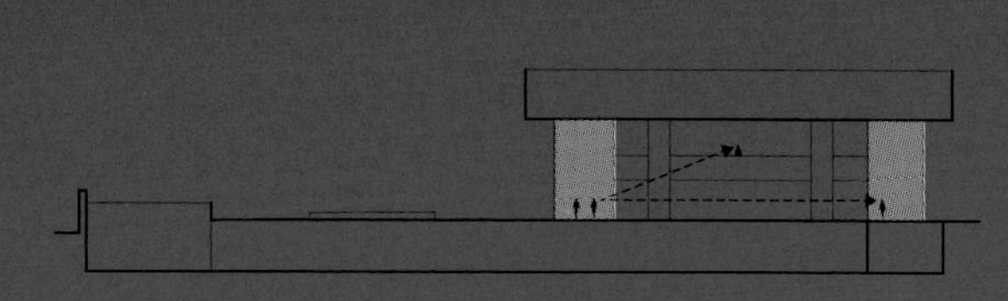

用户空间的多样性

该建筑提供了3种不同类型的空间：书库区域；夹层上的阅读空间（R），被书库包围并透过天窗获得照明；入口处的4个小型公共阅读空间（R），位于由北部和南部的围墙界定的4个凹入的研究厢内。

社交互动

沿着北墙和南墙的4个凹入的公共阅读研究厢为用户提供了互动空间，图书馆其他区域都是安静的阅读场所。

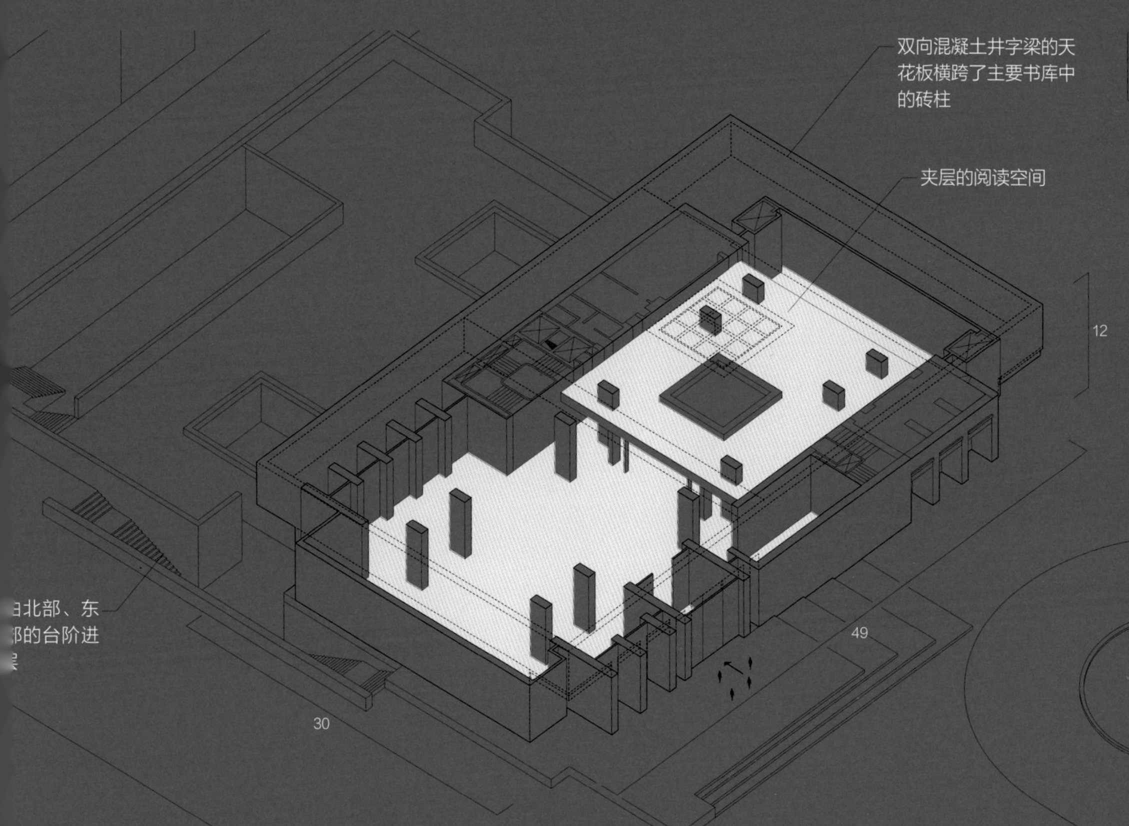
双向混凝土井字梁的天花板横跨了主要书库中的砖柱
夹层的阅读空间
12
49
30
由北部、东
部的台阶进

克里奥·罗杰斯纪念图书馆是一个两层的矩形毯式建筑，用于阅读与研究，设置在较低的标高之上。除了深深地嵌在立面上的入口与玻璃窗以外，建筑四周都是砖砌的。在内部，有一个双层通高的空间和一个夹层。大多数书库位于入口层，其余部分位于下面一层。地下一层比入口层大两倍，还容纳了儿童图书馆和多功能厅。入口层包括一个夹层，夹层中容纳了围绕中央采光井的阅读区域。入口层的其余空间由双向混凝土井字梁的天花板内的灯具照亮，沿着周边的区域也接收了从南北窗口洒入空间的自然光。除了那些周边窗户和玻璃入口外，内部采用砖砌并从外部封闭。因此，克里奥·罗杰斯纪念图书馆的外部传递了统一、稳固和保守的效果，而内部则具有内向性、简洁和物质性的效果。

效果

非物质性、轻质、三角形划分、内外连续性、流动性、复杂性

多米尼克·库隆建筑事务所 | 昂赞多媒体图书馆 | 法国昂赞 | 2010年

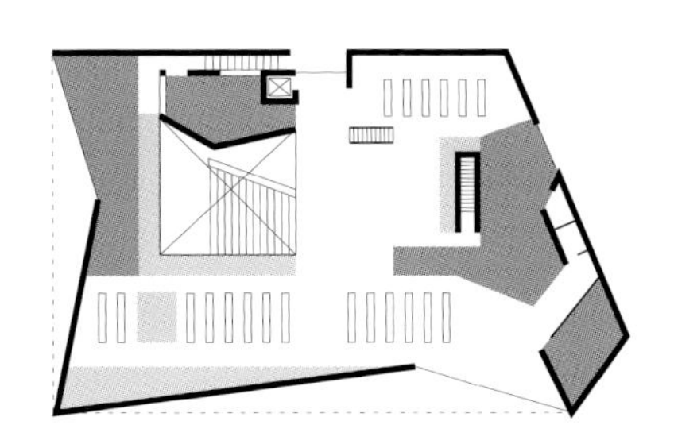

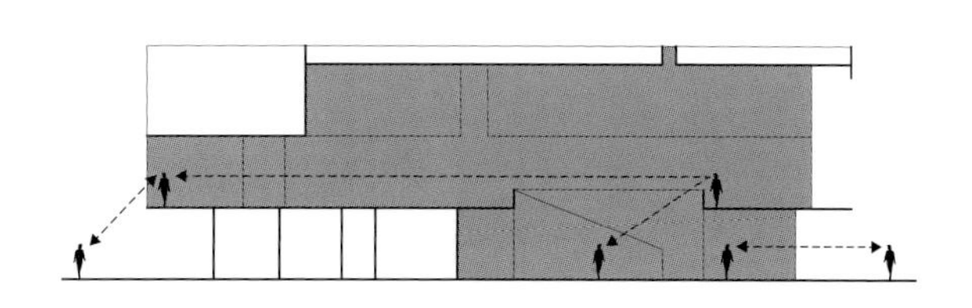

户空间的多样性

建筑提供不同类型的用户空间：公共和个人阅读区（R）、正式新闻空间（N）、团体封闭式工作室（W）、儿童封闭阅览室（C）、青年互动空间（Y）和礼堂。除了礼堂，所有域都位于第1层的开放平面区，人们可以通过扩大和缩小间，来满足不同用途的需求。

社交互动

从第2层的任何有利位置，都可以与其他空间进行视线互动。周边的部分墙体是透明的，允许内部和外部之间的视线互动，以邀请的姿态吸引人们入内。

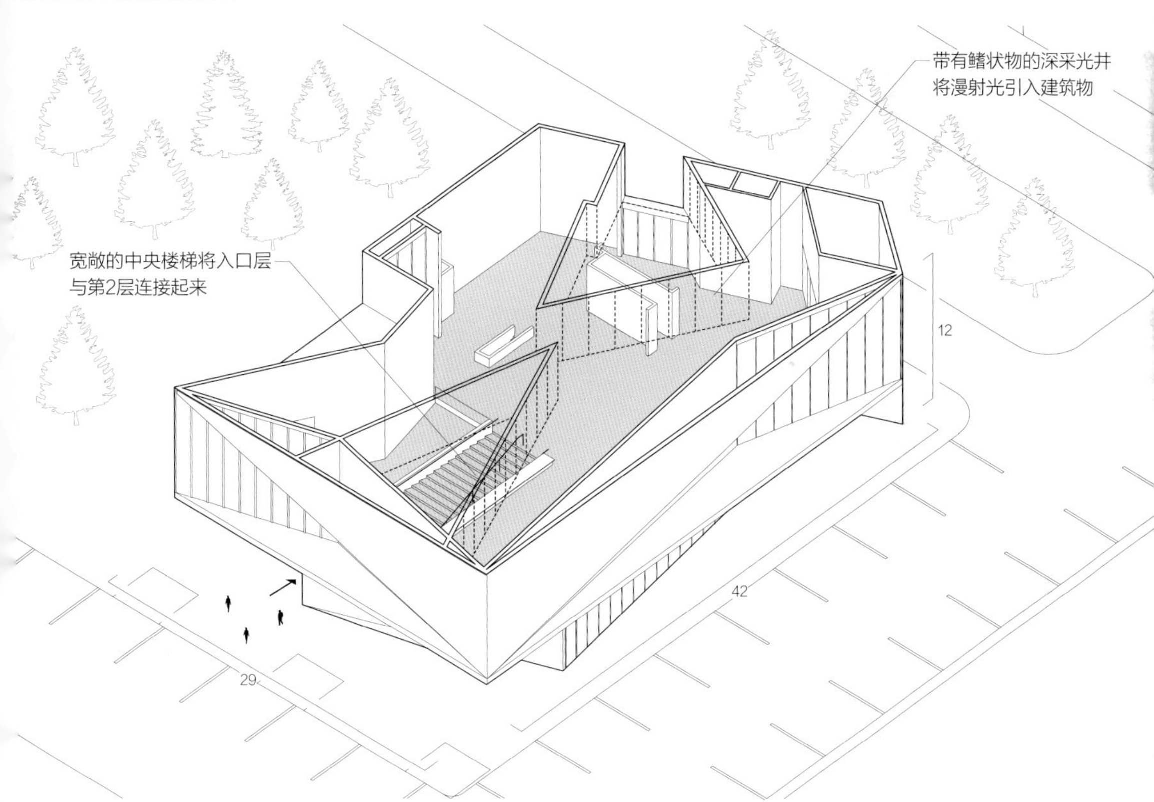
带有鳍状物的深采光井
将漫射光引入建筑物
宽敞的中央楼梯将入口层
与第2层连接起来
12
42
29

赞多媒体图书馆是一个两层的毯式建筑，人们可在此利用多媒体进行阅读与研究。除了玻璃入口和大面积窗户外，该建筑周围都是色的墙壁。在内部，其底层设有礼堂和单元式行政办公空间，而开放式的2楼则容纳了不同类型的用户空间，包括设有书库的学习空、公共阅读区域、中央楼梯周围的公共阅读空间、儿童阅读区、非正式新闻空间和青少年互动空间。那里还设有一个封闭的团体工作和一间会议室。阅读区域位于第1层的周边，拥有充足的自然光，并可以看到外部。第2层的天花板由一个斜向的采光井穿过，这些光不仅提供了漫射的均匀自然光，还通过改变整个第2层的净高，区分了书库、阅读区域和其他活动空间。因此，多媒体图书馆在外部递了非物质性、轻质和三角形划分的效果，而其内部则具有内外连续性、流动性和复杂性的效果。

JKMM建筑事务所 | 塞伊奈约基市立图书馆新馆 | 芬兰塞伊奈约基 | 2008年

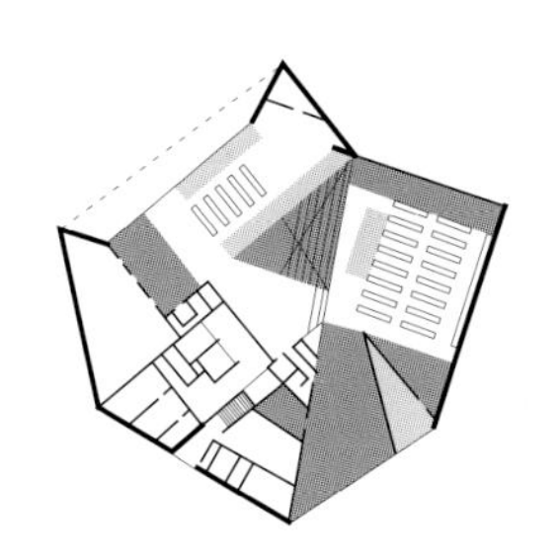

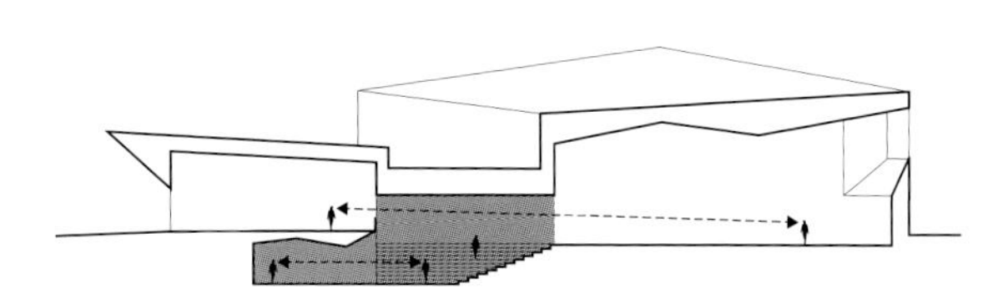

户空间的多样性

书馆一楼是开放式空间，其中包括书库、上网桌（I）以及体和个人阅读区（R）。在地下一层，有一个设有特殊书库儿童开放式区域（C）和一个供孩子玩耍的、更加隔离的间（P）、一个可携带个人计算机的站点和配置阅读桌的放式区域（D）、小组座位区域（S）和供个人阅读的封闭间（R）。主要的中央楼梯兼作阅读空间和礼堂。

社交互动

大型中央楼梯可用作阅读平台、活动场所和供人们消遣放松的地方。它强调了建筑内部的一个重要主题：小组学习和个人学习。

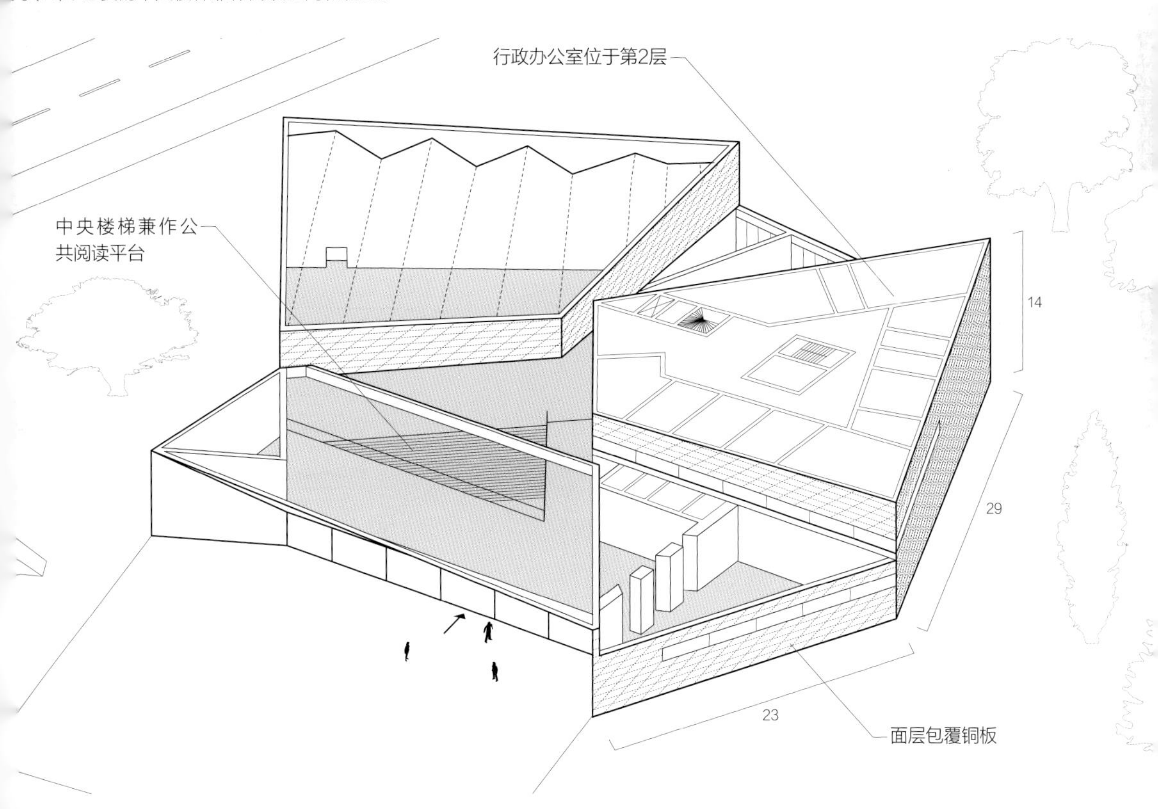
行政办公室位于第2层
中央楼梯兼作公共阅读平台
14
29
23
面层包覆铜板

伊奈约基市立图书馆新馆是一座两层的毯式建筑，供人们阅读和使用多媒体，是阿尔瓦·阿尔托设计的原图书馆的延伸。新建筑分3个体量，主材采用了混凝土，面层是铜板和玻璃幕墙，面向北方，为内部提供了直射自然光与外部景观，这与阿尔托设计的观景视受到限制的原图书馆不同。墙壁上开设在较高位置的较小窗户还为阅读区提供了额外的间接照明。在内部，3个体量围绕一个大型中阅读平台布置，该平台也充当了主要的交通空间，将第2层的行政区域与容纳了各种用户空间的开放式底层相连，并使其通过地下通与阿尔托设计的原图书馆相连。大跨度横梁为整个内部空间提供了一览无余的视野，而其产生的天花板高度的变化也区分了底层的空。因此，塞伊奈约基市立图书馆新馆在外部传递了多方向性和开放性的效果，而其内部则具有内外连续性、向心性和互动性的效果。

效果

组成性、轴心性、正式性、洁白、中心性、内向性、间接照明

阿尔瓦·阿尔托 维堡图书馆 俄罗斯维堡 1927年

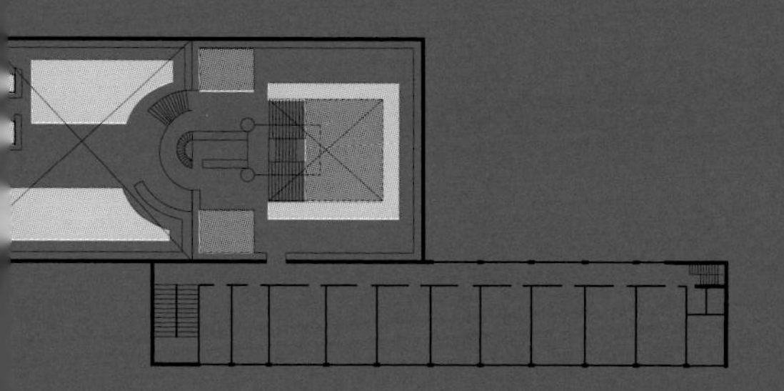

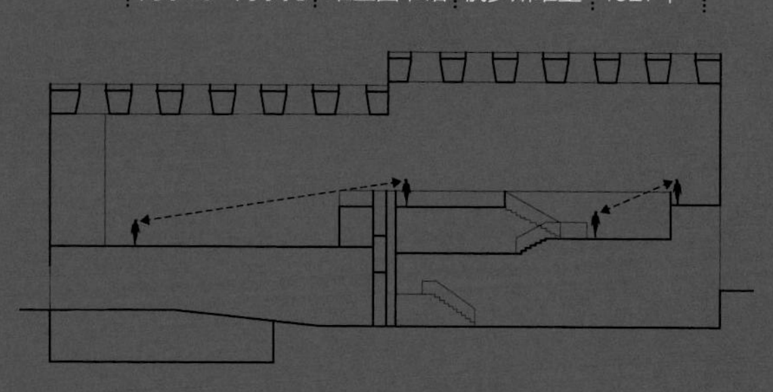

用户空间的多样性
该建筑为成人和儿童提供了个人阅读和公共阅读空间（R）。除了儿童礼堂外，该建筑并没有为用户提供互动、阅读或进行研究的其他方式。

社交互动
大型阅览室专供人们安静地阅读，且允许用户之间的视线互动。

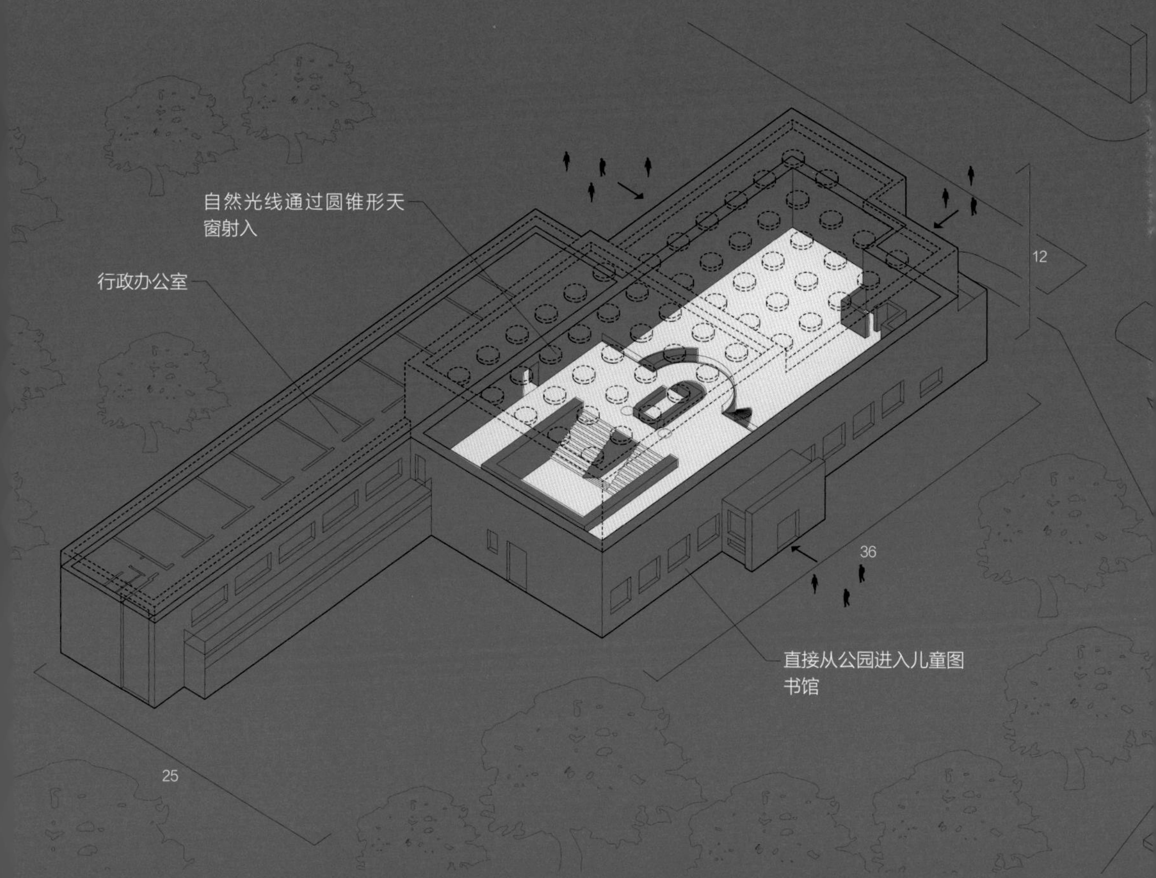
自然光线通过圆锥形天窗射入
行政办公室
12
36
直接从公园进入儿童图书馆
25

堡图书馆（原为维伊普里图书馆）是一幢3层楼的图书馆，包括两个不同大小的钢筋混凝土板楼和现浇混凝土柱。它们在外部呈现白，窗户相对于外墙的高度较小。进深较大的板楼在较低楼层容纳了儿童图书馆和主要阅读空间，在主楼层设有书库和中央楼梯；进深浅的板楼在下层设有会议室与书库，在上层容纳了行政室。在内部，阅览室由沿建筑周边放置的书架所包围，完全封闭。自然光通过形漏斗状天窗间接射入，从而避免在阅读桌上形成阴影或刺眼的阳光，而天窗之间的人造灯具也增强了这种照明效果。因此，维堡图馆在外部传递了组成性、轴向性、正式性和洁白的效果，而其内部则具有中心性、内向性和间接照明的效果。

效果

统一性、多方向性、非正式性、色彩、流动性、透明性、间接照明

大卫·奇普菲尔德建筑事务所 | 得梅因公共图书馆 | 美国得梅因 | 2001年

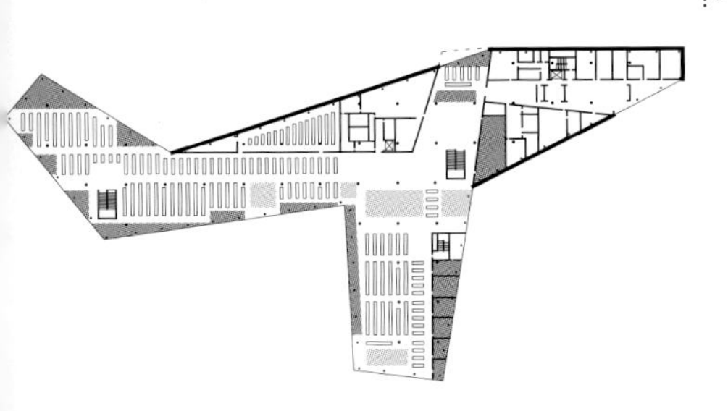

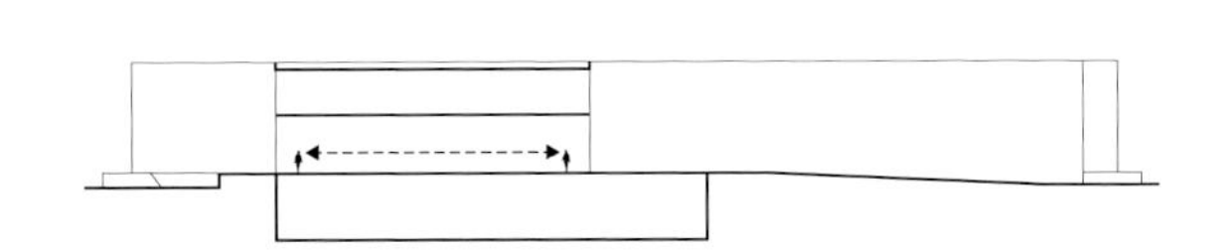

用户空间的多样性

得梅因公共图书馆提供了单一的差异化空间，用户可以在其中访问书籍和阅读区域（R）。该建筑还包括独立分开的教育设施（E）与游乐区和带咖啡厅的会议翼楼。它们被视为服务空间并与主空间断开连接。

社交互动

图书馆是一个阅读场所，除了大堂和一楼的酒吧外，没有为用户互动提供空间。

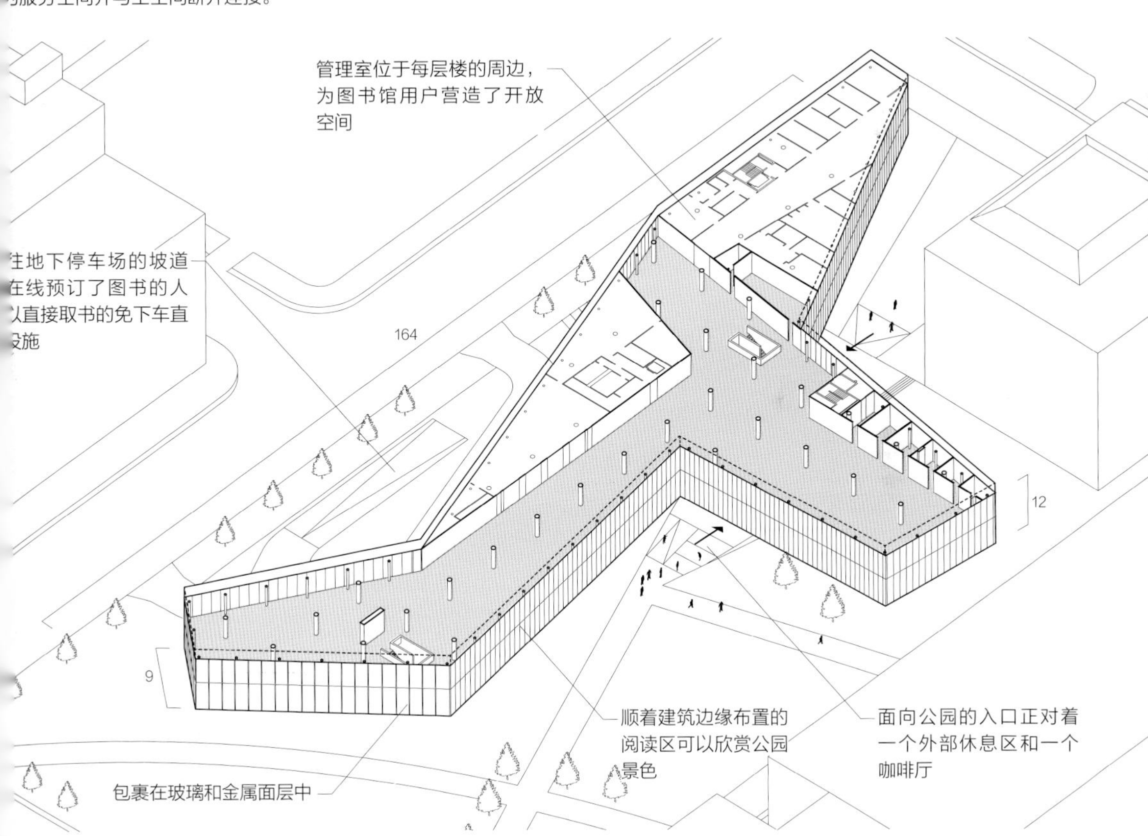
管理室位于每层楼的周边，为图书馆用户营造了开放空间
往地下停车场的坡道在线预订了图书的人以直接取书的免下车直设施
164
12
9
顺着建筑边缘布置的阅读区可以欣赏公园景色
面向公园的入口正对着一个外部休息区和一个咖啡厅
包裹在玻璃和金属面层中

得梅因公共图书馆是一座用于阅读和研究的两层板块状建筑，位于地下停车场上方。在外部，其不规则的形状限定了3个外部空间，并分别与3个入口连通。该混凝土建筑位于公园的一端，由节能复合玻璃和金属面层包裹，使人们得以从内部看到公园，同时也减少了建筑所吸收的太阳能。在不同的天气与时间内，复合材料面层会呈现出不透明、反光或半透明的效果。在内部，每个楼层都包含了一个开放式区域（有书库和小型公共阅读区域）和大型会议室（第1层）或6个小阅览室（第2层）。书库的布置方式使得公园始终可见。书库分两个区域，一个与外围护结构呈对角几何形状排布，一个呈正交几何形状排布，公共阅览室位于这两个区域之间的过渡区域中。因此，得梅因公共图书馆在外部传递了统一性、多方向性、非正式性和色彩的效果，而其内部则具有流动性、透明性和间接照明的效果。

路德维希·密斯·凡·德·罗 | 马丁·路德·金纪念图书馆 | 美国华盛顿特区 | 1965年

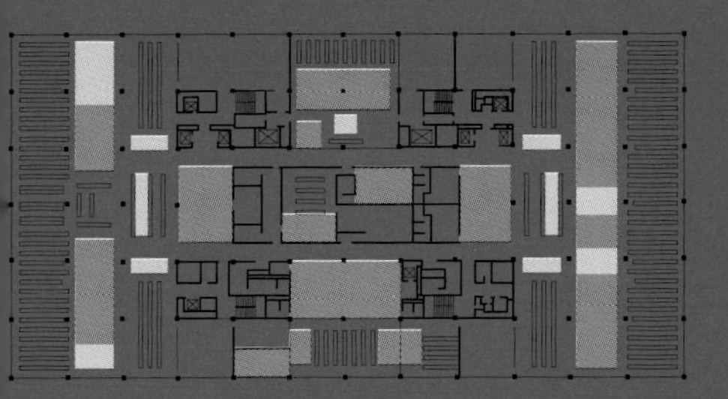

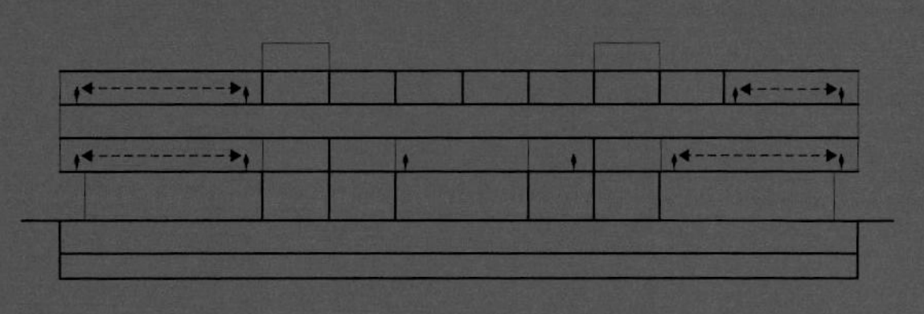

用户空间的多样性
尽管图书馆的短跨度结构使得4个楼层可以以不同方式被细分，从而形成不同的开放区域和封闭的房间，但这些区域在空间上没有变化，因为它们具有相同的净高、相同的柱网尺寸，以及相同的人工照明。

社交互动
开放式阅览室允许用户之间的视线互动。然而，除了这个空间之外，这4个楼层却是彼此隔离的。

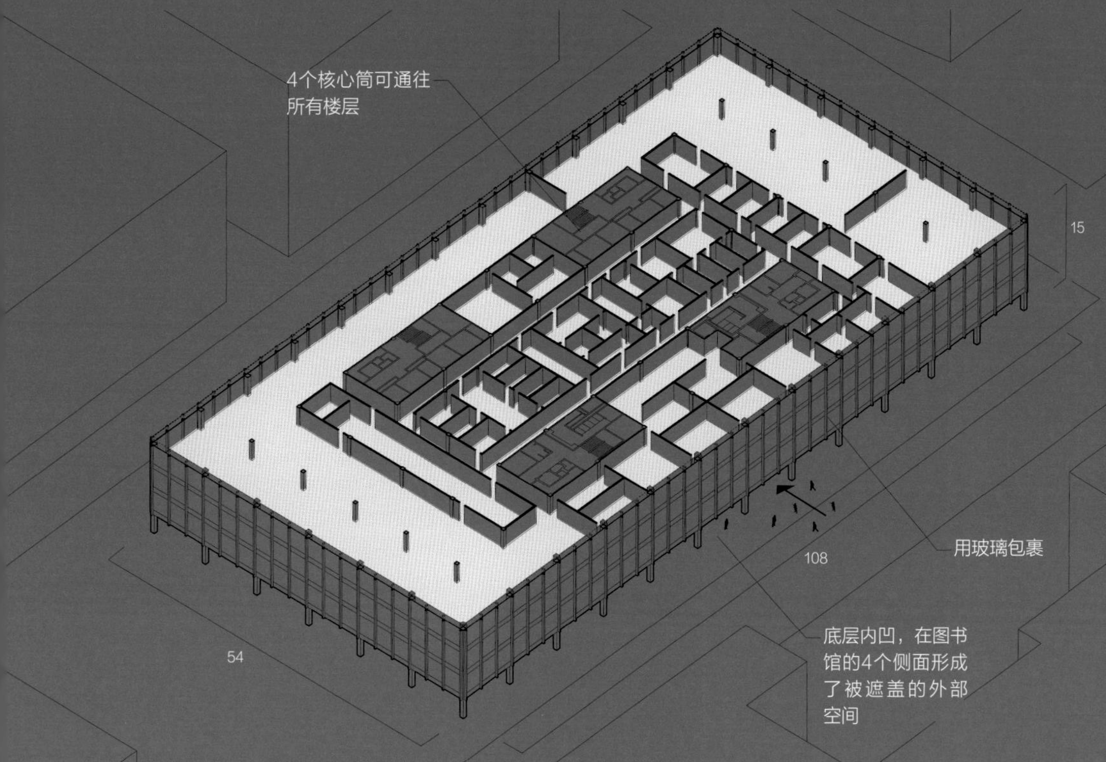
4个核心筒可通往所有楼层
15
用玻璃包裹
108
54
底层内凹，在图书馆的4个侧面形成了被遮盖的外部空间

马丁·路德·金纪念图书馆是一个用于阅读和研究的4层体块建筑，位于3层地下室之上。它是城市的中央图书馆，其公共服务区设有会议室和展览空间，并为华盛顿特区所有公共图书馆提供行政和支持服务。在外观上，哑光黑色钢结构是外露的，中间填充了青铜色玻璃。底层外围护向内凹进，形成有顶的走道。在建筑物内部，4个中央核心筒可通往其他楼层。底层的中央大厅可通往两个带书库的开放式阅览室。在第2层，核心筒之间的区域是电影收藏区和儿童区（阅览室、工作室、故事室），两侧都设有大型开放式阅览室，配有独立座位和书库。在第3层，书库位于周边，两侧各有两个公共阅览室。在第4层，沿建筑物周边设置的小房间专门用于集体活动，建筑物中心的单元式组织的房间是办公室或书籍选择室。鉴于体块的进深，楼板需要人工照明，以线性模式嵌入天花板中的荧光灯提供了照明，并被视为该建筑的一大特征。因此，马丁·路德·金纪念图书馆在外部传递了统一性、结构性、正交性和黑色的效果，而其内部则具有均质性、线性和人工照明的效果。

Trahan建筑事务所 | 巴吞鲁日市区图书馆 | 美国巴吞鲁日 | 2009年

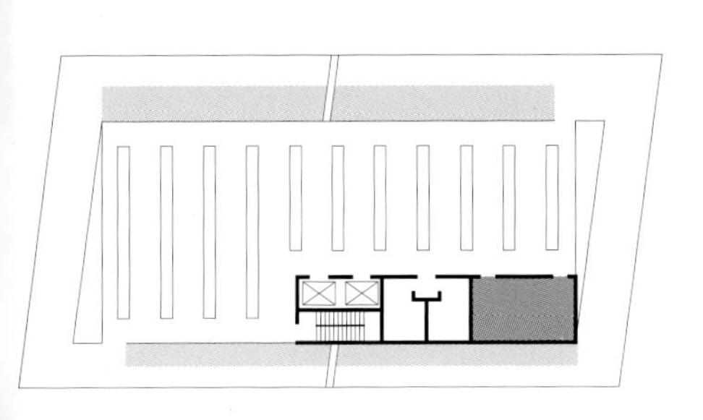

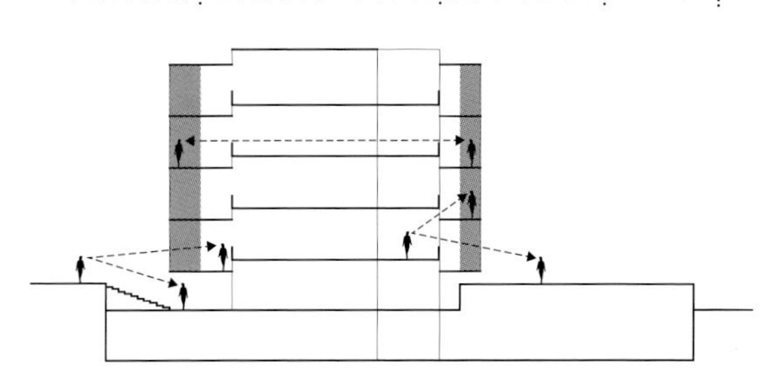

用户空间的多样性

斜坡和中间的楼板提供了两种用户空间。封闭的房间提供了另一种集体学习空间（S）。

社交互动

连接了建筑物不同楼层的斜坡允许用户之间的视线互动。阅读空间的位置和沿着周边设置的交通流线也使用户能够与外部进行视线互动。

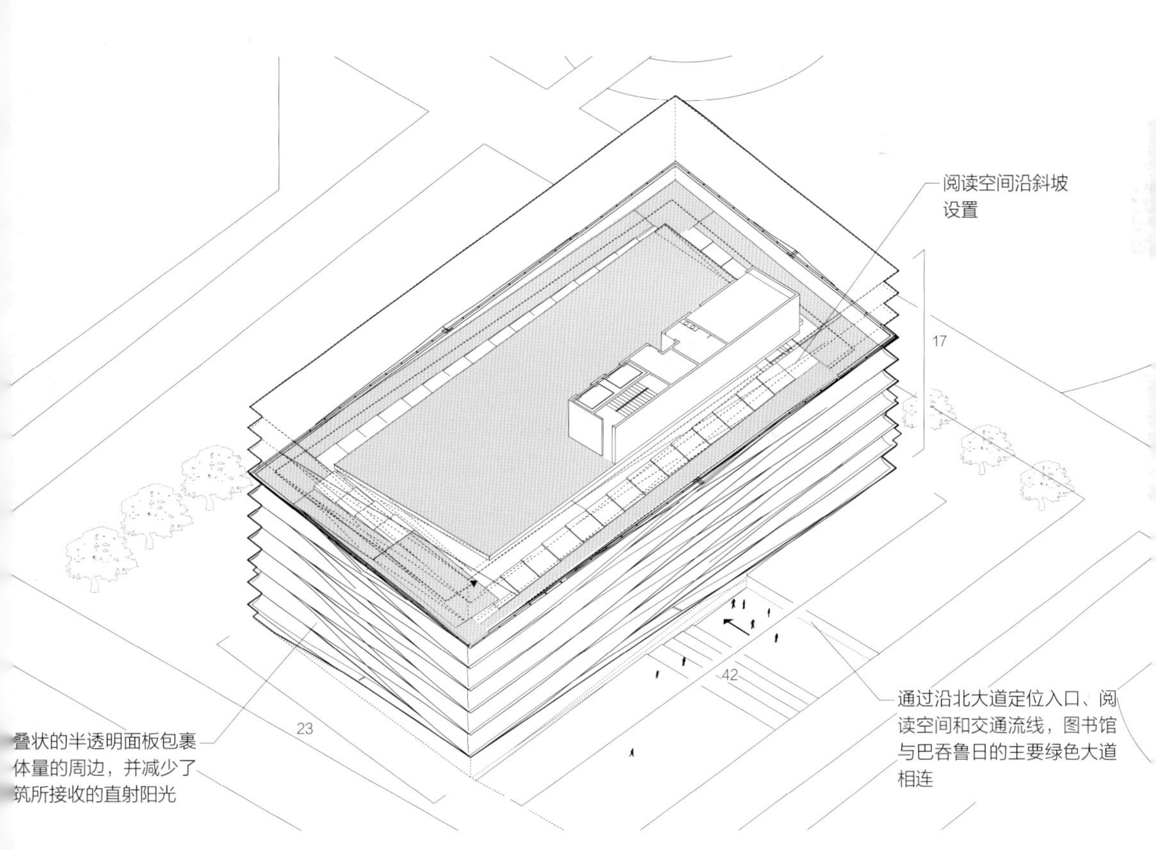
阅读空间沿斜坡设置
17
42
23
通过沿北大道定位入口、阅读空间和交通流线，图书馆与巴吞鲁日的主要绿色大道相连
叠状的半透明面板包裹体量的周边，并减少了建筑所接收的直射阳光

巴吞鲁日市区图书馆是一栋5层建筑，用于阅读和进行研究，位于停车场之上。入口层是半下沉的，并设置了露天圆形剧场和举办文化和社区活动的庭院。在上方，建筑的外表皮由玻璃凹面板覆盖，部分添加玻璃釉料形成了半透明区域，它们和两组阶梯式斜面联系在一起，这些斜面环绕中心的书库，并在它们之间提供了连续性。斜坡与阅读区、工作站和展览空间相结合。它们位于建筑周边，因此享有充足的自然光线和外部景观。此外，斜坡是菱形平面，而容纳了书库的楼板是矩形的。两个三角形光井将自然光引入书库。斜坡还在体量周围形成一个螺旋形的垂直门厅，这是一个开放的公共目的地。由于书库低于其净高，人们还可以从斜坡看到阅读室以及相对一侧的斜坡。因此，巴吞鲁日市区图书馆在外部传递了统一性、对角、褶皱和半透明性的效果，而其内部则具有多样性、连续性、阶梯状和自然照明的效果。

BIG建筑事务所 | 阿斯塔纳国家图书馆 | 哈萨克斯坦阿斯塔纳 | 2009年

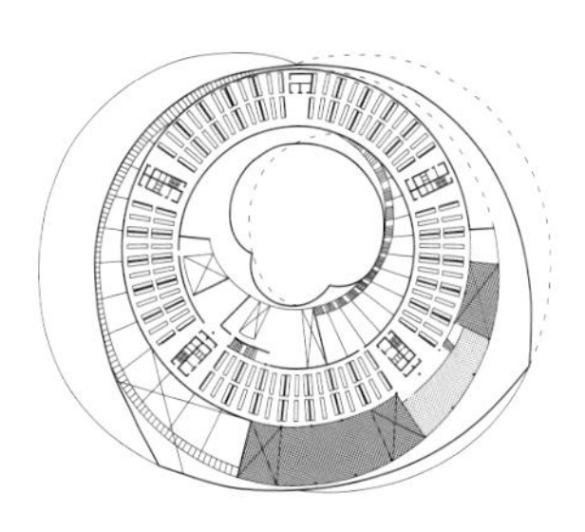

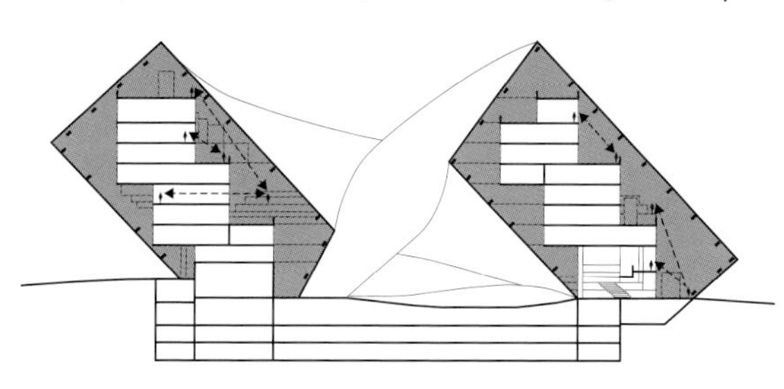

户空间的多样性

书馆提供多样化的用户空间，包括用于互动的外围中庭、纳了书库的内环、阶梯式阅览室和研究室（R）、外部庭以及图书馆空间上方的展览区。

社交互动

阶梯式阅览室允许它们之间的视线互动，人们也可从书库看到这些阅览室。此外，倾斜的中庭使人们可以向上看到图书馆的外周边，或向下看到内周边。

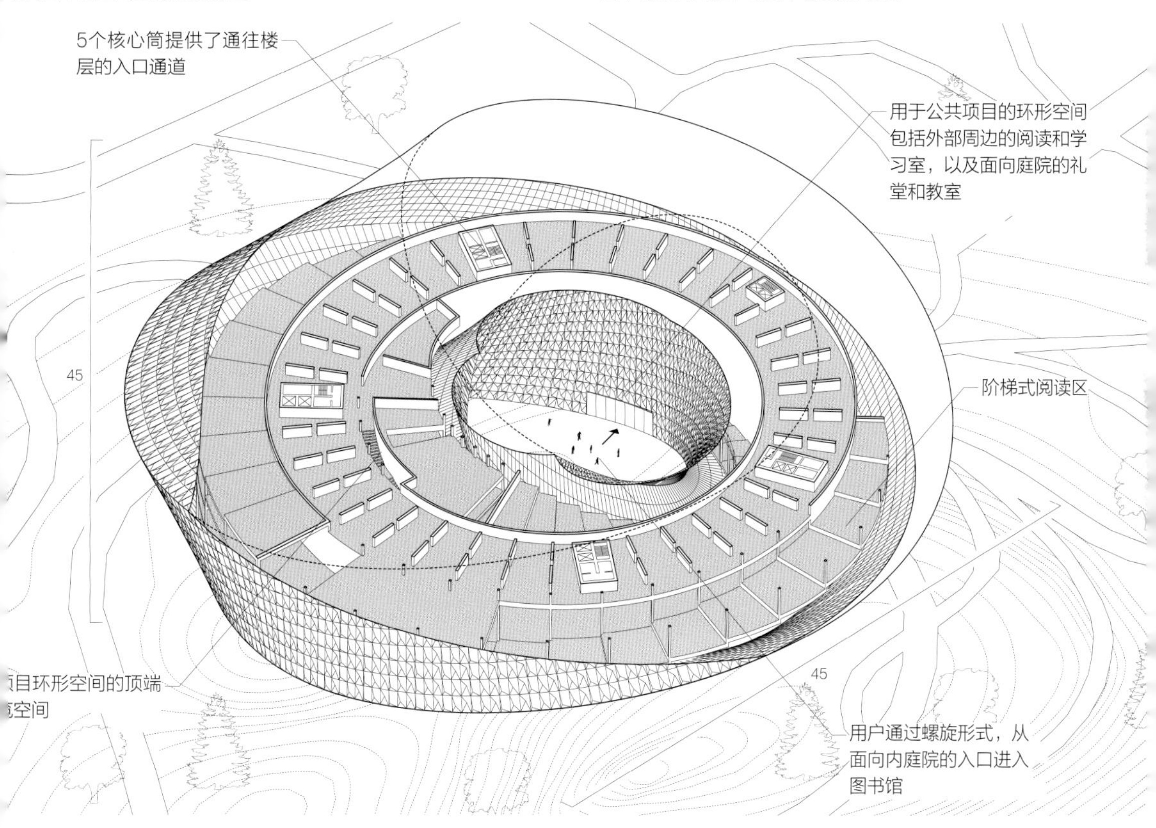
5个核心筒提供了通往楼层的入口通道
用于公共项目的环形空间包括外部周边的阅读和学习室，以及面向庭院的礼堂和教室
45
阶梯式阅读区
目环形空间的顶端
空间
45
用户通过螺旋形式，从面向内庭院的入口进入图书馆

斯塔纳国家图书馆是一个10层的用于阅读与研究的体块式建筑，形状为圆形，有一个位于4层地下停车场上方的中央庭院。在外部，部表皮的差异化斜交结构完全由不同尺寸的三角形面板包覆，倾斜的三角形面板显露出下方的玻璃面板。在内部，图书馆的环形平面横向分为两个部分：内环容纳了书库，阶梯式环状空间容纳了公共项目区域、阅览室、学习室、礼堂、博物馆和行政管理区域。设有共项目区域的环形在书库周围呈螺旋状，从内到外无缝移动，使公共区域可以看到周围景观。连续的表皮环绕着两个环，就像莫比乌带一样，形成了位于周边的垂直倾斜的中庭，它们在螺旋环的不同位置产生了不同高度的空间。然而，两个环都没有简单的短跨度结系统，包括横向钢框架、5个混凝土核心筒，以及钢和混凝土复合楼板。尽管用户空间的缠绕环提供了垂直和对角的视线连续性，但结构只提供了很小的灵活性。因此，阿斯塔纳国家图书馆在外部传递了圆形、扭曲、提升和刻面的效果，而其内部则具有轨道、阶梯、意外性和互动性的效果。

艾瑞克 · 古纳尔 · 阿斯普隆德 | 斯德哥尔摩公共图书馆 | 瑞典斯德哥尔摩 | 1920年

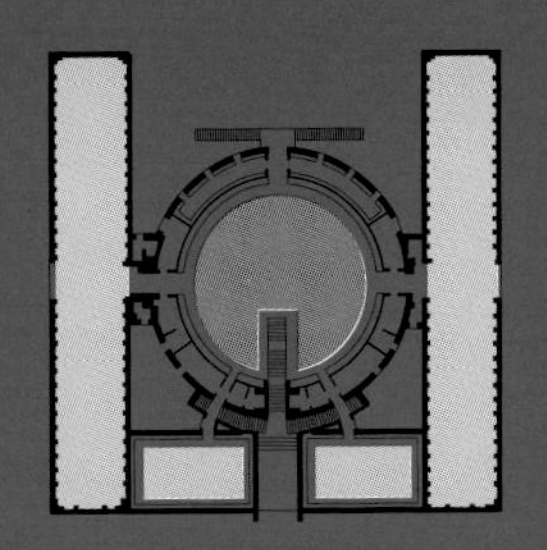

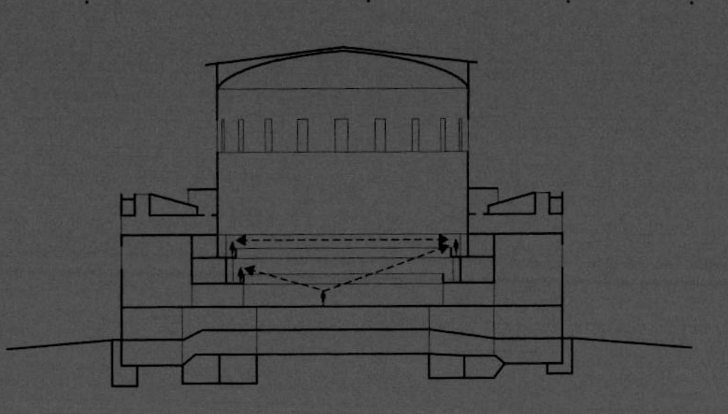

用户空间的多样性
矩形翼楼和圆形大厅为用户提供了多种阅读空间（R），读者可以独自或与其他人一起阅读。

社交互动
容纳大部分图书的中央圆形大厅可提供社交互动。然而，这是一个安静的空间，仅限于视线互动。

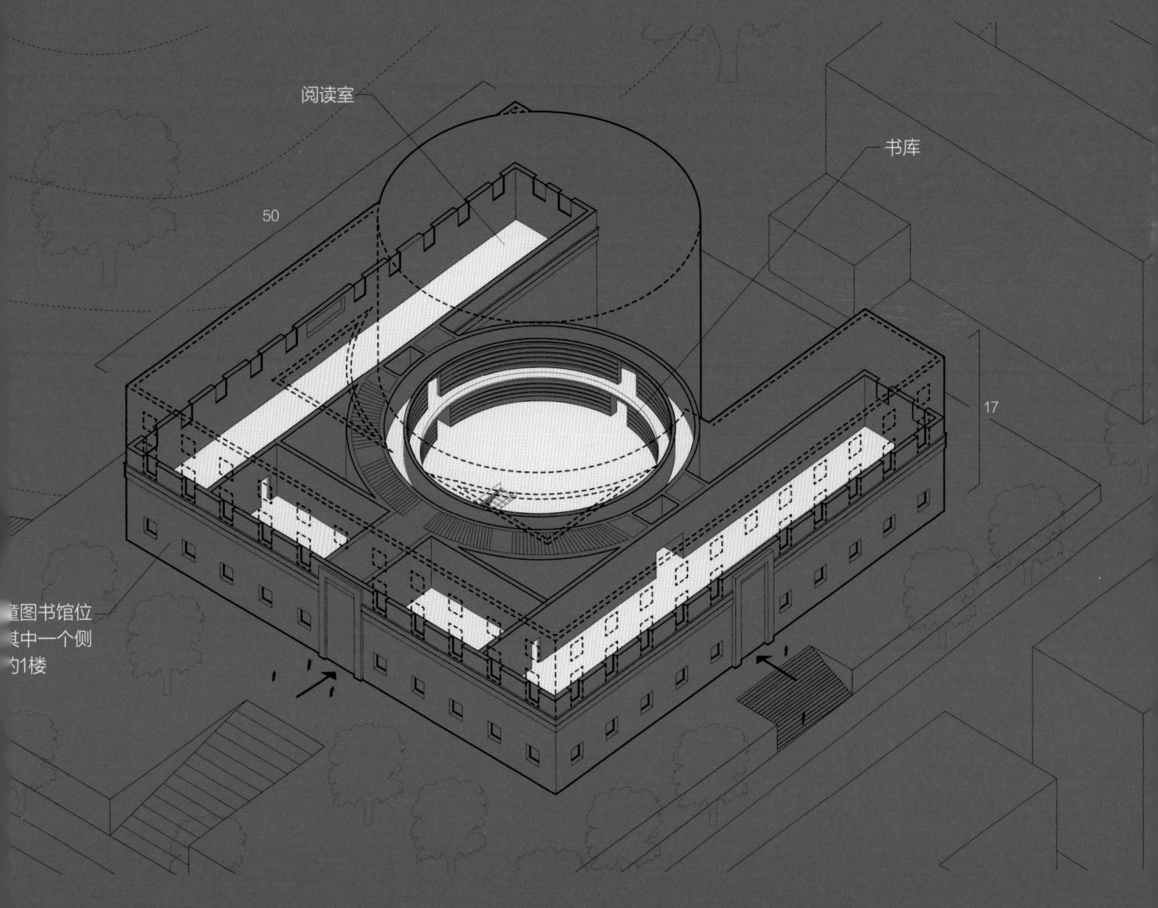

斯德哥尔摩公共图书馆是一个用于阅读与研究的体块式建筑，中央的圆形大厅延伸到建筑上方，高度几乎是周围体量的一倍。建筑由钢筋混凝土建造，橙色砖面层上开设了间隔均匀的窗户。该建筑采用L形毯式建筑形式，容纳了社区空间与可适应场地地形的主入口层。两个场地边缘中心位置的台阶将街道与图书馆的两个入口相连。在内部，图书馆容纳了3个长方形的阅览室、儿童房、书架，以及作为借阅大厅的中央圆形大厅。圆形大厅和翼楼之间只通过4个切向点相连。圆形大厅内有3层书库，可通过开放式楼梯进入。在书的上方，墙壁是封闭的，但墙上大量的巧妙设置的窗户则为圆形大厅引入了自然光。因此，斯德哥尔摩公共图书馆在外部传递了纪念性、对称性、重量和色彩的效果，而其内部则具有中心性、圆形、隔离性和自然采光的效果。

普雷斯顿·斯科特·科恩建筑事务所 | 大同图书馆 | 中国大同 | 2009年

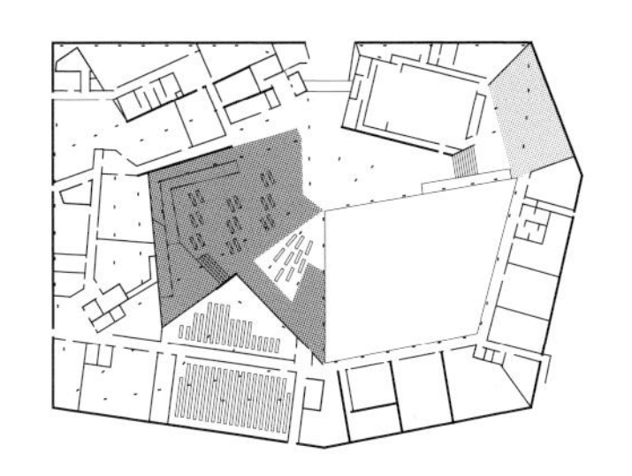

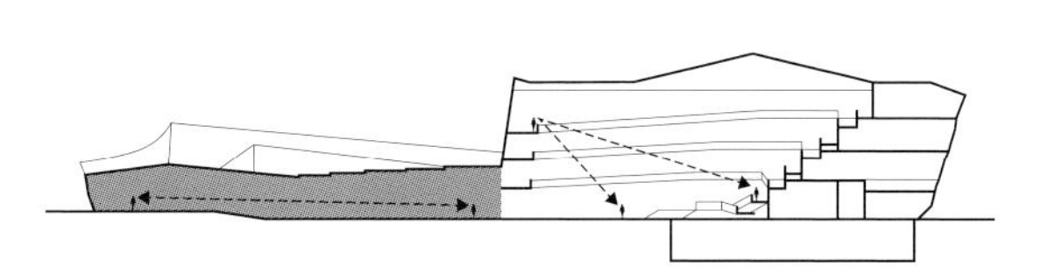

户空间的多样性

书馆的毯式部分和体块部分为用户提供了各种正式和非式空间以及庭院和中庭。虽然中庭和周围的楼层专门容了阅读区域（R），但庭院和其周围的房间却容纳了多种途区域，将图书馆的功能扩展到阅读之外。

社交互动

虽然螺旋坡道和中庭可以促进视线互动，但是该体块部分主要是一个安静的区域。公共活动可以在位于建筑物毯式部分的画廊、礼堂和教室中进行。

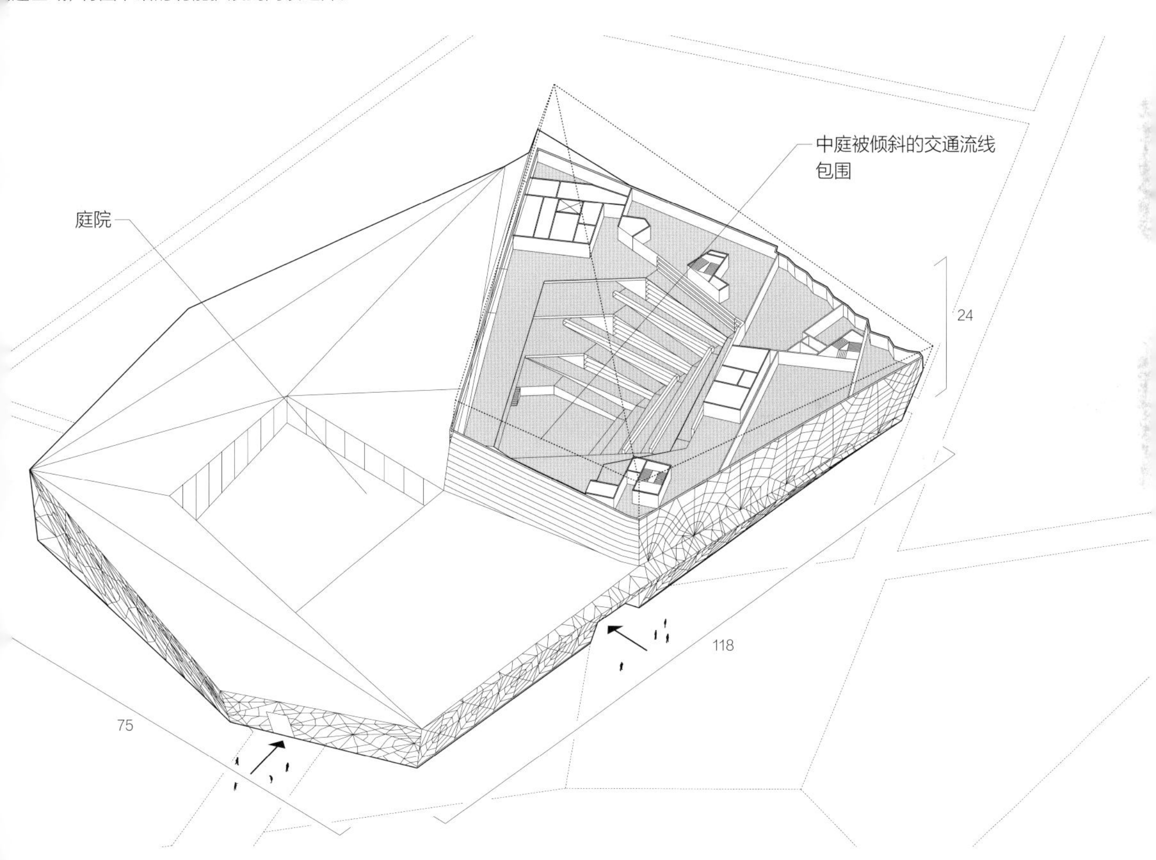
中庭被倾斜的交通流线包围
庭院
24
118
75

同图书馆是一个用于阅读与研究的4层体块式建筑，在地面上延伸成毯式建筑形式。在外部，体块及其延伸部分都是三角形的，以形不同尺度和方向的小平面。这些小平面是均匀包覆的，遮挡了与内部楼板的任何联系，并将体块和毯式体量结合在一起。大楼内部空围绕庭院和中庭布置。庭院位于图书馆的毯式体量区域内，周围设有非正式阅览室、教室、画廊和礼堂。这座4层的大楼采用了不对的中庭，中庭从地面扩大到全玻璃屋顶。中庭四周环绕着4层螺旋坡道，4个开放式楼层上摆放着书架和阅览桌。阅览室和书籍都被含在一个空间内。因此，大同图书馆在外部传递了无尺度、多面体和轻盈的效果，而其内部则具有中心性、螺旋、互动性和自然采光效果。

斯诺赫塔建筑事务所 新亚历山大图书馆 埃及亚历山大 1989年

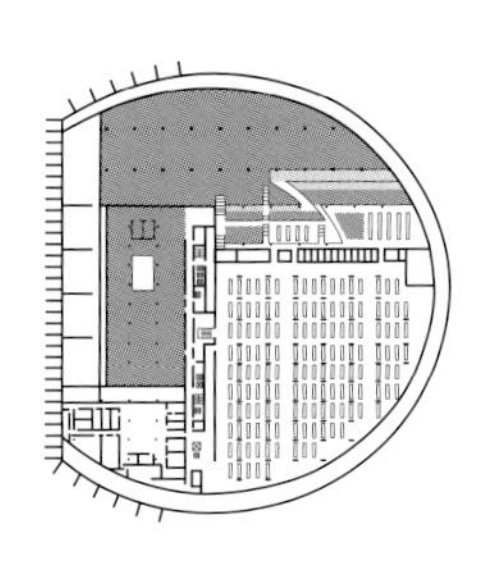

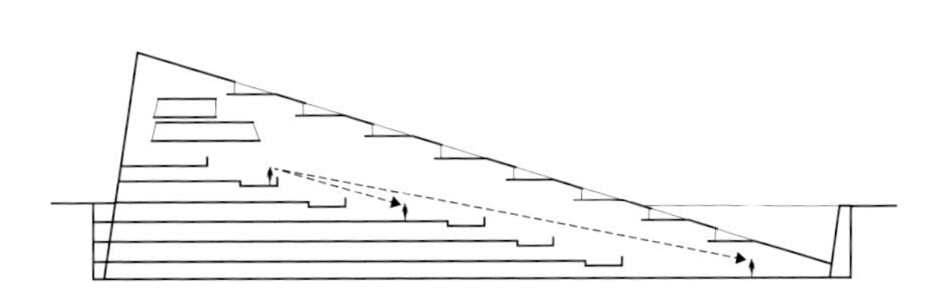

户空间的多样性

书馆提供了一个壮观的公共阅读空间（R），众多容纳了他类型的媒体和举办活动的空间（M），以及采用自然或工照明的多种环境。

社交互动

虽然阶梯式中庭为人们提供了充足的互动机会，但它主要是一个安静的区域，因此社交互动发生在图书馆建筑的其他部分。

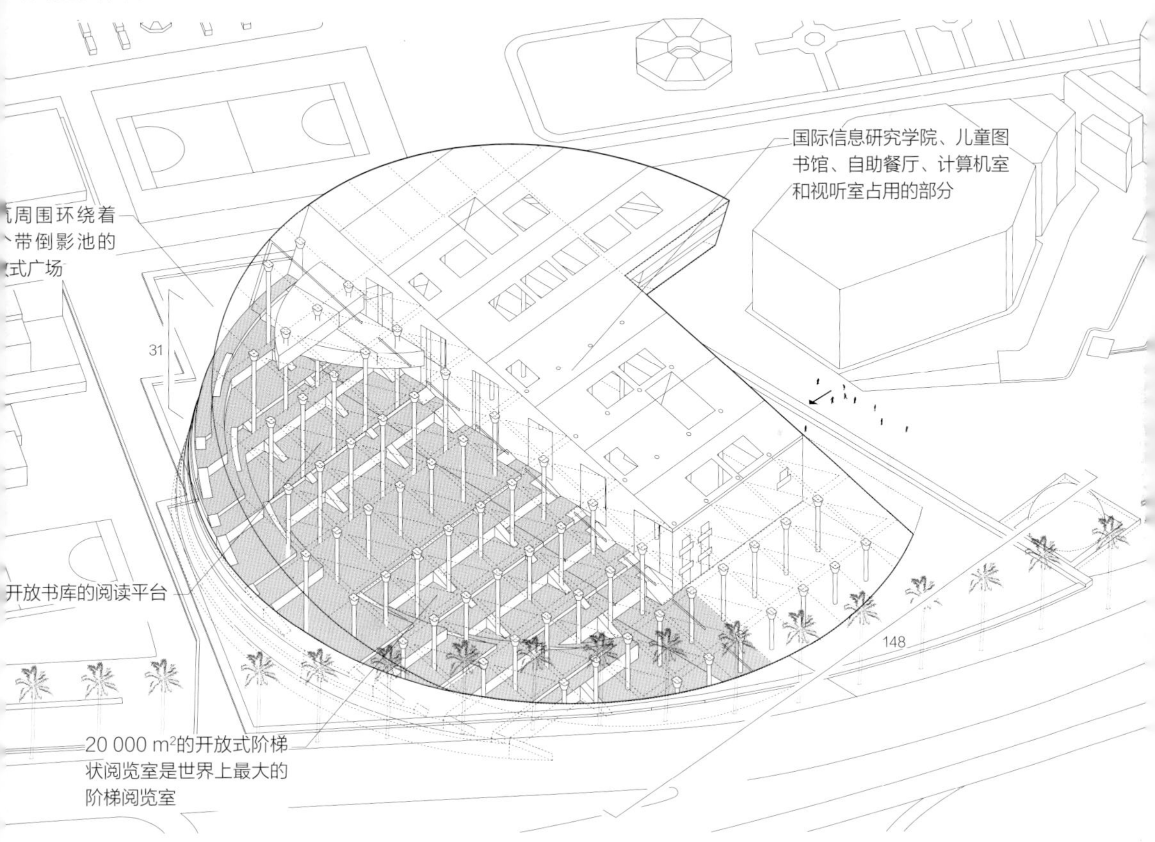
国际信息研究学院、儿童图书馆、自助餐厅、计算机室和视听室占用的部分
筑周围环绕着带倒影池的式广场
31
开放书库的阅读平台
148
20 000 m²的开放式阶梯状阅览室是世界上最大的阶梯阅览室

亚历山大图书馆是一个11层的圆形体块建筑，从中切出一个三角形区域，形成了一个开放的广场。建筑容纳了图书馆设施和一间会议心、地图、多媒体图书馆与专供盲人、视障人士、年轻人和儿童使用的专门图书馆、4座博物馆、4个临时展览艺术画廊、15个常设览厅、一座天文馆和一个用于恢复手稿的实验室。体块外部采用倾斜式设计，屋顶采用密集的天窗模式。除了面向开放式广场的部分设了玻璃外墙，建筑周围的墙壁都覆盖着阿斯旺花岗岩和书法铭文。在内部，超过一半的圆形区域被7层阅览室占据，这些阅览室被排为在倾斜屋顶下俯瞰彼此的平台，其中两个延伸到地下。阅读平台上方朝北的垂直天窗为它们提供了均匀分布的间接光。该建筑的余区域容纳了国际信息研究学院、儿童图书馆、自助餐厅、计算机室和视听室。因此，新亚历山大图书馆在外部传递了统一性、纪念、圆形和倾斜的效果，其内部则具有阶梯状、开放性和互动性的效果。

MVRDV建筑事务所 书山图书馆 荷兰鹿特丹 2003年

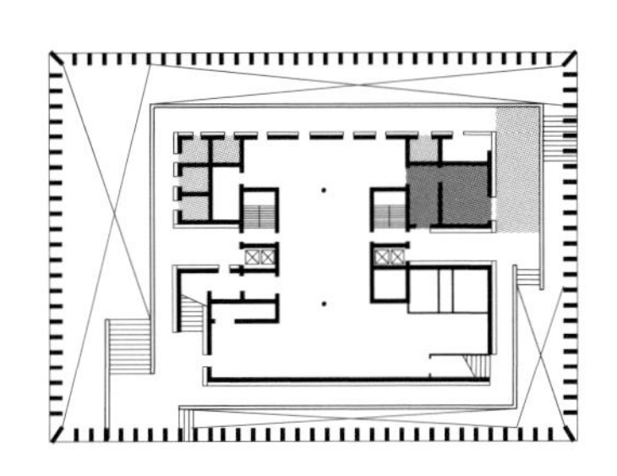

用户空间的多样性

图书馆的6个阶梯式楼层提供了多种用户空间：第1层为商业空间，第2层为书籍、音乐、视频借阅室，书库和非正式个人座位；第3层为个人学习室（S）、小组学习室（S）、书库和计算机工作站（C）；第4层为图书借阅室、书库和非正式团体座位；第5层为容纳了非正式小组座位的活动区；第6层为青年区。

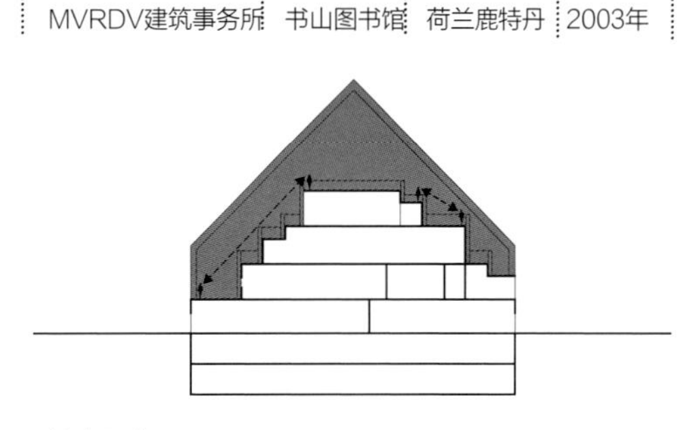

社交互动

外围中庭允许阶梯式平台之间的视线互动。

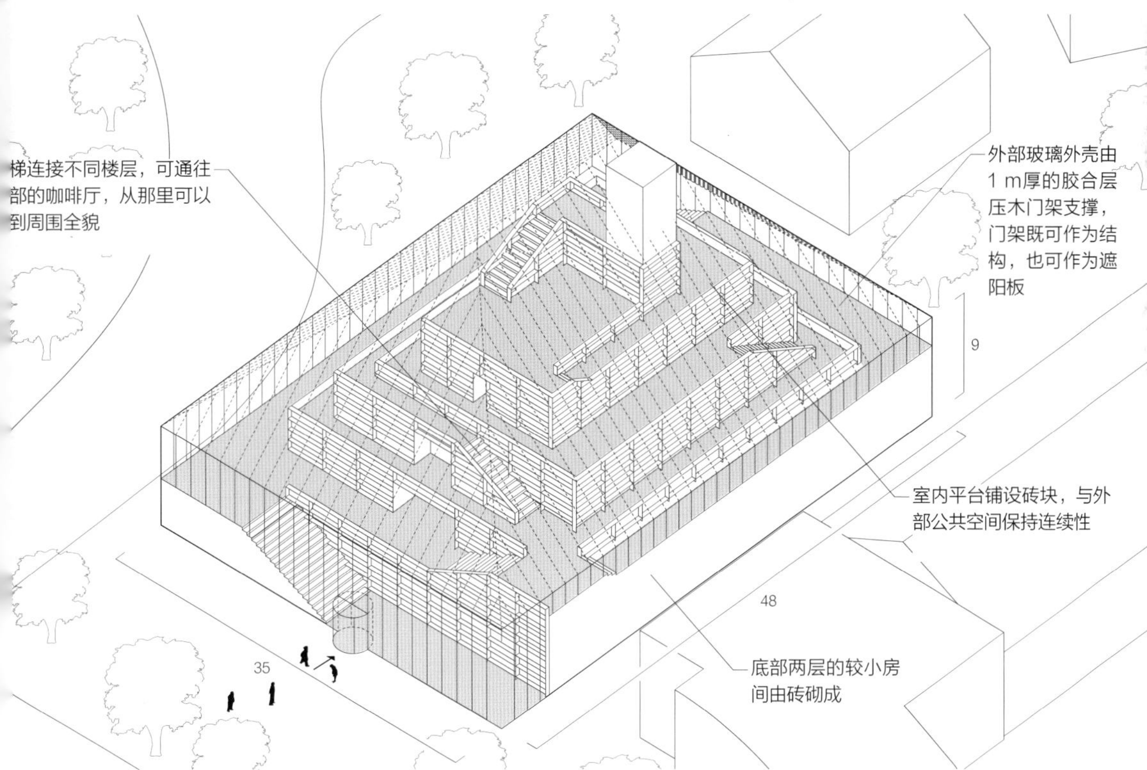
梯连接不同楼层，可通往部的咖啡厅，从那里可以到周围全貌
外部玻璃外壳由1 m厚的胶合层压木门架支撑，门架既可作为结构，也可作为遮阳板
9
室内平台铺设砖块，与外部公共空间保持连续性
48
底部两层的较小房间由砖砌成
35

书山图书馆是一个6层楼高的用于阅读与研究的体块，位于地下两层以上，其山墙屋顶类似于一个谷仓。该建筑还设有环境教育中心、国际象棋俱乐部、礼堂、会议室、商业办公室和零售空间。在外观上，带有玻璃表皮的图书馆看起来就像一座山。在内部，越向上尺寸越小的6个楼层堆叠在彼此之上。底部两层在两侧连接到周边外壳，由砖砌成，并在另外两侧上分开。随后的楼层逐渐缩退，与体块的倾斜轮廓相呼应，并使沿体块两侧设置的外围中庭一直延伸到建筑物的顶部。基地包含了商业空间和停车场。礼堂和研讨室位于上面台阶的里面，图书馆区位于开放式平台上，充分利用了玻璃屋顶提供的光线和空间。因此，书山图书馆在外部传递了统一性和结晶性的效果，而其内部则传递了阶梯状、互动性和内外连续性的效果。

大都会建筑事务所、LMN建筑事务所 | 西雅图中央图书馆 | 美国西雅图 | 1999年

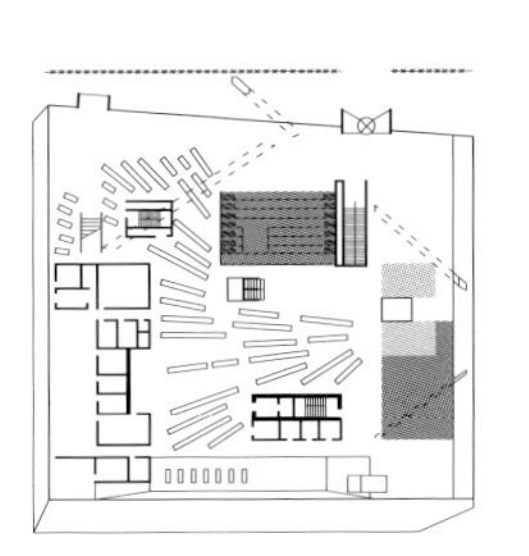

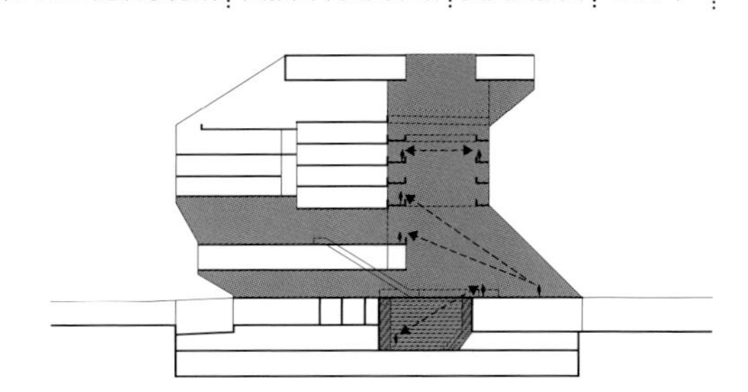

用户空间的多样性

图书馆提供了多种用户空间：第1层设有一个容纳了书库的开放式“儿童图书馆”、个人和公共座位以及计算机工作站；第2层为单元式办公室；第3层开放式“起居室”（L）设有个人和非正式团体座位，此外还有书库与一个开放式礼堂（A）；第4层会议室；5楼的开放式“混合室”可进行一般性研究；第6～9层为开放式的“螺旋书库”，以及沿建筑边缘设置的几个独立阅读区域；第10层一个开放式阅览室设有独立座位和公共座位。每个区域都是空间独特的，拥有不同的大小、灵活性和交通组织。

社交互动

在第3层的开放式“客厅”中，书库和座位与其他功能区域相结合，如开放式礼堂，促进了用户之间的社交互动。该楼层也是外围中庭的第一层，因此也与其上方的所有楼层产生了视线联系。位于第5层中央的混合室可以在最大程度上促进人们之间的互动。在这里，图书馆员引导用户进入螺旋书库，那是一个连续的书架斜坡。

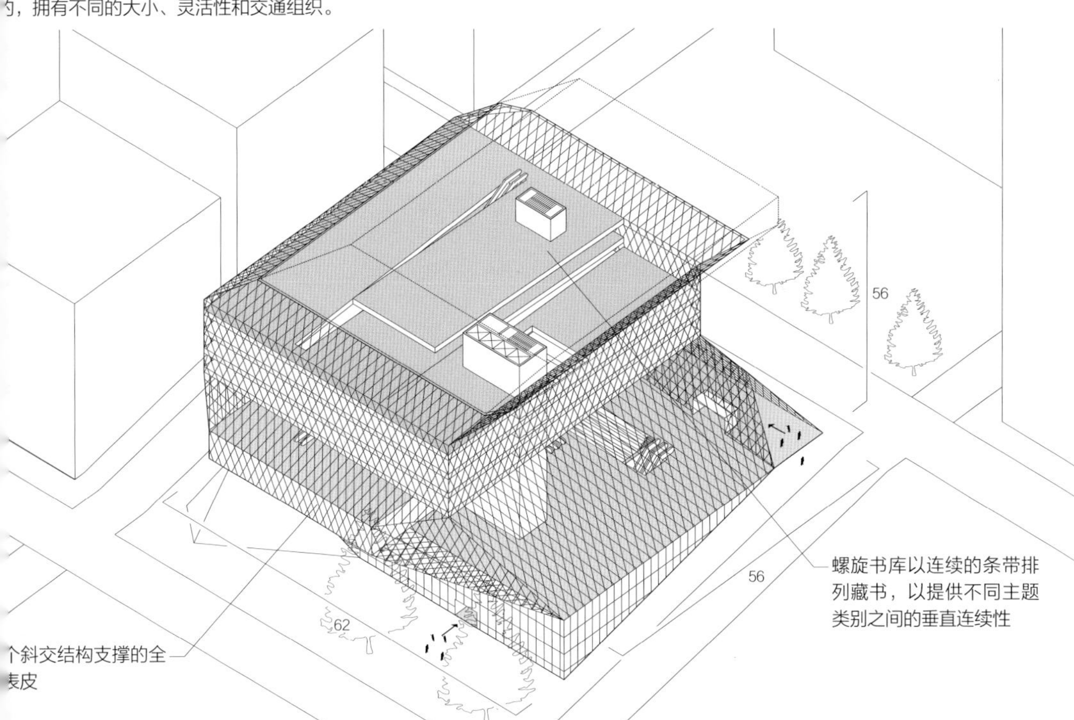

螺旋书库以连续的条带排列藏书，以提供不同主题类别之间的垂直连续性

个斜交结构支撑的全表皮

西雅图中央图书馆是一个10层楼的用于阅读与研究的体块建筑，位于地下两层之上。在外观上，它类似于一个水晶宫殿，拥有全玻璃幕墙的雕塑形式和密集的斜交结构。在内部，图书馆的固定功能区域——例如停车场、员工室、会议空间和螺旋书库——被安排在5个交叠的楼层中，这些楼层界定了封闭的体量，其余区域——儿童区、起居室、混合室、阅览室——则位于间隙开放区域内。它们共同构成了一个内部空间，由浮动的体量、开放式空间与能促进用户互动的外围中庭所组成。西雅图中央图书馆重新定义了图书馆的意义：不再是仅仅供人阅读书籍的机构，而成了一个信息商店，所有形式的媒体——无论新旧，在这里都是同等重要的，且容易获取。因此，建筑物在外部传递了结晶性、晶格和透明性的效果，而其内部则具有阶梯状、非正式性、互动性和内外连续性的效果。

马歇·布劳耶 | 阿尔昆图书馆 | 美国科利奇维尔 | 1964年

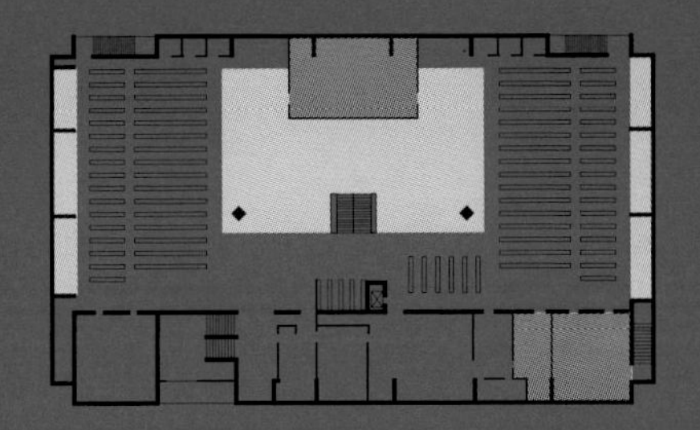

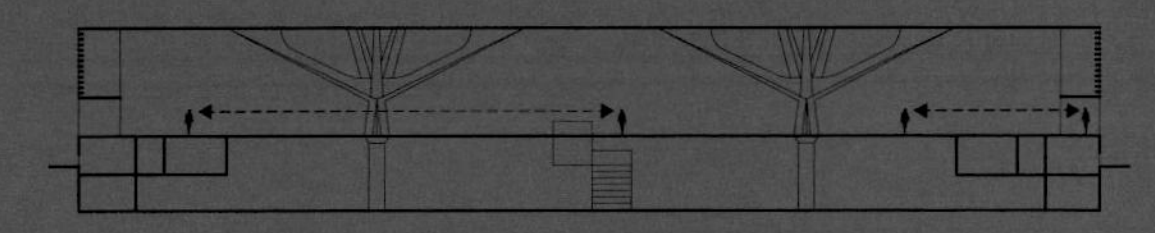

用户空间的多样性
该建筑为用户提供了单一空间，其中的个人学习桌（S）彼此相连并被书库包围，还有6个独立学习凹室（S，每侧3个）、一个非正式阅读中心区域（R）和多个团体研究室（S）。但是，这些区域并不具有空间上的差异性。

社交互动
图书馆的开放式空间允许用户之间的视线互动，但因这里是无声阅读空间，所以人们无法在此进行小组学习或公开讨论。

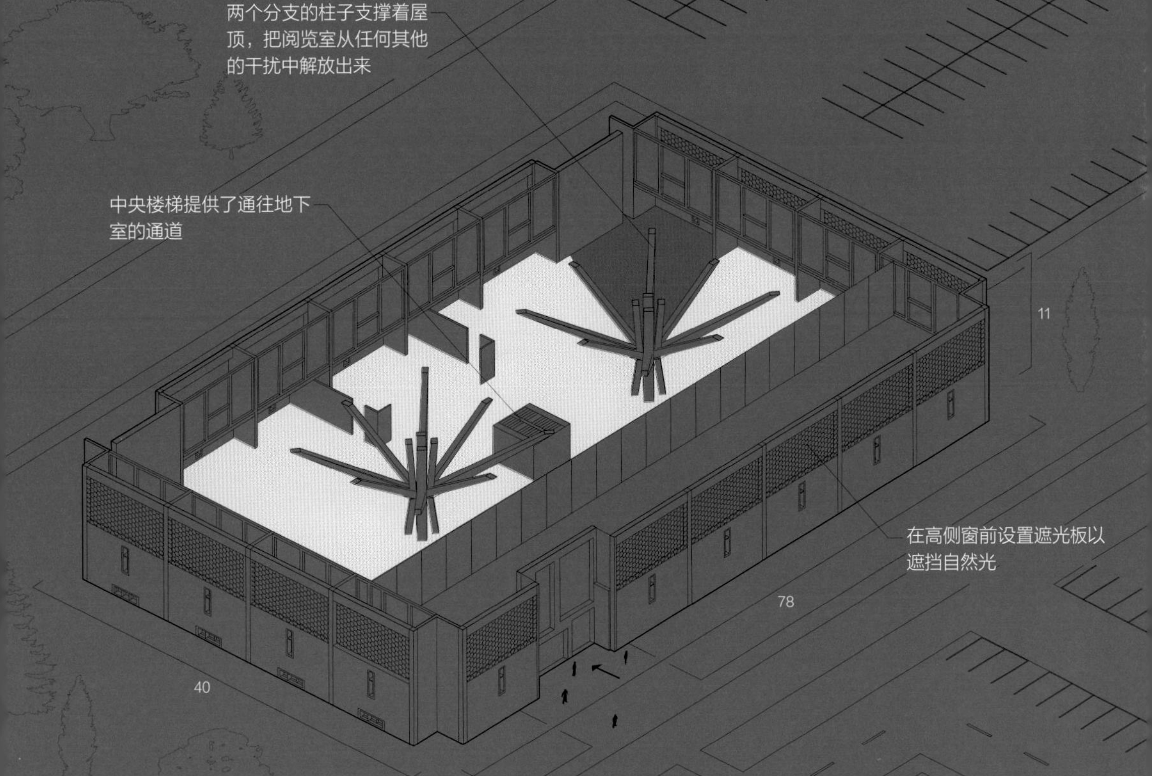
两个分支的柱子支撑着屋顶，把阅览室从任何其他的干扰中解放出来
中央楼梯提供了通往地下室的通道
在高侧窗前设置遮光板以遮挡自然光
11
78
40

圣约翰大学内的阿尔昆图书馆是一座双层建筑，用于阅读与研究，位于地下室之上。从外部看，它是一个封闭的矩形体量，下半部分安装了实心混凝土板，上半部分有遮光板。建筑内部容纳了一个开放式的房间，用户可以在书库之间自由走动，中间还有一个公共阅读区。阅读区域通过房间周边的高侧窗照亮，但看不到外部景观。封闭的私人学习室位于房间的周边。两个巨大的混凝土蘑菇柱支撑着屋顶，从而将房间从任何障碍物中解放出来，只有中央核心筒可通往下层。因此，阿尔昆图书馆在外部传递了正交性、孤立性和坚固性的效果，而内部则具有统一性、内向性和开放性的效果。

伊东丰雄 | 多摩美术大学图书馆 | 日本东京 | 2004年

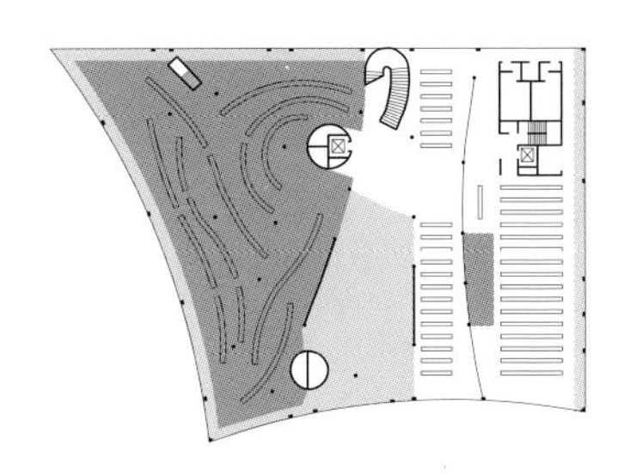

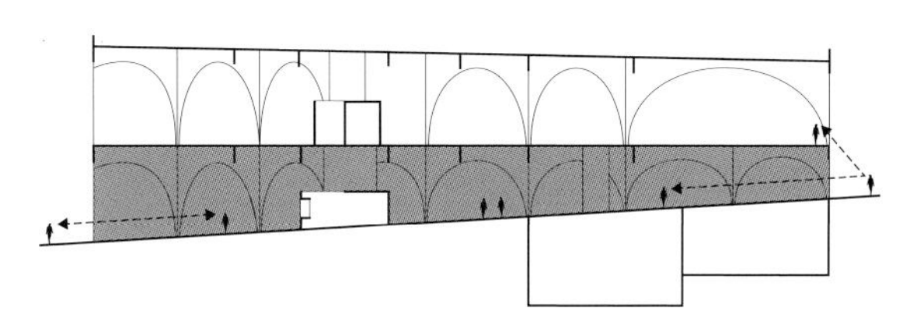

户空间的多样性

书馆的结构允许其两层楼为不同的“单元”分配不同的能，或者使用多个单元满足需要更多空间的功能，而不破坏楼板的连续性。因此，该建筑在其两层楼内提供了种功能区域——底层设有非正式和公共空间，而第2层则门容纳了供人阅读和进行研究的区域（R）。

社交互动

穿洞的墙壁允许整个图书馆的视线互动。底层还可用于举办促进社交互动的集体活动。

形状的书架
子以及玻璃
区分了底层
，同时保持
线和空间的
性
43
混凝土墙
装有玻璃的窗口
13
44

摩美术大学图书馆是一座用于阅读与研究的两层建筑。在外部，建筑其中两侧的混凝土墙是凹的，将建筑物向外部环境打开。混凝土上有两排不同大小的拱形窗户。在内部，整座建筑应用了混凝土连续拱形结构，拱形墙彼此相交，并在其间营造了空间的多样性。拱的跨度和高度不同，创造了多样性和空间连续性。拱形墙体由钢板覆盖混凝土构成，墙体的相交使其在底部非常纤细。底层设有一个放式画廊；西南角有一家自助餐厅，即使不打算去图书馆，人们也可以穿过这个自助餐厅；此外，还有实验室、办公空间、杂志和多体区，以及一个放送音乐与电影的剧院等。第2层在拱门下容纳了低矮的书架，不同大小的书桌放置在这些书架之间。沿着屋顶最低南部周边，由高而直的书架限定了一个正式的阅读区，而沿北部周边的区域则有一个更加非正式的阅读与研究区域，其中，低而弯曲书架松散地沿网格的曲线放置。因此，多摩美术大学图书馆在外部传递了扇形、拱形和透明性的效果，而其内部则具有单元式、分化非正式性的效果。

藤本壮介 | 武藏野美术大学图书馆 | 日本东京 | 2007年

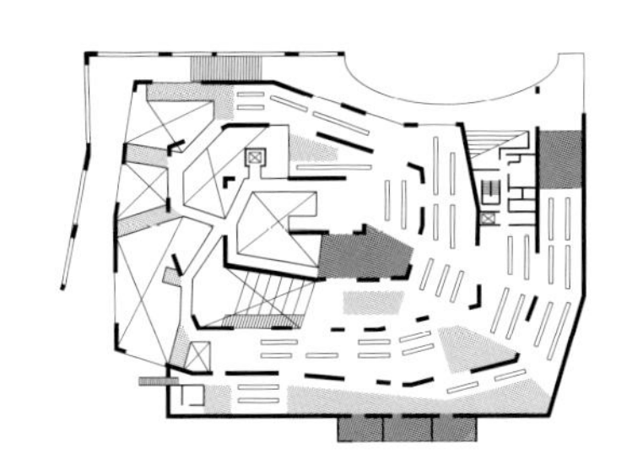

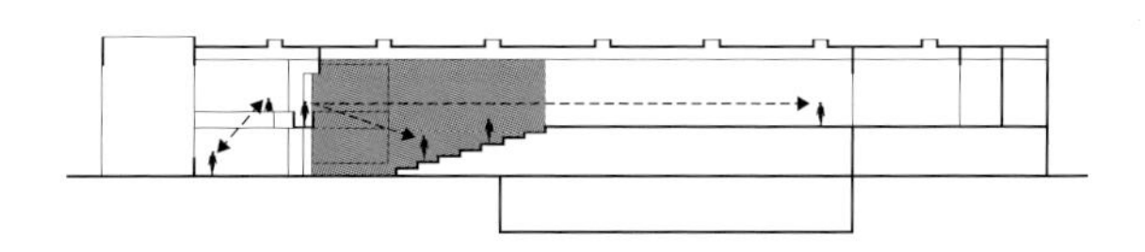

户空间的多样性

书馆的两个楼层为用户提供了多种空间，使他们能够在人阅览室或开放区域的个人阅览桌上阅读与学习（R），集体房间（R）以及公共座椅区（S）则散布在由螺旋形构墙所形成的不同路径中。

社交互动

悬空桥在楼板之间提供视线连接。大楼梯提供了另一个供用户聚集和互动的空间。

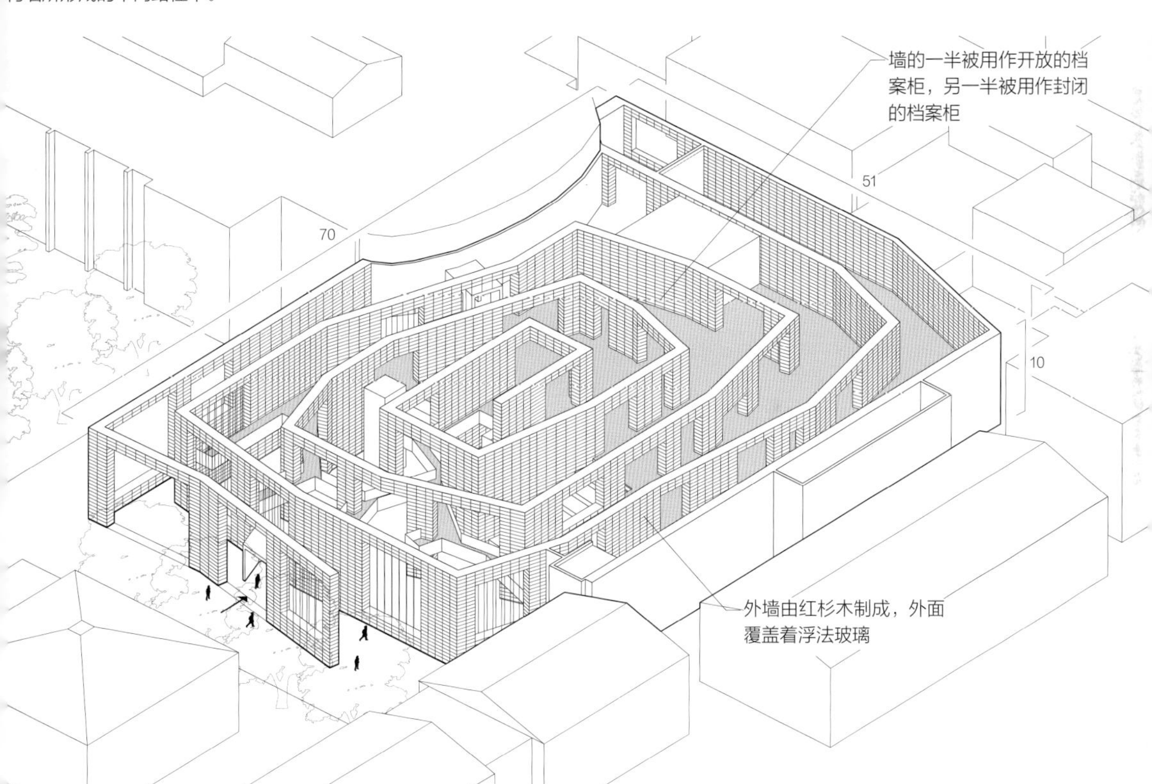
墙的一半被用作开放的档案柜，另一半被用作封闭的档案柜
51
70
10
外墙由红杉木制成，外面覆盖着浮法玻璃

藏野美术大学图书馆是一个双层的矩形毯式建筑，用于阅读与研究，它还拥有一个艺术画廊。在外观上，它的墙壁由红杉木制成，并19 mm厚的浮法玻璃包裹。大开口显露出图书馆的内部，并能吸引人们入内。两个入口通往两个楼层。北边的入口通向一楼，人们可从位于东部围墙后面的外部台阶到达东部边界的另一个入口。在内部，图书馆围绕一个9 m的螺旋式墙壁构建，该墙壁上有书架，设了大型洞口，从而能看到其他空间的远景，并为人们提供了通往不同区域的捷径和交叉连接。螺旋式墙壁始于北入口，并逐渐上升上层，在那里它将楼板分成一系列同心路径，其中散布着书库和公共阅读区域。其他阅读区域位于穿过墙壁并俯瞰着公共入口的走道，而封闭式学习室沿建筑西边设置。从上方均匀过滤的自然光通过聚碳酸酯板洒入图书馆。其下层容纳了设有书库和目录的大型开放域，以及开放式办公室。这两个楼层由一个可充当礼堂的大楼梯相连。因此，武藏野美术大学图书馆在外部传递了分层、堆叠和穿孔效果，而其内部则具有螺旋、内向性和互动性的效果。

路易斯·康 | 菲利普斯埃克塞特学院图书馆 | 美国埃克塞特 | 1965年

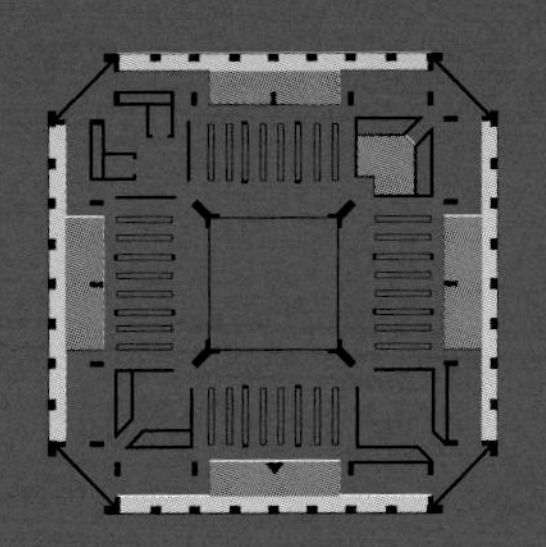

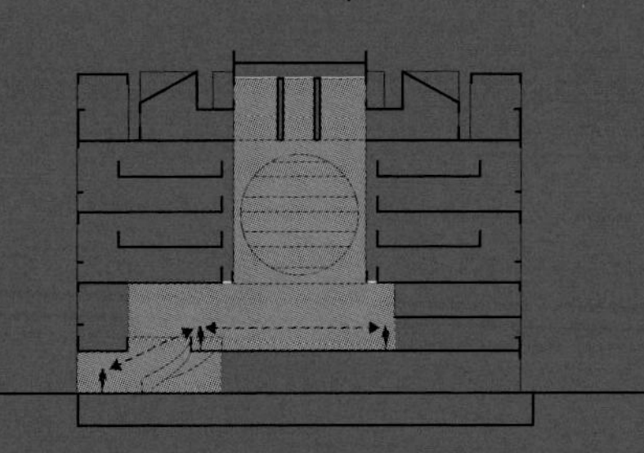

用户空间的多样性
图书馆提供了3种类型的学习空间（L）：沿建筑物周边排列的个人阅览桌，位于个人阅览桌和面向中庭的书库之间的集体阅览桌，以及用于小组学习的封闭空间。

社交互动
进入中庭后，用户可立即感受到问询区、借阅台和书库之间的相互关系。然而，跨楼层的视线互动是有限的，因为人们看到的是书库，而不是面向中庭的其他用户。

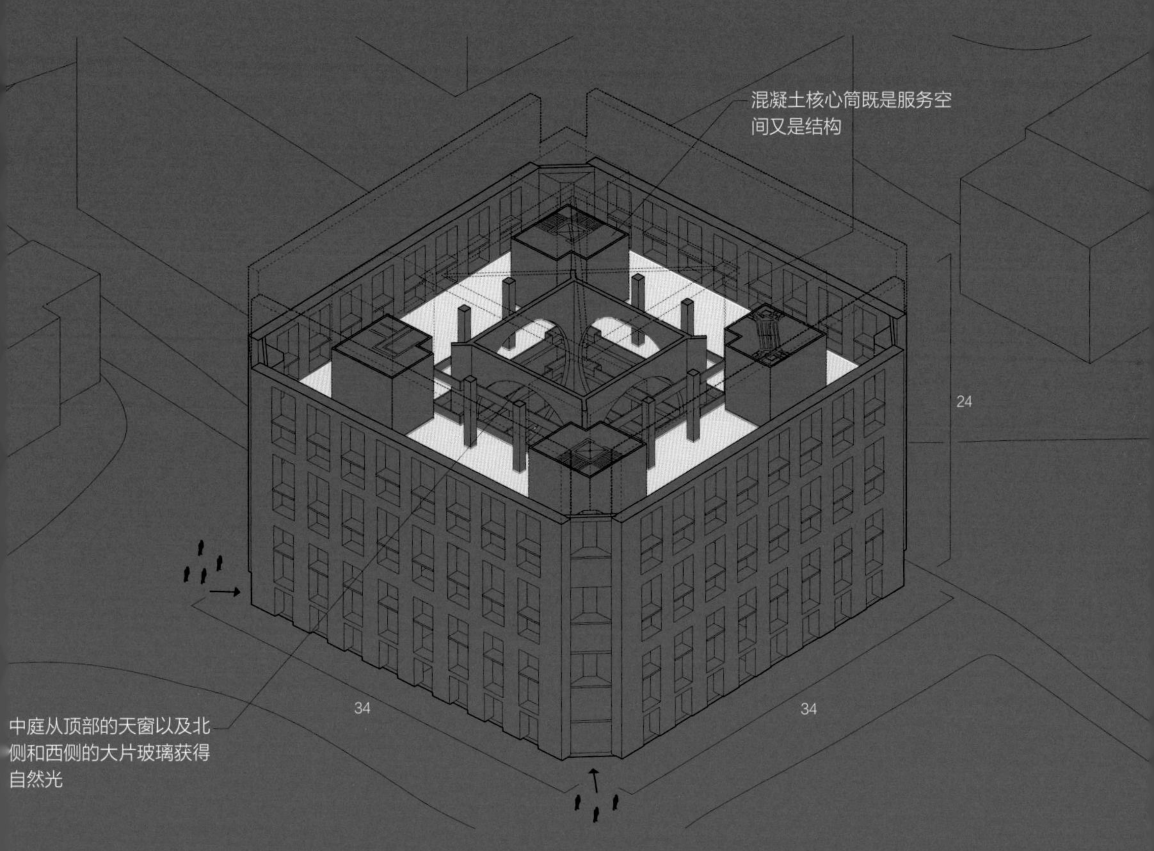
混凝土核心筒既是服务空间又是结构
24
34
34
中庭从顶部的天窗以及北侧和西侧的大片玻璃获得自然光

利普斯埃克塞特学院图书馆是一座8层的建筑，供阅读与研究使用。该建筑位于地下室之上，其周边表皮被抬高了一层。在外部，外面的四角进行了斜切处理，并且暴露出两层砖结构墙。外墙上有规则分布的开口，除了顶部的一排开口以外，其他都是可为内部采光窗户，窗户镶嵌着柚木镶板。在内部，具有正方形平面的8个楼层围绕中央广场式中庭布置，每个周边墙壁被一个大圆形开口穿透，出上面4层楼上的书库和读物。对角排列的大横梁横跨中庭顶部，将中庭墙连接到4个垂直交通和服务核心筒，核心筒又连接到周边壁。光线从横梁周围的窗户进入中庭。在每个楼层，书库位于中庭旁边，阅读用的小隔间沿建筑周边布局，每两个共用一个窗户，因可以接收自然光以及观看外部景观。因此，菲利普斯埃克塞特学院图书馆在外部传递了纪念性、规律性、物质性和层次性的效果，而内部则具有中心性、互动性、重复性和自然采光的效果。

维尔·阿雷兹建筑事务所 | 乌特勒支大学图书馆 | 荷兰乌特勒支 | 1997年

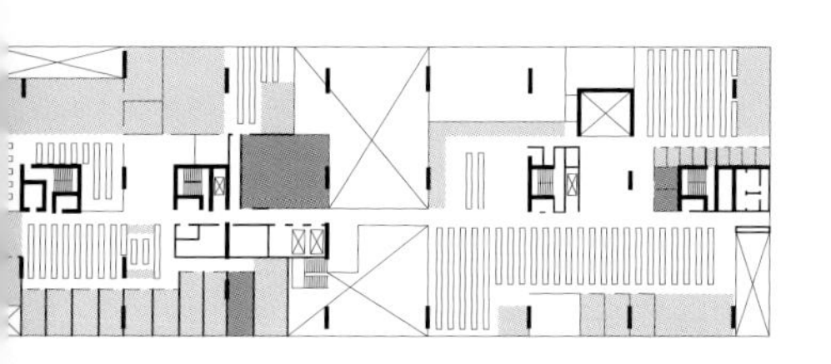

户空间的多样性

建筑有许多不同类型的学习区域：个人计算机工作站W）、安排在开放空间或房间内的个人和公共座位（S）。

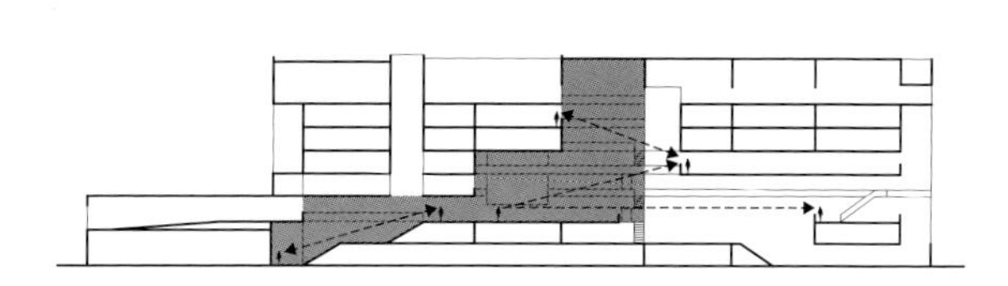

社交互动

人们可在中庭中互动，从中可以看到每个楼层（书库、阅读和计算机工作站）。

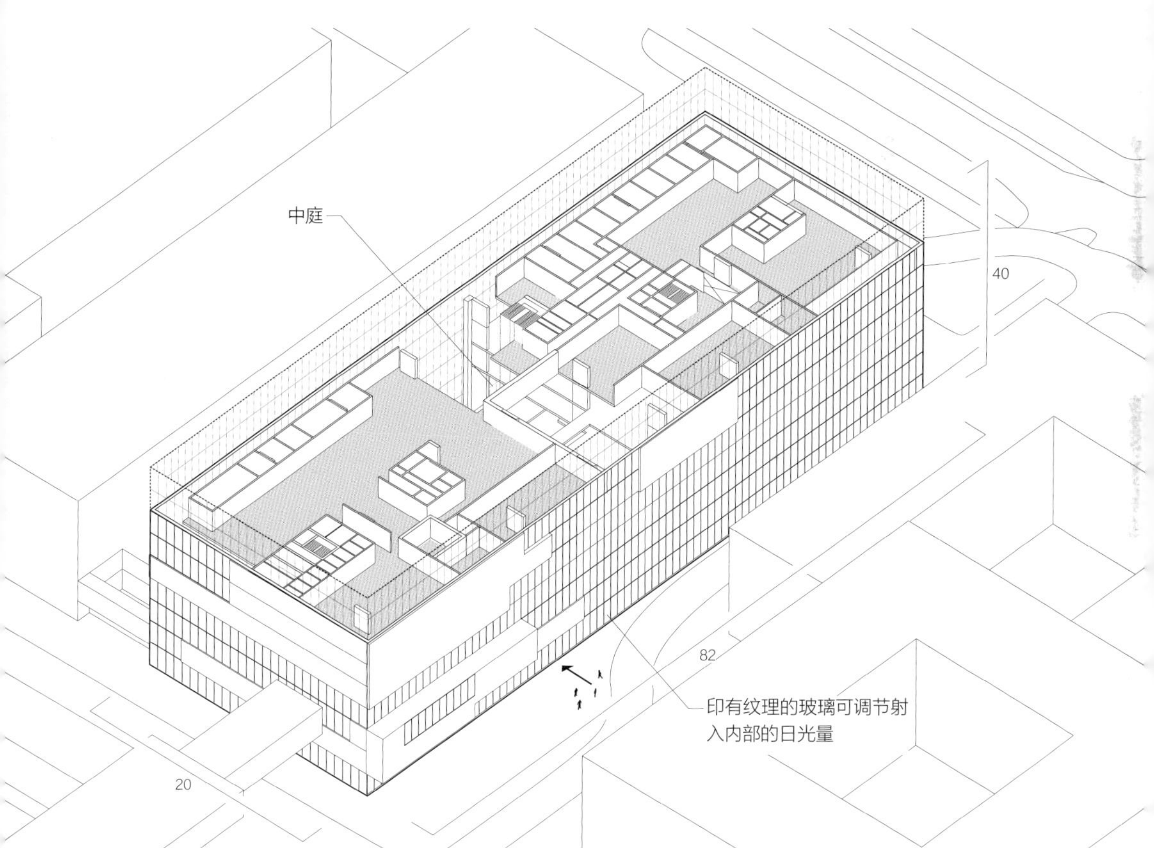
中庭
40
82
20
印有纹理的玻璃可调节射入内部的日光量

特勒支大学图书馆是一个用于阅读与研究的8层体块式建筑。带有化石纸莎草植物抽象图像的玻璃，与印有相同图像的浮雕的黑色混土板交替装设在建筑外立面上。图书馆的内部在中庭的两侧形成两个体量。在两个体量里，7个楼层中的每一层都具有不同的平面，且书库分散在所有楼层中。这产生了双层通高的阅读空间，以及用作中庭研究区域的开放式平台和阳台。在每个楼层，狭窄过道跨越庭连接了两个体量。在第5层，两个体量通过一个宽阔的学习桥彼此相连。每个体量都容纳了各种学习室和书库空间。地板采用光滑白色聚氨酯面漆，而其他所有表面均涂有哑光黑色。人们从上向下看到的白色表面表明了交通区域的位置，而从下向上看到的黑色空则是用于研究或沉思的区域。印有纸莎草浮雕的外部黑色混凝土板呼应了内部书库的位置。因此，乌特勒支大学图书馆在外部传递了交性、亮度、纹理和昏暗的效果，而其内部则具有对比度、互动性和透明性—不透明性的效果。

ADEPT建筑事务所、藤本壮介 | 达拉那大学多媒体图书馆 | 瑞典达拉那 | 2010年

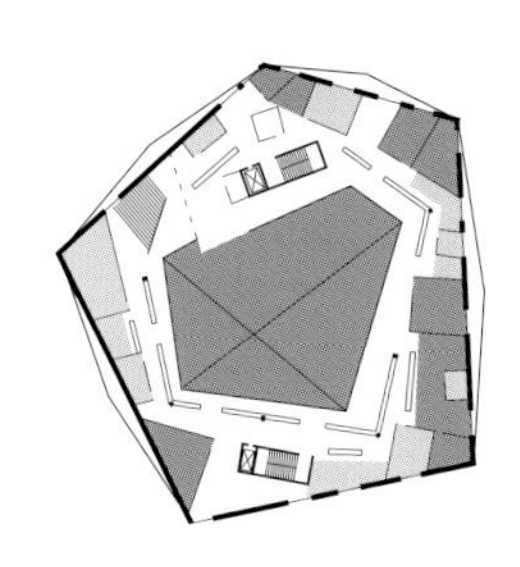

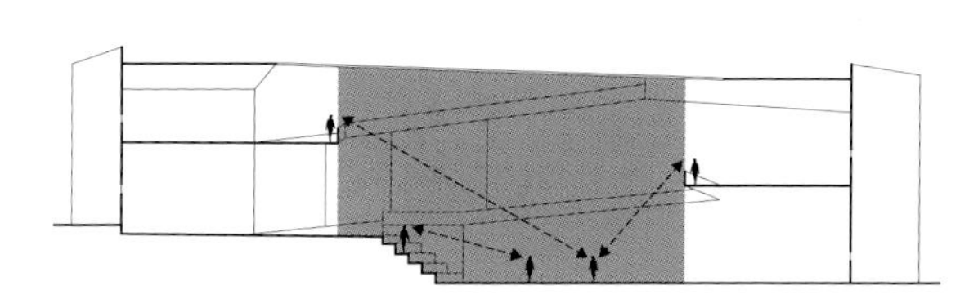

户空间的多样性
书馆为学生提供了两种学习空间（L）：适合非正式小学习和互动的中庭，可供个人或集体使用的凹室和封闭习室。

社交互动
人们可在中庭互动，从那里可以看到每个楼层。

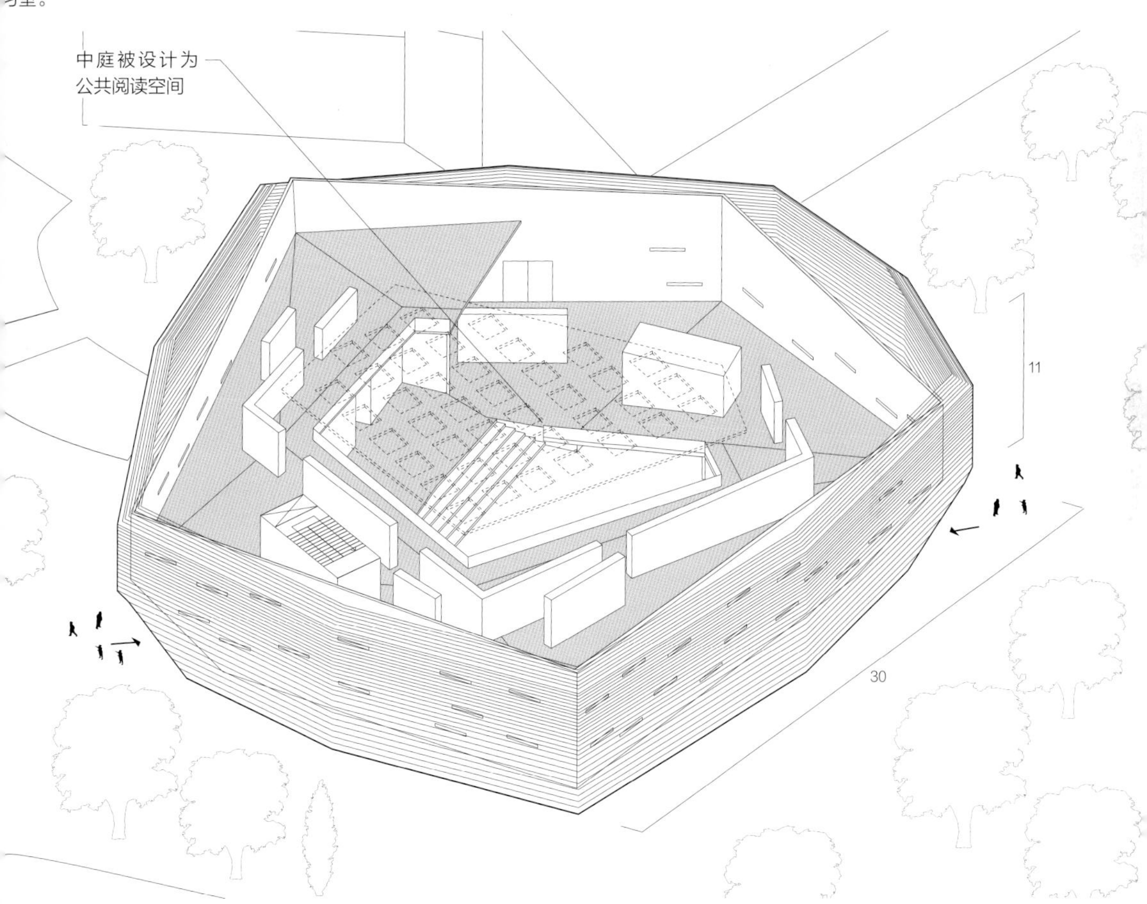

拉那大学多媒体图书馆是一座两层的五角形大楼，供阅读与研究使用。外部采用木材饰面。在内部，两个楼层围绕一个中庭设置，中具有不规则的五边形平面，其楼层低于入口层。人们可通过围绕中庭的螺旋形斜坡进入不同楼层，楼层由容纳了书库的结构壁支撑，且围绕中庭旋转。墙壁装有书籍，而中庭则充当了一个公共阅读空间。沿着坡道周边布置的阅读休息室为学生们提供了可以在热闹的心区域内互相交流的空间，他们也可以选择退回到众多凹室中进行学习。全坡璃屋顶使光线射入图书馆的中心。因此，达拉那大学多体图书馆在外部传递了凿切和重量的效果，而其内部则具有中心性、螺旋性、互动性和内向性的效果。

大都会建筑事务所 | 朱西厄大学图书馆模型 | 法国巴黎 | 1992年

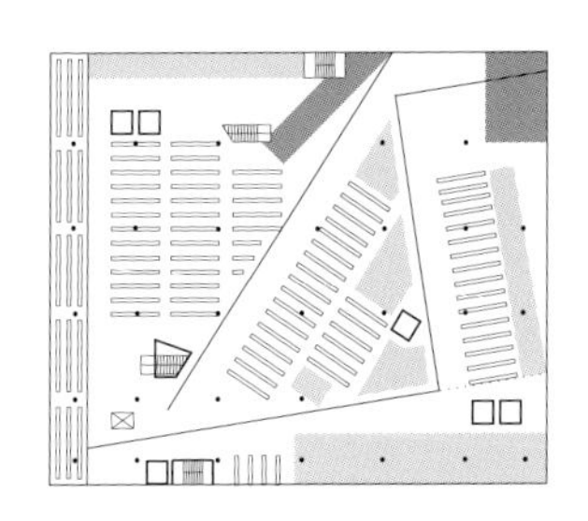

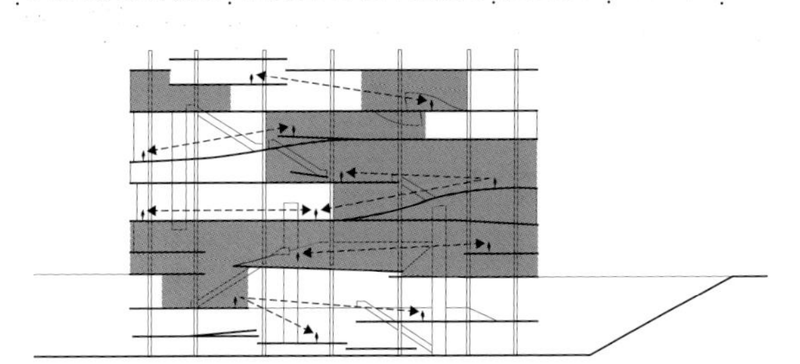

用户空间的多样性

每层楼都很独特,它们共同形成了多种空间条件，并与交通路径和提供自然光照的周边表皮相邻。

社交互动

倾斜的开放式楼板在图书馆的不同区域提供了视线连接。书库、阅读空间和交通路径之间的非正式关系促进了社交互动。

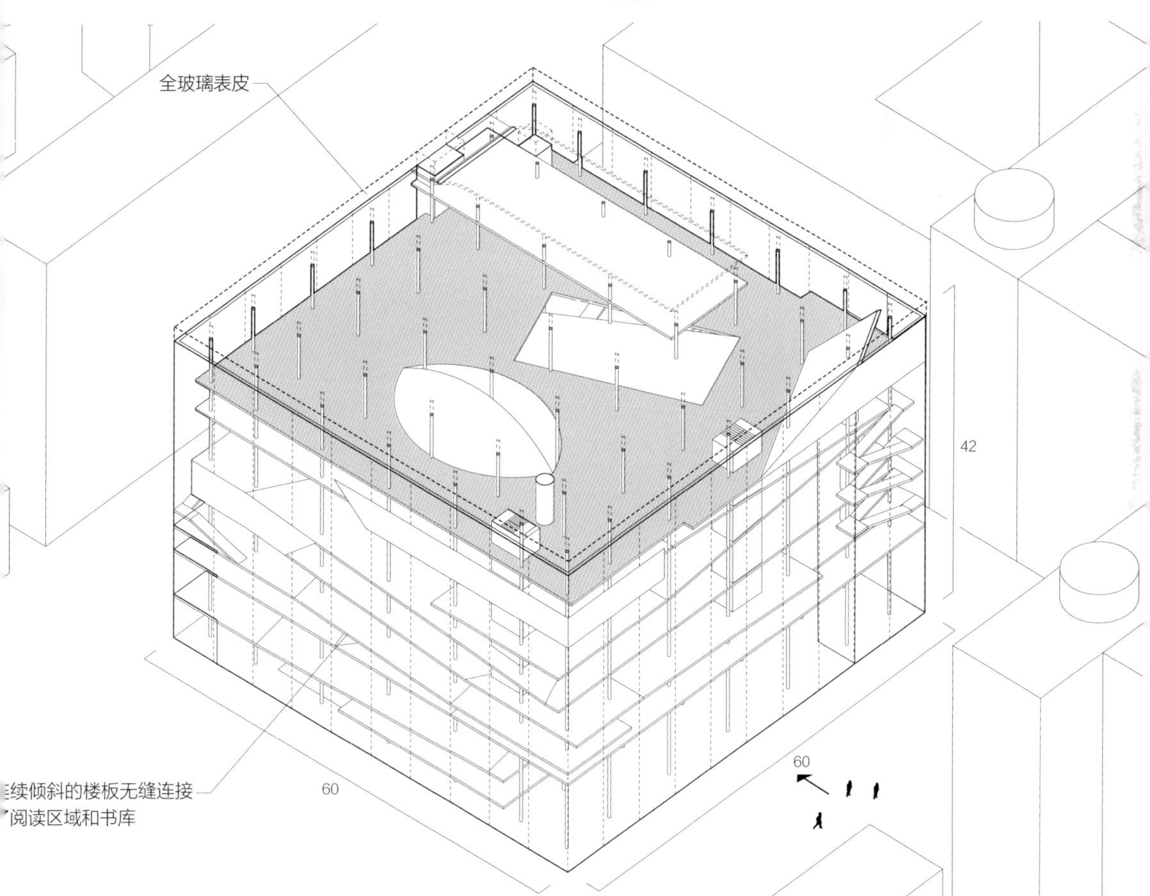

朱西厄大学图书馆模型是一个8层建筑的设计方案，为阅读与研究提供了开放式的楼面空间。玻璃外墙显露出楼板和立柱。建筑内部包含了彼此堆叠的不同形状的楼面，这些楼面通过斜坡相互连接，形成了一个连续的空间，其中没有区分交通和“服务”空间。不同形状楼板的重叠也产生了单层高度和双层通高空间。可移动和可拆除的隔板、墙壁和窗帘区分了开放区域和旨在提供私密性的空间。因此，朱西厄大学图书馆在外部传递了堆叠、斜坡和透明性的效果,而其内部则具有斜坡、差异化、互动性和灵活性的效果。

SOM建筑事务所 | 贝内克珍本书籍与手稿图书馆 | 美国纽黑文 | 1961年

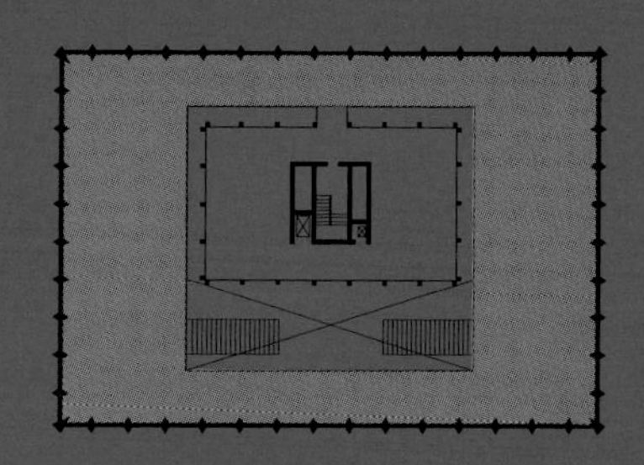

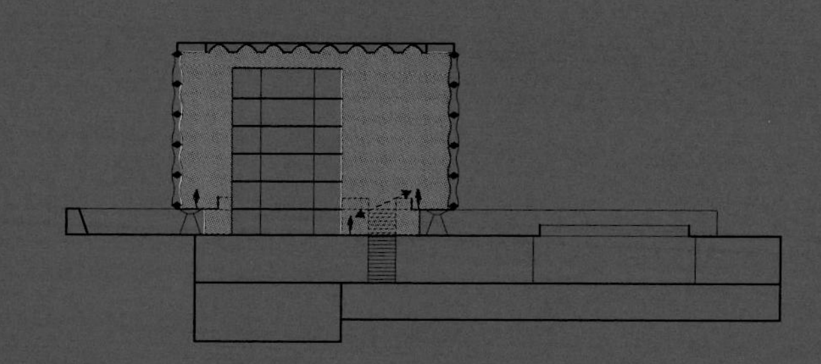

用户空间的多样性
图书馆包括地上和地下的多种空间。然而，位于地下一层的阅览室是唯一专门用于学习的空间。夹层有一个展览空间（E）和两个互动区域。

社交互动
图书馆中庭的展示空间围绕着珍本书库，为人们提供了社交互动的机会。

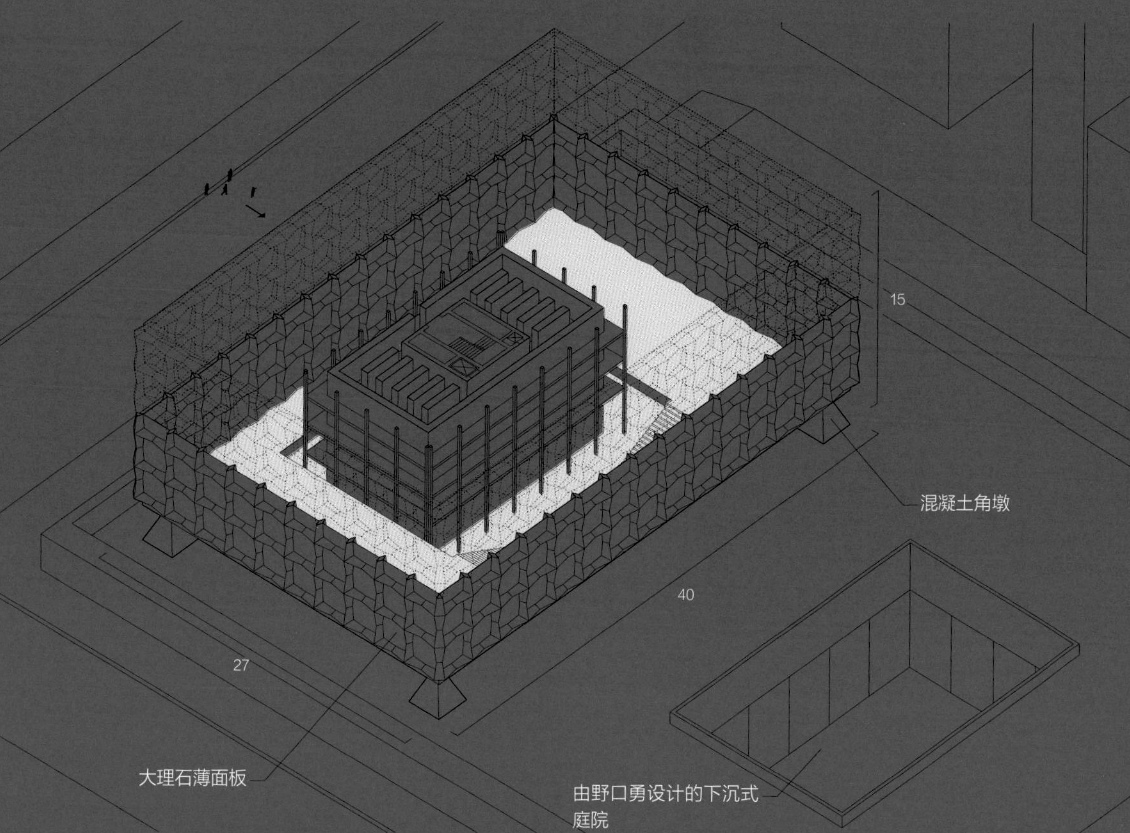

鲁大学内的贝内克珍本书籍与手稿图书馆是一栋6层（包括地下两层）的体块式建筑，用于阅读与研究。在外部，入口层是玻璃及内式的大理石面板。上面的楼层由4个混凝土角墩支撑，覆盖着由预制花岗岩骨料混凝土包覆的空腹桁架组成的结构表皮，它们形成的陷处覆盖着白色、半透明的大理石薄板，该大理石在阻挡刺眼光线的同时，可以将柔和的黄光过滤到建筑中。夜间，从外面观看建筑时，其内部的照明使它看起来仿佛在发光。建筑内部，两个大楼梯通向夹层，那里有一个以玻璃墙封闭的6层独立书库。一个环绕着库的高大中庭被用作展示空间，它透过半透明大理石被照亮。地下一层是供阅读与研究的区域，围绕着下沉庭院布置，还容纳了书、目录区、资料借阅室以及办公室。因此，贝内克珍本书籍与稿图书馆的外部具有漂浮、正交、围合和发光的效果，内部则具有隔、安静、半透明、温暖和晶格的效果。

福斯特建筑事务所 | 柏林自由大学哲学系图书馆 | 德国柏林 | 1997年

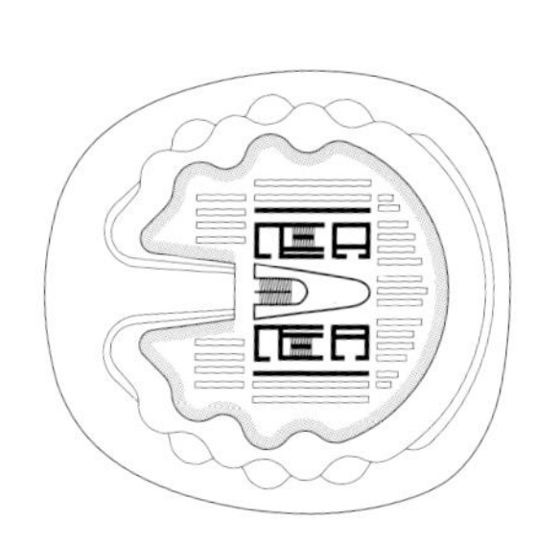

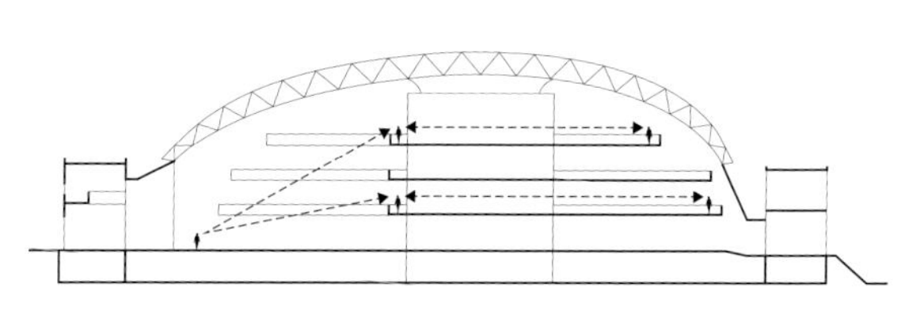

户空间的多样性

个人阅读的开放区域（R）位于每层的边缘，小组座位于中心区域。第1层和第2层还容纳了封闭的房间：一间供特殊读者使用的、带有储物柜的学习室，一个视觉媒工作室，一个计算机室，还有两个为有视觉障碍用户提的带有特殊多媒体设施的阅读室。

社交互动

开放式的阶梯状楼板使人们可进行横向与纵向的视线互动。

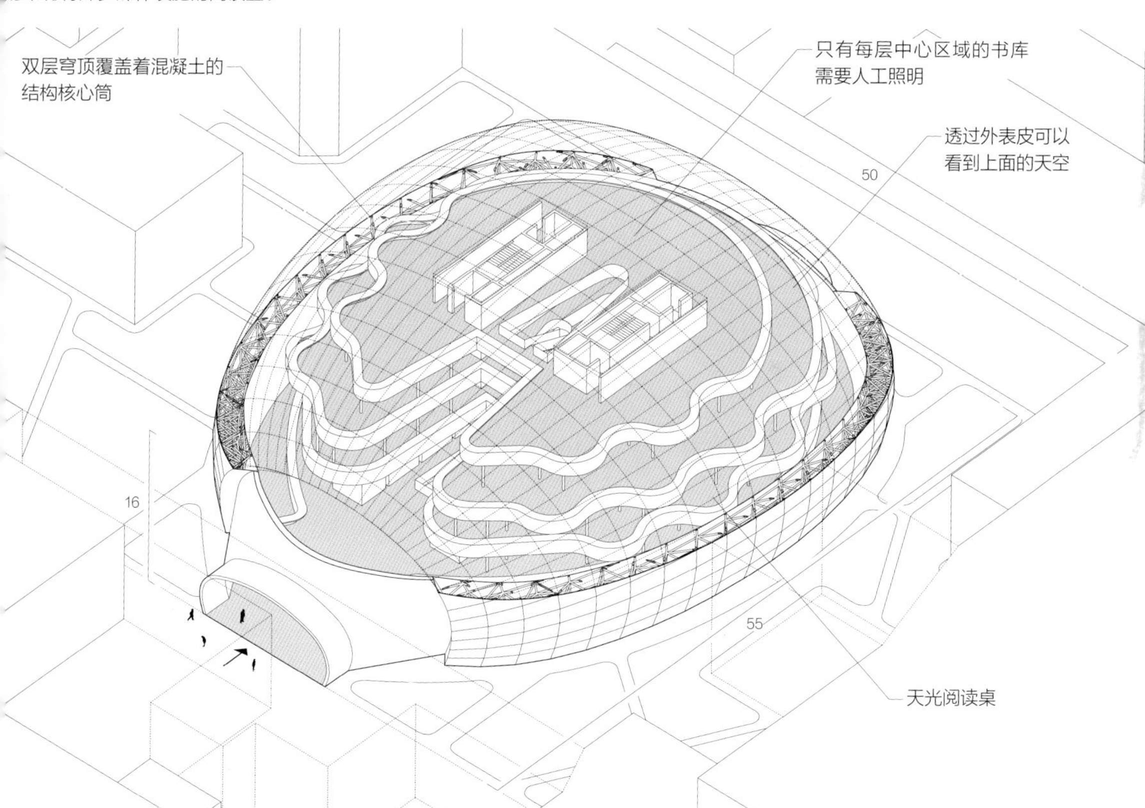
双层穹顶覆盖着混凝土的结构核心筒
只有每层中心区域的书库需要人工照明
透过外表皮可以看到上面的天空
50
16
55
天光阅读桌

林自由大学哲学系图书馆是一个5层楼的气泡状建筑，用于阅读与研究，位于地下室之上。外表皮覆盖着不透明的铝板和玻璃板，其部带有放射状几何体的管状钢架被漆成黄色。最内层的表面由玻璃纤维的半透明膜组成，它为内部创造了一种均匀分布的环境光。书立于开放式的阶梯状楼板的中间地带，蜿蜒的边缘地带则安排了阅读桌。每一层的轮廓相对于上下两层来说，都突出或缩进，产生了系列充满光线的工作空间，人们在其中可看到不同楼层上的用户。不同楼层由中心的一个开放的楼梯和两个垂直核心筒连通，核心筒容纳了消防通道、电梯、厕所和机械设备。因此，柏林自由大学哲学系图书馆在外部传递了球根状、围合、网格效果，内部则具有阶状、半透明度与互动性效果。

效果

垂直、条纹、厚重、分离、昏暗

爱德华 · 德雷尔 · 斯通 | 马萨诸塞大学杜波伊斯图书馆 | 美国阿默斯特 | 1971年

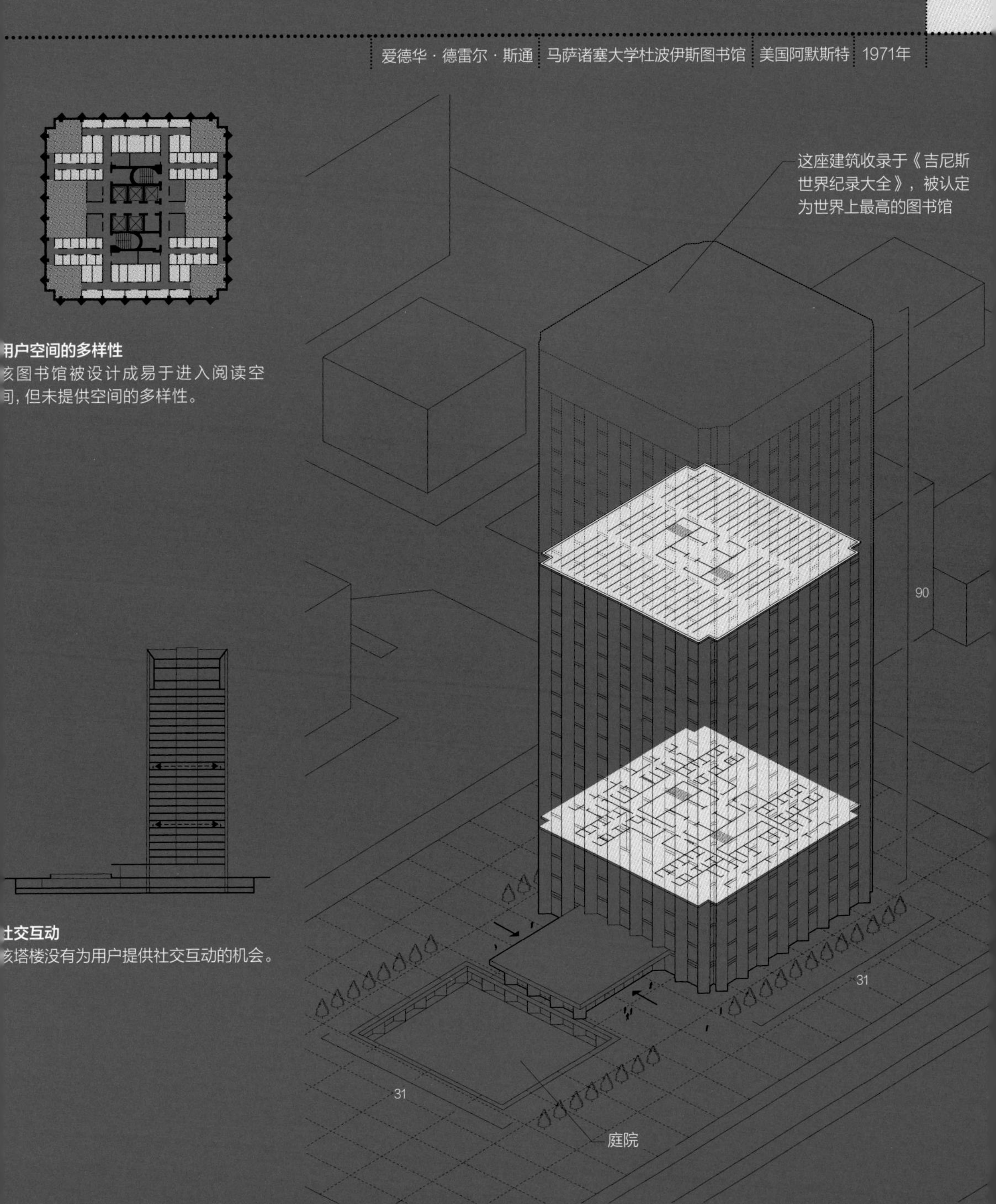
这座建筑收录于《吉尼斯世界纪录大全》，被认定为世界上最高的图书馆
90
31
31
庭院

用户空间的多样性

该图书馆被设计成易于进入阅读空间，但未提供空间的多样性。

社交互动

该塔楼没有为用户提供社交互动的机会。

杜波伊斯图书馆是一座28层的塔楼，用于阅读与研究。大楼交替覆盖着垂直玻璃条和砖镶面。在内部，楼层是按照两层书库和一层阅读区的模式重复排列的。书库楼层是开放式的。阅读楼层将不同大小的房间以单元式的方式组织，还在毗邻外部边界的空间内容纳了开放式阅读区。考虑到该塔楼的进深，不是所有的阅读空间都拥有自然光或外部景观视野。因此，杜波伊斯图书馆在外部传递了垂直、条纹和厚重效果，其内部则具有分离与昏暗效果。

赫尔佐格和德梅隆建筑事务所 | 勃兰登堡工业大学科特布斯图书馆 | 德国科特布斯 | 1993年

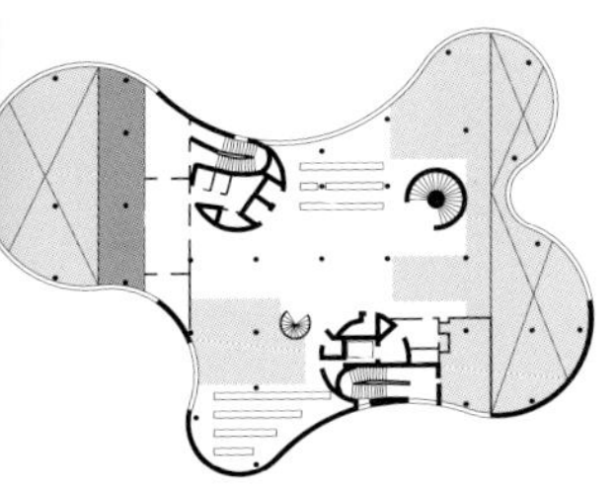

户空间的多样性

书馆提供了多种阅览室（R），有宽敞，有的更私密，有的被周围的璃完全照亮，有的则由于其位置而遮蔽。单层区域基本上是为书库预的。第1层是为个人和团队设计的非式区域（I）。

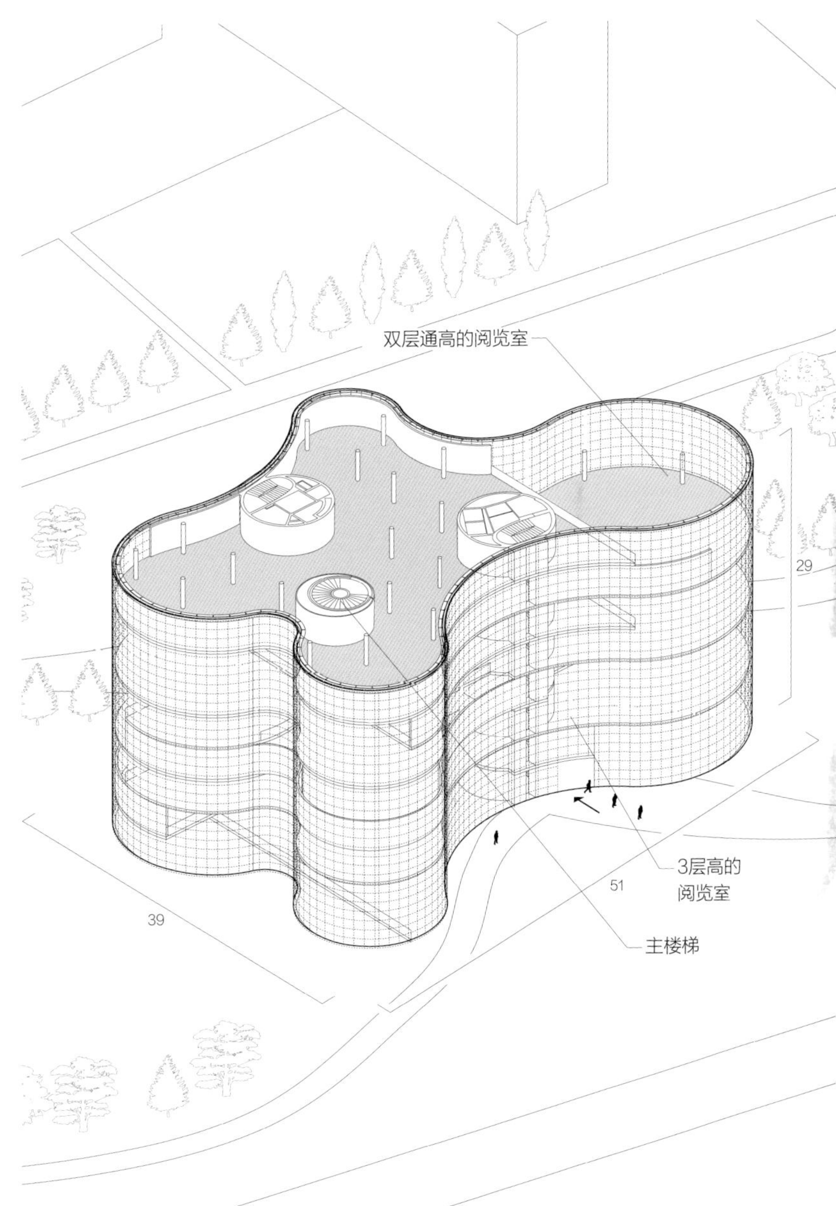

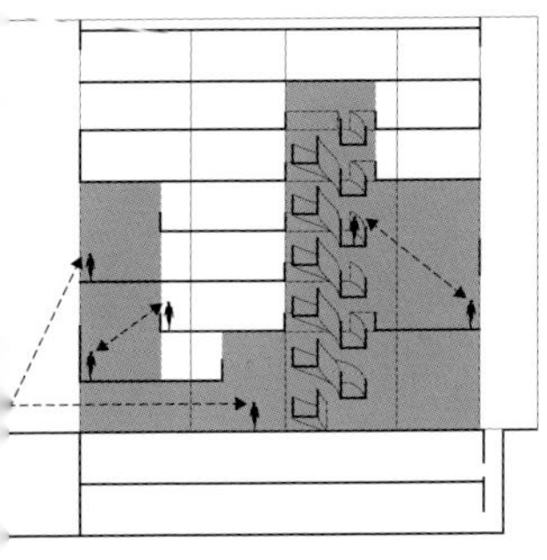

交互动

围中庭容纳了公共阅览室，促进了学之间的互动。它们还能使建筑外部的直接看到建筑内部深处的书库。穿过板的螺旋形楼梯非常宽阔，不仅提供通往各层的通道，而且还可用于社互动。

勃兰登堡工业大学科特布斯图书馆是一个8层的曲线体块式建筑，形状类似变形虫，可供人进行阅读与研究，建筑还有两层地下空间。在外观上，形式的不规则性使它从不同角度看时呈现出不同的风貌。外表面采用玻璃表皮，印在上面的不同语言和字母叠加在一起。由此产生的图案使得玻璃不会反射出耀目的阳光，并且统一了人们对内部元素的感知。在内部，楼面板以不同的方式被切割，产生了沿着边缘布局的不同大小和方向的外围天井。书库位于每一层的中心，俯瞰着天井。在楼面板的边缘，一排个人阅览桌组成了更安静的阅读区域。公共阅览室位于2层或3层高的天井里，从周边的玻璃窗接收自然光线，并拥有外部景观视野。阅览室被漆成灰色和白色，储存书籍和其他媒体的区域被涂上条纹以帮助定位。因此，科特布斯图书馆在外部传递了曲线、分化、无尺度的效果，内部则具有阶梯状、互动性与透明性效果。

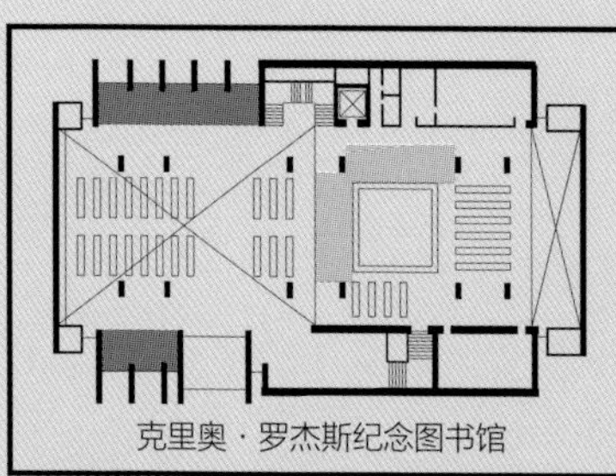
克里奥·罗杰斯纪念图书馆

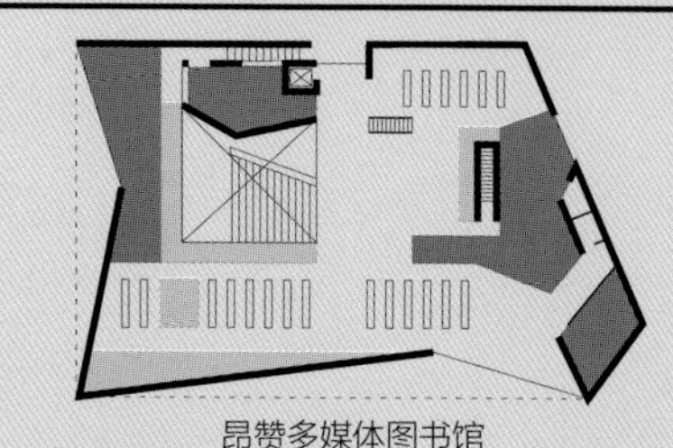
昂赞多媒体图书馆

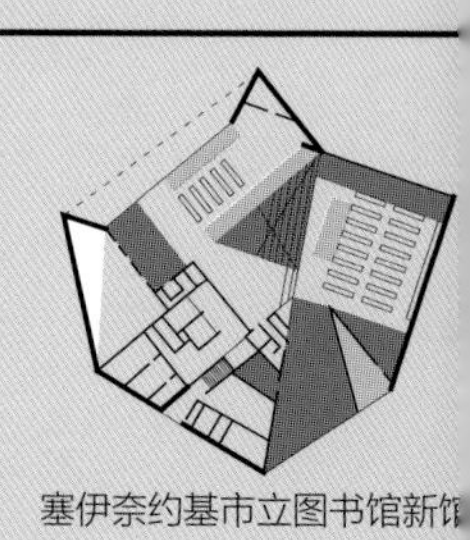
塞伊奈约基市立图书馆新馆

阅读与研究 / 公共图书馆 / 毯式建筑

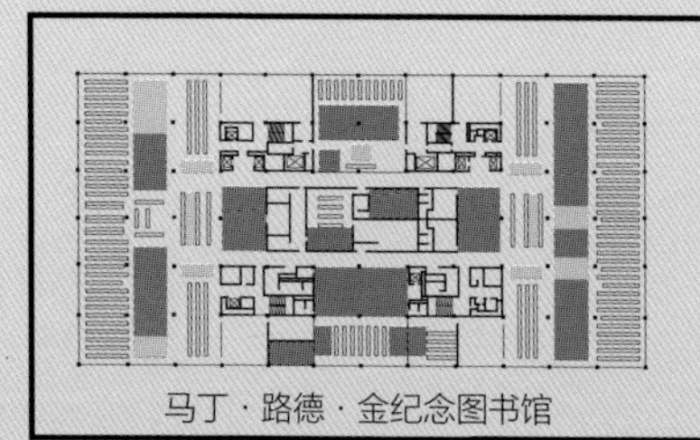
马丁·路德·金纪念图书馆

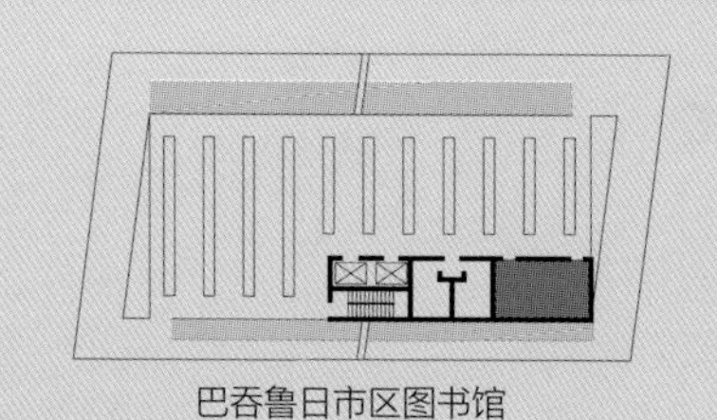
巴吞鲁日市区图书馆

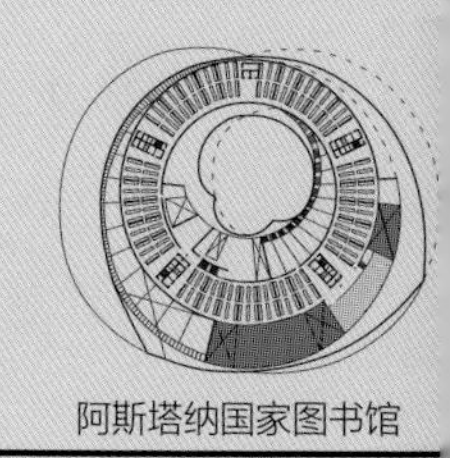
阿斯塔纳国家图书馆

阅读与研究 / 公共图书馆 / 体块式建筑 / 短跨度

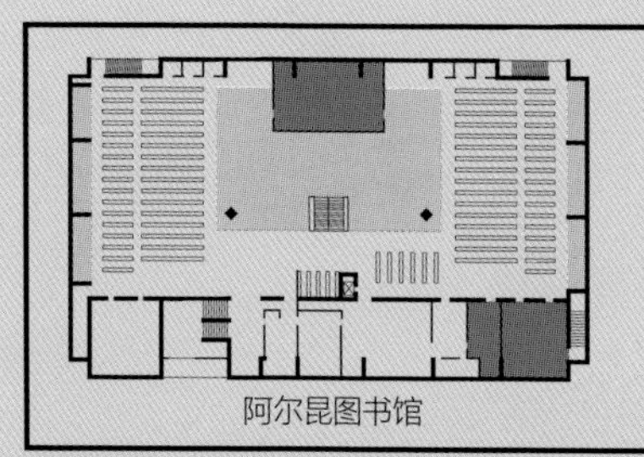
阿尔昆图书馆

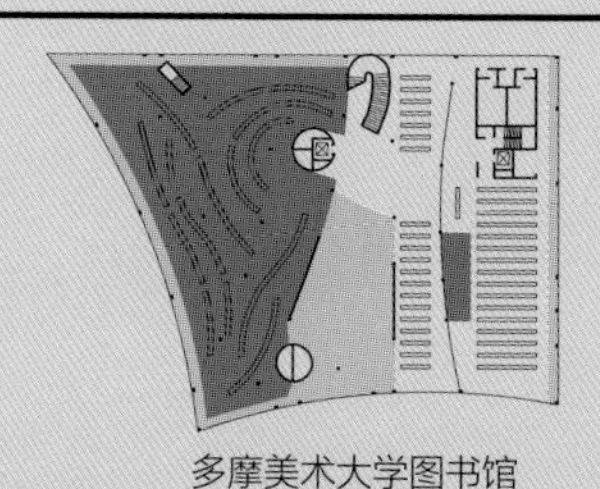
多摩美术大学图书馆

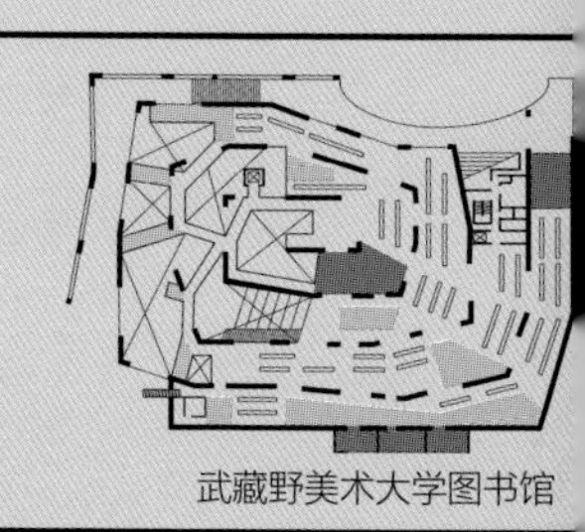
武藏野美术大学图书馆

阅读与研究 / 学术图书馆 / 毯式建筑

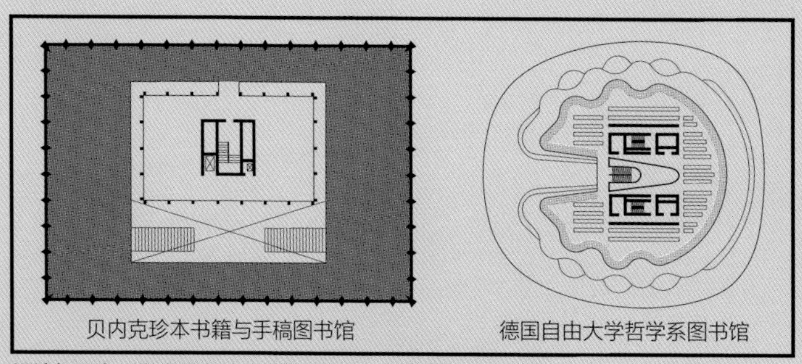
贝内克珍本书籍与手稿图书馆

德国自由大学哲学系图书馆

阅读与研究 / 学术图书馆 / 体块式建筑 / 短跨度 / 外围中庭

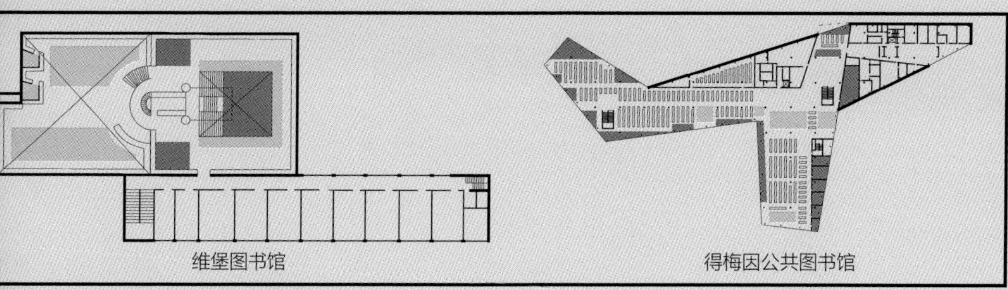

维堡图书馆　　得梅因公共图书馆

与研究 / 公共图书馆 / 板楼 / 短跨度

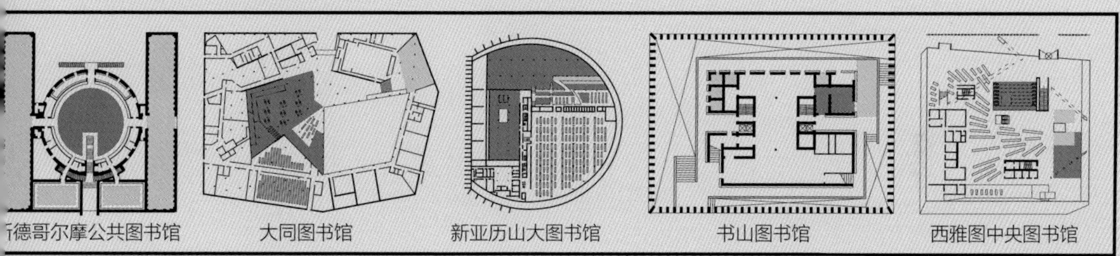

德哥尔摩公共图书馆　　大同图书馆　　新亚历山大图书馆　　书山图书馆　　西雅图中央图书馆

与研究 / 公共图书馆 / 体块式建筑 / 短跨度 / 中庭

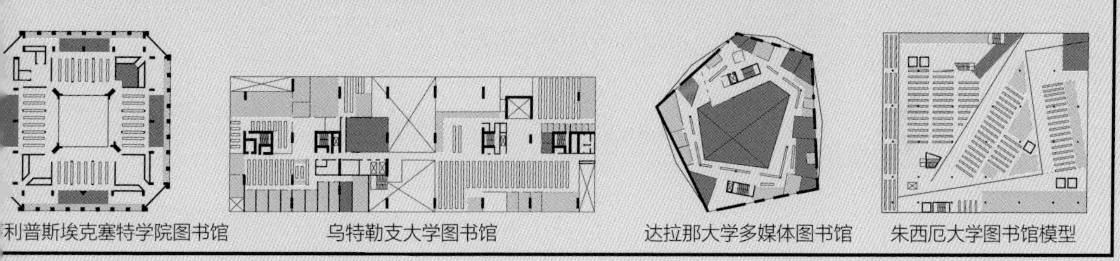

利普斯埃克塞特学院图书馆　　乌特勒支大学图书馆　　达拉那大学多媒体图书馆　　朱西厄大学图书馆模型

与研究 / 学术图书馆 / 体块式建筑 / 短跨度

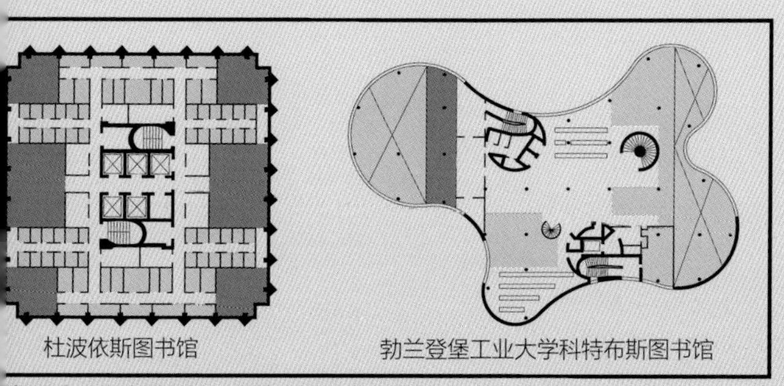

杜波依斯图书馆　　勃兰登堡工业大学科特布斯图书馆

与研究 / 学术图书馆 / 塔楼 / 短跨度 / 窗户

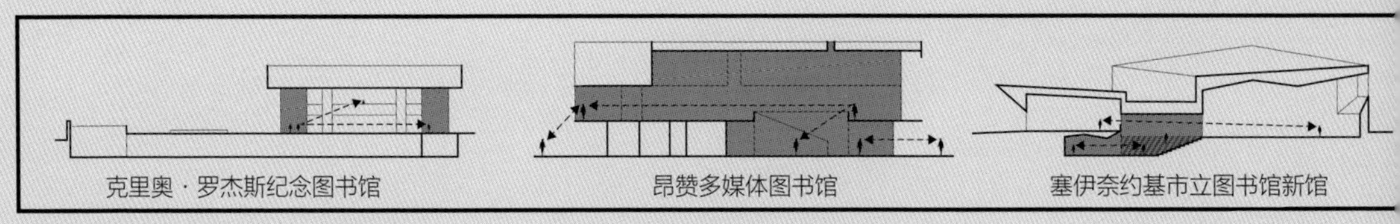

阅读与研究 / 公共图书馆 / 毯式建筑

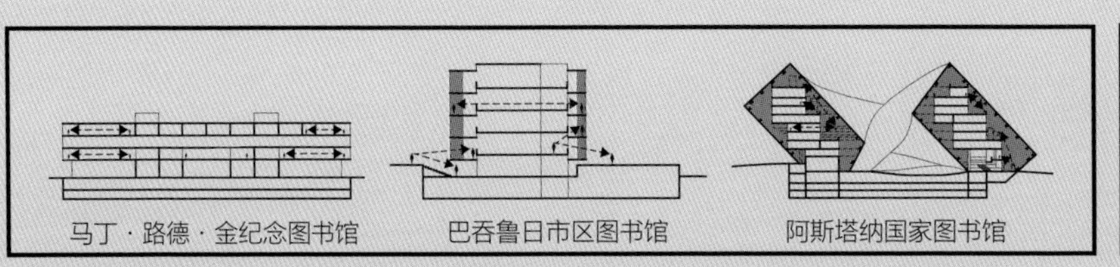

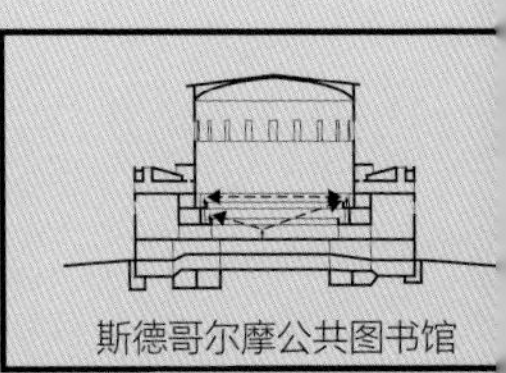

阅读与研究 / 公共图书馆 / 体块式建筑 / 短跨度

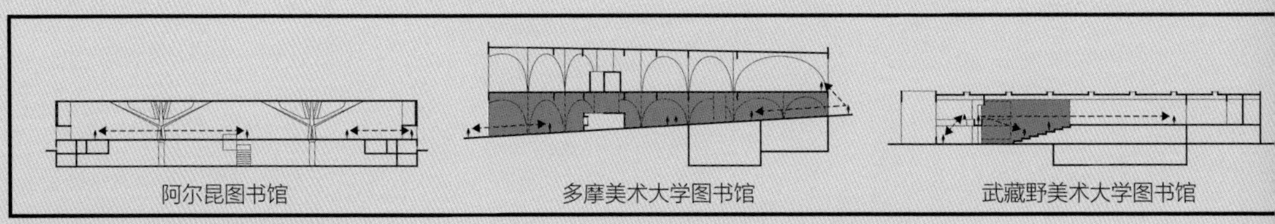

阅读与研究 / 学术图书馆 / 毯式建筑

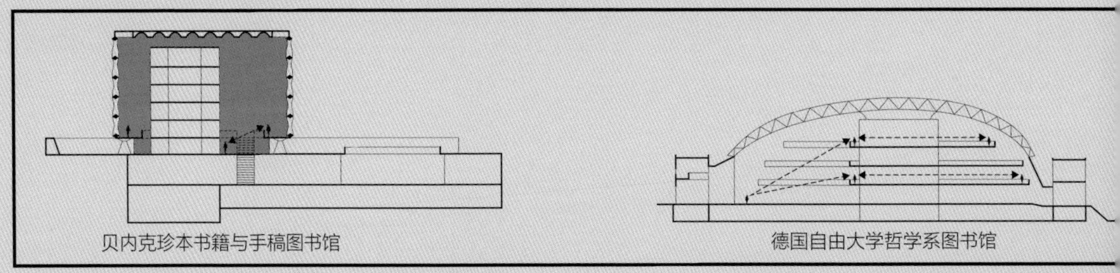

阅读与研究 / 学术图书馆 / 体块式建筑 / 短跨度 / 外围中庭

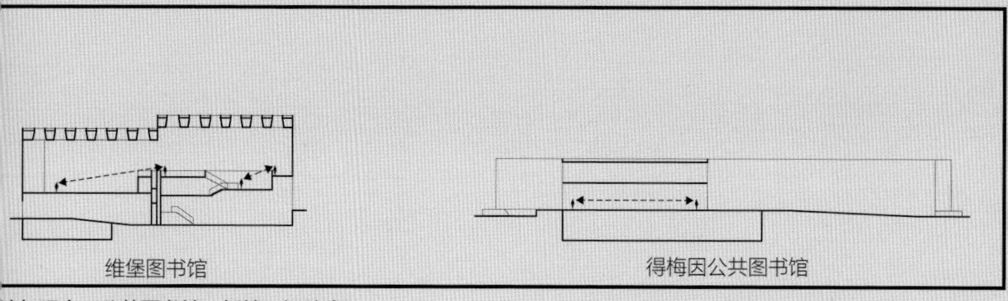

读与研究 / 公共图书馆 / 板楼 / 短跨度

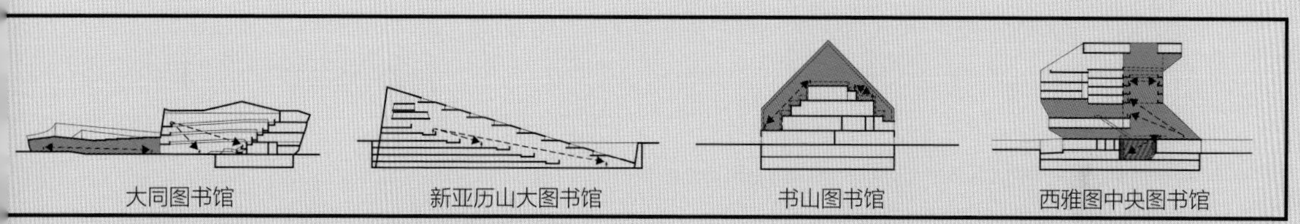

读与研究 / 公共图书馆 / 体块式建筑 / 短跨度 / 中庭

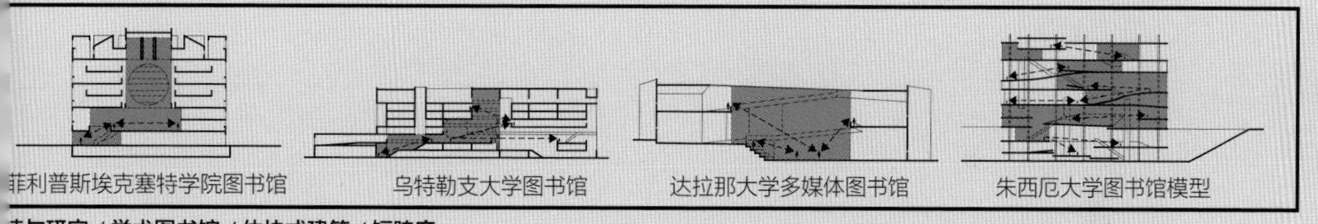

读与研究 / 学术图书馆 / 体块式建筑 / 短跨度

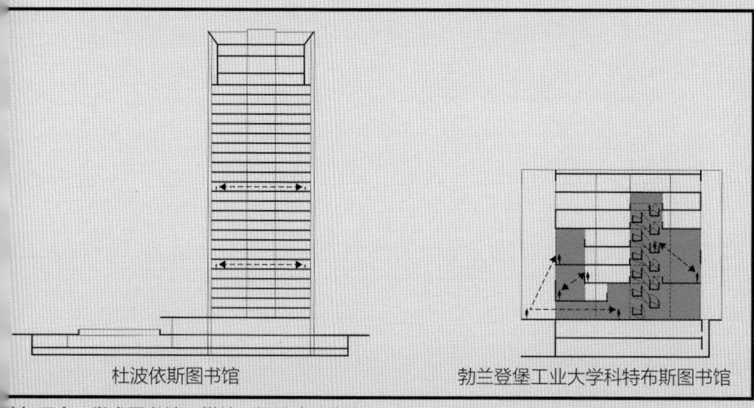

读与研究 / 学术图书馆 / 塔楼 / 短跨度 / 窗户

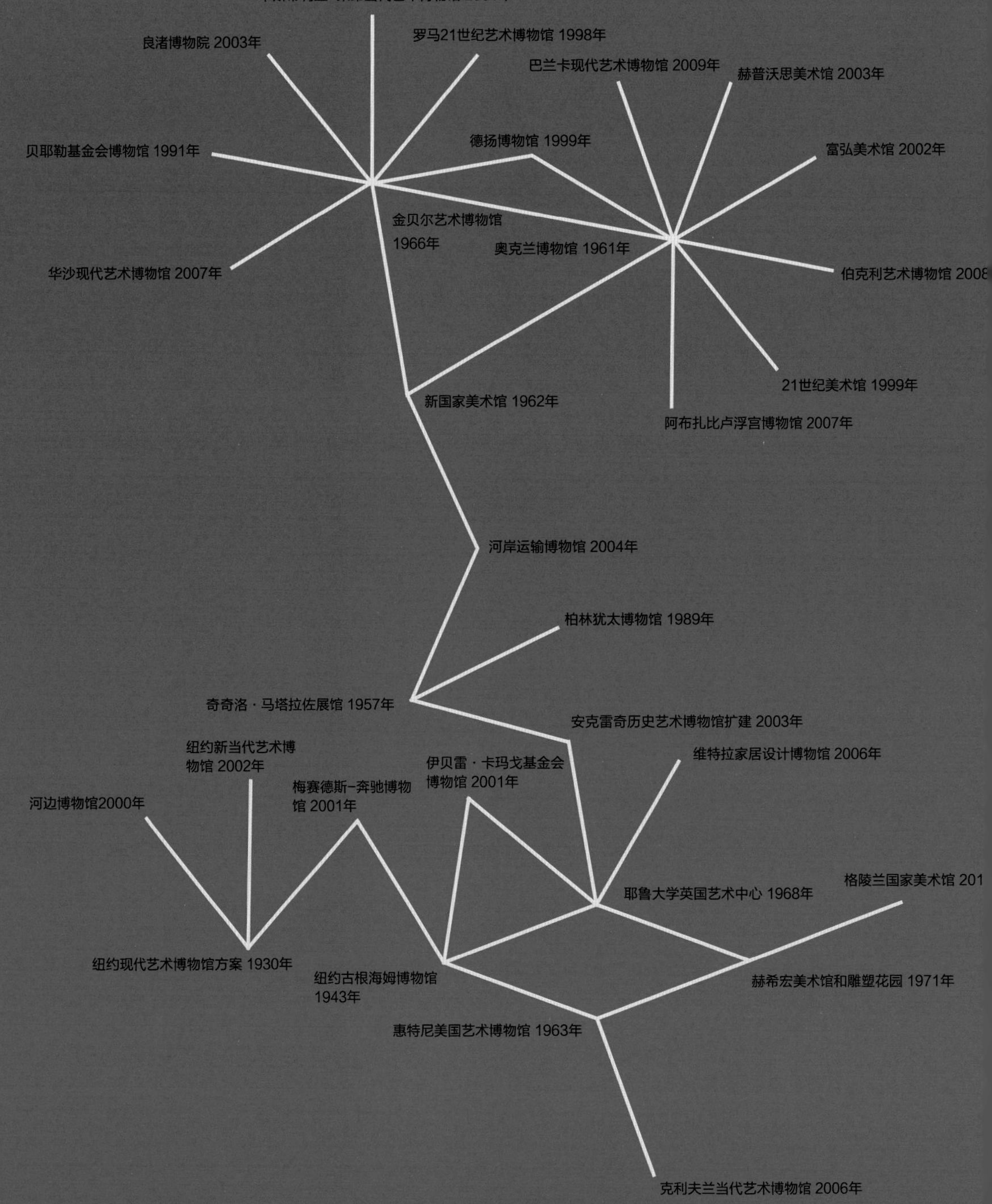
卡斯蒂利亚-莱昂当代艺术博物馆 2001年
良渚博物院 2003年
罗马21世纪艺术博物馆 1998年
巴兰卡现代艺术博物馆 2009年
赫普沃思美术馆 2003年
贝耶勒基金会博物馆 1991年
德扬博物馆 1999年
富弘美术馆 2002年
金贝尔艺术博物馆
1966年
奥克兰博物馆 1961年
华沙现代艺术博物馆 2007年
伯克利艺术博物馆 2008
21世纪美术馆 1999年
新国家美术馆 1962年
阿布扎比卢浮宫博物馆 2007年
河岸运输博物馆 2004年
柏林犹太博物馆 1989年
奇奇洛 · 马塔拉佐展馆 1957年
安克雷奇历史艺术博物馆扩建 2003年
纽约新当代艺术博
物馆 2002年
伊贝雷 · 卡玛戈基金会
博物馆 2001年
维特拉家居设计博物馆 2006年
梅赛德斯-奔驰博物
馆 2001年
河边博物馆2000年
耶鲁大学英国艺术中心 1968年
格陵兰国家美术馆 201
纽约现代艺术博物馆方案 1930年
纽约古根海姆博物馆
1943年
赫希宏美术馆和雕塑花园 1971年
惠特尼美国艺术博物馆 1963年
克利夫兰当代艺术博物馆 2006年

参观展览 1922—2012年

本章追溯了展览空间设计的演变过程。这些当代博物馆借鉴了20世纪早期范例项目的组织或空间分配原则，本章将其进行汇总与分析，从而展现了这些博物馆之间的相似性和差异性。

毯式建筑

位于美国加利福尼亚州奥克兰的奥克兰博物馆（第361页）拥有一个大进深的毯式展览空间，有延伸到外部平台的独立、现浇混凝土结构墙，为不同的展览形式提供了条件，并可以在室内或室外展示艺术。然而，其大量的固定墙壁容易令人迷失方向，而且空间的深度意味着其大部分空间必须采用人工照明。下面的项目通过回归单元式布局，同时增强房间之间以及其形成的路线和远景的差异化来解决这些限制问题：美国加利福尼亚州的伯克利艺术博物馆（未实施，第363页）、英国韦克菲尔德的赫普沃思美术馆（第365页）、墨西哥瓜达拉哈拉的巴兰卡现代艺术博物馆（第367页）、日本群马县的富弘美术馆（第369页）、日本金泽的21世纪美术馆（第371页）、阿联酋阿布扎比的阿布扎比卢浮宫博物馆（第373页）。

美国得克萨斯州沃斯堡市的金贝尔艺术博物馆（第375页）是一个毯式建筑，其拱形结构沿其长度像纵梁一样向一个方向延伸。少量的柱子支撑着可移动墙壁，可以用来细分展览空间。每个拱顶都纳入了有反光板的天窗，引入非直射光线。然而，拱顶剖面与其统一性缺乏变化，几乎可以阻碍任何改变展览空间的尝试。此外，天窗照亮的是拱形的天花板，而不是艺术品，这就需要人工照明。以下项目通过尝试将空间多样性引入单向结构系统，并在整个空间中以多样的方式引入自然光来解决这些限制问题：波兰的华沙现代艺术博物馆（第377页）、瑞士里恩的贝耶勒基金会博物馆（第379页）、中国杭州的良渚博物院（第381页）、西班牙莱昂的卡斯蒂利亚-莱昂当代艺术博物馆（第383页）、美国加利福尼亚州旧金山的德扬博物馆（第385页）、意大利罗马的21世纪艺术博物馆（第387页）。

德国柏林的新国家美术馆（第389页）是一个正方形的毯式建筑，上面覆盖着一个厚的、双向网格状的屋顶结构，创造了一个笛卡尔式的空间。在这个空间里，艺术可以以任何形式展示，从独立放置到附加在隔板上不等。但是同样地，艺术与空间是分离的，就像观看体验一样。新国家美术馆的问题一直困扰着建筑师们：在不保持中立的情况下，如何设计一个灵活的展览空间？到目前为止，还没有建筑师为这一问题提供解决方案，因此本书没有为新国家美术馆提供可以比较的项目。

板楼

巴西圣保罗的奇奇洛·马塔拉佐展馆（第391页）拥有巨大的开放式展览层，其高度各不相同并配有多种形式的入口，这为同时安置不同的展览提供了条件。然而，除了不同的高度，展览空间具有同质性：都被柱子不断中断，并通过侧面玻璃窗获得均匀照明。以下项目采取了不同的策略，将展览空间从结构中解放出来，并在人们通过一个长长的展览空间时改变了参观者的体验，从而消除了这些限制：德国的柏林犹太博物馆（第393页）、英国格拉斯哥的河岸运输博物馆（第395页）。

体块式建筑

位于美国华盛顿特区的赫希宏美术馆（第397页），是建于雕塑花园上方的环形建筑。其展览空间被划分为两个同心环，内环是一个单独的开放陈列室，同时也是外环的连接走廊，外环由没有自然光的单元式空间组成，类似于佛罗伦萨的乌菲兹美术馆。然而，与乌菲兹美术馆不同，赫希宏美术馆的单元式空间的环形说到底是统一的，因此建筑的统一环境只能产生一种展览布局。此外，雕塑花园上方抬高的展览空间意味着绘画、摄影等室内艺术与室外雕塑是分离的。下面的项目通过区分其环状陈列室以及使建筑更好地与环境相融合来解决这些限制问题：格陵兰努克的格陵兰国家美术馆（第399页）。

位于美国纽约的惠特尼美国艺术博物馆（第401页）被设想为一个改变艺术展览的容器，由大型的开放式陈列室组成，其结构体系横跨了墙壁。这使陈列室变得灵活，但深而暗的格子天花板与缺乏自然光的问题，使陈列室变成与外部隔绝的竖井。这种效果因为现有窗户周围的墙壁而得到加强，这些墙壁是斜切的，使它们看起来比实际更厚更重，并加强了它们与外部世界的分离。这些陈列室可以通过两个电梯和疏散楼梯进入，但是由于电梯的速度慢且空间有限，无法运送大量参观者，所以黑暗的疏散楼梯已经成为主要的通道。下面的项目通过如下方法解决了这些限制问题：制定方案使陈列室变得灵活而不受限制，与外部相连，并安排了多个楼梯的通道，这些楼梯提供了进入多层博物馆的独特体验：美国俄亥俄州克利夫兰的克利夫兰当代艺术博物馆（第403页）。

位于美国康涅狄格州纽黑文市的耶鲁大学英国艺术中心（第405页）将大进深的陈列室分成两组带状空间，围绕着两个庭院。庭院上方的格子天窗把漫射的自然光引入到陈列室。然而，它们在整个庭院空间中是被分开的，因此彼此之间没有联系。下面的项目为陈列室设计了其他自然照明的策略，同时又不影响陈列室之间的相互联系：美国阿拉斯加的安克雷奇历史艺术博物馆扩建（第407页）、瑞士莱茵河畔威尔市的维特拉家居设计博物馆（第409页）。

美国纽约的古根海姆博物馆（第411页），将展览空间设计成建筑入口所在街道的延伸，它变成了一个不断旋转的斜坡，向游客展示了430 m长的艺术品。沿着这条长廊，他们可以看到处于其他空间的艺术品和参观者，甚至会不小心撞到彼此，或者不经意地在倚靠扶手时展开交谈。然而，这种迷人的设想导致博物馆缺乏足够进深的、平整的楼地面以及没有暴露在自然光下的区域，这两者对于某些类型的艺术来说都是必要的。下面的项目解决了这两个问题，尽管它们与纽约古根海姆博物馆在本质上有很大不同：德国斯图加特的梅赛德斯-奔驰博物馆（第413页）、巴西阿雷格里港的伊贝雷·卡玛戈基金会博物馆（第415页）。

塔楼

威廉·利斯卡泽和乔治·豪为美国纽约现代艺术博物馆所做的设计方案（第417页）将陈列室设计成素净的、开放的艺术容器，以直角堆叠，以便加入天窗。这些容器的高度相等，但有两种不同的进深，而且由于天窗的两个不同方向，室内也有两种不同的类型。为了创造一个完全开放的展览空间，博物馆的结构是外部的，因此，博物馆在外观上是一个刚性的框架，但在内部是开放和灵活的。此外，这些用于艺术展览的容器只能通过电梯和疏散楼梯到达，这样的安排将会加强楼层之间的不连续性，使到达陈列室的过程变得单调乏味。下面的项目通过用多个陈列室的堆叠方式凸显其内部的差异性，使结构在内外同时消失，以及利用或增强了参观者攀登多层博物馆的体验，解决了以上问题：美国纽约的新当代艺术博物馆（第419页）、比利时安特卫普的河边博物馆（第421页）。

我们观展的方式受到一系列因素的制约：展出的是什么、如何展出以及展览的时间等。展览也可能是各机构间共同努力的结果，在一个地点设计，但在其他地点进行巡回展出。然而，我们的体验也受到观展时所处的空间的制约：它的大小、设计、照明、展示的形式、展示空间和固定装置的设计、是否有规定的交通模式、是否鼓励我们停下来对展品进行思考。

自20世纪早期以来，一些有影响力的建筑为展览空间的设计确立了惯例。其中一个例子就是“白立方”空间，它起源于纽约现代艺术博物馆，已经成为当代博物馆展示艺术的典型形式。展览空间的设计不断变化和发展。两个方面——展览方式的灵活性和环境的多样性——自20世纪90年代以来变得尤其重要，并成为本章案例对照的基础。

形式

毯式建筑（封闭式，带有庭院）：单层或多层的建筑，其进深和长度是相似的，而且远远大于高度。

板楼（线形、L形或U形）：矩形的单层或多层建筑，进深可达10 m、10~12 m或12~15 m。

体块式建筑（封闭的，U形、O形的或阶梯式的）：进深超过20 m的建筑物。

塔楼：10层以上的建筑物，有电梯。

室内外

展览馆可以被设计成在封闭的陈列室里展示艺术，也可以在室外、庭院里或阳台上展示。某些媒介如雕塑、表演艺术和花园不需要在室内展出。

空间组织

开放式平面：未预先确定陈列室布局的展览空间。

单元式：陈列室布局固定的展览空间。

照明

自然光：可以通过天窗、纵向高侧窗或侧窗引入，但不能使其直接接触艺术作品。阳光直射必须通过反射镜、百叶窗或其他遮阳装置进行散射。大多数展览场所还必须提供遮挡自然光的方法，以便容纳视频和电影艺术。

人造光：通常由轨道照明提供。

陈列室的多样性

单一高度：陈列室通常被设计为5m高，这个高度适用于大多数巡回展览。

可变高度：当所有陈列室都有统一的高度时，如果空间太大，小型艺术品可能会被埋没，如果空间太小，大型作品可能放置不下。一个较大的博物馆通常可以满足各种高度和尺寸的陈列室的需求。

交通／入口

博物馆需要规划其日常的游客数量，但也要为周末和展览开幕日做准备，届时会吸引更多的参观者。电梯不能足够快地运送大量的人，如果博物馆有多层楼，就需要自动扶梯、坡道和公共楼梯。当有多层陈列室时，疏散楼梯通常被用作补充通道。

楼/层

单层：如果博物馆场地的大小允许的话，陈列室可以被安排在单独一层上。在这种情况下，屋顶可以利用自然光，一个轻、大跨度的屋顶可以提供灵活的开放式空间。

多层：当陈列室必须占据不止一层的时候，创造一种跨楼层的连续性成为一种挑战。

逃生距离

不同的国家对逃生距离有不同的规定，但应该与逃生途径的数量相对应。英国建筑法规规定，当仅提供一种逃生途径时，一个陈列室到消防出口的最大距离应为9 m；当提供两种途径时，该距离可以是18 m。

灵活度

展览空间的灵活性很大程度上取决于建筑的结构和规划的入口数量。柱和/或墙的密度和位置决定了内部配置的方式及可以采取多少种配置方式。一个完全灵活的展览空间没有内部承重墙或柱子。提供多个入口可以让博物馆出租一些空间。

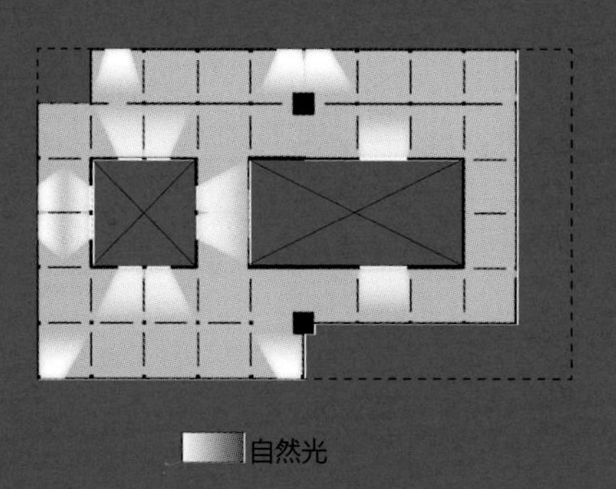

服务设施

大多数服务设施被规划为成组的垂直立管，放在核心筒内或在单元边缘。一些管道和电器系统可以安装在天花板或地板的空隙中。

通风设备

展览空间通常采用机械通风。然而，许多类型的当代艺术不受自然空气的影响，在这种情况下，在陈列室内是没有必要完全由空调控温的。

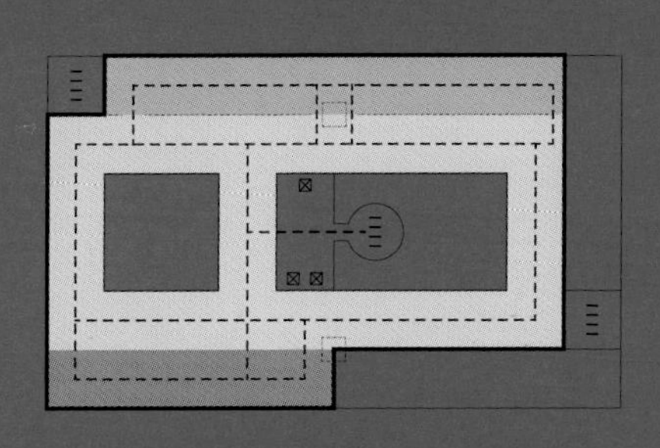

可同期举办多场展览　展览庭院　观展路径

环境多样性

20世纪早期的博物馆被设计用来收藏永久性的藏品或展品，主要涉及绘画、雕塑和摄影。如今，艺术博物馆面临着更大的挑战，需要容纳从极小到极大、从极轻到极重、从需要空调到无须气候控制等各种类别的当代艺术。它也需要使用陈列室的不同表面：有些需要墙壁来安放展品，有些需要地板，有些需要天花板，还有一些需要所有这些平面。展览也有不同的声学需求：一些需要安静的环境，而另一些不需要。考虑到这些巨大的物理需求，当代艺术的展示空间需要极其灵活。白色立方体的中性、同质空间长期以来被视为灵活性的终极样式，但不能满足如此多样化的需求。

展览的灵活性

20世纪早期的博物馆大多是为永久性的艺术收藏而设计的，很少有临时的展览。在本章所列的“先例”建筑中，只有奇奇洛·马塔拉佐展馆（1957年）和惠特尼美国艺术博物馆（1963年）是作为非收藏性艺术博物馆建造的。但自20世纪90年代以来，巡回展览的数量大幅增加。因此，本书从灵活性的角度重新审视了一些20世纪早期的博物馆，探索了它们的组织结构是否可以用来满足临时展览的要求。

凯文 · 罗奇、约翰 · 丁克路 | 奥克兰博物馆 | 美国奥克兰 | 1961年

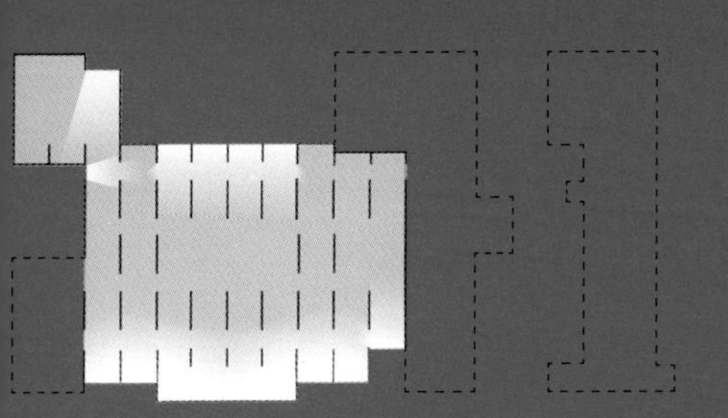

环境多样性

自然光通过东南、西北的落地窗和天窗洒入每一层1/4的空间。在每一层的中心，陈列室没有自然光。每一层都包括室内和室外的陈列室，后者是露台的形式。

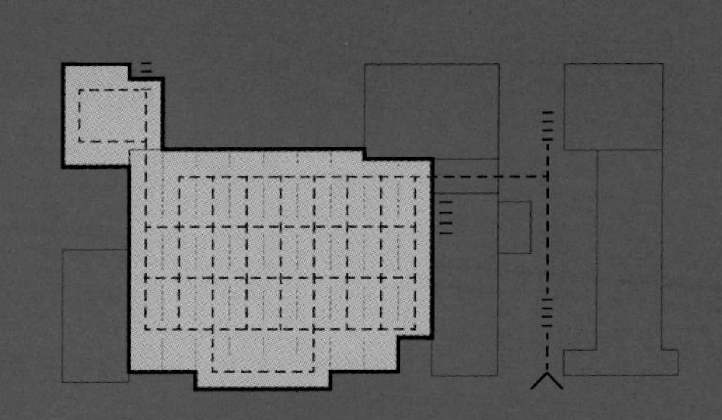

展览的灵活性

参观者可以分开进入博物馆3个开放式平面楼层的每一层。尽管它最初是用来收藏博物馆藏品的，但也可以同时举办多个展览。

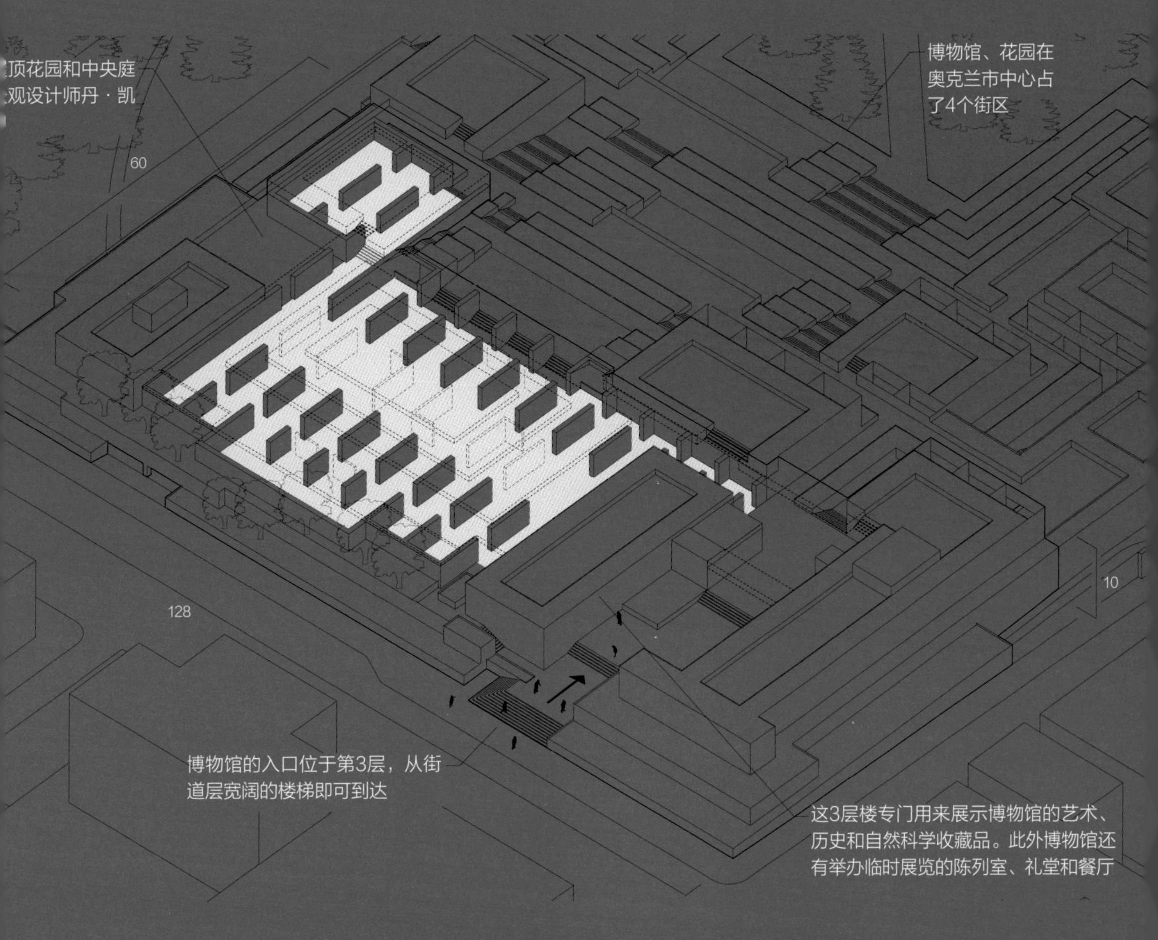
顶花园和中央庭
观设计师丹 · 凯
博物馆、花园在奥克兰市中心占了4个街区
60
128
10
博物馆的入口位于第3层，从街道层宽阔的楼梯即可到达
这3层楼专门用来展示博物馆的艺术、历史和自然科学收藏品。此外博物馆还有举办临时展览的陈列室、礼堂和餐厅

利福尼亚州奥克兰博物馆是一个3层的毯式建筑，用于观展。这3层楼是阶梯式的，栽种了植物的区域充当带有雕塑区的公共花园。物馆的每一层都可由步行街分开进入，可以同时举办多个展览。在室内的现浇混凝土独立墙不排除搭建临时墙的可能。博物馆的阶梯部分形成了不同高度的陈列室。每一层都延伸到景观露台空间，使艺术品可以在室内外展出。因此，奥克兰博物馆的外部传递了阶梯、绿化的效果，而内部则具有灵活性、开放性、多标量性、多种照明的效果。

伊东丰雄 | 伯克利艺术博物馆 | 美国伯克利 | 2008年

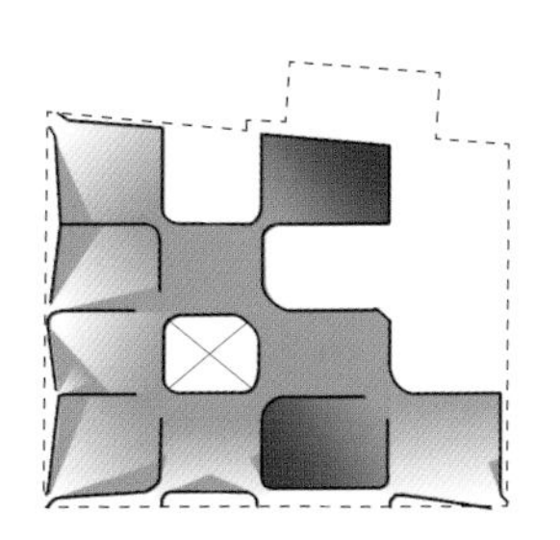

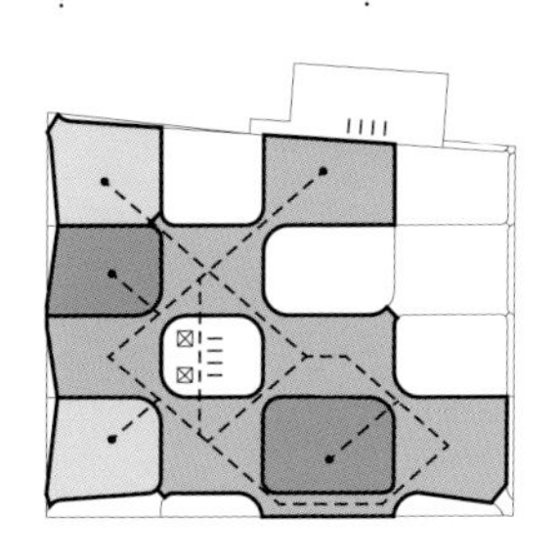

境多样性

每一层上，一些陈列室从四周的落地窗接收自然光，其余的则是人工照明。第3层的天窗为几间陈列室提供了自然光。因此，该博物馆适合展出不同类型的艺术品。

展览的灵活性

博物馆分为3层，每一层都被分成一排房间，可由中央交通核进入。每一层不仅可以举办不同的展览，而且可以通过集中的通道，将房间的套间专门用于不同的展览。因此，博物馆具有高度的灵活性。

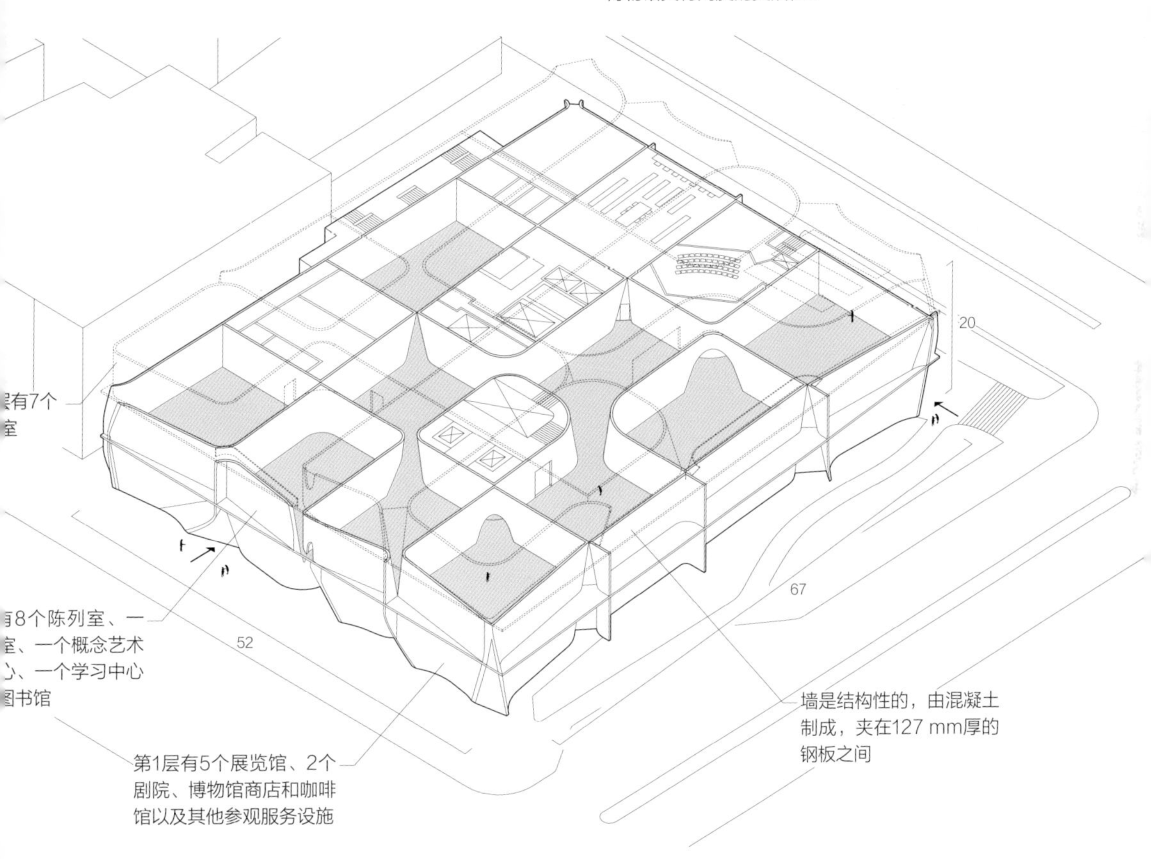
20
67
52
有7个
室
有8个陈列室、一
室、一个概念艺术
、一个学习中心
图书馆
第1层有5个展览馆、2个
剧院、博物馆商店和咖啡
馆以及其他参观服务设施
墙是结构性的，由混凝土
制成，夹在127 mm厚的
钢板之间

克利艺术博物馆（未实施）是一个用于观展的毯式建筑。3层陈列室的每一层都可以通过中央楼梯和电梯核心筒单独进入，因此博物可以同时举办多个展览。内部被结构墙划分成一个正交的网格，以创建门廊相通的一套房间。在陈列室的角部，墙体以不同的方式被开，以形成开口，并改变与相邻房间在物理和视觉方面的连接程度。这种多样的角部变化促使参观者斜向穿过房间的套间。陈列室单元式布局给他们一种亲密无间的感觉。外围陈列室要么用实墙封闭，要么装上玻璃，面向街道。这创造了各种各样的照明条件。因，伯克利艺术博物馆的外部具有围合性效果，而展览空间则为单一式单元、无层级、对角流动、多种照明的效果。

大卫·奇普菲尔德建筑事务所 | 赫普沃思美术馆 | 英国韦克菲尔德 | 2003年

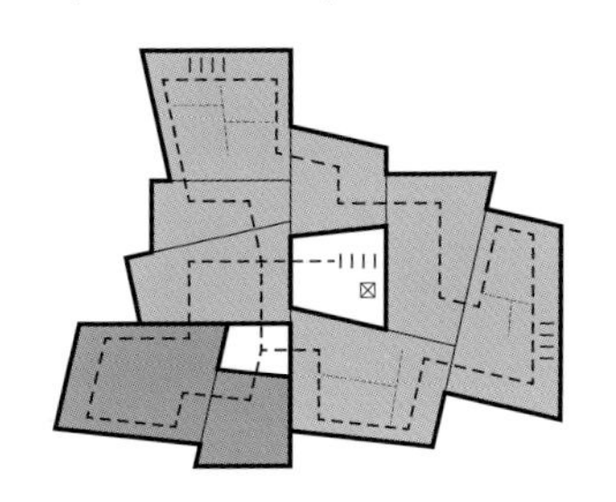

境多样性

)个陈列室中有4个只有天窗，其余6个陈列室的照明则来两个光源——天窗和窗户。这形成了两种不同的照明条：漫射光和漫射加直射光。

展览的灵活性

通过10个陈列室的两条路线起始于中央核心筒，因此两个单独的展览可以同时进行。

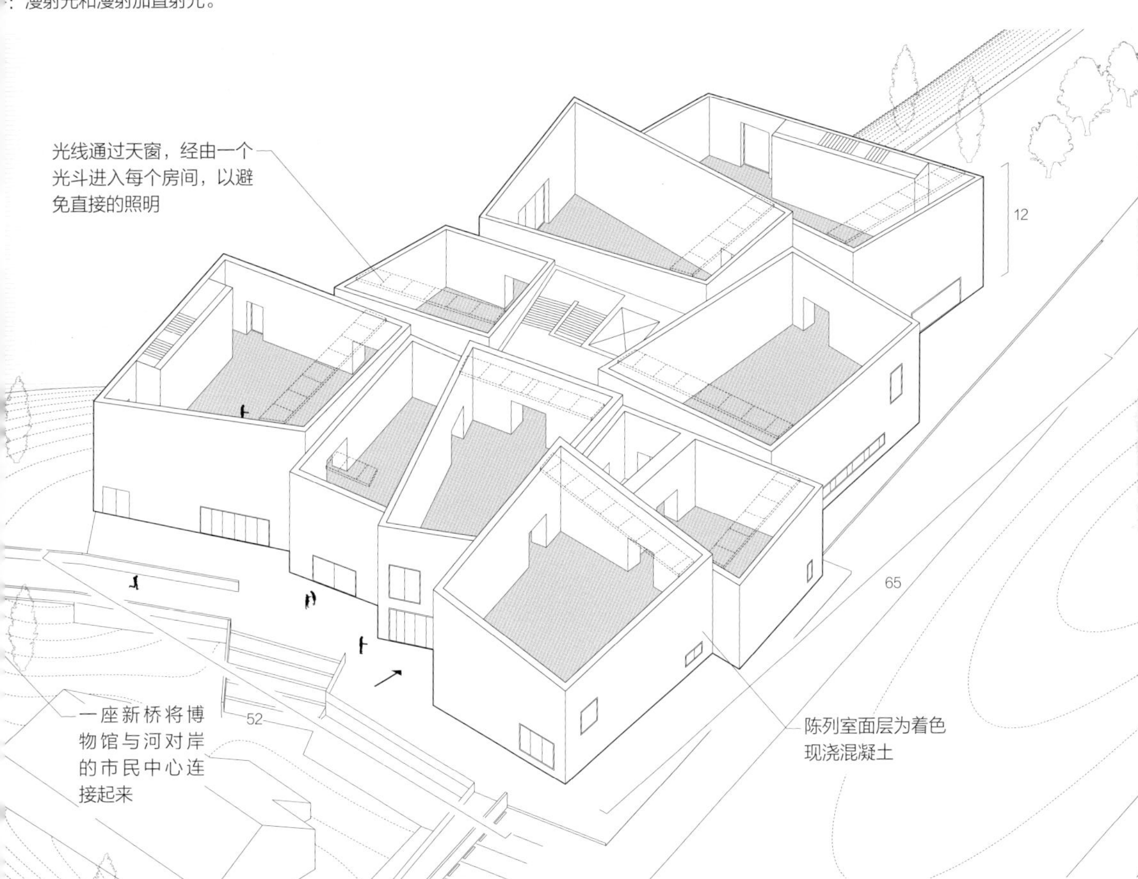
光线通过天窗，经由一个光斗进入每个房间，以避免直接的照明
12
65
52
一座新桥将博物馆与河对岸的市民中心连接起来
陈列室面层为着色现浇混凝土

普沃思美术馆是一座两层的毯式建筑，用于观展。接待处、大礼堂、行政和研究区域占据了底层空间。上层由10个梯形的陈列室组，从两堵直墙中呈扇形展开。每个陈列室都有不同的形状、面积和高度。这些陈列室通过一个中央交通核进入，由不对齐的开口相互通，但以直角排列，以便参观者以倾斜的角度经过艺术作品。陈列室的屋顶沿着它们的长轴倾斜，天窗平行于每个陈列室最高的墙。这些由一个突出的天花板进行部分屏蔽，并由百叶窗控制，以确保光线可以穿过墙壁，但不会损坏展品。10间陈列室中有6间有窗，使之可以接收到更多的自然光，并与建筑环境产生视线联系。因此，赫普沃思美术馆的外部具有内向性、多样式单元的效果，而展空间则具有多样式单元、差异性、无层级、多种照明的效果。

效果

多孔、多样式单元、正交性、非共轴、曲折、多种照明

赫尔佐格和德梅隆建筑事务所 | 巴兰卡现代艺术博物馆 | 墨西哥瓜达拉哈拉 | 2009年

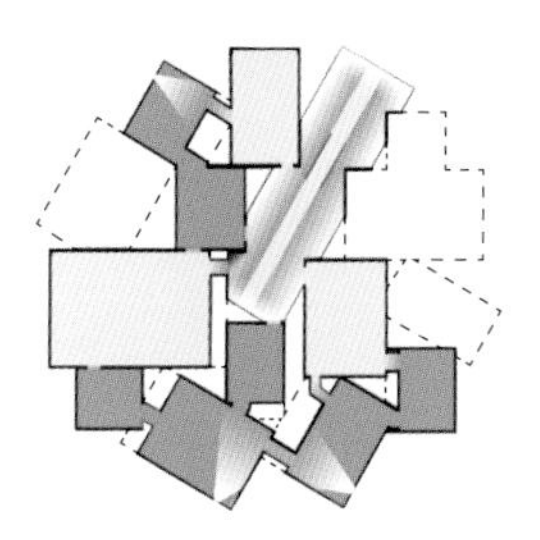

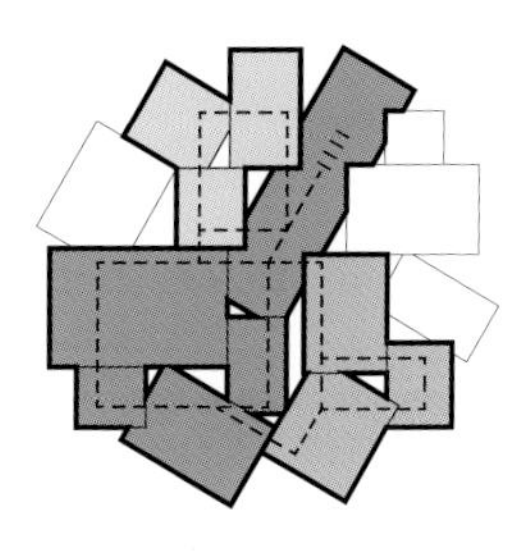

境多样性

列室层分别容纳了自然照明和人工照明的陈列室，以及外部有视线联系的陈列室和其他与之隔绝的陈列室。

展览的灵活性

交通核的位置将陈列室层分成3个独立的环路，可单独使用，也可一起用来举办更小或更大的展览。陈列室的大小、高度、方向、自然和人工照明程度各不相同，使博物馆能够展出不同类型的艺术品。

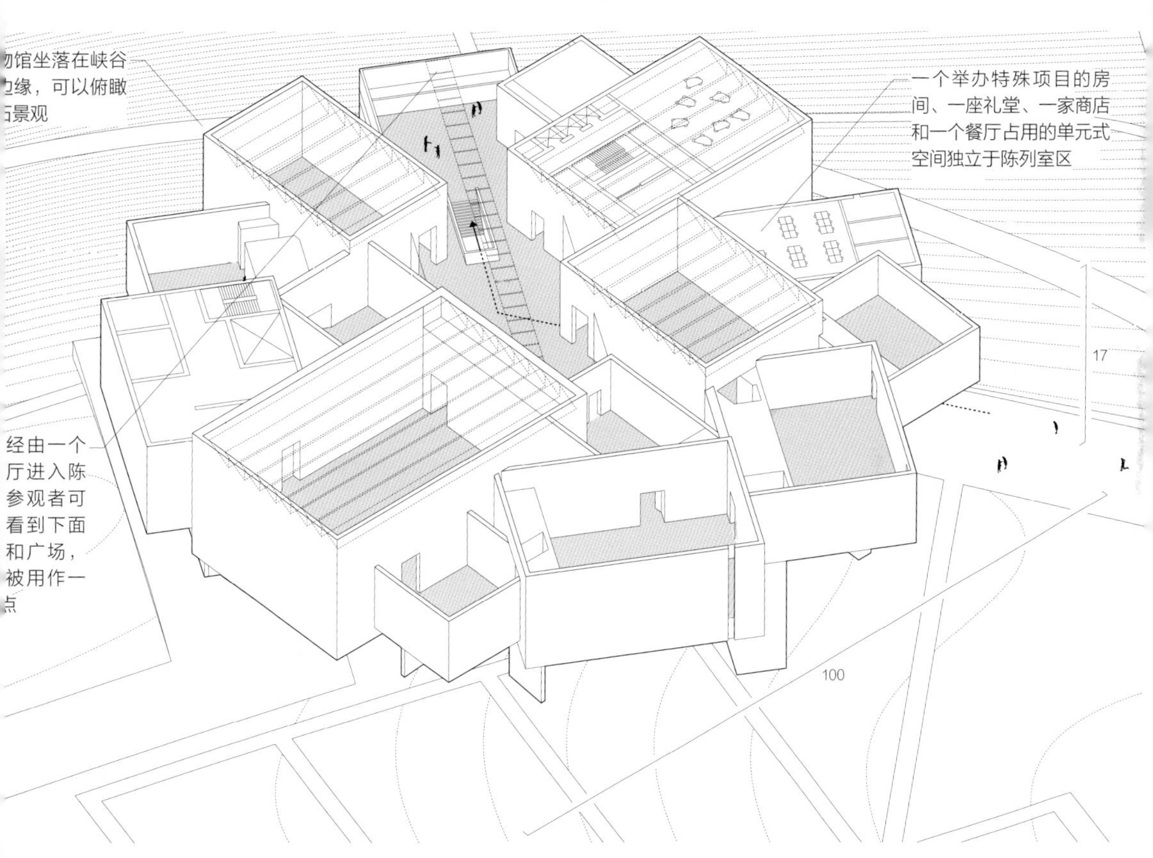
物馆坐落在峡谷
边缘，可以俯瞰
谷景观
一个举办特殊项目的房
间、一座礼堂、一家商店
和一个餐厅占用的单元式
空间独立于陈列室区
经由一个
厅进入陈
参观者可
看到下面
和广场，
被用作一
点
17
100

兰卡现代艺术博物馆是一座单层的毯式建筑，用于观展。这座建筑高架于墙壁上，形成了一个有上盖的公共广场。抬起的展览层包括个单元式陈列室和其他4个单元式设计空间，它们以呈30° 和60° 的角度彼此连接在一起，形成了一套门廊相通的房间。陈列室之的开口既不是轴线的一部分，也不是远景的一部分，而是起到了邀请参观者在进入下一个陈列室之前先关注每个陈列室的艺术品的作。这些单元的大小、高度和光照条件都不一样。朝北的单元通过玻璃屋顶接收自然光，其余的单元是人工照明。非正交相互咬合的陈室也产生了庭院，庭院之间的区域既被用作额外光源，又与下面的广场建立了视线联系。因此，巴兰卡现代艺术博物馆的外部具有多、多样式单元的效果，而展示空间则具有正交性、非共轴、曲折、多种照明的效果。

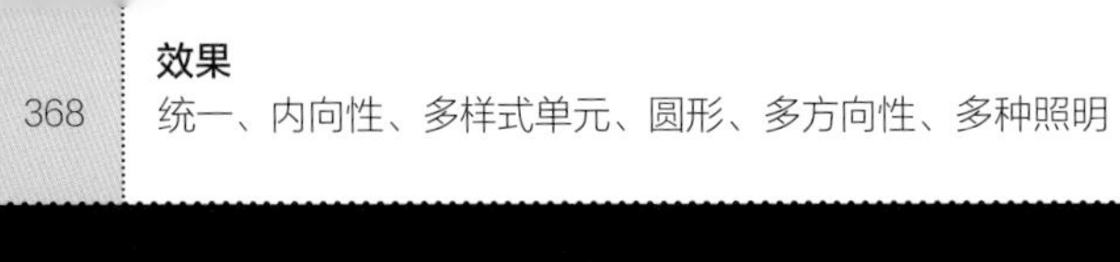

效果

统一、内向性、多样式单元、圆形、多方向性、多种照明

AAT + Makoto Yokomizo建筑事务所 | 富弘美术馆 | 日本群马县 | 2002年

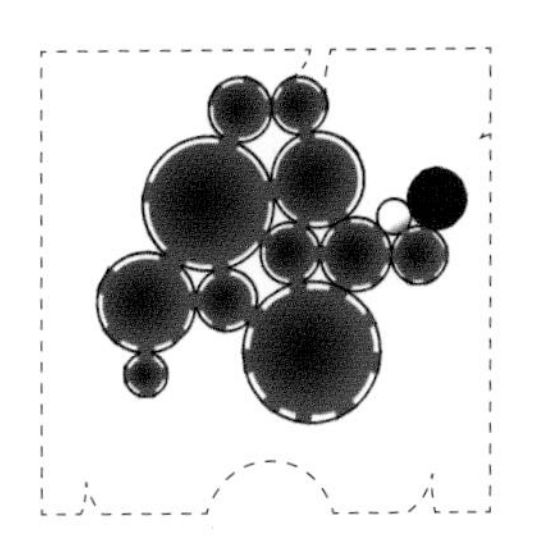

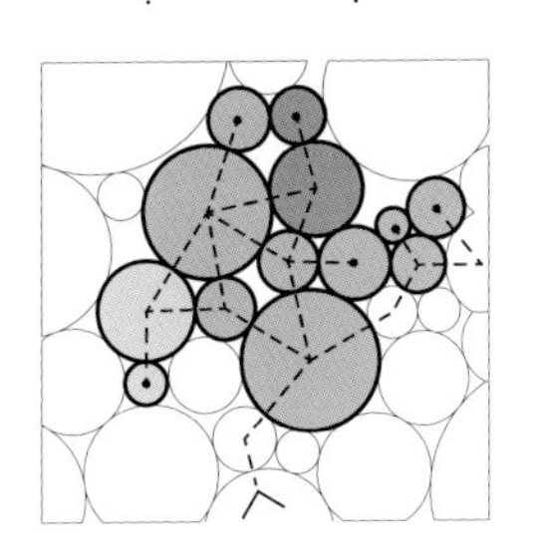

竟多样性

览空间被屋顶的灯光照亮，从庭院引入光线，并以渐变的玥点亮墙壁。庭院边界的一些房间局部镶嵌了玻璃窗，因可获得更多的自然光。否则，每个房间的中心都需要用人光照明。这在整个博物馆产生了不同的照明条件。

展览的灵活性

这些陈列室是单元式的，每个单元都与其他单元紧密相连。它们的交接处决定了出入口的位置。圆形主单元更大，可通过其进入两个“前厅”，这两个“前厅”与7个展厅相连。这就产生了3个相互关联的环路，可以一起或单独使用，因此可以一次举办多个展览。

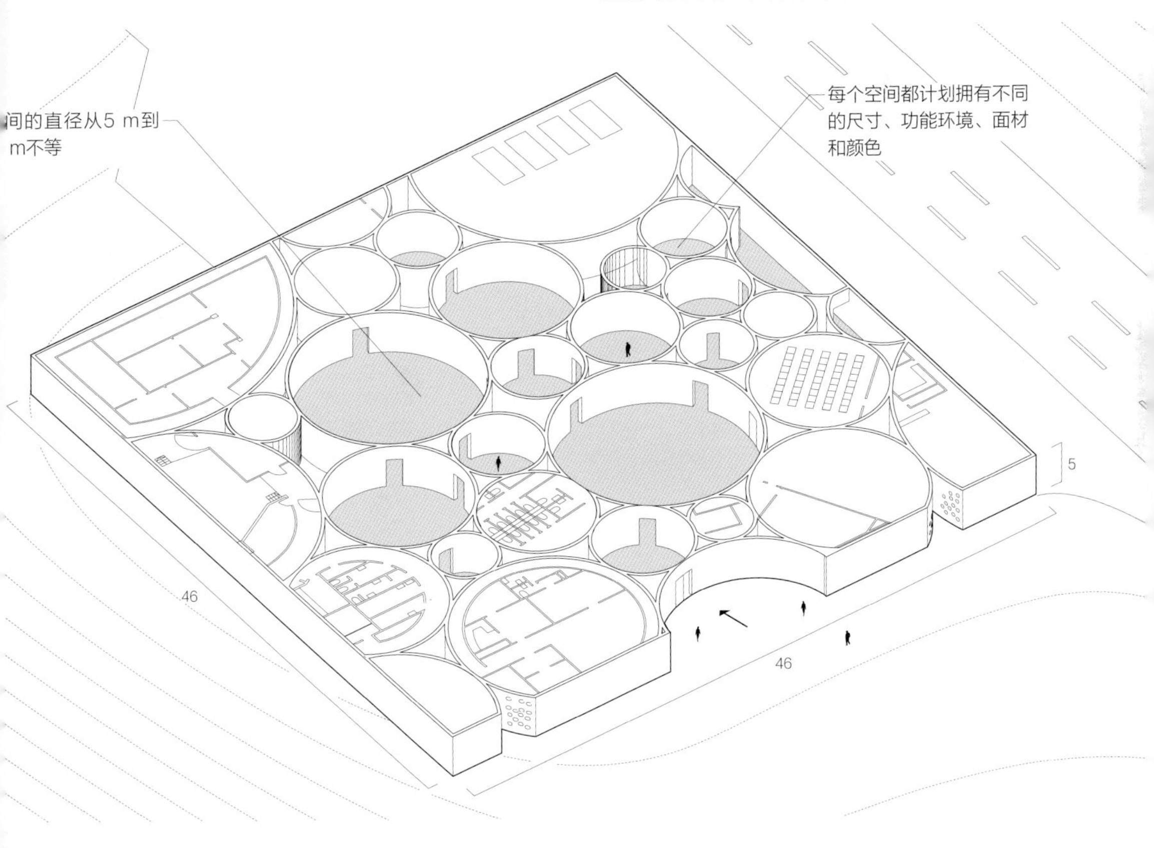
间的直径从5 m到
m不等
每个空间都计划拥有不同
的尺寸、功能环境、面材
和颜色
5
46
46

弘美术馆是一个单层的毯式建筑，用来展示艺术家星野富弘的水彩画和诗歌。这栋建筑被结构墙分割成33个不同直径的圆柱形展览间，其间有采光井和庭院。由于展览场地的直径不同，其接触点也不同，这些点上的开口将空间彼此连接起来。因此，每个空间的开位置都是不同的，不仅区分了空间，而且不断地改变着在博物馆内部的移动方向。单元的排列使陈列室私密且无层级，它们要么被实围护，要么装上玻璃，从而营造出庭院景观。这种设置还产生了各种各样的照明条件。因此，富弘美术馆的外部具有统一、内向性效，而展览空间则具有多样式单元、圆形、多方向性、多种照明的效果。

SANAA建筑事务所 | 21世纪美术馆 | 日本金泽 | 1999年

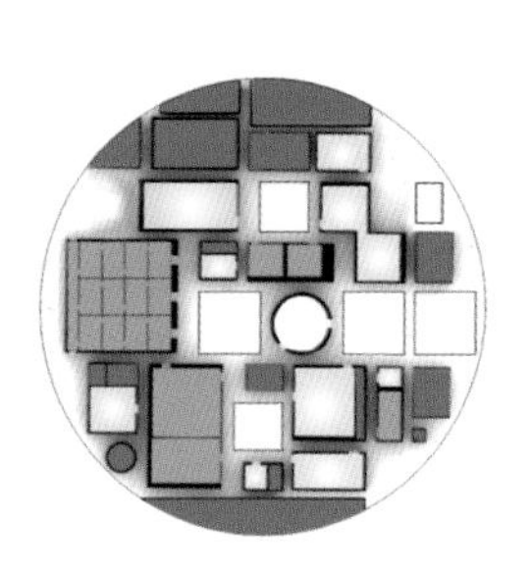

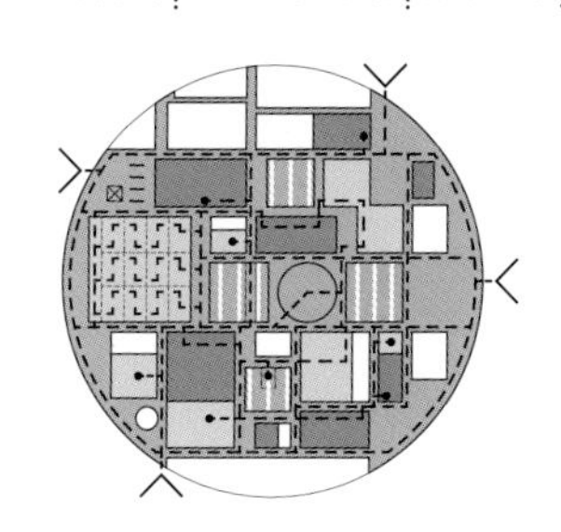

环境多样性

陈列室拥有3种不同的光照条件：透过玻璃天花板的散射光线、从窗户进入的直射光线，以及人造光。

展览的灵活性

各个陈列室的比例各不相同，高度从4 m到12 m不等，这使得美术馆可以容纳各种各样的艺术形式。最大的陈列室被细分成一排房间，以满足大型展览的需要。

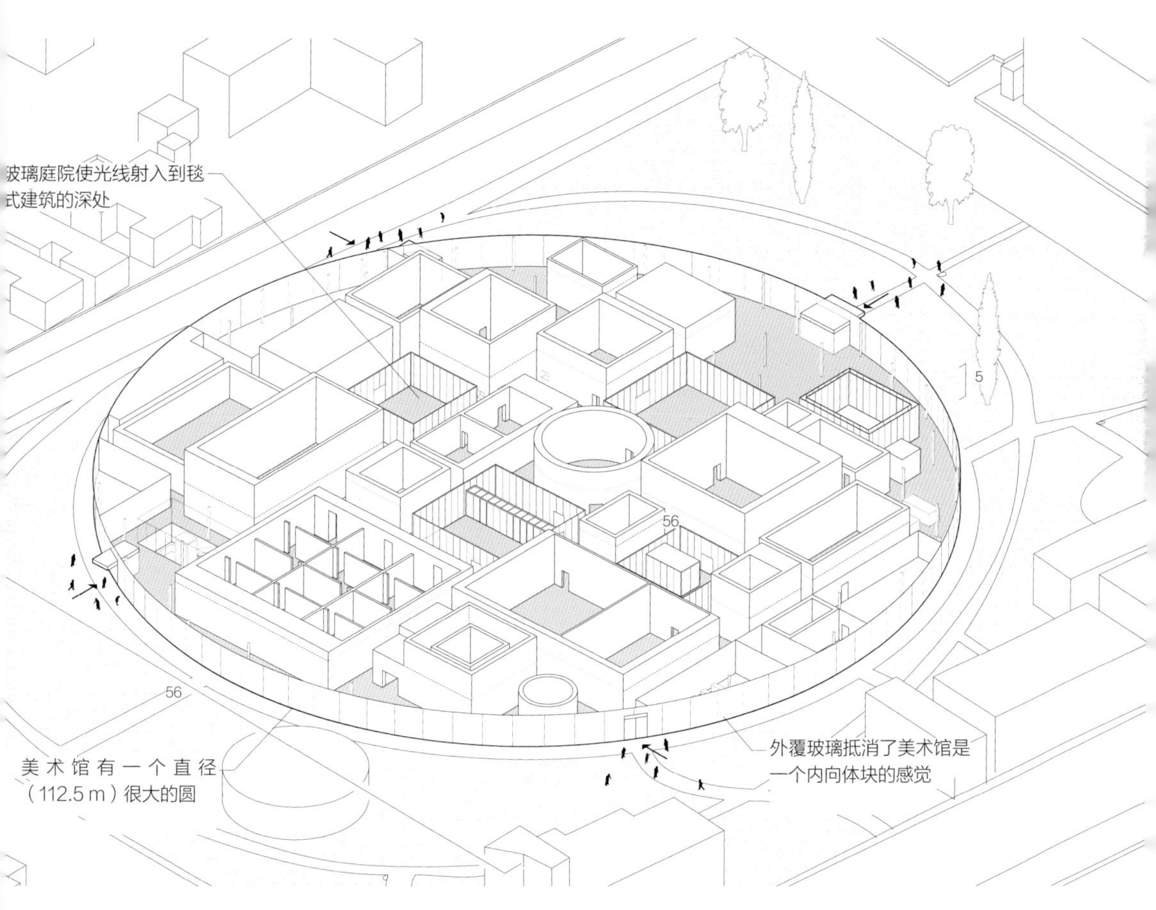
玻璃庭院使光线射入到毯式建筑的深处
5
56
56
美术馆有一个直径（112.5 m）很大的圆
外覆玻璃抵消了美术馆是一个内向体块的感觉

21世纪美术馆是一个单层的圆形毯式建筑，用于观看展览。陈列区被设置成独立的、不同大小的房间，分布在与展览空间相互垂直的环形网格中。因此，展览分散在许多不同的空间，这限制了大型展览规划的灵活性，但参观者获得的是一个非层级空间，他们可以选择如何游览博物馆，就像在城市街道上穿行一样。环路由4个可作为展览空间或有社交功能的庭院来照明。因此，21世纪美术馆的外部具有统一、外向性的效果，而展览空间则具有多样式单元、无层级、不可预测性、多种照明的效果。

让·努维尔工作室 | 阿布扎比卢浮宫 | 阿联酋阿布扎比 | 2007年

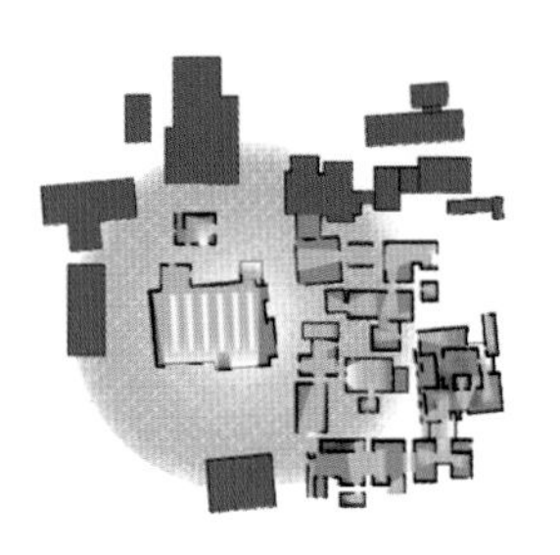

环境多样性
射入穿孔圆顶的自然光在交通空间及相邻的开放空间上形成斑纹。陈列室有单独的屋顶来提供不同的照明条件。某些房间里有落地窗或可从交通空间接收直接照明的入口。

展览的灵活性
较小的房间是专门用于放置永久藏品的，较大的房间用于临时展览，这种安排可以为一个非收藏性博物馆提供统一的气候环境和灵活的系统来同时容纳多个展览。

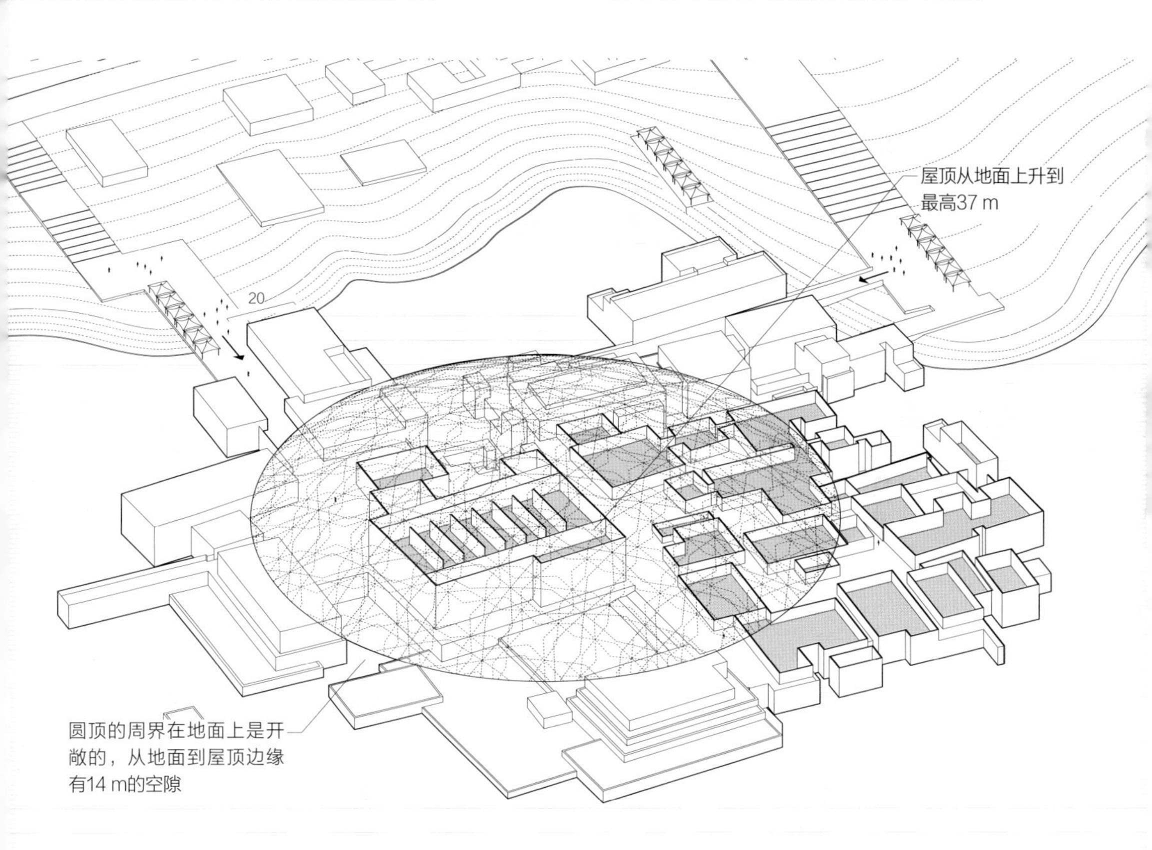
屋顶从地面上升到
最高37 m
20
圆顶的周界在地面上是开
敞的，从地面到屋顶边缘
有14 m的空隙

阿布扎比卢浮宫是一个单层的博物馆，由不连续的房间组成，每个房间的大小和面材都不一样，此外还包括一系列试图模拟一个非正式城市定居点的密集开放空间。三分之二的陈列室被一个巨大的白色双层圆顶所覆盖，上面有密集的几何形状的开口，这有助于为陈列室之间的空间遮阴和保持凉爽。用于永久性展览的陈列室占据了人工湖周围较小的房间。临时展览被安置在一个巨大的横跨人行步道的独立陈列室内。陈列室的布局不是层级性的，参观者可以选择参观陈列室的不同路线。每一个陈列室都有其独特的屋顶，有的是半透明有纹理的玻璃屋顶，有的是由镜片环绕的中央玻璃屋顶，从其可以看到上方的圆顶结构。因此，阿布扎比卢浮宫博物馆的外部具有伸展、圆形的效果，而展览空间则具有碎片化、无层级、不可预测性与面纱的效果。

路易斯·康 | 金贝尔艺术博物馆 | 美国沃斯堡 | 1966年

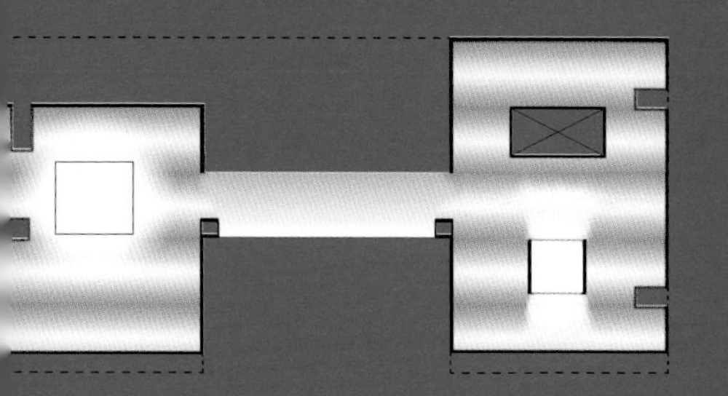

环境多样性

自然光通过桶状拱顶的顶端过滤，反射到桶状空间的两侧，均匀地照亮陈列室的墙壁，而中央位置庭院的玻璃则引入更多自然光。定向射灯补充了自然光。

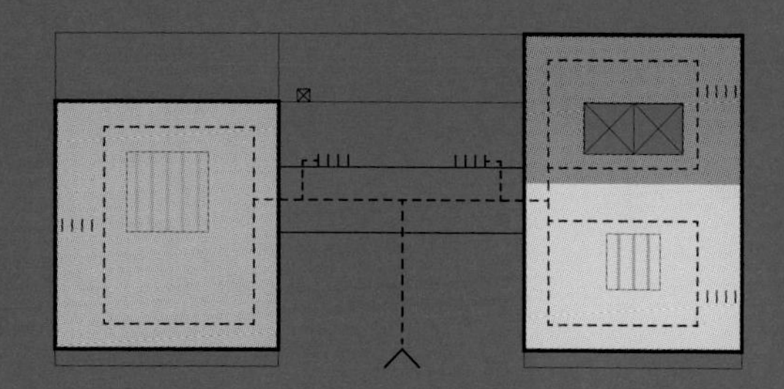

展览的灵活性

博物馆被分成两个侧翼，由中央入口庭院连接。每个侧翼的交通组织由庭院的位置决定——北面的侧翼被组织成一个环路围绕着中心庭院，南面的侧翼被组织成两个交叉的环路围绕两个中心庭院。因此，博物馆可以同时举办1～3个展览，尽管空间的一致性并不适用于展出所有类型的艺术品。

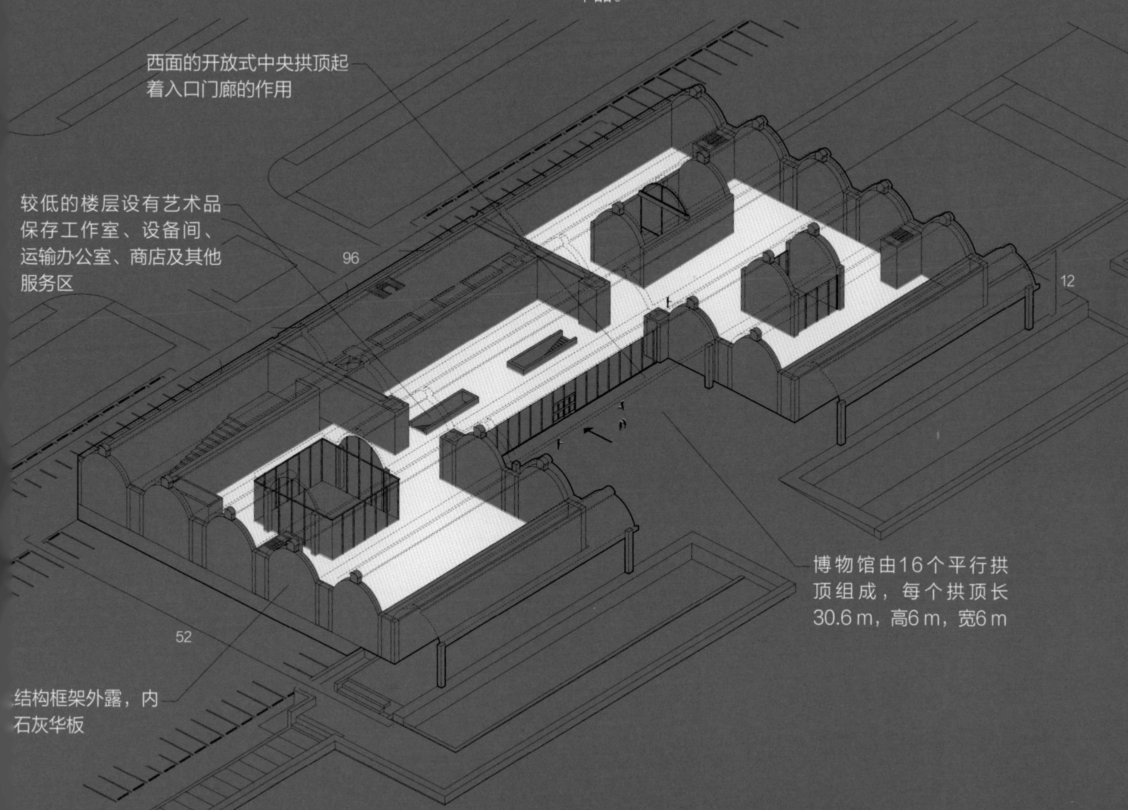
西面的开放式中央拱顶起着入口门廊的作用
较低的楼层设有艺术品保存工作室、设备间、运输办公室、商店及其他服务区
96
12
博物馆由16个平行拱顶组成，每个拱顶长30.6 m，高6 m，宽6 m
52
结构框架外露，内石灰华板

贝尔艺术博物馆是一个两层的U形毯式展览馆。这座建筑由平行的等高混凝土拱顶组成。展览空间和礼堂位于上层，可由公共入口与个主楼梯到达，主楼梯与下一层的另一个公共入口相连。与拱顶之间接缝相连的可移动墙壁使陈列室可以以不同的方式被细分。在每拱顶的顶端中心处，天窗与金属穿孔反光板结合在一起，引入非直射的阳光，在每个拱顶的末端还有纤细的半月形采光带。设置在列室内的3个庭院可引入更多自然光。因此，金贝尔艺术博物馆的外部具有拱形、轴对称的效果，而展览空间则具有带状、重复、对、内向性与自然照明的效果。

克里斯蒂安·科雷兹 | 华沙现代艺术博物馆 | 波兰华沙 | 2007年

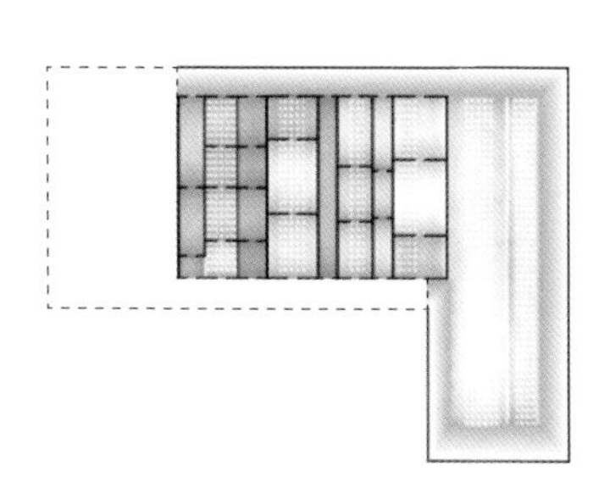

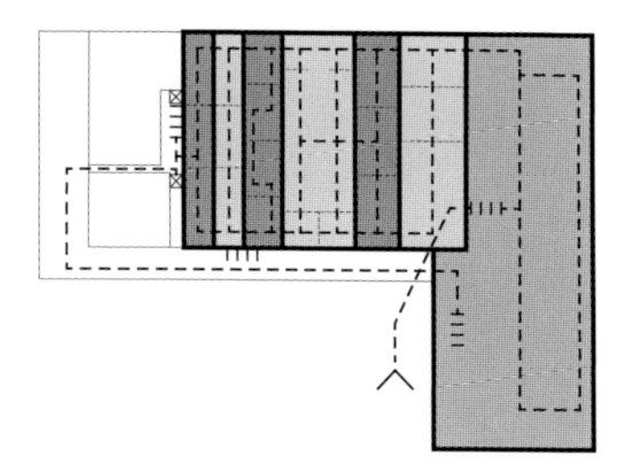

环境多样性

天窗以不同的方式分布在拱形的天花板中，在其下方的空间中形成了不同图案的斑驳光影。

展览的灵活性

由不同大小的拱顶所引起的空间变化，使不同类型和规模的艺术得以展示。楼梯将展览层分为东西两部分，使其可以容纳两个独立的展览。

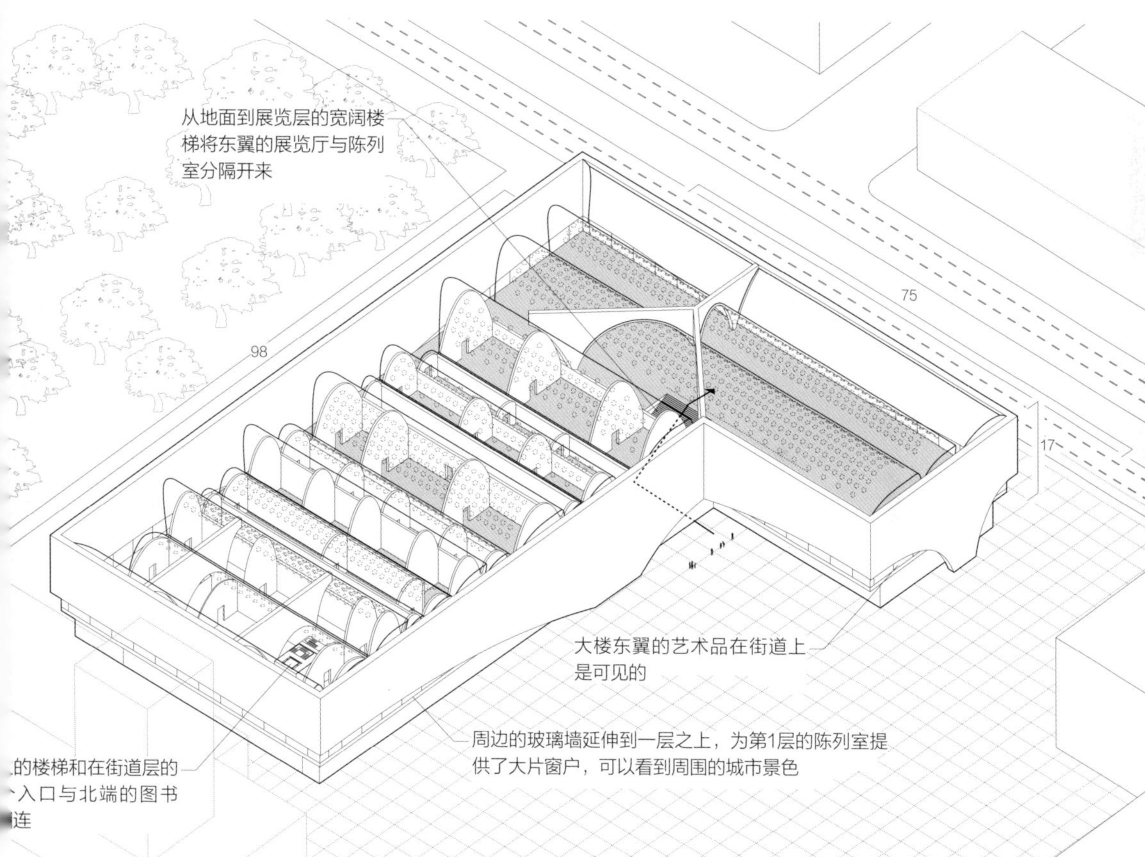

从地面到展览层的宽阔楼梯将东翼的展览厅与陈列室分隔开来
98
75
17
大楼东翼的艺术品在街道上是可见的
周边的玻璃墙延伸到一层之上，为第1层的陈列室提供了大片窗户，可以看到周围的城市景色
的楼梯和在街道层的入口与北端的图书连

华沙现代艺术博物馆的这一设计方案，是一幢2层的L形板楼，用于观看展览。博物馆位于底层之上，底层部分装设玻璃，部分是向外开敞的，有一个礼堂、一家电影院、一个书店、一家餐厅和一个展示当地艺术家作品的展览空间。展区层由不同尺寸的混凝土桶形拱顶覆盖，9个全拱顶和2个半拱顶，它们大小不一，跨越了整个楼层的进深，形成了一个单独的差异化空间。除了博物馆的图书馆占用了建筑北端的两个全拱顶和一个半拱顶之外，临时展板可以沿着地面板的其余部分安装，为展览创建一系列房间。拱顶有均匀与非均匀的穿孔，在不同的程度上把陈列室层分割成具有不同光线级别的区域。因此，华沙现代艺术博物馆的展览空间具有拱形、双向性、多样性、灵活性、内向性与多种照明的效果。

伦佐 · 皮亚诺建筑事务所 | 贝耶勒基金会博物馆 | 瑞士里恩 | 1991年

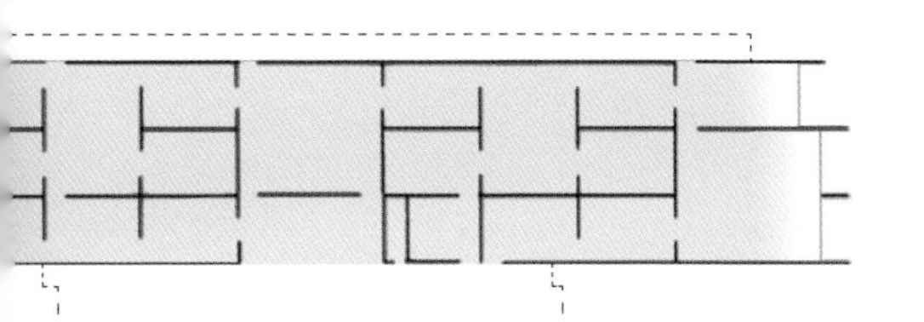

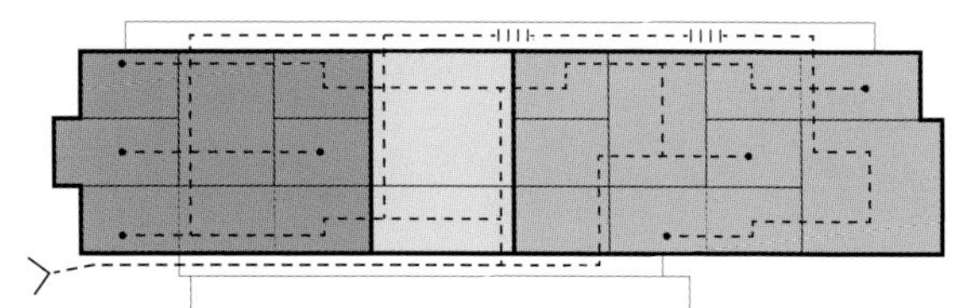

境多样性

和、均匀的自然光线通过延伸到整个建筑的半透明玻璃顶进入陈列室，另外的定向光线从两端进入。屋顶的人照明补充了自然光的不足。这里展出的艺术品是不需要光的。

展览的灵活性

3间陈列室都被安排在同一层，中间一个在入口前面，两边各有一个陈列室。这就为安排1~3个展览提供了条件。然而，这座博物馆是为了收藏永久性藏品而建造的，只有一小部分区域专门用于临时展览。

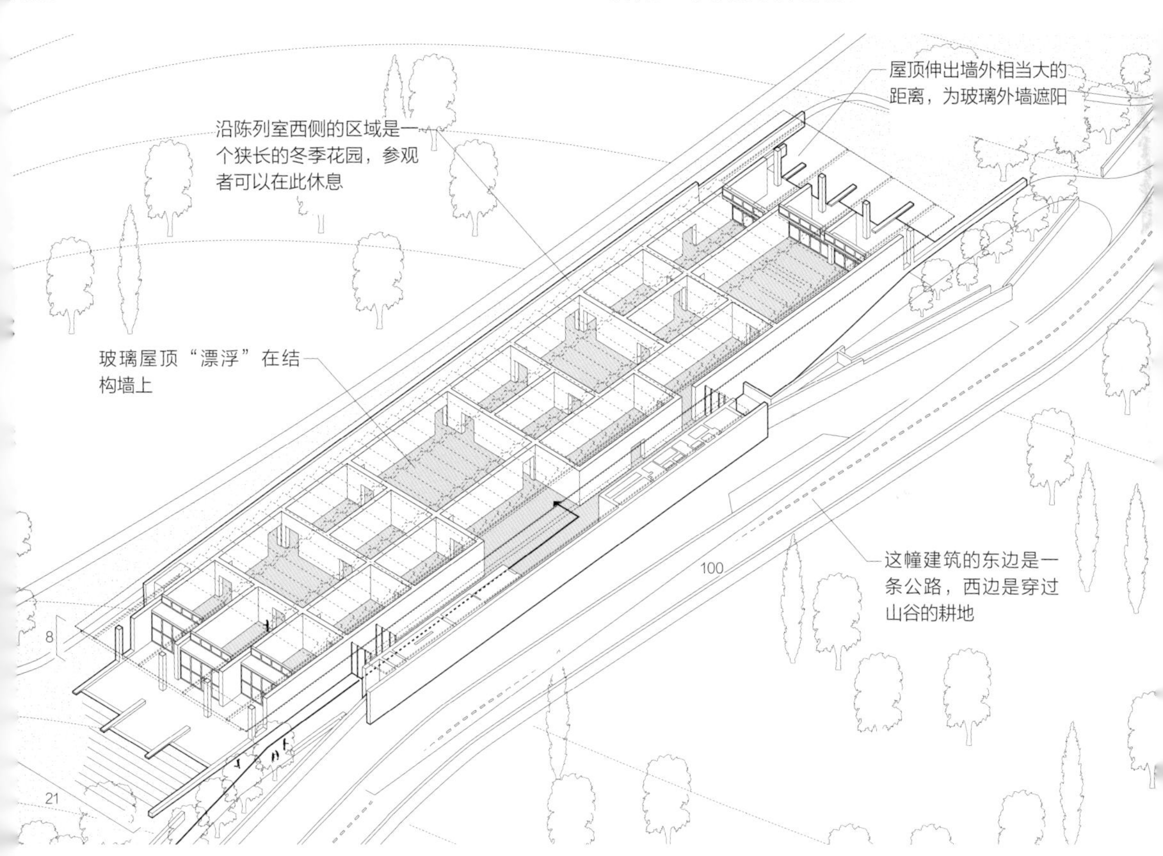
屋顶伸出墙外相当大的距离，为玻璃外墙遮阳
沿陈列室西侧的区域是一个狭长的冬季花园，参观者可以在此休息
玻璃屋顶“漂浮”在结构墙上
这幢建筑的东边是一条公路，西边是穿过山谷的耕地
100
8
21

耶勒基金会博物馆是一个用于观展的单层毯式建筑，有地下层。这座建筑由4面同样长度的钢筋混凝土墙组成，朝南北方向延伸。墙上覆盖着红色的斑岩。博物馆的入口位于长的东立面中部，游客可以从那里进入陈列室的两侧。陈列室的墙壁是可移动的，而且高度同。屋顶由多层玻璃和可调整的板条组成，仿若漂浮在墙壁之上，由钢结构支撑。在这个结构中，悬挂着一层箱型穿孔板，里面有一拉伸的白色织物，保证了均匀分散的光线，并提供了一个空气室来应对室外温度变化的影响。因此，贝耶勒基金会博物馆的外部具有一、轴对称的效果，其展览空间则具有带状、平整、内部- 外部、自然照明的效果。

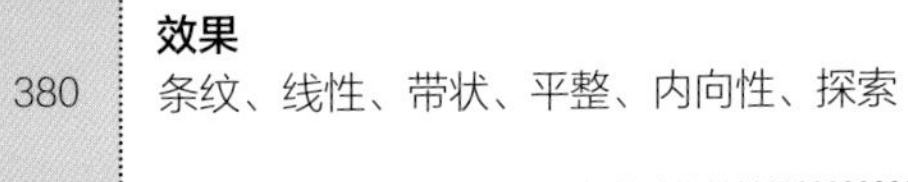

效果

条纹、线性、带状、平整、内向性、探索

大卫·奇普菲尔德建筑事务所 | 良渚博物院 | 中国杭州 | 2003年

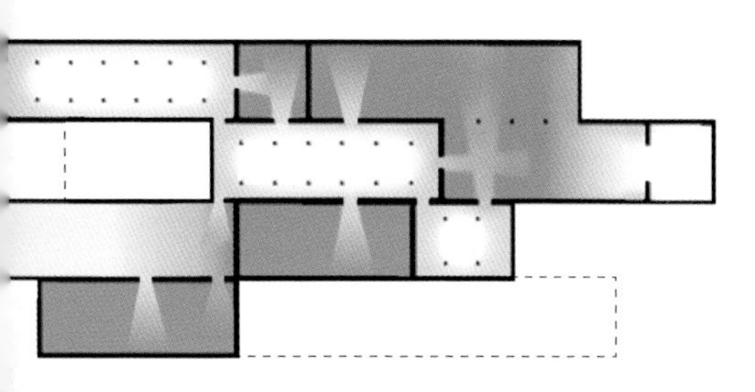

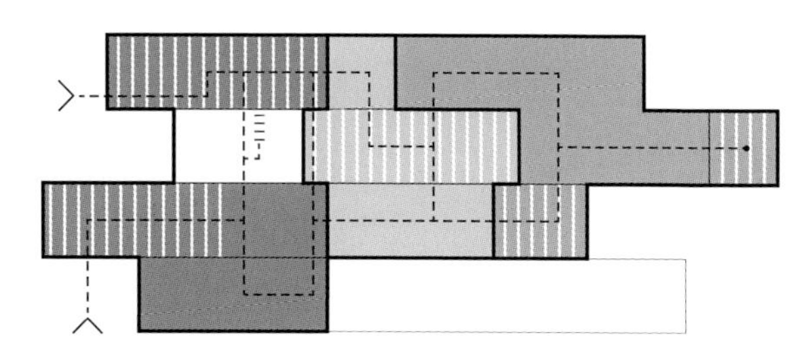

境多样性

个庭院使自然光洒入陈列室的外围。另外，大多数陈列室是人工照明的，由定向射灯来突出特定艺术品。

展览的灵活性

庭院提供了穿过陈列室的3条环路。因此，尽管该博物馆的建造是为了收藏来自良渚文化（约公元前3300—公元前2300年）的考古发现，其组织方式还适用于一个非收藏性的、一次可能容纳多个展览的博物馆。

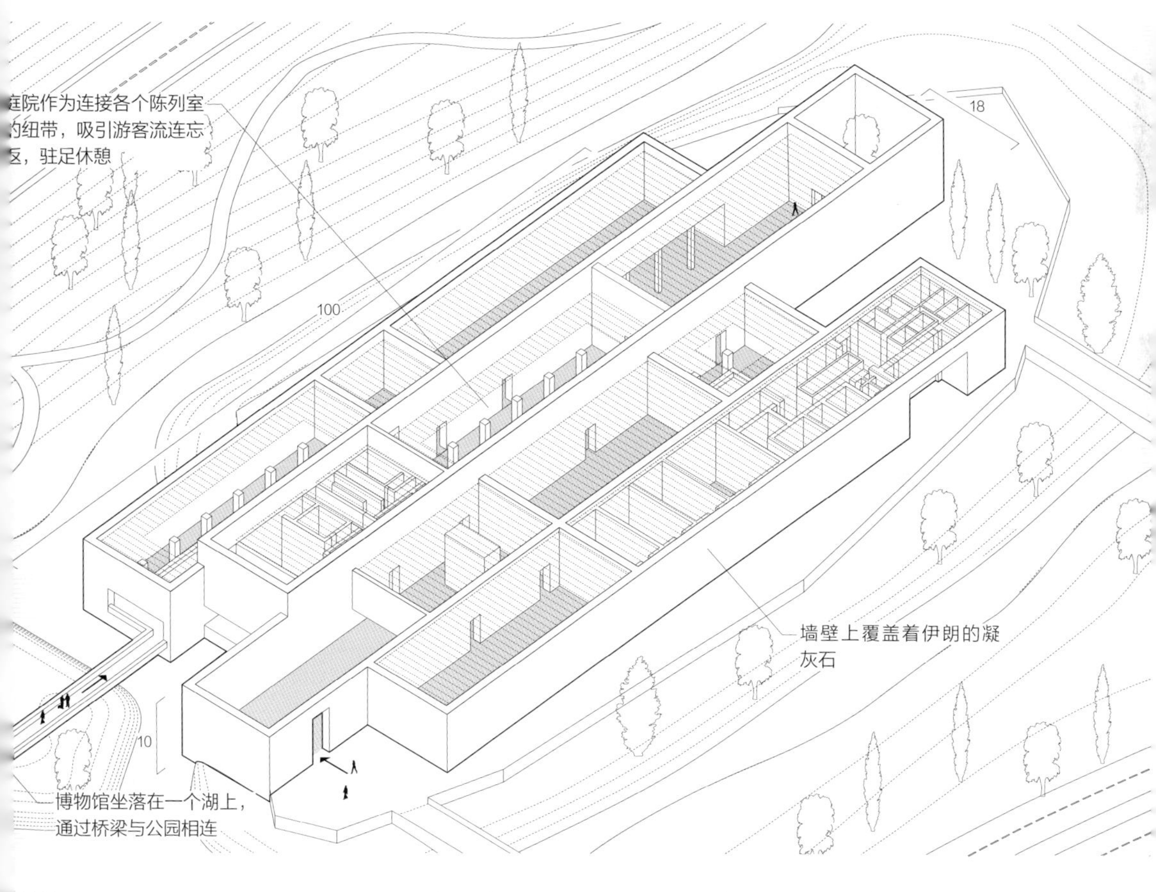
庭院作为连接各个陈列室的纽带，吸引游客流连忘返，驻足休憩
18
100
墙壁上覆盖着伊朗的凝灰石
10
博物馆坐落在一个湖上，通过桥梁与公园相连

渚博物院是一座用于观展的两层毯式建筑。它由4个18 m宽的体块组成，它们长度和高度各不相同，从而被细分为几个独立的展厅，部的体块则专门用于行政管理，有一个独立入口。5个内部庭院为相邻的陈列室照明，并将它们连接在一起，使参观者可以从纵向和向路线通过博物馆。另外，其中一个庭院作为入口大厅，参观者可以由此分别进入容纳永久收藏或临时展览的空间。另一个庭院通向座桥，桥与一个小岛相连，在那里可以举办户外展览。因此，良渚博物院的外部传递了条纹、线性的效果，内部则具有带状、平整、向性、探索的效果。

马西雅与图依建筑事务所 | 卡斯蒂利亚-莱昂当代艺术博物馆 | 西班牙莱昂 | 2001年

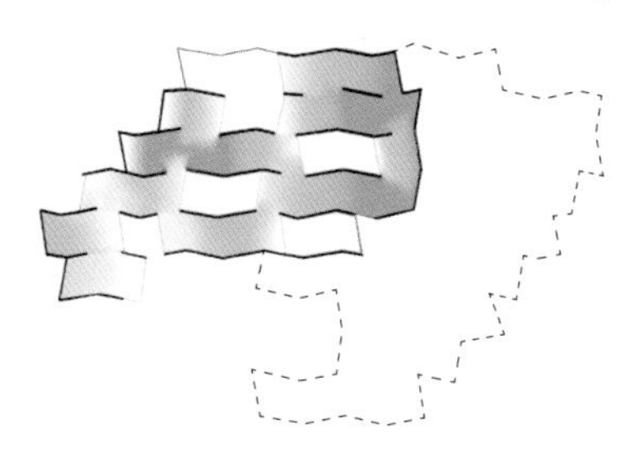

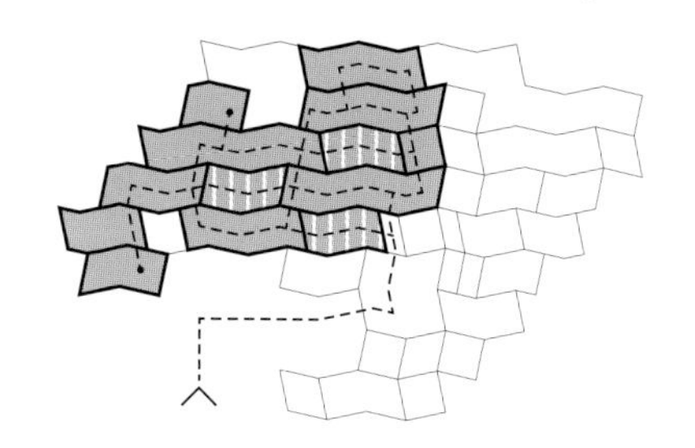

环境多样性

庭院为建筑引入了漫射的自然光，但必须辅之以人工照明。在室内陈列室墙上展示艺术品的地方，大部分的照明都是由定向射灯提供的。

展览的灵活性

陈列区的交通被设计为一系列环路。这使得博物馆可以在不同的陈列室中举办不同的展览，或者在不同的陈列室中举办一个大型展览。陈列室高度的多样性也让博物馆有了展示各种艺术的灵活性。

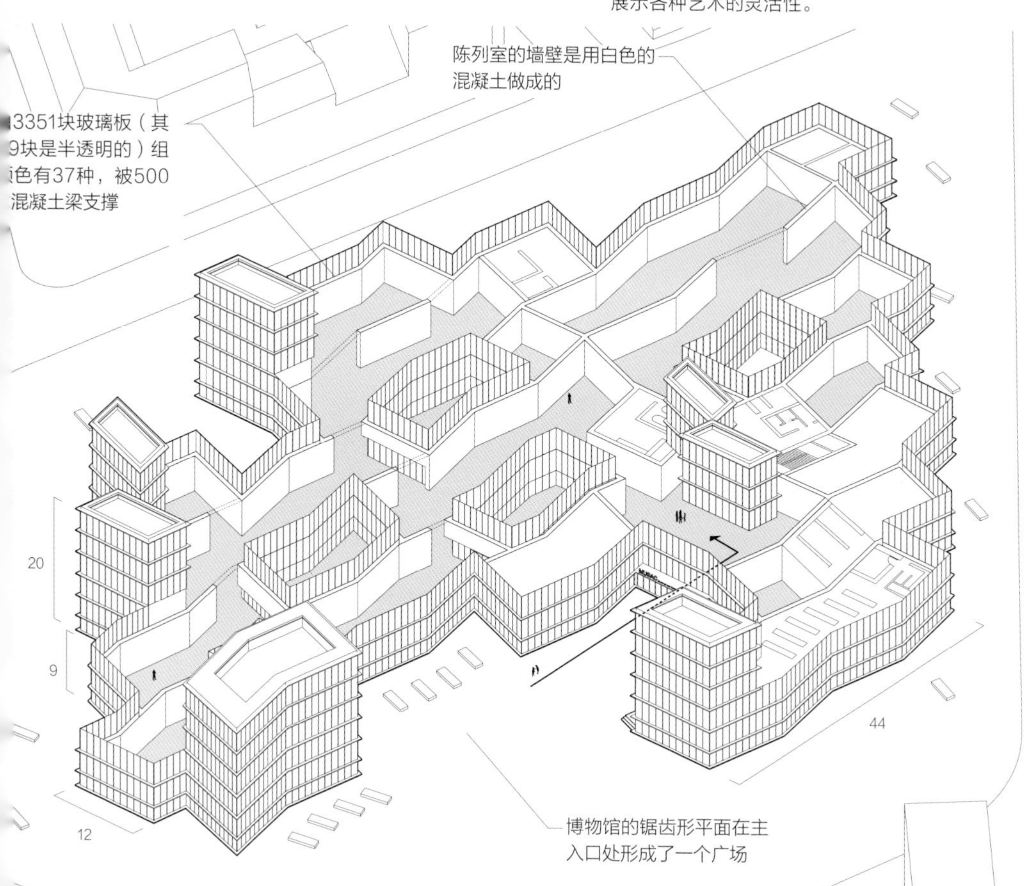
陈列室的墙壁是用白色的混凝土做成的
3351块玻璃板（其
9块是半透明的）组
色有37种，被500
混凝土梁支撑
20
9
12
44
博物馆的锯齿形平面在主入口处形成了一个广场

斯蒂利亚-莱昂当代艺术博物馆是一个用于观展的5层毯式建筑。这座建筑由9个平面呈不规则形的细长体量组成。纵墙由承重混凝土成。每一体量进一步被划分成不同形状的陈列室，由沿纵向墙壁的从地板到天花板的开口相互连接。为了容纳更大的艺术品，部分体尾部的天花板高度更高。面朝外部的墙壁没有开口，陈列室通过与6个内部庭院相连的横向玻璃墙壁进行照明，其中3个陈列室也有窗。因此，卡斯蒂利亚－莱昂当代艺术博物馆在外部传递了锯齿形、流动性、多色性的效果，而内部则具有多样式单元、差异化与探的效果。

赫尔佐格和德梅隆建筑事务所 | 德扬博物馆 | 美国旧金山 | 1999年

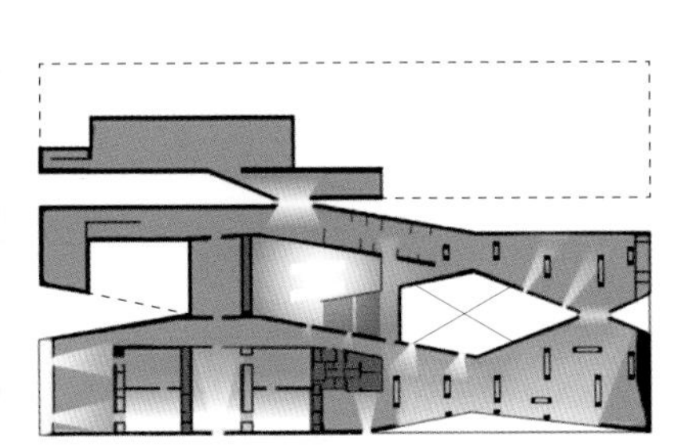

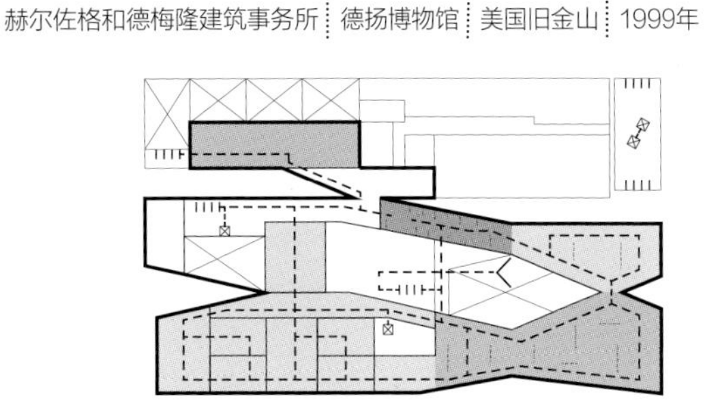

境多样性

然光透过玻璃庭院的墙壁和天窗射入陈列室，同时也有许
人工照明的陈列室，博物馆可以为展览提供多样的环境。

展览的灵活性

博物馆楼层提供了许多环路来穿过每层的侧翼，这些环路通过中心位置的楼梯彼此连接。考虑到陈列室高度和照明条件的多样性，可以在博物馆内同时举办展示不同类型艺术的展览。

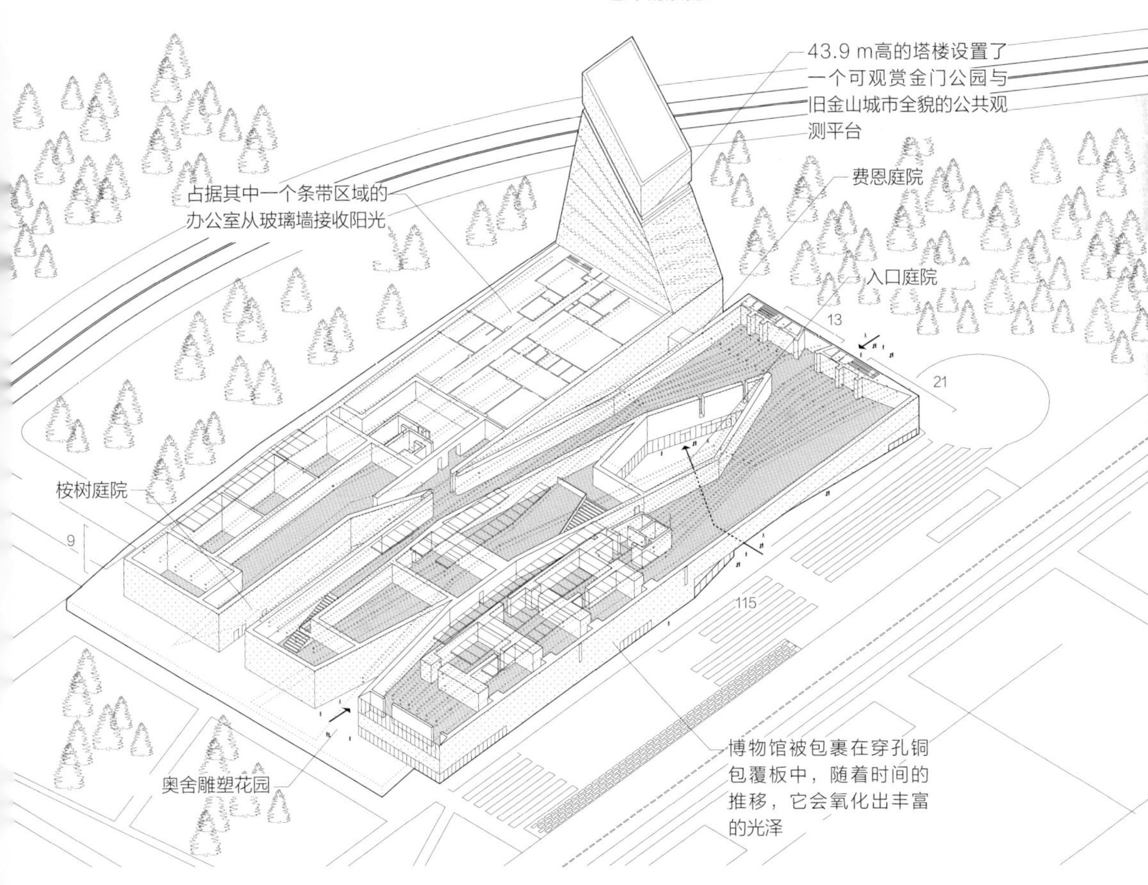
43.9 m高的塔楼设置了一个可观赏金门公园与旧金山城市全貌的公共观测平台
占据其中一个条带区域的办公室从玻璃墙接收阳光
费恩庭院
入口庭院
13
21
桉树庭院
9
115
博物馆被包裹在穿孔铜包覆板中，随着时间的推移，它会氧化出丰富的光泽
奥舍雕塑花园

扬博物馆是一座用作观展的两层毯式建筑。它由3个条带区域（或侧翼）组成，有倾斜的屋顶，两层都有陈列室。一楼的陈列室是单层高度或双层高度。以人工照明为主的开放式平面空间用来展示独立展品。在上层，固定的墙壁与天窗形成彼此正交排列的陈列室，以展示绘画、雕塑和装饰艺术。临时展览和艺术品存放都安排在地下室。三个陈列室条带区域之间的空间在建筑两端各形成一个庭院，在中部形成一个入口庭院。这些庭院将自然光引入陈列室，为博物馆增添了自然的气息，并提供了额外的入口。因此，德扬博物馆的外部传递了分叉、通透性、温暖的效果，而内部则具有流动性、内部—外部的效果。

扎哈 · 哈迪德建筑事务所 | 罗马21世纪艺术博物馆 | 意大利罗马 | 1998年

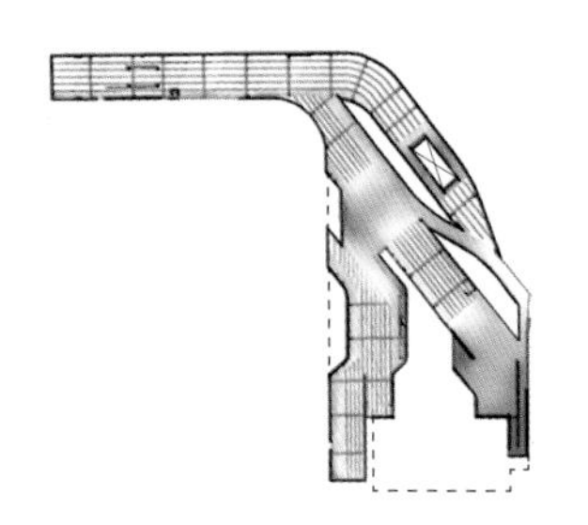

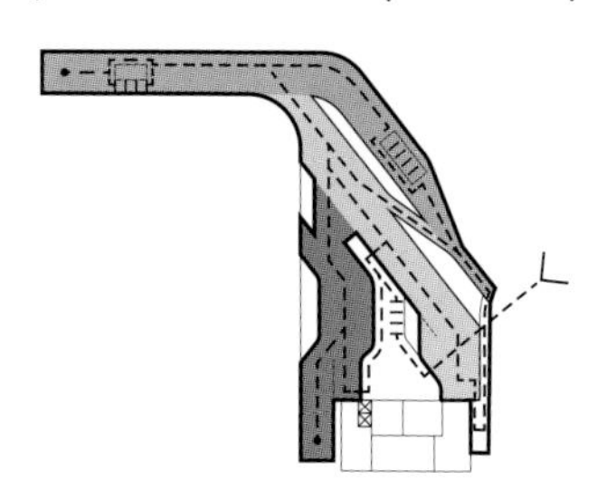
L

境多样性

世纪艺术博物馆主要采用自然采光，因此，任何需要昏环境的艺术品展示都必须将玻璃天花板蒙上。

展览的灵活性

陈列室沿着3层的分叉环路以线性方式组织。博物馆除了5到10个临时展览区外，还有一个小型的永久收藏品区，它有一个灵活的配置，可以收藏不同类型、规模和重量的艺术品。

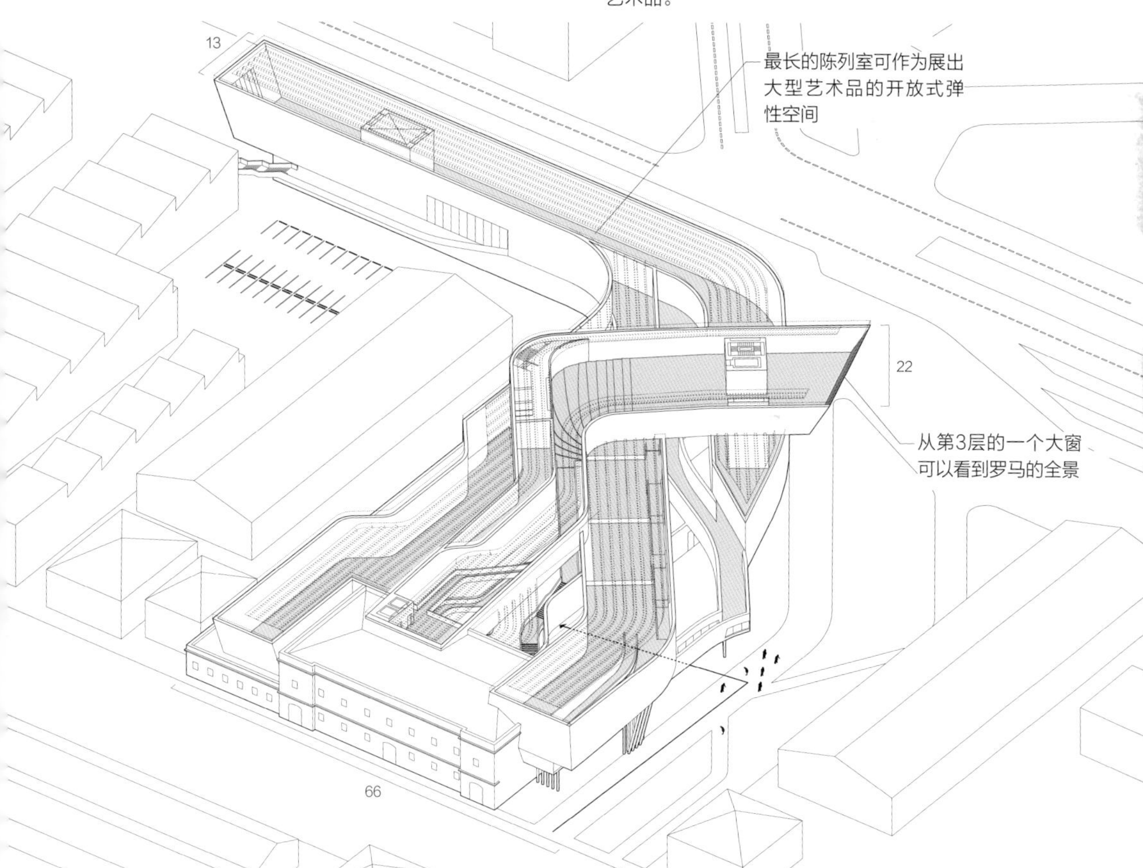
13
最长的陈列室可作为展出大型艺术品的开放式弹性空间
22
从第3层的一个大窗可以看到罗马的全景
66

马21世纪艺术博物馆是一个用于观展的3层毯式建筑。它由5个单层或双层高度的条带区域（或侧翼空间）组成，由钢筋混凝土与玻屋顶建成。侧翼空间弯曲、重叠、交叉和堆叠在一起，与原先被用作营房的现存建筑一起占据了L形的基地。各个陈列室既分开又彼连续，使较大或较小的展览都可以在它们之间展出。陈列室是通过天花板上薄混凝土肋之间的开口来照明的，其中包括可以悬挂艺术和隔板的吊杆。陈列室的两翼围绕着中央楼梯汇合在一起，中央楼梯也提供了通往已被整修为行政用途的既存建筑的通道。因此，罗21世纪艺术博物馆的外部传递了分叉、层流、流动性的效果，而内部则具有方向性、灵活性与自然照明的效果。

路德维希 · 密斯 · 凡 · 德 · 罗 | 新国家美术馆 | 德国柏林 | 1962年

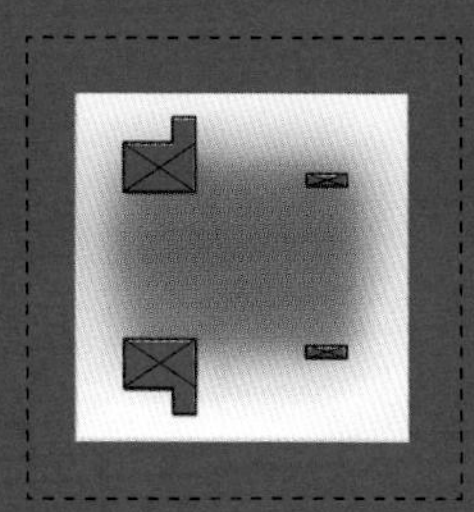

环境多样性

建筑上层的内部主要由自然光照明，自然光漫射到平面的中心，并由天花板上的射灯作为补充照明。地下一层是人工照明，这两层共同为博物馆提供了不同的环境条件。

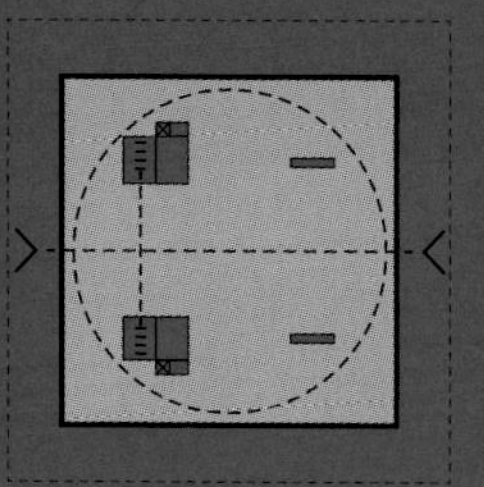

展览的灵活性

地下一层的单元式陈列室和包含最少固定元素的开放式展厅使新国家美术馆能够容纳不同的展览形式。

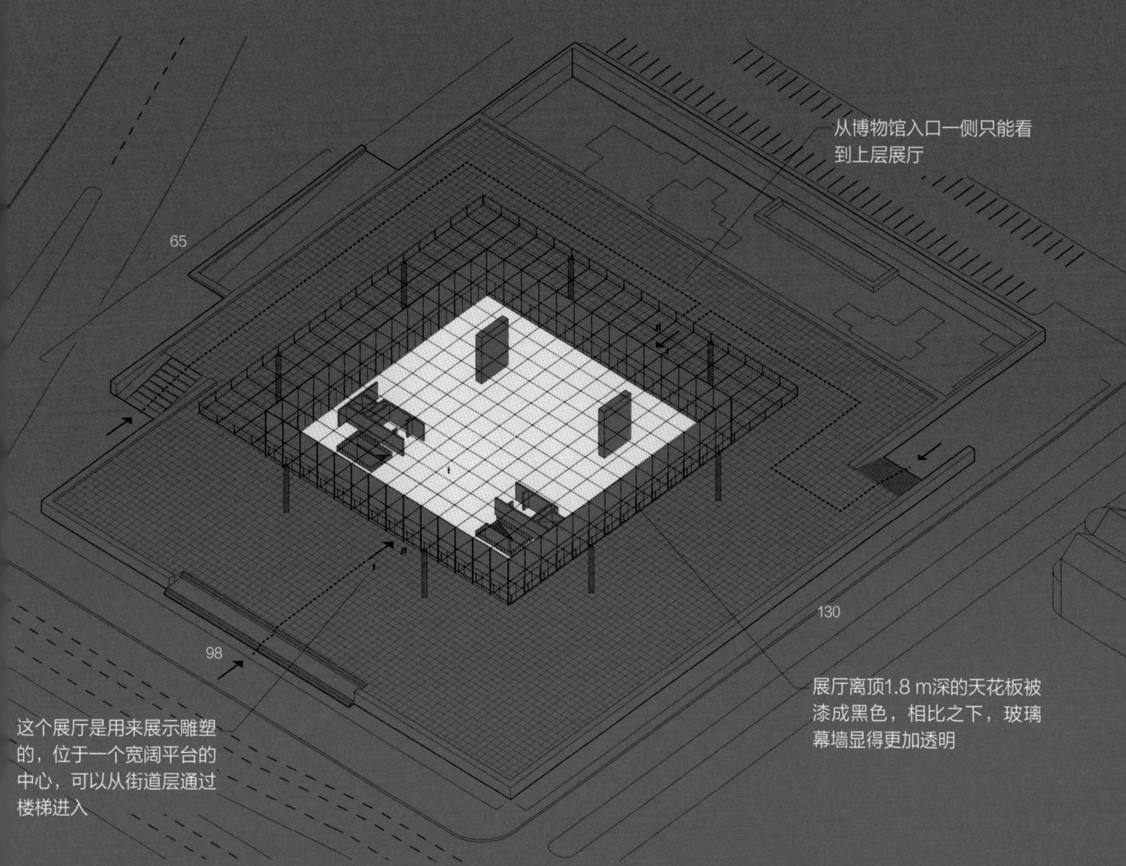
从博物馆入口一侧只能看到上层展厅
65
130
98
展厅离顶1.8 m深的天花板被漆成黑色，相比之下，玻璃幕墙显得更加透明
这个展厅是用来展示雕塑的，位于一个宽阔平台的中心，可以从街道层通过楼梯进入

新国家美术馆是一个用于观展的两层毯式建筑。下层是用钢筋混凝土框架建造的，可以容纳单元式陈列室、办公室、图书馆、餐厅和各种服务设施。还包括一个下沉的雕塑花园，为底层陈列室提供自然照明。下层为上面稍小一些的展厅提供了一个底座，展厅位于东角，它在平面上是正方形的，四周是玻璃围墙。双向预应力钢结构延伸到玻璃墙外，位于8个十字形柱上。这些柱子对称地排列在屋顶的四周，避免了角部位置，从而最大限度地提高了展馆空间的通透性。所以，除了两个垂直交通核通向底层和两个陈列室外，室内没有任何干扰，可以自由布置艺术品、展示板和隔墙。因此，新国家美术馆的外部传递了普遍性、透明的效果，而内部则具有开放、灵活、多向性的效果。

奥斯卡 · 尼迈耶与赫利奥 · 乌绍阿 | 奇奇洛 · 马塔拉佐展馆 | 巴西圣保罗 | 1957年

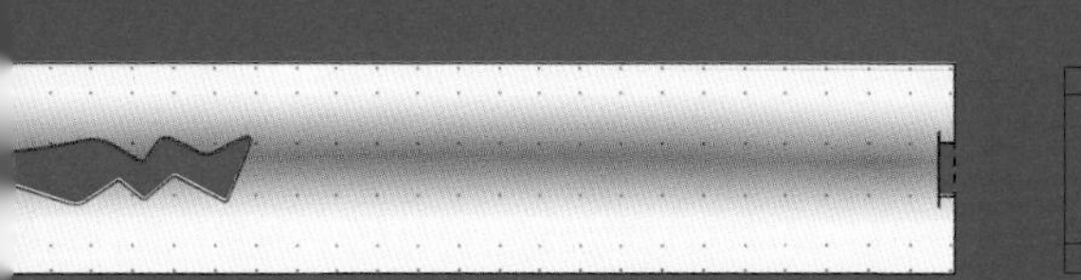

环境多样性
每一个矩形楼板都通过落地玻璃墙得到散射的自然光，玻璃墙外还装设了垂直百叶窗。

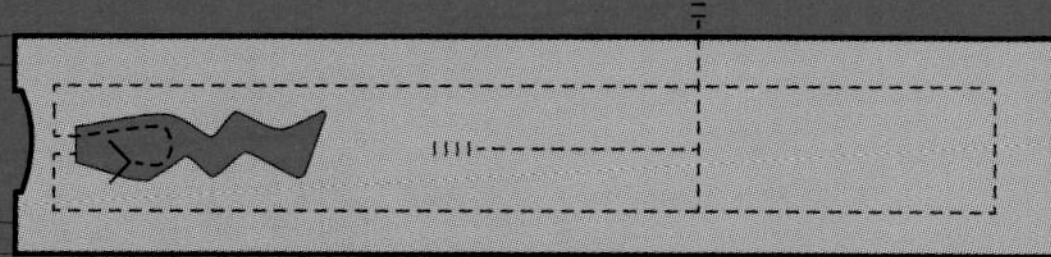

展览的灵活性
3层开放式平面都没有隔墙，定义了3条连续环路（每层一条）。当同时举办多个展览时，将配置临时隔断。

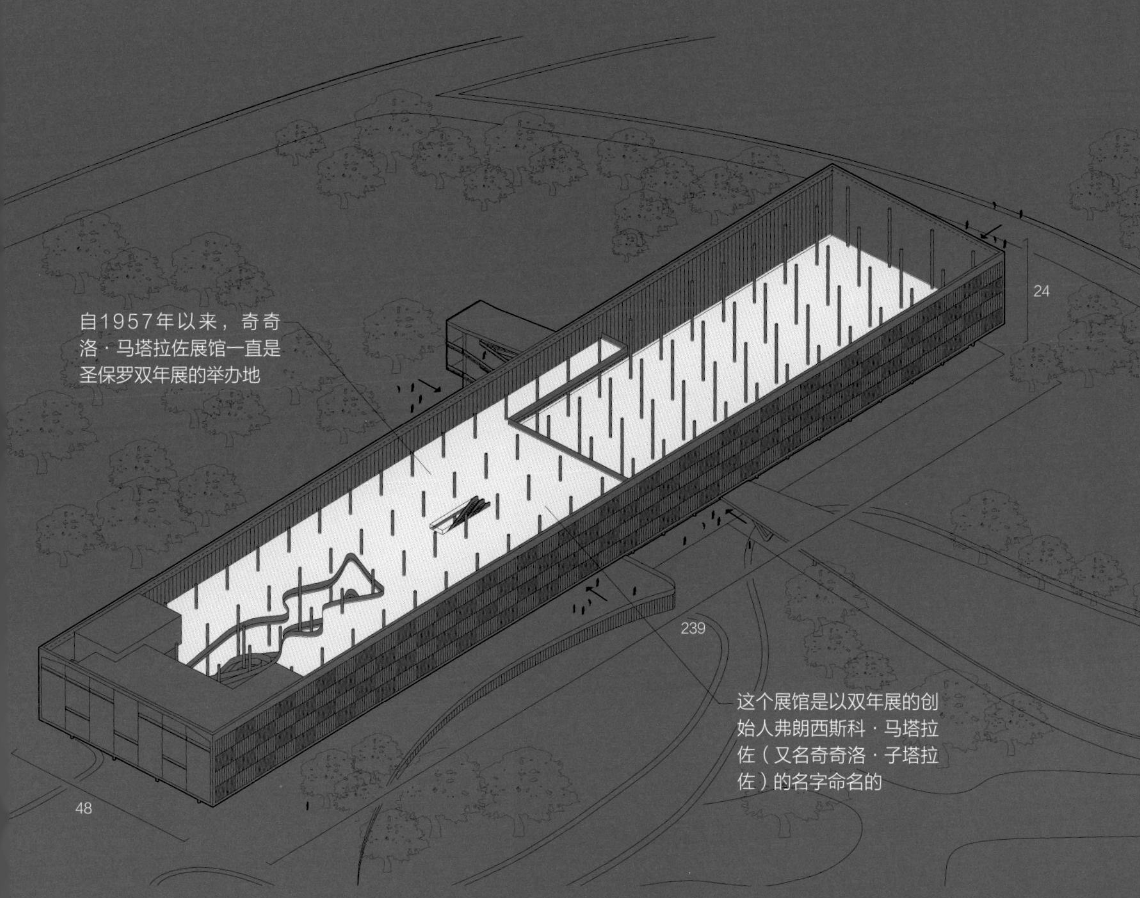
自1957年以来，奇奇洛 · 马塔拉佐展馆一直是圣保罗双年展的举办地
24
239
48
这个展馆是以双年展的创始人弗朗西斯科 · 马塔拉佐（又名奇奇洛 · 子塔拉佐）的名字命名的

奇洛 · 马塔拉佐展馆是一座用于展览的3层板楼。每一层均为开放式展览空间，只有一排混凝土柱子作为间隔。第2层被去掉一部，以提供一个适合大型艺术品展览的双层通高空间。一条宽阔、笔直的坡道把第1层和第2层连接起来。在一个自由形式的中庭里，个弯曲的斜坡连接着第2层和第3层。一个外部混凝土斜坡将花园与第2、3层连接起来。不同高度的开放式平面楼层和多个垂直交通为同时举办多个展览提供了条件。展区的长立面采用落地玻璃和棋盘图案的外部百叶窗，较短的立面采用实心墙面。一层与上面楼层，往建筑内部后退。因此，奇奇洛 · 马塔拉佐展馆的外部传递了线性、漂浮、包围的效果，而内部则具有开放、无限、曲线性与流动的效果。

丹尼尔·里伯斯金工作室 | 柏林犹太博物馆 | 德国柏林 | 1989年

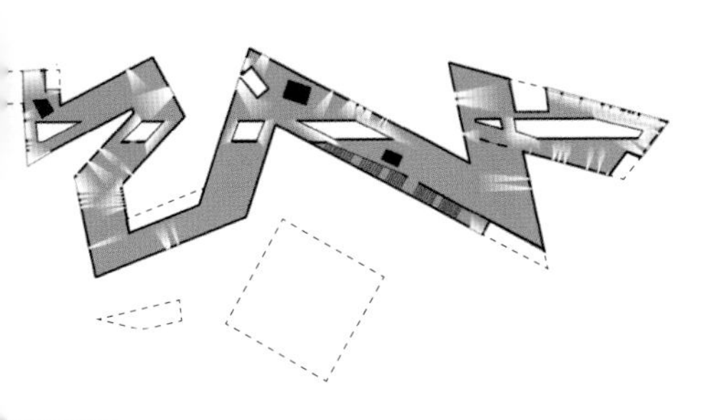

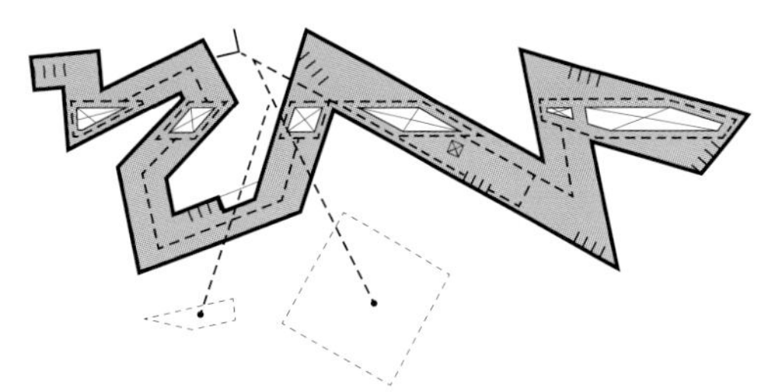

环境多样性

狭长、不连续的对角线窗户将光线引入展览空间，相比之下，墙壁显得更暗。建筑的整个空间都采用了人工照明。

展览的灵活性

这3条路线旨在分别展示犹太人在德国历史与文化的延续、被迫离开德国移居海外与大屠杀中的经历。若在其他地方重复这种结构，则这些路线可以用于展示3个独立的展览。

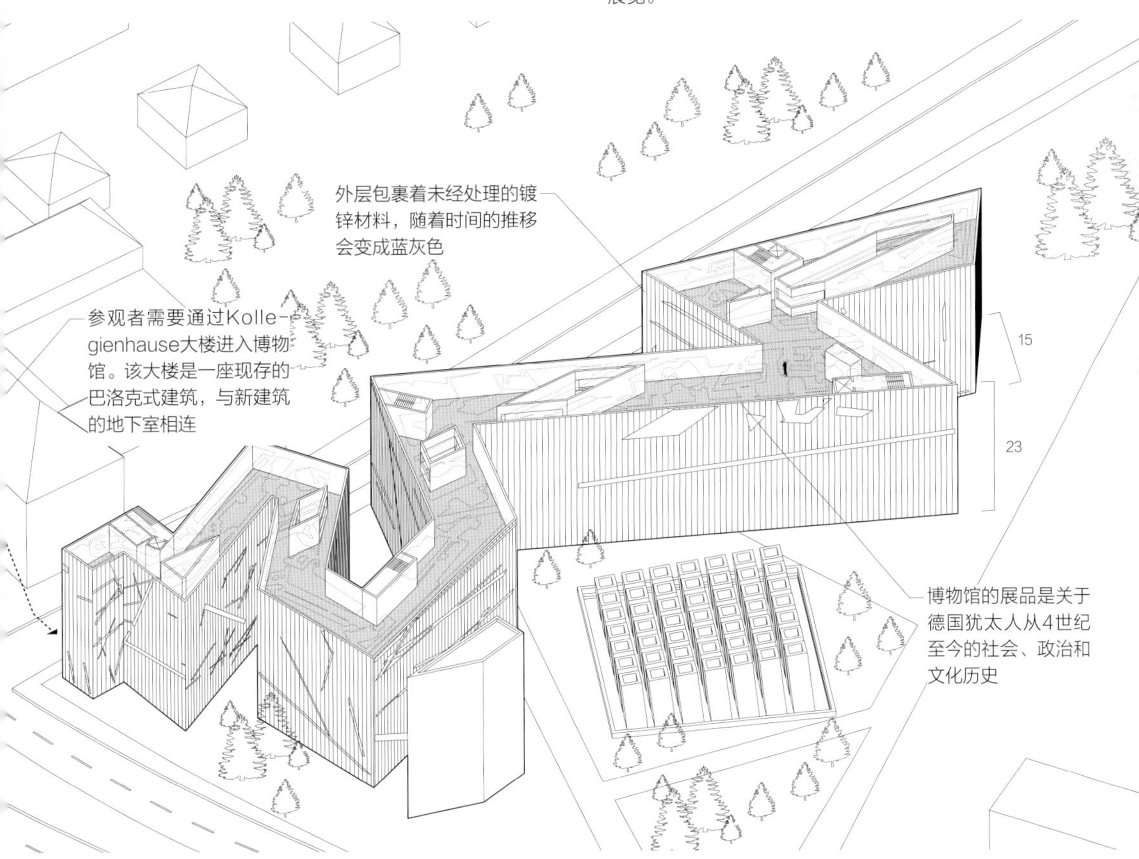

外层包裹着未经处理的镀锌材料，随着时间的推移会变成蓝灰色
参观者需要通过Kolle-gienhause大楼进入博物馆。该大楼是一座现存的巴洛克式建筑，与新建筑的地下室相连
15
23
博物馆的展品是关于德国犹太人从4世纪至今的社会、政治和文化历史

柏林犹太博物馆是一座4层板楼，平面为锯齿状，位于地下层之上。一楼的入口连接着3条地下通道：一条通向展览空间（延续之路），另一条通向建筑的外面和花园（流亡之路），第3条通向大屠杀塔（大屠杀之路）。一个名为“大屠杀空白空间”的中庭穿过了锯齿状的平面。在这里，游客可以从60座桥中选择从哪一座穿过。这座建筑是用混凝土板和墙壁建成的，这使得展览空间没有柱子。此外，现浇的混凝土墙可使窗户安装在任何位置，并独立于楼层内部的布局。然而，结构从窗户开口显露出来，导致结构、窗口和饰面层之间的整体脱节。室内大部分的空间是昏暗的，轨道照明位于混凝土天花板内。因此，柏林犹太博物馆的外部呈现出锯齿状、矛盾、锐利的效果，而内部则具有棱角、复杂性与倾斜的效果。

扎哈·哈迪德建筑事务所 | 河岸运输博物馆 | 苏格兰格拉斯哥 | 2004年

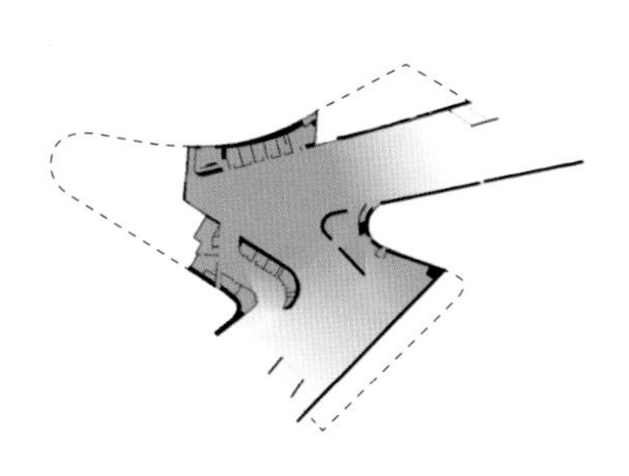

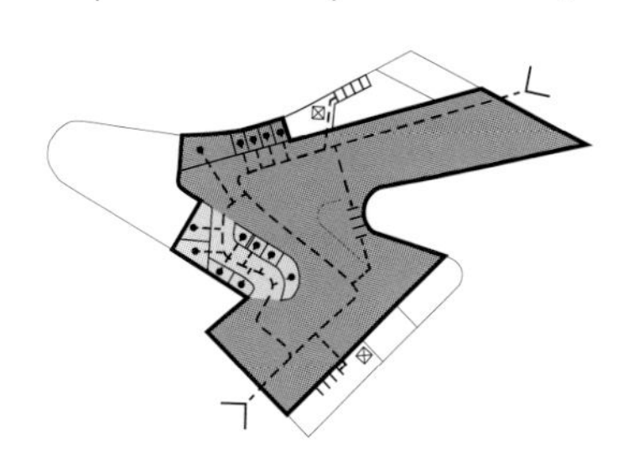

境多样性

个玻璃入口的正面接收自然光，其余展览空间是人工照
的。

展览的灵活性

两端的入口通向主要的展览空间，那里是开放的、无柱的。“脊柱甬道”从主空间延伸到位于一楼一侧的较小附属房间。这些使博物馆能够举办各种规模的展览。

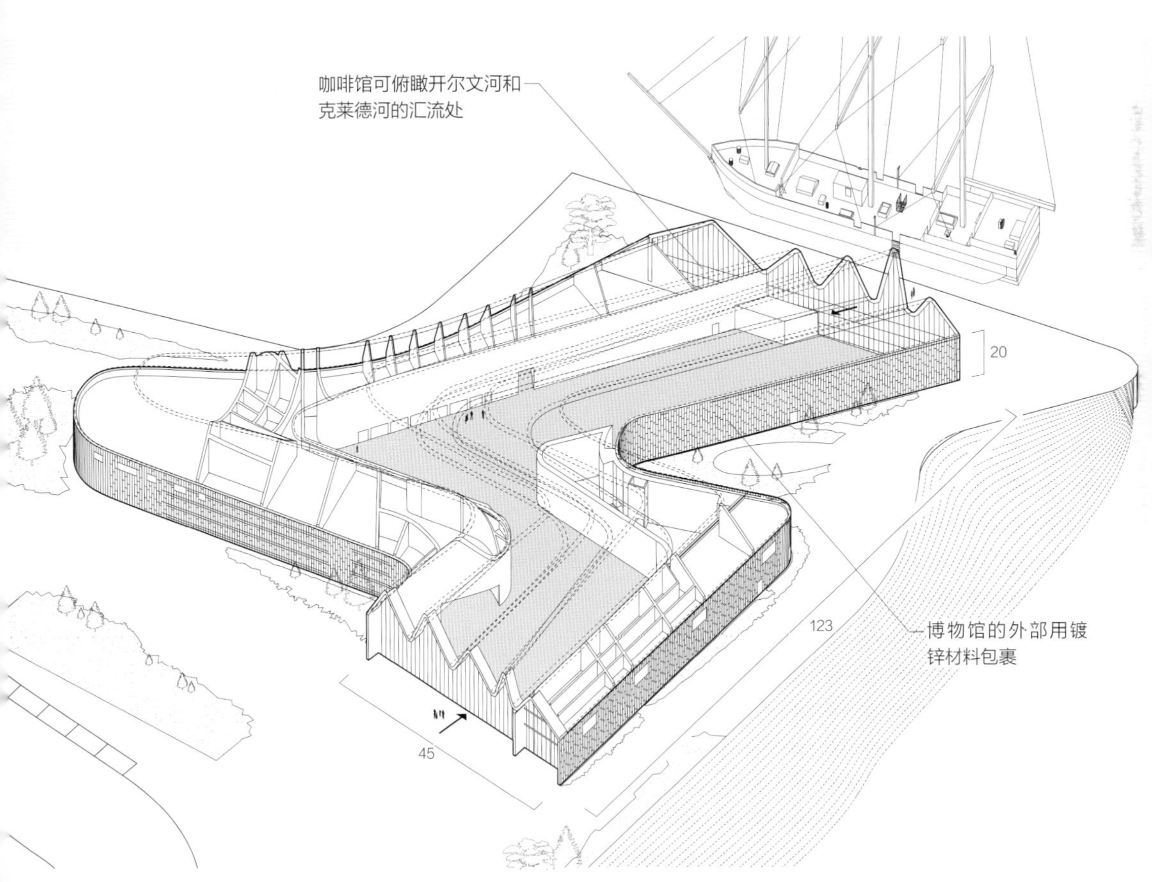
咖啡馆可俯瞰开尔文河和
克莱德河的汇流处
20
123
45
博物馆的外部用镀
锌材料包裹

岸运输博物馆是一个用来观看展览的板楼，有一个褶皱的屋顶和一个沿其长度两次弯曲的平面。这幢建筑有一个3层高的展览空间，平面的弯曲轮廓分为两部分，两边各有一个较小的带状空间被分成3层。其中一侧的带状空间容纳了第1层的单元式陈列室和机械设备，以便将它从公众视野中移除，另一侧则容纳了行政功能区。屋顶结构被设计为一个跨越了其长度的单一门户框架，像一个刚性梁，不是侧墙之间的横梁。钢网桁架作为以脊和谷为形式的梁，跨越了整个弯曲平面。中心空间无柱，为展览空间提供了最大程度的灵活。末端的墙壁是全玻璃的，结构柱支撑着屋顶的锯齿状部分，引入了自然光的同时也提供了外部的景观视野。因此，河岸运输博物馆外观上传递了弯曲和褶皱的效果，而在内部则传递着开放性、曲线性和流动性的效果。

戈登·邦沙夫特、SOM建筑事务所 | 赫希宏美术馆 | 美国华盛顿特区 | 1971年

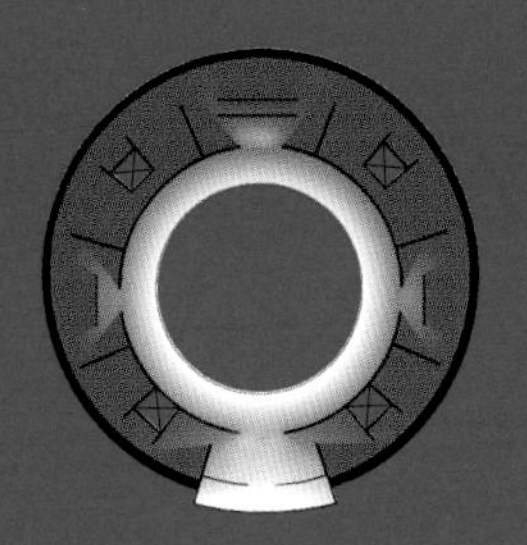

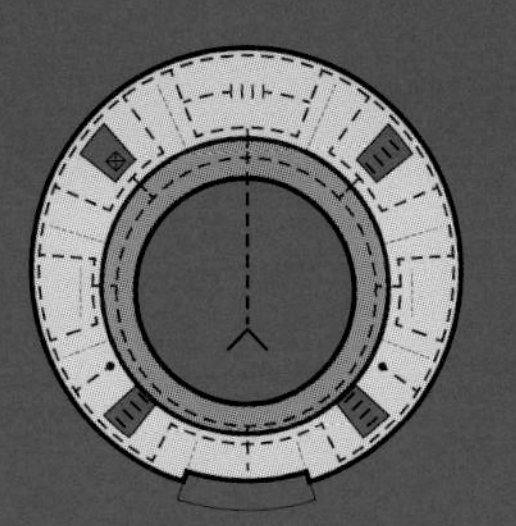

环境多样性

来自庭院的光照亮了内环陈列室，但是外环空间上的陈列室没有自然光，因此博物馆可以展出需要昏暗环境的画作和媒体艺术。

展览的灵活性

在地面层以上，陈列室是围绕着两个同心圆环路组织起来的，这些环路连接着一组自动扶梯和4个楼梯间。尽管限定的圆形平面更适合在每一层举办同一个展览，但也可以同时举办两个不同的展览。

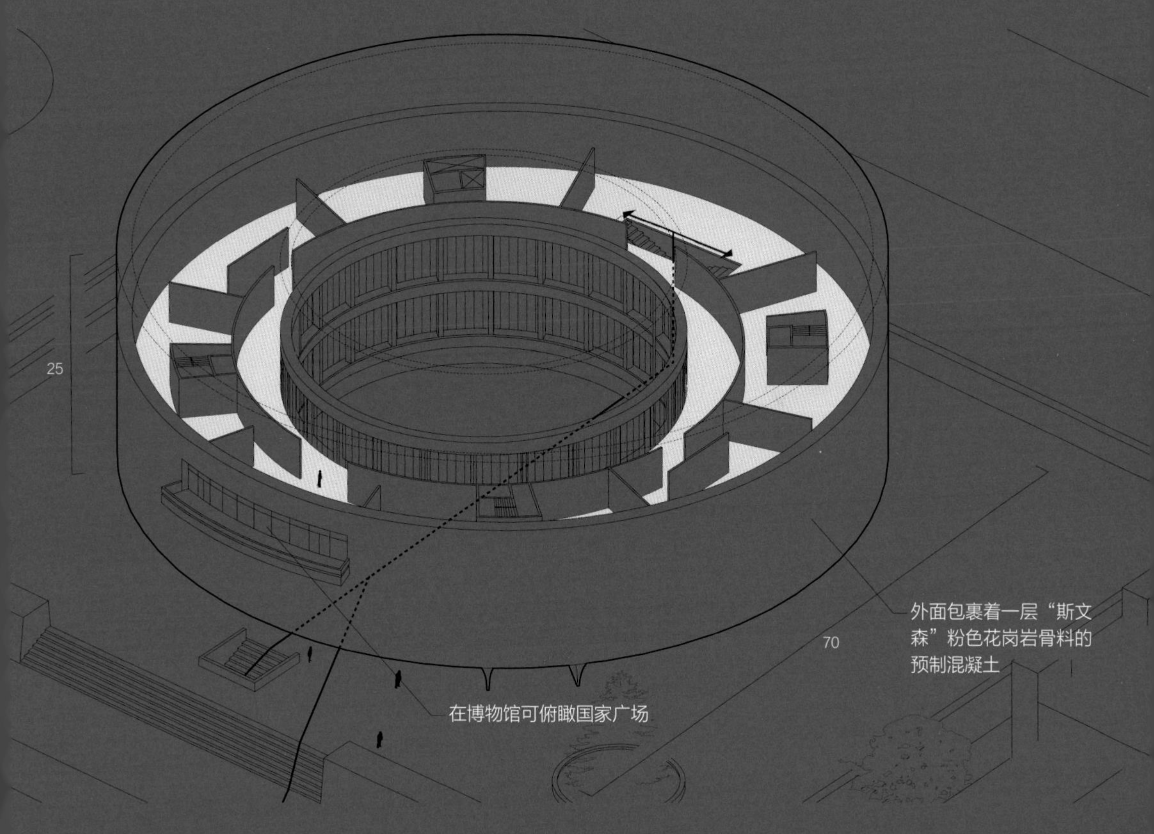
25
70
外面包裹着一层“斯文森”粉色花岗岩骨料的预制混凝土
在博物馆可俯瞰国家广场

希宏美术馆是一个3层高的混凝土空心圆柱体建筑，位于地下层之上，用来观看展览。地下室正面是一个下沉的雕塑花园，里面有礼、博物馆商店、艺术品保存实验室、工作室、仓库和其他服务区。入口层上方，圆柱体建筑由4根雕塑柱支撑，参观者可以在圆形的架下观赏喷泉广场，也可以进入玻璃围合的大厅，那里有自动扶梯通向所有的楼层。上面的楼层横跨在建筑的圆形墙壁之间，两层在口的正上方，一层在其下方。室内没有柱子，有深方格天花板。外围的墙是实心的，面对庭院的一侧则装设了落地玻璃墙。陈列室层内面和外面之间的空间被一堵分布着开口的实墙分割开来形成一个连续的、自然照明的陈列室，其侧面的陈列室则采用人工照明，并细分为可从主陈列室进入的放射状的小房间。因此，赫希宏美术馆的外部呈现了防御性、环状、漂浮的效果，而内部则具有同心度、暗可变性的效果。

BIG建筑事务所 | 格陵兰国家美术馆 | 格陵兰努克 | 2011年

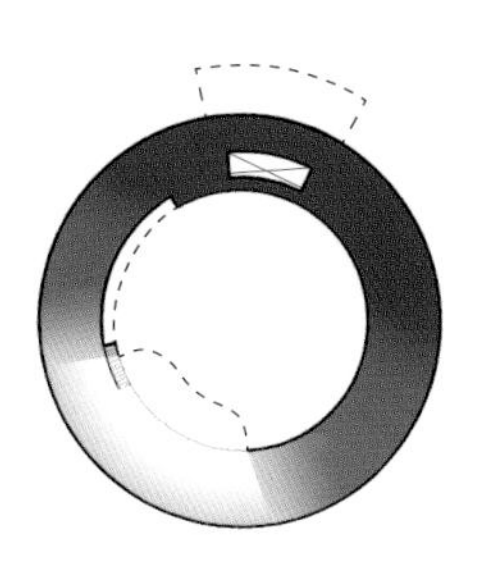

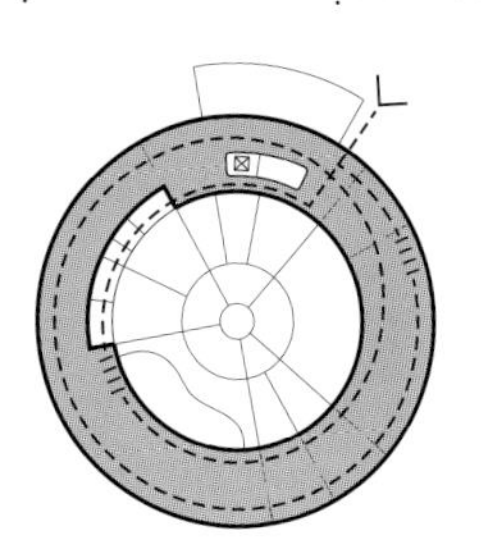

境多样性

院里的光线照亮了一半的展览空间；另一半展览空间在下，没有自然光。这使博物馆能够陈列各种类型的展。

展览的灵活性

单一楼层的展览空间的连续性，以及不同的天花板高度和照明条件，赋予了博物馆极大的灵活性，使它能够以不同的方式被细分，容纳不同类型和不同规模的艺术。

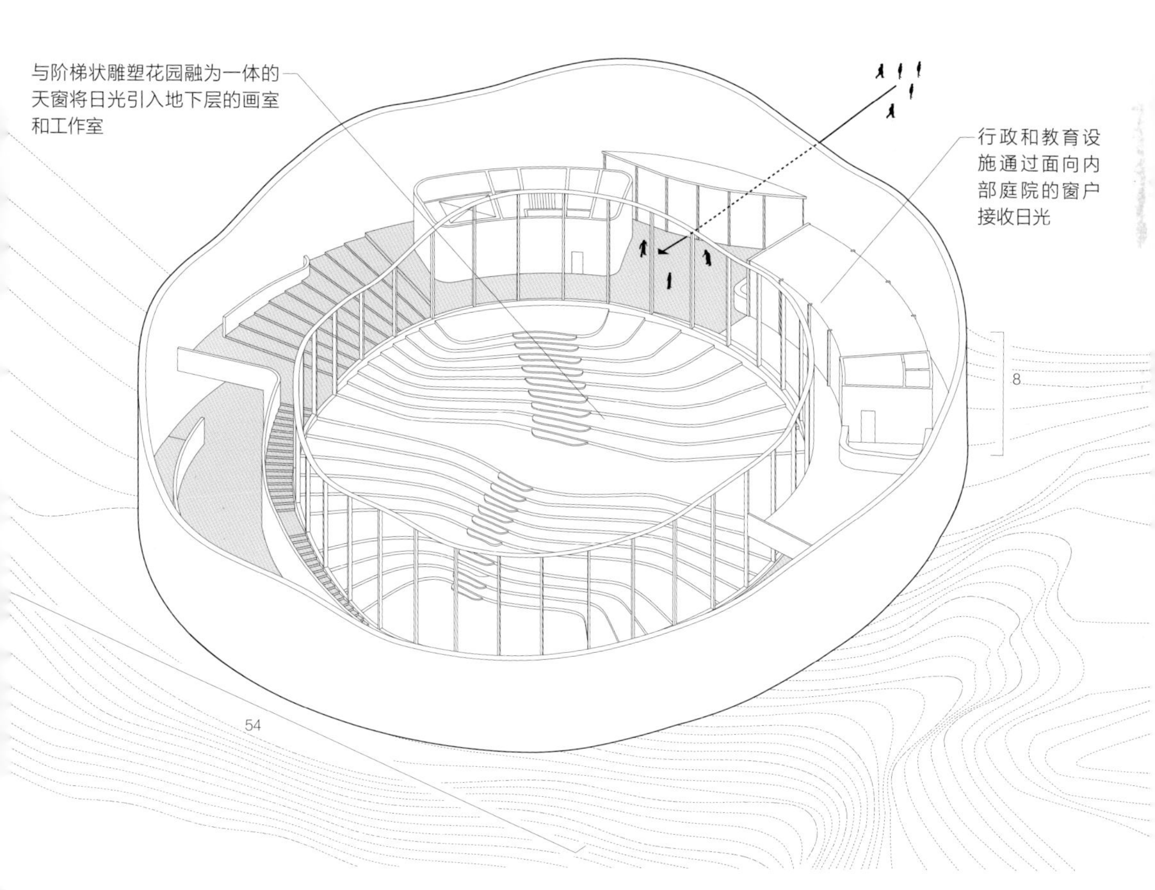
与阶梯状雕塑花园融为一体的天窗将日光引入地下层的画室和工作室
行政和教育设施通过面向内部庭院的窗户接收日光
8
54

陵兰国家美术馆是一座用于观展的3层高倾斜空心圆柱体建筑。这座建筑坐落在一个陡峭的场地，可以俯瞰峡湾的景观。在内部，斜被用来在不同楼层、不同高度的陈列室和一个室内雕塑花园之间建立连接。游客们将通过一个由外墙轻微提升而形成的有顶开口进入于坡顶的博物馆。在这里，他们可以越过博物馆倾斜的屋顶眺望峡湾。沿入口两侧外墙的圆形坡道引导游客到达下面一层，它占据了半的环形楼板空间以容纳礼堂、行政及服务设施。游客也可沿圆形坡道步入更下一层，那里是展览空间。围绕雕塑花园旋转，花园的半为双层通高，暴露在自然光下，另一半为单层高度，采用人工照明。因此，格陵兰国家美术馆的外部传递了防御性、环状、斜坡的果，而内部则具有同心度、内外渗透的效果。

效果

正交性、沉重感、密闭度、开放性、灵活性、重复性、方格天花

马歇·布劳耶、汉密尔顿·史密斯 | 惠特尼美国艺术博物馆 | 美国纽约州纽约市 | 1963年

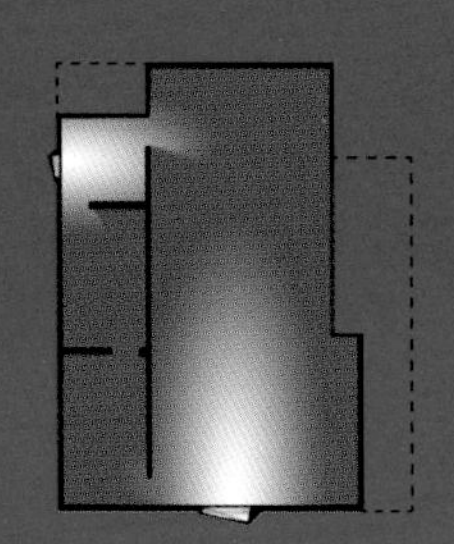

环境多样性

7扇朝北的小窗户只能接收极少自然光。

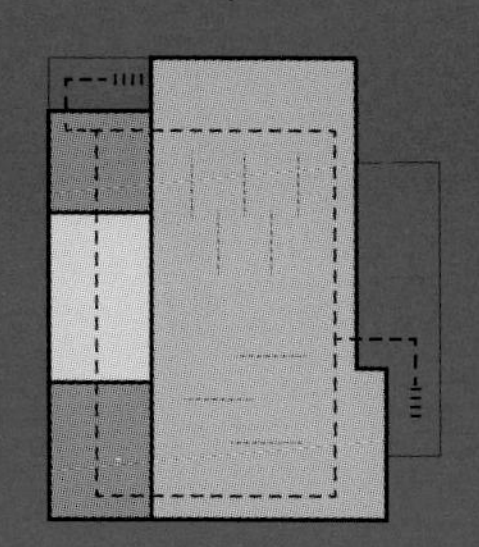

展览的灵活性

每一层都有一个环路，连接主陈列室和2～3个较小的房间，因此每一层都可以举办一个单独的展览。

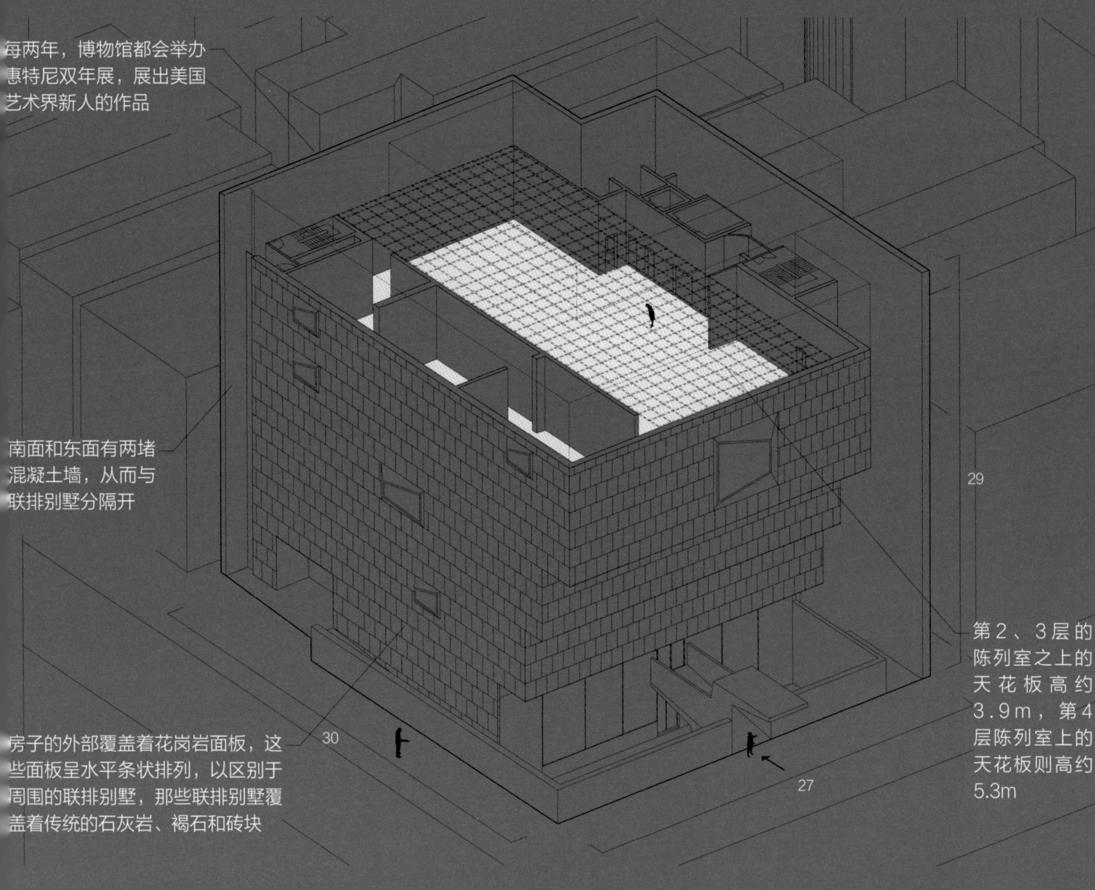

每两年，博物馆都会举办惠特尼双年展，展出美国艺术界新人的作品
南面和东面有两堵混凝土墙，从而与联排别墅分隔开
房子的外部覆盖着花岗岩面板，这些面板呈水平条状排列，以区别于周围的联排别墅，那些联排别墅覆盖着传统的石灰岩、褐石和砖块
30
27
29
第2、3层的陈列室之上的天花板高约3.9m，第4层陈列室上的天花板则高约5.3m

特尼美国艺术博物馆是一座4层楼的展馆，位于两层地下室之上，地下室里有一家餐厅、一家商店，还有储藏室和服务区。博物馆的入从地块边界往后退让，为下层创造了一个下沉的庭院。一楼的入口大厅与电梯相连，并通向一个安置主楼梯的独立体量。主体部分的墙和西墙起到了混凝土桁架的作用，这些桁架横跨在由钢筋混凝土制成的承重的南墙和北墙上。建筑上面几层由大型开放式陈列室成，采用预制混凝土的悬挂式网格天花板，这样的设计用于支撑可移动的墙壁面板、提供灵活的照明，以满足不断变化的展览。上面层的每一层都向外悬挑，且伸出其下方的楼层。这些陈列室通过7个突出的窗户接收很少的日光，窗户的间隔不规则，呈梯形。因此，特尼美国艺术博物馆的外部传递了正交性、沉重感和密闭度的效果，而内部则具有开放性、灵活性、重复性和方格天花的效果。

FMA建筑事务所 | 克利夫兰当代艺术博物馆 | 美国克利夫兰 | 2006年

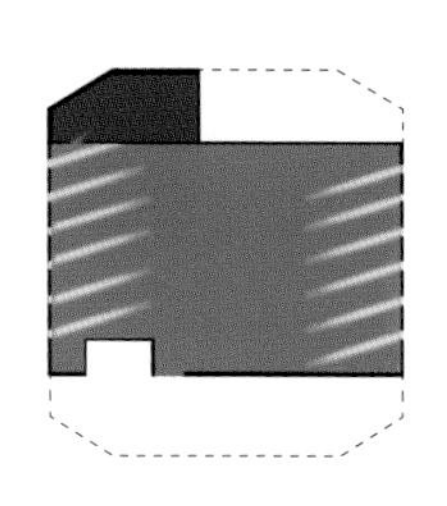

境多样性

筑内包含自然或人工照明的空间，不同尺寸的空间，以有空调和没空调的空间。博物馆可以展出多种类型的当艺术。

展览的灵活性

双层楼梯为每个博物馆楼层提供了两个不同的入口点，因此博物馆的各个楼层可以同时用于社交和艺术功能。

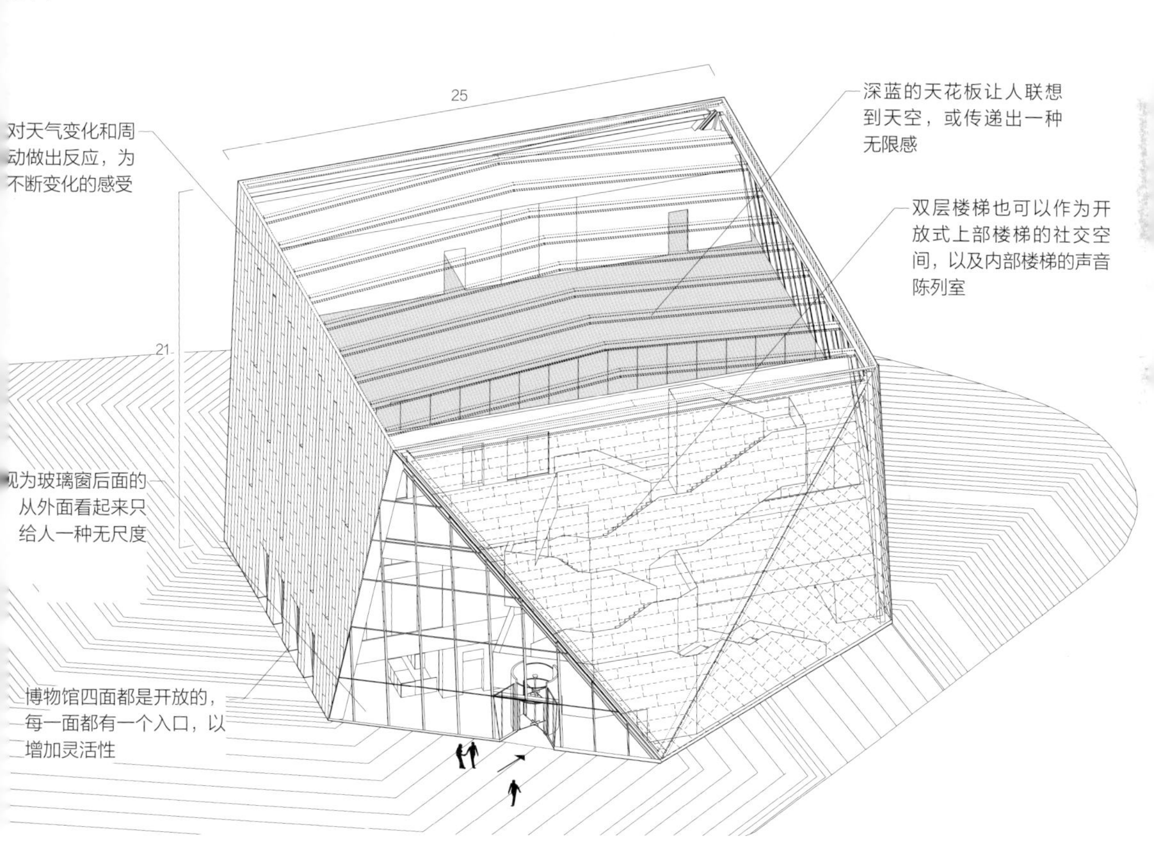
25
21
对天气变化和周
动做出反应，为
不断变化的感受
深蓝的天花板让人联想
到天空，或传递出一种
无限感
双层楼梯也可以作为开
放式上部楼梯的社交空
间，以及内部楼梯的声音
陈列室
见为玻璃窗后面的
从外面看起来只
给人一种无尺度
博物馆四面都是开放的，
每一面都有一个入口，以
增加灵活性

利夫兰当代艺术博物馆是一个4层楼的展馆。它由第1层的六角形过渡到第4层的正方形，形成一个八面水晶体形态。建筑的7个面都盖了黑色镜面不锈钢面板。它们以一种对角线的方式排列，遵循了外围护的钢结构，似乎不受地心引力的影响。博物馆的主要入口设朝北的通体镶嵌玻璃的第8面。在这里，游客进入紧邻4层楼的一个狭窄的4层中庭，4个楼层净高各不同。在外表皮的内面，显露出结构被漆上一种色调浓烈的蓝色防火漆。一段双层楼梯自动回转，以到达上层房间与顶层的展览空间，这是一个带有大跨度屋顶的开式空间。屋顶的结构被漆成和墙壁一样的深蓝色，以替代这种传统想法：陈列室是一个封闭的白色立方体。每一层通过对角窗户接收然光。这些窗户是不锈钢镜面的，彼此平行排列，映照出街道和天空的片段，虚化了周边墙体的厚度感。因此，克利夫兰当代艺术博馆的外部传递了结晶体、遮盖和反射性的效果，而内部则具有无限、灵活和多样性的效果。

效果

朴素、正交性、中空、温暖感、明亮、清晰

路易斯 · 康 | 耶鲁大学英国艺术中心 | 美国纽黑文 | 1968年

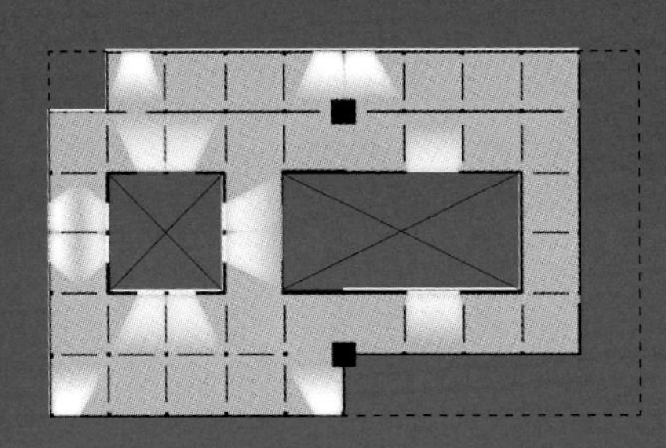

环境多样性

有两种不同的照明条件：第2层和第3层从两个中庭接收光线，而第4层从中庭和天窗接收光线。

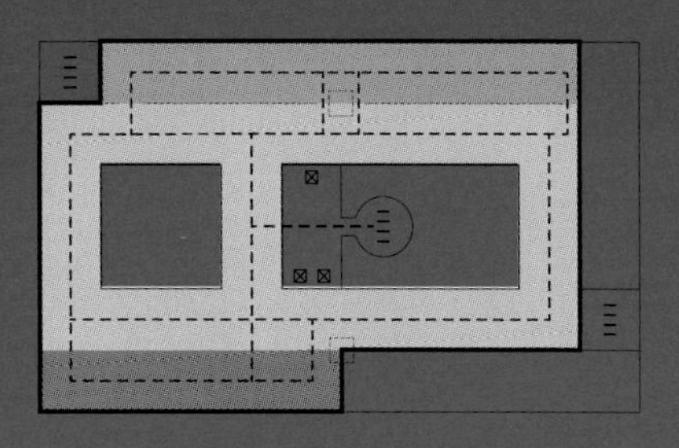

展览的灵活性

在每一层，环路都起始并终止于两个中庭之间的中央核心筒。

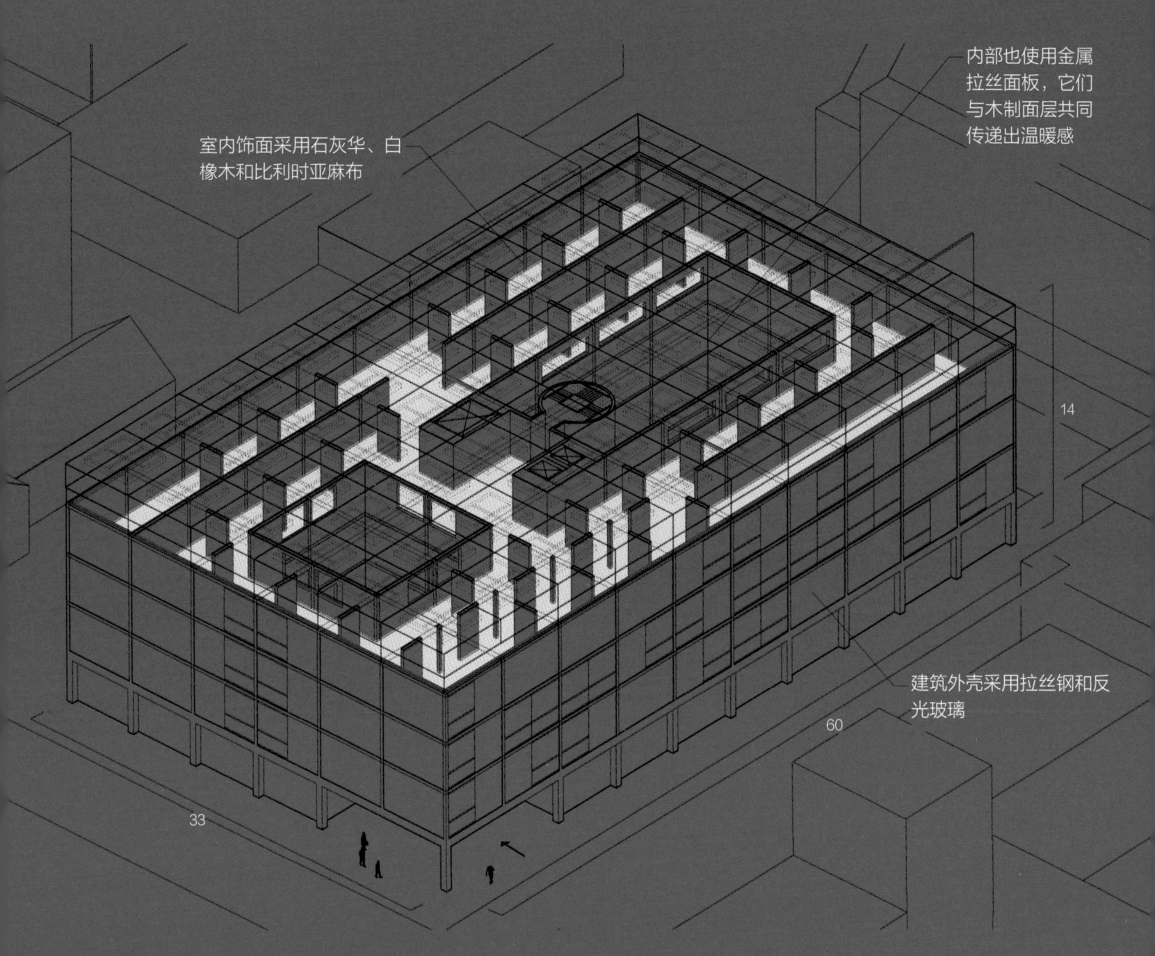
室内饰面采用石灰华、白橡木和比利时亚麻布
内部也使用金属拉丝面板，它们与木制面层共同传递出温暖感
14
建筑外壳采用拉丝钢和反光玻璃
60
33

耶鲁大学英国艺术中心是一座4层楼的建筑。它的矩形楼层围绕着两个庭院，有一个方格天花的天窗系统，提供散射自然光，人工照明只在阴天或晚上使用。顶层陈列室与其他楼层的陈列室有所区别，因其有方格天花的天窗，所以具备了额外的高度。而其他陈列室楼层是相同的，结构网格将它们细分成一系列相互连接的矩形和正方形的陈列室，俯瞰着中央庭院。设在一个凹角的入口通向入口庭院。因此，耶鲁大学英国艺术中心的外部传递了朴素和正交性效果，而内部则具有中空、温暖感、明亮和清晰的效果。

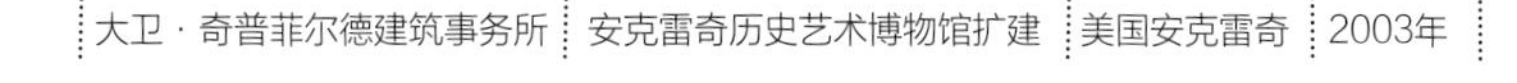

大卫·奇普菲尔德建筑事务所
安克雷奇历史艺术博物馆扩建
美国安克雷奇
2003年

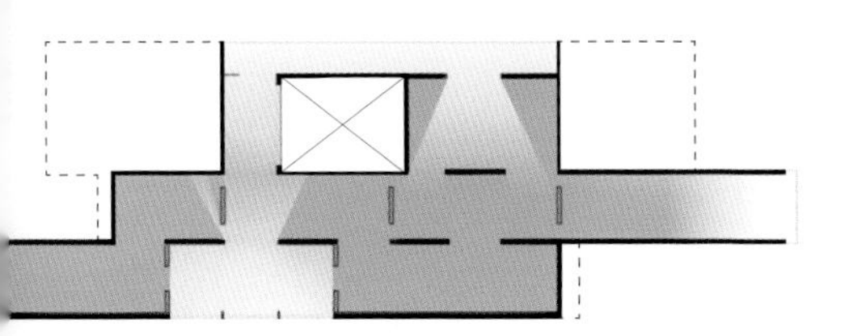

境多样性

1个板块内的陈列室完全外覆玻璃，而在第4个板块内的列室则局部外覆玻璃。由于这4个体量的偏移，光线穿过围的暴露区域进入建筑的中心。

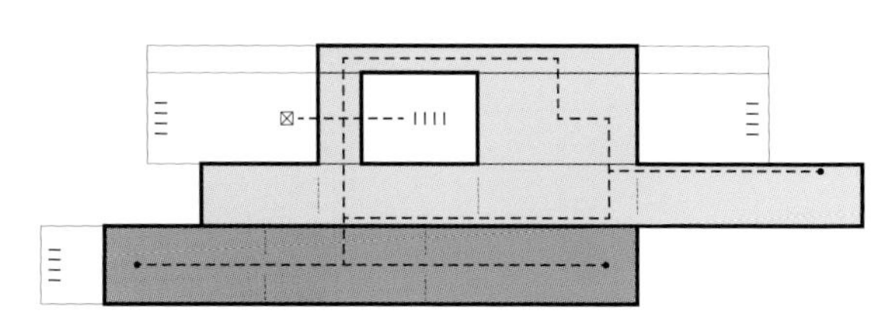

展览的灵活性

由于狭长的展览空间相互开放，并与中央楼梯相连，每一层都可以举办两个展览，方法是将楼层分成两部分，每个部分横向或纵向地围绕着楼梯组织。

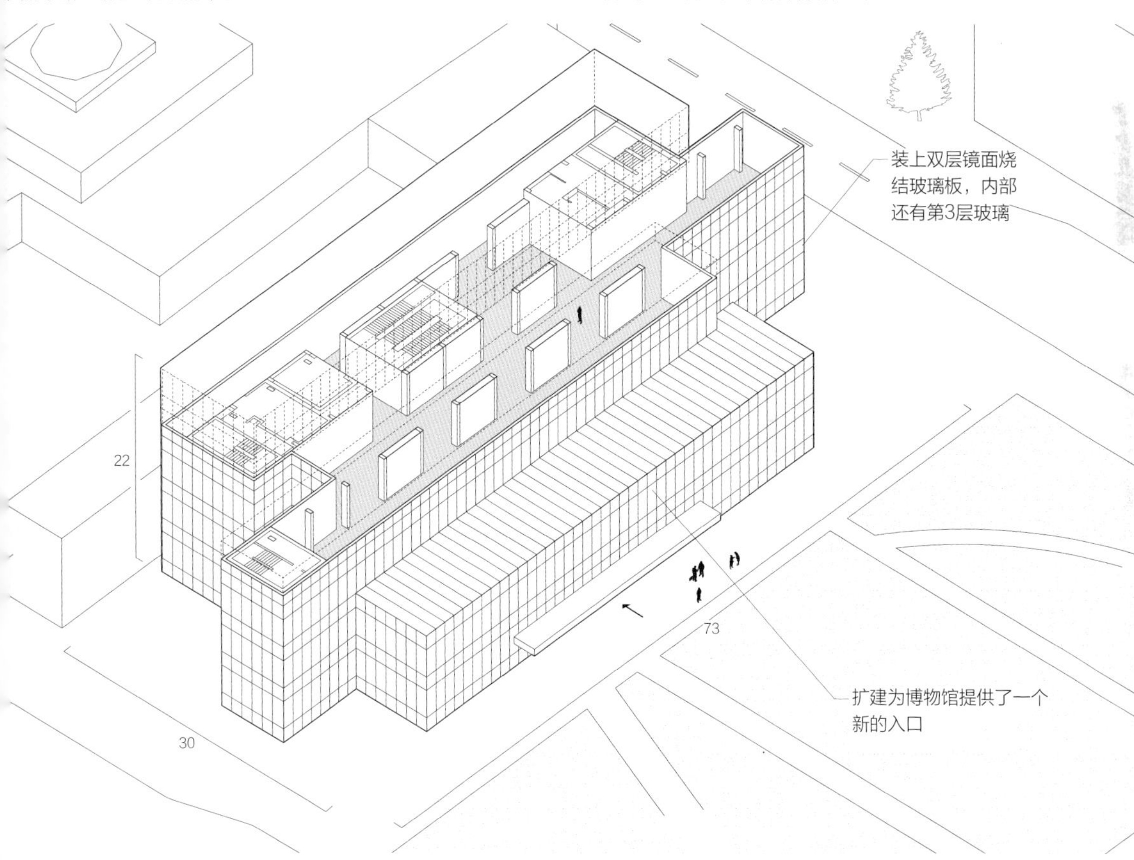

克雷奇历史艺术博物馆扩建是除现有博物馆之外的一栋4层楼的建筑。扩建部分由5个平行排列的板块组成，分别为2至4层高，它们大小与现有建筑的西侧几乎相同。这些板块具有的简单框架结构，被夹在独立的墙体中（但不隐藏），这些板块相互连接。在第1，5个板块中的4个容纳展览馆。在上面的楼层，5个板块中的两个容纳展览馆。教育与行政空间占据了较低的两层楼。主楼梯连接着个新的北极研究中心的入口、办公室、一个儿童陈列室、一系列临时陈列室和几个精彩的景点。不同的是，原博物馆是用砖石建造，扩建部分被包裹在双层镜面烧结玻璃中，而第3层玻璃围合着一个狭窄的被加热的空间，以防止冷凝，那里的立面是透明的。镜面结玻璃使建筑体块具有反射性，有助于其更好地融入外部环境。在不需要日光的位置，玻璃层被衬上一层不透明层。安克雷奇博物馆扩建工程在外部传递了表面闪烁、横条状和互动性的效果，而内部则具有轴对称和多孔的效果。

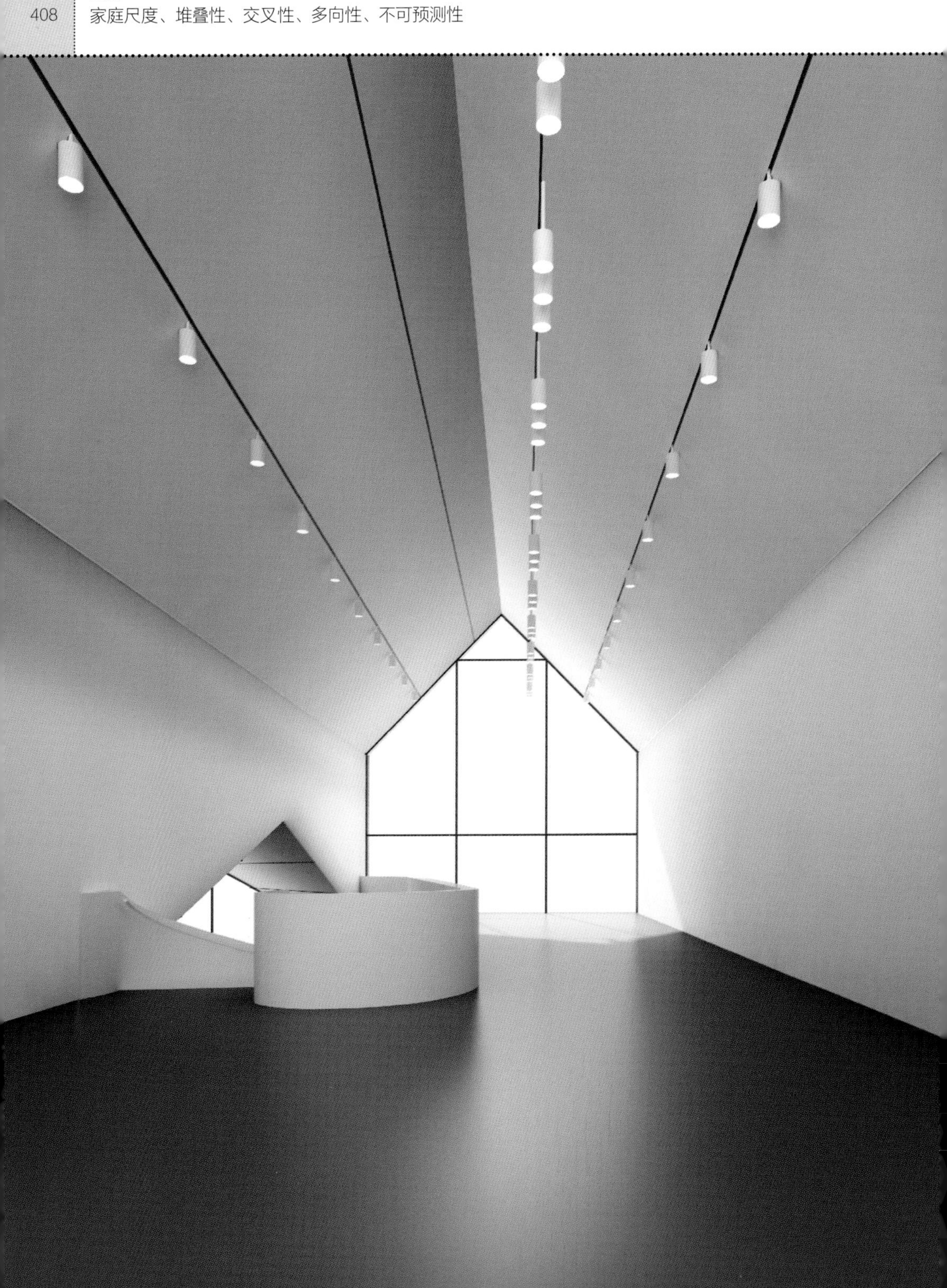

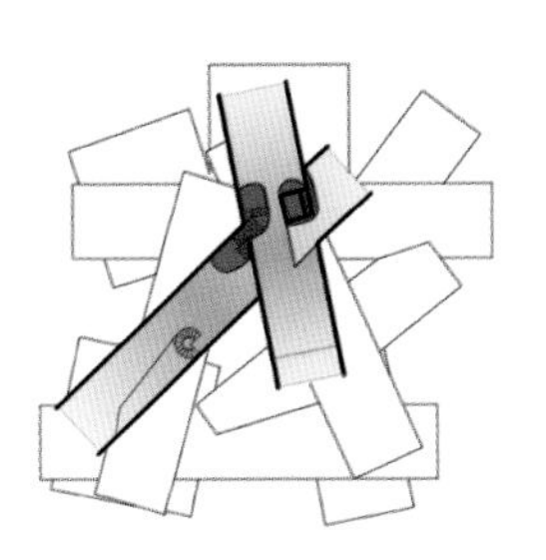

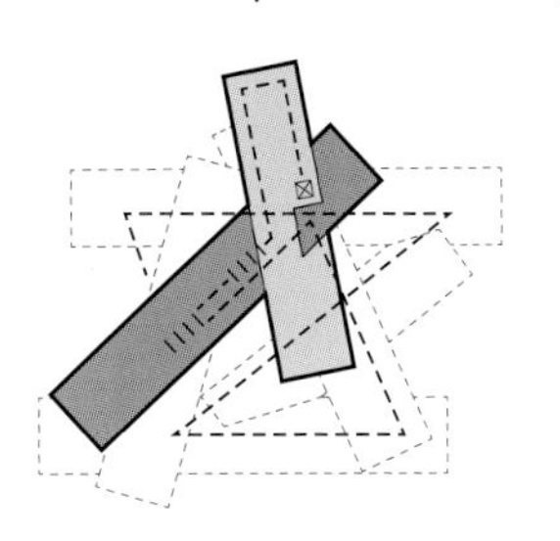

环境多样性
陈列室的每一端都有落地窗,因此光照强度向每一体块的中间逐渐减弱。

展览的灵活性
陈列室的4个楼层是由交叉的板块组成的。由于板块既独立又彼此相连，内部的陈列室可单独或结合起来使用。

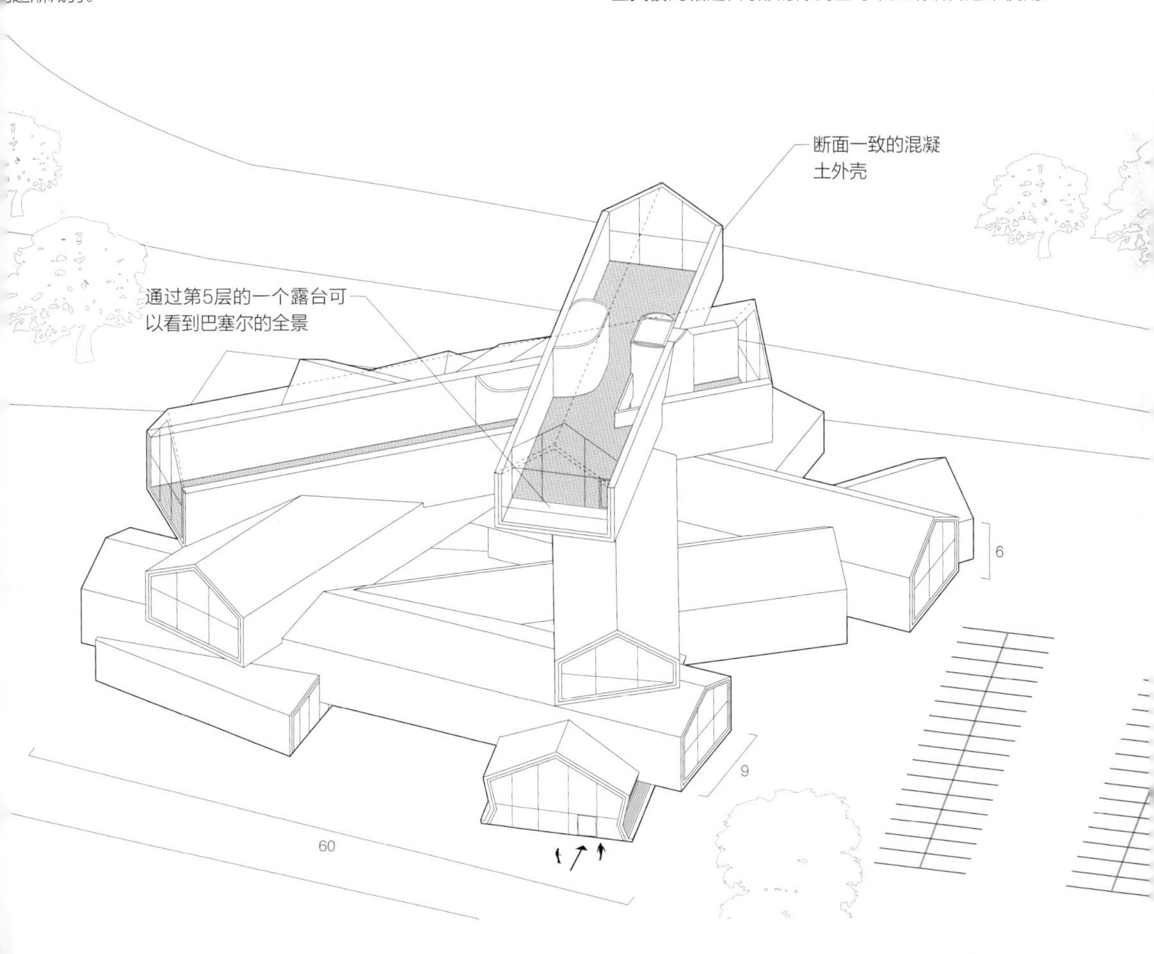
断面一致的混凝土外壳
通过第5层的一个露台可以看到巴塞尔的全景
6
9
60

维特拉家居设计博物馆是一座5层楼的建筑，用来展示维特拉公司的家居设计。这座建筑由12个独立的“房屋”（即板块）组成，带有倾斜的屋顶，以交叉的方式叠在一起，形成巨大的悬臂部分。每座板块都被设计成一个断面一致的混凝土外壳，其中有一个开放式的空间，开放的玻璃末端提供了观赏周围壮观景象的视野。这些板块的交点产生了一个空间序列，彼此以不可预测的方式相连。参观者乘电梯来到第4层，向下走时，他们会发现一条穿过不同板块的环形路线，沿途也能不断捕捉到风景中的独特景观。因此，维特拉家居设计博物馆的外部传递了家庭尺度、堆叠性和交叉性的效果，而内部则具有多向性和不可预测性的效果。

弗兰克·劳埃德·赖特 纽约古根海姆博物馆 美国纽约 1943年

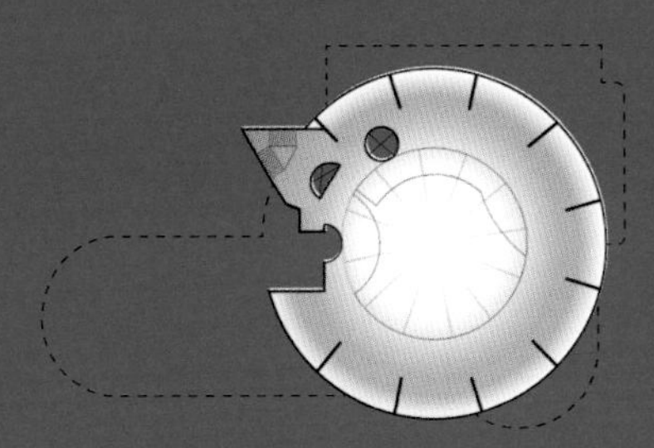

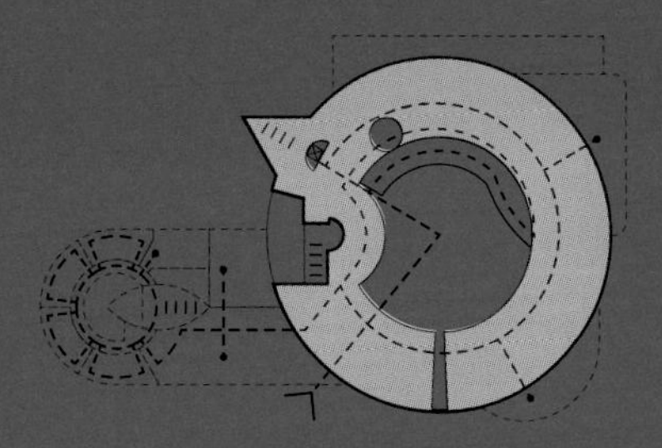

环境多样性

自然光通过玻璃圆顶和侧壁龛上方的带状天窗洒入博物馆内。圆形大厅不适用于展出新媒介，除非添加额外的元素来阻挡光线，比如2013年詹姆斯·特瑞尔的《太阳神阿顿的统治》（Aten Reign）装置作品在圆形大厅展览，将其转变为一个充满变化的人工照明和自然光相结合的空间。

展览的灵活性

一个单独的圆形斜坡沿着博物馆的整个截面展示艺术，并连接到一个次级的3层展览厅。它们一起可以举办不同的展览。当展览需要更多的楼层或墙壁空间时，附加的塔楼提供了矩形的空间。

这座塔楼是用石灰岩
建成的
最初的方案就包含了
10层的塔楼。1992
增建了一幢8层附属
，由格瓦德梅－西格
合建筑事务所设计，
供更多的陈列室空间
35
60
16

约古根海姆博物馆是一座6层的供观展使用的圆形混凝土建筑。这座建筑的单一空间内有一个连续的斜坡（402 m长），随着盘旋上-6层至一个玻璃圆顶，这个斜坡的直径逐渐增大。艺术品陈列在沿着斜坡的墙壁上，以及延伸到斜坡之外的凹室或陈列室的倾斜墙壁。传统的门廊相通的套间排列布置，游客通过一系列相互连接的房间后，想要离开就需要原路返回。古根海姆博物馆颠覆了这一惯，游客可以乘坐电梯到达顶层，沿着平缓的斜坡走下去，在那里他们不仅能看到近旁的艺术品，还能看到不同楼层空间内的展品。坡也是一个社交空间，让博物馆里的所有人都有了身体和视线上的接触。外部的混凝土外壳和内部表面都被漆成白色。博物馆的外部和部没有区别，再加上参观者进入博物馆时所见到的巨大中庭，让博物馆有了一个公共广场的感觉。因此，纽约古根海姆博物馆的外部递了圆形、盘旋、旋转和凸起的效果，而内部则具有螺旋上升、倾斜和自然照明效果。

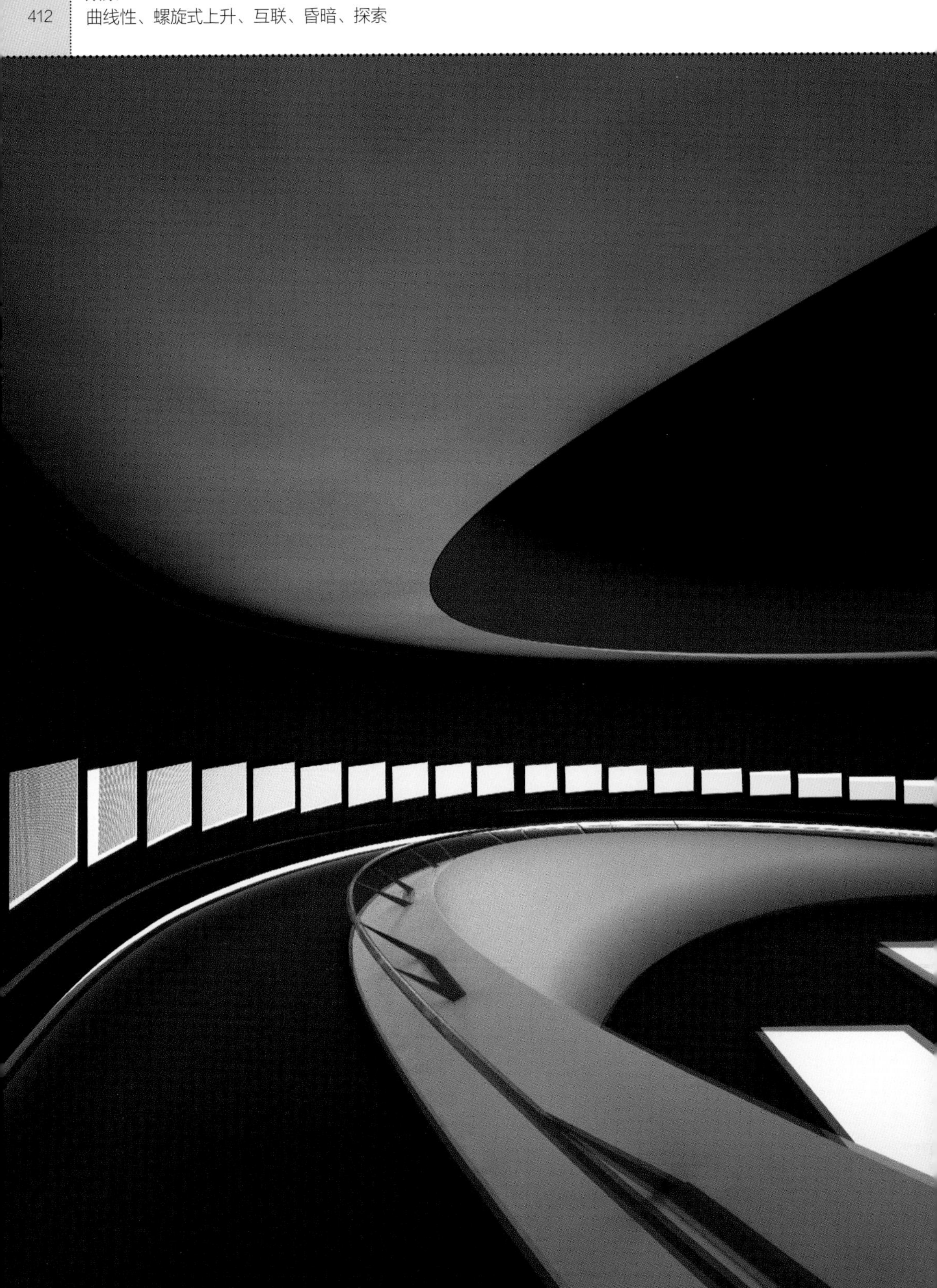

UNstudio | 梅赛德斯-奔驰博物馆 | 德国斯图加特 | 2001年

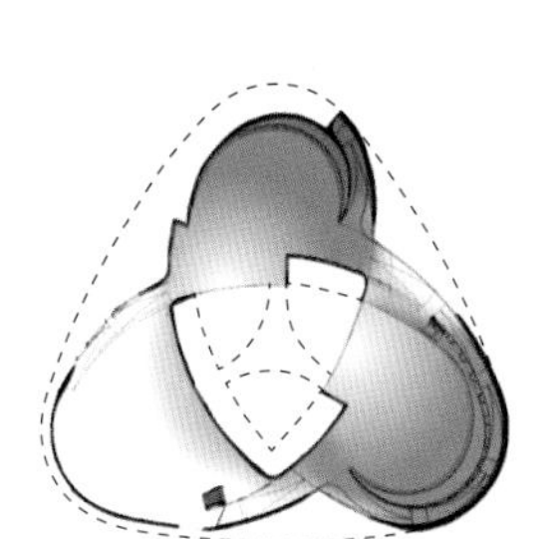

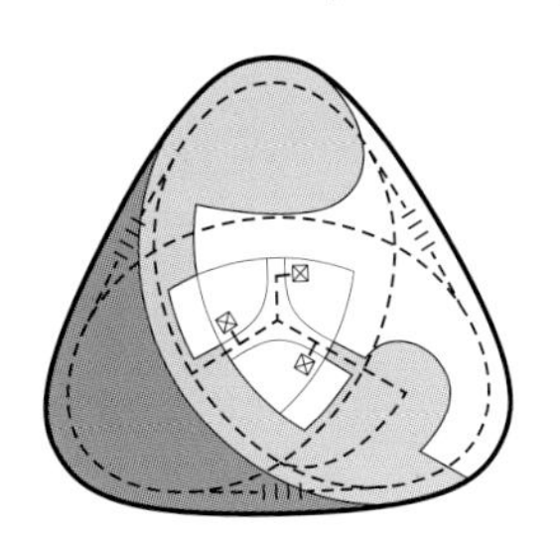

境多样性

楼梯参观的展厅是自然照明的，而走斜坡参观的展厅则人工照明，这为博物馆提供了两种不同的展览环境。

展览的灵活性

尽管博物馆采用了螺旋式的参观路线，但展厅平台仍是水平的，可以陈列大型展品。此外，两条参观路线使博物馆可以同时举办多个展览。

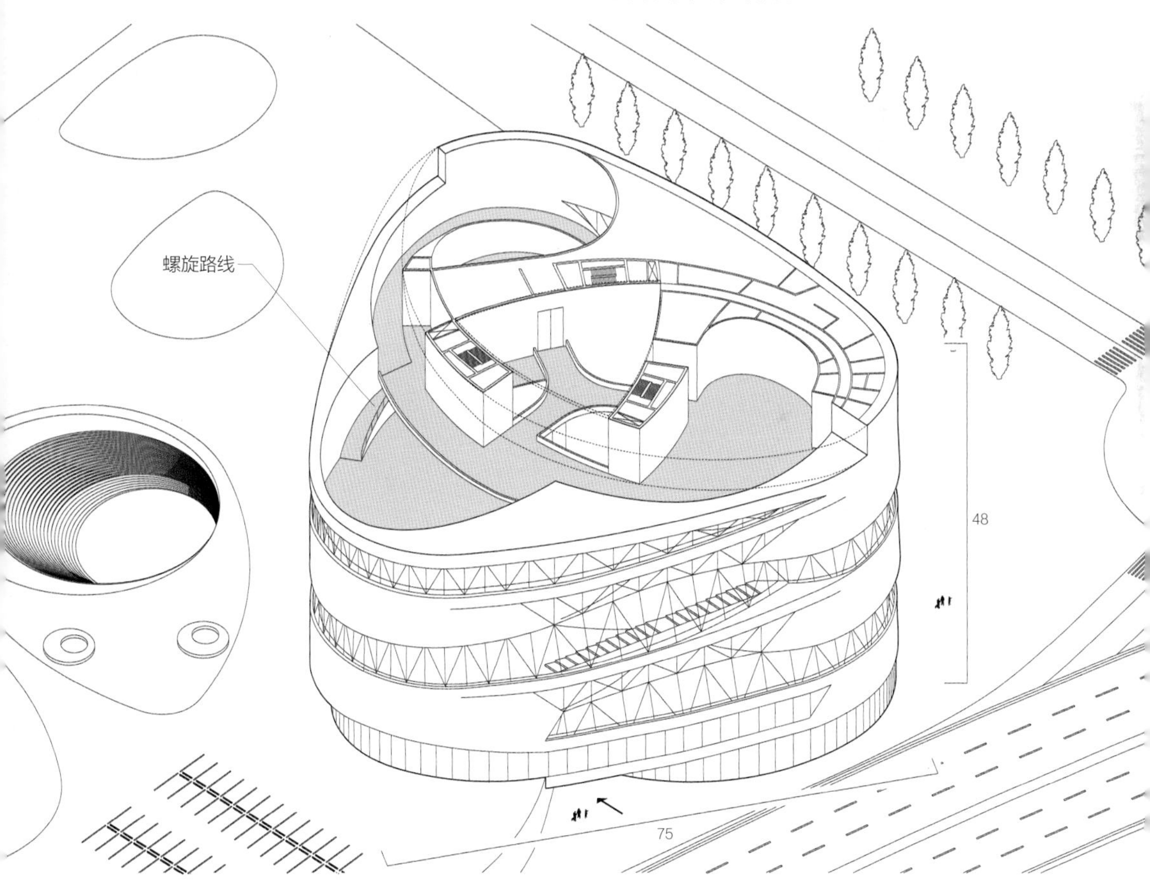

赛德斯-奔驰博物馆是一座9层高的三角形展览建筑。展厅被分成围绕着一个三角形中庭的3个不同平台。参观者首先从中庭前往顶，在那里他们可以沿着两条螺旋形的路线下行，一条沿着斜坡，另一条通过楼梯。一条路通向面向中庭的空间，并对外封闭，另一条通向隐藏在中庭之外的空间，并暴露于周围的玻璃墙。这些路线因其高度和照明方式（人工和自然光）的区分而有所不同，它们在建物周围盘旋，穿过建筑物，从展厅空间的外部边缘转移到中庭的边缘，在几个点上相互交叉。这两条路线以一种并非显而易见的方交叉在一起，可促使参观者不断探索新的观展路径。因此，梅赛德斯-奔驰博物馆的外部传递了曲线性效果，而内部则具有螺旋式上、互联、昏暗和探索效果。

效果

楔形、雕塑感、韵律感、螺旋式上升、非对称、迂回

阿尔瓦罗·西扎 | 伊贝雷·卡玛戈基金会博物馆 | 巴西阿雷格里港 | 2001年

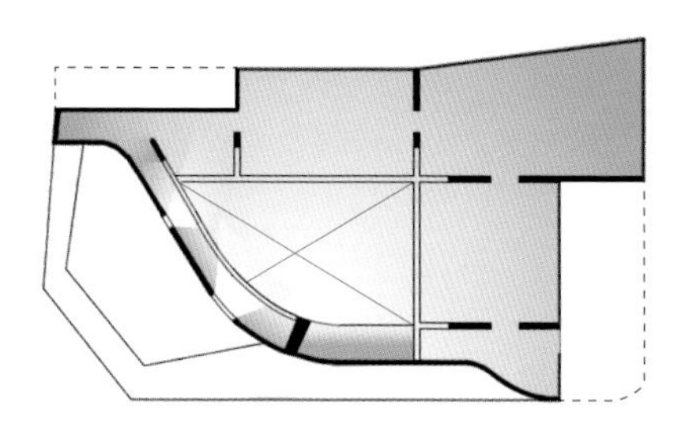

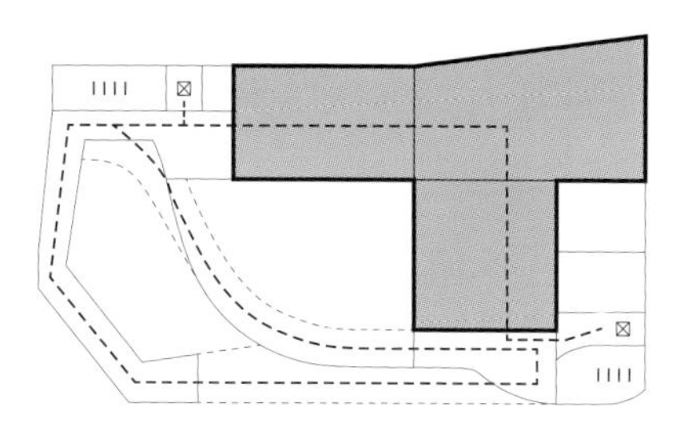

境多样性

物馆内有3种不同的光照条件：中庭和斜坡从窗户接收光，第1至3层接受中庭的漫射光和窗户的直射光，第4层接中庭和天窗的漫射光，以及窗户的直射光。

展览的灵活性

因为斜坡与陈列室是分开的，每一层都有两排电梯，所以每一层都可以举办单独的展览。

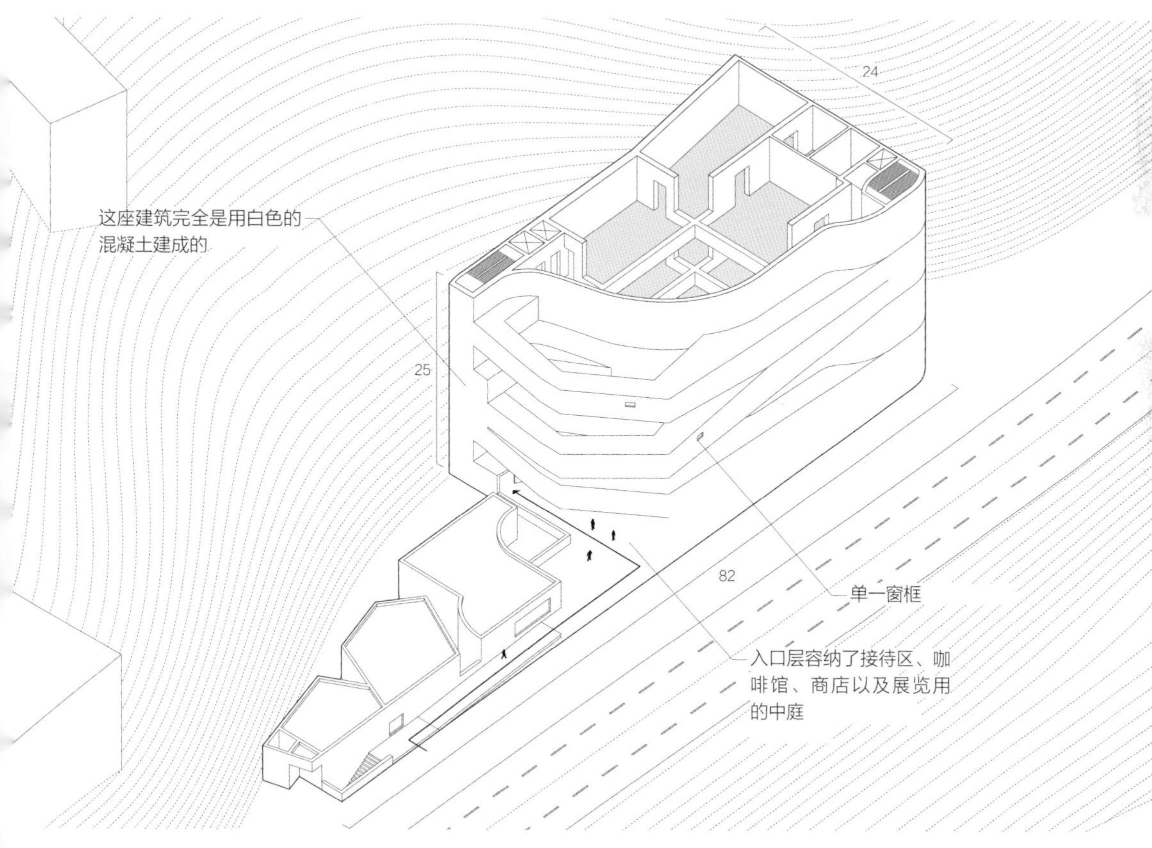
24
这座建筑完全是用白色的混凝土建成的
25
82
单一窗框
入口层容纳了接待区、咖啡馆、商店以及展览用的中庭

贝雷·卡玛戈基金会博物馆是一座4层的三角形建筑，用于观展，位于地下层之上。它是为了保存和推广巴西画家伊贝雷·卡马戈1914—1994）的作品而建造的。每一层都有3个陈列室，围绕着一个通高的三角形中庭，中庭的末端是垂直交通核所在。就像纽约根海姆博物馆一样，电梯提供了通往上层的通道，一系列的斜坡从那里下行通过陈列室。然而，这些坡道就像梅赛德斯-奔驰博物馆的坡道一样，完全是为满足交通功能而设计的。在这种情况下，它们与陈列室分离，甚至从中庭悬挑而出。透过沿着斜坡的单窗可以到河流和阿雷格里港市中心的天际线。自然光通过天窗和弧形墙壁的开口洒入中庭。陈列室对中庭开放，或由可移动面板围合，使光射入它们之间。顶层的陈列室从天窗接收额外的自然光。因此，伊贝雷·卡玛戈基金会博物馆的外部传递了楔形、雕塑感、韵律感的果，而内部则具有螺旋式上升、非对称与迂回的效果。

效果

堆叠、刚性、重复、不透明、自然照明

威廉 · 莱斯卡兹与乔治 · 豪 | 纽约现代艺术博物馆方案 | 美国纽约 | 1930年

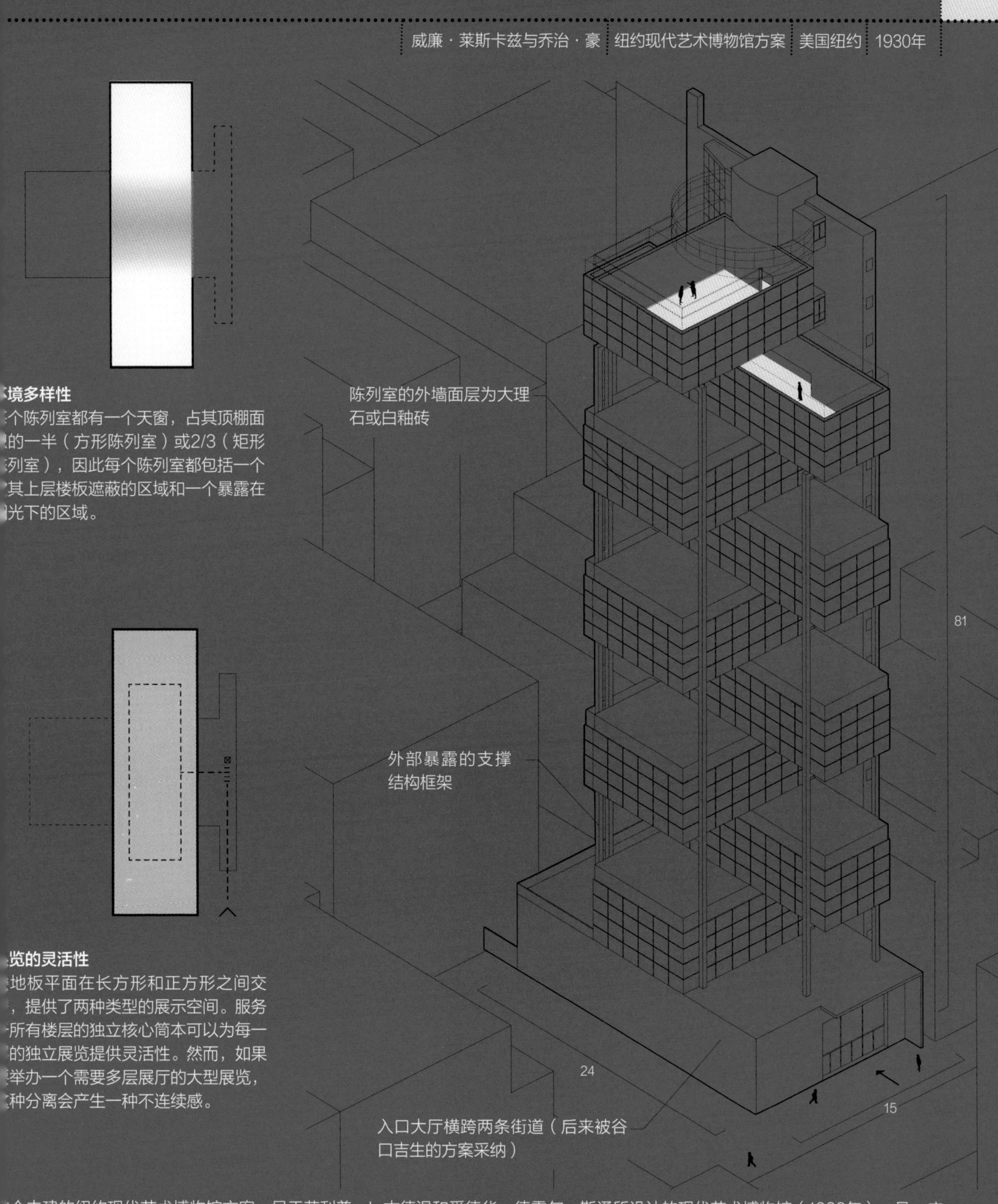
陈列室的外墙面层为大理石或白釉砖
外部暴露的支撑结构框架
入口大厅横跨两条街道（后来被谷口吉生的方案采纳）
81
24
15

境多样性

个陈列室都有一个天窗，占其顶棚面的一半（方形陈列室）或2/3（矩形列室），因此每个陈列室都包括一个其上层楼板遮蔽的区域和一个暴露在光下的区域。

览的灵活性

地板平面在长方形和正方形之间交，提供了两种类型的展示空间。服务所有楼层的独立核心筒本可以为每一的独立展览提供灵活性。然而，如果举办一个需要多层展厅的大型展览，种分离会产生一种不连续感。

个未建的纽约现代艺术博物馆方案，早于菲利普 · L.古德温和爱德华 · 德雷尔 · 斯通所设计的现代艺术博物馆（1939年），是一座来观展的细高的10层建筑。它由9个矩形的陈列室组成，以直角角度堆叠在一起，由两组柱子支撑，每一陈列室层，柱子都被横梁固在一起，人们可通过单独分开的玻璃围合的楼梯和电梯塔进入陈列室。因此，在进入完全围合的陈列室之前，参观者可以从交通塔楼看外部景观。然而，陈列室的堆叠使每个屋顶的一部分暴露出来，屋顶都是玻璃的。因此，每个陈列室的天花板都被用作一个光混合，将漫射的光线引入陈列室。如果此现代艺术博物馆的方案得以实现，会在其外部传递出堆叠、刚性、重复和不透明的效果，而内部将具有自然照明的效果。

SANAA建筑事务所 | 纽约新当代艺术博物馆 | 美国纽约 | 2002年

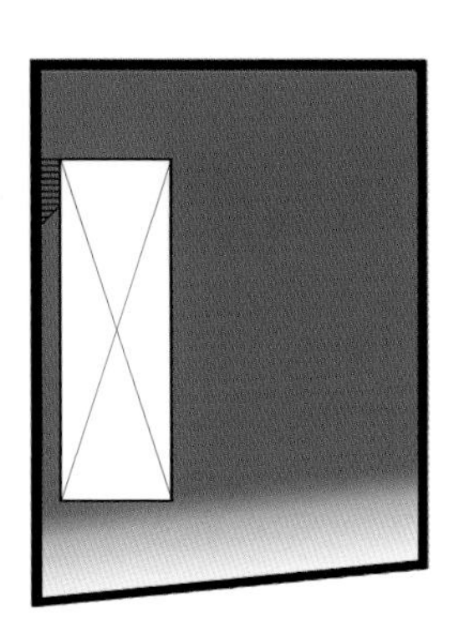

环境多样性

陈列室被狭长的天窗照亮，天窗沿着陈列室边缘的一面或两面延伸。每个陈列室的天窗都不一样，为陈列室增添了不同的特点。

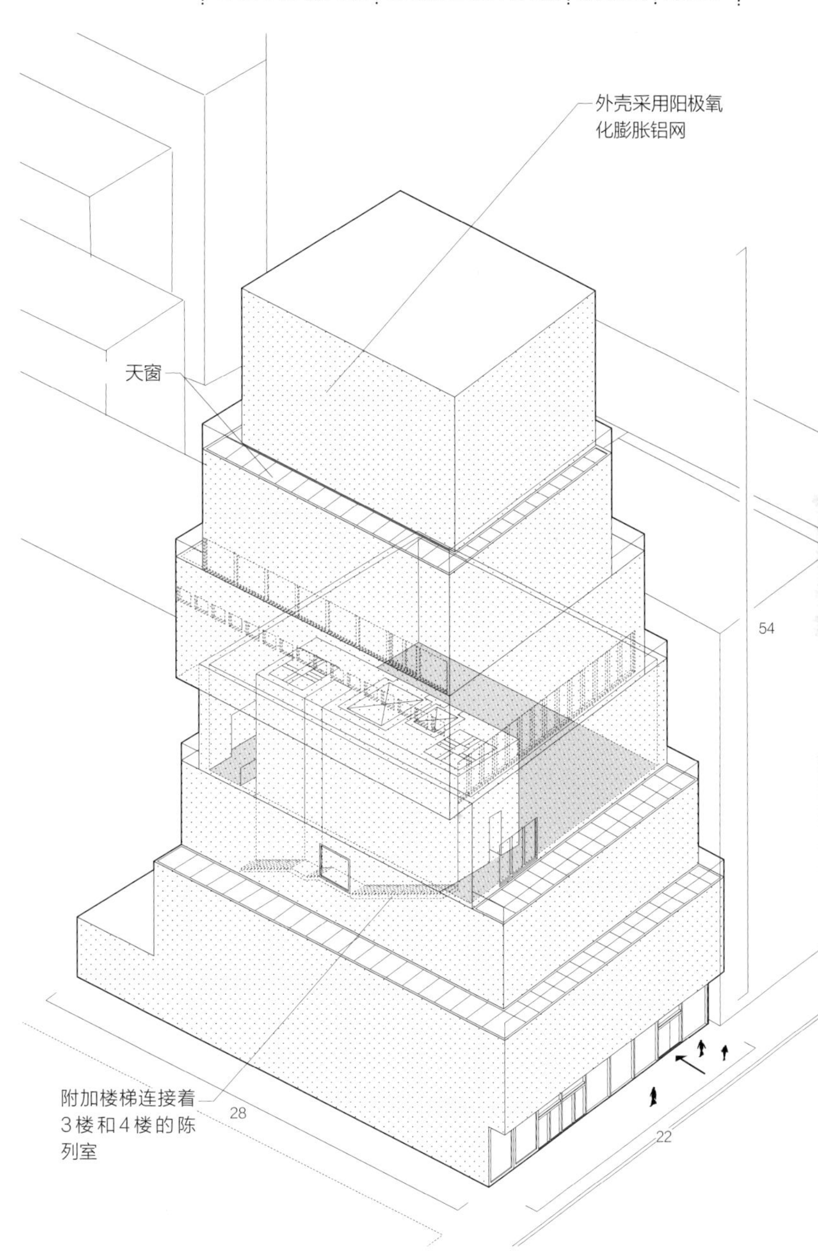
外壳采用阳极氧
化膨胀铝网
天窗
54
附加楼梯连接着
3楼和4楼的陈
列室
28
22

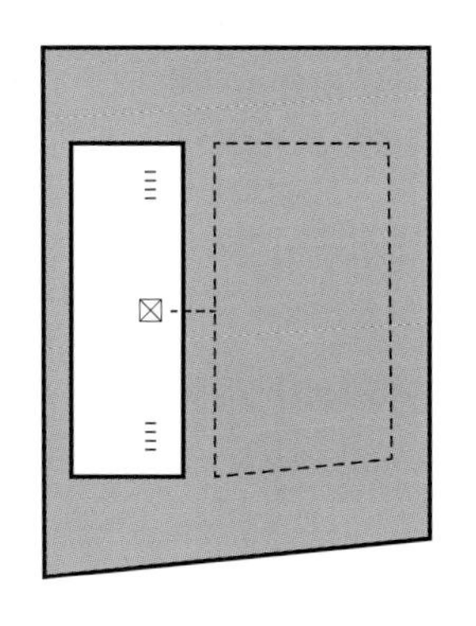

展览的灵活性

核心筒为3个陈列室层提供了直达的入口通路，陈列室层占据了连续相互堆叠的体量。其中两层楼还通过位于核心筒后面的楼梯相互连接。3层楼的每一层都可以单独举办展览。

纽约新当代艺术博物馆是一座7层高的观展塔楼，位于地下室之上。地下室容纳了一个礼堂、一个多功能大厅、配套设施和通用储藏室。这座博物馆的塔楼是由7个不同高度的长方形体量相互堆叠而组成的。从地面起，第1至4个体块用作陈列室，第5个用作教育中心，第6个用作办公室，第7个则是多用途空间。每一个体块相对于其上面和下面的体块都向不同方向进行了横移，在不同陈列室形成了位置不同的天窗。在第6层和第7层，这样的移位为观景提供了平台。光源在每个陈列室的转移为其营造了不同的特点。堆叠的体块由钢-斜撑框架系统构成，将墙作为一层楼高的桁架，这是个不需要内柱或外框架的系统。可从一个包含电梯和楼梯的核心筒进入这些陈列室。因此，新当代艺术博物馆的外部传递了堆叠、分层、差异化以及不透明的效果，而内部则具有自然照明的效果。

努特林斯-雷代克建筑事务所 | 河边博物馆 | 比利时安特卫普 | 2000年

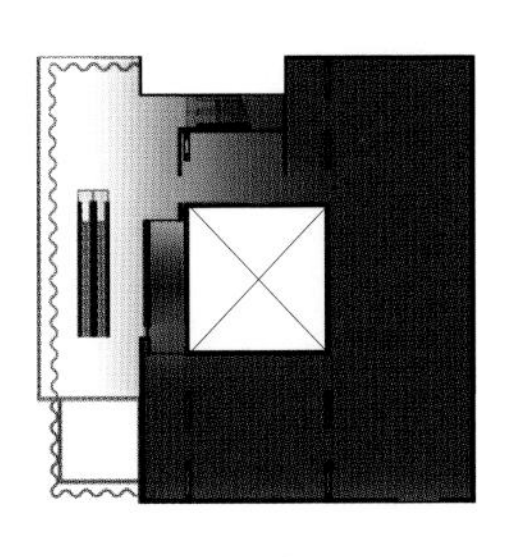

环境多样性

玻璃墙螺旋陈列室占据了每层三分之一的空间，举办展览时可以利用充沛的自然光。每个人工照明的展览空间都只设一个窗户。

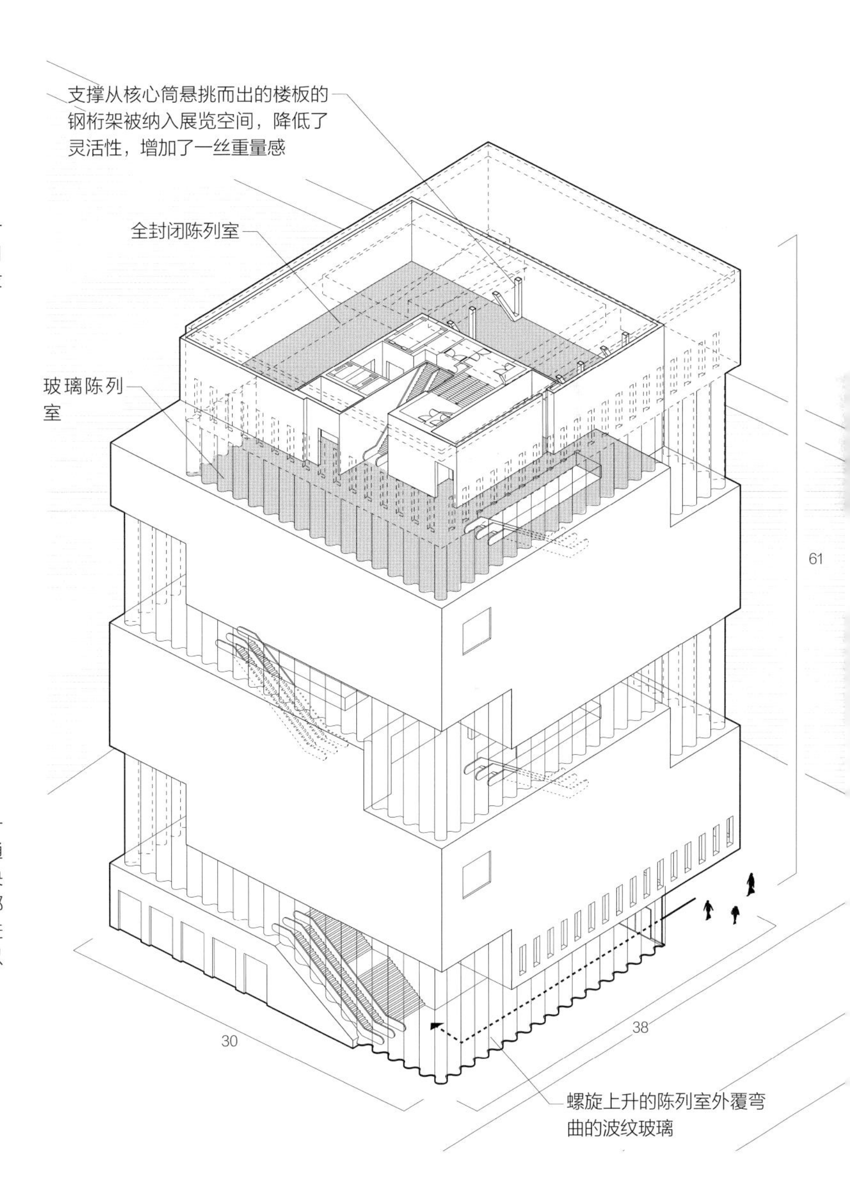
支撑从核心筒悬挑而出的楼板的钢桁架被纳入展览空间，降低了灵活性，增加了一丝重量感
全封闭陈列室
玻璃陈列室
61
30
38
螺旋上升的陈列室外覆弯曲的波纹玻璃

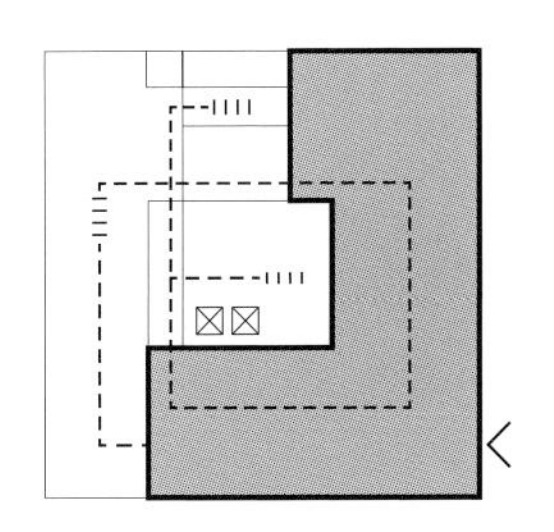

展览的灵活性

这座建筑有两种不同的交通系统：一种是沿自动扶梯绕建筑盘旋而上，通过螺旋玻璃展厅；另一种是使用中央核心筒，也可以到达玻璃展厅。两者都可将参观者带到每一层，但不直接进入每层的展览空间，因此博物馆可以在不同的楼层上举办不同的展览。

河边博物馆是一座10层的观展塔楼。它由9个堆叠的楼层组成，这些楼层从混凝土服务核心筒悬挑而出，由钢桁架支撑固定。每一层都被分隔成由实墙围合的房间和包含了自动扶梯的玻璃陈列区。连续几个楼层会转动四分之一圈，这样，封闭的房间从一层到另一层会转换朝向，而玻璃陈列区就变成了一个螺旋形的空间。入口层的封闭区域设有信息中心、咖啡厅和物流、仓储、运输等部门，夹层有一个儿童工作间。第1层是办公室，第2～8层用作灵活的展览场地，第9层用作餐厅，第10层为露台观景区。其玻璃陈列室是免费向公众开放的，允许人们像走在垂直的街道上一样攀登建筑。因此，河边博物馆的外部传递了堆叠、螺旋上升、半透明和温暖感的效果，而内部则具有连续景观与人工照明的效果。

共同点：环境多样性

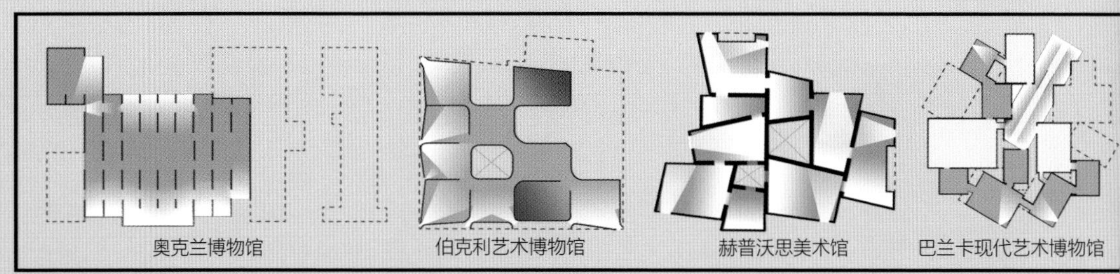

参观展览 / 毯式建筑

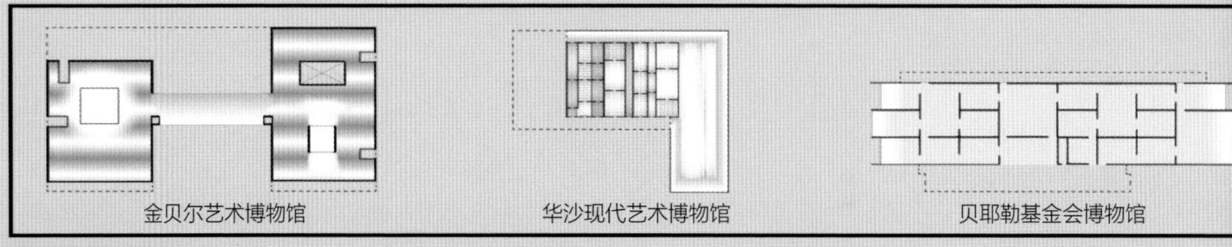

参观展览 / 毯式建筑

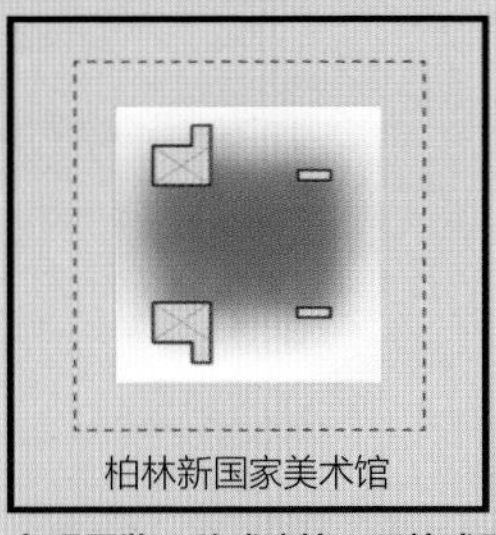

参观展览 / 毯式建筑 / 开放式平面与单元式

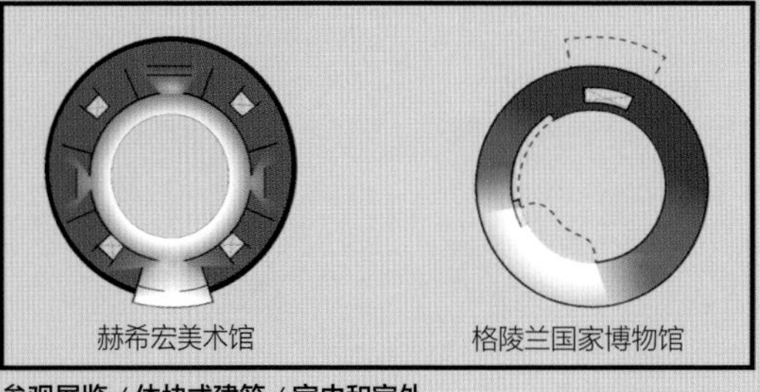

参观展览 / 体块式建筑 / 室内和室外

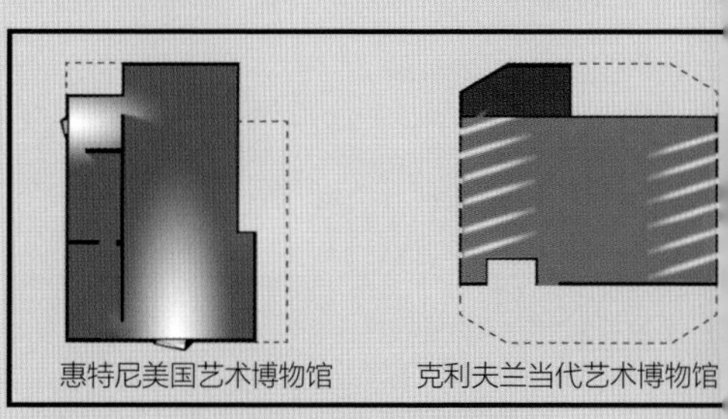

参观展览、体块式建筑、室内、开放式平面

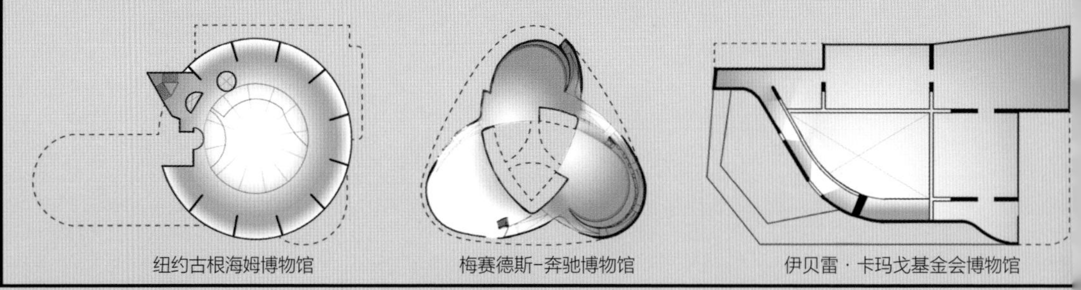

参观展览 / 体块式建筑 / 室内 / 自然和人造光 / 单层高度的陈列室

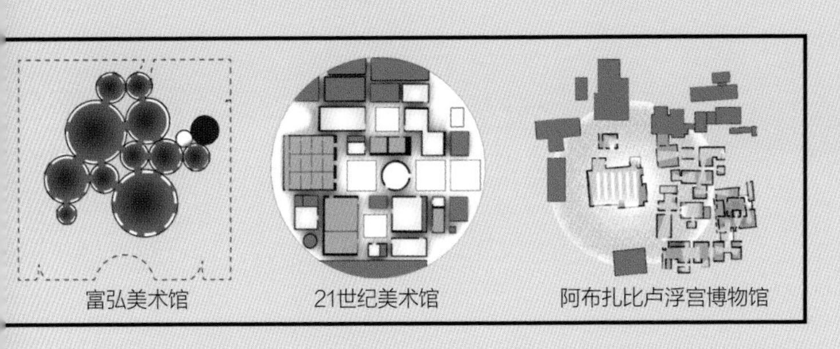

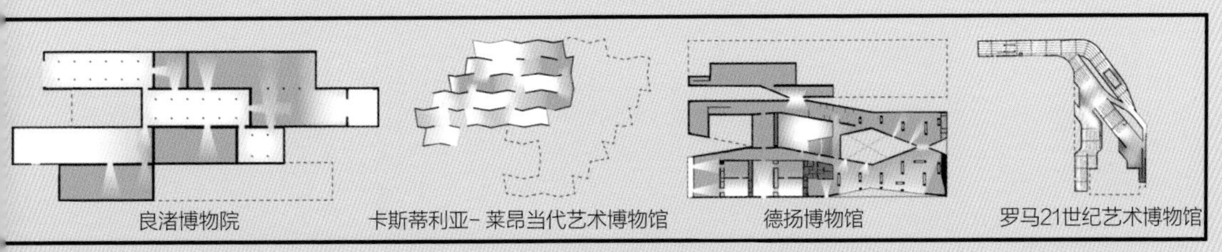

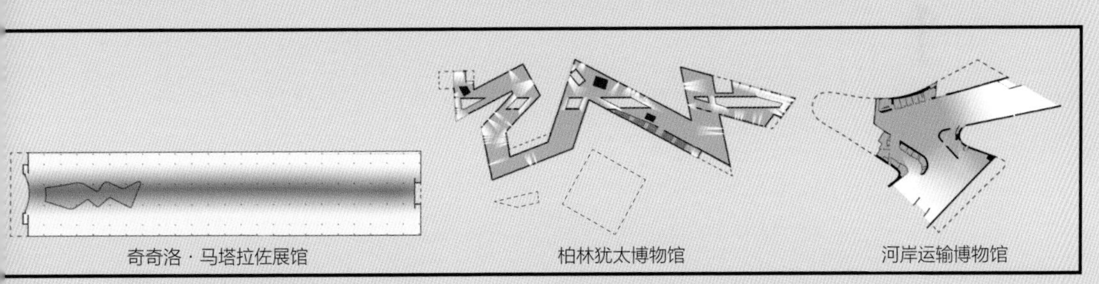

现展览 / 体块式建筑 / 室内 / 开放式平面 / 人工照明

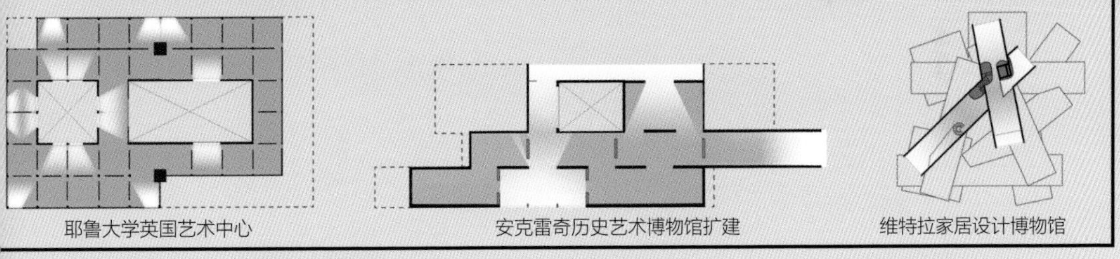

现展览 / 体块式建筑 / 室内 / 自然与人工照明

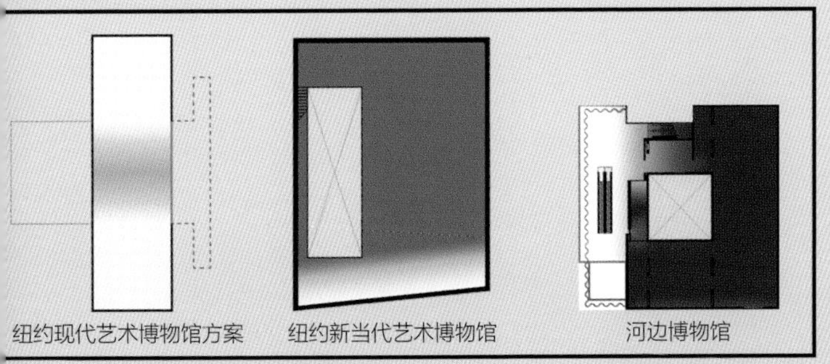

现展览 / 塔楼 / 开放式平面 / 自然和人造光

共同点：展览的灵活性

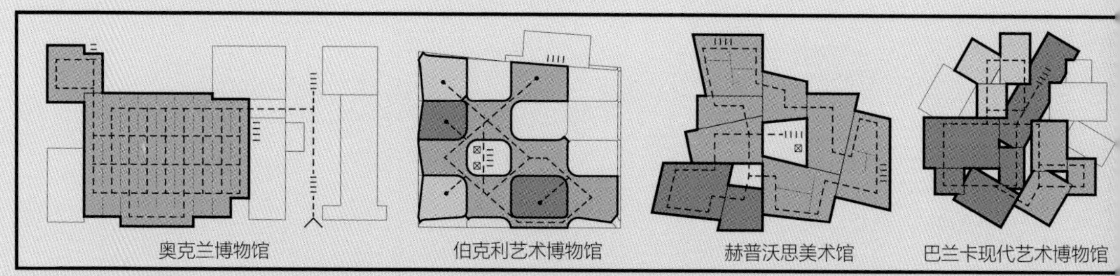

参观展览 / 毯式建筑

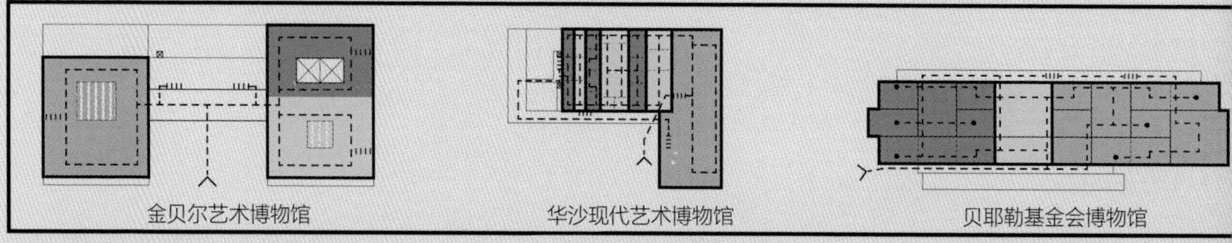

参观展览 / 毯式建筑

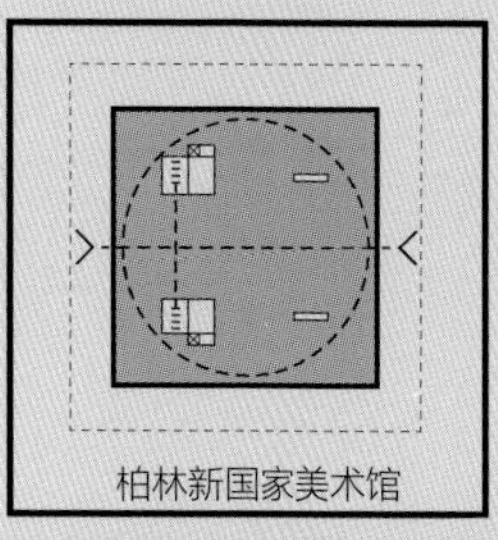

参观展览 / 毯式建筑 / 开放式平面与单元式

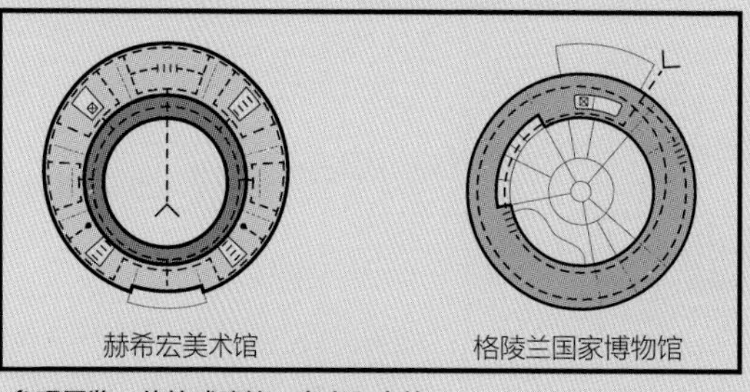

参观展览 / 体块式建筑 / 室内和室外

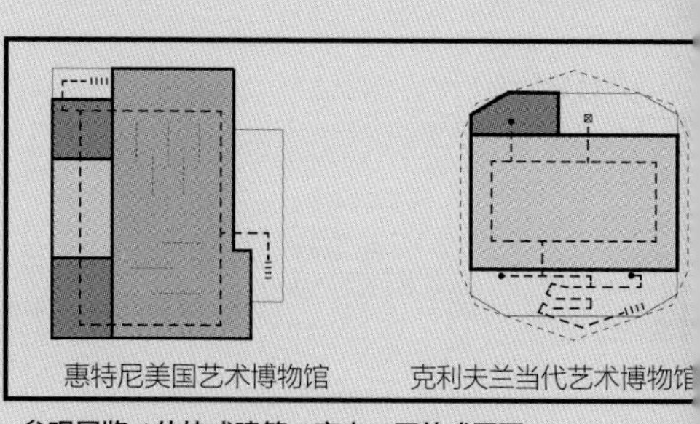

参观展览 / 体块式建筑 / 室内 / 开放式平面

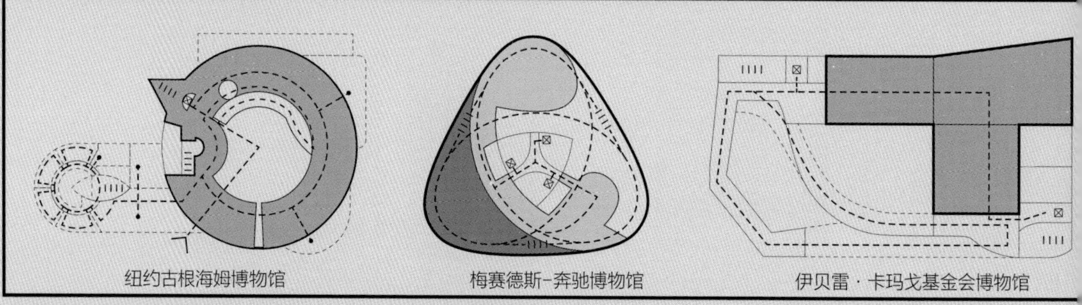

参观展览 / 体块式建筑 / 室内 / 自然和人造光 / 单层高度的陈列室

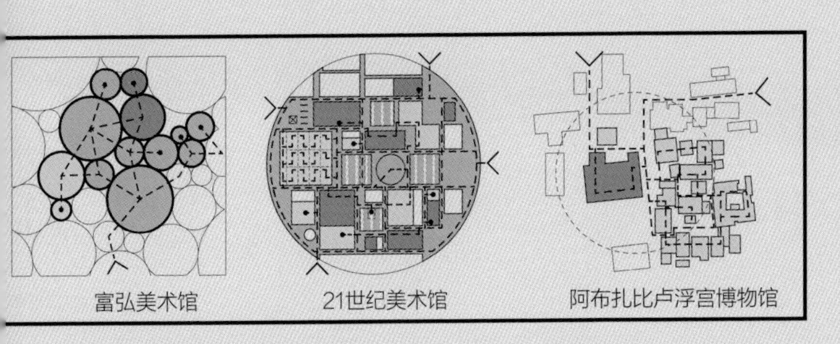

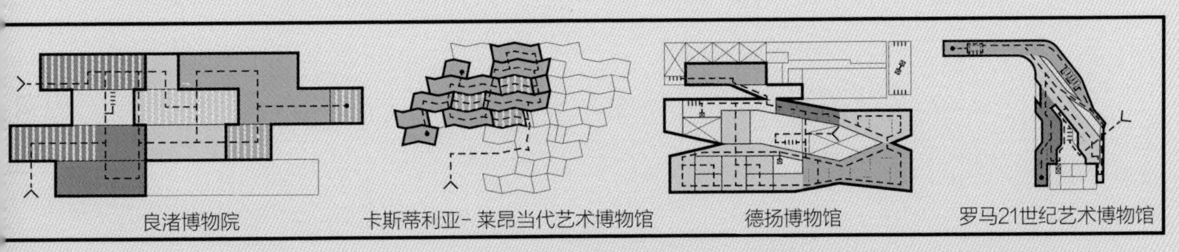

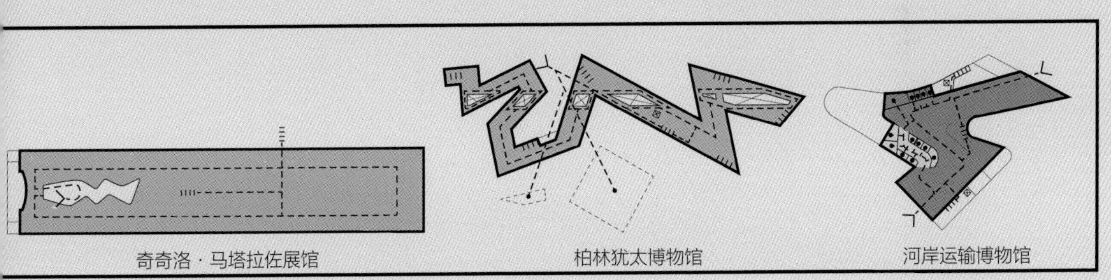

观展览 / 体块式建筑 / 室内 / 开放式平面 / 人工照明

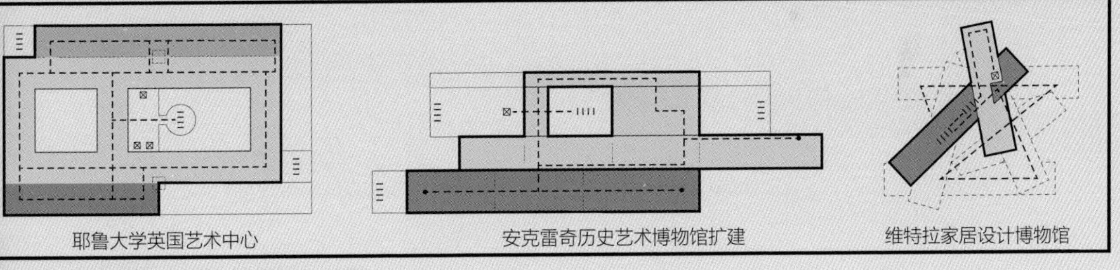

观展览 / 体块式建筑 / 室内 / 自然与人工照明

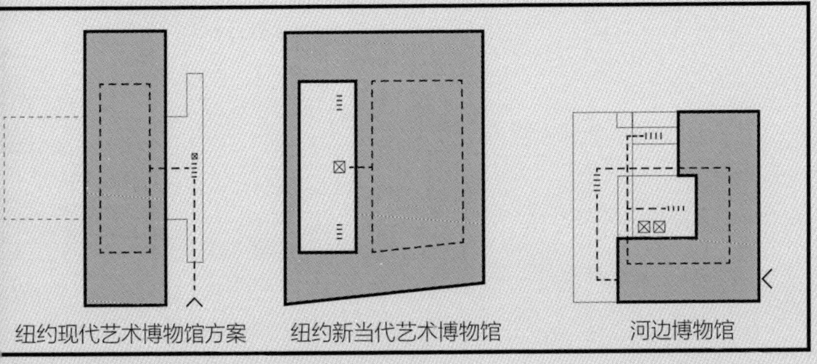

观展览 / 塔楼 / 开放式平面 / 自然和人造光

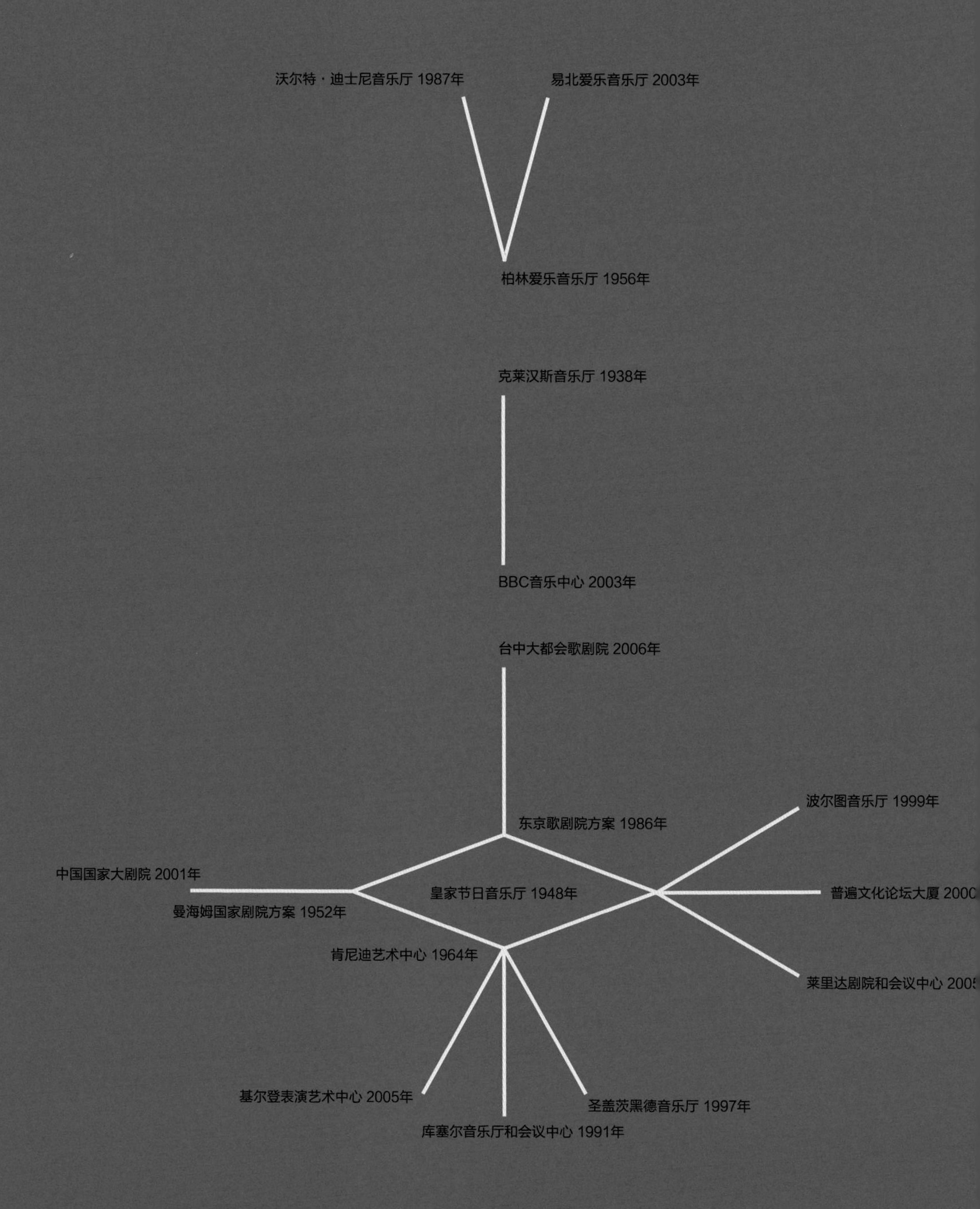
沃尔特・迪士尼音乐厅 1987年
易北爱乐音乐厅 2003年
柏林爱乐音乐厅 1956年
克莱汉斯音乐厅 1938年
BBC音乐中心 2003年
台中大都会歌剧院 2006年
波尔图音乐厅 1999年
东京歌剧院方案 1986年
中国国家大剧院 2001年
皇家节日音乐厅 1948年
曼海姆国家剧院方案 1952年
肯尼迪艺术中心 1964年
基尔登表演艺术中心 2005年
圣盖茨黑德音乐厅 1997年
库塞尔音乐厅和会议中心 1991年

观看演出 1938—2012年

本章追溯了20世纪初以来观看演出类建筑设计的演变。这些当代建筑从20世纪的典型项目中借鉴了空间布局和空间组织的思想，本章根据它们的相似和不同之处对其进行了分析归类，以展现它们为音乐与戏剧建筑所带来的改变。

原声音乐剧场（葡萄园风格）

德国的柏林爱乐音乐厅（第433页），为单一的大厅，观众席围绕着舞台（葡萄园风格），被认为是一种更民主的安排，因为它将观众和表演者置于同一个体量中。这种安排起源于古希腊，戏剧是当时社会娱乐休闲方面不可分割的一部分。葡萄园风格的座席也提升了社交参与感，因为观众可以看到彼此。然而，柏林爱乐乐团在不同高度有不同的座位层和座位区，这暗示着礼堂内的社会等级。以下项目试图减少或消除这种层级性：美国洛杉矶的沃尔特·迪士尼音乐厅（第435页），德国汉堡的易北爱乐音乐厅（第437页）。

原声音乐剧场（鞋盒风格）

位于美国纽约州布法罗市的克莱汉斯音乐厅（第439页）容纳了两个平行的礼堂，由一个长长的两层门厅相连，门厅两端各有一个宽楼梯，通往同一个剧场楼厅。门厅的两端都是玻璃的，以标明建筑物的入口。空旷的外墙是砖砌的，只有礼堂的形状暗示了室内进行的活动。以下项目解决了缺乏通透性的问题，并消除了内部音乐活动与公众之间的隔阂：英国伦敦的BBC音乐中心（第441页）。

戏剧、舞蹈和歌剧剧院（镜框式舞台风格）

英国伦敦的皇家节日音乐厅（第443页）拥有一个镜框式舞台（proscenium）的音乐厅，由一个大型的多层门厅包裹，门厅可被安排用于不太正式的活动和公共互动，因此参加音乐会不是人们进入建筑的唯一原因。然而，音乐厅基本上是封闭的。以下项目试图以不同的方式增强礼堂的开放性：西班牙巴塞罗那的普遍文化论坛大厦（第445页）、西班牙的莱里达剧院和会议中心（第447页）、葡萄牙的波尔图音乐厅（第449页）。

位于美国华盛顿特区的肯尼迪艺术中心（第451页）是一个多剧场综合体，3个主礼堂并排放置，并通过二级通道相隔开。通道与中央大厅相连，中央大厅沿着建筑物的一条长边向下延伸。由此，入口空间与观众在幕间休息时使用的休憩空间相结合起来。在外观上，这个复杂的建筑坐落在一处水边的底座上，然而，除了相对较少的落地窗可以看到水面，其他地方是看不到的。以下项目解决了缺乏通透性的问题，并满足了人们在观众席之外进行社交互动的需要：挪威克里斯蒂安桑的基尔登表演艺术中心（第453页）、英国的圣盖茨黑德音乐厅（第455页）和西班牙圣塞巴斯蒂安的库塞尔音乐厅和会议中心（第457页）。

德国的曼海姆国家剧院方案（第459页）是由一个巨大的、有顶的开放式空间组成的建筑，其中包含两个背靠背建造的剧院，以便它们共享一个封闭的中央区域，那里有舞台通道和其他后台设施。剧院内的倾斜座椅没有实体的围护，悬臂插入18m高的开放式门厅。两个剧院外围的环路构成它们之间的通路，并通过全玻璃外墙提供观看城市景观的视野。事实上，礼堂是开敞的，这就造成了声学方面和遮阳能力差的问题。以下项目解决了这些问题：中国国家大剧院（第461页）。

日本的东京歌剧院方案（第463页）由3个垂直布局的剧院组成，被一个黑色镜面覆层包裹，其外观犹如一个神秘的雕塑，内部犹如一个高大的洞穴和电影一样。为了强调歌剧院作为幻想世界的角色，两者被刻意分开。下面的项目解决了歌剧院外观和内部刻意区别，以及缺乏自然光的问题：中国台湾的台中大都会歌剧院（第465页）。

20世纪早期用于音乐或戏剧表演的建筑，或20世纪60年代开始出现的多用途场馆，主要致力于提升建筑的声学性能和观众座椅的合理组织。这种方法倾向于设计大型的内向性建筑，但这些建筑与周围环境几乎没有互动性。然而，20世纪90年代以来，发生了一些重要的变化：音乐厅或剧院的声学特性可以通过数字建模来实现；这类场馆的建设成本通常由公共基金承担，但已大幅上升；在年轻一代中，越来越多的人倾向于不拘泥于形式并偏爱表演场所类型上的多样化；然而对越来越多的老年观众来说，通达性变得更重要。最近的两个发展方向——更加强调通透性和开放性，更为强调社交和城市方面的体验——已变得特别重要。在本章，我们将以此为基础，来衡量那些通常被设计成“堡垒”的剧院现在的开放程度、包容性和公共性。

用于观看音乐或戏剧表演的建筑物通常被称为音乐厅或剧院，是为音乐、歌剧、舞蹈或戏剧而设计的，然而今天它们通常也具有满足其他用途的灵活性，或者是多用途的。在多用途场地的情况下，礼堂被设计来满足音乐的声学要求，舞台空间被设计来满足剧院和歌剧的需要。另一种选择是，剧院可以采用大型的可移动元素，这些元素可以使剧院被细分、改变比例，以及调整声学和录音能力。小型剧院可以有的特殊之处：可以重新配置座位和表演区域的礼堂，包括服务观众的单个或几个楼座（灵活的）；每一次都可以配置观众座位和表演区域的礼堂（演播室）；在房间或建筑物的不同位置进行表演，观众站立观看并跟随表演移动（步道）；无特征的封闭空间，通常为黑色（黑空间）；或是一个有楼座的空间，固定座位可有可无，但由几个抬升的楼座围绕的一个中心区域（庭院）。

本章主要介绍了用于原声音乐或戏剧、舞蹈和歌剧的大型建筑。在这两种情况下，礼堂都被划分为公共或观众区以及私人或后台区。在公共区，观众与舞台之间的关系在原声音乐礼堂与戏剧、舞蹈或歌剧礼堂中是不同的。

在一个能容纳1100~2200个座位的大型交响乐剧院里，舞台与观众席或容纳观众的倾斜座位之间没有分隔，可以采用葡萄园风格或鞋盒风格。而为独奏者和小型合奏团准备的小型独奏厅（可容纳150~800个座位）则倾向于采用鞋盒风格。

在一个能容纳300~1100个座位的戏剧、舞蹈和歌剧大礼堂里，舞台和观众席之间隔着一道台口侧墙（Proscenium wall）。观众席几乎总是多楼层的，采用镜框式舞台的布局。有时观众席则围绕着开放式舞台的三面布局。

形式

葡萄园风格的原声音乐厅由一个单独的空间组成，在这个空间里，观众席（阶梯座椅）或部分或全部围绕着舞台。

鞋盒风格的原声音乐厅由一个体积大、宽度有限的矩形空间组成，在这个矩形空间里，座位被安排在多个楼层上。

镜框式风格的剧场或歌剧大厅由两个部分组成：观众席和位于一端的舞台空间。这两个部分被台口侧墙隔开。

观众席可以采用多种形式——扇状、庭院式等——而且几乎都是多楼层的，有成排座位或包厢。舞台区包括舞台、侧台、放置演出设施的空间和后台区域，总体呈十字形。

伸展式或开放式舞台的剧场或舞蹈大厅由两部分构成：或有或无楼座的观众席，以及三面环绕着座席的舞台。

观众席

观众席的大小取决于观众的数量，其体积是由声学要求决定的。座席可以包括正厅前排座位或表演场地（下面较低的平地区域或与舞台同一水平的区域）、楼座（观众席后部的一个抬高的座位平台）和包厢（分开的围合座位，有开放的观看区域，有的正对着面朝舞台，有的位于舞台以上的楼层）。

舞台

舞台包括进行表演的区域以及准备区域。它可以包括存放布景的侧面空间或侧台，还包括台仓、后台和舞台上空。在音乐厅，舞台可以由可重新配置的隔间组成，以改变表演区域或观众座席的大小。

消防

在发生火灾时，观众席和舞台必须隔开。可以降下铁幕阻隔火势的蔓延，但在开敞舞台上，可使用喷淋系统。

声学效果

音乐厅或剧院的声效会受到其大小、形状和室内表面材料的影响，这些材料包括声音反射器、吸声窗帘和吸声横幅。

乐团（音乐厅）

管弦乐队的座位布局会影响音乐厅的声音。

风琴（音乐厅）

风琴位于舞台的后部。它的大小取决于乐曲的要求和音乐厅的体量。

公共区域

包括入口大厅、观众幕间聚集的门厅、售票处、衣帽间、酒吧和餐厅设施以及礼品店。也可能包括大型开放区域，可用于展览和表演。

私人区域

包括工作人员进出和交付货物的入口、技术室、仓库、制作间，以及员工办公室（如舞台经理）、服装车间、化妆室、排练室、员工餐厅和相关行政区域。音乐厅的私人区域还可以包括管弦乐队和合唱团的排练和社交场所、录音室以及舞台管理人员、指挥、独奏者、翻译和录音 / 回放的房间。

本章参数参考了“剧院项目顾问网”（www.theatreprojects.com）的《剧院类型和形式》一文。

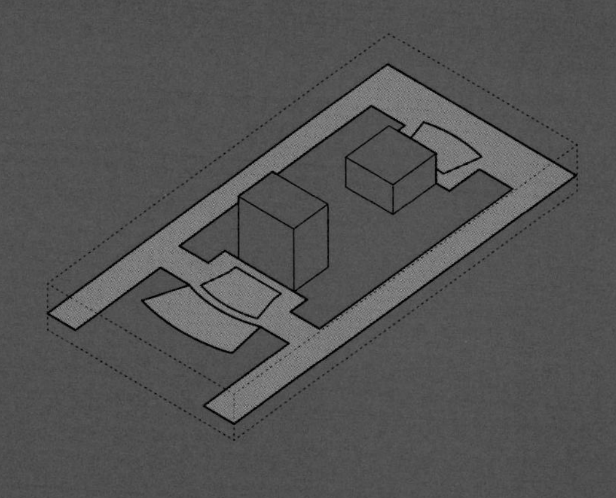

互动空间

社交和城市方面的体验

自20世纪90年代以来，改变音乐厅和剧院设计的主要决定因素之一就是对降低成本的需求，而这些成本已逐渐被能提供多种功能的灵活性和为公众提供更多利益的优势所抵消。这些场馆承载了更多种类的艺术形式，它们的公共区域可以容纳不那么正式的表演，以增加观众数量并产生不同类型的收入。

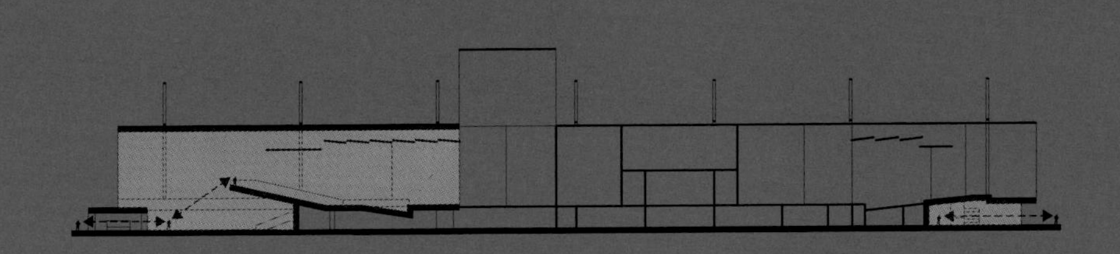

大堂和门厅　　视线互动

通透性、开放性

自20世纪90年代起，音乐厅和剧场的设计变得更具开放性，即在物质层面和视觉层面变得更加容易触及和靠近。玻璃外立面的运用，以及建筑内外部的无需购票进入的大面积公共空间，只是这一系列变化中最广为人知的两个变化。其他获得更多开放性的尝试也体现在公共活动的编排改变和非正式的活动形式上，既能在指定的大厅中举行，也可以在类似内部大厅或外部庭院这样正式性较弱的空间举办。

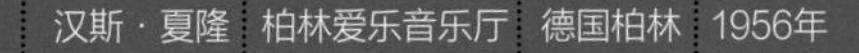
汉斯·夏隆 柏林爱乐音乐厅 德国柏林 1956年

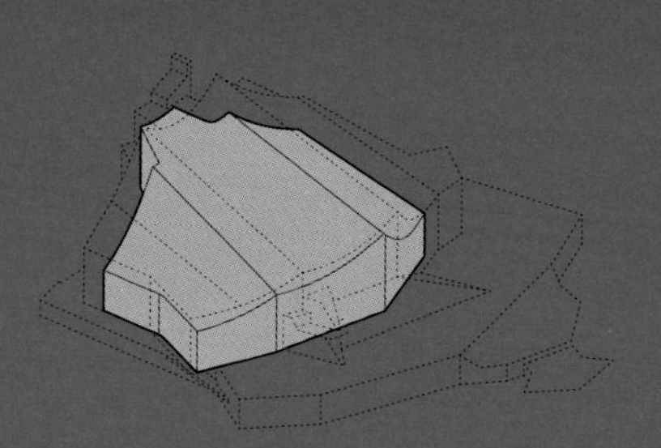

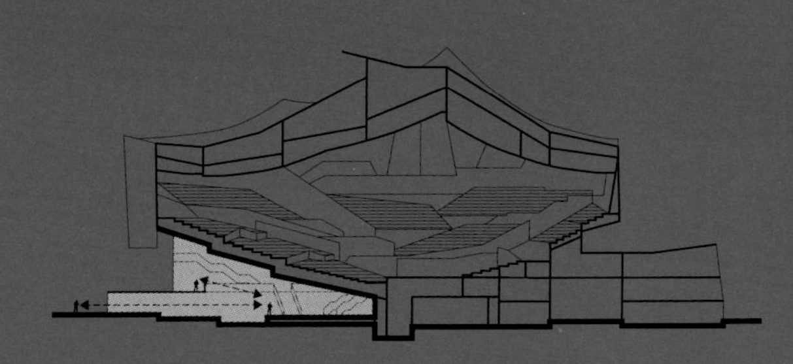

社交和城市方面的体验
尽管不同的座位层和座位空间的存在暗示着一种社会等级，但将观众置于与表演者相同的空间中，可以促进社交参与感。

通透性、开放性
除了由玻璃围合的地面层以外，音乐厅是不透明的。

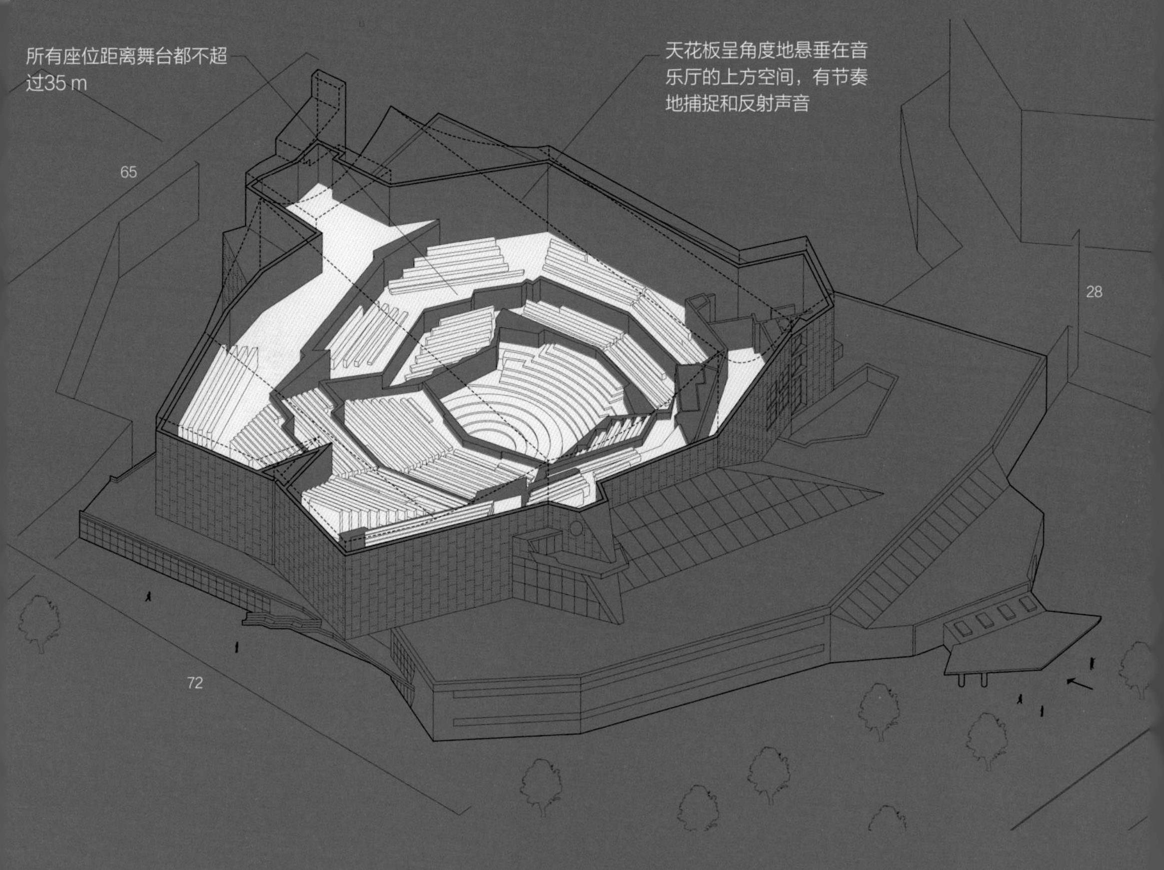
所有座位距离舞台都不超过35 m
天花板呈角度地悬垂在音乐厅的上方空间，有节奏地捕捉和反射声音
65
28
72

林爱乐音乐厅是一座体块式建筑，其主礼堂有2500个座位，还有一个较小的室内乐演奏厅，有大约1200个席位。这座建筑的外部由种明亮的黄色金属包裹，其轮廓与里面的主礼堂遥相呼应。虽然建筑是不透明的，但人们因此从外面就可以感受到音乐厅的存在。唯的玻璃区域是入口大厅，从地面层进入。入场时，观众们会穿过灯光柔和的售票处，到一个更昏暗的地方去取票，而门厅通向一个灯通明的区域，其上方就是礼堂倾斜的座位区。蜿蜒曲折的楼梯通向礼堂，在夹层有小门厅空间。在礼堂内部，舞台位于中心位置，周环绕着一系列的阶梯状平行排列的座席，以优化声学性能。从剖面看，礼堂是一个凹面洼地，音乐在其中可以传播到各个方向。天花呈角度、戏剧性地悬垂在礼堂的上方空间，以一种有节奏的方式捕捉和反射声音。因此，柏林爱乐音乐厅的外部传递了遮盖、色彩、洞和纪念性的效果，内部则具有棱角状（大厅）、圆形（礼堂）和悬垂的效果。

弗兰克·盖里事务所、永田音响设计公司 | 沃尔特·迪士尼音乐厅 | 美国洛杉矶 | 1987年

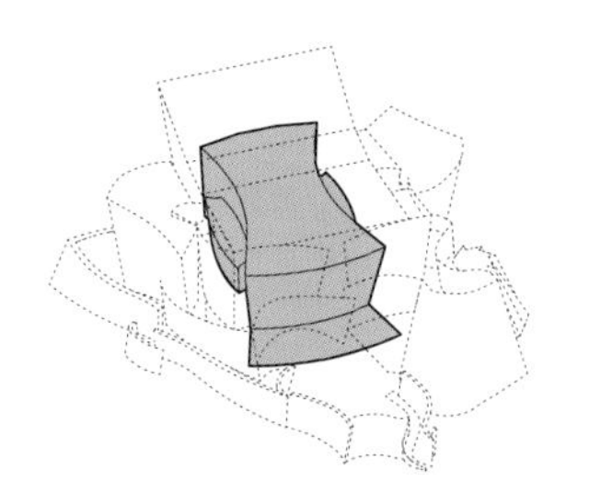

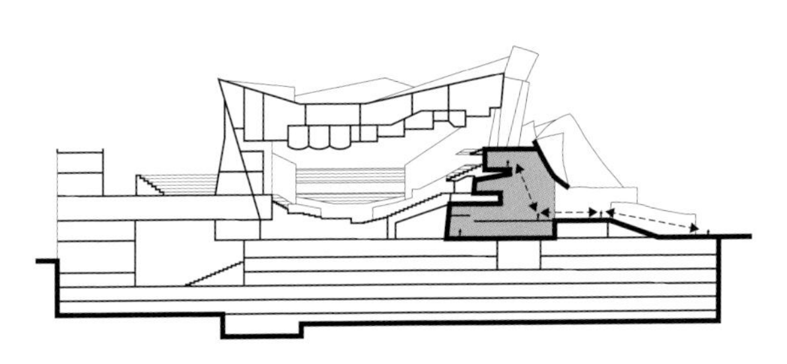

交和城市方面的体验

层高的大厅和音乐会门厅为公众互动和非正式活动提供了足的空间。在音乐厅内，包厢和楼座意味着空间隔离与社等级性，因此其数量被保持在最低限度。唯一的隔断是弧的道格拉斯冷杉琴管，和谐地融入观众席墙壁与天花板，界定了座位的不同区域，同时又没有造成视觉障碍。

通透性、开放性

大厅和门厅是透明的、充满阳光的公共空间，设置在原本不透明的建筑内，这样做是为了让它们成为市民活动的中心，而不仅仅是音乐会观众的目的地。音乐厅内有3层开放式的夹层，观众可以在里面走动。

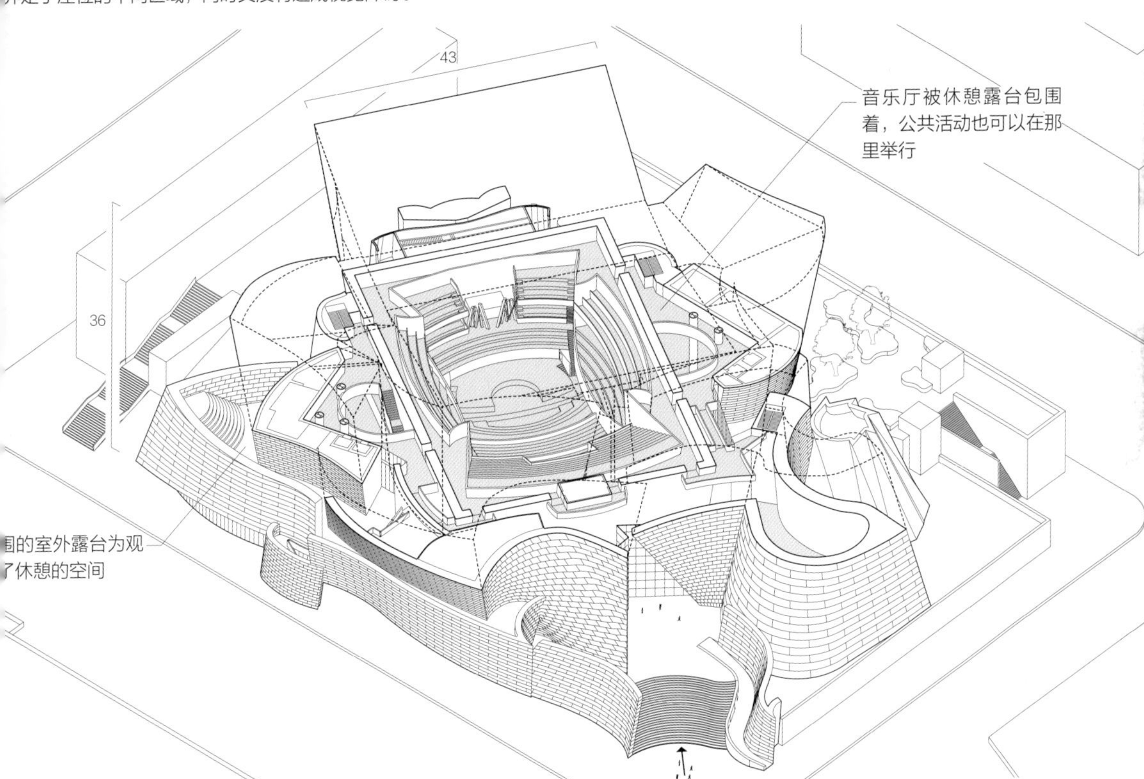
43
36
音乐厅被休憩露台包围着，公共活动也可以在那里举行
围的室外露台为观了休憩的空间

尔特·迪士尼音乐厅是一个体块式建筑，只有一个礼堂，有2265个座位。这座建筑弧形、雕塑般的外观采用了不透明的不锈钢面。与柏林爱乐音乐厅不同，该建筑并不呼应其内部主礼堂的形状。礼堂的空间和周围的门厅空间被不同高度的弧形不锈钢表面所分。然而，面向门厅的室外部分是玻璃的，以表明它是一个不同于礼堂的公共目的地。人流集中通过阶梯可通往入口处的门厅和大楼周的一个多层广场，里面有一个露天圆形剧场，可以进行非正式和小规模的演出。入口门厅占据了大厅倾斜碗状体量下方的空间，延伸3层的高度。在礼堂里，表演者和观众占据着同样的空间。礼堂的墙壁向外倾斜，为空间营造了一个梯形形式，座位沿着截面的凸坡布，而天花板被雕刻成柔和的扇贝状。四角的天窗引入了自然光。因此，沃尔特·迪士尼音乐厅的外部传递了弯曲度、可变性、空、非正式性的效果，而内部则具有起伏（大厅）、棱角（礼堂）和自然照明（大厅和礼堂）的效果。

赫尔佐格和德梅隆建筑事务所 | 易北爱乐音乐厅 | 德国汉堡 | 2003年

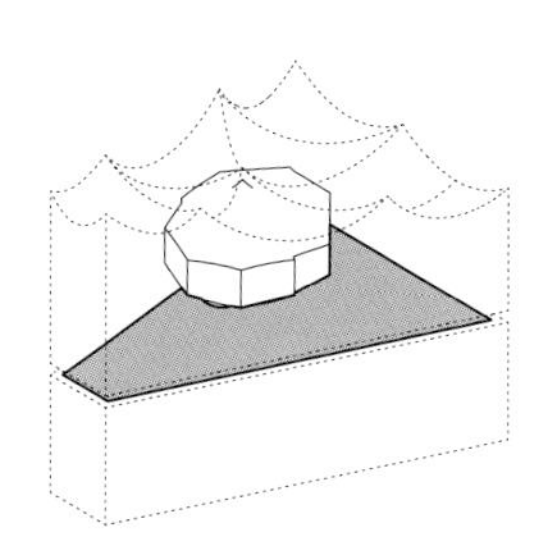

交和城市方面的体验

场是一个新的城市高架空间，公众以及酒店和公寓的居者可以在此进行互动。

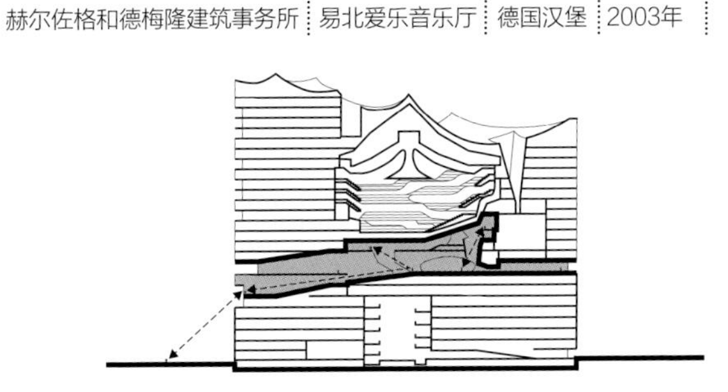

通透性、开放性

位于新建筑底部和现有建筑屋顶的一个大型广场，为公众和音乐会观众提供了一个开放的空间以及易北西岸和汉堡市中心的壮丽景观。广场上方的楼层上，深深切入的退让空间也提供了几个楼层的门厅景观。

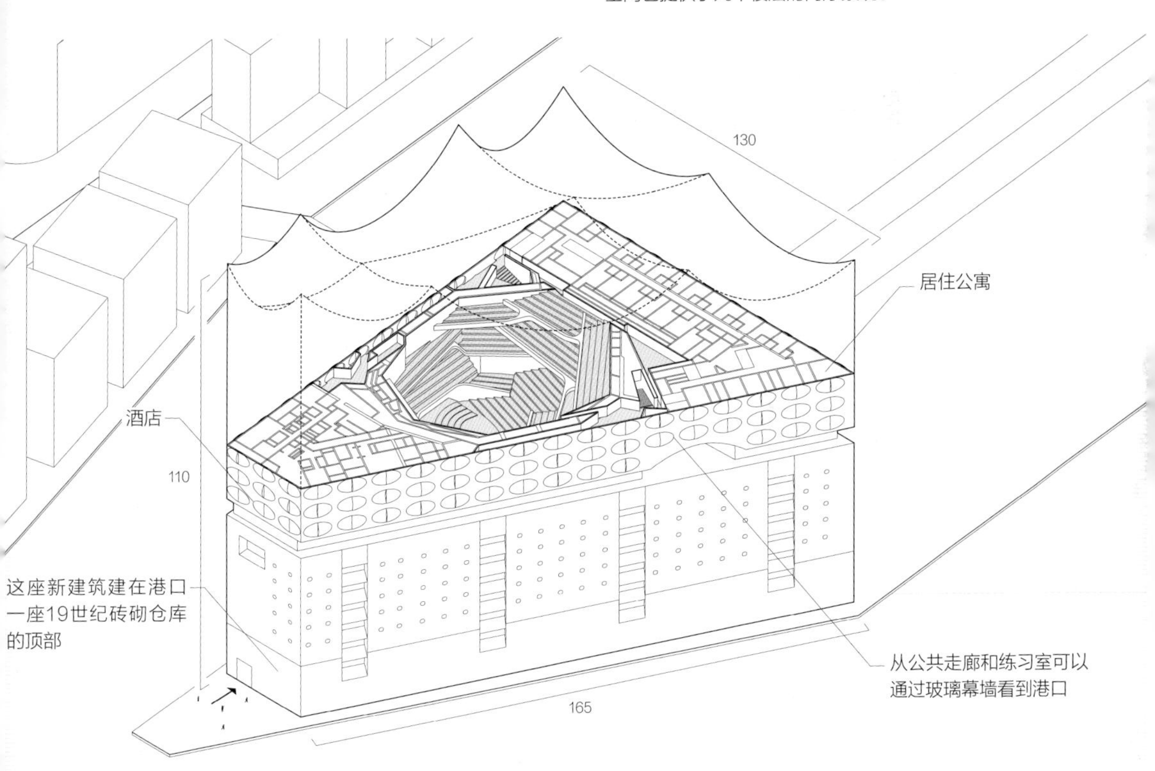
130
居住公寓
酒店
110
这座新建筑建在港口
一座19世纪砖砌仓库
的顶部
从公共走廊和练习室可以
通过玻璃幕墙看到港口
165

北爱乐音乐厅是一幢可以俯瞰汉堡港口的建筑，矗立于19世纪的一座砖砌仓库之上。这座仓库曾是克林根德博物馆的所在地，现在作为排练厅和一个地下车库。新大楼容纳了3个礼堂：一个有2100个座位的大礼堂（the Grand Hall），一个有550个座位的独奏厅一个有150个座位的实验音乐演播室。这些礼堂的西侧是一个有250个房间的酒店，东侧是45套住宅公寓。一个82m长的弧形自动扶通向售票处以及音乐厅和酒店的入口。音乐厅和酒店位于新建筑基地的一个大型广场上，也是37 m高的现有建筑的屋顶。从平坦到常陡峭，广场被伸展的拱顶划分为几个区域。主门厅位于上方主音乐厅倾斜碗状体量的下方，是一个巨大的开放式平面空间，可以俯整个城市的全景。大礼堂是新建筑的中心，底部运用了大量的弹簧钢，从声学上与建筑的其余部分相隔绝。观众席的布局是葡萄园式，座位围绕着位于中央的演奏台。然而，在这里，座位层一直延伸到整个空间中，因此与墙壁和天花板共同形成了一个连续的整体。此，易北爱乐音乐厅的外部传递了遮盖、堆叠、半透明的效果，而内部则具有螺旋上升、曲线与向心性（礼堂）的效果。

埃罗·沙里宁与埃利尔·沙里宁 | 克莱汉斯音乐厅 | 美国布法罗 | 1938年

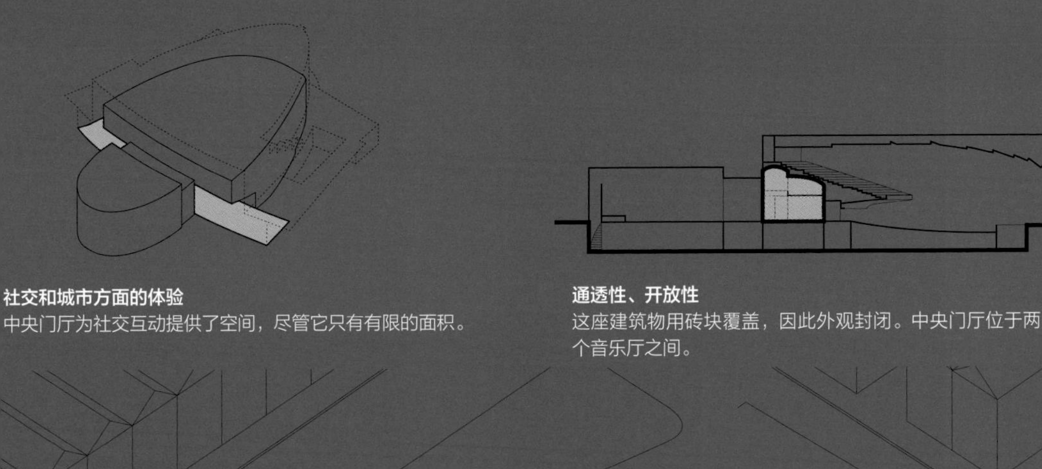

社交和城市方面的体验
中央门厅为社交互动提供了空间，尽管它只有有限的面积。

通透性、开放性
这座建筑物用砖块覆盖，因此外观封闭。中央门厅位于两个音乐厅之间。

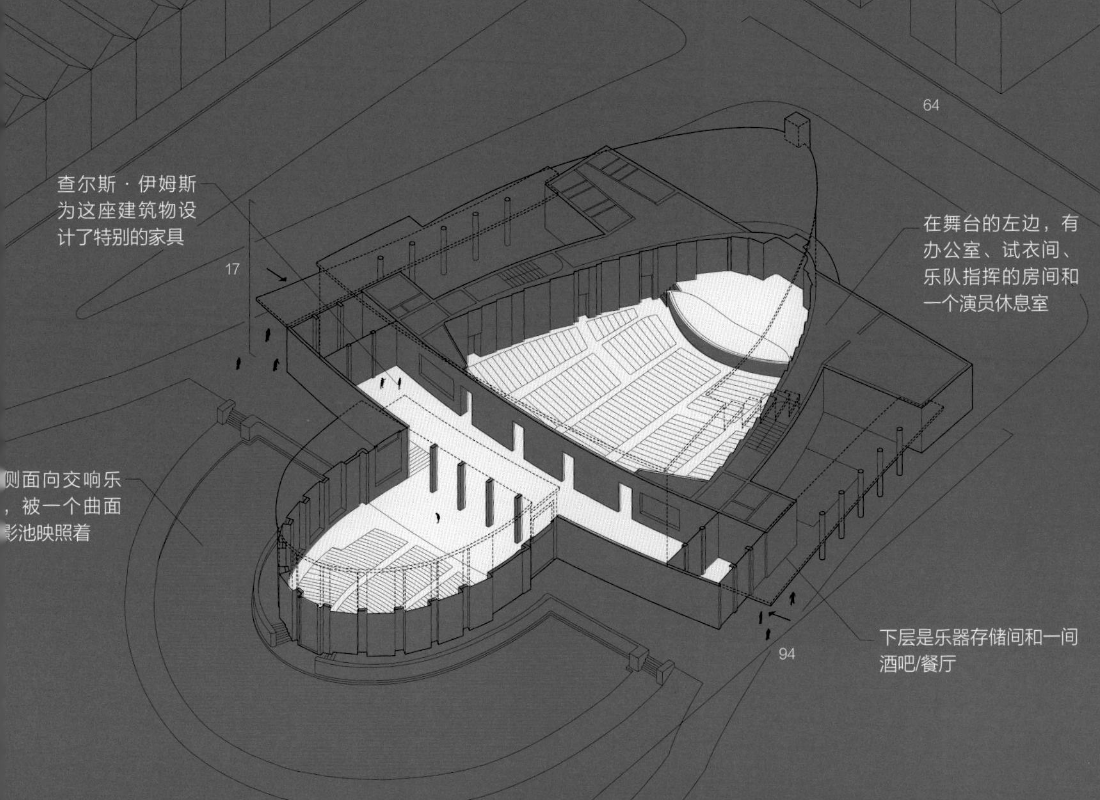
64
查尔斯·伊姆斯
为这座建筑物设
计了特别的家具
17
在舞台的左边，有
办公室、试衣间、
乐队指挥的房间和
一个演员休息室
侧面向交响乐
，被一个曲面
影池映照着
下层是乐器存储间和一间
酒吧/餐厅
94

克莱汉斯音乐厅由两个体块组成，分别是两个容纳了3000个座位和800个座位的扇形礼堂，以及一个拥有200个座位的多用途大厅。两个体块由一个长形的、微微俯瞰的两层门厅连接着，其两端各有一个宽楼梯通向巨大的楼厅。中央门厅的两端都是玻璃的，以标明建筑的入口。在门厅的两层都设有酒吧和聚会场所，可以在音乐会前后举行聚会。从外观上看，这两个体块与内部礼堂的形状相呼应。它们和中央门厅都铺上了粗糙的玫瑰色砖，外部砖墙呼应了大礼堂的斜度。贯穿整个内部空间的曲线为其增添了流动感。礼堂的扇形平面确保从前排到楼厅的每个座位都能获得观看舞台的良好视野。墙壁是弯曲的，以增强音响效果，与舞台一起都覆盖着垂直木条，其中一些木条的后方是吸音毯。天花板以一系列弯曲的脊为形式，胶合板演奏台前部轻微地向上倾斜，也有助于将声音均匀地传送到礼堂的各个部分。因此，克莱汉斯音乐厅的外部传递了不透明性、曲线性和倾斜的效果，而内部则具有庄重性与扇形（礼堂）的效果。

FOA建筑事务所 | BBC音乐中心 | 英国伦敦 | 2003年

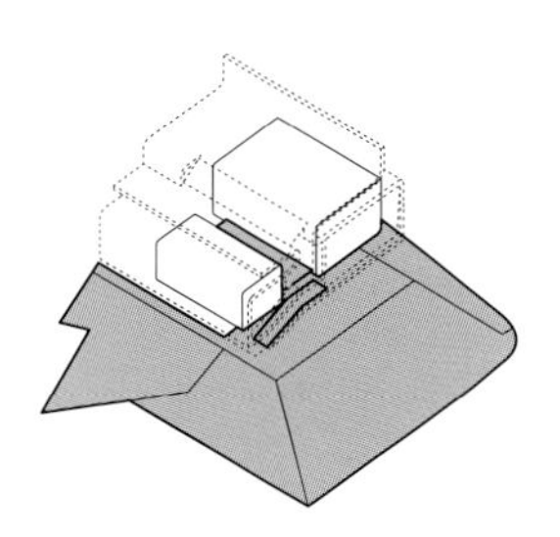

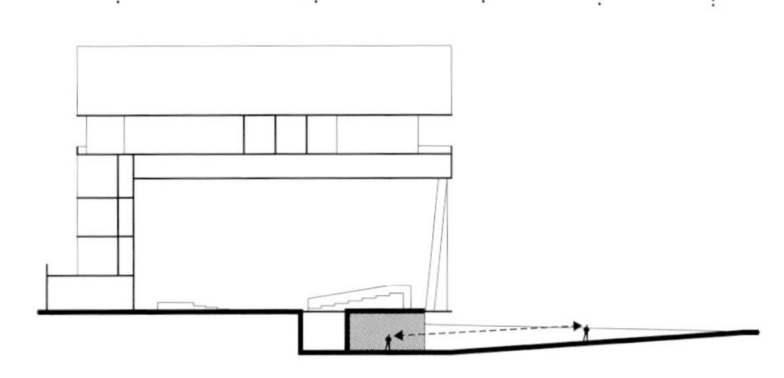

社交和城市方面的体验

作为媒介传输设备的外立面屏幕，以及向路人展示建筑物内部活动的窗户，都为BBC音乐中心提供了与公众互动的机会。此外，音乐中心还将为当地学校提供教育机会，学校和当地的演出可以使用其音乐厅，人们也可以在门厅与音乐厅内参观排练和参加大师课程。

通透性、开放性

这一方案的重点是让音乐厅透明化，为音乐家提供自然的光线和外部视野，允许公众观看建筑内部演奏音乐的过程。作为建筑周围广场的延伸，入口层的门厅邀请外面的人进入建筑。

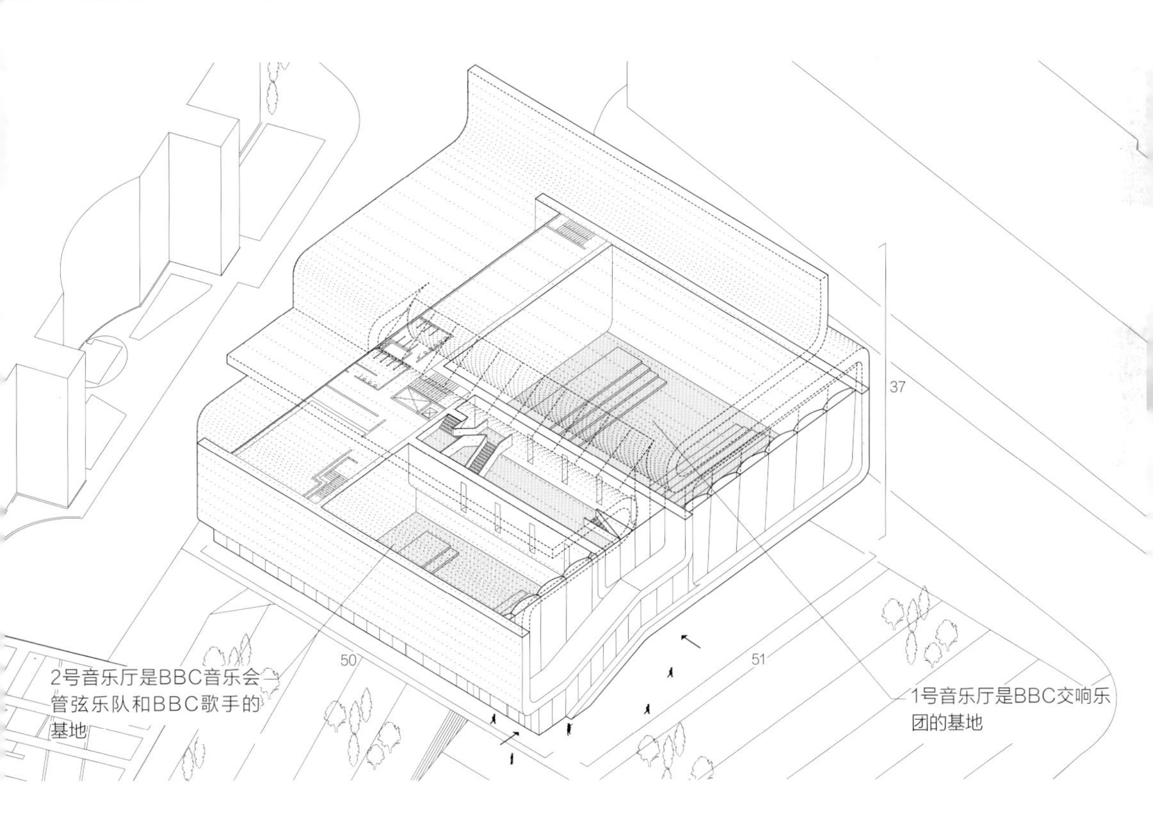

2号音乐厅是BBC音乐会管弦乐队和BBC歌手的基地

1号音乐厅是BBC交响乐团的基地

BBC音乐中心是为BBC交响乐团、交响合唱团、音乐会管弦乐队和BBC歌手设计的一幢大楼。它包括两个演播厅，可容纳600人。在这两个演播厅之间，有一个双层门厅。在建筑外部的相对两面，设计成"屏幕"的金属面层可以播放图像或图形。其余的两面都是玻璃的，其中正面是两个演播厅的内部空间，背面是排练室、休闲区、餐饮设施、更衣室和带钢琴的私人房间，它们被分别布置在5个楼层上。由于演播厅主要是为排练而建，建筑的透明正面让公众可以从街上瞥见演出的场景，就像被邀请到后台一样；反过来，音乐家如同置身于城市空间里演奏一样。幕墙系统中安装的百叶窗可以将音乐厅部分或完全遮挡起来，就像剧院舞台一样。因此，BBC音乐中心为室内提供了最佳的音响效果和一个融入城市环境的透明平台。因此，其外部传递了透明、环状、媒介的效果，内部则具有断面一致、开放与长方形（礼堂）的效果。

莱斯利·马丁、彼得·莫罗 | 皇家节日音乐厅 | 英国伦敦 | 1948年

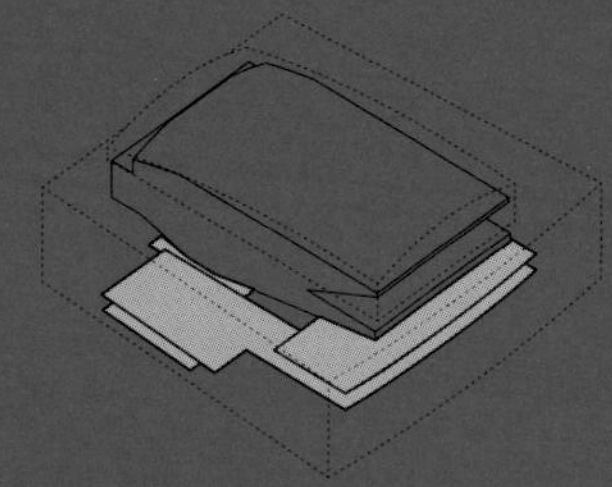

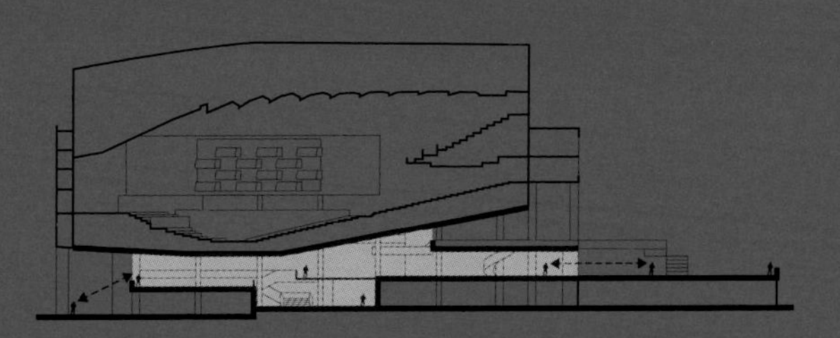

社交和城市方面的体验

通过微小的楼层变化，底层宽阔的门厅被划分为举办大型活动的区域与较小的咖啡馆座位区域。它向上延伸到其他可以看到河流的门厅，并获得了充足的自然光。因此，节日音乐厅为观众提供了各种社交空间。

通透性、开放性

礼堂完全与外界隔绝，作为一个独立的实体悬浮在公共门厅之上。然而，门厅的透明性和它们流动的内部空间会引导人们进入大楼，并将内部用作一个有顶部的公共空间。此外，主门厅延伸到建筑外围，形成了一个公共露台，成了观众在户外漫步闲逛的好去处。因此，皇家节日音乐厅欢迎参观者，并对公众开放。

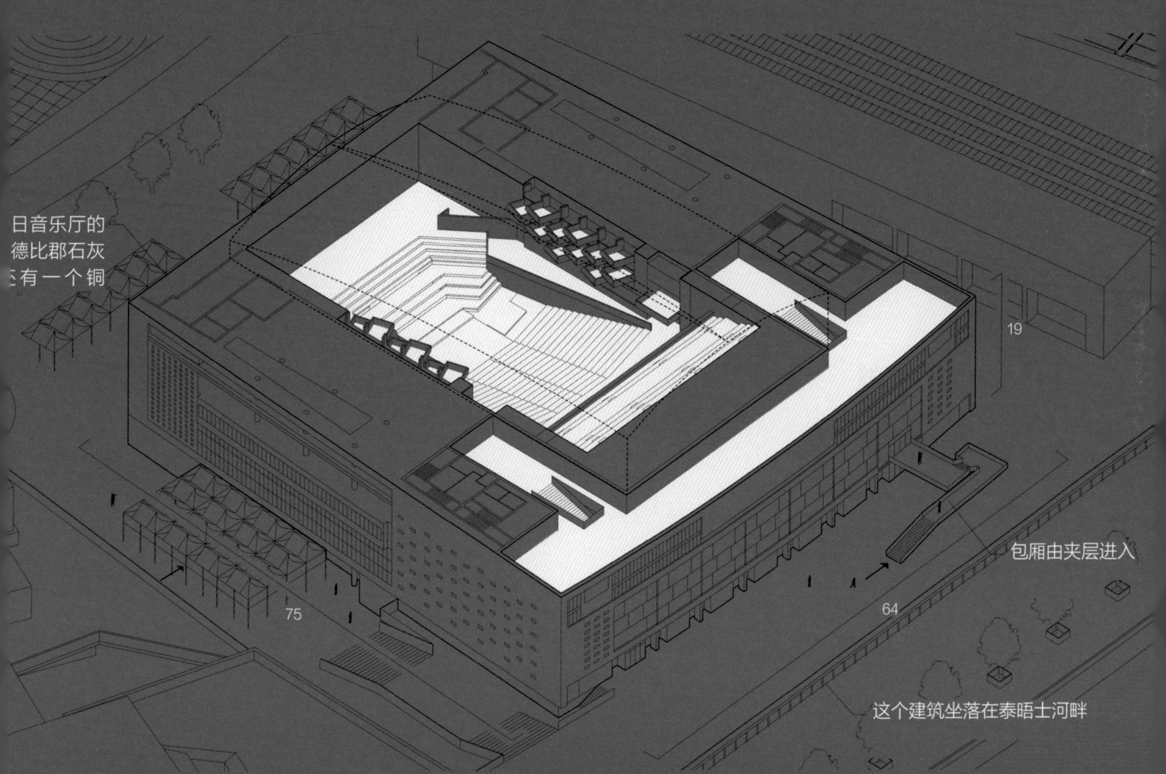
日音乐厅的
德比郡石灰
有一个铜
19
包厢由夹层进入
75
64
这个建筑坐落在泰晤士河畔

皇家节日音乐厅是一个体块式建筑，用于举办音乐会、舞会、演讲和放映电影，拥有容纳2901个座位的礼堂，采用单向镜框式舞台风格。建筑面层为德比郡石灰岩，面对泰晤士河的正面和侧面设置了大面积的玻璃墙，可以看到周围的全景。在内部，礼堂被提升，并被其下方大厅和周围休息厅空间所包围。铁路线在建筑物的一侧和地下经过，这不仅保护了它不受外界噪声的影响，而且提供了大面积的公共休息厅，一些面向内部，另一些面向河流。休息厅里设有酒吧和餐厅，可用于举办展览、表演、宴会和博览会等活动。从街道上方一层的侧门和建筑前面一个巨大的升起平台（可用作公众观赏泰晤士河的平台）都可以到达这些区域。从前厅开始，人流集中通过的主楼梯通往礼堂，观众席有镜框式座椅。因此，皇家节日音乐厅的外部传递了矩形、透明和阶梯状的效果，内部则具有开放性、流动性和互动的效果。

赫尔佐格和德梅隆建筑事务所 | 普遍文化论坛大厦 | 西班牙巴塞罗那 | 2000年

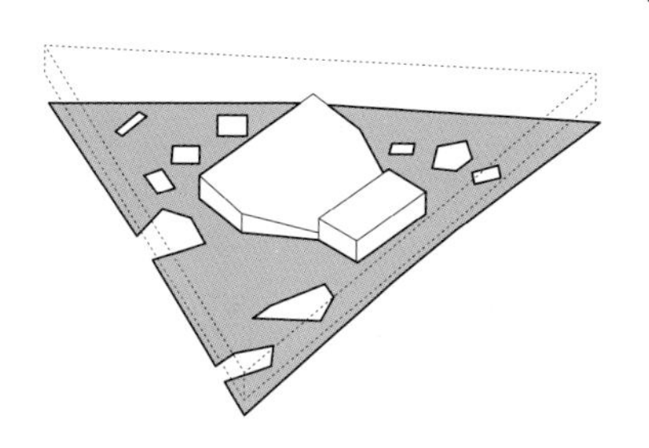

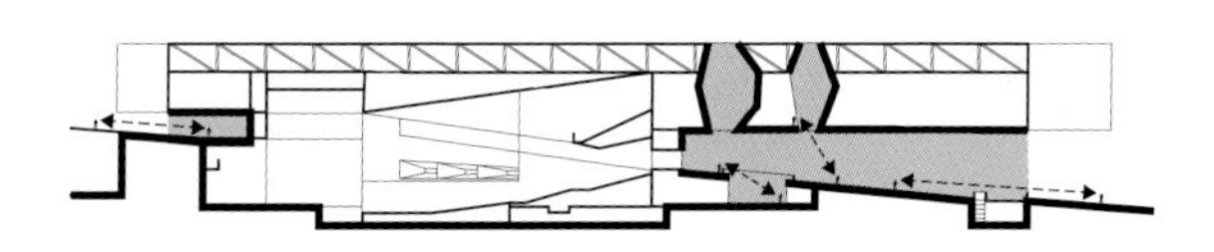

社交和城市方面的体验

大厦下面被遮盖的广场可作为一个用于放松和沉思的空间，那里还包括一个开放的市场、一间小教堂、一家酒吧和一个售货亭。

通透性、开放性

三角形建筑下面的覆盖空间向公众开放，公众可以参加在此举行的活动，也可以享受荫凉。庭院穿过抬高的体量，在街道、楼上的建筑和天空之间建立起一种视线联系。

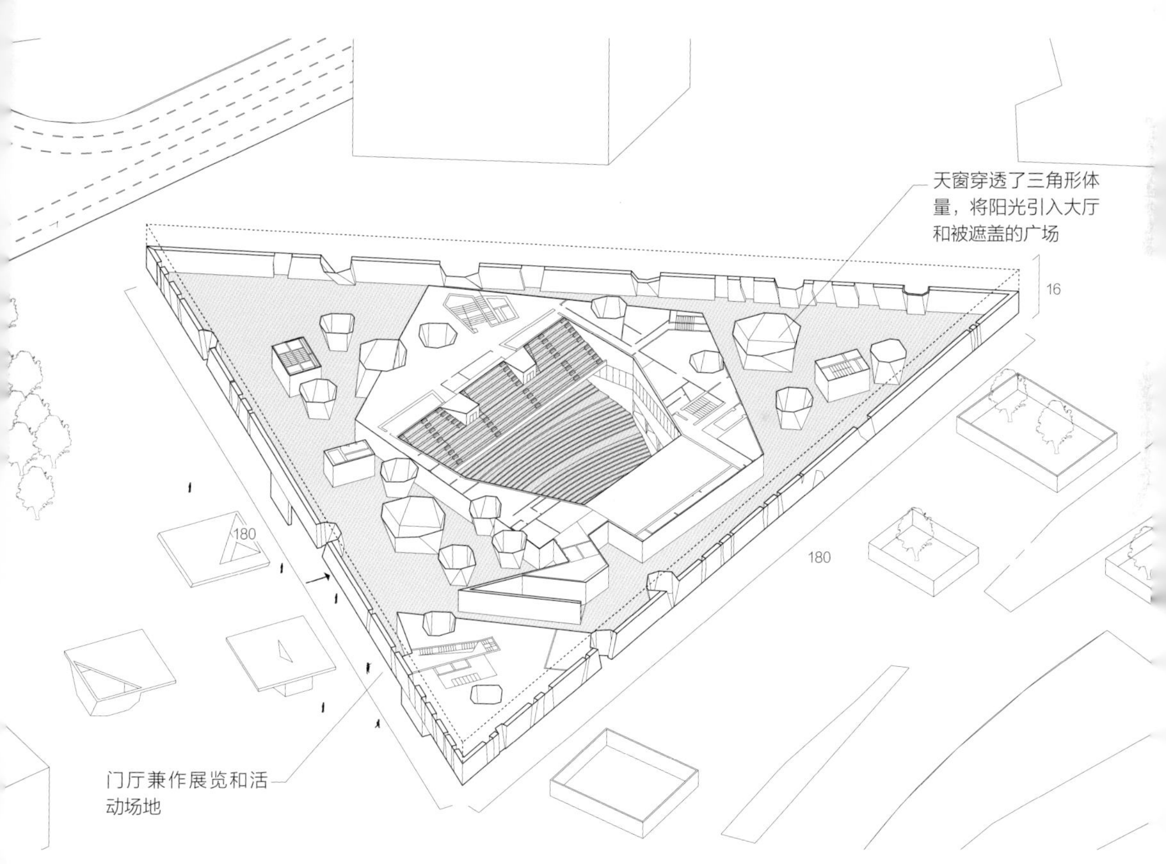
天窗穿透了三角形体量，将阳光引入大厅和被遮盖的广场
16
180
180
门厅兼作展览和活动场地

普遍文化论坛大厦为2004年在巴塞罗那举办的世界文化论坛而建，是一个用于举办音乐会、会议和展览的建筑。它容纳了一个以单向的镜框式风格布局的礼堂，有3200个座位。礼堂被安置在一个三角形结构内，每边180 m长，25 m高。建筑外部喷上了深蓝色的混凝土，三个面上有很多落地式的条形窗户。这栋建筑悬臂式地连接着中央核心筒部分，向上伸展，在其下方形成一个开放的、被遮蔽的公共空间。中央核心筒的楼梯从下面穿过开放式的底层，通往中心位置的礼堂，礼堂外围是一个宽敞的室内空间，被屋顶的多边形天窗和周边的窗户照亮。这个空间用作门厅、展览区和餐厅。其内部的礼堂可以从建筑背面接收自然光，所以建筑既不是封闭的音乐厅也不是传统意义上的会议中心。因此，论坛大楼的外部传递了三角形、不透明、色彩度和漂浮的效果，内部则具有横向性、穿孔和流动的效果。

梅卡诺建筑事务所 | 莱里达剧院和会议中心 | 西班牙莱里达 | 2005年

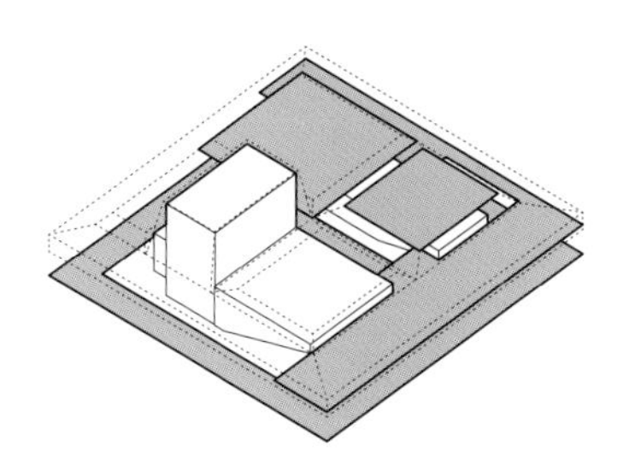

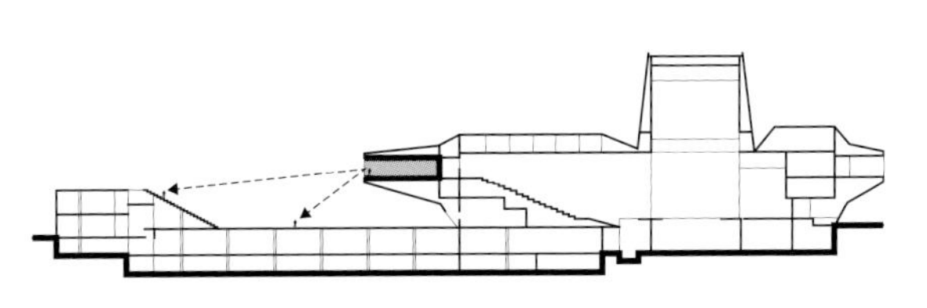

交和城市方面的体验

口大厅可以容纳各种活动，但面积不是很大。建筑悬臂的区域也是为举办活动而设计的。大屋顶花园也是一个交空间。

通透性、开放性

沿礼堂和会议中心两侧布局的玻璃门厅提供了观看外部景观的视野。

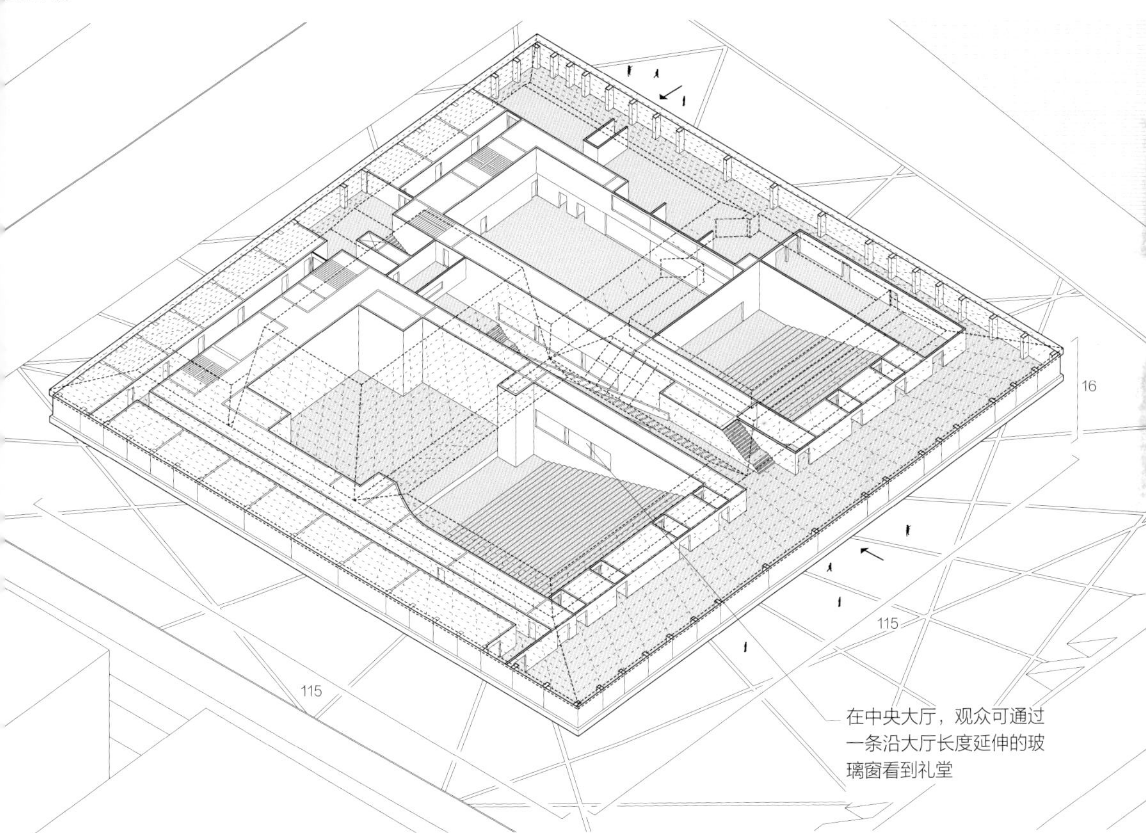

在中央大厅，观众可通过一条沿大厅长度延伸的玻璃窗看到礼堂

莱里达剧院和会议中心是一个用于举办音乐会、戏剧表演和会议的大楼。它有一个可容纳1000个座位的礼堂，两个可分别容纳400个座位和200个座位的会议厅（两个会议厅还可被分隔为更小的会议厅），与一个展览厅。外观上，矩形的建筑漂浮在离地面3层高的地方。主礼堂舞台塔楼的风采，体现在建筑物的屋顶线上。两个礼堂的屋顶也被稍微抬高，以产生一个小的平台，其余区域被一个大型的公共花园占用。这栋建筑的中心有一个采光中庭，里面有一个宏伟的楼梯，从地面层通往第2层的多功能大厅。从在多功能厅一个斜坡通向第3层带有全景窗的门厅，可以欣赏到城市和河景，还有通往礼堂、会议厅的入口。礼堂和会议厅位于第3层，与侧面门厅、新闻办公室、贵宾室和一个会议中心相邻。因此，莱里达剧院和会议中心的外部传递了矩形、厚重和飘浮的效果，内部则具有横向性和透明的效果。

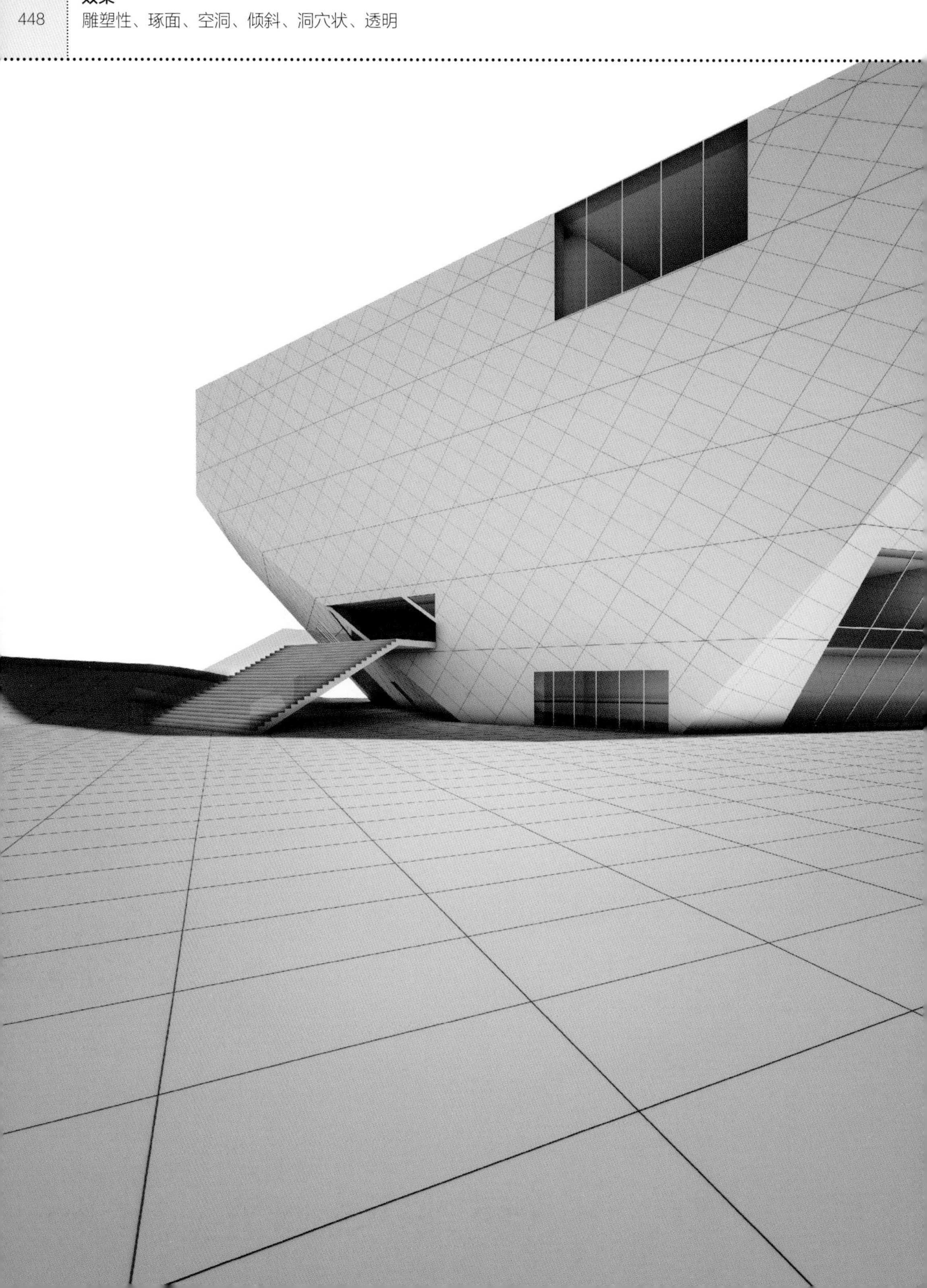

大都会建筑事务所 | 波尔图音乐厅 | 葡萄牙波尔图 | 1999年

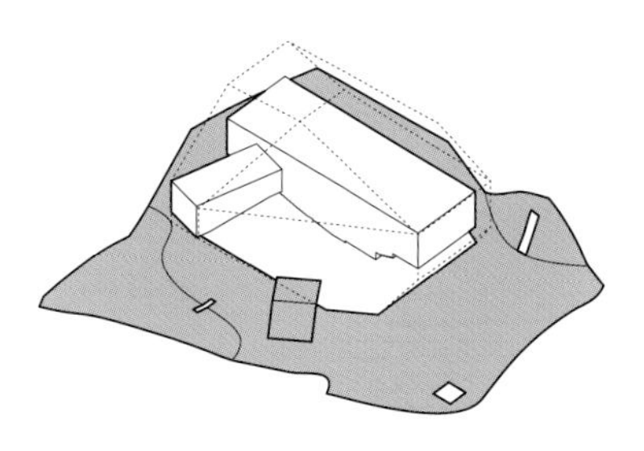

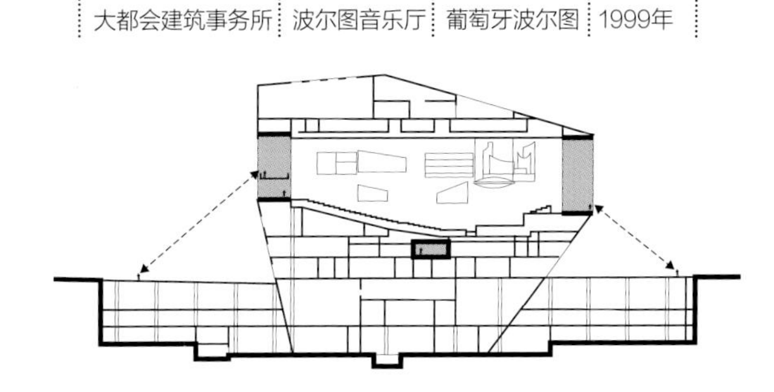

交和城市方面的体验
场代替入口大厅，提供了一个社交的空间。一段宽阔的梯从这个“外部大厅”通向第1层的入口。音乐厅的玻璃墙提供了壮观的城市景观，并确保表演与其所处的城市境密不可分。

通透性、开放性
虽然建筑的主体是封闭的，但音乐厅的两端都安装了玻璃幕墙。

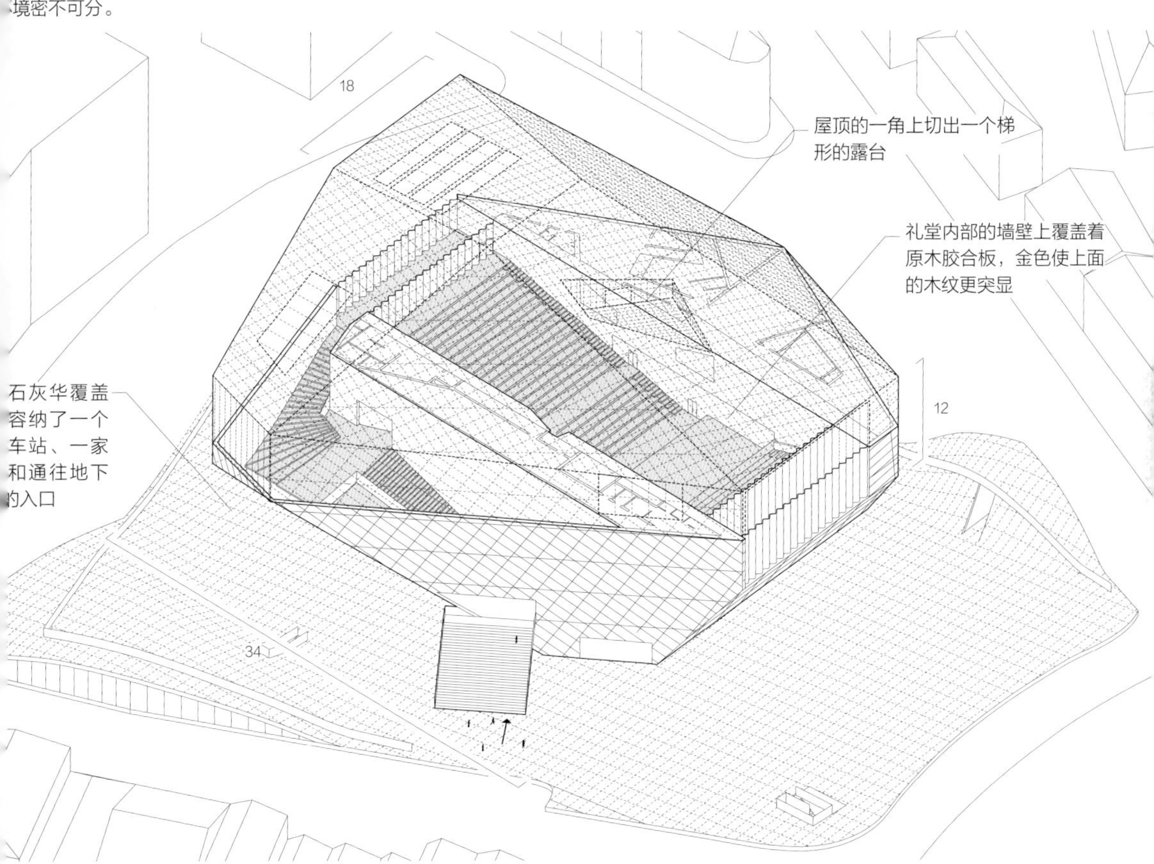
18
屋顶的一角上切出一个梯形的露台
礼堂内部的墙壁上覆盖着原木胶合板，金色使上面的木纹更突显
石灰华覆盖容纳了一个车站、一家和通往地下的入口
12
34

皮尔图音乐厅作为波尔图国家交响乐团的大本营，是用作举办音乐会的建筑。礼堂以单向的镜框式舞台风格布局，有1300个座位，建筑内还有一个更小、更灵活的演奏空间，那里不设固定的座位，此外还包括10个排练厅、录音棚、教学区、餐厅、露台、酒吧、贵宾室、行政区域和地下停车场。巨大的中央门厅的缺失是有意而为的。这座紧凑的建筑为其露天广场腾出了空间，露天广场由浅粉色石灰华铺就。在建筑内部，礼堂与外壳之间的剩余空间内容纳了楼梯、平台和自动扶梯，它们形成了一条连接礼堂周围空间的公共路线。音乐厅两端的波纹状玻璃幕墙，将音乐厅与城市进行了连接，将户外街景及自然光线引入室内，为演出提供了戏剧性的背景。因此，波尔图音乐厅的外部传递了雕塑性、琢面、空洞、倾斜的效果，内部则具有洞穴状与透明的效果。

效果

统一、不透明、纪念性、纵向、轴对称、内向性

爱德华·德雷尔·斯通 | 肯尼迪艺术中心 | 美国华盛顿特区 | 1964年

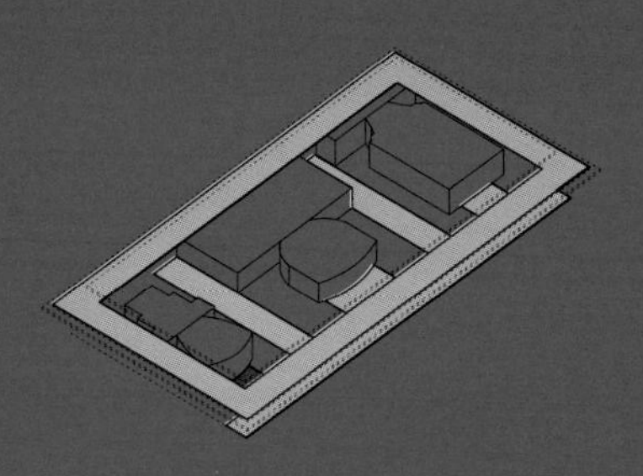

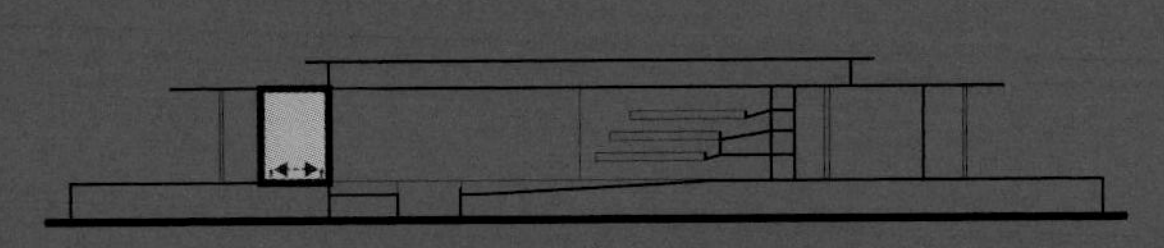

社交和城市方面的体验
社交空间仅限于建筑外围的单层大堂和剧场之间的休憩空间，而能观赏城市景观的屋顶露台也为人们提供了一个社交互动的开放空间。

通透性、开放性
建筑外墙是石砌的，每隔一段就有一扇通高的窗户，形成了一个内观的建筑，通过加高的底座，建筑进一步从周围的环境中独立出来。

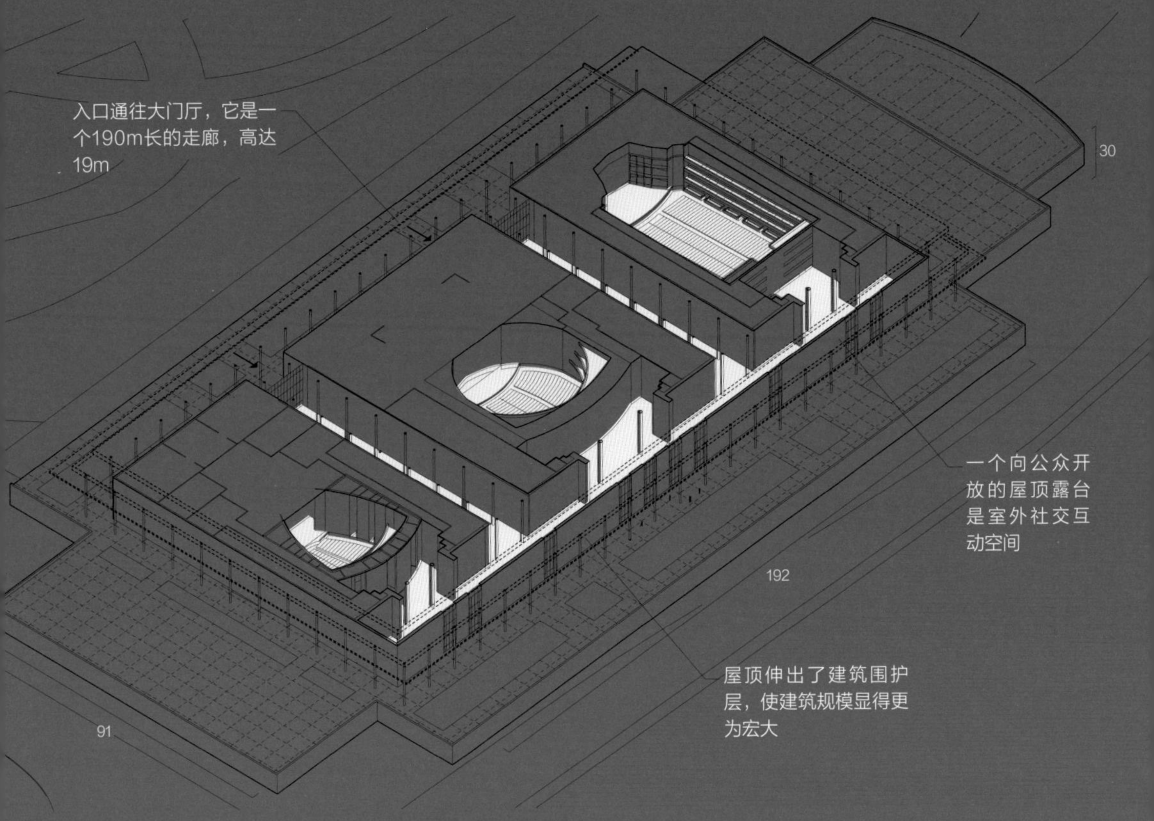
入口通往大门厅，它是一个190m长的走廊，高达19m
30
一个向公众开放的屋顶露台是室外社交互动空间
192
屋顶伸出了建筑围护层，使建筑规模显得更为宏大
91

肯尼迪艺术中心是一个为音乐会、歌剧和戏剧表演而建造的毯式建筑，位于底座上，并被安置在一个盒中盒的空间里，以避免飞机的噪声干扰。因此，这座建筑的规模很大，其石砌的外墙和少量的玻璃窗营造出一种堡垒般的效果。然而，底座延伸到建筑本身之外，形成了一个俯瞰波托马克河的露台。在内部，镜框式舞台风格的礼堂并排置于同一层上，通过与中央大厅或沿建筑长边的大门厅相连的次要通道将彼此分开。因此，入口空间与观众在幕间休息时使用的门厅相结合。肯尼迪艺术中心拥有3大剧场：音乐厅、歌剧院和艾森豪威尔剧院。音乐厅是美国国家交响乐团的所在地，位于建筑的南侧，有2442个座位；位于中心的歌剧院是华盛顿国家歌剧团的所在地，有大约2300个座位，是举办歌剧、芭蕾舞剧和大型音乐表演的场所；北侧的艾森豪威尔剧院有大约1163个座位，用于表演戏剧、音乐剧、小型歌剧、芭蕾舞和现代舞，并且剧院里有一个最多可容纳35位音乐家的乐池，可以被转换成舞台幕布前的部分或额外的座位空间。因此，肯尼迪艺术中心的外部传递了统一、不透明和纪念性的效果，内部则具有纵向、轴对称和内向性的效果。

ALA建筑事务所、SMS建筑事务所 | 基尔登表演艺术中心 | 挪威克里斯蒂安桑 | 2005年

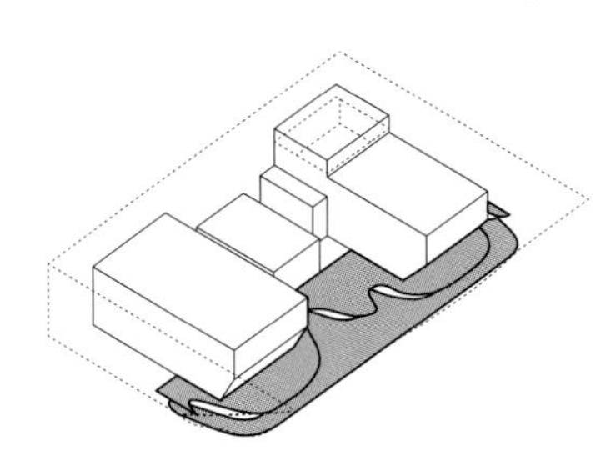

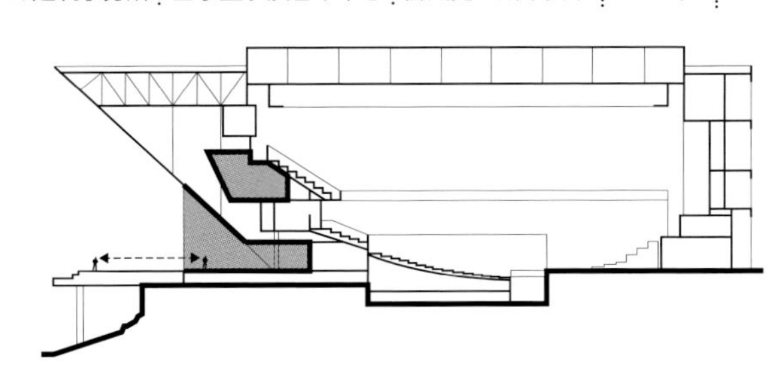

社交和城市方面的体验
两层的大堂和门厅提供了两种不同类型的社交空间：入口大堂充满自然光，从这里可以看到壮观的水景，而一楼的休息门厅则是封闭的。

通透性、开放性
建筑的三面都是不透明的，但主入口大堂所在的西侧是全玻璃幕墙，可供俯瞰海港。

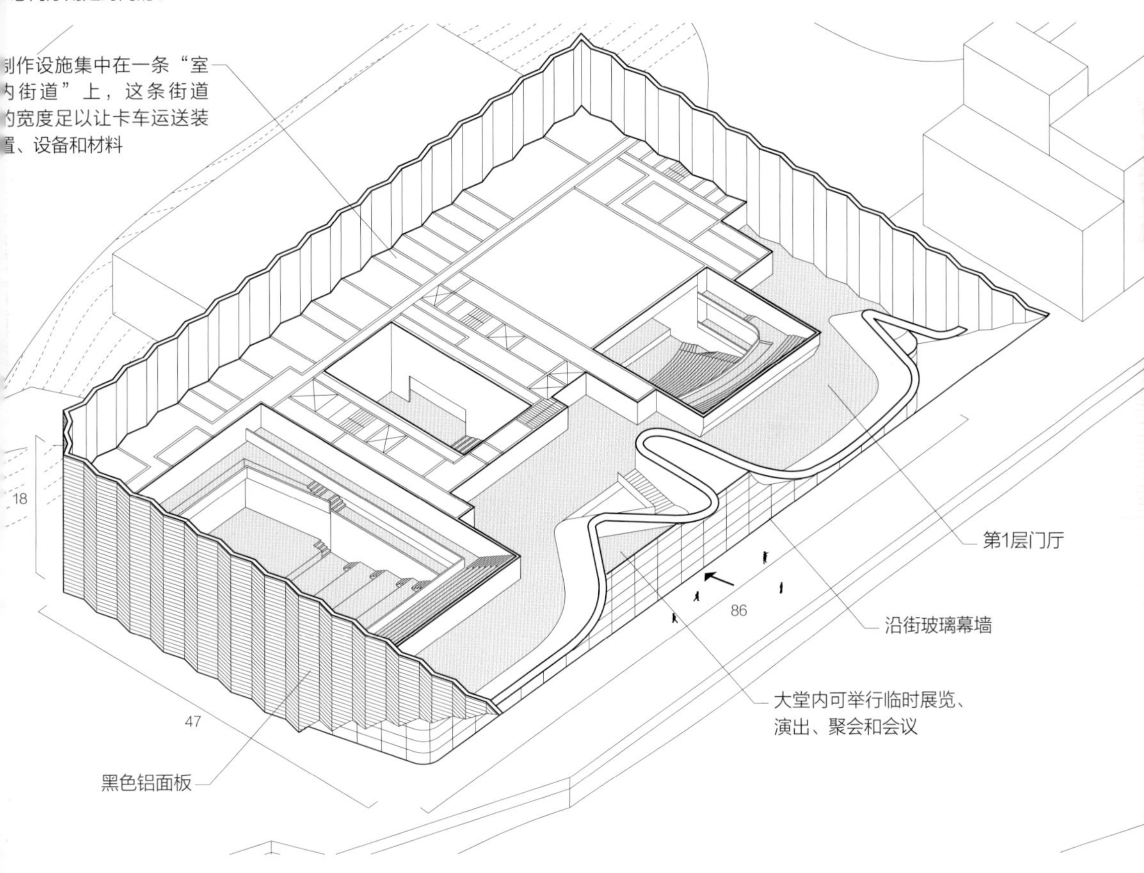
制作设施集中在一条“室内街道”上，这条街道的宽度足以让卡车运送装置、设备和材料
18
第1层门厅
86
沿街玻璃幕墙
大堂内可举行临时展览、演出、聚会和会议
47
黑色铝面板

基尔登表演艺术中心是为音乐会、戏剧和歌剧而设计的一座面向城市港口的毯式建筑。外墙用黑色铝板覆盖，弯曲屋顶是木制的。主入口位于西立面，可以俯瞰整个港口。西立面的玻璃幕墙沿其全长铺设，悬挑屋顶形成了大面积的遮蔽区域。开放式入口大堂延伸至入口立面的整个空间，为人们提供了观看港口对面城市的广阔视野。在内部，3个灵活的礼堂并排置于建筑的中央，制作空间位于东面。大堂通往第1层的门厅，从那里可以到达容纳了1200个座位的音乐厅、750个座位的可变剧院和歌剧院，以及两个较小的礼堂。在大堂和门厅之间，有一堵由橡木板组成的波浪起伏形木墙，作为“真实”世界与“虚幻”世界之间的一个门槛。在内部，橡木面板延伸到剧院的底部，而剧院悬于门厅空间之上。因此，基尔登表演艺术中心的外部传递了统一、戏剧性和悬挑的效果，内部则具有起伏、轴对称与外向性的效果。

福斯特建筑事务所 | 圣盖茨黑德音乐厅 | 英国盖茨黑德 | 1997年

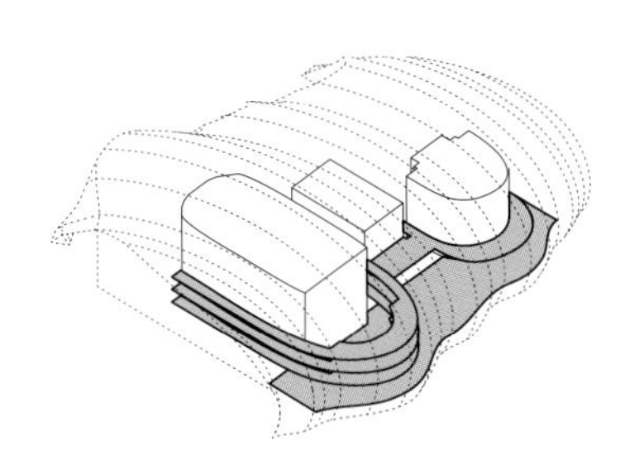

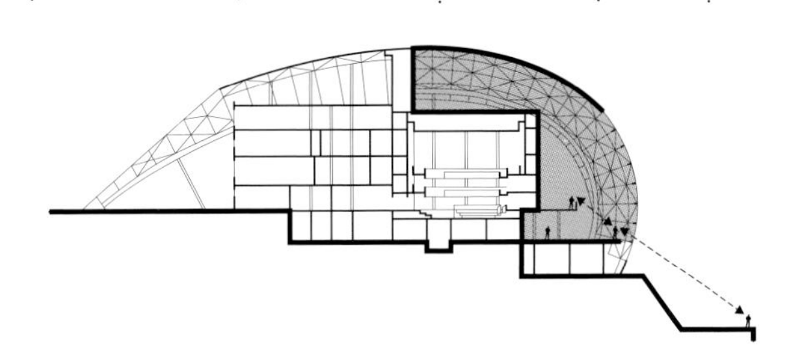

土交和城市方面的体验
每个礼堂外部都被突出的阳台环绕着，可俯瞰大厅，方便观众通过玻璃外墙与外界互动。大厅里还聚集了前来观看演出的公众和音乐学校的学生。因此，作为一个社会互动的空间，建筑与城市环境有着充分的联系。

通透性、开放性
整个建筑是全玻璃幕墙的，人们可以毫无阻隔地欣赏外部景观。

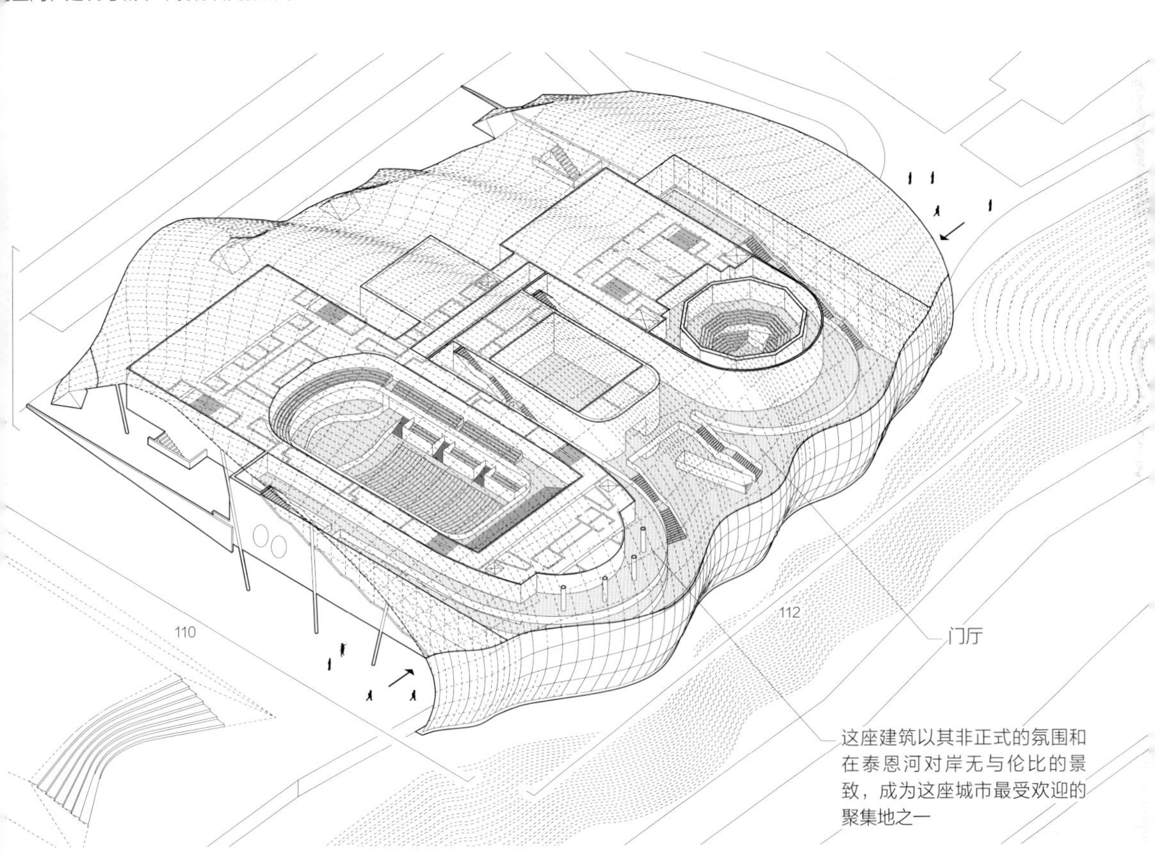

这座建筑以其非正式的氛围和在泰恩河对岸无与伦比的景致，成为这座城市最受欢迎的聚集地之一

圣盖茨黑德音乐厅是毯式观演建筑建筑，是英国皇家北方小交响乐团和一所音乐学校的基地。音乐爱好者可由街道层进入这座俯瞰泰恩河的全玻璃建筑。入口门厅沿着建筑的一侧长边延伸，容纳了咖啡馆、酒吧、商店和售票处，也充当了下方音乐学校的公共空间。建筑内有3个礼堂彼此相邻。最大的礼堂有1650个座位；第2个礼堂有400个座位，用于民谣、爵士乐和室内乐表演；而第3个礼堂既是皇家北方交响乐团的排练厅，又是音乐学校的聚集中心。为了鼓励表演者在白天与学生互动，并在晚上与观众在广场酒吧进行社交互动，屋后候场区域被限制在最小范围内。因此，圣盖茨黑德音乐厅的外部传递了统一和曲线性的效果，内部则具有阶梯状和透明的效果。

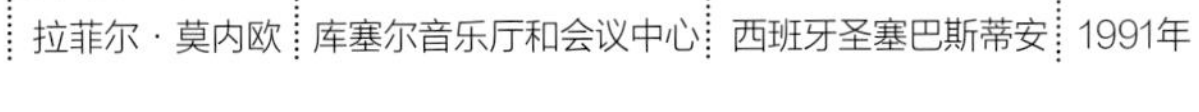
拉菲尔 · 莫内欧 | 库塞尔音乐厅和会议中心 | 西班牙圣塞巴斯蒂安 | 1991年

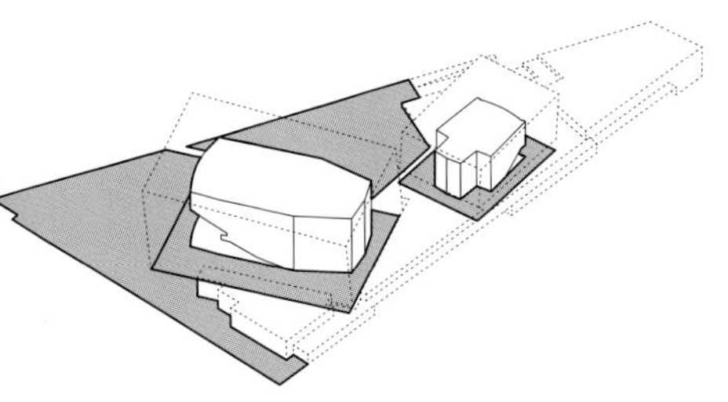

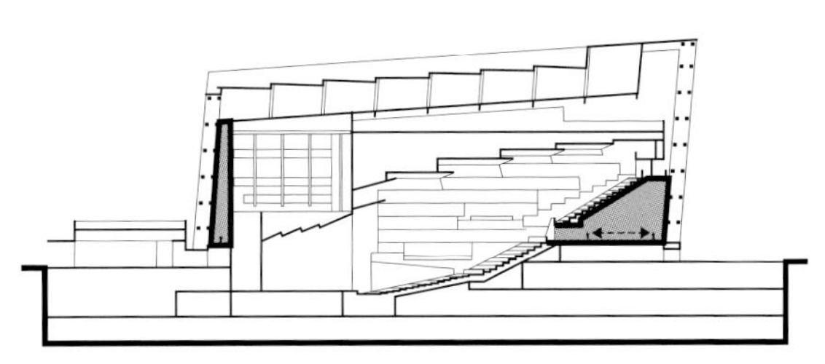

交和城市方面的体验
个剧院大厅都有各自的门厅，这两处的观众既不能相互流，也不能与外界公众互动，但是在底座上的平台，是所有人开放的。

通透性、开放性
两个礼堂都被半透明的玻璃包裹，因此，除了几个窗户外，礼堂是接近完全封闭的。

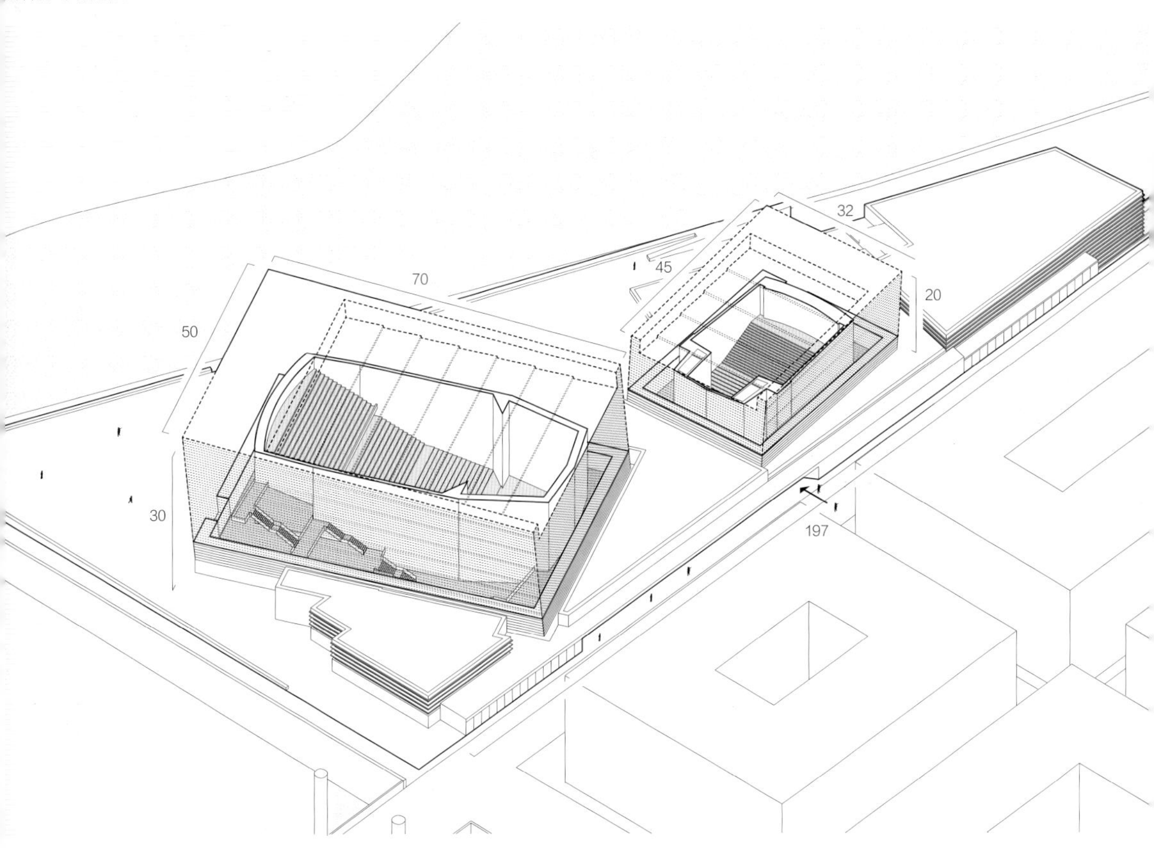

库塞尔音乐厅和会议中心是一个为音乐会、歌剧和戏剧而设计的毯式建筑，位于乌鲁梅阿河口。这座建筑置于一个平台底座上，底座上有两个独立的半透明玻璃体块，每个体块里都容纳了一个礼堂。底座容纳了展厅、会议室、办公室、餐厅和音乐家乐器间，向城市展示了一个低层的城市临街面，以及一个向市民开放的大型平台。位于底座上的玻璃体块由钢骨架组成，内部和外部用夹层玻璃包裹。较大体块内是一个有1800个座位的长方形礼堂，其前排的座位可以移动，以便在歌剧表演中为管弦乐队腾出空间。礼堂通过坡道和楼梯进入。礼堂和半透明的外壳之间是大厅，那里有一扇窗户可以看到外面的景色。此外，明亮的内部空间是内观的。第2个体块也采用了由半透明玻璃建造的双层墙，其室内音乐厅内有624个座位。因此，库塞尔音乐厅和会议中心的外部传递了碎片化、半透明、神秘感（白天），以及炫目感（夜间）的效果，内部则具有内向性与自然照明的效果。

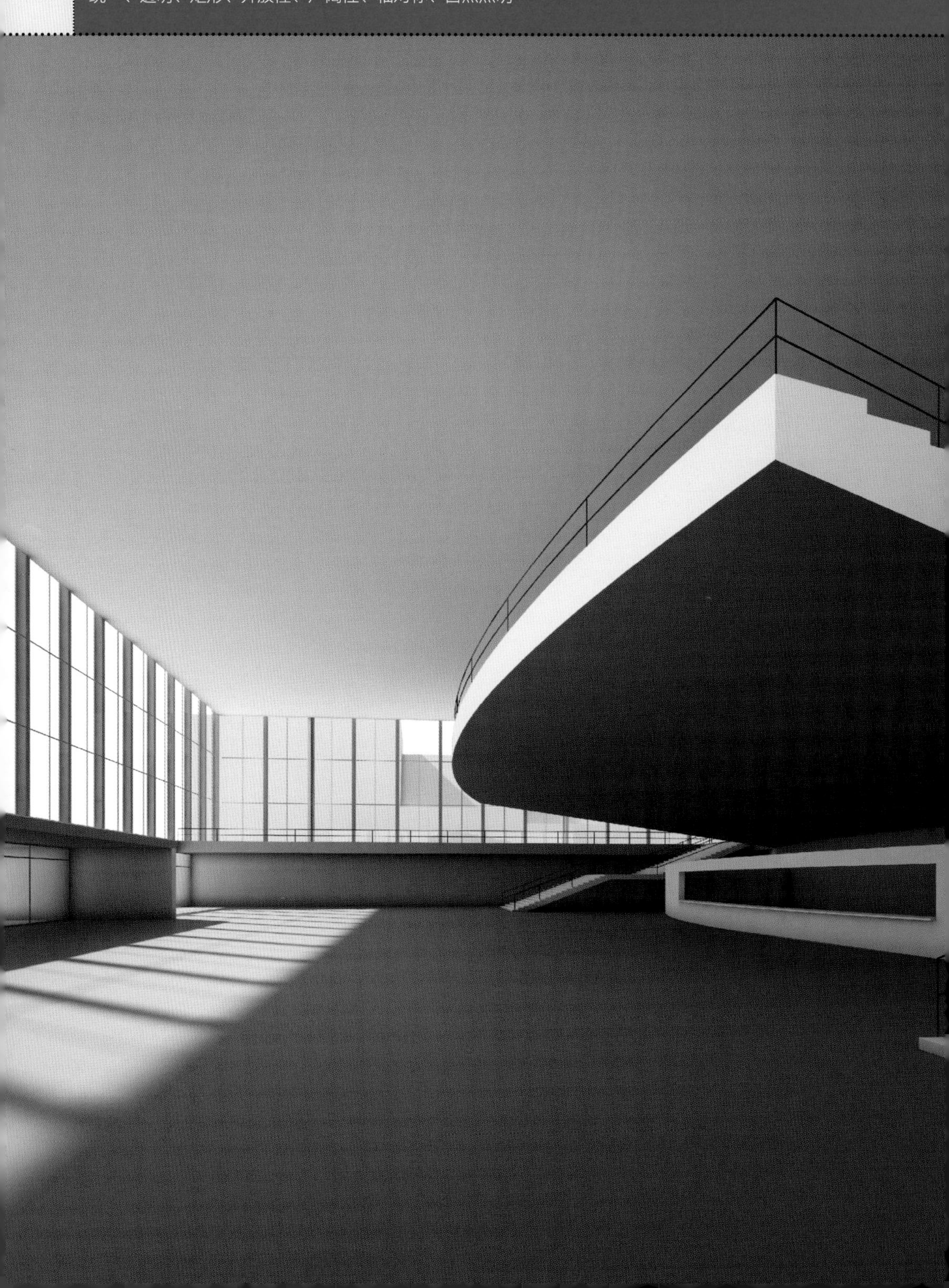

路德维希 · 密斯 · 凡 · 德 · 罗 | 曼海姆国家剧院方案 | 德国曼海姆 | 1952年

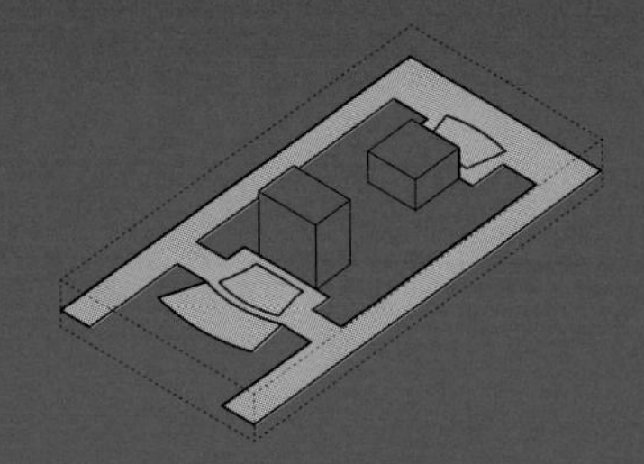

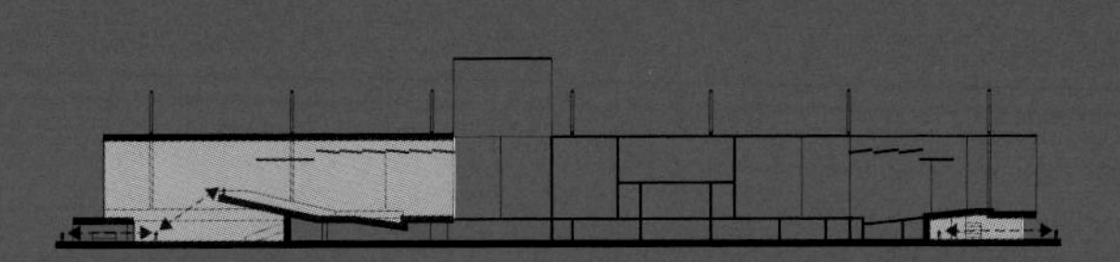

社交和城市方面的体验
沿建筑两个长边延伸的门厅可作为步道以及人们在演出间歇的互动空间，还可以使人饱览城市景观。

通透性、开放性
全玻璃的外壳使人可从门厅观赏这座城市，而不封闭的倾斜座席也会带来很好的透明度和强烈的城市融合感。

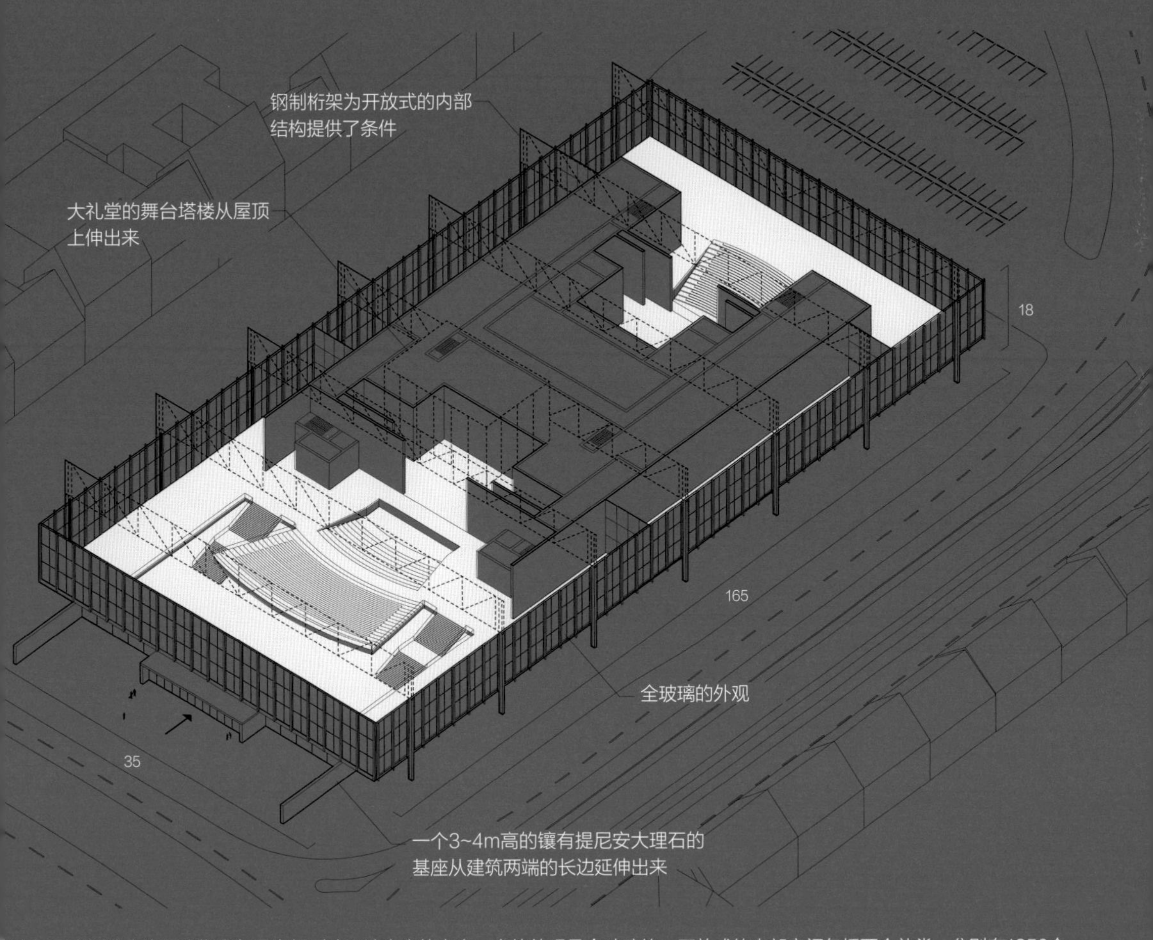
钢制桁架为开放式的内部
结构提供了条件
大礼堂的舞台塔楼从屋顶
上伸出来
18
165
全玻璃的外观
35
一个3~4m高的镶有提尼安大理石的
基座从建筑两端的长边延伸出来

曼海姆国家剧院方案是密斯参与曼海姆剧院设计竞赛的方案。它的外观是全玻璃的，开放式的内部空间包括两个礼堂，分别有1250个座位和875个座位。两个礼堂背对彼此，以共享一个封闭中央区域的舞台设施。两个礼堂内的倾斜座席是不封闭的，因此表演的声音可以传到下方的大堂里，建筑的玻璃幕墙也使其在视觉上对城市开放，这种情况会产生声学和照明问题。方案有一个沿建筑长边设置的门厅，可以将两个礼堂连接起来，为观众提供互动的空间与观看城市景观的视野。因此，曼海姆国家剧院的外部传递了统一、透明和矩形的效果，内部则具有开放性、广阔性、轴对称与自然照明的效果。

保罗 · 安德鲁 | 中国国家大剧院 | 中国北京 | 2001年

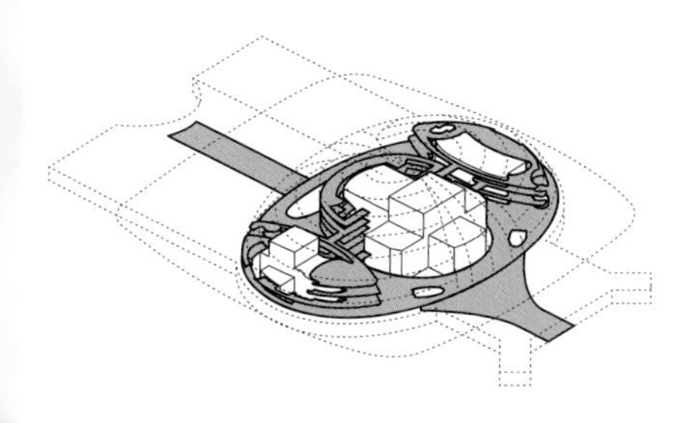

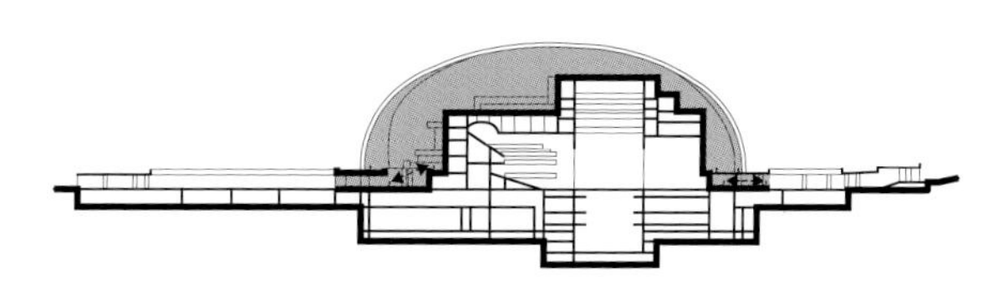

交和城市方面的体验

国国家大剧院是一座坐落在湖中央的文化岛，因此，鼓人们在其内部进行社交互动，但这个综合体有意地独立城市，并被视为一个游览目的地。

通透性、开放性

从地板到天花板的大面积玻璃幕墙横跨门厅，使得人们可以从建筑内部观看整个城市。然而，这座建筑因其圆顶形的壳体和周围的湖水而与所处环境分隔开来。

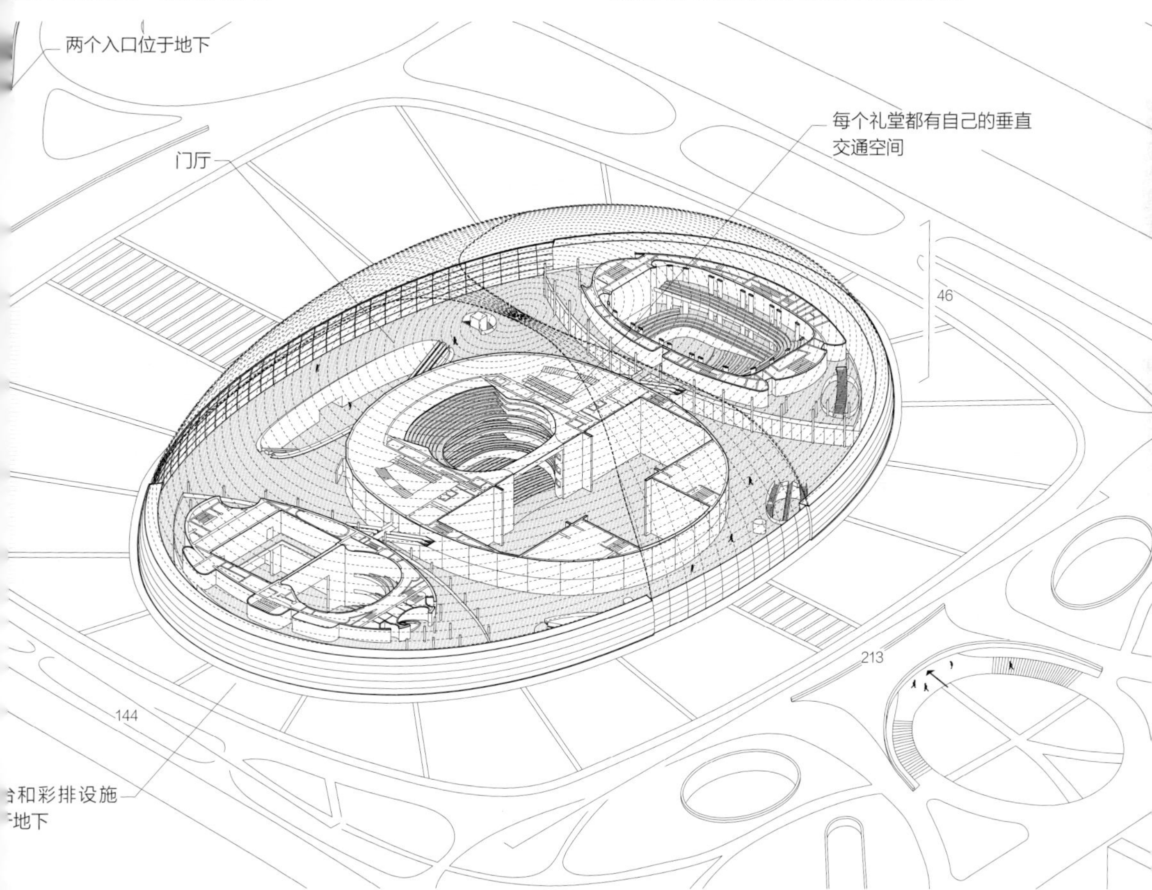
两个入口位于地下
每个礼堂都有自己的垂直
交通空间
门厅
46
213
144
台和彩排设施
于地下

国国家大剧院是一个为音乐和歌剧而设计的体块式建筑，有一个玻璃和钛合金的圆顶外壳。剧院与城市之间被一个环绕的湖隔开，人可通过巨大的水下隧道进入建筑的两侧，隧道的玻璃屋顶提供充足的自然光，隧道也被用作画廊。圆顶外壳围合了一个巨大的开放内部空间，其中容纳了一个歌剧院（2416个座位）、一个音乐厅（2017个座位）和一个剧院（1040个座位）。这些礼堂是单独封闭，彼此相邻地坐落在空间的中心。建筑其他空间被公共通道、桥梁、楼台、广场、商店、餐厅和咖啡馆占据。因此，国家大剧院的外部传递了统一、透明与胀形的效果，内部则具有开放性、广阔性、流动性与自然照明的效果。

效果

雕塑性、不透明、抛光、神秘、垂直、昏暗、镀金、神秘感、电影院

让 · 努维尔工作室、菲利普 · 斯塔克 东京歌剧院方案 日本东京 1986年

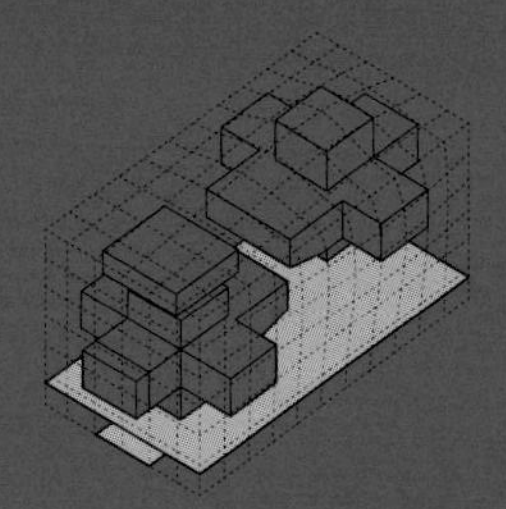

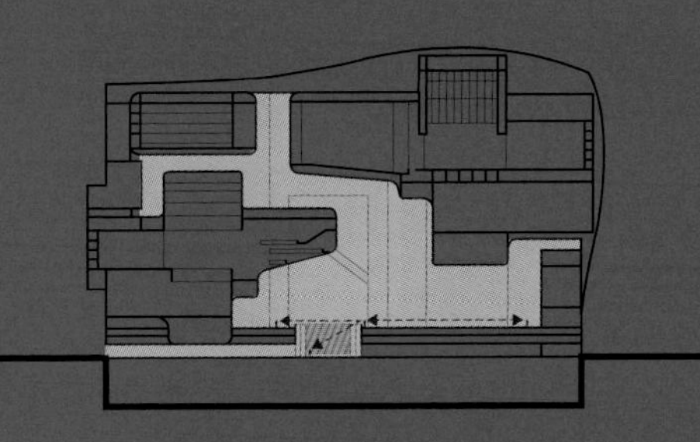

社交和城市方面的体验

设计方案中的大中庭是城市尺度的，而非遵循了促进观众互动的建筑尺度，但视觉上它对于外部却是封闭的。

通透性、开放性

设计师有意地将这座建筑呈现为一个与周围环境截然不同的空间——一个有待探索和发现的空间，而不是透明和熟悉的空间。

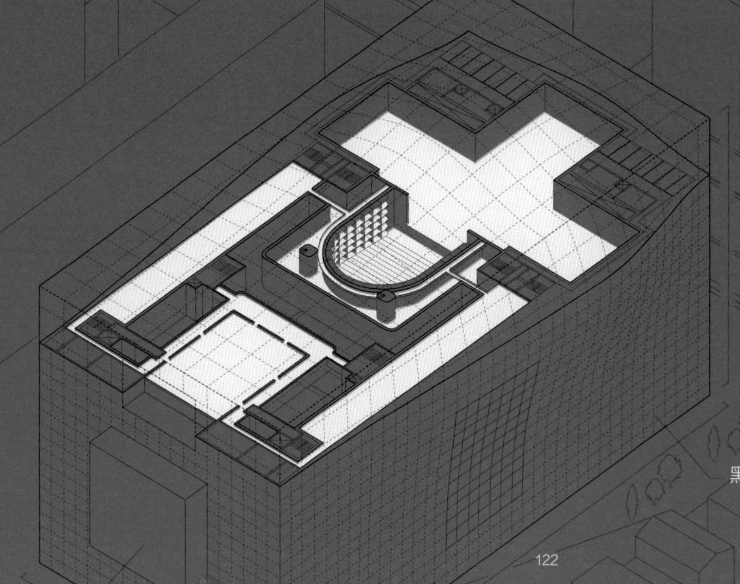

音乐厅的后台从建筑的外壳突出来

东京歌剧院方案是一个为上演音乐会和歌剧而设计的体块式建筑方案，设有3个礼堂，分别有2650、1500和544个座位。这个被黑色镜面包裹着的建筑有一个弧形轮廓，尽管缺乏透明度，却能让人感受到内部的大空间，内部也铺着黑色抛光花岗岩两个大型金色剧院，其座席区都是镜框式舞台布局的。其后台、侧台、台仓与舞台上空/塔楼都垂直布置在50 m高的中庭内，这样就产生了一个复杂的垂直空间，而通往剧院的环路增强了其动态感。大礼堂紧靠着建筑物的围墙，使外立面弯曲；另外两个礼堂中的较小的一个突出于外部围护结构的东侧，而一个小型独奏厅位于音乐厅上方。主入口位于底层，观众可以从那里的两个彼此相对的宽阔楼梯向上攀登到一个30m高的窗口，从那里可以看到城市的全景。在巨大的柱子之间，两边的自动扶梯通向不同的剧院。其中一个扶梯斜着穿过空间。一条花岗岩通道通往礼堂内部，内有8层楼厅，并被桃花心木面层覆盖，整体就像一件乐器一样。因此，东京歌剧院的外部传递了雕塑性、不透明、抛光、神秘的效果，内部则具有垂直、昏暗、镀金、神秘感与电影院的效果。

伊东丰雄 | 台中大都会歌剧院 | 中国台湾台中 | 2006年

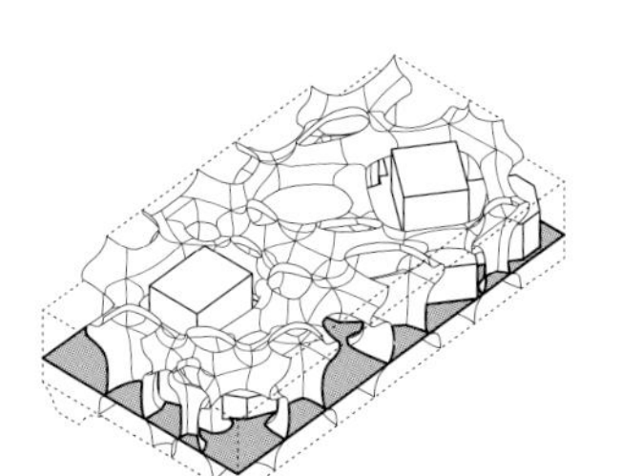

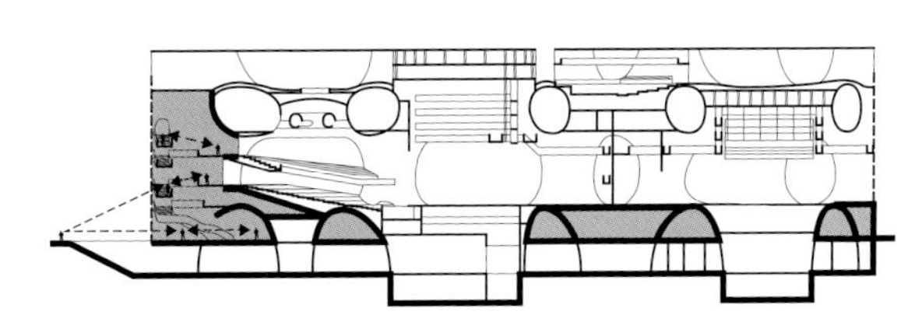

交和城市方面的体验

层和墙壁的连续性促使人们在建筑的不同楼层进行探索互动。

通透性、开放性

外部墙壁是曲面的，覆盖着玻璃和多孔混凝土，邀请人们进入一系列迷宫般的走廊，探索室内景观。

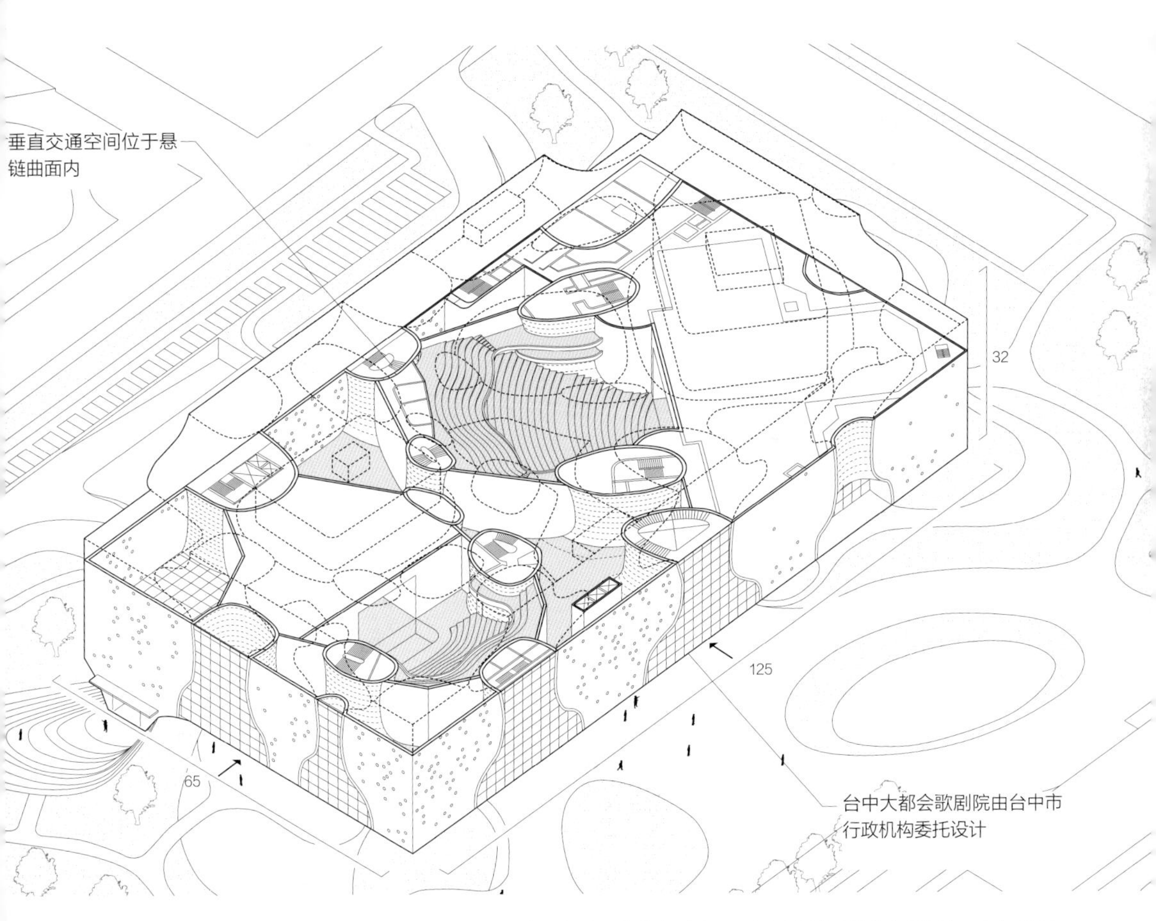
垂直交通空间位于悬链曲面内
32
125
65
台中大都会歌剧院由台中市行政机构委托设计

台中大都会歌剧院是一座体块式建筑，由一个有着2009个座位的镜框式舞台风格的大剧院、一个有800个座位的中剧场和一个有200个座位的小剧院组成。双弯曲的“悬链曲面”（由环绕x轴旋转的悬链线构成的三维图形）被加入建筑并进行堆叠，形成复杂的结构。在这个结构中，地板和墙壁是连续的。这些结构围绕着剧场的各个角落，将礼堂的十字形状扩散到曲面的连续景观中。悬链曲面包裹着垂直交通空间和中庭。每一层都有不同数量的开放空间，可以容纳不同规模的公共项目。不同于努维尔的东京歌剧院方案中剧场都漂浮在一个高高的中庭里，大都会歌剧院的剧院则融入了曲面的景观。因此，台中大都会歌剧院的外部传递了雕塑性、开放性、抛光、流动性的效果，内部则具有涵洞、迷宫与探索的效果。

共同点：社交和城市方面的体验

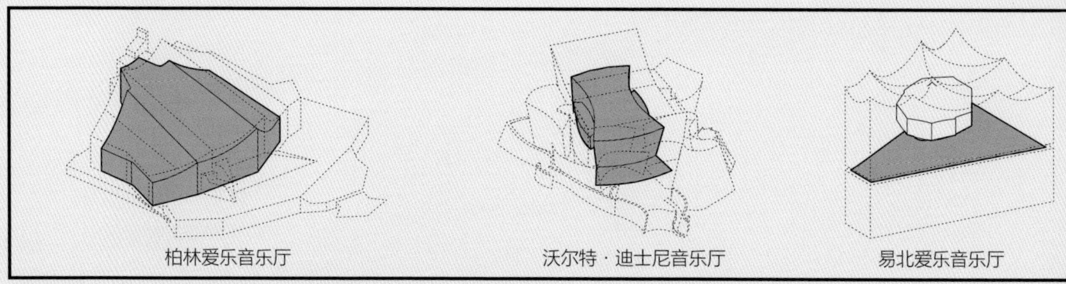

观看演出 / 体块式建筑 / 音乐会 / 葡萄园风格的座位

观看演出 / 体块式建筑

观看表演 / 镜框式舞台风格

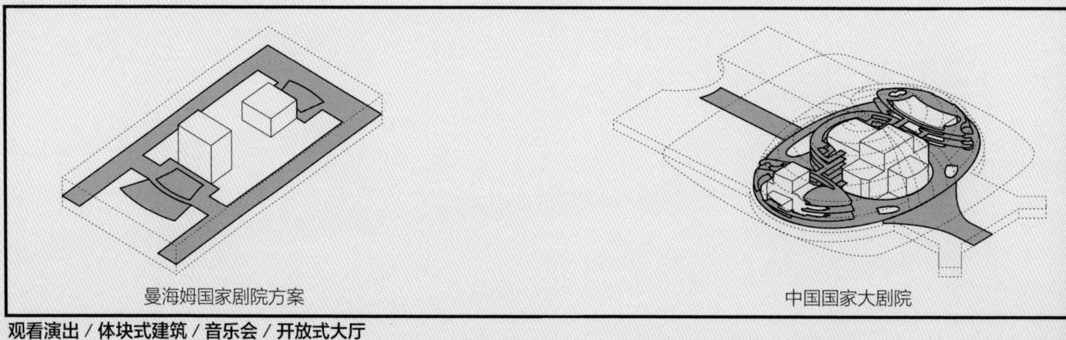

观看演出 / 体块式建筑 / 音乐会 / 开放式大厅

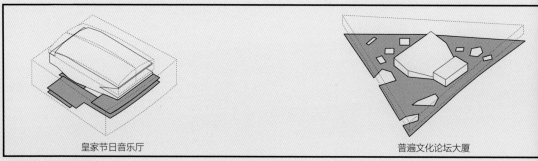

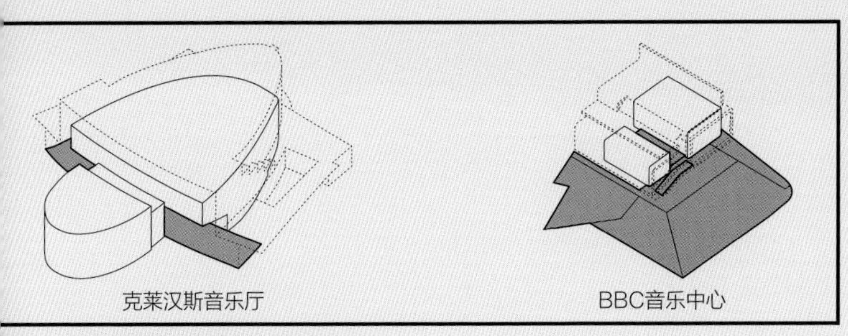

演出 / 体块式建筑 / 音乐会 / 中央门厅

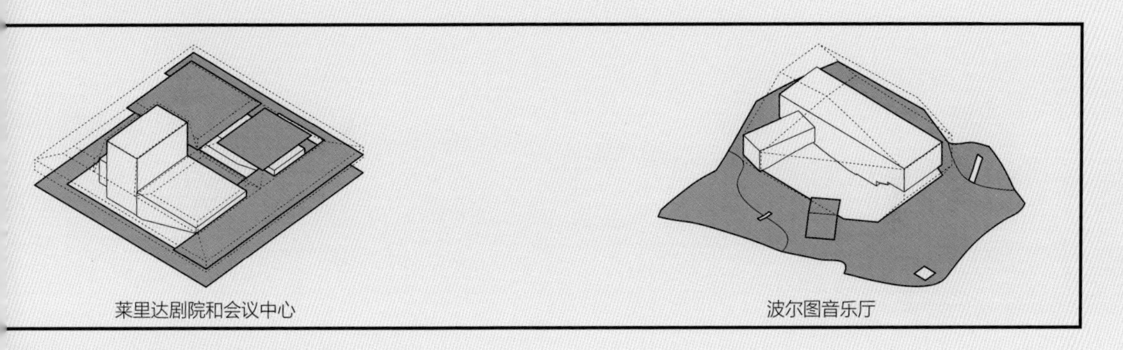

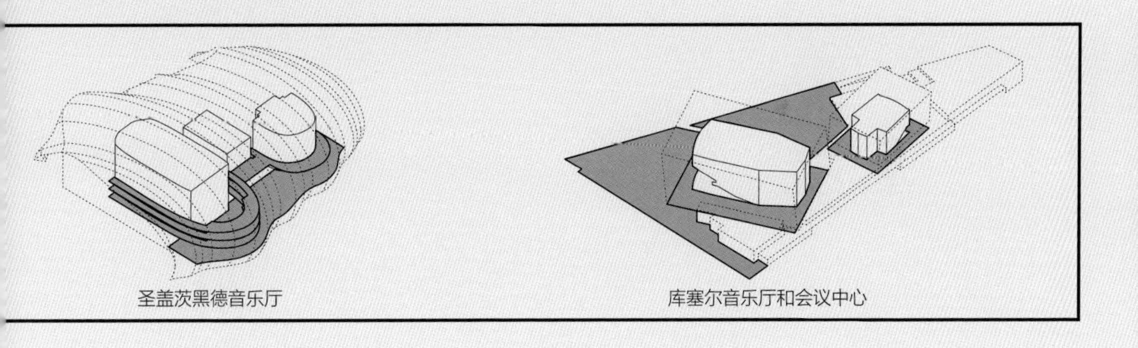

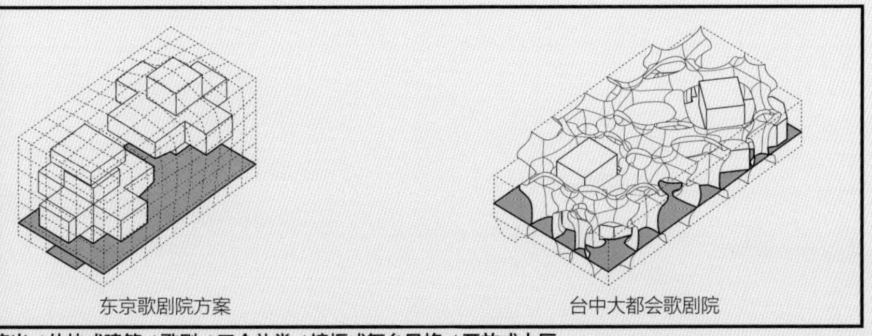

演出 / 体块式建筑 / 歌剧 / 三个礼堂 / 镜框式舞台风格 / 开放式大厅

共同点：通透性、开放性

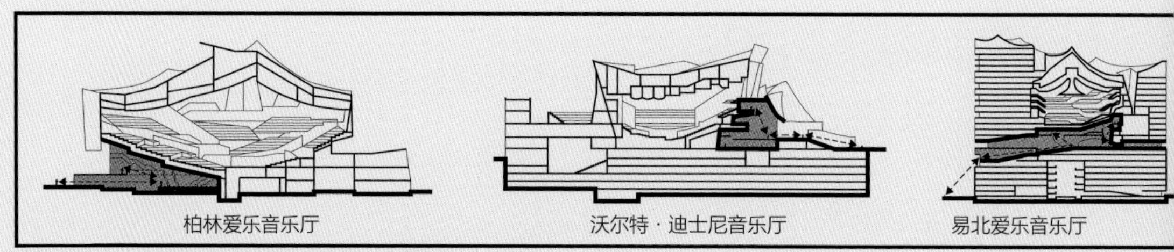

观看演出 / 体块式建筑 / 音乐会 / 葡萄园风格的座位

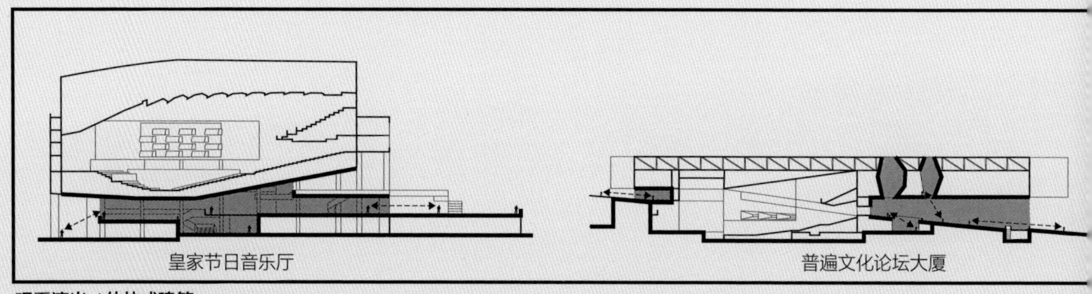

观看演出 / 体块式建筑

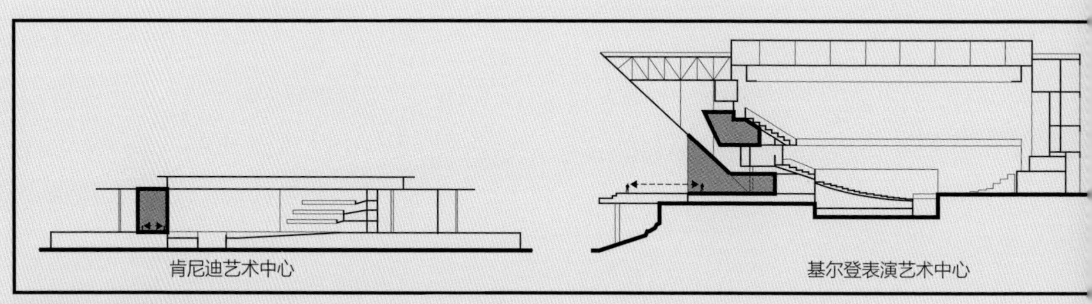

观看表演 / 镜框式舞台风格

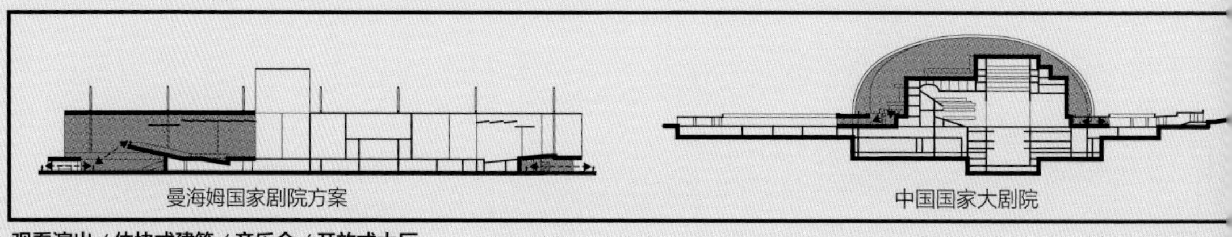

观看演出 / 体块式建筑 / 音乐会 / 开放式大厅

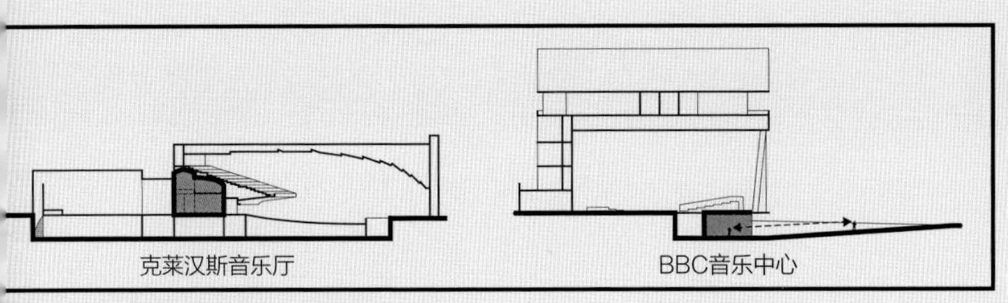

克莱汉斯音乐厅　　BBC音乐中心

演出 / 体块式建筑 / 音乐会 / 中央门厅

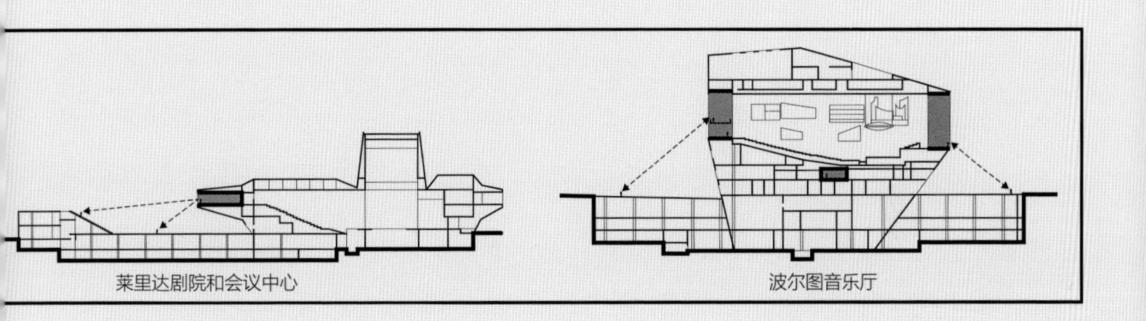

莱里达剧院和会议中心　　波尔图音乐厅

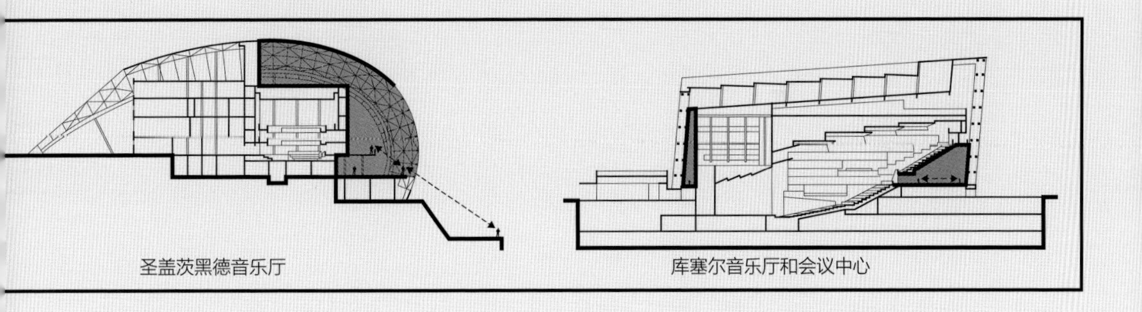

圣盖茨黑德音乐厅　　库塞尔音乐厅和会议中心

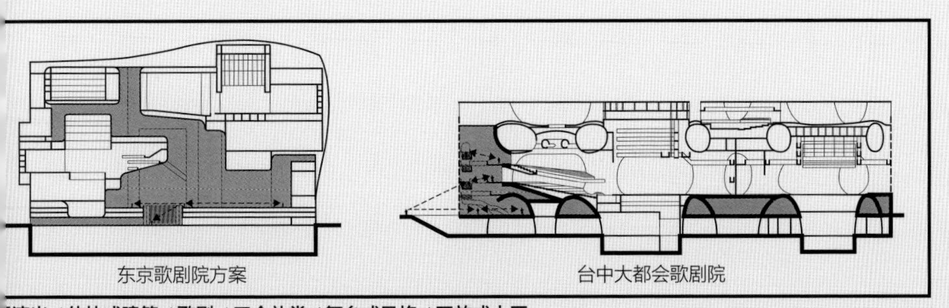

东京歌剧院方案　　台中大都会歌剧院

演出 / 体块式建筑 / 歌剧 / 三个礼堂 / 舞台式风格 / 开放式大厅

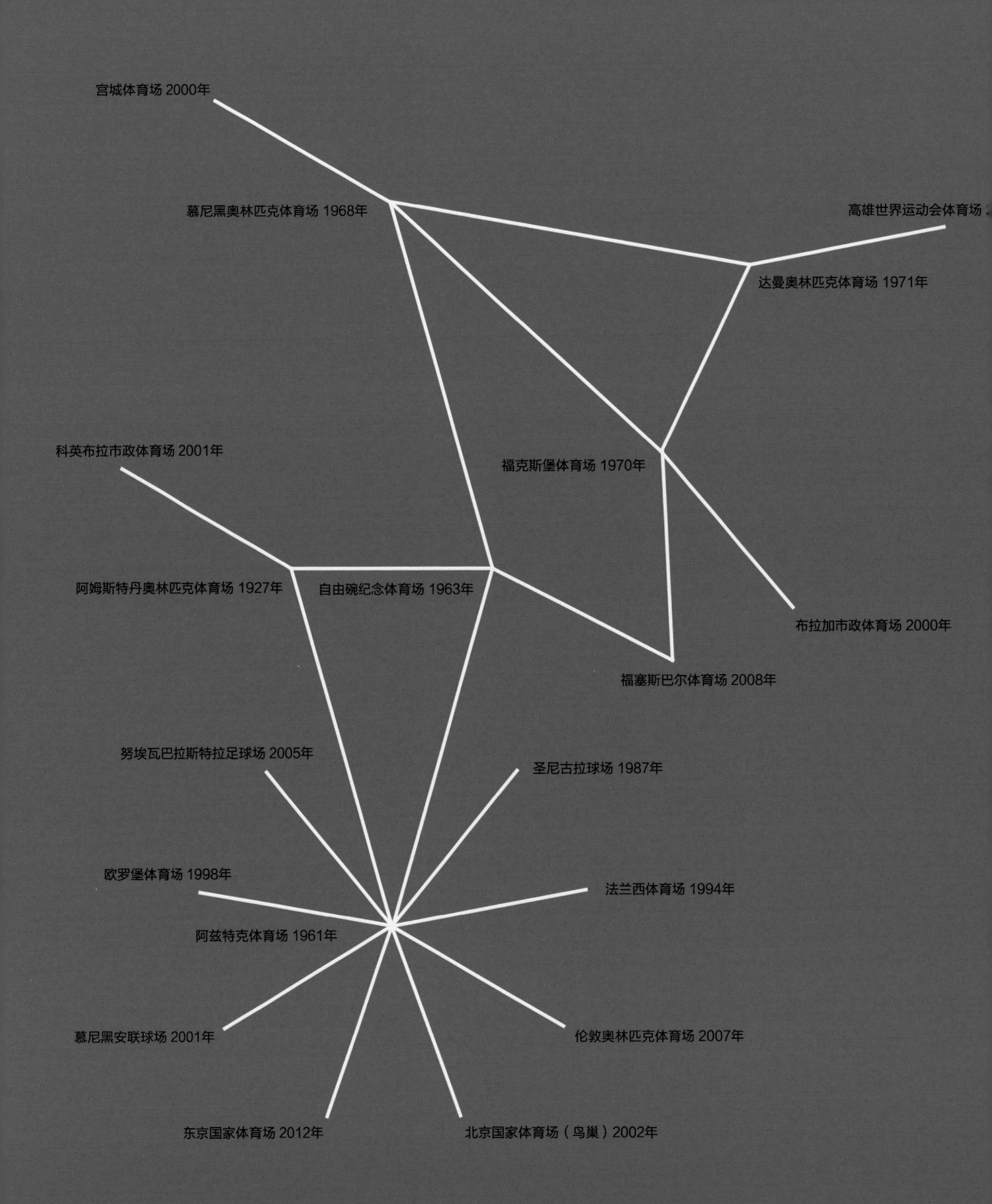

宫城体育场 2000年
慕尼黑奥林匹克体育场 1968年
高雄世界运动会体育场
达曼奥林匹克体育场 1971年
科英布拉市政体育场 2001年
福克斯堡体育场 1970年
阿姆斯特丹奥林匹克体育场 1927年
自由碗纪念体育场 1963年
布拉加市政体育场 2000年
福塞斯巴尔体育场 2008年
努埃瓦巴拉斯特拉足球场 2005年
圣尼古拉球场 1987年
欧罗堡体育场 1998年
法兰西体育场 1994年
阿兹特克体育场 1961年
慕尼黑安联球场 2001年
伦敦奥林匹克体育场 2007年
东京国家体育场 2012年
北京国家体育场（鸟巢）2002年

观看体育比赛 1927—2012年

本章追溯了20世纪初以来体育场馆设计的演变。当代的案例从20世纪早期的示范性项目中获得了灵感。本章根据其异同之处将它们进行了分组介绍。

荷兰阿姆斯特丹的奥林匹克体育场（第479页）可用于多种体育项目，它有一个类似田径跑道的闭合曲面碗状观众席，除了东、西看台以外，其单层看台都没有被屋顶遮盖。在外部，体育场被砖墙包围着。以下项目解决了观众缺乏舒适感以及体育场周边缺乏活动的问题：葡萄牙的科英布拉市政体育场（第481页）。

美国田纳西州孟菲斯市的自由碗纪念体育场（第483页）是一个单项运动体育场，由单层座位组成的封闭的曲面碗状观众席，沿着体育场的长向改变剖面，以在有良好球场视野的位置提供更多的座位。看台没有屋顶，它的外部边缘是支撑观众席的柱廊下方的一个昏暗的拱廊。下面的项目解决了观众席缺乏遮盖和完全内观的问题：新西兰达尼丁的福赛斯巴尔体育场（第485页）。

墨西哥墨西哥城的阿兹特克体育场（第487页）是一个单项运动的体育场，有一个封闭的弧形碗状观众席，由带有屋顶的3层座位组成（最低层的部分除外）。因此，体育场或多或少为观众提供了同等程度的舒适感和球场视野。然而，周边外部被放弃了，只是支撑混凝土看台的柱廊下面的一个黑暗拱廊。以下项目使人们对体育场的体验不仅限于观看比赛，还包括了到达时的体验：意大利巴里的圣尼古拉球场（第489页）、法国圣但尼的法兰西体育场（第491页）、英国伦敦的奥林匹克体育场（第493页）、中国北京的国家体育场（鸟巢）（第495页）、日本东京的日本国家体育场方案（第497页）、德国慕尼黑的安联球场（第499页）、荷兰格罗宁根的欧罗堡体育场（第501页）、西班牙帕伦西亚的努埃瓦巴拉斯特拉足球场（第503页）。

德国慕尼黑的奥林匹克体育场（第505页）是一个多项目的体育场，呈封闭的弧形碗状，它在一侧与旁边公园的地形相融合，另一侧的场地升高，以提供更多的座位。然而，由于较高的座位与较低的座位保持相同的角度，观众观看内场比赛的视野并不都一样好。此外，碗的南侧和西侧都有屋顶，其余部分则暴露在外。下面的项目在碗状观众席不同区域为观众提供了同样良好的内场视野，并在整个比赛过程中提供了同等程度的舒适性：日本利府町的宫城体育场（第507页）。

位于沙特阿拉伯达曼的奥林匹克体育场（第509页）可举行多种体育项目，由一个开放式的U形碗状观众席组成，观众不仅可以看到运动场，还可以看到体育场外面的风景。沿运动场长向的位置会设置一个开口，这就需要移除观众席上一部分视野良好的座椅。观众席的一部分座位由一个从桅杆上悬挂的充气塑料屋顶覆盖。下面的项目既在不减少最佳观景座位数量的情况下，使开放的体育场不那么内向，又为所有座位都提供了屋顶遮盖：中国台湾高雄的世界运动会体育场（第511页）。

美国马萨诸塞州的福克斯堡体育场（第513页）是一座由4个独立看台组成的单项运动体育场，两个与运动场长向平行的看台比球场两端的看台更大，所有的看台都是一个坡度的，没有屋顶。这使得更大看台上的观众可以看到周围的风景，但是高层的观众却不能很好地看到比赛场地。下面的项目通过设置两层看台并使上层看台变得更陡来优化高层观众席的内场视野，它还去掉了内场两端的看台，以最大限度地增强碗状观众席与外部环境之间的关系：葡萄牙布拉加的布拉加市政体育场（第515页）。

20世纪的体育场馆都是大型的、内向性的建筑，通常只用于单一体育运动，如足球、橄榄球、美式橄榄球、棒球或网球，以便为观众提供运动场的最好视野。建筑外部通常包括防火梯、座椅层的结构支撑，以及基本便利设施，它们为体育馆提供了一种粗糙而无个性特征的外观。无论场馆在市中心、公园还是城市外围，当没有体育赛事时，其周围的区域就变成了一个"死区"。自20世纪90年代以来，人们越来越意识到，有必要设计一些场馆，这些场馆在一段时间内不会停摆，能够产生收入，以支付庞大的维护成本。这使得用于不止一项运动，还可用于其他大型活动（如音乐会）的体育场越来越多。可移动的屋顶、活动看台和可移动的运动场已经被引入，使场馆能够灵活快速地转换，为一系列赛事活动提供最佳的配置，为观众提供最大的舒适度。同样从20世纪90年代开始，体育运动已经在高清数字媒体和手持设备上进行了直播，使得人们可以在任何地方观看比赛。这意味着，体育场不仅需要在不干扰观众的情况下容纳现场直播设备，而且还必须提供一种可以与现场直播相抗衡的体验。下面是用于观看体育赛事的建筑物的主要参数。其中两项——体育场的外围和室内体验——自20世纪90年代以来变得尤为重要，并成为下面比较项目异同的基础。

形式

体块式建筑：由比赛场地和碗状观众席组成。

运动场

体育场馆建筑可以设计成举办单一或多种赛事的场馆。每个运动场地的形状和尺寸是不同的，并且随时间而变化。

足球：欧足联、国际足联标准球场尺寸是105 m×68 m。另有一个围绕场边的最小宽度为1.5 m的边界。

英式橄榄联合会球：矩形，长为120~144 m，宽为70 m。球场两端应有至少6 m的安全距离，每边应有2~6 m的安全距离。

英式联盟橄榄球：矩形，（112~122）m×68 m。边线周围应该有5 m宽。

美式橄榄球：矩形，109.7 m×48.8 m。四周安全边缘应至少为1.83 m。

爱尔兰式橄榄球：矩形，（130~145）m×（80~90）m。四周安全边缘应至少为1.5 m。

曲棍球：矩形，91.4 m×55 m。两边应有3m的安全距离，两端应有4.57 m的安全距离。

爱尔兰式曲棍球：矩形，（128~146）m×（77~91）m。两边应有3 m的安全距离，两端应有4.57 m的安全距离。

板球：矩形球场（20.12 m×3.05 m）内的草地是圆形或椭圆形的平面，没有固定尺寸（通常从137 m到150 m不等）。

澳式足球：椭圆形，（135~185）m×（110~155）m。周边都应该有至少3 m的安全边界。

棒球：正方形的场地（边长90 m），在相对的两边有圆弧（半径为28.9 m），圆心与正方形的中心重合，另外两边为13.7 m宽的L形带。

田径：主要的国际比赛一般要求直道有10

条跑道，弯道有8条跑道。跑道数最少是6条。跑道至标记中心必须宽1.22 m。

草地网球：矩形，23.77 m×10.97 m。两边的边距应为3.66 m，末端为6.4 m。

运动组合：在同一座体育场馆中，可以将有相似需求的多种运动组合在一起。这样做有助于确保建筑物的持续使用，产生更大的经济效益。然而，每一项运动都有它自己理想的观看距离和座位位置，并且多运动项目场馆并不一定能为观众提供他们所期望的观看体验。足球和田径、足球和橄榄球、澳式足球和板球、澳式足球和橄榄球，都是可以成功组合的运动，尽管这往往会引起观众的不满。

场地朝向与太阳和盛行风的关系：这必须考虑到一年中在特定地点进行的运动。例如，在欧洲，足球和网球比赛中，场地的纵轴最好采用南北方向。对于田径比赛来说，跑道的纵轴最好采用北偏西15 °的方向。球场的水平高度可以与观众的入口水平高度相一致，也可以更低。如果较低，观众可以从中间高度进入碗状观众席，最多走一半的距离，向上或向下到达他们的座位。这个选择可以帮助降低建筑成本，因为一半的座位将由地面支撑。

碗状观众席

碗状观众席的特点决定了观众在舒适性与观看内场比赛的视野方面体验的质量。

开放或封闭的观众席：碗状观众席可以完全封闭、完全露天，或其座位上方可以有固定的雨棚。露天碗状观众席上可以设计一个可伸缩的屋顶，遇到恶劣的天气可以覆盖比赛场地。

统一或不同的碗状观众席剖面：碗状观众席可以是一个坡度的看台层，在内场的周围保持平面和剖面的一致性。另一种选择是，在体育馆一侧（或几侧）有较好视野的地方，碗状观众席可以在平面上有所不同，以增加座席的数量。

碗状观众席也可以由几个坡地的看台层组成。在这种情况下，可以给上层一个更陡的斜坡，让坐在那里的观众更接近赛场。

弧形观众席或矩形观众席：观众席在平面或剖面上，可以是弯曲或直的，以改善垂直和水平面的视线。截面上的曲线决定了观众的视线越过前排观众的头部的程度（视线升高值），被称为“C值”。为了产生一个好的C值，从观众的视线水平到其前方观众头顶的距离一般为90~120 mm。150 mm的距离被认为是极好的，120 mm令人满意，90 mm是合理的，60 mm是最低值。需要考虑前排观众在水平面上的视线，以防遮挡他们直视侧面的视野。在第一排的最末端，他们可能会被相邻观众的头部挡住了视野，这也许会使他们从座位上跳起，以便获得更好的视野。弯曲看台的使用通常保证了所有前排观众的清晰视野。以足球场为例，弯曲的观众席被认为是理想的，因为所有的观众都有相同质量的视野。

观众席座位：每排通常有25个座位，最多28个座位，但这取决于当地的导则。

交通组织和安全性

大厅、座间过道、出入口这些复杂的交通区域、空间和元素，确保了人员的安全进出以及观众、残疾人观众、贵宾、运动员、官员等不同使用者的分离。

区域：体育场馆被划分为五个区域，以确保火灾时的安全逃生和人群管理。第1区，运动场；第2区，碗状观众席；第3区，运动场周围的大厅（concourse）；第4区，体育场建筑周围将体育场与安全线分离的外部交通区；第5区，与停车场分隔、在外部安全线外的开放空间。将地面总容量细分为约2500~3000名观众的区域，有助于控制人群，并使厕所、酒吧和餐馆的分布更加均匀。每个区域都应该有独立的环路，不同类型的观众需要分开，比如坐着的和站立的，或者支持敌对俱乐部的粉丝。

出入口：出入口的位置取决于3个因素，这3个因素的要求可能会相互冲突：第一，为了避免拥挤，出入口的间距要相等；其次，为了减少敌对俱乐部球迷之间的冲突行为，应该将他们的入口分开；第三，出于人员配备和安全的原因，最好将入口分组。

其他入口：贵宾入口；紧急服务区（在第5区与第4区之间）；在周边有规律地间隔分开设置大量人员出口，第2区和第3区的出口和楼梯最好在一条直线上。

大厅：观众通过这些大厅从体育场的主要入口进入他们的座位。它们必须足够宽，以确保人流顺畅以及体育场的安全疏散。

残疾球迷专用入口：除提供此类入口外，轮椅使用者指定的位置应具有与普通观众相同的视角。

过道：两排座位之间的阶梯通道。

内部通道：从内部大厅通向碗状观众席的封闭楼梯和通道。

观众的入场路线应该保持简单，当路线是Y形或T形时，只能给他们一个选择。出口路线应该遵循分支树模式。从单独的座位到出口门，观众应该从一个较小的分支走到一个较大的分支，以到达公共道路。这个过程应该循序渐进，以避免拥堵。任何时候，人们都应该能够清晰地看到至少两个出口。

球员通道：必须位于更衣室之间，以便球员和随队官员进入。

围栏或壕沟：这些设施应该在观众和球场之间提供一个屏障，以进行人群控制和保护球场的表面。

设施

观众、贵宾、球员、赛事官员、媒体、管理、存储和服务都需要多种设施。

观众：服务观众的设施需要均匀地分布在周围的大厅。理想的情况是，在中场休息时，观众可以快速到达靠近出入口的设施。厕所通常位于主厅，从座位区很容易到达。为男士、女士及家庭提供服务的厕所数量和正确的组合是必不可少的。

贵宾服务和迎宾接待：这些人应该有私人入口和专用停车位服务。

空中包厢：从这些小房间可以直接看到比赛场地，每个房间都配有座位。其数量和大小在不同场馆各不相同。

媒体：媒体设施包括电视和广播评论区，可以很好地观看比赛场地，配有视频监视器和隔声设备；电视演播室和摄像地点；与运动员和教练的路线相邻的现场采访区域；媒体会议室；媒体中心。

急救：必须提供一个中央急救室以及为场馆每个部分独立配置的急救室。

运动员设施：运动员应有专用的入场通道。

运动员：更衣室需要有厕所和洗手间，可以通过球员通道直接进入运动场。更衣室可能还包括桑拿、水流按摩浴缸和游泳池。运动员的热身区包括一个很大的室内空间，可以直接从更衣室进入。运动员休息室应该靠近他们的停车场。

赛事官员：他们的设施包括指定汽车或公共汽车停车位、可直接进入更衣间的通道、至少两个更衣室、一系列的管理和后援区域、比赛代表专用的房间、离赛场很近的医疗检查室、兴奋剂控制设施以及会议室。

一般行政、维修和服务：包括体育场经理和后勤人员的办公室和设施。

储存：清洁用品和设备需要大面积的储存室。

服务与装卸区：这些应该在主要的存储和服务区域附近。

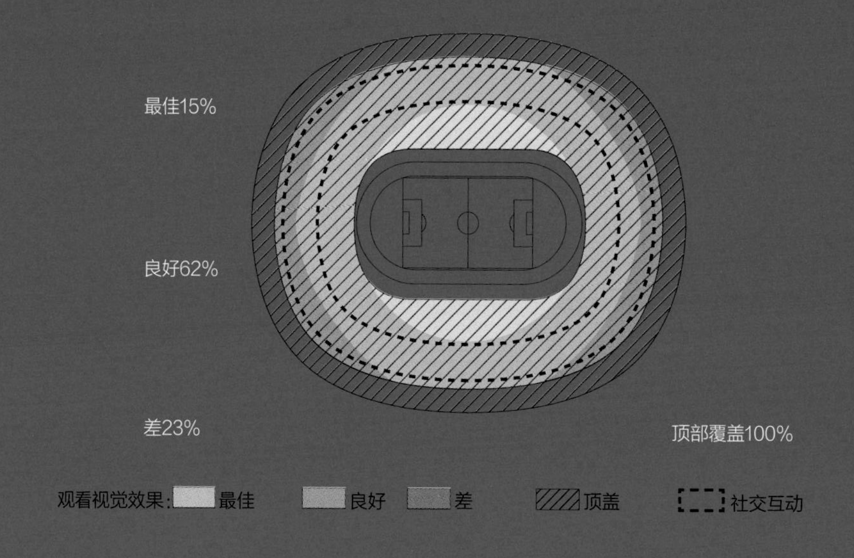

本章的参数列表是在KSS建筑设计事务所的大卫·基勒和马丁·罗宾逊的协助下整理出来的，并参考了杰兰特·约翰、罗德·谢尔德与本·维克瑞的《体育场：博普乐思设计与发展指南》（第5版，Routledge出版社，2013年），该书详细介绍了视距的设计。

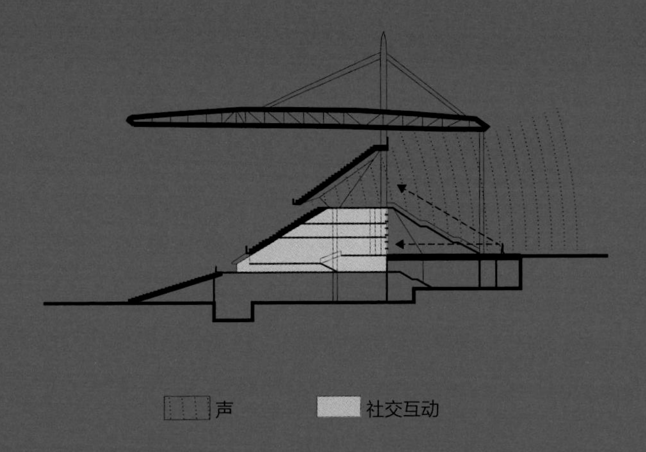

声　社交互动

体育场的外围

20世纪初，用于观看体育比赛的建筑物都是内向型（inward-looking）的，专注于对自身功能的开发，无视其周围的环境。20世纪90年代以来，建筑的外观成为观众体验的重要组成部分。体育场碗状观众席的周界不再被视为功能结构，而是被包裹在一个外壳里，为疏散大厅提供天气保护，并为体育场提供了一个独特的标识。

内部的体验

20世纪早期的体育场馆设计，基于建筑只用于观看体育赛事的设想。它们的目的是为观众提供最佳的观看条件，以及舒适性和安全性。然而，自20世纪90年代以来，随着现场体育直播的竞争日益激烈，赛场和场地之间引入了广阔的过渡空间或疏散大厅，有时跨越几个楼层，使观众能够在观众席外彼此社交互动。这些空间被视为体育场建筑的一个组成部分，强调社交互动的机会，这是在体育场而不是在手持设备上观看体育赛事的优势之一。同时，人们的另一个关注点是让观看体育比赛的体验具有场地特定性。方法之一是让观众与体育场周围的区域进行视线接触。例如，碗状观众席是开放的，而不是封闭的，这样体育场观众席的环境就成了运动场赛事的背景。

杨 · 维尔斯 | 阿姆斯特丹奥林匹克体育场 | 荷兰阿姆斯特丹 | 1927年

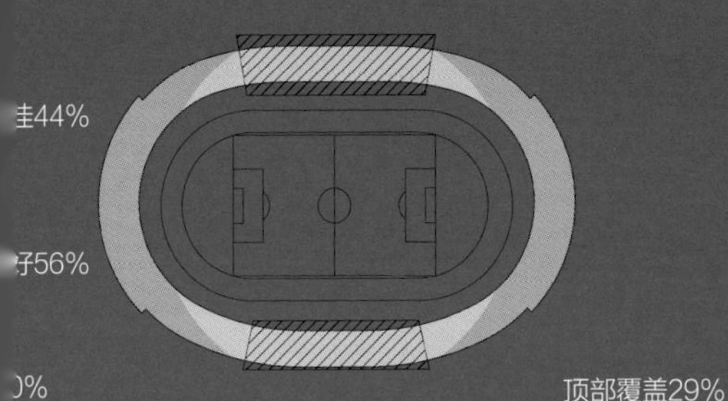

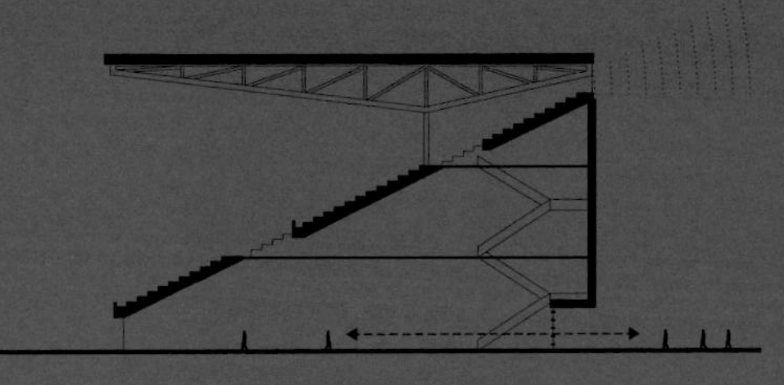

内部的体验

除了两个小的区域，碗状观众席都是没有屋顶的，因此在恶劣的天气里观众会感觉不舒服。因为只有一个坡度的看台层的座位，坐在最上排的观众看比赛的视野不如坐在下面的观众。此外，体育场内部也没有提供任何在碗状观众席外进行社交互动的机会。

体育场的外围

到达体育场的观众会看到一面巨大的弧形砖墙，弧墙没有入口和小窗户，缺乏生气，也显露不出里面体育赛事的壮观场面。

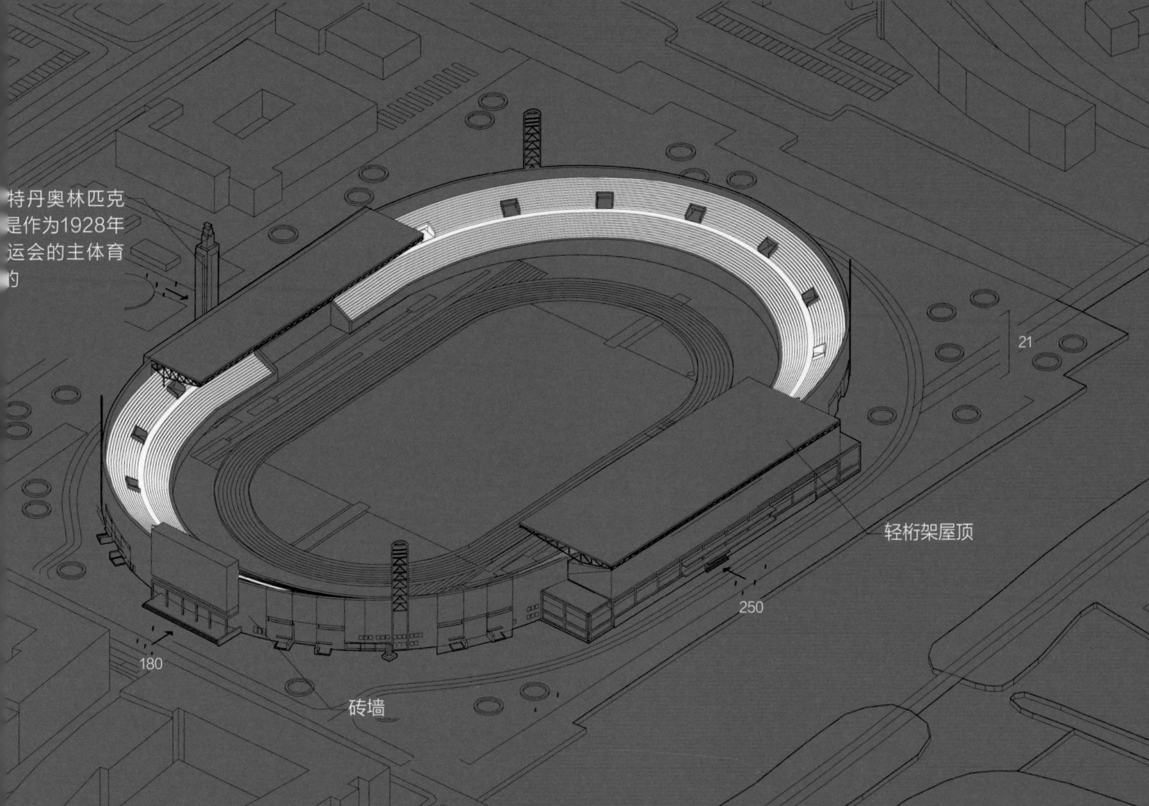

可姆斯特丹奥林匹克体育场是一个用于举办足球、田径、自行车、马术、曲棍球和体操比赛的建筑，有22 288个座位。弧形碗状观众席环绕着一个114 m × 75 m的矩形运动场，稍微偏离南北向，外侧是一条8m宽的田径跑道和一条9 m宽的自行车道。单一坡度看台的碗状观众席上的座位设置在统一的角度上，局部覆盖了沿着东侧和西侧的两个小的轻桁架屋顶。进入碗状观众席的公共通道是地面层的8个入口，这些入口位于每个外立面的中心。2层的大厅位于观众席倾斜区域的下方。大厅通过22个楼梯与地面相连。碗状观众席被砖墙包裹着，与周围由亨德里克 · 彼得斯 · 贝尔拉格设计的砖砌建筑相辅相成。从外观上看，低矮的砖墙结构仿若在向观众致敬。因此，奥林匹克体育场的外部传递了围合、庄重、均质的效果，内部则具有对称、曲线性和距离感（来自赛场）的效果。

看体育比赛／多种运动项目／封闭曲面碗状观众席、变化剖面／一个或两个坡度的看台、局部屋顶遮盖／被购物中心、健身俱乐部和博物馆环绕

安东尼奥·蒙泰罗、PLARQ建筑事务所、KSS建筑事务所 | 科英布拉市政体育场 | 葡萄牙科英布拉 | 2001年

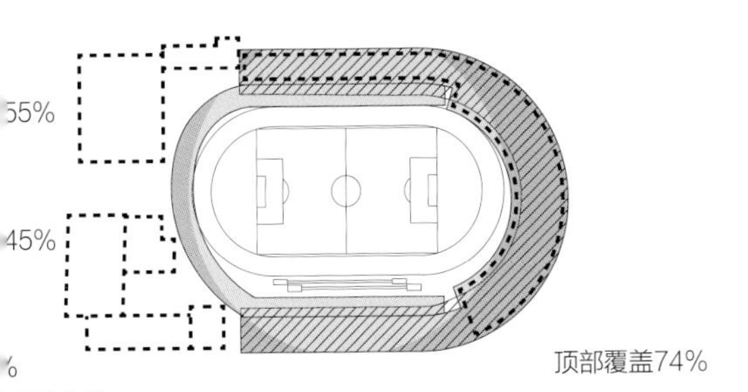

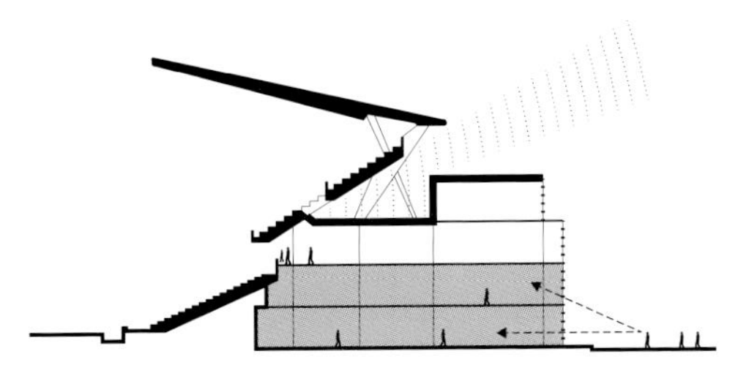

部的体验

个坡度看台的碗状观众席有三分之二的部分覆盖着顶盖，恶劣的天气里为观众提供庇护。坡度更陡的上层看台让观可以获得与较低层座席上观众同样好的观看视野。观众可在购物中心、电影院或体育馆里进行社交活动。

体育场的外围

体育场长长的外部边界被一系列的活动区包围着，这些活动区确保了在不举办赛事的情况下，体育场不至于被闲置。与此同时，观众席下的城市规划条带和座位层之间的空隙，使得光线可以到达看台区的最顶层，而体育场内激昂的声音可以传到外面，使到来的观众意识到他们已接近体育场了。

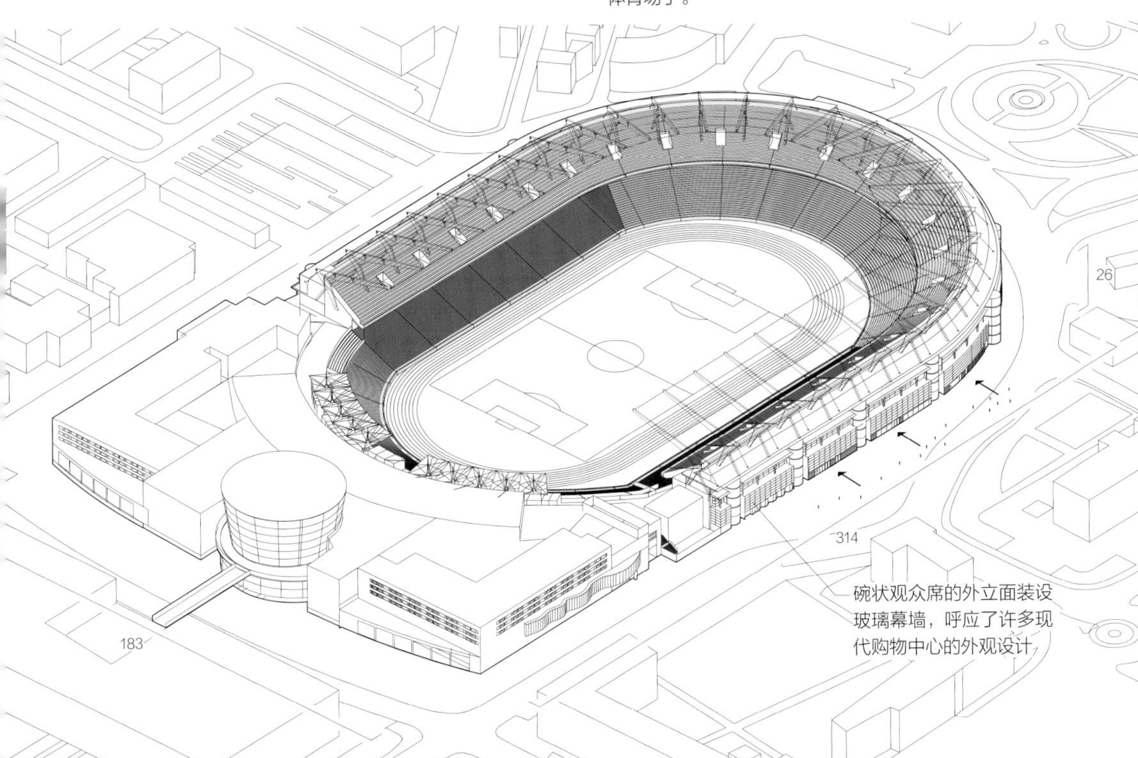

碗状观众席的外立面装设玻璃幕墙，呼应了许多现代购物中心的外观设计

科英布拉市政体育场是一个用于举办足球比赛和音乐会的建筑，有30 210个座位。椭圆曲面碗状观众席围绕着105 m × 70 m的矩形运动场，南北朝向，由8条跑道包围。碗状观众席的东面、西面和南面有两层。北面的观众席只有一层，且没有覆盖顶棚，而其余的看台层则都覆盖着一个轻桁架，马蹄形的天篷从顶层挑出。观众可以沿着体育场西侧的底层进入球场。位于第2层和第4层的双层大厅在碗状观众席倾斜区域的下方，可以容纳餐厅、商店和其他设施。第3层为贵宾区，第1层为球员和媒体室。碗状观众席下面的楼层通过10个楼梯与地面相连。沿着东看台和南看台，碗状的观众席被第1层和第2层的购物中心、健身俱乐部和博物馆环绕着。沿着北看台，碗状的观众席被一个多种运动项目的室内运动场、一个多元化电影院和游泳池环绕。这些组合在一起，为碗状的观众席创造了一个活跃的城市临街地界。因此，科英布拉市政体育场的外部传递了围合、活力感、差异化的效果，内部则具有不对称、曲线与邻近性（至运动场）的效果。

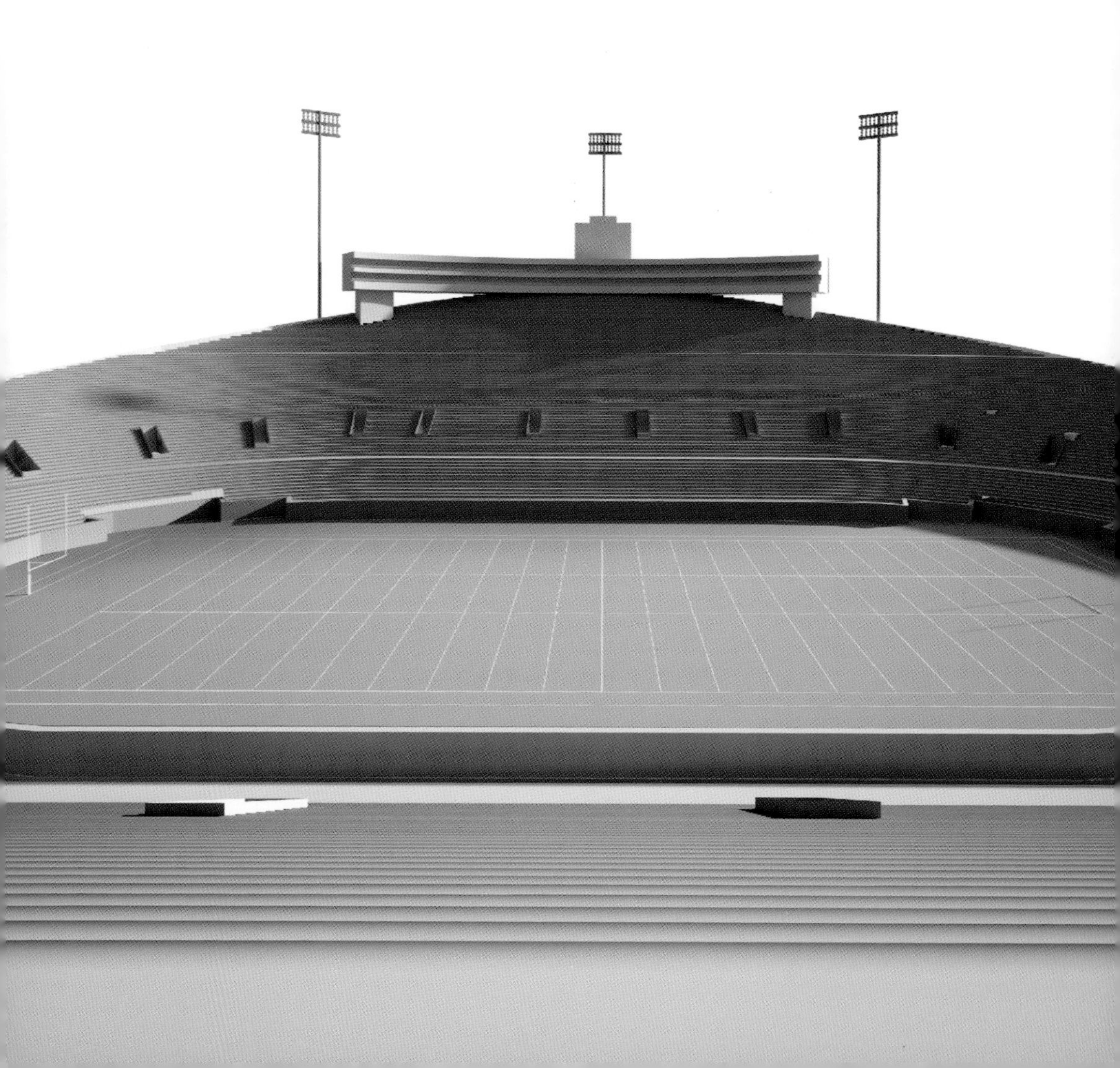

耶茨-加斯基尔-罗兹建筑事务所 | 自由碗纪念体育场 | 美国孟菲斯 | 1963年

佳29%

好67%

4%

顶部覆盖0%

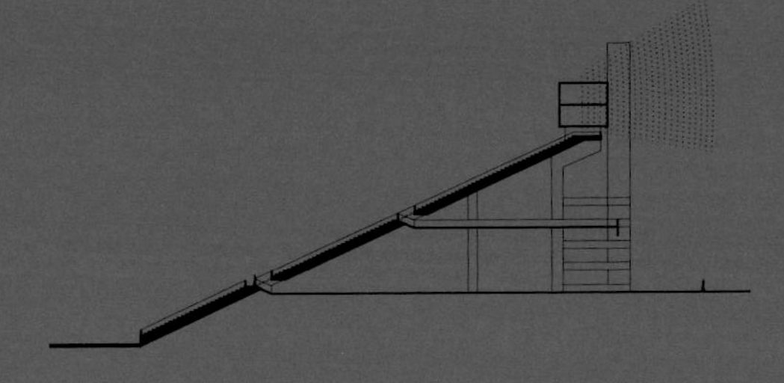

内部的体验

单层看台变化的剖面使得一侧容纳了更多的座位。然而，碗状观众席是完全露天的，不提供天气保护。另外，由于末端看台的高度较低，坐在较高位置的观众看到的是外面的景色。对他们来说，看足球赛的体验取决于具体座位位置。

体育场的外围

体育场被设计成一个内向型的结构，因此看台的后部成了一个功能性区域。

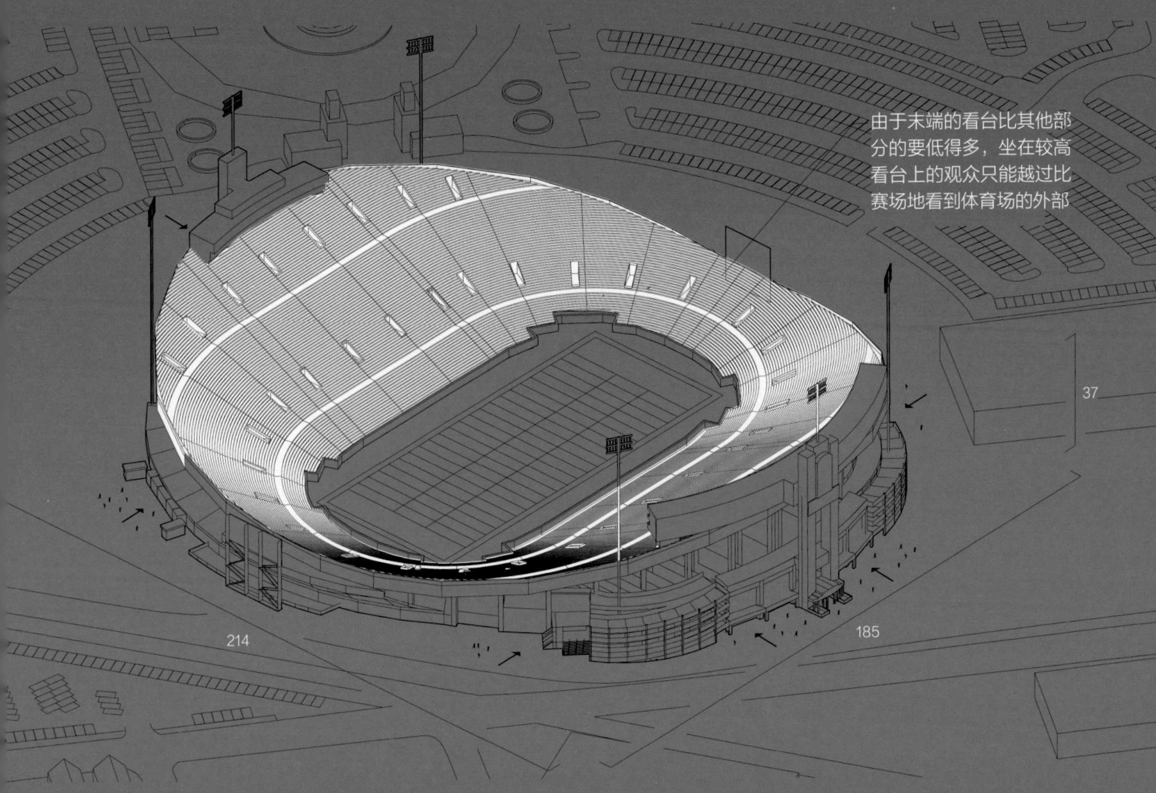

由于末端的看台比其他部分的要低得多，坐在较高看台上的观众只能越过比赛场地看到体育场的外部
37
214
185

自由碗纪念体育场是一座用于举办美式橄榄球比赛的建筑，有61 008个座位。弯曲的碗状观众席环绕了一个110m × 49m的西北—东南朝向的矩形运动场。观众席有设定为统一角度的单一坡度看台的座位。然而，看台在平面上有所不同，观众席的一侧（西南方向）设置的座位比另一侧多，在观众席的末端座位最少。虽然碗状观众席是单一坡度的，一边的高度升得很高，但是看台层相对陡峭，而且在比赛场地的终点线和看台之间没有多少空间。因此，从所有的座位都能很好地看到大部分的比赛场地。然而，这个单层的无顶盖观众席妨碍了“俱乐部座位”（大多数现代足球场馆的上层和下层甲板之间的豪华座位）的设置，这是额外收入的主要来源。3层的大厅位于碗状观众席倾斜区域的下方。公共通道通往大厅的第2层，在那里，6个入口连接了32个楼梯，为上层大厅提供通往地面层的通道。因此观众会先到达到比赛场地的那层，如果他们坐在较高排，就必须攀登整个观众席。在支撑观众席的混凝土框架下，大厅显露于外部。因此，自由碗纪念体育场的外部传递了内向性、厚重、曲线的效果，内部则具有不对称、开放性、连续性（座席层）的效果。

博普乐思建筑事务所、Jasmas建筑事务所 | 福塞斯巴尔体育场 | 新西兰达尼丁 | 2008年

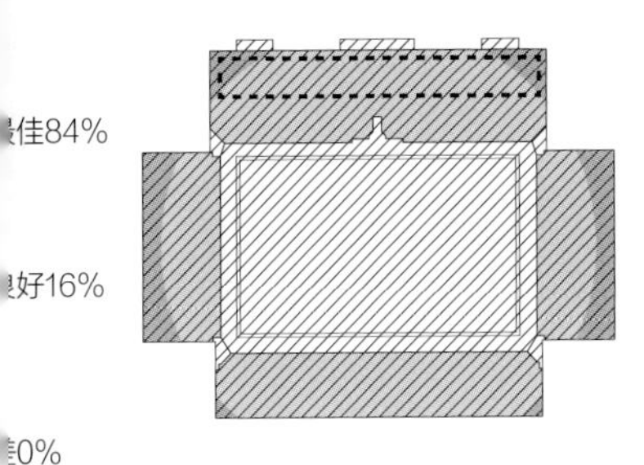
佳84%
好16%
0%
顶部覆盖100%

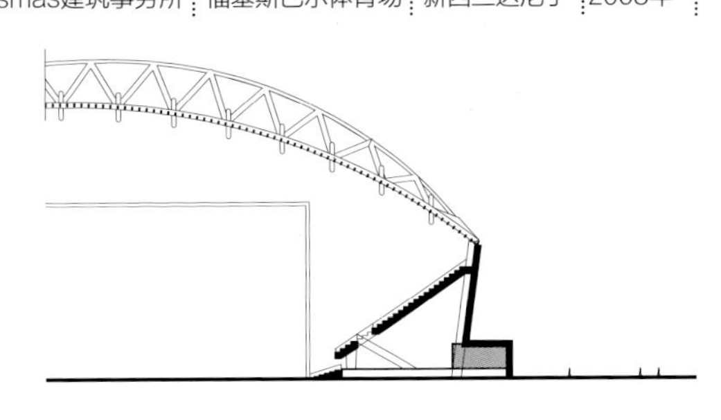

内部的体验

体育场是完全封闭的，尽管达尼丁冬季的气候寒冷而潮湿，观众依然可以享受观看体育和其他大型演出的体验。透明的氟塑膜（ETFE）屋顶提供了自然光与天空美景。当东西向的临时看台被移除时，观众在观看体育赛事的同时还可欣赏外部的壮观景象。因此，在这个体育场观看体育比赛或演出总能使人不同程度地融入周边环境。

体育场的外围

来到体育场的观众看到的是一个巨大的内向型结构，当临时看台被移除时，他们可以看到内部看台和天然草皮球场。

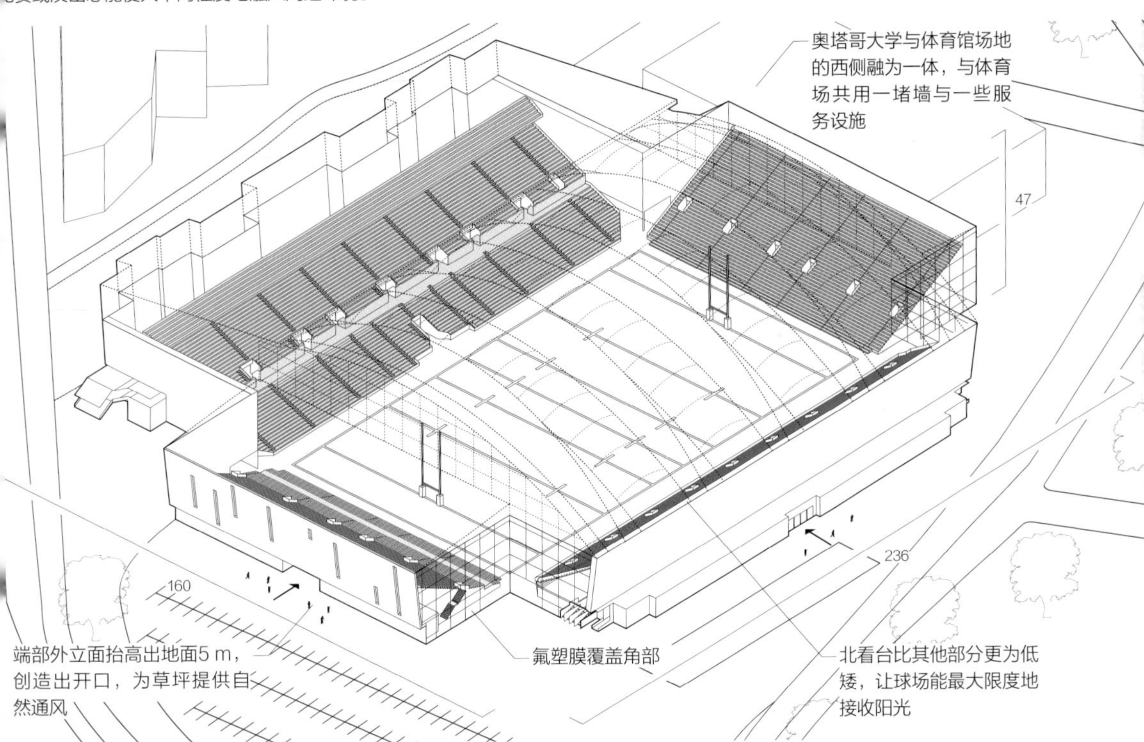
奥塔哥大学与体育馆场地的西侧融为一体，与体育场共用一堵墙与一些服务设施
47
236
160
端部外立面抬高出地面5 m，创造出开口，为草坪提供自然通风
氟塑膜覆盖角部
北看台比其他部分更为低矮，让球场能最大限度地接收阳光

福塞斯巴尔体育场是一座举办美式足球比赛的建筑，有30 748个座位与36 000个音乐会额外座位。它由南边和北边的固定看台组成，东面和西面的可移动座位为观看不同赛事与活动提供了灵活性，包括音乐会、交易会和其他大型活动等。观众席环绕着一个110 m × 49 m的西北—东南朝向的矩形运动场。南、北看台大小不同，后者被一个悬臂式金属屋顶覆盖，下方容纳了4层大厅，其中有5间休息室和21间公司套房。球场和北看台被一个由5个钢桁架支撑的轻型氟塑膜屋顶所覆盖。东看台和西看台分别由一个氟塑膜包膜覆盖。因此尽管4个看台中只有一个是遮阳的，但整个体育场都是有屋顶的。透明的氟塑膜外壳能让90%的阳光照射到球场上，同时还能纳入紫外线和新鲜空气。观众通过9个位于4个外立面中央的入口后会首先到达球场层，接着就可进入看台区。因此，福塞斯巴尔体育场的外部传递了内外观的、明亮、正交性的效果，内部则具有不对称、封闭、不连续（观众席层）的效果。

佩德罗·拉米雷斯·巴斯克斯与拉斐尔·米哈雷斯·阿尔卡埃雷卡 | 阿兹特克体育场 | 墨西哥墨西哥城 | 1961年

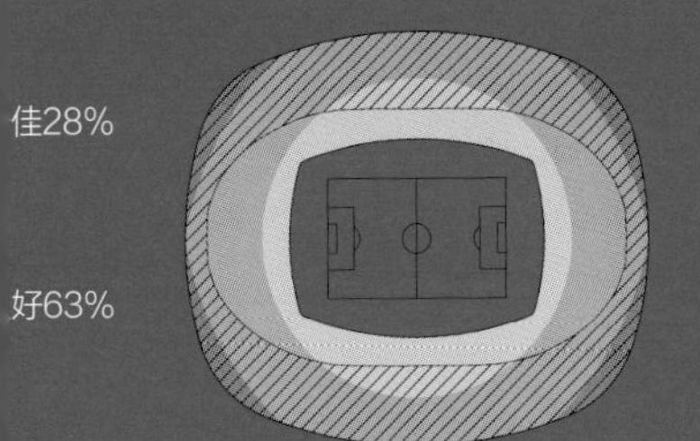
佳28%
好63%
9%
顶部覆盖61%

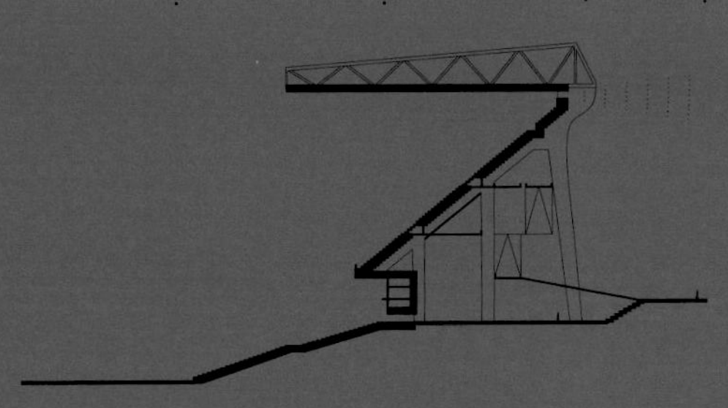

内部的体验
连续的弯曲碗状观众席给观众一种很好的互联感。篷顶不仅能提供天气保护，还能捕捉和放大建筑上层的噪声，让空气中充满高音，更增添了现场观看比赛的兴奋感。除此之外，体育场不会与它所在的环境有任何联系，也没有在观众席外进行社交互动的空间。

体育场的外围
接近体育场时，观众看到一个巨大的混凝土结构支撑着碗状观众席和屋顶。体育场完全是内观的。斜坡通道、开放的混凝土大厅以及座位层的背面决定了观众进入大楼的体验。

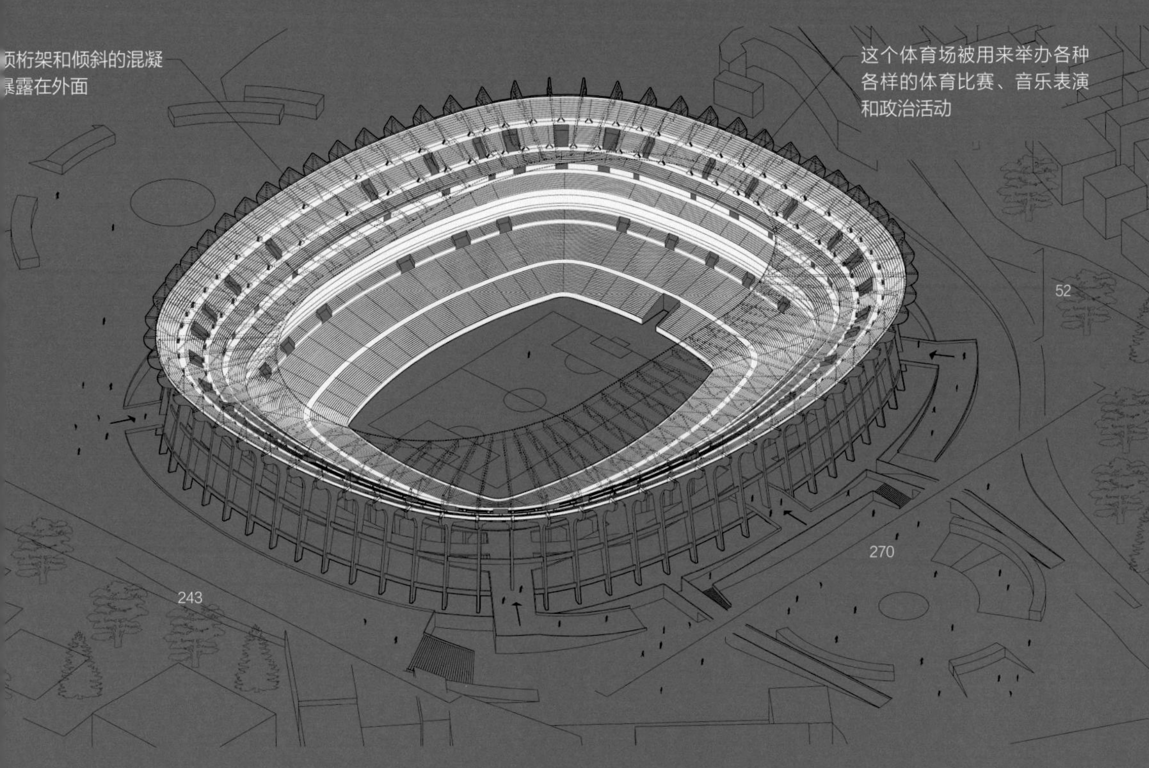
顶桁架和倾斜的混凝
暴露在外面
这个体育场被用来举办各种各样的体育比赛、音乐表演和政治活动
52
270
243

阿兹特克体育场是一座为举办足球比赛而建的建筑，有10.5万个座位。完整的曲面碗状观众席环绕着105 m×68 m的矩形球场，球场立于入口层以下9.5 m处，南北朝向。碗状观众席有3个坡度的看台，轮廓稍微弯曲。上层覆盖着一个悬臂式的屋顶（在体育场建成大约20年后被添加上去），可以提供天气保护，并使球场成为关注的焦点。组成屋顶的钢制桁架与看台稍微分开，暴露在外，在观众之上形成了一个不间断的顶棚。桁架固定在混凝土柱子上，柱子沿着碗的外围有规律的间隔设置。这些柱子构成了体育场的外部形象。它们向内倾斜，支撑着屋顶与被覆盖但开放的3层大厅，大厅占据了碗状观众席下面的空间。大厅第2层在剖面上与碗的中间部分对齐，这样观众就可以从中间高度进入碗，最多走过碗的一半高度就可以到达他们的座位。分布在碗状观众席周围的6个入口提供了进入大厅第2层的通道，人们可以从那里到达其他楼层和碗的内部。此外，6对坡道连通了入口与上层大厅层，作为在紧急情况下逃生的附加手段。因此，阿兹特克体育场的外部传递了不可穿透性、加肋、均质性的效果，内部则具有对称性、悬挑、空旷与众声喧哗的效果。

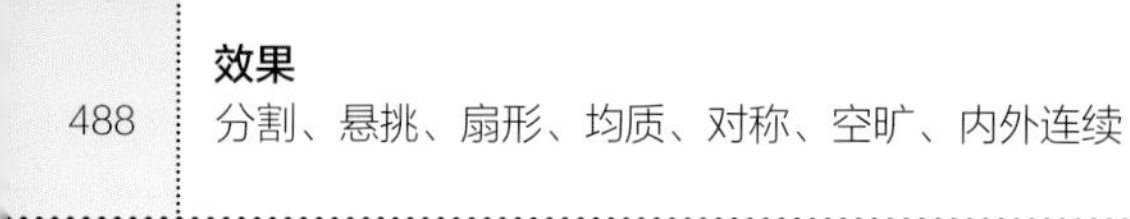

伦佐 · 皮亚诺建筑事务所 | 圣尼古拉球场 | 意大利巴里 | 1987年

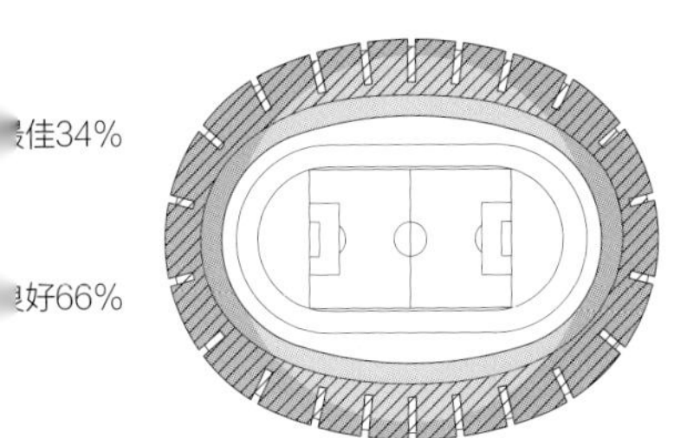
佳34%
好66%
0%
顶部覆盖71%

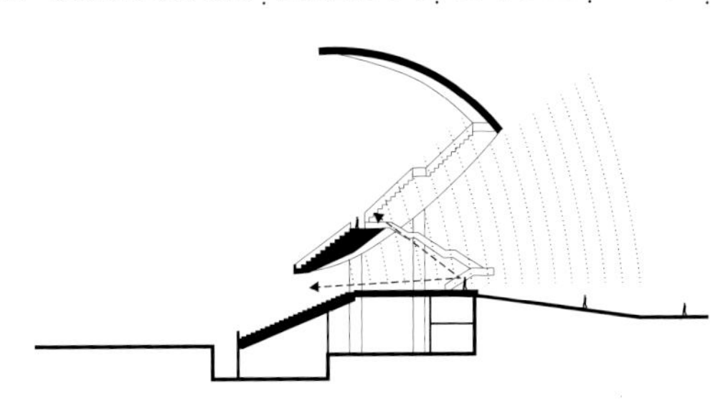

内部的体验

曲面碗状观众席分段的上层在观众之间营造了一个良好的互联感，同时也提供了观看周围景观的视野。此外，上层和下层之间有一个空隙，通过这个空隙，下层观众也能看到风景。这个间隙确保紧邻上层的一排可以得到很好的照明。

体育场的外围

分段和高架的上层产生了一个既内观又部分暴露于外部的体育场。接近球场时，观众通过两层的间隙和上一层不同部分之间的间隙，能听到里面比赛的声音，并看到体育场内部的景象。

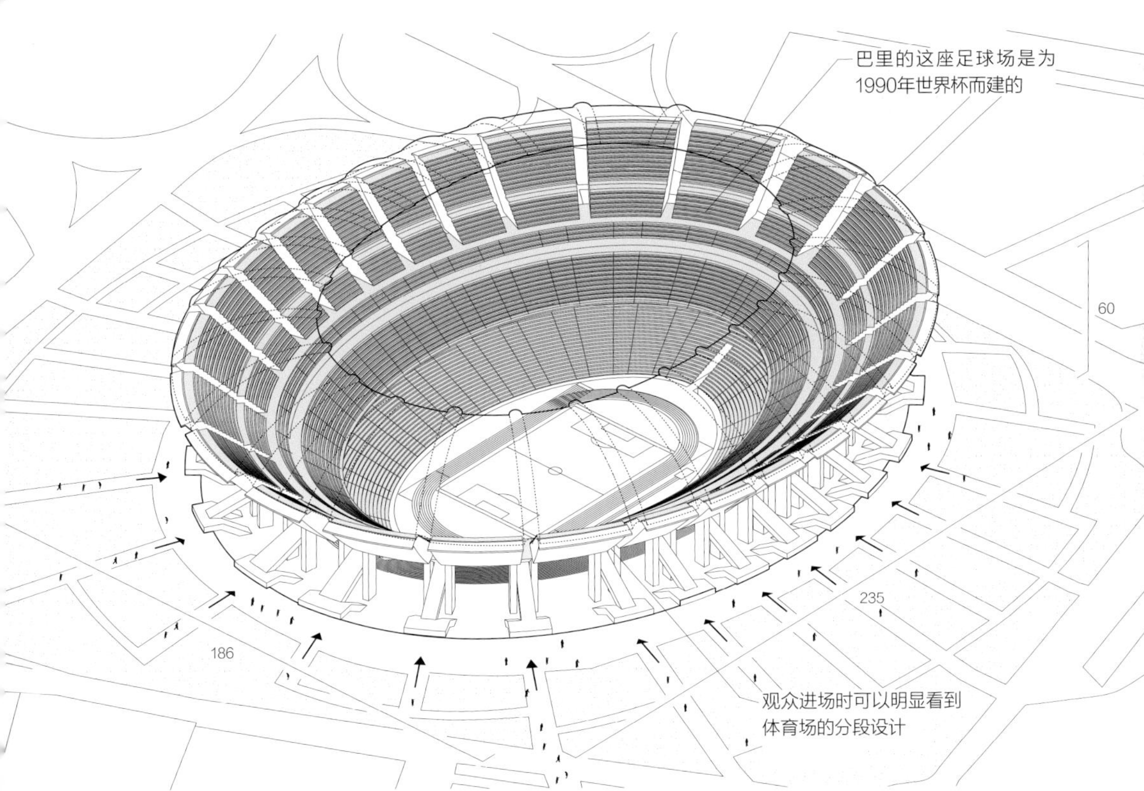
巴里的这座足球场是为1990年世界杯而建的
60
235
186
观众进场时可以明显看到体育场的分段设计

圣尼古拉足球场是为举办足球比赛而建的，有6万个座位。椭圆形碗状观众席环绕着105 m × 68 m的矩形球场，球场南北朝向，由8条跑道环绕着。在剖面中，碗状观众席由两层预制钢筋混凝土看台层组成，每层设置在不同的角度上。下层沉陷在地下，没有屋顶。上层高出地面3 m，被分成26片“翼瓣”，每片翼瓣上覆盖着一层涂有特氟纶涂层、由透光玻璃纤维制成的屋顶膜。上层的翼瓣通过独立的楼梯分别与地面的26个入口相连，那里也提供了进入下层观众席的通道。因此，观众从地面层进入体育场后，往上或往下走到座位。第1层大厅显露在外，设有厕所、休闲餐饮设施、辅助房间、服务设施、球员更衣室和热身大厅。因此，观众在建筑外面就能听到比赛的声音，通过上层26片翼瓣之间的空隙瞥见建筑内部，同时还能看到地面层的景象。因此，圣尼古拉足球场的外部传递了分割、悬挑、扇形、均质的效果，内部则具有对称、空旷、内外连续的效果。

法国思构设计公司 | 法兰西体育场 | 法国圣但尼 | 1994年

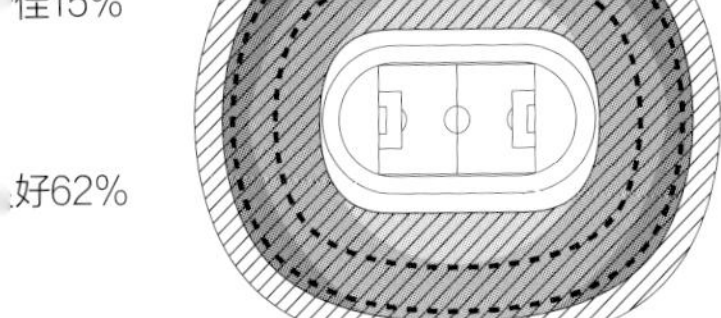

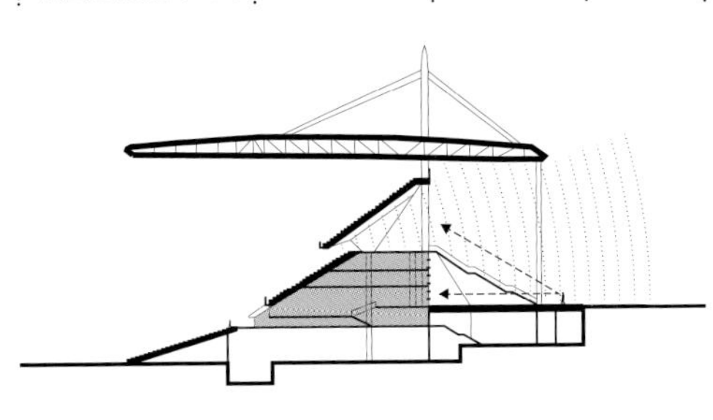

内部的体验

上面两层看台的陡坡使观众更接近球场。此外，由于座位上方的屋顶悬挂在与碗状观众席分离的桅杆上，观众可以通过屋顶和最上面一排座位之间的空隙看到天空。

体育场的外围

外围的下部是玻璃的，但上部是开放的，使得接近体育场的观众能够听到里面进行比赛的声音。漂浮的屋顶及其下方从大厅的两层向外辐射的桥梁和楼梯，仿佛在邀请观众入场参观。

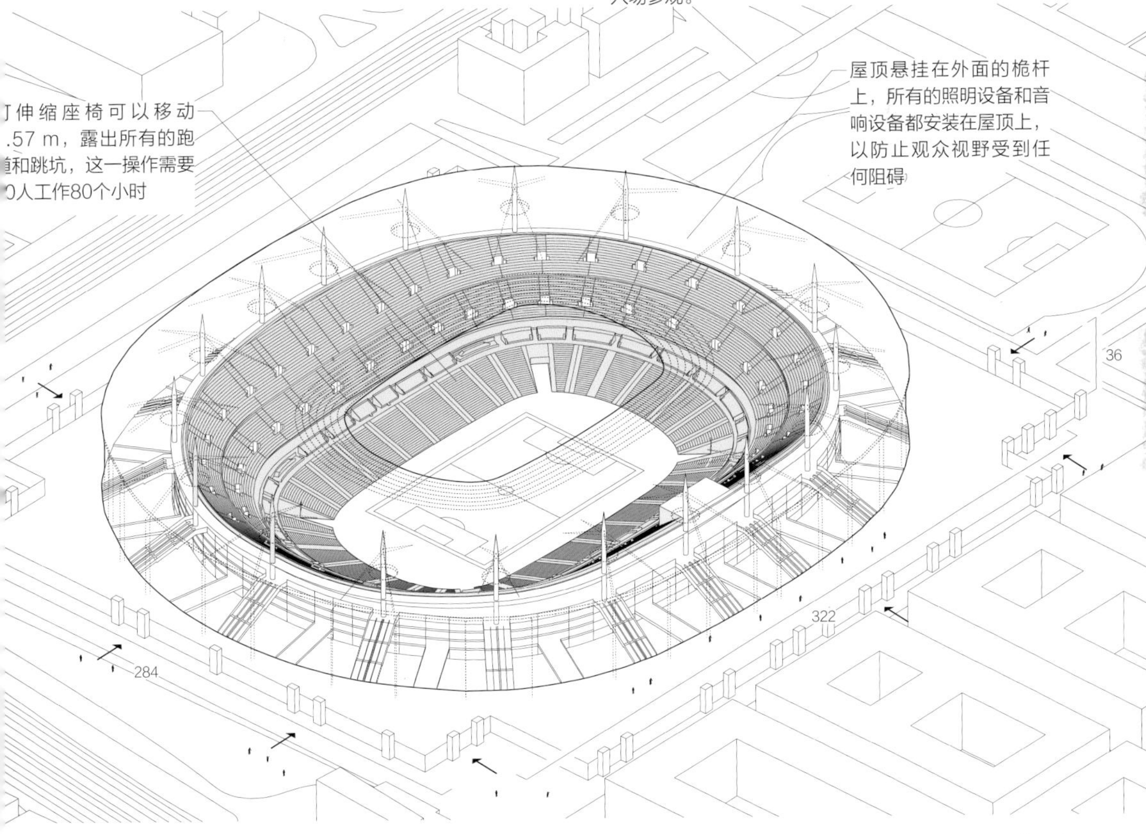

可伸缩座椅可以移动 .57 m，露出所有的跑道和跳坑，这一操作需要 0人工作80个小时
屋顶悬挂在外面的桅杆上，所有的照明设备和音响设备都安装在屋顶上，以防止观众视野受到任何阻碍
36
322
284

法兰西体育场是一座用于举办足球比赛、橄榄球比赛、音乐会和其他活动的场馆，有81 338个座位。曲面碗状观众席环绕着一个105 m×70 m的矩形球场，稍微偏离南北朝向。在剖面中，碗状观众席由3层座位组成，每一层都以不同的角度面对球场。最低层是可伸缩的，以容纳足球、橄榄球或田径比赛配置，因此座位容量可以由体育赛事的75 000个座位增加到音乐会的90 000个座位。3层观众席完全被一个由18根钢桅杆支撑的、悬空46 m的扁平钢屋顶所覆盖。最低层观众席上方的透明屋顶延伸到上层看台的顶层之外，覆盖了楼梯和桥梁，它们环绕体育馆的外围，为公众提供了进入第2层大厅（通过桥梁）和第3层大厅（通过18个楼梯）的通道。位于观众席下方的容纳了餐厅、娱乐区和商店的大厅是玻璃的。因此，法兰西体育场的外部传递了统一、悬挂、辐射的效果，内部则具有漂浮、明亮、内外连续的效果。

效果

统一、三角形、明亮、不对称、空旷

博普乐思建筑事务所 | 伦敦奥林匹克体育场 | 英国伦敦 | 2007年

佳18%

好69%

13%

顶部覆盖66%

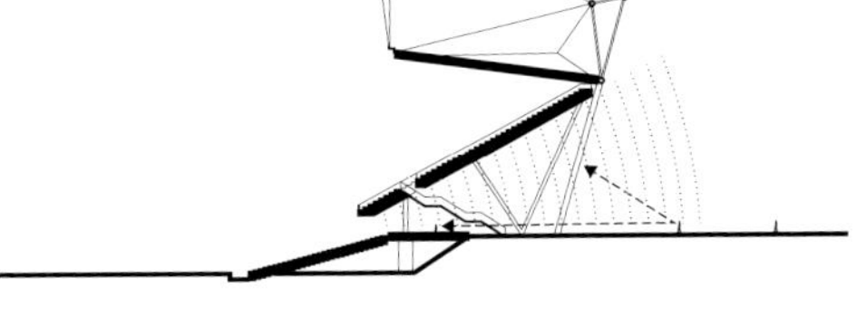

部的体验

体育赛事中，观众可以自由地从座位走到平台上，参观
许经营点。这为赛场外的社交互动提供了机会。观众亦
观看在邻近的公园及场地里的活动。

体育场的外围

奥运会期间，观众经过奥林匹克公园进入体育场，可以看到由轻型塑料包裹的像帐篷一样的临时看台。奥运会闭幕后，临时看台即可移走，体育场内部空间更空旷，使用更方便、灵活。

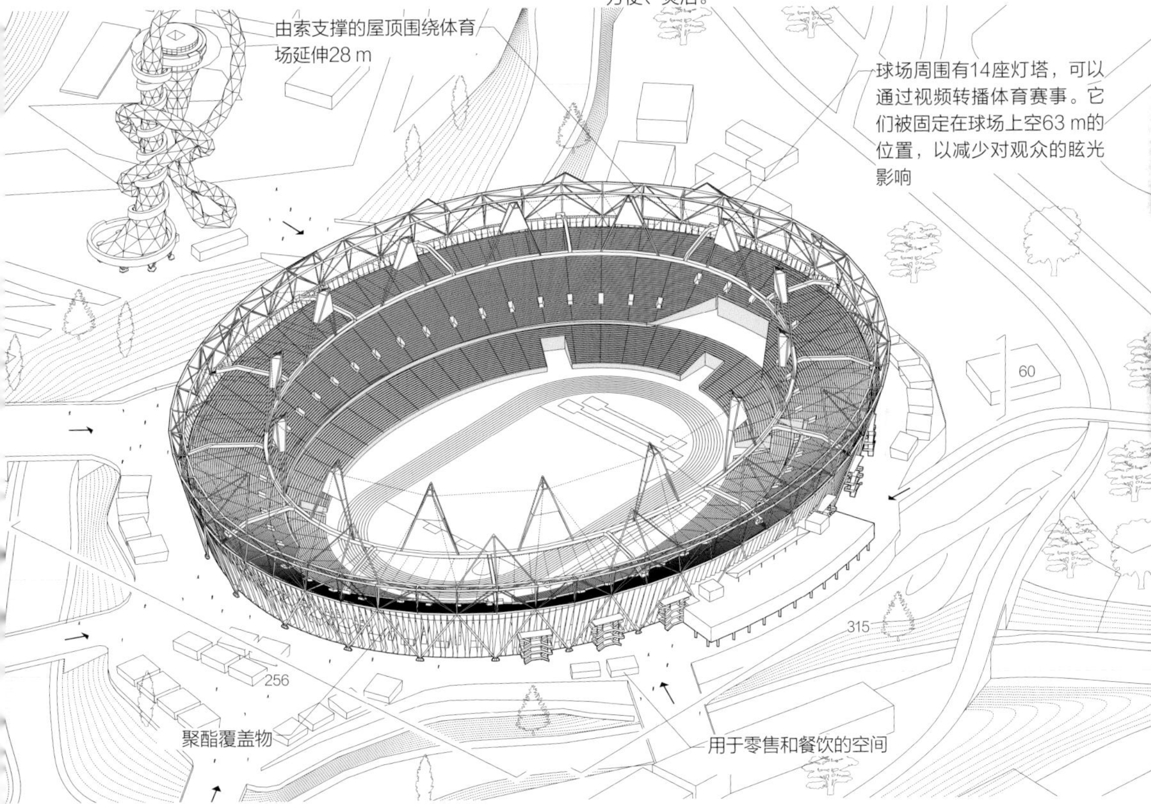
由索支撑的屋顶围绕体育场延伸28 m
球场周围有14座灯塔，可以通过视频转播体育赛事。它们被固定在球场上空63 m的位置，以减少对观众的眩光影响
60
315
256
聚酯覆盖物
用于零售和餐饮的空间

伦敦奥林匹克体育场是一个为举办田径、足球和其他赛事而建的建筑，有8万个座位。曲面碗状观众席环绕着90 m × 71 m的矩形球场，稍微偏离南北朝向，由9条跑道环绕。在剖面中，碗状观众席由东侧的两个看台层和西侧的3个看台层组成，每个都处于不同的角度。为了在奥运会后将建筑用于举办体育赛事，下层被设计为一个有25 000个座位的混凝土碗状观众席，上层是一个可拆卸的55 000个座位的结构，由轻质钢和预制混凝土制成。上层三分之二的座位由一圈被斜柱支撑的钢索悬吊屋顶所遮盖。体育场周围有一个平台，容纳了各种各样的设施，还可以让公众通过56个与碗状空间顶部齐平的入口进入看台区。大厅的外部是一个全高度的聚酯覆盖物，但是它在奥运会之后即被移除，现在建筑物成了一个典型的内观的体育场。看台区通过28个楼梯与平台相连。因此，伦敦奥林匹克体育场的外部传递了统一、三角形、明亮的效果，内部则具有不对称与空旷的效果。

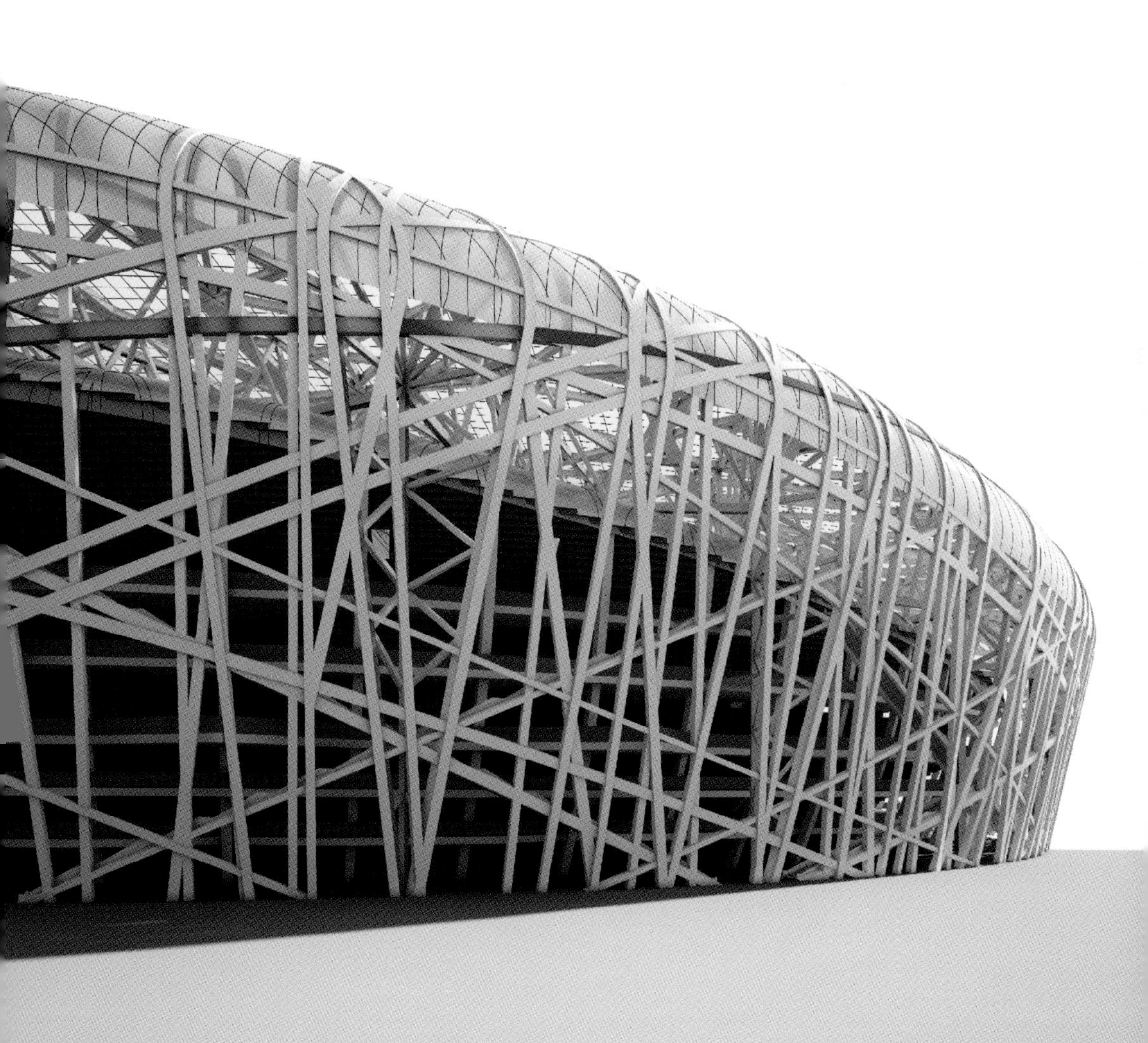

赫尔佐格和德梅隆建筑事务所、中国建筑设计研究院、奥雅纳工程顾问公司 | 北京国家体育场（鸟巢） | 中国北京 | 2002年

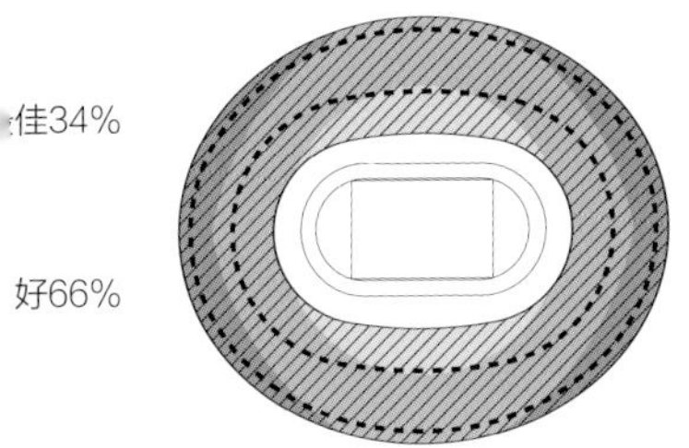
佳34%
好66%
0%
顶部覆盖100%

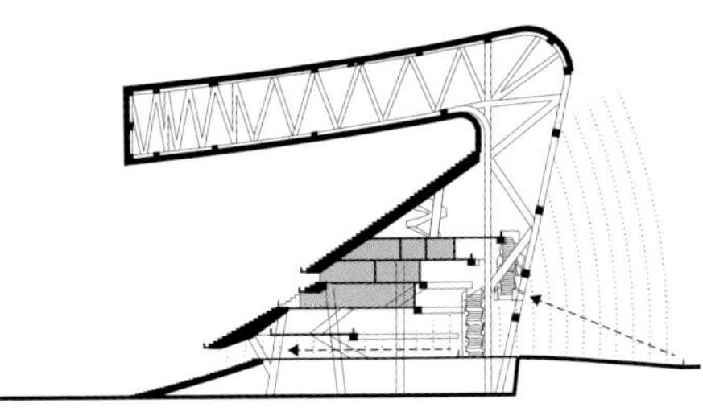

部的体验

篷下半透明的隔声顶棚隐藏了建筑的深度，使观众和运场上正在进行的赛事成了关注的焦点。容纳了配套设施多层大厅环绕着碗状观众席的外围，为观众提供了各种交互动的机会。

体育场的外围

观众到达时，会看到一个被相互交缠的网状结构包裹着的体育场。当他们进入时，会发现不同楼层上的大厅。座位看台层的背面、扶手和休闲空间的墙壁都被漆成鲜红色，增强了碗状空间外的体验感。

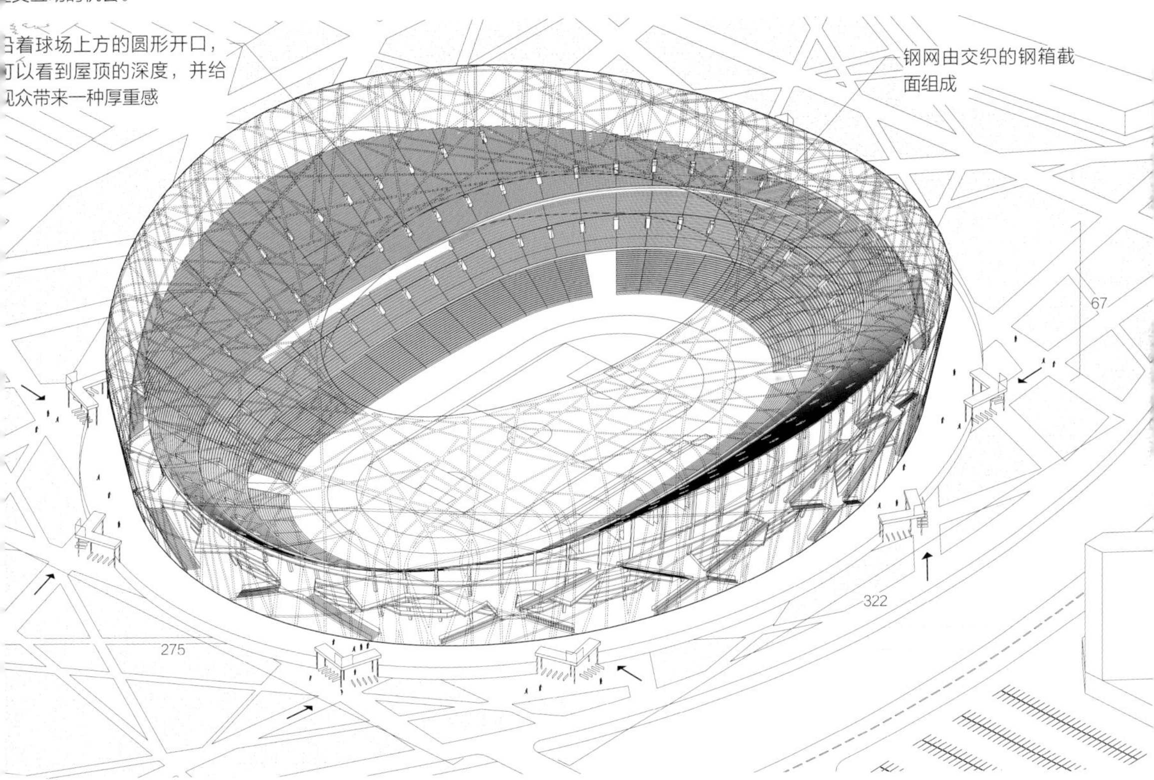
沿着球场上方的圆形开口，可以看到屋顶的深度，并给观众带来一种厚重感
钢网由交织的钢箱截面组成
67
322
275

北京国家体育场（鸟巢）是为举办田径比赛、足球比赛、音乐会和其他活动而建的，拥有91 000个座位，其中11 000个是临时座位。曲面混凝土碗状观众席环绕着一个325 m×170 m的球场。球场南北朝向，由9条跑道环绕。碗的东面与西面各有三层看台，南面与北面各有两层。因此，最远的座位到球场中心的距离在两个方向上是相同的。碗状观众席被一个由24根桁架柱组成的钢网包裹着，其中一个钢桁架屋顶悬臂为所有的座位层提供了遮挡。屋顶上部覆盖了一层透明的氟塑膜，下部覆盖一层半透明的聚四氟乙烯膜。聚四氟乙烯隔声天花板也附在屋顶的内侧。6层的大厅占据了外部钢网和座位底部之间的区域。大厅内的设施——餐厅、套房、商店和洗手间——被设计成独立的单元，大厅通过开放的钢网部分暴露于外部，以进行自然通风。体育场的12个公共入口位于中层与下层看台之间。大厅的楼层通过24个楼梯与地面相连。因此，北京国家体育场（鸟巢）的外部传递了统一、复杂、孔隙、色彩的效果，内部则具有对称、空旷与重量的效果。

FMA建筑事务所、KSS建筑事务所 | 东京国家体育场方案 | 日本东京 | 2012年

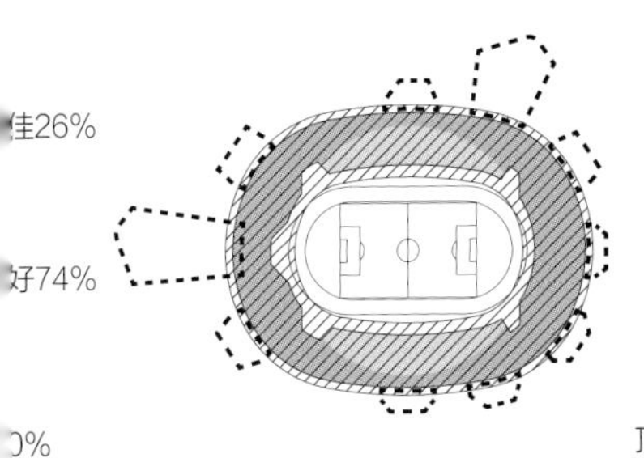
佳26%
好74%
0%
顶部覆盖100%

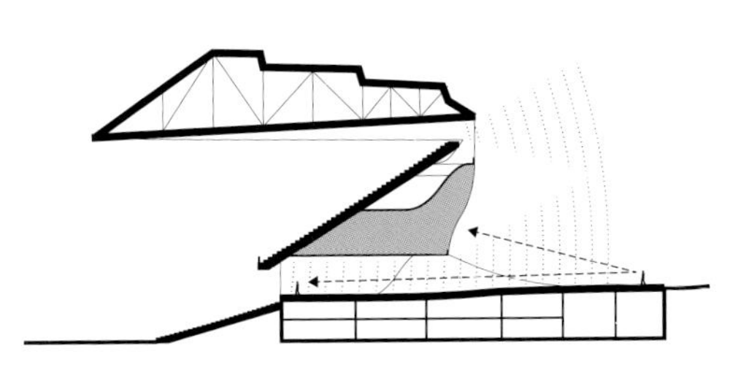

部的体验

移动的赛场、座位层和看台改变了观众与不同赛事和演之间的关系以及对它们的体验。屋顶可配置3种模式，可橄榄球比赛提供较小的开口，也可为奥运会提供较大的口，以适应赛事的性质。或者，屋顶也可以在恶劣的天中充分发挥作用，以保护观众和运动员。环绕碗状观众的大厅为观众提供了各种社交机会。

体育场的外围

观众到达后，会看到一个由景观护坡围绕的体育场，以及用分叉连接不同层大厅的混凝土外壳。分叉模式的外壳包裹着碗状观众席，与公园周围的景观结构遥相呼应，使体育场和公园浑然一体。

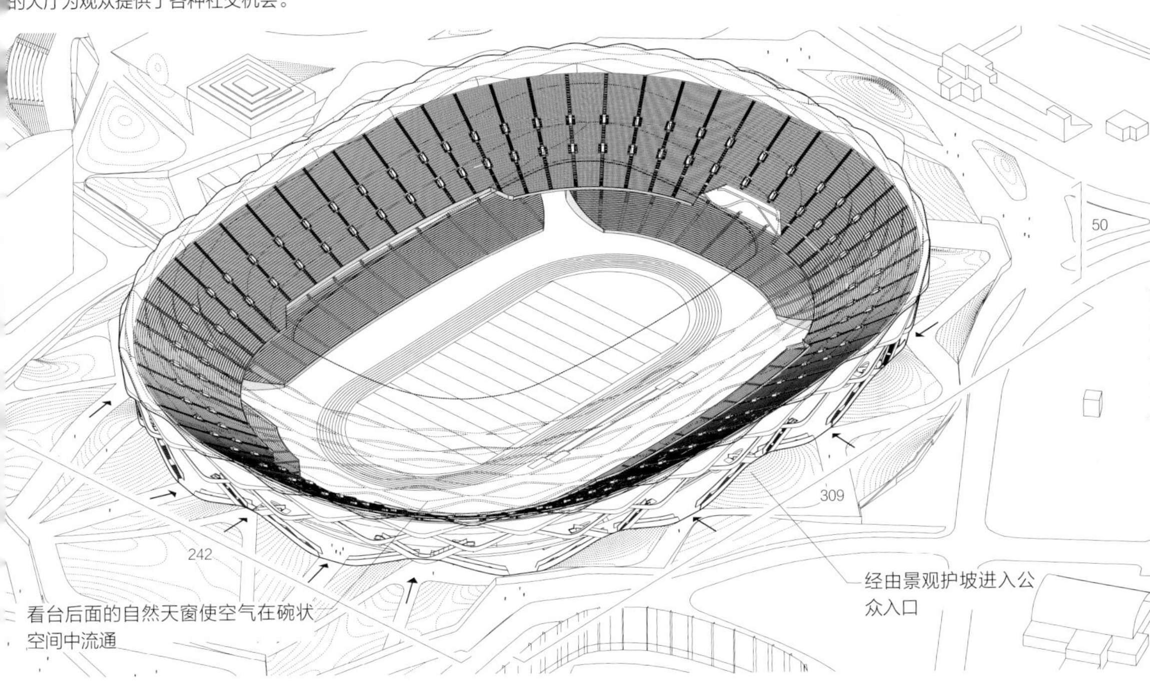
50
309
242
经由景观护坡进入公众入口
看台后面的自然天窗使空气在碗状空间中流通

东京国家体育场方案是为举办田径赛事、足球比赛、橄榄球比赛和音乐会建造的建筑。曲面碗状观众席环绕着一个179 m × 104 m的矩形球场，稍微偏离南北朝向，由8条跑道环绕。体育场由可移动的运动场、座位层和看台构成，从而在进行橄榄球、足球与田径比赛时可以进行调整。在举办橄榄球、足球比赛时，运动场设在北面，西面和东面的下层看台将被扩大，可移动的南看台将会向前移动，以创造一个更短、更窄的场地，以使座位尽可能接近运动场，同时提供8万个座位。举办音乐会时，体育场将采用经典的马蹄结构，场地中央将有一个可容纳约75 000名观众的看台。南看台将被拆除并推回，为表演舞台创造空间，而后台设施将被用作表演者及其工作人员安全换装和放松的区域。西看台和东看台的下层被扩大，草地球场被临时覆盖，场地的西南和东南角以及场地边缘保持开放，以便音乐会车辆和观众进入场地。体育场屋顶是一个可伸缩的空间框架，通过其厚度的变化来支撑可伸缩的要素。公众入口位于平台和中间大厅那一层，经过了与体育场周边毗邻的景观护坡，并容纳主要的出租摊位和公共设施。因此，国家体育场的外部传递了统一、编织、孔隙、起伏的效果，内部则具有对称、空旷与重量的效果。

赫尔佐格和德梅隆建筑事务所、奥雅纳体育公司 | 慕尼黑安联球场 | 德国慕尼黑 | 2001年

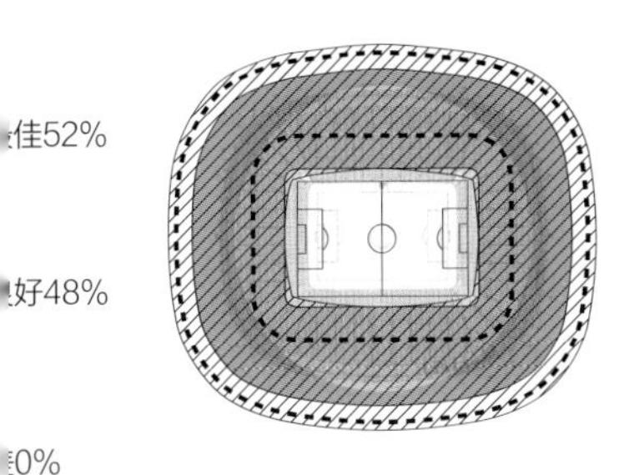
佳52%
好48%
0%
顶部覆盖100%

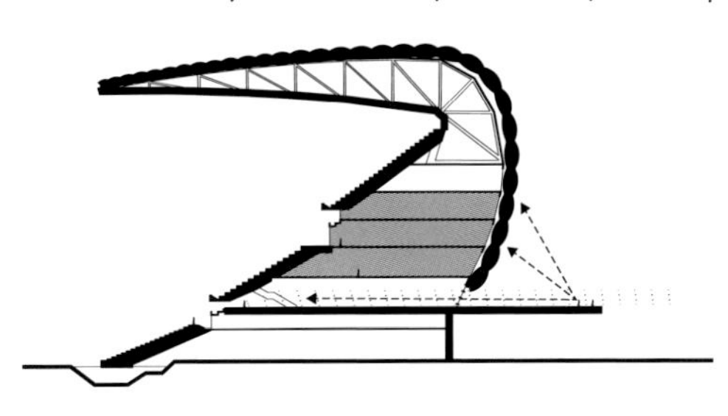

内部的体验
因为该体育场只进行足球比赛，观众座位直接毗邻球场，3层看台的每一层都尽可能靠近球场。上层看台呈34° 倾斜，拥有观看运动场的完美视野。所有的座位都被顶棚遮盖，观众都拥有同等程度的舒适感。大厅环绕着碗状观众席的外围，由氟塑膜胶垫包裹，为观众提供了社交互动的机会。

体育场的外围
白天，接近体育场的观众会看到一个闪闪发光的白色包膜漂浮在一片开阔的地上，掩盖了下面的停车场。晚上，包膜被不同的颜色照亮。

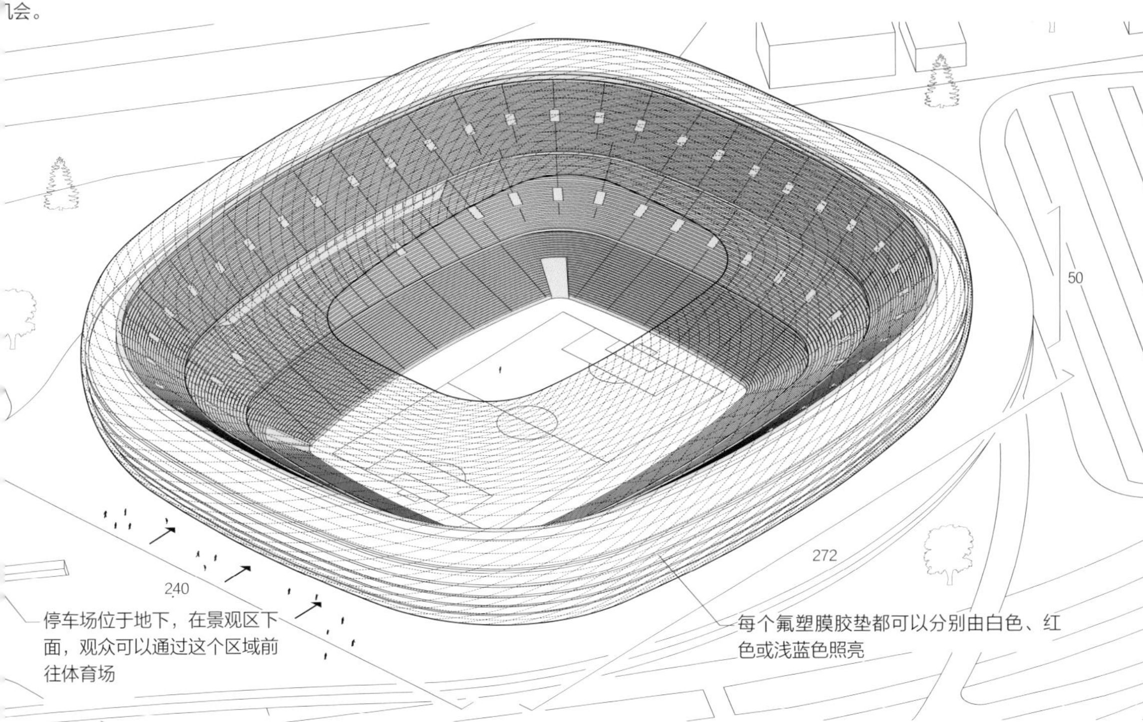
50
272
240
停车场位于地下，在景观区下面，观众可以通过这个区域前往体育场
每个氟塑膜胶垫都可以分别由白色、红色或浅蓝色照亮

慕尼黑安联球场是一座足球场馆，可容纳71 137个座位，其中包括行政包厢和商务座位。曲面碗状观众席环绕着一个105 m × 68 m的矩形球场，它位于入口层以下8.5 m的位置，南北朝向。碗状观众席由3层坡度渐增的斜坡组成。覆盖看台的钢桁架屋顶向外悬挑出达60 m，以覆盖整个座位区域。屋顶用膨胀的叶形氟塑膜面板覆盖。集成的卷帘可以用来提供防晒保护。通过与观众席中间层平齐的16个入口，观众可进入碗状观众席8.29 m高的位置。倾斜座位下有7层空间容纳了各种设施。底层包括团队更衣室和娱乐场所、新闻设施、机械设备间、汽车和公共汽车通道、停车场；第2层是主厅，提供通往下层和中层的通道，还容纳了租店和厕所；第3层是粉丝餐厅、商店和名人堂；第4层是商务俱乐部；第5层是VIP包厢；第6层可通往观众席最顶层；7层预留给机械设备和操作服务设施。这些楼层通过15个楼梯与地面相连。在入口层上方，碗状观众席外围的设施都由一个氟塑膜胶垫组成的外包膜包裹起来。因此，安联球场的外部传递了统一、刻面、平滑、（白天）半透明以及（夜晚）明亮的效果，内部则具有悬挑、空旷、明亮及可变性的效果。

维尔 · 阿雷茨建筑事务所 | 欧罗堡体育场 | 荷兰格罗宁根 | 1998年

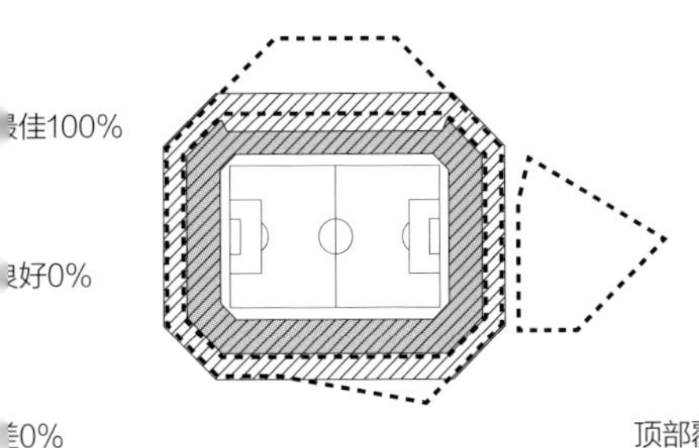

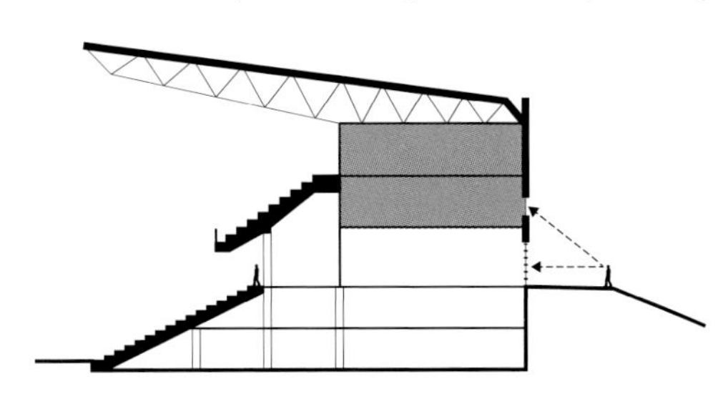

内部的体验

规模相对较小的碗状看台与完全覆盖了看台层的屋顶共同创造了一个相对私密的环境，此外，抹角处理的碗状看台为坐在角部的观众提供了贯穿球场的视角。看台的外侧是集剧场、商店、办公区域、餐厅、会议中心及餐饮设施于一体的大厅，为观众提供了非常广泛的社交机会。

体育场的外围

在接近体育场时，可见两层高的混凝土结构，其上有不规则的圆形窗洞，窗洞位于玻璃入口的上方。碗状运动场和环绕体育场周边的入口通道楼梯是不可见的。另一方面，包裹在碗状运动场外的混合功能空间确保了体育场可以全年持续开展各类活动，而不仅仅局限在体育赛事期间。

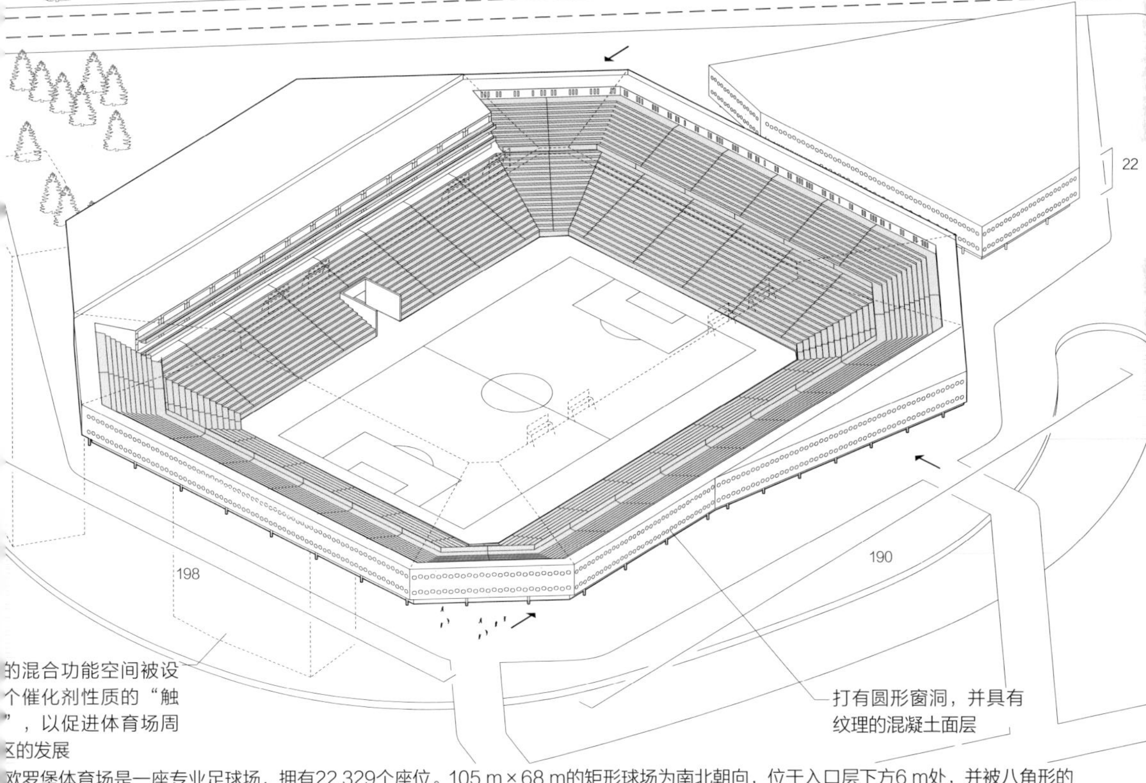

的混合功能空间被设个催化剂性质的“触”，以促进体育场周区的发展

打有圆形窗洞，并具有纹理的混凝土面层

欧罗堡体育场是一座专业足球场，拥有22 329个座位。105 m × 68 m的矩形球场为南北朝向，位于入口层下方6 m处，并被八角形的碗状看台所包围。从剖面上看，碗状观众席由两个看台层组成，并被轻桁架屋顶完全覆盖。两个看台层设置了不同的坡度以优化上层观众观看球场的视角。通往碗状观众席的公共通道位于抬升的公共层的位置，这个位置在剖面的中间高度，观众可以从那里抵达上方或者下方的座位。陡斜的碗状观众席下方的单层大厅容纳了剧院、商店、办公室、餐厅、会议中心、餐饮设施、酒店及两座公寓楼。上面的看台层通过13个楼梯连接到地面大厅，这些楼梯在紧急情况下也可作为疏散手段。有纹理的混凝土外壳包裹着大厅，其上有圆形窗洞。混凝土外壳同时也作为一种隔声材料。因此，欧罗堡体育场的外部传递了刻面、不对称、平滑、不透明与穿孔的效果，内部传递了悬挑与空旷的效果。

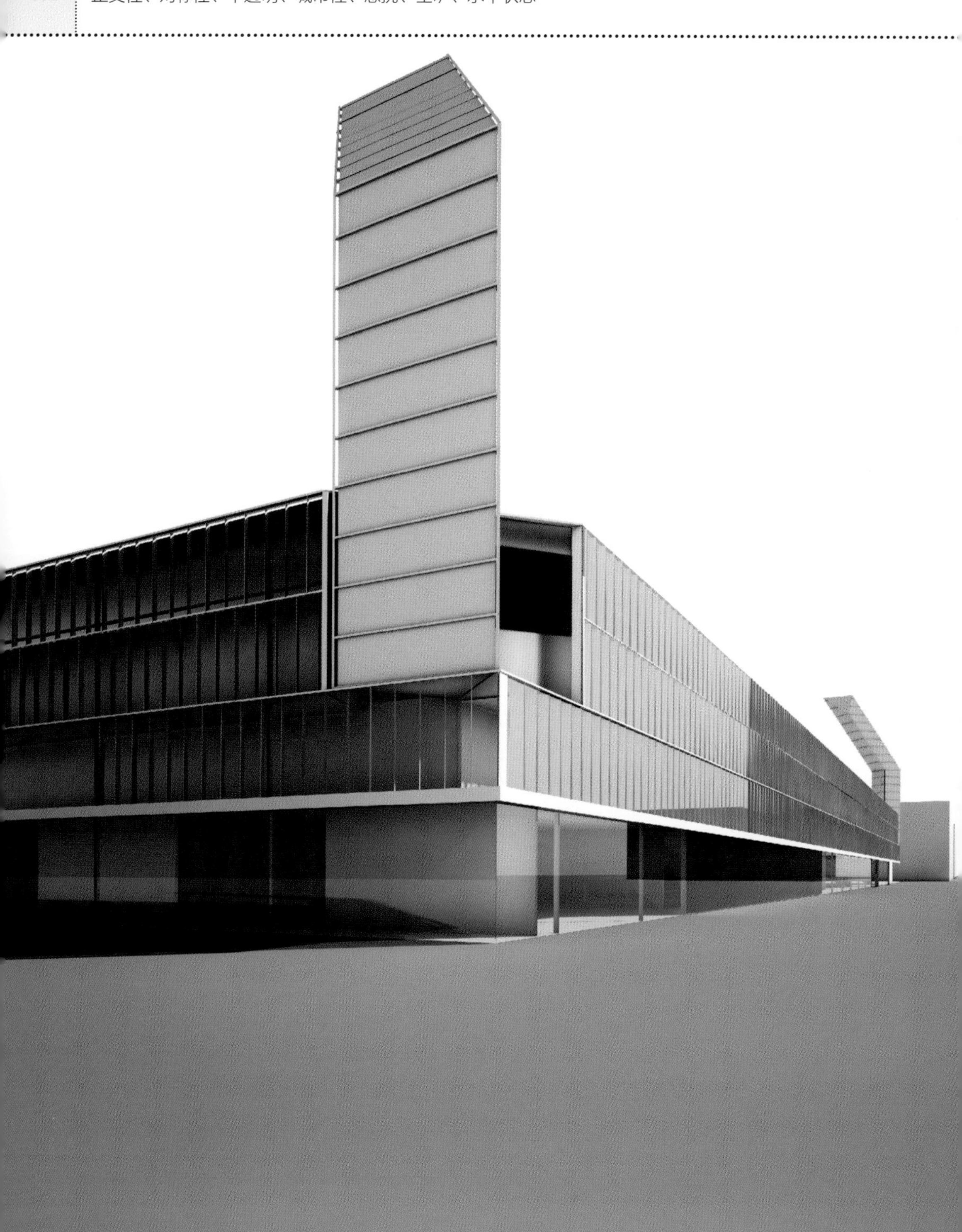

弗朗西斯科 · 曼加多 | 努埃瓦巴拉斯特拉足球场 | 西班牙帕伦西亚 | 2005年

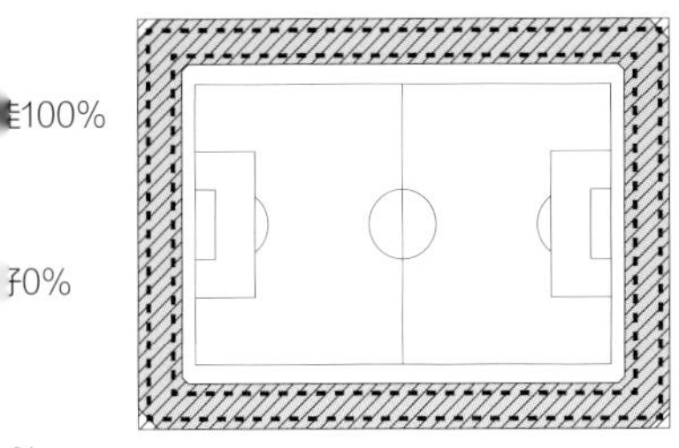
100%
0%

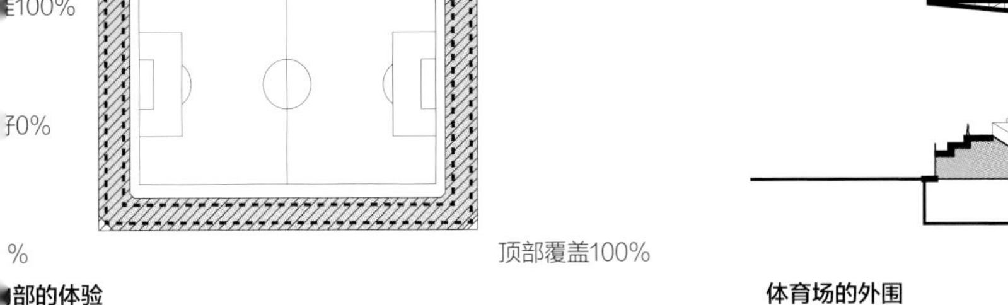

%

顶部覆盖100%

部的体验

规模相对较小的碗状看台为观看体育比赛创造了一个相对私密的环境。大厅中有办公室和其他日常活动空间，为观众提供社交机会。

体育场的外围

观众接近体育场时，可见一个大型的矩形建筑，它更像是一个会议中心，而不是一个体育场（体育场的边缘通常是曲线的）。当观众继续靠近体育场时，他们会在底层发现办公室和其他公共活动空间（除观看比赛之外）。唯一暗示着建筑是作为体育场而存在的标志是角部的4座照明塔。

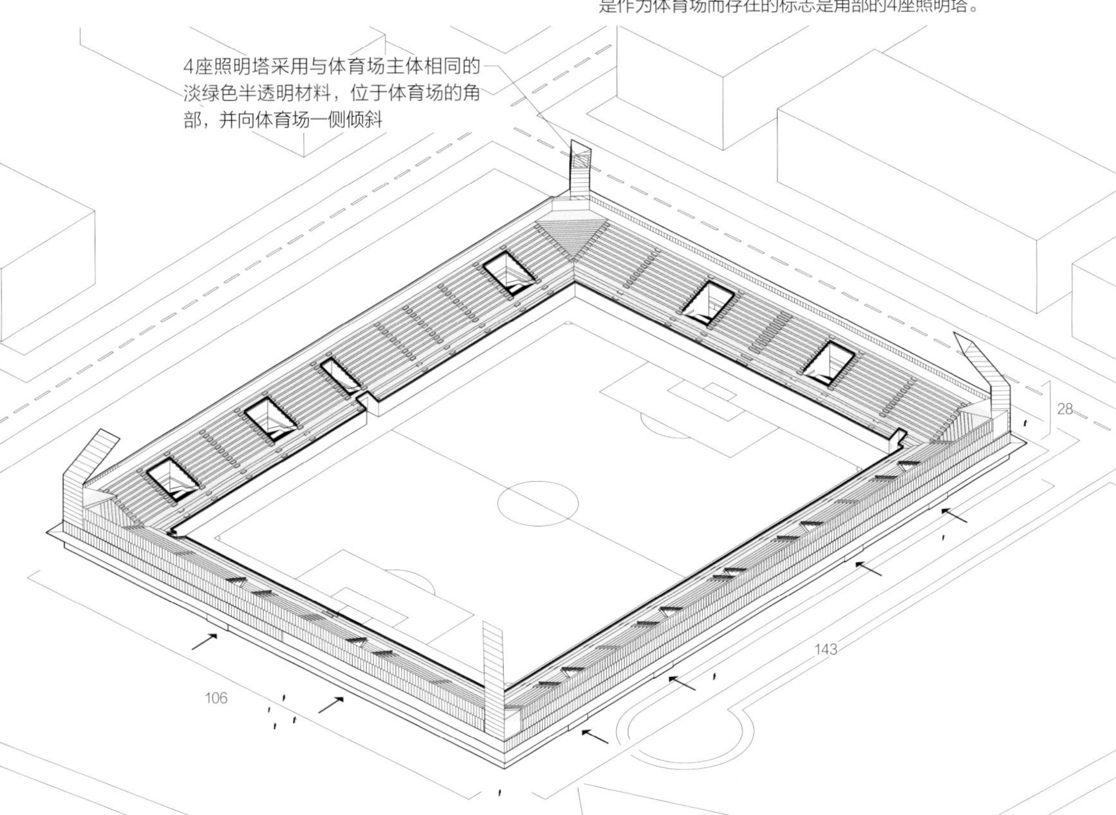
4座照明塔采用与体育场主体相同的淡绿色半透明材料，位于体育场的角部，并向体育场一侧倾斜
28
143
106

努埃瓦巴拉斯特拉体育场是一座专业足球场，拥有8070个座位。105 m × 68 m的矩形球场为西北-东南朝向，被矩形碗状观众席所围绕。碗状观众席由统一坡度的单层看台组成，并被穿孔金属屋顶完全覆盖。通往碗状观众席的公共通道位于街道层上。从12个入口进入公共通道，并连接12个紧急楼梯，通过楼梯能够沿着碗状看台的断面到达看台层的中部。因此观众能够进入碗状看台的中部，向上或向下抵达他们的座位。为了实现与周边环境的融合，碗状看台下方的大厅中容纳着办公区域和其他日常活动空间。场馆外部被穿孔铝板外壳包裹，位于首层的玻璃围墙之上。因此，努埃瓦巴拉斯特拉足球场的外部传递了正交性、对称性、半透明及城市性的效果，内部传递了悬挑、空旷与水平状态的效果。

弗雷 · 奥托、甘特 · 贝尼斯、赫尔曼 · 佩尔茨、卡洛 · 韦伯 | 慕尼黑奥林匹克体育场 | 德国慕尼黑 | 1968年

最佳30%
良好68%
差2%
顶部覆盖58%

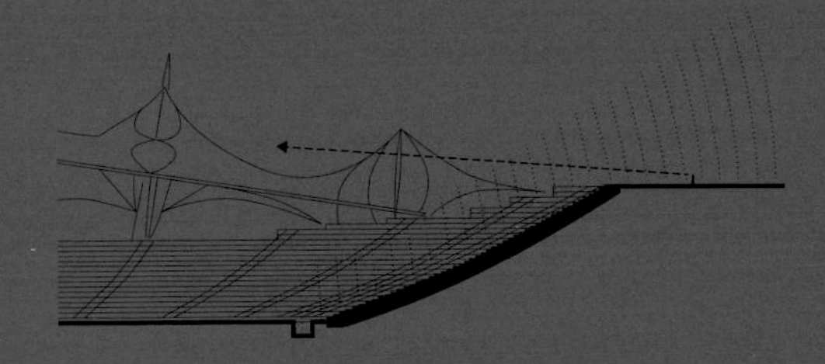

内部的体验

碗状体育场与奥林匹克公园相融合。体育场提供给坐在碗状体育场的南侧和西侧的观众一个透明的顶棚，这样观众看向天空的视野和自然光的照射就都不会受到阻碍。由于碗状体育场的不对称性，在轻盈的拉膜结构下的观众可以看到东面的公园。然而，由于单一坡度的看台层布置方式，坐在看台顶部的观众无法获得观看球场比赛的良好视野。

体育场的外围

观众从东面抵达体育场，可以从东侧看台层顶上看过去，它比西侧看台层低。在碗状体育场的边缘与公园相融合处，绿色的座位与草坪相呼应，两者之间的边界变得模糊。屋顶的起伏也模仿了公园的地形。

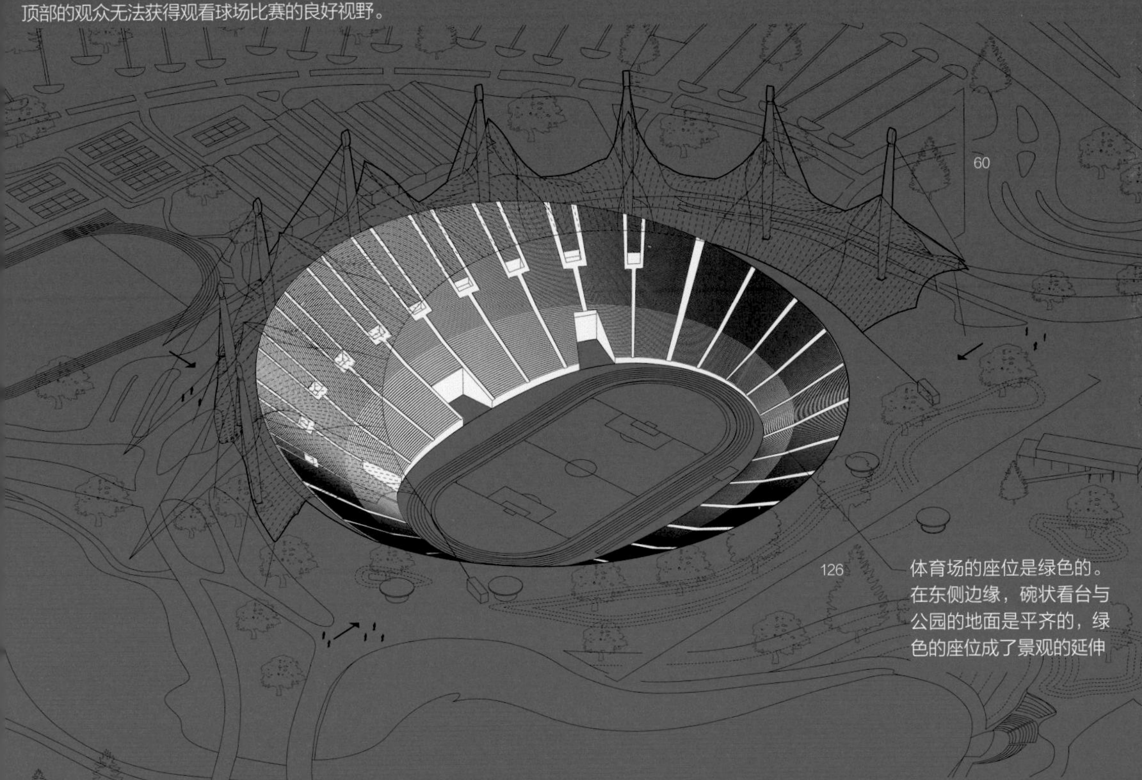

60
126
体育场的座位是绿色的。在东侧边缘，碗状看台与公园的地面是平齐的，绿色的座位成了景观的延伸

慕尼黑奥林匹克体育场能够举办田径、足球、英式橄榄球、冬季运动比赛和音乐会，拥有69 250个座位。105 m × 68 m的矩形球场接近南北朝向，周围是8条跑道，并由弧形碗状看台所围绕。碗状观众席由单一的看台层组成，具有变化的剖面。碗状看台东侧边缘的顶部与公园平齐，观众从那里进入碗状看台并看到体育场的全景。碗状看台的西侧抬升至25 m高，容纳了下方的大厅和其他设施。在球场的西侧边缘有另一个公共入口。一个由丙烯酸嵌板和钢缆组成的拉膜顶棚遮盖了碗状运动场的西侧，并与周围公园起伏的地形相呼应。闪烁的丙烯酸嵌板反射着阳光和天空的颜色，以及周围的风景。当拉膜顶棚被照亮时，看起来就像是漂浮在场地上的云。大厅由10个楼梯连接到地面。因此，慕尼黑奥林匹克体育场的外部传递了统一、自然、起伏、闪烁与轻盈的效果，内部传递了不对称性、透明性、开放性的效果。

阿部仁史工作室 | 宫城体育场 | 日本利府町 | 2000年

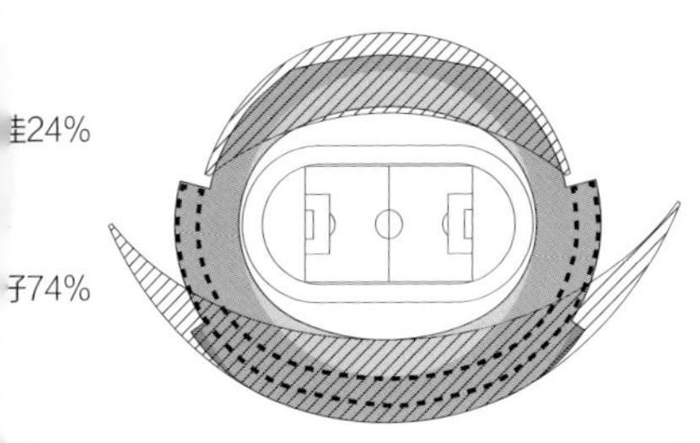

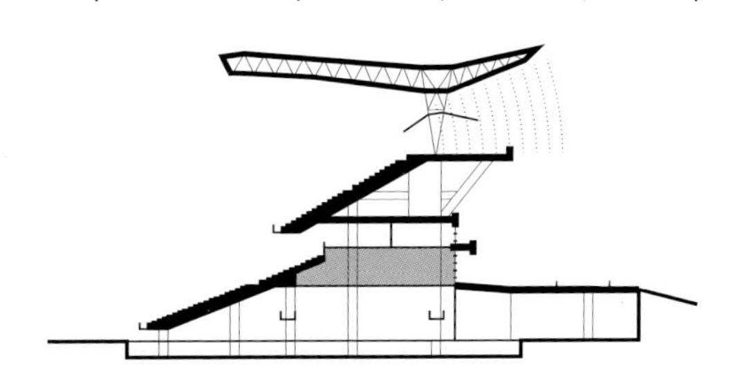

内部的体验

第2看台层使得体育馆能容纳更多的观众，并使观众能够更加接近运动场地。坐在上面看台层的观众可以越过下面的看台层观看周围的景色。

体育场的外围

一个景观公园沿着碗状运动场的东侧向看台的顶部倾斜。一个4层高的混凝土结构支撑着看台座位层，将碗状运动场沿西侧包裹起来。然而，主入口并不在公园的一侧。因此，在观众眼前所呈现的是一个内观的结构，而不是一个开放的、与景观融为一体的结构。

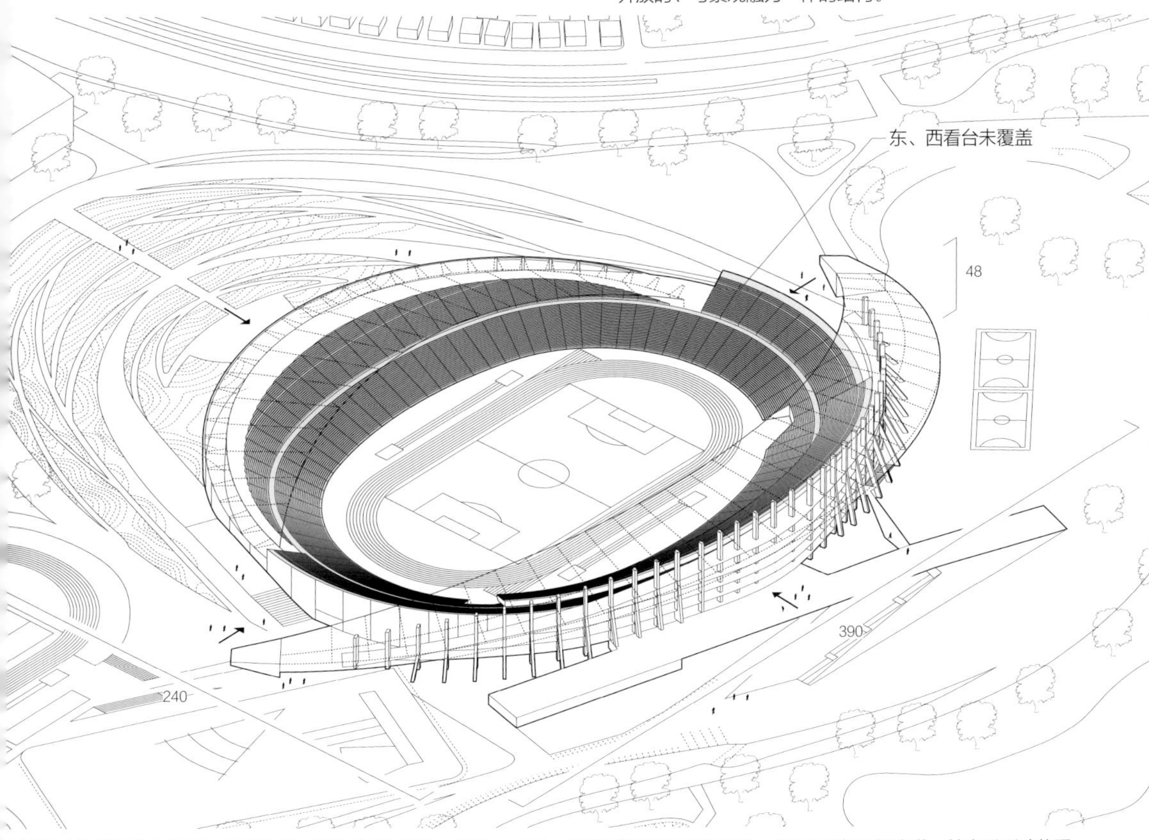

宫城体育场能够举办田径和足球比赛，拥有5万个座位。105 m × 68 m的矩形球场为南北朝向，周围是9条田径跑道，并由弧形碗状看台所围绕。碗状观众席一半由单一看台层组成，另一半由两个看台层组成。两个看台层设置了不同的坡度。碗状观众席被两片月牙形桁架屋顶覆盖，它们根据看台层数量的不同分别设置在不同高度上，因此是不对称的。在东侧，外面的地面是阶梯状的，可以到达碗状看台的顶部。在碗状看台倾斜区域的下面是一个容纳了各种设施和临时服务空间的单层大厅。它被暴露在外侧，由支撑屋顶的混凝土柱所包围，并通过10组楼梯与地面相连，以便在紧急情况下使用。因此，宫城体育场的外部传递了二分性、自然、包裹的效果，内部传递了不对称性、不透明性与遮蔽的效果。

保罗·鲁道夫 | 奥林匹克体育场 | 沙特阿拉伯达曼 | 1971年

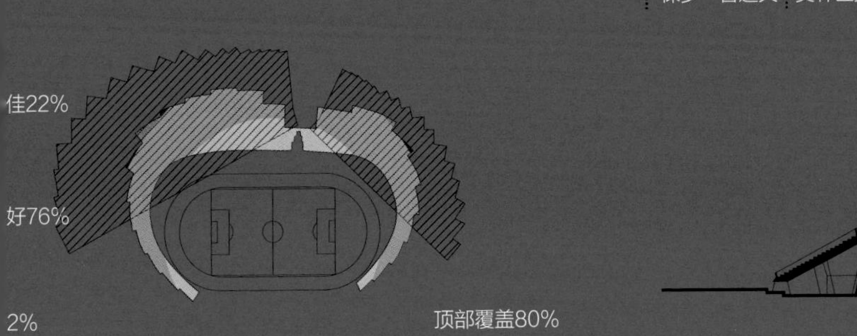

内部的体验

这个独立的碗状体育场的特别之处在于它对外部环境的开放性，周围的景观是体育比赛的背景。张拉膜屋顶也将体育场与阿拉伯游牧民族的文化联系在一起。

体育场的外围

由于张拉膜屋顶是由两个部分组成的，它不会限制声音的传播。在接近时，观众将会看到一个轻盈的、开放的帐篷式建筑，而不是一个沉重的、内观的结构。

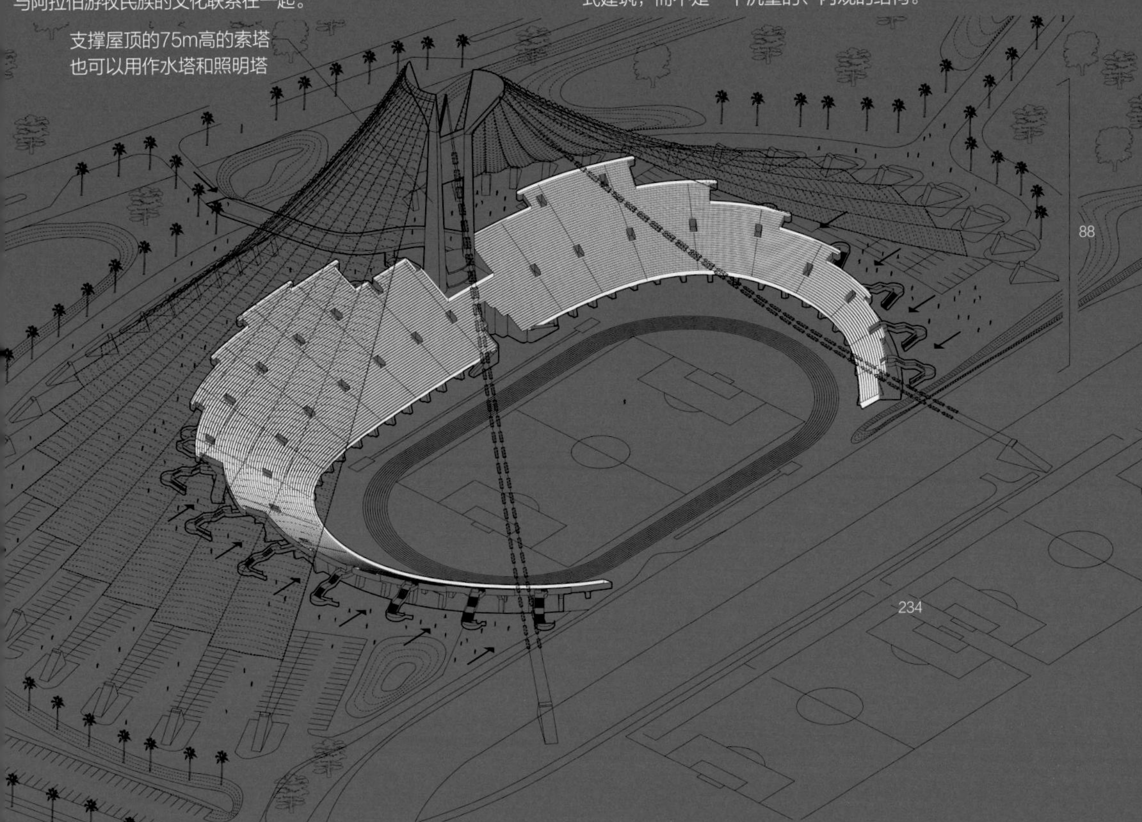

沙特阿拉伯的奥林匹克体育场是一座能够举办田径、足球、英式橄榄球和冬季运动等比赛的场馆建筑。175 m × 104 m的椭圆形球场接近东西朝向，周围是9条田径跑道，并由弧形碗状看台所围绕。碗状观众席由单一看台层构成，平面富有变化。东、西两侧有19排座位，南部有65排座位，而北面则没有座位并向外敞开。一种由充气塑料制成的屋顶结构，被支撑在钢制的悬链张力构件上，覆盖了两排不等长的座椅，并保护它们免受太阳的照射。屋顶的结构也在北部保持开放，暴露内场。朝南的开口标志着主入口与王室成员的专属区域。5个入口位于碗状看台剖面的中间高度，连接观众席与一层大厅。大厅通过22个楼梯与地面相连。由于碗状运动场没有完全封闭，接近体育场的观众将会被场内正在进行比赛的声音所迎接。因此，奥林匹克体育场的外部传递了二分性、遮盖、悬吊、轻盈的效果，内部传递了不对称性、垂直性、褶皱与开放性的效果。

伊东丰雄 | 高雄世界运动会主体育场 | 中国台湾高雄 | 2006年

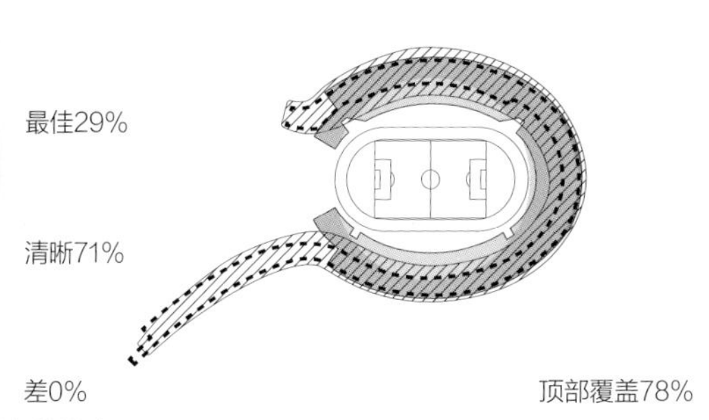
最佳29%
清晰71%
差0%
顶部覆盖78%

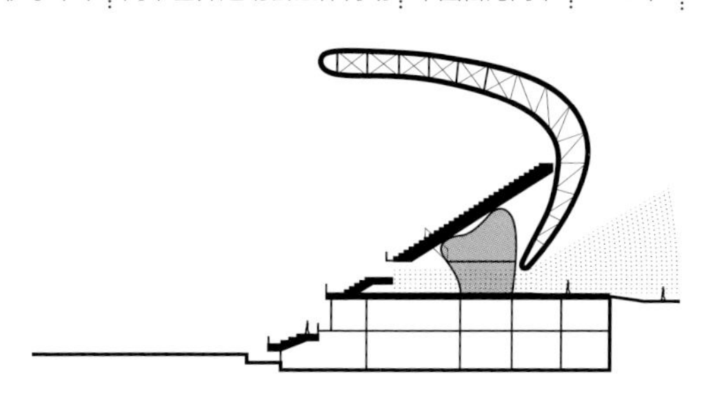

内部的体验

开放的碗状运动场使观众观看比赛的同时也可以一览运动场周围的自然风景。

体育场的外围

开放的碗状运动场通过内部比赛的声音，欢迎沿着南侧而来的观众。入口上方有一个顶棚，它是内部座席上方顶棚的延伸。

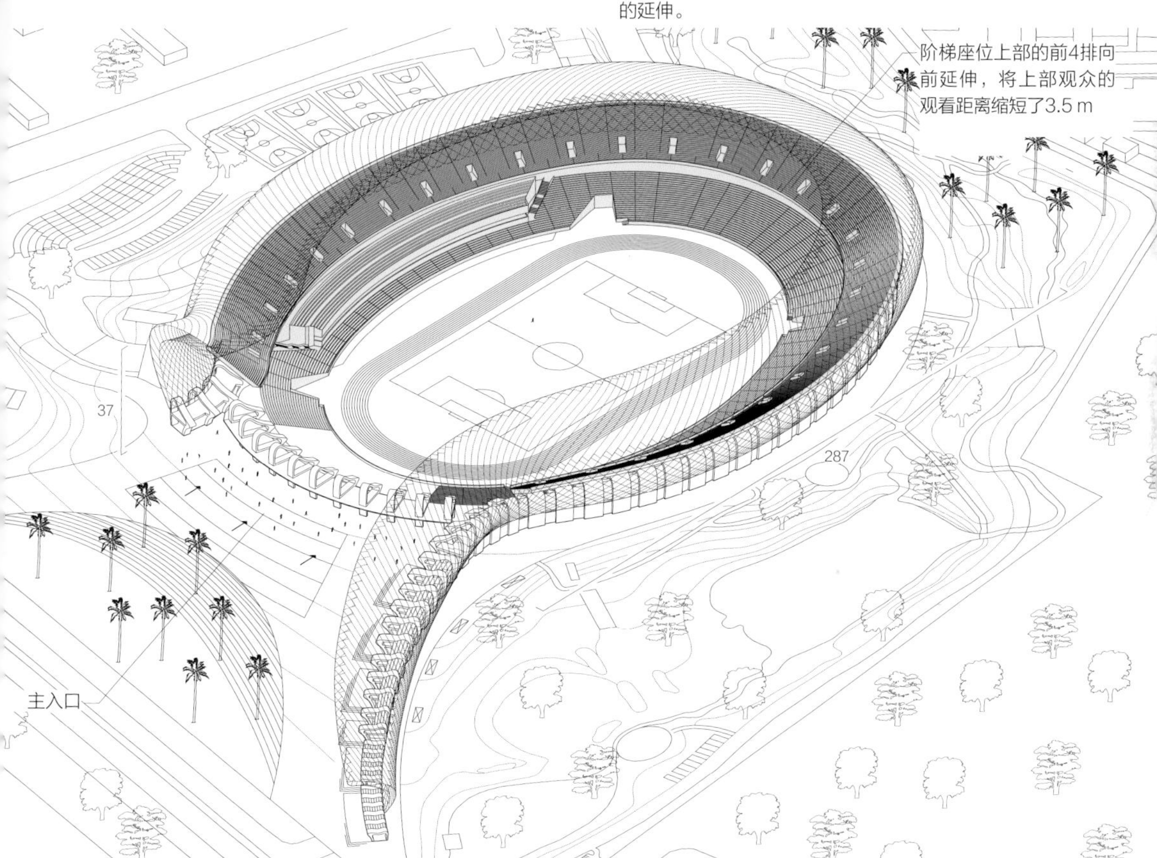
阶梯座位上部的前4排向前延伸，将上部观众的观看距离缩短了3.5 m
37
287
主入口

高雄世界运动会（现称龙藤体育场）能够举办足球和田径比赛，拥有55 000个座位（包括固定座位和临时座位）。178 m × 94 m的矩形球场偏离南北朝向15°，在避免了阳光直射的同时，从敞开的南面获得自然通风。内场周围是8条田径跑道，并被弧形碗状看台所围绕。碗状观众席的两个看台层设置了统一的坡度。下面的看台层暴露在天空中，上面的看台层由被马鞍形承重墙支撑的预制混凝土看台组成，并由30~45 m长的悬臂桁架所覆盖。悬臂桁架延伸到地面，并在碗状体育场外部形成螺旋运动的管状钢格构，结构上覆盖着太阳能电池板。上面的看台层通过13个楼梯连接到地面。公众可通过南侧入口的渐进坡道进入碗状运动场。首层大厅在两层阶梯座位之间，并沿着碗的尾部延伸。大厅容纳了售票处、餐馆和其他设施。因此，高雄世界运动会体育场的外部传递了螺旋运动、格构、轻盈的效果，内部传递了不对称性、悬挑、开放性的效果。

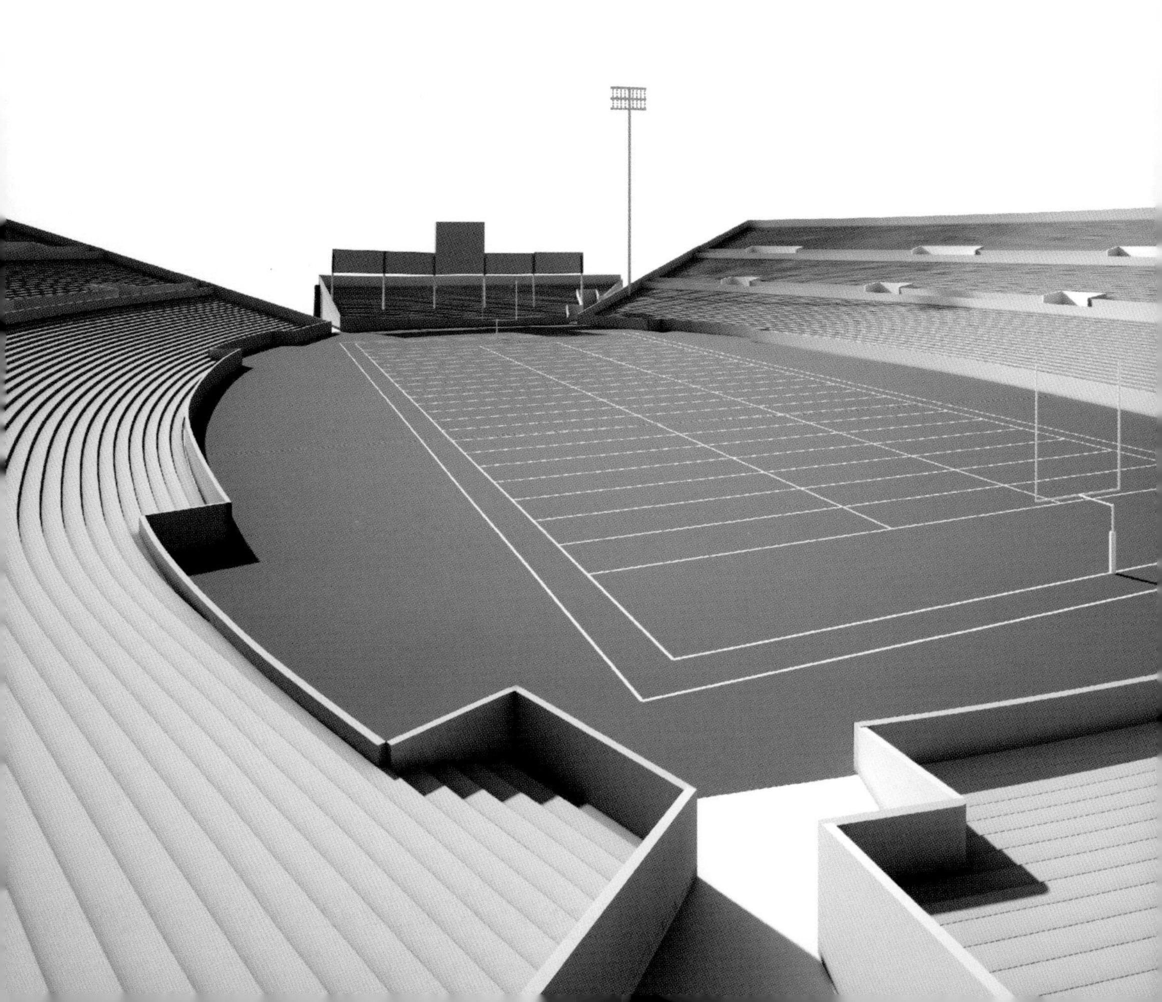

大卫·M.博格联合事务所 | 福克斯堡体育场 | 美国福克斯堡 | 1970年

佳55%

晰44%

1%

顶部覆盖0%

内部的体验

体育场既没有完全封闭也没有被屋顶覆盖。因此，观众可以欣赏风景，但体育场没有防止雨水或阳光照射的保护措施。为提供最多数量的座位，看台被设计成当前形状，并沿球场长边设置。然而，许多坐在角落里的观众视野不佳。另一方面，由于面对短边的看台相当低，观众可以欣赏到城市的景色。

体育场的外围

靠近体育场的观众可见到一片车海，后面是设置商品零售点的空间，位于倾斜的看台层下方。然而，由于看台没有顶棚，参加车尾野餐会的人们的热情也被体育馆内传来的声音点燃了。

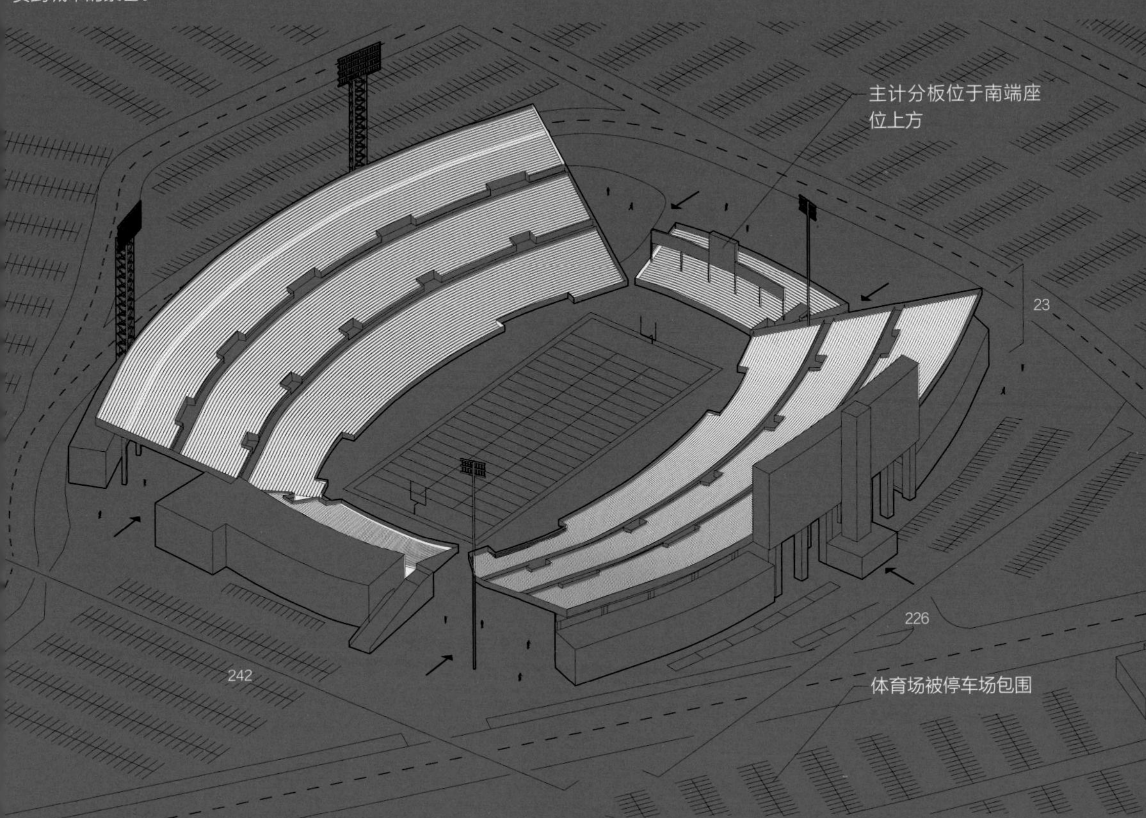
主计分板位于南端座位上方
23
226
242
体育场被停车场包围

福克斯堡体育场能够举办美式橄榄球比赛，拥有60 292个座位。110 m × 49 m的矩形球场为南北朝向。两个大的单层扇形阶梯看台位于内场的长边两侧，与两个较小的扇形看台互呈直角。碗状运动场的单层阶梯座位以统一角度布置，并呈露天形式。通向碗状看台的公共通道位于街道层，观众可通过4个连接2层大厅的入口到达。大厅位于倾斜的阶梯座位下方，暴露在外侧，所以从外面可以听见从碗状运动场里发出的声音。大厅通过12个楼梯与地面相连。因此，福克斯堡体育场的外部传递了开放性、十字形、扇形的效果，内部传递了对称性和开放性的效果。

艾德瓦尔多 · 苏托 · 德 · 莫拉 | 布拉加市政体育场 | 葡萄牙布拉加 | 2000年

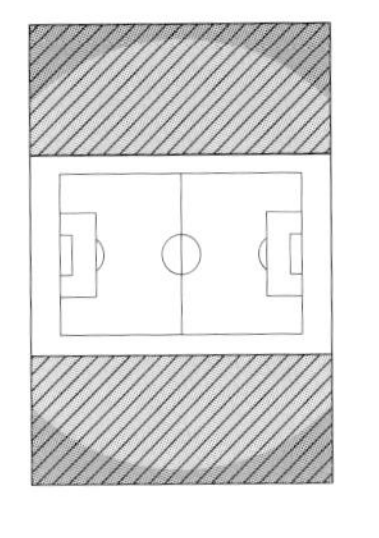

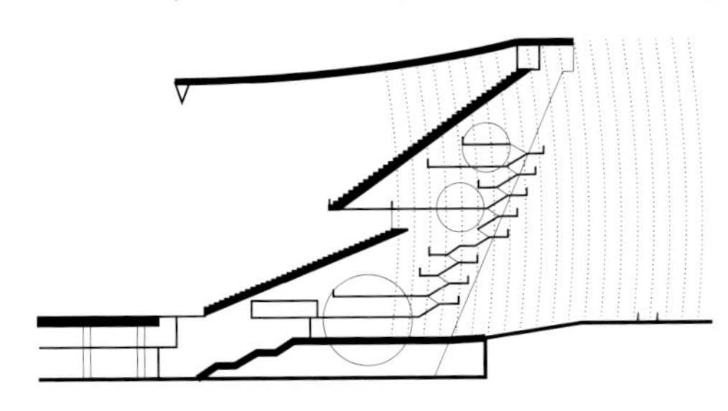

内部的体验

两个直线看台让观众能够无间断地观看左右展开的比赛。由于球门的后方没有看台，观众也能够看到比赛场地附近的自然风景，欣赏到山谷的景色。

体育场的外围

由于体育场两端都是开放的，在外部，前来的观众能听到球场内比赛的声音，看到运动场上的情景。当继续靠近体育场时，观众眼前呈现出与自然环境相融合的建筑结构。

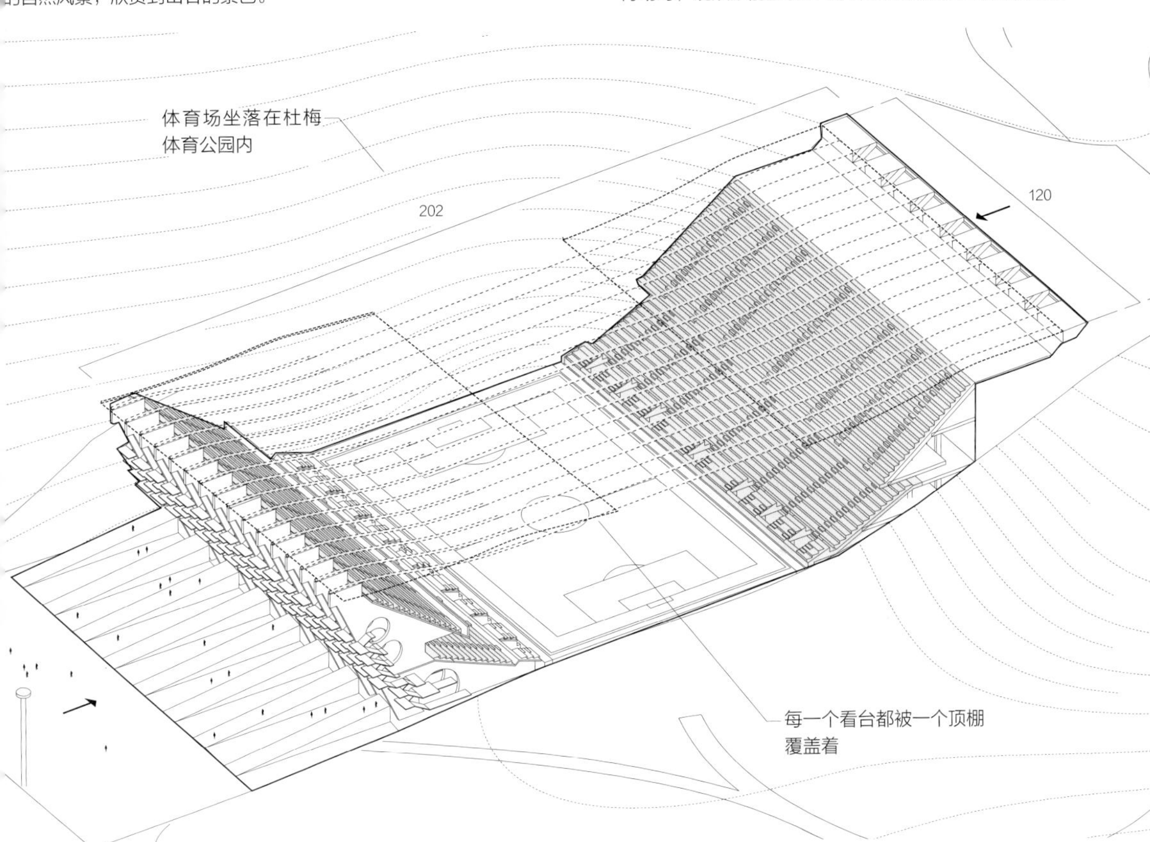

布拉加市政体育场是一座足球场，拥有30 286个座位。105 m × 68 m的矩形运动场为西北-东南朝向，两个矩形看台位于运动场的两个长边。观众席的两个看台层设置为不同坡度。一个看台层面朝一座小山，另一个则沿着山坡布置。在球场一端的球门后面，可以看到以前采石场的石墙，在另一端，能够以开阔的视野观看山谷。两个看台通过几十根跨越球场的钢缆相连接，都被一个天蓬式屋顶覆盖着。进入东北观众席的通道位于运动场那一层，而进入东南观众席的通道，位于上方的看台层。每个观众席都有8个入口。大厅位于倾斜的看台下方，共6层，通过13个楼梯与地面相连。一个5000 m²的广场位于运动场下方，使观众能够从一侧看台转移到另一侧。因此，布拉加市政体育场的外部传递了二分性与整合性效果，内部传递了对称性、开放性、保护性的效果。

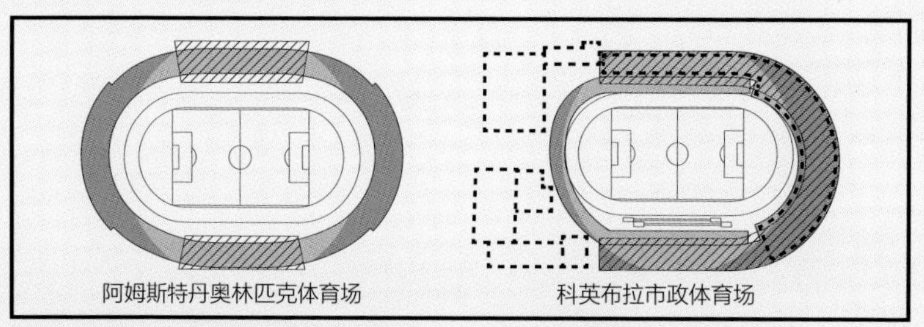

观看体育比赛 / 多项运动 / 封闭曲面碗状观众席 / 局部屋顶遮盖

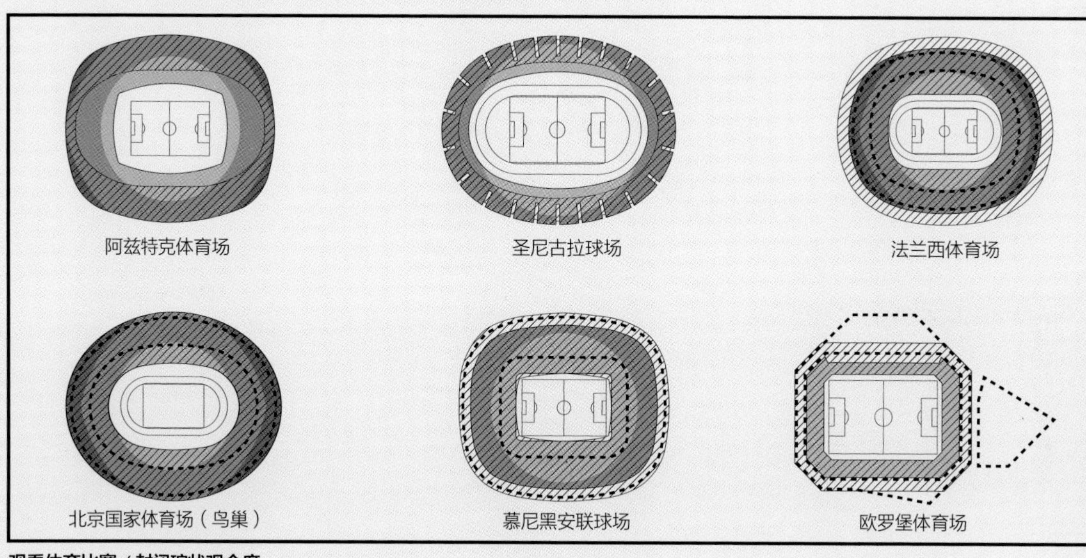

观看体育比赛 / 封闭碗状观众席

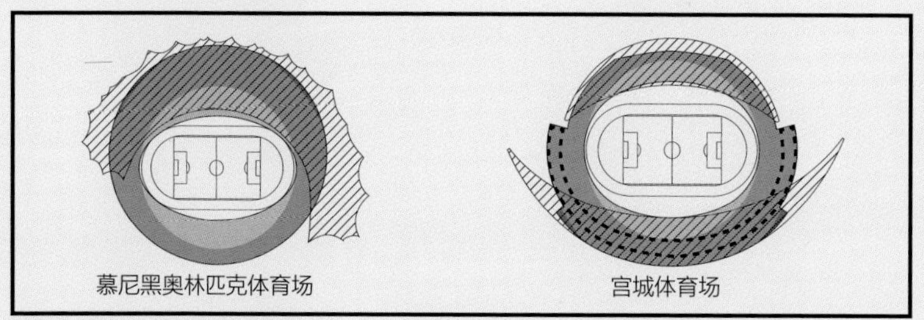

观看体育比赛 / 一侧被公园包围

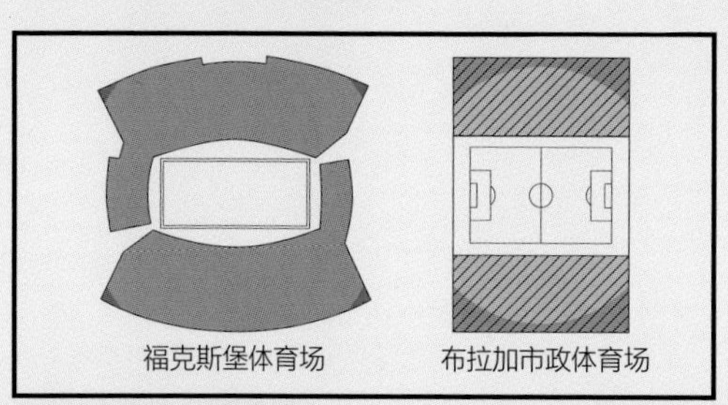

观看体育比赛 / 单项运动

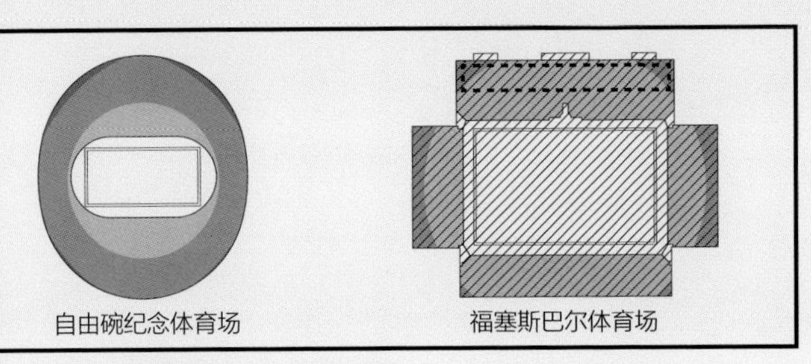

看体育比赛 / 单项运动 / 单一坡度的看台

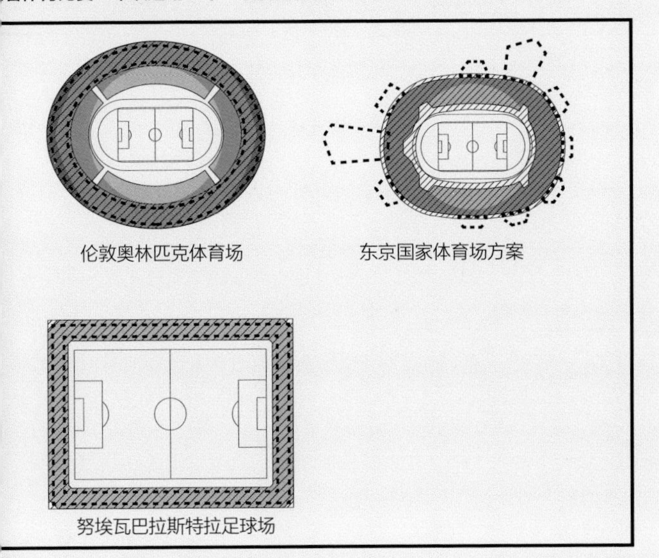

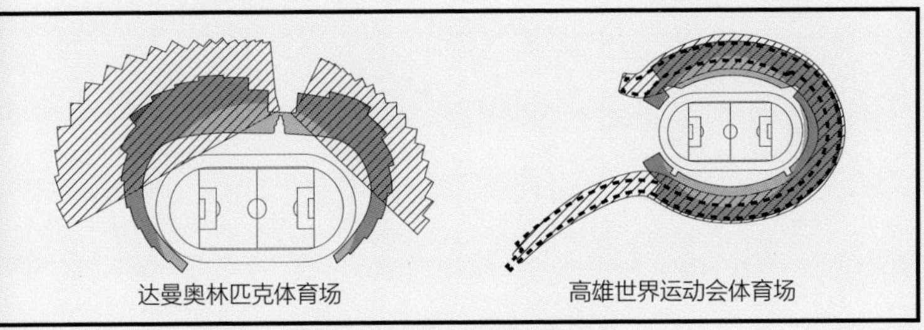

观看体育比赛 / 开放曲面碗状观众席/变化剖面 / 局部屋顶遮盖

共同点：体育场的外围

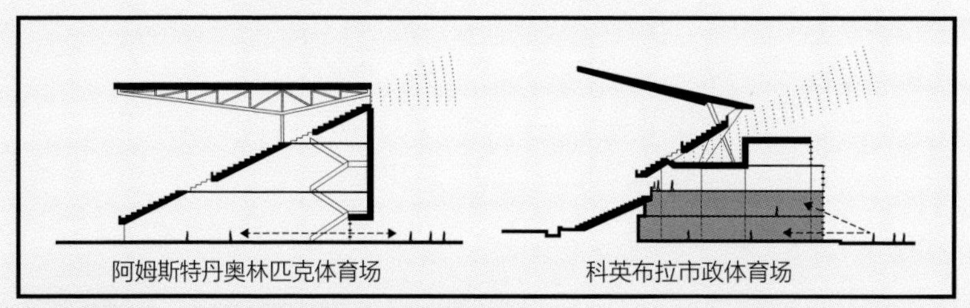

观看体育比赛／封闭曲面碗状观众席／局部屋顶遮盖

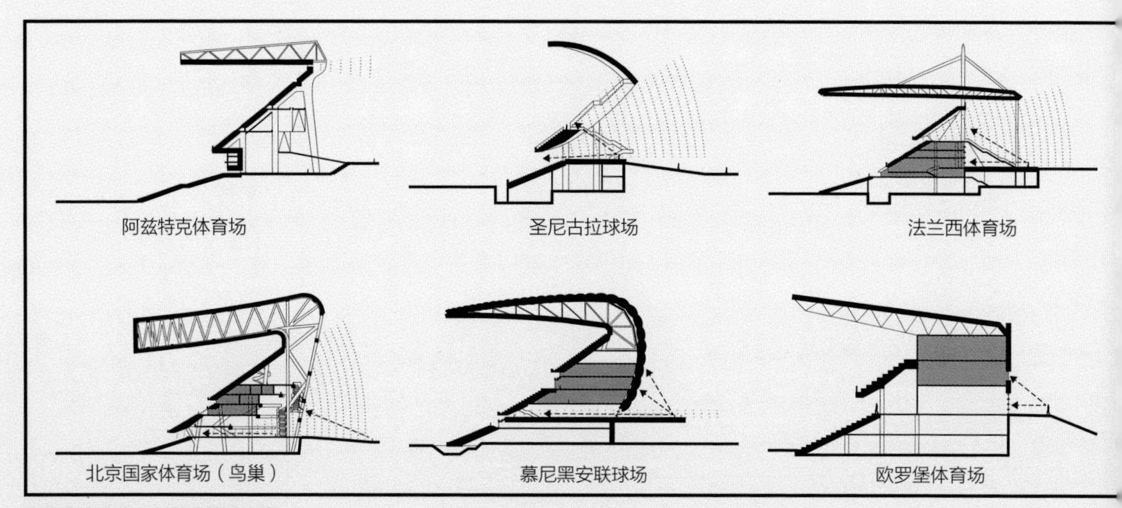

观看体育比赛／封闭碗状观众席

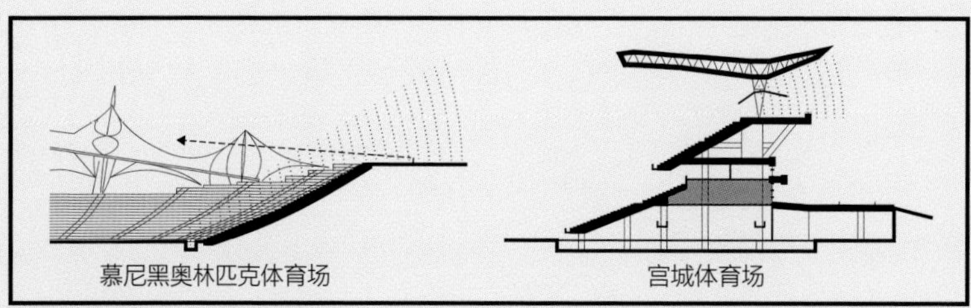

观看体育比赛／一侧被公园包围

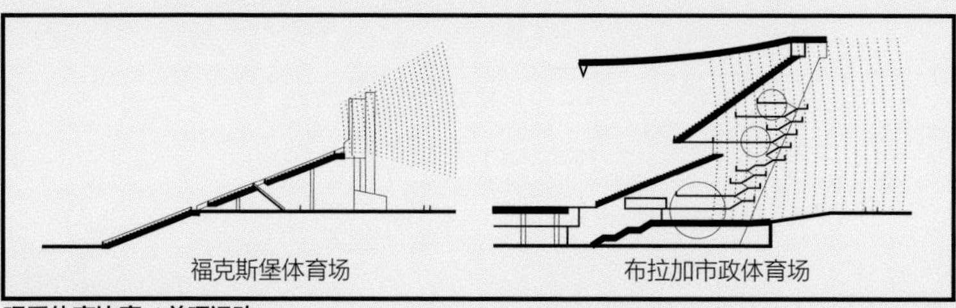

观看体育比赛／单项运动

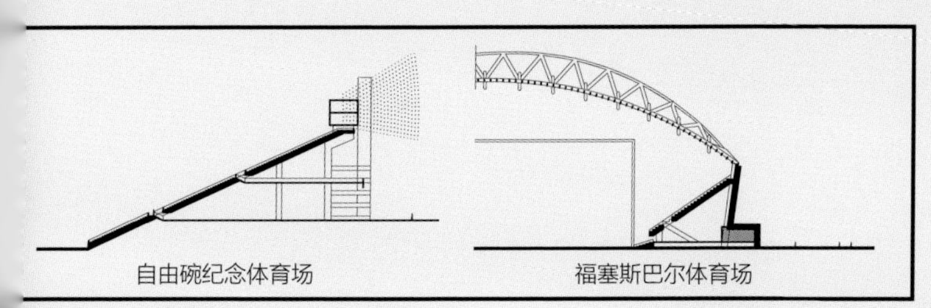

看体育比赛 / 单项运动 / 单一坡度的看台

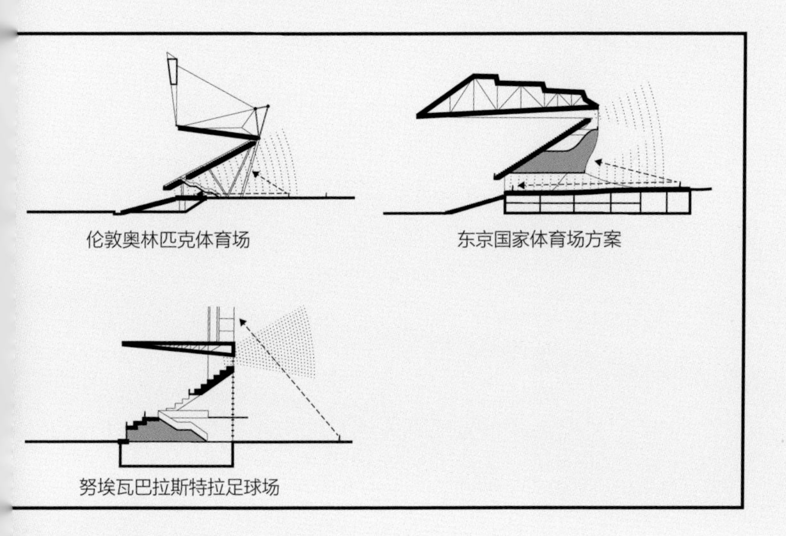

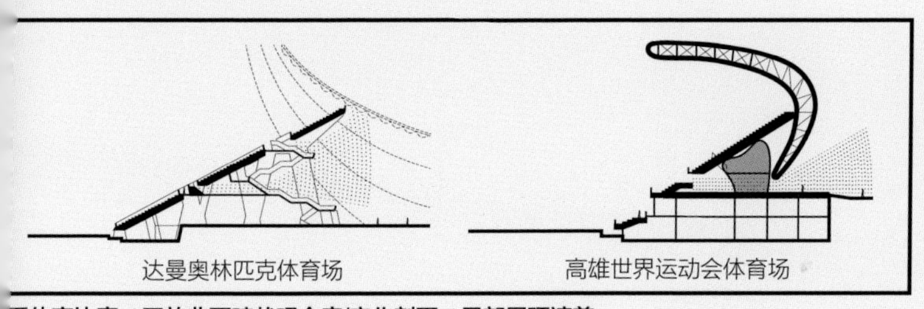

看体育比赛 / 开放曲面碗状观众席/变化剖面 / 局部屋顶遮盖

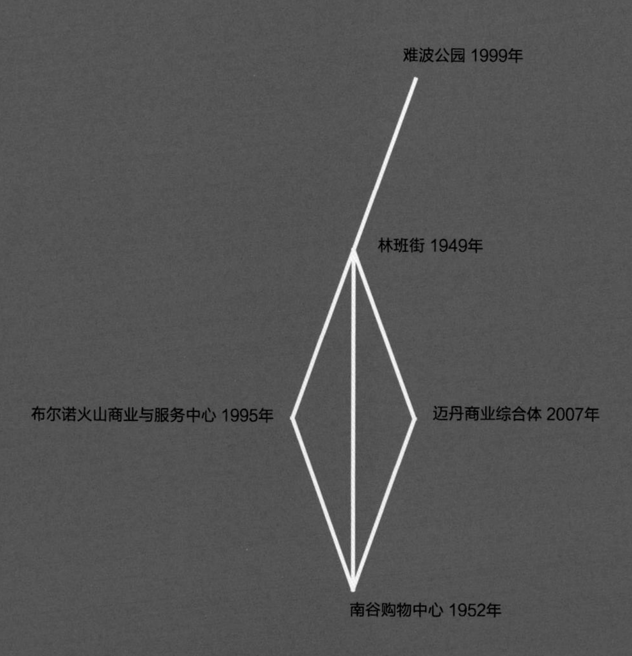
难波公园 1999年
林班街 1949年
布尔诺火山商业与服务中心 1995年
迈丹商业综合体 2007年
南谷购物中心 1952年

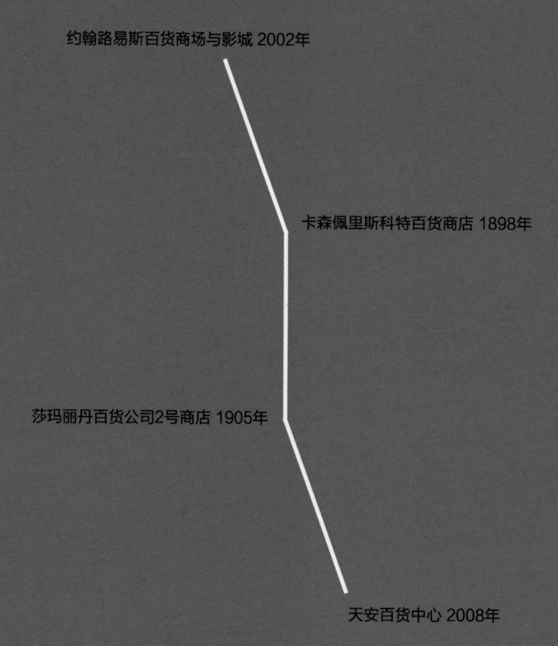
约翰路易斯百货商场与影城 2002年
卡森佩里斯科特百货商店 1898年
莎玛丽丹百货公司2号商店 1905年
天安百货中心 2008年

购物 1905—2004年

本章追溯了购物功能建筑的设计演变过程。这些百货商店与购物中心都借鉴了20世纪早期典型项目的空间组织与分配原则，本章将其分组列举以凸显它们之间的异同之处。

体块式建筑：百货商店

位于法国巴黎的莎玛丽丹百货公司2号店（第527页）由不同时期建造的4个体块式建筑组成。本书中分析的是其中一个6层高的长方形建筑，它具有两个30 m高的中庭。各层通过两部楼梯连接，楼梯对称地位于一个弧形楼梯平台的两边。这些平台插入到中庭空间，并比楼梯外侧略微突出，视野较好，可以鼓励顾客停下脚步，从该位置向下方一览各个门店。然而最终的结果是，由于平台的规模不够，顾客在那里无法进行任何类型的社交活动。以下项目将中庭周围区域发展成为社交场所：韩国天安百货中心（第529页）。

美国伊利诺伊州芝加哥市的卡森佩里斯科特百货商店（第531页）共12层，为钢框架结构。第3~12层的表面被赤陶包裹，在柱梁之间嵌有玻璃窗洞。第1~2层表面由铸铁所装饰，上面楼层的赤陶窗套的华丽的线脚，能够吸引街道上的路人。完全透明的窗洞使立面变得生动，但同时它们暴露了内部的杂乱，并阻碍了商场外墙轮廓处商品的摆放。这个问题最终导致了该百货商店的关闭，并使百货商店演变为完全内向性的建筑。以下项目解决了开敞的外墙会阻碍商品摆放及暴露内部杂乱的问题，同时使自然光射入并使顾客获得外部视野：英国莱斯特的约翰路易斯百货商场与影城（第533页）。

毯式建筑：大型购物中心

位于美国明尼苏达州伊代纳的南谷购物中心（第535页）是第一座完全封闭、温度可控的城外购物中心。两层的商场被地面停车场包围着，停车场提供直接进入商场各层的通道。据称，购物者在受到庇护的环境中愿意行走更远的距离。由此，南谷中心创造了一种新型的城市室内空间，并盛行了40年，但它依赖于空调的使用。下列项目解决了这一问题：意大利那不勒斯的布尔诺火山商业与服务中心（第537页）、土耳其伊斯坦布尔的迈丹商业综合体（第539页）。

荷兰鹿特丹的林班街（第541页）首次设计了一个城市步行购物区（precinct）：两层商铺分布线性的步行街两侧，延伸了几个城市街区。主街有18 m宽，两侧有雨篷用以避雨，并在特定的地点相连，形成可识别的区域。街道被水平向的雨篷主导，平坦的商铺屋顶被沥青覆盖，暴露在外，且没有被有效利用。下列项目解决了屋顶单调的问题，同时又使城市购物中心的屋顶区域得到了很好的利用：日本大阪的难波公园（第543页）。

20世纪90年代以来，交互电视、移动互联网和宽带改变了购物的各个方面。人们现在可以随时随地购物。鉴于这种新型多渠道的零售环境，商铺、百货商店、购物中心或大型购物中心等购物场所的作用和功能必须被重新考虑。人们也越来越意识到此类建筑中空调和照明对环境的负面影响。下面是百货公司和购物中心设计的主要参数。本章中，案例之间相互比较的主要依据是社交互动机会与环境可持续性，它们自20世纪90年代以来变得尤为重要。

购物建筑可以是个体商店、百货商店（各类商业在同一屋檐下，被同一个管理层管理）或购物中心（一个或多个建筑形成一个复合的商店群组，通常还包括电影院、餐厅和其他休闲设施，交通路线可使游客穿行于各个单元之间）。购物中心可以在城外（在美国被称为shopping mall，在英国被称为shopping center），也可以在城里（在英国被称为shopping precinct，即车辆不可进入的步行购物区）。这里的分析不包括个体商店。

形式

百货商店: 体块式建筑

购物中心或大型购物中心: 毯式建筑

百货商店

分区

分区是商店内分售特定类别商品的区域。不同的商店内，各分区的数量和大小各不相同。伦敦的哈罗德百货公司有330个分区，占地90 000 m²。

结构

百货商店需要5～5.5 m的层高，且适合较大的结构网格。较大的结构柱网提供了灵活性，从而能够改变内部布局。普遍接受的结构柱网为8.4 m×8.4 m、9.6 m×9.6 m、9.6 m×10.8 m与10.8 m×10.8 m。

交通

由于百货商店在多层售卖商品，所以各层通过电梯与通常位于中央的自动扶梯相互联系。

食品和饮料

百货商店会为顾客和员工提供一个或几个餐饮设施，可能包括餐厅、酒吧、咖啡厅或售货亭。

服务场地

从装卸区直接且安全地进入商店是必要的。

顾客服务设施

这应该是商店不可分割的一部分，包括汽车通道和指定的客户停车位。

后台设施：包括员工区、存储区、车间及设备区。规模和位置取决于各个商店的设计。不管怎样，工作人员都应该有一个单独的入口。

购物中心

商店的类型

商店单元：包括层高4.75~5 m的单层商店（用于交易和储藏）以及层高6.5 m的单层商店（用于交易，而储藏放在夹层中）。只要配有直达的入口，储藏可以放在商店的上方或下方。商店的开间与进深的比例推荐为3:1或4:1。

多层商店：它们由至少两层组成，整体至少有8 m高。

中型商店※（MSU）：是由几个商店单元组成的商店，规模从460 m^2到1400 m^2不等，最大可达5580 m^2。它们的战略定位是为了吸引经过公共交通空间的顾客。中型商店的数量将取决于开发项目的规模。

主力店：通常是百货商店，它们通常有自己的标识以区别于购物中心的其他部分。它们需要在交通线路上被看到，并可能需要一个与购物中心分开的独立入口。通常在核心商店附近设置停车区域以及专用的装卸区。

公共交通

这是连接主力店、不同店铺、餐饮和休闲设施的要素。它包括垂直交通和水平交通。可以是露天式的（自然照明和自然通风）、覆盖式的（自然照明或人工照明、自然通风、无供暖），或者封闭式的（人工照明、通风及供暖）。

水平交通：通常为一系列连接主力店与中心节点的路径，它们可以是线性的（一条可能会有节点空间的路径连接两个主力店，节点空间能够定位垂直交通和其他路径）、环形的（路径连接3个或更多的主力店，形成环形）或锁孔状的（具有单独的入口和返回点）。

基本公共交通的最小宽度为9 m，若为10~12 m则更佳。闭合式的主要环路宽度不应超过12 m，露天式的流线可以更宽。二级路径不应小于6 m宽。在多层空间中，上层走廊宽度不应小于4.5 m。若中庭两侧有廊道，则两边应以间隔不超过30 m的廊桥相互连接。

垂直交通：通常由楼梯、升降电梯和自动扶梯组成，也包括坡道或自动传送带。通常它们之间的间隔距离不应超过80~100 m。

顾客服务设施

公共厕所应位于方便的位置，不应占用有价值的商店门面位置。它们可以毗邻餐饮设施或入口通道。托儿所应位于公共环路附近。

商店流动设施容纳了对服务于行动不便顾客的设备的储存、维护和分配。它包括一个接待区、员工办公室和存储及维护区。这些设施应该位于主电梯附近，通常临近主停车场。

管理套房既能提供购物中心的行政和运营功能，又能为公众提供客户服务和紧急救援。因此，它需要很强的可达性。

停车场

停车场的数量和类型取决于场地的类型和土地的价值。地面停车场是最经济的，但它占用了大量的土地，导致购物中心外停放了太多汽车。因此，这种类型的停车场不太可能用于市中心。在几乎没有土地能够使用的情况下，在购物中心上方停车是一个有效的选择，但它需要很长的、仔细定位的坡道。

地下停车场是最昂贵的选择，但可以适用于棘手的场地或土地价值高的地方。结构柱网可以为7.5 m×16 m、7.8 m×7.8 m、7.8 m×9 m或8 m×8 m。

多层停车场是独立的建筑物，可以用来为购物中心的上层服务，并均匀地疏散人流。入口和出口应该在同一条路上，便于司机确定方位。

※中型商店，Medium space user shops，简写为MSU。

管理设施

包括管理套房、控制室、员工室和维护设施。它们不需要位于显眼的位置，但应该是公开可达的。

服务传递通道

它们包括设备场地、服务走廊（净宽度最小为1800~2000 mm）、服务电梯（通常至少有两个，最大承载量为2吨）和互相连接的楼梯（当商店与服务区在购物中心里位于不同的楼层时，通常与垂直核心筒中的服务管道和服务电梯组合在一起）。

设备和安装

它们包括服务走廊、立管管道、业主的设备间、租户的设备空间与供应设施。

消防安全

这包括逃生通道、烟控、喷淋和消防设施。

安全与安保

购物环境必须设计得既安全，又吸引人。

餐饮设施

餐饮设施可以占整个项目开发面积的2%~25%。它们可以组成一个美食广场或独立安置。如果餐饮设施位于购物中心外围，可以提供独立的入口，使它们进行更长时间的营业。

休闲设施

可能包括电影院、剧院、活动场所、健身房、健身俱乐部和攀岩墙。

以上参数列表参考了彼得·科尔曼的《购物环境：演变，规划和设计》（建筑出版社，2006年），该书详细论述了购物功能建筑的设计。

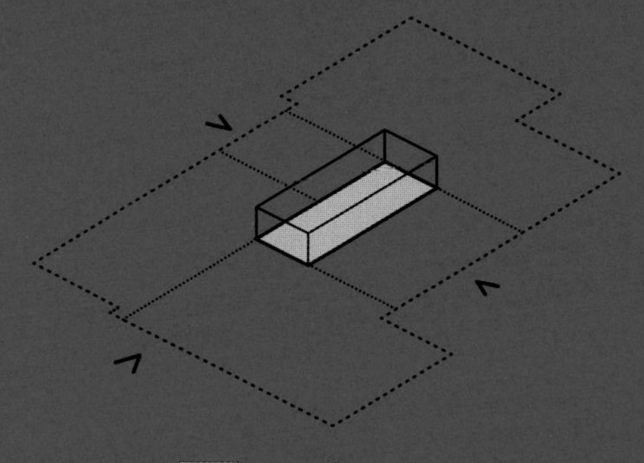

互动空间

社交互动

19世纪七八十年代初出现的新式百货商店，首次在一个屋檐下提供了各种各样的商品。这些商品通过分区分组展示，不同的分区在各层紧紧地挤在一起，形成了一个洞穴般的内部空间。到20世纪早期，百货商店已经从这种便利、经济的模式发展成为拥有高天花板和宽阔通道的游乐宫，拥有茶室、音乐厅、餐厅、美容院和旅行社。这里不仅是购物的地方，也是社交中心和时尚的制造区。

到了20世纪40年代的美国，当人们开始普遍拥有汽车，并且很大一部分人到郊区居住时，购物中心也开始在郊区兴建起来。在英国，20世纪80年代政府对于土地政策的变化使城外购物中心开始建设。

一段时间内，百货商店开始衰落，但自20世纪90年代以来"电子零售"的兴起，使它们得以重塑。虽然电子零售让顾客可以随时随地、从任何渠道购买商品，为顾客提供了前所未有的选择和便利，但百货商店已经恢复了其作为社交场所的地位。百货商店不再需要持有大量货物，而是可以提供独特的店内体验，将商品作为工艺品展示，并为购物者提供大量空间，让他们从不同的角度观看商品。此外，百货商店可以位于不同的地点，为顾客提供一系列的休闲活动、市民活动及文化活动。它们再次成了类似20世纪初游乐宫一样的存在。

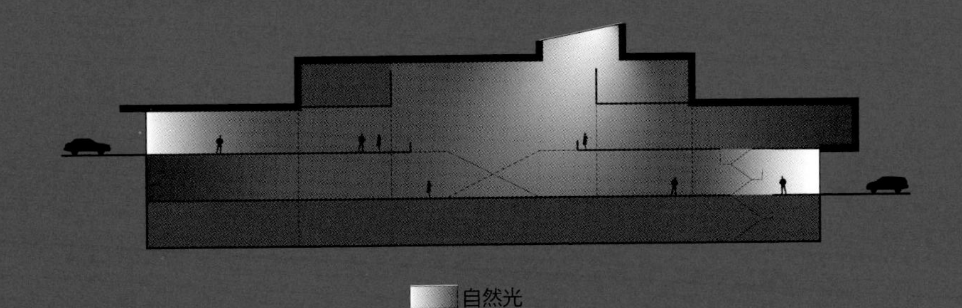

自然光

环境可持续性

20世纪初的百货商店主要由钢材建成，提供了多层巨大且无间断的购物空间。中庭和自动扶梯连接各层，每一层的四周都由玻璃包裹，引入自然光的同时也提供了外部视野。在20世纪下半叶，百货商店的外部开始封闭，以获得更多的陈列空间并排除外部干扰。这一举动迫使它们依靠人工照明和空调。然而，自20世纪90年代以来，百货商店设计的一个最显著的趋势是通过增加窗洞或使用全玻璃表层来开敞外墙，从而引入自然光并提供外部的视野。这不仅降低了能源消耗，而且将顾客与购物的情境联系起来。

环境可持续性也成为购物中心设计中的一个问题。20世纪初的城外购物中心是完全封闭和环境可控的。因此购物中心是内观的，与外部环境隔离。空调使它们无限扩张，用丑陋的结构和停车场覆盖了广阔的郊区景观。它们位于城外，促进了汽车的使用，但同时增加了交通量和空气污染，并危及当地野生动物。除了类似林班街这种数量相对较少的城市购物区，城外模式已经盛行。

自20世纪90年代以来，两个新的趋势已经开始重塑购物中心。首先，城外购物中心已经变得更加开放，具有自然通风的交通空间。多层结构停车场与地下停车场取代了散布在建筑物周围的停车方式。其次，城市购物区也在不断发展，开敞的同时又被屋顶覆盖。这样做既避免了在交通空间使用人工通风，又能提供应对恶劣天气的保护措施。此外，便利的公共交通也对城市购物区有益。

效果

透明性、重复性、永久性、正交性、断面一致、重复性

弗朗茨 · 茹尔丹 | 莎玛丽丹百货公司（2号店） | 法国巴黎 | 1905年

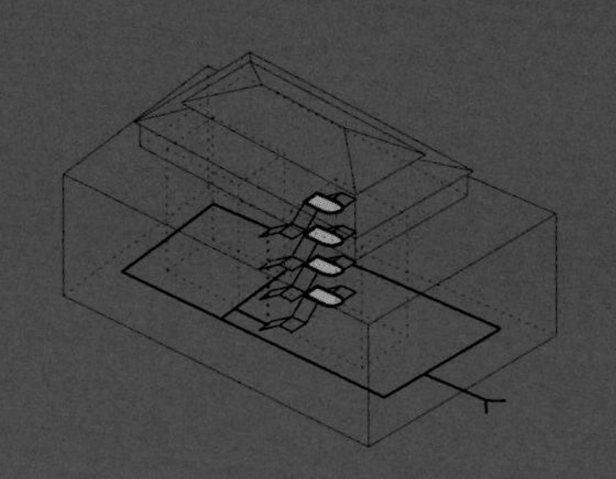

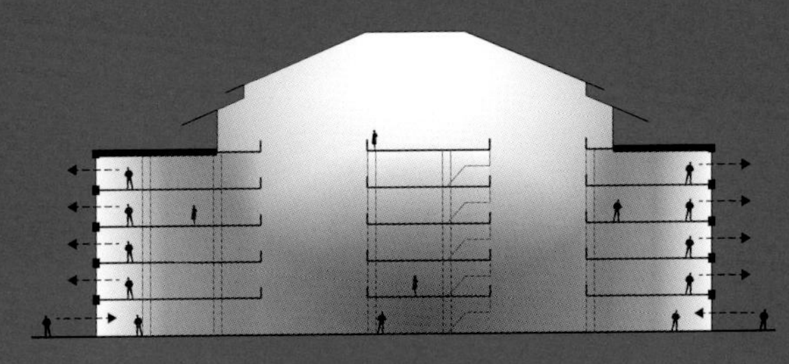

社交互动

楼梯的弧形平台提供了小型空间。顾客可以在这里驻足，俯瞰整个购物区。商店内几乎没有为社交互动提供空间。

环境可持续性

玻璃表层为购物楼层引入了自然照明。此商店不提供停车场，鼓励顾客使用公共交通工具。

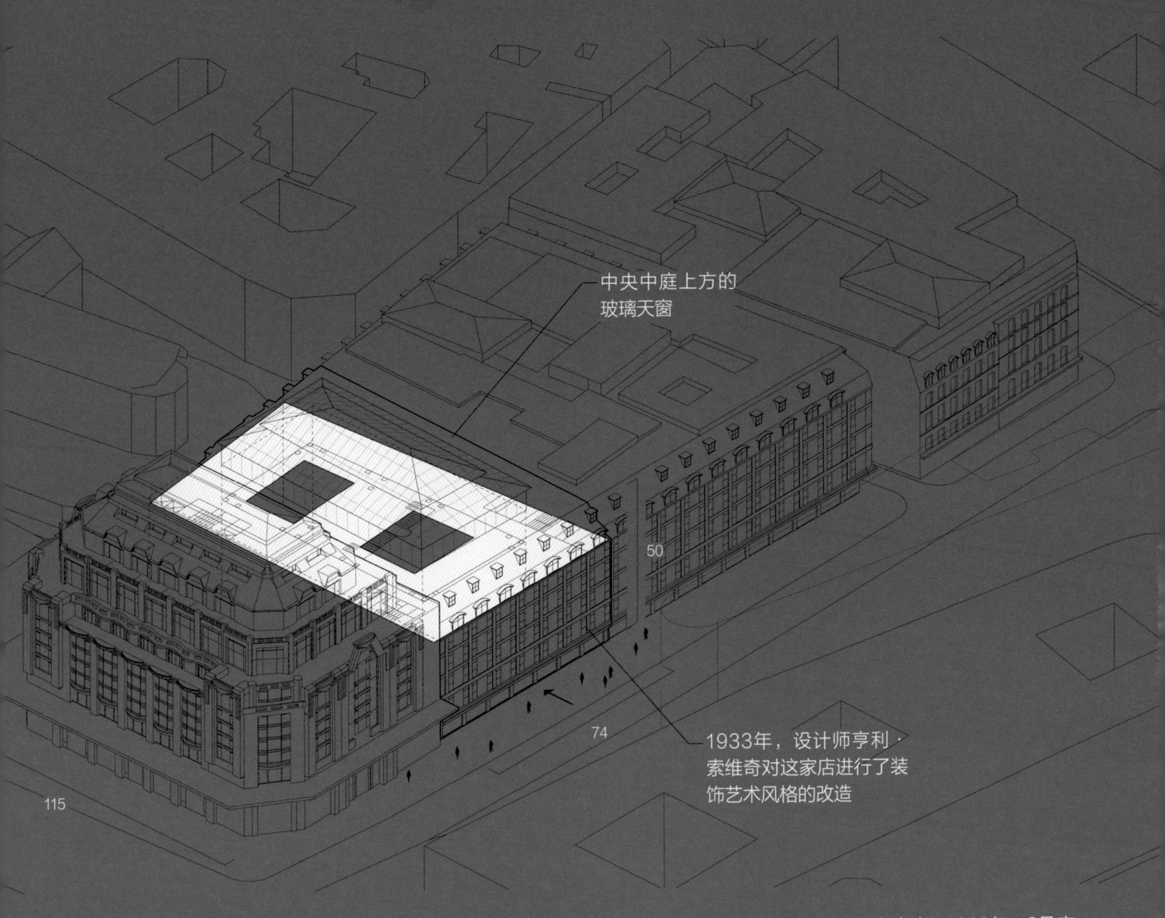
中央中庭上方的
玻璃天窗
50
74
115
1933年，设计师亨利·
索维奇对这家店进行了装
饰艺术风格的改造

莎玛丽丹百货公司面积为48 000 m²，由4个体块式建筑组成，分别是1号店、2号店、3号店和4号店。1号商店建于1869年，2号店（本案例）于1905年建成。2号店由7层相同形状的楼板堆叠在一起，环绕着两个30 m高、平面尺寸为25 m × 15 m的断面一致的中庭空间。各楼层是通过两个对称的笔直楼梯连接起来的。楼梯位于曲线平台的两侧。这些平台插入中庭，并为顾客提供了驻足的空间，让他们得以向下一览暴露在视野中的各个区域。然而，平台的空间不够大，不能容纳任何形式的社交互动。在外部，百货商店的钢结构和混凝土板都覆盖着花岗岩，玻璃窗户可以引入自然光与外面的景色。因此，莎玛丽丹百货公司（2号店）的外部传递了透明性、重复性和永久性的效果，内部传递了正交性、断面一致和重复性的效果。

UNStudio | 天安百货中心 | 韩国天安 | 2008年

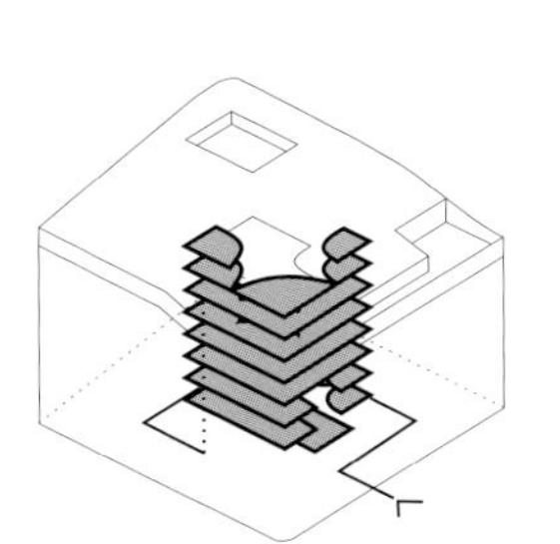

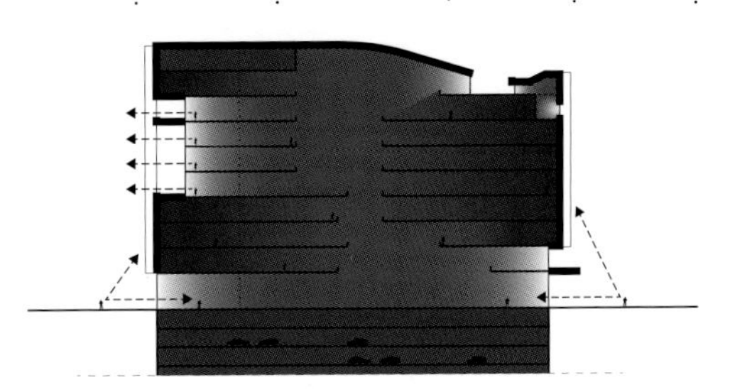

交互动

入中庭的弧形楼板为购物层周围提供了充足的小型空。因此，百货商店的中央空间有助于人们进行相互交，而不是一直浏览商品。

环境可持续性

这家百货公司的气候是人为控制的。从立面射入的光线被反射到全白色的内部空间，以减少对人工照明的需要。然而，考虑到建筑的进深，人工照明也被使用，并成了天花板的一个特色。

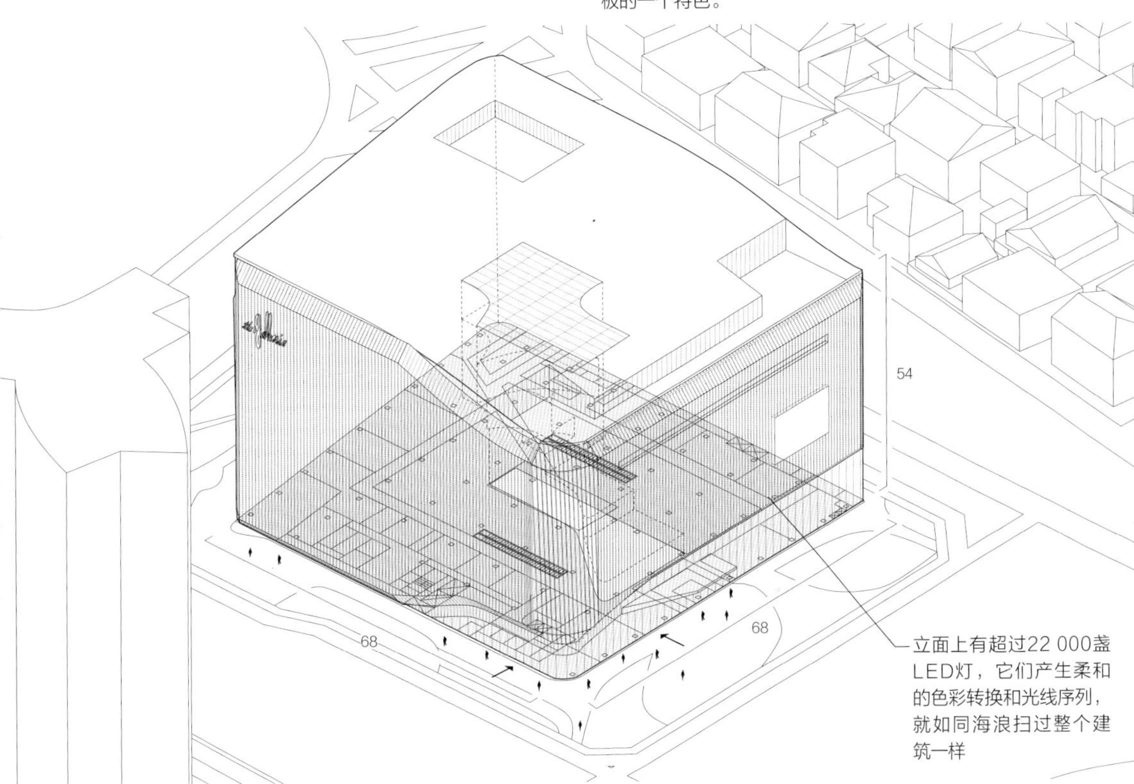

立面上有超过22 000盏LED灯，它们产生柔和的色彩转换和光线序列，就如同海浪扫过整个建筑一样

天安百货中心面积为66 000 m²，地上有10层，地下有6层，还有拥有800个车位的地下停车场。平面形状不同的各层楼板在53 m高的中庭周围都呈现出弧线形的形态，使断面不同的空间的尺度在20 m × 18 m至24 m × 31 m之间变换。因此，各层楼板如同悬浮在中庭。在中庭的周边每隔三层就有一个开放的公共区域，顾客们可以在那里放松和互动，营造了一个充满活力、令人兴致盎然的环境。建筑中还包括一个艺术中心、一间贵宾室、一间休息室、一个室外露台、一个屋顶花园和一个美食广场，是个兼具社交与文化功能的地点。在建筑外围，带有混凝土板的钢结构底层包覆一层复合铝板，其上覆有两层挤压铝型材。外层的垂直轮廓是连续的，无法显示出里面建筑的楼层数量；里层的垂直轮廓是成角度的，以创造一个波浪状的外观，它随观众的视角而改变。照明装置与外立面的格栅结合在一起。这些照明装置是背光的，从外面无法看到。白天，这栋建筑有一种单色、反光的外观，而到了晚上，柔和的光波在立面上扫过。因此，天安百货中心的外部传递了摩尔纹、无尺度感、暂时性、照明的效果，内部传递了曲线性、展开、差异化、互动的效果。

路易斯·亨利·沙利文 卡森佩里斯科特百货商店 美国芝加哥 1898年

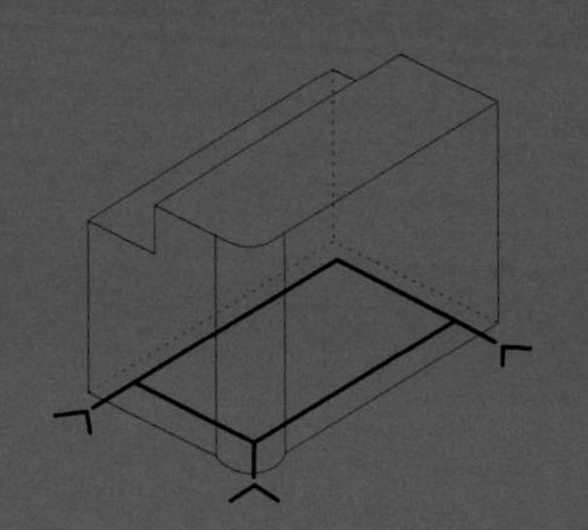

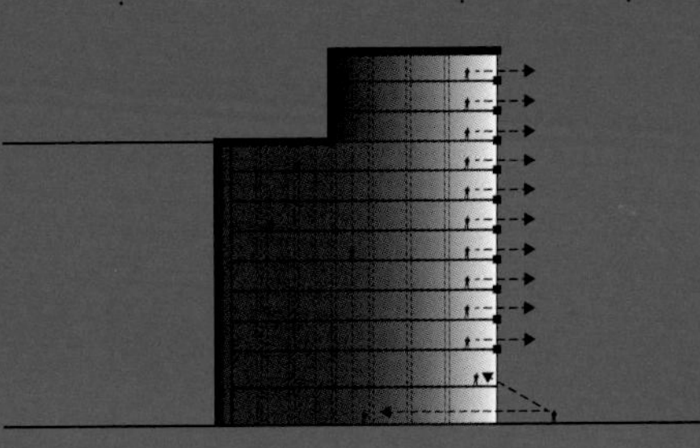

社交互动
百货商店中简单堆叠的各楼层间不会互相交流，也不提供社交互动空间。

环境可持续性
钢框架结构使窗户面积大幅增加，这也使得商店各层得到了尽可能多的日光。商店没有提供停车场。

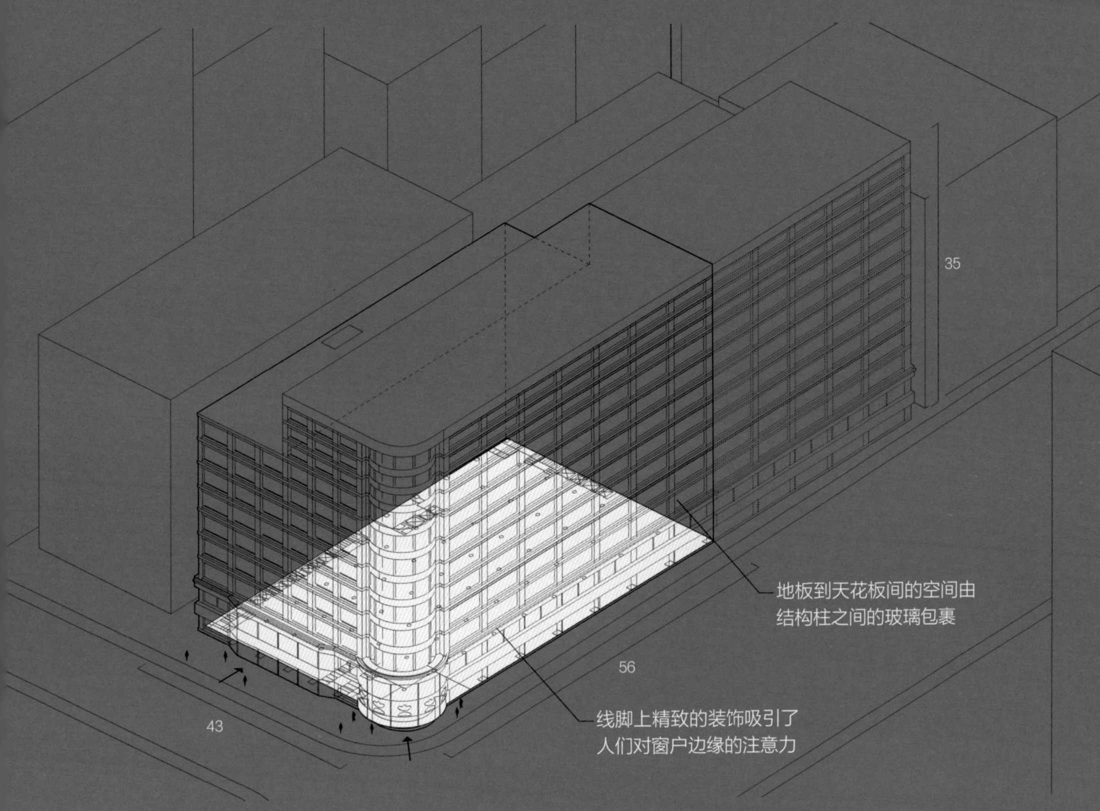
35
56
43
地板到天花板间的空间由结构柱之间的玻璃包裹
线脚上精致的装饰吸引了人们对窗户边缘的注意力

卡森佩里斯科特百货商店位于街角处，是一个12层，共有20 800 m²的体块式建筑，内部有商店和办公区域。第1至9层的每层面积为1950 m²，各层重叠在一起，最高3层的每层面积为1100 m²，向内凹进。根据沙利文的设计，这个体块式建筑后来扩大到56 000 m²。这是第一家使用钢而非铁作为其框架结构的百货商店，这种框架结构使用一个带有华丽柱头的常规承重柱网，使得内部大部分空间是开放的。垂直交通沿着与相邻建筑的分户墙设置，使得独立的立面能够利用透明度，这种透明度是因为有更宽大的钢制框架开间。然而，垂直实墙与大面积玻璃窗的交替，会使室内产生眩光。在外部，钢框架是用赤陶包裹的。底层的大窗户可向行人展示商品。从街道上可以看到建筑的赤陶表层与沿着窗套的华丽线脚及顶挑檐底面。底部两层层都是用装饰过的铸铁幕墙包裹起来的，也是为了吸引路人的注意，他们首先从倾斜角度看到建筑。作为一种品牌或广告策略，华丽的线脚显然是一个显著的特征，但它们并不能提升内部的购物体验。因此，卡森佩里斯科特百货商店的外部传递了透明性、外露性、重复性、重量感、永恒的效果，内部传递了透明性、眩光、模块性与自然照明的效果。

效果

半透明、私密性、无缝性、轻盈感、多义性、透明性、漫射、装饰、阿拉伯式花纹、自然照明

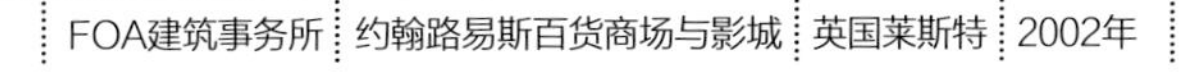

FOA建筑事务所 约翰路易斯百货商场与影城 英国莱斯特 2002年

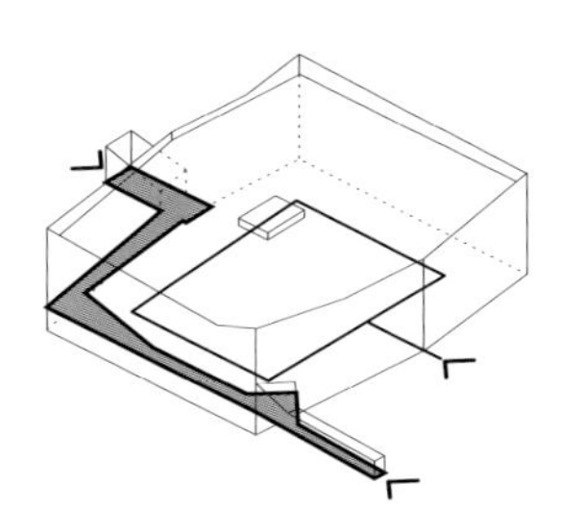

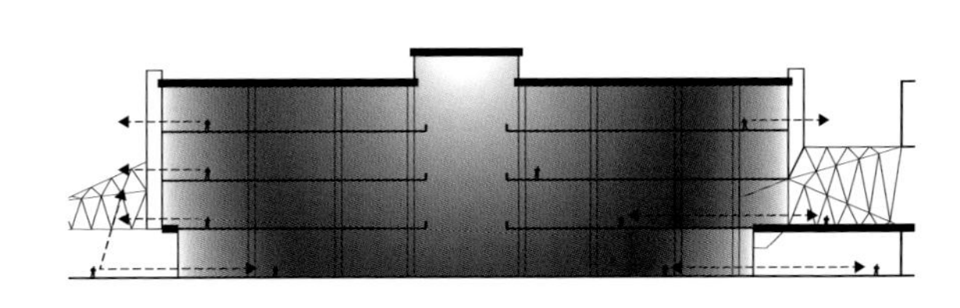

社交互动

双层玻璃所形成的内层在第2层内凹，以产生一个封闭的玻璃走道，让郡西购物中心和约翰 · 路易斯百货商店的购物者能彼此联系。

环境可持续性

玻璃表层使内部获得了自然光和观赏外部广阔景色的视野，这有助于把该百货商店与城市环境联系起来。此外，双层具有图案的幕墙提供了遮阳功能。

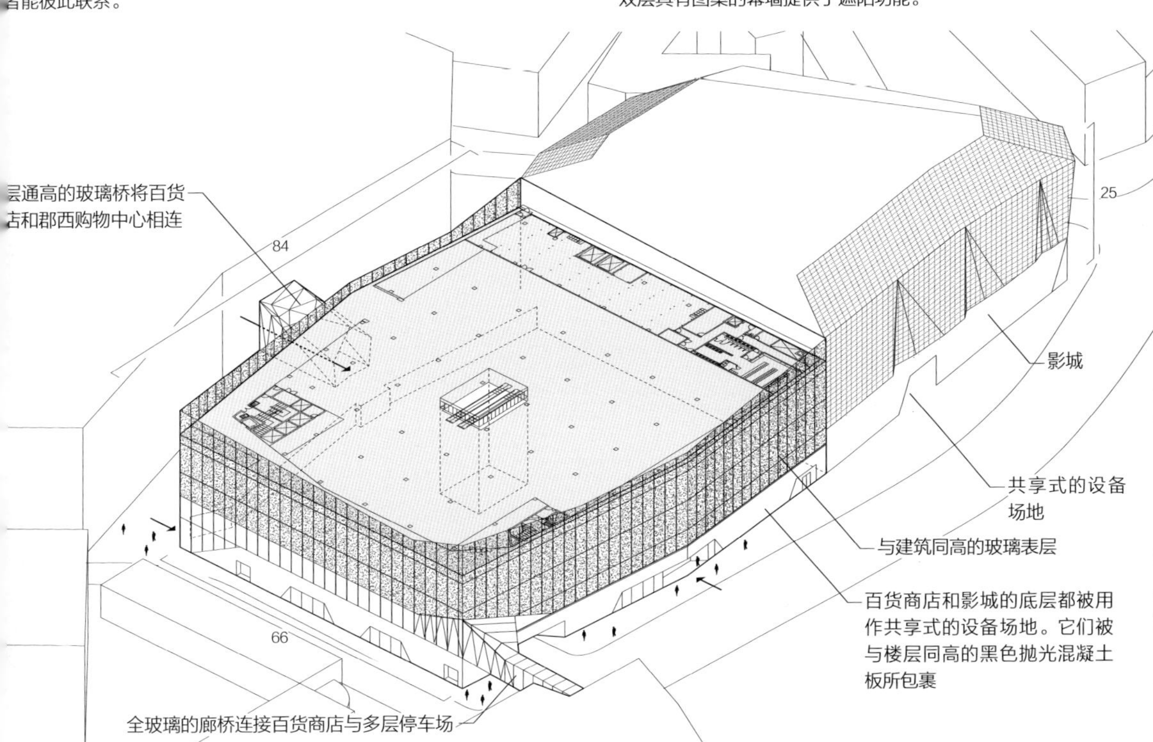
层通高的玻璃桥将百货店和郡西购物中心相连
84
25
影城
共享式的设备场地
与建筑同高的玻璃表层
百货商店和影城的底层都被用作共享式的设备场地。它们被与楼层同高的黑色抛光混凝土板所包裹
66
全玻璃的廊桥连接百货商店与多层停车场

约翰路易斯百货场与电影城是一个体块式建筑，由一个4层的百货商店和一个拥有12块屏幕的影城组成，总面积为34 000 m^2。百货公司叠合的各层由一个28m高的中央自动扶梯通高空间相连。后勤设施沿着百货公司与影城间的分户墙聚集，而剩余的内部空间是开放的，并在视觉上与外墙连接起来。百货公司上面3层是双层玻璃幕墙，外层是单层玻璃，内层是双层玻璃，通高于上下楼层之间。一种华丽的图案熔在两层玻璃上——内层为瓷面，外层为镜面。这两层玻璃上的图案是完全一致的，以制造一种双重光学效果。当顾客从商店内正对外墙时，可以从图案的缝隙中看到外面。而如果他们在街上以倾斜的视角向里看，双层图案就会错开并阻碍他们的视线。因此，购物者可以自由地从内部向外看，但从外部向内看，视野就会被遮蔽，这为商店提供了陈列商品的灵活性，甚至在需要的时候，还可以封闭立面部分区域以用来在墙面陈列商品。玻璃的反射性与图案一起，将这个体块式建筑变成了一个巨大的屏幕。在屏幕上投射着不断变化的天空与阳光、飘过的云层、周边的建筑以及被放大的交通情况。晚上，双层玻璃之间的LED灯使商店能投射出鲜艳的色彩，这些色彩在举办周期性的销售活动时可以变化。因此，约翰·路易斯百货商店的外部传递了半透明、私密性、无缝性、轻盈感、多义性的效果，内部传递了透明性、漫射、装饰、阿拉伯式花纹以及自然照明的效果。

效果

人工性、空洞、封闭、向心性、互动性、集体性、内部 - 外部不连续性、人工照明、通风

维克托 · 格伦 | 南谷购物中心 | 美国埃迪纳 | 1952年

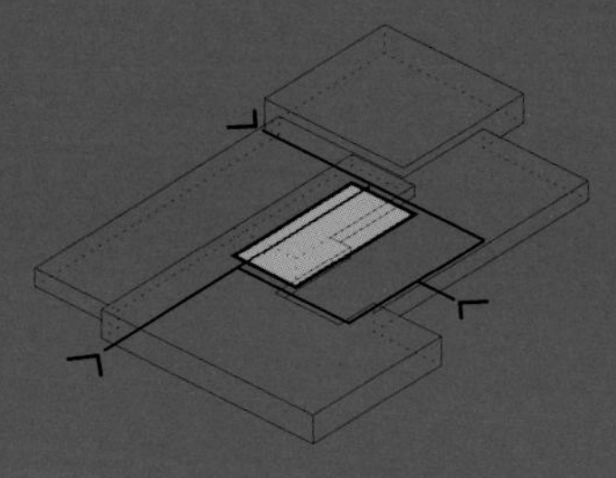

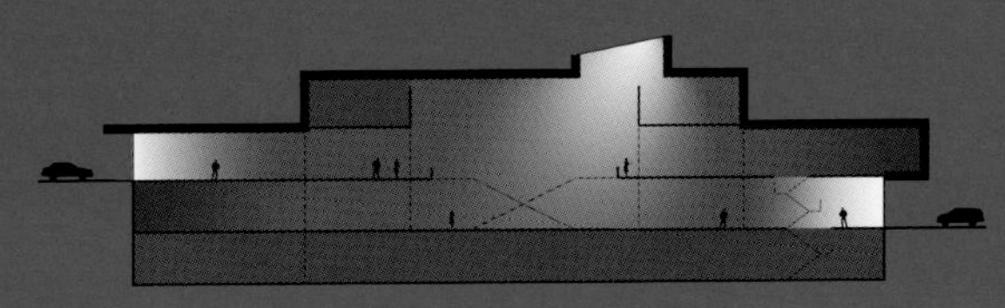

社交互动

南谷购物中心的建造目的是为居住在郊区的人们提供一个聚集的场所，不同于20世纪50年代的沿街零售带，那里既不方便人们徒步前往，也不鼓励人们逗留。南谷购物中心将标准的沿街零售带从内部展开，开创了第一家区域性的室内购物中心。然而，它的成功也导致了更多的郊区扩张。

环境可持续性

南谷提供了一个完全由空调温控的购物中心，无论天气如何，都为顾客提供舒适的购物体验。然而，自20世纪90年代以来，环保意识的增强促使购物中心减少了对空调的依赖，并对外部环境更加开放。

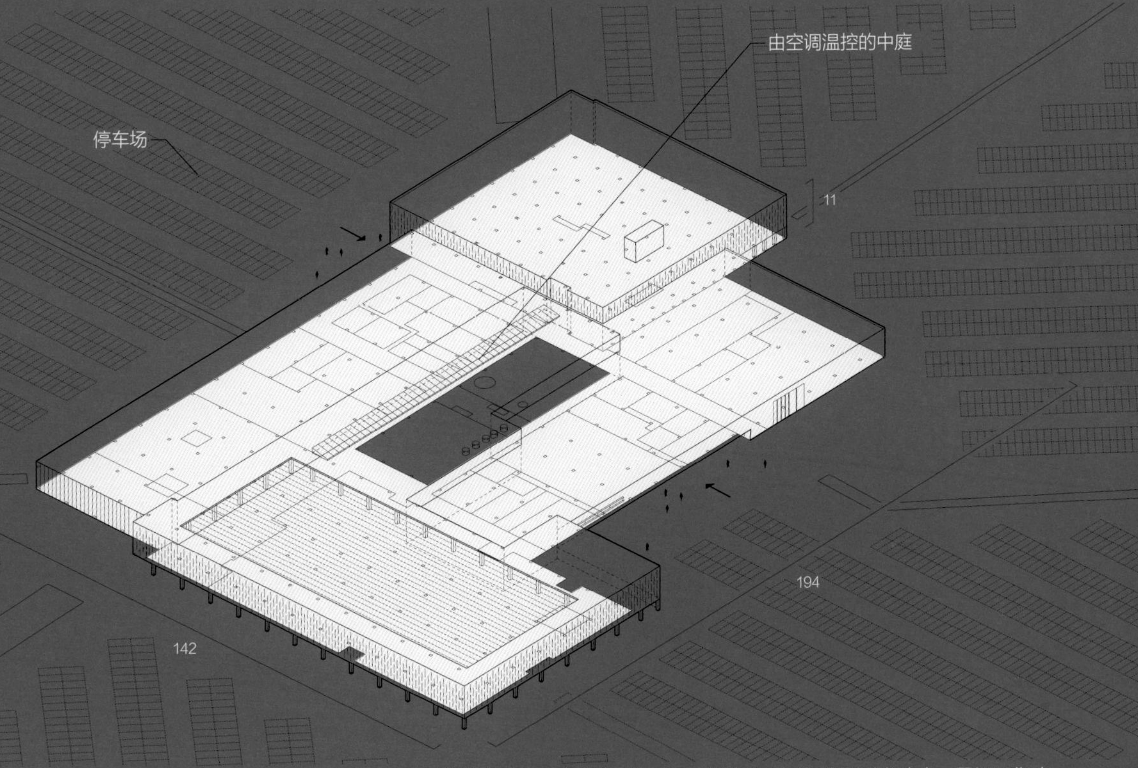

南谷购物中心是一个3层高、面积为74 000 m^2的毯式城外购物中心。这是美国第一个完全封闭、环境可控的购物中心。最初开业时，它包括72家商店和位于两个楼层上的两家核心百货商店。这些都被安排在一个高21 m、宽23 m、长60 m的明亮中庭周围，4条内街从中庭拓展而出，宽6~8m，高5 m，使顾客可以进入所有的商店单元。中庭从上方获得自然光，并为明尼苏达州居民提供了多种服务和休闲活动，使他们在漫长的寒冬能得到舒缓放松。购物中心同时也容纳了一系列其他服务和娱乐设施，如大型餐厅、邮局、金鱼池、鸟舍、雕塑品、路边咖啡店、小型动物园、雕像和喷泉，并为社区活动、庆典与贸易展览提供了舞台。南谷购物中心是一种新型的郊区室内空间，成为一种被广泛效仿的模式。但这种完全由空调温控的封闭空间不具备环保与可持续性。此外，建筑是内观的，外部是无装饰的，在玻璃入口层的上方用砖块包裹着。因此，它并不融入周围环境，而是位于5200个停车位之间，反映出购物中心对汽车的依赖。因此，南谷购物中心的外部传递了人工性、空洞与封闭的效果，内部传递了向心性、互动性、集体性、内部 － 外部不连续性、人工照明与通风的效果。

效果

自然、无尺度感、封闭、圆形、内部—外部不连续性、人工照明、通风

伦佐 · 皮亚诺建筑事务所 | 布尔诺火山商业与服务中心 | 意大利那不勒斯 | 1995年

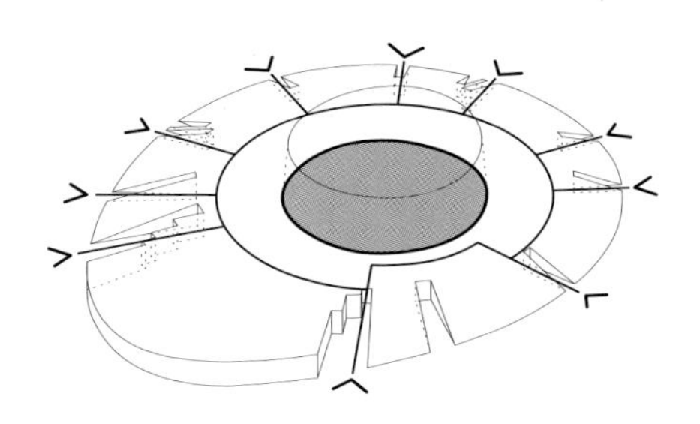

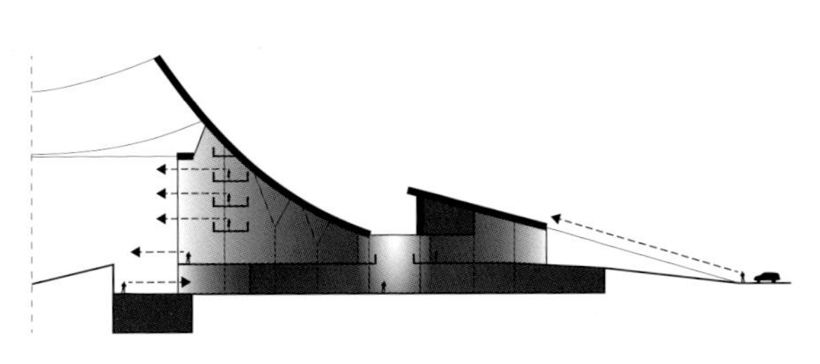

社交互动

尽管具有圆形的平面，建筑仍是一个内部空间封闭的、内观性的购物中心。中央的大型开放广场可以让购物者在音乐会和其他户外活动期间进行互动。

环境可持续性

钢筋混凝土结构上覆盖了超过2500株植物，起到为内部空间隔热的作用，并使建筑与周围环境融合。屋顶还安装了装有双面太阳能控制板的玻璃天窗，以减少在阳光照射下的建筑内部照明所需的能量。然而，坐落在郊区的购物中心对汽车是高度依赖的。

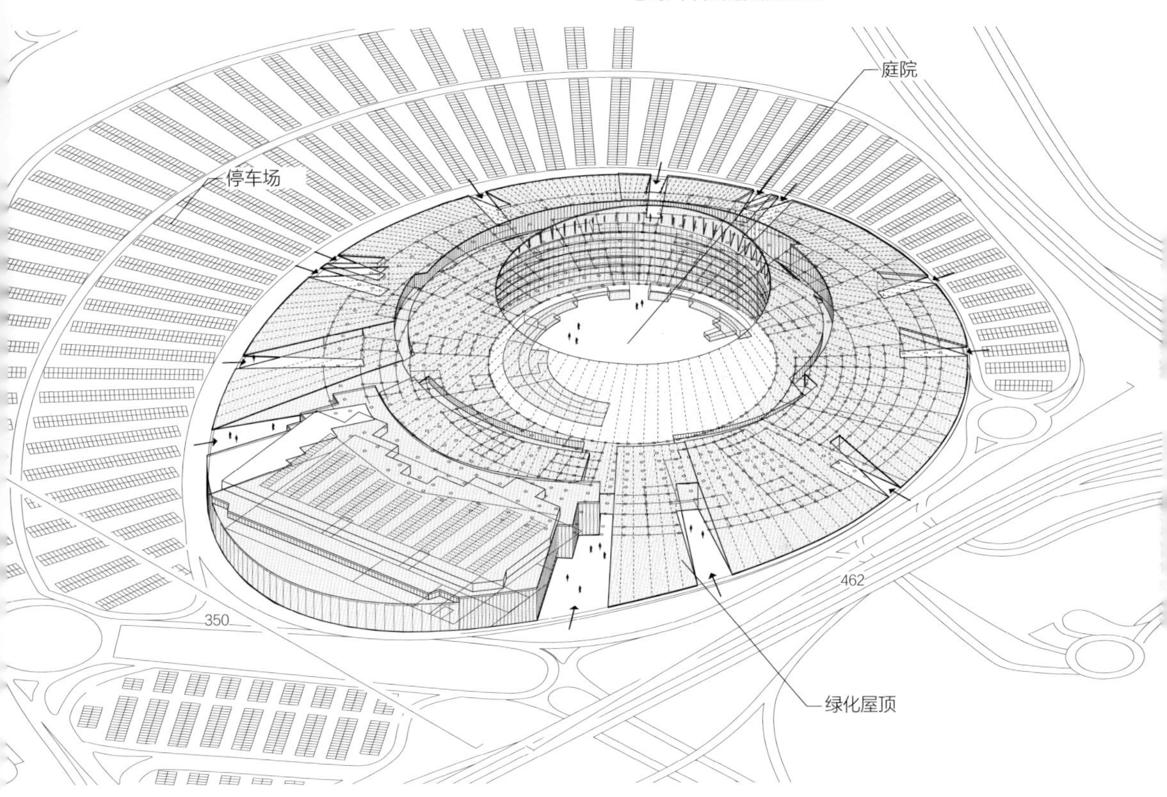

布尔诺火山商业与服务中心是一幢450 000 m²的毯式建筑，平面呈圆形，形态为圆锥状，高度在25~41 m之间，中央有一个称为“露天广场”的圆形庭院。这个5层的购物中心包括两层径向间隔布置的商店、多家餐厅与酒吧、一家大型超市、娱乐和公共场所、一家酒店、多个办公室和一家综合影城。人们可以从切入圆锥状建筑外围的间隔排列的入口进入这些区域，这些入口与内部的环路相连。这条环路呈封闭式，并由空调温控，但有几个出口连接到中心的露天庭院。在外部，购物中心被绿植覆盖，类似一座人工山。为了避免在屋顶集中布置机械装置，建筑采用了分散式空调系统，因此，大型复合体的绿色顶盖可作为景观。然而，它周围是典型的郊区购物中心的地面停车场，打破了绿色山丘与周围乡村的连续性。因此，布尔诺火山商业与服务中心的外部传递了自然、无尺度感与封闭的效果，内部则具有圆形、内部—外部不连续性、人工照明与通风的效果。

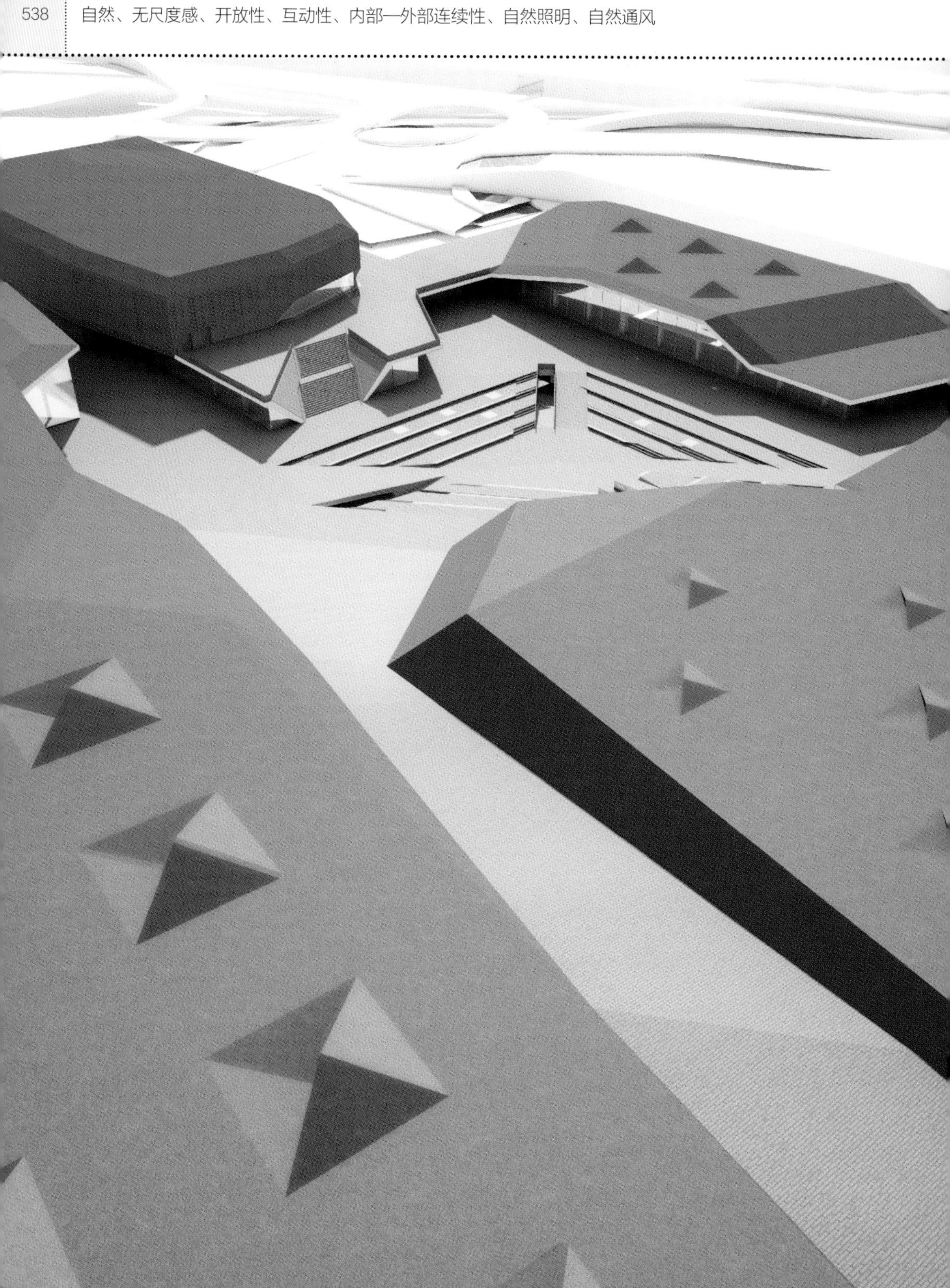

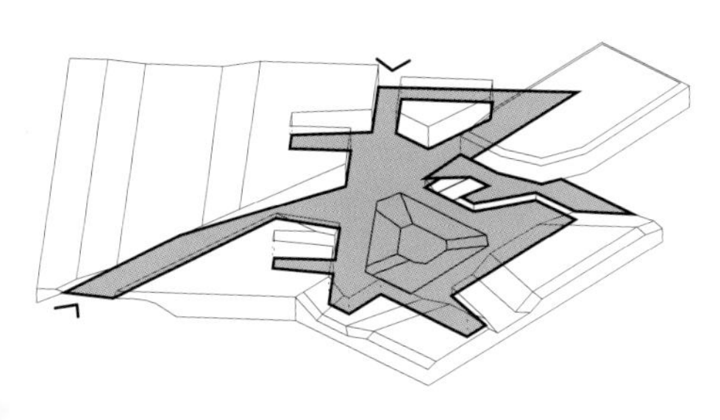

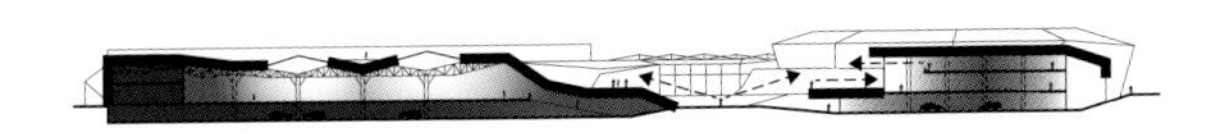

社交互动

迈丹商业综合体（Meydan，土耳其语，市场或会议场所）是新一代购物中心的一部分。开放的中央广场可以让顾客们休息和互动，也可以用来举办沙滩排球、轮滑等体育赛事，同样也可以举办音乐会，甚至举办土耳其婚礼。此外，影城为综合体在夜间吸引了许多顾客。

环境可持续性

该综合体因其独特的设计与体块形态而具有自然遮阴与挡风功能。其绿色屋顶有多个优点：缓解热岛效应、为内部空间隔热以及减少降水径流。综合体的自然冷却、通风、采光功能与太阳能电池板的使用可以降低其能源消耗与温室气体的排放。

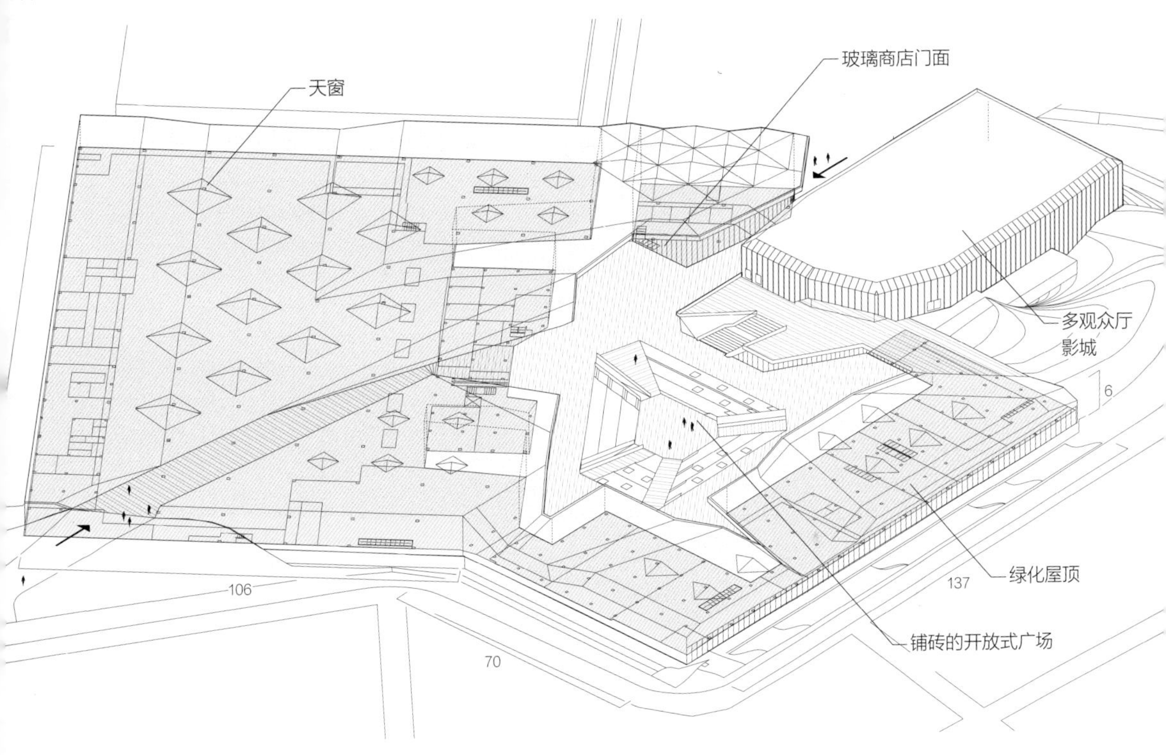

迈丹商业综合体是位于伊斯坦布尔乌姆拉尼耶区的一座55 000 m²的毯式购物中心。地下一层有1300个车位的停车场，这将地面上的大量空间解放出来用作景观绿化与修建综合体中央的广场。广场边缘围着一堵连续的玻璃墙面，背后的商店被布置成一个带形空间，一直延伸到毯式建筑的外围。这使得商店的陈列面向广场，商店在视觉上与广场相连，并获得自然照明和空气对流。连接地下停车场的多条人行道活跃了中央广场，中央广场可以从外部广阔的城市通过两个贯穿屋顶的新路线到达。综合体的屋顶覆盖着绿植，部分屋顶被用作屋顶花园，同时也为下面的空间提供了自然隔热功能。天窗为内部空间提供了光线和通风，并将它们与外部空间从视觉上联系起来。建筑没有经过绿化的表面，无论是垂直面还是水平面，都用土色的砖块或瓷砖覆盖，消除了购物中心常见的视觉混乱，并结合具有伊斯坦布尔特色的红砖和草木，将整个建筑融入这种文化中。建筑表面的穿孔是为了自然通风。因此，迈丹商业综合体的外部传递了自然、无尺度感、开放性与互动性的效果，内部则具有内部—外部连续性、自然照明与自然通风的效果。

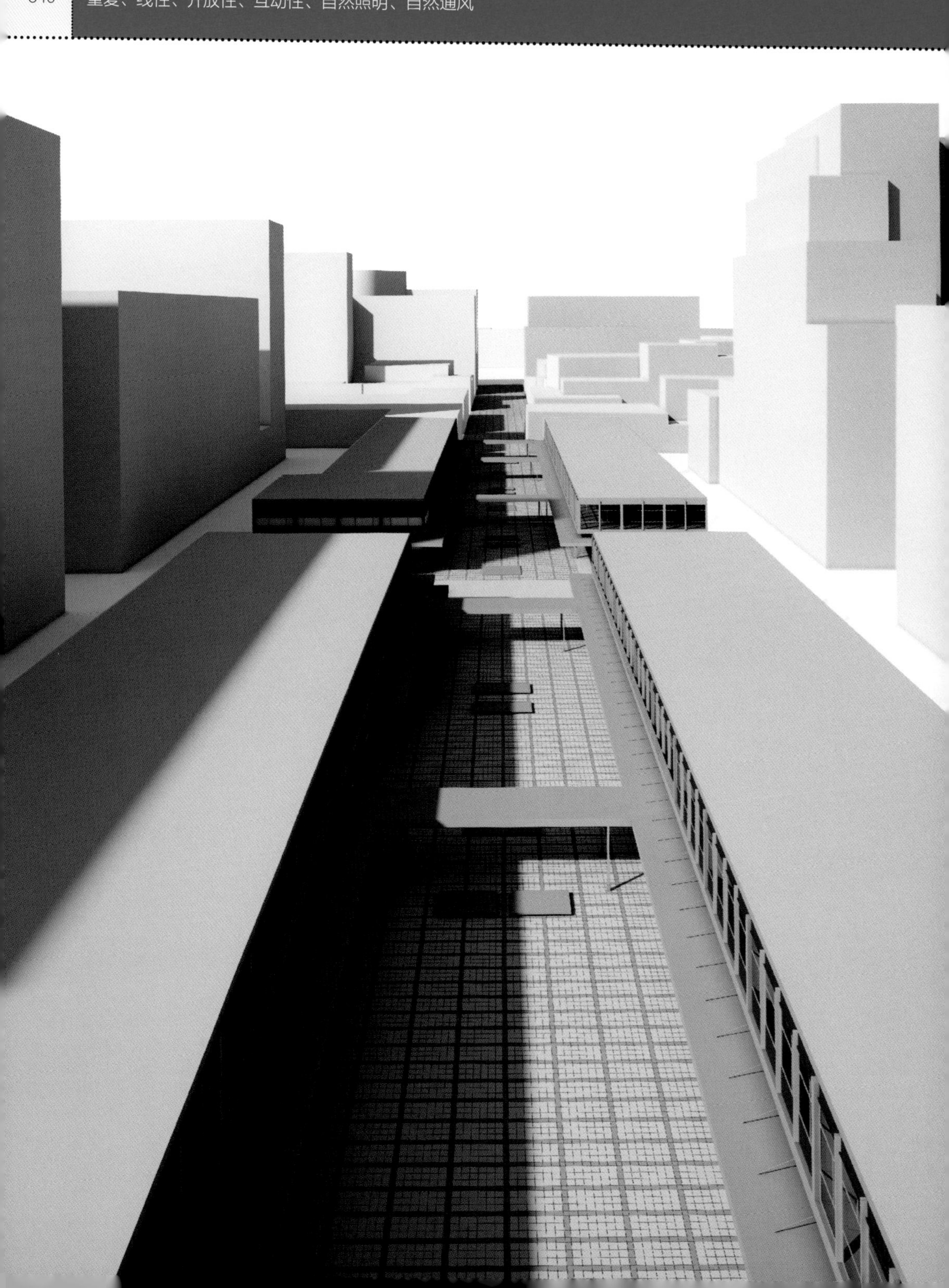

范 · 登 · 布鲁克和巴克马建筑事务所 | 林班街 | 荷兰鹿特丹 | 1949年

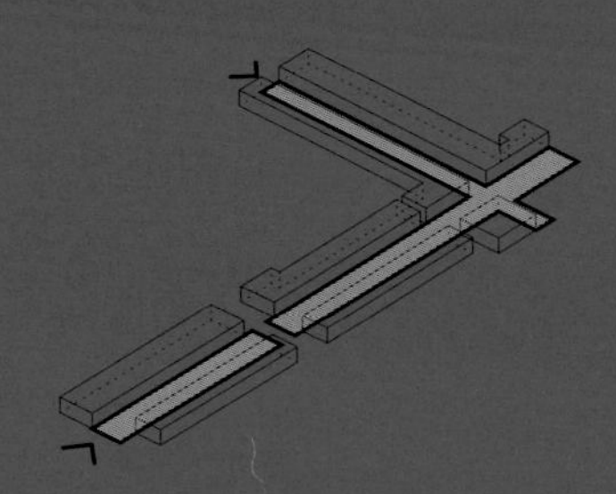

社交互动
林班街的开放式步行街，每隔一小段距离都有公共座位，为顾客之间的社交互动提供了便利。

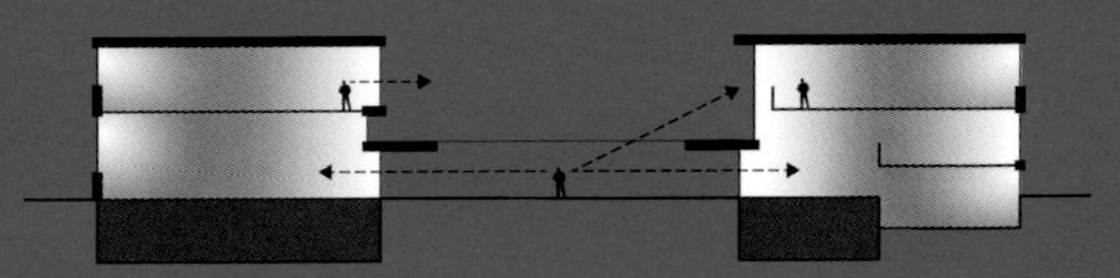

环境可持续性
林班街购物区的开放式街道使得顾客能够在商店之间自由走动。但这种开放性需要一个更大的外部表层。此外，商店的平屋顶没有被充分利用起来。

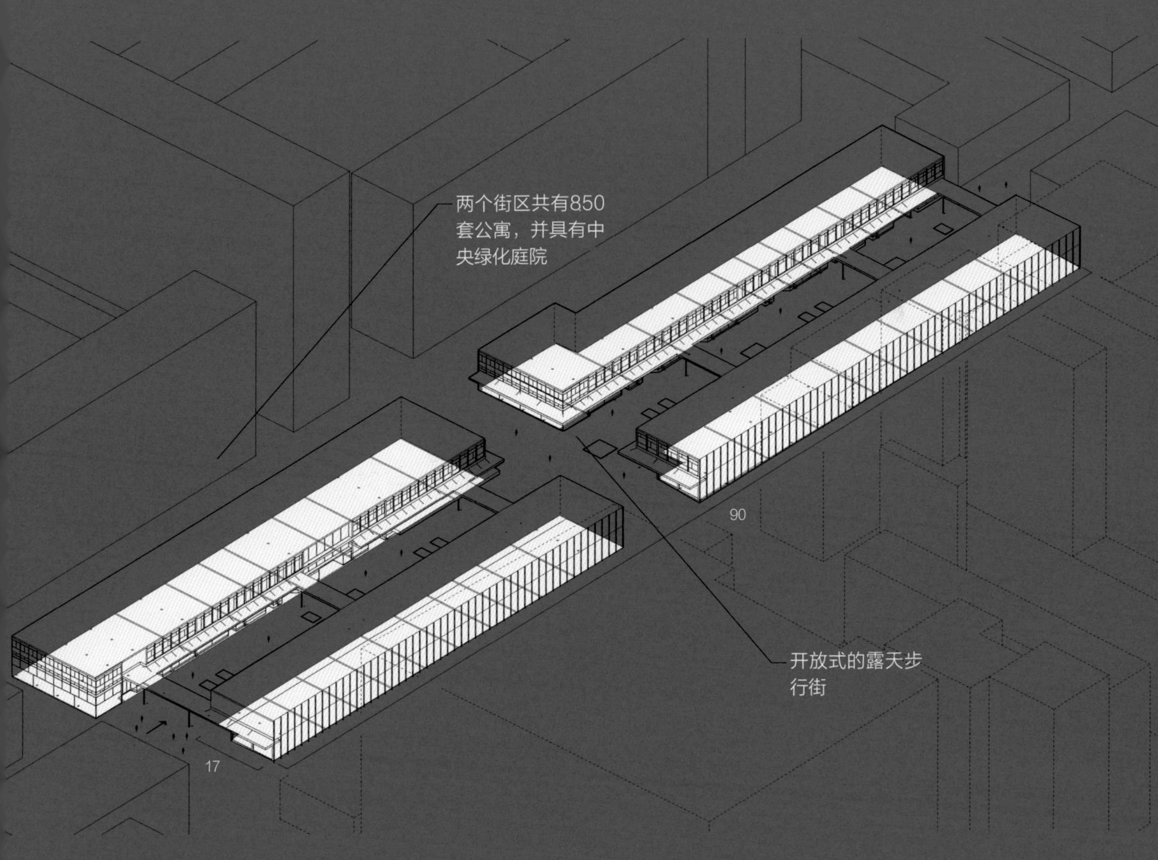
两个街区共有850套公寓，并具有中央绿化庭院
90
开放式的露天步行街
17

林班街现在被列为荷兰国家保护区，是一个36 200 m²的步行街购物区，也开创了步行购物区的先河，即在城市中心并横跨不同街区，以特定目的所建造的商店的集合，各商店被统一管理，部分空间具有居住等混合功能。林班街是一条步行街，两边都是两层高的商店而非公寓，商店的后面是服务区。这条12~18 m宽、250 m长的步行街延伸了几个街区。商店根据两个网格尺寸（6.6 m和8.8 m），以及统一进深（15 m）来建立各种单位尺寸。一些单元在每层都有一个商店，另一些被单个商店占用。在外部，封闭的钢筋混凝土框架被预制模块系统包裹，位于商店底层玻璃门面之上。商店门前的雨棚保护购物者不受雨淋。雨棚在一些关键节点横贯步行街，将步行街划分为多个可识别的区域。然而，考虑到街道的长度，首层的预制面板和突出的檐篷使整个环境产生了单调感。因此，林班街的外部传递了重复、线性、开放性和互动性的效果，内部传递了重复、自然照明与自然通风的效果。

乔恩·捷德 难波公园 日本大阪 1999年

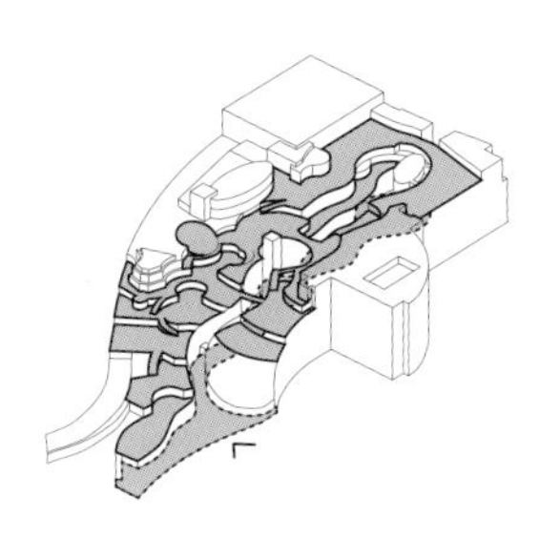

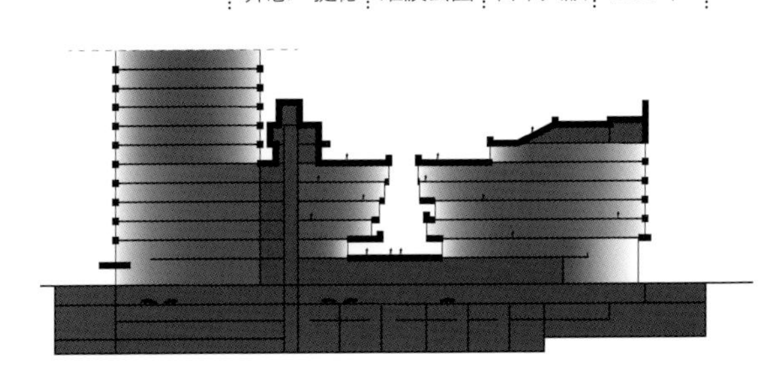

社交互动

像峡谷一样穿过专营零售区、娱乐和餐饮场所的步行路线，以及商店上方瀑布般的层层退台，共同提供了兼具公共和私密性的互动空间。楼层纹理的细微变化、不平整的草坪及特定种类的草木植被，进一步划分了室外区域。

环境可持续性

难波公园成了原本植被稀疏的大阪城的一个高度可见的绿化部分。

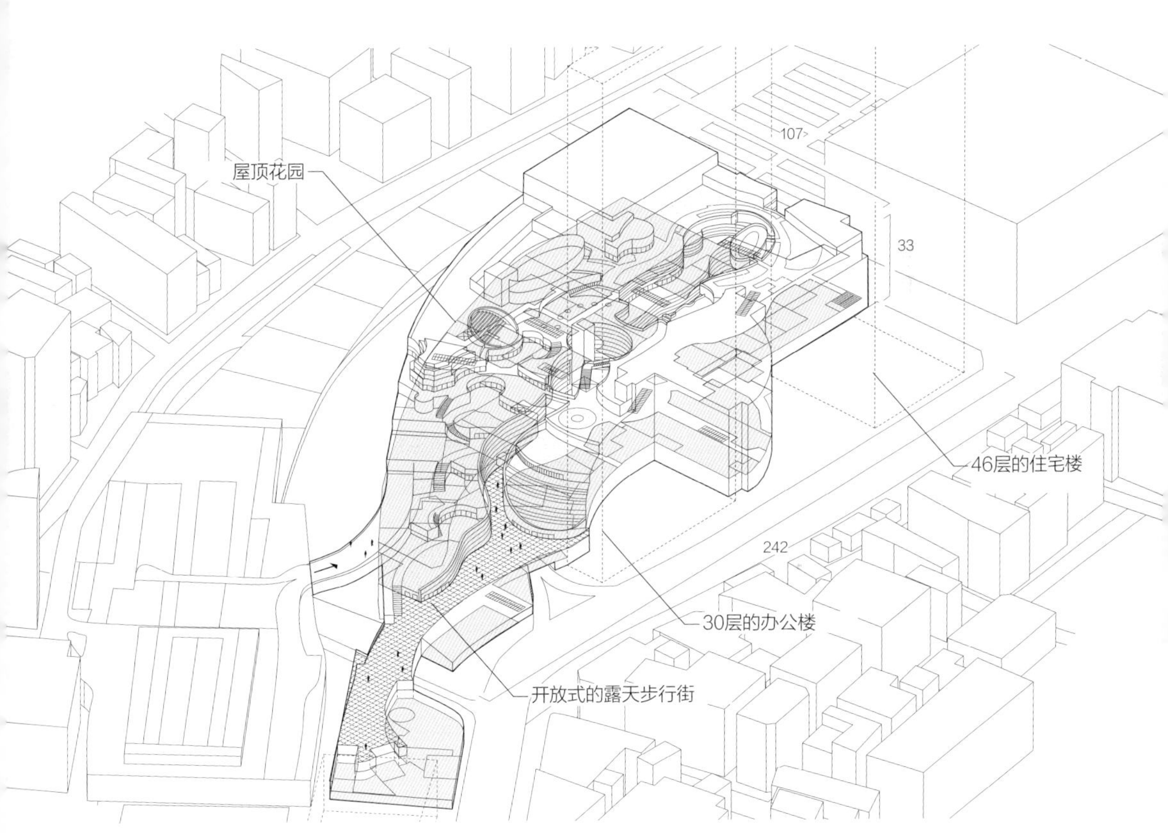

难波公园是一个243 800 m^2的毯式购物区，或者可以说是一个“生活式商业中心”，由屋顶公园覆盖。花园延伸数个街区，逐渐上升到8层的高度。商店位于第2~5层（共86 000 m^2），餐厅位于第6层，提供现场表演的圆形剧场及小型的私家花园位于屋顶。一个文化中心，以及配套公寓则设在一座独立的塔楼中。一条6~16 m宽的峡谷般的交通线路，蜿蜒穿过零售、娱乐和餐饮场所。这条路两边的商店都是由廊桥相连的，或面对着热闹的小广场。从远处看，公园的景色被空中花园所主导。靠近后发现，倾斜的地形与街道天衣无缝地连接在一起，行人在穿梭其中的过程中可以欣赏树木、岩石、悬崖、草坪、溪流、瀑布、池塘和户外露台。商业中心的外墙由混凝土、玻璃和少量木材组成。因此，难波公园的外部传递了起伏、曲线性、开放性、互动性的效果，内部传递了多样性、自然通风与自然采光的效果。

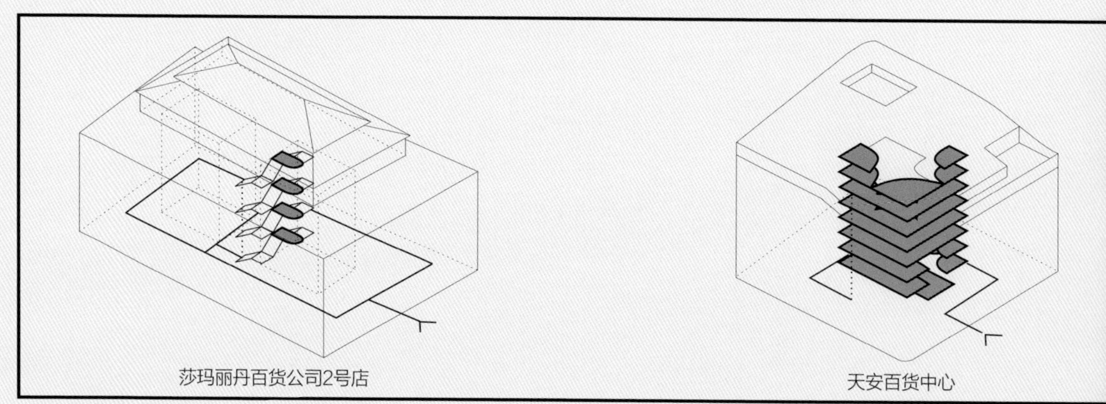

莎玛丽丹百货公司2号店

天安百货中心

购物 / 城市的 / 百货商店 / 体块式建筑 / 中庭

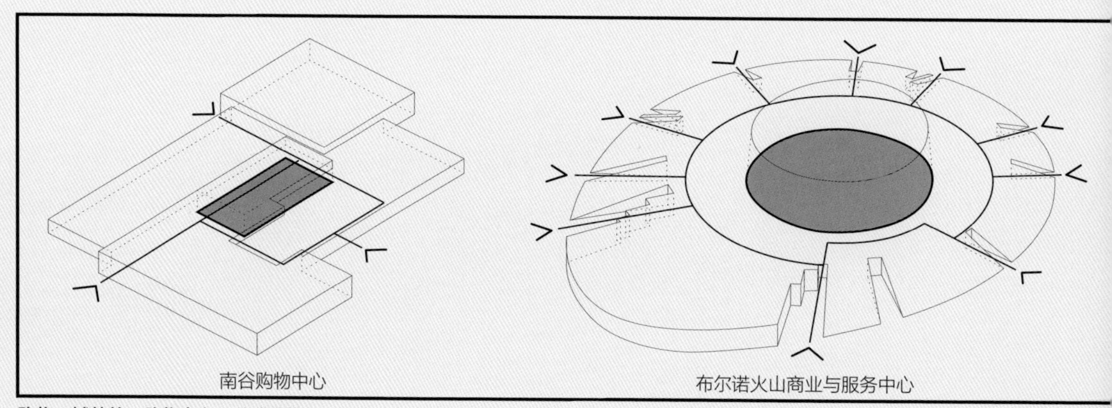

南谷购物中心

布尔诺火山商业与服务中心

购物 / 城外的 / 购物中心 / 毯式建筑

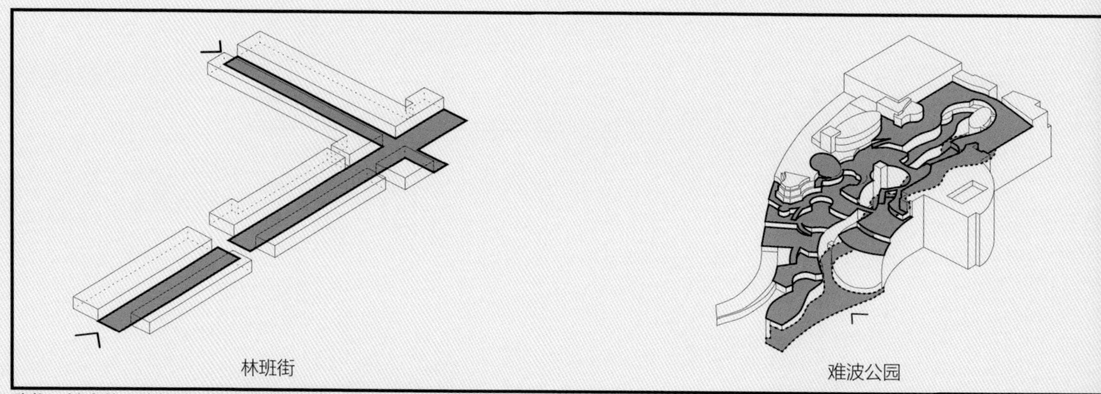

林班街

难波公园

购物 / 城市的 / 购物区 / 毯式建筑 / 开放式街道 / 自然通风

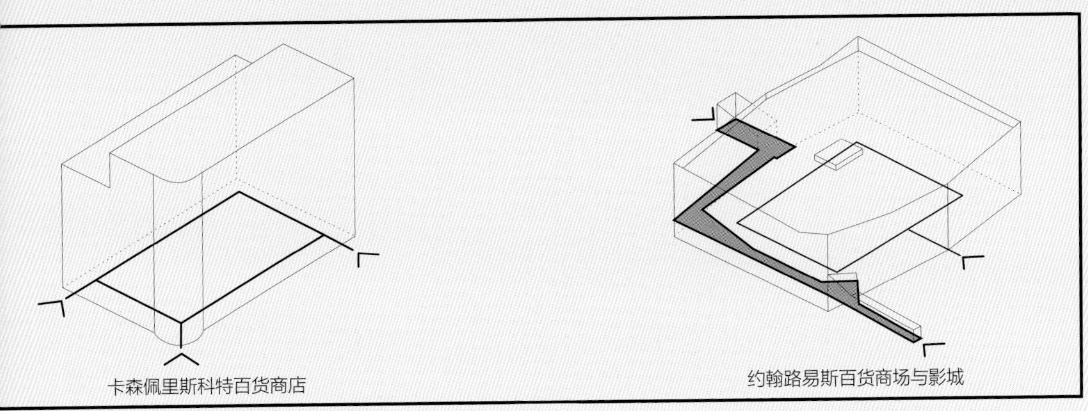

卡森佩里斯科特百货商店

约翰路易斯百货商场与影城

物 / 城市的 / 百货公司 / 体块式建筑 / 透明的表层

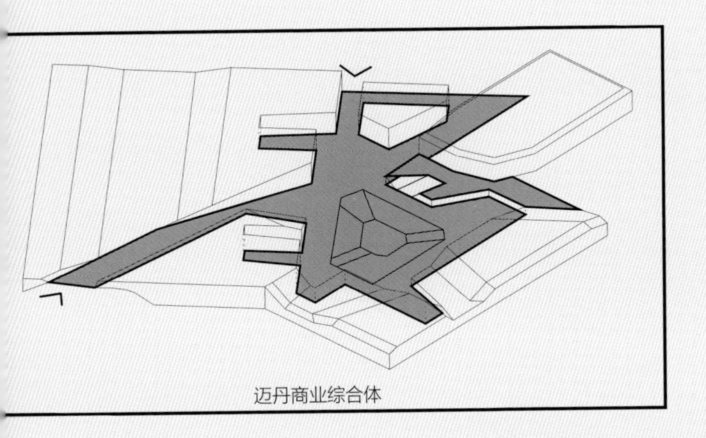

迈丹商业综合体

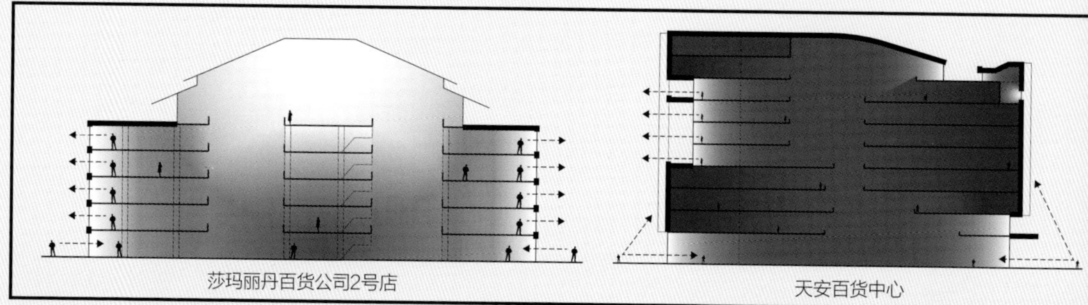

购物 / 城市的 / 百货商店 / 体块式建筑 / 中庭

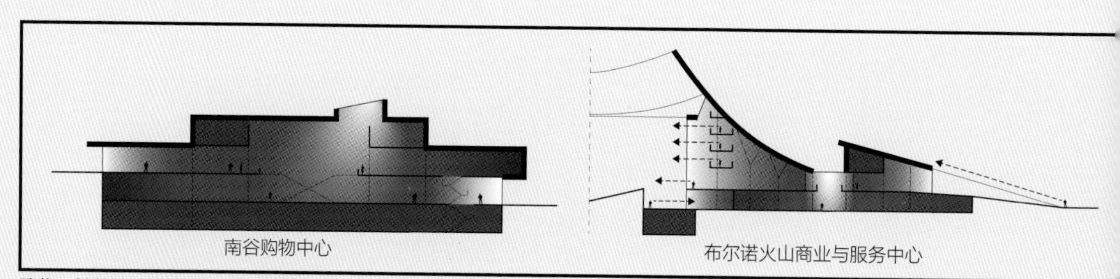

购物 / 城外的 / 购物中心 / 毯式建筑

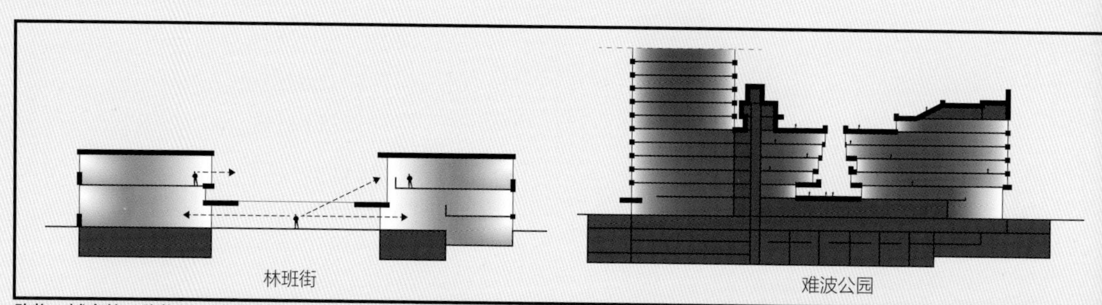

购物 / 城市的 / 购物区 / 毯式建筑 / 开放式街道 / 自然通风

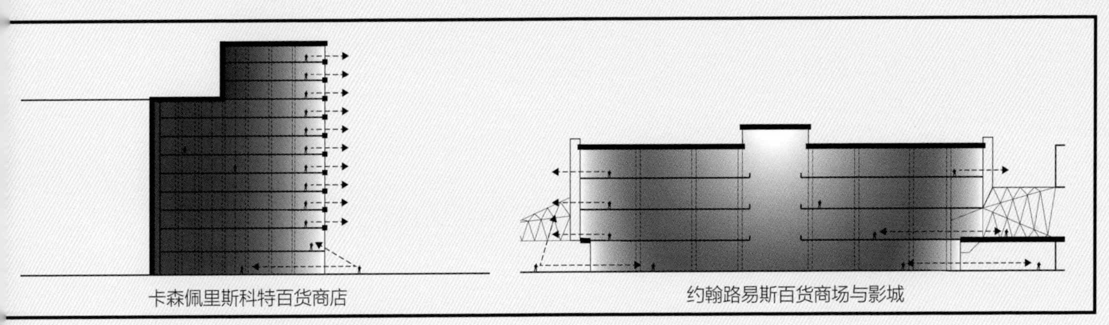
卡森佩里斯科特百货商店

约翰路易斯百货商场与影城

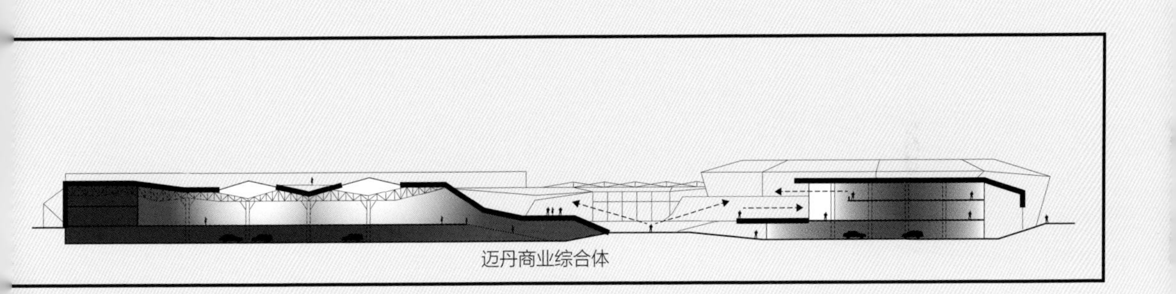
迈丹商业综合体

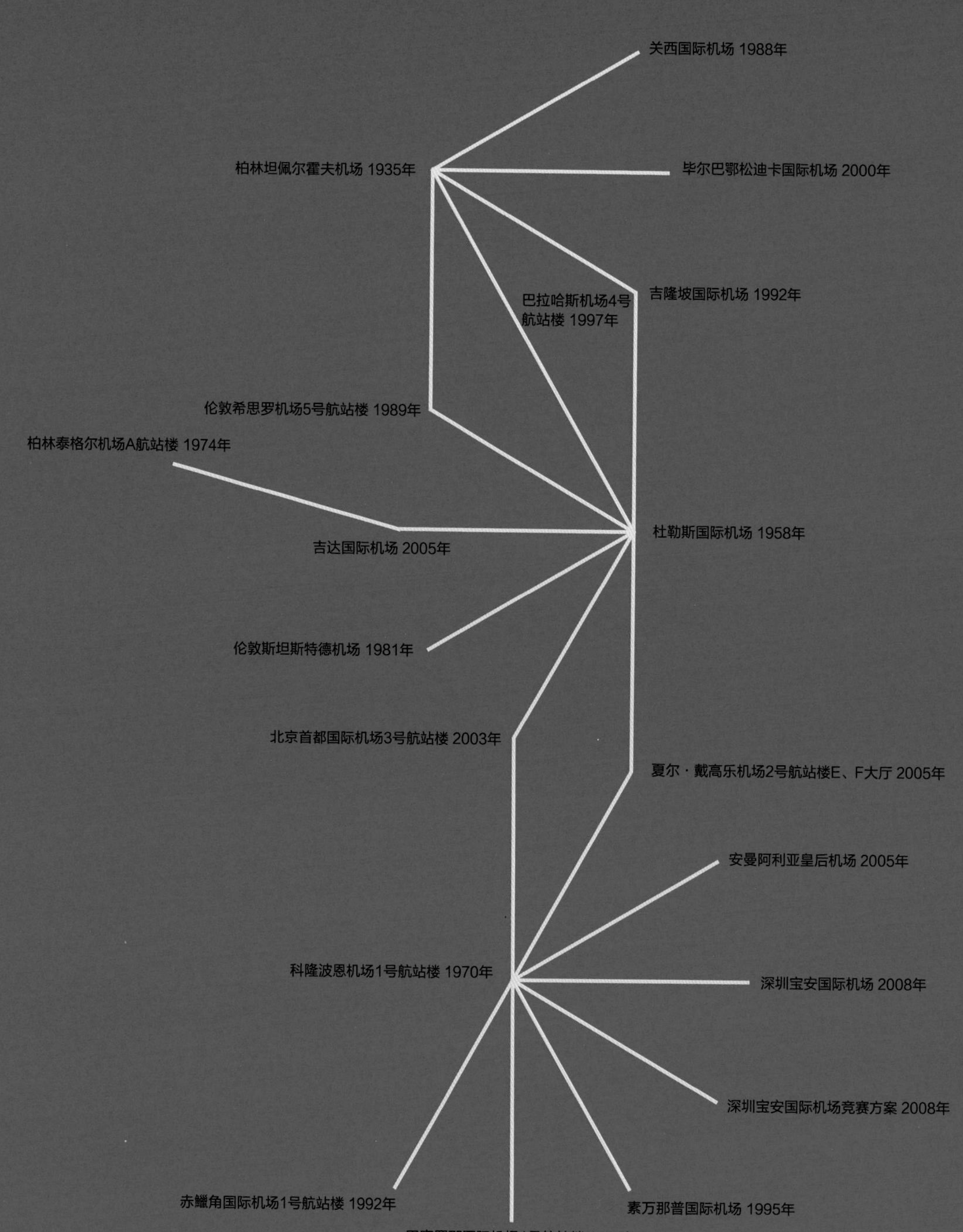
关西国际机场 1988年
柏林坦佩尔霍夫机场 1935年
毕尔巴鄂松迪卡国际机场 2000年
吉隆坡国际机场 1992年
巴拉哈斯机场4号
航站楼 1997年
伦敦希思罗机场5号航站楼 1989年
柏林泰格尔机场A航站楼 1974年
杜勒斯国际机场 1958年
吉达国际机场 2005年
伦敦斯坦斯特德机场 1981年
北京首都国际机场3号航站楼 2003年
夏尔·戴高乐机场2号航站楼E、F大厅 2005年
安曼阿利亚皇后机场 2005年
科隆波恩机场1号航站楼 1970年
深圳宝安国际机场 2008年
深圳宝安国际机场竞赛方案 2008年
赤鱲角国际机场1号航站楼 1992年
素万那普国际机场 1995年
巴塞罗那国际机场1号航站楼 2010年

乘坐飞机　1935—2008年

本章追溯了20世纪初以来机场设计的演变过程。当代机场都借鉴了20世纪典型项目中的空间组织与空间分配原则，本章将其分类列举，以突出它们的异同之处。

单线型构型

位于德国柏林的柏林坦佩尔霍夫机场（第555页），将航站楼设计成一个单一的线型构型，走廊狭窄、窗洞较小。虽然视野狭窄，乘客依然可以从走廊看到飞机，但要登上飞机，他们必须离开地面上的机库。以下项目通过提供有座位的候机室、最大化人与飞机的视线互动以及在乘客走廊与飞机之间建立直接联系来解决这一问题：西班牙毕尔巴鄂的松迪卡国际机场（第557页）、日本的大阪关西国际机场（第559页）、马来西亚的吉隆坡国际机场（第561页）、西班牙马德里的巴拉哈斯机场4号航站楼（第563页）以及英国伦敦的希思罗机场5号航站楼（第565页）。

放射状构型

德国柏林的柏林泰格尔机场A航站楼（第567页）容纳了一个六边形的环形候机大厅，大厅内院中间有一个停车区域，以及一个落客与接客区。大厅没有过境区，这意味着每个登机口都有自己的安全检查点和出口。因此，不经过候机区域而直接登机是不可能的。候机楼的低屋顶限制了观看外部景象的视野，但整个屋顶都是为游客提供的平台。以下项目解决了乘客在中央位置到达机场的问题，满足了机场与飞机直接连接的需要以及乘客观察飞机的需要：沙特阿拉伯吉达国际机场（第569页）。

卫星构型

位于美国华盛顿特区的杜勒斯国际机场（第571页），设计了一个带有悬链式屋顶的航站楼，为乘客值机设施提供一个无柱空间。然而，航站楼离飞机很遥远，乘客通过安检后，会登上一辆穿梭巴士，才能直达登机口。机场空侧区域很小，这意味着当航班延误时，航站楼无法为乘客提供空间。以下项目在卫星楼中引入了候机厅：英国伦敦的斯坦斯特德机场（第573页）。

多指廊构型

德国科隆波恩机场1号航站楼（第575页）由一个线型乘客值机区组成，环绕着一个六边形落客入口中庭的三面。线型的乘客值机区与两个星形登机走廊相连，每个星形登机走廊都作为候机大厅，为乘客进行安检，并为停泊在星形登机走廊周围的飞机提供了登机通道。星形登机走廊中的候机室很小，只有少量的飞机可以停在它们周围。以下项目提供了一个展开的线型指廊构型以解决这些问题：法国巴黎夏尔·戴高乐机场2号航站楼E、F大厅（第577页）、约旦安曼阿利亚皇后机场（第579页）、泰国曼谷素万那普国际机场（第581页）、中国香港赤鱲角国际机场1号航站楼（第583页）、西班牙巴塞罗那国际机场1号航站楼（第585页）、中国深圳宝安国际机场竞赛方案（第587页）、中国深圳宝安国际机场（第589页）、中国北京首都国际机场3号航站楼（591页）。

自20世纪90年代以来，机场发生了巨大的变化。乘客数量大幅增长的同时，飞机的尺寸和规模也相应增加。现在，电子售票和自动行李处理系统通常占据了航站楼五分之一以上的面积。航空公司之间联盟的形成，意味着他们的值机柜台与登机口需要邻近。越来越多航站楼的运营人员将其视为商业开发项目，包含着种类繁多的零售店。这些都使得机场的规模和复杂性变得前所未有。这向机场设计师与使用机场的旅客都提出了挑战。在机场内通行可能会令人迷失方向，往往使旅客产生一种疏离感。设计师逐渐意识到有必要采取行动来减轻这种效应，例如，让乘客可以从航站楼和候机大厅看到天空与飞机。

下面是机场建筑的主要参数。其中的两项——到达登机口所需的时间，以及候机大厅和停机坪之间的视线关系——自20世纪90年代以来变得尤为重要，并成为本章中比较各个案例的基础。

机场航站楼是乘客值机区的中心，或是分散式机场的其中一个中心。作为地面交通和空中交通的连接点，航站楼由陆侧部分与空侧部分组成，陆侧部分包括与地面交通的接口，如票务、值机、行李领取处等；空侧部分称为候机大厅，它容纳着通往登机口的交通走廊、休息室或候机厅及乘客设施。

构型

主要有4种机场航站楼，它们的候机大厅构型各不相同。

“单线型构型”由单一的乘客值机区组成，该区域与单一的候机大厅相邻，候机大厅又与飞机相邻。登机要通过登机口，经过登机口后可以进入通向飞机停机坪的通道或直接连接飞机舱门的廊桥。该构型的变体是“转运车型”候机大厅，飞机位于离航站楼较远的位置，乘客被摆渡车运送到那里。

“展开的线型构型”与单线型构型的乘客值机区域相似，但候机大厅区域在两个方向上都得到了扩展，其中一个或两个方向上都有一个线型走廊，可以进入候机休息室，而候机区域又与飞机登机口相连。在这种构型下，候机大厅可以容纳更多的登机口，乘客可以很便利地从一个登机口转到另一个登机口。

“放射状大厅构型”是线型构型的一种变体，候机大厅以圆形的形式存在。这可能会给人一种错觉，即步行距离会更短，尽管实际上它们是一样的。

“单一指廊式大厅构型”包括一个与乘客值机区分开的候机大厅，它像码头一样延伸，使得飞机可以在两侧停靠。乘机或离机的乘客在大厅的中心线走动，两侧分布着登机口与候机厅，以及便利设施。随着时间的推移，乘客值机区和候机大厅都可以根据需要进行扩展。然而，一个长的大厅需要进深较长的场地。

“多指廊式大厅构型”是一种变体，能够增加登机口数量，因此可以满足较大的乘客数量。然而，步行距离也在增加。

“卫星式候机大厅结构”由几个独立的建筑物组成，包括乘客值机区和候机大厅。候机大厅周边都有登机口。乘客可通过地面或地下的通道到达候机大厅，这些通道可能设有自动旅客捷运系统。

乘客值机

这包括配备工作人员的值机柜台、自助值机柜台、路边值机服务和托运柜台，所有这些都需要不同数量的空间，并影响值机区域的整体组织。

值机有两种类型——一种是主要用于国内航站楼的线型构型，另一种是主要用于国际航站楼的岛状构型，在此处，值机位排列数量需要的长度比在航站楼正面更长。

安保／乘客安检

乘客安检区域的大小取决于高峰期内预计的乘客数量，以及安检过程和使用的设备类型。911事件使这个操作环节的规模大大增加。

行李提取处

行李处理和提取区域的大小取决于飞机的大小和托运行李的乘客数量。行李卸载和安检区域的大小取决于使用的设备类型。旅客行李提取区的规模不仅需要与行李提取单元的类型及所需流通区域相协调，而且还要与旅客完成安检并取回行李所需的时间相协调。

公共场所，包括迎接厅

航站楼的公共空间包括交通走廊、排队区、等候区和洗手间。这些空间的大小取决于乘客以及接机人员的数量，这在一定程度受当地的文化影响。

特许商业经营区

特许商业经营区是机场航站楼收入的主要部分，包括免税店、专营零售、食品及饮品摊位，以及专门从事汽车租赁、酒店预订和货币兑换的柜台。这些都需要储存区域、厨房和运送的空间，且都需要位于附近。

管理区域

这些区域包括入境和安检办公室、航空公司管理办公室、行李服务办公室、航空公司运营办公室以及航空公司休息室。

飞机种类

预计将使用机场的飞机类型会对候机大厅和登机口的结构设置产生重大影响。

寻路

航站楼的设计应以提供各节点之间清晰的视线为前提，来安排各种功能区域。在这一基础上，加上适当的标志，应该可以帮助旅客在整个航站楼内快速地找到路径。

候机厅／候机室

候机室位于飞机登机口的旁边。包括乘客的座位和站立空间以及航空公司员工的柜台，有时还会有工作区或儿童娱乐区。候机室的大小取决于预计使用每个登机口的最大飞机的平均座位容量。

灵活性

航站楼受制于变化周期的影响（被称为“流失因素”）——售票柜台、值机柜台、安检系统、标志和广告，以及商店、酒吧和餐馆，每3~5年就会发生更新。行李处理、建筑设备、厕所和厨房每10~15年会发生变化。建筑结构、围护结构、升降电梯、楼梯和自动扶梯每隔30~50年更换一次。航站楼的设计应采用大跨度结构，最大限度地减少内部的承重元素，并使其在长寿命期内根据需要进行改造。建筑结构也应该是可扩展的。因此，模块化设计与线型候机大厅构型相结合非常有效。但是航站楼的两侧/两端必须避开机械、电力和管道系统，以方便扩展。

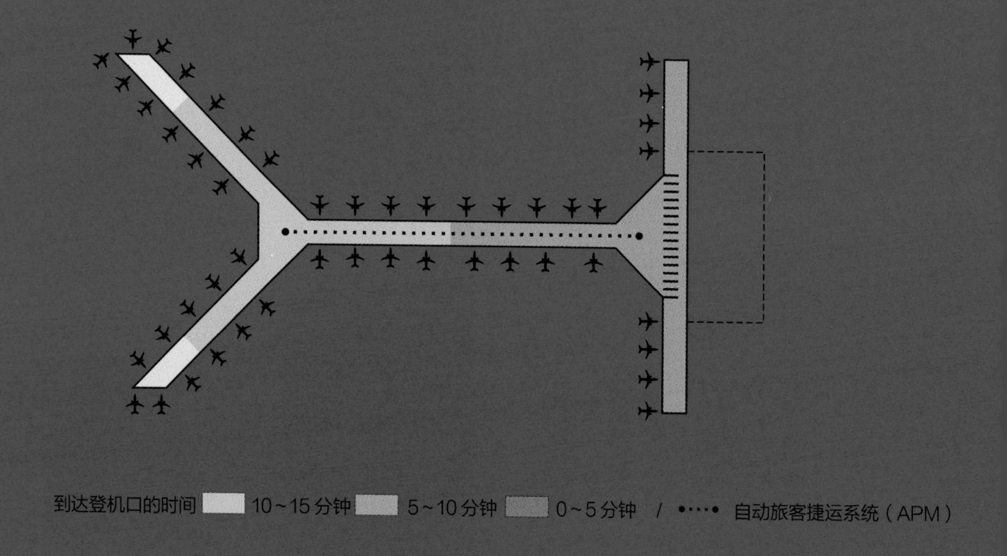

到达登机口所需的时间

20世纪三四十年代最早的机场是一个基础航站楼配套的简易着陆带。在20世纪五六十年代，机场有了单层的航站楼。到了20世纪七八十年代，航站楼有3~4层，仍然相对简单。然而，自20世纪90年代以来，航空旅行的大幅增加使得新一代巨大航站楼顺势而生，如中国香港赤鱲角国际机场1号航站楼（1.2 km长）或日本关西国际机场（1.7 km长），它们不仅非常庞大，而且是多模式的——直接连接到铁路和其他运输系统，使它们的位置能够远离城市中心。这意味着乘客到机场的时间往往超过飞行本身。考虑到机场航站楼的新规模，尽量缩短从进入航站楼到抵达登机口之间的行程时间已成为航站楼设计中最重要的考虑因素之一。因此，线型候机大厅构型多被采用，因其提供了清晰的视线，并可以使用机械装置让乘客穿过候机大厅。在下面几页的图表中，灰色阴影对应从进入航站楼至候机大厅所需的时间：阴影越浅，到达候机大厅所需的时间就越长。

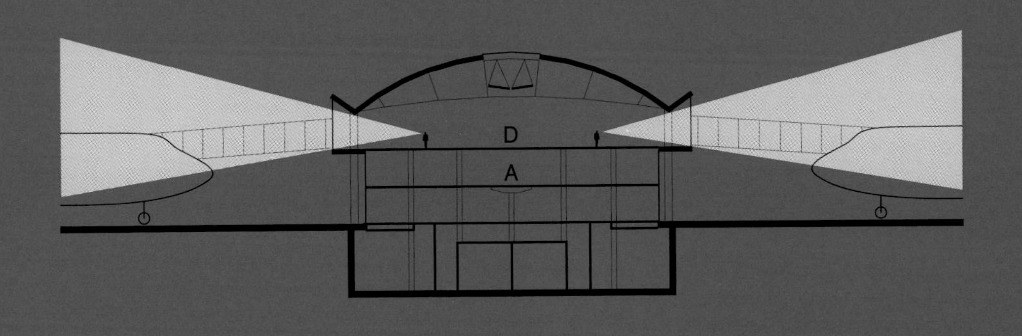

从候机大厅内观察停机坪的视野

候机大厅与停机坪的视线关系

考虑到现代机场容纳的乘客人数众多，候机大厅的大小已经能够决定空中旅行体验的舒适与否。在保持线性、开放和可扩展的同时，自20世纪90年代以来建筑师开发了不同的策略，以消减早期候机大厅的单调和缺乏人性化尺度的弊病，并在候机大厅内为旅客提供观察停机坪的视野。

恩斯特·萨格比尔 | 柏林坦佩尔霍夫机场 | 德国柏林 | 1935年

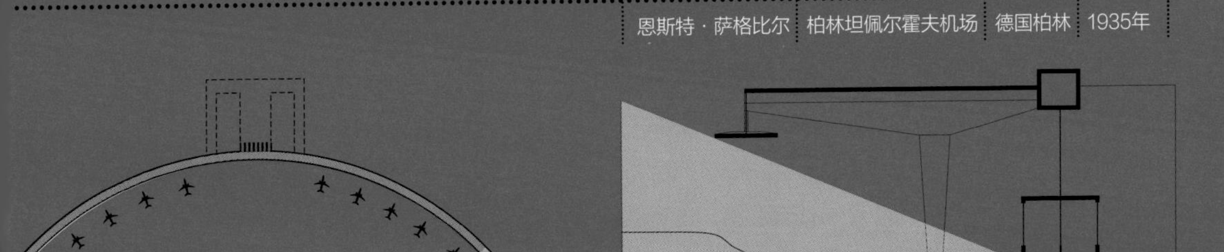

到达登机口所需的时间

乘客在曲线形的走廊中央进出，从此处可以沿着向下延伸的楼梯到达停机坪。这条曲线走廊减少了机库中飞机的停靠数量，这意味着乘客必须通过更长的距离才能到达他们乘坐的飞机。

候机大厅与停机坪的视线关系

沿着通廊开设的小窗洞为游客提供了观察停机坪的狭窄视野，但走廊直接通向机库。

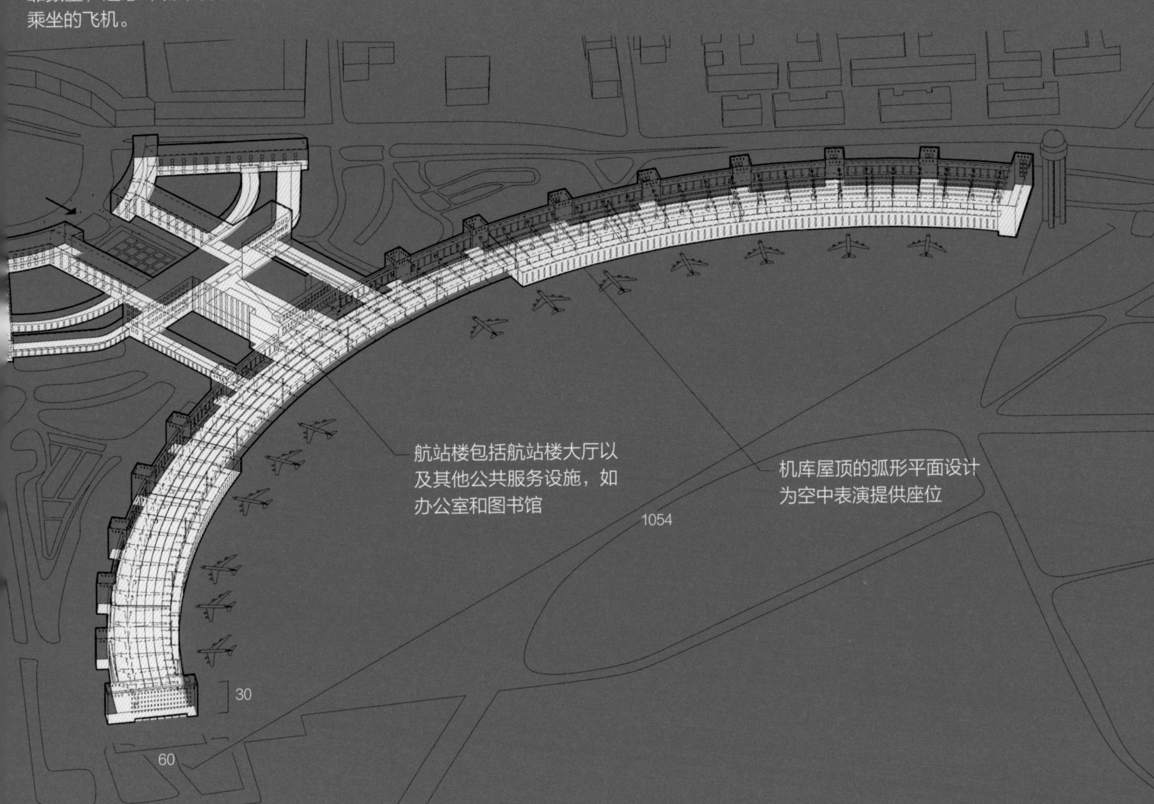
航站楼包括航站楼大厅以及其他公共服务设施，如办公室和图书馆
机库屋顶的弧形平面设计为空中表演提供座位
1054
30
60

柏林坦佩尔霍夫机场是一座坐落于德国柏林的现代商业机场，由一个单层的航站楼大厅连着一个曲线型候机大厅组成。在外部，沿着从城区过来的道路，航站楼被6个板块状建筑包围着，里面容纳了办公室、警察局、托儿中心、影音俱乐部、餐厅、商店、邮局、小教堂、银行和健身房。航站楼和候机大厅的钢筋混凝土骨架，布满贝壳石灰岩面板和密集、重复的窗洞。候机大厅的窗户每间隔70 m便会被楼梯塔打断。当时计划在航站楼沉重的石材外部装饰上雕塑、浮雕、马赛克和彩色玻璃窗。乘客穿过100 m长的开放式航站楼大厅，到达候机大厅内单侧登机走廊。然而，从走廊直接登上飞机是不可能的。乘客不得不进入机库，再从停机坪上登机。这个机库由巨大的T形柱支撑，有3层高，高度足够容纳飞机和乘客。因此，坦佩尔霍夫机场从陆侧看传递了对称性、纪念性、重复、正交性与内向性的效果，候机大厅则传递了不透明与外在性的效果。

效果

对称性、陡斜、高耸、扇形、外向性、不对称性、透明性、倾斜、加肋

圣地亚哥 · 卡拉特拉瓦 | 松迪卡国际机场 | 西班牙毕尔巴鄂 | 2000年

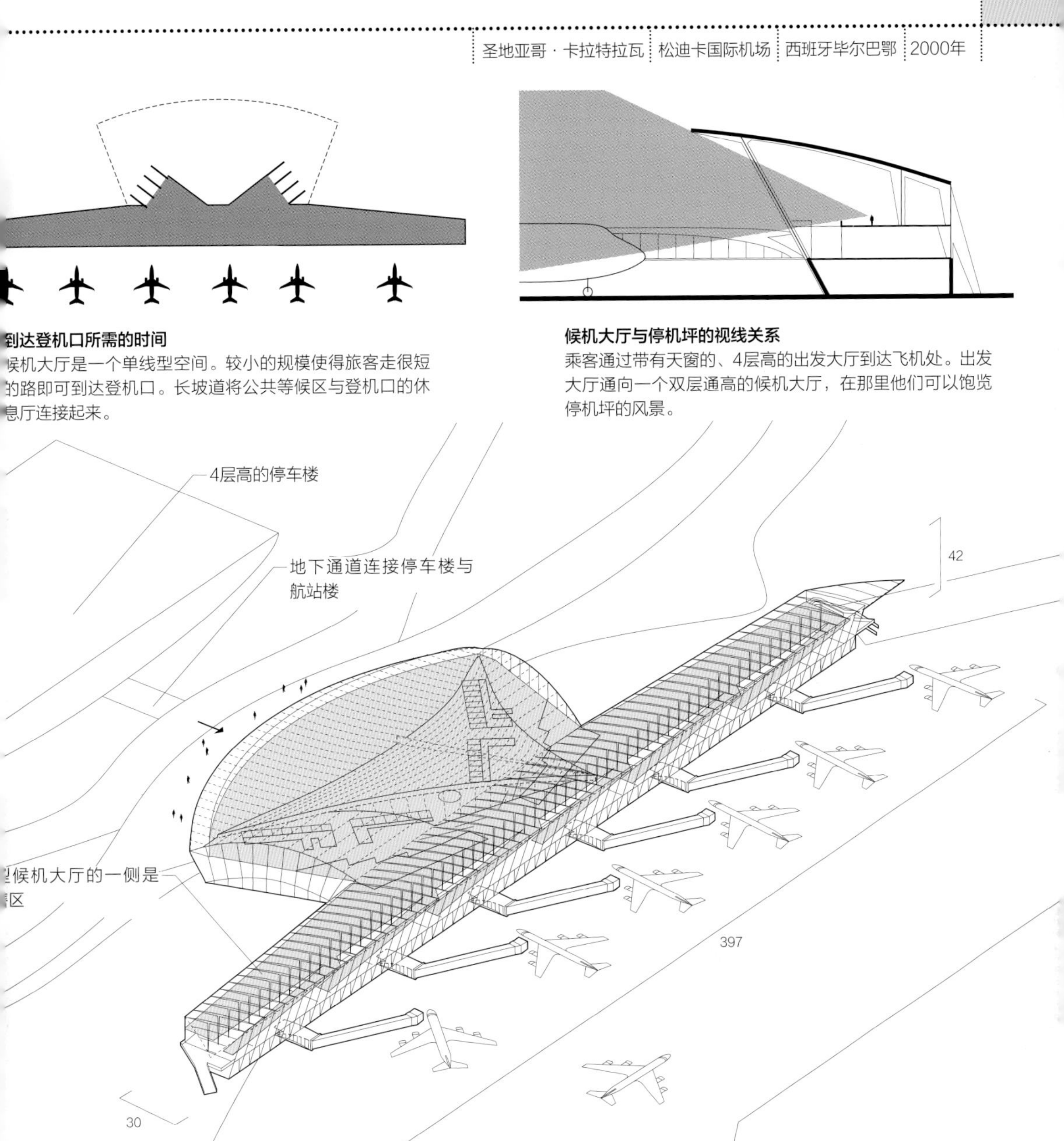
4层高的停车楼
地下通道连接停车楼与航站楼
型候机大厅的一侧是
区
42
397
30

到达登机口所需的时间

候机大厅是一个单线型空间。较小的规模使得旅客走很短的路即可到达登机口。长坡道将公共等候区与登机口的休息厅连接起来。

候机大厅与停机坪的视线关系

乘客通过带有天窗的、4层高的出发大厅到达飞机处。出发大厅通向一个双层通高的候机大厅，在那里他们可以饱览停机坪的风景。

松迪卡国际机场由一个3层航站楼大厅和一个夹层组成。夹层与397 m长的3层候机大厅相连。在外部，钢筋混凝土结构包裹在外壳内，延伸到出发与到达大厅以外，为乘车离开或抵达的乘客提供了遮蔽。在内部，旅客到达的地方与行李提取区都位于第1层。行李提取区通往户外一个有遮盖的接客区，在那里可以看到周围壮观的风景。出发大厅位于第3层，是一个三角形的、29 m高的空间。值机台沿着大厅的边缘布置，乘客可以看到等待中的飞机。大厅的三角形平面自然地将乘客引导到两个安检区域所在的顶点，节省了乘客步行到登机口的时间。从安检区域，乘客可以进入候机大厅，这是一条单侧登机的走廊，由从上到下的玻璃幕墙包裹，由此可以无间断地看到停机坪。候机大厅第3层设有休息区、咖啡厅和VIP设施，第2层设有登机口和附加的VIP区，候机大厅首层有更多的登机口和行政管理用房。6个拱形的“浮筒”被设计成候机大厅的延伸，乘客可直接通往飞机。因此，松迪卡国际机场从陆侧通道一侧看传递了对称性、陡斜、高耸、扇形、外向性的效果，从停机坪一侧看则传递了不对称性、透明性、倾斜与加肋的效果。

伦佐·皮亚诺建筑事务所 关西国际机场 日本大阪 1988年

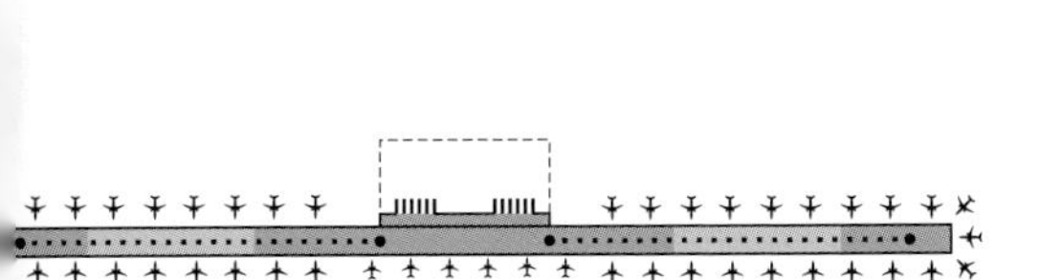

到达登机口所需的时间
机场的规模较大，因此需要一个自动旅客捷运系统，以使所有的登机口都有同样的可达性。

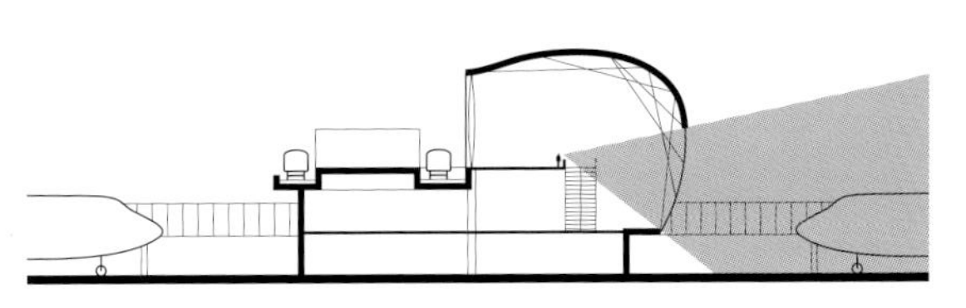

候机大厅与停机坪的视线关系
有拱形屋顶的候机大厅形成了无柱的交通空间与候机休息厅，候机大厅的一侧是停机坪的广阔景色，另一侧是天空的景色。

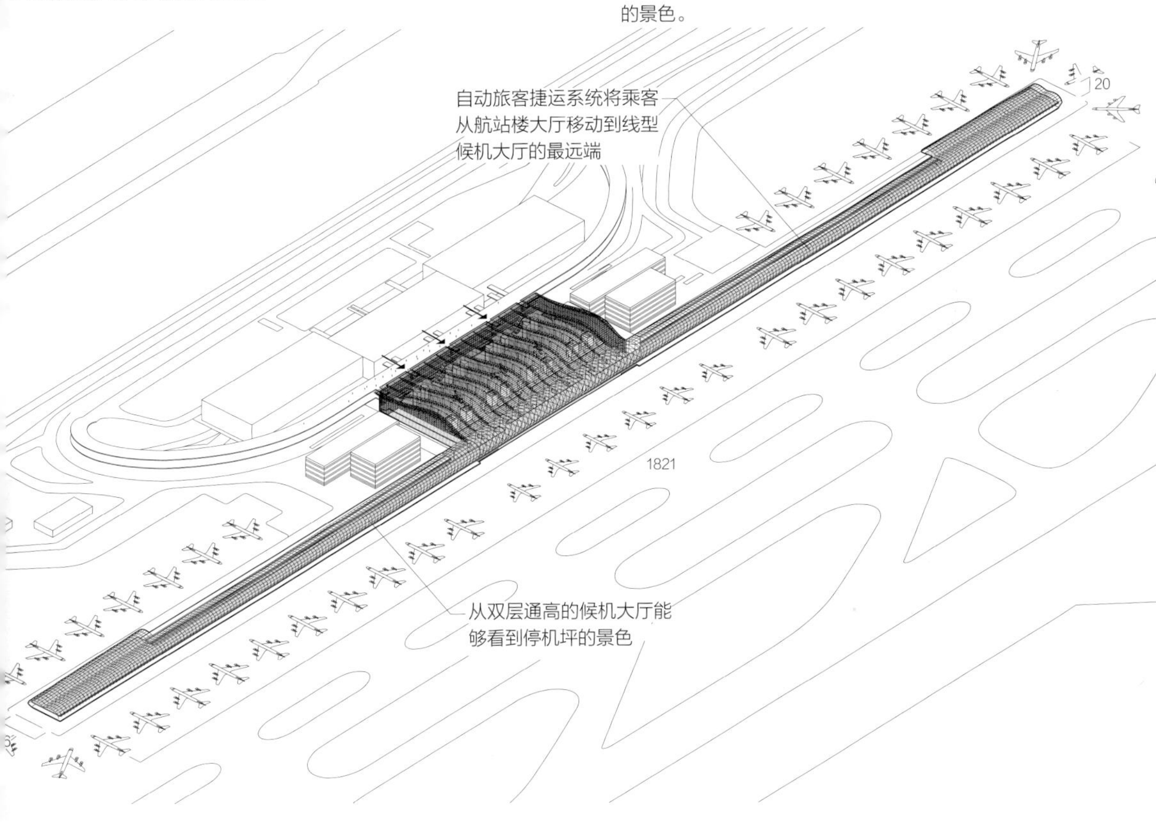
自动旅客捷运系统将乘客从航站楼大厅移动到线型候机大厅的最远端
20
1821
从双层通高的候机大厅能够看到停机坪的景色

大阪关西国际机场容纳了一个4层高的航站楼大厅（一层位于地下），连接着一个1.7 km长的3层候机大厅。机场位于大阪湾中部的一个人工岛上。在航站楼大厅内，国际航班到达大厅位于1层，与海关与国际行李处理和提取处也位于这一层；第2层有国内值机厅、国内行李提取处和入境检查处；第3层有入境检查处和特许商业经营区；第4层有国际出发大厅和安检区域。出发和到达层通过一个中庭相连。航站楼大厅由一个巨大、起伏、不对称的屋顶覆盖，以促进整个建筑的空气流通。大跨度梁横跨80 m进深的出发层，在售票大厅的末端由倾斜的柱子支撑，从而将出发层从任何其他结构元素中解放出来。一个双侧登机的3层候机大厅从航站楼大厅的两端延伸。其首层有国内行李处理处、国内和国际公共汽车候车室，以及航空公司办公室；第2层有国内和国际登机口；第3层有“翼穿梭机”列车（一种自动旅客捷运系统）站和转机休息室。因此，乘客通过自动旅客捷运系统到达候机大厅的最高层，可以向下将大厅下方和停机坪一览无余，并通过自动扶梯下降到候机厅和登机口处。候机大厅是拱形屋顶结构，没有内部柱。因此，大阪关西国际机场从路侧通道一侧看传递了起伏、对称性、内向性的效果，从停机坪看则传递了透明性、延伸、网状、隧道、拱形及晶格的效果。

黑川纪章建筑事务所 | 吉隆坡国际机场 | 马来西亚吉隆坡 | 1992年

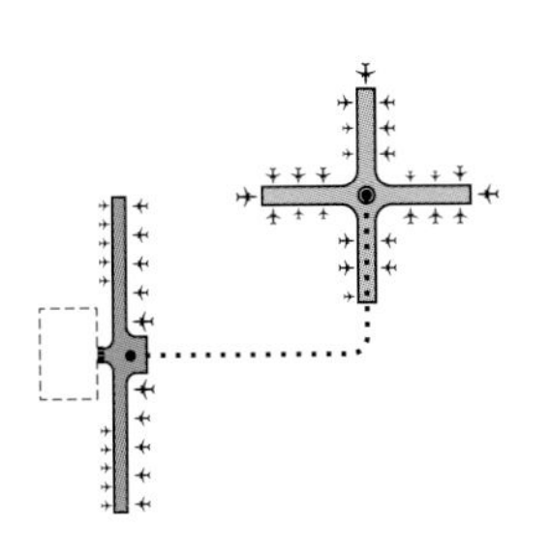

到达登机口所需的时间
线型候机大厅连接到主航站楼大厅，因此乘客可以直接进入国内登机口。自动旅客捷运系统将国际乘客与离航站楼大厅有一段距离的卫星大厅连接起来。

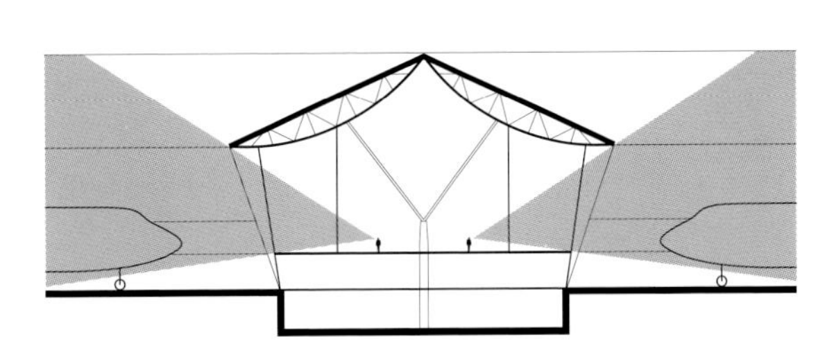

候机大厅与停机坪的视线关系
抬升的流通层为卫星大厅内的乘客提供了观察停机坪的广阔视野。然而，中央排列着的柱子干扰了交互视野。

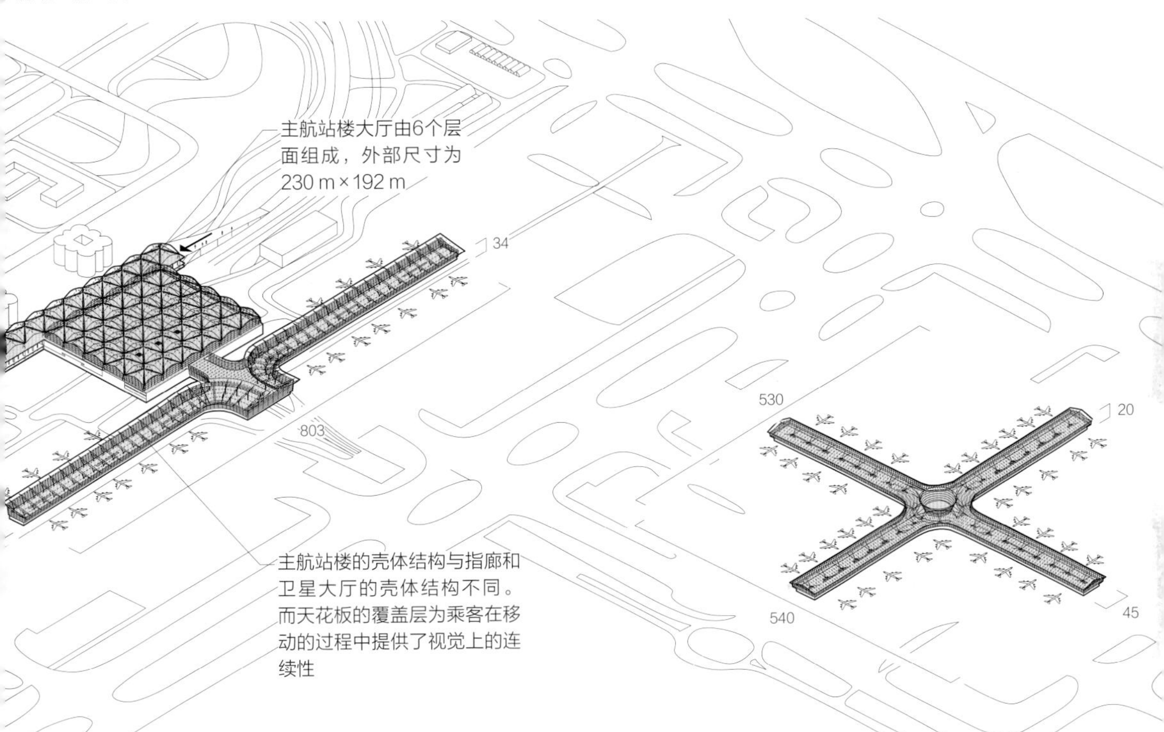
主航站楼大厅由6个层面组成，外部尺寸为230 m × 192 m
34
803
530
20
540
45
主航站楼的壳体结构与指廊和卫星大厅的壳体结构不同。而天花板的覆盖层为乘客在移动的过程中提供了视觉上的连续性

吉隆坡国际机场包含一个3层高的航站楼大厅，航站楼大厅有两个夹层，夹层与一个803 m长的线型候机大厅相连。还有一个两层高的十字形卫星大厅，卫星大厅内有夹层和一层地下空间。航站楼大厅第1层设有火车和公共汽车出入口，夹层中有候车室和商店；第2层设有国内及国际到达大厅、海关、入境检查处、行李提取区、商店及餐厅；第2个夹层里有航空公司的办公室和餐厅；第3层有出发大厅、商店和餐馆。航站楼大厅采用模块化的双曲抛物面壳结构，以38.4 m的方形结构网格为基础，由粗柱支撑。外壳结构之间的天窗照亮了较长进深的出发大厅层，但柱子阻碍了客流。航站楼大厅将国内乘客与候机大厅的第2层直接连通，候机大厅有两层高，两侧停靠着飞机。国际旅客需要搭乘航空列车到达卫星大厅的中央，那里有一个被商店和餐馆环绕的景观玻璃中庭。卫星大厅的第2层有登机口和更多的商店、餐厅和休息厅。4个登机指廊由此延伸出去，两侧都停靠着飞机。乘客在卫星大厅中通过自动传送带移动，自动传送带位于钢制无梁式楼板支撑柱的两侧，支撑柱支撑着卫星大厅倾斜屋顶。乘客通过全玻璃的外墙可以看到停机坪的全景。因此，吉隆坡国际机场从陆侧通道一侧看传递了对称性、凹面性、模块化、内向性的效果，卫星大厅则传递了对称性、透明性、反射性、斜坡及细分的效果。

理查德·罗杰斯建筑事务所 | 巴拉哈斯机场4号航站楼 | 西班牙马德里 | 1997年

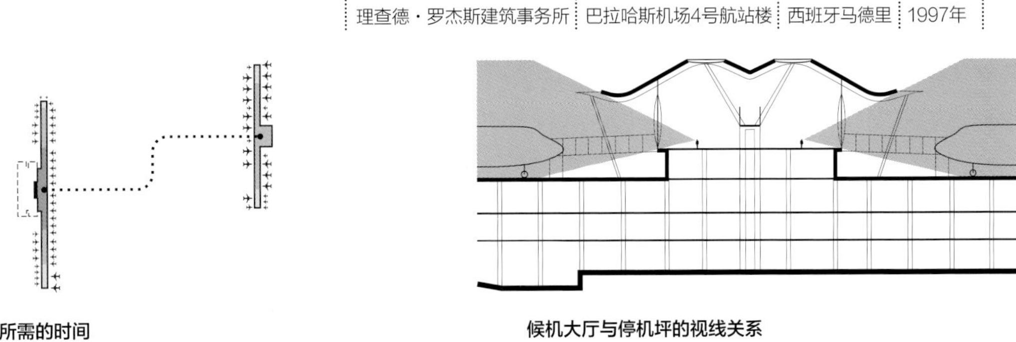

到达登机口所需的时间

从与主楼相连的线型候机大厅里可以直接到达很多登机口，但要到达位于线型卫星大厅末端的登机口就不那么容易了。

候机大厅与停机坪的视线关系

卫星大厅中抬升的流通层给乘客提供了观察停机坪的广阔视野。然而，中央排列着的柱子干扰了交互视野。

屋顶结构延伸并覆盖汽车的落客区

20

1160

屋顶的内部用竹条包裹着，给人一种光滑无缝的感觉。相比之下，树状柱子形成了长达1km的渐变色远景

充满自然光的“峡谷”将容纳了乘客处理区域的平行楼层分隔开来

20

925

50

巴拉哈斯机场4号航站楼包括一个航站楼大厅，其由地面3层与地下两层组成，与一个1.2 km长的候机大厅相连。航站楼还包括一个3层高的线型卫星大厅以及3层地下空间。航站楼大厅第1层有到达大厅、护照检查处及行李提取处；第2层有西班牙国内及申根乘客的出发大厅、护照检查处及连接停车场的通道；第3层有国际出发大厅、VIP休息室和机场穿梭大巴。两层地下空间容纳了维护区、行李处理区及连接到卫星大厅的列车。航站楼大厅的曲线形模块化屋顶由“树”柱支撑，并附有采光天窗。采光天窗可以将自然光过滤到航站楼的上层。航站楼大厅直接连接到前面两层楼高的线型候机大厅的第2层，从那里可到达两侧国内登机口的快速通道。候机大厅第1层用于行李处理及其他机场服务。在地下2层，航站楼大厅通过自动旅客捷运系统连接到线型卫星大厅的中央。在卫星大厅内，地下1层是护照检查处，第1层是行李处理区、贵宾室、申根和国内乘客的出发大厅与到达大厅，第2层是国际出发大厅，第3层有国际到达大厅。卫星大厅的线型构型提供了更多的登机口，但同时也增加了乘客的步行距离。因此，乘客自动传送带位于“树”柱的两侧，“树”柱支撑卫星大厅的波浪形屋顶。这个屋顶的结构和航站楼大厅里的结构一样，并同样是用竹条包裹，柱子被涂上了渐变的颜色，屋顶也有采光天井。卫星大厅的侧墙是全玻璃幕墙的，乘客可以看到停机坪的全景。因此，巴拉哈斯4号航站楼从路侧通道一侧看传递了加肋、重复、洞穴状的效果，候机大厅空间传递了透明性、起伏、温暖感、分级与细分的效果。

理查德·罗杰斯建筑事务所 | 伦敦希思罗机场5号航站楼 | 英国伦敦 | 1989年

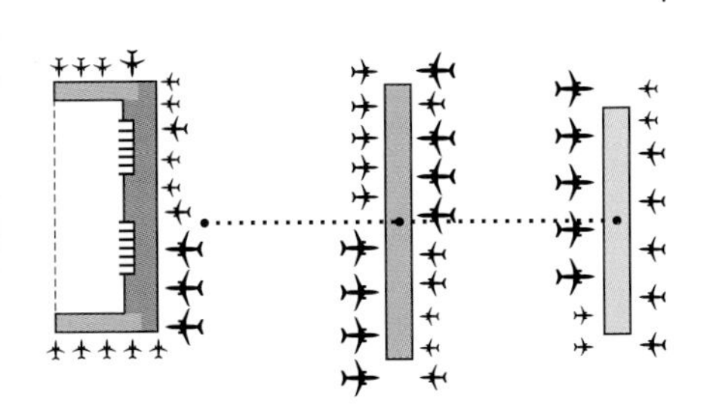

到达登机口所需的时间

候机大厅环绕在航站楼大厅周围，以增加停靠飞机的数量，同时将乘客的步行时间减少到最低程度。自动旅客捷运系统在地下运行，乘客从地下两层进入卫星大厅。

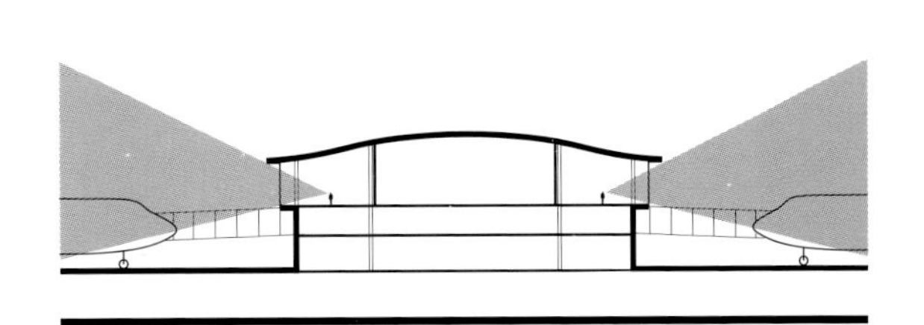

候机大厅与停机坪的视线关系

卫星大厅的顶部由两组外围柱支撑，以增加流通空间。两侧的通高玻璃幕墙提供了观察停机坪的视野。

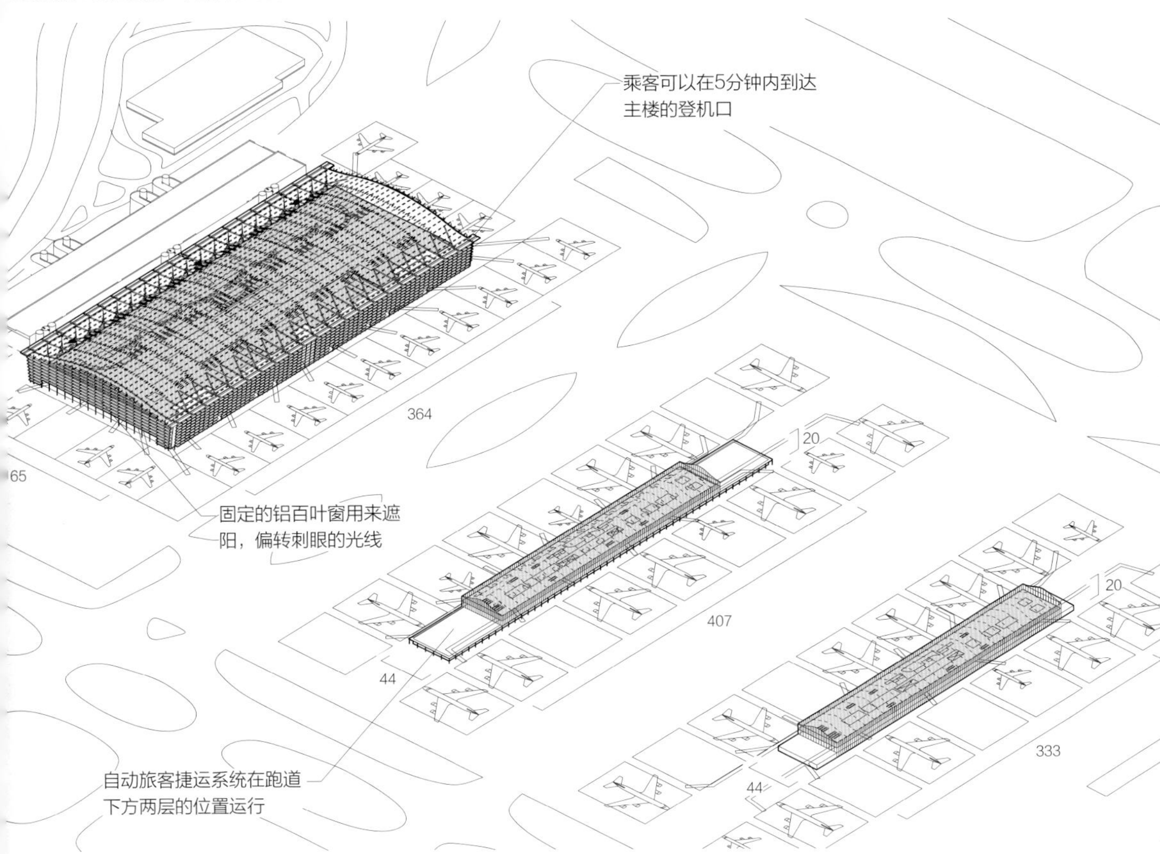
乘客可以在5分钟内到达主楼的登机口
364
65
20
固定的铝百叶窗用来遮阳，偏转刺眼的光线
407
20
44
333
44
自动旅客捷运系统在跑道下方两层的位置运行

伦敦希思罗机场5号航站楼包括一座4层高的航站楼大厅，航站楼大厅有一个夹层。航站楼还有两层地下空间及两个卫星大厅。航站楼的弧形漂浮屋顶由沿周边布置的22根钢柱支撑。建筑被向外倾斜6.5° 的全高玻璃幕墙包裹，并覆有遮阳膜。航站楼是一个独立的、钢框架结构的建筑。第1层有行李处理区、办公室和到达大厅，第2层有登机口和护照检查处，第3层是出发大厅，第4层是值机区。这个结构可以根据需要改变，如拆卸和重构，使航站楼高度灵活。航站楼的四面中有三面设有登机口。一个位于地下的自动旅客捷运系统将航站楼与两个3层卫星大厅连接起来。与主楼一样，卫星大厅也有一个大跨度的屋顶，可以让乘客直接看到停机坪和登机口。天窗与屋顶结构结合从而引入自然光。因此，希思罗机场5号航站楼从路侧通道一侧看传递了透明性、漂浮、统一与外向性的效果，候机大厅空间传递了对称性、曲线性与加肋的效果。

GMP建筑事务所 | 柏林泰格尔机场A航站楼 | 德国柏林 | 1974年

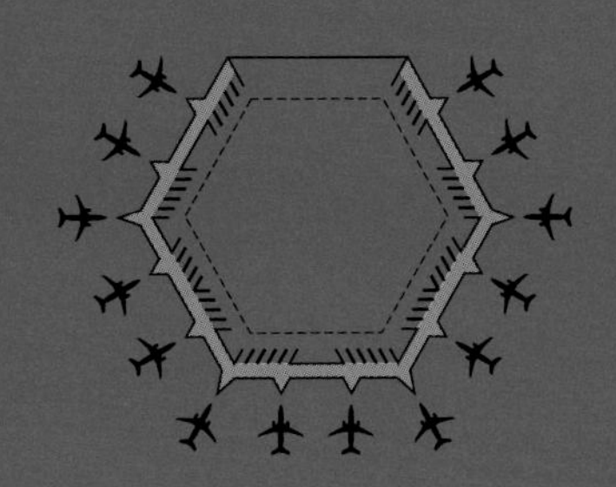

到达登机口所需的时间
落客区是在候机大厅的中央。乘客在到达或出发时，只需穿过六边形航站楼的狭窄进深即可。

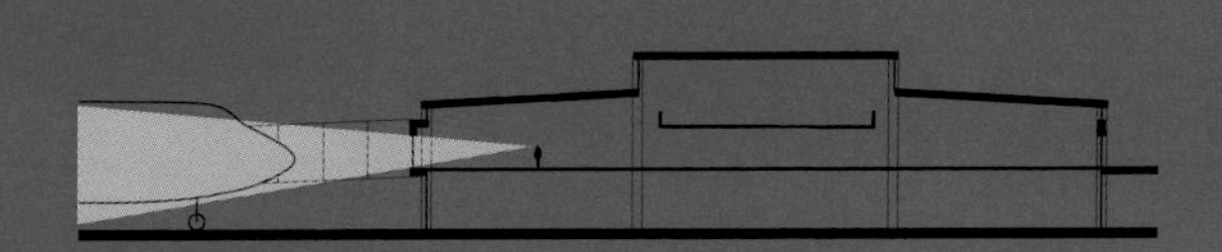

候机大厅与停机坪的视线关系
登机区低矮的屋顶使得观察停机坪的视野很狭窄，而上方的高侧窗则用作候机休息室的天窗。

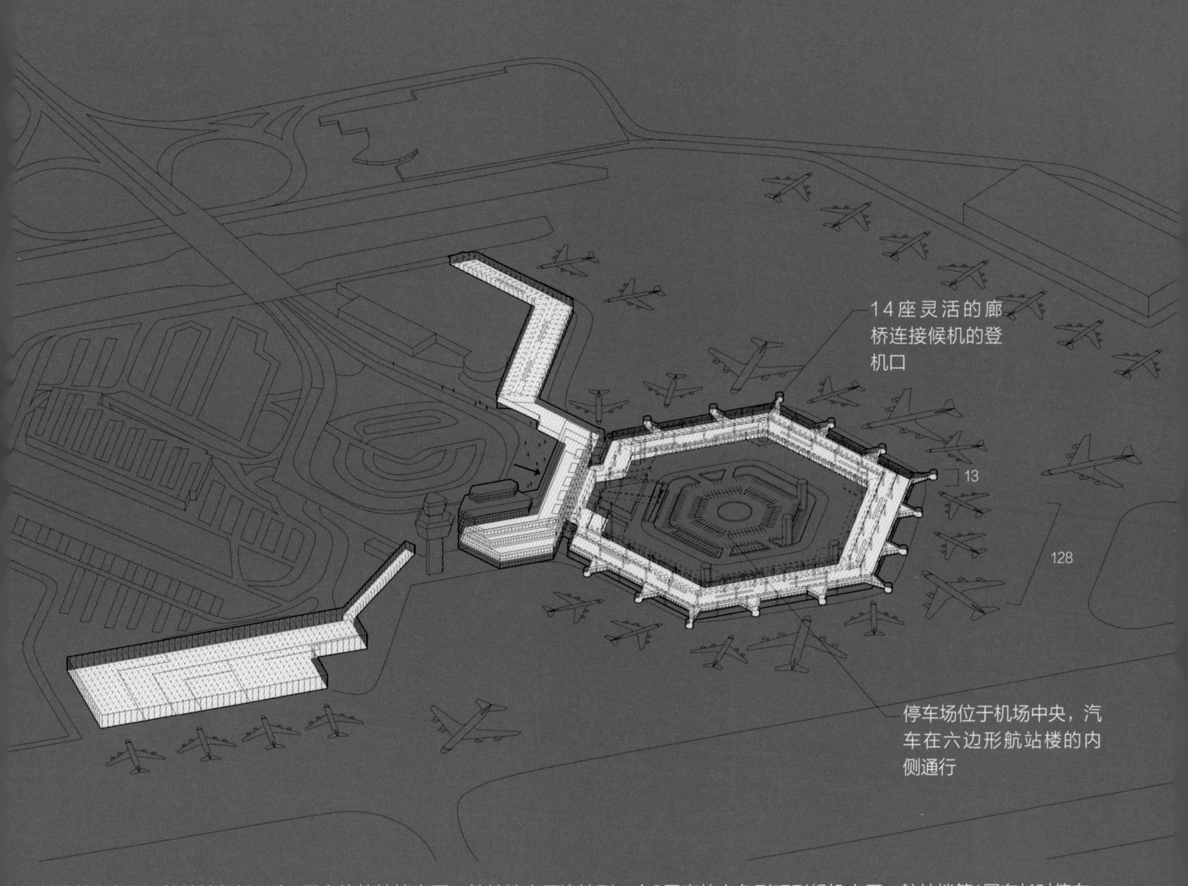
14座灵活的廊桥连接候机的登机口
13
128
停车场位于机场中央，汽车在六边形航站楼的内侧通行

柏林泰格尔机场A航站楼包括一个3层高的航站楼大厅，航站楼大厅连接到一个3层高的六角形环形候机大厅。航站楼第1层有长时停车场，第2层有主入口、短时停车场、零售、行李寄存处及海关，第3层有机场休息室和餐厅。混凝土外壳显露在建筑的内部和外部，烧结的地砖和暖色搭配柔化了内部。从第2层的主入口出发，乘客走很短的距离就能到达六角形的大厅，乘客到达和出发手续都在那里办理。在大厅的6个部分中，15个登机口沿着其中5个部分布置，另一部分作为零售区。这种安排使得步行距离非常短。然而，休息室是单层的，旅客观察停机坪的视野有限。由于没有过境区，每个登机口都有自己的安全检查关卡和乘客到达出口，因此，无须离开候机区域而直接登机是不可能的。因此，泰格尔机场A航站楼从陆侧通道一侧看传递了不对称、六边形、水平状态的效果，候机大厅空间传递了三角形、平坦与透明性的效果。

大都会建筑事务所 | 吉达国际机场 | 沙特阿拉伯吉达 | 2005年

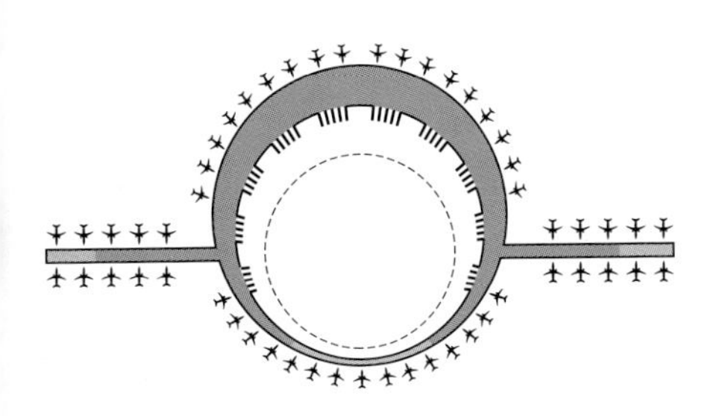

到达登机口所需的时间
在航站楼，乘客可以经过大门，并迅速通过关口部分。而到达登机走廊则需要更多的时间。

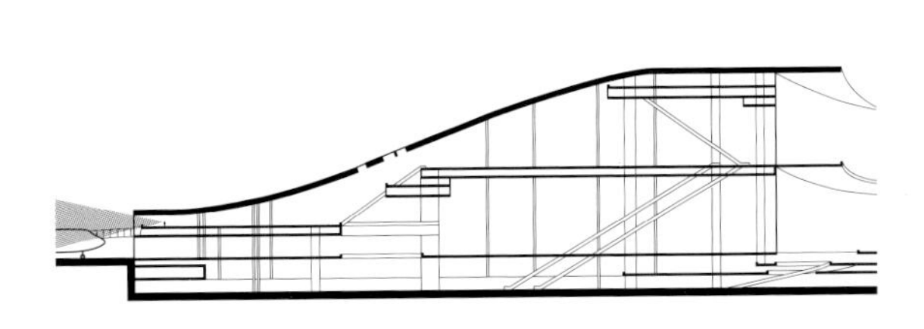

候机大厅与停机坪的视线关系
通过候机大厅四周墙壁上的通高玻璃幕墙可以看到停机坪的景象。

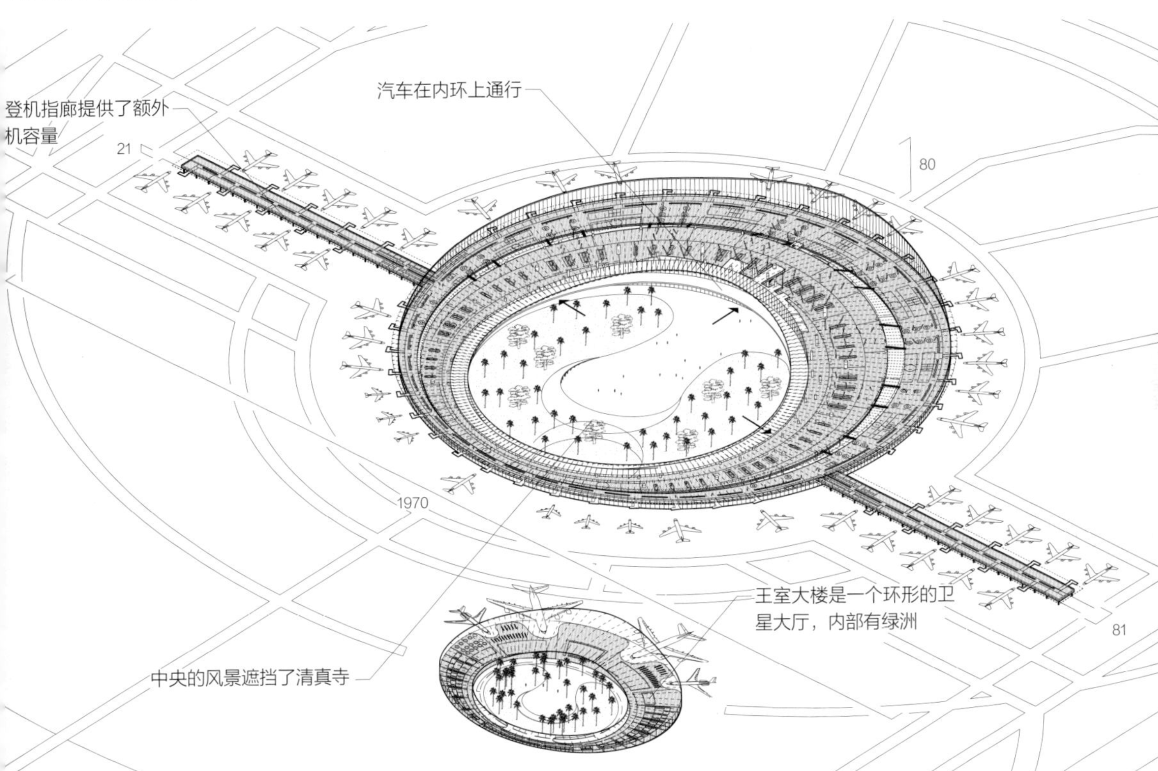
汽车在内环上通行
登机指廊提供了额外机容量
21
80
1970
王室大楼是一个环形的卫星大厅，内部有绿洲
81
中央的风景遮挡了清真寺

吉达国际机场这一方案包括一个8层高的圆形航站楼大厅，航站楼大厅有一个圆形庭院，位于3层地下室的上方，地下层有高铁车站、汽车站和停车场。两个容纳了登机口与等候区的登机指廊从航站楼大厅延伸出来。在内部，航站楼被分为两个同心环，同心环又被分为不同的层次和额外的夹层。内环面向中央庭院，并有陆侧功能。在航站楼的第3层，也就是入口所在的地方，乘客们在那里下车，并在庭院周围上下车，庭院里还有一个清真寺和停车场。外环是空侧区候机大厅。内环在某些区域倾斜，以创造空侧与更高位置的陆侧之间的过渡。最上层的内环有机场服务设施。外侧环状大厅下方的第2层外环内有出发大厅和到达大厅，因此在朝觐期间，这两层可以结合在一起以应对涌入的200万名旅客。内环和外环之间的一个连续中庭的上方天窗直接将自然光引入航站楼的深处。环状航站楼大厅的第1层是行李提取处和一家百货公司。在圆形中庭内的另外两个夹层中有一个酒店，而在内环上的另外3个夹层中有更多的休息室。内外环之间的连续性，以及沿着圆形走廊布置的登机口，使乘客可以方便地从一个航班转到另一个。吉达国际机场的这一方案从路侧通道一侧看传递了对称性、弧线、起伏的效果，候机大厅空间传递了平滑度、开放性、明亮与透明性的效果。

埃罗·沙里宁 | 杜勒斯国际机场 | 美国华盛顿特区 | 1958年

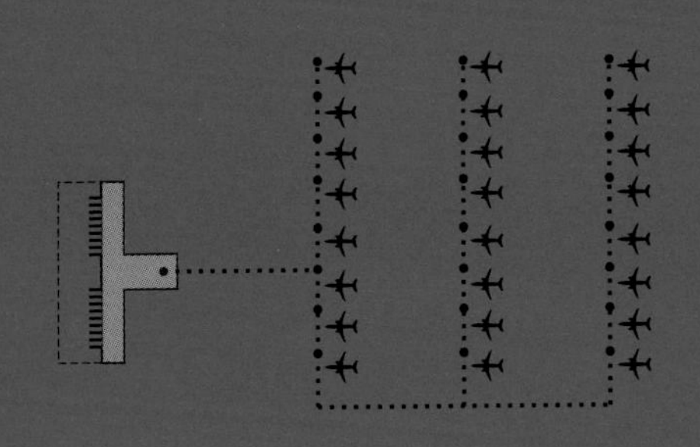

到达登机口所需的时间
航站楼在宽度上比较狭窄，使得乘客从值机处可以快速到达候机室，在那里等待接驳车来登机。

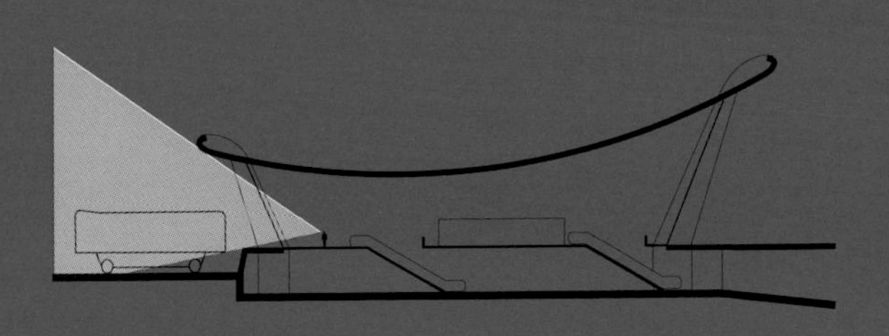

候机大厅与停机坪的视线关系
光滑的混凝土屋顶向上延伸，乘客在等待运送他们到飞机上的接驳车时，可以观察飞机和跑道。

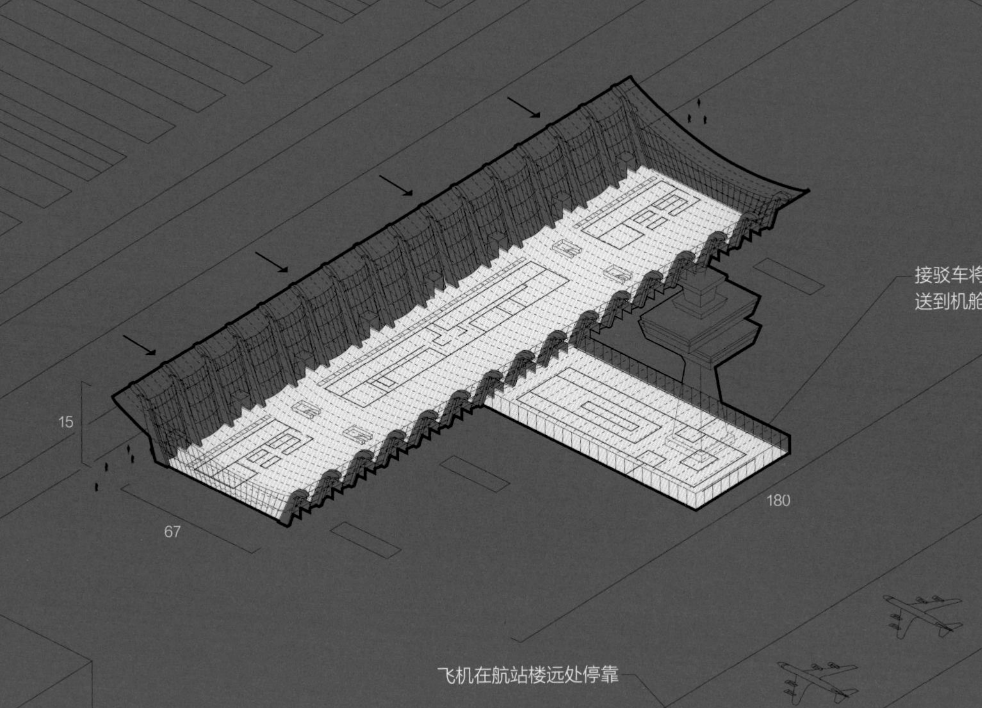
接驳车将等待的乘客直接送到机舱门口
15
67
180
飞机在航站楼远处停靠

杜勒斯国际机场还像最初建造时那样，是一栋两层楼的建筑，平面呈矩形，四面是玻璃围墙，在暴露于外面的混凝土柱子之间悬挂着一个悬链状的屋顶。因此，航站楼的内部是无柱的。两层楼中设有乘客值机区，其中一层有出发大厅、售票处和特许商业经营区，另一层有到达大厅、行李提取处和地面交通运输区。飞机位于离航站楼有一段距离的地方。乘客通过安检后，可从登机厅乘坐接驳车直接到达机舱门口。因此，航站楼的候机登机区很小，缩短了步行距离。因此，从陆侧通道一侧看，杜勒斯国际机场传递了统一、透明性、抬升、连绵曲折的效果，从接驳车进入的空间看，则传递了延伸、悬浮与开放性的效果。

效果

统一、正交性、透明性、平坦、断面一致、花格镶板装饰、网状、细分

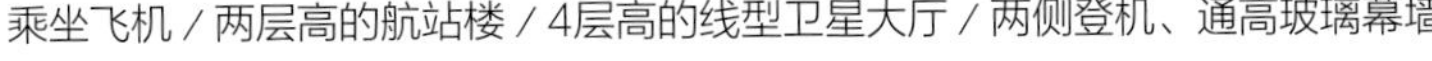

福斯特建筑事务所 | 斯坦斯特德机场 | 英国斯坦斯特德 | 1981年

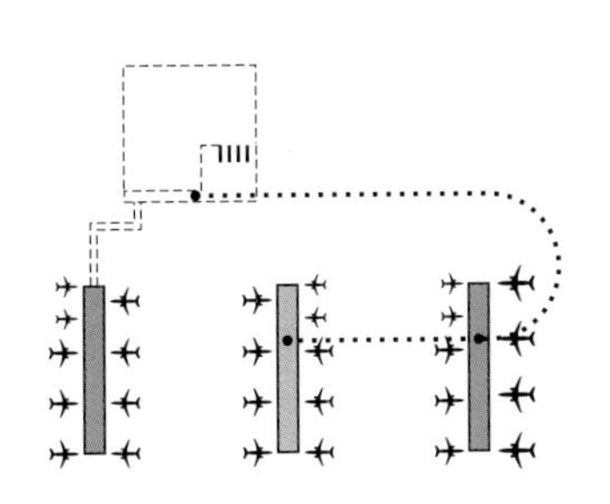

到达登机口所需的时间

3个卫星大厅与主楼完全分开。其中两个可通过自动旅客捷运系统抵达，另一个可通过人行天桥连接。所有的登机口都可以在5~10分钟内到达。

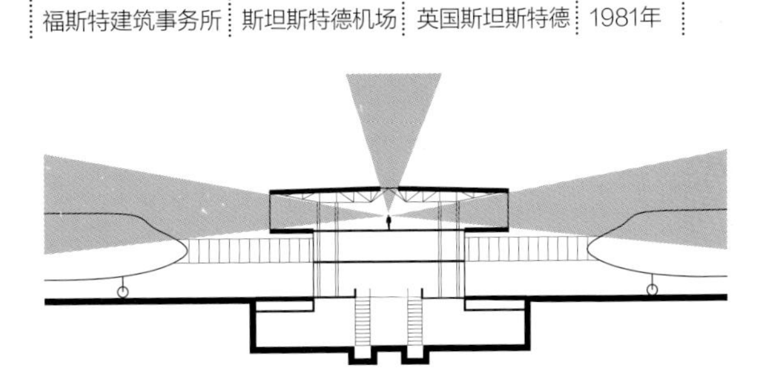

候机大厅与停机坪的视线关系

卫星大厅的屋顶很低，观察停机坪的视野很狭窄。桁架横跨每个大厅，并设有一条在卫星大厅长度方向延伸的天窗。

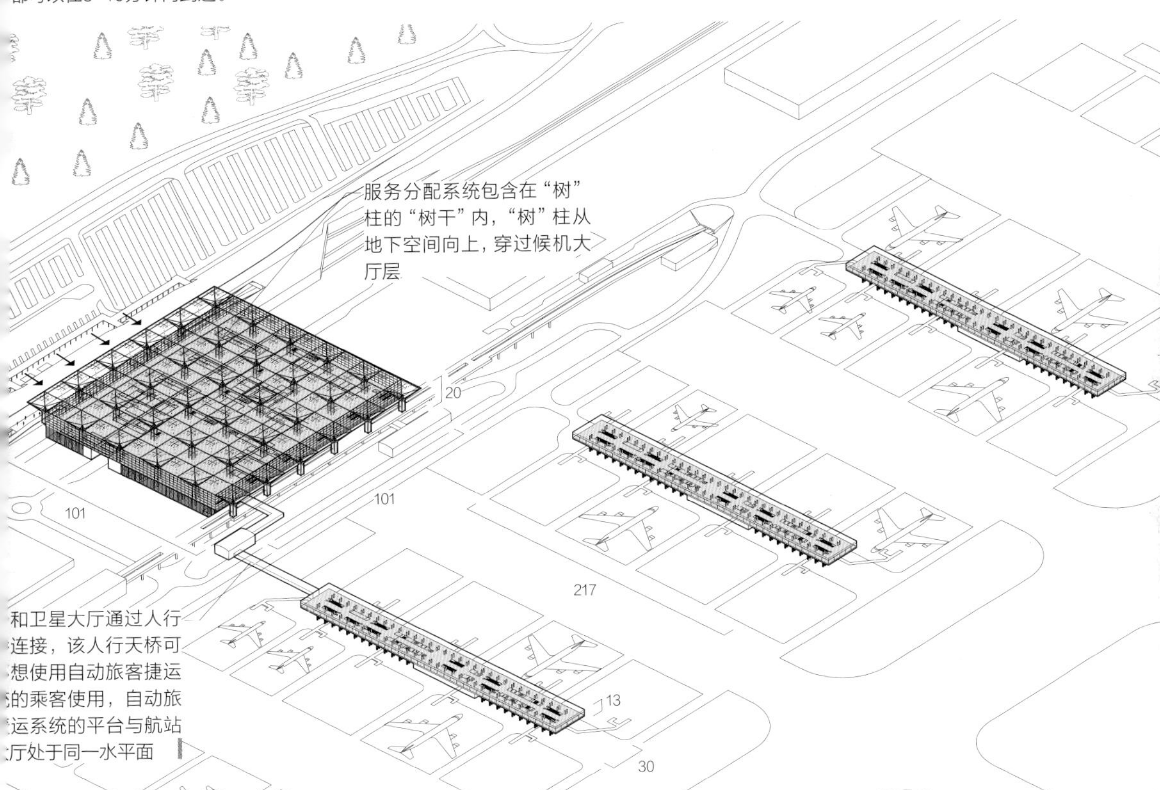
服务分配系统包含在“树”柱的“树干”内，“树”柱从地下空间向上，穿过候机大厅层
20
101
101
217
13
30
和卫星大厅通过人行
连接，该人行天桥可
想使用自动旅客捷运
的乘客使用，自动旅
运系统的平台与航站
厅处于同一水平面

斯坦斯特德机场由一个两层高的航站楼和3个4层高的线性卫星大厅组成。主楼是乘客值机区：地下1层是火车站和机场大巴站；地面层的主入口被分为3个区域：国内到达和出发大厅、出发休息室和餐厅，以及国际到达大厅和护照检查处。航站楼的屋顶由树状的柱子支撑，同时也支撑着拱顶和天窗，为航站楼大厅提供了间接的自然照明。与落客 / 搭车区相邻的一排圆柱暴露在外，形成一个较长进深的入口顶棚。建筑物的立面完全被玻璃覆盖。进入机场的乘客通过第1层的值机处和护照检查处，直接进入候机休息室，在那里他们可以看到飞机。候机楼与两个卫星大厅通过地下1层的自动旅客捷运系统（APM）和一座人行天桥相连。卫星大厅的屋顶由横跨两个中心柱的桁架支撑。每个卫星大厅的中央都有一条天窗。由于建筑物之间的距离较近，卫星大厅的长度相对较短，乘客可以在合理的时间内到达所有的登机口。候机大厅的地下层有行李处理区和火车站。因此，斯坦斯特德机场从陆侧通道一侧看传递了统一、正交性、透明性与平坦的效果，通往步行桥和自动旅客捷运系统的内部空间则传递了断面一致、花格镶板装饰、网状与细分的效果。

效果

对称性、水平状态、阶梯状、花格镶板装饰、内向性、昏暗

保罗·施奈德·埃斯勒本 | 科隆波恩机场1号航站楼 | 德国科隆 | 1970年

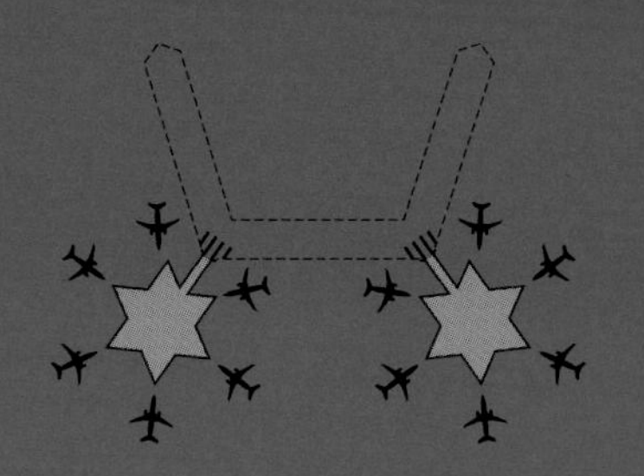

到达登机口所需的时间

每一个星形登机指廊都有自己的安检区，因此值机时间短，使这个相对较小的机场更加高效。

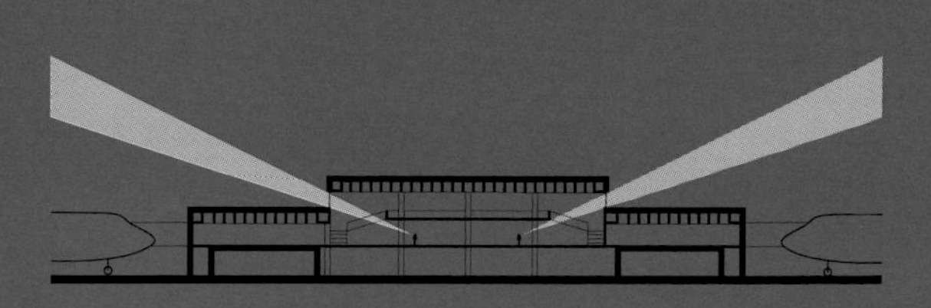

候机大厅与停机坪的视线关系

登机指廊的宽度和柱子的存在阻挡了走向登机口时观察飞机的视野。乘客可以通过高侧窗直接看到天空。

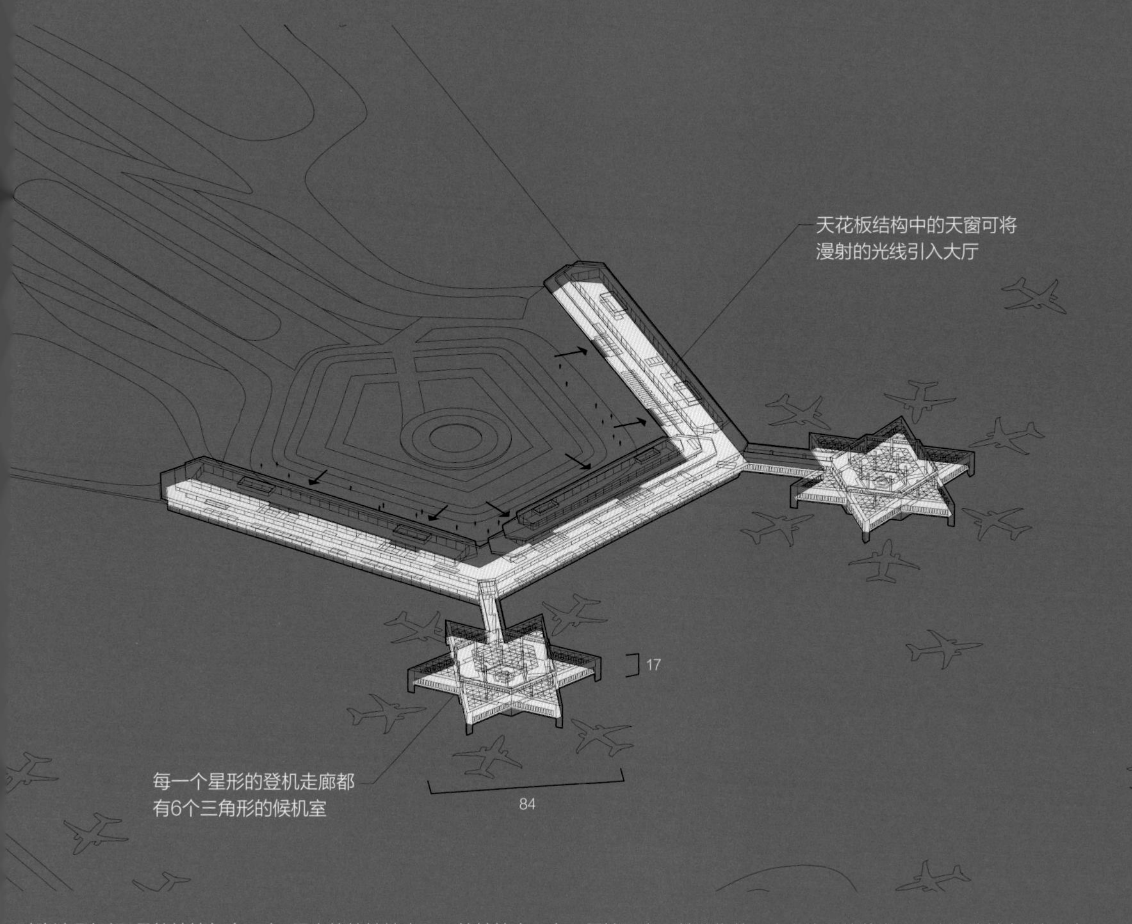
天花板结构中的天窗可将
漫射的光线引入大厅
17
每一个星形的登机走廊都
有6个三角形的候机室
84

科隆波恩机场1号航站楼包含一个4层高的航站楼大厅，航站楼大厅有一层地下室，并环绕着一个六边形的落客入口庭院的其中3边，庭院中间有一个停车场。候机楼大厅的地下1层及地面第1层有停车场，第1层还有到达大厅。第2层是出发大厅，这一层与两个的带有夹层的两层星形登机指廊相连，其中登机口位于登机指廊三角形的区域内。每个登机指廊都有自己的安检区，可以令乘客快速、高效地搭乘航班。登机指廊的平屋顶由柱子支撑，柱子阻挡了乘客观察飞机的视野。漫射的自然光通过天窗射入大厅区域，天窗同时为乘客提供了观看天空的视野。虽然星形登机指廊在很多方面都很有效率，但停在它们周围的飞机数量相对较少。因此，科隆波恩机场1号航站楼从陆侧通道一侧看传递了对称性、水平状态、阶梯状的效果，在登机指廊则传递了花格镶板装饰、内向性与昏暗的效果。

保罗 · 安德鲁 | 夏尔 · 戴高乐机场2号航站楼E、F大厅 | 法国巴黎 | 1989年

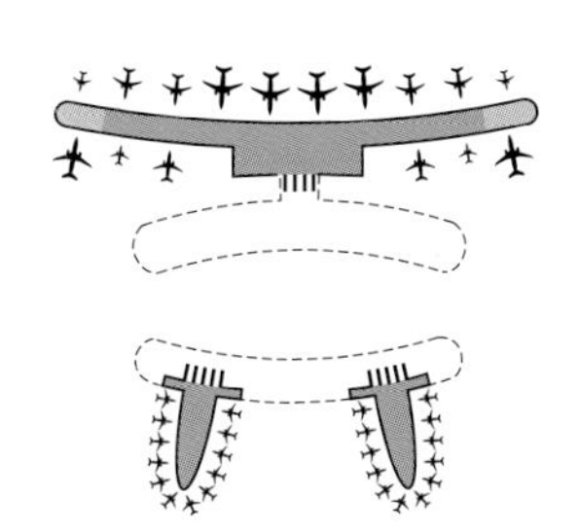

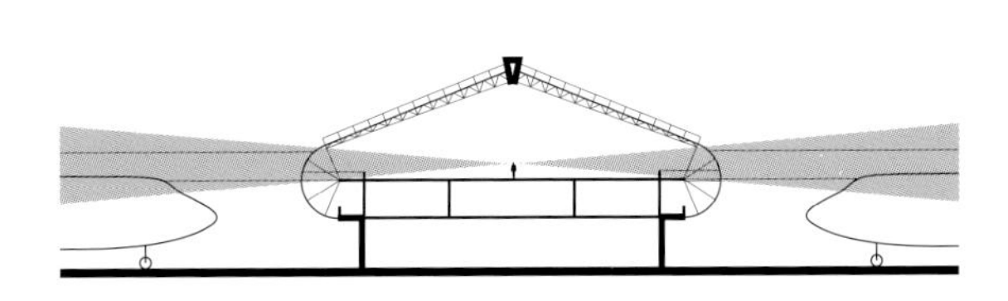

到达登机口所需的时间

由于主航站楼为线型构型，F厅的两个较短的登机指廊可以在保持合理的行程距离的同时有效地实现两侧的飞机对接。相较之下，前往E厅末端登机口的乘客需要通行更远的距离。

候机大厅与停机坪的视线关系

无柱的内部空间提供了观察候机大厅两侧停机坪的视野。玻璃表层上的百叶窗分散了直射的太阳光。百叶窗的覆盖范围刚好停在视线的上方，使得乘客可以看到停机坪。

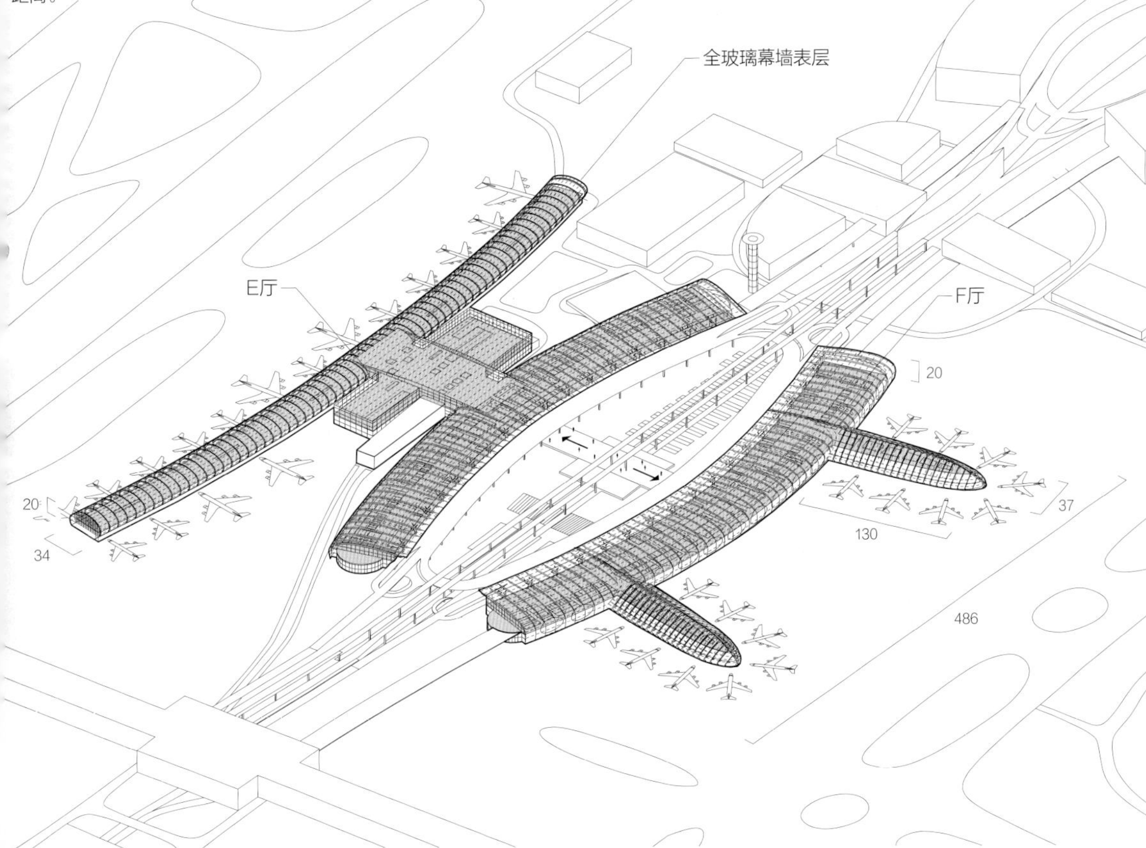

夏尔 · 戴高乐机场2号航站楼包括两个3层高的航站楼大厅——E厅和F厅——位于椭圆形落客 / 搭车区的两侧。两个航站楼大厅的第1层均为到达大厅，第2层是入境大厅，第3层为出发大厅。在第3层，每一个大厅都连接到一个登机指廊：一个是单独的、稍微弯曲的线型登机走廊，另一个则由两个分开的、更短的登机指廊组成。这样的构型使得更多的飞机能够停靠在登机指廊处。登机指廊并不是很长，因此不会显著增加步行时间。在这两种情况下，乘客都要通过位于陆侧空间和候机空间之间的中央安检区。每个登机走廊主要由钢骨架支撑并被玻璃幕墙包裹，从而形成一个开放的大厅，乘客沿着中间行走，从两侧都可以看到飞机。玻璃表层在视线高度上是无遮挡的，视线高度以上覆盖着金属百叶窗来分散阳光。因此，夏尔 · 戴高乐机场2号航站楼E、F大厅从陆侧通道一侧看传递了弯曲、对称性的效果，登机指廊则传递了倾斜、网状的效果。

效果

重复、棋盘花纹、鼓起、不对称性、透明性、凹面性、拱形、混凝土

福斯特建筑事务所 | 阿利亚皇后机场 | 约旦安曼 | 2005年

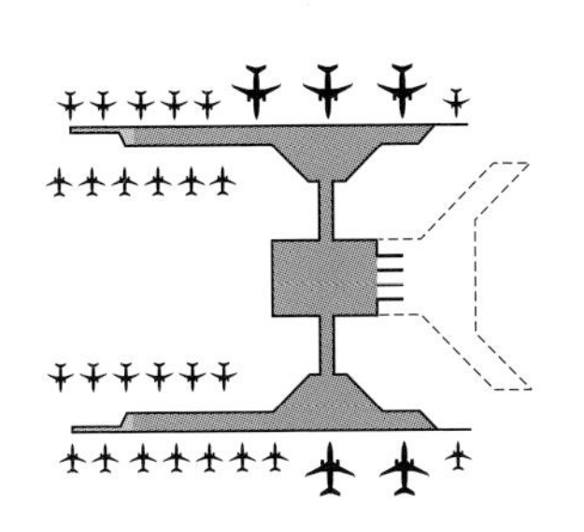

到达登机口所需的时间
线型登机指廊可以停靠更多的飞机，但乘客到达末端登机口则需要更长的时间。

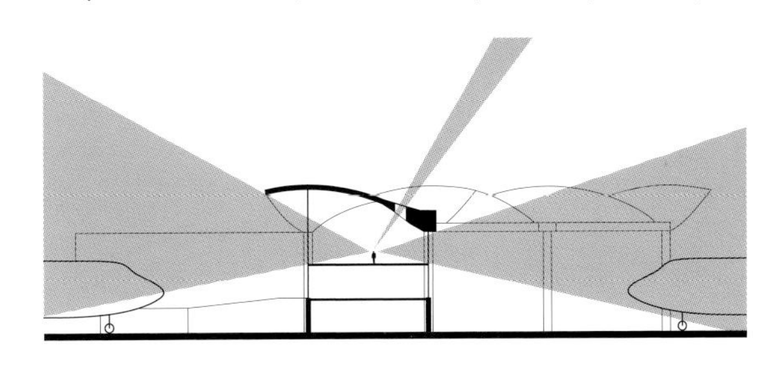

候机大厅与停机坪的视线关系
天窗是由屋顶的拱顶形成的，为乘客提供了观看天空的视野。

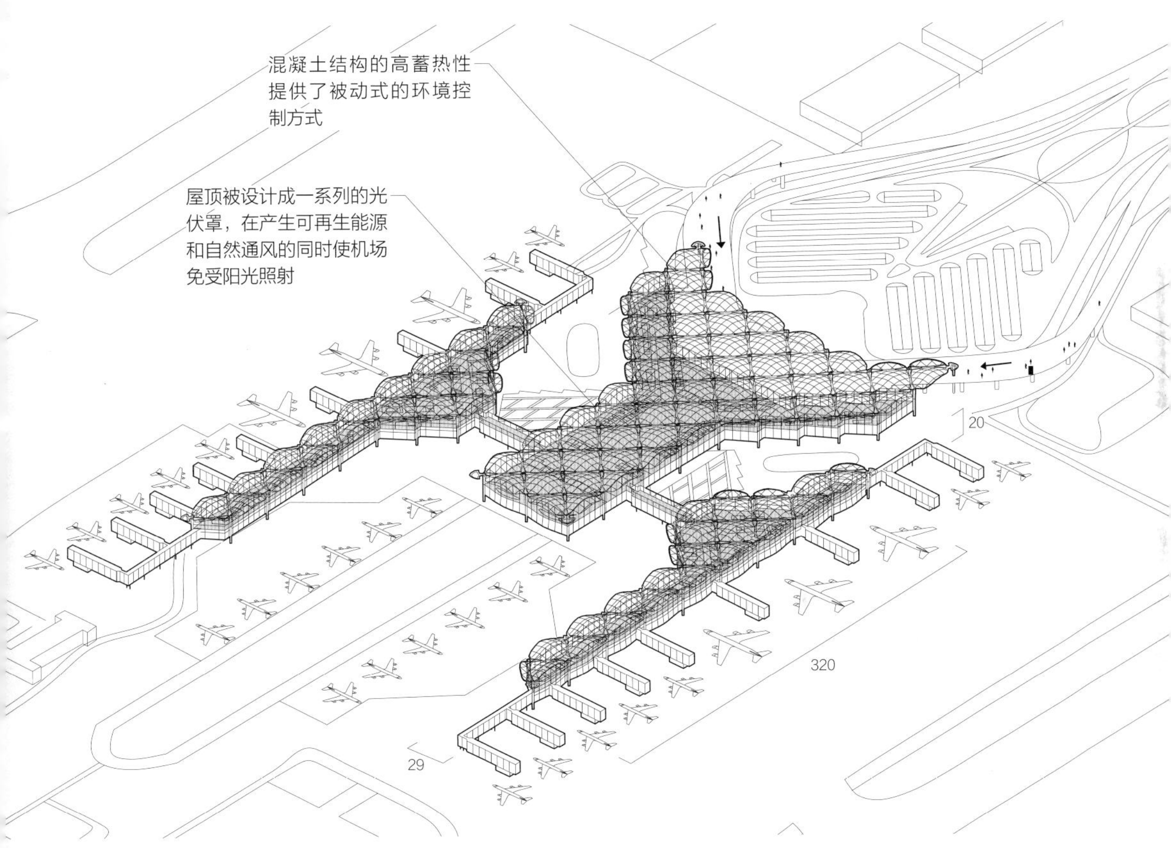
混凝土结构的高蓄热性提供了被动式的环境控制方式
屋顶被设计成一系列的光伏罩，在产生可再生能源和自然通风的同时使机场免受阳光照射
20
320
29

阿利亚皇后机场包括一个中央候机大厅和位于两侧的两个3层高的线型登机廊。航站楼大厅第1层设有工作区、行李处理区、行李提取处与乘客搭车区，第2层是到达大厅和护照检查处，第3层是出发大厅。航站楼通过短桥与登机指廊相连。登机指廊的第2层为到达的乘客服务，第3层为出发乘客服务。种有植物的露天庭院位于航站楼大厅和登机指廊之间，过滤和调节被吸入空气处理系统之前的空气。航站楼和登机指廊的屋顶由混凝土浅穹顶组成，并由柱子支撑，这些柱子与分离的横梁相连，将日光引入下方的空间。然而，与大跨度屋顶系统相比，柱网结构阻碍了客流。屋顶模块向外延伸以遮盖立面，立面的玻璃幕墙使得乘客可以看到停机坪上的飞机，并有助于乘客辨别方向。水平的百叶窗为立面遮挡直射光线，在靠近柱子的更加裸露的区域，百叶板条间的排列更加紧密以阻挡眩光。因此，阿利亚皇后机场从陆侧通道一侧看传递了重复、棋盘花纹、鼓起的效果，登机指廊则传递了不对称性、透明性、凹面性、拱形与混凝土的效果。

墨菲 / 扬建筑事务所（2012年更名为“扬建筑事务所”）| 素万那普国际机场 | 泰国曼谷 | 1995年

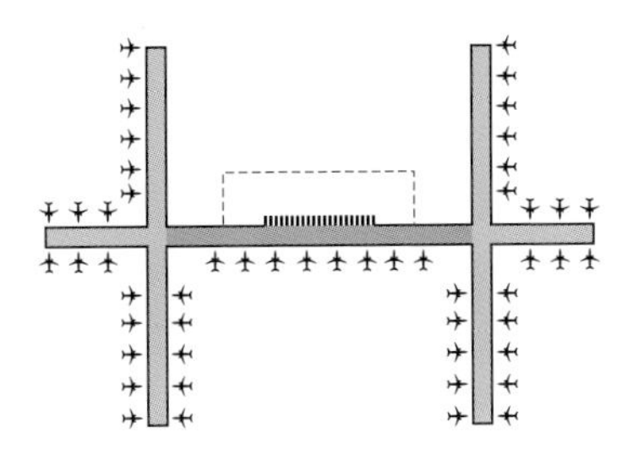

到达登机口所需的时间

较长的登机指廊扩大了飞机停靠的空间，也加长了乘客的步行距离。然而，与主航站楼相比，登机指廊的对称布局确保了乘客步行时间不超过10分钟就能到达末端登机口。

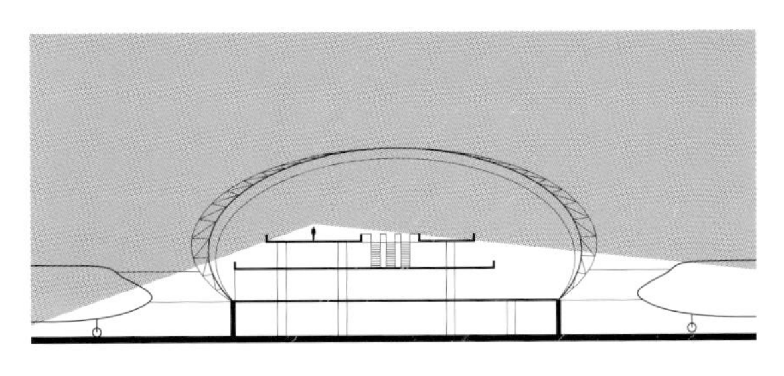

候机大厅与停机坪的视线关系

玻璃候机大厅提供了观察停机坪和观看整个天空的视野。

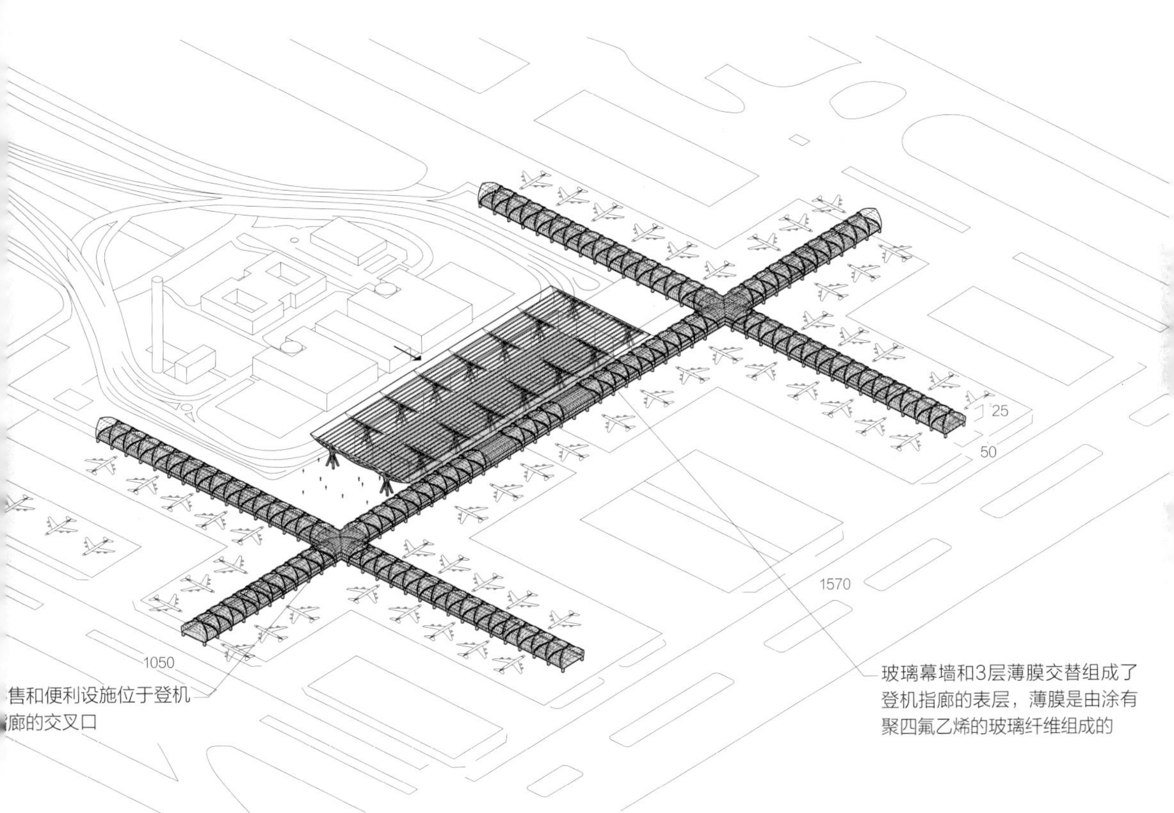

售和便利设施位于登机廊的交叉口

玻璃幕墙和3层薄膜交替组成了登机指廊的表层，薄膜是由涂有聚四氟乙烯的玻璃纤维组成的

素万那普国际机场由一座4层高的航站楼和7个登机走廊组成，它们以直角相交，在主航站楼大厅两侧对称布置。航站楼大厅第1层有通往商店、餐厅和通往市区的巴士，第2层有到达大厅，第3层有会面和接待厅，第4层为出发大厅。8个由框架式钢柱支撑的超桁架梁跨越了航站楼的126 m深度。它们还在两端悬挑42 m，以遮盖下方的立面。乘客在主航站楼通过安检，搭乘国内航班时进入左侧登机指廊，搭乘国际航班时进入右侧登机指廊。登机指廊的第1层是接驳巴士，第2层有登机口，第3、4层是安保处和航班休息室。这些登机指廊在结构上独立于航站楼。拱形钢结构框架以对角线相交形成交叉拱顶，由密集的弧形钢框架网格连接在一起，是登机指廊的表层结构。对角交叉的肋被3层膜包裹，3层膜由聚四氟乙烯涂层玻璃纤维、热塑性和低辐射镀膜织品构成；两者之间的区域覆盖玻璃，使日光洒满大厅，并提供了观察停机坪的视野。因此，素万那普国际机场从陆侧通道一侧看传递了对称性、晶格、网状的效果，登机指廊传递了对称性、透明性、加肋、拱形与褶皱的效果。

效果

对称性、扇形边、悬挑、重复、透明性、明亮、拱形、轴对称

福斯特建筑事务所 | 赤鱲角国际机场1号航站楼 | 中国香港 | 1992年

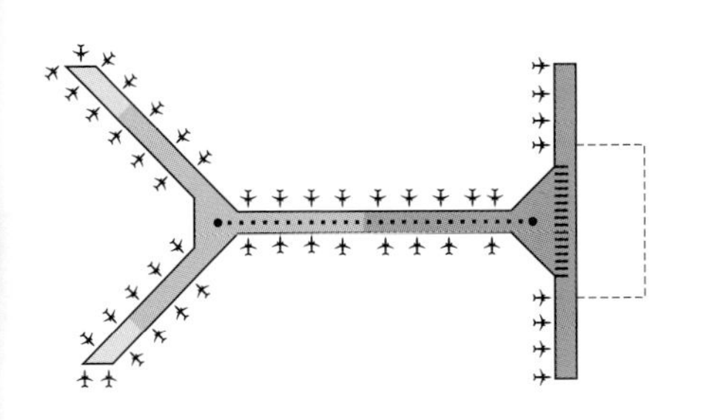

到达登机口所需的时间

位于航站楼大厅附近登机指廊中的登机口，乘客在5分钟内就可以到达。尽管提供了自动旅客捷运系统，乘客到达中轴空间的登机口仍需要更多的时间。

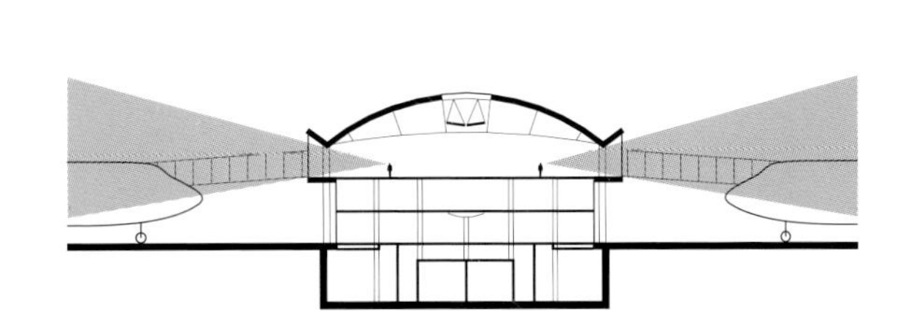

候机大厅与停机坪的视线关系

主航站楼和登机指廊的周围都完全被玻璃幕墙包裹，为乘客观察停机坪提供了开阔的视野。

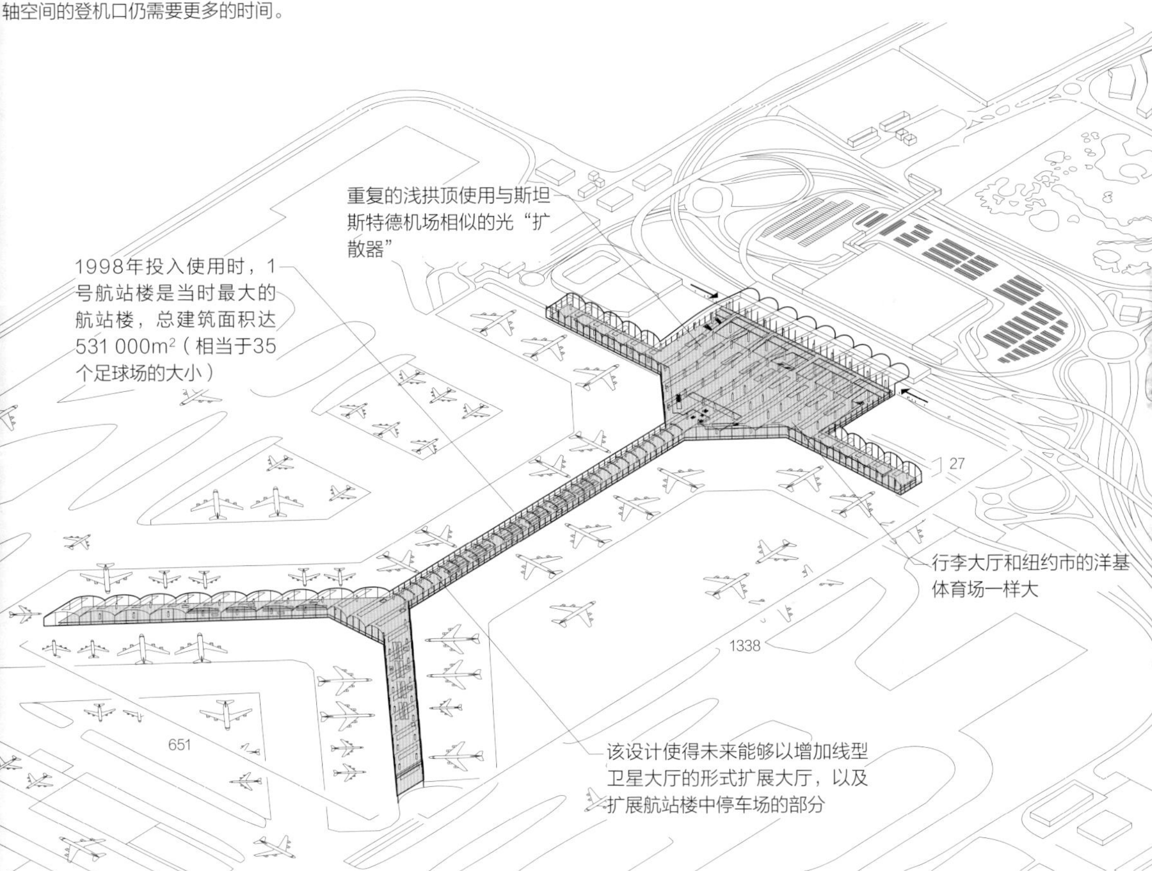
重复的浅拱顶使用与斯坦斯特德机场相似的光“扩散器”
1998年投入使用时，1号航站楼是当时最大的航站楼，总建筑面积达531 000m²（相当于35个足球场的大小）
27
行李大厅和纽约市的洋基体育场一样大
1338
651
该设计使得未来能够以增加线型卫星大厅的形式扩展大厅，以及扩展航站楼中停车场的部分

赤鱲角国际机场1号航站楼包含一个8层高的航站楼大厅，航站楼大厅有1层地下室及3层高的登机指廊，其中两个指廊由航站楼大厅向左右两侧延伸，另一个指廊是与航站楼大厅成直角的3层高的中轴空间，在末端又分叉成Y形。两侧的登机指廊为单侧登机，Y形登机指廊为双侧登机。主航站大厅的地下1层设有自动旅客捷运系统。出发大厅位于第4层、第6层及第7层。到达大厅位于第4层。航站楼需有一个钢制的筒形穹顶，由柱子支撑。筒形穹顶延伸出来也作为登机走廊的屋顶。拱顶是平行带状排列的，沿着出发一到达的轴线延伸，从而强调了乘客行进的方向。在桶形拱顶上的三角形天窗重复排列，它们的反射板挡住了炎热的阳光，并将其反射到天花板上。后来，登机指廊又增添了一部自动旅客捷运系统，但由于机场的规模庞大，自动旅客捷运系统的等待时间和步行到达登机口的时间几乎等长。因此，赤鱲角国际机场从陆侧通道一侧看传递了对称性、扇形边、悬挑、重复的效果，登机指廊传递了对称性、透明性、明亮、拱形与轴对称的效果。

里卡多 · 波菲建筑事务所（RBTA） 巴塞罗那国际机场1号航站楼 西班牙巴塞罗那 2010年

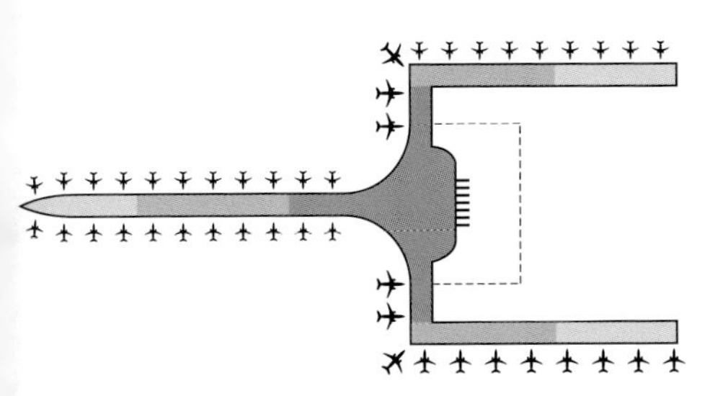

到达登机口所需的时间

3个登机指廊都与航站楼大厅相连，因此乘客在每个方向上抵达飞机的步行距离基本相同。

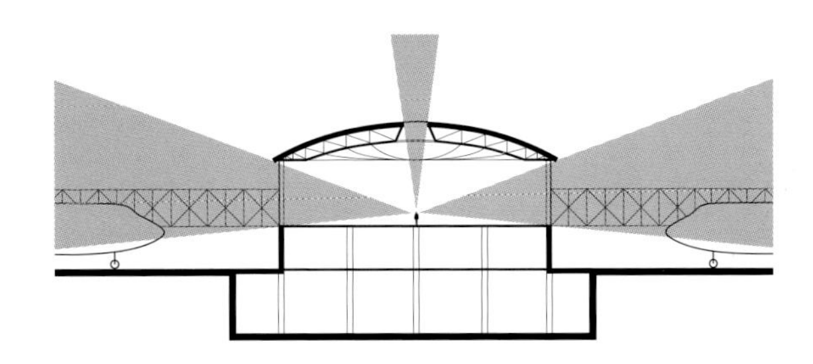

候机大厅与停机坪的视线关系

全玻璃幕墙包裹的登机指廊为乘客提供了一览无余的停机坪景色。中央位置的天窗提供了观看天空的视野。

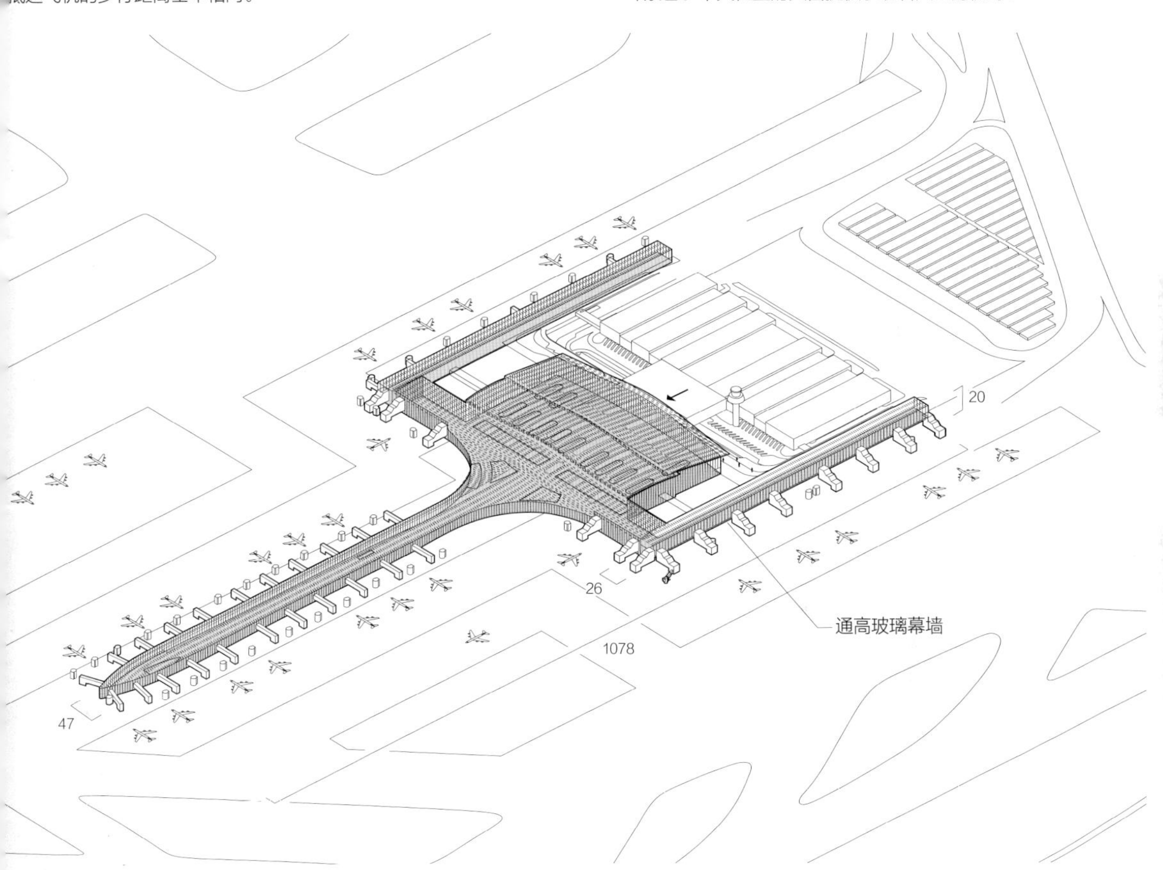

巴塞罗那国际机场1号航站楼包含一个4层高的航站楼大厅、两个单侧登机式的登机指廊和一个双侧登机式的中央登机指廊。3个登机指廊都直接与航站楼大厅相连，因此每个登机指廊内乘客的行进时间都是一样的。航站楼大厅的第1层有到达大厅、火车及巴士站，第2层有行李处理区及提取处，第3层有商店及餐厅，第4层是出发大厅。主航站楼大厅上方的一个弧形屋顶被分割成条状，与客流方向成直角，从而引入能给下方空间带来阳光，并能使让乘客瞥见天空的天窗。登机指廊的屋顶上方有一个中央天窗，有助于引导乘客在航站楼和登机口之间移动。航站大厅和登机指廊的四周都被通高玻璃幕墙包裹，使乘客区充满自然光，并使乘客能看到跑道和周围景观的全景。它也提供了航站楼大厅和两侧登机指廊之间的侧视视野。因此，巴塞罗那国际机场1号航站楼从路侧通道一侧传递了对称性、线性、水平状态、拱形、悬挑的效果，登机指廊传递了对称性、透明性、拱形与轴对称性的效果。

效果

对称性、分叉、起伏、不对称性、拱形、透明性、加肋、波纹、温暖

FOA建筑事务所 | 宝安国际机场竞赛方案 | 中国深圳 | 2008年

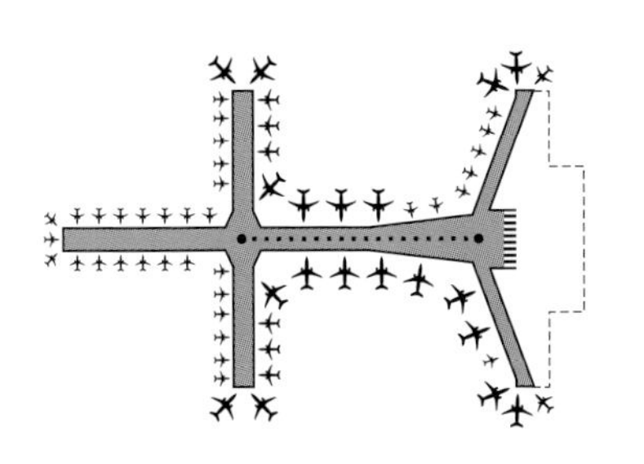

到达登机口所需的时间

登机指廊位于航站楼大厅旁，其分叉结构增加了登机口的数量。乘客通过位于地下的自动旅客捷运系统可以在5分钟之内到达登机口。

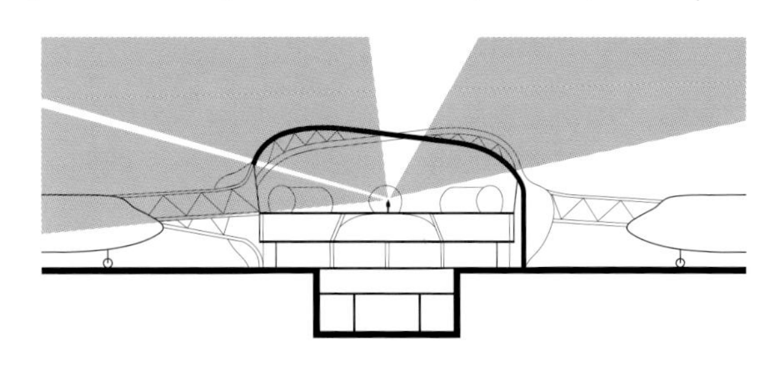

候机大厅与停机坪的视线关系

建筑波浪形曲线的壳层之间是竖向玻璃开口。在候机大厅中行走的乘客可以通过这些开口看到停机坪的景色，并在一边透过天窗眺望天空；若在对面朝相反方向行进，他们也可以在候机大厅的对面观赏到这些景色。

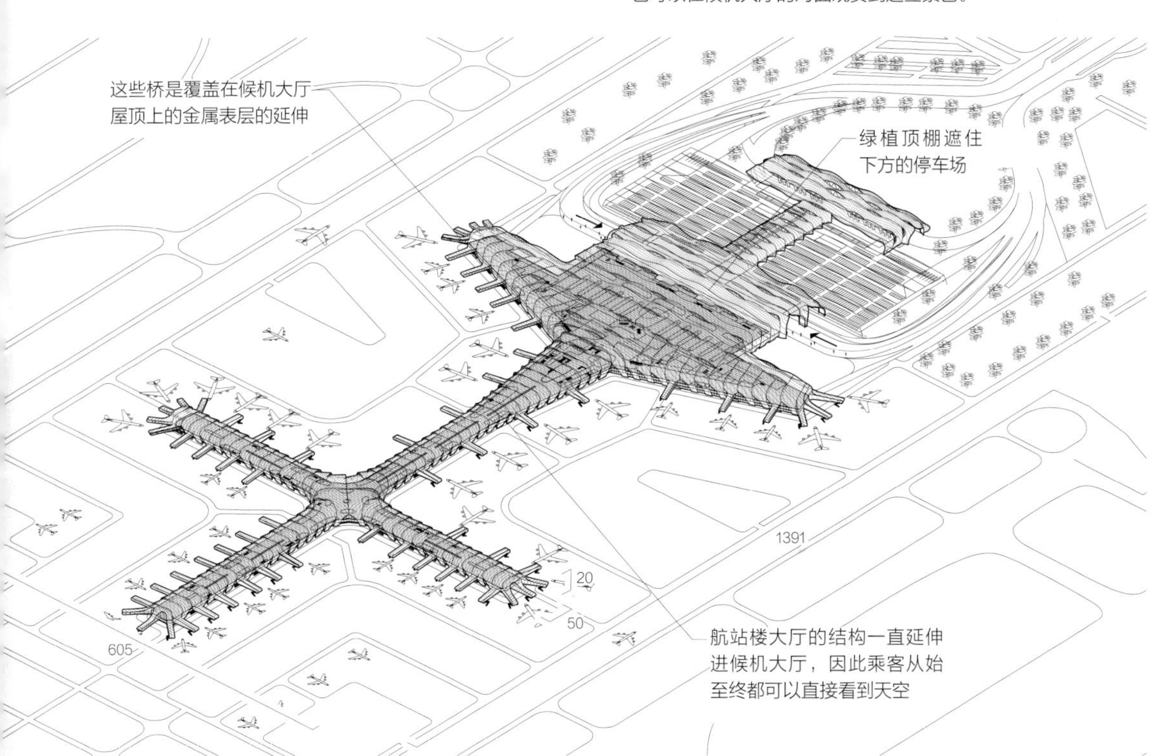
这些桥是覆盖在候机大厅屋顶上的金属表层的延伸
绿植顶棚遮住下方的停车场
1391
20
50
605
航站楼大厅的结构一直延伸进候机大厅，因此乘客从始至终都可以直接看到天空

宝安国际机场竞赛方案包括一个4层高的航站楼大厅和两个登机指廊，其中3层高的中央登机指廊与另一个登机指廊在长边中点位置相交。航站楼大厅第1层是办公室及VIP设施，第2层是国际到达大厅，第3层是国际及国内出发大厅，第4层是零售区。航站楼采用短跨混凝土结构；屋顶结构由钢桁架组成，各桁架间有18 m的距离，而屋顶的表层位于大梁的上下弦之间，沿着南北方向产生垂直的透镜状天窗，让日光穿过，但又不刺眼。航站楼大厅直接连接到一个3层高的十字形登机指廊，这个登机指廊能够双侧登机。登机指廊的第1层是候机室和服务空间，第2层是到达大厅，第3层是出发大厅。飞机也可以沿着主航站楼大厅面向停机坪的一侧停靠。候机大厅的屋顶由一个不对称的三点拱组成，屋顶的天窗在交替的架间朝向或远离乘客。这种拱形结构使得下方大厅中央的乘客的流通不受阻碍，而交替的天窗为乘客提供了眺望天空的视野。从侧墙向下延伸的屋顶表面被削去，露出可以看到停机坪的玻璃区域。因此，宝安国际机场竞赛方案从陆侧通道一侧看传递了对称性、分叉、起伏的效果，登机指廊传递了对称性（飞机排布）、不对称性（自然光）、拱形、透明性、加肋、波纹与温暖的效果。

效果

不对称性、动态性、无定型态、对称性、内向性、多孔性、穿孔、白色

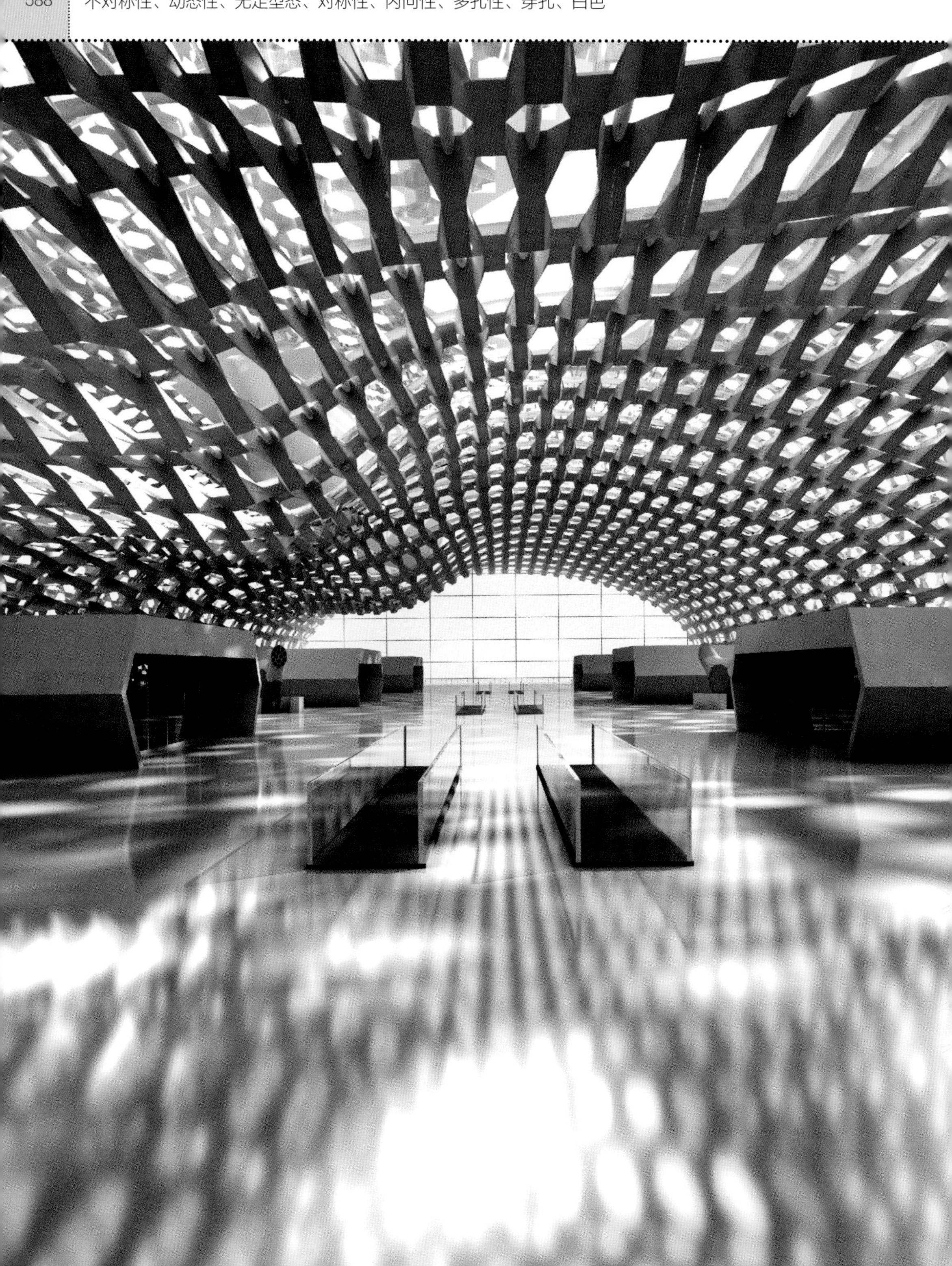

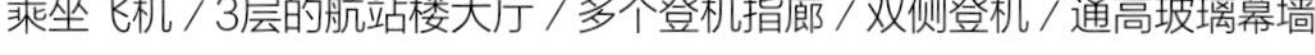

福克萨斯建筑事务所 | 宝安国际机场 | 中国深圳 | 2008年

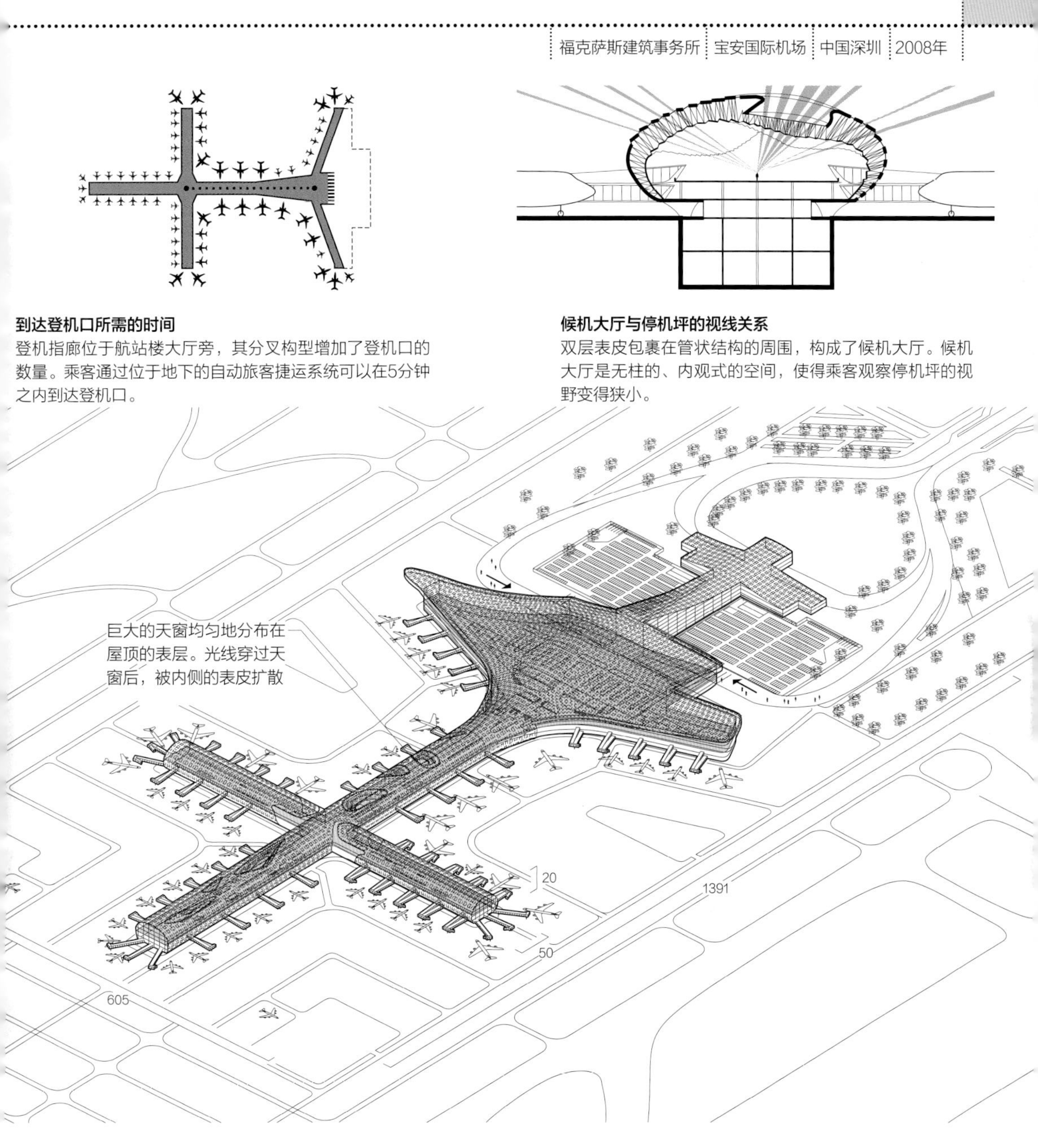
巨大的天窗均匀地分布在屋顶的表层。光线穿过天窗后，被内侧的表皮扩散
20
1391
50
605

到达登机口所需的时间

登机指廊位于航站楼大厅旁，其分叉构型增加了登机口的数量。乘客通过位于地下的自动旅客捷运系统可以在5分钟之内到达登机口。

候机大厅与停机坪的视线关系

双层表皮包裹在管状结构的周围，构成了候机大厅。候机大厅是无柱的、内观式的空间，使得乘客观察停机坪的视野变得狭小。

宝安国际机场包含一个3层高的航站楼大厅，与航站楼大厅相连的一个中央登机指廊与另一个登机指廊的长边中点位置相交。线型登机指廊使得乘客可以从双侧登机，飞机也可以与航站楼大厅面向停机坪的侧边对接停靠。航站楼大厅的第1层有到达大厅，第2层有出发大厅，第3层有公共服务设施。建筑结构被包裹在金属与玻璃面板共同组成的双层表皮中，双层表皮呈蜂巢图案状，能够扩散自然光。为了在室内空间不同楼层之间建立起视线联系，并引入自然光，在出发大厅的双层和3层高的空间引入了孔洞。登机走廊有3层，设有出发大厅、到达大厅和服务设施。在两个登机指廊的交叉口有通高的孔洞，使得自然光能够从最高层过滤到在地面层节点处的等候室中。候机大厅的结构由覆盖着蜂窝状金属的钢框架和不同尺寸的玻璃板组成，这些玻璃板能够将光线散射到大厅。外层表皮保持传统拱形的形式，但内层表皮是波动的形态。因此，宝安国际机场从陆侧通道一侧看传递了不对称性、动态性、无定型态的效果，登机指廊传递了对称性、内向性、多孔性、穿孔与白色的效果。

福斯特建筑事务所 | 北京首都国际机场3号航站楼 | 中国北京 | 2003年

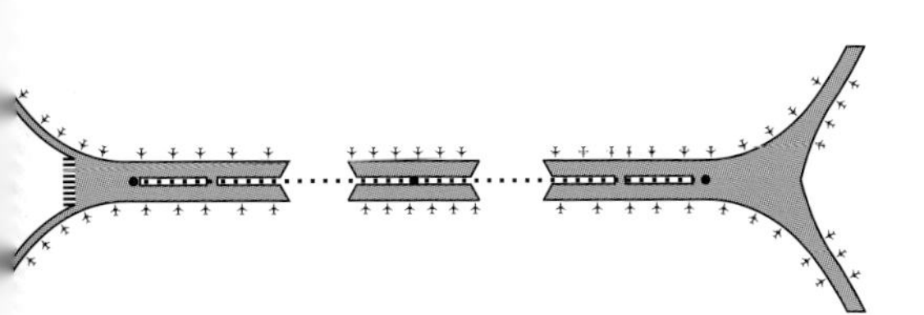

到达登机口所需的时间
尽管机场面积巨大，自动旅客捷运系统却可在2分钟内迅速将乘客运送到登机口。

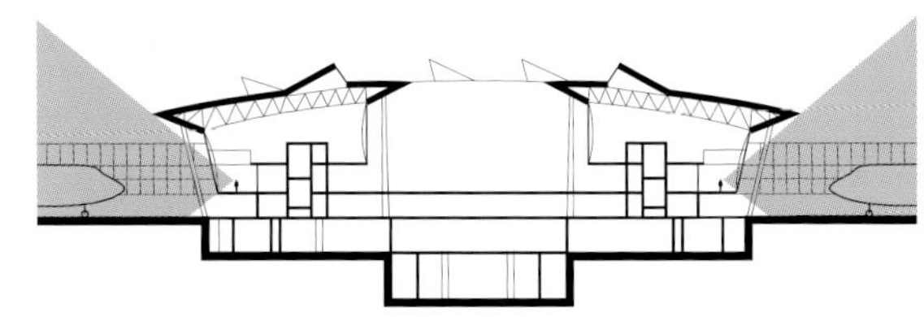

候机大厅与停机坪的视线关系
通高的玻璃幕墙和天窗与停机坪、天空保持着视线联系。

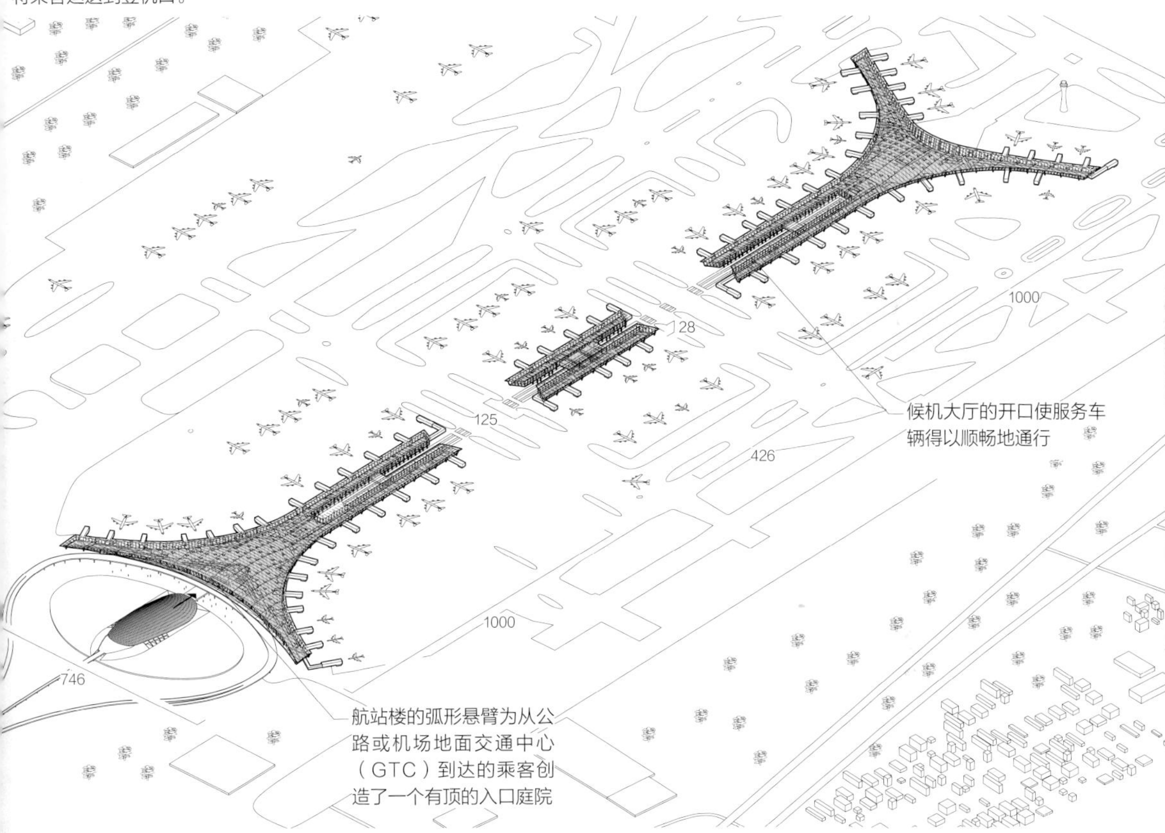
1000
128
125
426
1000
746
候机大厅的开口使服务车辆得以顺畅地通行
航站楼的弧形悬臂为从公路或机场地面交通中心（GTC）到达的乘客创造了一个有顶的入口庭院

北京首都国际机场3号航站楼由一个很长的3层登机走廊组成，两端分叉，登机走廊既是航站楼值机区，又是候机大厅。这一布局容纳了总长3.25 km的候机大厅，有效利用了大厅的周边轮廓，在保持空间高度紧凑和合理行进距离的同时还增加了泊机位的数量。值机区位于航站楼的一端，出发大厅和到达大厅位于不同楼层：第2层是到达大厅，第3层是国内出发大厅，第4层是国际出发大厅。然而，与传统的航站楼不同，到达大厅位于最上层，可以让旅客从最有利的位置体验整个航站楼的空间。自动旅客捷运系统（APM）能够在大约2分钟内向下运行到大厅中央，将乘客送达登机口。服务列车直接穿过航站楼而非绕行。整个大厅由单个屋顶覆盖，屋顶的钢框架包含三角形天窗和金属覆层。因此，所有空间都能被自然光照射。屋顶在建筑的中部抬升，并向建筑的边缘逐渐变细，因而为建筑的中央提供了巨大的空间，也使登机口和登机走廊产生了亲切感。整栋建筑的周边轮廓都是由桁架支撑的玻璃幕墙，桁架的颜色和屋顶一样，在红色、橙色与黄色之间变化。这样不仅消解了建筑的规模，还可协助旅客辨别方向。因此，北京首都国际机场3号航站楼从陆侧通道一侧看传递了对称性、重复、无限性、凹面性、悬挑的效果，而贯穿航站楼的登机走廊则传递了对称性、透明性、晶格、拱形与带形的效果。

共同点：到达登机口所需的时间

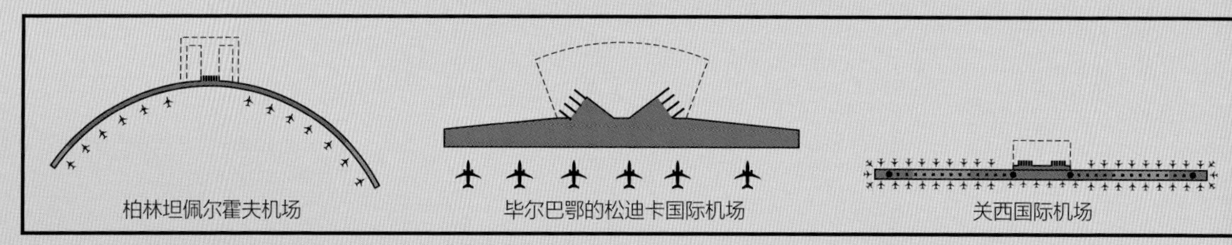

乘坐飞机 / 线型候机大厅

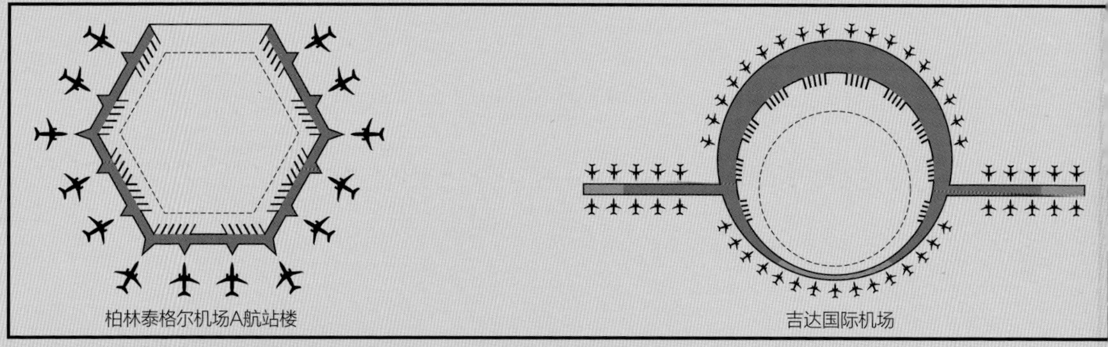

乘坐飞机 / 放射状候机大厅 / 通高玻璃幕墙

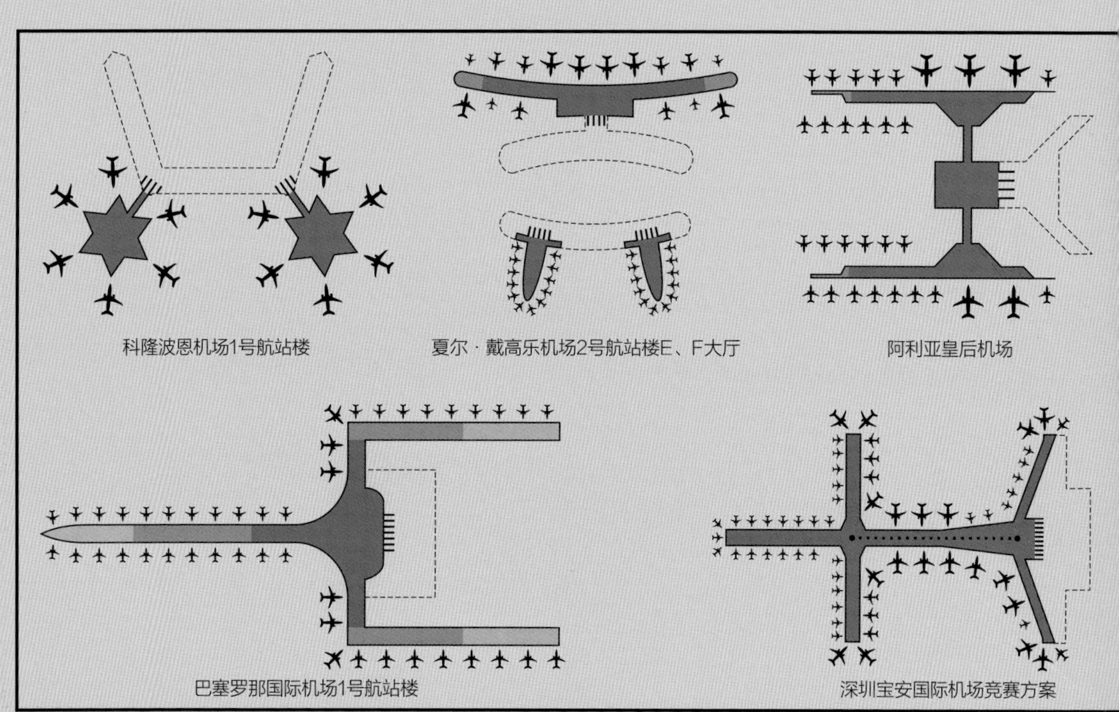

乘坐飞机 / 多个登机走廊 / 通高玻璃幕墙

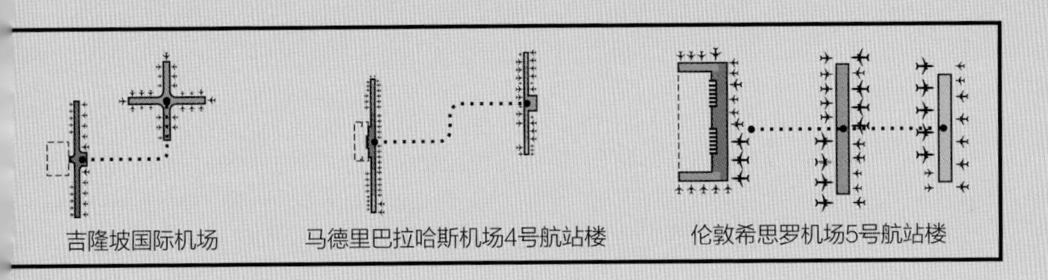

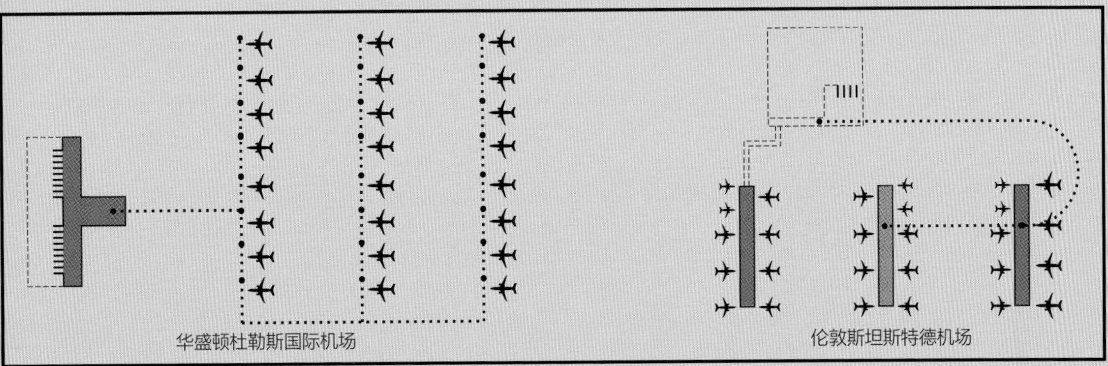

乘坐飞机／两层高的航站楼大厅／通高的玻璃幕墙

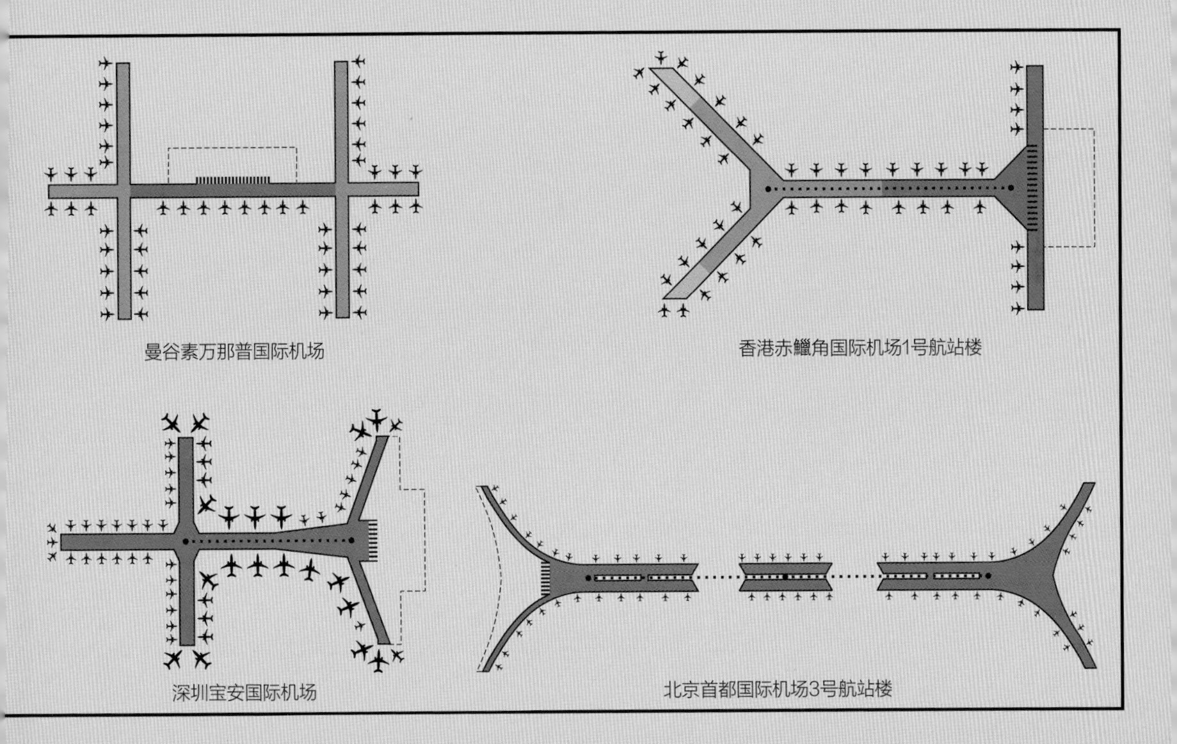

共同点：候机大厅与停机坪的视线关系

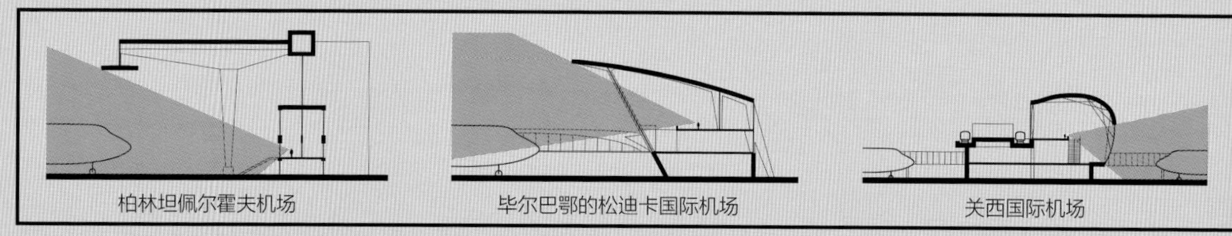

乘坐飞机 / 线型候机大厅

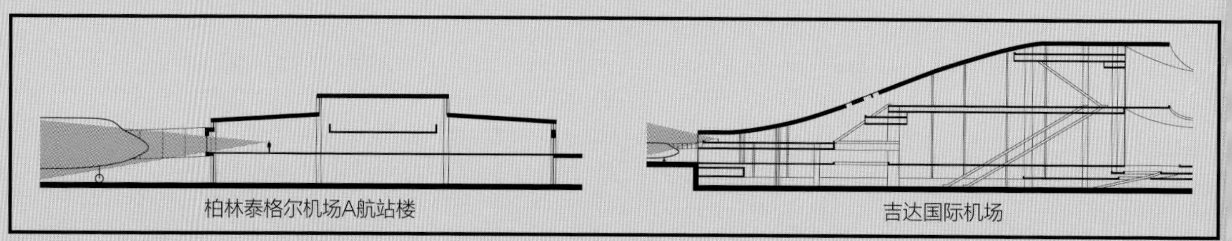

乘坐飞机 / 放射状候机大厅 / 通高玻璃幕墙

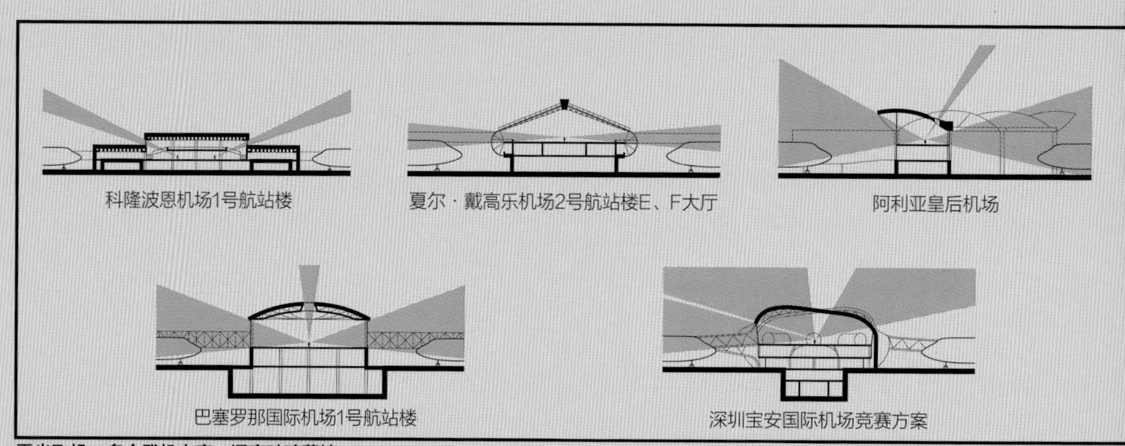

乘坐飞机 / 多个登机走廊 / 通高玻璃幕墙

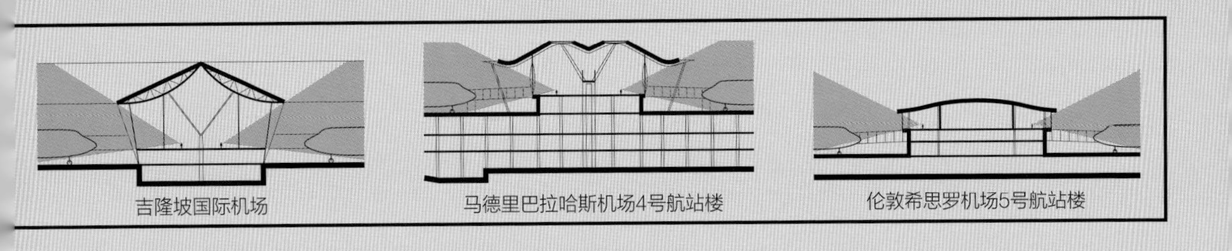

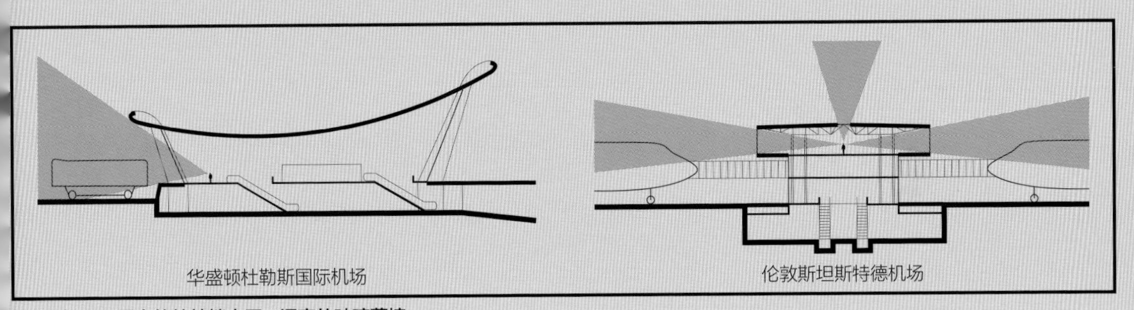

乘坐飞机 / 两层高的航站楼大厅 / 通高的玻璃幕墙

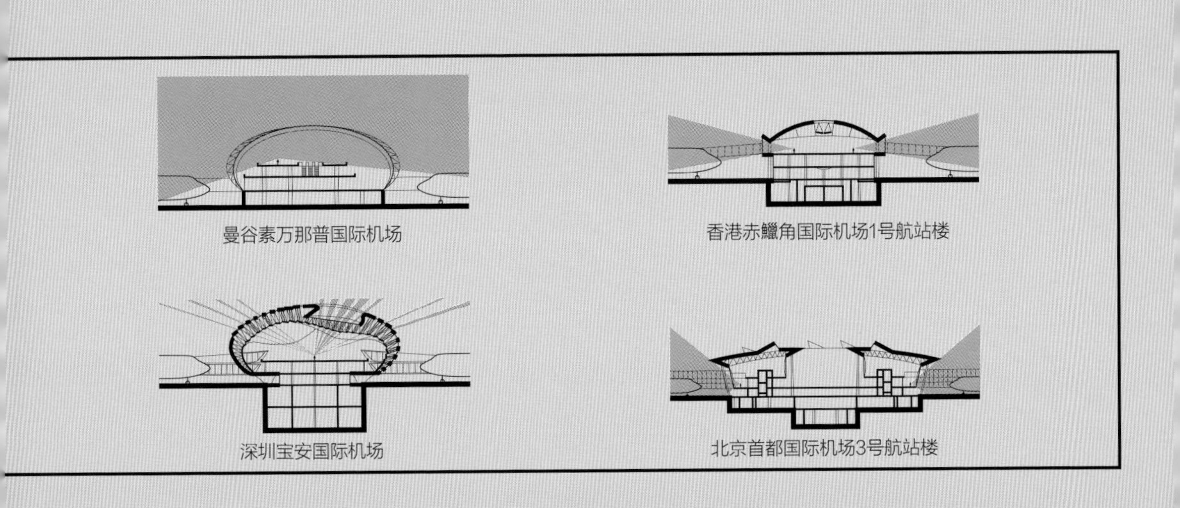

版权信息

图纸

哈佛大学设计研究生院(Harvard University Graduate School of Design)

Drew Cowdrey: 245, 247, 249, 251, 257, 265, 267, 269, 275, 375, 377, 379, 381, 385, 387
Monica Earl: 63, 67, 69, 73, 75, 77, 79, 81, 83, 85, 87, 89, 91, 93, 95, 97, 99, 101, 103, 105, 109, 111, 117, 121, 125, 177, 183, 233, 247, 249, 251, 253, 255, 257, 259, 261, 263, 265, 267, 269, 271, 275, 277, 279, 281, 283, 285, 287, 289, 301, 303, 307, 309, 311, 313, 315, 317, 319, 321, 323, 327, 329, 335, 339, 345, 347, 369, 555, 559, 583, 591
Harold Trey Kirk: 63, 67, 69, 79, 83, 85, 87, 91, 93, 95, 97, 99, 101, 103, 105, 109, 111, 117, 121, 125, 143, 147, 149, 153, 155, 157, 159, 161, 165, 167, 169, 171, 173, 175, 177, 179, 185, 187, 191, 193, 195, 197, 205, 215, 217, 231
Bernard Peng: 301, 303, 305, 307, 309, 311, 313, 315, 317, 319, 321, 323, 325, 327, 329, 331, 333, 335, 337, 339, 341, 343, 345, 347, 555, 557, 559, 561, 563, 565, 567, 569, 571, 573, 575, 577, 579, 581, 583, 585, 587, 589, 591
Ricardo Solar: 63, 65, 67, 69, 81, 83, 85, 87, 91, 93, 95, 97, 99, 101, 103, 105, 109, 111, 117, 121, 125, 143, 149, 151, 155, 157, 159, 161, 165, 167, 169, 171, 173, 175, 177, 179, 185, 187, 191, 195, 197, 219, 223
Steven YN Chen: 73, 75, 77, 93

参与学生名单

Ghazal Abbasy-Asbagh, Mais Al Azab, Abraham Alucio, Iman M. Ansari, Hallie Chen, Xi Dia, Drew Cowdrey, Jennifer French, Jian Huang, Michael Jen, James Khamsi, Harold Trey Kirk, Dammy Lee, Kurt Nieminen, Tiffany Obser, Kennan Rankin, Mark Rukamathu, Jonathan A. Scelsa, Ashkan Sedigh, Ricardo Solar, Anthony Sullivan, David Turturo, William Andreas Viglakis, Xing Xiong, Steven YN-Chen, Shi Zhou

功能实验室(FUNCTION LAB)和FMA建筑事务所

Lea Bracchi: 63, 65, 67, 69, 71, 73, 75, 77, 85, 89, 93, 99, 107, 111, 113, 119, 121, 123, 149, 205, 215, 217, 219, 221, 225, 227, 231, 301, 303, 305, 307, 309, 311, 313, 315, 317, 319, 321, 323, 325, 327, 329, 331, 333, 335, 337, 339, 341, 343, 345, 347, 391, 419, 421, 447, 461
Lili Carr: 245, 247, 249, 251, 257, 265, 273, 303, 309, 311, 319, 321, 323, 325, 333, 341, 343, 361, 363, 373, 381, 479, 481, 483, 485, 487, 489, 491, 493, 495, 497, 499, 501, 503, 505, 507, 509, 511, 513, 515, 543, 555, 557, 559, 561, 563, 565, 567, 569, 571, 573, 575, 577, 579, 581, 583, 585, 587, 589, 591
Marco Ciancerella: 62, 63, 64, 65, 66, 67, 69, 70, 71, 72, 73, 74, 75, 77, 79, 81, 82, 83, 84, 85, 87,

外部合作者

Mehdi Bakhshizadeh (197), Jennifer Birkeland (435), Afrooz Demehri (325), Sadaf Deylami (205), Golnaz Djamshidi (333), Simin Farahani (343), Ehsan Fatehi (337), Mahya Ghanbari (421), M. Hossein Kashfi (109, 383), Keighobad Kamyab (415), Faezeh Miraei Ashtiani (65, 67, 147, 191, 193, 195), Nick Mitchell (433, 435, 437, 439, 441, 443, 445, 447, 449, 451, 453, 455, 463), Mehdi Mokhtari (313), Ali Momen-Heravi (343), Aref Montazeri (397), Armin Mostafavi (111, 245, 247, 249, 251), Yalda Pilehchian (63, 377, 385, 387), Sara Saghafi-Moghaddam (321, 389), Nasrin Samavi (91, 125, 555), Babak Soleimany (317), Shaghayegh Taheri (205), Mohammad Hasan Tavangar (313), Saba Zahedi (113)
Preliminary Drawings: Reza Amerian, Padideh Azadpour, Nadiya Baajzade, Afrooz Demehri, Sadaf Deylami, Amir Fallahi, Simin Farahani, Maryam Fedowsi, Mahya Ghanbari, Sahar Ghanipour-Haghparast, Sajad Ghasempoor, Alireza Ghods, Niloufar Ghorbani, Maryam Haghighi, Kasra Hassan-Dokht, Golnaz Jamshidi, Hamidreza Khaliliyan, Ahmadreza Lotfi, Mahgol Motalebi, Amir Pourmoghaddam, Hamed Reisi, Mehdi Saboohi, Sima Shahwerdi, Fatemeh Soleymani, Mohsen Tajik, Mohammad Hassan Tavangar, Moloud Vaseie, Farzaneh Yaghooian

效果图

Frederic Meurisse (全部效果图), Marco Ciancarella (效果图后期制作)，Philippe Dufour-Feronce (效果图后期制作) : 62, 64, 66, 68, 70, 72, 116, 122, 158, 160, 184, 226, 248, 270, 272, 274, 282, 308, 320, 368, 418, 442, 462, 532, 538, 542, 560, 586),

图片版权

第8页: *The New York Times*/Redux /Josh Haner (fig. 1) /Hiroko Masuike (fig. 2) /David Scull (figs. 3, 4);
第10页: Mary Ann Sullivan, Bluffton University; 第14页: Farshid Moussavi (figs. 1, 2, 3, 4, 6), Holly Butcher (fig. 5);
第16页: James Khamsi; 第24页: www.nazarin.no (figs. 1, 2), www.world.guns.ru (figs. 3, 4), www.editions-lepolemarque.com (fig. 5);
第26页: Alexey Arkhipenko (http://alch.us.to); 第30页: Collection Robert Grandseigne (fig. 1), Jean-Paul Dupont/Les vieux vélos de France (fig. 2), Copake Auction Inc. (fig. 3), www.roadswerenotbuiltforcars.com (fig. 4), Duane Merrill and Company (fig. 5), *Popular Science Monthly* 38 (fig. 6), John Player Cycling Cigarette Tobacco Card (fig. 7), David Cooper/Cooper Technica (fig. 8); 第34页: Attilio Maranzano, Fondazione Prada Collection, Milan (fig. 3), Marco Anelli (fig. 6);第36页: Stephen Gill; 第40页: Izumi Kobayashi.